MEMO

MEMO

Antenna Azimuth Position Control System

Layout

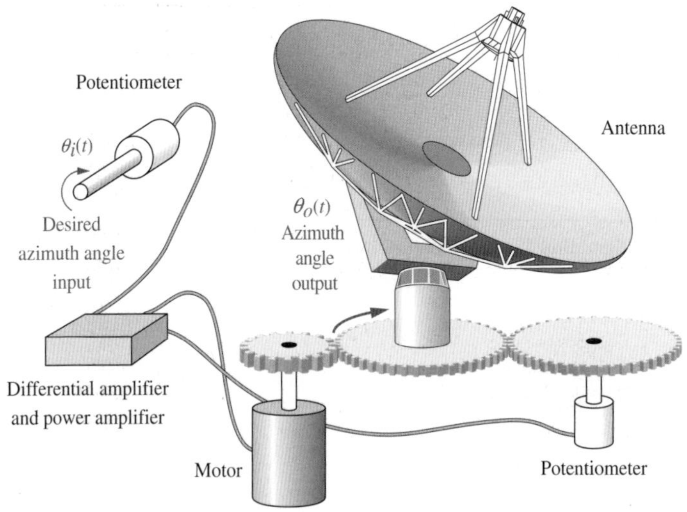

Schematic

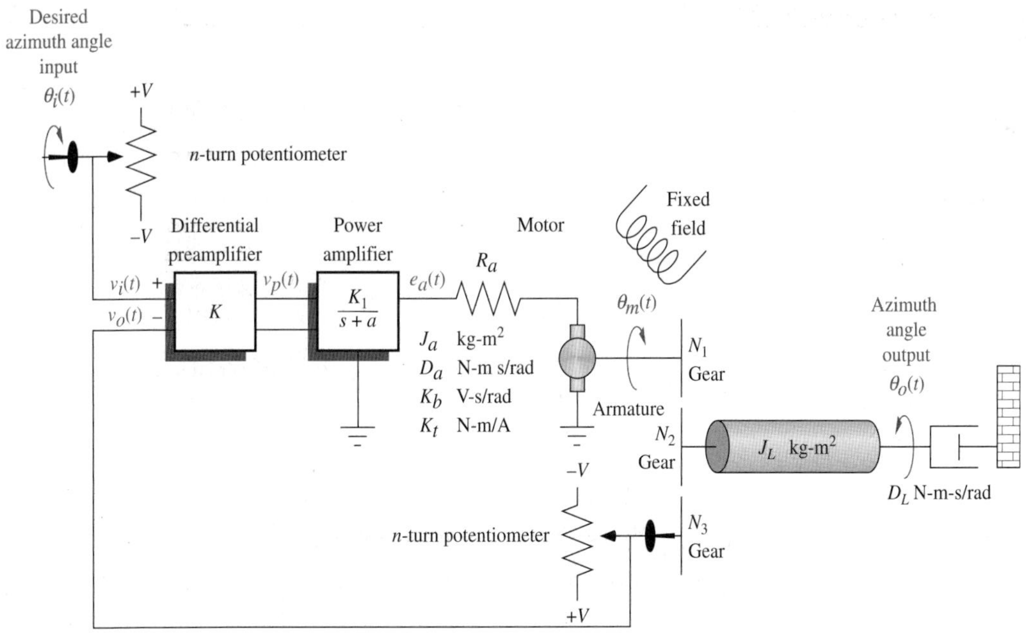

Block Diagram

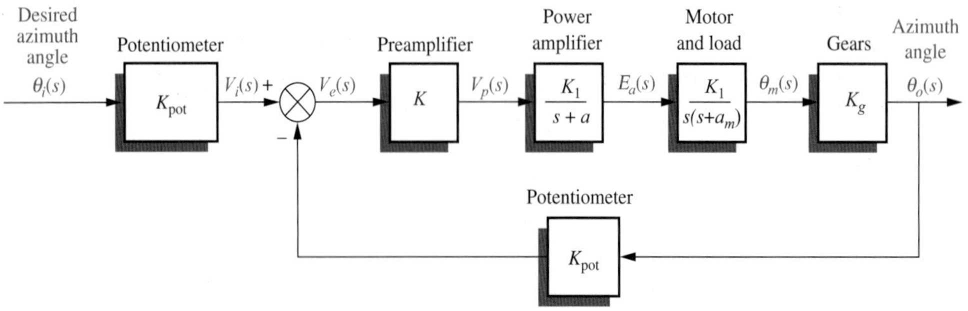

Schematic Parameters

Parameter	Configuration 1	Configuration 2	Configuration 3
V	10	10	10
n	10	1	1
K	—	—	—
K_1	100	150	100
a	100	150	100
R_a	8	5	5
J_a	0.02	0.05	0.05
D_a	0.01	0.01	0.01
K_b	0.5	1	1
K_t	0.5	1	1
N_1	25	50	50
N_2	250	250	250
N_3	250	250	250
J_L	1	5	5
D_L	1	3	3

Block Diagram Parameters

Parameter	Configuration 1	Configuration 2	Configuration 3
K_{pot}	0.318		
K	–		
K_1	100		
a	100		
K_m	2.083		
a_m	1.71		
K_g	0.1		

Note: reader may fill in Configuration 2 and Configuration 3 columns after completing the antenna control Case Study challenge problems in Chapters 2 and 10, respectively.

Control System Engineering 제8판

제어시스템 공학

Norman S. Nise 저
박진배 · 이강웅 · 이장명 · 정정주 · 주영훈 공역

도서출판 홍릉

CONTROL SYSTEMS ENGINEERING, 8/E

by Norman S. Nise

제어시스템 공학 (8/E)

인 쇄: 2021년 7월 12일 초판 1쇄
발 행: 2021년 7월 20일 초판 1쇄

역 자: 박진배 · 이강웅 · 이장명 · 정정주 · 주영훈
발행인: 송 준
발행처: 도서출판 홍릉
주 소: 01093 서울시 강북구 인수봉로 50길 10
등 록: 1976년 10월 21일 제5-66호

전 화: 02-999-2274~5, 903-7037
팩 스: 02-905-6729
e-mail: hongpub@hongpub.co.kr
http://www.hongpub.co.kr
ISBN: 979-11-5600-868-2(93560)

정 가: 39,000원

낙장 및 파본은 구입처나 본사에서 교환하여 드립니다.

Preface

이 책에서는 제어 시스템 공학의 이론과 응용에 관한 내용을 다루고자 하며 피드백 시스템의 해석과 설계에 관련된 실제 응용 분야를 강조하였다.

제어 시스템 공학은 전기, 기계, 항공 우주, 화학 공학을 배우는 학생들에게 필수적이며, 제어 시스템은 항공기와 우주선을 비롯하여 로봇과 공정 제어 시스템 등 여러 분야에서 널리 응용되고 있다.

이 책 "제어 시스템 공학"은 공과 대학의 고학년 학생이나 독학으로 공부하고자 하는 분들에게 적합하게 구성되어 있으며 본 교재를 이용하려는 학생은 저학년 과정에서 물리학과 미분 방정식을 포함한 수학을 이수하여야 한다. Laplace 변환과 선형 대수를 포함한 그 밖의 기초 내용들은 교재 내의 각 장이나 부록에 포함되어 있다. 그러나 이와 같은 내용은 생략할 수 있다.

이 책의 특징은 다음과 같다.

- 표준화된 장 구성
- 정성적이며 정량적인 설명
- 예제, Skill-Assessment, 사례 연구
- 가상 탐구 실험실 실험
- 풍부한 삽화 및 도표
- 다양한 연습 문제
- 설계 분야에 대한 강조
- 융통성있는 구성
- 컴퓨터를 이용한 해석과 설계에 대한 강조
- 주요 내용을 알려주는 아이콘

각 장의 특징을 자세히 보도록 하자.

표준화된 장 구성

각 장은 장의 목표로 시작하며 이어서 사례 연구 목적의 목록이 나오는데, 이것은 안테나 방위각 위치 제어 시스템과 같은 실용적인 사례 연구 문제를 풀게 함으로써 학생들의 수행 능력을 정하기 위한 장의 목표와 관계가 있다.

각 장 처음에 목표를 요약하였으며 주요 내용은 절로 분할하였다. 각 절 끝에는 한 개 이상의 사례 연구를 수록하였으며 각 장 끝에는 요약과 간단한 답이 요구되는 복습 문제와 연습 문제를 수록하였다.

정성적이며 정량적인 설명

설명은 명료하고 완전하게 하였으며 사전 지식이 필요한 부분에서는 복습을 위하여 그 내용을 간략하게 수록하였다. 각 주제는 논리적인 형태로 상호 보완이 되도록 체계화였다. 새로운 개념과 용어의 기본 원리는 독학자나 학생들이 간과하지 않도록 강조하였다.

정량적인 해가 가장 중요하지만 직관적이거나 정성적인 문제 및 해법 이해는 완벽한 설계를 위한 통찰력을 배양하는데 매우 중요하다. 그러므로 가능하면 새로운 개념은 정량적인 해석과 설계가 이루어지기 전에 정성적인 면에서 논의되어야 한다. 예를 들면 제8장에서 이득과 같은 시스템 파라미터가 변동함에 따라 발생하게 될 과도 응답 변화 및 근궤적 변화를 정성적으로 예견할 수 있게 되는데 이것은 제4장에서 다룬 몇 개의 식을 통하여 가능하게 된다.

예제와 평가 예제 그리고 사례 연구

내용은 교재 전반에 걸쳐 제시된 많은 양의 예제를 통하여 보충 설명되었다. 각 섹션은 적당한 곳에 평가 예제가 있는데, 이는 대부분 답이 있는 컴퓨터를 사용하는 훈련이고, 이해도를 테스트하고, 피드백을 주게끔 되어있다. 완전한 해답은 www.wiley.com/ControlSystemsEngineering8e에서 찾을 수 있다.

적당한 사례 연구에서 다룬 많은 예제가 제1장을 제외하고 모든 장의 마지막 절 뒤에 수록되었다. 이러한 사례 연구는 각 장에서 소개된 내용을 강조하기 위한 실제 응용 문제들이다. 또한 사례 연구에는 각 장의 내용에 대한 이해 정도를 시험하기 위한 도전 문제가 포함되어 있다.

사례 연구 중의 하나인 안테나 방위각 제어 시스템은 같은 시스템에 대하여 각 장에서 다룬 내용이 적용되고 설계 과정이 연속적으로 설명되도록 하기 위하여 인용되었으며 또 다른 사례 연구인 무인 잠수정(Unmanned Free-Swimming Submersible vehicle)은 5개의 장에서 인용되었다.

가상 탐구 실험실 실험, 하드웨어 인터페이스 실험 및 가상 실험

각 장의 끝에 MATLAB, Simulink, Control System Toolbox를 이용하여 컴퓨터로 실험하는 가상 탐구 실험실이 있다. 그것은 독자가 그 장에서 배운 내용을 컴퓨터 시뮬레이션을 통해 개념을 확인하는데 도움을 준다. 독자는 또한 파라미터 값이 결과에 어떤 영향을 주는지 알기 위해 파라미터 값을 변경할 수도 있다. 실험은 예비실험, 실험, 토의로 나누어져 있고 주어진 목표와 요구되는 소프트웨어의 최소 구성이 잘 쓰여 있어서 수업 시간에 실험 과정으로 사용된다. 가상 탐구 실험실 실험, 하드웨어 인터페이스 실험 및 가상 실험이 몇몇 장의 끝에 있다. 실제 제어시스템 원리를 테스트하기 위해서 이러한 실험들이National Instruments사의 myDAQ를 통하여 여러분의 컴퓨터를 실제 하드웨어에 연결시켜줄 수 있다. 마지막으로, 8판에 가상 실험이 있다. 이러한 가상 실험들은 Quanser에 의해 얻어진 실험의 가상모델과 학생들이 상호작용을 할 수 있도록 가상 탐구 실험실 실험보다 더 강조 되었다. 이러한 가상 실험들은 중요한 제어 개념에 물리적인 의미를 더 직관적으로 이해할 수 있도록 도와준다.

풍부한 삽화 및 도표

개념과 처리 과정을 가시화시킬 수 있는 능력은 학생들의 이해력을 높이는데 매우 중요하기 때문에 내용 설명을 위하여 800여개의 사진, 그림, 그래프와 표를 제시하였다.

다양한 연습 문제

각 장에서 다룬 내용에 대한 이해력을 증진시키기 위하여 다양한 연습 문제를 제시하였다. 문제는 난이도와 복잡성에 따라 구분하여 제시하였으며 학생들의 동기 부여를 위해 실생활에 관한 실질적인 문제가 포함되도록 하였다. 또한 과제 문제들은 각 장의 개념을 설명하기 위해 동일한 실용적 시스템을 사용한 설계 문제와 진보적 분석을 포함하고 있다.

설계 분야를 강조

이 책에서는 설계에 관하여 상당히 강조하였다. 특히 제8, 9, 11, 12와 13장은 설계에 초점을 맞추고 있다. 그러나, 해석을 강조한 장 조차도 간단한 설계 예제를 포함하였다.

실제 시스템을 다루는 설계 예제는 아이콘으로 표시하였으며 연습 문제에서는 '설계 문제'로 분리하여 소개하였다.

Design
D

이러한 예제와 문제에서는 원하는 응답이 정해져 있으며, 독자들은 이득과 같은 시스템 파라미터를 구하거나 파라미터값을 포함한 시스템 사양을 규정하여야 한다. 덧붙여서 순수한 이론적인 설계 예제와 문제(아이콘으로 표시되지 않음)를 다양하게 소개하였다.

설계를 보다 쉽게 이해하도록 하기 위하여 간접적인 설계 규격들은 직접적이고 친숙한 설계규격에 연관시켰다. 예를 들어 간접적이고 친숙하지 않은 위상 여유는 설계 사양으로 사용되기 전에 직접적이며 우리에게 익숙해져 있는 %오버슈트에 연관되도록 한다.

이 책에서 소개되는 설계 문제의 일반적인 형태로서 문제 풀이 방법은 대부분의 경우 설계 목적을 먼저 설명하고 단계별로 해결하는 과정을 따르고 있다. 예제에서는 절차에 따라 문제를 해결하고, 간략화하기 위한 가정을 하고, 원래 시스템의 성능과 개선된 시스템의 성능을 비교하는 표나 그래프로 설계 결과를 나타내는 풀이 방법을 설명하고 있다. 성능 비교는 간략화하기 위한 가정의 타당성을 검증하기 위함이다.

과도 응답 설계를 강조하였는데 다음과 같은 설계 방법을 소개하였다.

- 근궤적을 이용한 이득 조정에 의한 설계
- 근궤적에 의한 보상기와 제어기 설계
- 정현파 주파수 응답 기법을 이용한 이득 조정에 의한 설계
- 정현파 주파수 응답 기법에 의한 보상기 설계
- 극점 배치 기법을 이용한 상태 공간에서의 제어기 설계
- 극점 배치 기법을 이용한 상태 공간에서의 관측기 설계
- 근궤적에서 이득 조정에 의한 디지털 제어 시스템 설계
- s 평면 디자인과 Tustin 변환에 의한 디지털 제어 시스템의 설계 보상

정상 상태 오차 설계 역시 강조하였는데 다음과 같은 방법을 소개하였다.

- 이득 조정
- 근궤적에 의한 보상기 설계
- 정현파 주파수 응답 기법에 의한 보상기 설계
- 상태 공간에서 적분 제어기 설계

마지막으로 시스템이 안정하기 위한 이득 설계는 다음과 같은 기법을 이용하였다.

- Routh-Hurwitz 판별법
- 근궤적
- Nyquist 판별법
- Bode 선도

융통성있는 구성

이 책의 내용은 한 학기 동안 다룰 수 있도록 구성되어 있는데, 주당 수업 시간 수나 전체 시간에 맞도록 강의 담당자가 내용을 선택하여 강의할 수 있도록 구성하였다.

State Space SS

이 책에서는 고전적 기법과 함께 상태 공간 기법이 소개되었다. 상태 공간 기법을 다룬 장과 절(예제, 복습 문제 및 문제)은 아이콘으로 표시하였으며 생략될 수 있다. 상태 공간에서의 모델링을 다루고 싶으면 제3장을 포함시키면 된다.

한 학기 과정에서는 고전적 기법과 함께 제4장, 제5장, 제6장 그리고 제7장의 상태 공간 기법에 의한 해석과 제12장의 상태 공간 설계 기법을 포함시킬 수 있다.

또 다른 강의 방법으로는 고전적인 기법을 다룬 후 상태 공간 기법을 다룬 내용을 일괄적으로 강의하는 것이며 한 학기 과정에서는 제13장 이산 제어 시스템을 생략할 수 있다.

컴퓨터를 이용한 해석과 설계의 강조

근궤적을 이용한 제어 시스템의 해석과 설계는 시행 착오에 의하여 해결되기 때문에 지루할 수 있다. 이와 같은 문제를 해결하기 위해서는 적당한 소프트웨어를 갖춘 프로그램이 가능한 계산기나 컴퓨터를 이용해야 한다. 이 개정 8판에서는 MATLAB과 LabVIEW가 선택적인 장으로 형성되어 있다.

이 책에서 제공한 대부분의 문제는 컴퓨터를 사용하거나 혹은 프로그램이 가능한 휴대용 계산기로 풀 수 있다. 예를 들어 프로그램이 가능한 계산기를 이용하여 (1) s 평면상의 한 점이 근궤적 위의 어디에 있는지를 결정하고, (2) Nyquist와 Bode 선도에서 사용되는 크기와 위상 주파수 응답 데이터를 결정하고, (3) 2차 시스템에서 다음 내용들을 상호 변환시키도록 한다.

- 극점 위치를 극좌표로 표시
- 극점 위치를 직각 좌표로 표시
- 특성 다항식
- 고유 주파수와 감쇠 정수
- 정착 시간과 %오버슈트

- 최고값 시간과 %오버슈트
- 정착 시간과 최고값 시간

휴대용 계산기를 이용하여 숙제나 시험을 쉽게 해결할 수 있다. 휴대용 계산기에 적용할 수 있는 메뉴얼을 위해 www.wiley.com/go/Nise/ControlSystemsEngineering8e웹 사이트에 접속하기 위해서 부록 H를 반드시 참고해야 한다. 개인용 컴퓨터는 시간 응답과 주파수 응답인 근궤적 곡선을 그릴 때 뿐만 아니라 상태 천이 행렬같은 계산-집중적인 어플리케이션에 좀더 적당하다. 이 컴퓨터들은 또한 학생으로 하여금 실제 환경을 제공해 주고 그 속에서 제어 시스템을 분석하고 설계하게끔 한다.

MATLAB이나 LabVIEW를 사용하지 않는 독자들은, 그들만의 프로그램을 쓰거나, 프로그램 CC같은 다른 프로그램을 사용할 수 있다. MATLAB이나 LabVIEW가 설치되어있지 않았을 때에 컴퓨터를 사용하여 계산하는 방법에 대한 설명이 www.wiley.com/go/Nise/ControlSystemsEngineering8e웹 사이트에 있으니 부록 G를 반드시 참고하기 바란다. 컴퓨터나 프로그램이 가능한 계산기를 이용하지 않으면 해석이나 설계를 효과적으로 할 수 없으며 학습 효과가 제한된다.

주요 내용을 알려주는 아이콘

범위와 개념적인 요소를 나타내기 위해 몇 개의 아이콘을 사용한다. 아이콘들은 다음과 같이 요약된다.

MATLAB ML

MATLAB 아이콘은 MATLAB토론, 예제, 연습 문제들, 문제들을 표시한다. MATLAB 부분은 실력 향상을 위해 제공되고 책을 이용하는 데는 필요치 않다.

Simulink SL

Simulink 아이콘은 Simulink 토론, 예제, 연습 문제들, 문제들을 표시한다. Simulink 부분은 실력 향상을 위해 제공되고 책을 이용하는 데는 필요치 않다.

GUI Tool GUIT

GUI Tool 아이콘은 MATLAB GUI Tools 토론, 예제, 연습 문제들, 문제들을 표시한다. Tool들에 대한 토론은 선형 시스템 분석기와 제어 시스템 디자이너를 포함하고 있으며, 실력 향상을 위해 제공되고 책을 이용하는 데는 필요치 않다.

Symbolic Math SM

Symbolic Math 아이콘은 Symbolic Math Toolbox 토론, 예제, 연습 문제들 그리고 문제들을 표시한다. Symbolic Math Toolbox 부분은 실력 향상을 위해 제공되고 책을 이용하는 데는 필요치 않다.

LabVIEW LV

LabVIEW 아이콘은 LabVIEW토론, 예제, 연습 문제들, 문제들을 표시한다. LabVIEW부분은 실력 향상을 위해 제공되고 책을 이용하는 데는 필요치 않다.

State Space SS

State Space 아이콘은 상태 공간 토론, 예제, 연습 문제, 그리고 문제들을 강조한다. 상태 공간 자료는 선택적이고 연속성이 없으면 생략될 수 있다.

Design D

Design 아이콘은 명확히 실제 시스템을 포함한 설계 문제들을 표시한다.

SS

학생용 해답집 아이콘은 각 장의 문제들의 해답집에 연결 링크를 제공한다.

제8판에서 변경된 주요 내용은 다음과 같다.

새로운 구성 방식

제8판은 e-book형태로 발간되었다. 연습문제와 부록은 제본된 책에서 분리되어 있고, e-book에도 포함되어 있다.

또한 www.wiley.com/go/Nise/ControlSystemsEngineering8e웹 사이트에 접속하여 연습문제와 부록을 볼 수 있다. 연습문제에 대한 해답도 Student Solutions (SS)에 있으므로 상기한 웹 사이트에 접속하여 얻을 수 있다. 부수적인 자료도 e-book을 통해 얻을 수 있다.

연습 문제

약 100개의 연습문제가 개정되었다.

MATLAB

컴퓨터를 이용한 해석과 설계를 위해 MATLAB이 계속 사용되어 제8판에서 선택적인 장으로서의 토론과 문제들을 구성하였다. MATLAB 지도서는 MATLAB 버전 9.3 (R2017b), Control System Toolbox 버전 10.3, Symbolic Math Toolbox 버전 8.0으로 갱신하였다.

또한 MATLAB 코드는 챕터의 TryIt이라고 표시된 별도의 공간에 쓰여졌다.

Simulink

Simulink는 개루프와 폐루프 시스템의 시간 응답상의 비선형 효과를 보여주기 위해 제8판에서 또다시 첨부되었다. 또한 Simulink를 이용하여 디지털 시스템을 어떻게 시뮬레이션하는지 보여주는데 사용할 수 있다. 그리고 Simulink 지도서를 Simulink 9.0으로 갱신하였다.

LabVIEW

LabVIEW는 문제와 실험에 사용된다. LabVIEW를 LabVIEW 2017로 갱신하였다.

부수적인 자료(Ancillary Material)

제8판은 학생과 지도자를 위한 다양한 자료를 포함하고 있다.

http://www.wiley.com/go/Nise/ControlSystemsEngineering8e에 접속하여 Student Companion Site를 클릭함으로써 무료로 이용 가능하다. 교수 역시 이 url을 통해 지정된 패스워드를 입력함으로써 Instructor Companion Site에 접근 가능하며, 해당 사이트 접속을 위해서는 Wiley 판매대표자에 문의가 필요하다.

대부분의 부수적인 자료는 독자가 구매한 e-book 패키지에 포함되어 있고, 또한 e-book에 있는 링크를 통하여 얻어질 수 있다.

학생을 위해:

- 새로운 TryIt 예제들과 MATLAB, Simulink, GUI Tools 그리고 Symbolic Math Toolbox tutorials에서 사용되는 모든 M 파일
- 가상 탐구 실험실과 하드웨어 인터페이스 실험실의 사본
- 책 안의 Skill-Assessment 문제에 대한 해답
- LabVIEW 가상 실험

- 부록 D에 있는 LabVIEW VI
- National Instrument사의 myDAQ를 사용한 하드웨어 인터페이스 실험실 실험을 위한 모든 파일들
- 모든 부록들
- 모든 연습문제들
- 선택된 문제들에 대한 해답

교수를 위해:

- 책에 있는 그림이 포함된 PowerPoint 파일
- 각 장의 연습문제에 대한 해답
- 교재 통합을 위한 JustAsk에서 발전된 시뮬레이션
- 강사용 문제 세트

각 장 별 구성

많은 경우 책 내용을 구성한 저자의 의도를 이해하는 것이 도움이 된다. 다음의 내용들은 이러한 내용을 밝혀준다.

제1장의 목표는 독자들에게 동기를 부여하는 것이다. 이 장에서 독자들은 일상 생활에서 접하는 제어 시스템의 많은 응용 사례와 이 분야에 대한 경험과 학문의 이점에 대하여 배우게 된다. 과도 응답, 정상 상태 오차 및 안정도와 같은 제어 시스템의 설계 목적들이 이러한 목적을 달성하기 위한 길잡이로서 소개되고 있다.

대부분의 독자들은 해석과 설계 과정 중 초기 단계인 실제 시스템을 도식적으로 나타내는 과정에서 어려움을 겪게 된다. 이 단계에서는 대부분의 독자들이 아직 체험하지 못한 지식을 바탕으로 시스템을 간략화시키기 위한 많은 가정을 필요로 하게 된다. 제1장에 소개한 이러한 몇몇 가정을 이해하는 것은 부족한 경험을 보충시키는데 도움이 된다.

제2장, 제3장과 제5장은 실제 시스템의 표현에 중점을 두고 있다. 제2장과 제3장은 주파수 응답과 상태 공간 기법을 이용한 개루프 시스템의 모델링을 다루었고, 제5장은 상호 연결된 개루프 시스템을 간략화시키는 방법에 대하여 설명하였다. 몇 가지 실제 시스템이 도입되었는데, 전기 회로망, 기계 시스템(병진 운동 및 회전 운동)과 전기 기계 시스템의 모델링, 해석 및 설계를 위하여 실제 시스템을 예로 들었다. 시스템을 수학적으로 표현하기 위하여 간략화시키는 방법으로 공학자들에 의해 이용되는 기법인 비선형 시스템의 선형화 방법을 소개한다.

제4장에서는 시스템의 출력 응답을 구하고 해석하는 시스템 해석법을 소개하고 있다. 시스템 해석을 다룬 다른 장을 고려하면, 제4장과 제5장의 순서를 바꾸는 것이 더 논리적이나 여러 해 동안 제어 시스템을 가르쳐 본 결과 학생들이 시스템 표현법에 대한 응용을 빨리 이해할수록 동기 부여가 잘 된다는 것을 알게 되었다.

제6장, 제7장과 제8장은 안정도(제6장), 정상 상태 오차(제7장)와 근궤적 기법(제8장)을 이용한 고차 시스템의 과도 응답을 포함한 제어 시스템 해석과 설계를 다루었다. 제9장에서는 근궤적을 이용한 보상기와 제어기 설계를 다루었으며 제10장과 제11장에서는 정현파 주파수 해석과 설계에 중점을 두었다. 제8장과 마찬가지로 제10장은 안정도, 과도 응답과 정상 상태 오차 해석에 대한 기초 개념을 다루었으나 Nyquist와 Bode 기법이 근궤적을 대신하여 이용되

었다. 제9장과 마찬가지로 제11장에서도 보상기 설계 방법을 소개하였는데 근궤적 기법 대신 주파수 응답 기법을 이용하였다.

상태 공간에서의 시스템 설계와 디지털 제어 시스템 해석 및 설계는 제12장과 제13장에서 다루었다. 이 장들은 제어 시스템 공학을 계속 공부하려는 학생들에게 단지 소개하는 정도이지만 앞 장에서 다룬 해석과 설계에 대한 설명에 추가하는 내용 그 자체로서 유용하다. 이와 같은 내용은 이 두 장만으로는 자세하게 다룰 수 없으므로 강조 사항만을 명확하게 요약하였고, 책의 나머지 부분과 논리적으로 연결되도록 하였다.

감사의 말

Pomona에 위치한 California State Polytechnic 대학의 학생들과 개정판에 긍정적인 영향을 준 많은 제안을 주셨던 전세계에 있는 단체와 학생들에게 감사를 드립니다. 특히, 앞선 개정판들에 공헌을 한 California State Polytechnic University 대학의 나의 동료들에게 깊이 감사를 드립니다. 제8판에서도 그들의 공헌은 계속되었습니다. 제8판에서 약 100개의 연습문제를 개정해준 Oldak 박사에게 심심한 감사를 드립니다.

John Wiley & Sons, Inc 사와 다방면으로 이 작업의 모든 면을 통해 이 프로젝트에 전문적으로 기여한 스텝들에게도 감사합니다. 특별히 기여한 분은 아래와 같습니다: Don Fowley, Shannon Corlis, Jennifer Brady, Judy Howarth, Mathangi Balasubramanian.

National Instruments Corporation의 Erik Luther와 Quanser회사의 Paul Gilber, Michel Levis와 Tom Lee에게, 독자들이 제어 시스템에 대한 이해를 높일 수 있도록 Virtual Experiments를 고안하고, 체계화하고 개발해낸 것에 대해, 진심으로 감사드립니다. 또한 이 책의 성공적인 발간을 위해 공헌을 한 National Instrument사의 Margaret와 Kathy Brown에게 감사드립니다.

마지막으로 앞에 언급한 사람들과 마찬가지로, 나의 부인인 Ellen의 지난 8판 동안의 매우 많은 도움에 감사를 표현하고 싶습니다. 특히, 그녀의 8판 교정 덕분에 많은 독자들은 책에 대한 불안함보다는 이해력이 향상됨을 발견할 것입니다.

Norman S. Nise

역자서문

본 역서는 Norman S. Nise가 쓴 "Control Systems Engineering" 8판을 번역한 책으로 학부 수준의 제어공학의 교재로, 또는 산업체의 현장 제어 실무자에게 적합한 기본서로 사용 가능하도록 서술되어 있다. 또한, 고전적 제어 기법뿐만 아니라 현대 제어 기법까지 다양하게 설명되어 있어 제어공학을 공부하고자 하는 공학도들은 제어공학의 기초 이론에서부터 응용까지 폭넓게 이해 가능한 제어 입문서이다.

본 책은 총 13장으로 구성되어 있으며 각각은 현장 실무자가 빈번하게 접할 수 있는 제어 및 산업 공정에서의 시스템 유형을 먼저 제시하고 이 시스템을 제어하는 방법을 통하여 여러 이론을 이해하는 방식으로 서술되어 있다. 또한, 이해를 높이기 위하여 제어공학에 필요한 기본 이론을 제시하고 많은 예제를 통하여 자세히 설명하고 있어, 실제적인 문제 해결에 많은 도움이 되리라 생각한다. 따라서 제어공학의 개요를 공부할 학생이나 현장 실무자에게는 이 책을 통하여 제어공학의 기본적인 이론과 실질적인 해결 방안을 모색하는데 꼭 필요한 책이라 생각한다.

이 책을 번역함에 있어 역자들은 잦은 변역 회의를 통하여 용어의 통일과 원문에 충실한 번역이 되도록 노력하였으며, 이 책이 제어공학에 관심이 있는 공학도에게 기초 입문서로서 많은 도움이 되기를 바란다. 그러나 아직 여러 면에서 부족한 면이 있으리라 생각되며 향후 독자 여러분의 많은 조언과 비평을 받아들여 더 좋은 역서가 되도록 노력할 것이다.

끝으로, 이 책이 출간되기까지 많은 성원과 격려를 보내주신 여러분들에게 감사드리며, 본 책을 만들기 위해 협조해 주신 도서출판 홍릉의 임직원 여러분에게 무한한 감사를 드린다.

2021. 7.
역자 일동

Contents

Chapter 3 시간 영역에서의 모델링 / 109

Chapter 4 시간 응답 / 151

Chapter 5 복합 시스템의 간략화 / 221

Appendix C MATLAB's Simulink Tutorial / 785

Appendix D LabVIEW^{TM} Tutorial / 813

서론 1

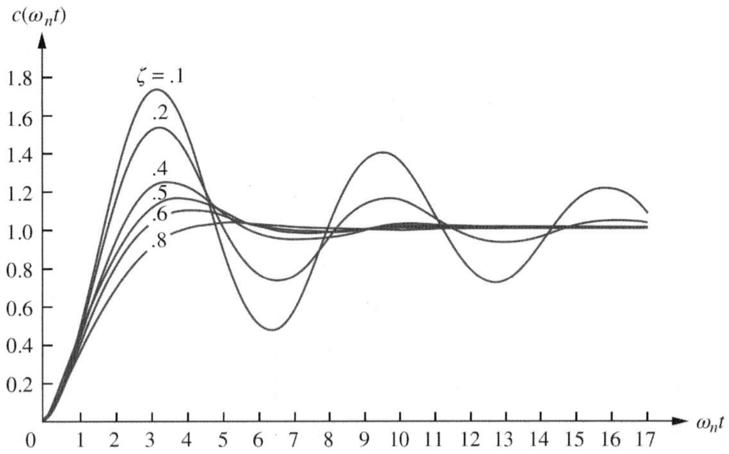

이 장에서 얻을 수 있는 것

이 장을 공부 하고 나면, 학생들은 다음 나열된 사항을 수행할 수 있다.

- 제어 시스템을 정의하고 몇 가지 응용을 설명할 수 있다.(1.1절)
- 근대 제어 이론으로 발전되는 제어 이론의 역사적 발전과정을 설명할 수 있다.(1.2절)
- 제어 시스템의 기본적인 특징과 구성을 설명할 수 있다.(1.3절)
- 제어 시스템의 분석과 설계 목표를 설명할 수 있다.(1.4절)
- 제어 시스템의 설계 순서를 설명할 수 있다.(1.5–1.6절)
- 제어 시스템을 학습했을 때 얻을 수 있는 이점을 설명할 수 있다.(1.7절)

사례 연구에서 얻을 수 있는 것

- 사례 연구로서 안테나 방위각 제어 시스템을 소개하는데, 이 사례 연구는 각 장에서 다루는 원리를 설명하는데 이용된다. 이 장에서는 제어 시스템이 어떻게 동작하는지에 대하여 정성적으로 설명하고 제어 시스템 해석과 설계에 필요한 성능을 정의하기로 한다.

1.1 개요

제어 시스템(control system)은 현대 사회에서 중요한 역할을 하는 한 부분이다. 로켓을 쏘아 올리고 우주 왕복선을 지구 궤도에 진입시키며, 냉각수를 분사시키면서 금속을 자동 가공하는 일과 항공기 조립 공장에서 작업장으로 자재를 운반하는 자기유도 운반 장치를 목적지로 이동시키는 일들은 우리 주변에서 볼 수 있는 자동 제어 시스템(automatic control system)의 응용 사례들이다.

자동 제어 시스템은 인위적으로 만들뿐만 아니라 자연적으로 만들어져 존재한다. 췌장은 혈당을 조절하는 신체 내의 제어 시스템으로 이와 같은 제어시스템은 신체 내에 여러 개가 있는데 싸우거나 놀랄 경우 아드레날린은 심장 박동수와 함께 증가하여 세포 내에 많은 산소가 공급되도록 한다. 움직이는 물체를 주시하는 눈은 물체의 움직임에 따라 반응하고, 손은 물건을 잡거나 미리 정한 위치에 물건을 정확히 놓도록 한다.

물론 비물질적인 영역에서도 자동 제어 개념이 적용되는데 그 중 한 가지 제시된 사례는 학생들의 성적에 관한 자동 제어 모델이다. 이 모델의 입력은 학생의 학업 시간이 되며 출력은 성적이 된다. 만약 학업 시간이 갑자기 증가하면 성적을 올리는데 걸리는 시간을 추정하기 위해 이 모델이 사용될 수 있다. 이 모델을 이용하면 학생들은 학기의 마지막 주에 학업 시간을 증가시키려는 노력이 가치가 있는지를 결정할 수 있다.

제어 시스템의 정의

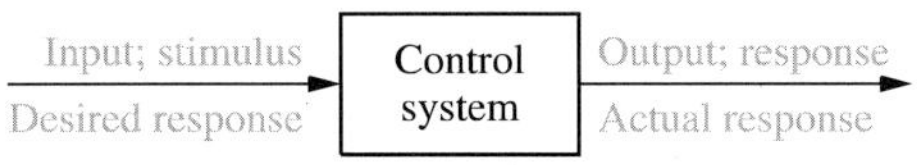

그림 1.1 간략화된 제어 시스템

제어 시스템은 특정한 입력을 이용하여 원하는 성능을 보이는 출력을 제어하기 위해 조합된 공정들과 부 시스템(subsystem)들로 구성된다. 그림 1.1은 입력을 통해 원하는 출력을 얻는 제어 시스템의 가장 기본적인 형태를 나타내고 있다. 승강기를 예로 들어보자. 1층에서 4층 버튼을 누르게 되면, 승강기는 승객이 편안함을 느낄 수 있는 속도로 4층까지 오르게 된다. 이때, 4층 버튼이 우리가 원하는 출력을 얻을 수 있는 입력이 된다. 그림 1.2는 입력이 단위 함수일 때의 출력 형태를 나타내고 있다. 승강기의 성능은 그림에서 나타나는 응답 곡선을 통해 알 수 있다.

시스템의 성능을 결정하는 가장 중요한 두 가지 요인이 있다. 하나는 과도 응답(transient response)이고, 다른 하나는 정상 상태 오차(steady-state error)이다. 승강기의 예에서, 승객의 편안함과 승강기의 신속함은 과도 응답과 연관이 있다. 만약 응답이 너무 빠르면 승객의 편안함은 만족할 수 없다. 반대로 너무 느리면, 승강기의 신속함을 만족할 수 없다. 정상 상태 오차는 승객의 안전과 편안함을 결정하는 또 다른 중요한 요소이다.

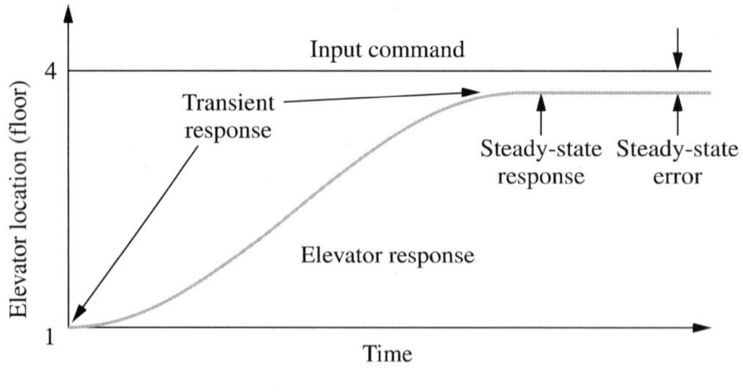

그림 1.2 승강기의 입력과 출력 응답

그림 1.3 a. 초기의 승강기는 손밧줄이나 승강기 작동자에 의해 제어되었다. 여기서, 밧줄이 잘려진 것은 밧줄이 잘려도 승강기의 초기 발명품인 안전 브레이크의 성능을 입증하기 위함이다.
b. 파리의 그랜드 아취(grande arche)에 사용된 현대식 이중 이륙 승강기는 서로 대칭이 되어 균형을 이루면서 한 개의 전동기에 의해 구동되었다. 오늘날 승강기는 위치와 속도를 조절하는 제어 시스템을 사용하는 완전 자동시스템이다.

제어 시스템의 장점

제어 시스템을 사용함으로써 그것을 사용하지 않으면 불가능한 거대한 장치를 정밀하게 움직일 수 있다. 먼 우주에서 전파되는 희미한 무선 신호를 수신하기 위해 사람의 힘으로는 움직일 수 없는 거대한 안테나도 제어 시스템에 의해 조절할 수 있다. 또한 제어 시스템을 이용하면 승강기를 자동으로 정확하고 빠르게 목적지 층에 도달하게 할 수 있다(그림 1.3). 승강기의 부하와 속도에 필요한 힘은 전동기에 의해 공급되고 제어 시스템은 위치와 속도를 조절한다.

제어 시스템은 전력 증폭(power amplification), 원격 제어(remote control), 입력 형태의 편리성(convenience of input form)과 외란 보상(compensation for disturbance)의 4가지 이유 때문에 도입한다. 예를 들어, 레이다 안테나의 경우 입력인 위치 조정 명령은 다이얼을 회전시키는 정도의 저전력이지만, 안테나를 회전시키는 출력은 고전력이어야 하므로 필요한 만큼의 전력 증폭이나 전력 이득을 얻기 위한 제어 시스템이 필요하다.

그림 1.4 Three Mile 섬 핵 발전 사고 처리를 위해 만들어진 작업 로봇은 오염된 환경에서 청소 작업을 하기 위하여 설계되었다. 이 로봇은 재활용할 수 있는 부품과 오염 정도가 심하여 청소할 수 없는 부품을 구별한다.

인간을 대신하기 위하여 만들어진 로봇에서 제어 시스템은 위험한 장소나 원격으로 사용될 수 있도록 한다. 예를 들어, 원격 제어 로봇 팔은 방사능 오염 지역에서 물건을 집어 올리는데 사용된다. 그림 1.3은 오염 지역에서 작업하도록 설계된 로봇 팔을 보여주고 있다.

제어 시스템은 입력의 형태를 변화시킬 수 있도록 함으로써 편리하게 사용되도록 한다. 예를 들어, 온도 제어 시스템의 경우, 입력은 온도 감지 및 조절기의 다이얼 위치인데 출력은 열이 된다. 제어 시스템은 편의상 정한 위치 명령에 대해 원하는 온도를 출력하도록 한다.

제어 시스템의 또 다른 이점은 외란을 보상할 수 있는 능력이다. 일반적으로 온도 시스템의 온도, 기계 시스템의 위치와 속도 및 전기 회로 시스템의 전압, 전류나 주파수와 같은 변수들이 제어된다. 이 때 시스템은 외란에도 불구하고 정확한 응답을 출력할 수 있어야 한다. 예를 들어, 지정된 방향을 향하도록 하는 안테나 시스템을 생각해 보자. 바람이 안테나의 방향을 바꾸려고 하거나 잡음이 포함되어도 시스템은 외란을 검출하고 입력을 수정하지 않으면서 안테나가 원하는 방향을 향하도록 하여야 한다. 결론적으로 시스템은 자체적으로 (1) 외란이 안테나의 방향을 변경시키는 양을 측정하여야 하며, (2) 지정된 명령대로 안테나의 방향이 유지되도록 하여야 한다.

1.2 제어 시스템의 역사

피드백 제어 시스템의 역사는 인간보다 더 오래되었다. 여러 가지 생물학적 제어 시스템은 이미 지구의 초기 생명체에서부터 형성되었다. 제어 시스템에 관한 역사를 간략히 고찰해 보자[1].

액체 높낮이 제어

그리스 사람들은 B.C 300년경에 피드백 시스템(feedback system)을 설계하였다. Ktesibios에 의해 발명된 물시계는 물을 일정 속도로 측정 용기 속에 떨어뜨리고 측정 용기에 채워지는 수위에 따라 시간을 알 수 있도록 하였다. 물이 일정 속도로 떨어지게 하기 위해서는 물을 공급하는 탱크의 수위가 일정해야 하는데 이것은 오늘날 수세식 변기의 수위 제어용 부동 밸브(floating valve)와 같은 밸브를 사용함으로써 가능하게 되었다.

Ktesibios 이후 액체 높낮이 제어 개념은 비잔틴의 Philon에 의해 기름 램프에 응용되었다. 램프는 수직으로 연결된 두 개의 기름 저장 용기로 구성되었다. 상부가 열려있는 하단의 접시형 용기는 불꽃을 유지하기 위한 기름 공급용이며 밀폐된 상단의 용기는 하단의 용기에 기름을 공급하기 위한 기름 저장용이다. 두 용기는 두 개의 모세관과 수직관(*vertical riser*)에 의해 연결된다. 이 용기는 하단 용기의 기름에 약간 잠기도록 설치된다. 기름이 줄면 수직관의 하단이 공기 중에 노출되므로 공기압에 의해 상단 용기의 기름이 모세관을 통해 하단 용기로 이동한다. 하단 용기에 있는 수직관이 다시 기름 속에 잠기면 공기 유입이 되지 않으므로 기름 이동이 중지된다. 따라서 하단 용기의 기름 높이가 일정하게 유지된다.

증기압과 온도 제어

증기압 조정은 1681년경 Denis Papin이 발명한 안전 밸브를 이용하여 가능하게 되었다. 이것은 밸브 상단을 무겁게 함으로써 더욱 정교하게 되었다. 보일러의 증기압 상승이 밸브 무게에 의한 압력보다 커지면 증기가 배출되어 압력은 떨어지게 된다.

증기압이 밸브 무게에 의한 압력을 넘지 않으면 밸브가 열리지 않으므로, 보일러 내부 압력이 증가하게 된다. 결국 밸브 무게가 보일러의 내부 압력을 일정하게 유지시킨다.

또한, 17세기경 네덜란드의 Cornelis Drebbel는 달걀 부화용 기계적 온도 제어 시스템을 발명했다. 이 장치는 부표가 포함된 알코올과 수은의 유리병을 사용하였다. 부표는 불길을 제어하는 덮개에 연결되었으며, 유리병의 일부는 불에 의한 열을 감지하기 위해 배양기 속에 삽입되었다. 열이 상승하면, 알코올과 수은이 팽창하여 부표가 위로 올라가기 때문에 덮개가 닫혀 불길이 감소된다. 온도가 내려가면 부표가 아래로 내려가기 때문에, 덮개가 열려 다시 불길이 커지게 된다.

속도 제어

1745년 Edmund Lee는 속도 제어를 풍차에 적용하였다. 바람이 세어지면 풍차 날개를 뒤로 젖혀 바람이 닿는 면적을 축소시키고, 바람이 약해지면 날개 면적이 증가되도록 하였다. William Cubitt는 1809년 풍차 날개를 움직일 수 있는 작은 창으로 세분하여 효과가 개선되도록 하였다.

18세기경 James Watt는 증기 기관의 속도를 제어하기 위해 회전구 속도 제어기(flyball speed governor)를 발명했다. 이 장치는 증기 기관의 속도가 상승함에 따라 두 개의 회전구의 회전 반경이

1 참고문헌 Benett(1979)와 Mayr(1970)를 참조하라.

커져 회전구에 연결된 밸브가 닫혀 증기량이 감소하기 때문에 회전 속도가 줄게 된다. 회전 속도가 줄면 회전구의 회전 반경이 감소되므로 밸브가 다시 열려 증기량이 증가하기 때문에 회전 속도가 상승하게 된다. 따라서 증기 기관의 속도 조절이 가능하게 된다.

안정도, 안정화 및 조종

오늘날과 같은 제어 시스템 이론은 19세기 후반에 구체화되기 시작하였다. 1868년 James Clerk Maxwell은 미분 방정식의 계수에 근거한 3차 시스템의 안정성 판별법을 발표하였다. 1874년 Edward John Routh는 Maxwell이 고려하지 않은 William Kingdon Clifford의 제안을 이용하여 안정성 판별을 5차 시스템에까지 확장시켰다. 1877년 아담스 상에 대한 주제가 "The Criterion of Dynamic Stability"이었는데 Routh는 "A Treatise on the Stability of a Given State of Motion"이란 제목의 논문을 제출하여 이 상을 받았다. 이 논문에는 오늘날 Routh-Hurwitz 안정도 판별법으로 알려진 내용을 포함하고 있으며, 이 내용은 6장에서 공부하게 될 것이다. Alexander Michailovich Lyapunov는 현대 제어 시스템 안정도 이론 및 적용 방법에 대한 기초를 확립하였다. 러시아의 St. Petersburg 대학의 P.L.Chebyshev의 제자였던 Lyapunov는 1892년 그의 박사 학위 논문인 "The General Problem of Stability of Motion"에서 Routh의 이론을 비선형 시스템에 적용시켰다.

1800년대 후반의 제어 시스템 개발은 배의 안정화 및 조종에 집중되었다. 1874년 Herry Bessemer는 자이로를 이용하여 배의 요동을 감지하고, 유압 시스템에 의한 힘으로 배의 호화 객실이 안정되도록 하는 제어 시스템을 개발하였다. 움직임을 감지하는 단진자를 이용하여 배 전체가 안정되도록 할 뿐만 아니라 총신을 안정화시키기 위한 노력들도 있었다.

20세기 개발품

배의 자동 조타 장치는 1900년대 초기에 와서야 개발되었다. 1922년 Sperry Gyroscope 주식회사는 성능을 개선시키기 위해 적응 제어와 보상 원리를 이용한 자동 조타 시스템을 설치하였다. 그러나 오늘날 자동 제어 시스템의 성능을 향상시키기 위해 이용되고 있는 일반적인 이론의 대부분은 1885년 러시아에서 태어난 Nicholas Minorsky에 의해 제시되었다. 그의 이론은 오늘날 소위 비례-적분-미분 제어기(PID) 또는 3-모드 제어기(three-mode controller)라 불리는 제어 방식으로 발전되어 배의 자동 조타 장치에 적용되었으며 이 내용에 대해서는 9장과 11장에서 다루게 될 것이다.

1920년대 후반과 1930년대 초반에 벨 연구소에서 근무하던 H. W. Bode와 H. Nyquist는 피드백 증폭기의 해석법을 제시하였는데 이것은 10장과 11장에서 설명될 정현파 주파수 해석과 설계 기법의 모태가 되었다.

1948년 항공 산업에 종사하던 Walter R. Evans는 피드백 시스템의 파라미터 변동에 따른 시스템의 특성 방정식의 근궤적을 그리는 기법을 제시하였다. 오늘날 이 기법은 Bode와 Nyquist의 업적과 함께 선형 제어 시스템의 해석과 설계 이론의 기초가 되고 있다.

현대의 응용

오늘날 제어 시스템은 미사일과 우주선뿐만 아니라 배와 비행기 등의 유도(guidance), 항행(navigation) 및 제어 분야에서 널리 응용되고 있다. 예를 들어, 현대적인 배는 항해 방향 명령에 대해 전기 시스템, 기계 시스템과 유압 시스템이 조합되어 방향키 각도를 조정한다.

제조 물질의 두께를 조정할 뿐만 아니라 저장 탱크 내의 화학 농도나 액체 높낮이를 조정하는 공정 제어 산업에도 제어 시스템이 이용된다. 예를 들어, 철판의 마무리 밀링(milling)에서 두께를 제어하는 시스템을 생각하자. 철판은 마무리 밀링 장치로 들어가서 로울러(roller)를 통과한다. 밀링 장치에서는 X선으로 측정된 철판의 두께와 원하는 두께를 비교한다. 오차가 생기면 철판이 통과하는 로울러에서 나사 조정에 의한 위치제어로 롤 간격(roll gap)을 변경시킴으로써 두께가 조정되도록 한다.

최근에 개발된 제어 시스템들은 디지털 컴퓨터를 사용하고 있다. 그 예로 산업용 로봇, 우주선 및 공정 제어 등에서 컴퓨터는 제어 시스템의 일부분으로 사용되고 있다. 현대 제어에서 디지털 컴퓨터를 배제하는 것은 상상할 수 없는 일이다.

최근 마지막 우주왕복선까지도 퇴역했지만, 우주 왕복선은 탑재된 컴퓨터에 의해 시분할 방식으로 작동되는 여러 가지 제어 시스템을 보유하고 있기 때문에 제어 시스템 사용의 훌륭한 사례를 제공한다. 제어 시스템이 없다면 지구 궤도 쪽으로 왕복선을 유도하고 궤도 자체를 조정하거나 왕복선에서 생명을 유지시키는 것이 불가능하다. 왕복선에 탑재된 컴퓨터에 저장된 항행 프로그램은 왕복선의 하드웨어 장치들로부터 입력되는 데이터를 이용하여 이동 위치와 속도를 추정한다. 이들 정보는 왕복선의 비행 제어 시스템에 입력할 명령을 계산하기 위하여 유도 방정식에 대입되고 그 결과에 따라 우주선이 조종된다. 우주 공간에서 비행 제어 시스템은 우주선을 조종하기 위하여 지시된 방향으로 추진력을 분사하도록 OMS(Orbital Maneuvering System : 궤도 기동 시스템) 엔진을 회전시킨다. 대기권에서 왕복선은 비행 제어 시스템에서 승강타 보조익(elevon)과 같은 장치로 보내는 명령에 의해서 조종된다.

항행, 유도 및 제어 기능을 갖는 대형 제어 시스템 내에는 우주선의 기능을 제어하기 위한 많은 보조 시스템들이 있다. 예로, 바람과 같은 외란은 지시된 위치로부터 벗어나도록 승강타 보조익을 회전시키기 때문에 승강타 보조익에는 현재 상태가 지정된 상태인지를 확인하는 제어 시스템이 필요하다. 마찬가지로 우주에서 OMS 엔진은 엔진이 필요한 속도와 정확도를 갖고 기능을 할 수 있는지를 확신하는 제어 시스템을 필요로 한다. 또한, 제어 시스템은 궤도에서 하강하는 동안 우주선을 제어하고 안정화시킨다. 반동 제어 시스템(RCS ; Reaction Control System)을 구성하는 여러 개의 소형 엔진은 우주선 표면에 부착된 조종 장치들을 사용할 수 없는 대기권 밖에서 초기에 사용된다. 우주선이 대기권 안으로 들어오면 우주선의 제어는 우주선 표면의 조종 장치들에 의해 이루어진다.

우주선 내부에서는 전력을 공급하거나 생명을 유지하기 위한 다양한 제어 시스템이 필요하다. 예로, 우주선은 수소와 산소를 승무원이 사용하는 전기와 물로 변환시키기 위한 연료-셀 전력 공급 장치(fuel-cell power plant)를 세 개 가지고 있다. 연료셀들은 온도와 압력을 조정하기 위한 제어 시스템을 포함하고 있다. 반응 물질 저장 탱크는 반응 물질의 양이 감소되어도 일정한 압력을 유지시켜야 하므로, 탱크 내의 센서는 신호를 제어 시스템에 보내어 탱크 압력이 일정하게 유지되도록 히터를 on/off 시킨다.

제어 시스템은 과학과 산업에만 국한되지 않는다. 예로, 가정용 난방 시스템은 온도 변화에 따라 팽창하고 수축되는 바이메탈을 포함하는 간단한 제어 시스템이다. 바이메탈의 팽창과 수축에 의하여 히터를 on/off 시키는 수은 스위치가 작동되는데, 이 스위치를 움직이는데 필요한 팽창과 수축 정도는 온도 설정에 의해 결정된다.

가전 제품 역시 제어 시스템이 내장되어 있다. 예로, 광학 디스크 저장 장치에서 정보를 나타내는 미세한 홈은 저장 과정에서 레이저에 의해 만들어진다. 재생 동안 홈에서 반사되는 레이저 빔의 강도가 변한다. 그에 따른 빛의 세기 변화가 전기적 신호로 변환되어 소리나 그림으로 나타나게 된다. 이 때 제어 시스템은 원형으로 파진 홈에 레이저 빔이 비치도록 한다.

평범한 것에서부터 특이한 것에 이르기까지 제어 시스템의 종류는 다양하다. 제어 시스템 공학을 공부함으로써 더욱 다양한 응용 범위를 알 수 있을 것이다.

1.3 시스템의 구조

이 절에서는 제어 시스템의 두 가지 구조인 개루프(open loop)와 폐루프(closed loop)에 대해 알아본다. 우리는 이러한 구조들을 그림 1.1의 전체 시스템의 내부 구조로 생각할 수 있다. 그리고 디지털 컴퓨터가 포함되는 제어 시스템 구조에 대해 알아보기로 한다.

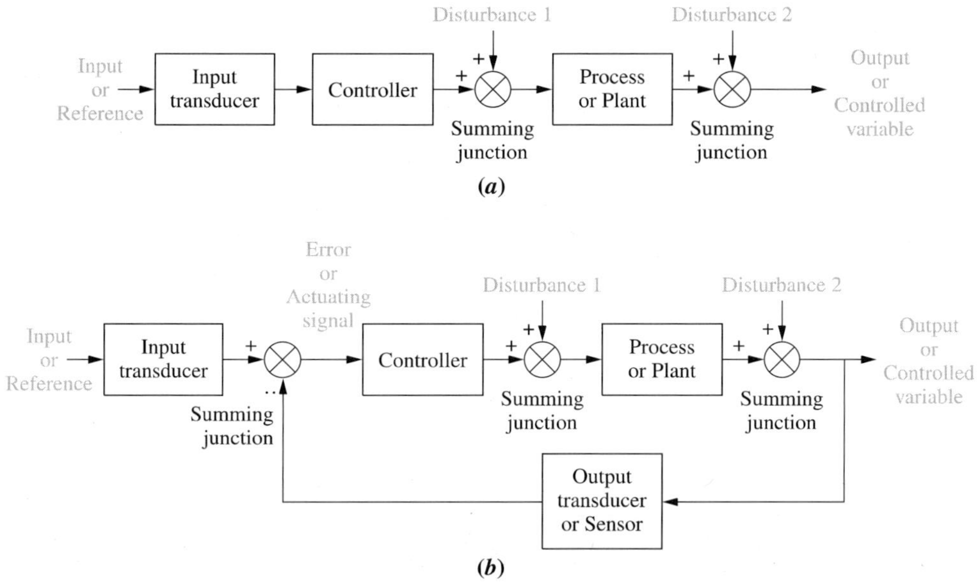

그림 1.5 제어 시스템 블록도 a. 개루프 시스템 b. 폐루프 시스템

개루프 시스템

일반적으로 개루프 시스템은 그림 1.5(a)와 같다. 개루프 시스템은 입력 명령을 제어기에 적합한 형태로 변환하는 **입력 변환기**(*input transducer*)라 칭해지는 보조 시스템으로 시작된다. 제어기는 공정 또는 장치를 구동시킨다. 입력은 **기준 입력**(*reference*)이라 칭하기도 하며, 출력은 **피제어 변수**(*controlled variable*)라 칭하기도 한다. 외란과 같은 신호는 입력되는 신호들을 대수적으로 합하는 **접합점**(*summing junction*)에서 제어기나 공정의 출력과 합해진다. 공정은 출력 변수가 온도인 난방기나 에어컨이 되며, 난방시스템의 경우 제어기는 연료 밸브와 이 밸브를 구동시키는 전기 시스템이 된다.

개루프 시스템의 대표적인 특징은 제어기의 구동 신호에 포함되는 외란을 제거시키지 못한다는 것이다(그림 1.5(a)의 외란 1). 예를 들어, 전자 소자로 구성되는 증폭기가 제어기로 사용되는 경우 외란 1이 잡음이라면, 첫 번째 접합점에서 포함되는 증폭기 잡음이 공정에 입력되기 때문에 공정의 출력에는 잡음에 의한 영향이 나타나게 된다. 개루프 시스템의 출력은 제어기와 공정 사이의 연결부에서 들어오는 잡음뿐만 아니라 출력에서 포함되는 외란(그림 1.5(a)의 외란 2)의 영향을 받게 되는데 개루프 시스템은 이와 같은 외란을 제거하지 못한다.

개루프 시스템의 출력은 입력에 의해 제어되기 때문에 시스템 변동에 의한 영향을 보상하지 못한다. 예를 들어, 토스터로 빵을 굽는 경우 빵의 색깔이 토스터의 출력이 되며 가열 시간이 길수록 빵의 색깔은 검게 된다. 빵의 색깔을 측정하여 보상하지 못하면 빵의 색깔이 다르거나 두께가 다른 경우를 구분하여 적당한 상태로 빵을 굽지 못하기 때문에 이와 같은 토스터는 개루프 시스템이 된다.

질량이 움직일 때 일정한 힘을 소모하는 제동기(damper)와 질량 및 스프링으로 구성되는 기계 시스템(mechanical system)은 또 다른 개루프 시스템의 한 예이다. 가하는 힘이 커질수록 변위가 달라지는데 외란과 같은 힘에 의해서도 변위가 변하므로 이 개루프 시스템은 외란을 억제하지 못한다. 시험 범위가 1~3장일 때 A학점을 받기 위해서 공부해야 할 시간을 계산하는 문제를 생각해 보자. 4장이 시험 범위로 추가될 때(이것은 외란임), 이 외란을 감지하지 못하여 공부하기로 정한 시간에 4장을 포함시키지 못하면, 이 과정은 개루프 시스템이 되며 시험 결과에서는 기대한 것보다 낮은 점수를 받게 될 것이다.

폐루프(피드백) 시스템

개루프 시스템은 외란에 민감하며, 외란을 제거하지 못하는 것이 단점인데, **폐루프 시스템**(*closed-loop system*)을 이용하면 이런 단점을 개선시킬 수 있다. 폐루프 시스템의 일반적인 구조는 그림 1.5(b)와 같다.

입력 변환기는 입력 명령을 제어기에 적합한 형태로 변환시키며, **출력 변환기**(*output transducer*) 또는 **센서**(*sensor*)는 출력을 측정하여 제어기에 적합한 형태로 변환시킨다. 예를 들어, 온도 제어 시스템에서 밸브를 작동시키는 제어기가 전기 신호에 의해 동작된다면, 입력 위치 명령과 출력 온도는 전기 신호로 변환되어야 한다. 입력 위치 명령은 가변 저항기인 **전위차계**(*potentiometer*)에 의해서 전압으로 변환되고 출력 온도는 온도에 따라 전기 저항이 변하는 **서미스터**(*thermistor*)에 의해서 전압으로 변환된다.

첫 번째 접합점에서는 출력으로부터 접합점에 이르는 **피드백 경로**(*feedback path*)를 통하여 도달하는 출력 신호와 입력 신호를 대수적으로 합하는데 그림 1.5(b)와 같이 출력 신호의 부호가 반전되어 입력 신호에 합해진다. 이 신호를 **구동 신호**(*actuating signal*)라 한다. 그러나 입력 변환기와 출력 변환기의 이득이 1인 시스템에서는 실제 입력과 출력의 차가 구동 신호가 되는데 이 구동 신호를 **오차**(*error*)라 한다.

폐루프 시스템에서는 측정된 출력이 피드백 경로를 통해 피드백되어 접합점에서 입력 명령과 비교되도록 함으로써 외란이 억제될 수 있다. 측정된 출력과 입력 명령이 일치하지 않으면 제어 시스템은 출력이 입력 명령과 같아질 때까지 구동 신호가 시스템에 가해지도록 한다. 출력이 입력 명령과 같아지면 구동 신호가 0이 되므로 시스템에 구동 신호가 가해지지 않는다.

폐루프 시스템은 개루프 시스템보다 정확한 제어가 이루어지며 잡음, 외란과 환경 변화에 민감하지 않다. 폐루프 시스템에서는 간단히 이득 조정을 하거나 제어기를 재설계함으로써 과도 응답과 정상 상태 오차를 개선시킬 수 있다. 시스템을 재설계하는 것을 **보상**(*compensating*)이라 하고 재설계된 하드웨어를 **보상기**(*compensator*)라 한다. 그러나 폐루프 시스템은 개루프 시스템보다 복잡하고 비용이 많이 든다. 개루프 형태의 토스터는 구조가 간단하고 값이 싸나, 폐루프 형태의 토스트 오븐은 빵의 색깔과 토스트 오븐 내의 습도를 측정해야 하기 때문에 구조가 복잡하고 비싸게 된다. 따라서 제어 시스템 엔지니어는 저가이며 단순한 형태의 개루프 시스템과 고가이므로 정확성을 가지는 폐루프 시스템의 특성을 고려하여 기능과 비용에 맞는 제어 시스템을 설계해야 한다.

요약하면, 출력을 측정하고 그 결과에 따라 보상하는 시스템을 폐루프 시스템, 또는 피드백 제어 시스템(feedback control system)이라 하고, 그렇지 않은 시스템을 개루프 시스템이라 한다.

컴퓨터 제어 시스템

현대 제어 시스템에서는 디지털 컴퓨터가 제어기(보상기)로 많이 이용되고 있다. 컴퓨터를 사용하면 한 컴퓨터에서 시분할 방식으로 많은 루프들이 보상되거나 제어될 수 있으며, 원하는 출력을 얻기 위해 필요한 보상기 파라미터들의 조정이 소프트웨어만을 수정하여 가능하다. 또한, 많은 작업이 순서에 따라 수행되도록 하며 시스템을 감독하는 기능도 갖는다. 예를 들어, 두 개의 디지털 컴퓨터가 내장된 우주 왕복선의 주엔진(SSME ; Space Shuttle Main Engine) 제어기는 엔진의 여러 기능을 제어하며, 압력, 온도, 유량 속도, 터보 펌프 속도, 밸브 위치와 엔진 서보 밸브 구동 위치 등을 측정하는 엔진 센서들을 감시한다. 스파크 점화 장치, 밸브 구동 장치, 센서 작동, 추진 연료 혼합비 제어와 기타 다른 기능을 수행하도록 하는 제어 시스템을 폐루프 제어 시스템으로 구성한다(Rockwell International, 1984).

1.4 해석과 설계 목적

1.1절에서 과도 응답이나 정상 상태 응답과 같은 제어 시스템의 성능에 대해서 언급하였다. 이러한 성능과 관련하여 시스템의 분석(analysis)과 설계(design)에 대한 정의를 내리고자 한다.

분석은 시스템의 성능이 결정되는 과정이다. 예를 들어, 우리는 과도 응답이나 정상 상태 응답이 원하는 성능을 나타내는 지를 결정하기 위해서 평가한다. 설계는 시스템의 성능을 생성하거나 변화시키는 과정이다. 예를 들어, 과도 응답이나 정상 상태 응답이 우리가 원하는 성능을 나타내지 못한다면, 우리는 변수를 변화시키거나 구성 요소를 추가하여 원하는 성능이 나타날 수 있게 한다.

제어 시스템은 일반적으로 과도 응답을 거쳐 입력 명령에 근접하는 정상 상태 응답이 출력되도록 하기 때문에 **동적 시스템**(*dynamic system*)이다. 이 두 응답 특성에 대해서는 이미 위치 제어 시스템(승강기)을 예를 들어 설명하였다. 이 절에서는 시스템 해석과 설계의 세 가지 중요한 점인 원하는 과도 응답을 가지도록 하는 것, 정상 상태 오차를 줄이는 것과 안정도를 보장하는 것에 대해 설명하고자 한다. 시스템 설계 시 고려해야 할 또 다른 사항인 비용과 파라미터 변동에 대한 시스템 성능의 감도 등에 대해서도 언급하고자 한다.

과도 응답

시스템의 과도 응답은 중요하게 고려되어야 한다. 승강기의 경우 과도 응답이 느리면 승강기가 천천히 움직이므로 승객들은 지루함을 느끼게 되고, 너무 빠른 과도 응답 특성을 가지거나 승강기가 한 층에서 1초 이상 진동하면, 승객들은 불안함을 느끼게 된다. 과도 응답이 시스템 구조에 미치는 영향 때문에 과도 응답은 중요하게 고려되어야 하는데, 과도 응답이 너무 빠르면 복구하지 못할 물리적 손상을 시스템에 입힐 수도 있다. 컴퓨터의 경우, 컴퓨터 디스크에서 데이터를 읽거나 디스크에 데이터를 쓰는데 걸리는 시간은 과도 응답에 좌우된다(그림 1.6 참조). 즉, 데이터를 읽거나 쓰기 위해서는 헤드가 정지해야 하므로, 읽기/쓰기(read/write) 헤드가 디스크의 한 트랙(track)으로부터 다른 트랙으로 이동하는 속도가 컴퓨터의 전체 속도에 영향을 미치게 된다.

dononeg/iStockphoto

그림 1.6 컴퓨터 하드 디스크 드라이브(위쪽에는 디스크와 읽기/쓰기 헤드가 있으며 아래쪽에는 전자회로가 있음)

이 책에서는 과도 응답을 정성적으로 정의하고, 주어진 시스템의 과도 응답을 분석한 후 원하는 과도 응답을 얻기 위하여, 파라미터나 설계 요소들을 조정하기로 한다. 이것이 첫 번째 해석과 설계 목적이다.

정상 상태 응답

또 다른 해석과 설계 목표는 정상 상태 응답이다. 이미 살펴본 바와 같이 이 응답은 입력 명령에 근접하는 응답으로 일반적으로 과도 응답이 사라진 후의 응답이다. 승강기가 4층에서 멈추라는 명령에 따라 4층에서 정지한 상태와 디스크 헤드가 정해진 트랙으로 이동하여 정지된 상태는 정상 상태 응답이다. 따라서 정상 상태 응답에서는 정확성이 매우 중요하다. 승강기는 승객이 타거나 내리고자 하는 층에 정확하게 정지하여야 하며, 컴퓨터 디스크 드라이브의 읽기/쓰기 헤드는 지정된 트랙에 정확하게 정지하여야 한다. 위성 추적용 안테나로 위성을 추적하는 경우 위성이 안테나의 추적 빔(tracking beam) 폭 내에 있어야 한다. 이 책에서는 정상 상태 오차를 정량적으로 정의하며, 정상 상태 오차의 해석과 오차를 줄이는 설계 방법에 대해 다루고자 한다. 이것이 두 번째 해석과 설계 목적이다.

안정도

과도 응답과 정상 상태 오차에 대한 해석과 설계는 시스템이 안정하지 않은 경우에는 의미가 없다. 시스템의 전체 응답은 **고유 응답**(*natural response*)과 **강제 응답**(*forced response*)의 합으로 표시된다. 선형 미분 방정식에서는 이들 응답을 각각 **동차해**(*homogeneous solution*)와 **특이해**(*particular solution*)라 부른다. 고유 응답은 시스템에서 에너지가 소모되거나 시스템이 에너지를 얻는 형태를 나타내는데 이것은 시스템의 특성에 따라 달라진다. 반면에, 강제 응답의 형태나 성질은 입력에 좌우된다. 따라서 **선형 시스템**(*linear system*)의 전체 응답은 다음과 같이 표현된다.

$$\text{전체 응답} = \text{고유 응답} + \text{강제 응답} \tag{1.1}$$[2]

제어 시스템이 제 기능을 하기 위해서는 (1) 정상 상태에서는 고유 응답이 0으로 감소되어 강제 응답만이 남거나, (2) 최소한 고유 응답이 발산하지 않고 진동하는 정도이어야 한다. 그러나 어떤 시스템에서는 고유 응답이 0으로 감소되거나 진동하지 않고 무한대로 발산하는 경우가 있다. 이와 같이, 고유 응답이 강제 응답보다 크게 되면 시스템은 제어될 수 없는 상태가 되는데 이런 경우 시스템은 **불안정**(*instability*)하다고 한다. 불안정한 시스템에서 응답의 증가를 강제로 억제하지 못하면 시스템이 손상된다. 예를 들어, 승강기가 올라가거나 내려갈 때 승강기가 바닥이나 천정과 충돌하고 항공기가 제어할 수 없이 좌우로 롤링(rolling)을 하여 마침내 항공기가 손상될 수 있다. 또한 목표 추적용 안테나에서 안테나가 회전하여 목표에 정렬되어도 안테나가 진동할 수 있는데, 전동기나 증폭기를 이용하여 이 진동을 억제하지 못하면 진동이 계속 증가하여 마침내는 안테나가 파괴된다. 불안정한 시스템은 시간에 따라 크기가 계속 증가하기 때문에 정상 상태에 도달하지 못하고 과도 상태만 갖게 된다.

제어 시스템은 안정하게 설계되어야 한다. 즉, 시간이 지날수록 과도 응답은 0으로 감소되거나 적어도 진동하여야 한다. 대부분의 시스템에서, 과도 응답은 고유 응답과 직접 연관되기 때문에 시간이 무한대로 증가할 때 고유 응답이 0으로 감소된다면, 과도 응답이 소멸되고 강제 응답만 남게 된다. 따라서 시스템이 안정하면, 과도 응답과 정상 상태 오차가 원하는 값을 갖도록 시스템을 설계할 수 있다. 이것이 세 번째 해석과 설계 목적이 된다.

그 밖의 고려사항

제어 시스템을 해석하고 설계할 때 고려할 세 가지를 설명하였는데, 이외에도 고려할 점이 몇 가지 더 있다. 예를 들어, 정격 용량에 적합한 전동기나 출력 측정용 센서와 같은 하드웨어의 선정은 설계 초기단계에서 고려되어야 하며, 비용 또한 고려할 사항이다.

제어 시스템 설계자는 설계 시 경제적 측면인 비용 및 경쟁력 있는 가격 결정 등을 고려해야 한다. 예를 들어, 단일품을 생산하는 경우 전체 비용이 크게 증가되지 않으면 비싼 부품을 사용하여 설계할 수도 있다. 그러나 많은 제품을 대량 생산하기 위한 설계의 경우에는 제품당 가격이 약간만 증가되어도 회사가 입찰계약 시 제시하고 판매 전에 지출해야 하는 비용이 증가되는 점을 고려해야 한다.

고려할 또 다른 사항은 **강인 설계**(*robust design*)이다. 과도 응답, 정상 상태 오차와 시스템이 안정하도록 설계하는 과정에서 상수로 취급한 시스템 파라미터들은 실제 시스템에서는 시간에 따라 변동하게 된다. 따라서 시스템 성능도 시간에 따라 변동하므로 설계된 것과 일치하지 않게 된다. 불행하게도, 파라미터 변동과 파라미터 변동에 의한 성능 변동 사이의 관계는 선형이 아닐 뿐만 아니라, 어떤 경우에는 같은 시스템일지라도 시스템 작동점과 설계 형태에 따라 성능이 다소 변하게 된다. 따라서 엔지니어는 시스템이 파라미터 변동에 민감하지 않는 강인 설계를 하여야 한다. 7장과 8장에

---

2 과도 응답과 고유 응답, 정상 상태 응답과 강제 응답을 혼동할 수 있다. 그림 1.2로부터 전체 응답은 과도 응답과 정상 상태 응답 영역으로 나뉘어짐을 알 수 있다. 고유 응답이 큰 동안은 과도 응답은 고유 응답과 강제 응답의 합이 되며 고유 응답만을 그려보면 그림 1.2의 과도 응답과 다른 곡선을 얻게 된다. 그러나 과도 응답이 작아지면 그림 1.2의 정상 상태 응답은 고유 응답과 강제 응답의 합이 된다. 따라서 고유 응답과 강제 응답은 과도 응답과 정상 상태 응답의 수학적 표현을 위한 성분이 된다.

서는 파라미터 변동에 대한 시스템 감도에 대해 설명하는데 이 개념을 이용하여 강인 설계 여부를 검사할 수 있다.

사례연구

사례연구 소개

지금까지 설계 목적에 대해 언급하였는데, 이 목적에 어떻게 접근할 것인가 하는 점을 생각해 보기로 하자. 이 절에서는 피드백 제어 시스템의 예를 설명하고자 하는데 이 시스템은 각 장의 내용을 설명하기 위한 사례연구로 계속해서 사용될 것이다. 1.5절에서는 시스템 구축에 도움이 되는 설계 과정을 설명할 것이다.

안테나 방위각(Antenna Azimuth) : 위치 제어 시스템에 대한 소개

위치 제어 시스템은 위치 명령에 대해 위치 응답을 출력시키는 시스템이다. 위치 제어 시스템은 안테나, 로봇 팔과 컴퓨터 디스크 구동 장치 등에 광범위하게 응용되고 있다. 그림 1.7의 전파 망원 안테나는 위치 제어 시스템을 사용하는 한 예이다. 이 절에서는, 전파 망원 안테나가 방위각을 유지하기 위해 사용될 수 있는 안테나 방위각 제어 시스템에 대해 상세하게 살펴보기로 한다. 시스템이 작동되는 방법과 시스템의 성능이 어떻게 변동되는지를 설명할 것이다. 또한 앞으로 다룰 시스템에 대해 정성적이며 직관적으로 이해할 수 있도록 하고자 한다.

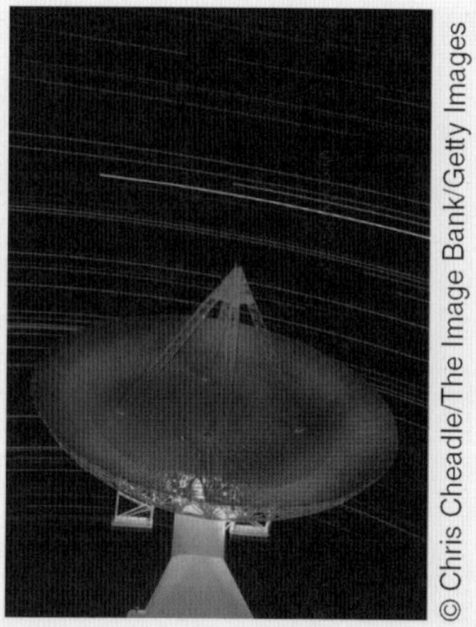

그림 1.7 대기권 밖의 생명체를 조사하기 위한 전파 안테나로 이 안테나는 위치 제어 시스템이다.

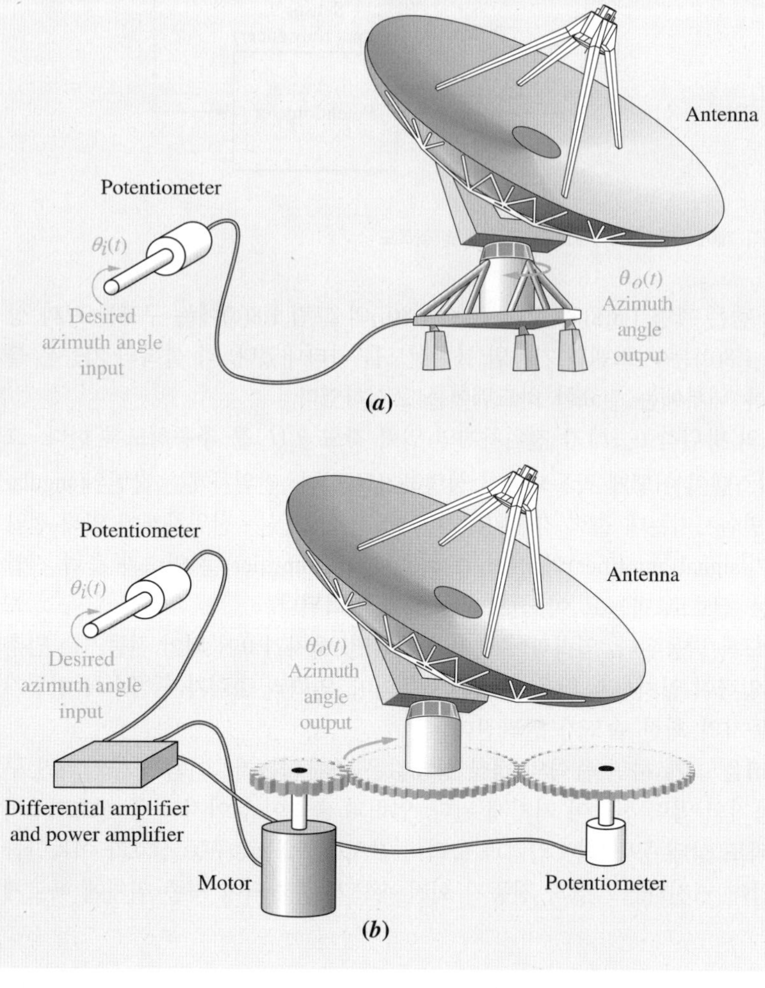

그림 1.8 안테나 방위각 제어 시스템
a. 시스템 개념도 b. 상세 개념도

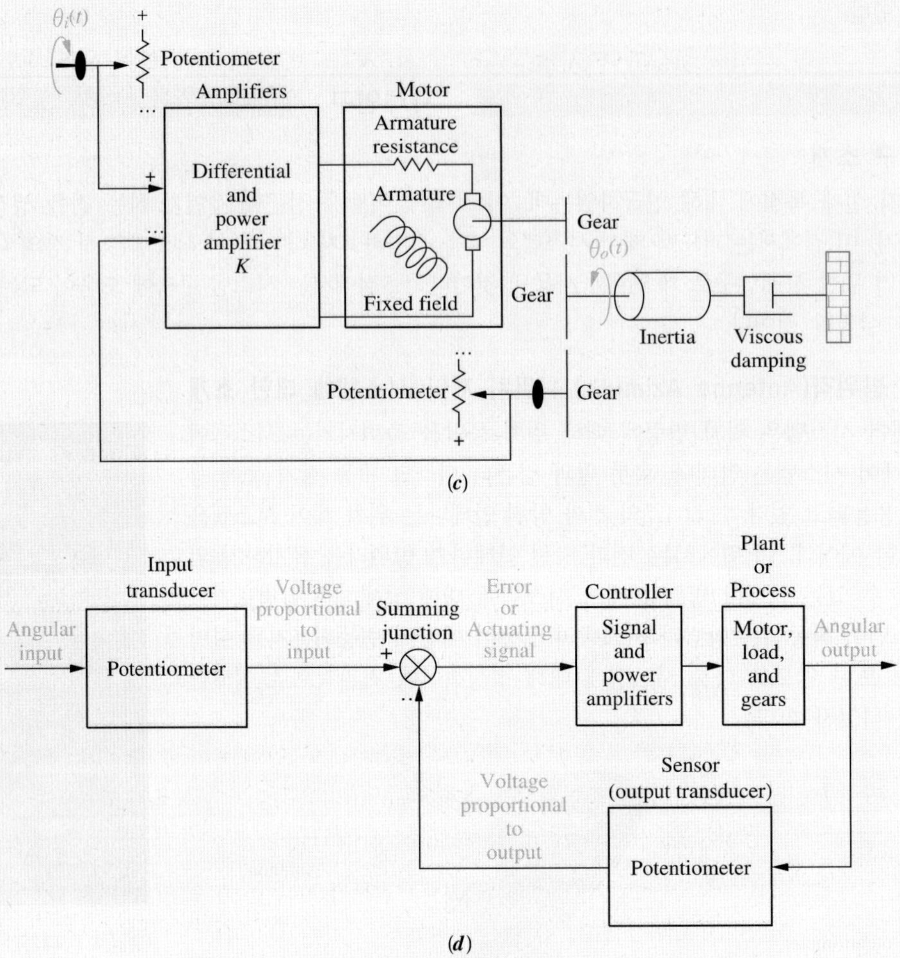

그림 1.8 (계속) 안테나 방위각 제어 시스템 c. 개요도 d. 기능별 블록도

안테나 방위각 제어 시스템은 그림 1.8(a)와 같다. 그림 1.8(b)와 그림 1.8(c)에는 구조를 보다 상세하게 나타내었으며, 그림 1.8(d)는 시스템의 기능별 블록선도를 나타내었다. 각 블록의 기능은 블록 위에 설명하였으며, 블록 내부에는 필요한 하드웨어를 표시하였다.

이 시스템에서는 안테나의 방위각 $\theta_o(t)$가 전위차계의 입력 각도 $\theta_i(t)$를 추종하도록 한다. 그림 1.8(d)를 이용하여 이 시스템이 어떻게 작동되는지 설명하기로 한다. 전위차계는 각변위(angular displacement)를 전압으로 변환시키는데 출력 각변위는 피드백 경로에 있는 전위차계에 의해 전압으로 변환된다. 신호 증폭기(signal amplifier)와 전력 증폭기(power amplifier)는 입력과 출력 전압 사이의 차를 증폭시켜 구동 신호로 만들고 이 신호가 공정에 입력된다.

시스템은 오차가 0이 되도록 작동된다. 입력과 출력이 일치되면, 오차가 0이 되어 전동기는 멈추게 된다. 전동기는 출력과 입력이 일치하지 않을 때에만 구동되며, 입력과 출력차가 클수록 전동기 입력 전압이 커지므로 전동기의 회전 속도가 빨라진다.

신호 증폭기의 이득(gain)을 크게 하면 출력의 정상 상태값은 증가되는가? 이득이 증가되면 구동 신호가 증폭되므로 전동기의 입력 전압이 커지게 된다. 입력과 출력이 같아져 구동 신호가 0이 되면 전동기는 정지한다. 과도 상태 동안에는 입력과 출력이 같지 않으므로 구동 신호가 이득만큼 증폭되어 전동기 입력 전압이 커진다. 그 결과 전동기 회전 속도가 증가되어 최종 위치에 빠르게

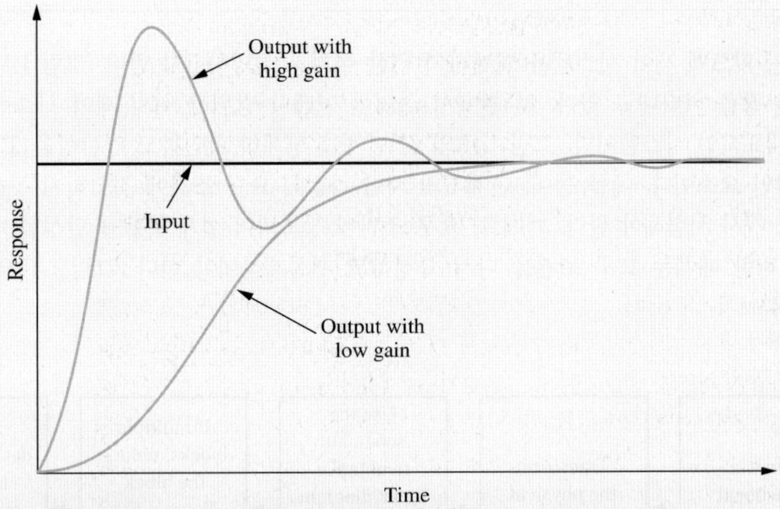

그림 1.9 위치 제어 시스템에서 제어기 이득의 크기에 따른 응답

도달한다. 그러나 속도가 증가하면 회전력이 증가하므로 전동기는 최종 위치를 지나치는 오버슈트(overshoot)를 갖게 되고 최종 위치로 되돌아 오도록 역회전된다. 따라서 이득이 커지면 최종치를 중심으로 **감쇠 진동**(*damped oscillation* : 시간에 따라 크기가 줄어드는 정현파 응답)하는 과도 상태를 갖게 된다. 이득의 크기에 따른 응답을 그림 1.9에 나타내었다.

지금까지 위치 제어 시스템의 과도 응답을 설명하였다. 과도 현상이 소멸된 후 출력이 입력에 근접하는 정도를 알아보기 위해 정상 상태 응답을 분석해보자. 그림 1.9에서는 정상 상태에서 오차가 0이 됨을 보여주고 있다. 즉, 과도 현상이 소멸된 후 출력이 입력 명령과 같아진다. 그러나 어떤 시스템에서는 이득 조정만으로는 과도 응답을 개선시키지 못하거나 원하는 과도 응답과 원하는 정상 상태 응답을 동시에 만족시킬 수 없기 때문에 정상 상태 오차가 0이 되지 못한다.

이와 같은 문제는 회로 소자로 구성되는 필터(filter)와 같이 동적 특성을 가지는 제어기를 증폭기와 함께 사용하여 해결할 수 있다. 이러한 유형의 제어기를 사용하면 이득 조정만으로는 해결할 수 없었던 과도 응답과 정상 상태 오차에 대한 설계 조건을 동시에 만족시킬 수 있는 제어 시스템을 설계할 수 있다. 그러나 제어기는 훨씬 복잡하게 되며, 이 때 사용되는 필터는 보상기가 된다. 대부분의 시스템에서는 시스템 성능을 향상시키기 위하여 피드백 경로에 출력 변환기와 함께 동적 부시스템(dynamic subsystem)을 사용한다. 강사를 위한 파워 포인트(PPT) 동영상 자료는 www.wiley.com/college/nise에서 가능하다.

요약하면, 설계 목적과 시스템 성능 관점에서는 과도 응답, 정상 상태 오차와 안정도를 고려하게 된다. 이득을 조정하면 시스템 성능이 달라지므로 성능 기준에 적합하도록 조정되어야 한다. 보상기를 이용하면 이와 같은 이득 조정 없이 원하는 성능 규격을 만족시키도록 시스템을 설계할 수 있다. 지금까지 목적과 목표 달성에 적합한 방법에 대해 설명하였는데, 다음에는 시스템 설계 절차에 대해 설명하고자 한다.

1.5 설계 절차

이 절에서는, 피드백 제어 시스템을 설계하기 위한 절차를 설명하고자 한다. 그림 1.10은 설계 절차와 해당되는 장을 나타내고 있다. 앞 절에서 설명한 안테나 방위각 위치 제어 시스템은 해석 및 설계를 위한 대표적인 시스템이다. 그림 1.10의 각 단계를 상세히 확인하고 연관성을 고려하는 것은 설계의 필수적인 요소이다. 예를 들어, 단계 6의 시험 과정이 요구 조건에 적합하지 못하면, 시스템을 재설계하고 다시 시험해야 한다. 때때로, 요구 조건이 상충되어 설계 목표를 달성할 수 없는 경우가 있는데, 이러한 때에는 요구 조건을 다시 규정하고 재설계하여야 한다. 그림 1.10의 각 블록을 상세히 설명해 보자.

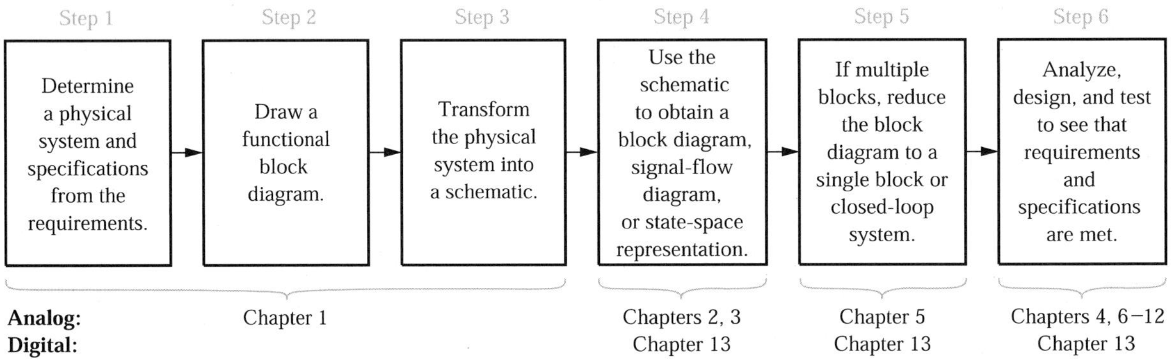

그림 1.10 제어 시스템 설계 절차

1단계 : 요구 조건에 맞는 실제 시스템 선정

요구 조건에 맞는 실제 시스템(physical system)을 선정한다. 예를 들어, 안테나 방위각 위치 제어 시스템에서 요구 조건은 원거리에 안테나를 배치시켜야 할 위치, 무게, 크기와 같은 규격을 정하는 것이다. 이런 요구 조건에 따라 과도 응답과 정상 상태에서 응답의 정확도와 같은 설계 규격을 결정한다. 대략 그림 1.8(a)와 같은 구조를 갖게 된다.

2단계 : 기능별 블록선도 작성

정성적으로 표현된 시스템의 각 부분을 기능별 블록선도(기능 또는 하드웨어)로 나타내고, 이 블록들을 상호 연결하여 전체 블록선도를 완성한다. 그림 1.8(d)는 안테나 방위각 위치 제어 시스템의 기능을 나타내는 블록선도이다. 블록선도는 증폭기나 전동기와 같은 하드웨어는 물론 입력 변환기나 제어기와 같은 기능을 표시한다. 이 단계에서 설계자는 그림 1.8(b)와 같은 세부 개념도를 만들며, 이것으로부터 다음 단계의 시스템 구조에 대한 개요도(schematic)를 그릴 수 있을 것이다.

3단계 : 구조 개요도 도안

앞에서 살펴본 바와 같이, 위치 제어 시스템은 전자 소자, 기계 부품과 전기 기계 장치로 구성된다. 실제 시스템을 정한 후 제어 시스템 엔지니어는 그림 1.8(a)와 같이 실제 시스템 구조에 대한 개요도로 변환한다. 엔지니어는 시스템을 간략화하는 과정에서 어떤 현상은 무시하여야 한다. 그렇지 않으면 개요도가 비현실적이 되어 수학적 모델을 얻기 어렵다. 이 개요도를 이용하여 시스템을 해석하고 컴퓨터 시뮬레이션(simulation)을 통하여 실제 시스템에 적용된 가정이 타당한지를 검증한다. 개요도로 표시된 시스템이 너무 간단하거나 관측된 동작 특성을 나타내지 못하면 제어 시스템 설계자는 무시되었던 현상을 다시 개요도에 추가시켜야 한다. 안테나 방위각 위치 제어 시스템의 구조에 대한 개요도는 그림 1.8(c)와 같다.

전위차계는 관성과 마찰을 무시하여 간략화한다. 관성이나 마찰의 기계적 특성 때문에 출력 전압은 입력 전압이 가해지는 즉시 나타나는 것이 아니라, 시간 지연이나 오버슈트 등을 갖는 동적 응답 특성을 가진다. 따라서 관성이나 마찰의 기계적인 특성을 무시하면 전위차계의 출력 전압은 전위차계 축이 회전함과 동시에 변동된다.

직류 전동기(dc motor)를 구동시키기 위한 차동 증폭기(differential amplifier)와 전력 증폭기는 각각 이득이나 전력 증폭을 하는 제어기로 사용된다. 증폭기의 동적 특성은 전동기의 응답 속도보다 빠르다고 가정하여 증폭기는 상수 이득 k로 모델링된다.

직류 전동기는 부하의 출력 각변위가 변하도록 한다. 전동기의 속도는 전동기의 **전기자**(*armature*) 회로에 가해지는 전압에 비례한다. 전기자 회로는 인덕턴스와 저항을 갖는데 그림 1.8(c)와 같이 직류 전동기의 경우 전기자 인덕턴스는 무시될 수 있다.

부하(load)의 경우 회전하는 질량과 베어링 마찰을 가지므로, 부하 모델은 자동차의 충격 흡수 장치나 스크린 문 제동기(screen door damper)와 같이 속도가 증가함에 따라 역회전 토크(torque)가 증가되는 **관성**(*inertia*)과 **점성마찰**(*viscous damping*)로 표현된다.

개요도는 실제 시스템과 시스템의 동작과 관련된 물리적 법칙 및 경험으로부터 얻게 되는데 대부분 간단히 얻기가 어렵다. 따라서 설계 경험을 많이 쌓음으로써 실제 시스템을 모델링할 수 있는 능력을 높일 수 있다.

4단계 : 수학적 모델의 개발 (블록선도)

시스템 구조에 대한 개요도가 완성되면, 전기 회로에 적용되는 Kirchhoff의 법칙과 실제 시스템에 적용되는 Newton의 법칙과 같은 물리적 법칙과 가정을 이용하여 시스템을 모델링한다. 이들 법칙은 다음과 같다.

- **Kirchhoff의 전압 법칙** : 폐루프를 일주하면서 취한 전압의 합은 0이다.
- **Kirchhoff의 전류 법칙** : 마디에 흐르는 전류의 합은 0이다.
- **Newton의 법칙** : 물체에 작용하는 힘의 합은 0이다.[3] 물체에 작용하는 모멘트(moment)의 합은 0이다.

Kirchhoff의 법칙과 Newton의 법칙을 이용하면 동적 시스템의 입력과 출력 사이의 관계를 나타내는 수학적 모델을 얻을 수 있다. 이 때 얻어지는 모델은 다음과 같이 **선형 시불변 미분 방정식**(*linear time-invariant differential equation*)으로 표시된다.

Kirchhoff의 법칙과 Newton의 법칙을 이용하면 동적 시스템의 입력과 출력 사이의 관계를 나타내는 수학적 모델을 얻을 수 있다. 이 때 얻어지는 모델은 다음과 같이 선형 시불변 미분 방정식으로 표시된다.

$$\frac{d^n c(t)}{dt^n} + d_{n-1}\frac{d^{n-1}c(t)}{dt^{n-1}} + \cdots + d_0 c(t) = b_m\frac{d^m r(t)}{dt^m} + b_{m-1}\frac{d^{m-1}r(t)}{dt^{m-1}} + \cdots + b_0 r(t) \qquad (1.2)^4$$

대부분의 시스템은 이와 같은 형태의 방정식으로 표현되는데 시스템 파라미터 a_i와 b_j로 출력 $c(t)$와 입력 $r(t)$ 사이의 관계가 정해진다. 독자들은 이미 미분 방정식에 익숙해 있으리라 판단하여 미분 방정식에 대한 문제를 장의 끝부분 문제에 포함시켰으며 참고문헌만을 소개하였다.

수학적 모델을 얻는 과정에서 세운 가정 때문에 식 (1.2)의 차수가 낮아지게 된다. 가정을 하지 않으면 시스템 모델은 차수가 높아지거나 **비선형 시변**(*nonlinear time varying*) 또는 **편미분 방정식**

---

3 Σ힘=Ma로도 표현되나 이 책에서는 Σ힘=0(D' Alemvert의 원리)의 형태를 사용한다. 이것은 Newton의 법칙인 Σ힘=0과 Kirchhoff의 법칙인 Σ전압=0의 형태를 일치시키기 위함이다.

4 식 (1.2)의 우변은 입력 $r(t)$에 대한 미분식이다. 물리적 시스템에서 입력의 미분은 잡음의 영향을 크게 한다. 3장과 5장에서 입력을 미분하지 않는 형태를 다루기로 한다.

(*partial differential equation*)으로 표현된다. 이들 방정식은 설계 절차를 복잡하게 할 뿐만 아니라 설계자의 설계 능력을 저하시킨다. 물론 모든 가정 및 시스템 간략화는 해석과 시험을 통하여 검증되어야 한다. 간략화시키기 위한 가정이 입증되지 못하면 시스템은 간략화된 모델로 나타낼 수 없다. 2장에서는 이와 같은 가정에 대해 언급하기로 한다.

미분 방정식과 함께 **전달 함수**(*transfer function*)는 시스템을 수학적으로 모델링하는 또 다른 방법이다. 전달 함수 모델은 *Laplace* **변환**을 이용하여 선형 시불변 미분방정식으로부터 유도된다. 전달 함수는 선형 시스템에만 사용되지만 미분 방정식을 이용하여 시스템을 해석하는 것보다 이해하기가 쉽다. 따라서 시스템 파라미터를 변화시키고 파라미터 변동에 대한 시스템 응답을 바로 알 수 있다. 전달 함수는 부 시스템이 상호 연결되는 시스템의 모델링에도 유용한데, 그림 1.8(d)와 유사한 블록선도를 가지며 각 블록의 기능은 수학적으로 표현된다.

시스템 모델은 **상태 공간**(*state space*)에서도 표현될 수 있다. 모델을 상태 공간에서 표현하려는 이유는 선형 미분 방정식으로 나타낼 수 없는 시스템에도 적용할 수 있을 뿐만 아니라, 디지털 컴퓨터로 시뮬레이션하기 편한 형태로 나타낼 수 있기 때문이다. 기본적으로, 이 방법은 n차 미분 방정식을 n개의 1차 연립 미분 방정식으로 바꾸는 것으로 3장에서 자세하게 설명하기로 한다.

마지막으로 시스템에 대한 수학적 모델을 얻기 위해서는 등가 저항, 인덕턴스, 질량과 감쇠와 같은 파라미터 값을 알아야 하는데, 이와 같은 값들은 제조회사가 제공하는 분석치, 측정치, 또는 규정치로부터 얻을 수 있으나 항상 가능한 것은 아니다.

5단계 : 블록선도 단순화

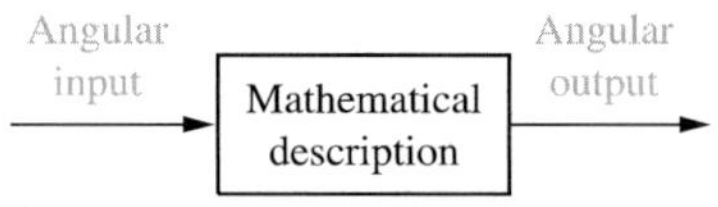

그림 1.11 안테나 방위각 제어 시스템의 등가 블록도

그림 1.8(d)와 같이 수학적으로 표현된 부 시스템들이 상호 연결되어 한 개의 대규모 시스템이 된다. 비례 전압과 오차와 같은 신호들은 시스템 내부의 신호이며, 각변위 입력과 출력 신호는 시스템 외부의 신호이다. 이 시스템과 같은 대규모 시스템의 블록선도를 그림 1.11와 같이 입력과 출력 신호만을 갖는 한 개의 블록선도로 단순화시켜 응답을 구하거나, 시스템을 해석하고 설계하는 것이 바람직하다.

6단계 : 해석과 설계

블록선도를 단순화시킨 후에는 시스템에 대한 해석과 설계를 한다. 각 블록으로 표시되는 부 시스템의 성능 개선이 목적이면, 블록선도 단순화 과정을 거치지 않고 해석과 설계를 할 수 있다. 이 단계에서는 시스템 파라미터 만을 조정하여 응답 및 성능규격을 만족시킬 수 있는지를 알아본다. 규격이 만족되지 않는 경우에는 원하는 성능을 얻기 위하여 하드웨어를 추가로 설계하여야 한다.

설계가 타당한지를 확인하기 위해 해석 및 시험 과정에서 시험 신호를 입력으로 사용한다. 복잡한 신호를 입력하여 시스템의 성능 분석을 하는 것이 효과적이지 못하므로 대표적인 시험 신호를 입력으로 사용한다. 이들 입력 신호는 표 1.1과 같이 임펄스(impulse), 계단 함수(step function), 램프 함수(ramp function), 포물선 함수(parabola function)와 정현파(sinusoidal) 신호이다.

임펄스는 $t \neq 0$에서는 0이고, $t = 0$에서는 크기가 무한대이며, 면적이 1인 파형이다. 이런 유형의 파형은 시스템이 과도 응답 만을 갖도록 하기 위하여 시스템에 가하는 초기 에너지 파형으로 볼 수 있다. 이 응답으로 부터 시스템의 수학적 모델을 유도할 수 있다.

표 1.1 제어 시스템에 사용되는 대표적인 시험 신호

입력	함수	형태	파형	용도
임펄스	$\delta(t)$	$\delta(t) = \infty \text{ for} 0- < t < 0+$ $= 0 \text{ elsewhere}$ $\int_{0-}^{0+} \delta(t)dt = 1$	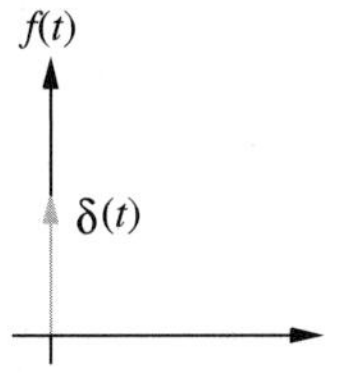	과도 응답 모델링
계단 함수	$u(t)$	$u(t) = 1 \text{ for } t > 0$ $= 0 \text{ for } t < 0$	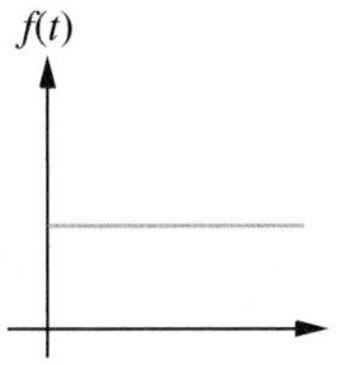	과도 응답 정상 상태 오차
램프 함수	$tu(t)$	$tu(t) = t \text{ for} t \geqq 0$ $= 0 \text{ elsewhere}$	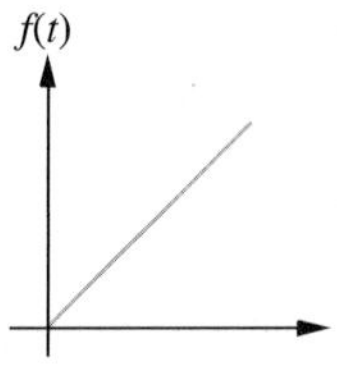	정상 상태 오차
포물선 함수	$\frac{1}{2}t^2u(t)$	$\frac{1}{2}t^2u(t) = \frac{1}{2}t^2 \text{for } t \geqq 0$ $= 0 \text{ elsewhere}$	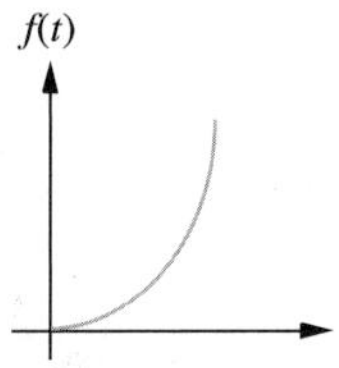	정상 상태 오차
정현파	$\sin\omega t$		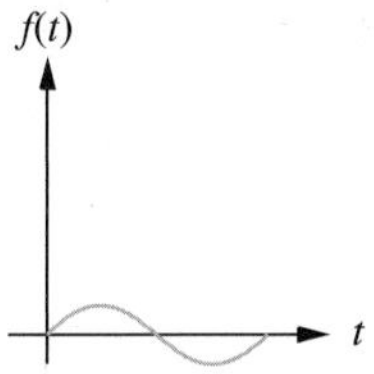	과도 응답 모델링 정상 상태 오차

계단 함수는 위치, 속도나 가속도가 일정한 크기를 가질 때, **입력 명령**을 표시하는데 사용된다. 대부분의 경우, 계단 함수 명령에 대하여 출력도 같은 형태가 된다. 예를 들어, 안테나 방위각 위치 제어 시스템과 같이 시스템의 출력이 위치인 경우, 계단 함수로 표현된 위치 명령에 대해 출력은 실제 위치가 된다. 비디오 디스크와 같이 회전 속도가 시스템의 출력이 되는 경우 입력이 계단 함수로 표시되면 이것은 균일한 속도로 회전하라는 명령이며 시스템의 출력은 실제 회전 속도가 된다. 입력 명령으로 계단함수가 사용되면 과도 응답과 정상 상태 응답을 모두 명확하게 알 수 있고 계산할 수 있게 된다.

램프 함수 입력은 **선형으로 증가하는 명령**을 나타낸다. 예를 들어, 일정 속도로 이동하는 위성을 추적할 때 이동 위치는 선형적으로 증가되므로 램프 함수로 나타낼 수 있다. 시스템의 출력이 속도인 경우, 램프 함수 입력 명령은 선형적으로 증가하는 속도가 된다. 램프 함수 입력에 대한 정상 상태 오차를 계산할 수 있다. 이와 같은 해석은 **포물선** 함수 입력에도 적용시킬 수 있다.

정현파 입력은 시스템에 대한 수학적 모델을 유도하기 위하여 실제 시스템을 시험하는데 이용된다. 이것은 10장과 11장에서 자세하게 논의될 것이다.

해석과 설계를 위한 기본 요구 조건 중 하나는 주어진 입력에 대한 시스템의 시간응답을 얻는 것이다. 이 책에서는 여러 가지 방법을 통하여 얻고자 한다.

제어 시스템 엔지니어들은 피드백 제어 시스템에 대한 다른 특성도 고려하여야 한다. 예를 들어 제어 시스템의 작동은 시스템 파라미터 값이나 파라미터 변동에 의하여 달라지게 된다. 이러한 변동은 온도, 압력이나 다른 환경 변화에 의해서 발생된다. 예상되는 변동이 한계를 넘어 시스템 성능을 약화시키지 않도록 설계해야 한다. **감도(*sensitivity*)**는 시스템 파라미터 변동에 대한 성능 변동을 퍼센트로 나타낸 함수이다. 설계 목표 중 하나는 예상되는 범위 내에서 발생되는 변화에 대해 감도가 최소가 되도록 시스템을 설계하는 것이다.

이 절에서는 제어 시스템 해석과 설계 시 고려할 사항들에 관해서 살펴보았다. 설계자는 과도 응답, 정상 상태 오차, 안정도 및 감도를 고려하여야 한다. 시스템의 성능평가에 미분방정식이 기본적으로 이용되지만 전달 함수와 상태공간 표현식과 같은 다른 표현식이 이용될 수 있다. 미분 방정식보다 이들 기법이 유리한 점은 뒤에서 자세하게 다루기로 한다. 지금까지 해석과 설계 방법에 대해 언급하였는데 다음으로 컴퓨터를 이용하는 방법에 대해 언급하고자 한다.

1.6 컴퓨터를 이용한 설계

현대의 제어 시스템 설계에 있어서 컴퓨터는 중요한 역할을 한다. 과거에는 전적으로 수작업으로 제어 시스템을 설계하였다. 현재 우리가 사용하고 있는 많은 기법들은 그 당시에는 수동형 계산기나 기껏해야 그래픽 보조 장치를 이용하여 구현되었다. 따라서 처리 과정이 느리고 결과도 부정확하였다. 그 후 대형 컴퓨터가 설계를 검증하기 위하여 시뮬레이션에 이용되었다.

오늘날에는 컴퓨터와 소프트웨어를 이용함으로써 제어 시스템의 설계를 효과적이고 편리하게 할 수 있다. 개인용 컴퓨터를 이용하여 해석, 설계 및 시뮬레이션을 수행할 수 있으며, 설계 검증을 위한 시뮬레이션이 가능하기 때문에 설계 변경 및 재설계가 간단하고 신속하게 이루어질 수 있다. 설계 기법을 변경하여 적용시켜 볼 수 있기 때문에 성능 개선 효과가 큰 설계 기법을 찾을 수 있다. 또한 비선형 특성을 갖거나 다른 특성이 포함된 시스템도 다룰 수 있으며, 모델링이 정확한지도 검증해 볼 수 있다.

MATLAB

컴퓨터는 현대 제어 시스템 설계의 한 부분을 차지하기 때문에 컴퓨터를 이용하는 기법들이 많이 적용되고 있다. 이 책에서는 MATLAB과 제어 시스템용 명령들을 포함하고 있는 MATLAB Control System Toolbox를 사용한다. 아울러 MATLAB과 Control Systems Toolbox에 부가적인 기능을 제공하는 다른 프로그램들을 수록하였다. (1) GUI(Graphical User Interface)를 사용하는 Simulink, (2) 측정치가 직접 시간 또는 주파수 응답 곡선이 되도록 하는 선형 시스템 분석기, (3) 편리하고 직관적인 해석과 설계 도구인 제어 시스템 디자이너, (4) 제어 시스템 해석과 설계시 요구되는 심볼 계산을 편리하게 하는 Symbolic Math Toolbox가 포함되었다. 이들 중에는 MathWorks사로부터 추가로 구입해야 하는 소프트웨어가 있다.

MATLAB은 제어 시스템 문제들을 다른 방법으로 해결하는데 이용된다. 컴퓨터 프로그램을 기계적으로 이용함으로써 문제를 해결하는 통찰력을 잃지 않도록 하기 위하여, 먼저 손으로 직접 문제를 해결한 후 MATLAB을 이용하여 문제 해결을 반복하도록 하였다.

MATLAB의 사용을 도모하기 위해, 각 장의 적절한 위치에 간단한 프로그램 설명을 제시하였다. 부록에 있는 MATLAB을 참조하고 관련된 MATLAB 응용 프로그램을 참조하기 위한 아이콘을 본문 가장자리에 표시하였다. MATLAB을 이용하는 장 마지막 부분의 문제와 사례연구의 도전 문제도 아이콘으로 표시하였다. 다음에 표시되는 목록은 MATLAB 용법 중 이 책에서 사용되면서 부록에 보충 설명이 있는 것을 아이콘으로 나타낸 것이다.

MATLAB/Control Systems Toolbox 개요와 코드를 부록 B에 수록하였으며, 본문 중에서 가장자리에 MATLAB ML 아이콘으로 표시하였다.

MATLAB ML

Simulink 개요와 다이아그램을 부록 C에 수록하였으며, 본문 가장자리에 Simulink SL 아이콘으로 표시하였다.

Simulink SL

MATLAB GUI tools, 개요와 예제를 부록 E에 수록하였으며, 본문 가장자리에 GUI Tool GUIT 아이콘으로 표시하였다. 이들 tool은 선형 시스템 분석기와 제어 시스템 디자이너로 구성된다.

GUI Tool GUIT

Symbolic Math Toolbox 개요와 코드를 www.wiley.com/go/Nice/ControlSystemsEngineering8e에 있는 부록 F에 수록하였으며, 본문 가장자리에 Symbolic Math SM 아이콘으로 표시하였다.

Symbolic Math SM

MATLAB 프로그램은 MATLAB 소프트웨어가 지원되는 PC, 매킨토시나 워크스테이션에서 수행될 수 있다. 기종에 따라 MATLAB 프로그램을 설치하고 파일을 관리하는 것이 약간씩 다를 수 있지만 여기서는 생략하기로 한다. 또한 MATLAB과 MATLAB Control System Toolbox에는 부록에 소개된 것보다 더 많은 명령어가 있다. 이 책에서 언급하지 않은 MATLAB 파일 관리와 명령어에 대해서는 부록에 있는 참고문헌을 참고하기 바란다.

LabView

LabView는 MATLAB과는 다른 프로그래밍 환경을 제공한다. 시각적으로 구성된 이 프로그램은 함수 발생기나 오실로스코프 같은 하드웨어 장치를 그림을 이용해 사용자의 컴퓨터에 front panel로 표현한다. Front panel은 내부적으로 블록 다이어그램으로 이루어져 있다. 이 블록다이어그램은 내부적으로 front panel을 제어하고 상태를 보여주는 코드로 구성되어 있다. 따라서 코드에 대한 정보는 알 필요가 없게 된다. 또한 인자들은 front panel에 의해 쉽게 다뤄지거나 보여 진다.

LabView 사용 설명서는 부록 D에 수록하였으며 본문 가장자리에 LabVIEW LV 아이콘으로 표시하였다.

LabVIEW LV

이 책을 통하여 계산상의 편리함을 터득하길 바란다. MATLAB이나 LabView를 사용하지 않는 것들은 부록 H를 참고하기 바란다. 지금까지 제어 시스템을 소개하였으며 해석과 설계에 필요한 계산을 수행하는데 도움될 사항에 대하여 설명하였다. 이제 제어 시스템 엔지니어로서의 능력을 검토해 볼 기회와 도전이 독자들을 기다리고 있다.

1.7 제어 시스템 엔지니어

제어 시스템 공학은 다양한 훈련과 훈련 기능을 포함하기 때문에 공학적 재능을 발휘할 흥미있는 분야이다. 전체 시스템의 요구 조건을 결정하고 구현할 때, 개념 단계에서 개입하는 제어 공학자는 큰 프로젝트의 최고 관리자 위치에 있게 된다. 시스템 요구 조건에는 인터페이스 요구 조건, 하드웨어와 소프트웨어 설계 및 시험 계획과 절차 등을 포함하여 전체 시스템의 성능 규정, 개별 시스템의 기능과 이들 기능의 상호 연결 등이 포함된다.

많은 엔지니어들은 회로 설계나 소프트웨어 개발과 같은 한 영역에만 종사하나, 제어 시스템 엔지니어들은 공학 및 과학의 다양한 분야에서 많은 사람들과 교류하고 광범한 영역에서 일하게 된다. 예를 들어, 제어 시스템 엔지니어가 생명 공학 분야에서 일하고 있다면, 수학과 물리학뿐만 아니라, 생명 과학, 기계 공학, 전자 공학과 컴퓨터 공학에 종사하는 전문가들과의 교류도 필요하게 된다. 제어 시스템 엔지니어들은 개념 설정 단계부터 설계 및 최종 시험 과정까지의 전체 프로젝트 개발 과정에서 이 분야 엔지니어들과 함께 일하게 된다. 설계 단계에서 제어 시스템 엔지니어들은 규정된 요구 사항에 적합한 모든 개별 시스템의 설계를 포함하여 하드웨어의 선정, 설계 및 인터페이스를 취급하게 된다. 제어 공학자들은 전자, 공기압, 유압회로 분야뿐만 아니라 센서나 전동기를 다루는 경우도 있다.

시스템 엔지니어에게 우주 왕복선은 다양성을 보여주는 또 다른 예이다. 앞 절에서 우주 왕복선의 제어 시스템들은 궤도 역학, 추진 역학, 공기 역학, 전자 공학과 기계 공학 등 과학의 많은 분야를 포함하고 있음을 알았다. 우주 프로그램에 참여하든지 안하든지 간에 제어 시스템 엔지니어들은 공학적인 제어 문제들을 해결하기 위하여 폭넓은 기초 지식을 응용하게 될 것이다. 또한 대학 교과 과정에 관계없이 공학적인 시야를 넓힐 수 있는 기회를 갖게 될 것이다.

이제 여러분은 미래의 가능성에 대해 인식할 수 있다. 그러나 이 과정이 제어 시스템을 공부하는 학생들에게 제공하는 장점은 무엇인가? 공학 교육 과정에서는 상향식 설계(bottom-up design)를 강조하는 경향이 있는데, 이 방법은 소자로부터 시작하여 회로를 설계한 후 제품을 조립하는 것이다. 하향식 설계(top-down design)에서는 설계 요구 조건에 부합되는 개략적인 윤곽을 짠 후 시스템을 구현하는데 필요한 하드웨어나 기능들을 결정한다.

이 교과 과정에서 하향식 설계에 대해 소개하지 않는 주 이유는 초기 단계부터 고차원의 수학들이 필요하기 때문이다. 예들 들어, 미분 방정식이 포함된 제어 시스템 이론을 저학년 과정에서 가르치기는 어렵다. 그러나 상향식 설계 방식으로 진행하면 제품 개발 주기의 윤곽에 맞게 논리적으로 적합한 교과 과정을 수강하고 있는지를 알기가 어렵다.

제어 시스템 교과 과정을 이수하면 한 발 물러서서 전체를 이해하게 될 수 있고 과거에 배운 내용을 전체적인 설계 구도에 어떻게 맞춰야 하는지를 알게 될 것이다. 증폭기와 진동에 관련된 교과 과정이 제품 개발에 관련되어 어떤 역할을 하는지를 알게 되면 의미가 새로워진다. 예를 들어, 엔지니어는 인간에게 이익을 줄 시스템을 설계하기 위하여 물리적 세계를 개략적으로 설명하고자 한다. 비록 제품 개발 주기 내에서 모델링이 어디에 적합한지를 그 당시에는 이해하지 못할지라도, 과거에 배운 내용을 통하여 물리적 시스템들을 수학적으로 모델링하는 능력을 얻게 됨을 알 것이다. 또한 이 과정은 해석과 설계 절차를 명확하게 하고 이미 얻은 지식을 시스템 설계 구도에 어떻게 일치시켜야 하는지도 알려 줄 것이다.

제어 시스템을 이해하면 모든 공학 분야의 학생들에게 공통어로 말할 수 있으며, 다른 분야에 대한 이해와 연구 능력을 개발할 수 있게 한다. 목표와 응용에 관련되는 한, 공학 분야에는 차이가 없다는 것을 알게 될 것이다. 제어 시스템을 공부함으로써 이러한 공통성을 알게 될 것이다.

요약

현대 사회에서 제어 시스템은 다양한 방면에서 이용되고 있다. 가정에서 사용하는 토스터, 전열기와 DVD등의 많은 가전기기에 제어 시스템이 적용되고 있으며, 배의 조종과 미사일 유도 및 우주 왕복선 등과 같은 과학과 산업 분야에 폭넓게 응용되고 있다. 우리의 신체에도 많은 제어 시스템이 포함되듯이 자연계에도 제어 시스템이 존재한다. 심지어 경제 및 심리에서도 제어 시스템에 근거하여 관련 시스템이 제안되고 있다. 제어 시스템은 전력 증폭, 원격 제어나 입력 형태를 변환시켜야 되는 곳에 사용된다.

제어 시스템은 **입력 공정**과 **출력**으로 구성된다. 제어 시스템은 **개루프** 또는 **폐루프**로 될 수 있다. 개루프 시스템에서는 출력을 측정하거나 수정하지 않기 때문에 외란이 억제되지 못하지만, 폐루프 시스템보다 구조가 간단하고 비용이 적게 든다. 폐루프 시스템에서는 출력이 측정되어 입력과 비교되므로, 오차가 발생되어도 출력을 수정할 수 있기 때문에 외란이 억제될 수 있다.

제어 시스템의 해석과 설계는 세 가지 목표에 초점을 맞추고 있다.

1. 원하는 과도 상태를 가지도록 함
2. 정상 상태 오차가 감소되도록 함
3. 시스템이 안정되도록 함

시스템이 적절한 과도 응답과 정상 상태 응답을 갖도록 하기 위해서 시스템은 안정되어야 한다. 과도 응답은 기계적 스트레스뿐만 아니라 시스템의 응답 속도와 사람의 인내력 및 안락함에 영향을 미치기 때문에 중요하다. 정상 상태 응답은 제어 시스템의 정확도를 결정한다. 즉, 출력이 원하는 응답에 근접하는 정도를 결정한다.

제어 시스템의 설계는 다음과 같은 단계로 이루어진다.

1단계 요구 조건에 적합한 실제 시스템과 규격을 결정한다.
2단계 기능별 블록선도를 그린다.
3단계 실제 시스템을 개요도로 나타낸다.
4단계 개요도를 이용하여 블록선도와 같은 수학적 모델을 얻는다.
5단계 블록선도를 단순화시킨다.
6단계 안정도, 과도 응답과 정상 상태 응답을 포함하는 요구 조건과 규격을 만족시키도록 시스템을 해석하고 설계한다.

다음 장에서는 개요도를 이용하여 수학적 모델을 얻는 방법에 대해 설명하고자 한다.

복습문제

1. 피드백 제어 시스템의 응용 분야를 세 가지만 말하라.
2. 피드백 제어 시스템을 사용하는 이유 세 가지와 사용하지 않는 이유 한 가지를 말하라.
3. 개루프 시스템의 예를 세 가지 말하라.
4. 개루프와 폐루프의 기능적 차이는 무엇인가?
5. 피드백 시스템에서 오차 신호가 입력과 출력 차가 아닌 경우를 말하라.
6. 오차 신호가 입력과 출력과의 차가 아니라면 이 신호를 무엇이라 하는가?
7. 제어 루프에 컴퓨터를 사용하는 두 가지 이점을 말하라.
8. 제어 시스템 설계에 있어서 고려되어야 할 점 세 가지는 무엇인가?
9. 시스템 응답을 두 가지로 구분하라.
10. 시스템이 불안정할 때 일어날 수 있는 물리적 현상을 설명하라.
11. 시스템 불안정성은 어느 응답에 관련되는가?
12. 대표적인 제어 시스템의 분석 업무를 설명하라.
13. 대표적인 제어 시스템의 설계 업무를 설명하라.
14. 순방향 이득(feedforward gain)을 조정하면 과도 응답이 변하는가?
15. 제어 시스템의 수학적 모델을 얻는 세 가지 방법은 무엇인가?
16. 문제 15의 각 방법을 간단히 설명하라.

가상 탐구 실험실

실험 1.1

목표 1장의 사례 분석 예제의 폐루프 시스템의 특성을 분석한다.

필요한 소프트웨어 패키지 LabView와 LabView Control Design과 Simulation Module이 필요하다. 주의: 만약 이 실험에 필요한 LabView의 지식이 없다면 부록 D를 참고하여 공부하기 바란다.

선행 실험

1. 사례 예제 분석에 입각해서 과도 응답 상의 폐루프 시스템의 이득의 영향을 설명하라.
2. 정상 상태 오차에 관련한 사례 예제 분석에 입각해서 계단 입력과 그의 응답을 정상 상태 오차와 함께 그래프로 나타내라. 이때, 과도 응답은 없다고 가정한다. 램프 입력과 출력에 대해서 반복한다. 정상 상태 오차에서 이득의 효과를 설명하라.

실험

1. LabView를 실행해서 **Find Examples...**를 연다.
2. **NI Example Finder** 창에서, **Toolkits and Modules/Control and Simulation/Control Design/Time Annalysis/CDEx Effect of Controller Type vi**에서 **CDEx Effect of Controller Type.vi**을 찾아 연다.
3. 툴바에서 원으로 돌고 있는 모양의 화살표를 클릭하면 프로그램이 실행된다.
4. **Controller Gain**을 움직여서 크고 작은 이득에 대한 효과를 확인한다.
5. **Controller Type**를 클릭하여 제어기를 변경한 후 4단계를 반복한다.

참고문헌

Alternative Drivetrains, July 2005. Available at www.altfuels.org/backgrnd/altdrive.html. Accessed October 13, 2009.

Anderson, S. Field Guide: Hybrid Electric Powertrains, part 4 of 5. Automotive Design & Production. Gardner Publication, Inc. Available at http://www.autofieldguide.com/articles/020904.html. Accessed October 13, 2009.

Bahill, A. T. *Bioengineering: Biomedical, Medical, and Clinical Engineering*. Prentice-Hall, Englewood Cliffs, NJ, 1981.

Bechhoefer, J. Feedback for Physicists: A Tutorial Essay on Control. To Appear in Revie of Modern Physics, July 2005, pp. 42-45. Also available at http://www.sfu.ca/chaos/Publications/papers/ RMP_feedback.pdf.

Bennett, S. *A History of Control Engineering*, 1800-1930. Peter Peregrinus, Stevenage, UK, 1979.

Bode, H. W. *Network Analysis and Feedback Amplifier Design*. Van Nostrand, Princeton, NJ, 1945.

Bosch, R. gmbH. Automotive Electrics and Automotive Electronics, 5th ed. John Wiely & Sons Ltd., UK, 2007.

Bosch, R. GmbH. Bosch Automotive Handbook, 7th ed. John Wiley & Sons Ltd., UK, 2007.

Camacho, E. F., Berenguel, M., Rubio, F. R., and Martinez, D. *Control of Solar Energy Systems*, Springer-Verlag, London, 2012.

Cannon, R. H., Jr. *Dynamics of Physical Systems*. McGraw-Hill, New York, 1967.

Craig, I. K., Xia, X., and Venter, J. W. Introducing HIV/AIDS Education into the Electrical Engineering Curriculum at the University of Pretoria. IEEE Transactions on Education, vol. 47, no. 1, February 2004, pp. 65-73.

D'Azzo, J. J., and Houpis, C. H. *Feedback Control System Analysis and Synthesis*, 2d ed. McGraw-Hill, New York, 1966.

Doebelin, E. O. *Measurement Systems Application and Design*, 4th ed. McGraw-Hill, New York, 1990.

Dorf, R. C. *Modern Control Systems*, 5th ed. Addison-Wesley, Reading, MA, 1989.

D'Souza, A. F. *Design of Control Systems*, Prentice-Hall, Englewood Cliffs, NJ, 1988.

Edelson, J., et al. Facing the Challenges of the Current Hybrid Electric Drivetrain. SMMA Technical Conference of the Motor and Motion Association. Fall 2008. Available at www.ChorusCars.com.

Franklin, G. F., Powell, J. D., and Emami-Naeini, A. *Feedback Control of Dynamic Systems*, Addison-Wesley, Reading, MA, 1986.

Gurkaynak, Y., Li, Z., and Khaligh, A. A Novel Grid-tied, Solar Powered Residential Home with Plug-in Hybrid Electric Vehicle (PHEV) Loads. *IEEE Vehicle Power and Propulsion Conference* 2009, pp. 813-816.

Heller, H. C., Crawshaw, L. I., and Hammel, H. T. The Thermostat of Vertebrate Animals. *Scientific American*, August 1978, pp. 102-113.

Hogan, B. J. As Motorcycle's Speed Changes, Circuit Adjusts Radio's Volume. *Design News*, 18 August 1988, pp. 118-119.

Hostetter, G. H., Savant, C. J., Jr., and Stefani, R. T. *Design of Feedback Control Systems*, 2d ed. Saunders College Publishing, New York, 1989.

Jenkins, H. E., Kurfess, T. R., and Ludwick, S. J. Determination of a Dynamic Grinding Model. *Journal of Dynamic Systems, Measurements, and Control*. vol. 119, June 1997, pp. 289-293.

Klapper, J., and Frankle, J. T. *Phase-Locked and Frquency-Feecback Systems*. Academic Press, New York, 1972.

Lieberman, J., and Breazeal, C. Development of a Wearable Vibrotactile Feedback Suit for Accelerated Human Motor Learning. 2007 IEEE Int. Conf. on Robotics and Automation. Roma, Italy, April 2007.

Martin, R. H., Jr. *Elementary Differential Equations with Boundary Value Problems*. McGraw-Hill, New York, 1984.

Mayr, O. The Origins of Feedback Control. *Scientific American*, October 1970, pp. 110-118.

Mayr, O. *The Origins of Feedback Control*. MIT press, Cambridge, MA, 1970.

Mott, C., et al. Modifying the Human Circadian Pacemaker Using Model-Based Predictive Control. Proceedings of the American Control Conference. Denver, CO, June 2003, pp. 453-458.

Muñoz-Mansilla, R., Aranda, J., Diaz, J. M., Chaos, D., and Reinoso, A. J. Applications of QFT Robust Control Techniques to Marine Systems. *9th IEEE International Conference on Control and Automation*, December 19–21, 2011, pp. 378–385.

Novosad, J. P. Systems, *Modeling, and Decision Making*. Kendall/Hunt, Dubuque, IA, 1982.

Nyquist, H. Regeneration Theory. *Bell System Technical Journal*, January 1932.

Overbye, D. The Big Ear. Omni, December 1990, pp. 41–48. Figure caption source for Figure 1.7.

Ogata, K. *Modern Control Engineering*, 2d ed. Prentice Hall, Englewood Cliffs, NJ, 1990.

Rockwell International. *Space Shuttle Transportation System*. 1984(Press Information).

Shaw, D. A., and Turnbull, G. A. Modern Thickness Control For a Generation III Hot Strip Mill. *The International Steel Rolling Conference-The Science & Technology of Flat Rolling*, vol. 1. Association Technique de la Siderurgie Francaise, Deauville, France, 1–3 June 1987.

UNAIDS. *GLOBAL REPORT: UNAIDS report on the global AIDS epidemic 2013*. Joint United Nations Programme on HIV/AIDS (UNAIDS), 2013, p. 4.

United Technologies Otis Elevator Co. *The World of Otis*. United Technologies Otis Elevator Co., p. 2, 1991. Figure caption source for Figure 1.3(b).

United Technologies Otis Elevator Co. *Tell Me About Elevators*. United Technologies Otis Elevator Co., pp. 20–25, 1991. Figure caption source for Figure 1.3(b).

Zhao, Q., Wang, F., Wang, W., and Deng, H. Adaptive Fuzzy Control Technology for Automatic Oil Drilling System. *Proceedings of the IEEE International Conference on Automation and Logistics*, China, August 18–21, 2007.

Zhou, J., Nygaard, G., Godhaven, J., Bretholtz, Ø., and Verfing, E. H. Adaptive Observer for Kick Detection and Switched Control for Bottomhole Pressure Regulation and Kick Attenuation during Managed Pressure Drilling. *2010 American Control Conference*. Baltimore, MD, USA, June 30–July 02, 2010.

연습문제

1. 회전형 전위차계는 각변위를 측정하는 간단한 센서이다. 그림 P1.1을 보세요. A와 C사이의 저항값은 고정되어 있지만, A와 B사이와 B와 C사이의 저항은 가동자의 위치에 따라 달라진다. 가동자가 A에서 C까지 이동하기 위해서는 15 회전해야 한다면, 입력 변수, 출력 변수와 이득(블록 내에 표시)으로 나타내는 전위차계의 블록선도를 그려라. 이 때 이득은 입력에 곱해지는 상수값이다. 강사를 위한 파워 포인트(PPT) 동영상 자료는 www.wiley.com/go/Nise/ControlSystemsEngineering8e에서 사용 가능하다. [1.4절 사례연구 소개]

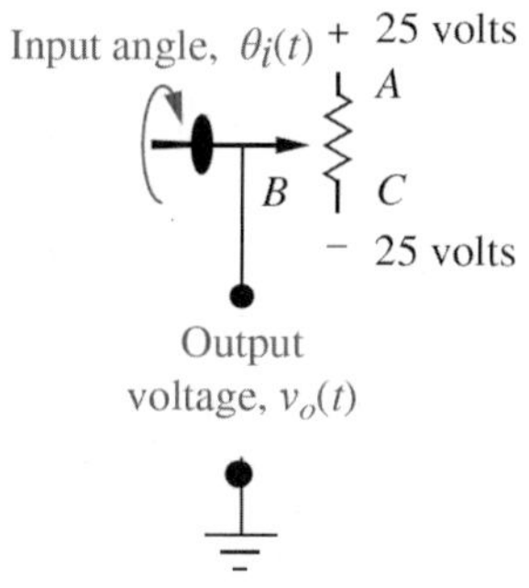

그림 P1.1 전위차계

2. 온도 제어 시스템은 기준 온도와 실제 온도와의 차이를 센싱해서 그 둘의 차이에 비례하는 양의 연료 벨브를 여는 동작을 한다. 그림 1.8(d)와 같이 입력과 출력 변조기, 제어기, 플랜트로 구성되는 폐루프 블록 선도를 그려라. 나아가서, 모든 부분 시스템의 입력과 출력 신호를 특정지어라. [1.4절 사례연구 소개]

3. 자동차에서 발생되는 소음에 따라 자동차의 라디오 볼륨을 자동으로 조절하는 제어 시스템을 만들고자 한다. 자동차의 소음은 자동차의 속도가 증가함에 따라 커진다. 소음이 증가하면 시스템은 라디오 볼륨을 증가시킨다. 소음의 양은 속도계에 의해 발생되는 전압으로 표시되고 볼륨의 크기는 직류 전압에 의해 제어된다고 하자(*Hogan, 1988*). 자동차의 소음에 따른 원하는 볼륨이 직류 전압으로 변환될 때 입력 변환기, 볼륨 제어 회로와 속도 변환기를 블록으로 하는 자동 볼륨 제어 시스템의 블록선도를 그려라. 또한 원하는 볼륨을 입력으로 하고 실제 볼륨을 출력으로 하며 속도, 원하는 볼륨과 실제 볼륨을 나타내는 전압 신호를 표시하라. 강사를 위한 파워 포인트(PPT) 동영상 자료는 www.wiley.com/go/Nise/ControlSystemsEngineering8e에서 사용 가능하다. [1.4절 사례연구 소개]

4. 다이나모미터(dynamometer)는 토크와 속도를 측정하고 회전체의 부하를 변동시킬 때 사용된다. 다이나모미터는 토크의 크기를 제어하기 위해 다음과 같이 작동한다: 축에 연결되어 있는 유압 구동 장치가 플라이 휠(fly wheel)에 부착되어 회전하는 바퀴를 누른다. 구동 장치의 변위가 클수록 더 많은 힘이 플라이 휠에 가해진다. 스트레인 게이지(strain gage)가 포함된 로드 셀(load cell)로 힘을 측정한다. 구동 장치의 변위에 따라 구동 장치에 흐르는 유량이 조절되며, 변위 제어는 전기적으로 작동되는 밸브에 의해 이루어진다(*D'Souza, 2005*). 시험하는 동안 바퀴에 미치는 힘을 조정하기 위해 다이나모미터를 사용하는 폐루프 시스템을 밸브 작동용 증폭기, 밸브, 구동 장치와 부하 및 타이어를 포함하는 블록선도로 나타내고 모든 신호를 표시하라. [1.4절 사례연구 소개] **SS**

5. 연마용 휠(grinding wheel)의 x축 위치 $x(t)$가 폐루프 시스템에 의해 제어된다. 시스템의 입력은 원하는 연마 깊이이고 출력은 실제 연마 깊이이다. 원하는 연마 깊이와 실제 연마 깊이의 차에 따라 전동기가 구동되어 연마용 휠에 힘을 가함으로써 휠이 회전하게 된다(*Jenkins, 1997*). 이와 같은 연마 과정에 대한 폐루프 시스템의 기능별 블록선도를 그리고 입력, 출력, 힘과 휠의 회전 속도를 나타내어라. [1.4절 사례연구 소개] **SS**

6. 사람의 눈은 동공의 크기를 조절하여 망막에 들어오는 빛의 양을 일정하게 만들어주는 일종의 생체 제어 시스템이다. 빛의 양이 증가하게 되면, 광학 신경이 뇌에 동공의 크기를 줄이는 명령을 내리라는 신호를 보낸다. 반대로 빛의 양이 감소하면, 동공의 크기는 커지게 된다.
   a. 입력, 출력, 중개 신호, 감지 장치, 제어기, 액추에이터가 표시된 빛-동공 시스템의 블록 다이어그램을 그려라. [1.4절 사례연구 소개]
   b. 일반적인 경우에는 동공보다 더 큰 범위에 빛이 들어오게 된다. 만약 빛이 동공의 크기보다 작게 된다면, 궤환 과정은 무너지게 된다(*Bechhoefer, 2005*). 이때의 상황을 a.에서 그린 블록 다이어그램을 바탕으로 그려보아라. 좁은 범위의 빛의 강도가 변하게 되면 어떠한 일이 발생하게 되는가?

c. 동공이 빛의 양의 변화에 반응하는 데에는 약 0.3초 정도가 걸린다(*Bechhoefer, 2005*). 만약 망막의 중앙에서 벗어난 지점에 빛을 비추게 되면 동공이 어떻게 반응하게 되는지를 시간 지연을 포함한 경우와 포함하지 않은 경우를 설명해보아라.

7. 세그웨이[1](Segway Personal Transporter: PT) (그림 P1.2)은 사람이 탑승하여 조종하는 바퀴가 두 개 달린 이동 장치이다. 운전자가 왼쪽, 오른쪽, 앞쪽, 뒤쪽으로 몸을 기울이면, 회전 센서가 운전자의 움직임을 감지해내고, 모터에 운전자가 원하는 방향으로 움직이도록 명령을 내린다. PT의 가장 중요한 특징은 바로 안정성에 있다. 오르막이나 내리막과 같이 경사가 있는 곳이나, 운전자가 몸을 매우 기울이게 되더라도, 시스템은 언제나 수직을 유지하게 된다. 이러한 PT 시스템의 블록 다이어그램을 그려보아라. 입력 신호, 출력 신호, 중개 신호, 주요 부 시스템을 표시해보아라. (http://segway.com)

© ISA HARSIN/SIPA/AP Images

그림 P1.2 세그웨이

8. 사람에게서 호르몬 수치, 경계심, 내부 체온은 24시간의 생활 주기와 일치해서 발생 형태가 나타난다. 자는 것과 일어나는 것의 주기가 일반적이라면 경계심은 낮 동안에 가장 높게 나타난다. 따라서 경계심은 우주비행사와 같이 분산된 업무 일정을 가지고 있을 때 영향을 받기가 쉽다. 생활 주기는 빛의 자극에 의해서 지연되거나 앞당겨 질 수 있다. 빛에 대한 경계심을 고려해서, 우주비행사의 생활 주기를 편성하고 잠을 편히 잘 수 있도록 하는 시스템을 설계한다. 내부 체온은 생활 주기를 지시하는 역할을 한다. 컴퓨터를 통해 최적의 체온 주기 변화를 계산하고 이를 우주비행사에 적용한다. 변화가 일어나게 되면, 우주비행사는 생활 주기를 변화시키는 빛의 자극을 받기가 쉬워진다(*Mott, 2003*). 이러한 시스템을 블록 다이어그램으로 그려라. 입력 신호, 출력 신호, 중개 신호, 주요 부 시스템을 표시해보아라.

9. 촉각 피드백(feedback)은 댄싱(dancing), 스포츠(sports), 재활치료 같은 운동 기술을 익히는데 중요한 요소이다. 관절의 위치를 mm단위의 정확도로 영상으로 인식하는데 쓰이는 하얀 점이 박힌 옷이 개발되었다. 교사와 학생들은 관절의 위치 정보를 제공하기 위해서 이 옷을 입었다(*Lieberman, 2007*). 만약 교사와 학생의 관절의 위치에서 차이가 발생하면, 손목과 팔등 cutaneous rabbit 효과라고 알려진 감각 효과에 의해 진동 발생장치가 없는 곳에서도 균일하게 자극이 느껴질 수 있는 곳에 위치한 8개의 진동 발생장치에서 학생에게 진동이 가해진다. 이러한 자극은 학생들이 자세를 교정하는데 도움을 준다. 요약하자면, 시스템은 영상 시스템에 의해 교사와 그의 동작을 따라하는 학생으로 이루어져 있다. 그들의 움직임은 컴퓨터로 입력되고, 컴퓨터는 그들의 관절의 위치의 차이를 찾아서 그에 비례하는 진동의 세기를 학생에게 출력한다. 이 시스템을 표현하는 블록 선도를 그려라.

10. 계류 부유식 플랫폼(Moored floating platforms)은 파도, 바람, 조류와 같은 외란을 받으며, 그로 인해 드리프트가 발생한다. 다이빙 지원, 해저 파이프 설치, 선박 간의 연료 공급 등의 특정 분야에서 계류 플랫폼들의 정확한 위치 계산은 아주 중요하다(*Munoz-Mansilla, 2011*). 그림 P1.3은 위치 결정에 사용되는 측면 추진기의 테더 플랫폼(Tethered platform)을 나타낸다. 제어 시스템은 드리프트 Y를 최소화하고, 수직 축으로부터의 각도 편차 ϕ(도시하지 않음)를 최소화하도록 설계된다. 시스템의 출력에 작용하는 외란은 외부 환경에 기인하는 힘 F와 토크 M이다. 이 문제에서, 플랜트는 한 개의 입력으로 추진기에서 전달되는 힘(F_u)과 두 개의 출력으로 Y와 ϕ를 가질 것이다. 또한 외란 감소 문제이기 때문에, 어떠한 명령 입력은 없다는 점을 유의하라. 외란 F와 M, 입력 신호 F_u, 그리고 출력 Y와 ϕ를 나타내는 시스템의 블록 다이어그램을 그려라. 다이어그램에는 한 개의 입력 및 두 개의 출력 플랜트에 대한 제어기 블록이 있어야 하며, 외란이 각 출력에 어떻게 영향을 미치는지를 나타내는 블록이 있어야 한다.

1 Wiley PLUS 아이콘은 상호 연관되는 예제나 문제를 나타낸다. 이러한 문제들의 해답과 설명에 대한 자세한 내용이 www.wiley.com/go/Nise/ControlSystemsEngineering8e에 제공된다.

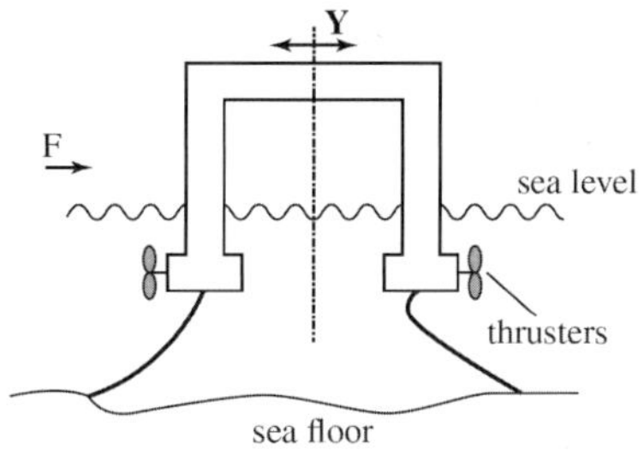

그림 P1.3 위치 결정에 사용되는 측면 추진기의 테더 플랫폼 (Tethered platform)

11. 그림 P1.4는 하이브리드 전기 자동차 부하(vehicle loads)가 있는 거주지에 전력을 공급하기 위한 태양 전지를 사용하는 광전지(PV) 시스템의 토폴로지를 나타낸다(*Gurkavnak, 2009*). 이 시스템은 태양 광선을 수집하기 위한 PV 어레이, 하루 동안의 에너지를 저장하기 위한 전지 팩, 부하에 AC 전력을 공급하기 위한 DC/AC 인버터, 그리고 최대 전력점 추적(maximum power point tracking, MPPT) 알고리즘에 따른 태양 전지의 단자 전압 제어를 위한 양방향 DC/DC 컨버터로 구성된다. 태양광이 충분할 경우, DC/DC 컨버터는 전지를 충전하고 전지는 DC/AC 인버터를 통하여 부하에 전력을 공급한다. 태양 에너지가 적거나 없는 경우, 전력은 전지에서 부하로 DC/DC 컨버터 및 DC/AC 인버터를 통해 공급된다. 따라서 DC/DC 컨버터는 전지를 충전 및 방전 양방향으로 모두 가능해야만 한다. MPPT 제어기가 기준 전압을 제공하면, 전지가 가득 차있을 경우엔 전지를 방전시키기 위해 컨버터가 스텝-업(step-up) 컨버터 혹은 부스트(boost) 컨버터로 동작하며, 전지가 가득 차있지 않은 경우엔 전지를 충전시키기 위해 컨버터가 스텝-다운(step-down) 컨버터 혹은 벅(buck) 컨버터로 동작한다.
그림 P1.4에서, 인버터는 전류 제어기를 통해 전력 관리자 및 제어기에 의해 제어된다. 전력 관리자 및 제어기는 낮 시간과 배터리의 상태(state of charge, SOC)에 따라, 양방향 컨버터, 또는 태양 전지를 통해 배터리에서 전력 중 하나를 취하도록 인버터를 동작시킨다. 이 시스템에 대한 다음과 같은 두 가지 기능 블록 다이어그램을 그려라.

a. 전지에 저장된 에너지로 일사량의 변환을 나타내는 다이어그램. 이 다이어그램에서, 입력은 일사량 $r(t)$, 그리고 출력은 전지 전압 $v_b(t)$이다.

b. 입력은 원하는 출력 전압 $v_r(t)$, 출력은 실제 인버터의 출력 전압 $v_o(t)$인 주 다이어그램.

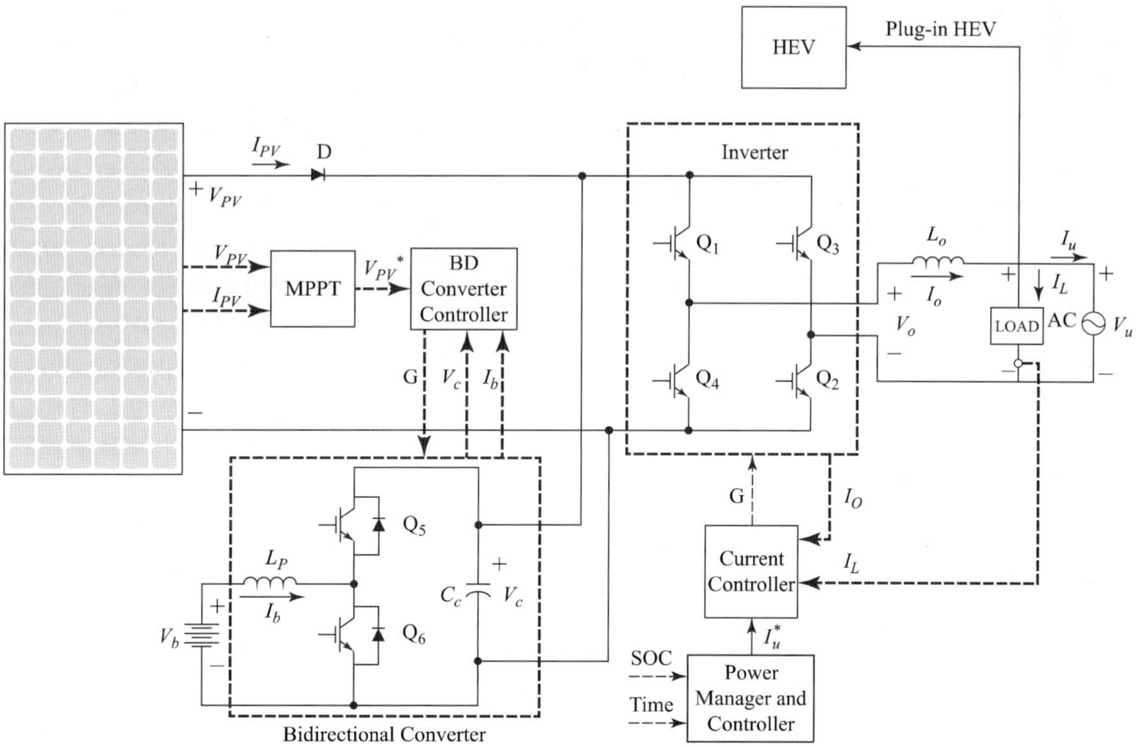

그림 P1.4 제안된 플러그인 하이브리드자동차 부하가 있는 집의 태양광 전력 시스템

12. 석유 시추 장비는 석유 또는 천연 가스 자원의 식별 또는 추출하는데 이용된다. 우리가 기준 전압 입력 $V_d(t)$를 이용해 드릴 압력 출력 $P_d(t)$를 제어하고자 한다고 가정하자. 제어 루프 모델(*Zhao, 2007*)은 드릴 압력 제어기, 드릴 모터 서브시스템, 도르래 서브시스템, 그리고 드릴 스틱 서브시스템으로 구성된다. 후자의 출력 신호인 드릴 압력 $P_d(t)$는 변환기에 의해 측정되며, 변환기는 음수의 피드백 전압 신호 $V_b(t)$를 드릴 압력 제어기로 송신한다. 그 신호는 제어기의 입력에서 기준 전압과 비교된다. 오차 $e(t) = V_r(t) - V_b(t)$에 근거하여, 드릴 압력 제어기는 드릴 모터 서브시스템의 입력인 원하는 드릴 스피드 ω_d를 설정한다. 여기서 드릴 모터 서브시스템의 출력은 도르래 서브시스템의 입력인 실제 드릴 속도 ω_a이다. 도르래 시스템의 출력은 드릴 스틱 서브시스템을 구동한다. 드릴 스틱 서브시스템은 환경 조건에 심각한 영향을 받을 수 있으며, 이것은 도르래 및 스틱 서브시스템 간에 작용하는 외란으로 표현될 수 있다. 주요 구성 요소들 뿐 아니라, 모든 신호를 나타내는 상기 시스템에 대한 기능 블록 다이어그램을 그려라.

13. 그림 P1.5의 전기 회로에 대한 물음에 답하라. **SS** [복습]
   a. 단위 계단 함수인 $v(t) = u(t)$에 대해 회로의 미분 방정식을 세워라.
   b. 회로의 초기 상태가 0일 때, 미분 방정식으로부터 전류 $i(t)$를 구하라.
   c. $R/L = 1$일 때, 해를 그림으로 나타내어라.

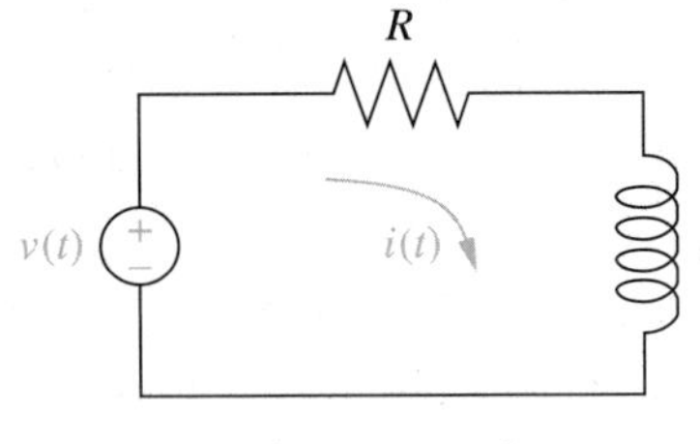

그림 P1.5 RL 회로

14. 그림 P1.6의 회로에 대해 문제 13를 반복하라. 단, $R = 1\Omega$, $L = 0.5H$이고 $1/LC = 16$ 이다. [복습]

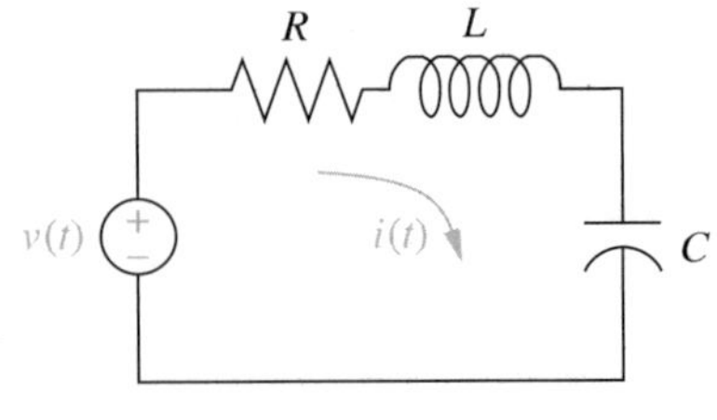

그림 P1.6 RLC 회로망

15. 다음 미분 방정식을 풀어라. 단, 모든 초기치는 0이다. [복습]
   a. $\frac{dx}{dt} + 5x = 2\cos 3t$
   b. $\frac{d^2x}{dt^2} + 4\frac{dx}{dt} + 2x = 2\sin t$
   c. $\frac{d^2x}{dt^2} + 6\frac{dx}{dt} + 20x = 5u(t)$

16. 문제에 주어진 초기치에 대해 다음 미분 방정식을 풀어라. [복습]
   a. $\frac{d^2x}{dt^2} + 2\frac{dx}{dt} + 2x = \sin 2t$ **SS**
   $x(0) = 2;\quad \frac{dx}{dt}(0) = -3$
   b. $\frac{d^2x}{dt^2} + 2\frac{dx}{dt} + x = 5e^{-2t} + t$
   $x(0) = 2;\quad \frac{dx}{dt}(0) = 1$
   c. $\frac{d^2x}{dt^2} + 4x = t^2$
   $x(0) = 1;\quad \frac{dx}{dt}(0) = 2$

심화 학습문제

17. HIV/AIDS 제어 2012년에 후천성 면역 결핍증(Human Immunodeficiency Virus/Acquired Immune Deficiency Syndrome: HIV/AIDS)를 가지고 있는 사람은 대략 3500만명으로 추산된다. 매년 230만명의 새로운 감염자가 보고되며, 160만명이 죽음을 맞이하고 있다(*UNAIDS, 2013*). 현재까지 발견된 치료방법은 전혀 없으며, 한 번 걸리게 되면 바이러스는 절대 없어지지 않는다. 약은 바이러스의 숫자를 적게 유지하도록 만들거나 예방에만 효과가 나타난다. 현재 HIV의 치료 방법은 역전사 효소 억제제(Reserve Transcriptase Inhibitors: RTIs)와 프로테아제 저해제(Protease Inhibitors: PIs)의 두 가지 종류의 약을 투여하는 것이다. 각 약의 투여량은 몸속에 있는 HIV 바이러스의 숫자에 따라 변한다(Craig, 2004). 감염자의 HIV바이러스의 숫자를 제어하는 궤환 시스템의 블록 다이어그램을 그려라. 입력 변수는 RTIs와 PIs의 양이 된다. 제어기와 변환기의 블록들을 나타내어라. 각 블록들의 입력과 출력 변수들을 적어 넣어라.

18. 하이브리드 자동차 하이브리드(hybrid) 자동차의 점유율은 점점 증가되고 있다. 하이브리드 전기 자동차(Hybrid Electric Vehicle: HEV)는 전기 모터와 내연기관(Internal Combustion Engine: ICE)가 결합되어 있어서 가솔린 기관과 유사하게 사용할 수 있으면서도 가솔린 기관보다 효율적으로 운영된다. 따라서 자동차 전기 구동기의 효율은 증가하면서도 전기 모터에 필요한 연료는 크고 무거운 배터리 팩(battery pack)이 아닌 연료 탱크에서 얻을 수 있다. HEV의 에너지 흐름도는 다양한 형태가 있다. 직렬 HEV(그림 P1.7)에서는 ICE는 구동축에 연결되어 있지 않고, 오직 발전기만을 구동시켜 배터리(battery)를 충전하거나 전기 모터를 구동하는 전기를 인버터(inverter)나 컨버터(converter)를 통해 생산한다.

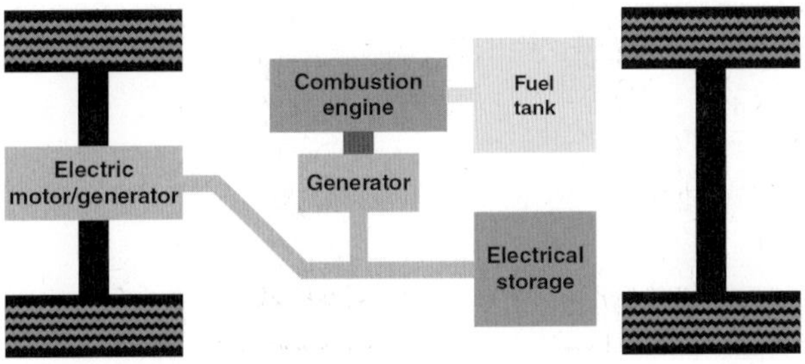

그림 P1.7 직렬 HEV

현재 판매되고 있는 HEV는 대부분 병렬 혹은 분산 전원(split-power)의 기초 형태이다. 연소기관이 바퀴를 움직이기도 하고 발전도 한다면 전기 모터와 ICE가 자동차를 구동할 수 있기 때문에, 이를 사용한 자동차는 병렬 하이브리드라고 불려진다. 병렬 하이브리드 자동차(그림 P1.8)은 자동차가 빠른 가속을 할 때 필요한 추가적인 에너지를 공급하기 위한 상대적으로 작은 배터리 팩을 포함하고 있다. HEV의 더 자세한 내용은 *Bosch 5th ed., 2000, Bosch 7th ed., 2007, Edelson, 2008, Anderson, 2009*에서 확인할 수 있다.

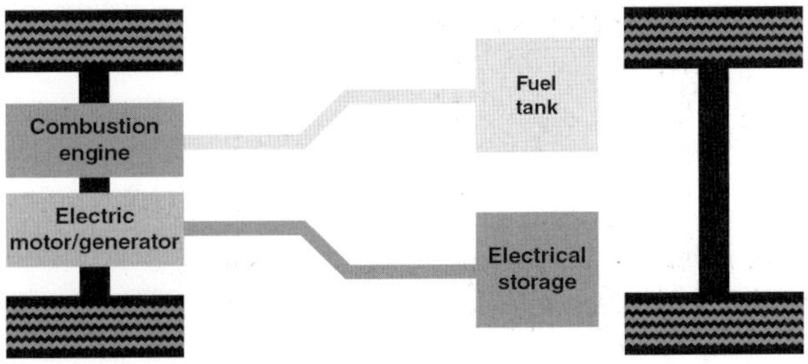

그림 P1.8 병렬 하이브리드 구동

그림 P1.9에서 알 수 있듯이 분산 전원 하이브리드 자동차는 병렬과 직렬 구동방식이 조합되어 있다(*Bosch, 5th ed., 2007*). 이러한 자동차들은 분산 전원 변속기로 유성기어(3)을 사용하여 ICE의 힘 중 일부를 기계적으로 자동차를 구동하는데 사용한다. 그 외 나머지 힘은 얼터네이터(alternator) (7)과 인버터(inverter) (5)에 의해 전기 모터로 들어가고 고전압 배터리 (6)을 충전한다. 운행 조건에 따라 ICE와 전기모터가 적절하게 사용된다.
다음 세 조건에 따라 순항 제어 시스템의 블록 선도를 그려라.

1. Internal-combustion engine; 2. Tank
3. Planetary gear; 4. Electric motor; 5. Inverter;
6. Battery; 7. Alternator.

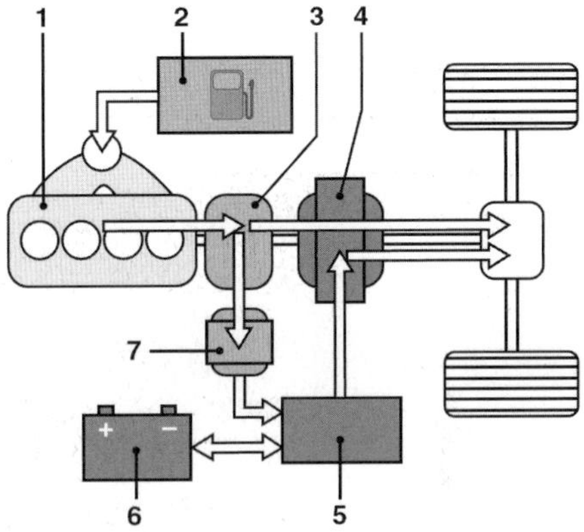

그림 P1.9 분산 전원 HEV

a. 직렬 HEV에 대해서 스피드 센서(speed sensor), 전자 제어 유닛(Electronic Control Unit: ECU), 인버터(inverter), 전기 모터, 자동차 운동 방정식의 주요 구성요소와 모든 신호들, 제어 명령(ECU 출력), 제어된 전압(인버터 출력), 전기 모터에서 제공되는 추진력과 마찰력을 포함한다.
b. 병렬 HEV에 대해서 주요 구성요소와 가속도와 엔진, 모터와 신호와 가속도 변위, 엔진과 모터의 추진력을 포함한다.
c. 분산 전원 HEV에 대해서 주요 구성요소와 a, b에 나열된 것들을 포함해, 유성기어와 그의 제어, 운행 조건, ICE, 전기 모터와 필요한 추진력을 포함한다.

19. 태양열 집열기 거울의 초점에 위치한 파이프에 흐르는 액체를 가열하기 위하여 햇빛을 모으는 데에 포물선형 거울 장치가 사용된다 (Camacho, 2012). 예를 들면, 오일과 같은 가열된 액체가 가압탱크로 이동하여 전기나 전력을 생산하기 위한 스팀을 만드는데 사용된다. 태양에너지는 낮의 시간, 계절, 구름 낀 정도, 습도 등에 따라 변하므로 액체의 온도를 일정하게 하도록 제어시스템이 필요하다. 파이프를 통해 흐르는 액체의 양을 조정함으로써 온도를 제어할 수 있다. 그러나 햇빛에 따라 적절한 각도로 거울을 기울여 주는 태양 추적 기능도 필요하다.
거울 각도가 고정되어 있다고 가정하고, 액체 온도를 일정하게 유지시킬 수 있는 시스템에 대한 기능적 블록 다이어그램을 그려라. 실제와 원하는 액체 온도의 차이가 제어기로 피드백되고 펌프를 순환하는 액체의 속도가 변하도록 제어기는 증폭기와 신호 조정 회로를 내장하고 있다. 햇빛 변화, 구름 낀 정도, 습도 등과 같은 외란을 포함하는 시스템 입력을 모두 표시할 수 있도록 블록다이어그램 내에 라벨링하라.

주파수 영역에서의 모델링 2

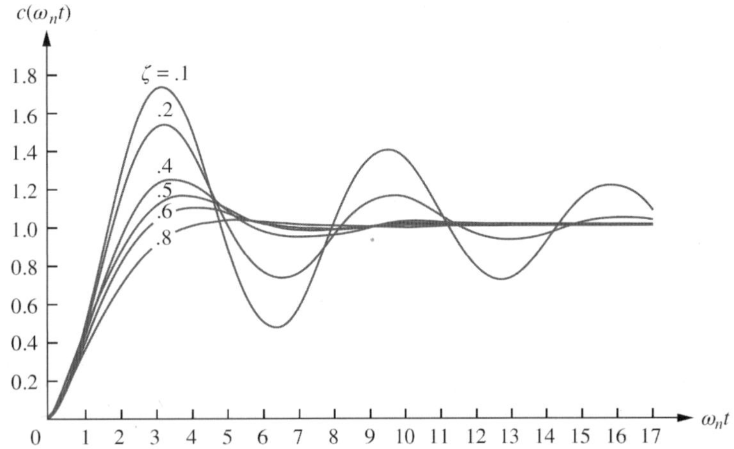

이 장에서 얻을 수 있는 것

이장을 공부 하고 나면, 학생들은 다음 나열된 사항을 수행할 수 있다.

- 시간 영역에서의 함수에 대한 라플라스 변환과 그의 역변환을 찾을 수 있다.(2.1–2.2절)
- 미분 방정식에서 전달함수를 구할 수 있고, 전달함수를 이용해 미분 방정식의 해를 구할 수 있다.(2.3절)
- 선형, 시불변 전기 회로망에 대해 전달함수를 구할 수 있다.(2.4절)
- 선형, 시불변 기계 시스템에 대해 전달함수를 구할 수 있다.(2.5절)
- 손실이 있거나 없는 기어(gear) 시스템에 대해 전달함수를 구할 수 있다.(2.7절)
- 선형, 시불변 전기기기 시스템에 대해 전달함수를 구할 수 있다.(2.8절)
- 유사한 전기 및 기계 회로를 제작할 수 있다.(2.9절)
- 전달함수를 구하기 위해 비선형 시스템을 선형화 할 수 있다.(2.10–2.11절)

사례연구 목적

다음의 사례연구를 통하여 이 장의 목적에 대한 이해의 정도를 확인할 수 있다.

- 부록 A2에 있는 안테나 방위각 제어 시스템이 주어질 때, 각 부 시스템의 전달 함수를 구할 수 있도록 한다.
- 비선형 전기 회로나 사람의 다리 모델이 주어질 때, 이 모델을 선형화한 후 전달 함수를 구할 수 있도록 한다.

2.1 개요

1장에서는 시스템 구조를 얻기 위해 포함되는 해석 및 설계 과정에 대해 언급하였으며 위치 제어 시스템을 통하여 이 과정을 설명하였다. 시스템 구조를 얻기 위하여 제어 시스템 엔지니어들은 모델이 다루기 쉽고, 실제 시스템에 근사화되도록 많은 단순화 가정을 세워야 한다.

다음 단계는 물리적 시스템의 구조로부터 수학적 모델을 얻는 것인데 두 가지 방법에 대해 설명하고자 한다: (1) 주파수 영역에서의 전달 함수와 (2) 시간 영역에서의 상태 방정식. 각각에 대해서는 이 장과 3장에서 다루기로 한다. 두 경우 모두 수학적 모델을 얻는 첫째 단계로 시스템에 물리적인 기본 법칙을 적용시키는 것이다. 예를 들어, 전기 회로를 모델링하는 경우 전기 회로의 기본 법칙인 Ohm의 법칙과 Kirchhoff의 법칙을 적용시키는데 이것은 폐루프 내의 전압을 더하거나 접합점에 흐르는 전류를 합하는 것이다. 기계 장치에 대한 모델링을 하는 경우, 가장 기본이 되는 Newton의 법칙을 적용하는데 여기서는 힘이나 토크를 합하게 된다. 이와 같은 방정식은 시스템의 입력과 출력 사이의 관계를 나타낸다.

1장으로부터 시스템의 입력과 출력 사이의 관계가 미분 방정식으로 표시될 수 있음을 알았다. 이 미분 방정식의 형태와 계수들이 시스템의 특성을 나타낸다. 미분 방정식이 시스템 입력과 출력 사이의 관계를 나타내긴 하지만 이것이 시스템을 표현하는데 가장 적합한 것은 아니다. 식 (1.2)의 일반적인 n차 선형 시불변 미분 방정식을 살펴보면 계수인 시스템 파라미터가 방정식에 포함됨을 알 수 있다. 또한 출력 $c(t)$와 입력 $r(t)$도 방정식에 포함된다.

그림 2.1(a)와 같이 입력, 출력과 시스템이 완전 분리되어 있는 수학적 표현이 바람직하며, 여러 개의 부 시스템의 접속이 단순하게 표현되는 것이 바람직하다. 예를 들어, 그림 2.1(b)와 같이 시스템이 종속 접속(cascade connection)이 되는 것이 바람직한데 수학적 모델인 전달 함수는 각 블록을 나타낼 수 있으며, 이 블록 함수들은 쉽게 한 개의 함수로 나타낼 수 있어서 그림 2.1(a)와 같이 표현되며, 이 구조는 해석과 설계를 용이하게 한다. 미분 방정식으로 표현되면 이와 같은 간편성을 얻을 수 없다.

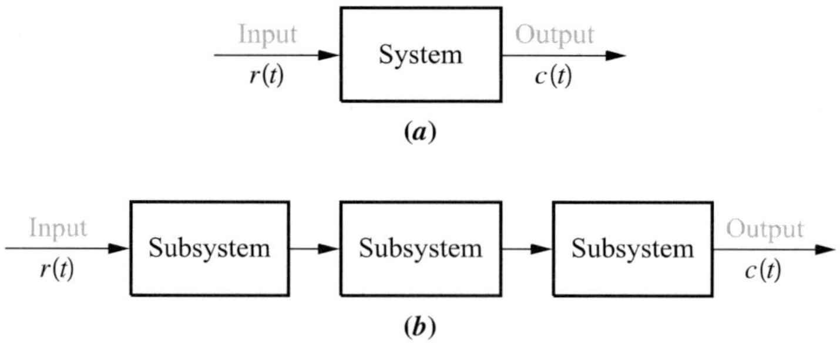

그림 2.1 a. 시스템 블록도
b. 부 시스템들의 상호 접속 블록도

주의 : 입력 $r(t)$는 기준 입력, 출력 $c(t)$는 제어 변수이다.

2.2 Laplace 변환 복습

미분 방정식으로 나타낸 시스템은 블록선도로 모델링하기 어렵다. 따라서 Lapalce 변환을 복습하고, 이것을 이용하여 입력, 출력과 시스템을 개별적으로 나타내기로 하는데, 이들 관계는 간단한 대수식으로 표현된다. 먼저, Laplace 변환을 정의하고 물리적 시스템을 간단하게 표현하는 방법에 대하여 알아보자(*Nilsson, 1996*).

Laplace 변환은 다음과 같이 정의된다.

$$\mathscr{L}[f(t)] = F(s) = \int_{0-}^{\infty} f(t)e^{-st}\,dt \tag{2.1}$$

여기서 $s = \sigma + j\omega$ 인 복소수이다. 따라서 $f(t)$를 알고 식 (2.1)이 적분 가능하면 함수 $F(s)$를 구할 수 있는데, 이 함수를 $f(t)$의 Laplace 변환이라 한다[1].

적분 하한값은 $f(t)$가 $t = 0$에서 불연속이라 할지라도 불연속점을 포함하여 적분이 수렴하면 적분 가능하다는 것을 의미한다. 따라서 임펄스 함수를 Laplace 변환시킬 수 있다. 이와 같은 성질 때문에 초기 조건이 $t = 0$에서 불연속인 미분 방정식의 해를 Laplace 변환을 적용하여 구하는 것이 편리하다. 미분 방정식으로부터 해를 구하는 경우 불연속 전의 초기 조건을 이용하여 불연속 후의 초기 조건을 구한 후 이를 이용하여 해를 구하여야 한다. Laplace 변환을 이용하여 해를 구하는 경우에는 불연속 전의 초기 조건만을 알면 된다. 좀 더 상세한 설명은 참고문헌 *Kailath*(1980)를 참조하기 바란다.

함수 $F(s)$에서 $f(t)$를 구하는 Laplace 역변환은 다음과 같이 정의된다.

$$\mathscr{L}^{-1}[F(s)] = \frac{1}{2\pi j}\int_{\sigma-j\infty}^{\sigma+j\infty} F(s)e^{st}\,ds = f(t)u(t) \tag{2.2}$$

여기서, $u(t) = 1 \quad t > 0$
$u(t) = 0 \quad t < 0$

인 단위 계단 함수이다. $f(t)$와 $u(t)$의 곱은 $t < 0$에서 0이 된다.

표 2.1 Laplace 변환 표

항목	$f(t)$	$F(s)$
1.	$\delta(l)$	1
2.	$u(t)$	$\frac{1}{s}$
3.	$tu(t)$	$\frac{1}{s^2}$
4.	$l^n u(t)$	$\frac{n!}{s^{n+1}}$
5.	$e^{-at}u(t)$	$\frac{1}{s+a}$
6.	$\sin\omega t u(t)$	$\frac{\omega}{s^2+\omega^2}$
7.	$\cos\omega t u(t)$	$\frac{s}{s^2+\omega^2}$

식 (2.1)을 이용하면, $f(t)$와 $F(s)$ 사이의 관계를 표로 만들 수 있는데 표 2.1은 대표적인 함수에 대한 Laplace 변환 결과이다. 이 표를 이용하면 $F(s)$로부터 $f(t)$를 구하기 위해 복소적분을 해야 하는 식 (2.2)를 이용하지 않아도 된다.

---

1 식 (2.1)의 적분 결과가 수렴하면 Laplace 변환이 존재한다. 적분은 $\int_{0-}^{\infty} |f(t)|e^{-\sigma_1 t}\,dt < \infty$ 이면 수렴한다. $0 < t < \infty$에서 $|f(t)| < Me^{\sigma_2 t}$ 이고, $\infty > \sigma_1 > \sigma_2$ 이면 적분이 수렴한다. 적분이 존재하기 위한 σ의 최소값인 σ_2를 **수렴한계**(abscissa of convergence)라 한다.

예제 2.1 시간함수에 대한 Laplace 변환

문제 함수 $f(t) = Ae^{-at}u(t)$에 대한 Laplace 변환을 구하라.

풀이 이 시간 함수는 임펄스 함수를 포함하지 않기 때문에, 식 (2.1)의 적분 하한값을 0으로 놓을 수 있다. 따라서

$$F(s) = \int_0^\infty f(t)e^{-st}\,dt = \int_0^\infty Ae^{-at}e^{-st}\,dt = A\int_0^\infty e^{-(s+a)t}\,dt$$
$$= -\frac{A}{s+a}e^{-(s+a)t}\Big|_{t=0}^{\infty} = \frac{A}{s+a} \tag{2.3}$$

함수 $f(t)$와 $F(s)$ 사이의 변환을 위해 표 2.1의 Laplace 변환표와 표 2.2의 정리를 이용할 수 있다. 다음 예제에서는 표 2.2의 정리를 이용하여 $F(s)$에서 $f(t)$를 구하는 방법을 설명하고자 한다.

표 2.2 Laplace 변환정리

항목	정리		이름
1.	$\mathscr{L}[f(t)] = F(s)$	$= \int_{0-}^{\infty} f(t)e^{-st}dt$	정의
2.	$\mathscr{L}[kf(t)]$	$= kF(s)$	선형성
3.	$\mathscr{L}[f_1(t) + f_2(t)]$	$= F_1(s) + F_2(s)$	선형성
4.	$\mathscr{L}[e^{-at}f(t)]$	$= F(s+a)$	주파수 천이 정리
5.	$\mathscr{L}[f(t-T)]$	$= e^{-sT}F(s)$	시간 천이 정리
6.	$\mathscr{L}[f(at)]$	$= \frac{1}{a}F\left(\frac{s}{a}\right)$	확장 정리
7.	$\mathscr{L}\left[\frac{df}{dt}\right]$	$= sF(s) - f(0-)$	미분 정리
8.	$\mathscr{L}\left[\frac{d^2f}{dt^2}\right]$	$= s^2F(s) - sf(0-) - f(0-)$	미분 정리
9.	$\mathscr{L}\left[\frac{d^nf}{dt^n}\right]$	$= s^nF(s) - \sum_{k=1}^{n} s^{n-k}f^{k-1}(0-)$	미분 정리
10.	$\mathscr{L}\left[\int_{0-}^{1} f(\tau)d\tau\right]$	$= \frac{F(s)}{s}$	적분 정리
11.	$f(\infty)$	$= \lim_{s\to 0} sF(s)$	최종치 정리[1]
12.	$f(0+)$	$= \lim_{s\to\infty} sF(s)$	초기치 정리[2]

[1] 이 정리가 성립하기 위해서는 $F(s)$ 분모의 모든 근의 실수부가 음이어야 하며, 원점에 하나 이상의 근을 가져서는 안 된다.

[2] 이 정리가 성립하기 위해서는 $F(t)$는 연속이거나 $t=0$에서 계단 파형의 불연속(step discontinuous)만이 있어야 한다.

예제 2.2 Laplace 변환

문제 함수 $F_1(s) = 1/(s+3)^2$의 Laplace 역변환을 구하라.

풀이 표 2.2 4항의 주파수 천이 정리와 표 2.1 3항의 $f(t) = tu(t)$ 에 대한 Laplace 변환을 이용한다. 함수 $F(s) = \frac{1}{s^2}$ 의 역변환이 $tu(t)$이므로, $F(s+a) = \frac{1}{(s+a)^2}$ 의 역변환은 $e^{-at}tu(t)$이 된다. 따라서 $f_1(t) = e^{-3t}tu(t)$이다.

부분 분수 전개

복잡한 함수의 Laplace 역변환을 구하기 위해서 이 함수를 Laplace 역변환을 알고 있는 간단한 분수항의 합으로 나타내는데 이 과정을 **부분 분수 전개**라 한다. 함수 $F_1(s) = N(s)/D(s)$에서 $N(s)$의 차수가 $D(s)$의 차수보다 작으면 부분 분수 전개가 가능하다. 그러나 $N(s)$의 차수가 $D(s)$의 차수와 같거나 크면, 분자항의 차수가 분모항의 차수보다 작아질 때까지 $N(s)$를 $D(s)$로 나눈 후 부분 분수로 전개한다. 예를 들어,

$$F_1(s) = \frac{s^3 + 2s^2 + 6s + 7}{s^2 + s + 5} \tag{2.4}$$

인 경우, 분자항의 차수가 분모항의 차수보다 크므로 분자항을 분모항으로 나누어 분자항의 차수가 분모항의 차수보다 작도록 하는데, 그 결과는 다음과 같다.

$$F_1(s) = s + 1 + \frac{2}{s^2 + s + 5} \tag{2.5}$$

표 2.2의 3항의 선형성과 7항의 미분 정리를 적용하고, 표 2.1의 1항을 이용하여 Laplace 역변환을 하면 다음과 같다.

$$f_1(t) = \frac{d\delta(t)}{dt} + \delta(t) + \mathscr{L}^{-1}\left[\frac{2}{s^2 + s + 5}\right] \tag{2.6}$$

함수 $F(s) = 2/(s^2 + s + 5)$도 부분 분수로 전개한 후 Laplace 역변환시킬 수 있다. 함수 $F(s)$를 부분 분수로 전개하는 3가지 방법에 대하여 알아보기로 한다.

경우 1 함수 $F(s)$의 분모가 서로 다른 실근을 갖는 경우

다음과 같이 함수 $F(s)$의 분모가 서로 다른 실근을 갖는 경우를 예로 들어보자.

$$F(s) = \frac{2}{(s+1)(s+2)} \tag{2.7}$$

분모항은 서로 다른 실근을 나타내는 일차 인수항의 곱으로 표시되므로, 이들 일차 인수항에 대해 부분 분수로 전개할 수 있는데, 각 인수항의 분자는 상수인 유수(*residue*)가 된다. 따라서

$$F(s) = \frac{2}{(s+1)(s+2)} = \frac{K_1}{(s+1)} + \frac{K_2}{(s+2)} \tag{2.8}$$

유수 K_1을 구하기 위해 식 (2.8)의 양변에 $(s+1)$를 곱하면,

$$\frac{2}{(s+2)} = K_1 + \frac{(s+1)K_2}{(s+2)} \tag{2.9}$$

이 되므로, 식 (2.9)에 $s = -1$을 대입하면 $K_1 = 2$가 된다. 마찬가지 방법으로 K_2도 구하는데, 식 (2.8)의 양변에 $(s+2)$를 곱하고 $s = -2$를 대입하면, $K_2 = -2$가 된다.

식 (2.8)에서 부분 분수로 전개된 각 항에 대한 변환식은 표 2.1에 있으며 $f(t)$는 각 항에 대한 Laplace 역변환의 합이 된다.

$$f(t) = (2e^{-t} - 2e^{-2t})u(t) \tag{2.10}$$

일반적으로 함수 $F(s)$의 분자항 $N(s)$의 차수가 분모항 $D(s)$의 차수보다 작고 분모항이 서로 다른 실근을 가지면, 다음과 같이 부분 분수로 전개된다.

$$\begin{aligned} F(s) = \frac{N(s)}{D(s)} &= \frac{N(s)}{(s+p_1)(s+p_2)\cdots(s+p_m)\cdots(s+p_n)} \\ &= \frac{K_1}{(s+p_1)} + \frac{K_2}{(s+p_2)} + \cdots + \frac{K_m}{(s+p_m)} + \cdots + \frac{K_n}{(s+p_n)} \end{aligned} \tag{2.11}$$

여기서 유수(residue), K_i는 K_m에 해당되는 분모항을 식 (2.11)의 양변에 곱하면 구할 수 있다. 예를 들어, 유수 K_m을 구하려면 식 (2.11)의 양변에 $(s+p_m)$을 곱하고,

$$\begin{aligned} (s+p_m)F(s) &= \frac{(s+p_m)N(s)}{(s+p_1)(s+p_2)\cdots(s+p_m)\cdots(s+p_n)} \\ &= (s+p_m)\frac{K_1}{(s+p_1)} + (s+p_m)\frac{K_2}{(s+p_2)} + \cdots + K_m + \cdots \\ &\quad + (s+p_m)\frac{K_n}{(s+p_n)} \end{aligned} \tag{2.12}$$

이 식에 $-p_m$을 대입하면, 식 (2.12)의 오른쪽 항들은 K_m만 제외하고 모두 '0'이 되므로, 다음 식으로부터 K_m을 구할 수 있다.

$$\left.\frac{\cancel{(s+p_m)}N(s)}{(s+p_1)(s+p_2)\cdots\cancel{(s+p_m)}\cdots(s+p_n)}\right|_{s\to -p_m} = K_m \tag{2.13}$$

다음 예제에서는 Laplace 변환을 이용하여 미분 방정식의 해를 구하는 방법을 설명하고자 하는데, Laplace 변환은 미분 방정식을 단순한 대수 방정식으로 변환시킴을 알 수 있다.

예제 2.3 Laplace 변환을 이용하여 미분 방정식의 해를 구함

문제 다음의 미분 방정식에서 모든 초기 조건이 0일 때, Laplace 변환을 이용하여 해 $y(t)$를 구하라.

$$\frac{d^2y}{dt^2} + 12\frac{dy}{dt} + 32y = 32u(t) \tag{2.14}$$

풀이 식 (2.14)의 각 항에 대한 $F(s)$를 구하기 위해 표 2.1의 2항과 표 2.2의 7, 8항을 이용하고, $y(t)$와 $dy(t)/dt$의 초기 조건이 각각 $y(0-)=0$, $\dot{y}(0-)=0$이므로, 식 (2.14)를 Laplace 변환하면 다음과 같다.

$$s^2Y(s) + 12sY(s) + 32Y(s) = \frac{32}{s} \tag{2.15}$$

식 (2.15)에서 $Y(s)$를 구하면

$$Y(s) = \frac{32}{s(s^2+12s+32)} = \frac{32}{s(s+4)(s+8)} \tag{2.16}$$

이므로, $y(t)$를 구하기 위해 식 (2.16)의 우변항을 다음과 같이 부분 분수로 전개한다.

$$Y(s) = \frac{32}{s(s+4)(s+8)} = \frac{K_1}{s} + \frac{K_2}{(s+4)} + \frac{K_3}{(s+8)} \tag{2.17}$$

여기서, 각 유수는 식 (2.13)으로부터

$$K_1 = \left.\frac{32}{(s+4)(s+8)}\right|_{s\to 0} = 1 \tag{2.18a}$$

$$K_2 = \left.\frac{32}{s(s+8)}\right|_{s\to -4} = -2 \tag{2.18b}$$

$$K_3 = \left.\frac{32}{s(s+4)}\right|_{s\to -8} = 1 \tag{2.18c}$$

이 되므로, 식 (2.17)은 다음과 같다.

$$Y(s) = \frac{1}{s} - \frac{2}{(s+4)} + \frac{1}{(s+8)} \tag{2.19}$$

식 (2.19)의 각 항을 역변환하여 합하면, $y(t)$를 구할 수 있는데 다음과 같다.

$$y(t) = (1 - 2e^{-4t} + e^{-8t})u(t) \tag{2.20}$$

MATLAB을 이용하려는 독자들은 부록 B에 있는 ch2apB1에서 ch2apB8까지의 프로그램을 실행시키면 되는데, 이것은 MATLAB에 관련된 첫 예제이다. 이 프로그램으로부터 MATLAB을 이용하여 (1) 다항식을 표현하고, (2) 다항식의 근을 구하고, (3) 다항식을 곱하고, (4) 부분 분수로 전개하는 방법을 배우게 된다. 마지막으로 예제 2.3은 MATLAB을 이용하여 풀 수 있다.

MATLAB
ML

식 (2.20)의 $u(t)$는 $t = 0$ 이전까지 응답이 0임을 나타낸다. 특별한 언급이 없으면 시스템 입력은 $t = 0$ 이전에는 가해지지 않으며, 그 결과 출력 응답도 이전에는 $t = 0$이 된다. 편의상 $u(t)$를 생략하고 출력을 다음과 같이 나타낸다.

$$y(t) = 1 - 2e^{-4t} + e^{-8t} \tag{2.21}$$

경우 2 $F(s)$의 분모항이 실수인 중근을 포함하는 경우

분모항이 실수인 중근을 포함하는 다음 $F(s)$를 살펴보자.

$$F(s) = \frac{2}{(s+1)(s+2)^2} \tag{2.22}$$

스스로 해보기 2.1

MATLAB과 Control System Toolbox를 이용하여, 식 (2.22)의 선형 시불변 전달 함수를 구하라.

```
F=zpk([],[-1 -2 -2],2)
```

분모항에서 $(s+2)$의 근은 중첩도가 2인 중근이다.

각 인수에 대해 분모항을 부분 분수로 전개할 수 있는데, 중근에 대한 부분 분수 전개에는 승수가 감소된 항이 추가로 포함된다. 따라서 식 (2.22)의 $F(s)$에 대한 부분 분수 전개는 다음과 같다.

$$F(s) = \frac{2}{(s+1)(s+2)^2} = \frac{K_1}{(s+1)} + \frac{K_2}{(s+2)^2} + \frac{K_3}{(s+2)} \tag{2.23}$$

여기서 유수 K_1은 앞에서 설명한 바와 같이 구하며 $K_1 = 2$가 된다. 유수 K_2와 K_3는 다음과 같이 구한다. 식 (2.23)의 양변에 $(s+2)^2$를 곱하면

$$\frac{2}{s+1} = (s+2)^2 \frac{K_1}{(s+1)} + K_2 + (s+2)K_3 \tag{2.24}$$

이 된다. 여기에 $K_1 = 2$를 대입하면, K_2와 K_3의 관계식이 얻어진다. 다음으로 식 (2.24)의 양변을 s에 대해 미분하면,

스스로 해보기 2.2

MATLAB을 이용하여, 식 (2.26)을 구하라.

```
numf=2;
denf=poly([-1 -2 -2]);
[k,p,k]=residue...
(numf,denf)
```

$$\frac{-2}{(s+1)^2} = \frac{(s+2)s}{(s+1)^2} K_1 + K_3 \tag{2.25}$$

이 되므로, 여기에 $K_1 = 2$를 대입하여 $K_3 = -2$를 얻는다. 식 (2.23)의 각 항을 Laplace 역변환하여 합하면 $f(t)$가 얻어진다.

$$f(t) = 2e^{-t} - 2te^{-2t} - 2e^{-2t} \tag{2.26}$$

근의 중첩도가 2 이상인 경우, 부분 분수로 전개된 항의 유수는 미분을 계속하여 구한다.

일반적으로 분모항이 실수인 중근을 갖는 $F(s)$가 주어질 때, 분자항의 차수가 분모항의 차수보다 작고 근 $s = -p_1$이 r번 중첩되는 경우, $F(s)$를 부분 분수로 전개하면 다음과 같다.

$$\begin{aligned} F(s) &= \frac{N(s)}{D(s)} \\ &= \frac{N(s)}{(s+p_1)^r(s+p_2)\cdots(s+p_n)} \\ &= \frac{K_1}{(s+p_1)^r} + \frac{K_2}{(s+p_1)^{r-1}} + \cdots + \frac{K_r}{(s+p_1)} \\ &\quad + \frac{K_{r+1}}{(s+p_2)} + \cdots + \frac{K_n}{(s+p_n)} \end{aligned} \tag{2.27}$$

여기서 유수 K_1부터 K_r까지 구하기 위해, 먼저 식 (2.27)의 양변에 $(s+p_1)^r$을 곱한 함수를 $F_1(s)$라 하면, $F_1(s)$는 다음과 같다.

$$\begin{aligned} F_1(s) &= (s+p_1)^r F(s) \\ &= \frac{(s+p_1)^r N(s)}{(s+p_1)^r(s+p_2)\cdots(s+p_n)} \\ &= K_1 + (s+p_1)K_2 + (s+p_1)^2 K_3 + \cdots + (s+p_1)^{r-1}K_r \\ &\quad + \frac{K_{r+1}(s+p_1)^r}{(s+p_2)} + \cdots + \frac{K_n(s+p_1)^r}{(s+p_n)} \end{aligned} \tag{2.28}$$

식 (2.28)에 $s = -p_1$을 대입하면 K_1이 구해지고, 식 (2.28)을 s에 대하여 한 번 미분하고 $s = -p_1$을 대입하면 K_2가 구해진다. 계속 미분하고 $s = -p_1$을 대입하면 K_3부터 K_r까지 구할 수 있다. 따라서 K_1부터 K_r사이의 i번째 유수 K_i는 다음과 같이 구한다.

$$K_i = \frac{1}{(i-1)!} \frac{d^{i-1}F_1(s)}{ds^{i-1}}\bigg|_{s \to -p_1} \qquad i = 1, 2, \ldots, r; \quad 0! = 1 \tag{2.29}$$

경우 3 $F(s)$의 분모항이 복소수근이나 순 허근을 갖는 경우

다음과 같이 $F(s)$의 분모항이 복소수근을 갖는 경우를 예로 들어 보자.

$$F(s) = \frac{3}{s(s^2+2s+5)} \tag{2.30}$$

> **스스로 해보기 2.3**
> MATLAB과 Control System Toolbox를 이용하여, 식 (2.30)의 선형 시불변 전달 함수를 구하라.
> ```
> F=tf([3],[1 2 5 0])
> ```

이 식은 다음과 같이 전개된다.

$$\frac{3}{s(s^2+2s+5)} = \frac{K_1}{s} + \frac{K_2 s + K_3}{s^2+2s+5} \tag{2.31}$$

유수 K_1은 앞에서 설명한 바와 같이 구하며, $\frac{3}{5}$이다. 계수 K_2와 K_3는 식 (2.31)의 우변을 통분하여 분자항이 좌변의 3과 같도록 정하는데, $K_1 = \frac{3}{5}$이므로 다음 식이 얻어진다.

$$3 = \left(K_2 + \frac{3}{5}\right)s^2 + \left(K_3 + \frac{6}{5}\right)s + 3 \tag{2.32}$$

계수 비교를 하면 $\left(K_2 + \frac{3}{5}\right) = 0$, $\left(K_3 + \frac{6}{5}\right) = 0$이므로, $K_2 = -\frac{3}{5}$이고 $K_3 = -\frac{6}{5}$이 된다. 따라서 $F(s)$는 다음과 같다.

$$F(s) = \frac{3}{s(s^2+2s+5)} = \frac{3/5}{s} - \frac{3}{5}\frac{s+2}{s^2+2s+5} \tag{2.33}$$

여기서 마지막 항은 지수 함수적으로 감소하는 사인과 코사인의 Laplace 변환의 합이 되며, 표 2.1의 7항과 표 2.2의 4항을 이용하면

$$\mathscr{L}[Ae^{-at}\cos\omega t] = \frac{A(s+a)}{(s+a)^2+\omega^2} \tag{2.34}$$

이고,

$$\mathscr{L}[Be^{-at}\sin\omega t] = \frac{B\omega}{(s+a)^2+\omega^2} \tag{2.35}$$

이 된다. 식 (2.34)와 식 (2.35)를 더하면, 다음 식을 얻을 수 있다.

$$\mathscr{L}[Ae^{-at}\cos\omega t + Be^{-at}\sin\omega t] = \frac{A(s+a)+B\omega}{(s+a)^2+\omega^2} \tag{2.36}$$

따라서 식 (2.33)의 마지막 항을 다음과 같이 식 (2.36)의 형태로 만들 수 있다.

$$F(s) = \frac{3/5}{s} - \frac{3}{5}\frac{(s+1)+(1/2)(2)}{(s+1)^2+2^2} \tag{2.37}$$

식 (2.37)과 표 2.1을 이용하면 $f(t)$를 구할 수 있으며, 다음과 같다.

$$f(t) = \frac{3}{5} - \frac{3}{5}e^{-t}\left(\cos 2t + \frac{1}{2}\sin 2t\right) \tag{2.38}$$

> **스스로 해보기 2.4**
> MATLAB과 Symbolic Math Toolbox를 이용하여, 식 (2.30)에서 식 (2.38)을 구하라.
> ```
> syms s
> f=ilaplace...
> (3/(s*(s^2+2*s+5)));
> pretty(f)
> ```

삼각 함수 공식을 이용하여, $c(t)$를 다른 형태로 나타내 보자. 코사인과 사인항의 크기를 제곱하여 더한 후, 제곱근한 값 $\sqrt{1^2+(1/2)^2}$ 을 공통 인수로 정리하면

$$c(t)=\frac{3}{5}-\frac{3}{5}\sqrt{1^2+(1/2)^2}e^{-t}\left(\frac{1}{\sqrt{1^2+(1/2)^2}}\cos 2t+\frac{1/2}{\sqrt{1^2+(1/2)^2}}\sin 2t\right) \tag{2.39}$$

이 되고, $1/\sqrt{1^2+(1/2)^2}=\cos\phi$, $(1/2)/\sqrt{1^2+(1/2)^2}=\sin\phi$로 놓으면, 식 (2.39)는 다음과 같다.

$$f(t)=\frac{3}{5}-\frac{3}{5}\sqrt{1^2+(1/2)^2}e^{-t}(\cos\phi\cos 2t+\sin\phi\sin 2t) \tag{2.40}$$

또는

$$f(t)=0.6-0.671e^{-t}\cos(2t-\phi) \tag{2.41}$$

여기서, $\phi=\arctan\ 0.5=26.57°$ 이다. 따라서 $f(t)$는 상수항에 지수 함수적으로 감소되는 정현파를 더한 함수가 된다.

일반적으로 분모항이 복소근이나 순 허근을 갖는 $F(s)$가 주어질 때, 부분 분수로 전개하면 다음과 같다.

$$\begin{aligned}F(s)=\frac{N(s)}{D(s)}&=\frac{N(s)}{(s+p_1)(s^2+as+b)\cdots}\\&=\frac{K_1}{(s+p_1)}+\frac{(K_2s+K_3)}{(s^2+as+b)}+\cdots\end{aligned} \tag{2.42}$$

여기서 $N(s)$의 차수는 $D(s)$의 차수보다 작고 p_1은 실수이며, (s^2+as+b)가 복소근이나 순 허근을 갖는다. 복소근이나 순 허근을 갖는 경우, 분자항은 실근인 경우처럼 단순히 K_i가 아니라 (K_2s+K_3)로 전개된다. 식 (2.42)의 K_i는 통분한 후 분자항을 계수 비교하여 구한다. 다항식 (s^2+as+b)를 완전 제곱꼴로 만들고 분자항을 조정하면 $(K_2s+K_3)/(s^2+as+b)$는 식 (2.36)의 우변과 같은 형태로 만들 수 있다.

마지막으로, 순 허근인 경우는 식 (2.42)에서 $a=0$인 경우이므로 계산 방법은 동일하다.

$F(s)$의 분모항이 복소근이나 순 허근을 가지는 경우에도 실근을 가지는 경우와 마찬가지로 부분 분수로 전개하여 Laplace 역변환할 수 있다. 그러나, 복소근과 순 허근에 대한 유수가 공액 복소수이므로, Laplace 역변환한 후 유수에 포함된 복소수는 다음 관계식을 이용하여 정리할 수 있다.

$$\frac{e^{j\theta}+e^{-j\theta}}{2}=cos\,\theta \tag{2.43}$$

$$\frac{e^{j\theta}-e^{-j\theta}}{2j}=sin\,\theta \tag{2.44}$$

예를 들어, 앞의 $F(s)$는 다음과 같은 부분 분수로 전개할 수 있다.

$$F(s) = \frac{3}{s(s^2+2s+5)} = \frac{3}{s(s+1+j2)(s+1-j2)} = \frac{K_1}{s} + \frac{K_2}{s+1+j2} + \frac{K_3}{s+1-j2} \tag{2.45}$$

여기서 K_2를 구하면,

$$K_2 = \left.\frac{3}{s(s+1-j2)}\right|_{s\to -1-j2} = -\frac{3}{20}(2+j1) \tag{2.46}$$

이 되며, K_3는 K_2의 공액 복소수가 된다. K_1은 앞에서 설명한 바와 같이 구한다. 그 결과 식 (2.45)는 다음과 같다.

스스로 해보기 2.5

MATLAB을 이용하여, 식 (2.47)을 구하라.

```
numf=3
denf=[1 2 5 0]
[k,p,k]=residue...
(numf,denf)
```

$$F(s) = \frac{3/5}{s} - \frac{3}{20}\left(\frac{2+j1}{s+1+j2} + \frac{2-j1}{s+1-j2}\right) \tag{2.47}$$

이 식을 Lapalce 역변환하면,

$$\begin{aligned} f(t) &= \frac{3}{5} - \frac{3}{20}\left[(2+j1)e^{-(1+j2)t} + (2-j1)e^{-(1-j2)t}\right] \\ &= \frac{3}{5} - \frac{3}{20}e^{-t}\left[4\left(\frac{e^{j2t}+e^{-j2t}}{2}\right) + 2\left(\frac{e^{j2t}-e^{-j2t}}{2j}\right)\right] \end{aligned} \tag{2.48}$$

이 되므로, 식 (2.43)과 식 (2.44)를 이용하면 $f(t)$는 다음과 같다.

$$f(t) = \frac{3}{5} - \frac{3}{5}e^{-t}\left(\cos 2t + \frac{1}{2}\sin 2t\right) = 0.6 - 0.671e^{-t}\cos(2t-\phi) \tag{2.49}$$

여기서, $\phi = \arctan\ 0.5 = 26.57°$이다.

Symbolic Math **SM**

MATLAB 연습 문제를 풀고 MATLAB의 Symbolic Math Toolbox에서 제공하는 기능을 이해하고자 하는 학생들은 www.wiley.com/go/Nise/ControlSystemsEngineering8e 웹페이지의 부록 F에 있는 ch2apF1과 ch2apF2를 수행시키기 바란다. 기호를 이용하는 방법과 시간 함수를 Laplace 변환하고 주파수 함수를 Laplace 역변환하는 방법을 이해하게 된다. 이 절의 경우 2와 경우 3의 예제를 Symbolic Math Toolbox를 이용하여 풀 수 있을 것이다.

숙련예제 2.1

문제 함수 $f(t) = te^{-5t}$를 Laplace 변환을 구하라.

풀이 $F(s) = \dfrac{1}{(s+5)^2}$

풀이 과정은 www.wiley.com/go/Nise/ControlSystemsEngineering8e 웹페이지를 참조하라.

숙련예제 2.2

문제 함수 $F(s) = 10/[s(s+2)(s+3)^2]$의 Laplace 역변환을 구하라.

풀이 $f(t) = \dfrac{5}{9} - 5e^{-2t} + \dfrac{10}{3}te^{-3t} + \dfrac{40}{9}e^{-3t}$

풀이 과정은 www.wiley.com/go/Nise/ControlSystemsEngineering8e 웹페이지를 참조하라.

2.3 전달 함수

앞 절에서는 Laplace 변환과 Laplace 역변환에 대하여 정의하였으며, 이를 이용하여 미분 방정식의 해를 구하는 방법을 소개하였다. 시스템의 입력과 출력 관계를 대수적으로 나타내는 함수를 정의하고, 이를 이용하여 그림 2.1의 시스템에 대한 표현식을 얻기로 한다. 이 함수는 미분 방정식과는 달리 입력, 시스템, 출력의 세 부분을 분리하여 나타낼 수 있도록 한다. 따라서 이 함수는 부 시스템 각각의 수학적 모델을 대수적으로 결합할 수 있도록 함으로써 전체 시스템의 수학적 모델을 구할 수 있도록 한다.

다음과 같은 n차 선형 시불변 미분 방정식을 생각해보자.

$$a_n \frac{d^n c(t)}{dt^n} + a_{n-1}\frac{d^{n-1}c(t)}{dt^{n-1}} + \cdots + a_0 c(t) = b_m \frac{d^m r(t)}{dt^m} + b_{m-1}\frac{d^{m-1}r(t)}{dt^{m-1}} + \cdots + b_0 r(t) \tag{2.50}$$

여기서 $c(t)$는 출력이고, $r(t)$는 입력이다. 계수 a_i, b_i와 미분 방정식의 형태는 시스템을 나타낸다. 양변을 Laplace 변환하면, 다음과 같은 대수식이 된다.

$$\begin{aligned} &a_n s^n C(s) + a_{n-1}s^{n-1}C(s) + \cdots + a_0 C(s) + c(t)\text{에 관련된 초기항들} \\ &\quad = b_m s^m R(s) + b_{m-1}s^{m-1}R(s) + \cdots + b_0 R(s) + r(t)\text{에 관련된 초기항들} \end{aligned} \tag{2.51}$$

여기서 모든 초기 조건이 0이면, 식 (2.51)은 다음과 같다.

$$(a_n s^n + a_{n-1}s^{n-1} + \cdots + a_0)C(s) = (b_m s^m + b_{m-1}s^{m-1} + \cdots + b_0)R(s) \tag{2.52}$$

따라서 Laplace 변환된 입력과 출력의 비는

$$\frac{C(s)}{R(s)} = G(s) = \frac{(b_m s^m + b_{m-1}s^{m-1} + \cdots + b_0)}{(a_n s^n + a_{n-1}s^{n-1} + \cdots + a_0)} \tag{2.53}$$

이 되므로, 입력 $R(s)$, 출력 $C(s)$와 오른쪽의 s에 대한 다항식의 비로 나타낸 시스템으로 구분된다. 모든 초기 조건이 0인 상태에서 이 다항식의 비 $G(s)$를 **전달 함수**(*transfer function*)라 한다.

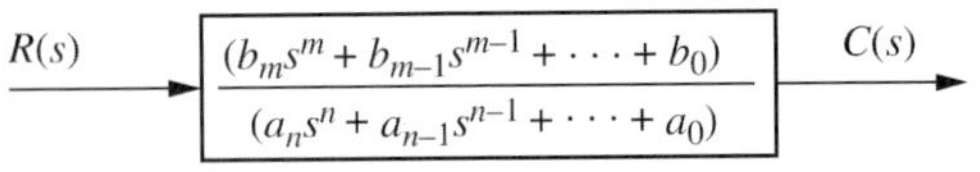

그림 2.2 전달 함수의 블록선도

그림 2.2와 같이 블록의 왼쪽과 오른쪽에 입력과 출력을 표시하고, 블록 내부는 시스템 전달 함수로 표현되는 블록선도로 나타낼 수 있다. 이 때 전달 함수의 분모는 미분 방정식의 특성 다항식(characteristic polynomial)과 같다. 출력 $C(s)$는 다음과 같이 표현되므로 이 식을 이용하여 출력을 구할 수 있다.

$$C(s) = R(s)G(s) \tag{2.54}$$

다음은 전달 함수를 이용하여 시스템 응답을 구하는 예이다.

예제 2.4 미분 방정식에 대한 전달 함수

문제 다음 미분 방정식으로 표시되는 시스템의 전달 함수를 구하라.

$$\frac{dc(t)}{dt} + 2c(t) = r(t) \tag{2.55}$$

풀이 초기 조건을 0으로 가정하고, 양변을 Laplace 변환하면

$$sC(s) + 2C(s) = R(s) \tag{2.56}$$

이므로, 전달 함수는 다음과 같다.

$$G(s) = \frac{C(s)}{R(s)} = \frac{1}{s+2} \tag{2.57}$$

MATLAB을 이용하려는 독자들은 부록 B에 있는 ch2apB9에서 ch2apB12까지의 프로그램을 실행시키기 바란다. MATLAB을 이용하여 분수 다항식으로 표시되거나 인수들의 곱의 형태로 표시되는 전달 함수를 얻을 수 있을 것이다. 또한 분수 다항식을 인수들의 곱의 형태로 변환하거나 그 반대로 변환하는 방법을 이해하게 될 것이다. 마지막으로, MATLAB을 이용하여 시간 함수를 그릴 수 있을 것이다.

MATLAB
ML

MATLAB 연습 문제를 풀거나 MATLAB의 Symbolic Math Toolbox에서 제공하는 기능을 이해하고자 하는 학생들은 www.wiley.com/go/Nise/ControlSystemsEngineering8e 웹페이지의 부록 F에 있는 ch2apF3을 수행시키기 바란다. Symbolic Math Toolbox를 이용하여 복잡한 전달 함수를 간단히 입력시킬 뿐만 아니라 읽기 편한 형태로 나타내는 방법을 배우게 된다. 부록 B의 ch2apB9와 같이 전달 함수를 선형 시불변 형인 인수들의 곱으로 변환시키는 방법을 알게 된다.

Symbolic Math
SM

예제 2.5 전달 함수로부터 시스템 응답 계산

문제 예제 2.4에서 초기 조건을 0으로 가정하고, $c(t)$일 때, 출력 $r(t) = u(t)$를 구하라.

풀이 예제 2.4에서 $r(t) = u(t)$이고 $R(s) = 1/s$이므로, 표 2.1로부터 $G(s) = 1/(s+2)$이다. 초기 조건이 0이므로, 식 (2.54)로부터 $C(s)$는 다음과 같다.

$$C(s) = R(s)G(s) = \frac{1}{s(s+2)} \tag{2.58}$$

식 (2.58)을 부분 분수로 전개하면

$$C(s) = \frac{1/2}{s} - \frac{1/2}{s+2} \tag{2.59}$$

이 되므로, Laplace 역변환하면 $c(t)$는 다음과 같다.

$$c(t) = \frac{1}{2} - \frac{1}{2}e^{-2t} \tag{2.60}$$

스스로 해보기 2.6

MATLAB과 Symbolic Math Toolbox를 이용하여, 식 (2.60)을 구하라.

```
syms s
C=1/(s*(s+2))
c=ilplace(C)
```

스스로 해보기 2.7

MATLAB을 이용하여, 0에서 1까지 0.01초의 시간간격에 대해 식 (2.60)을 그려라.

```
t=0:0.01:1;
plot...
(t,(1/2-1/2*exp(-2*t)))
```

숙련예제 2.3

문제 다음과 같이 표시되는 미분 방정식에 대한 전달 함수를 구하라.

$$\frac{d^3c}{dt^3} + 3\frac{d^2c}{dt^2} + 7\frac{dc}{dt} + 5c = \frac{d^2r}{dt^2} + 4\frac{dr}{dt} + 3r$$

풀이 $G(s) = \dfrac{C(s)}{R(s)} = \dfrac{s^2 + 4s + 3}{s^3 + 3s^2 + 7s + 5}$

풀이 과정은 www.wiley.com/go/Nise/ControlSystemsEngineering8e 웹페이지를 참조하라.

숙련예제 2.4

문제 다음 전달 함수를 미분 방정식으로 나타내어라.

$$G(s) = \frac{2s + 1}{s^2 + 6s + 2}$$

풀이 $\dfrac{d^2c}{dt^2} + 6\dfrac{dc}{dt} + 2c = 2\dfrac{dr}{dt} + r$

풀이 과정은 www.wiley.com/go/Nise/ControlSystemsEngineering8e 웹페이지를 참조하라.

숙련예제 2.5

문제 다음 전달 함수로 표시되는 시스템의 램프 입력에 대한 응답을 구하라.

$$G(s) = \frac{s}{(s + 4)(s + 8)}$$

풀이 $c(t) = \dfrac{1}{32} - \dfrac{1}{16}e^{-4t} + \dfrac{1}{32}e^{-8t}$

풀이 과정은 www.wiley.com/go/Nise/ControlSystemsEngineering8e 웹페이지를 참조하라.

일반적으로, 선형 시불변 미분 방정식으로 표시되는 물리적 시스템은 전달 함수로 나타낼 수 있다. 다음 절부터 전기 회로망, 병진 운동하는 기계 시스템, 회전 운동하는 기계 시스템과 전기 기계 시스템을 전달 함수로 나타내는 방법을 다루고자 한다. 공기 역학 시스템, 유압 시스템과 열 전달 시스템 같은 분야가 필요하면 참고문헌을 참조하기 바란다(*Cannon, 1967*).

2.4 전기 회로망 전달 함수

이 절에서는 수동 회로망(passive network)과 연산 증폭기(operational amplifier) 회로를 포함하는 전기 회로망(electric netwrok)을 전달 함수로 나타내고자 한다. 다음 절에서는 기계 장치와 전기 기계 시스템(electromechanical system)에 대하여 다루고자 한다.

표 2.3 콘덴서, 저항, 인덕터에서의 전압-전류, 전압-전하와 임피던스 관계

회로소자	전압-전류	전류-전압	전압-전하	임피던스 $Z(s)=V(s)/I(s)$	어드미턴스 $Y(s)=I(s)/V(s)$
콘덴서	$v(t)=\frac{1}{C}\int_0^1 i(\tau)d\tau$	$i(t)=C\frac{dv(t)}{dt}$	$v(t)=\frac{1}{C}q(t)$	$\frac{1}{Cs}$	Cs
저항	$v(t)=Ri(t)$	$i(t)=\frac{1}{R}v(t)$	$v(t)=R\frac{dq(t)}{dt}$	R	$\frac{1}{R}=G$
인덕터	$v(t)=L\frac{di(t)}{dt}$	$i(t)=\frac{1}{L}\int_0^1 v(\tau)\,d\tau$	$v(t)=L\frac{d^2q(t)}{dt^2}$	Ls	$\frac{1}{Ls}$

주 : 이 책에서는 각 기호 및 단위를 다음과 같이 사용하기로 한다 : $v(t)=\mathrm{V}$(볼트), $i(t)=\mathrm{A}$(암페어), $q(t)=\mathrm{Q}$(쿨롱), $C=F$(패럿), $R=\Omega$(옴), $G=\mho$(모), $L=H$(헨리).

먼저 선형 수동 소자(passive element)인 저항, 콘덴서와 인덕터로 구성되는 전기 회로의 전달 함수를 유도하기로 한다.[2] 표 2.3은 초기 조건이 0일 때 각 소자에서의 전압-전류 관계, 전압-전하 관계를 나타내고 있다.

이들 회로 소자들을 연결하고, 입력과 출력을 결정한 후 전달 함수를 구해 보자. 회로에 적용되는 법칙은 Kirchhoff 법칙으로, 이 법칙에 의하면 루프 내에서 전압의 합은 0이고 마디(node)에 흐르는 전류의 합은 0이 된다. 이 법칙을 적용하여 회로에 대한 미분 방정식을 세우고 이 미분 방정식을 Laplace 변환하여 전달 함수를 구한다.

루프 해석법에 의한 회로 해석

Kirchhoff의 전압 법칙을 적용하여 루프[또는 메쉬(mesh)[3]] 내의 전압을 합하여 전달 함수를 구한다. 이와 같은 해석법을 루프 또는 메쉬 해석법(mesh analysis)이라 하며, 다음 예제를 이용하여 설명하기로 한다.

예제 2.6

문제 그림 2.3에서 입력 전압 $V(s)$에 대한 콘덴서 양단 전압 $V_C(s)$ 사이의 전달 함수를 구하라.

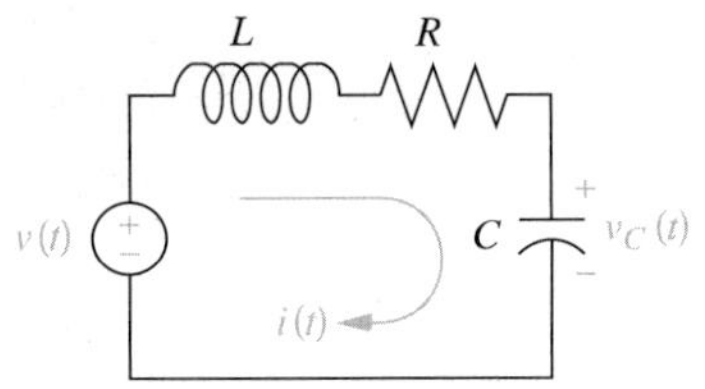

그림 2.3 RLC 수동 회로망

풀이 먼저 입력과 출력을 결정하도록 한다. 이 회로망에서는 콘덴서 양단 전압, 저항 양단 전압 또는 전류를 출력으로 정할 수 있지만, 콘덴서 양단 전압을 출력으로 정하였다.

초기 조건을 0으로 정하고 루프 내에서 전압을 합함으로써 다음과 같은 적분-미분 방정식을 얻을 수 있다.

$$L\frac{di(t)}{dt}+Ri(t)+\frac{1}{C}\int_0^t i(\tau)\,d\tau=v(t) \tag{2.61}$$

여기서 $i(t)=dq(t)/dt$을 사용하여 전류를 전하로 바꾸면, 식 (2.61)은 다음과 같다.

$$L\frac{d^2q(t)}{dt^2}+R\frac{dq(t)}{dt}+\frac{1}{C}q(t)=v(t) \tag{2.62}$$

2 수동소자는 소자 내에 에너지원을 갖지 않는 소자다.

3 사각형 모양의 루프를 메쉬(mesh)라 한다.

표 2.3의 콘덴서에 대한 전압-전하 관계식

$$q(t) = Cv_C(t) \tag{2.63}$$

을 식 (2.62)에 대입하면, 다음 미분 방정식이 얻어진다.

$$LC\frac{d^2v_C(t)}{dt^2} + RC\frac{dv_C(t)}{dt} + v_C(t) = v(t) \tag{2.64}$$

초기 조건이 0이므로, 식 (2.64)를 Laplace 변환하여 정리하면 다음과 같다.

$$(LCs^2 + RCs + 1)V_C(s) = V(s) \tag{2.65}$$

따라서 전달 함수 $V_C(s)/V(s)$는

$$\frac{V_C(s)}{V(s)} = \frac{1/LC}{s^2 + \frac{R}{L}s + \frac{1}{LC}} \tag{2.66}$$

이 되고, 블록선도로 나타내면 그림 2.4와 같다.

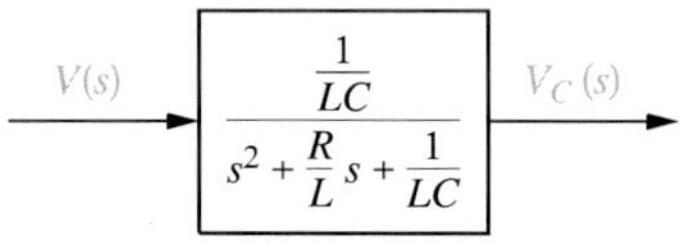

그림 2.4 직렬 RLC 회로망에 대한 블록선도

회로를 간편하게 해석하는 방법을 살펴보기로 하자. 표 2.3의 첫째 열에 있는 관계식에서 초기 조건을 무시하고 Laplace 변환하면 콘덴서의 전압-전류 관계는

$$V(s) = \frac{1}{Cs}I(s) \tag{2.67}$$

이 되고, 저항의 전압-전류 관계는 다음과 같다.

$$V(s) = RI(s) \tag{2.68}$$

마지막으로 인덕터에서는 다음과 같다.

$$V(s) = LsI(s) \tag{2.69}$$

이들 전압-전류 관계식으로부터 다음과 같은 전달 함수를 정의할 수 있다.

$$\frac{V(s)}{I(s)} = Z(s) \tag{2.70}$$

이 함수는 전압/전류비이므로 저항과 같은 차원을 가지며 콘덴서와 인덕터에도 적용될 수 있고, 미분 방정식으로 나타낼 수 있기 때문에 각 소자의 동적 특성을 알 수 있다. 이 전달 함수를 임피던스(*impedance*)라고 한다. 각 회로 소자에 대한 임피던스는 표 2.3과 같다.

위와 같이, 정의된 임피던스를 이용하여 전달 함수를 구하는 방법을 살펴보자. 초기 조건이 0일 때, 식 (2.61)의 Laplace 변환은 다음과 같다.

$$\left(Ls + R + \frac{1}{Cs}\right)I(s) = V(s) \tag{2.71}$$

이 식은 그림 2.5와 같은 직렬회로의 전압-전류 관계식으로 다음과 같이 표현될 수 있다.

$$[\text{임피던스 합}]I(s) = [\text{인가된 전압의 합}] \tag{2.72}$$

한편, 그림 2.3의 회로에서 각 소자를 임피던스로 나타내면 그림 2.5의 회로를 직접 얻을 수 있는데, 이 회로를 **변환 회로**(*transformed circuit*)라 한다. 이 변환 회로에서 직렬로 연결된 각 임피던스는 저항처럼 취급하여 직렬 저항 회로의 합성 저항을 구하듯이 합성 임피던스를 구하면, 식 (2.71)의 관계식을 얻을 수 있다. 따라서 미분 방정식을 먼저 세운 후 Laplace 변환하는 것보다 변환 회로에 Kirchhoff의 법칙을 적용하여 미분 방정식에 대한 Laplace 변환식을 얻는 것이 더 간단하다. 이 단계를 다음과 같이 요약할 수 있다.

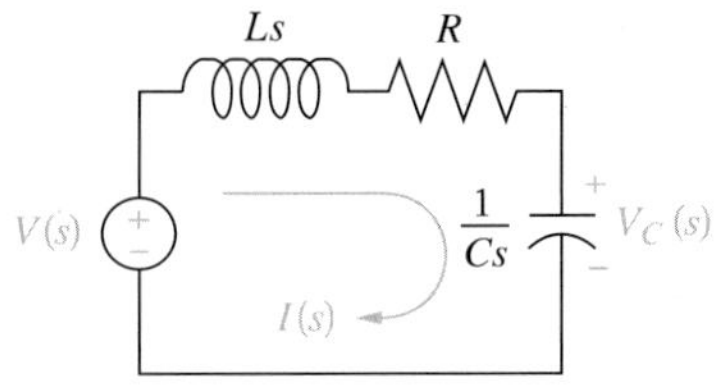

그림 2.5 Laplace 변환된 회로

1. 시간 함수 $v(t)$, $i(t)$, $v_C(t)$ 등을 Laplace 변환한 함수 $V(s)$, $I(s)$, $V_C(s)$로 표시되는 변환 회로를 다시 그린다.
2. 회로 소자들을 임피던스로 변환하는데 이것은 저항 회로의 저항과 같다.

변환 회로를 도입하여 예제 2.6을 다시 풀어보자.

예제 2.7 전달 함수-단일 루프 회로를 변환 회로로 나타냄

문제 미분 방정식을 세우지 않고 루프 해석법과 변환 회로를 이용하여 예제 2.6을 다시 풀어라.

풀이 그림 2.5의 회로에서 루프 해석법에 의해 방정식을 세우면

$$\left(Ls + R + \frac{1}{Cs}\right)I(s) = V(s) \tag{2.73}$$

이 되므로, $I(s)/V(s)$는 다음과 같다.

$$\frac{I(s)}{V(s)} = \frac{1}{Ls + R + \dfrac{1}{Cs}} \tag{2.74}$$

한편, 콘덴서 양단 전압 $V_C(s)$는 콘덴서의 임피던스와 흐르는 전류의 곱이 되므로 다음과 같다.

$$V_C(s) = I(s)\frac{1}{Cs} \tag{2.75}$$

여기서, $I(s)$를 구하여 식 (2.74)에 대입하면, 식 (2.66)의 전달 함수가 얻어진다.

마디 해석법에 의한 회로 해석

Kirchhoff의 전류 법칙과 마디에 흐르는 전류의 합을 이용하여 회로의 전달 함수를 구할 수 있는데, 이것을 마디 해석법(*nodal analysis*)이라고 한다. 미분 방정식을 세우지 않고 Kirchhoff의 전류 법칙과 변환 회로를 이용하여 예제 2.6을 다시 풀어 봄으로써 마디 해석법을 이해할 수 있다.

예제 2.8 전달 함수-변환 회로를 이용한 마디 해석법

문제 미분 방정식을 세우지 않고 마디 해석법에 의해 예제 2.6을 다시 풀어라.

풀이 그림 2.5에서의 마디 전압이 $V_C(s)$인 마디에 흐르는 전류의 합을 구하여 전달 함수를 구할 수 있다. 마디에서 나가는 전류를 양(+)으로 하고, 마디로 들어오는 전류를 음(−)으로 하면,

양의 전류는 콘덴서에 흐르는 전류이고 음의 전류는 저항과 인덕터를 통하여 흐르는 전류이다. 식 (2.70)으로부터 각각의 전류는 $I(s) = V(s)/Z(s)$이므로, 다음 식이 성립된다.

$$\frac{V_C(s)}{1/Cs} + \frac{V_C(s) - V(s)}{R + Ls} = 0 \tag{2.76}$$

여기서, $V_C(s)/(I/Cs)$는 콘덴서에 흐르는 전류이고, $[V_C(s) - V(s)]/(R + Ls)$은 저항과 인덕터가 직렬로 연결된 회로에 흐르는 전류이다. 따라서 식 (2.76)으로부터 전달 함수 $V_C(s)/V(s)$를 구할 수 있으며, 식 (2.66)과 같다.

전압 분배에 의한 회로 해석

변환 회로와 전압 분배 법칙을 이용하여 예제 2.6을 직접 풀 수 있는데, 이 방법을 살펴보자.

예제 2.9 전달 함수–전압 분배에 의한 단일루프 해석

문제 전압 분배 법칙과 변환 회로를 이용하여 예제 2.6을 다시 풀어보자.

풀이 콘덴서 양단 전압은 입력 전압이 분배되어 나타나는데, 다음과 같이 합성 임피던스에 대한 콘덴서의 임피던스 비로 분배된다.

$$V_C(s) = \frac{1/Cs}{\left(Ls + R + \dfrac{1}{Cs}\right)} V(s) \tag{2.77}$$

이 식으로부터, 전달 함수 $V_C(s)/V(s)$를 구하면 식 (2.66)과 같다.

예제 2.6에서 예제 2.9까지를 비교할 때 어떤 방법이 더 쉽다고 생각하는가?

앞의 예제는 단일 루프로 구성되는 간단한 회로망이나 대부분의 회로망은 여러 개의 루프와 마디가 혼합되어 구성된다. 이런 회로망에서 전달 함수나 출력은 연립 미분 방정식을 세워서 구해야 한다.

루프 해석법에 의한 복잡한 회로의 해석

여러 개의 루프와 마디를 갖는 복잡한 회로망을 루프 해석법을 이용하여 해석하는 경우, 다음 단계로 해석한다.

1. 수동 소자들을 임피던스로 변환한다.
2. 모든 전원과 시변수(time variable)들을 Laplace 변환 함수로 나타낸다.
3. 각 마디에 흐르는 전류와 전류 방향을 정한다.
4. 각 마디에서 Kirchhoff의 전압 법칙을 적용하여 방정식을 세운다.
5. 연립 방정식으로부터 출력을 구한다.
6. 전달 함수를 구한다.

다음 예제를 풀어보자.

예제 2.10 여러 개의 루프로 구성되는 회로망의 전달 함수

문제 그림 2.6(a)의 회로망에서 전달 함수, $I_2(s)/V(s)$를 구하라.

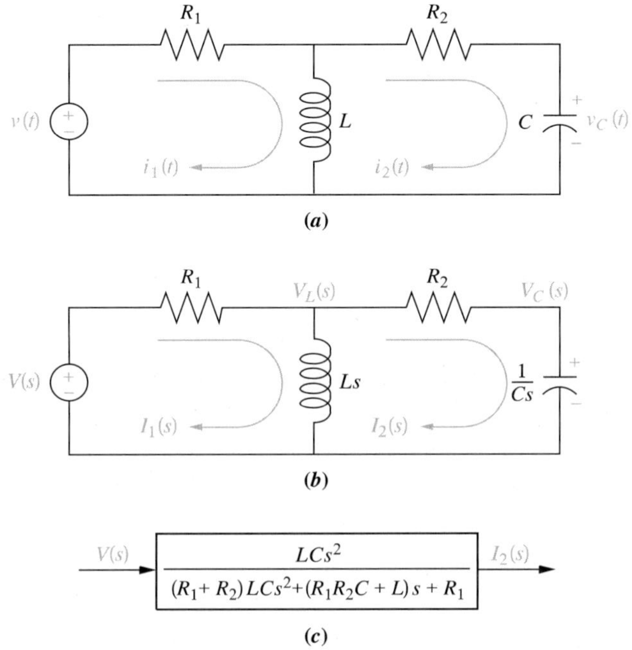

그림 2.6
a. 루프가 2개인 회로망
b. Laplace 변환된 회로망
c. 블록선도

풀이 먼저 초기 조건을 0으로 가정하고, 그림 2.6(b)와 같이 회로망을 임피던스 회로로 나타내고 회로 변수들을 Laplace 변환 함수로 나타낸다. 이 회로의 경우, 전달 함수를 구하기 위해서는 2개의 연립 방정식을 세워야 한다. Kirchhoff의 전압 법칙을 적용하여 루프 전류 $I_1(s)$와 $I_2(s)$에 대해 두 개의 연립 방정식을 세울 수 있다. 전류 $I_1(s)$에 대해, 루프 1에서의 전압 방정식은

$$R_1I_1(s) + LsI_1(s) - LsI_2(s) = V(s) \tag{2.78}$$

이 되고, 전류 $I_2(s)$에 대해, 루프 2에서의 전압 방정식은 다음과 같다.

$$LsI_2(s) + R_2I_2(s) + \frac{1}{Cs}I_2(s) - LsI_1(s) = 0 \tag{2.79}$$

식 (2.78)과 식 (2.79)로부터 다음과 같은 $I_1(s)$과 $I_2(s)$에 대한 연립 방정식이 얻어진다.

$$(R_1 + Ls)I_1(s) - LsI_2(s) = V(s) \tag{2.80a}$$

$$-LsI_1(s) + \left(Ls + R_2 + \frac{1}{Cs}\right)I_2(s) = 0 \tag{2.80b}$$

식 (2.80)에서 Cramer 공식[4]이나 다른 방법을 이용하여 전류 $I_2(s)$를 구한다.

4 Cramer 공식에 대해서는 www.wiley.com/go/Nise/ControlSystemsEngineering8e 웹페이지 부록 G에 있는 G.4절을 참조하라.

$$I_2(s) = \frac{\begin{vmatrix} (R_1 + Ls) & V(s) \\ -Ls & 0 \end{vmatrix}}{\Delta} = \frac{LsV(s)}{\Delta} \tag{2.81}$$

여기서

$$\Delta = \begin{vmatrix} (R_1 + Ls) & -Ls \\ -Ls & \left(Ls + R_2 + \dfrac{1}{Cs}\right) \end{vmatrix}$$

식 (2.81)로부터 전달 함수 $G(s)$는

$$G(s) = \frac{I_2(s)}{V(s)} = \frac{Ls}{\Delta} = \frac{LCs^2}{(R_1 + R_2)LCs^2 + (R_1R_2C + L)s + R_1} \tag{2.82}$$

이 되고 그림 2.6(c)와 같다.

지금까지 회로망을 전달 함수로 모델링하는 방법에 대해 설명하였다. 그 결과로 그림 2.6(a)의 회로망은 그림 2.6(c)의 전달 함수로 나타낼 수 있다. 식 (2.72)의 관계를 식 (2.80)에 적용하면 다음과 같다.

[루프 1의 임피던스 합] $I_1(s)$ − [두 루프에 공통인 임피던스 합] $I_2(s)$
= [루프 1의 전원 전압의 합] (2.83a)

− [두 루프에 공통인 임피던스 합] $I_1(s)$ + [루프 2의 임피던스의 합] $I_2(s)$
= [루프 2의 전원 전압의 합] (2.83b)

이와 같은 형태를 이해하면 쉽게 방정식을 세울 수 있으며, 2.5절과 2.6절에서 다루게 될 동역학 방정식도 동일한 형태를 갖는다.

Symbolic Math
SM

MATLAB 연습 문제를 풀고 MATLAB의 Symbolic Math Toolbox에서 제공하는 기능을 이해하고자 하는 학생들은 www.wiley.com/go/Nise/ControlSystemsEngineering8e 웹페이지의 부록 F에 있는 ch2apF4를 수행시키기 바란다. 이것은 예제 2.10에 대한 프로그램으로 Cramer 공식을 적용하여 연립 방정식의 해를 구하는 경우 Symbolic Math Toolbox를 이용하는 방법을 배우게 된다. 특히, 식 (2.80)으로부터 식 (2.82)의 전달 함수를 구하는 방법을 배우게 된다.

마디 해석법에 의한 복잡한 회로 해석

루프 해석법보다 마디 해석법을 적용하면 전달 함수를 쉽게 구할 수 있는 경우가 많다. 세워야 할 연립 미분 방정식의 수는 미지의 마디 전압 수와 같다. 앞의 예제에서는 Kirchhoff의 전압 법칙을 적용하여 연립 루프방정식을 세웠으나 여러 개의 마디를 갖는 회로에서는 Kirchhoff의 전류 법칙을 적용하여 각 마디에 흐르는 전류를 합한다. 이 때 각 마디에서 나가는 전류를 양, 마디로 유입되는 전류를 음으로 정하고 합한다.

예제를 설명하기 전에, 다음과 같이 임피던스의 역수인 어드미턴스(*admittance*) $Y(s)$를 정의하자.

$$Y(s) = \frac{1}{Z(s)} = \frac{I(s)}{V(s)} \tag{2.84}$$

마디 방정식을 세울 때, 표 2.3과 같은 회로 소자에 대한 어드미턴스를 사용하면 편리하다. 이제 예제를 살펴보자.

예제 2.11 전달 함수–여러 개의 마디로 구성되는 회로

문제 그림 2.6(b)에 있는 회로에 대하여, 전달 함수 $V_C(s)/V(s)$를 구하라. 마디 해석법을 사용한다.

풀이 마디에 흐르는 전류를 합하여 회로 방정식을 세운다. 그림 2.6(b)에서 $V_L(s)$와 $V_C(s)$로 표시된 각 마디에 흐르는 전류의 합은 다음과 같다.

$$\frac{V_L(s)-V(s)}{R_1}+\frac{V_L(s)}{Ls}+\frac{V_L(s)-V_C(s)}{R_2}=0 \tag{2.85a}$$

$$CsV_C(s)+\frac{V_C(s)-V_L(s)}{R_2}=0 \tag{2.85b}$$

여기서, 저항을 $G_1=1/R_1$과 $G_2=1/R_2$인 컨덕턴스(conductance)[5]로 나타내고 정리하면

$$\left(G_1+G_2+\frac{1}{Ls}\right)V_L(s) \qquad -G_2V_C(s)=V(s)G_1 \tag{2.86a}$$

$$-G_2V_L(s)+(G_2+Cs)V_C(s)=0 \tag{2.86b}$$

이 되므로, 전달 함수 $V_C(s)/V(s)$는 다음과 같다.

$$\frac{V_C(s)}{V(s)}=\frac{\dfrac{G_1G_2}{C}s}{(G_1+G_2)s^2+\dfrac{G_1G_2L+C}{LC}s+\dfrac{G_2}{LC}} \tag{2.87}$$

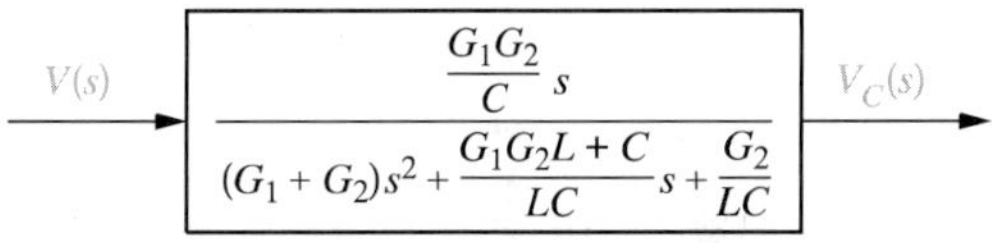

그림 2.7 그림 2.6의 회로망에 대한 블록선도

이것을 블록선도로 나타내면 그림 2.7과 같다.

마디 전압 방정식을 세우는 다른 방법은 전압원(voltage source)을 전류원(current source)으로 치환하는 것이다. 전압원은 임의의 부하에 일정한 전압을 공급하는 전원이고 전류원은 임의의 부하에 일정한 전류를 공급하는 전원이다. 실제로 전류원은 매우 큰 저항을 전압원에 직렬로 연결시켜 만드는데 부하가 변동해도 부하에 흐르는 전류는 거의 변동하지 않는다. 왜냐하면, 부하 저항에 비하여 매우 큰 저항이 전압원에 직렬로 연결되어 있으므로 부하에 흐르는 전류는 전압원에 직렬로 연결된 저항에 의해 결정되기 때문이다. 이론적으로는 임피던스 $Z_s(s)$가 직렬로 연결된 전압원, $V(s)$는 임피던스 $Z_s(s)$가 병렬로 연결된 전류원, $I(s)=V(s)/Z_s(s)$로 치환될 수 있다는 Norton 정리에 근거한다.

여러 개의 마디로 구성되는 회로망을 다음 절차로 해석하면 편리하다.

1. 각 수동 소자를 어드미턴스로 치환한다.
2. 모든 전원과 시변수들을 Laplace 변환 함수로 나타낸다.
3. 변환된 전압원을 전류원으로 치환한다.
4. Kirchhoff의 전류 법칙을 적용하여 각 마디에서 회로 방정식을 세운다.
5. 연립 방정식을 풀어 출력을 구한다.
6. 전달 함수를 구한다.

---

5 일반적으로 어드미턴스는 복소수이다. 실수부를 컨덕턴스(conductance), 허수부를 서셉턴스(susceptance)라 한다. 저항의 역수가 컨덕턴스가 된다.

다음 예제를 살펴보자.

예제 2.12 전달 함수-전류원이 포함된 여러 개의 마디로 구성되는 회로

문제 그림 2.6의 회로망에서, 전원을 전류원으로 변환시키고 마디 해석법을 이용하여 전달 함수 $V_C(s)/V(s)$를 구하라.

풀이 모든 임피던스를 어드미턴스로 변환시키고, Norton 정리에 의해 임피던스가 직렬로 연결된 전압원을 어드미턴스가 병렬로 연결된 전류원으로 치환한다.
이 결과에 따라 그림 2.6(b)를 다시 그리면, 그림 2.8과 같다. 여기서, $G_1 = 1/R_1$, $G_2 = 1/R_2$이고, 인덕터 양단 전압과 콘덴서 양단 전압을 각각 $V_L(s)$와 $V_C(s)$로 정의한다.

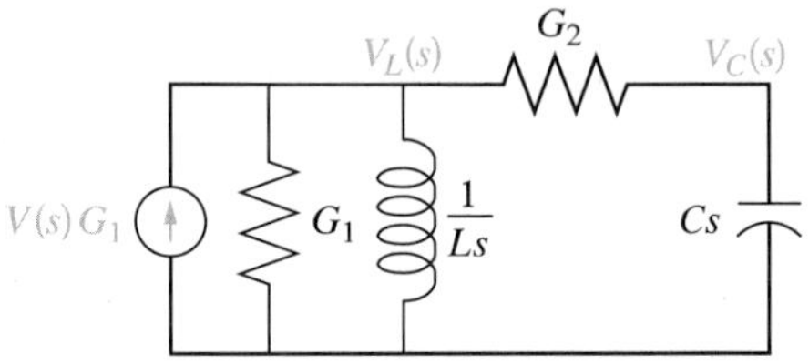

그림 2.8 마디 해석법을 위해 변환된 회로망

전류-전압 관계식 $I(s) = Y(s)V(s)$에 따라, 마디 $V_L(s)$에서 전류의 합은

$$G_1V_L(s) + \frac{1}{Ls}V_L(s) + G_2[V_L(s) - V_C(s)] = V(s)G_1 \tag{2.88}$$

이 되고, 마디 $V_C(s)$에서 전류의 합은 다음과 같다.

$$CsV_C(s) + G_2[V_C(s) - V_L(s)] = 0 \tag{2.89}$$

식 (2.88)과 식 (2.89)를 합하면, $V_C(s)$와 $V_L(s)$에 대한 연립 방정식이 얻어지는데, 이것은 식 (2.86)과 동일하며 식 (2.87)과 같은 해를 구할 수 있다.
회로망을 이와 같이 변형시키는 이유는 그림 2.8로부터 식 (2.86)을 직접 얻을 수 있기 때문이다. 식 (2.86)은 다음과 같이 일반화시킬 수 있다.

[마디 1에 연결된 어드미턴스 합] $V_L(s)$ − [두 마디에 공통인 어드미턴스 합] $V_C(s)$
= [마디 1에 가해진 전류원의 합] (2.90a)

[두 마디에 공통인 어드미턴스 합] $V_L(s)$ + [마디 2에 연결된 어드미턴스 합] $V_C(s)$
= [마디 2에 가해진 전류원의 합] (2.90b)

문제 해결 기법

앞의 예제들을 통하여 방정식에는 어떤 유사성이 있음을 알았다. 이러한 유사성을 인식한다면, 각 소자에 대한 방정식을 일일이 세우지 않고도 회로 방정식을 세울 수 있다. 즉, 루프 방정식을 세울 경우에는 루프 내의 임피던스들을 합하며, 마디 방정식을 세울 경우에는 마디에 연결된 어드미턴스를 합한 후 전압과 전류 관계식을 세우면 된다. 루프가 세 개인 회로망을 예로 들어보자.

예제 2.13

문제 그림 2.9의 회로망에 대한 루프 방정식을 세워라.

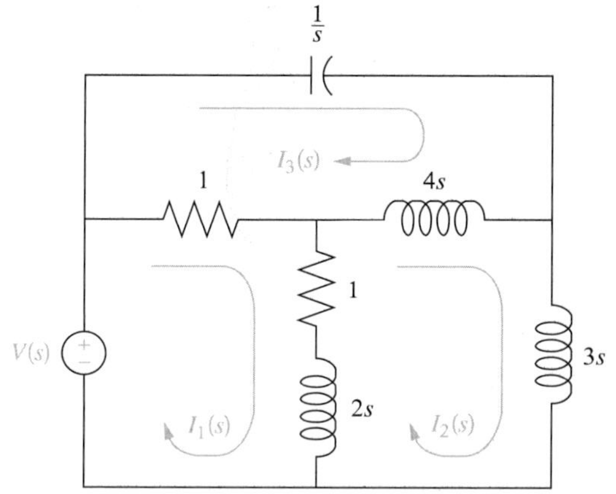

그림 2.9 3개의 루프로 구성되는 회로망

풀이 앞의 예제에서 루프 방정식과 마디 방정식의 형태는 미리 예상할 수 있음을 알았다. 이와 같은 점을 이용하여 이 문제의 방정식을 세워보자. 루프 1에 대한 방정식의 형태는 다음과 같다.

[루프 1내의 임피던스 합] $I_1(s)$ − [루프 1과 루프 2에 공통인 임피던스 합] $I_2(s)$
− [루프 1과 루프 3에 공통인 임피던스 합] $I_3(s)$ = [루프 1 내의 전원 전압의 합] (2.91)

루프 2와 루프 3에서도 같은 식을 세울 수 있다.

− [루프 1과 루프 2에 공통인 임피던스 합] $I_1(s)$ + [루프 2 내의 임피던스 합] $I_2(s)$
− [루프 2와 루프 3에 공통인 임피던스 합] $I_3(s)$ = [루프 2 내의 전원 전압의 합] (2.92)

− [루프 1과 루프 3에 공통인 임피던스 합] $I_1(s)$ − [루프 2와 루프 3에 공통인 임피던스 합] $I_2(s)$ + [루프 3 내의 임피던스 합] $I_3(s)$ = [루프 3 내의 전원 전압의 합] (2.93)

그림 2.9의 회로 소자값을 식 (2.91)에서부터 식 (2.93)에 대입하면, 다음 연립 방정식을 얻을 수 있다.

$$+(2s+2)I_1(s) - (2s+1)I_2(s) \qquad - I_3(s) = \mathrm{V}(s) \tag{2.94a}$$

$$-(2s+1)I_1(s) + (9s+1)I_2(s) \qquad -4sI_3(s) = 0 \tag{2.94b}$$

$$-I_1(s) \qquad - 4sI_2(s) + \left(4s+1+\frac{1}{s}\right) I_3(s) = 0 \tag{2.94c}$$

이 연립 방정식을 풀면, $I_3(s)/V(s)$와 같은 전달 함수를 구할 수 있다.

스스로 해보기 2.8

MATLAB과 Symbolic Math Toolbox를 이용하여, 식 (2.94)의 전류를 구하라.

```
syms s I1 I2 I3 V
A=[(2*s+2)-(2*s+1)-1
  -(2*s+1)(9*s+1)-4*s
  -1 -4*s(4*s+1+1/s)];
B=[I1
I2
I3];
C=[V
0
0];
B=inv(A)*C;
pretty(B)
```

지금까지 수동 소자들로 구성되는 회로망을 다뤘는데, 전달 함수를 구현하기 위하여 사용되는 능동 소자(active element)인 연산 증폭기(operational amplifier)를 설명하기로 한다.

연산 증폭기

그림 2.10(a)와 같은 **연산 증폭기**는 전달 함수를 구현할 때, 기본 블록으로 사용되는 증폭기로 다음과 같은 특성을 갖는다.

1. 차동 전압(differential voltage) $v_2(t) - v_1(t)$가 입력된다.
2. 입력 임피던스가 크다. $Z_i = \infty$ 이상적인 경우
3. 출력 임피던스가 낮다. $Z_o = 0$ 이상적인 경우
4. 증폭 이득이 매우 크다. $A = \infty$ 이상적인 경우

이 연산 증폭기의 출력 $v_o(t)$는 다음과 같다.

$$v_o(t) = A(v_2(t) - v_1(t)) \tag{2.95}$$

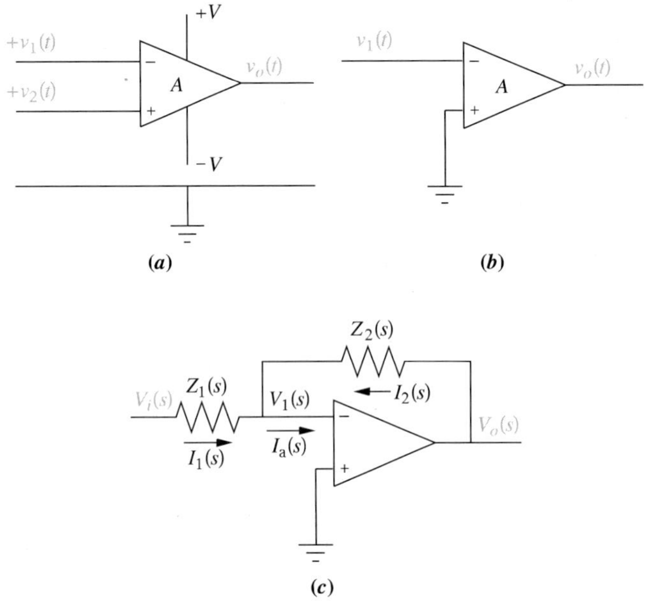

그림 2.10
a. 연산 증폭기
b. 반전된 연산 증폭기 블록선도
c. 전달 함수를 구현하기 위하여 구성된 반전 연산 증폭기

반전 연산 증폭기

전압 $v_2(t)$를 접지시키면, 증폭기는 그림 2.10(b)에서 보는 것처럼 **반전 연산 증폭기**(*inverting operational amplifier*)가 되며, 이 증폭기의 출력 $v_o(t)$는 다음과 같다.

$$v_o(t) = -Av_1(t) \tag{2.96}$$

이 증폭기에 그림 2.10(c)와 같이 두 개의 임피던스가 접속되면, 연산 증폭기의 성질 때문에 다음과 같이 해석할 수 있다. 연산 증폭기의 입력 임피던스가 매우 크므로 Kirchhoff의 전류 법칙에 의하여 $I_a(s) = 0$이고, $I_1(s) = -I_2(s)$가 된다. 또한, 이득 A가 매우 크기 때문에 $v_1(t) \approx 0$이다. 따라서 $I_1(s) = V_i(s)/Z_1(s)$이고, $-I_2(s) = -V_o(s)/Z_2(s)$가 된다. 이 두 식을 일치시키면, $V_0(s)/Z_2(s) = -V_i(s)/Z_1(s)$가 되므로, 그림 2.10(c)의 반전 연산 증폭기의 전달 함수는 다음과 같다.

$$\boxed{\frac{V_o(s)}{V_i(s)} = -\frac{Z_2(s)}{Z_1(s)}} \tag{2.97}$$

예제 2.14 전달 함수–반전 연산 증폭기 회로

문제 그림 2.11의 회로에서 전달 함수 $V_0(s)/V_i(s)$를 구하라.

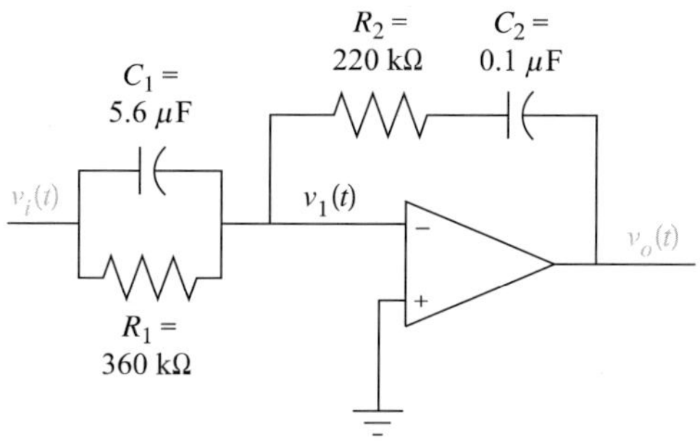

그림 2.11 반전 연산 증폭기 회로

풀이 연산 증폭기 회로의 전달 함수는 식 (2.97)로 주어진다. 임피던스 $Z_1(s)$는 병렬 접속된 회로 소자의 합성 임피던스이므로 다음과 같다.

$$Z_1(s) = \frac{1}{C_1 s + \frac{1}{R_1}} = \frac{1}{5.6 \times 10^{-6} s + \frac{1}{360 \times 10^3}} = \frac{360 \times 10^3}{2.016s + 1} \tag{2.98}$$

한편, 임피던스 $Z_2(s)$는 직렬 접속된 회로 소자의 합성 임피던스이므로 다음과 같다.

$$Z_2(s) = R_2 + \frac{1}{C_2 s} = 220 \times 10^3 + \frac{10^7}{s} \tag{2.99}$$

식 (2.98)과 식 (2.99)를 식 (2.97)에 대입하여 정리하면 전달 함수는 다음과 같다.

$$\frac{V_o(s)}{V_i(s)} = -1.232 \frac{s^2 + 45.95s + 22.55}{s} \tag{2.100}$$

이 전달 함수는 제어 시스템의 성능을 개선시키기 위한 PID 제어기의 전달 함수와 같으며, 자세한 것은 9장에서 다루기로 한다.

비반전 연산 증폭기

그림 2.12와 같은 비반전 연산 증폭기(noninverting operational amplifier) 회로의 전달 함수를 구해 보자. 여기서

$$V_o(s) = A(V_i(s) - V_1(s)) \tag{2.101}$$

이고, 전압 분배 법칙을 사용하면, $V_1(s)$는 다음과 같다.

$$V_1(s) = \frac{Z_1(s)}{Z_1(s) + Z_2(s)} V_o(s) \tag{2.102}$$

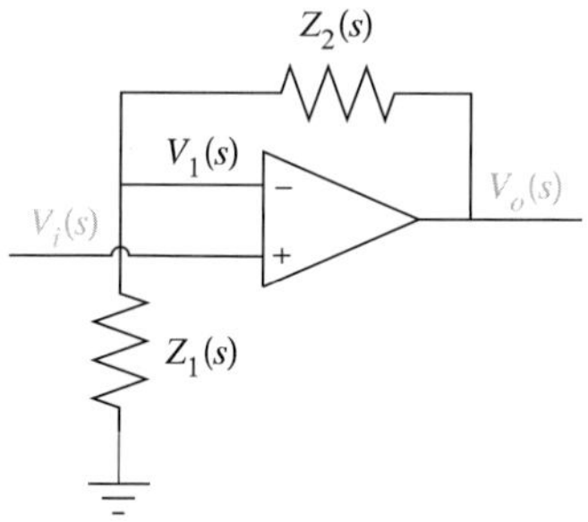

그림 2.12 일반적인 비반전 연산 증폭기 회로

식 (2.102)를 식 (2.101)에 대입하고 정리하면, 전달 함수는 다음과 같다.

$$\frac{V_o(s)}{V_i(s)} = \frac{A}{1 + AZ_1(s)/(Z_1(s) + Z_2(s))} \tag{2.103}$$

여기서, A가 매우 큰 경우 분모에 있는 1을 무시할 수 있으므로 식 (2.103)은 다음과 같이 나타낼 수 있다.

$$\frac{V_o(s)}{V_i(s)} = \frac{Z_1(s) + Z_2(s)}{Z_1(s)} \tag{2.104}$$

다음 예제를 살펴보자.

예제 2.15 전달 함수–비반전 연산 증폭기 회로

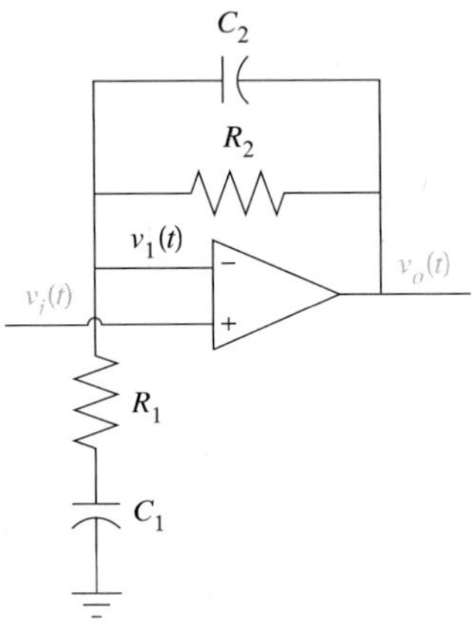

그림 2.13 예제 2.15에 대한 비반전 연산 증폭기 회로

문제 그림 2.13의 회로에 대한 전달 함수 $V_o(s)/V_i(s)$를 구하라.

풀이 임피던스 $Z_1(s)$와 $Z_2(s)$를 구하고 식 (2.104)에 대입하여 전달 함수를 구한다. 임피던스 $Z_1(s)$는

$$Z_1(s) = R_1 + \frac{1}{C_1 s} \tag{2.105}$$

이 되고, $Z_2(s)$는

$$Z_2(s) = \frac{R_2(1/C_2 s)}{R_2 + (1/C_2 s)} \tag{2.106}$$

이므로, 식 (2.105)와 식 (2.106)을 식 (2.104)에 대입하면 전달 함수는 다음과 같다.

$$\frac{V_o(s)}{V_i(s)} = \frac{C_2C_1R_2R_1s^2 + (C_2R_2 + C_1R_2 + C_1R_1)s + 1}{C_2C_1R_2R_1s^2 + (C_2R_2 + C_1R_1)s + 1} \tag{2.107}$$

숙련예제 2.6

문제 그림 2.14의 회로에서 전달 함수 $G(s) = V_L(s)/V(s)$를 루프 해석법과 마디 해석법에 의해 구하고, 두 방법에 의한 결과가 같음을 보여라.

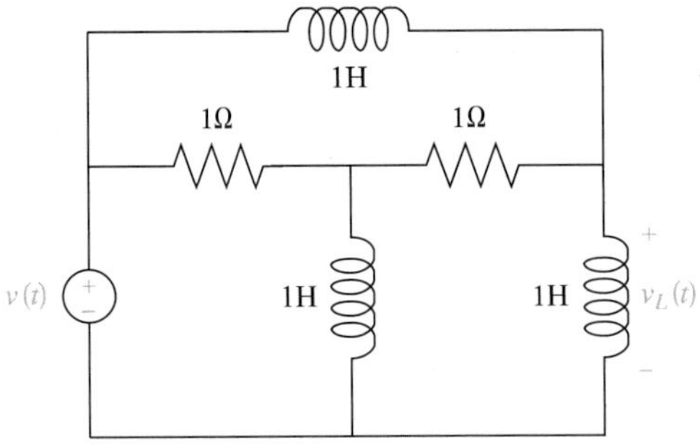

그림 2.14 숙련예제 2.6에 대한 회로망

풀이 $V_L(s)/V(s) = (s^2 + 2s + 1)/(s^2 + 5s + 2)$

풀이 과정은 www.wiley.com/go/Nise/ControlSystemsEngineering8e 웹페이지를 참조하라.

숙련예제 2.7

문제 그림 2.10(c)의 반전 연산 증폭기 회로와 그림 2.12의 비반전 연산 증폭기 회로에서, $Z_1(s)$는 $10\mu F$의 콘덴서에 의한 임피던스이고, $Z_2(s)$는 $100\text{k}\Omega$의 저항에 의한 임피던스일 때, 두 회로에서 전달 함수 $G(s) = V_o(s)/V_i(s)$를 각각 구하라.

풀이 반전 연산 증폭기의 경우 $G(s) = -s$이고, 비반전 연산 증폭기의 경우 $G(s) = s + 1$이다. 풀이 과정은 www.wiley.com/go/Nise/ControlSystemsEngineering8e 웹페이지를 참조하라.

이 절에서는 여러 개의 루프와 마디를 포함하는 회로망 및 연산 증폭기의 회로의 전달 함수를 구하였다. 루프 방정식 및 마디 방정식을 유도하였고, 방정식 형태를 고찰하여 직관적으로 방정식을 세우는 예를 살펴보았다. 다음 장에서는 기계 장치에 대한 해석을 하기로 한다. 기계 장치에 대한 방정식은 회로망에 적용된 개념들을 이용하여 세울 수 있는데, 이 사실로부터 여기서 다루지 않는 공기압이나 유압 시스템에도 이와 같은 개념을 확장시킬 수 있을 것이다.

2.5 병진 운동하는 기계 시스템의 전달함수

회로망은 입력의 Laplace 변환과 출력의 Laplace 변환비인 전달 함수 $G(s)$로 모델링될 수 있음을 보였다. 기계 시스템도 같은 방법으로 해석하고자 하는데, 이 절에서는 병진 운동(translational motion)하는 기계 시스템에 대해 다루기로 하고, 회전 운동(rotational motion)하는 기계 시스템에 대해서는 다음 절에서 다루기로 한다. 그림 2.2와 같이 전달 함수로 표시되는 일반적인 시스템을 종속 접속시키는 것이 가능하므로 전기 회로를 기계 시스템에 접속시킬 수 있다.[6]

회로 소자와 기계 요소 및 변수들 사이의 유사성을 고려하면 기계 시스템을 회로망과 등가로 생각할 수 있다. 회로망과 마찬가지로 기계 시스템은 세 개의 선형 수동 기계 요소를 갖는다. 스프링(spring)과 질량(mass)의 두 요소는 에너지 저장 요소이고, 나머지 하나인 점성 제동기(viscous damper)는 에너지를 소모시키는 요소이다. 스프링과 질량은 전기적 에너지 저장 소자인 인덕터, 콘덴서와 유사하고, 점성 제동기는 에너지 소모 소자인 저항과 유사하다. 표 2.4의 기계 요소들을 살펴보자. 이 표에서 K, f_v와 M은 각각 스프링 상수, 점성 마찰 계수와 질량이다.

표 2.3과 표 2.4를 비교하여 전기 회로와 기계 시스템 사이의 유사성을 살펴보자. 표 2.4의 힘-속도 항목과 표 2.3의 전압-전류 항목을 비교하면 힘은 전압과 유사하고, 속도는 전류와 유사하다는 것을 알 수 있다. 마찬가지로, 표 2.4의 힘-변위 항목과 표 2.3의 전압-전하 항목을 비교하면 변위와 전하가 유사하다는 것을 알 수 있다. 또한 스프링과 콘덴서, 점성 제동기와 저항, 질량과 인덕터가 유사하다는 것을 알 수 있다. 속도로 나타낸 힘을 합한 식과 전류로 나타낸 전압을 합한 식이 같은 형태이기 때문에, 기계 시스템에 대한 미분 방정식은 루프 방정식과 같은 형태를 갖는다. 그러나, 가해진 힘에 대한 변위 사이의 방정식은 루프 방정식과 유사하지는 않지만, 변위 변수에 대한 방정식으로 나타낼 수 있으므로 기계 시스템을 모델링하는데 사용될 것이다.

6 부하에 관해서는 5장에서 추가로 설명하였다.

표 2.4 힘-속도, 힘-변위와 스프링, 점성 제동기 및 질량의 임피던스 변환 관계

항목 요소	힘-속도	힘-변위	임피던스 $Z_M(s)=F(s)/X(s)$
스프링 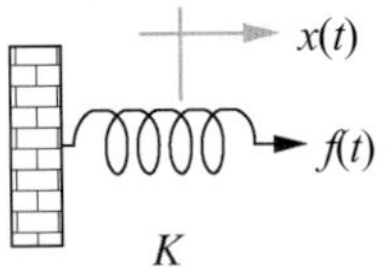	$f(t)=K\int_0^t v(\tau)d\tau$	$f(t)=Kx(t)$	K
점성 제동기 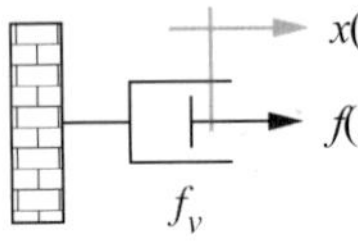	$f(t)=f_v v(t)$	$f(t)=f_v\dfrac{dx(t)}{dt}$	$f_v s$
질량 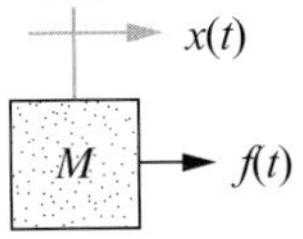	$f(t)=M\dfrac{dv(t)}{dt}$	$f(t)=M\dfrac{d^2x(t)}{dt^2}$	Ms^2

주 : 이 책에서 사용되는 기호와 단위는 다음과 같다: $f(t)=$ N(뉴턴), $x(t)=$ m(미터), $\nu(t)=$ m/s(미터/초), $K=$ N/m(뉴턴/미터), $f_v=$ N-s/m(뉴턴-초/미터), $M=$ kg(킬로그램 = 뉴턴-초^2/미터).

표 2.4의 힘-속도 항목과 표 2.3의 전류-전압 항목 사이의 유사성을 살펴보면 힘과 전류, 속도와 전압이 유사하며, 스프링과 인덕터, 점성 제동기와 저항, 질량과 콘덴서가 유사하다. 따라서 속도로 나타낸 힘을 합한 식과 전압으로 나타낸 전류를 합한 식은 같은 형태이기 때문에, 기계 시스템에 대한 미분 방정식은 마디 방정식과 같은 형태를 갖는다. 여기에 대해서는 2.9절에서 자세히 다루기로 한다.

이제 병진 운동하는 기계 시스템의 전달 함수를 구해보자. 그림 2.15(a)는 예제 2.6(그림 2.3)의 RLC 회로망과 유사하다. 이 기계 시스템의 병진 운동을 나타내는 운동 방정식은 미분 방정식으로 표시된다. 물체가 오른쪽으로 움직이는 것을 정(+) 방향으로 정하는 것은 회로에서 전류가 오른쪽으로 흐르는 것으로 정하는 것과 같다. 물체가 정(+) 방향으로 운동하는 것으로 가정하여, 먼저 자유 운동도(free-body diagram)를 그린다. 이것은 정(+) 방향 또는 반대 방향의 힘이 물체에 작용하는 것을 물체에 표시하는 것이다. 다음으로 그 물체에 작용하는 모든 힘의 합이 0이 된다는 Newton의 법칙을 적용하여 운동 방정식을 세운다. 마지막으로, 초기 조건을 0으로 가정하고, 미분 방정식을 Laplace 변환하여 전달 함수를 구한다.

다음 예제를 살펴보자.

예제 2.16 전달 함수-단일 운동 방정식

문제 그림 2.15(a)의 시스템에 대한 전달 함수 $X(s)/F(s)$를 구하라.

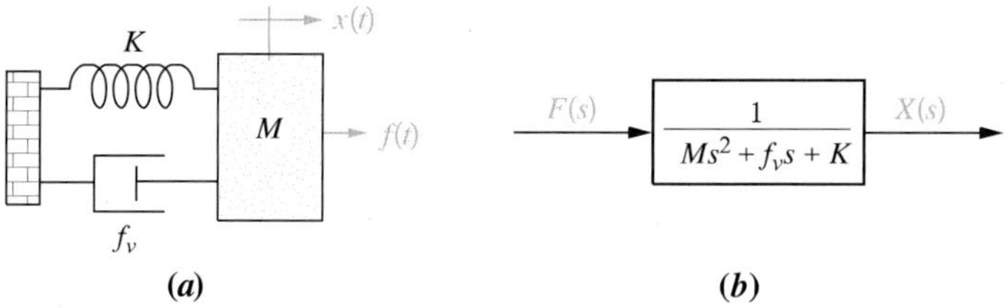

그림 2.15
a. 질량, 스프링과 점성 제동기
b. 블록선도

풀이 먼저, 그림 2.16(a)와 같은 자유 운동도를 그린다. 질량에 미치는 모든 힘을 질량에 나타낸다. 질량의 운동 방향을 오른쪽으로 정하면 질량에 가해지는 힘만이 오른쪽 방향으로 작용한다. 질량에 미치는 다른 힘들은 질량의 운동을 방해하므로 가해진 힘과 반대 방향이 된다. 따라서 스프링, 점성 제동기와 가속도에 의한 힘은 왼쪽 방향으로 작용한다.
그림 2.16(a)의 질량에 작용하는 모든 힘의 합은 0이 되는 Newton의 법칙을 적용하여 운동 방정식을 세운다.

$$M\frac{d^2x(t)}{dt^2} + f_v\frac{dx(t)}{dt} + Kx(t) = f(t) \tag{2.108}$$

초기 조건을 0으로 하고, Laplace 변환하면,

$$Ms^2X(s) + f_vsX(s) + KX(s) = F(s) \tag{2.109}$$

또는

$$(Ms^2 + f_vs + K)X(s) = F(s) \tag{2.110}$$

이 식으로부터 전달 함수를 구하면 다음과 같다.

$$G(s) = \frac{X(s)}{F(s)} = \frac{1}{Ms^2 + f_vs + K} \tag{2.111}$$

이것을 블록선도로 나타내면 그림 2.15(b)와 같다.

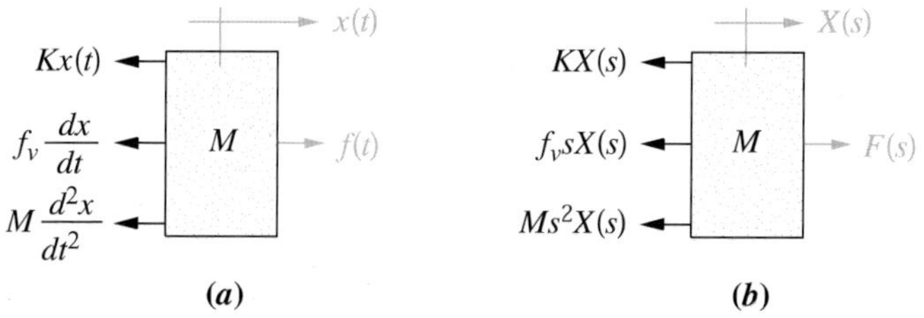

그림 2.16
a. 질량과 스프링의 자유 운동도
b. 변환된 자유 운동도

회로망의 경우와 마찬가지로 기계 요소에 대한 임피던스를 정의하면 미분 방정식을 세우지 않고도 방정식을 세울 수 있는가? 이것이 가능하다면, 기계 시스템도 회로망의 경우와 마찬가지로 해석할 수 있다. 표 2.4의 힘-변위 항목을 Laplace 변환하면 스프링의 경우,

$$F(s) = KX(s) \tag{2.112}$$

이 되고, 점성 제동기는

$$F(s) = f_v sX(s) \tag{2.113}$$

이 되며, 질량의 경우는 다음과 같다.

$$F(s) = Ms^2X(s) \tag{2.114}$$

기계 요소의 임피던스를 다음과 같이 정의하고(*Raven, 1987*)

$$Z_M(s) = \frac{F(s)}{X(s)} \tag{2.115}$$

식 (2.112)~(2.114)를 적용하면, 각 요소에 대한 임피던스는 표 2.4[7]와 같다.

그림 2.16(a)의 각 힘을 Laplace 변환하면

$$F(s) = Z_M(s)X(s) \tag{2.116}$$

으로 표시되며, 그림 2.16(b)와 같다. 따라서 미분 방정식을 세우지 않고 식 (2.109)를 얻을 수 있다. 앞으로 이와 같은 방법으로 해석하기로 한다.

끝으로, 식 (2.110)은 다음과 같이 표현될 수 있다.

$$[\text{임피던스 합}] = [\text{가해진 힘의 합}] \tag{2.117}$$

이것은 루프 방정식과 유사하나 형태는 다르다(각주 7 참조).

여러 개의 루프와 마디를 포함하는 회로망과 마찬가지로 많은 기계 시스템들도 연립 미분 방정식으로 표현된다. 기계 시스템에 대한 운동 방정식 수는 선형 독립(linear independence)인 작동점의 수와 같다. 여기서 선형 독립이란 다른 모든 작동점이 고정되어 있는 상태에서 한 작동점을 이동시킬 수 있는 상태를 말하며, 선형 독립인 작동점의 수를 자유도(degree of freedom)라 한다. 선형 독립이라 해서 시스템이 작동점에서 독립적으로 운동하는 것이 아니라 상호 작용으로 동작하는 것이 보통이다. 예를 들어, 루프가 2개인 회로망에서 각 루프에 흐르는 전류는 서로 영향을 미친다. 그러나 루프 중 하나가 개방되어도 나머지 루프에 전원이 포함되어 있으면 그 루프에는 전류가 흐르게 된다. 마찬가지로, 자유도가 2인 기계 시스템에서 가해진 힘이 미치는 상태에서 한 작동점을 이동시켜도 나머지 작동점은 그대로 유지된다.

---

7 식 (2.115)의 분모항이 변위이기 때문에 표 2.4의 임피던스 항목은 표 2.3의 임피던스 항목과 직접적으로 유사하지는 않다. 직접적인 유사성을 얻기 위해서는 임피던스를 $F(s)/V(s)$와 같이 속도에 대해 정의하면 가능하다. 식 (2.115)는 속도보다는 변위로 운동방정식을 세울 때 편리하다.

이와 같은 문제를 다루기 위해서, 각 작동점에 대한 자유 운동도를 그리고 이것들을 중첩시킨다. 각 자유 운동도에서는 다른 작동점들은 고정시키고 해당 작동점을 포함하는 부분의 운동에 의하여 그 작동점에 작용하는 힘을 고려한다. 다음으로 다른 작동점을 포함하는 부분의 운동이 그 부분에 미치는 힘을 고려한다.

Newton의 법칙에 의하면, 작동점을 포함하는 각 부분에 미치는 힘을 합하면 그 합은 0이 되므로, 이것으로부터 연립 운동 방정식이 얻어진다. 이 연립 방정식을 Laplace 변환하면 인가된 입력에 대해 원하는 출력을 구할 수 있으며 전달 함수도 구할 수 있다. 예제 2.17은 이와 같은 문제 푸는 방법을 보여준다.

예제 2.17 전달 함수–자유도가 2인 시스템

문제 그림 2.17(a)의 시스템에 대한 전달 함수 $X_2(s)/F(s)$를 구하라.

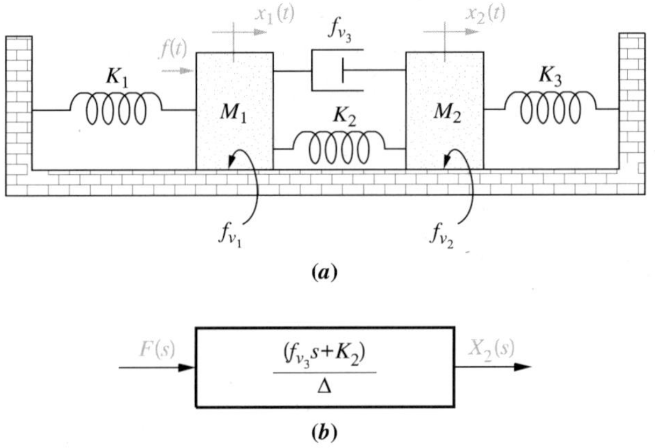

그림 2.17 a. 자유도가 2인 병진 운동하는 기계 시스템[8] b. 블록선도

가상 실험 2.1
자동차의 서스펜션
LabVIEW에서 포장 되어 있지 않은 길을 주행할 때의 자동차의 서스펜션 시스템은 Quanser Active Suspension System으로 모델링 되어 있다. 이 시스템은 자유도가 2인 시스템이다. 앞서 배운 이론을 이용하여 이 시스템의 운동방정식을 찾는 훈련을 해보자. 가상 실험은 Learning Space에서 찾을 수 있다.

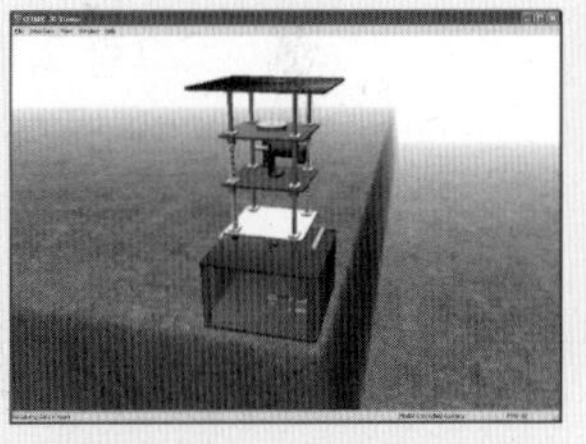

풀이 질량 하나가 고정되어도 다른 질량은 수평 방향으로 움직일 수 있으므로, 이 시스템은 자유도가 2가 된다. 따라서 이 시스템에 대한 운동 방정식은 두 개의 연립 방정식이 된다. 두 개의 연립 방정식은 각 질량에 대한 자유 운동도를 그려 방정식을 세운 후 중첩시켜 얻는다. 질량 M_1에 작용하는 힘은 (1) M_1자신의 운동에 의한 힘과 (2) M_2의 운동이 M_1에 미치는 힘으로 구분하여 고려한다.

질량 M_2가 고정된 상태에서 질량 M_1이 오른쪽으로 이동하여 M_1에 미치는 힘은 그림 2.18(a)와 같다. 질량 M_1이 고정된 상태에서 M_2가 오른쪽으로 이동하여, 이 받는 힘은 그림 2.18(b)와 같다. 따라서 M_1에 작용하는 전체 힘은 중첩되어 얻어지며, 그림 2.18(c)와 같다. 질량 M_1에 작용하는 힘도 같은 방법으로 구할 수 있다. 먼저, M_1을 고정시키고 M_2를 오른쪽으로 이동시킬 때 작용하는 힘과 M_2를 고정시키고 M_1을 오른쪽으로 이동시킬 때 작용하는 힘을 중첩하여, M_2에 작용하는 전체 힘을 구하며 그림 2.19와 같다.

8 이 책에서 다른 언급이 없는 마찰은 점성 마찰이다. 따라서 $f_{\nu 1}$과 $f_{\nu 2}$는 쿨롱(Coulomb) 마찰이 아니라 점성 마찰이다.

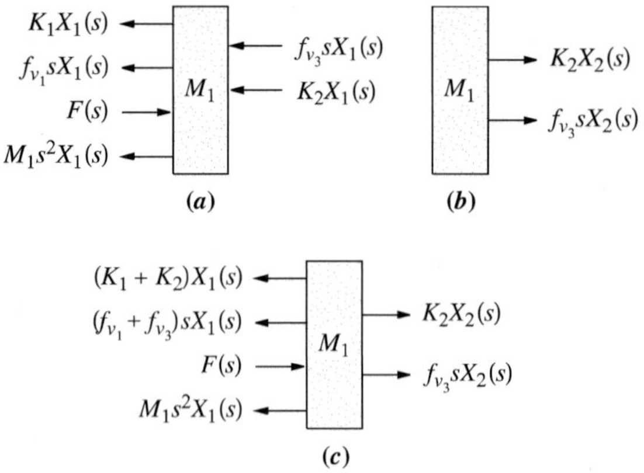

그림 2.18
a. M_1의 운동에 의하여 M_1에 미치는 힘
b. M_1의 운동에 의하여 M_2에 미치는 힘
c. M_1에 작용하는 전체 힘

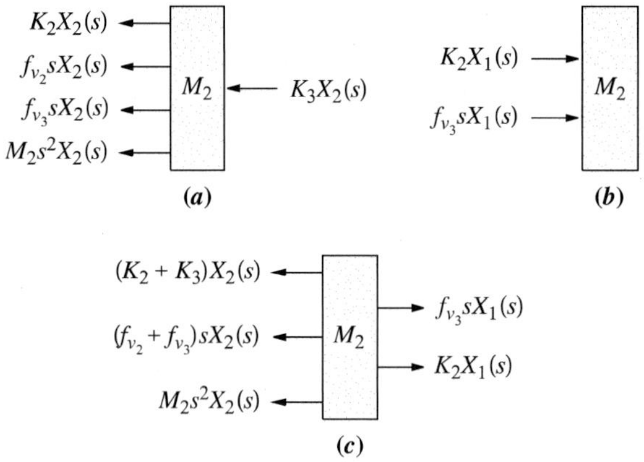

그림 2.19
a. M_2의 운동에 의하여 M_2에 미치는 힘
b. M_1의 운동에 의하여 M_2에 미치는 힘
c. M_2에 작용하는 전체 힘

그림 2.18(c)와 그림 2.19(c)의 운동방정식에 대한 Laplace 변환은 다음과 같다.

$$[M_1s^2+(f_{v_1}+f_{v_3})s+(K_1+K_2)]X_1(s)-(f_{v_3}s+K_2)X_2(s)=F(s) \tag{2.118a}$$

$$-(f_{v_3}s+K_2)X_1(s)+[M_2s^2+(f_{v_2}+f_{v_3})s+(K_2+K_3)]X_2(s)=0 \tag{2.118b}$$

이 식으로부터, 전달 함수 $\dfrac{X_2(s)}{F(s)}$는

$$\frac{X_2(s)}{F(s)}=G(s)=\frac{(f_{v_3}s+K_2)}{\Delta} \tag{2.119}$$

이고, 그림 2.17(b)와 같다. 여기서 Δ는 다음과 같다.

$$\Delta=\begin{vmatrix}[M_1s^2+(f_{v_1}+f_{v_3})s+(K_1+K_2)] & -(f_{v_3}s+K_2)\\ -(f_{v_3}s+K_2) & [M_2s^2+(f_{v_2}+f_{v_3})s+(K_2+K_3)]\end{vmatrix}$$

식 (2.118)의 방정식은 회로망의 루프 방정식과 같이 다음과 같은 형태로 나타낼 수 있다.

$$[\text{작동점 } x_1\text{에 작용하는 운동에 대한 임피던스 합}]\,X_1(s) - [\text{작동점 } x_1\text{과 } x_2 \text{ 사이의 임피던스 합}]\,X_2(s) = [x_1\text{에 가해지는 외부 힘의 합}] \tag{2.120a}$$

$$-[\text{작동점 } x_1\text{과 } x_2 \text{ 사이의 임피던스 합}]\,X_1(s) + [\text{작동점 } x_2\text{에 작용하는 운동에 대한 임피던스 합}]\,X_2(s) = [x_2\text{에 가해지는 외부 힘의 합}] \tag{2.120b}$$

식 (2.120)의 형태에 익숙해지면 자유 운동도를 그리지 않고도 직관에 의해 자유도 3인 기계 시스템의 운동 방정식을 세울 수 있다.

예제 2.18 진관에 의한 운동 방정식

문제 그림 2.20의 기계 시스템에 대한 운동 방정식을 세워라.

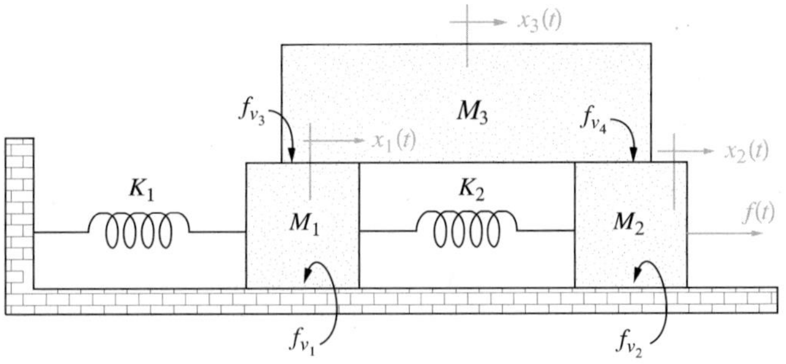

그림 2.20 자유도가 3인 병진 운동하는 기계 시스템

풀이 세 개의 질량이 서로 독립적으로 운동하기 때문에 자유도가 3인 시스템이다. 방정식의 형태는 회로망의 루프 방정식과 유사하다. 질량 M_1에 대해

$$[\text{작동점 } x_1\text{에 작용하는 운동에 대한 임피던스 합}]\,X_1(s) - [\text{작동하는 } x_1\text{과 } x_2 \text{ 사이의 임피던스 합}]\,X_2(s) - [x_1\text{과 } x_3 \text{ 사이의 임피던스 합}]\,X_3(s) = [x_1\text{에 가해지는 외부 힘의 합}] \tag{2.121}$$

마찬가지로, M_2와 M_3에 대해서도 다음 식이 성립된다.

$$-[\text{작동점 } x_1\text{과 } x_2 \text{ 사이의 임피던스 합}]\,X_1(s) + [\text{작동점 } x_2\text{에 작용하는 운동에 대한 임피던스 합}]\,X_2(s) - [x_2\text{와 } x_3 \text{ 사이의 임피던스 합}]\,X_3(s) = [x_2\text{에 가해지는 외부 힘의 합}] \tag{2.122}$$

$$-[\text{작동점 } x_1\text{과 } x_3 \text{ 사이의 임피던스 합}]\,X_1(s) + [\text{작동점 } x_2\text{와 } x_3 \text{ 사이의 임피던스 합}]\,X_2(s) + [\text{작동점 } x_3\text{에 작용하는 운동에 대한 임피던스 합}]\,X_3(s) = [x_3\text{에 가해지는 외부 힘의 합}] \tag{2.123}$$

M_1은 두 개의 스프링, 2개의 점성 제동기와 자체 질량이 있으며, M_1과 M_2 사이에는 스프링이 하나 있고, M_1과 M_3사이에는 점성 제동기가 한 개 있다. 따라서 식 (2.121)을 이용하면

$$[M_1 s^2 + (f_{v_1} + f_{v_3})s + (K_1 + K_2)]\,X_1(s) - K_2 X_2(s) - f_{v_3} s X_3(s) = 0 \tag{2.124}$$

이 되고, 마찬가지로 M_2와 M_3에 대해서도 식 (2.122)와 식 (2.123)을 각각 이용하면, 다음 식을 얻을 수 있다.

$$-K_2X_1(s) + [M_2s^2 + (f_{v_2} + f_{v_4})s + K_2]X_2(s) - f_{v_4}sX_3(s) = F(s) \tag{2.125}$$

$$-f_{v_3}sX_1(s) - f_{v_4}sX_2(s) + [M_3s^2 + (f_{v_3} + f_{v_4})s]X_3(s) = 0 \tag{2.126}$$

식 (2.124)에서 식 (2.126)까지는 이 시스템에 대한 연립 운동 방정식으로, 이 방정식을 풀면 $X_1(s)$, $X_2(s)$나 $X_3(s)$전달 함수를 구할 수 있다.

숙련예제 2.8

문제 그림 2.21의 기계 시스템에서 전달 함수 $G(s) = X_2(s)/F(s)$를 구하라.

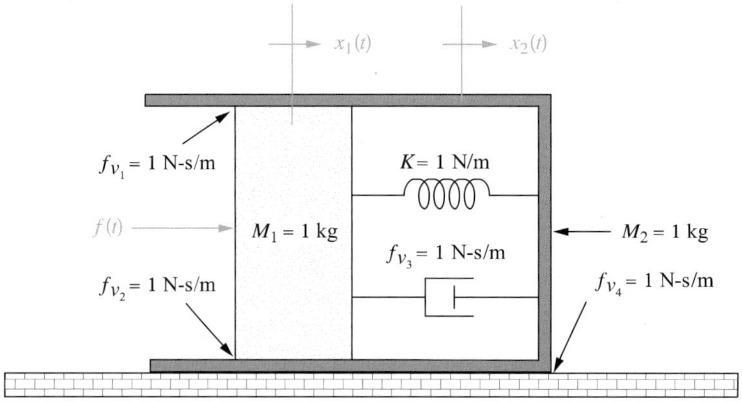

그림 2.21 숙련예제 2.8에서의 기계 시스템

풀이 $G(s) = \dfrac{3s+1}{s(s^3+7s^2+5s+1)}$

풀이 과정은 www.wiley.com/go/Nise/ControlSystemsEngineering8e 웹페이지를 참조하라.

2.6 회전 운동하는 기계 시스템의 전달 함수

이 절에서는 회전 운동하는 기계 시스템을 해석하기로 한다. 회전 운동 기계 시스템의 해석은 병진 운동하는 기계 시스템의 힘과 변위 대신 토크(torque)와 각변위(angular displacement)를 사용하는 것 이외에는 차이가 없다. 또한, 병진 운동하는 기계 시스템의 기계 요소들을 회전 운동하는 기계 요소로 대치하면 된다. 표 2.5의 기계 요소들은 토크, 각속도(angular velocity) 및 각변위 사이의 관계를 나타내고 있다. 질량이 관성(inertia)으로 대체된 것을 제외하고는 병진 운동하는 기계 요소들과 같다.

상수 K, D와 J는 각각 스프링 상수, 점성 마찰 계수, 관성 모멘트(*moment of inertia*)이다. 표 2.5의 토크-각변위 항목을 초기 조건을 0으로 하여 Laplace 변환하면, 기계 요소에 대한 임피던스를 얻을 수 있는데, 표 2.5의 마지막 항목에 표시하였다.

표 2.5 토크-각속도, 토크-각변위와 스프링, 점성 제동기 및 관성의 임피던스 변환 관계

요소	토크-각속도	토크-각변위	임피던스 $Z_M(s) = T(s)/\theta(s)$
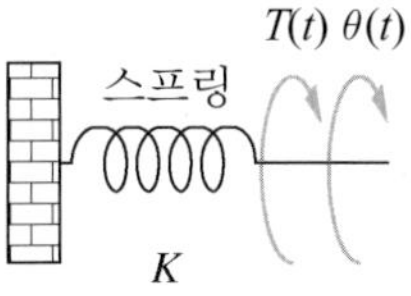	$T(t) = K\int_0^t \omega(\tau)d\tau$	$T(t) = K\theta(t)$	K
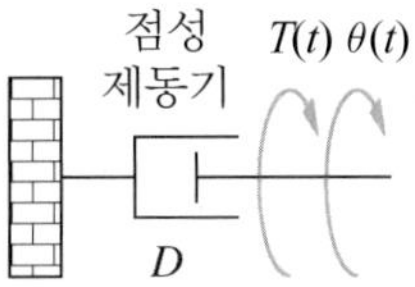	$T(t) = D\omega(t)$	$T(t) = D\dfrac{d\theta(t)}{dt}$	Ds
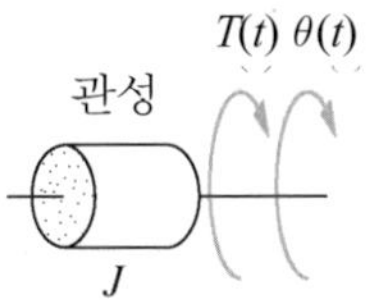	$T(t) = J\dfrac{d\omega(t)}{dt}$	$T(t) = J\dfrac{d^2\theta(t)}{dt^2}$	Js^2

주 : 이 책에서 사용되는 기호와 단위는 다음과 같다: $T(t) = \mathrm{N-m}$(뉴턴-미터), $\theta(t) = \mathrm{rad}$(라디안), $\omega(t) = \mathrm{rad/s}$(라디안/초), $K = \mathrm{N-m/rad}$(뉴턴-미터/라디안), $D = \mathrm{N-m-s/rad}$(뉴턴-미터-초/라디안), $J = \mathrm{kg-m^2}$(킬로그램-미터^2=뉴턴-미터-초^2/라디안).

회전 운동하는 시스템의 자유도는 다른 작동점은 모두 고정시키고, 그 작동점을 포함하는 부분을 회전시킬 수 있는 것으로 정의하며, 자유도는 시스템의 운동 방정식 수와 같다.

회전 운동하는 시스템에 대한 운동 방정식은 힘 대신 토크를 사용하는 것을 제외하면 병진 운동하는 시스템의 운동 방정식과 유사하다. 다른 작동점들은 모두 고정시키고 해당 작동점을 포함하는 부분만을 회전시키며, 이 회전체에 의해 발생되는 토크들을 자유 운동도에 나타낸다. 다음에는 다른 부분이 회전함으로써 이 회전체에 영향을 미치는 토크를 자유 운동도에 중첩시킨다. 이 과정을 각 작동점마다 반복하고, 각 작동점에 대한 자유 운동도에서 토크의 합이 0이 되는 운동 방정식을 세운다.

두 개의 예를 들어 회전 운동하는 시스템의 해석을 설명하고자 하는데 첫 번째는 자유 운동도를 이용하며, 두 번째는 임피던스 개념을 이용하여 직관에 의해 운동 방정식을 세우기로 한다.

예제 2.19 전달 함수-2개의 연립 방정식으로 표시되는 회전 운동

문제 그림 2.22(a)의 회전 운동 시스템에 대한 전달 함수 $\dfrac{\theta_2(s)}{T(s)}$를 구하라. 축의 양 끝은 베어링에 의해 지지되고 비틀림이 발생된다. 왼쪽에서 인가되는 토크에 의한 변위를 오른쪽에서 측정한다.

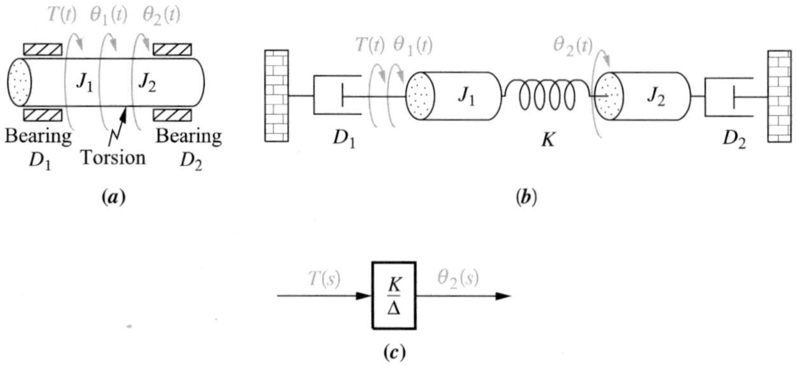

그림 2.22
a. 실제 시스템
b. 개념도
c. 블록선도

풀이 먼저, 실제 시스템에 대한 개념도를 구성한다. 그림 2.22(a)[9]에서 축에는 비틀림이 발생하지만, 비틀림은 축의 한 점에 집중되어 스프링처럼 작동하며, 이 점 왼쪽의 관성은 J_1이고 오른쪽의 관성은 J_2[10]인 것으로 가정한다.

또한, 유연한 축 안쪽의 감쇠는 무시한다. 따라서 개념도는 그림 2.22(b)와 같다. 다른 쪽의 관성을 고정시킨 채 한쪽의 관성을 회전시킬 수 있으므로 자유도는 2가 된다. 따라서 이 시스템을 해석하기 위해서는 두 개의 연립 방정식이 필요하게 된다.

다음으로, 중첩의 원리를 이용하여 J_1에 대한 자유 운동도를 그린다. 관성 J_2가 고정된 상태에서 J_1이 회전하여 J_1에서 발생되는 토크는 그림 2.23(a)와 같고, J_1이 고정된 상태에서 J_2가 회전하여 J_1에서 발생되는 토크는 그림 2.23(b)와 같다. 따라서 J_1에 대한 자유 운동도는 그림 2.23(a)와 그림 2.23(b)를 합한 것이며, 그림 2.23(c)와 같다. 관성 J_2에 대한 자유 운동도도 같은 방법으로 얻을 수 있으며, 그림 2.24와 같다.

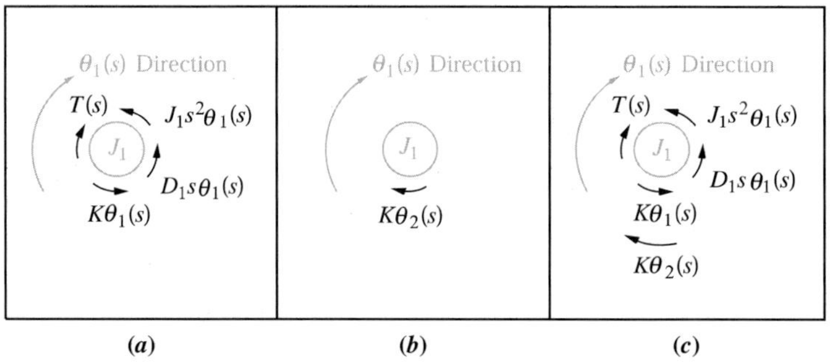

그림 2.23
a. J_1만의 운동으로 J_1에서 발생되는 토크
b. J_2만의 운동으로 J_1에서 발생되는 토크
c. J_1에 대한 자유 운동도

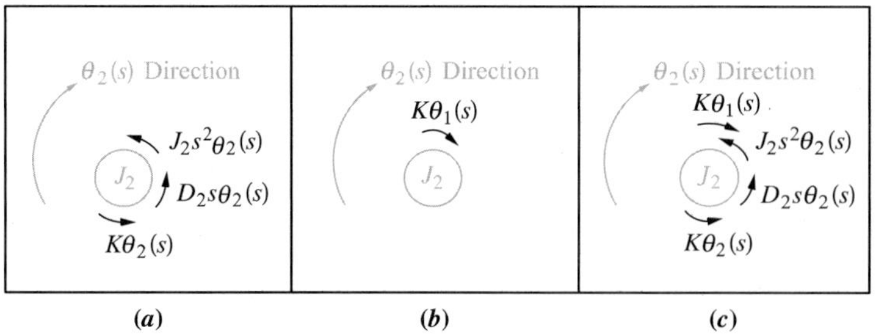

그림 2.24
a. J_2만의 운동으로 J_2에서 발생되는 토크
b. J_1만의 운동으로 J_2에서 발생되는 토크
c. J_2에 대한 자유 운동도

9 변수는 분산 변수이다.
10 변수는 집중 변수이다.

그림 2.23(c)와 그림 2.24(c) 각각에서 토크를 합하면, 다음과 같은 운동 방정식이 얻어진다.

$$(J_1s^2 + D_1s + K)\theta_1(s) \qquad - K\theta_2(s) = T(s) \tag{2.127a}$$

$$-K\theta_1(s) + (J_2s^2 + D_2s + K)\theta_2(s) = 0 \tag{2.127a}$$

이 식으로부터 전달 함수는

$$\frac{\theta_2(s)}{T(s)} = \frac{K}{\Delta} \tag{2.128}$$

이 되고, 그림 2.22(c)와 같다. 여기서

$$\Delta = \begin{vmatrix} (J_1s^2 + D_1s + K) & -K \\ -K & (J_2s^2 + D_2s + K) \end{vmatrix}$$

이다.

식 (2.127)의 방정식은 다음과 같은 형태로 나타낼 수 있다.

[작동점 θ_1에 작용하는 운동에 대한 임피던스 합] $\theta_1(s)$
− [작동점 θ_1과 θ_2 사이의 임피던스 합] $\theta_2(s)$
= [θ_1에 가해지는 외부 토크의 합] (2.129a)

− [작동점 θ_1과 θ_2 사이의 임피던스 합] $\theta_1(s)$
+ [작동점 θ_2에 작용하는 운동에 대한 임피던스 합] $\theta_2(s)$
= [θ_2에 가해지는 외부 토크의 합] (2.129b)

스스로 해보기 2.9

MATLAB과 Symbolic Math Toolbox를 이용하여, 식 (2.128)을 구하라.

```
syms s J1 D1 K T J2 D2
... theta1 theta2
A=[(J1*1^2+D1*s+K] -K
  -K(J2*s^2+D2*2+K)];
B=[theta1
  theta2];
C=[T
  0];
B=inv(A)*C;
theta2=B(2);
'Theta2'
pretty(theta2)
```

예제 2.20 직관에 의한 운동 방정식

문제 그림 2.25의 시스템에 대한 운동 방정식을 Laplace 변환하라.

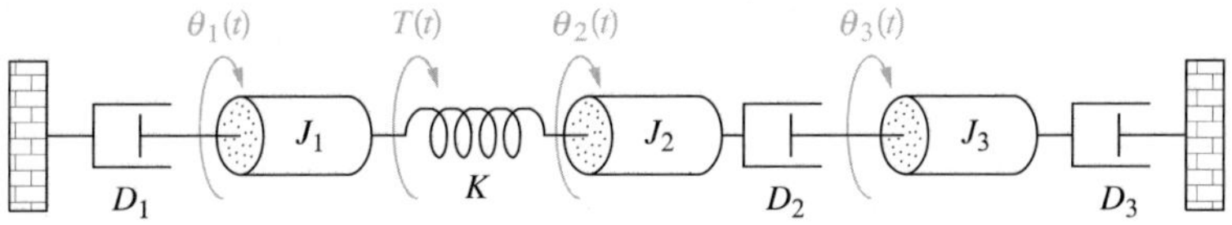

그림 2.25 자유도가 3인 회전 운동시스템

풀이 방정식은 회로망의 루프 방정식과 유사한 형태로 표현된다.

[작동점 θ_1에 작용하는 운동에 대한 임피던스 합] $\theta_1(s)$
− [작동점 θ_1과 θ_2 사이의 임피던스 합] $\theta_2(s)$
− [θ_1과 θ_3 사이의 임피던스 합] $\theta_3(s)$
= [θ_1에 가해지는 외부 토크의 합] (2.130a)

− [작동점 θ_1과 θ_2 사이의 임피던스 합] $\theta_1(s)$
+ [작동점 θ_2에 작용하는 운동에 대한 임피던스 합] $\theta_2(s)$
− [θ_2와 θ_3 사이의 임피던스 합] $\theta_3(s)$
= [θ_2에 가해지는 외부 토크의 합] (2.130b)

$-$ [작동점 θ_1과 θ_3 사이의 임피던스 합] $\theta_1(s)$
$+$ [작동점 θ_2와 θ_3 사이의 임피던스 합] $\theta_2(s)$
$+$ [작동점 θ_3에 작용하는 운동에 대한 임피던스 합] $\theta_3(s)$
$=$ [θ_3에 가해지는 외부 토크의 합] (2.130c)

따라서

$$\begin{aligned}(J_1s^2 + D_1s + K)\theta_1(s) \quad - K\theta_2(s) \quad - 0\theta_3(s) &= T(s)\\ -K\theta_1(s) + (J_2s^2 + D_2s + K)\theta_2(s) \quad - D_2s\theta_3(s) &= 0\\ -0\theta_1(s) \quad - D_2s\theta_2(s) + (J_3s^2 + D_3s + D_2s)\theta_3(s) &= 0\end{aligned}$$
(2.131a,b,c)

숙련예제 2.9

문제 그림 2.26의 회전 운동 기계 시스템에서, 전달 함수 $G(s) = \theta_2(s)/T(s)$를 구하라.

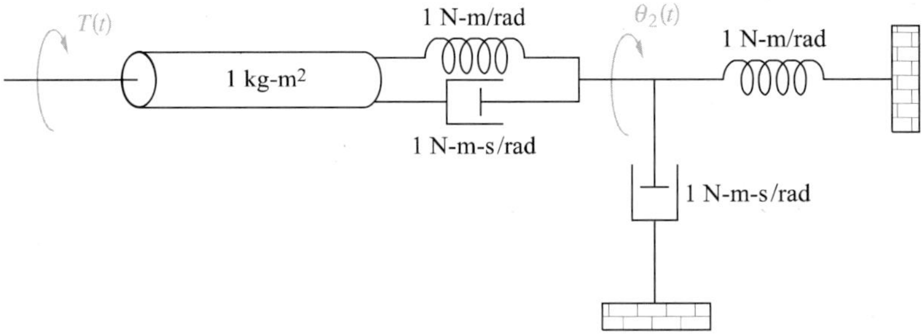

그림 2.26 숙련예제 2.9에 대한 회전 운동 기계 시스템

풀이 $G(s) = \dfrac{1}{2s^2 + s + 1}$

풀이 과정은 www.wiley.com/go/Nise/ControlSystemsEngineering8e 웹페이지를 참조하라.

2.7 기어가 포함된 시스템의 전달 함수

지금까지 회전 운동 시스템의 전달 함수를 구하는 방법에 대해 알아보았다. 대부분의 회전 운동 시스템은 전동기에 의해 구동되며 기어(gear)를 통하여 부하와 접속된다. 이 절에서는 이와 같은 시스템에 대해 해석하고자 한다.

회전 운동 시스템에서 기어는 효과적인 역할을 하는데, 10단-변속기 자전거를 타 본 사람은 누구나 기어의 효과를 알 것이다. 언덕을 오를 때는, 속도는 감속되지만 토크가 커지도록 변속되고, 평지에서는 토크는 줄지만 속도가 증가하도록 변속된다. 따라서 기어는 속도와 토크는 반비례 관계를 가지도록 하면서 구동 장치와 부하를 연결시켜 준다.

그러나 기어는 두 기어의 톱니 사이의 틈 때문에 생기는 백래쉬(*backlash*)를 가지기 때문에 두 기어가 맞물리기 전에 약간의 공회전이 발생한다. 그러나 여기서는 이와 같은 백래쉬가 없는 이상적인 기어인 것으로 가정한다.

그림 2.27과 같이 두 기어의 맞물림은 선형 특성을 가진다. 입력 측 기어는 반지름이 r_1이고, 톱니수가 N_1이며 토크 $T_1(t)$에 의하여 $\theta_1(t)$만큼 회전한다. 여기에 대응되는 출력 측 기어는 반지름이 r_2이고, 톱니수가 N_2이며 전달되는 토크 $T_2(t)$에 의하여 $\theta_2(t)$만큼 회전하게 된다. 이제 기어 1의 회전각 $\theta_1(t)$과 기어 2의 회전각 $\theta_2(t)$ 사이의 관계식을 구해보자.

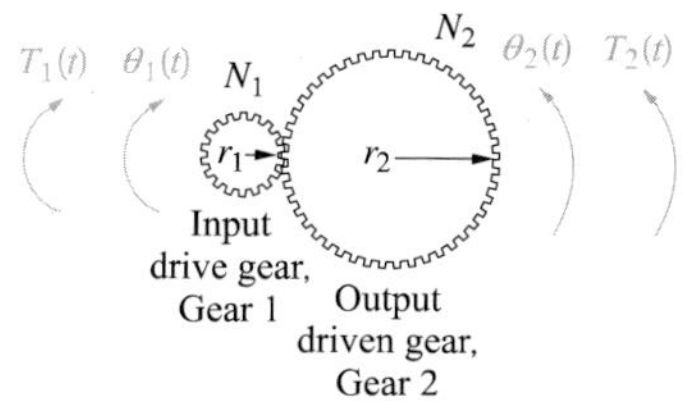

그림 2.27 기어 시스템

그림 2.27로부터 기어가 회전할 때, 각 기어의 회전 거리는 같다. 따라서

$$r_1\theta_1 = r_2\theta_2 \tag{2.132}$$

또는

$$\frac{\theta_2}{\theta_1} = \frac{r_1}{r_2} = \frac{N_1}{N_2} \tag{2.133}$$

이것은 톱니수의 비가 반지름의 비와 같기 때문이며, 기어의 회전각 비는 톱니수의 비에 반비례한다.

입력 토크 T_1과 전달되는 토크 T_2는 어떤 관계를 가지는지 알아보자. 기어가 손실이 없다면, 즉, 에너지를 흡수하거나 저장하지 않는다면, 기어 1의 에너지는 기어 2의 에너지와 같게 된다.[11] 힘×변위인 직선 운동 에너지와 토크×변위인 회전 운동 에너지는 같으므로 다음 식이 성립된다.

$$T_1\theta_1 = T_2\theta_2 \tag{2.134}$$

식 (2.133)을 이용하여, 식 (2.134)로부터 토크 비를 구하면 다음과 같다.

$$\frac{T_2}{T_1} = \frac{\theta_1}{\theta_2} = \frac{N_2}{N_1} \tag{2.135}$$

따라서 토크는 톱니수 비에 직접 비례한다. 입출력 토크 및 각변위 사이의 관계는 그림 2.28과 같다.

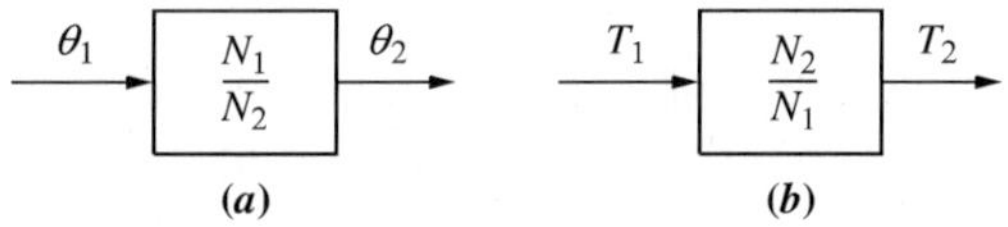

그림 2.28
a. 무손실 기어의 각 변위에 대한 전달 함수
b. 무손실 기어의 토크에 대한 전달 함수

기어를 포함하는 기계적인 임피던스를 생각해보자. 그림 2.29(a)는 관성, 스프링과 점성 제동기가 기어에 연결되어 작동되고 있는 회전 시스템을 나타내고 있다. 이 시스템을 기어가 없는 회전각 θ_1에 대한 등가 시스템으로 나타낼 수 있는지를 살펴보기로 하자. 다시 말하면, 기어가 제거되고 기계적 임피던스가 출력으로부터 입력 측에 반영될 수 있는지 살펴보기로 하자.

그림 2.28(b)로부터 토크 T_1에 N_2/N_1를 곱하여 토크를 출력쪽으로 반영시킬 수 있으므로, 다음과 같은 운동 방정식을 세울 수 있다.

11 기어의 관성과 감쇠는 무시되는 것으로 가정한다.

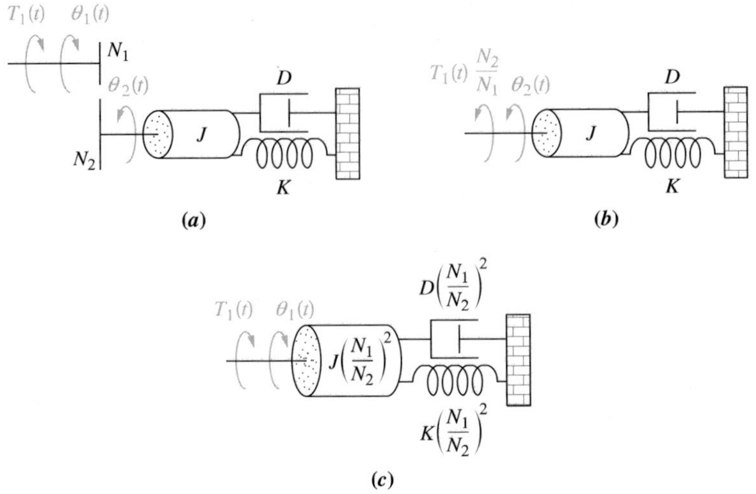

그림 2.29
a. 기어에 의해 구동되는 회전 시스템
b. 입력 토크가 출력 측에 반영된 등가 시스템
c. 임피던스가 입력 측에 반영된 등가 시스템

$$(Js^2 + Ds + K)\theta_2(s) = T_1(s)\frac{N_2}{N_1} \tag{2.136}$$

다음으로 각변위 $\theta_2(s)$를 $\theta_1(s)$로 나타내고, 식 (2.136)을 입력 측에서 본 등가 시스템에 대한 방정식으로 전환하자. 그림 2.28(a)를 이용하여 $\theta_2(s)$를 $\theta_1(s)$로 나타내면, 식 (2.136)은

$$(Js^2 + Ds + K)\frac{N_1}{N_2}\theta_1(s) = T_1(s)\frac{N_2}{N_1} \tag{2.137}$$

이 되므로, 이것을 정리하면 다음과 같다.

$$\left[J\left(\frac{N_1}{N_2}\right)^2 s^2 + D\left(\frac{N_1}{N_2}\right)^2 s + K\left(\frac{N_1}{N_2}\right)^2\right]\theta_1(s) = T_1(s) \tag{2.138}$$

이 식은 그림 2.29(c)와 같이 입력 측에서 본 등가 시스템에 대한 관계식이 된다.

이 결과로부터 다음과 같은 결론을 얻을 수 있다. 회전체의 기계적인 임피던스는 기계적인 임피던스에 다음 비를 곱함으로써 기어를 통하여 전달 축(destination shaft)에 반영될 수 있다.

$$\left(\frac{\text{전달 축의 톱니수}}{\text{소스 축의 톱니수}}\right)^2$$

즉, 소스 축(source shaft)의 임피던스가 전달 축으로 반영된다. 다음은 등가 임피던스 개념을 이용하여 기어가 포함된 회전 기계 시스템의 전달 함수를 구하는 예제이다.

예제 2.21 전달 함수–무손실 기어를 포함하는 시스템

문제 그림 2.30(a)의 시스템에 대한 전달 함수 $\dfrac{\theta_2(s)}{T_1(s)}$를 구하라.

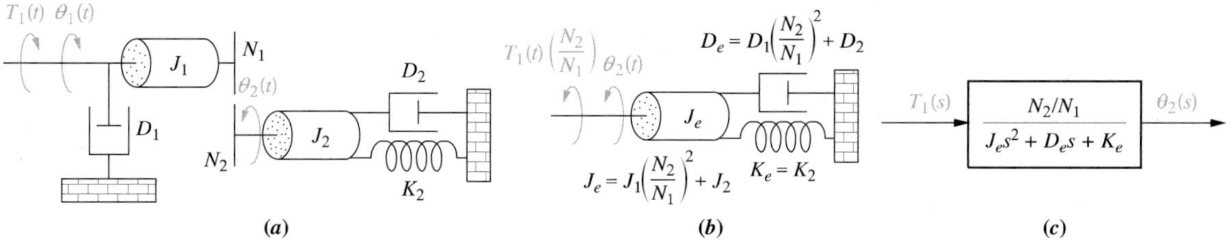

그림 2.30 a. 기어가 포함된 회전 기계 시스템 b. 출력 측에 토크와 임피던스가 반영된 시스템 c. 블록선도

풀이 회전체가 두 개이므로 두 개의 연립 방정식이 필요할 것으로 생각되나, 두 회전체가 기어로 연결되어 있어서 선형 독립적으로 운동하지 않으므로 자유도가 1이 된다. 따라서 필요한 운동 방정식은 하나이다.

먼저, 그림 2.30(b)와 같이 입력측의 임피던스(J_1과 D_1)와 토크(T_1)를 출력 측에 반영시키자. 여기서 임피던스는 $(N_2/N_1)^2$, 토크는 (N_2/N_1)으로 반영된다. 따라서 다음과 같은 운동 방정식을 세울 수 있다.

$$(J_es^2 + D_es + K_e)\theta_2(s) = T_1(s)\frac{N_2}{N_1} \tag{2.139}$$

여기서

$$J_e = J_1\left(\frac{N_2}{N_1}\right)^2 + J_2; \quad D_e = D_1\left(\frac{N_2}{N_1}\right)^2 + D_2; \quad K_e = K_2$$

이 식으로부터, 전달 함수 $\theta_2(s)/T_1(s)$를 구하면

$$G(s) = \frac{\theta_2(s)}{T_1(s)} = \frac{N_2/N_1}{J_es^2 + D_es + K_e} \tag{2.140}$$

이고, 그림 2.30(c)와 같다.

반경이 큰 기어를 사용하여 기어비를 크게 해야 되는 경우, 작은 기어비를 갖는 기어들을 종속 접속시킴으로써 반경이 큰 기어를 사용하지 않고도 원하는 기어비를 얻을 수 있다. 이와 같은 기어열(gear train)의 구조는 그림 2.31과 같으며 회전각 θ_4를 θ_1으로 나타내면 다음과 같다.

$$\theta_4 = \frac{N_1N_3N_5}{N_2N_4N_6}\theta_1 \tag{2.141}$$

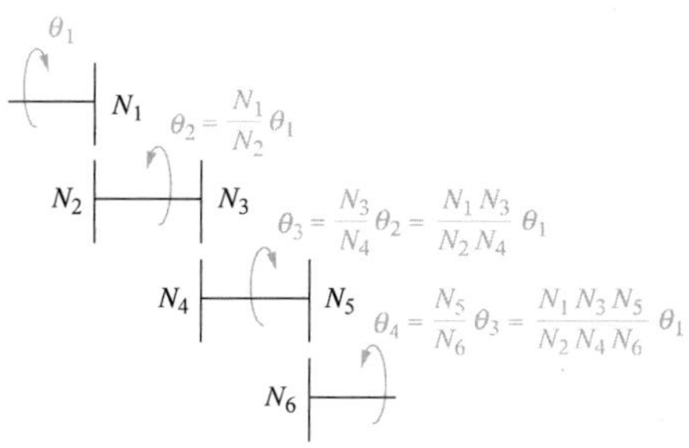

그림 2.31 기어열

기어열에서 등가 기어비는 각 기어비의 곱으로 되며, 이 결과를 이용하여 손실이 있는 기어를 포함하는 시스템의 전달 함수를 구해 보자.

예제 2.22 전달 함수-손실이 있는 기어

문제 그림 2.32(a)의 시스템에서 전달 함수 $\theta_1(s)/T_1(s)$를 구하라.

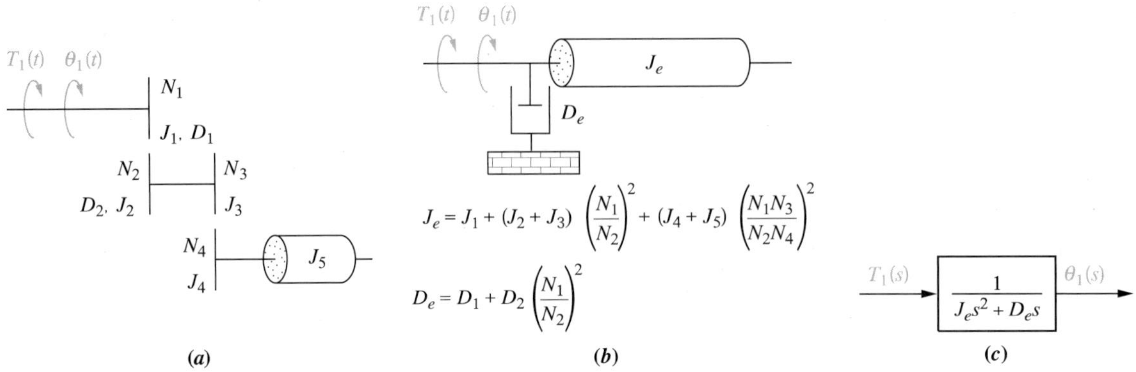

그림 2.32 a. 기어열을 사용한 시스템 b. 입력에서 본 등가 시스템 c. 블록선도

풀이 이 시스템의 경우 모든 기어들은 관성을 가지며, 일부 기어는 손실을 가진다. 또한 일부 축에는 점성 마찰이 있다. 이 문제를 풀기 위해서, 모든 임피던스를 입력 측 θ_1에 반영시키고자 하는데, 기어비가 모든 임피던스에 대해 같지 않다. 예를 들어, D_2는 $D_2(N_1/N_2)^2$로 입력 측에 반영되며, J_4+J_5는 $(J_4+J_5)[(N_3/N_4)(N_1/N_2)]^2$로 입력측에 반영된다. 따라서 모든 임피던스가 θ_1으로 반영된 결과는 그림 2.29(b)와 같으며 이것으로부터 다음과 같은 운동 방정식을 세울 수 있다.

$$(J_e s^2 + D_e s)\theta_1(s) = T_1(s) \tag{2.142}$$

여기서

$$J_e = J_1 + (J_2 + J_3)\left(\frac{N_1}{N_2}\right)^2 + (J_4 + J_5)\left(\frac{N_1 N_3}{N_2 N_4}\right)^2$$

$$D_e = D_1 + D_2\left(\frac{N_1}{N_2}\right)^2$$

식 (2.142)로부터 전달 함수는

$$G(s) = \frac{\theta_1(s)}{T_1(s)} = \frac{1}{J_e s^2 + D_e s} \tag{2.143}$$

이 되고, 그림 2.32(c)와 같다.

숙련예제 2.10

문제 그림 2.33의 기어가 포함된 회전 기계 시스템에서 전달 함수 $G(s) = \dfrac{\theta_2(s)}{T(s)}$ 를 구하라.

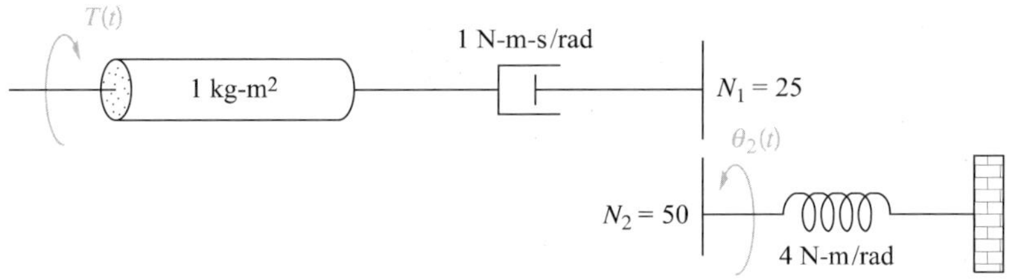

그림 2.33 숙련예제 2.10에 대한 기어가 포함된 회전 기계 시스템

풀이 $G(s) = \dfrac{1/2}{s^2 + s + 1}$

풀이 과정은 www.wiley.com/go/Nise/ControlSystemsEngineering8e 웹페이지를 참조하라.

2.8 전기 기계 시스템의 전달 함수

앞 절에서는 기어를 포함하는 회전체 시스템에 대해 설명하였다. 이 절에서는 전기적 변수와 기계적 변수가 혼합된 전기 기계 시스템(*electromechanical systems*)에 대해 살펴보기로 하자. 우리는 이미 1장에서 전기 기계 시스템이 안테나 방위각 제어 시스템에 응용된 사례를 살펴보았다. 전기 기계 시스템은 로봇 제어, 태양 및 행성 추적 장치와 컴퓨터 테이프와 디스크 구동 장치의 위치 제어 등에 응용되고 있다. 그림 2.34는 전기 기계 시스템을 사용하는 제어 시스템이다.

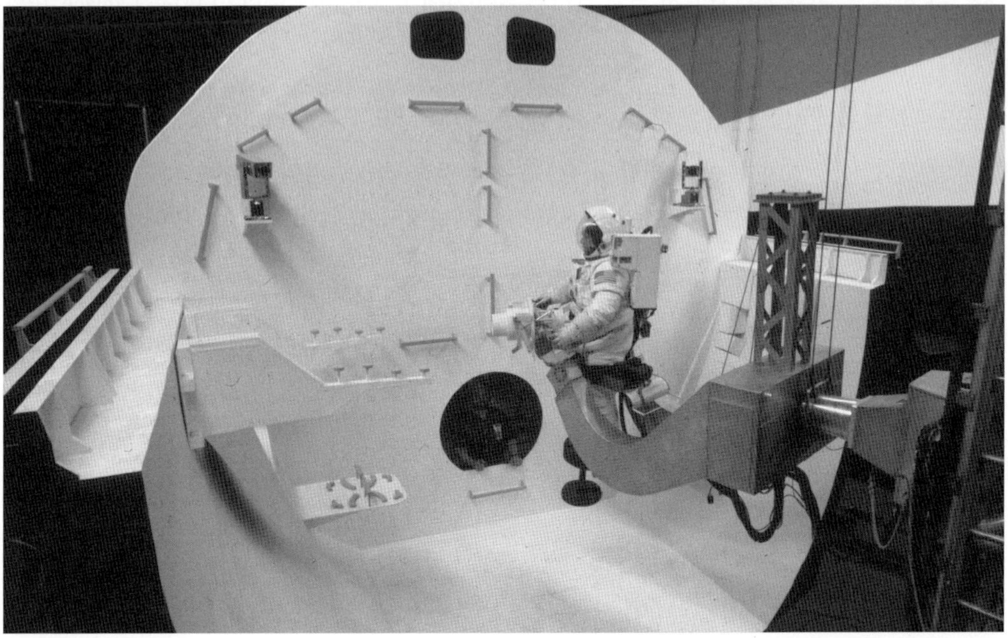

그림 2.34 전기 기계 제어 시스템에 의해 구동되는 NASA 비행 시뮬레이터의 로봇팔

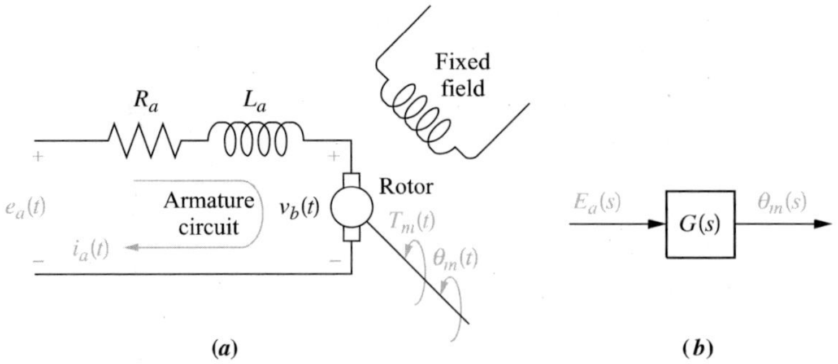

그림 2.35 직류 전동기
a. 구조도[12] b. 블록선도

전동기(motor)는 전압이 인가되어 회전체를 회전시키거나 위치를 변경시키는 전기 기계 시스템이다. 여기서는 전기 기계 시스템 중 하나인 전기자-제어 직류 서보전동기(armature- controlled dc servomotor)의 전달 함수를 유도하고자 한다(*Mablekos, 1980*). 전동기의 구조는 그림 2.35(a)와 같으며 그림 2.35(b)의 전달 함수를 유도하고자 한다.

그림 2.35(a)에서 **고정 자장**(*fixed field*)은 영구 자석 또는 고정 전자석에 의하여 발생된다. 전류 $i_a(t)$가 흐르는 회전 코일인 **전기자**(*armature*)는 오른쪽 방향으로 향하는 자장에 의해 힘 $F = Bli_a(t)$를 받는다. 여기서 B는 자장의 세기이고 l은 도선의 길이이다. 이 힘 때문에 발생되는 토크에 의해 전동기의 **회전자**(*rotor*)는 회전하게 된다.

한편, 자장에 수직으로 움직이는 전기자의 도선 양 끝에는 $e = Blv$의 전압이 유기된다. 여기서 e는 전압이고, v는 자장에 수직으로 움직이는 도선의 속도이다. 전류가 흐르는 전기자가 자장 내에서 회전하고 있으므로, 유기되는 전압은 속도에 비례하여 다음과 같이 표시된다.

$$v_b(t) = K_b\frac{d\theta_m(t)}{dt} \tag{2.144}$$

여기서 $v_b(t)$를 **역기전력**(*back electromotive force : back emf*)이라 하고, 비례 상수 K_b는 역기전력 상수라 한다. 그리고 $d\theta_m(t)/dt = \omega_m(t)$는 전동기의 각속도이다. 식 (2.144)를 Laplace 변환하면 다음과 같다.

$$V_b(s) = K_bs\theta_m(s) \tag{2.145}$$

전기자 전류 $i_a(t)$, 전기자 입력 전압 $e_a(t)$과 역기전력 $v_b(t)$ 사이의 관계식은 다음과 같이, Laplace 변환된 전기자 회로[그림 2.35(a)]에 대한 루프 방정식을 세워 구할 수 있다.

$$R_aI_a(s) + L_asI_a(s) + V_b(s) = E_a(s) \tag{2.146}$$

전동기에 의해 발생되는 토크는 다음과 같이 전기자 전류에 비례한다.

$$T_m(s) = K_tI_a(s) \tag{2.147}$$

여기서 T_m은 전동기의 토크이고, 전동기 토크 상수인 K_t는 전동기와 자장의 특성에 따라 달라진다. 식 (2.147)로부터 $I_a(s)$는 다음과 같다.

$$I_a(s) = \frac{1}{K_t}T_m(s) \tag{2.148}$$

식 (2.145)와 식 (2.148)을 식 (2.146)에 대입하면, 다음 식이 얻어진다.

---

12 구조도 및 파라미터에 대한 유도는 부록 H를 참조할 것.

$$\frac{(R_a + L_a s)T_m(s)}{K_t} + K_b s\theta_m(s) = E_a(s) \tag{2.149}$$

전달 함수 $\theta_m(s)/E_a(s)$를 구하기 위해서는 $\theta_m(s)$를 $T_m(s)$로 나타내야 한다.

그림 2.36은 전동기에 연결된 부하를 포함하는 등가 시스템이다. 여기서 J_m은 전기자와 부하 관성을 포함한 등가 관성이며, D_m은 전기자와 부하에 대한 등가 점성 마찰이다. 그림 2.36으로부터

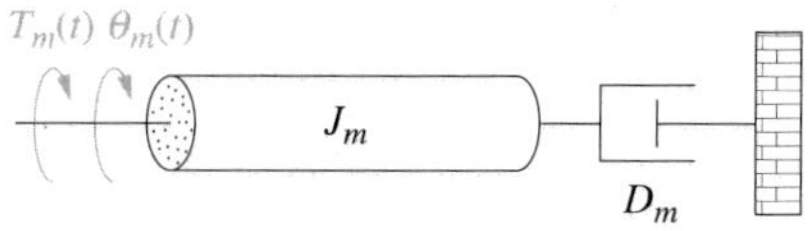

그림 2.36 부하를 고려한 전동기 등가 시스템

$$T_m(s) = (J_m s^2 + D_m s)\theta_m(s) \tag{2.150}$$

의 관계식이 얻어지므로, 식 (2.150)을 식 (2.149)에 대입하면 다음과 같다.

$$\frac{(R_a + L_a s)(J_m s^2 + D_m s)\theta_m(s)}{K_t} + K_b s\theta_m(s) = E_a(s) \tag{2.151}$$

직류 전동기의 경우, 전기자 인덕턴스 L_a는 전기자 저항 R_a와 비교하여 무시될 수 있으므로, 식 (2.151)은 다음과 같다.

$$\left[\frac{R_a}{K_t}(J_m s + D_m) + K_b\right] s\theta_m(s) = E_a(s) \tag{2.152}$$

따라서 다음과 같은 전달 함수 $\theta_m(s)/E_a(s)$가 얻어진다.

$$\frac{\theta_m(s)}{E_a(s)} = \frac{K_t/(R_a J_m)}{s\left[s + \frac{1}{J_m}\left(D_m + \frac{K_t K_b}{R_a}\right)\right]} \qquad (2.153)^{13}$$

식 (2.153)은 다음과 같은 단순한 형태로 나타낼 수 있다.

$$\frac{\theta_m(s)}{E_a(s)} = \frac{K}{s(s+\alpha)} \tag{2.154}$$

식 (2.154)의 상수 K와 α를 정하는 방법에 대해 알아보자.

먼저 기계적 상수 J_m과 D_m을 정하기로 한다. 그림 2.37과 같이 전기자의 관성과 점성마찰이 각각 J_a와 D_a인 직류 전동기에 관성이 J_L이고, 점성 마찰이 D_L인 부하가 연결되면 전기자에서의 등가 관성 J_m과 등가 점성 마찰 D_m은 다음과 같다.

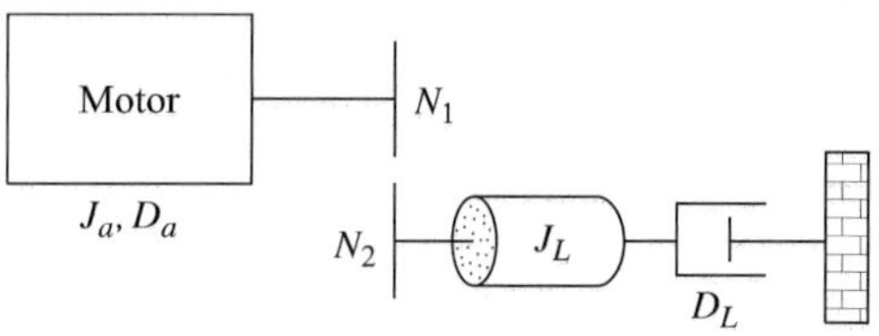

그림 2.37 회전체 부하를 구동시키는 직류 전동기

$$J_m = J_a + J_L\left(\frac{N_1}{N_2}\right)^2; \quad D_m = D_a + D_L\left(\frac{N_1}{N_2}\right)^2 \qquad (2.155)^{14}$$

다음으로 식 (2.153)의 전달 함수에 포함된 전기적 상수를 정하기로 한다. 전기적 상수는 다이나모미터(*dynamometer*) 시험을 통하여 정하는데, 다이나모미터를 이용하면 전동기에 일정한 전압을 가한 상태에서 토크와 속도를 측정할 수 있다. 다이나모미터 시험을 하기 위한 조건식을 유도해보자.

13 전기상수의 단위는 $K_t = Nm/A$(뉴턴-미터/암페어)이며, $K_b = V-s/rad$(볼트-초/라디언)이다.

14 기계적 상수를 모르는 경우, 전동기 상수는 과도 응답이나 주파수 응답 데이터를 이용하여 실험을 통해 결정할 수 있다. 과도 응답을 이용하는 방법은 4장에서 다루었고, 주파수 응답 기법을 이용하는 방법은 10장에서 다루었다.

인덕턴스 $L_a = 0$으로 놓고, 식 (2.145)와 식 (2.148)을 식 (2.146)에 대입하면

$$\frac{R_a}{K_t}T_m(s) + K_b s\theta_m(s) = E_a(s) \tag{2.156}$$

이 되므로, Laplace 역변환하여 다음 식을 얻는다.

$$\frac{R_a}{K_t}T_m(t) + K_b\omega_m(t) = e_a(t) \tag{2.157}$$

여기서 $s\theta_m(s)$의 Laplace 역변환은 $d\theta_m(t)/dt$ 또는 $\omega_m(t)$이다.

직류 전동기에 직류 전압 e_a를 가하면, 전동기는 일정한 각속도 ω_m로 회전하며, 이 때 발생되는 토크 T_m도 일정하게 된다. 따라서 직류 전동기에 직류 전압을 가하여 정상 상태에서 일정한 속도로 회전하고 있으면, 식 (2.157)은 다음과 같이 시간에 무관한 식으로 나타낼 수 있다.

$$\frac{R_a}{K_t}T_m + K_b\omega_m = e_a \tag{2.158}$$

식 (2.158)을 T_m에 대한 식으로 나타내면, 다음과 같은 직선의 식이 된다.

$$T_m = -\frac{K_b K_t}{R_a}\omega_m + \frac{K_t}{R_a}e_a \tag{2.159}$$

이 직선은 그림 2.38과 같고, 이것을 **토크-속도 곡선**(*torque-speed curve*)이라 한다. 이 직선은 각속도가 0일 때 토크 축과 만나는데, 이 때의 토크값을 **스톨 토크**(*stall torque*) T_{stall}이라 하며, 다음과 같다.

$$T_{stall} = \frac{K_t}{R_a}e_a \tag{2.160}$$

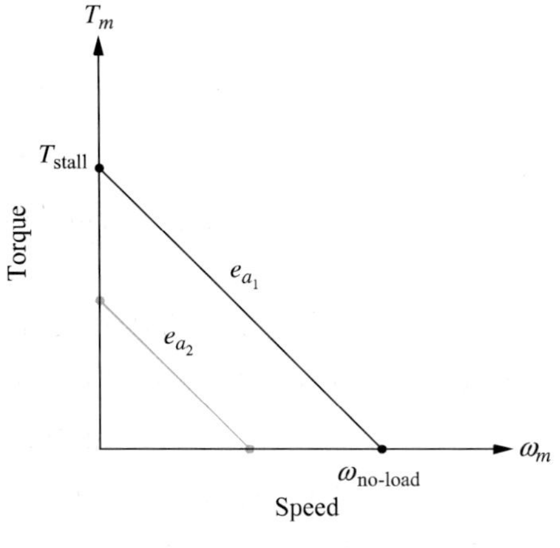

그림 2.38 직류 전압 e_a가 전기자에 가해질 때, 토크-속도 곡선

토크가 0인 각속도를 무부하 속도(no-load speed) $\omega_{no-load}$라 하는데 다음과 같다.

$$\omega_{no\text{-}load} = \frac{e_a}{K_b} \tag{2.161}$$

식 (2.160)과 식 (2.161)로부터 직류 전동기의 전달 함수의 전기적 상수들은 다음과 같다.

$$\frac{K_t}{R_a} = \frac{T_{stall}}{e_a} \tag{2.162}$$

$$K_b = \frac{e_a}{\omega_{no\text{-}load}} \tag{2.163}$$

따라서 전기적 상수 K_t/R_a와 K_b는 다이나모미터를 이용하여, T_{stall}와 $\omega_{no-load}$를 측정함으로써 정할 수 있다.

예제 2.23 전달 함수–직류 전동기와 부하

문제 시스템과 토크–속도 곡선이 그림 2.39(a)와 (b)로 주어질 때, 전달 함수 $\dfrac{\theta_L(s)}{E_a(s)}$를 구하라.

풀이 식 (2.153)에서 기계적 상수 J_m과 D_m은 식 (2.155)를 이용하여 구한다. 전기자의 등가 관성 J_m은

$$J_m = J_a + J_L\left(\frac{N_1}{N_2}\right)^2 = 5 + 700\left(\frac{1}{10}\right)^2 = 12 \tag{2.164}$$

이 되고, 등가 점성 마찰은 다음과 같다.

$$D_m = D_a + D_L\left(\frac{N_1}{N_2}\right)^2 = 2 + 800\left(\frac{1}{10}\right)^2 = 10 \tag{2.165}$$

전기적 상수 K_t/R_a와 K_b는 토크-속도 곡선을 이용하여 구한다. 그림 2.35(b)로부터

$$T_{\text{stall}} = 500 \tag{2.166}$$

$$\omega_{\text{no-load}} = 50 \tag{2.167}$$

$$e_a = 100 \tag{2.168}$$

이 되므로, 전기적 상수는 다음과 같다.

$$\frac{K_t}{R_a} = \frac{T_{\text{stall}}}{e_a} = \frac{500}{100} = 5 \tag{2.169}$$

$$K_b = \frac{e_a}{\omega_{\text{no-load}}} = \frac{100}{50} = 2 \tag{2.170}$$

식 (2.164), 식 (2.165), 식 (2.169)와 식 (2.170)을 식 (2.153)에 대입하면, 다음 식을 얻을 수 있다.

가상 실험 2.2

개루프 서보 모터(Servo Motor)

LabVIEW에서 Quanser Rotary Servo System으로 모델링되어 있는 운동방정식을 앞서 배운 이론을 이용해서 구해보자. 서보 모터의 특성을 아는 것은 하드 디스크를 구동하는 것 같은 정교한 작업이 요구되는 응용 분야에서 서보 모터를 사용할 때 중요하다.

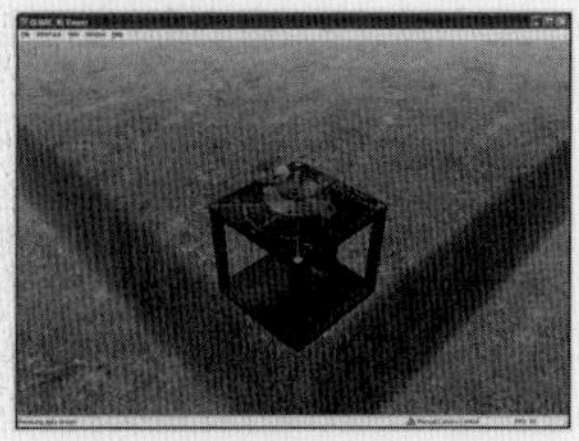

가상 실험은 WileyPLUS에서 찾을 수 있다.

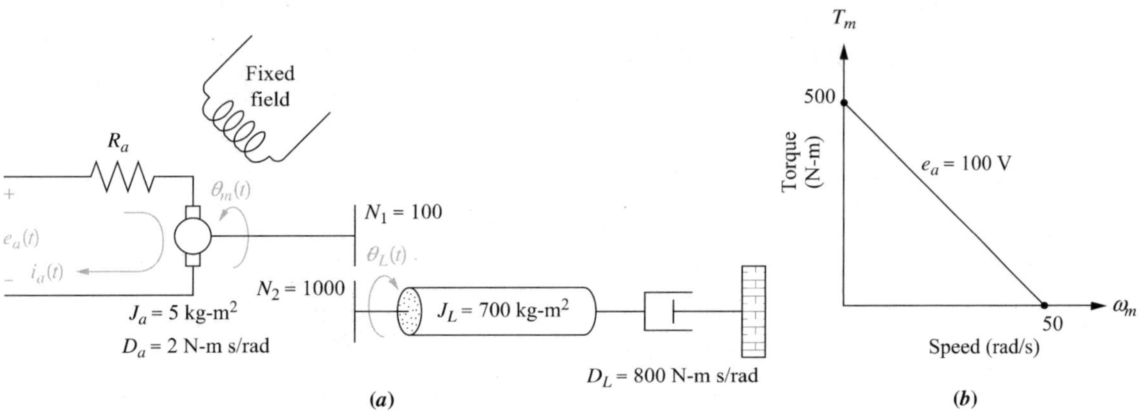

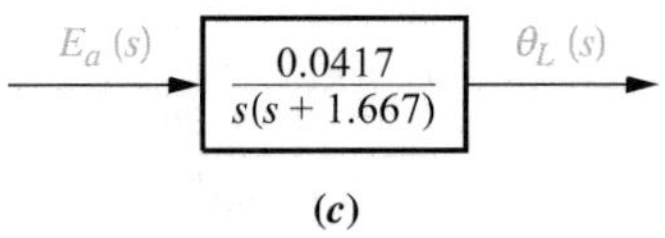

그림 2.39
a. 직류 전동기와 부하
b. 토크–속도 곡선
c. 블록선도

$$\frac{\theta_m(s)}{E_a(s)} = \frac{5/12}{s\left\{s + \frac{1}{12}[10 + (5)(2)]\right\}} = \frac{0.417}{s(s + 1.667)} \tag{2.171}$$

기어비가 $N_1/N_2 = 1/10$이므로 전달 함수 $\theta_L(s)/E_a(s)$는

$$\frac{\theta_L(s)}{E_a(s)} = \frac{0.0417}{s(s + 1.667)} \tag{2.172}$$

이 되고, 그림 2.39(c)와 같다.

숙련예제 2.11

문제 그림 2.40의 부하가 연결된 전동기에서 전달 함수 $G(s) = \theta_L(s)/E_a(s)$를 구하라. 입력 전압이 100 [V]일 때, 토크-속도 곡선은 $T_m = -8\omega_m + 200$으로 주어진다.

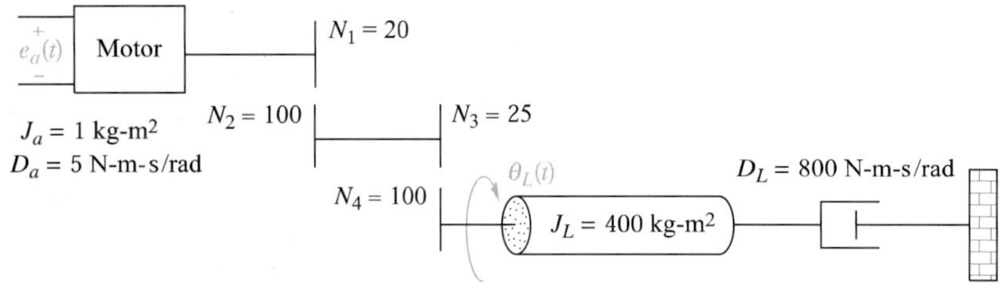

그림 2.40 숙련예제 2.11에서의 전동기 시스템

풀이 $G(s) = \dfrac{1/20}{s[s+(15/2)]}$

풀이 과정은 www.wiley.com/go/Nise/ControlSystemsEngineering8e 웹페이지를 참조하라.

2.9 등가 전기 회로망

이 절에서는 기계 시스템이 등가의 전기 회로망으로 표현될 수 있음을 보이려고 한다. 기계 시스템의 운동 방정식과 전기 회로망에 Kirchhoff 법칙을 적용하여 얻는 회로 방정식과는 유사성이 있다는 것에 대해서는 이미 언급한 바 있다. 이제 기계 시스템과 등가인 전기 회로를 만들어서 유사성을 확인하고자 한다. 또한 전기 회로의 변수들과 기계 시스템의 변수들도 유사성을 가진다.

기계 시스템과 유사한 전기 회로를 등가 전기 회로(electric circuit analog)라 한다. 등가 회로는 기계 시스템의 운동 방정식과 전기 회로의 루프나 마디 방정식과 비교하여 얻어진다. 루프 방정식에 비교되어 얻어지는 전기 회로를 **직렬 등가 회로**(*series analog*)라 하고, 마디 방정식에 비교되어 얻어지는 전기 회로를 **병렬 등가 회로**(*parallel analog*)라 한다.

직렬 등가 회로

그림 2.41(a)의 병진 운동 기계 시스템에 대한 운동 방정식은

$$(Ms^2 + f_v s + K)X(s) = F(s) \tag{2.173}$$

이고, 그림 2.41(b)의 RLC 직렬 회로에 대한 Kirchhoff의 루프 방정식은 다음과 같다.

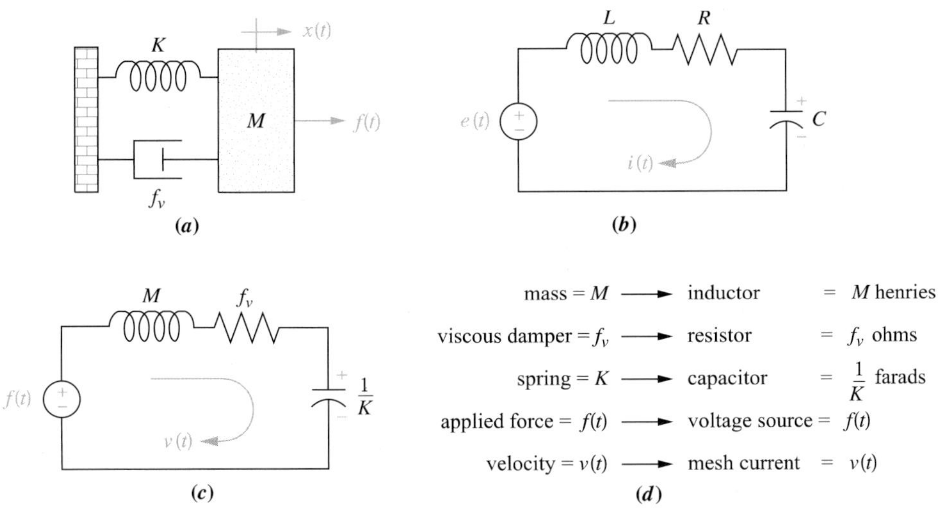

그림 2.41 직렬 등가 회로로 변환
a. 기계 시스템
b. 대응되는 전기 회로망
c. 직렬 등가 회로
d. 직렬 등가 회로 변수

$$\left(Ls + R + \frac{1}{Cs}\right)I(s) = E(s) \tag{2.174}$$

이미 언급한 바와 같이, 변위가 전류에 대응되지 않기 때문에 식 (2.173)은 식 (2.174)와 같은 형태가 아니나, 식 (2.173)의 좌변을 변위 s에 대한 식에서 속도에 대한 식으로 바꿈으로써 같은 형태가 되도록 할 수 있다.

$$\frac{Ms^2 + f_v s + K}{s} sX(s) = \left(Ms + f_v + \frac{K}{s}\right)V(s) = F(s) \tag{2.175}$$

식 (2.174)와 식 (2.175)를 비교하면, 그림 2.41(c)와 같은 회로를 그릴 수 있으며, 변환 관계를 그림 2.41(d)에 나타내었다.

자유도가 1 이상일 때, 한 작동점에 작용하는 운동과 관련된 임피던스는 회로 소자들이 직렬로 연결되는 루프로 나타낼 수 있으나 작동점 간의 상호 운동과 관련된 임피던스는 2개의 루프 사이에서 상호 결합된 직렬 임피던스로 대응된다. 다음 예제를 풀어보자.

예제 2.24 기계 시스템을 직렬 등가 회로로

문제 그림 2.17(a)의 기계 시스템에 대한 직렬 등가 회로를 그려라.

풀이 식 (2.118)을 속도에 대한 식으로 변환하면 전기 회로의 루프 방정식과 유사하게 된다.

$$\left[M_1 s + (f_{v_1} + f_{v_3}) + \frac{(K_1 + K_2)}{s}\right]V_1(s) - \left(f_{v_3} + \frac{K_2}{s}\right)V_2(s) = F(s) \tag{2.176a}$$

$$-\left(f_{v_3} + \frac{K_2}{s}\right)V_1(s) + \left[M_2 s + (f_{v_2} + f_{v_3}) + \frac{(K_2 + K_3)}{s}\right]V_2(s) = 0 \tag{2.176b}$$

여기서 각 계수들은 전기 회로의 임피던스 합이 된다. 질량 M_1이 포함된 기계적 임피던스는 첫 번째 루프를 구성하며 두 질량 사이의 임피던스는 두 루프에 상호 결합된 임피던스로 표시된다. 질량 M_2가 포함된 임피던스는 두 번째 루프를 구성하며 그 결과는 그림 2.42와 같다. 여기서 $v_1(t)$과 $v_2(t)$는 각각 M_1과 M_2의 속도이다.

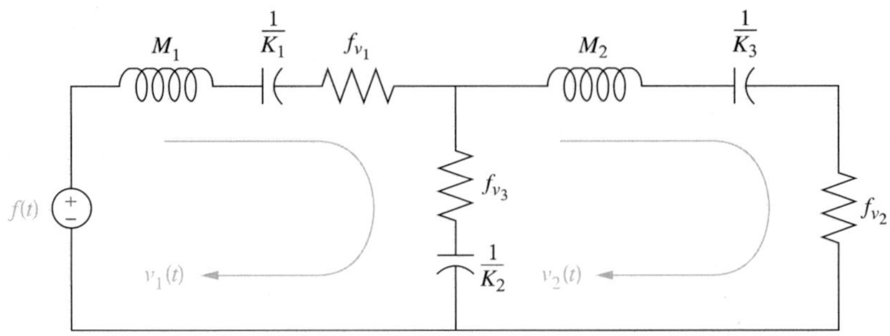

그림 2.42 그림 2.17(a)의 기계 시스템에 대한 직렬 등가 회로

병렬 등가 회로

기계 시스템은 병렬 등가 회로로도 변환시킬 수 있다. 운동 방정식이 식 (2.175)로 주어지는 그림 2.43(a)의 병진 운동하는 기계 시스템을 생각해 보자.

그림 2.43(b)의 병렬 RLC 회로에 대한 Kirchhoff의 마디 방정식은 다음과 같다.

$$\left(Cs + \frac{1}{R} + \frac{1}{Ls}\right)E(s) = I(s) \tag{2.177}$$

식 (2.175)와 식 (2.177)의 임피던스를 비교하면, 그림 2.43(c)와 같은 등가 회로를 얻을 수 있으며, 변환 관계식을 요약하면 그림 2.43(d)와 같다.

자유도가 1 이상일 때, 한 작동점에 작용하는 운동과 관련된 기계 요소들은 마디에 병렬로 연결된 회로 소자들로 대응되며, 작동점 간의 상호 운동에 관련된 기계 요소들은 두 마디에 상호 결합되는 회로 소자들로 대응된다. 다음 예제를 풀어보자.

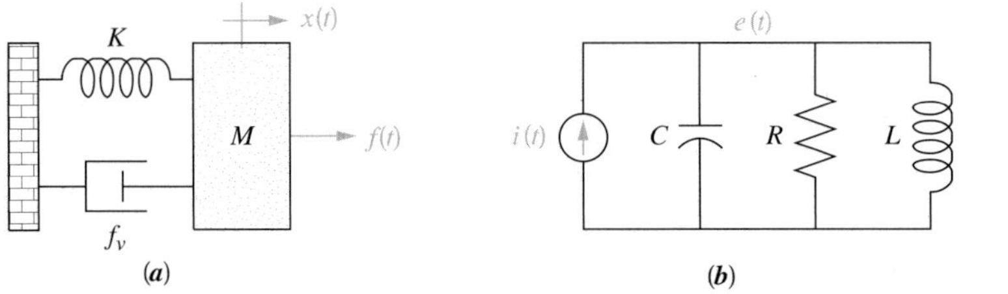

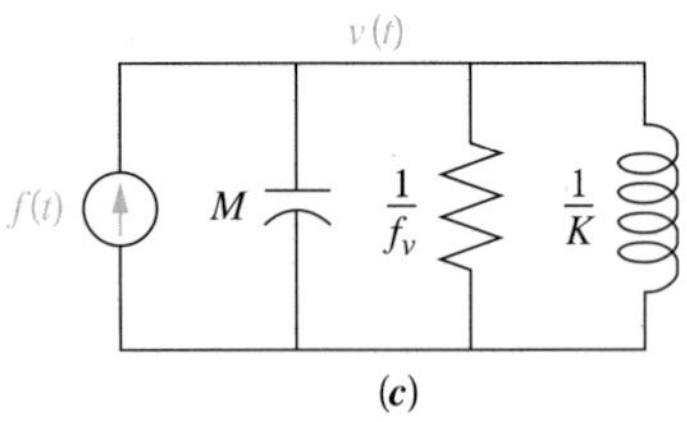

mass = M ⟶ capacitor = M farads

viscous damper = f_v ⟶ resistor = $\frac{1}{f_v}$ ohms

spring = K ⟶ inductor = $\frac{1}{K}$ henries

applied force = $f(t)$ ⟶ current source = $f(t)$

velocity = $v(t)$ ⟶ node voltage = $v(t)$

(d)

그림 2.43

예제 2.25 기계 시스템을 병렬 등가 회로로 변환

문제 그림 2.17(a)의 기계 시스템에 대한 병렬 등가 회로를 그려라.

풀이 식 (2.176)은 전기 회로의 마디 방정식과 유사하다. 방정식의 각 계수들은 전기 회로의 어드미턴스로 나타낼 수 있다. 따라서 질량 M_1을 포함하는 기계적 어드미턴스는 첫 번째 마디에 연결되는 회로 소자들의 어드미턴스가 되며 두 질량 사이의 기계적 어드미턴스는 두 마디 사이에 공통인 회로 소자로 된다. 질량 M_2가 포함된 기계적 어드미턴스는 두 번째 마디에 연결되는 회로 소자들의

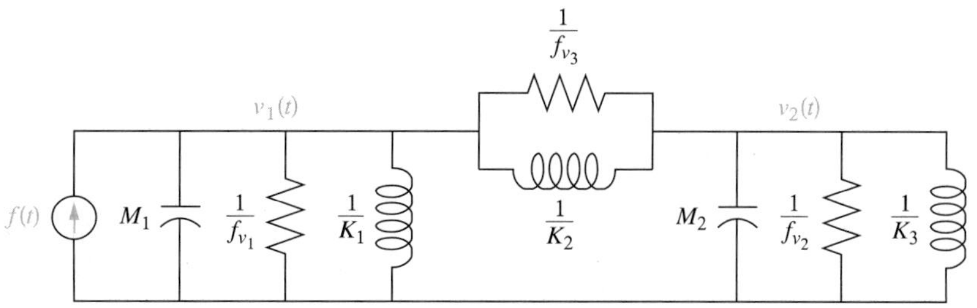

그림 2.44 그림 2.17(a)의 기계 시스템에 대한 병렬 등가 회로

어드미턴스가 된다. 따라서 병렬 등가 회로는 그림 2.44와 같으며, $v_1(t)$과 $v_2(t)$는 각각 M_1과 M_2의 속도이다.

숙련예제 2.12

문제 그림 2.22의 회전 기계 시스템에 대한 직렬 및 병렬 등가 회로를 그려라.

풀이 풀이 과정은 www.wiley.com/go/Nise/ControlSystemsEngineering8e 웹페이지를 참조하라.

2.10 비선형성

지금까지는 선형, 시불변 미분 방정식으로 나타낼 수 있는 시스템의 모델링에 대해 다뤘는데 이는 시스템이 선형이라는 가정이 성립되어야 한다. 이 절에서는 선형과 비선형을 정의하고, 어떻게 구분하는지를 알아보기로 한다. 다음 절에서는 비선형 시스템을 선형 시스템으로 근사화시켜 앞에서 다뤘던 모델링 기법이 적용될 수 있도록 한다.

선형 시스템은 **중첩성**(*superposition*)과 **동질성**(*homogeneity*)의 두 가지 성질을 가져야 한다. 중첩성은 두 개 이상 입력의 합에 대한 시스템 응답은 각 입력에 대한 응답의 합과 같다는 것이다. 입력 $r_1(t)$에 대한 출력이 $c_1(t)$이고, 입력 $r_2(t)$에 대한 출력이 $c_2(t)$라면, 입력 $r_1(t)+r_2(t)$에 대한 출력은 $c_1(t)+c_2(t)$가 된다. **동질성**은 입력의 스칼라 곱에 대한 시스템의 응답을 나타내는 것으로 입력 $r_1(t)$에 대한 출력이 $c_1(t)$일 때, 입력 $Ar_1(t)$에 대한 출력이 $Ac_1(t)$가 된다. 즉, 입력의 스칼라 곱에 대한 출력도 같은 스칼라 곱이 된다.

그림 2.45는 선형성을 설명하기 위한 그래프이다. 그림 2.45(a)는 x에 관계없이 출력이 항상 입력의 1/2, 즉 $f(x)=0.5x$가 되는 시스템인데 이 시스템이 선형임을 보이기로 한다. 입력이 1일 때 출력은 1/2이 되고, 입력이 2일 때 출력은 1이 된다. 이 두 입력을 합한 입력 3에 대해 출력은 각각의 출력의 합인 1.5가 되므로 중첩성이 성립되며 그림 2.45(a)에서 확인할 수 있다.

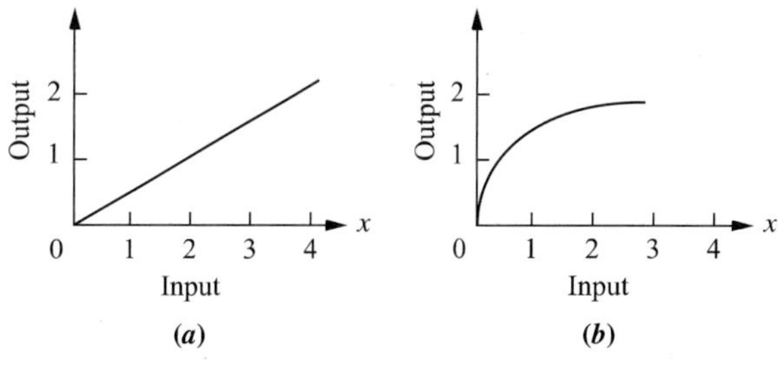

그림 2.45 a. 선형 시스템 b. 비선형 시스템

한편, 입력 2에 대한 출력은 1이 되며, 이 입력을 두 배한 출력은 2가 되므로 동질성이 성립되며 그림 2.45(a)에서 확인할 수 있다. 따라서 이 시스템은 선형 시스템이다. 그러나 그림 2.45(b)와 같은 특성을 가지는 시스템은 선형성의 성질을 가지지 않는다.

그림 2.46은 비선형성을 가지는 실제 시스템의 특성을 나타내고 있다. 여기서 증폭기는 특정 범위에서는 선형이지만 입력 전압이 커지면 포화 상태(saturation)라 불리는 비선형 특성을 가진다. 전동기의 경우 마찰력 때문에 아주 작은 입력 전압에서는 전동기가 회전하지 않는 **무응답 구간**

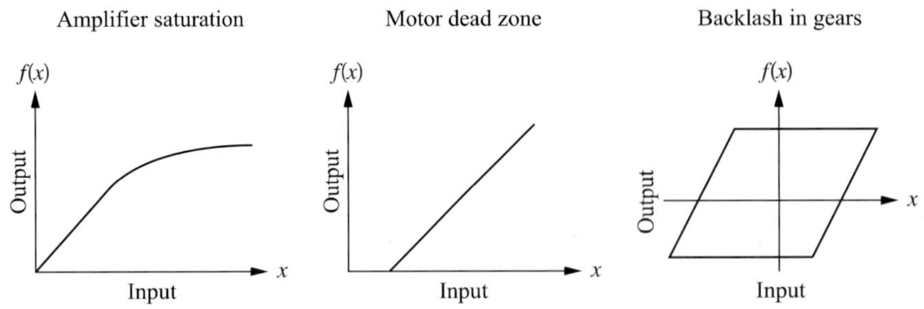

그림 2.46 실제 시스템의 비선형 특성

(*dead-zone*)이 존재하며, 이 응답 특성 때문에 전동기는 비선형 특성을 가진다. 두 기어의 톱니가 맞물릴 때 생기는 틈 때문에 비선형성인 백래쉬가 발생한다. 백래쉬 때문에 입력이 가해져도 틈 간격 동안 출력이 나타나지 않는다. 그림 2.46은 시스템의 입출력 특성이 전 구간에서 선형성을 만족하지 못함을 보여주고 있다. 또한 FM 라디오 수신기의 PLL(Phase-Locked Loop)에 사용되는 위상 검출기(phase detector)는 입력의 사인 함수가 출력이 되므로 비선형 시스템이다.

비선형 시스템은 선형 시스템으로 근사화시켜야 하는 경우가 많다. 선형으로 근사화된 시스템이 실제 시스템과 유사하면 선형 근사화는 시스템 해석 및 설계를 간단하게 한다. 예를 들어, 비선형 곡선상의 한 점이 주어질 때, 입력 변동 범위가 작고 원점이 그 점으로 이동된다면 그 점에서 입력과 출력은 선형 관계가 성립된다. 한 예로 전자 회로에 사용되는 증폭기는 작동점 부근에서는 선형 증폭기로 동작한다.

2.11 선형화

지금까지 다룬 전기 회로망 및 기계 시스템은 선형이라고 가정하였다. 그러나 비선형 소자가 포함된다면 전달 함수를 구하기 전에 시스템을 선형화시켜야 한다. 앞 절에서는 비선형성에 대해 정의하고 이를 설명하였다. 이 절에서는 전달 함수를 얻기 위해서 비선형 시스템을 선형 시스템으로 근사화시키는 방법에 대해 설명하기로 한다.

우선, 비선형 특성을 확인하고, 비선형 미분 방정식을 세우기로 한다. 비선형 미분방정식의 정상 상태 해가 작은 구간에서 변동하는 조건에서 비선형 미분 방정식을 선형화한다. 비선형 미분 방정식의 정상 상태 해를 **평형점**(*equilbrium*)이라 하고, 이 평형점을 정하는 것이 선형화의 두 번째 단계이다. 예를 들어, **진자**(*pendulum*)가 정지해 있으면 진자는 평형 상태에 있다. 진자의 운동 방정식은 각변위에 대해 비선형 미분 방정식으로 표현되는데, 평형점 부근에서 진자가 움직이는 운동 범위가 작으면, 각변위에 대한 운동방정식은 선형 미분 방정식으로 근사화될 수 있다.

다음에는 비선형 미분 방정식을 선형화시키고, 초기 조건이 0인 조건에서 선형화된 미분 방정식을 Laplace 변환시킨다. 끝으로 전달 함수를 구한다. 우선 함수를 선형화시키는 방법을 알아본 다음 미분 방정식을 선형화시키는 방법을 알아보자.

그림 2.47에서 $[x_0,\ f(x_0)]$ 인 점 A가 비선형 시스템의 작동점이라면, 입력의 작은 변동에 대한 출력의 변동은 점 A에서 곡선의 기울기와 관련된다. 점 A에서 곡선의 기울기가 m_a라면, 점 A에서 입력의 작은 변동 δ_x에 대한 출력의 작은 변동 $\delta f(x)$는 다음과 같이 점 A에서 곡선의 기울기로 나타낼 수 있다.

$$[f(x) - f(x_0)] \approx m_a(x - x_0) \tag{2.178}$$

이 식으로부터

$$\delta f(x) \approx m_a \delta x \tag{2.179}$$

또는

$$f(x) \approx f(x_0) + m_a(x - x_0) \approx f(x_0) + m_a \delta x \tag{2.180}$$

이와 같은 관계를 그림 2.47에 나타내었다. 점 A에서는 새로운 좌표축 δx, $\delta f(x)$가 만들어지고, $f(x)$는 $f(x_0)$로 되며, 이 점은 새로운 좌표의 원점이 된다. 따라서 δx만큼 변동하면 $f(x)$는 A로부터 $m_a \delta x$만큼 변동하게 된다. 다음 예제를 살펴보자.

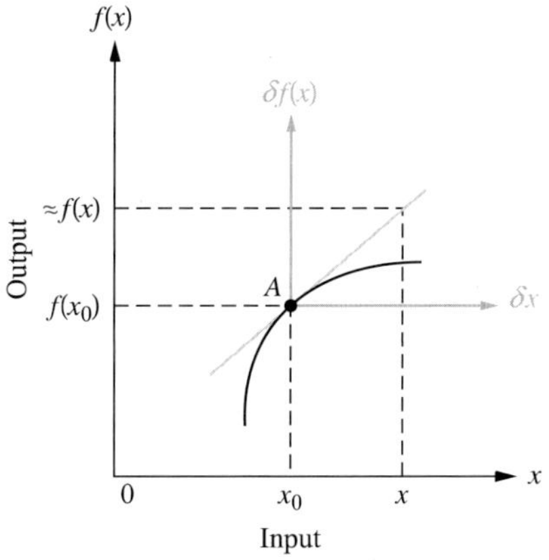

그림 2.47 점 A에서 함수 $f(x)$의 선형화

예제 2.26 함수의 선형화

문제 $x = \pi/2$에서 $f(x) = 5\cos x$를 선형화시켜라.

풀이 먼저, $f(x)$의 미분 $df/dx = (-5\sin x)$를 구한다. $x = \pi/2$에서 미분값은 -5이다. 한편, $f(x_0) = f(\pi/2) = 5\cos(\pi/2) = 0$이다. 따라서 식 (2.180)으로부터 $\pi/2$에서 x의 작은 변동에 대해 $f(x) = -5\delta x$로 표현된다. 이 과정을 그림 2.48에 도식적으로 나타내었는데, 코사인 곡선은 $\pi/2$에서 기울기가 -5인 직선으로 근사화시킬 수 있음을 알 수 있다.

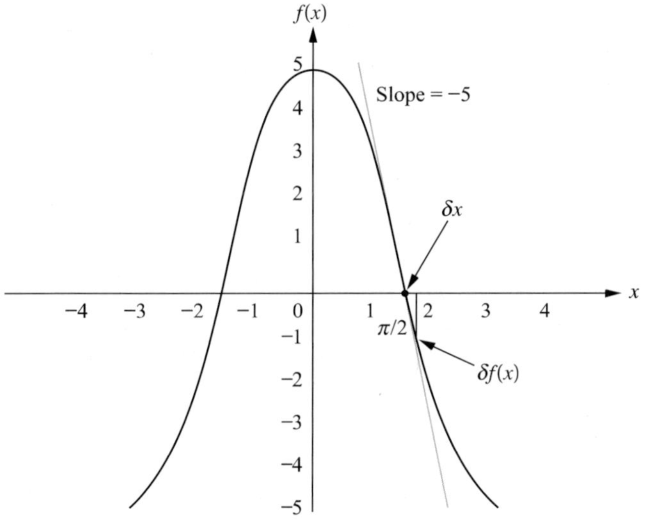

그림 2.48 5 $\cos x$를 $x = \pi/2$에서 선형화

지금까지 설명한 선형화 방법은 Taylor 급수 전개를 사용하여 공식화할 수 있다. Taylor 급수는 함수를 특정한 점에서의 함수값, 그 점에 인접한 점과의 차이와 그 점에서 함수를 미분한 값들로 나타내는 것이며 다음과 같다.

$$f(x) = f(x_0) + \left.\frac{df}{dx}\right|_{x=x_0} \frac{(x - x_0)}{1!} + \left.\frac{d^2 f}{dx^2}\right|_{x=x_0} \frac{(x - x_0)^2}{2!} + \cdots \tag{2.181}$$

식 (2.181)의 Taylor 급수식에서 x가 x_o에 인접해 있으면 고차항을 무시할 수 있다. 따라서 Taylor 급수식으로 근사화하면 x_o로부터 미소 변화하는 x에 대한 $f(x)$의 변화는 직선 관계가 된다. 식 (2.181)에서 고차항을 무시하면

$$f(x) - f(x_0) \approx \left.\frac{df}{dx}\right|_{x=x_0}(x - x_0) \tag{2.182}$$

$$\delta f(x) \approx m\big|_{x=x_0}\delta x \tag{2.183}$$

의 근사식이 성립되므로, x_0로부터 미소 변화량 $\delta f(x)$와 δx 사이의 관계는 선형이 된다. 식 (2.182)와 식 (2.183)은 앞에서 직관적으로 유도한 식 (2.178)과 식 (2.179)와 일치한다. 다음 예제들은 선형화를 설명하기 위한 것으로 첫 번째 예제는 미분방정식을 선형화하는 것이며, 두 번째 예제는 선형화하여 전달 함수를 구하는 것이다.

예제 2.27 미분 방정식의 선형화

문제 $x = \pi/4$에서 미소 변동하는 x에 대해 식 (2.184)를 선형화하라.

$$\frac{d^2x}{dt^2} + 2\frac{dx}{dt} + \cos x = 0 \tag{2.184}$$

풀이 $\cos x$ 항이 포함되기 때문에 이 방정식은 비선형이다. $x = \pi/4$에서 방정식을 선형화시켜야 하므로 $x = \delta x + \pi/4$라 하고, 다음과 같이 식 (2.184)에 x를 대입한다. 여기서 δ는 $\pi/4$에서 미소 변동하는 변화량이다.

$$\frac{d^2\left(\delta x + \frac{\pi}{4}\right)}{dt^2} + 2\frac{d\left(\delta x + \frac{\pi}{4}\right)}{dt} + \cos\left(\delta x + \frac{\pi}{4}\right) = 0 \tag{2.185}$$

한편,

$$\frac{d^2\left(\delta x + \frac{\pi}{4}\right)}{dt^2} = \frac{d^2\delta x}{dt^2} \tag{2.186}$$

이고

$$\frac{d\left(\delta x + \frac{\pi}{4}\right)}{dt} = \frac{d\delta x}{dt} \tag{2.187}$$

이므로, $\cos(\delta x + (\pi/4))$항은 Taylor 급수식으로 선형화시킬 수 있다. 즉, $f(x) = \cos(\delta x + (\pi/4))$, $f(x_0) = f(\pi/4) = \cos(\pi/4)$ 와 $(x - x_0) = \delta x$를 식 (2.182)에 대입하면 다음과 같다.

$$\cos\left(\delta x + \frac{\pi}{4}\right) - \cos\left(\frac{\pi}{4}\right) = \left.\frac{d\cos x}{dx}\right|_{x=\frac{\pi}{4}}\delta x = -\sin\left(\frac{\pi}{4}\right)\delta x \tag{2.188}$$

이 식을 $\cos(\delta x + \pi/4)$에 대해 정리하면, 다음과 같다.

$$\cos\left(\delta x + \frac{\pi}{4}\right) = \cos\left(\frac{\pi}{4}\right) - \sin\left(\frac{\pi}{4}\right)\delta x = \frac{\sqrt{2}}{2} - \frac{\sqrt{2}}{2}\delta x \tag{2.189}$$

식 (2.186), 식 (2.187)과 식 (2.189)를 식 (2.185)에 대입하면, 다음과 같은 선형화된 미분 방정식을 얻을 수 있다.

$$\frac{d^2\delta x}{dt^2}+2\frac{d\delta x}{dt}-\frac{\sqrt{2}}{2}\delta x=-\frac{\sqrt{2}}{2} \tag{2.190}$$

이 방정식으로부터 $x=\delta x+(\pi/4)$를 구할 수 있으므로, δx를 얻을 수 있다.
식 (2.184)는 강제 입력 함수(forcing function)가 0인 동차(homogenous) 비선형 방정식이지만, 선형화된 식 (2.190)은 강제 입력 함수를 갖는 비동차(nonhomogeneous) 방정식이 된다.
한편, 식 (2.190)의 좌변에는 음의 부호를 갖는 항이 있어서 특성 방정식의 근은 양수가 된다. 따라서 동차 방정식의 해는 0으로 감소하지 않고 무한대로 증가하게 되어 $x=\pi/4$에서 선형화된 시스템은 불안정하게 된다.

예제 2.28 전달 함수-비선형 회로망

문제 그림 2.49와 같이 전압-전류 관계가 $i_r=2e^{0.1v_r}$인 비선형 저항을 갖는 회로망에서 전달 함수 $V_L(s)/V(s)$를 구하라. 여기서 i_r과 v_r은 저항에 흐르는 전류와 저항양단 전압이고, $v(t)$는 소신호 전원이다.

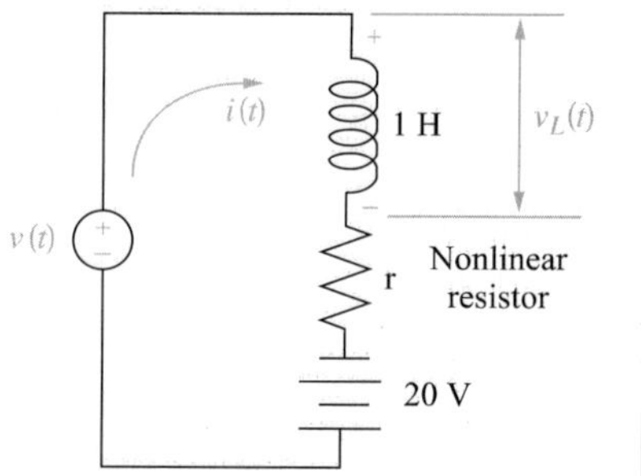

그림 2.49 비선형 회로망

풀이 Kirchhoff의 전압 법칙을 적용하면 비선형 미분 방정식을 얻을 수 있다. 비선형 저항 양단의 전압을 전류로 나타내기 위해, 저항에서의 전류-전압 관계식에 자연로그를 취하여 $v_r=10\ln\frac{1}{2}i_r$을 얻는다.
여기서 $i_r=i$로 놓고, Kirchhoff의 전압 법칙을 적용하면 다음 미분 방정식이 얻어진다.

$$L\frac{di}{dt}+10\ln\frac{1}{2}i-20=v(t) \tag{2.191}$$

다음으로, 평형 상태 해를 구한다. 먼저, 소신호 전압 $v(t)$를 0으로 놓고 정상 상태 전류를 계산하는데, $v(t)=0$이면 이 회로는 인덕터, 비선형 저항과 20V 건전지가 직렬로 연결되는 회로가 된다. 정상 상태에서 이 회로에 흐르는 전류는 건전지에 의한 전류이기 때문에 $v_L(t)=Ldi/dt$와 di/dt는 0이 된다. 따라서 인덕터 전압은 0이고, 저항 전압 v_r은 20V가 된다. 저항에서 전압-전류 관계가 $i_r=2e^{0.1}\nu_r$이므로 $i_r=i=14.78$로 된다. 이 전류가 평형 상태의 전류값 i_0이므로, $i=i_0+\delta i$가 된다. 전류 i를 식 (2.191)에 대입하면 다음 식이 얻어진다.

$$L\frac{d(i_0+\delta i)}{dt}+10\ln\frac{1}{2}(i_0+\delta i)-20=v(t) \tag{2.192}$$

여기서 $\ln\frac{1}{2}(i_0+\delta i)$를 선형화하기 위하여, 식 (2.182)을 이용하면

$$\ln\frac{1}{2}(i_0+\delta i)-\ln\frac{1}{2}i_0=\left.\frac{d(\ln\frac{1}{2}i)}{di}\right|_{i=i_0}\delta i=\left.\frac{1}{i}\right|_{i=i_0}\delta i=\frac{1}{i_0}\delta i \tag{2.193}$$

또는

$$\ln\frac{1}{2}(i_0+\delta i)=\ln\frac{i_0}{2}+\frac{1}{i_0}\delta i \tag{2.194}$$

이 되므로, 식 (2.194)를 식 (2.192)에 대입하면 다음과 같은 선형 미분 방정식을 얻을 수 있다.

$$L\frac{d\delta i}{dt}+10\left(\ln\frac{i_0}{2}+\frac{1}{i_0}\delta i\right)-20=v(t) \tag{2.195}$$

여기에 $L=1$과 $i_0=14.78$을 대입하면, 식 (2.195)는 다음과 같다.

$$\frac{d\delta i}{dt}+0.677\delta i=v(t) \tag{2.196}$$

초기 조건을 0으로 하고, Laplace 변환을 하여 $\delta i(s)$를 구하면

$$\delta i(s)=\frac{V(s)}{s+0.677} \tag{2.197}$$

이 된다. 한편, 평형점에서 인덕터 전압은

$$v_L(t)=L\frac{d}{dt}(i_0+\delta i)=L\frac{d\delta i}{dt} \tag{2.198}$$

이 되므로, Laplace 변환을 하면 인덕터 전압 $V_L(s)$는 다음과 같다.

$$V_L(s)=Ls\delta i(s)=s\delta i(s) \tag{2.199}$$

식 (2.197)를 식 (2.199)에 대입하면

$$V_L(s)=s\frac{V(s)}{s+0.677} \tag{2.200}$$

이 되므로, 전달 함수는 다음과 같다.

$$\frac{V_L(s)}{V(s)}=\frac{s}{s+0.677} \tag{2.201}$$

이것은 $i=14.78$ 또는 $v(t)=0$에서 미소 변화에 대한 전달 함수가 된다.

숙련예제 2.13

문제 그림 2.50의 회로에서 선형화된 회로의 전달 함수 $G(s)=V(s)/I(s)$를 구하라. 이 회로에는 전압-전류 관계가 $i_r=e^{v_r}$인 비선형 저항을 포함하고 있다. 전류원 $i(t)$는 소신호 전류원이다.

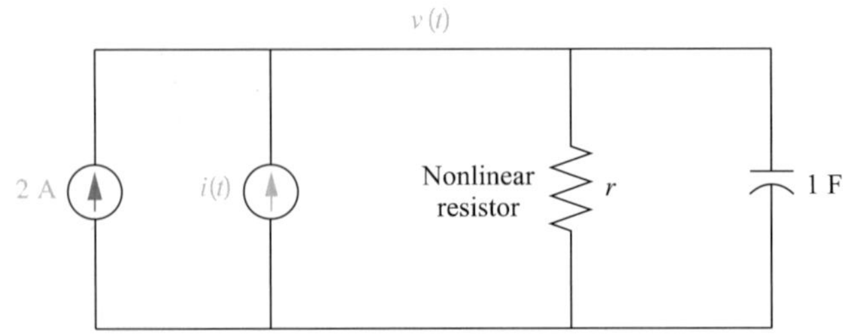

그림 2.50
숙련예제 2.13에 대한 평가 회로

풀이 $G(s)=\dfrac{1}{s+2}$

풀이 과정은 www.wiley.com/go/Nise/ControlSystemsEngineering8e 웹페이지를 참조하라.

사례연구

안테나 제어 : 전달 함수

이 장에서는 실제 시스템이 전달 함수에 의하여 수학적으로 모델링될 수 있음을 보였다. 일반적으로 시스템은 전기 회로, 기계 시스템과 전기 기계 시스템 등과 같은 여러 형태의 시스템들이 조합되어 구성된다.

첫 번째 사례연구는 안테나 방위각 제어 시스템을 구성하는 각 부 시스템을 전달 함수로 나타내는 것이다.

문제 부록 A2에 있는 안테나 방위각 제어 시스템(configuration 1)을 구성하는 각 부 시스템을 전달 함수로 나타내어라.

풀이 먼저 각 부 시스템을 규정하고 각 부 시스템에 대한 전달 함수를 구한다. 각 부 시스템들은 표 2.6에 요약하였다.

표 2.6 안테나 방위각 제어 시스템의 부 시스템

부 시스템	입력	출력
입력 전위차계	운영자가 지정한 각도 $\theta_i(t)$	전단 증폭기에 입력되는 전압 $v_i(t)$
전단 증폭기	전위차계들로부터 출력되는 전압 $v_e(t) = v_i(t) - v_o(t)$	전단 증폭기에 입력되는 전압 $v_p(t)$
전력증폭기	전단 증폭기들로부터 출력되는 전압 $v_p(t)$	전동기에 입력되는 전압 $e_a(t)$
전동기	전력 증폭기로부터 출력되는 전압 $e_a(t)$	부하를 회전시키는 각도 $\theta_o(t)$
출력 전위차계	부하의 회전각도 $\theta_o(t)$	전단 증폭기로 입력되는 전압 $v_o(t)$

입력 전위차계 ; 출력 전위차계 입력 전위차계와 출력 전위차계는 같은 방식으로 구성되어 있으므로, 그들의 전달 함수도 같게 된다. 전위차계에 대한 동역학은 무시하고 입력되는 각변위와 출력되는 전압 사이의 관계를 구한다. 중앙에 위치하면 출력되는 전압은 0이다. 중앙에서 양 방향으로 각각 5번 감겨서 $+10[\mathrm{V}]$와 $-10[\mathrm{V}]$가 변화될 수 있도록 한다. 따라서 전위차계의 전달 함수 $V_i(s)/\theta_i(s)$는 다음과 같이 전압 변화를 각변위로 나누면 된다.

$$\frac{V_i(s)}{\theta_i(s)} = \frac{10}{10\pi} = \frac{1}{\pi} \tag{2.202}$$

전단 증폭기 ; 전력 증폭기 증폭기의 전달 함수는 문제에 주어졌는데 두 가지 가정을 하였다. 하나는 증폭기가 포화 상태에서 작동되지 않는다는 것과 다른 하나는 전단 증폭기(preamplifier)의 응답 속도가 전력 증폭기(power amplifier)의 응답 속도보다 빠르기 때문에 전단 증폭기의 동적 특성은 무시한 것이다. 문제에 주어진 두 증폭기의 전달 함수는 입력 전압의 Laplace 변환에 대한 출력 전압의 Laplace 변환의 비로서, 전단 증폭기의 경우는

$$\frac{V_p(s)}{V_e(s)} = K \tag{2.203}$$

이고, 전력 증폭기의 경우는 다음과 같다.

$$\frac{E_a(s)}{V_p(s)} = \frac{100}{s+100} \tag{2.204}$$

전동기와 부하 전동기에서 전기자 전압에 대한 전기자 변위의 전달 함수는 식 (2.153)에 주어졌다. 여기서 등가 관성 J_m은 다음과 같다.

$$J_m = J_a + J_L\left(\frac{25}{250}\right)^2 = 0.02 + 1\frac{1}{100} = 0.03 \tag{2.205}$$

여기서, $J_L = 1$은 θ_o인 부하의 관성이다. 전기자에서의 등가 점성 마찰 D_m은 다음과 같이 주어진다.

$$D_m = D_a + D_L\left(\frac{25}{250}\right)^2 = 0.01 + 1\frac{1}{100} = 0.02 \tag{2.206}$$

여기서 D_L은 θ_o인 부하의 점성 마찰이다. 문제에서 주어진 상수값들은 $K_t = 0.5\mathrm{N-m/A}$, $K_b = 0.5\,\mathrm{V-s/rad}$이고, 전기자 저항은 $R_a = 8\Omega$이다. 이들 값과 앞에서 계산된 J_m과 D_m의 값을 식 (2.153)에 대입하여 전기자 전압에 대한 전기자 변위의 전달 함수를 구하면 다음과 같다.

$$\frac{\theta_m(s)}{E_a(s)} = \frac{K_t/(R_aJ_m)}{s\left[s + \dfrac{1}{J_m}\left(D_m + \dfrac{K_tK_b}{R_a}\right)\right]} = \frac{2.083}{s(s+1.71)} \tag{2.207}$$

식 (2.207)에 기어비를 곱하여, 전기자 전압에 대한 부하의 변위의 전달 함수를 구한다.

$$\frac{\theta_o(s)}{E_a(s)} = 0.1\frac{\theta_m(s)}{E_a(s)} = \frac{0.2083}{s(s+1.71)} \tag{2.208}$$

이 결과는 부록 A2에 있는 블록선도와 블록선도 파라미터 변수(configuration 1)로 요약되어 있다. 이러한 동영상 PPT가 강사에게 가능하다.

도전 문제 이 장의 내용을 보다 잘 이해하도록 하기 위해 도전 문제를 제시하고자 한다. 부록 A2에 있는 configuration 2의 안테나 방위각 제어 시스템에서 각 부 시스템의 전달 함수를 구하고, 그 결과를 다음 장의 도전 문제에 사용하기 위해 블록선도와 파라미터 표를 만들어라.

사람의 다리에 대한 전달 함수

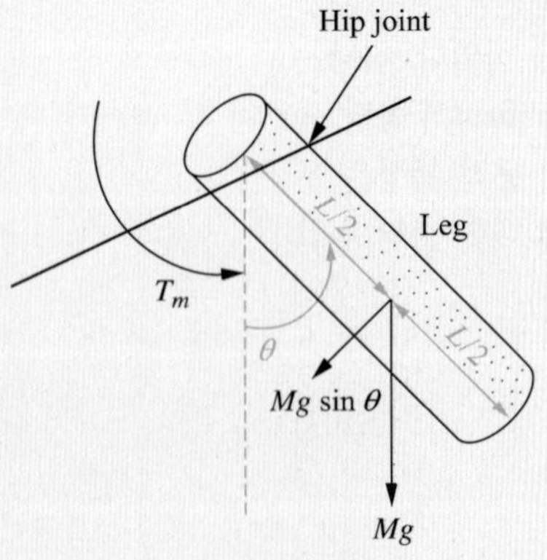

그림 2.51 사람의 다리 모델

본 사례연구에서는 생체 시스템의 전달 함수를 구하려고 한다. 이 시스템은 고관절(hip joint)에 부착되어 움직이는 사람의 다리로, 다리의 무게가 비선형이므로 선형화한 후 전달 함수를 구하기로 한다.

문제 사람의 다리에 대한 전달 함수는 다리 근육에 의해 발생되는 토크에 대한 고관절의 출력 회전각 사이의 관계를 나타낸다. 다리를 간략화한 모델은 그림 2.51과 같다. 모델은 다리 근육에 의한 입력 토크 $T_m(t)$, 고관절에서의 점성 마찰 D와 고관절에서의 관성[15] J로 구성되어 있다. 또한, 다리의 무게 Mg는 비선형 토크를 발생시키는데, 여기서 M은 다리의 질량이고 g는 중력 가속도이다. 다리의 무게는 $L/2$(L은 다리의 길이)인 지점에 집중되는 것으로 가정한다(*Milsum 1966*). 다음 문제를 풀어라.

a. 비선형 토크를 구하라.

15 기계 시스템에서 가정한 것처럼 관성이 질량의 중심에 있지 않다.

b. 다리가 움직이는 각도가 작을 때, 전달 함수 $\theta(s)/T_m(s)$을 구하라. 여기서 $\theta(s)$는 고관절에서 다리의 회전각이다.

풀이 먼저 다리 무게에 의한 토크를 계산한다. 수직 방향으로 작용하는 다리의 전체 무게는 Mg이다. 회전 방향의 무게 성분은 $Mg\sin\theta$이다. 이 힘은 고관절로부터 $L/2$ 떨어진 중심에서 작용하므로, 회전 방향의 토크 $T_W(t)$는 $Mg(L/2)\sin\theta$이다. 다음으로 입력 토크 $T_m(t)$, 다리 무게에 의한 토크 $T_W(t)$와 관성과 점성 마찰로 인한 반대 방향의 토크를 나타내는 자유 운동도를 그린다(그림 2.52 참조).

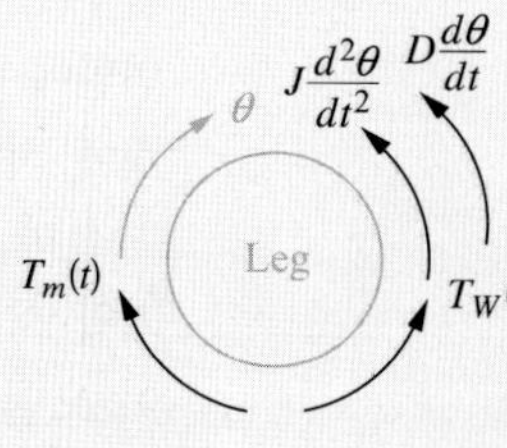

그림 2.52 다리 모델에 의한 자유운동도

이와 같은 토크들을 합하면, 다음과 같은 식을 얻는다.

$$J\frac{d^2\theta}{dt^2} + D\frac{d\theta}{dt} + Mg\frac{L}{2}\sin\theta = T_m(t) \tag{2.209}$$

다리가 수직 상태에 있는 $\theta = 0$의 평형점에 대하여 시스템을 선형화한다. 식 (2.182)를 이용하면

$$\sin\theta - \sin 0 = (\cos 0)\,\delta\theta \tag{2.210}$$

이 되므로 $\sin\theta = \delta\theta$이다. 또한, $Jd^2\theta/dt^2 = Jd^2\delta\theta/dt^2$이고 $D\,d\theta/dt = D\,d\delta\theta/dt$이므로, 식 (2.209)는 다음과 같다.

$$J\frac{d^2\delta\theta}{dt^2} + D\frac{d\delta\theta}{dt} + Mg\frac{L}{2}\delta\theta = T_m(t) \tag{2.211}$$

이 식에서 무게에 의한 토크는 다리에서 스프링 토크로 근사화됨을 알 수 있다. 초기 조건을 0으로 하고, 식 (2.211)을 Laplace 변환하면 다음과 같다.

$$\left(Js^2 + Ds + Mg\frac{L}{2}\right)\delta\theta(s) = T_m(s) \tag{2.212}$$

따라서 평형점 $\theta = 0$부근의 미소 변동에 대한 전달 함수는 다음과 같다.

$$\frac{\delta\theta(s)}{T_m(s)} = \frac{1/J}{s^2 + \frac{D}{J}s + \frac{MgL}{2J}} \tag{2.213}$$

도전 문제 이 장의 내용을 보다 잘 이해하도록 하기 위해 도전 문제를 제시하고자 한다. 그림 2.53과 같은 비선형 회로가 주어질 때, 전원 전압 $V(s)$에 대한 비선형 저항 전압 $V_r(s)$ 사이의 전달 함수를 구하라.

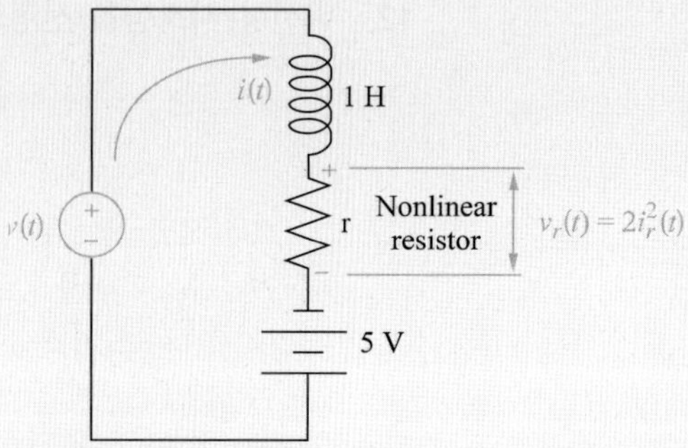

그림 2.53 비선형 회로

요약

이 장에서는 선형 시불변 전기 회로, 기계 시스템 및 전기 기계 시스템에 대한 수학적 모델인 전달 함수를 구하는 방법에 대하여 논의하였다. 전달 함수는 $G(s)=C(s)/R(s)$, 또는 입력의 Laplace 변환에 대한 출력의 Laplace 변환의 비로 정의된다. 이 관계는 대수적이며 부 시스템에 연결된 모델링에 적용될 수 있다.

실제 시스템들은 이 장에서 설명한 것보다 더 복잡한 시스템으로 구성되어 있다. 유압 시스템, 공기압 시스템, 열 시스템과 경제 시스템들이 여기에 해당되며 전달 함수로 나타낼 수 있다. 그러나 이 모델링 기법이 적용되기 위해서는 시스템이 선형이거나 선형으로 근사화가 가능해야 한다.

전달 함수가 주어질 때, 특정 입력에 대한 응답을 구하는 방법은 4장에서 다루기로 한다. 계속해서 시간 영역에서 시스템을 모델링하는 상태 공간 기법에 대해서 3장에서 다루기로 한다.

복습문제

1. 제어 시스템의 설계에서 중요한 세 가지 성능 평가에 대해 말하라.
2. 실제 시스템을 상호 접속시키기 쉬운 수학적 모델은 무엇인가?
3. 전달 함수가 가장 잘 이용될 수 있는 시스템은 어떤 부류의 시스템인가?
4. 전달 함수를 정의하라.
5. 전달 함수를 취급할 때, 초기 조건에 대하여 어떤 가정을 해야 하는가?
6. 전달 함수를 평가하기 위하여 필요한 기계적 방정식을 무엇이라 하는가?
7. 기계 시스템의 방정식의 형태를 안다면, 전달 함수를 구하는 과정에서 생략되는 단계는 무엇인가?
8. 기계 시스템에 대한 전달 함수가 전기 회로망의 전달 함수와 유사한 이유는 무엇인가?
9. 기어의 기능은 무엇인가?
10. 전동기의 전달 함수에서 기계적 상수 성분은 무엇인가?
11. 전동기에 대한 전달 함수는 전기자 전압에 대한 전기자 변위이다. 전기자 전압에 대한 부하 변위를 나타내는 전달 함수는 어떻게 결정되는가?
12. 비선형 시스템을 선형화하는 단계를 요약하여 설명하라.

가상 탐구 실험실

실험 2.1

목표 MATLAB을 사용하여 다음을 이해한다.

(1) 다항식을 생성한다.
(2) 다항식을 다룬다.
(3) 전달 함수를 생성한다.
(4) 전달 함수를 다룬다.
(5) 부분 분수 전개를 수행한다.

필요한 소프트웨어 패키지 MATLAB과 Control System Toolbox이다.

예비실험

1. 손 또는 계산기를 이용하여 다음을 계산하라.
   a. $P_1 = s^6 + 7s^5 + 2s^4 + 9s^3 + 10s^2 + 12s + 15$
   b. $P_2 = s^6 + 9s^5 + 8s^4 + 9s^3 + 12s^2 + 15s + 20$
   c. $P_3 = P_1 + P_2$; $P_4 = P_1 - P_2$; $P_5 = P_1P_2$

2. 손 또는 계산기를 이용하여 다음 다항식을 계산하라.
   $P_6 = (s+7)(s+8)(s+3)(s+5)(s+9)(s+10)$

3. 손 또는 계산기를 이용하여 다음 전달 함수를 계산하라.
   a. $G_1(s) = \dfrac{20(s+2)(s+3)(s+6)(s+8)}{s(s+7)(s+9)(s+10)(s+15)}$
   는 분자 다항식이 분모 다항식으로 나누어진 형태로 표현된다.
   b. $G_2(s) = \dfrac{s^4 + 17s^3 + 99s^2 + 223s + 140}{s^5 + 32s^4 + 363s^3 + 2092s^2 + 5052s + 4320}$
   는 분자 다항식의 인수가 분모 다항식의 인수로 나누어진 형태로 표현된다.
   c. $G_3(s) = G_1(s) + G_2(s)$; $G_4(s) = G_1(s) - G_2(s)$; $G_5(s) = G_1(s)G_2(s)$
   는 인수가 인수로 나누어진 형태와 다항식이 다항식으로 나누어진 형태로 표현된다.

4. 손 또는 계산기를 이용하여 다음 전달 함수들을 부분 분수 전개하라.
   a. $G_6 = \dfrac{5(s+2)}{s(s^2+8s+15)}$
   b. $G_7 = \dfrac{5(s+2)}{s(s^2+6s+9)}$
   c. $G_8 = \dfrac{5(s+2)}{s(s^2+6s+34)}$

실험

1. MATLAB을 이용하여 선행실험 1의 P_3, P_4, P_5를 구하라.
2. 단 하나의 MATLAB 명령어만을 이용하여 선행실험 2의 P_6를 구하라.
3. 두 개의 MATLAB 명령어만을 이용하여 선행실험 3a의 $G_1(s)$을 구하라.
4. 두 개의 MATLAB 명령어만을 이용하여 $G_2(s)$을 구하라.
5. $G_1(s)$과 $G_2(s)$를 다양하게 조합시켜, $G_3(s)$, $G_4(s)$, $G_5(s)$를 구하라. $G_1(s)$과 $G_2(s)$는 조합을 위해서 인수형태와 다항식 형태로 표현한다. 예를 들어, $G_3(s)$를 구하기 위해서, $G_1(s)$을 인수형태로 표현하거나, $G_2(s)$를 다항식 형태로 표현한다. 다른 방법으로는 $G_1(s)$과 $G_2(s)$ 모두 다항식 형태로 표현하거나, 인수형태로 표현하는 것이다.
6. MATLAB을 이용하여 선행실험 4의 부분 분수 전개 값을 구하라.

실험 후 평가

1. 실험 5에서 얻은 결과를 논하라.
2. 전달 함수와 다항식을 다루기 위해 MATLAB을 사용하는 것에 대해 논하라. 부분 분수 전개를 위해 MATLAB을 사용할 경우, 단점에 대해 논하라.

실험 2.2

목표 다음의 목적을 위한 MATLAB과 Symbolic Math Toolbox의 사용법을 배운다.

(1) 시간 함수를 Laplace 변환한다

(2) Laplace 변환을 역변환한다.

(3) symbolic 전달 함수로부터 선형 시불변 전달 함수를 생성한다.

(4) symbolic simultaneous equation에서 해를 구한다.

필요한 소프트웨어 패키지 MATLAB, Symbolic Math Toolbox, Control System Toolbox

예비실험

1. 손으로 다음을 Laplace 변환하라.

   $f(t) = 0.0075 - 0.00034e^{-2.5t}\cos(22t) + 0.087e^{-2.5t}\sin(22t) - 0.0072e^{-8t}$

2. 손으로 다음을 Laplace 역변환하라.

   $$F(s) = \frac{2(s+3)(s+5)(s+7)}{s(s+8)(s^2+10s+100)}$$

3. 손으로 그림 P2.54의 회로의 폐회로 전류들을 구하라.

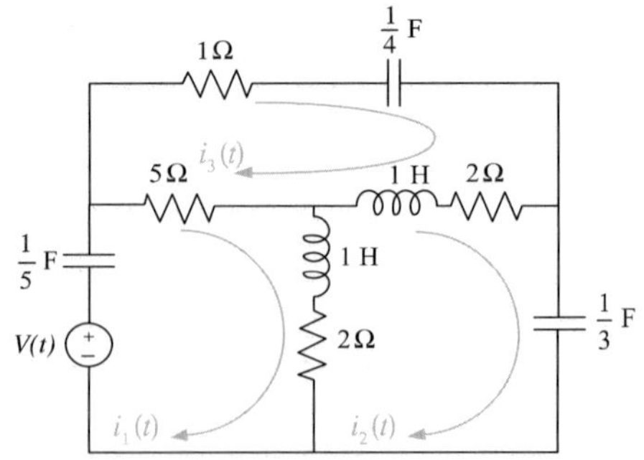

그림 2.54

실험

1. MATLAB과 Symbolic Math Toolbox를 이용하여 다음을 수행하라.
   a. 선행실험 1의 시간함수 $f(t)$를 symbolically 생성하라.
   b. 선행실험 2의 $F(s)$를 symbolically 생성하고, 결과를 인수 형태와 다항식 형태로 symbolically 구하라.
   c. 선행실험 1의 시간함수 $f(t)$를 Laplace 변환하라.
   d. 선행실험 2의 $F(s)$를 Laplace 역변환하라.
   e. 선행실험 2의 $F(s)$의 symbolic 표현에 대한 선형 시불변 전달 함수를 인수 형태와 다항식 형태로 생성하라.
   f. 선행실험 3의 폐회로 전류들을 구하라.

실험 후 평가

1. 다항식 형태의 전달 함수를 인수형태로 변환하거나, 인수형태의 전달 함수를 다항식 형태로 변환하기 위해, MATLAB이나 Symbolic Math Toolbox만을 사용할 때, MATLAB과 Symbolic Math Toolbox의 장단점에 대해 논하라.
2. 선형 시불변 전달 함수를 생성하기 위해 Symbolic Math Toolbox를 사용할 경우, 장단점을 논하라.
3. 선행실험3의 전기회로망에 의해 생성된 형태의 simultaneous 식을 풀기위해 Symbolic Math Toolbox를 사용할 경우 장점을 논하라. 또한 MATLAB만을 이용하여 그 식을 풀 수 있는지 설명하라.
4. Symbolic Math Toolbox를 사용하면서 관찰한 것들에 대해 논하라.

실험 2.3

목표 LabVIEW의 사용법을 익히기 위해서 다항식과 전달 함수를 만들고 다뤄본다.

필요한 소프트웨어 패키지 LabVIEW와 LabVIEW Control Design and Simulation Modlue.

예비실험

1. 부록 D의 D.1절에서 D.4절과 예제 D.1을 공부한다.
2. 실험 2.1의 예비실험 1의 계산을 손으로 수행한다.
3. 근이 $-7, -8, -3, -5, -9, -10$ 인 다항식을 손으로 구한다.
4. $G(s)=\dfrac{5s+10}{s^3+8s^2+15s}$를 손으로 부분 분수 분해하라.
5. $G_1(s)+G_2(s)$, $G_1(s)-G_2(s)$, $G_1(s)G_2(s)$를 손으로 구하고, 여기서 $G_1(s)=\dfrac{1}{s^2+s+2}$, $G_2(s)=\dfrac{s+1}{s^2+4s+3}$이다.

실험

1. LabVIEW의 functions palette를 열고 Mathematics/Polynomial palette를 선택하라.
2. 실험 2.1의 예비실험 1a와 1b에 열거된 다항식을 생성하라.
3. 실험 2.1의 예비실험 1c에 위치한 다항식 연산을 생성하라.
4. 실험 2.3의 예비실험 3에서 언급된 근을 갖는 다항식을 생성하라.
5. 실험 2.3의 예비실험 4에 위치한 전달함수의 부분 분수 분해를 생성하라.
6. Control Design and Simulation/Control Design/Model Construction palette를 사용하여, 실험 2.3의 예비실험 5에 위치한 두 개의 전달함수를 생성하라.
7. Control Design and Simulation/Control Design/Model Inter-connection pallete를 사용하여, 실험 2.3의 예비실험 5에 위치한 다항식 연산 결과를 보여라.

실험 후 평가

1. 실험 3과 예비실험 2의 결과를 비교하라.
2. 실험 4와 예비실험 3의 결과를 비교하라.
3. 실험 5와 예비실험 4의 결과를 비교하라.
4. 실험 7과 예비실험 5의 결과를 비교하라.

기값, 최종값, $t = \tau + T$ 일때의 값을 명시하라.

c. 출력 온도 $h(t)$와 입력 유체 흐름 $q(t)$를 상기하여 개회로 시스템의 미분방정식을 구하라.

하드웨어 인터페이스 실험실

주의 : 이번 절을 수행하기 전에, 부록 D의 LabVIEW 튜토리얼, myDAQ를 선행하여 공부하라. 실험에서 제공된 파일을 지시할 때는, 그 파일은www.wiley.com/go/Nise/ControlSystemsEngineering8e에서 구할 수 있다.

실험 2.4 LabVIEW 프로그래밍 파트 1

목표

1. LabVIEW를 프로그래밍 하는 법을 배운다. 파트 1
2. 기초 LabVIEW 프로그램의 작성을 배우고 LabVIEW의 흐름을 이해한다.

필요한 소프트웨어 패키지 LabVIEW가 설치 된 컴퓨터

예비실험 http://www.learnni.com/getting-started/의 모듈 0-7을 완료한다.

실험

1. 다음 C코드와 같이 LabVIEW 프로그램을 작성하라. x는 입력이고 y는 출력이다.

```
if(abs(x)<0.1)
        y=1;
else
        if(x>=0)
             y=0;
        else
             y=2;
```

2. 저항 값을 나타내는 세가지 색을 받는 LabVIEW 프로그램을 작성하고 저항값을 옴단위로 변환한다. 인터페이스는 그림 2.55와 유사하다. 세 번째 밴드는 은색과 금색을 포함한다.

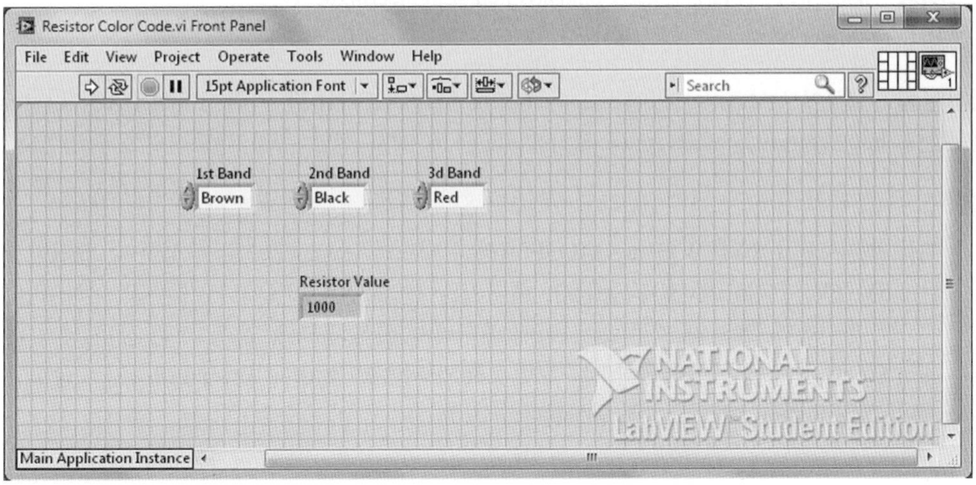

그림 2.55

실험 2.5 LabVIEW 프로그래밍 파트 2

목표

1. LabVIEW를 프로그래밍 하는 법을 배운다. 파트 2
2. 루프를 사용하는 법, 루프 내의 기본적인 수학 그리고 그래프 정보를 LabVIEW를 이용해 알아본다.

필요한 소프트웨어 패키지 LabVIEW가 설치 된 컴퓨터

예비실험 http://www.learnni.com/getting-started/의 모듈 8-10을 완료한다.

실험

1. $1+x+x^2+x^3+\ldots=\dfrac{1}{1-x}$ 인 것은 저명하다. LabVIEW를 입력으로 x와 반복수를 받도록 작성한다. 프로그램은 급수를 계산하는 데에 루프를 사용할 것이다. 또한 우변의 식 또한 계산한다. 프로그램은 두 가지 결과를 띄우고 또한 오차도 나타낸다.
2. LabVIEW 프로그램에 0 과 $X_{\max}\,(<\ 10\,V)$ 볼트 사이에 50% 주기를 갖도록 사각파를 생성한다. 진폭 및 주파수는 입력이 된다. 파형을 파형 차트에 띄우고 이 것은 출력이 된다. 이 부분에서 LabVIEW에서 제공되는 블록들은 사용할 수 없다.

실험 2.6 MyDAQ 프로그래밍

목표 MyDAQ의 데이터 습득 및 신호 생성에 익숙해진다.

필요한 소프트웨어 패키지 LabVIEW, myDAQ가 설치 된 컴퓨터

파일제공 www.wiley.com/go/Nise/ControlSystemsEngineering8e
Battery Meter.ctl

예비실험 웹사이트 https://decibel.ni.com/content/docs/DOC-11624 가라. Unit4-DAQ: Lesson 1를 선택한다. http://zone.ni.com/devzone/cda/epd/p/id/6436 에서 전압 측정 튜토리얼을 확인한다.

실험

1. 취득 장치로서 LabVIEW와 myDAQ를 배터리 테스터 프로그램으로 작성한다. 배터리 테스터는 1.5V, 6V, 그리고 9V로 작동한다. 배터리는 전압 값이 20%거나 기준 값 이하이면 다 된 것으로 판단한다. 20%와 기준 값 사이에 배터리가 위험 구역에 있고, 기준 값 이상의 값에 대해선 OK로 판단한다. 인터페이스는 그림 2.56과 비슷할 것이다. 0에서 120까지 가능한 사용자 제어 값은 Battery Meter.ctl에 생성된다.

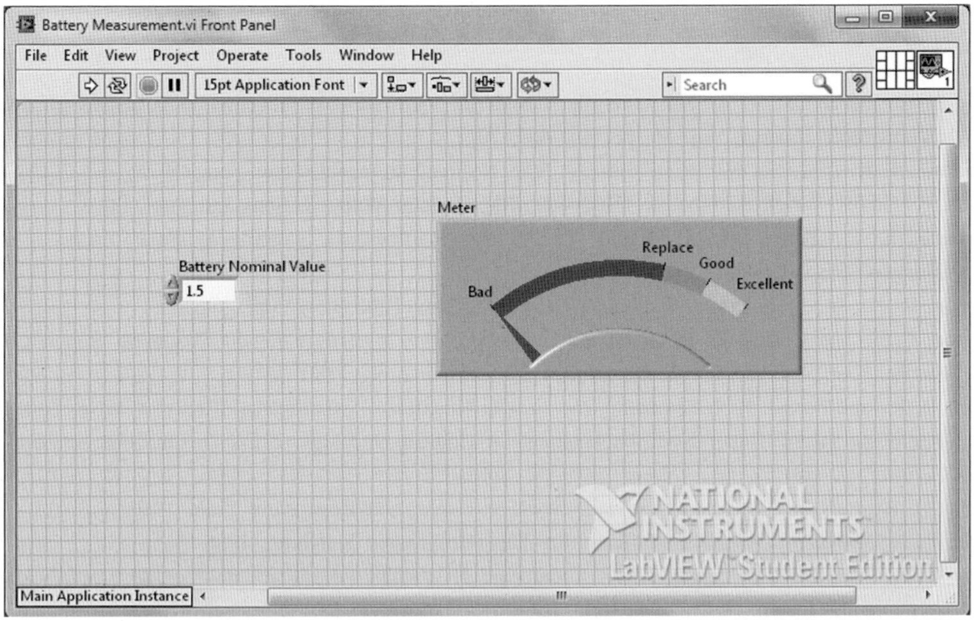

그림 2.56

2. LabVIEW 프로그램을 사용해 50% 동작비율을 갖는 사각파 신호를 생성하기 위해 예제 2.5를 작성한다. MyDAQ의 아날로그 채널중의 하나로 신호를 출력하고 myDAQ 진동 함수를 (myDAQ 파일 : NI ELVISmx Instrument Launcher)로 생성된 신호를 검증하기 위해 읽는다. 두가지의 예제를 스코프의 자동 측정을 사용해 인쇄한다.

참고문헌

Agee J. T., and Jimoh, A. A. Flat controller design for hardware-cost reduction in polar-axis photovoltaic systems. Solar Energy, vol. 86, pp. 452-462, 2012.

Aggarwal, J. K. *Notes on Nonlinear Systems*. Van Nostrand Reinhold, New York, 1972.

Bosch, R. GmbH, Bosch Automotive Handbook, 7th ed. John Wiley & Sons Ltd., UK, 2007.

Camacho, E. F., Berenguel, M., Rubio, F. R., and Martines, D. Control of Solar Energy Systems. Springer-Verlag, London, 2012.

Cannon, R. H., Jr., *Dynamics of Physical Systems*. McGraw-Hill, New York, 1967.

Carlson, L. E., and Griggs, G. E. *Aluminum Catenary System Quarterly Report*. Technical Report Contract Number DOT-FR-9154, U.S. Department of Transportation, 1980.

Chignola, R., and Foroni, R. I. Estimating the Growth Kinetics of Experimental Tumors from as Fewas Two Determinations of Tumor Size: Implications for Clinical Oncology. *IEEE Transactions on Biomedical Engineering*, vol. 52, no. 5, May 2005, pp. 808-815.

Cochin, I. *Analysis and Design of Dynamic Systems*. Harper and Row, New York, 1980.

Cook, P. A. *Nonlinear Dynamical Systems*. Prentice Hall, United Kingdom, 1986.

Craig, I. K., Xia, X., and Venter, J. W. Introducing HIV/AIDS Education into the Electrical Engineering Curriculum at the University of Pretoria. *IEEE Transactions on Education*, vol. 47, no. 1, February 2004, pp. 65–73.

Davis, S. A., and Ledgerwood, B. K. *Electromechanical Components for Servomechanisms*. McGraw-Hill, New York, 1961.

Doebelin, E. O. *Measurement Systems Application and Design*. McGraw-Hill, New York, 1983.

Dorf, R. *Introduction to Electric Circuits*, 2d ed. Wiley, New York, 1993.

D'Souza, A. *Design of Control Systems*. Prentice Hall, Englewood Cliffs, NJ, 1988.

Elkins, J. A. A *Method for Predicting the Dynamic Response of a Pantograph Running at Constant Speed under a Finite Length of Overhead Equipment*. Technical Report TN DA36, British Railways, 1976.

Franklin, G. F., Powell, J. D., and Emami-Naeini, A. *Feedback Control of Dynamic Systems*. Addison-Wesley, Reading, MA, 1986.

Graovac D., and Katic V. Online Control of Current-Source-Type Active Rectifier Using Transfer Function Approach. IEEE Transactions on Industrial Electronis, vol. 48, no. 3, June 2001, pp. 526-535.

Hsu, J. C., and Meyer, A. U. *Modern Control Principles and Applications*. McGraw-Hill, New York,1968.

Johansson, R., Magnusson, M., and A ° kesson, M. Identification of Human Postural Dynamics. *IEEE Transactions on Biomedical Engineering*, vol. 35, no. 10, October 1988, pp. 858-869.

Kailath, T. *Linear Systems*. Prentice Hall, Englewood Cliffs, NJ, 1980.

Kermurjian, A. From the Moon Rover to the Mars Rover. *The Planetary Report*, July/August 1990, pp. 4–11.

Krieg, M., and Mohseni, K. Developing a Transient Model for Squid Inspired Thrusters, and Incorporation into Underwater Robot Control Design. 2008 IEEE/RSJ Int. Conf. on Intelligent Robots and Systems, France, September 2008.

Kuo, F. F. *Network Analysis and Synthesis*. Wiley, New York, 1966.

Lago, G., and Benningfield, L. M. *Control System Theory*. Ronald Press, New York, 1962.

Lessard, C. D. Basic Feedback Controls in Biomedicine. Morgan & Claypool, San Rafael, CA, 2009.

Mablekos,V. E. *Electric Machine Theory for Power Engineers*. Harper&Row, Cambridge,MA, 1980.

Minorsky, N. *Theory of Nonlinear Control Systems*. McGraw-Hill, New York, 1969.

Nilsson, J. W., and Riedel, S. A. Electric Circuits, 5th ed. Addison-Wesley, Reading, MA, 1996.

Ogata, K. *Modern Control Engineering*, 2d ed. Prentice Hall, Englewood Cliffs, NJ, 1990.

Raven, F. H. *Automatic Control Engineering*, 5th ed. McGraw-Hill, New York, 1995.

Schip L., Gaiceanu M. Mathematical Modeling of Color Mixing Process and PLC Control Implementation by Using Human Machine Interface. IEEE International Symposium on Electrical and Electronics Engineering, 2010.

Van Valkenburg, M. E. *Network Analysis*. Prentice Hall, Englewood Cliffs, NJ, 1974.

Vidyasagar, M. *Nonlinear Systems Analysis*. Prentice Hall, Englewood Cliffs, NJ, 1978.

연습문제

1. 다음 함수를 Laplace 변환하라. [2.2절]

   a. $u(t)$
   b. $tu(t)$
   c. $\sin \omega t\, u(t)$
   d. $\cos \omega t\, u(t)$

2. 표 2.1의 Laplace 변환표와 표 2.2의 Laplace 변환 정리를 이용하여 다음 함수를 Laplace 변환하라. [2.2절]

   a. $e^{-at}\sin \omega t\, u(t)$
   b. $e^{-at}\cos \omega t\, u(t)$
   c. $t^3\, u(t)$

3. Laplace 변환을 이용하여 1장의 문제 14를 풀어라. 단, $t = 0-$ 이전에서 입력은 0이라 가정한다. [2.2절, 2.3절]

4. Laplace 변환을 이용하여 1장의 문제 15를 풀어라. 단, $t = 0-$ 이전에서 입력은 0이라 가정한다. [2.2절] **SS**

5. Laplace 변환을 이용하여 1장의 문제 16을 풀어라. 다음의 초기 조건을 사용하라:
   (a) $x(0)=2,\ x'(0)=-2$; (b) $x(0)=1,\ x'(0)=1$;
   (c) $x(0)=0,\ x'(0)=1$, 여기서 $x'(0)=\dfrac{dx}{dt}(0)$이다.
   단, $t<0$에서 입력은 0이라 가정한다. [2.2절]

6. MATLAB과 Symbolic Math Toolbox를 이용하여, 다음 함수를 Laplace 역변환하라. [2.2절] Symbolic Math **SM**

   a. $G(s)=\dfrac{(s^2+3s+10)(s+5)}{(s+3)(s+4)(s^2+2s+100)}$

   b. $G(s)=\dfrac{s^3+4s^2+2s+6}{(s+8)(s^2+8s+3)(s^2+5s+7)}$

7. 시스템이 다음의 미분 방정식으로 표현될 때, 이 시스템의 전달 함수 $Y(s)/X(s)$를 구하라. [2.3절] **SS**

$$\frac{d^3y}{dt^3}+3\frac{d^2y}{dt^2}+5\frac{dy}{dt}+y=\frac{d^3x}{dt^3}+4\frac{d^2x}{dt^2}+6\frac{dx}{dt}+8x$$

8. 다음의 각 전달 함수를 미분 방정식으로 나타내어라. [2.3절]

   a. $\dfrac{X(s)}{F(s)}=\dfrac{10}{s^2+7s+80}$

   b. $\dfrac{X(s)}{F(s)}=\dfrac{100}{(s+3)(s+17)}$

   c. $\dfrac{X(sX(s)}{F(sF(s)}=\dfrac{10}{s^2+7s+80}\,\dfrac{}{30}$

9. 그림 P2.1의 시스템을 미분 방정식으로 나타내어라. [2.3절] **SS**

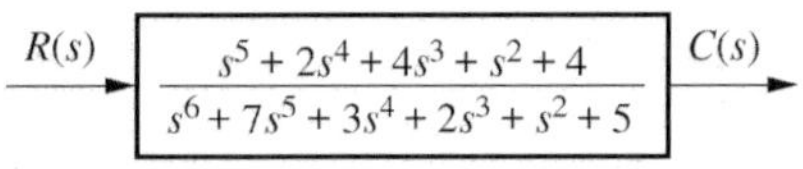

그림 P2.1

10. 그림 P2.2의 블록선도로 표시되는 시스템을 미분 방정식으로 나타내어라. 단 $r(t)=10t^4$이다. [2.3절]

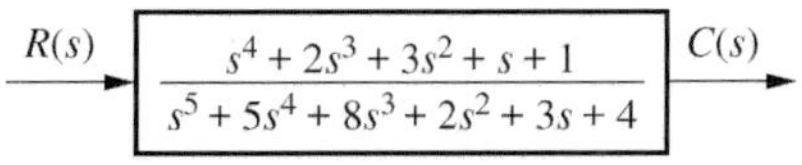

그림 P2.2

11. 시스템이 다음의 미분 방정식으로 표시되고, 초기 조건이 $x(0)=1,\ \dot{x}(0)=-1$일 때, 시스템을 전달 함수와 모든 입출력을 포함하는 블록선도로 나타내어라(힌트 : 초기 조건은 초기 조건이 0인 시스템의 또 다른 입력이 된다). [2.3절]

12. MATLAB을 사용하여 다음의 전달 함수 $G(s)$를 다음과 같은 형태로 나타내어라. [2.3절] **SS** MATLAB **ML**

$$G(s)=\frac{5(s+15)(s+26)(s+72)}{s(s+55)(s^2+5s+30)(s+56)(s^2+27s+52)}$$

   a. 인수항의 비(the ratio of factors)
   b. 다항식의 비(the ratio of polynomials)

13. MATLAB를 사용하여 다음 함수를 부분 분수로 전개하라. [2.3절] **SS**

$$F(s)=\frac{10^4(s+5)(s+70)}{s(s+45)(s+55)(s^2+7s+110)(s^2+6s+95)}$$

14. 그림 P2.3의 회로망에서 전달 함수 $G(s) = V_o(s)/V_i(s)$를 구하라. [2.4절]

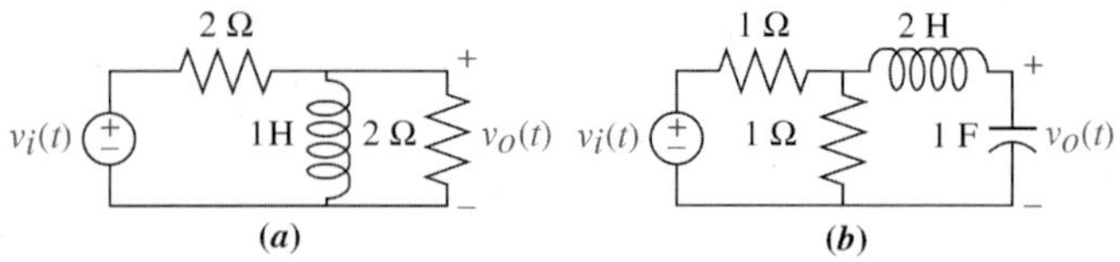

그림 P2.3

15. 그림 P2.4의 회로망에서 전달 함수 $G(s) = V_o(s)/V_i(s)$를 구하라. **SS**
메쉬 분석을 사용하라. [2.4절]

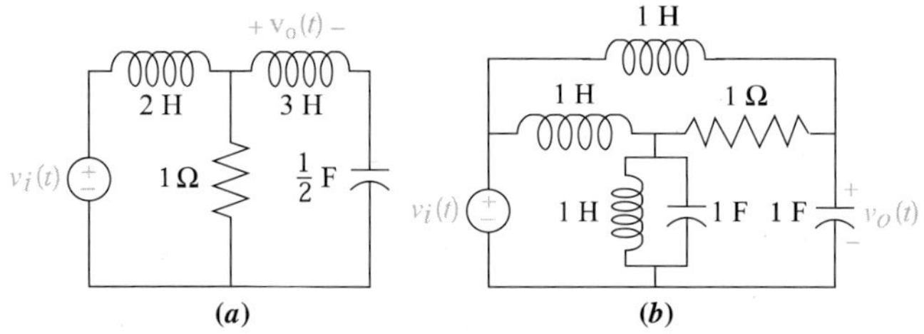

그림 P2.4

16. 문제 15를 마디(nodal) 방정식을 사용해서 다시 풀어라. [2.4절]

17. 그림 P2.5의 연산 증폭기 회로에서 전달 함수 $G(s) = V_o(s)/V_i(s)$를 구하라. [2.4절]

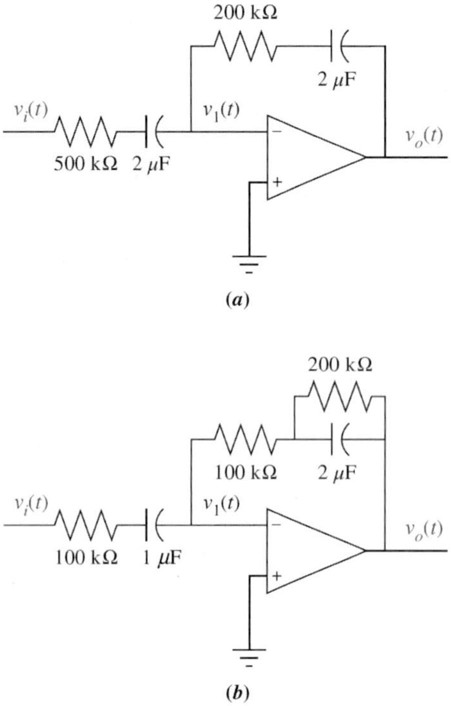

그림 P2.5

18. 그림 P2.6의 연산 증폭기 회로에서 전달 함수 $G(s) = V_o(s)/V_i(s)$를 구하라. [2.4절] **SS**

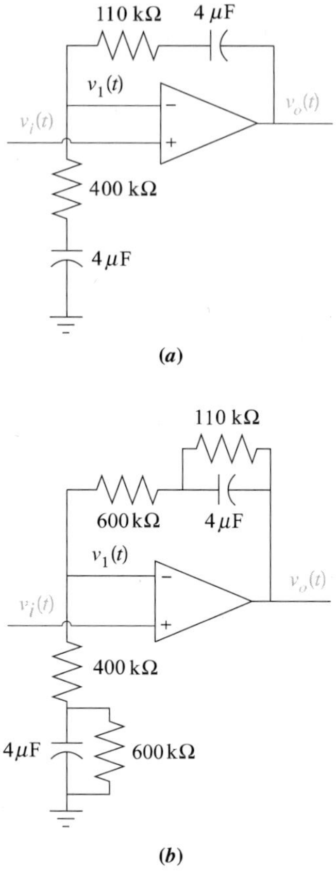

그림 P2.6

19. 그림 P2.7의 병진 운동을 하는 기계 시스템에서 전달 함수 $G(s) = X_1(s)/F(s)$를 구하라. [2.5절]

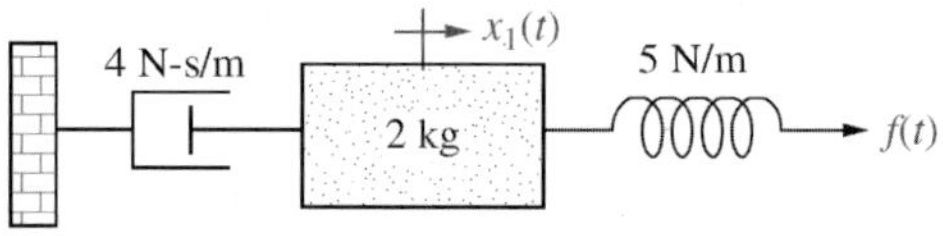

그림 P2.7

20. 그림 P2.8의 병진 운동을 하는 기계 시스템에서 전달 함수 $G(s) = X_2(s)/F(s)$를 구하라. [2.5절] **SS**

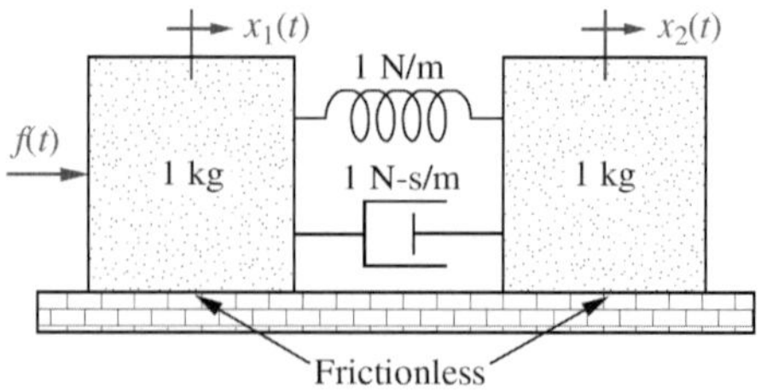

그림 P2.8

21. 그림 P2.9의 시스템에서 전달 함수 $G(s) = X_2(s)/F(s)$를 구하라. [2.5절]

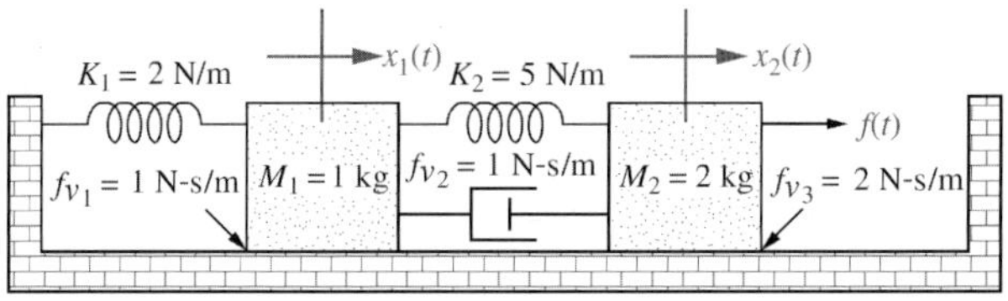

그림 P2.9

22. 그림 P2.10의 시스템에서 전달 함수 $X_3(s)/F(s)$를 구하라. [2.5절]

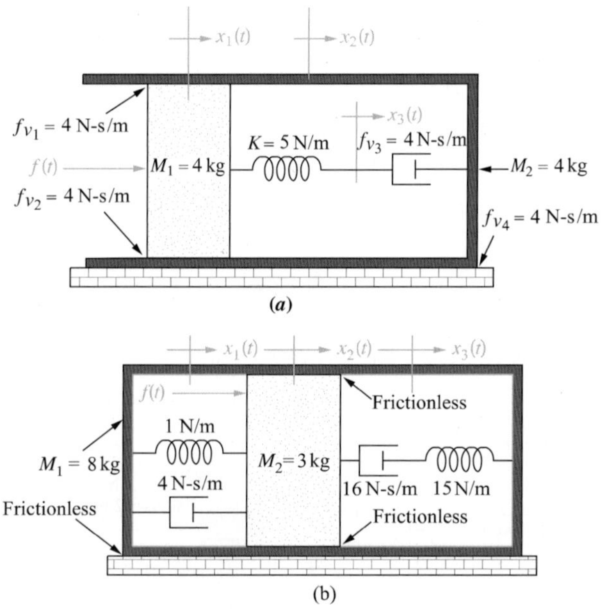

그림 P2.10

23. 그림 P2.11의 병진 운동을 하는 기계 시스템에 대한 운동 방정식을 세워라. [2.5절]

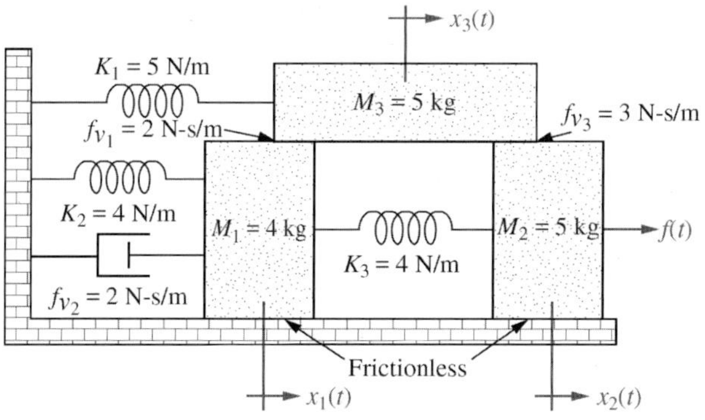

그림 P2.11

24. 그림 P2.12의 회전 운동하는 기계 시스템에 대한 운동 방정식을 세워라.

a. 시스템을 표현하는 미분 방정식을 구하라.

b. 초기 조건은 $x(0) = x_0$ $\dot{x}(0) = x_1$로 가정하고 $X(s)$에 대한 라플라스 변환 식을 구하라.

c. 파트 c의 결과로부터 라플라스 역변환을 통해 $x(t)$를 구하라.

d. 이 시스템의 진동 주파수를 (Hz) 구하라.

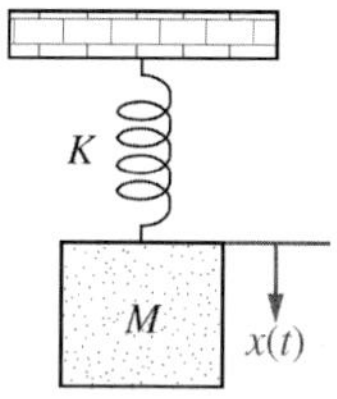

그림 P2.12

25. 그림 P2.13의 회전 운동하는 기계 시스템에 대한 운동 방정식을 세워라. [2.6절]

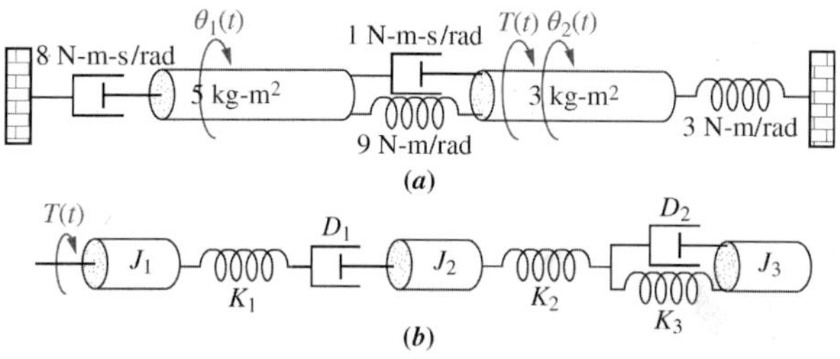

그림 P2.13

26. 그림 P2.14의 회전 운동하는 기계 시스템의 전달 함수 $G(s) = \theta_2(s)/T(s)$를 구하라. [2.6절]

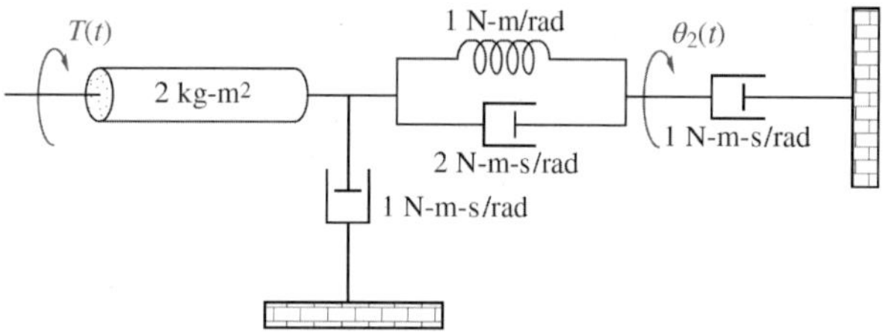

그림 P2.14

27. 그림 P2.15의 기어가 포함된 회전 운동 기계 시스템의 전달 함수 $G(s)=\theta_3(s)/T(s)$를 구하라. 단, 기어는 관성과 베어링 마찰을 가진다. [2.7절]

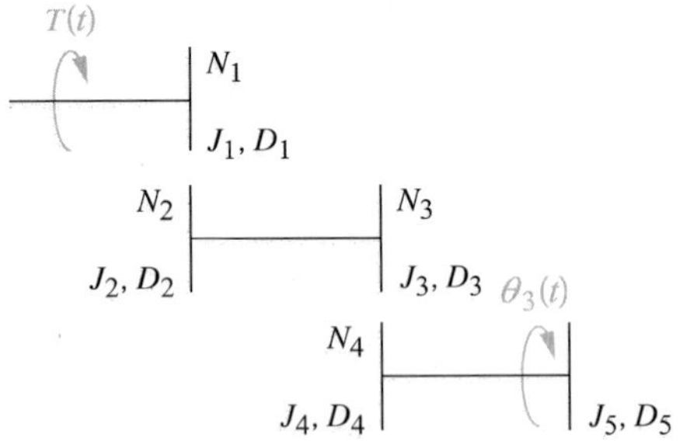

그림 P2.15

28. 그림 P2.16의 회전 운동하는 시스템의 전달 함수 $G(s)=\theta_2(s)/T(s)$를 구하라. [2.7절] **SS**

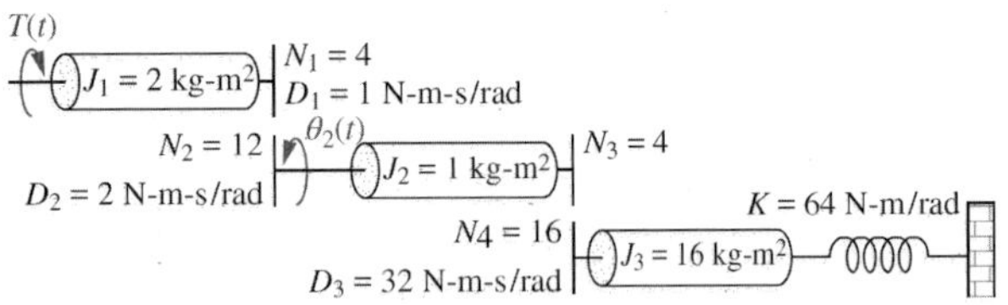

그림 P2.16

29. 그림 P2.17의 회전 운동하는 시스템의 전달 함수 $G(s)=\theta_2(s)/T(s)$를 구하라. [2.7절]

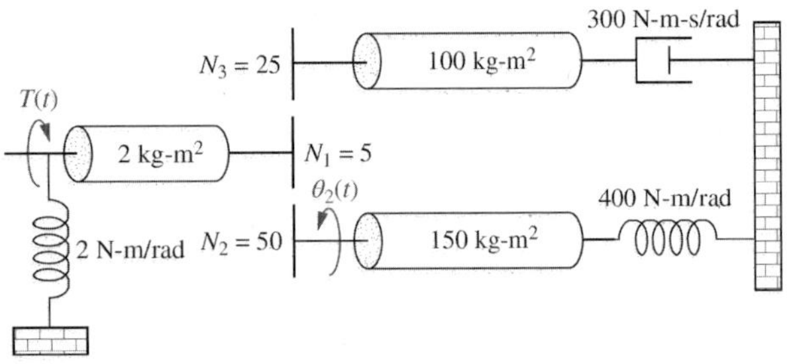

그림 P2.17

30. 그림 P2.18의 회전 운동하는 시스템의 전달 함수 $G(s)=\theta_2(s)/T(s)$를 구하라. [2.7절]

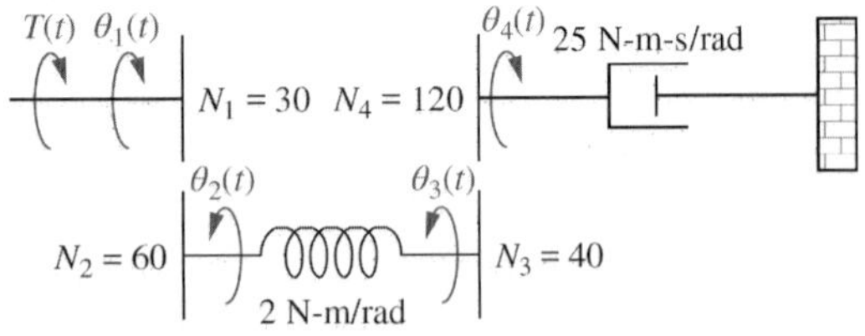

그림 P2.18

31. 그림 P2.19의 회전 운동하는 시스템의 전달 함수 $G(s)=\theta_L(s)/T(s)$를 구하라. [2.7절]

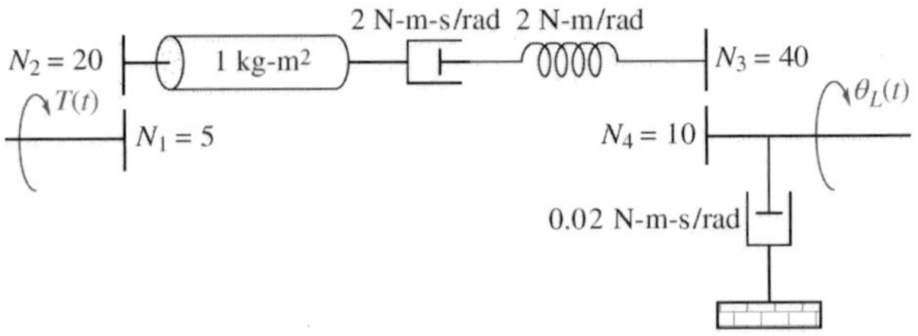

그림 P2.19

32. 그림 P2.20의 회전 운동하는 시스템의 전달 함수 $G(s)=\theta_6(s)/\theta_1(s)$를 구하라. [2.7절]

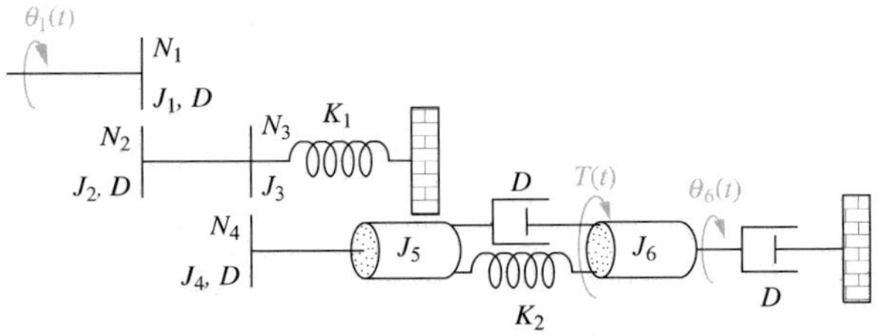

그림 P2.20

33. 그림 P2.21과 같이 병진 운동과 회전 운동이 결합된 시스템의 전달 함수 $G(s)=X(s)/T(s)$를 구하라. [2.5절; 2.6절; 2.7절]

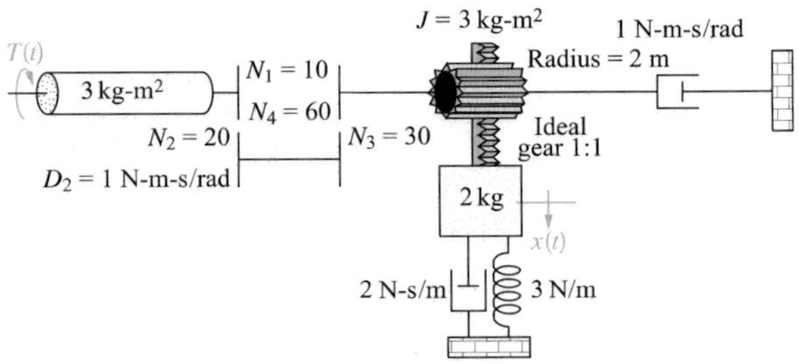

그림 P2.21

34. 전동기, 부하와 토크-속도 곡선이 그림 P2.22와 같은 시스템의 전달 함수 $G(s)=\theta_L(s)/E_a(s)$를 구하라. [2.8절]

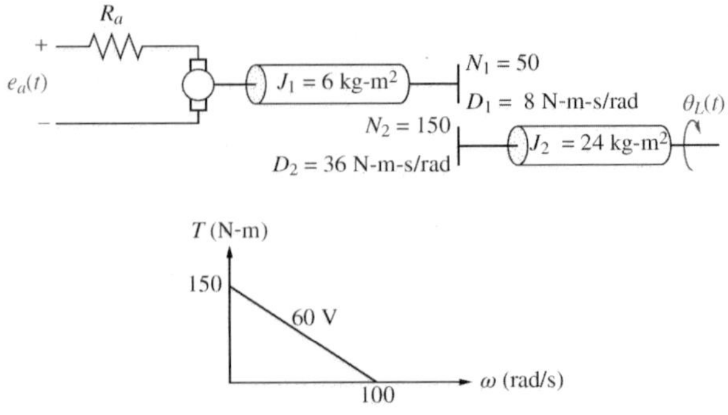

그림 P2.22

35. 토크-속도 특성이 그림 P2.23과 같은 전동기가 부하를 구동시킨다. 기어 중 일부는 관성을 가질 때, 전달 함수 $G(s) = \theta_2(s)/E_a(s)$를 구하라. [2.8절] **SS**

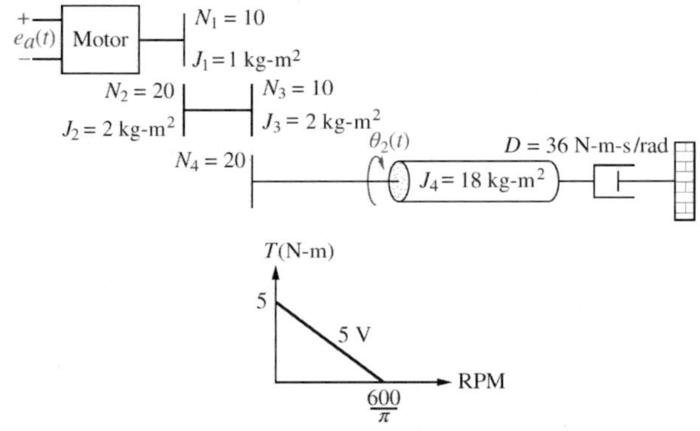

그림 P2.23

36. 이 장에서는 직류 전동기의 전기자 입력 전압에 대한 출력 각변위 사이의 전달 함수를 유도하였다. 필요에 따라 변위보다는 출력 토크를 제어해야 하는 경우가 있다. 전기자 입력 전압에 대한 출력 토크에 대한 직류 전동기의 전달 함수를 유도하라. [2.8절]

37. 그림 P2.24의 시스템에서 전달 함수 $G(s) = X(s)/E_a(s)$를 구하라. [2.5-2.8절]

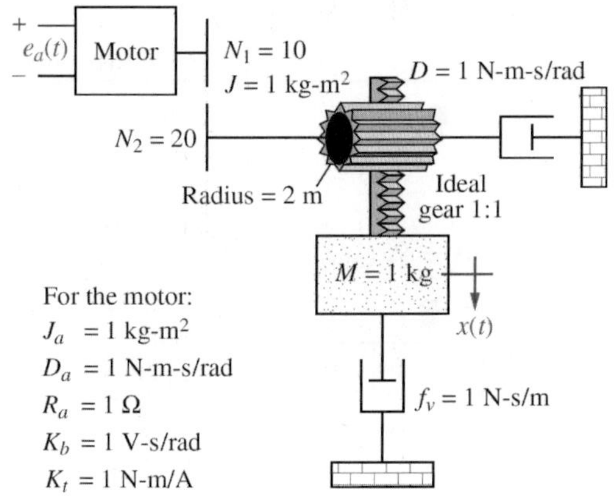

그림 P2.24

38. 예제 2.18의 그림 2.20의 병진 운동하는 기계 시스템에 대한 직렬 등가 회로와 병렬 등가 회로를 구하라. [2.9절] **SS**

39. 문제 25의 그림 P2.13(b)의 회전 운동하는 기계 시스템에 대한 직렬 등가 회로와 병렬 등가 회로를 구하라. [2.9절]

40. 입력이 r이고, 출력이 c인 시스템의 입출력 관계식이 $c = 5r + 7$의 직선 관계로 표현된다면, 이 시스템은 선형인가? [2.10절]

41. 입력이 $f(x)$이고 출력이 x인 시스템이 다음 미분 방정식으로 표시된다고 하자. **SS**

$$\frac{d^3x}{dt^3} + 10\frac{d^2x}{dt^2} + 20\frac{dx}{dt} + 15x = f(x)$$

입력이 $f(x) = 3e^{-5x}$이라면, $x = 0$ 부근의 작은 변동에 대해 미분 방정식을 선형화하라. [2.10절]

42. 그림 P2.25의 비선형 특성의 스프링을 가지는 병진 운동하는 기계 시스템이 $f(t) = 1$ 근처에서 작은 변동을 가질 때, 전달 함수 $G(s) = X(s)/F(s)$를 구하라. 스프링은 $x_s(t) = 1 - e^{-f_s(t)}$로 표시되는데, $x_s(t)$는 스프링의 변위이고 $f_s(t)$는 스프링에 가해지는 힘이다. [2.10절]

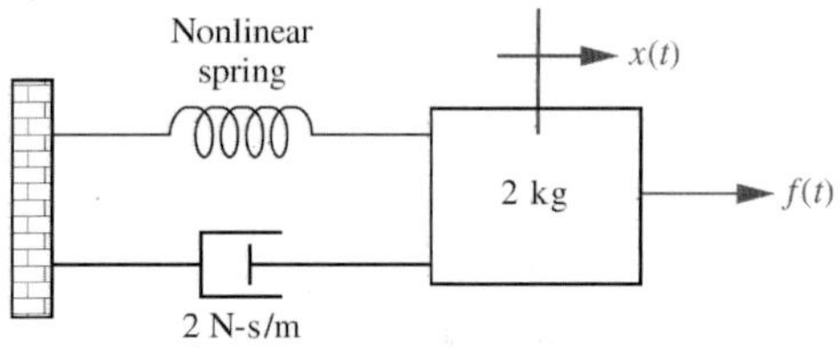

그림 P2.25

43. 효소는 인체 내의 반응속도를 높이기 위한 큰 단백질이다. 예를 들어, 큰 분자로 구성된 음식물들은 소화시키기 힘들기 때문에, 효소를 이용하여 작은 영양소로 분해하여 소화흡수를 돕는다. 사람의 침 안에 들어 있는 아밀라아제 효소는 다당류를 단당류로 분해시키는 역할을 한다. 이 분해 과정은 다음과 같이 표현할 수 있다.

$$S + E \underset{k_1}{\overset{k_s}{\rightleftarrows}} C \overset{k_1}{\rightarrow} P$$

다당류(S)는 아밀라아제(E)와 k_1의 비율로 결합하여 결합물질(C)가 되고, 이는 k_2의 비율로 단당류(P)로 변환된다. 이 과정을 미분방정식으로 표현하면 다음과 같다.

$$\frac{dS}{dt} = k_\psi(\tilde{K}_s C - S)$$
$$\frac{dC}{dt} = k_\psi(S - \tilde{K}_M C)$$
$$\frac{dP}{dt} = k_2 C$$

a. 초기 조건이 $S(0)=S_0$, $E(0)=E_0$, $C(0)=P(0)=0$과 같이 주어졌을 때, S, C, P에 대한 Laplace 변환식을 구하라.

b. 시간이 무한히 흐른 뒤의 $S(\infty)$, $C(\infty)$, $P(\infty)$를 구하라.

44. 사람의 다리는 시각, 근육반응 등과 같은 피드백을 이용한 복잡한 시스템이다. 다리 운동의 기계적인 동작의 이해를 돕기 위해 다음과 같은 실험을 하였다. 사람의 종아리에 센서를 부착하고 진동하는 판 위에 서 있게 하여, 균형을 잡고 서있기 위한 다리의 움직임을 센서로 측정하였다. 이 메커니즘은 다음과 같이 수식화 할 수 있다.

$$J\frac{d^2\theta}{dt^2} = mgl\sin\theta(t) + T_{\text{bal}} + T_d(t)$$

$$T_{\text{bal}}(t) = -mgl\sin\theta(t) - kJ\theta(t) - \eta J\dot{\theta}(t) - \rho J\int_0^t \theta(t)\,dt$$

m은 사람의 질량, l은 사람의 질량중심, g는 중력가속도, J는 사람의 관성모멘트, η, ρ, k는 상수이다. 는 수직선에 대한 몸의 기울시를 나타내며, $\theta(t)$은 평형을 유지하기 위해 다리근육에서 발생하는 토크이며 $T_d(t)$는 진동판에서 가해지는 진동 입력이다. 이때, 전달 함수 $\frac{\Theta(s)}{T_d(s)}$(*Johansson, 1988*)를 구하라.

45. 장거리 운송과 저속에서 정교한 조종이 가능한 잠수정을 개발하고자 연구자들은 오징어의 추진 운동을 흉내서 반동 추진 엔진을 개발했다(*Krieg, 2008*). 스텝 입력 $U(s)=\frac{T_{ref}}{s}$에 의한 평균 표준화된 추진력은 다음과 같이 주어진다.

$$T(t) = T_{ref}(1-e^{-\lambda t}) + a\sin(2\pi f t)$$

여기서 T_{ref}는 기준 추진력이고, λ는 시스템의 감쇠상수, a는 액츄에이터(actuator)의 펌프 작용에 의해 발생되는 진동의 크기고, f는 액츄에이터의 주파수, $T(t)$는 평균 표준화된 추진력을 나타낸다. 이때 추진력의 전달함수 $\frac{T(s)}{U(s)}$를 구하라. 이 과정 전체를 나타내라.

46. Gompertz 성장 모델은 종양세포의 성장 모델로 주로 사용된다. $v(t)$를 종양의 부피라고 할 때, 다음과 같은 증식률을 보인다.

$$\frac{dv(t)}{dt} = \lambda e^{-\alpha t}v(t)$$

여기서 λ와 α는 상수이다.

a. 주어진 식의 솔루션이 $v(t)=v_0 e^{\lambda/\alpha(1-e^{-\alpha t})}$와 같음을 보여라. 여기서 v_0는 종양의 초기 부피이다.

b. 이 모델은 영양분과 산소가 고갈됨에 따라 성장을 멈춘다. 시간이 무한히 흐른 뒤 종양의 부피를 구하라.

c. 쥐를 이용하여 실험한 결과, $v_0 = 50\times10^{-3}\ \text{mm}^3$일 때, 상수가 $\lambda = 2.5$ days 임을 알아냈다 (*Chignola, 2005*). $v(t)$대 t의 그래프를 그려라.

d. c에서 구한 그래프의 결과를 이용하여 b에서 구한 값을 점검하라.

47. P2.26(a)는 허리의 근육을 보여준다 (*Lessard*, 2009). $\alpha - motor$ 뉴런은 전기적으로 근육을 수축하게 하거나 근육을 이완하도록 하는 질량, m을 잡아당긴다. 등가 시스템은 P2.26(b)에 나타나있다. 힘 F_{iso}은 근육이 수축할 때 쓰인다. $X_1(s)$를 $F_1(s)$와 $F_{iso}(s)$로 표현하여라.

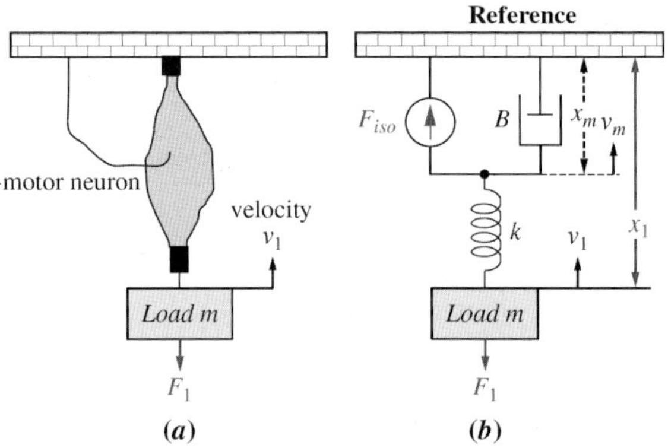

그림 P2.26

48. 3상 교류/직류 컨버터는 배터리 충전 시스템이나 직류모터에 직류를 제공한다. 각 위상은 그림 P2.27과 같은 등가 회로로 나타내지는 교류 필터를 가진다. 다음과 같이 두 가지 능동원으로 표현되는 인덕터 전류 식을 유도하여라.

$$I_{acF}(s) = \frac{1+RCs}{LCs^2+RCs+1}I_{acR}(s) + \frac{Cs}{LCs^2+RCs+1}V_a(s)$$

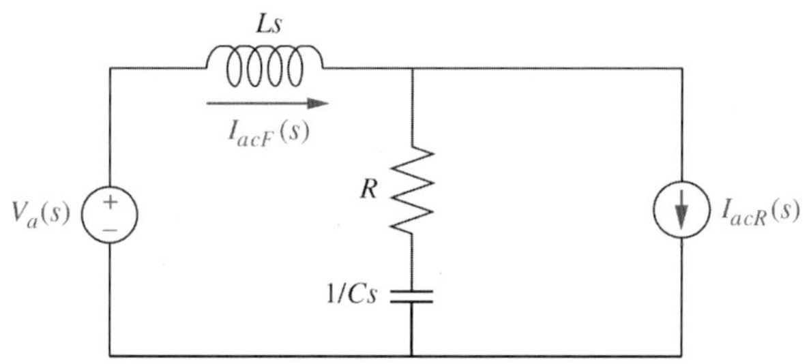

그림 P2.27

49. 광기전성 시스템은 태양에너지를 전기에너지로 변환할 때 쓰인다. 제어 시스템은 에너지 저장을 최대화 할 수 있도록 태양의 움직임을 따라가게 하는데 쓰인다. 시스템은 2.8절에서 논의 되었던 것과 비슷한 모터와 부하들로 이루어져 있다. 모델은 (*Agee. 2012*)에서 제안되었으나, 다음과 같은 부분이 다르다: (1) 모터의 인덕턴스는 무시되고 (2) 부하는 관성, 댐핑 그리고 스프링을 갖는다. 모든 부하 임피던스는 모터 샤프트에 반영되었다고 가정하고 전달함수 $\theta_m(s)/E_a(s)$를 구하라.

50. 페인트 혼합 플랜트에서, 두 개의 탱크는 혼합탱크로 유체를 공급한다. 물탱크의 높이 h는 입력 부피 흐름 비율, q와 출력 흐름 비율 q_e에 독립적이다. 비선형 미분방정식은 다음과 같다. (*Schiop, 2010*)

$$\frac{dh}{dt}+\frac{A_e}{A}\sqrt{2gh}=\frac{q}{\rho A}$$

A는 물탱크의 교차되는 면적, A_e는 파이프 출구의 단면적, g는 중력가속도 그리고 ρ는 액체 밀도를 나타낸다.

a. 평형점 (h_0, q_0)에 대해서 비선형 방정식을 선형화하고 출력 물탱크 액체 레벨 $H(s)$와 입력 질량 흐름 비율 $Q(s)$에 관련된 전달함수를 구하라.

b. 물탱크 속 액체의 도료는 입력 흐름 비율 q을 조정하여 일정하게 만들 수 있다. 물탱크 속 액체의 평균 높이를 h_{av}라 가정할 때, 전체 도료의 흐름은 다음 방정식과 같다.

$$e_1 q - e q_e = \frac{d}{dt}(\rho A e h_{av})$$

e_1은 물탱크로 흘러가는 대표 도료의 한 부분이고 e는 물탱크 안에 있는 대표 도료의 한 부분이다. 물탱크의 출력이 일정하다 가정하고, 다음과 같은 관계식, $q_e=\rho A_e\sqrt{2gh_{av}}$을 사용하여 물탱크 속 도료의 입력 흐름 비율과 관련 있는 전달함수 $E(s)/Q(s)$를 구하라.

심화 학습문제

51. HIV는 건강한 CD4+ T세포(면역 세포)를 해침으로써, 심각한 악영향을 미친다. 바이러스는 T 세포에 묻어 있다가, 면역 시스템이 작동함과 동시에 증식하게 된다. 그림 P2.28은 간단한 HIV 증식 모델이다. 평상시 T세포는 s의 비율로 증식하며, d의 비율로 소멸한다. 혈관에 서식하는 HIV바이러스를 자유 바이러스라고 하는데, 자유바이러스는 건강한 T세포를 β의 비율로 감염시키고, 또한 바이러스는 T세포를 이용하여 k의 비율로 증식하며 c의 비율로 소멸하고 T세포는 k의 비율로 소멸한다. 이를 수식으로 표현하면 다음과 같다.

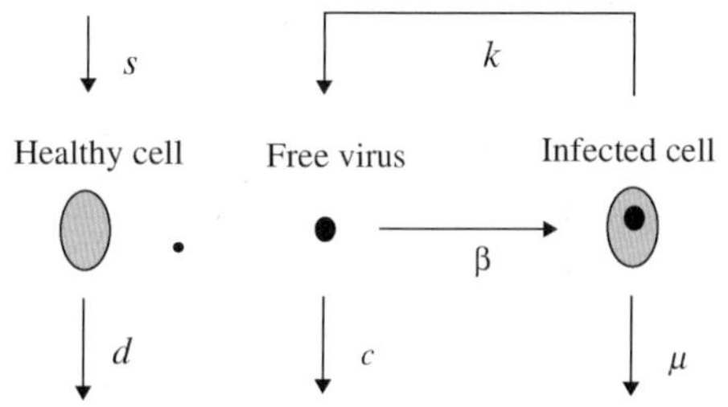

그림 P2.28

$$\frac{dT}{dt}=s-dT-\beta Tv$$
$$\frac{dT^*}{dt}=\beta Tv-\mu T^*$$
$$\frac{dv}{dt}=kT^*-cv$$

T=건강한 T세포의 수
T^*=감염된 T세포의 수
v=자유바이러스의 수

a. 이 시스템은 비선형이다. 전달 함수를 구하기 위해서는 선형화가 필요하다. 어떤 식이 선형이며 비선형인지 고르고, 이유를 설명하라.

b. 이 시스템은 두 개의 평형점이 존재한다. 다음의 점들이 평형점임을 보여라.

$$(T_0, T_0^*, v_0)=\left(\frac{s}{d}, 0, 0\right)$$

$$(T_0, T_0^*, v_0)=\left(\frac{c\mu}{\beta k}, \frac{s}{\mu}-\frac{cd}{\beta k}, \frac{sk}{c\mu}-\frac{d}{\beta}\right)$$

52. 1장의 문제 18에서 직렬, 병렬, 분산 전원, 하이브리드 전기 자동차(HEV)의 순항 제어에 대해서 다뤘다. 자동차의 속력은 가솔린 엔진이나 전기 모터에서 발생되는 추진력과 저항력의 적절한 균형에 의존한다는 것을 기능적인(functional) 블록 선도에서 알 수 있었다. 저항력은 공기저항, 주행저항, 등판 저항으로 구성되어 있다.

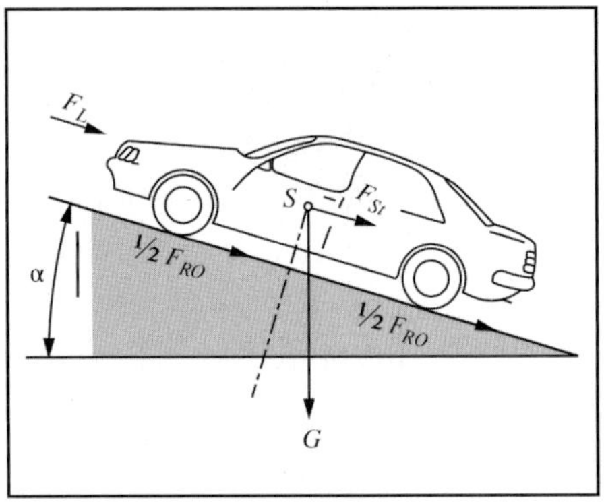

그림 P2.29

그림 P2.29는 자동차가 언덕을 오를 때 저항력을 나타낸다 (*Bosch, 2007*). 전체 저항력 F_w는 $F_w = F_{Ro} + F_L + F_{St}$의 관계식에서 구할 수 있고, 여기서 F_{Ro}는 구름 저항, F_L은 공기저항, F_{St}는 등판 저항을 나타낸다. 공기 저항은 자동차 속도의 제곱 v와 정면에서 불어오는 바람의 속도 v_{hw}의 합, $v + v_{hw}$에 비례한다. 나머지 저항력은 자동차의 무게 G와 경사도 α로 표현되는 언덕의 경사에 의한 함수이다. 이 함수는 다음의 방정식으로 표현된다.

$$F_{Ro} = fG\cos\alpha = fmg\cos\alpha$$

여기서

f = 구름 저항 상수

m = 자동차의 질량 (kg)

g = 중력상수 (m/s^2)이고,

$F_L = 0.5\rho C_w A(v + v_{hw})^2$

여기서

ρ = 공기 밀도 (kg/m^3)

C_w = 공기 저항 상수

A = 자동차의 가장 큰 단면적 (kg/m^2)

$F_{St} = G\sin\alpha = mg\sin\alpha$

바퀴에 작용하는 추진력 F는 다음의 관계식을 갖는다.

$$F = \frac{Ti_{tot}}{r}\eta_{tot} = \frac{P\eta_{tot}}{v}$$

여기서

T = 원동력 토크(motive torque)

P = 원동력

i_{tot} = 전체 투과율

r = 바퀴의 반지름

η_{tot} = 전체 구동렬의 효율

$F - F_w$이 양수일 때 자동차를 가속시키고 음수일 때 자동차를 감속시킨다. 가속도를 $a = \dfrac{F - F_w}{k_m \cdot m}$으로 두고, 여기서 k_m은 회전질량에 의해 증가하는 겉보기 질량을 보상하기 위한 계수이다.

a. 가속도 a가 다음의 방정식에서 유도될 수 있음을 보여라.

$$F = fmg\cos\alpha + mg\sin\alpha + 0.5\rho C_w A(v + v_{hw})^2 + k_m ma$$

b. 가속도가 일정하고, 속도는 평균 속도를 사용하여, 바람이 없고 $(v_{hw} = 0)$ 평지상태$(\alpha = 0^o)$에서 자동차의 속도가 40에서 $60km/h$까지 4초에 증가할 수 있을 때의 추진력 $F_{av}[N]$과 원동력 $P_{av}[kW]$를 구하라. 또한 자동차의 속도가 $60km/h$에 도달했을 때, $\alpha = 5°$의 언덕을 속도를 유지하며 오르기 위해서 필요한 추가적인 힘 P_{add}을 구하라. 여기서 $m = 1590kg$, $A = 2m^2$, $f = 0.011$, $\rho = 1.2kg/m^3$, $C_w = 0.3$, $\eta_{tot} = 0.9$, $k_m = 1.2$이다.

c. a.에서 유도한 방정식은 $F(t)$가 입력이고 $v(t)$가 출력인 자동차를 표현하는 비선형 운동 방정식이다. 바람이 없는 조건에서 공기 저항은 v^2에 비례한다. 자동차가 평지$(\alpha = 0)$에서 주행 중이라고 가정할 때, 평균 속도 $v_o = 50km/h$부근에서 선형화를 시켜라. (힌트: Taylor 급수에서 $v^2 - v_o^2$를 확장해라). 방정식을 쓰고, G_v 블록이 자동차의 운동 방정식을 나타내는 블록 선도를 그려라. 이 블록의 출력은 자동차의 속도 $v(t)$이고, 입력은 과도 추진력 (excess motive force) $F_e = F - F_{St} - F_{Ro} + F_o$이고, 여기서 F_o는 선형화된 공기 저항력의 상수항이다.

d. c.에서 구한 방정식으로부터 자동차의 전달 함수 $G_v(s) = V(s)/F_e(s)$를 구하라.

53. 태양열 집열기 대부분의 경우에, 태양열 집열기에서 유체 흐름에 대한 유체 온도의 개회로 전달 함수는 다음과 같이 근사 될 수 있다(*Camacho, 2012*):

$$P(s) = \frac{K}{(1 + \tau s)}e^{-sT}$$

a. $h(t)$는 출력 온도와 $q(t)$ 입력 유체 흐름으로 나타내진다고 가정하고 개회로 시스템의 단위 계단 응답을 구하라.

b. 개회로 시스템의 단위 계단 응답을 그려라. 그림에서 시간 지연, 정착시간, 초기값, 최종값, $t = \tau + T$일 때의 값을 명시하라.

c. 출력 온도 $h(t)$와 입력 유체 흐름 $q(t)$를 상기하여 개회로 시스템의 미분방정식을 구하라.

시간 영역에서의 모델링 3

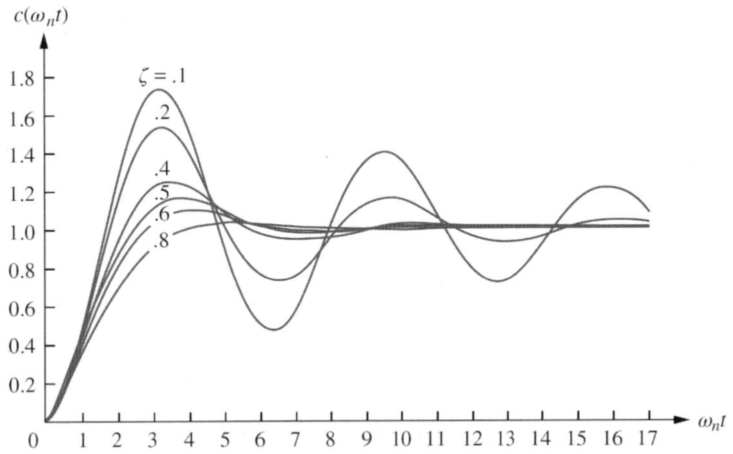

이 장에서 얻을 수 있는 것

이 장에서는 상태 공간 기법을 다룬다.

State Space
SS

장의 목표

이 장을 공부하고 나면, 학생들은 다음 나열된 사항을 수행할 수 있다.

- 선형 시불변 시스템에 대한 상태 공간 표현을 얻을 수 있다.(3.1–3.3절)
- 전기와 기계 시스템에 대한 상태 공간에서의 모델을 얻을 수 있다.(3.4절)
- 전달 함수를 상태 공간 모델로 변환할 수 있다.(3.5절)
- 상태 공간 모델을 전달 함수로 변환할 수 있다.(3.6절)
- 상태 공간 표현을 선형화 할 수 있다.(3.7절)

사례연구 목적

다음의 사례연구를 통하여 이 장의 목적에 대한 이해의 정도를 확인할 수 있다.

- 부록 A2에 있는 안테나 방위각 제어 시스템의 각 부 시스템을 상태 공간에서 표현하도록 한다.
- 조제된 약이 인체 내에서 흡수되는 경로를 이해하여 체내의 특정 부위에서 약의 농도를 정하는 상태 공간 모델을 세우고, 이 개념을 지하수 층에서 물이 있는 곳을 찾는데 적용하도록 한다.

3.1 개요

피드백 제어 시스템을 해석하고 설계하는 방법에는 두 가지가 있다. 첫째는 2장에서 다룬 주파수 영역에서 해석하고 설계하는 기법이다. 이 방법은 시스템에 대한 미분 방정식을 전달 함수로 변환시킴으로써 입력과 출력 사이의 관계가 대수적으로 표현되는 수학적 모델을 이용한다. 미분 방정식을 대수 방정식인 전달 함수로 변환시키는 이유는 각 부 시스템 각각을 전달 함수로 나타내고 이들 부 시스템이 상호 접속된 시스템 모델로 나타낼 수 있기 때문이다.

주파수 영역에서 시스템을 해석하고 설계하는 기법을 고전적인 기법이라 하는데 이 기법의 단점은 적용 대상이 제한된다는 것이다. 즉, 선형 시불변 시스템 또는 그와 유사한 시스템에만 적용시킬 수 있다. 그러나 이 방법의 가장 큰 장점은 안정도와 과도 응답 정보를 빨리 얻을 수 있기 때문에 시스템 파라미터 변동 효과를 고려한 적절한 설계가 가능하다는 것이다.

우주 탐험 시대가 도래함에 따라 제어 시스템에 대한 요구 사항도 복잡해져 선형 시불변 미분 방정식이나 전달 함수로써 시스템을 모델링하는 것만으로는 불충분하게 되었다. 시간 영역에서 시스템을 해석하고 설계하는 기법을 상태 공간(state space) 기법이라 하는데, 이 기법은 다양한 형태의 시스템을 모델링할 수 있을 뿐만 아니라 시스템 해석 및 설계를 위한 현대적인 기법이다. 예를 들어, 상태 공간 기법을 적용하면 백래쉬, 포화와 무응답 구간이 존재하는 비선형 시스템을 나타낼 수 있으며, 초기 조건이 0이 아닌 시스템도 취급할 수 있다. 예를 들어 연료의 양이 변화하는 미사일과 광범위한 고도를 비행하는 항공기와 같은 시변 시스템을 상태 공간에서 나타낼 수 있다. 시스템의 입력이 방향과 속도이고 출력도 방향과 속도인 자동차와 같은 다중 입력, 다중 출력 시스템도 단일 입력과 단일 출력 시스템 모델처럼 상태 공간에서 나타낼 수 있다. 시스템을 시간 영역에서 나타내면 제어 루프 내에 디지털 컴퓨터를 포함시켜 시스템을 나타내거나 디지털 시뮬레이션에 적합한 시스템 모델링에 편리하다. 시스템 시뮬레이션으로부터 시스템 파라미터 변동 특성을 확인할 수 있으므로 시뮬레이션은 설계 과정에 포함되는 중요한 절차가 된다. 상태 공간 기법은 개인용 컴퓨터에서 사용될 수 있는 다양한 상태 공간 소프트웨어 패키지를 이용하는데 적합하기 때문에 가치가 있다.

상태 공간 기법은 고전적인 방법으로 모델링한 시스템에도 적용될 수 있으므로 제어 시스템 설계자에게 매우 편리한 기법이다. 그러나 상태 공간 기법이 다양한 시스템에 적용되긴 하지만 고전적인 기법만큼 직관적이지는 못하다. 상태 공간에서 시스템이 모델링되면 모델에 대한 물리적인 해석이 명료해질 때까지 계산을 반복해야 하나, 고전적 기법을 적용하는 경우에는 약간의 계산이나 데이터를 그래프로 나타내는 정도만으로도 해석이 완성될 수 있다.

이 책에서는 상태 공간 기법에 대한 기본 개념을 설명하고 주파수 영역에서 시스템을 해석하고 설계하는 기법을 대신하는 정도로만 소개하기로 한다. 즉, 선형 시불변 시스템 또는 2장의 방법으로 선형화될 수 있는 시스템에만 국한하여 상태 공간 기법을 적용시키기로 한다. 비선형 시스템과 같은 형태의 시스템 해석 및 설계에 상태 공간 기법을 적용시키는 것은 이 책의 범위를 벗어나므로 생략하기로 한다. 상태 공간에서 시스템을 해석하고 설계하는 데는 행렬과 행렬식을 이용하기 때문에 www.wiley.com/go/Nise/ControlSystemsEngineering8e 웹 사이트에 있는 부록 G를 참조하기 바란다.

3.2 개념 정립

이제 상태 공간 기법을 이용하여 물리적 시스템을 나타내는 방법에 대해 살펴보기로 하자. 이 절에서는 시스템과 시스템 변수(system variable)를 고찰하여 상태 공간에서 시스템을 표현하기 위해 필요한 정의를 하기로 한다. 또한 각주를 이용하여 보충 설명을 하였다. 두 개의 전기 회로가 개념 설명에 이용되었지만 기계 시스템이나 다른 시스템에도 쉽게 적용시킬 수 있다.

인덕터 전압, 저항 전압과 콘덴서 전하와 같은 많은 변수를 가지는 회로 시스템의 경우 시스템에 대한 미분 방정식으로부터 일부 변수들에 대한 해는 이미 구한 변수들의 해를 이용하여 구할 수 있다. 상태 공간 기법을 적용하기 위한 절차는 다음과 같다.

1. 가능한 모든 시스템 변수 중 시스템 특성을 나타내는데 필요한 최소한의 변수들의 부분 집합을 정하고 이 부분 집합에 속하는 변수들을 **상태 변수**(*state variable*)라 한다.
2. 시스템의 차수가 n인 경우, 상태 변수에 대한 n개의 **1차 연립 미분 방정식**을 세울 때, 이 연립 미분 방정식을 **상태 방정식**(*state equation*)이라 한다.
3. $t \geq t_0$에서 인가되는 시스템 입력과 t_0에서 상태 변수에 대한 모든 초기 조건이 주어지면, $t \geq t_0$에서 상태 변수에 대한 연립 미분 방정식의 해를 구할 수 있다.
4. 시스템의 다른 변수들을 $t \geq t_0$에서 구하기 위한 시스템 입력과 상태 변수들로 구성되는 대수 방정식을 **출력 방정식**(*output equation*)이라 한다.
5. 시스템을 상태 공간에서 나타내는 것은 시스템을 상태 방정식과 출력 방정식으로 표현하는 것이다.

예제를 통하여 이 절차를 설명하도록 한다. 그림 3.1의 RL 회로에서 초기 전류가 $i(0)$라 하고 다음 절차로 시스템을 해석한다.

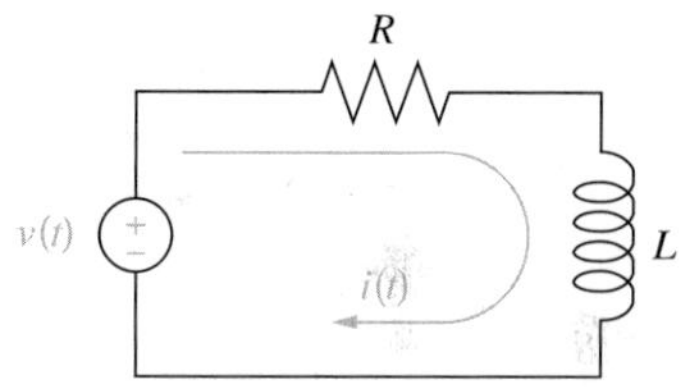

그림 3.1 RL 회로

1. 미분 방정식을 세운 후 Laplace 변환을 이용하여 해를 구하기 위한 회로 변수를 전류 $i(t)$로 정한다.
2. 다음과 같은 루프 방정식을 세운다.

$$L\frac{di}{dt} + Ri = v(t) \tag{3.1}$$

3. 초기 조건을 포함시키고 표 2.2의 7항의 성질을 이용하여 Laplace 변환하면 다음과 같다.

$$L[sI(s) - i(0)] + RI(s) = V(s) \tag{3.2}$$

입력 $v(t)$가 단위 계단 함수 $u(t)$라 하면, 입력에 대한 Laplace 변환은 $V(s) = 1/s$이므로 전류 $I(s)$는 다음과 같다.

$$I(s) = \frac{1}{R}\left(\frac{1}{s} - \frac{1}{s + \frac{R}{L}}\right) + \frac{i(0)}{s + \frac{R}{L}} \tag{3.3}$$

따라서

$$i(t) = \frac{1}{R}\left(1 - e^{-(R/L)t}\right) + i(0)e^{-(R/L)t} \tag{3.4}$$

초기 조건 $i(0)$와 입력 $v(t)$가 주어지면 $i(t)$는 식 (3.4)로부터 구할 수 있으므로 $i(t)$는 상태 변수가 되고, 식 (3.1)의 미분 방정식은 상태 방정식이 된다.

4. 회로망의 다른 모든 변수들은 $i(t)$와 입력 전압 $v(t)$의 대수식으로부터 구할 수 있다. 예를 들어, 저항 양단 전압은

$$v_R(t) = Ri(t) \tag{3.5}$$

이고, 인덕터에서 유도되는 전압은 다음과 같다.

$$v_L(t) = v(t) - Ri(t) \tag{3.6}$$ [1]

전류의 미분은

$$\frac{di}{dt} = \frac{1}{L}[v(t) - Ri(t)] \tag{3.7}$$ [2]

이 되므로, 상태 변수 $i(t)$와 입력 전압 $v(t)$가 주어지면 $t \geq t_0$인 임의의 시간에서 상태 변수를 구할 수 있다. 따라서 식 (3.5)에서 식 (3.7)까지의 대수 방정식은 출력 방정식이 된다.

5. 회로망의 주요 상태 변수는 식 (3.1)과 식 (3.5)에서 식 (3.7)까지의 식에 포함되기 때문에 식 (3.1)의 상태 방정식과 식 (3.5)부터 식 (3.7)까지의 출력 방정식은 회로망을 상태 공간에서 표현하는 식이 된다.

식 (3.1)은 회로망의 동적 특성을 나타내는 유일한 식은 아니다. 다른 회로 변수를 사용하여 동적 특성식을 세울 수 있다. 예를 들어 식 (3.1)에 $i = \dfrac{v_R}{R}$을 대입하면 다음 식이 성립된다.

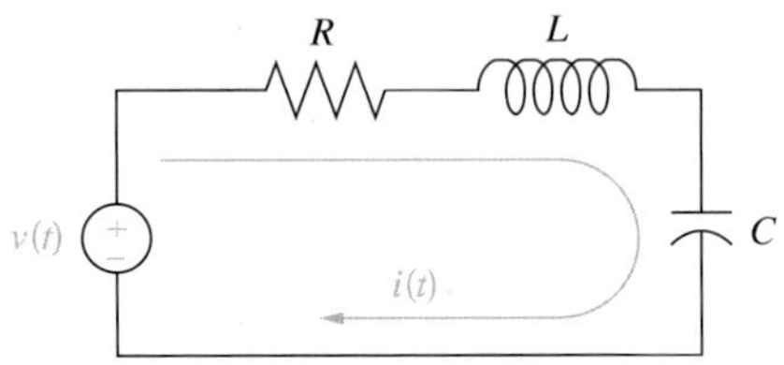

그림 3.2 RLC 회로망

$$\frac{L}{R}\frac{dv_R}{dt} + v_R = v(t) \tag{3.8}$$

여기에 초기 조건 $v_R(0) = Ri(0)$와 $v(t)$가 주어지면 $v_R(t)$를 구할 수 있으며, 이 때의 상태 변수는 $v_R(t)$가 된다. 이 경우에도 회로망의 다른 변수들은 상태 변수 $v_R(t)$와 입력 전압 $v(t)$로 나타낼 수 있다. 이것을 그림 3.2의 2차 시스템으로 확장시켜 보자.

1. 이 회로망은 2차이므로 두 개의 상태 변수를 정해야 하며 각각의 상태 변수에 대한 1차 연립 미분 방정식이 세워진다. 두 개의 상태 변수를 각각 전류 $i(t)$와 콘덴서에 축적되는 전하 $q(t)$로 정한다.
2. 루프 방정식을 세우면

$$L\frac{di}{dt} + Ri + \frac{1}{C}\int i\,dt = v(t) \tag{3.9}$$

이 되고 $i(t) = dq/dt$를 사용하여 전하 $q(t)$에 대한 식으로 변환하면 다음과 같다.

$$L\frac{d^2q}{dt^2} + R\frac{dq}{dt} + \frac{1}{C}q = v(t) \tag{3.10}$$

n차 미분 방정식은 n개의 상태 변수에 대한 n개의 1차 연립 미분방정식으로 변환될 수 있으며 각 미분 방정식의 형태는 다음과 같다.

---

1 $v_L(t) = v(t) - v_R(t) = v(t) - Ri(t)$

2 $\dfrac{di}{dt} = \dfrac{1}{L}v_L(t) = \dfrac{1}{L}[v(t) - Ri(t)]$

$$\frac{dx_i}{dt} = a_{i1}x_1 + a_{i2}x_2 + \cdots + a_{in}x_n + b_i f(t) \tag{3.11}$$

여기서 x_i는 상태 변수이고, a_{ij}와 b_i는 선형 시불변 시스템의 상수에 해당된다. 식 (3.11)의 우변은 상태 변수와 입력인 $f(t)$의 선형 결합(linear combination)이 된다.
따라서 식 (3.10)은 $i(t)$와 $q(t)$로 표시되는 두 개의 1차 연립 미분 방정식으로 변환시킬 수 있다. 첫째 미분방정식을 $dq/dt = i$라 하면, 두 번째 미분 방정식은 $\int idt = q$를 식 (3.9)에 대입하고 di/dt에 대해 정리하여 얻어지는데 다음과 같다.

$$\frac{dq}{dt} = i \tag{3.12a}$$

$$\frac{di}{dt} = -\frac{1}{LC}q - \frac{R}{L}i + \frac{1}{L}v(t) \tag{3.12b}$$

3. 이들은 $q(t)$와 $i(t)$에 관한 상태 방정식이며, Laplace 변환과 2장에서 소개된 방법을 이용하면 연립 미분 방정식인 상태 방정식의 해를 얻을 수 있다. 이 때, $q(t)$와 $i(t)$의 초기 조건과 입력인 $v(t)$를 반드시 알고 있어야 한다.
4. 이와 같이 구한 상태 변수를 이용하면 다른 회로 변수도 구할 수 있다. 예를 들어, 인덕터 양단 전압은 다음과 같이 상태 변수와 입력으로 표시되므로 상태 변수로부터 구할 수 있다.

$$v_L(t) = -\frac{1}{C}q(t) - Ri(t) + v(t) \tag{3.13}$$[3]

여기서 $v_L(t)$는 상태 변수인 $q(t)$, $i(t)$와 입력 전압 $v(t)$의 선형 결합이므로 식 (3.13)은 출력 방정식이 된다.
5. 식 (3.12)의 상태 방정식과 식 (3.13)의 출력 방정식은 회로망을 상태 공간에서 나타내는 식이 된다. 상태 변수를 저항과 인덕터 양단 전압 $v_R(t)$와 $v_C(t)$로 다르게 선정하면, 각 상태 변수에 대한 1차 연립 미분 방정식은 다음과 같다.

$$\frac{dv_R}{dt} = -\frac{R}{L}v_R - \frac{R}{L}v_C + \frac{R}{L}v(t) \tag{3.14a}$$[4]

$$\frac{dv_C}{dt} = \frac{1}{RC}v_R \tag{3.14b}$$

초기 조건과 $v(t)$가 주어지면 이들 미분 방정식으로부터 상태 변수들을 구할 수 있으며 이들 상태 변수의 선형 결합으로 이루어지는 다른 회로 변수들도 구할 수 있다.
상태 변수 선정에는 제약 조건이 있다. 미분 방정식의 차수로서 필요한 상태변수의 최소 개수를 구할 수 있다. 2차 시스템은 최소 두개의 상태변수로서 나타낼 수 있다. 이러한 최소 수의 상태변수들은 선형 독립적이다. 즉, 어떤 변수가 다른 상태 변수들의 선형 결합으로 표시된다면 그 변수는 상태 변수가 될 수 없다. 예를 들어, $v_R(t)$가 상태 변수로 정해지면 $v_R(t)$는 $v_R(t) = Ri(t)$의 선형 결합으로 표시되므로 $i(t)$는 상태 변수가 되지 못한다. 이 때 변수 $i(t)$는 $v_R(t)$에 선형 종속(*linearly dependent*)되었다고 한다. 따라서 상태 변수들은 다른 상태 변수들의 선형 결합으

---

3 $v_L(t) = L(di/dt) = -(1/C)g - R_i + \nu(t)$

4 $\nu_R(t) = i(t)R$이고 $\nu_C(t) = (1/C)\int idt$ 이다. $\nu_R(t)$를 미분하면 $d\nu_R/dt = R(di/dt) = (R/L)\nu_L = (R/L)[\nu t(t) - \nu_R - \nu_C]$, $\nu_C(t)$를 미분하면 $d_{\nu C}/dt = (1/C)i = (1/RC)\nu_R$

로 표시되지 않는 선형 독립(*linearly independent*)이 되어야 한다. 상태 변수가 선형 독립이 되지 않으면 다른 시스템 변수들을 구할 수 없으며, 이 변수들을 구하기 위한 연립 방정식도 세워지지 않는다. 시스템이 선형이면 상태 방정식과 출력 방정식은 벡터-행렬식으로 나타낼 수도 있다. 따라서 식 (3.12)의 상태 방정식은 다음과 같이 표시된다.

$$\dot{\mathbf{x}} = \mathbf{A}\mathbf{x} + \mathbf{B}u \tag{3.15}$$

여기서

$$\dot{\mathbf{x}} = \begin{bmatrix} dq/dt \\ di/dt \end{bmatrix}; \quad \mathbf{A} = \begin{bmatrix} 0 & 1 \\ -1/LC & -R/L \end{bmatrix}$$
$$\mathbf{x} = \begin{bmatrix} q \\ i \end{bmatrix}; \quad \mathbf{B} = \begin{bmatrix} 0 \\ 1/L \end{bmatrix}; \ u = v(t)$$

또한 식 (3.13)의 출력 방정식은 다음과 같이 표시된다.

$$y = \mathbf{C}\mathbf{x} + Du \tag{3.16}$$

여기서

$$y = v_L(t); \quad \mathbf{C} = [-1/C \quad -R]; \quad \mathbf{x} = \begin{bmatrix} q \\ i \end{bmatrix}; \quad D = 1; \quad u = v(t)$$

식 (3.15)와 식 (3.16)은 그림 3.2의 회로망을 상태 공간에서 표현한 것이다. 시스템을 상태 공간에서 표현하기 위해서는 (1) 상태 변수를 구하기 위한 1차 연립 미분 방정식과 (2) 다른 시스템 변수를 구하기 위한 대수 출력 방정식이 필요하다. 상태 변수를 달리 선정하면 시스템을 나타내는 방정식이 달라지기 때문에 상태 공간에서 시스템을 표현하는 것은 유일하지 않다.

이 절에서는 두 개의 회로망을 이용하여 시스템을 상태 공간에서 나타내는 방법을 설명하였으며 단일 입출력 시스템이므로 식 (3.15)와 식 (3.16)의 y, D와 u는 스칼라이다. 일반적으로 시스템은 다중 입출력 시스템이 되며, 다중 입출력 시스템인 경우 y와 u는 벡터이고 D는 행렬이 된다. 3.3절에서는 다중 입출력 시스템을 상태 공간에서 나타내고 시스템을 상태 공간에서 나타내는 개념을 요약하였다.

3.3 일반적인 상태 공간 표현법

지금까지 회로망을 상태 공간에서 표현하고 상태 공간에 대한 용어와 개념을 이해하였다. 시스템을 상태 방정식으로 표현하는 것을 일반화하여 요약하고 앞 절에서 설명한 몇 가지 정의를 정리하기로 한다.

선형 결합 : n개의 변수 $x_i(i = 1, \cdots, n)$ 의 선형 결합은 다음과 같이 합 S로 표시된다.

$$S = K_n x_n + K_{n-1}x_{n-1} + \cdots + K_1 x_1 \tag{3.17}$$

여기서 K_i는 상수이다.

선형 독립 : 집합의 원소가 되는 모든 변수가 다른 변수들의 선형 결합으로 표시되지 않으면, 이 집합 내의 변수들은 선형 독립이 된다. 예를 들어 변수 x_1, x_2와 x_3에 대해, $x_2 = 5x_1 + 6x_3$로 표시된다면 x_2는 다른 두 변수의 선형 결합으로 표시되므로 이 변수들은 선형 독립이 아니다. 한 변수가 다른 변수들의 선형 결합으로 표시되지 않으려면 어떤 조건을 가져야 하는지를 $K_2x_2 = K_1x_1 + K_3x_3$인 경우를 예를 들어 살펴보자. $x_i = 0$이 아닐 때 모든 $K_i = 0$이 아니면, 임의의 x_i는 다른 변수들의 선형 결합으로 표시될 수 있다. 따라서 변수 $x_i(i = 1, \cdots, n)$가 0이 아닐 때 모든 K_i인 경우에만 선형 결합의 합 S가 0이 되면 x_i는 선형 독립이 된다.

시스템 변수 : 시스템의 입력이나 초기 조건이 변함에 따라 변하는 시스템 내의 변수

상태 변수 : 입력과 초기 조건이 주어질 때 시스템의 모든 변수를 구하기 위해 꼭 필요한 선형 독립인 시스템 변수들

상태 벡터 : 상태 변수가 원소인 벡터

상태 공간 : 상태 변수가 좌표축이 되는 n차원 공간. 그림 3.3의 경우 상태 변수인 저항 양단 전합 v_R와 콘덴서 양단 전압 v_C가 상태 공간의 좌표축이 된다. 궤적은 상태 공간에서 시간 t를 변화시킬 때 상태 벡터 $\mathbf{x}(t)$의 변화를 그린 것이다. 그림에서 $t = 4$일 때의 상태 벡터를 표시하였다.

상태 방정식 : n개의 상태 변수가 포함된 n개의 1차 연립 미분 방정식

출력 방정식 : 시스템의 출력 변수가 상태 변수와 입력의 선형 결합으로 이루어지는 대수 방정식

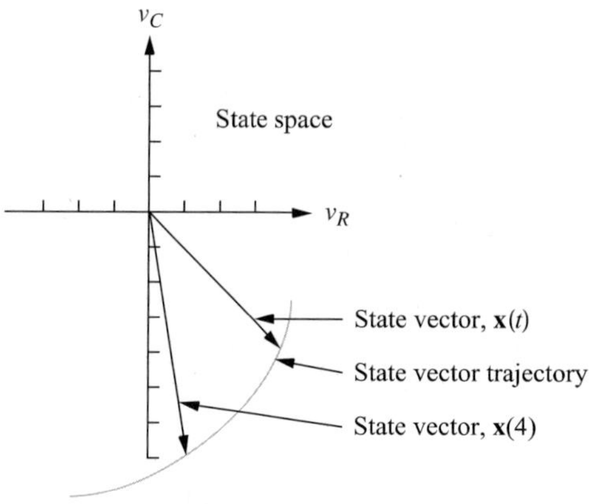

그림 3.3 상태 공간과 상태 벡터의 표시

지금까지 상태 공간에서 정의되는 용어들을 설명하였다. 이제 시스템을 상태 공간에서 나타내 보자. 초기 상태 $\mathbf{x}(t_0)$이 주어질 때, $t \geq t_0$인 모든 t에 대해 시스템은 상태 공간에서 다음과 같은 방정식으로 표현된다.

$$\dot{\mathbf{x}} = \mathbf{A}\mathbf{x} + \mathbf{B}\mathbf{u} \tag{3.18}$$

$$\mathbf{y} = \mathbf{C}\mathbf{x} + \mathbf{D}\mathbf{u} \tag{3.19}$$

여기서

$\mathbf{x}$= 상태 벡터

$\dot{\mathbf{x}}$= 상태 벡터의 미분

$\mathbf{y}$= 출력 벡터

$\mathbf{u}$= 입력 또는 제어 벡터

A= 시스템 행렬

B= 입력 행렬

C= 출력 행렬

D= 순방향 이득 행렬

식 (3.18)을 **상태 방정식**이라 하며, 상태 벡터 $\mathbf{x}$는 상태 변수들로 구성된다. 식 (3.18)로부터 상태 변수들을 구할 수 있는데, 여기에 대해서는 4장에서 설명하기로 한다. 식 (3.19)는 출력 방정식이며 다른 시스템 변수들을 구하는데 이용된다. 시스템을 이와 같이 표현하면 $t \geq t_0$인 임의의 시간에서 시스템의 모든 변수값들을 알 수 있다.

단일 입력 $v(t)$를 갖는 선형 시불변 2차 시스템에 대한 상태 방정식은 다음과 같은 형태가 된다.

$$\frac{dx_1}{dt} = a_{11}x_1 + a_{12}x_2 + b_1 v(t) \tag{3.20a}$$

$$\frac{dx_2}{dt} = a_{21}x_1 + a_{22}x_2 + b_2 v(t) \tag{3.20b}$$

여기서 x_1과 x_2는 상태 변수이다. 출력이 하나이면 출력 방정식은 다음과 같은 형태가 된다.

$$y = c_1 x_1 + c_2 x_2 + d_1 v(t) \tag{3.21}$$

시스템의 상태 변수를 선정하는 것은 유일하지 않다. 상태 변수로 선정되기 위해서는 변수들이 선형 독립이 되어야 하며, 선정되는 상태 변수의 수는 최소이어야 한다.

3.4 상태 공간 표현의 응용

이 절에서는 복잡한 실제 시스템들을 상태 공간에서 표현해 보기로 한다. 시스템을 상태 공간에서 표현하기 위한 첫 단계는 상태 벡터를 정하는 것인데 다음 조건에 따라 정한다.

1. 시스템의 상태를 완전하게 나타내기 위한 최소의 상태 변수가 선정되어야 한다. 이 때 선정되는 상태 변수는 상태 벡터의 구성 요소가 된다.
2. 상태 벡터를 구성하는 요소들(상태 변수들)은 선형 독립이어야 한다.

이러한 내용을 검토하고 확인해 보자.

선형 독립 상태 변수

시스템 내의 변수들이 상태 변수로 구성되기 위해서는 선형 독립이 되어야 한다. 예를 들어, x_1, x_2와 x_3를 상태 변수로 선택하였는데, $x_3 = 5x_1 + 4x_2$가 된다면 x_1과 x_2로부터 x_3가 정해지기 때문에, 3.3절의 선형 독립 정의로부터 x_3는 x_1과 x_2와 선형 독립이 되지 않는다. 따라서 x_3는 상태 변수가 되지 않는다. 변수 사이의 관계가 미분 관계이면 변수들은 선형 독립이 된다. 예로 인덕터 양단 전압 v_L과 인덕터에 흐르는 전류 i_L은 $v_L = L\dfrac{di_L}{dt}$의 미분 관계이므로 선형 독립이다. 따라서 v_L은 전류 i_L의 선형 조합으로 나타낼 수 없다.

상태 변수의 최소 수

선택하고자 하는 상태 변수의 최소 수는 어떻게 알 수 있는가? 일반적으로 요구되는 상태 변수의 최소 수는 시스템을 나타내는 미분 방정식의 차수와 같다. 예를 들어 시스템이 3차 미분 방정식으로 표현된다면, 3개의 상태 변수와 함께 3개의 1차 연립 미분 방정식을 세워야 한다. 시스템이 전달 함수로 표시되는 경우 필요한 상태 변수의 최소 수는 전달 함수에서 분자항과 분모항의 공통 인수가 상쇄된 분모항의 차수가 된다.

상태 변수의 수를 결정하는 또 다른 방법은 시스템에서 독립적인 에너지 축적 소자들의 수를 아는 것이다.[5] 이 에너지 축적 소자 수는 미분 방정식의 차수와 상태 변수 수와 같게 된다. 그림 3.2의

5 독립적인 에너지 축적 소자가 얼마나 많이 있는지를 시스템 구조도에서 명확하게 알 수 없을 때가 종종 있다. 꼭 필요한 에너지 축적 소자보다 더 많이 선정되면 상태 벡터를 구성하는 변수 상호 간에 선형 독립이 되지 않을 수도 있다. 선형 독립이 아닌 에너지 축적 소자가 추가로 선정되면 시스템 행렬의 차원이 높아지므로 상태 방정식의 해를 구하는 것이 더 복잡하게 된다.

경우 에너지 축적 소자인 콘덴서와 인덕터가 각각 한 개씩 있어서 2개의 상태 변수와 상태 방정식이 필요하다.

상태 변수가 너무 적게 선정되면 어떤 시스템 변수들은 선정된 상태 변수들의 선형 결합으로 나타낼 수 없기 때문에 특정한 출력 방정식은 세울 수 없게 된다. 또한 많은 경우 상태 변수의 도함수가 적게 선정된 상태 변수들의 선형 결합으로 나타낼 수 없기 때문에 상태 방정식조차도 완전하게 세울 수 없다.

상태 변수를 필요한 만큼 최소로 선정하였지만 선형 독립이 아니면 모든 시스템 변수들을 구할 수 없으며 심지어는 상태 방정식조차도 세울 수 없게 된다.

흔히, 상태 벡터는 상태 변수로서 필요한 최소 수 이상의 변수를 포함하게 되는데 두 가지 경우로 생각할 수 있다. 기계 시스템에서 위치와 속도와 같은 시스템의 물리적 변수를 상태 변수로 택할 수 있는데 이들 변수는 선형 독립이지만 다른 시스템 변수를 구하는 데는 독립적으로 요구되지 않는다. 즉, 어떤 선형 독립 변수들은 다른 선형 독립 변수이나 시스템 변수를 구하는데 필요 없게 된다. 질량의 속도가 v일 때 $Mdv/dt + Dv = f(t)$의 미분 방정식으로 주어지는 질량과 점성 제동기를 생각해 보자. 이 시스템은 1차 미분 방정식으로 표시되기 때문에 상태 공간에서 표현하기 위해서는 상태 변수가 속도인 한 개의 상태 방정식이면 족하다. 또한 에너지 축적 소자가 질량 한 개이므로 시스템을 상태 공간에서 표현하기 위해서는 하나의 상태 방정식만이 필요하다. 그러나 질량은 속도와 선형 독립인 위치와도 관련된다. 속도와 함께 위치를 상태 벡터에 포함시키길 원하면 속도와 선형 독립인 위치를 상태 변수로 추가시킬 수 있으며, 그림 3.4와 같이 된다. 처음 블록은 $Mdv(t)/dt + Dv(t) = f(t)$를 전달 함수로 나타낸 것이고, 두 번째 블록은 속도를 적분하여 변위를 출력시키는 것을 나타내었다 (표 2.2 10항을 보라). 따라서, 변위를 출력으로 하면 두 전달 함수를 곱해야 하기 때문에 분모항이나 특성 방정식의 차수는 2차로 증가하게 된다. 이와 같이, 상태 변수를 추가시킴으로써 상태 방정식을 세우기가 편리해진다.

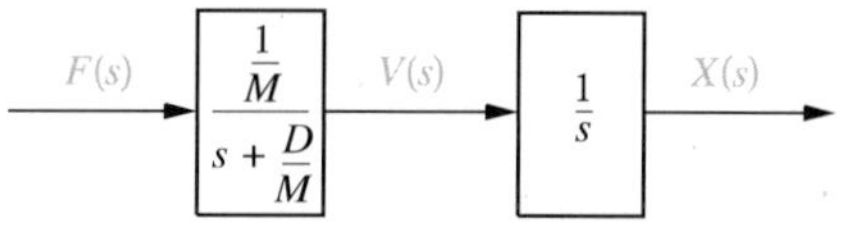

그림 3.4 질량과 제동기의 블록도

다른 상태 변수와 선형 독립이 아닌 변수가 추가되어 상태 벡터의 원소가 늘어나는 경우가 있다. 이것은 변수가 상태 변수로 선정되었으나 다른 상태 변수와의 종속성이 신속하고 명확하게 나타나지 않는 경우에 발생한다. 예를 들면, 에너지 축적 소자가 상태 변수로 선정될 때 다른 에너지 축적 소자에 대한 변수와의 종속성을 인지하지 못할 때가 있다. 이 경우 시스템 행렬의 차원이 불필요하게 증가되어 상태 벡터의 해를 구하는 것이 어려워진다. 또한 종속 상태 변수가 추가됨으로써 상태 공간 기법을 적용하여 설계하는 경우[6] 설계자 능력에 영향을 준다.

3.2절에서 상태 공간에서 시스템을 표현하는 것은 유일하지 않음을 알았다. 다음 예제에서 상태 변수를 선택하고 상태 공간에서 시스템을 표현하는 방법을 설명하고자 한다. 각 에너지 축적 소자에 대한 미분 방정식을 세우고 각 미분항을 시스템 변수와 입력의 선형 결합으로 표시한다. 다음으로 미분항에 포함되는 변수를 상태 변수로 정하고 미분 방정식에 포함되는 시스템 변수들을 상태 변수와 입력으로 나타낸다. 끝으로 출력변수는 상태 변수와 입력의 선형 결합으로 나타낸다.

6 상태 공간 기법에 의한 설계는 12장을 참조하라.

예제 3.1 회로망을 상태 공간에서 표현

문제 그림 3.5의 회로망에서 저항에 흐르는 전류를 출력으로 할 때, 이 회로망을 상태 공간에서 나타내어라.

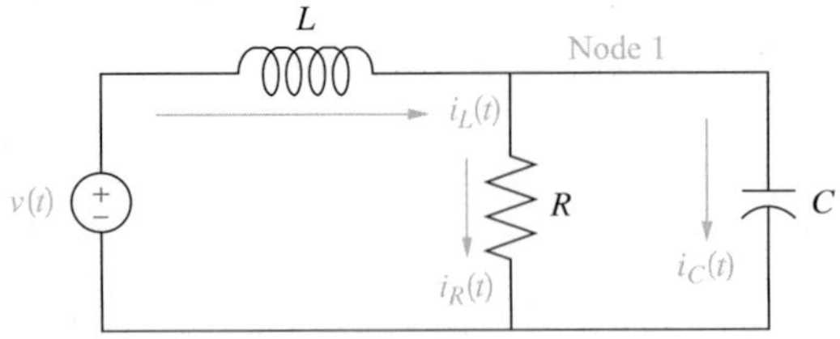

그림 3.5 상태 공간에서 나타내기 위한 회로망

풀이 다음 절차에 따라 회로망을 상태 공간에서 나타낸다.

1단계 회로망의 모든 가지(branch) 전류를 표시한다. 이 전류들은 그림 3.5에서 보는 바와 같이 i_L, i_R과 i_C이다.

2단계 에너지 축적 소자인 인덕터와 콘덴서에서 미분 방정식을 세우고 상태 변수들을 선정한다. 즉,

$$C\frac{dv_C}{dt} = i_C \tag{3.22}$$

$$L\frac{di_L}{dt} = v_L \tag{3.23}$$

식 (3.22)와 식 (3.23)으로부터 미분항에 포함된 v_C와 i_L을 상태 변수로 선정한다. 식 (3.20)으로부터 식 (3.22)와 식 (3.23)의 우변이 상태 변수와 입력의 선형 결합으로 표시될 수 있다면 상태 방정식이 완성된다.

여기서 i_C와 v_L이 상태 변수가 아니므로, 다음 단계에서 i_C와 v_L을 상태 변수인 v_C와 i_L 및 입력 $v(t)$의 선형 결합으로 나타내기로 한다.

3단계 Kirchhoff의 전압 법칙과 전류 법칙을 적용하여 i_C와 v_L을 v_C와 i_L로 나타낸다. 마디 1에서

$$\begin{aligned} i_C &= -i_R + i_L \\ &= -\frac{1}{R}v_C + i_L \end{aligned} \tag{3.24}$$

이므로 i_C는 상태 변수 v_C와 i_L로 표시된다. 바깥쪽 루프에서,

$$v_L = -v_C + v(t) \tag{3.25}$$

이 성립되므로, v_L은 상태 변수 v_C와 전원 $v(t)$로 표시된다.

4단계 식 (3.24)와 식 (3.25)를 식 (3.22)와 식 (3.23)에 대입하면 다음과 같은 상태 방정식을 얻는다.

$$C\frac{dv_C}{dt} = -\frac{1}{R}v_C + i_L \tag{3.26a}$$

$$L\frac{di_L}{dt} = \quad -v_C + v(t) \tag{3.26b}$$

또는

$$\frac{dv_C}{dt} = -\frac{1}{RC}v_C + \frac{1}{C}i_L \tag{3.27a}$$

$$\frac{di_L}{dt} = \quad -\frac{1}{L}v_C + \frac{1}{L}v(t) \tag{3.27b}$$

5단계 출력은 $i_R(t)$ 이므로 출력 방정식은 다음과 같다.

$$i_R = \frac{1}{R}v_C \tag{3.28}$$

식 (3.27)과 식 (3.28)을 벡터-행렬식으로 나타낸 상태 공간에서의 최종 표현식은 다음과 같다.

$$\begin{bmatrix} \dot{v}_C \\ \dot{i}_L \end{bmatrix} = \begin{bmatrix} -1/(RC) & 1/C \\ -1/L & 0 \end{bmatrix} \begin{bmatrix} v_C \\ i_L \end{bmatrix} + \begin{bmatrix} 0 \\ 1/L \end{bmatrix} v(t) \tag{3.29a}$$

$$i_R = [1/R \quad 0] \begin{bmatrix} v_C \\ i_L \end{bmatrix} \tag{3.29b}$$

여기서 좌변은 상태 벡터의 미분이다.

상태 공간에서 실제 시스템을 나타내는 것을 명확하게 하기 위하여 다음 두 가지 예를 더 살펴보기로 하자. 첫 번째 예는, 종속 전원을 가진 회로망으로 앞의 예제와 유사하지만 좀 더 복잡하다. 두 번째 예는, 기계 시스템을 상태 공간에서 나타내는 것이다.

예제 3.2 종속 전원을 포함하는 회로망을 상태 공간에서 표현

문제 출력 벡터를 $\mathbf{y} = [v_{R_2} \quad i_{R_2}]^T$ 로 정할 때, 그림 3.6의 회로망에 대한 상태 방정식과 출력 방정식을 구하라. 여기서 T는 전치(transpose) 행렬을 나타낸다.[7]

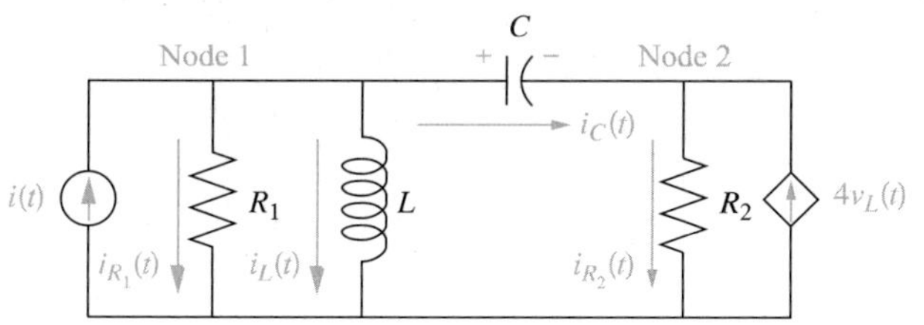

그림 3.6 예제 3.2를 위한 회로망

풀이 이 회로망은 전압-종속 전류원(voltage dependent current source)을 가진다.

1단계 그림 3.6과 같이 회로망의 가지 전류를 표시한다.

2단계 모든 에너지축적 소자에 대한 전압-전류 관계식으로부터 상태 변수를 선정한다.

$$L\frac{di_L}{dt} = v_L \tag{3.30a}$$

$$C\frac{dv_C}{dt} = i_C \tag{3.30b}$$

7 전치 행렬에 대한 내용은 www.wiley.com/go/Nise/ControlSystemsEngineering8e 웹페이지의 부록 G를 참조하라.

식 (3.30)으로부터 미분항의 변수를 상태 변수로 선정하는데 상태 변수 x_1과 x_2는 다음과 같다.

$$x_1 = i_L; \quad x_2 = v_C \tag{3.31}$$

3단계 상태 방정식의 형태가

$$\dot{\mathbf{x}} = \mathbf{Ax} + \mathbf{Bu} \tag{3.32}$$

이므로 식 (3.30)의 우변을 상태 변수와 입력 전류원의 선형 결합으로 나타낸다. Kirchhoff의 전압 법칙과 전류 법칙을 적용하면 v_L과 i_C는 상태 변수와 입력 전류원으로 나타낼 수 있다. L과 C를 포함하는 루프에서 v_L은 다음과 같다.

$$v_L = v_C + v_{R_2} = v_C + i_{R_2}R_2 \tag{3.33}$$

그러나 마디 2에서 $i_{R_2} = i_C + 4v_L$이므로 이 식을 식 (3.33)에 대입하면

$$v_L = v_C + (i_C + 4v_L)R_2 \tag{3.34}$$

이 된다. 따라서 식 (3.34)로부터 v_L은 다음과 같다.

$$v_L = \frac{1}{1 - 4R_2}(v_C + i_C R_2) \tag{3.35}$$

여기서 v_C가 상태 변수이므로 i_C도 상태 변수로 나타내어 v_L을 상태 변수들로 표시하도록 한다. 마디 1에서 전류의 합은 다음과 같다.

$$\begin{aligned} i_C &= i(t) - i_{R_1} - i_L \\ &= i(t) - \frac{v_{R_1}}{R_1} - i_L \\ &= i(t) - \frac{v_L}{R_1} - i_L \end{aligned} \tag{3.36}$$

여기서 $v_{R_1} = v_L$이다. 식 (3.35)와 식 (3.36)은 v_L과 i_C를 상태 변수 i_L과 v_C로 나타내는 방정식이다. 식 (3.35)와 식 (3.36)을 정리하면 다음과 같이 v_L과 i_C를 상태 변수 i_L과 v_C의 선형 결합으로 나타내는 연립 방정식이 얻어진다.

$$(1 - 4R_2)v_L - R_2 i_C = v_C \tag{3.37a}$$

$$-\frac{1}{R_1}v_L - i_C = i_L - i(t) \tag{3.37b}$$

식 (3.37)로부터 v_L과 i_C를 구하면 다음과 같다.

$$v_L = \frac{1}{\Delta}[R_2 i_L - v_C - R_2 i(t)] \tag{3.38}$$

$$i_C = \frac{1}{\Delta}\left[(1 - 4R_2)i_L + \frac{1}{R_1}v_C - (1 - 4R_2)i(t)\right] \tag{3.39}$$

여기서

$$\Delta = -\left[(1 - 4R_2) + \frac{R_2}{R_1}\right] \tag{3.40}$$

식 (3.38)과 식 (3.39)를 식 (3.30)에 대입하여 정리한 후 벡터-행렬식으로 나타내면 다음과 같은 상태 방정식이 된다.

$$\begin{aligned}\begin{bmatrix} \dot{i}_L \\ \dot{v}_C \end{bmatrix} &= \begin{bmatrix} R_2/(L\Delta) & -1/(L\Delta) \\ (1-4R_2)/(C\Delta) & 1/(R_1 C\Delta) \end{bmatrix} \begin{bmatrix} i_L \\ v_C \end{bmatrix} \\ &\quad + \begin{bmatrix} -R_2/(L\Delta) \\ -(1-4R_2)/(C\Delta) \end{bmatrix} i(t)\end{aligned} \tag{3.41}$$

4단계 출력 변수가 v_{R_2}와 i_{R_2}이므로 C, L과 R_2를 포함하는 루프에서 다음과 같은 출력 방정식을 얻는다.

$$v_{R_2} = -v_C + v_L \tag{3.42a}$$

$$i_{R_2} = i_C + 4v_L \tag{3.42b}$$

식 (3.38)과 식 (3.39)를 식 (3.42)에 대입하면 v_{R_2}와 i_{R_2}는 상태 변수 i_L과 v_C의 선형 결합으로 표시되며 벡터-행렬식으로 나타내면 다음과 같다.

$$\begin{bmatrix} v_{R_2} \\ i_{R_2} \end{bmatrix} = \begin{bmatrix} R_2/\Delta & -(1+1/\Delta) \\ 1/\Delta & (1-4R_1)/(\Delta R_1) \end{bmatrix} \begin{bmatrix} i_L \\ v_C \end{bmatrix} + \begin{bmatrix} -R_2/\Delta \\ -1/\Delta \end{bmatrix} i(t) \tag{3.43}$$

다음은 기계 시스템을 상태 공간에서 표현하는 예제이다. 기계 시스템에서는 에너지 축적 소자보다 운동 방정식으로부터 직접 상태 방정식을 얻는 것이 편리하다. 예를 들어 $F = Kx$로 표시되는 스프링과 같은 에너지 축적 소자를 생각해 보자. 이 관계식은 콘덴서에서는 $i = C\,dv/dt$이고, 인덕터에서는 $v = L\,di/dt$인 회로망의 경우와는 달리 물리적 변수에 대한 미분식이 아니므로 기계 시스템에서는 위치와 속도를 상태 변수로 정한다. 따라서 3개의 에너지 축적 소자를 갖는 경우에도 4개의 상태 변수가 정해질 수 있으며 추가되는 상태 변수 때문에 상태 방정식을 쉽게 세울 수 있다. 가해지는 힘에 대해 물체의 변위는 4차 전달 함수로 표시되며 가해지는 힘에 대해 속도는 3차 전달 함수로 표시되는데 독자 스스로 확인해 보기 바란다.

예제 3.3 병진 운동을 하는 기계 시스템을 상태 공간에서 표현

문제 그림 3.7의 병진 운동을 하는 기계 시스템에 대한 상태 방정식을 세워라.

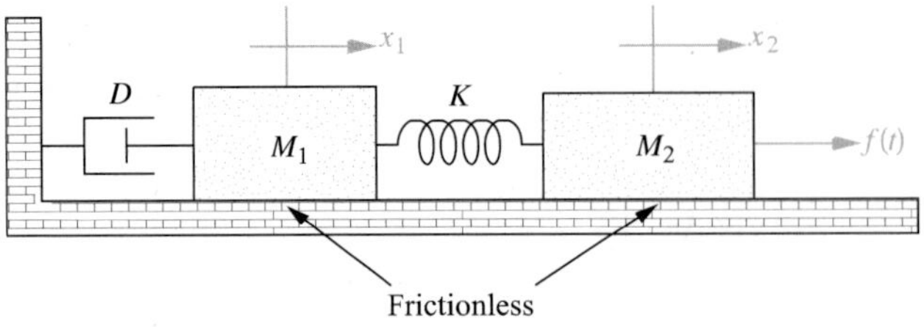

그림 3.7 병진 운동을 하는 기계 시스템

풀이 2장의 방법에 따라 그림 3.7의 시스템에 대한 미분 방정식을 세우면 다음과 같다. 단, 초기 조건은 0이라 가정하였다.

$$M_1\frac{d^2x_1}{dt^2}+D\frac{dx_1}{dt}+Kx_1-Kx_2=0 \tag{3.44}$$

$$-Kx_1+M_2\frac{d^2x_2}{dt^2}+Kx_2=f(t) \tag{3.45}$$

여기서 $d^2x_1/dt^2=dv_1/dt$와 $d^2x_2/dt^2=dv_2/dt$이므로 x_1, v_1, x_2, v_2를 상태 변수로 정한다. 식 (3.44)에서 dv_1/dt를 구하고, 식 (3.45)에서 dv_2/dt를 구하면, 두 개의 상태 방정식이 얻어지므로 다음과 같은 상태 방정식을 얻을 수 있다.

$$\frac{dx_1}{dt}=+v_1 \tag{3.46a}$$

$$\frac{dv_1}{dt}=-\frac{K}{M_1}x_1-\frac{D}{M_1}v_1+\frac{K}{M_1}x_2 \tag{3.46b}$$

$$\frac{dx_2}{dt}=+v_2 \tag{3.46c}$$

$$\frac{dv_2}{dt}=+\frac{K}{M_2}x_1-\frac{K}{M_2}x_2+\frac{1}{M_2}f(t) \tag{3.46d}$$

식 (3.46)을 벡터-행렬식으로 나타내면

$$\begin{bmatrix}\dot{x}_1\\ \dot{v}_1\\ \dot{x}_2\\ \dot{v}_2\end{bmatrix}=\begin{bmatrix}0 & 1 & 0 & 0\\ -K/M_1 & -D/M_1 & K/M_1 & 0\\ 0 & 0 & 0 & 1\\ K/M_2 & 0 & -K/M_2 & 0\end{bmatrix}\begin{bmatrix}x_1\\ v_1\\ x_2\\ v_2\end{bmatrix}+\begin{bmatrix}0\\ 0\\ 0\\ 1/M_2\end{bmatrix}f(t) \tag{3.47}$$

이 되고 좌변은 상태 벡터의 미분이다. 이 시스템에서 출력을 $x_2(t)$라 할 때, 출력 방정식은 각자 세워보기 바란다.

숙련예제 3.1

문제 그림 3.8의 회로망을 상태 공간에서 나타내어라. 출력은 $v_0(t)$이다.

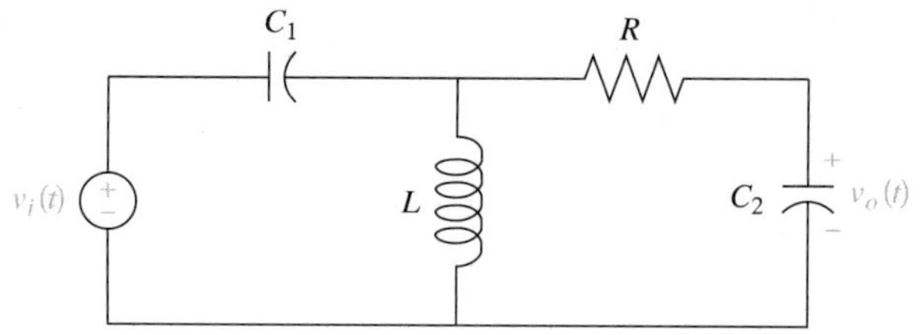

그림 3.8 숙련예제 3.1에 대한 회로망

풀이

$$\dot{\mathbf{x}} = \begin{bmatrix} 1/C_1 & 1/C_1 & -1/C_1 \\ -1/L & 0 & 0 \\ 1/C_2 & 0 & -1/C_2 \end{bmatrix}\mathbf{x} + \begin{bmatrix} 0 \\ 1 \\ 0 \end{bmatrix} v_i(t)$$

$$y = \begin{bmatrix} 0 & 0 & 1 \end{bmatrix}\mathbf{x}$$

풀이 과정은 www.wiley.com/go/Nise/ControlSystemsEngineering8e 웹페이지를 참조하라.

숙련예제 3.2

문제 그림 3.9의 병진 운동하는 기계 시스템을 상태 공간에서 나타내어라. 출력은 $x_3(t)$이다.

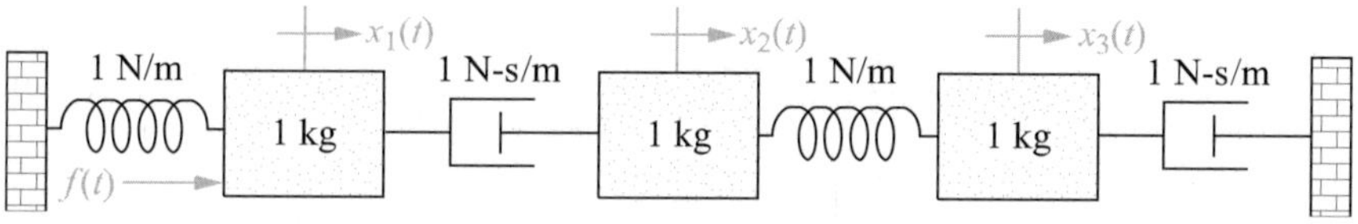

그림 3.9 숙련예제 3.2에 대한 병진 운동하는 기계 시스템

풀이

$$\dot{\mathbf{z}} = \begin{bmatrix} 0 & 1 & 0 & 0 & 0 & 0 \\ -1 & -1 & 0 & 1 & 0 & 0 \\ 0 & 0 & 0 & 1 & 0 & 0 \\ 0 & 1 & -1 & -1 & 1 & 0 \\ 0 & 0 & 0 & 0 & 0 & 1 \\ 0 & 0 & 0 & 0 & -1 & -1 \end{bmatrix}\mathbf{z} + \begin{bmatrix} 0 \\ 1 \\ 0 \\ 0 \\ 0 \\ 0 \end{bmatrix} f(t)$$

$$y = \begin{bmatrix} 0 & 0 & 0 & 0 & 1 & 0 \end{bmatrix}\mathbf{z}$$

여기서

$$\mathbf{z} = \begin{bmatrix} x_1 & \dot{x}_1 & x_2 & \dot{x}_2 & x_3 & \dot{x}_3 \end{bmatrix}^T$$

이다.

풀이 과정은 www.wiley.com/go/Nise/ControlSystemsEngineering8e 웹페이지를 참조하라.

3.5 전달 함수를 상태 공간 표현식으로 변환

앞 절에서는 전기 회로와 기계 시스템을 상태 공간에서 나타내는 방법에 대해 알아보았다. 이 절에서는 전달 함수로 나타낸 시스템을 상태 공간식으로 변환시키는 방법에 대해 설명하기로 한다. 시스템을 상태 공간에서 나타냄으로써 얻는 이점은 디지털 컴퓨터를 이용하여 실제 시스템을 시뮬레이션할 수 있다는 것이다. 따라서 전달 함수로 나타낸 시스템을 시뮬레이션하려면 전달 함수를 상태 공간식으로 변환시켜야 한다.

먼저 각 변수의 관계가 1차 미분 관계로 정의되는 상태 변수 집합을 정한다. 이와 같은 상태 변수를 **위상 변수**(*phase variable*)라 한다. 상태 변수를 정하는 다른 방법은 5장에서 소개하기로 한다.

계수가 상수인 일반적인 n차 선형 미분 방정식을 상태 공간에서 위상 변수형(phase- variable form)으로 나타내는 방법에 대해 알아보고 전달 함수에 적용시켜 보자.

미분 방정식이 다음과 같이 주어진다고 하자.

$$\frac{d^n y}{dt^n} + a_{n-1}\frac{d^{n-1}y}{dt^{n-1}} + \cdots + a_1\frac{dy}{dt} + a_0 y = b_0 u \tag{3.48}$$

다음과 같이 출력 $y(t)$와 출력을 $(n-1)$차까지 미분한 각각을 상태 변수로 선정하는 것이 편리하다.

$$x_1 = y \tag{3.49a}$$

$$x_2 = \frac{dy}{dt} \tag{3.49b}$$

$$x_3 = \frac{d^2y}{dt^2} \tag{3.49c}$$

$$\vdots$$

$$x_n = \frac{d^{n-1}y}{dt^{n-1}} \tag{3.49d}$$

이와 같이 선정된 상태 변수를 위상 변수라 하며 위 식의 양변을 미분하면 다음과 같다.

$$\dot{x}_1 = \frac{dy}{dt} \tag{3.50a}$$

$$\dot{x}_2 = \frac{d^2y}{dt^2} \tag{3.50b}$$

$$\dot{x}_3 = \frac{d^3y}{dt^3} \tag{3.50c}$$

$$\vdots$$

$$\dot{x}_n = \frac{d^n y}{dt^n} \tag{3.50d}$$

식 (3.49)를 식 (3.50)에 대입하면 다음과 같은 상태 방정식이 얻어진다.

$$\dot{x}_1 = x_2 \tag{3.51a}$$

$$\dot{x}_2 = x_3 \tag{3.51b}$$

$$\vdots$$

$$\dot{x}_{n-1} = x_n \tag{3.51c}$$

$$\dot{x}_n = -a_0x_1 - a_1x_2 \cdots -a_{n-1}x_n + b_0u \tag{3.51d}$$

여기서 식 (3.51d)는 식 (3.48)에서 d^ny/dt^n을 구하고 식 (3.49)에서 정의된 상태 변수를 대입하여 얻는다. 식 (3.51)을 벡터-행렬식으로 나타내면 다음과 같다.

$$\begin{bmatrix} \dot{x}_1 \\ \dot{x}_2 \\ \dot{x}_3 \\ \vdots \\ \dot{x}_{n-1} \\ \dot{x}_n \end{bmatrix} = \begin{bmatrix} 0 & 1 & 0 & 0 & 0 & 0 & \cdots & 0 \\ 0 & 0 & 1 & 0 & 0 & 0 & \cdots & 0 \\ 0 & 0 & 0 & 1 & 0 & 0 & \cdots & 0 \\ \vdots & & & & & & & \\ 0 & 0 & 0 & 0 & 0 & 0 & \cdots & 1 \\ -a_0 & -a_1 & -a_2 & -a_3 & -a_4 & -a_5 & \cdots & -a_{n-1} \end{bmatrix} \begin{bmatrix} x_1 \\ x_2 \\ x_3 \\ \vdots \\ x_{n-1} \\ x_n \end{bmatrix} + \begin{bmatrix} 0 \\ 0 \\ 0 \\ \vdots \\ 0 \\ b_0 \end{bmatrix} u \tag{3.52}$$

식 (3.52)는 위상 변수형 상태 방정식이다. 여기서 시스템 행렬의 마지막 행은 미분 방정식의 각 계수가 부호가 반대가 되어 배열되고 나머지는 0과 1이 배열된다.

끝으로 미분 방정식의 해는 $y(t)$ 또는 x_1이므로, 출력 방정식은 다음과 같다.

$$y = [1 \quad 0 \quad 0 \quad \cdots \quad 0] \begin{bmatrix} x_1 \\ x_2 \\ x_3 \\ \vdots \\ x_{n-1} \\ x_n \end{bmatrix} \tag{3.53}$$

요약하면 전달 함수를 위상 변수형 상태 방정식으로 변환하기 위해서는 먼저 전달 함수를 Laplace 역변환하여 미분 방정식으로 나타낸 후, 상태 공간에서 위상 변수형으로 나타낸다. 다음 예제를 살펴보자.

예제 3.4 분자항이 상수인 전달 함수의 변환

문제 그림 3.10(a)의 전달 함수를 상태 공간에서 위상 변수형으로 나타내어라.

풀이 1단계 전달 함수를 미분 방정식으로 나타낸다. 전달 함수가

$$\frac{C(s)}{R(s)} = \frac{24}{(s^3 + 9s^2 + 26s + 24)} \tag{3.54}$$

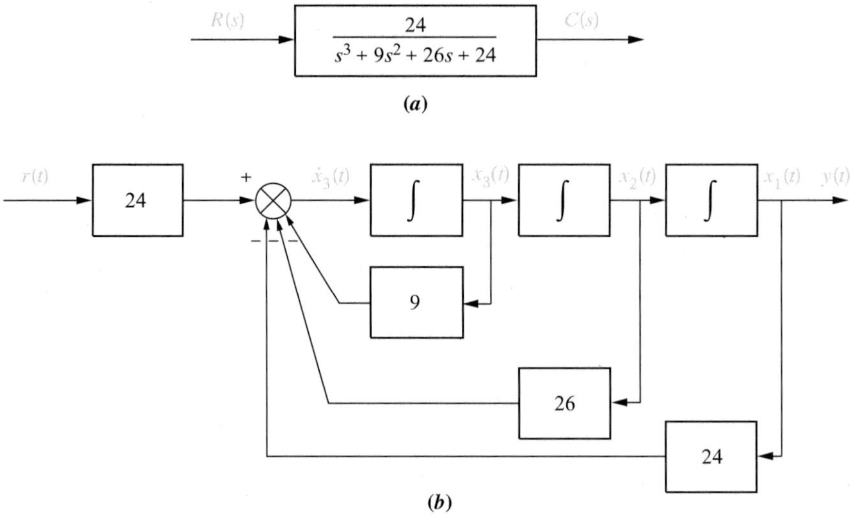

그림 3.10 a. 전달 함수 b. 위상 변수형으로 나타내기 위한 등가 블록도, 단 $y(t)=c(t)$

이므로 식 (3.54)에서 대각선으로 곱하면 다음 식이 얻어진다.

$$(s^3+9s^2+26s+24)C(s)=24R(s) \tag{3.55}$$

여기서 초기 조건을 0이라 가정하고 Laplace 역변환하면 다음과 같은 미분 방정식이 얻어진다.

$$\dddot{c}+9\ddot{c}+26\dot{c}+24c=24r \tag{3.56}$$

2단계 상태 변수를 정한다. 다음과 같이 출력 c를 계속 미분하여 각각을 상태 변수로 정한다.

$$x_1=c \tag{3.57a}$$

$$x_2=\dot{c} \tag{3.57b}$$

$$x_3=\ddot{c} \tag{3.57c}$$

식 (3.57)의 양변을 미분하여 $\dot{x}_1$, $\dot{x}_2$와 $\dddot{c}=\dot{x}_3$를 얻고 식 (3.56)을 대입하면 상태 방정식을 얻을 수 있으며, 출력은 $c=x_1$이므로 상태 방정식과 출력 방정식은 각각 다음과 같다.

$$\dot{x}_1= \qquad x_2 \tag{3.58a}$$

$$\dot{x}_2= \qquad\qquad x_3 \tag{3.58b}$$

$$\dot{x}_3=-24x_1-26x_2-9x_3+24r \tag{3.58c}$$

$$y=c=x_1 \tag{3.58d}$$

이것을 벡터-행렬식으로 나타내면 다음과 같다.

$$\begin{bmatrix}\dot{x}_1\\ \dot{x}_2\\ \dot{x}_3\end{bmatrix}=\begin{bmatrix}0&1&0\\0&0&1\\-24&-26&-9\end{bmatrix}\begin{bmatrix}x_1\\x_2\\x_3\end{bmatrix}+\begin{bmatrix}0\\0\\24\end{bmatrix}r \tag{3.59a}$$

$$y=[1\quad 0\quad 0]\begin{bmatrix}x_1\\x_2\\x_3\end{bmatrix} \tag{3.59b}$$

여기서 시스템 행렬의 세 번째 행은 전달 함수의 분모항의 계수의 부호가 반전되어 역순으로 배열되어 있음을 주목하라.

이제 그림 3.10(a)의 시스템에 대한 상태 변수가 나타나도록 등가 블록 선도를 그려보자. 그림 3.10(b)와 같이 3개의 적분 블록을 그리고 그림에서 보는 바와 같이 각 블록의 출력을 상태 변수 $x_i(t)$로 나타낸다. 각 적분기의 입력이 $x_i(t)$이므로 식 (3:58a), 식 (3.58b)와 식 (3.58c)을 이용하여 각 적분기의 입력을 나타낸다. 마지막으로 식 (3.58d)를 이용하여 출력 $y(t) = c(t)$를 나타내면 등가 블록 선도가 완성되며, 그림 3.10(b)와 같다. 이것은 그림 3.10(a)의 시스템을 상태 공간에서 나타낸 블록 선도이다.

MATLAB을 이용하고자 하는 학생들은 부록 B의 프로그램 ch3apB1부터 ch3apB4까지를 실행시켜야 한다. 프로그램을 수행시키면 MATLAB을 이용하여 시스템 행렬 A, 입력 행렬 B와 출력 행렬 C를 나타내는 방법을 배우게 된다. 또한 전달 함수를 상태 공간에서 위상 변수형으로 나타내는 방법을 배우게 되고 MATLAB을 이용하여 예제 3.4를 풀 수 있게 된다.

MATLAB
ML

예제 3.4에서는 전달 함수의 분자항이 상수였다. 그림 3.11(a)와 같이 전달 함수의 분자항이 분모항의 차수보다 작은 다항식일 때는 분모항과 분자항을 분리하여 취급한다. 먼저 그림 3.11(b)와 같이 전달 함수를 두 개의 블록이 종속 접속되도록 분리시킨다. 첫 번째 블록은 분모항에 대한 것이고, 두 번째 블록은 분자항에 대한 것이다. 첫 번째 블록의 전달 함수는 앞에서 설명한 것처럼 상태 공간에서 위상 변수형으로 나타낼 수 있다. 위상 변수 x_i은 그림 3.11(b)와 같이 첫 번째 블록에 포함된다. 두 번째 블록의 전달 함수로부터 다음 식을 얻는다.

$$Y(s) = C(s) = (b_2 s^2 + b_1 s + b_0)X_1(s) \tag{3.60}$$

여기서 초기 조건을 0으로 하고 Laplace 역변환하면

$$y(t) = b_2 \frac{d^2x_1}{dt^2} + b_1 \frac{dx_1}{dt} + b_0 x_1 \tag{3.61}$$

이 된다. 그러나 각 미분항은 첫 번째 블록에서 정의된 위상 변수로 나타낼 수 있으므로 다음과 같은 출력 방정식을 세울 수 있다.

$$y(t) = b_0 x_1 + b_1 x_2 + b_2 x_3 \tag{3.62}$$

따라서 두 번째 블록은 첫 번째 블록에서 정의된 상태 변수들의 선형 결합으로 이루어진다.

결과적으로 전달 함수의 분모항으로부터 상태 방정식이 얻어지고, 분자항으로부터 출력 방정식이 얻어짐을 알 수 있다. 다음 예를 살펴보자.

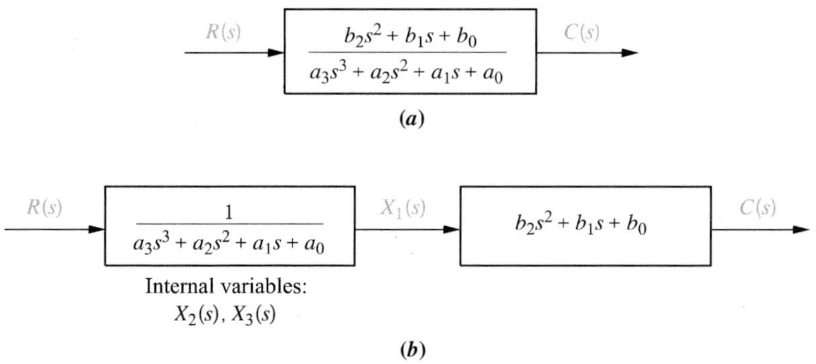

그림 3.11 전달 함수 분해

예제 3.5 다항식의 분자항을 가지는 전달 함수를 상태 공간에서 표현

문제 그림 3.12(a)의 전달 함수를 상태 공간에서 나타내어라.

풀이 이 문제는 예제 3.4와는 달리 s의 다항식으로 표시되는 분자항을 갖는다.

1단계 그림 3.12(b)와 같이 시스템을 두 개의 블록이 종속 접속되도록 분리시킨다. 첫째 블록은 분모항에 대한 것이고, 두 번째 블록은 분자항에 대한 것이다.

2단계 첫 번째 블록을 상태 방정식으로 나타내는데 분자가 예제 3.4의 1/24이므로 상태 방정식은 다음과 같다.

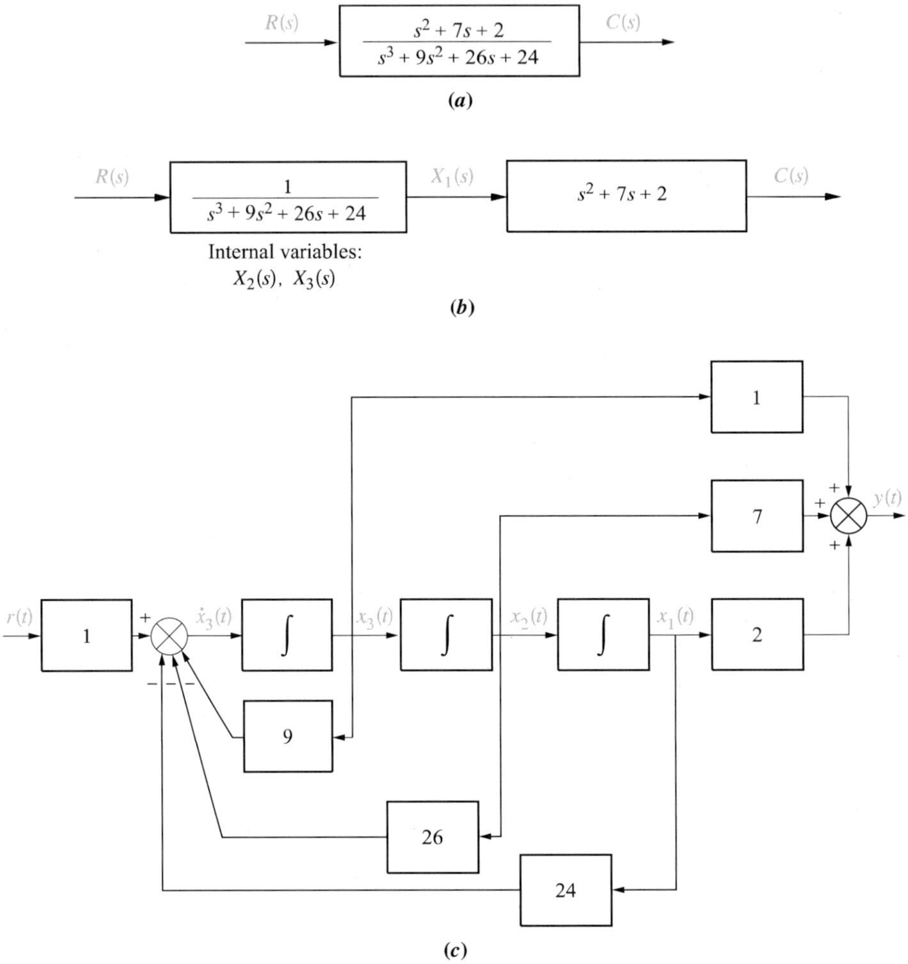

그림 3.12
a. 전달 함수
b. 전달 함수 분해
c. 등가 블록 선도
주 : $y(t)=c(t)$

$$\begin{bmatrix}\dot{x}_1\\ \dot{x}_2\\ \dot{x}_3\end{bmatrix}=\begin{bmatrix}0 & 1 & 0\\ 0 & 0 & 1\\ -24 & -26 & -9\end{bmatrix}\begin{bmatrix}x_1\\ x_2\\ x_3\end{bmatrix}+\begin{bmatrix}0\\ 0\\ 1\end{bmatrix}r \tag{3.63}$$

3단계 분자항에 대한 두 번째 블록에서 $b_2=1$, $b_1=7$, $b_0=2$이므로 출력은 다음과 같이 표시된다.

$$C(s)=(b_2s^2+b_1s+b_0)X_1(s)=(s^2+7s+2)X_1(s) \tag{3.64}$$

초기 조건을 0으로 하고, Laplace 역변환하면

$$c=\ddot{x}_1+7\dot{x}_1+2x_1 \tag{3.65}$$

이 된다. 여기서

$$x_1 = x_1$$
$$\dot{x}_1 = x_2$$
$$\ddot{x}_1 = x_3$$

이므로 출력은 다음과 같이 표현된다.

$$y = c(t) = b_2x_3 + b_1x_2 + b_0x_1 = x_3 + 7x_2 + 2x_1 \tag{3.66}$$

따라서 그림 3.11(b)의 두 번째 블록은 상태 변수들을 선형 결합시켜 출력을 얻도록 한다. 식 (3.66)으로부터 출력 방정식은 다음과 같다.

$$y = [b_0 \quad b_1 \quad b_2]\begin{bmatrix} x_1 \\ x_2 \\ x_3 \end{bmatrix} = [2 \quad 7 \quad 1]\begin{bmatrix} x_1 \\ x_2 \\ x_3 \end{bmatrix} \tag{3.67}$$

그림 3.12(b)의 두 번째 블록에는 상태 변수 x_1을 미분하는 항이 포함되지만 첫째 블록에서 정의된 상태 변수들이 선형 결합되어 출력이 되기 때문에 미분할 필요가 없다.
이 경우에도 상태 공간에서 시스템 모델을 나타내는 등가 블록 선도를 그릴 수 있다. 그림 3.12(b)의 첫째 블록은 그림 3.10(b)와 동일한 구조를 가지며 분자항의 상수값만 다르므로 그림 3.10(b)의 입력에 상수를 곱하여 일치시킨다. 또한 식 (3.66)을 이용하면 그림 3.12(b)의 두 번째 블록으로부터 출력이 얻어진다. 따라서 상태 공간에서 표현되는 등가 블록 선도는 그림 3.12(c)와 같다.

스스로 해보기 3.1

MATLAB을 이용하여 그림 3.12(a)의 전달 함수로부터 선형 불변 시스템을 나타내어라.
A행렬과 B행렬은 식 (3.63)에 나타나 있고, C행렬은 (3.67)에 나타난다.

```
num=[1 7 2];
den=[1 9 26 24];
[A,B,C,D]=tf2ss...
  (num,den);
P=[0 0 1;0 1 0;1 0 0];
A=inv(P)*A*P
B=inv(P)*B
C=C*P
```

숙련예제 3.3

문제 전달 함수 $G(s) = \dfrac{2s+1}{s^2+7s+9}$를 위상 변수형 상태 방정식과 출력 방정식으로 나타내어라.

풀이
$$\dot{\mathbf{x}} = \begin{bmatrix} 0 & 1 \\ -9 & -7 \end{bmatrix}\mathbf{x} + \begin{bmatrix} 0 \\ 1 \end{bmatrix} r(t)$$
$$y = [1 \quad 2]\mathbf{x}$$

풀이 과정은 www.wiley.com/go/Nise/ControlSystemsEngineering8e 웹페이지를 참조하라.

3.6 상태 공간에서 표현된 방정식을 전달 함수로 변환

2장에서는 시스템을 (1) 전달 함수로 나타내는 방법과 3장에서는 시스템을 (2) 상태 공간에서 나타내는 방법에 대해 설명하였으며, 앞 절에서는 전달 함수를 상태 공간 표현식으로 변환하는 방법을 소개하였다. 이 절에서는 상태 공간에서 표현된 시스템방정식을 전달 함수로 변환시키는 방법에 대해 설명하기로 한다.

상태 방정식과 출력 방정식이

$$\dot{\mathbf{x}} = \mathbf{Ax} + \mathbf{Bu} \tag{3.68a}$$

$$\mathbf{y} = \mathbf{Cx} + \mathbf{Du} \tag{3.68b}$$

로 주어질 때 초기 조건이 0이라 가정하고[8] 이 시스템을 Laplace 변환하면 다음과 같다.

$$s\mathbf{X}(s) = \mathbf{AX}(s) + \mathbf{BU}(s) \tag{3.69a}$$

$$\mathbf{Y}(\mathbf{s}) = \mathbf{CX}(s) + \mathbf{DU}(\mathbf{s}) \tag{3.69b}$$

식 (3.69a)에서 $\mathbf{X}(s)$를 구하면 다음과 같다.

$$(s\mathbf{I} - \mathbf{A})\mathbf{X}(s) = \mathbf{BU}(s) \tag{3.70}$$

또는

$$\mathbf{X}(s) = (s\mathbf{I} - \mathbf{A})^{-1}\mathbf{BU}(s) \tag{3.71}$$

여기서 $\mathbf{I}$는 단위 행렬(identity matrix)이다.
식 (3.71)을 식 (3.69a)에 대입하면

$$\mathbf{Y}(s) = \mathbf{C}(s\mathbf{I} - \mathbf{A})^{-1}\mathbf{BU}(s) + \mathbf{DU}(s) = [\mathbf{C}(s\mathbf{I} - \mathbf{A})^{-1}\mathbf{B} + \mathbf{D}]\mathbf{U}(s) \tag{3.72}$$

이 된다. 이것은 출력 벡터 $\mathbf{Y}(s)$와 입력 벡터 $\mathbf{U}(s)$의 관계를 나타내는 식이므로 행렬 $[\mathbf{C}(s\mathbf{I}-\mathbf{A})^{-1}\mathbf{B}+\mathbf{D}]$를 전달 함수 행렬(transfer function matrix)이라 한다. 그러나 $\mathbf{U}(s) = U(s)$이고 $\mathbf{Y}(s) = Y(s)$인 스칼라이면, 다음과 같은 전달 함수가 얻어진다.

$$T(s) = \frac{Y(s)}{U(s)} = \mathbf{C}(s\mathbf{I} - \mathbf{A})^{-1}\mathbf{B} + \mathbf{D} \tag{3.73}$$

다음 예제를 풀어보자.

예제 3.6 상태 공간에서 표현된 식을 전달 함수로 변환

문제 식 (3.74)로 주어지는 시스템의 전달 함수 $T(s) = Y(s)/U(s)$를 구하라. 여기서 $U(s)$는 입력이고 $Y(s)$는 출력이다.

$$\dot{\mathbf{x}} = \begin{bmatrix} 0 & 1 & 0 \\ 0 & 0 & 1 \\ -1 & -2 & -3 \end{bmatrix}\mathbf{x} + \begin{bmatrix} 10 \\ 0 \\ 0 \end{bmatrix}u \tag{3.74a}$$

$$y = \begin{bmatrix} 1 & 0 & 0 \end{bmatrix}\mathbf{x} \tag{3.74b}$$

풀이 식 (3.73)[9]의 $(s\mathbf{I}-\mathbf{A})^{-1}$을 구하기 위해 먼저 $(s\mathbf{I}-\mathbf{A})$을 구한다.

$$(s\mathbf{I} - \mathbf{A}) = \begin{bmatrix} s & 0 & 0 \\ 0 & s & 0 \\ 0 & 0 & s \end{bmatrix} - \begin{bmatrix} 0 & 1 & 0 \\ 0 & 0 & 1 \\ -1 & -2 & -3 \end{bmatrix} = \begin{bmatrix} s & -1 & 0 \\ 0 & s & -1 \\ 1 & 2 & s+3 \end{bmatrix} \tag{3.75}$$

8 벡터의 Laplace 변환은 각 성분을 Laplace 변환하면 된다. 상태 변수의 미분 $\dot{\mathbf{x}}$를 초기 조건을 0으로 하고 Laplace 변환하면 $sX_i(s)$가 된다. 여기서, $X_i(s)$는 각 상태 변수의 Laplace 변환식이다. Laplace 변환식 $sX_i(s)$에서 각 성분에 있는 복소 변수 s를 공통 인수로 묶으면, $\dot{\mathbf{x}}$에 대한 Laplace 변환은 $s\mathbf{X}(s)$로 된다. 여기서, $\mathbf{X}(s)$는 성분이 $X_i(s)$인 열 벡터이다.

9 역행렬을 계산하는 방법에 대해서는 www.wiley.com/go/Nise/ControlSystemsEngineering8e 웹페이지의 부록 G를 참조하라.

역행렬 $(s\mathbf{I}-\mathbf{A})^{-1}$은 다음과 같다.

$$(s\mathbf{I}-\mathbf{A})^{-1}=\frac{\text{adj}(s\mathbf{I}-\mathbf{A})}{\det(s\mathbf{I}-\mathbf{A})}=\frac{\begin{bmatrix}(s^2+3s+2) & s+3 & 1\\ -1 & s(s+3) & s\\ -s & -(2s+1) & s^2\end{bmatrix}}{s^3+3s^2+2s+1} \tag{3.76}$$

다음과 같이 주어지는 $\mathbf{B}$, $\mathbf{C}$, $\mathbf{D}$와

$$\mathbf{B}=\begin{bmatrix}10\\0\\0\end{bmatrix}$$
$$\mathbf{C}=\begin{bmatrix}1 & 0 & 0\end{bmatrix}$$
$$\mathbf{D}=0$$

역행렬 $(s\mathbf{I}-\mathbf{A})^{-1}$을 식 (3.73)에 대입하면 전달 함수가 얻어진다.

$$T(s)=\frac{10(s^2+3s+2)}{s^3+3s^2+2s+1} \tag{3.77}$$

MATLAB을 이용하려는 학생은 부록 B의 ch3apB5를 실행시켜야 한다. 이 프로그램으로부터 MATLAB을 이용하여 상태 공간 표현식을 전달 함수로 변환하는 방법을 배우게 된다. 또한 예제 3.6을 풀기 위한 MATLAB 프로그램을 작성할 수 있게 된다. MATLAB **ML**

MATLAB 연습 문제를 풀고 MATLAB의 Symbolic Math Toolbox에서 제공하는 기능을 이해하고자 하는 학생들은 www.wiley.com/go/Nise/ControlSystemsEngineering8e 웹페이지의 부록 F에 있는 ch3apF1를 수행시키기 바란다. 행렬과 벡터를 사용하기 위해서 Symbolic Math Toolbox를 이용하는 방법을 배우게 된다. Symbolic Math Toolbox를 이용한 MATLAB으로 예제 3.6을 풀 수 있음을 알게 될 것이다. Symbolic Math **SM**

숙련예제 3.4

문제 식 (3.78)로 주어지는 상태 방정식과 출력 방정식을 전달 함수로 변환하라.

$$\dot{\mathbf{x}}=\begin{bmatrix}-4 & -1.5\\ 4 & 0\end{bmatrix}\mathbf{x}+\begin{bmatrix}2\\0\end{bmatrix}u(t) \tag{3.78a}$$

$$y=\begin{bmatrix}1.5 & 0.625\end{bmatrix}\mathbf{x} \tag{3.78b}$$

풀이

$$G(s)=\frac{3s+5}{s^2+4s+6}$$

풀이 과정은 www.wiley.com/go/Nise/ControlSystemsEngineering8e 웹페이지를 참조하라.

스스로 해보기 3.2

MATLAB과 제어 시스템 Toolbox를 이용하여 숙련예제 3.4의 상태 변수 방정식 (3.78)로부터 전달 함수를 구하여라.

```
A=[-4 -1.5;4 0];
B=[2 0]';
C=[1.5 0.625];
D=0;
T=ss(A,B,C,D);
T=tf(T)
```

예제 3.6은 위상 변수형의 상태 방정식을 전달 함수로 변환시키는 예이다. 5장에서는 시스템을 상태 공간에서 위상 변수형 이외에 다른 형으로 나타내는 방법을 소개하기로 하는데 전달 함수로 변환시키는 방법은 같다.

3.7 선형화

전달 함수로 시스템을 표현하는 것보다 상태 공간에서 시스템을 표현하는 것이 나은 점은 그림 3.13과 같이 비선형성을 가지는 시스템을 나타낼 수 있다는 것이다. 비선형 시스템을 표현한다고 해서 상태 방정식의 해를 구하고 출력을 얻을 수 있다는 의미는 아니다. 비선형 상태 방정식의 해를 구하는 방법들이 있으나 여기서는 다루지 않는다. www.wiley.com/go/Nise/ControlSystemsEngineering8e 웹페이지에 있는 부록 H에서는 디지털 컴퓨터를 이용하여 상태 방정식을 푸는 방법에 대해 언급하게 되는데 이 방법은 비선형 상태 방정식에도 적용될 수 있다.

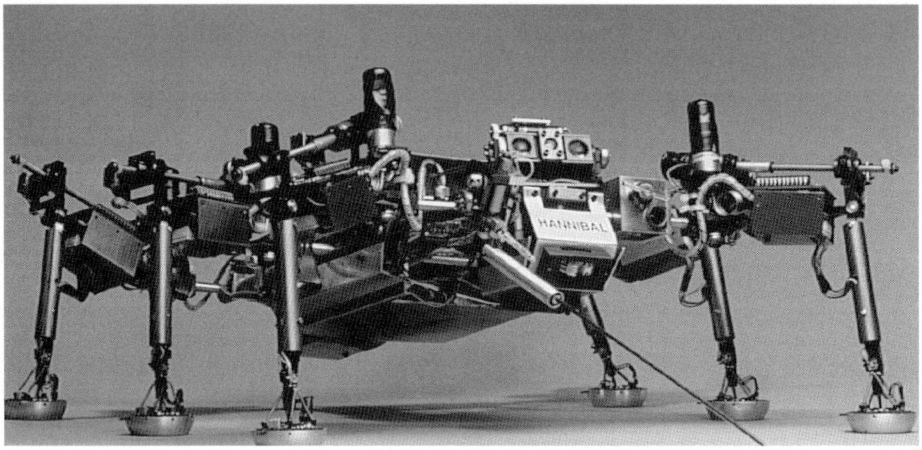

그림 3.13 Hannibal과 같은 걸어다니는 로봇은 다른 행성이나 화산의 내부와 같이 적진이거나 거친 지형을 탐사하는데 사용될 수 있다.

2장에서 언급된 선형화의 경우와 마찬가지로 평형점에서 작은 변동이 있다고 가정하고, 이 평형점에 대해 상태 방정식을 선형화할 수 있다. 평형점에 대해 선형화하는 방법은 Taylor 급수로 전개하는 것이다. 다음 예제는 단진자에 대한 상태 방정식을 세워 선형화하는 것인데 단진자의 운동 방정식은 비선형 상태 방정식이 된다. 단진자가 정지되어 속도가 0인 평형점에 대해 선형화한다.

예제 3.7 비선형 시스템의 표현

문제 그림 3.14(a)의 단진자를 상태 공간에서 표현한다(이것은 그림 3.13의 로봇 다리 모델과 유사하다). 여기서 Mg는 무게, T는 θ방향으로 가해지는 토크이고, L은 단진자의 길이이다. 단진자의 질량이 균일하게 분포되기 때문에 무게 중심은 단진자의 중앙에 위치한다고 가정한다. 단진자가 수직으로 정지되어 있기 때문에 각속도가 0인 평형점에 대해 비선형 상태 방정식을 선형화시켜라.

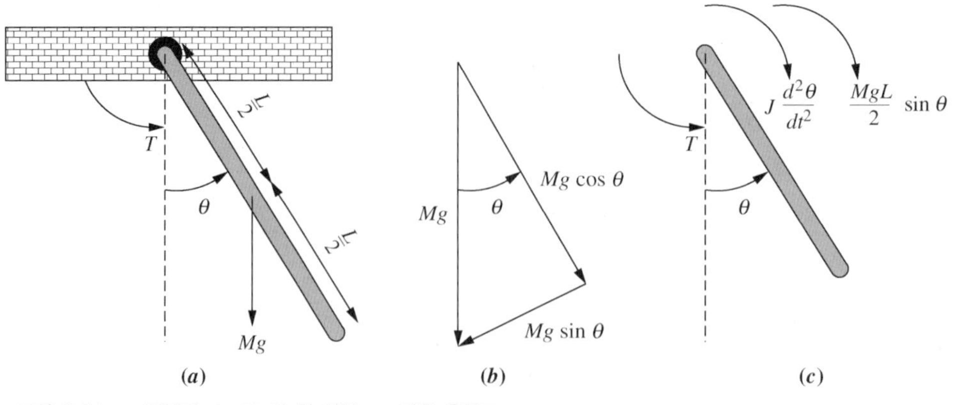

그림 3.14 a. 단진자 b. Mg의 힘 성분 c. 자유 운동도

풀이 그림 3.14(c)와 같은 자유 운동도를 그린다. 가해진 토크에 대한 운동 방정식은 다음과 같다.

$$J\frac{d^2\theta}{dt^2}+\frac{MgL}{2}\sin\theta=T \tag{3.79}$$

여기서 J는 단진자의 관성 모멘트이다. 상태 변수를 $x_1=\theta$와 $x_2=d\theta/dt$로 택하면, 다음과 같은 상태 방정식을 얻을 수 있다.

$$\dot{x}_1=x_2 \tag{3.80a}$$

$$\dot{x}_2=-\frac{MgL}{2J}\sin x_1+\frac{T}{J} \tag{3.80b}$$

여기서 $\dot{x}_2=d^2\theta/dt^2$는 식 (3.79)에서 결정한다.

이것은 비선형 시스템을 상태 공간식으로 나타낸 것이다. 식 (3.80)의 비선형 방정식은 0이 아닌 초기 조건을 가지는 경우뿐만 아니라, 질량과 같은 파라미터가 시간에 따라 변하는 경우에도 단진자를 상태 공간에서 나타낼 수 있는 효과적인 모델이다. 그러나 고전적인 기법을 적용하거나 상태 방정식을 전달 함수로 변환하고자 하면 이것을 선형화시켜야 한다. 따라서 평형점 $x_1=0,\ x_2=0$ (즉, $\theta=0,\ d\theta/dt=0$)에 대해 비선형 상태 방정식을 선형화시켜 보자.

x_1과 x_2가 평형점에서 다음과 같이 변동된다고 하자.

$$x_1=0+\delta x_1 \tag{3.81a}$$

$$x_2=0+\delta x_2 \tag{3.81b}$$

식 (2.182)를 이용하면 다음 식을 얻을 수 있다.

$$\sin x_1-\sin 0=\left.\frac{d(\sin x_1)}{dx_1}\right|_{x_1=0}\delta x_1=\delta x_1 \tag{3.82}$$

$$\sin x_1=\delta x_1 \tag{3.83}$$

식 (3.81)과 식 (3.83)을 식 (3.80)에 대입하면 비선형 상태 방정식은 다음과 같은 선형 상태 방정식으로 된다.

$$\dot{\delta x}_1=\delta x_2 \tag{3.84a}$$

$$\dot{\delta x}_2=-\frac{MgL}{2J}\delta x_1+\frac{T}{J} \tag{3.84b}$$

이 식은 식 (3.80)을 평형점 근처에서 선형화한 것으로 변동 범위가 적은 경우 선형화가 잘 일치한다. 출력 방정식은 여러분 스스로 세워 보기 바란다.

숙련예제 3.5

문제 그림 3.15의 병진 운동을 하는 기계 시스템을 평형점에서 상태 공간식으로 나타내어라. 스프링은 비선형 특성을 가지며, 힘과 변위 사이의 관계가 $f_s(t) = 2x_s^2(t)$로 주어진다. 가해지는 힘은 $f(t) = 10 + \delta f(t)$이며 $\delta f(t)$는 $10N$에서 미소 변화량이다. 출력은 질량의 변위 $x(t)$로 하라.

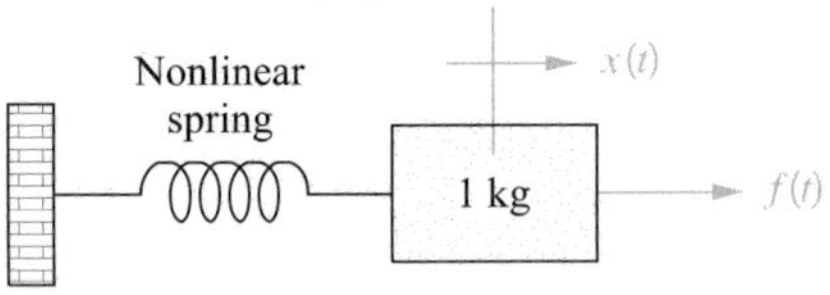

그림 3.15 숙련예제 3.5의 비선형 병진 운동을 하는 기계 시스템

풀이

$$\mathbf{x} = \begin{bmatrix} 0 & 1 \\ -4\sqrt{5} & 0 \end{bmatrix}\mathbf{x} + \begin{bmatrix} 0 \\ 1 \end{bmatrix}\delta f(t)$$

$$y = \begin{bmatrix} 1 & 0 \end{bmatrix}\mathbf{x}$$

풀이 과정은 www.wiley.com/go/Nise/ControlSystemsEngineering8e 웹페이지를 참조하라.

사례연구

안테나 제어 : 상태 공간 표현법

이 장에서는 실제 시스템을 상태 공간에서 나타내는 방법을 설명하였다. 5장에서는 이와 같은 시스템들을 조합시켜 피드백 제어 시스템으로 만들고 상태 공간에서 나타내기로 한다. 또한 신호 흐름도를 이용하여 상태 공간에서 표현된 부 시스템들을 상호 연결시키고 전체 페루프 시스템을 상태 공간에서 나타내는 방법을 소개하고자 한다. 다음 사례연구에서는 이 장에서 설명된 개념이 이해되도록 하기 위하여 안테나 방위각 제어 시스템의 각 부 시스템을 상태 공간에서 표현하기로 한다.

문제 부록 A2에 있는 configuration 1의 안테나 방위각 제어 시스템의 부 시스템 각각을 상태 공간에서 위상 변수형으로 나타내어라. 동적 시스템이므로 즉시 정상 상태에 도달하지 않는다. 1차 이상의 미분 방정식으로 표시되는 시스템은 동적 시스템이며, 순수 이득만을 갖는 시스템은 정적 시스템(static system)이다. 정적 시스템의 응답은 즉시 정상 상태에 도달한다.

풀이 안테나 방위각 제어 시스템의 각 부 시스템에 대한 특성 분석은 2장의 사례연구에서 이미 언급되었다. 전력 증폭기, 전동기와 부하는 동적 시스템이고 전단 증폭기와 전위차계는 순수 이득만으로 표현되는 정적 시스템이다. 따라서 전력 증폭기, 전동기와 부하만을 상태 공간에서 표현하기로 한다.

전력 증폭기 전력 증폭기의 전달 함수는 부록 A2에 $G(s) = 100/(s+100)$으로 주어졌으므로, 이 전달 함수를 변환하여 상태 공간에서 표현하기로 하자. 전력 증폭기의 입력을 $v_p(t)$라 하고 출력을 $e_a(t)$라 하면, 다음과 같은 식이 성립된다.

$$G(s) = \frac{E_a(s)}{V_p(s)} = \frac{100}{(s+100)} \tag{3.85}$$

대각선으로 곱하여 얻는 식 $(s+100)E_a(s) = 100V_p(s)$로부터 다음과 같은 미분방정식이 얻어진다.

$$\frac{de_a}{dt} + 100e_a = 100v_p(t) \tag{3.86}$$

식 (3.86)을 정리하고, 상태 변수가 e_a인 상태 방정식으로 나타내면 다음과 같다.

$$\frac{de_a}{dt} = -100e_a + 100v_p(t) \tag{3.87}$$

출력이 $e_a(t)$이므로, 출력 방정식은 다음과 같다.

$$y = e_a \tag{3.88}$$

전동기와 부하 전동기와 부하를 상태 공간에서 나타내기로 한다. 부록 A2에 있는 전동기와 부하에 대한 블록 선도를 이용할 수도 있으나, 전동기의 해석으로부터 직접 상태 공간 표현식을 유도할 수 있다. 여기서는 2.8절의 전동기 모델링 개념을 이용하여 전동기를 상태 공간에서 나타내기로 한다. 전기자 회로에 Kirchhoff의 전압 법칙을 적용하여 방정식을 세우면 다음과 같다.

$$e_a(t) = i_a(t)R_a + K_b\frac{d\theta_m}{dt} \tag{3.89}$$

여기서 $e_a(t)$는 전기자 입력 전압, $i_a(t)$는 전기자 전류, R_a는 전기자 저항, K_b는 전기자 상수이고, θ_m은 전기자의 각변위이다.

전동기의 토크 $T_m(t)$은 전기자 전류식과 전기자쪽에서 본 등가 부하의 운동 방정식으로 분리하여 나타낼 수 있는데 2.8절로부터 다음과 같다.

$$T_m(t) = K_t i_a(t) = J_m\frac{d^2\theta_m}{dt^2} + D_m\frac{d\theta_m}{dt} \tag{3.90}$$

여기서 J_m은 전기자쪽에서 본 등가 부하 관성이며, D_m은 전기자쪽에서 본 등가 점성 마찰이다.

식 (3.90)에서 $i_a(t)$를 구하여 식 (3.89)에 대입하면, 다음과 같다.

$$e_a(t) = \left(\frac{R_aJ_m}{K_t}\right)\frac{d^2\theta_m}{dt^2} + \left(\frac{D_mR_a}{K_t} + K_b\right)\frac{d\theta_m}{dt} \tag{3.91}$$

상태 변수 x_1과 x_2를

$$x_1 = \theta_m \tag{3.92a}$$

$$x_2 = \frac{d\theta_m}{dt} \tag{3.92b}$$

로 정의하고 식 (3.91)에 대입하면, 다음과 같다.

$$e_a(t) = \left(\frac{R_aJ_m}{K_t}\right)\frac{dx_2}{dt} + \left(\frac{D_mR_a}{K_t} + K_b\right)x_2 \tag{3.93}$$

식 (3.93)을 dx_2/dt에 대하여 정리하면

$$\frac{dx_2}{dt} = -\frac{1}{J_m}\left(D_m + \frac{K_tK_b}{R_a}\right)x_2 + \left(\frac{K_t}{R_aJ_m}\right)e_a(t) \tag{3.94}$$

이 되므로 식 (3.92)와 식 (3.94)로부터 다음과 같은 상태 방정식을 얻을 수 있다.

$$\frac{dx_1}{dt} = x_2 \tag{3.95a}$$

$$\frac{dx_2}{dt} = -\frac{1}{J_m}\left(D_m + \frac{K_t K_b}{R_a}\right)x_2 + \left(\frac{K_t}{R_a J_m}\right)e_a(t) \tag{3.95b}$$

출력 $\theta_o(t)$는 전기자 변위 x_1의 1/10이므로, 출력 방정식은 다음과 같다.

$$y = 0.1x_1 \tag{3.96}$$

상태 방정식과 출력 방정식을 벡터-행렬식으로 나타내면 다음과 같다.

$$\dot{\mathbf{x}} = \begin{bmatrix} 0 & 1 \\ 0 & -\frac{1}{J_m}\left(D_m + \frac{K_t K_b}{R_a}\right) \end{bmatrix}\mathbf{x} + \begin{bmatrix} 0 \\ \frac{K_t}{R_a J_m} \end{bmatrix} e_a(t) \tag{3.97a}$$

$$y = [0.1 \quad 0]\mathbf{x} \tag{3.97b}$$

여기에 2장의 사례연구에서 사용한 $J_m = 0.03$, $D_m = 0.02$, $K_t/R_a = 0.0625$와 $K_b = 0.5$를 식 (3.97a)에 대입하면, 상태 방정식과 출력 방정식은 다음과 같다.

$$\dot{\mathbf{x}} = \begin{bmatrix} 0 & 1 \\ 0 & -1.71 \end{bmatrix}\mathbf{x} + \begin{bmatrix} 0 \\ 2.083 \end{bmatrix} e_a(t) \tag{3.98a}$$

$$y = [0.1 \quad 0]\mathbf{x} \tag{3.98b}$$

도전문제 이 장에서 설명한 내용에 대한 이해를 증진시키기 위하여 다음 문제를 제시한다. 부록 A2에 있는 configuration 2의 안테나 방위각 제어 시스템의 각 부 시스템을 상태 공간에서 나타내어라.

인체 내에서 약 흡수

시스템을 전달 함수로 표현하는 것보다 상태 공간에서 표현하는 것이 나은 점은 시스템의 각 소자를 분리하여 다룰 수 있다는 점과, 한 개의 n차 미분 방정식으로 시스템을 표현하는 것이 아니라 n개의 1차 연립 미분 방정식으로 나타낼 수 있다는 것이다. 또한 다중 입력, 다중 출력 시스템도 상태 공간에서 적절하게 표현할 수 있다. 다음 사례연구에서 이와 같은 점을 알아보기로 한다.

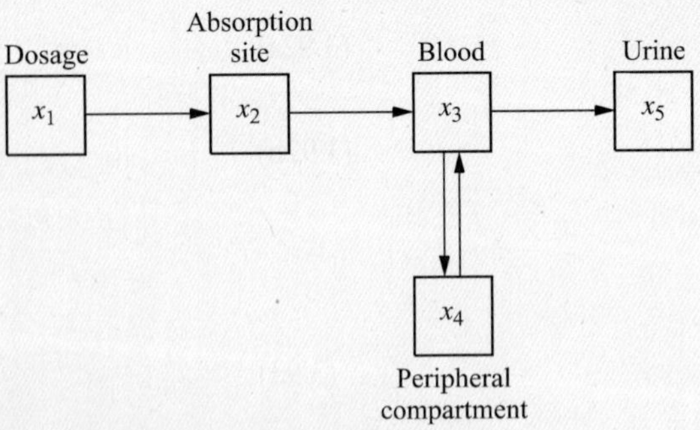

그림 3.16 인체 내에서 약이 흡수되는 과정

문제 제약 업체에서는 인체에 투여된 약이 인체 내에서 어떻게 흡수되는가에 대한 관심이 크다. 약이 흡수되는 과정은 투약, 흡수 기관, 혈액, 환부, 소변의 단계로 모델링된다. 각 단계에서 약이 흡수되는 양의 변화율은 입력되는 약의 유속에서 출력되는 약의 유속을 뺀 것과 같다. 이 시스템을 그림 3.16에 나타내었는데, x_i는 각 단계에서 약의 잔류량이 된다(*Lordi, 1972*). 각 단계의 출력을 약의 잔류량으로 할 때, 이 시스템을 상태 공간에서 표현하여라.

풀이 약이 흡수되는 각 과정에서 유입되는 약의 유속은 전 단계의 약의 농도에 비례하고 유출되는 약의 유속은 그 단계의 약의 농도에 비례한다. 각 단계에서의 약의 유속 방정식을 세워보자. 약이 투여되면 약은 투약 농도에 비례하는 유속으로 흡수 기관으로 이동하므로 다음 식이 성립된다.

$$\frac{dx_1}{dt} = -K_1 x_1 \tag{3.99}$$

흡수 기관의 유속은 투약 단계의 약의 농도에 비례하며, 흡수 기관에서 혈액으로 이동하는 약의 유속은 흡수 기관의 약의 농도에 비례하므로 다음 식을 세울 수 있다.

$$\frac{dx_2}{dt} = K_1x_1 - K_2x_2 \tag{3.100}$$

마찬가지로 혈액과 환부에서 약의 유속은 다음 식으로 표현된다.

$$\frac{dx_3}{dt} = K_2x_2 - K_3x_3 + K_4x_4 - K_5x_3 \tag{3.101}$$

$$\frac{dx_4}{dt} = K_5x_3 - K_4x_4 \tag{3.102}$$

여기서 $(K_4x_4 - K_5x_3)$는 환부에서 혈액으로 이동하는 총 유속이다. 마지막으로 소변에 포함되는 약의 잔류량은 혈액에 있는 약의 농도에 비례하므로 다음 식으로 나타낼 수 있다.

$$\frac{dx_5}{dt} = K_3x_3 \tag{3.103}$$

식 (3.99)로부터 식 (3.103)까지는 상태 방정식이고, 출력 방정식은 각 상태 변수의 선형 결합으로 표시되므로, 벡터-행렬 식으로 나타내면 다음과 같다.

$$\dot{\mathbf{x}} = \begin{bmatrix} -K_1 & 0 & 0 & 0 & 0 \\ K_1 & -K_2 & 0 & 0 & 0 \\ 0 & K_2 & -(K_3+K_5) & K_4 & 0 \\ 0 & 0 & K_5 & -K_4 & 0 \\ 0 & 0 & K_3 & 0 & 0 \end{bmatrix}\mathbf{x} \tag{3.104a}$$

$$\mathbf{y} = \begin{bmatrix} 1 & 0 & 0 & 0 & 0 \\ 0 & 1 & 0 & 0 & 0 \\ 0 & 0 & 1 & 0 & 0 \\ 0 & 0 & 0 & 1 & 0 \\ 0 & 0 & 0 & 0 & 1 \end{bmatrix}\mathbf{x} \tag{3.104b}$$

입력이 없는 이러한 방정식의 해를 어떻게 구할 것인가 하는 의문에 대한 답은 4장에서 상태 방정식을 푸는 방법을 다룰 때 설명하기로 하는데, 초기 조건에 의한 해가 됨을 알게 될 것이다. 이 문제의 경우 한번 투여된 약 x_1이 초기 조건이 되어 각 단계에서의 약의 잔류량이 된다.

도전문제 이 장의 내용을 얼마나 이해하고 있는 지를 확인하기 위해 다음 문제를 제시하고자 한다. 이 문제는 지하수층(aquifer) 내에 저장된 물의 양에 관련된 문제로 원리는 인체 내에서 약을 흡수하는 모델링에 적용된 것과 유사하다.

지하수층에 저장된 지하수는 건조 지역에서 농업 및 산업용으로 이용될 것이다. 지하수층은 천연 저장 탱크들이 상호 연결된 것으로 볼 수 있다. 지하수는 지하수층의 모래나 사암을 통하여 흐르는데, 탱크 안의 수위를 변동시키면서 바다로 흘러간다. 수원 보존 정책은 물이 바다로 흘러나가지 않도록 탱크마다 펌프를 이용하여 지하수를 퍼 올리는 것이다.

그림 3.17 지하수층 시스템 모델

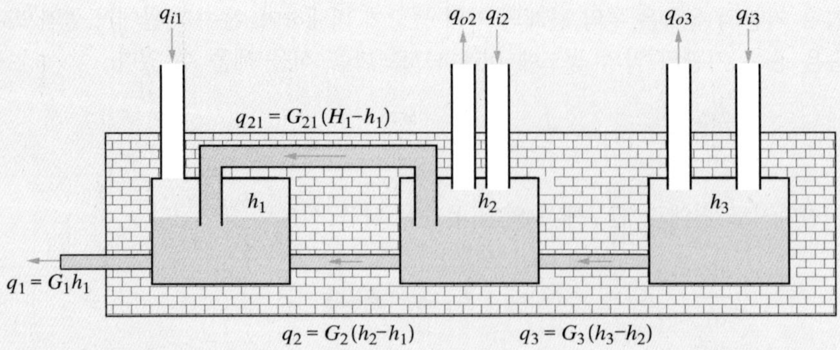

지하수층 시스템에 대한 모델은 그림 3.17과 같으며, 지하수층은 수위가 h_i 인 3개의 탱크로 표시된다. 각 q_n은 바다로 유입되는 지하수의 양으로 두 인접한 탱크 사이의 수위 차에 비례한다. 따라서 $q_n = G_n(h_n - h_{n-1})$이 성립되고, 여기서 G_n은 비례 상수이고, q_n의 단위는 m^3/yr이다.

지하수의 흐름은 다음 세 가지 요인 : (1) 농업 용수와 산업 용수로 사용하기 위해 탱크에서 퍼올리는 물의 양 q_{on}, (2) 지하 우물로부터 탱크에 공급되는 물의 양 q_{in}과 (3) 수원 보존 정책에 의해 바다로 흘러 나가지 않도록 하는 물의 양 q_{21}에 의한 것으로 가정하고 측정 단위는 m^3/yr로 한다. 이 모델에서는 농업 용수와 산업 용수는 탱크 2와 탱크 3에서 공급되며 수원 보존 정책은 탱크 1과 탱크 2에서 적용된다. 탱크 1의 기준 수위를 H_1이라 할 때, 탱크 1의 수위가 H_1 이하가 되면 탱크 2로부터 탱크 1로 물이 공급된다. 탱크 1의 수위 h_1이 기준 수위 H_1보다 높으면 물이 바다로 흘러 나가 손실되는 것을 막기 위해서 탱크 1의 물을 탱크 2로 되돌려 보낸다. 수원 보존을 위한 수량 q_{21}은 탱크 1의 수위 h_1과 기준 수위 H_1의 차에 비례하므로, $q_{21} = G_{21}(H_1 - h_1)$로 표시된다.

각 탱크 속으로 공급되는 수량은 각 탱크의 수위 변화율에 비례하므로 다음과 같이 나타낼 수 있다(*Kandel, 1973*).

$$C_n dh_n/dt = q_{in} - q_{on} + q_{n+1} - q_n + q_{(n+1)n} - q_{n(n-1)}$$

지하수층 시스템을 상태 공간에서 표현하여라. 단, 상태 변수와 출력은 각 탱크의 수위이다.

요약

이 장에서는 실제 시스템을 상태 공간에서 나타내는 방법을 다루었는데 초기 조건이 $\mathbf{x}(t_0)$이고 $t \geq t_0$인 시간에서 상태 방정식과 출력 방정식은 각각 다음과 같이 표현된다.

$$\dot{\mathbf{x}} = \mathbf{Ax} + \mathbf{Bu} \tag{3.105}$$

$$\mathbf{y} = \mathbf{Cx} + \mathbf{Du} \tag{3.106}$$

여기서 벡터 $\mathbf{x}$는 상태 벡터라 하며 벡터 성분은 상태 변수가 된다. 이 상태 변수들은 입력과 대수적으로 결합되어 식 (3.106)의 출력 방정식을 만들며, 이것으로부터 다른 시스템 변수를 구할 수 있다. 전류나 전압과 같은 물리적 양인 상태 변수들은 선형 독립이 되도록 선정되어야 한다. 상태 변수들의 선정은 유일하지 않기 때문에 행렬 $\mathbf{A}$, $\mathbf{B}$, $\mathbf{C}$, $\mathbf{D}$가 상태 변수의 선택에 따라 달라진다. 4장에서는 상태 방정식과 출력 방정식을 풀어 $\mathbf{x}$와 $\mathbf{y}$를 구하는 방법을 다룰 것이다.

이 장에서는 전달 함수를 상태 공간에서 표현하는 방법을 설명하였는데, 상태 공간에서 표현되는 형태는 위상 변수형으로 각 상태 변수들은 미분 관계를 갖는다. 3차 시스템을 상태 공간에서 위상 변수형으로 나타낼 때 시스템 행렬 **A**는 다음과 같다.

$$\begin{bmatrix} 0 & 1 & 0 \\ 0 & 0 & 1 \\ -a_0 & -a_1 & -a_2 \end{bmatrix} \tag{3.107}$$

여기서 a_i는 특성 방정식의 계수로 이것은 전달 함수의 분모의 계수와 같다. 이 장에서는 상태 공간에서 표현된 시스템을 전달 함수로 변환시키는 방법에 대해서도 설명하였다.

결론적으로 선형 시불변 시스템의 경우 시스템을 상태 공간에서 표현하는 것은 시스템을 수학적으로 모델링하는 또 다른 방법이다. 선형 시스템을 상태 공간에서 표현하는 가장 큰 장점은 컴퓨터로 시뮬레이션 할 수 있다는 것이다. 디지털 컴퓨터에서 시스템을 프로그램으로 나타내고 시스템 응답을 얻는 것은 해석과 설계의 중요한 과정이 된다. 시뮬레이션에 대해서는 www.wiley.com/go/Nise/ControlSystemsEngineering8e 웹페이지에 있는 부록 H를 참조하기 바란다.

복습문제

1. 시스템을 상태 공간에서 모델링하는 두 가지 이유를 말하라.
2. 상태 공간 기법이 전달 함수 기법보다 나은 점을 설명하라.
3. 상태 변수를 정의하라.
4. 상태를 정의하라.
5. 상태 벡터를 정의하라.
6. 상태 공간은 무엇인가?
7. 상태 공간에서 시스템을 표현하기 위해 필요한 것은 무엇인가?
8. 8차 시스템을 상태 공간에서 표현하기 위해서는 몇 개의 상태 방정식이 필요한가?
9. 상태 방정식은 상태 변수를 구하기 위해 1차 미분 방정식들로 구성되는 것이라면 출력 방정식은 어떤 기능을 하는가?
10. 선형 독립의 의미는 무엇인가?
11. 시스템에서 상태 변수를 선택하는데 영향을 미치는 것은 무엇인가?
12. 회로망에서 상태 변수를 선택하는 편리한 방법은 무엇인가?
13. 회로망이 세 개의 에너지-저장 소자를 가지고 있다면 이 회로망을 상태 공간에서 세 개 이상의 상태 변수로 표현하는 것이 가능한 지를 설명하라.
14. 상태 방정식을 위상 변수형으로 나타내면 상태 변수들은 어떤 관계가 되는가?

가상 탐구 실험실

실험 3.1

목표 MATLAB을 사용하여 다음을 이해한다.
(1) 선형 시불변 시스템을 상태 공간에서 표현한다.
(2) 상태 공간에서 표현된 선형 시불변 시스템의 전달 함수를 구한다.

필요한 소프트웨어 패키지 MATLAB과 Control System Toolbox

선행 실험

1. 숙련예제 3.2에 있는 병진 운동 기계 시스템을 상태공간에서 표현하라. $x_3(t)$를 출력 변수로 고려하라.
2. 숙련예제 3.2에 있는 병진 운동하는 기계시스템에서 $\dfrac{X_3(s)}{F(s)}$의 전달 함수를 구하여라.

실험

1. MATLAB을 이용하여 선행 실험 1에서 나타나는 병진 운동 기계 시스템을 상태공간에서 표현하라.
2. MATLAB을 이용하여 실험 1에서 상태공간에서 나타낸 병진 운동하는 기계시스템의 전달 함수를 구하여라.

실험 후 평가

1. 선행실험 2와 실험 2의 결과를 비교하여라.
2. MATLAB을 이용하여 시스템을 상태공간에서 표현하고, 이를 다시 전달 함수로 변화한 결과에 대해서 토론하라.

실험 3.2

목표 MATLAB과 Symbolic math toolbox를 이용하여 다음을 이해한다.
(1) 상태 공간에서 표현된 시스템의 전달 함수를 구한다.
(2) 운동 방정식을 상태공간에서 표현한다.

필요한 소프트웨어 패키지 MATLAB, Symbolic Math Toolbox과 Control System Toolbox

선행 실험

1. 실험 3.1의 선행 실험 1과 2를 수행한다.
2. $T(s)=\mathbf{C}(s\mathbf{I}-\mathbf{A})^{-1}\mathbf{B}$를 이용하여 상태공간에서 표현된 시스템으로부터 전달 함수를 구하여라. 숙련예제 3.2에서 주어진 상태 공간에서 표현된 병진 운동하는 기계시스템의 Symbolic 전달 함수를 구하기 위한 MATLAB 프로그램을 코딩하여라.
3. 숙련예제 3.1에서 주어진 병진 운동하는 기계시스템 운동방정식으로부터 symbolic 전달 함수 $\dfrac{X_3(s)}{F(s)}$를 구하기 위한 MATLAB 프로그램을 코딩하여라.

실험

1. 선행 실험 2와 3에서 코딩한 프로그램을 실행 시키고 symbolic 전달 함수를 구하여라.

실험 후 평가

1. $T(s) = \mathbf{C}(s\mathbf{I} - \mathbf{A})^{-1}\mathbf{B}$를 통해 구한 symbolic 전달 함수와 운동 방정식으로부터 구한 symbolic 전달 함수를 비교하여라.
2. 위에 제시한 두가지 방법은 장점과 단점을 기술하여라.
3. Symbolic 전달 함수로부터 선형 시불변 상태공간에서 표현하는 방법과 선형 시불변 전달 함수를 구하는 방법을 서술하여라.

실험 3.3

목표 LabVIEW의 사용법을 익히기 위해 다음을 수행한다.

(1) 전달 함수에 대한 상태 공간 표현을 생성한다.
(2) 상태 공간 표현에서 전달 함수를 생성한다.
(3) 하나의 전달 함수에 대한 여러 개의 다른 상태 공간 표현이 있음을 확인한다.

필요한 소프트웨어 패키지 LabVIEW, the LabVIEW Control Design and Simulation Module, the MathScript RT Module.

선행 실험

1. 부록 D의 섹션 D.1에서 D.4까지와 예제 D.1을 공부한다.
2. 3장의 숙련 예제 3.3을 푼다.
3. 선행 실험 2에서 구한 답을 전달 함수로 바꾼다.

실험

1. LabVIEW를 이용하여 전달 함수 $G(s) = \dfrac{2s+1}{s^2+7s+9}$를 graphical과 MathScript를 이용해 상태 공간 표현으로 변환하라. 프론트 판넬에는 전달 함수의 각 항을 조절할 수 있는 control과 전달 함수와 두 개의 상태 공간 결과를 보여주는 indicator가 있다. 이 실험에 대한 function은 다음의 palette에서 찾을 수 있다.
   (1) Control Design and Simulation/Control Design/Model Construction
   (2) Control Design and Simulation/Control Design/Model Conversion
   (3) Programming/Structures
   힌트: MathScript를 사용할 때는 계수가 역순으로 들어간다.
2. LabVIEW를 사용해서 실험 1에서 구한 상태 공간을 전달 함수로 변환하라. 모든 상태 공간은 실험 1에서 구한 전달 함수로 변한다. 프론트 판넬은 상태 공간의 각 항에 대한 control과 전달 함수를 표현하는 indicator로 구성된다.

실험 후 평가

1. 실험 1과 선행 실험에서 구한 결과의 연관성을 서술하라.
2. 실험 1과 선행 실험에서 구한 결과의 차이점을 서술하라.
3. 실험 2의 결과를 설명하고 결과에서 결론을 서술하라.

참고문헌

Carlson, L. E., and Griggs, G. E. *Aluminum Catenary System Quarterly Report*. Technical Report Contract Number DOT-FR-9154, U. S. Department of Transportation 1980.

Cavallo, A.; De Maria, G.; and Verde, L. Robust Flight Control Systems: A Parameter Space Design. *Journal of Guidance, Control, and Dynamics*, vol. 15, no. 5, September-October 1992, pp. 1207-1215.

Cereijo, M. R. State Variable Formulations. *Instruments and Control Systems*, December 1969, pp.87-88.

Chiu, D. K., and Lee. S. Design and Experimentation of a Jump Impact Controller. *IEEE Control Systems*, June 1997, pp. 99-106.

Cochin, I. *Analysis and Design of Dynamic Systems*. Haper & Row, New York, 1980.

Craig, I. K. Xia, X., and Venter, J. W. Introducing HIV/AIDS Education into the Electrical Engineering Curriculum at the University of Pretoria. IEEE Transactions on Education, vol. 47, no. 1, February 2004, pp. 65-73.

Elkins, J. A. *A Method for Predicting the Dynamic Response of a Pantograph Running at Constant Speed under a Finite Length of Overhead Equipment*. Technical Report TN DA36, British Railways, 1976.

Franklin, G. F.; Powell, J. D.; and Emami-Naeini, A. *Feedback Control of Dynamic Systems*. Addison-Wesley, Reading, Mass., 1986.

Hong, J.; Tan, X.; Pinette, B.; Weiss, R.; and Riseman, E. M. Image-Based Homing. *IEEE Control Systems*, February 1992, pp. 38-45.

Inigo, R. M. Observer and Controller Design for D.C. Positional Control systems Using State Variables. *Transactions, Analog/Hybrid Computer Educational Society*, December 1974. West Long Branch, M.J., pp.177-189.

Kailath, T. Linear Systems. Prentice Hall, Englewood Cliffs, M.J., 1980.

Kandel, A. Analog Simulation of Groundwater Mining in Coastal Aquifers. *Transactions, Analog/Hybrid Computer Educational Society*, November 1973. West Long Branch, M.J., pp. 175-183.

Li, S., Jarvis, A. J., and Leedal, D. T., Are Response Function Representations of the Global Carbon Cycle Ever Interprtable? Tellus, vol. 61B, 2009. pp. 361-371.

Liceage-Castro, E., and van der Molen, G. M. Submarine H1 Depth Control Under Wave Disturbances. *IEEE Transactions on Control Systems Technology*, vol. 3, no. 3, 1995, pp. 338–346.

Lordi, N. G. Analog Computer Generated Lecture Demonstrations in Pharmaco-kinetics. *Transactions, Analog/Hybrid Computer Educational Society*, November 1972. West Long Branch, M.J., pp. 217-222.

O'Connor, D. N.;Eppinger, S. D.; Seering, W. P.;and Wormly, D. N. Active Control of a High-Speed Pantograph. *Journal of Dynamic Systems, Measurements, and Control*, vol. 119, March 1997, pp. 1-4.

Philco Technological Center. *Servomechanism Fundamentals and Experiments*. Prentice Hall, Englewood Cliffs, N.J., 1980.

Preitl, Z., Bauer, P., and Bokor, J. A Simple Control Solution for Traction Motor Used Hybrid Vehicles. Fourth International Symposium on Applied Computational Intelligence and Informations, IEEE. 2007.

Riegelman, S., et al. Shortcomings in Pharmacokinetic Analysis by Conceiving the Body to Exhibit Properties of a Single Compartment. *Journal of Pharma- ceutical Sciences*, vol. 57, no. 1, 1968, pp. 117-123.

Timothy, L. K., and Bona, B. E. *State Space Analysis: An Introduction*. McGraw-Hill, New York. 1968.

연습문제

1. 그림 P3.1의 회로망에서 출력이 $v_o(t)$일 때, 이 회로망을 상태 공간에서 나타내어라. [3.4절]

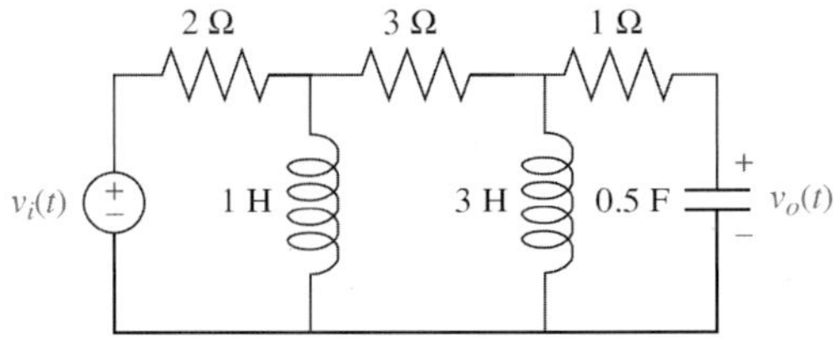

그림 P3.1

2. 그림 P3.2의 회로망에서 출력이 $v_o(t)$일 때, 이 회로망을 상태 공간에서 나타내어라. [3.4절]

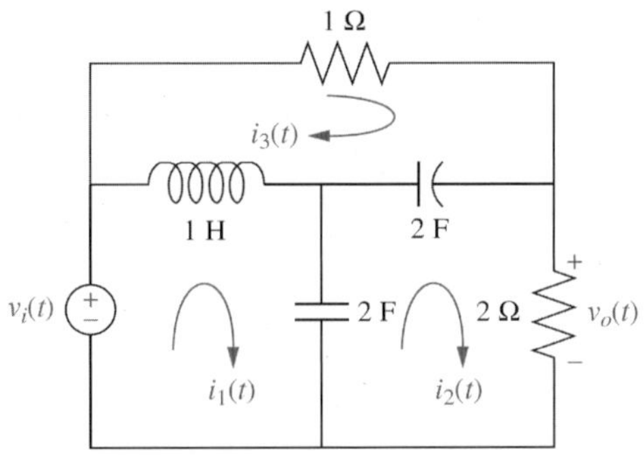

그림 P3.2

3. 그림 P3.3에서 출력이 $x_1(t)$일 때, 이 시스템을 상태 공간에서 나타내어라. [3.4절]

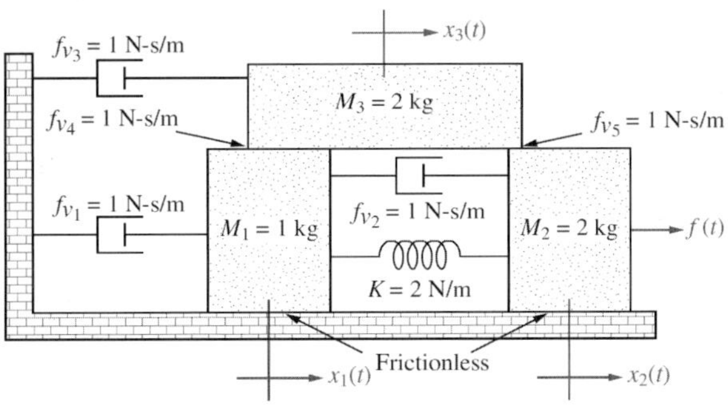

그림 P3.3

4. 그림 P3.4의 병진 운동을 하는 기계 시스템에서 출력이 $x_2(t)$일 때, 이 시스템을 상태 공간에서 나타내어라. [3.4절]

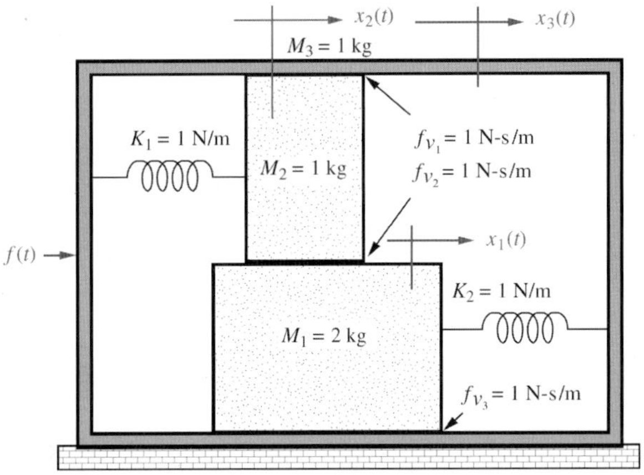

그림 P3.4

5. 그림 P3.5의 회전 운동 기계 시스템에서 출력이 $\theta_1(t)$일 때, 이 시스템을 상태 공간에서 나타내어라. [3.4절]

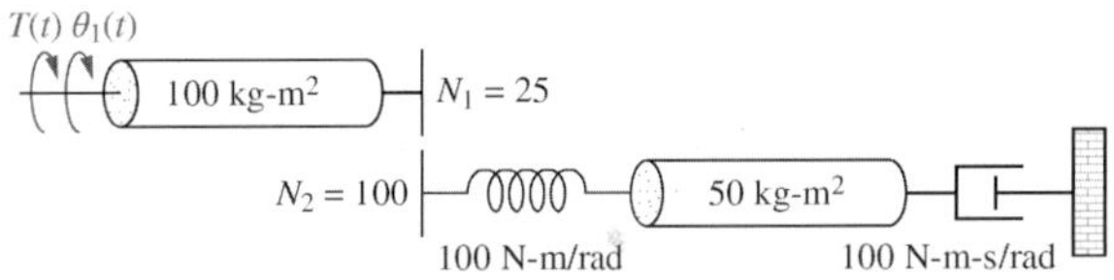

그림 P3.5

6. 그림 P3.6의 시스템에서 출력이 $\theta_L(t)$일 때, 이 시스템을 상태 공간에서 나타내어라. [3.4절] **SS**

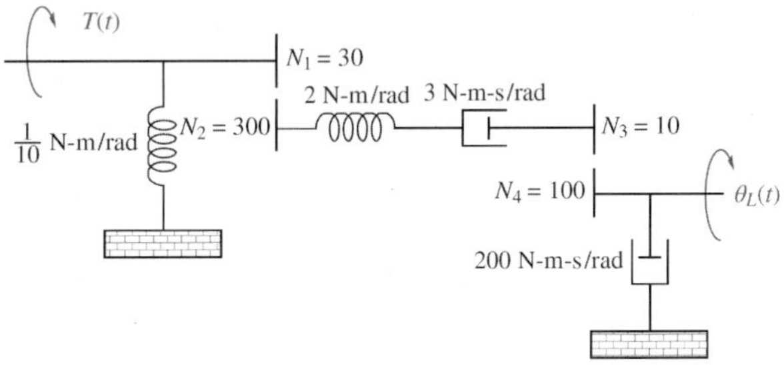

그림 P3.6

7. 본문의 그림 3.7 시스템에서 가한 힘에 대해 질량의 변위를 출력으로 하는 경우 전달 함수는 4차가 되고, 질량의 속도를 출력으로 하는 경우에는 전달 함수가 3차가 됨을 보여라. [3.4절] **SS**

8. 그림 P3.7의 시스템을 상태 공간에서 위상 변수형으로 나타내어라. [3.5절]

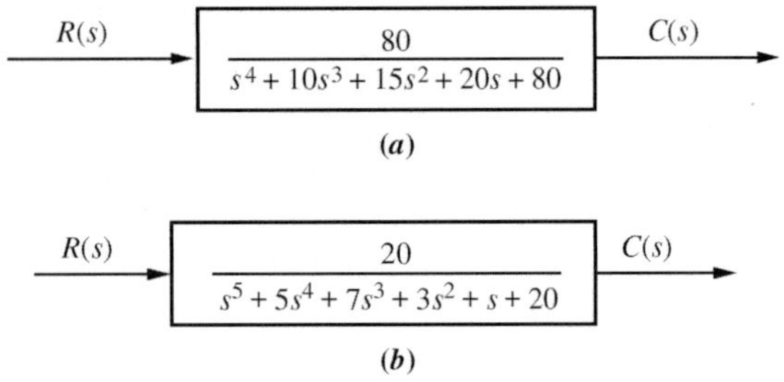

그림 P3.7

9. 문제 8을 MATLAB을 사용해서 다시 풀어라. [3.5절] MATLAB ML

10. 그림 P3.8의 시스템에 대한 상태 방정식과 출력 방정식을 위상 변수형으로 나타내어라. [3.5절]

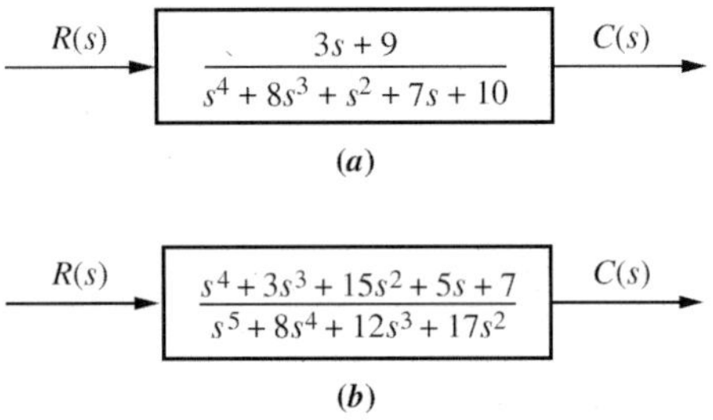

그림 P3.8

11. 문제 10을 MATLAB을 사용해서 다시 풀어라. [3.5절] SS MATLAB ML

12. 다음 전달 함수를 상태 공간에서 벡터 행렬식으로 나타내어라. [3.5절]

$$T(s)=\frac{s(s-3)}{(s+1)(s^2+3s+10)}$$

13. 상태 공간에서 표현된 다음 각 시스템의 전달 함수 $G(s)=Y(s)/R(s)$를 구하라. [3.6절]

a. $$\dot{\mathbf{x}}=\begin{bmatrix}0&1&0\\0&0&1\\-1&-3&-2\end{bmatrix}\mathbf{x}+\begin{bmatrix}0\\0\\23\end{bmatrix}r$$
$$y=\begin{bmatrix}1&0&0\end{bmatrix}\mathbf{x}$$

b. $$\dot{\mathbf{x}}=\begin{bmatrix}-1&2&-6\\-4&-5&0\\3&-3&7\end{bmatrix}\mathbf{x}+\begin{bmatrix}5\\1\\2\end{bmatrix}r$$
$$y=\begin{bmatrix}2&0&2\end{bmatrix}\mathbf{x}$$

c. $$\dot{\mathbf{x}}=\begin{bmatrix}-2&8&7\\5&-4&2\\-9&-3&-1\end{bmatrix}\mathbf{x}+\begin{bmatrix}1\\-5\\-1\end{bmatrix}r$$
$$y=\begin{bmatrix}7&2&1\end{bmatrix}\mathbf{x}$$

14. 상태 공간에서 표현된 다음 각 시스템의 전달 함수 $G(s)=Y(s)/R(s)$를 MATLAB을 이용하여 구하라. [3.6절] MATLAB ML

a. $$\dot{\mathbf{x}}=\begin{bmatrix}0&1&5&0\\0&0&1&0\\0&0&0&1\\-7&-9&-2&-3\end{bmatrix}\mathbf{x}+\begin{bmatrix}0\\5\\8\\2\end{bmatrix}r$$
$$y=\begin{bmatrix}1&3&6&6\end{bmatrix}\mathbf{x}$$

b. $$\dot{\mathbf{x}}=\begin{bmatrix}3&1&0&4&-2\\-3&5&-5&2&-1\\0&1&-1&2&8\\-7&6&-3&-4&0\\-6&0&4&-3&1\end{bmatrix}\mathbf{x}+\begin{bmatrix}2\\7\\8\\5\\4\end{bmatrix}r$$
$$y=\begin{bmatrix}1&-2&-9&7&6\end{bmatrix}\mathbf{x}$$

15. MATLAB, Symbolic Math와 식 (3.73)을 사용하여 문제 14을 반복하라. [3.6절] Symbolic Math SM

16. 그림 P3.9와 같이 비행하는 미사일은 추력(thrust), 양력(lift), 항력(drag)과 중력의 영향을 받는다. 미사일은 양력 때문에 비행 방향에 대해 α의 받음각(angle of attack)을 갖고 비행한다. 엔진 출력을 제어하여 수직 방향의 각도 ϕ를 조절하여 미사일의 비행 방향을 조종한다. 엔진의 각변위 δ에 대한 수직 방향의 각도 ϕ의 전달 함수는 다음과 같다. SS

$$\frac{\Phi(s)}{\delta(s)}=\frac{K_a s+K_b}{K_3s^3+K_2s^2+K_1s+K_0}$$

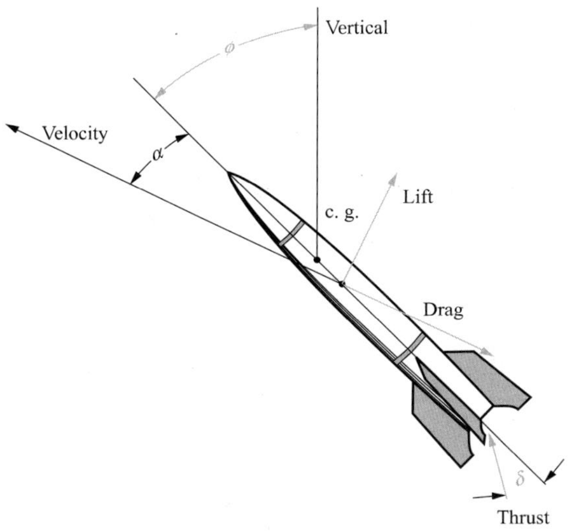

그림 P3.9 미사일

미사일 제어 시스템을 상태 공간에서 나타내어라. [3.5절]

17. 그림 P3.10의 직류 서보 전동기(servomotor)와 부하를 상태 공간에서 나타내어라. 상태 변수는 전기자 전류 i_a, 부하 각변위 θ_L, 부하 각속도 ω_L로 하고 출력은 전기자의 각변위로 한다. 단, 전기자 인덕턴스는 무시되지 않는 것으로 가정한다. [3.4절] **SS**

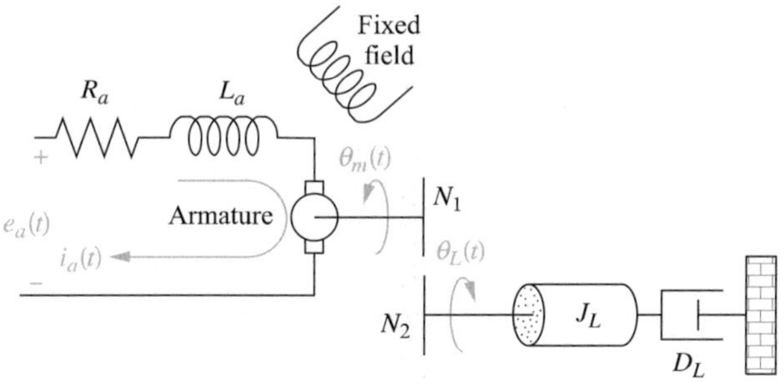

그림 P3.10 전동기와 부하

18. 로봇의 영상 유도 장치는 다음 유도 알고리즘에 근거하여 로봇의 방향 조종 장치에 방향 명령을 입력한다. 그림 P3.11(a)의 로봇이 그림 P3.11(b)의 R 지점으로부터 목표점 T 지점까지 이동한다고 하자. $\mathbf{R}_x$, $\mathbf{R}_y$와 $\mathbf{R}_z$는 로봇에서 X, Y와 Z점까지의 벡터라 하고, $\mathbf{T}_x$, $\mathbf{T}_y$와 $\mathbf{T}_z$는 목표점으로부터 X, Y와 Z점까지의 벡터라 할 때, 방향 명령은 $\mathbf{R}_x - \mathbf{T}_x$, $\mathbf{R}_y - \mathbf{T}_y$와 $\mathbf{R}_z - \mathbf{T}_z$가 동시에 최소가 되도록 로봇을 이동시킨다. 로봇이 목표점에 도달하면 벡터 오차는 0이 된다(Hong, 1992). 그림 P3.11(c)는 로봇을 조종하는 제어 시스템을 나타내는데 제어기, 바퀴와 이동체의 각 부분을 상태 공간에서 나타내어라. 강사들을 위한 이 시스템의 데모 애니메이션 파워포인트 (PPT) 파일은 www.wiley.com/go/Nise/ControlSystemsEngineering8e에서 얻을 수 있다. [3.5절]

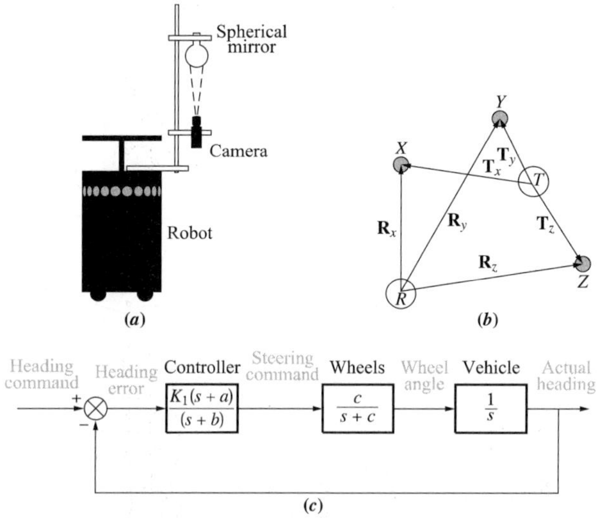

그림 P3.11 a. TV 영상 시스템을 갖는 로봇
b. 영상 유도 장치의 개념을 나타내는 벡터도
c. 방향 제어 시스템

19. 대상물에 직접 작용을 하는 현대 로봇 매니퓰레이터는 충격 힘뿐만 아니라, 정상 상태 힘이 대상물에 손상을 주지 않도록 제어되어야 한다. 동시에 매니퓰레이터는 작업을 완수하기 위해서 충분한 힘을 제공하여야 한다. 이와 같은 힘을 제어하는 제어 시스템을 개발하기 위해서 로봇 매니퓰레이터와 대상물이 모델링되어야 한다. 모델이 그림 P3.12와 같다고 할 때, 다음 조건에 따라 매니퓰레이터와 대상물을 상태 공간에서 나타내어라(*Chiu, 1997*). [3.5절]

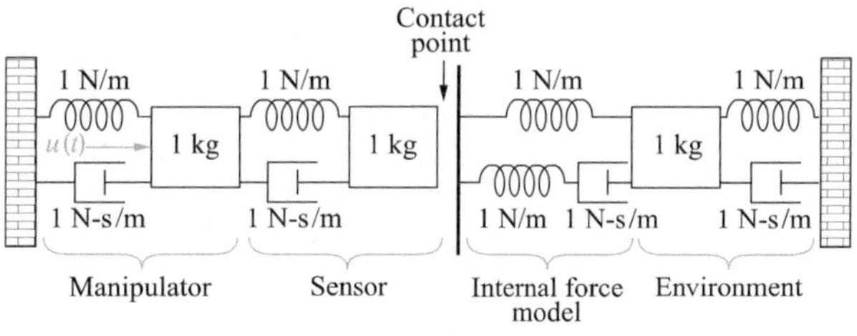

그림 P3.12 로봇 매뉴퓰레이터와 대상물

a. 매니퓰레이터가 대상물과 접촉되지 않는다.
b. 매니퓰레이터가 대상물과 일정하게 접촉한다.

20. 이번 장에서 우리는 단일 입력, 단일 출력을 가지는 시스템의 상태변환 모델을 설명하였다. 일반적으로, 대부분의 시스템은 다중 입력, 다중 출력을 가진다. 그림 P3.13과 같은 잠수함의 자동 항법 장치는 심한 해류의

방해에도 불구하고 잠수함이 일정한 깊이를 유지할 수 있도록 설계된다. 잠수함 시스템은 두개의 입력 변수와 두개의 출력 변수를 가지는 시스템으로 나타난다. 따라서 입력 변수 u는 벡터 $\mathbf{u}$로, 출력 변수 y는 벡터 $\mathbf{y}$로 표현된다.

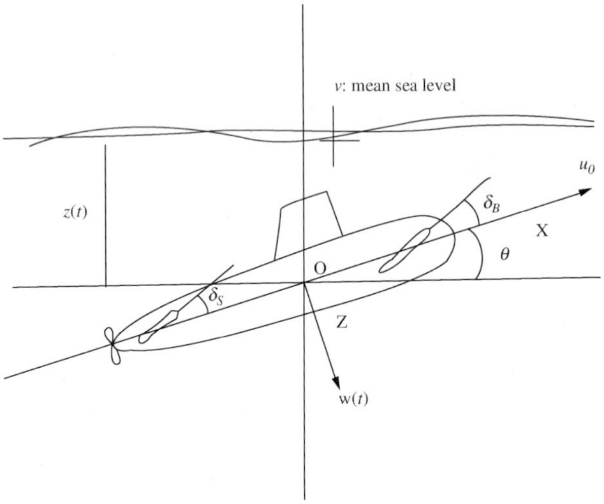

그림 P3.13

잠수함 시스템은 일정한 부력과 주어진 등속도에서 다음과 같은 선형화된 상태 공간 방정식으로 나타낼 수 있다 (*Liceaga-Castro*, 2009).

$$\dot{\mathbf{x}} = \mathbf{Ax} + \mathbf{Bu}$$
$$\mathbf{y} = \mathbf{Cx}$$

여기서

$$\mathbf{x} = \begin{bmatrix} w \\ q \\ z \\ \theta \end{bmatrix}; \quad \mathbf{y} = \begin{bmatrix} z \\ \theta \end{bmatrix}; \quad \mathbf{u} = \begin{bmatrix} \delta_B \\ \delta_S \end{bmatrix}$$

$$\mathbf{A} = \begin{bmatrix} -0.038 & 0.896 & 0 & 0.0015 \\ 0.0017 & -0.092 & 0 & -0.0056 \\ 1 & 0 & 0 & -3.086 \\ 0 & 1 & 0 & 0 \end{bmatrix};$$

$$\mathbf{B} = \begin{bmatrix} -0.0075 & -0.023 \\ 0.0017 & -0.0022 \\ 0 & 0 \\ 0 & 0 \end{bmatrix}; \quad \mathbf{C} = \begin{bmatrix} 0 & 0 & 1 & 0 \\ 0 & 0 & 0 & 1 \end{bmatrix}$$

이때 각각의 상태변수는 다음과 같다.

w = 상하 요동 속도
q = 피치 각속도
z = 잠수함의 깊이
θ = 피치 각도
δ_B = 수중운동체의 뱃머리각
δ_S = 수중운동체의 선미 각

위의 시스템은 2개의 입력 변수와 2개의 출력변수를 가지므로, 총 4개의 전달 함수를 구할 수 있다.

a. MATLAB을 이용하여 전달 함수를 구하여라. MATLAB ML

b. a.의 결과를 이용하여 다음의 $\frac{z(s)}{\delta_B(s)}$, $\frac{z(s)}{\delta_S(s)}$, $\frac{\theta(s)}{\delta_B(s)}$, $\frac{\theta(s)}{\delta_S(s)}$ 전달함수들을 구하여라.

21. 일반적으로 시스템을 상태공간으로 나타내는 것은 유일하지 않다. 하나의 시스템은 다양한 형태로 나타날 수 있으며, 다음과 같은 경우이다.

a.
$$\dot{x} = -10x + 4u$$
$$y = 9x$$

b.
$$\begin{bmatrix} \dot{x}_1 \\ \dot{x}_2 \end{bmatrix} = \begin{bmatrix} -10 & 0 \\ 0 & -1 \end{bmatrix} \begin{bmatrix} x_1 \\ x_2 \end{bmatrix} + \begin{bmatrix} 4 \\ 1 \end{bmatrix} u$$
$$y = [9 \quad 0] \begin{bmatrix} x_1 \\ x_2 \end{bmatrix}$$

c.
$$\begin{bmatrix} \dot{x}_1 \\ \dot{x}_2 \end{bmatrix} = \begin{bmatrix} -10 & 0 \\ 0 & -1 \end{bmatrix} \begin{bmatrix} x_1 \\ x_2 \end{bmatrix} + \begin{bmatrix} 4 \\ 0 \end{bmatrix} u$$
$$y = [9 \quad 4] \begin{bmatrix} x_1 \\ x_2 \end{bmatrix}$$

위의 전달 함수들이 모두 같은 시스템임을 증명하여라. 이러한 현상에 대해서 5장에서 자세히 다루도록 한다.

22. 그림 P3.14은 지구의 탄소 순환을 도식적으로 나타낸 그림이다 (*Li*, 2009). 그림에서 $m_A(t)$는 대기 중에 존재하는 탄소의 양, $m_V(t)$는 식물 내에 존재하는 탄소의 양, $m_S(t)$는 토양에 존재하는 탄소의 양, $m_{SO}(t)$는 해양 표층에 존재하는 탄소의 양, 마지막으로 $m_{IDO}(t)$는 해양의 중간과 심해 층에 존재하는 탄소의 양을 표시한 것이다. 여기서 모든 단위는 기가 톤(GtC)이다. $u_E(t)$는 인간이 연간 발생하는 CO_2양(GtC/yr)을 표현한다. 대기 중에 존재하는 탄소의 양의 균형은 그림에 의해 다음과 같이 표현 가능하다.

$$\frac{dm_A}{dt}(t) = u_E(t) - (k_{O1} + k_{L1})m_A(t) + k_{L2}m_V(t) + k_{O2}m_{SO}(t) + k_{L4}m_s(t)$$

여기서 k는 변환 계수(yr^{-1})을 의미한다.

a. 나머지 탄소의 양의 균형 즉, $\frac{dm_{SO}(t)}{dt}$, $\frac{dm_{IDO}(t)}{dt}$, $\frac{dm_V(t)}{dt}$, $\frac{dm_S(t)}{dt}$에 대한 식을 구하라.

b. 시스템을 상태 공간 형식으로 표현하라.

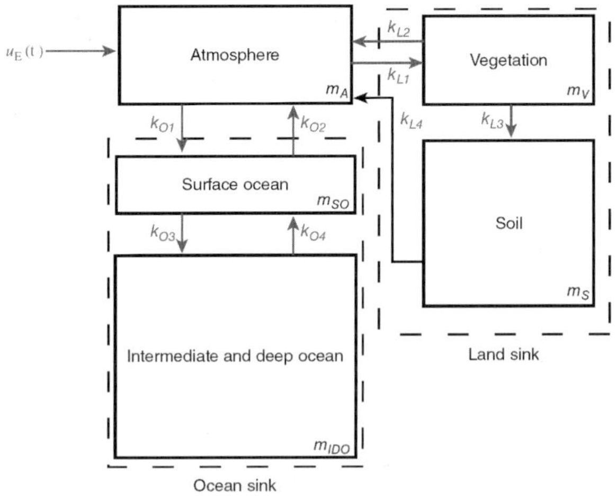

그림 P3.14 지구의 탄소 순환

23. 2장의 연습문제 49번에 주어진 광전지 시스템에 대해서 상태 변수와 시스템의 입력과 출력을 각각 $y = x = \theta_m$, $x_2 = \dot{\theta}_m$, $x_3 = i_a$, $u = e_a$로 정의했을 때, 이 시스템에 대한 상태 공간 표현을 $\dot{\boldsymbol{x}} = \boldsymbol{A}\boldsymbol{x} + \boldsymbol{B}u$와 $\boldsymbol{y} = \boldsymbol{C}\boldsymbol{x}$로 표현하라.

24. 단극 기름 실린더 밸브는 부하를 구동하는 피스톤에 가해지는 유압을 조절하는 스풀을 포함한다. 평형 상태에서 스풀의 변위 $X_v(s)$에서 피스톤의 변위 $X_p(s)$로의 전달함수는 다음과 같다(*Qu, 2010*): **SS**

$$G(s) = \frac{X_p(s)}{X_v(s)} = \frac{K_q\omega_h^2/A_1}{s(s^2 + 2\varsigma\omega_h s + \omega_h^2)}$$

여기서 A_1은 밸브실의 유효 면적, K_q는 위치 변화에 대한 부하 유동량의 변화율, 그리고 ω_h는 유압 장치의 고유 주파수이다. 이 때, 상태 변수를 피스톤과 관련된 변수로 설정하고 이 시스템을 표현하는 상태 공간 방정식을 유도하라.

25. 그림 P3.15는 질량이 M인 수레에 탑재된 도립 진자 시스템에 대한 자유 물체도를 나타낸다. 진자는 질량이 m이며, 마찰이 없는 경첩을 통해 수레에 연결되어 있고, 모든 질량은 길이가 l이고 질량이 없는 막대의 끝에 집중되어 있다. 모터는 수평방향으로 $u(t)$의 힘을 내어 수레를 구동한다. 중력인 mg는 항상 질량 m에 작용한다. 진자의 y축에 대한 각도인 θ, 각속도 $\dot{\theta}$, 수레의 수평 방향 위치 x와 속도 $\dot{x}$가 상태 변수로 선택되었다. 이 때 상태 공간 방정식은 복잡한 비선형 방정식으로 유도된다. 평형점인 $\boldsymbol{x}_0 = \boldsymbol{0}$과 $u_0 = 0$ 부근에서 이를 선형화 시키면 다음의 개루프 모델을 얻을 수 있다.

$$\frac{d}{dt}\delta\boldsymbol{x} = \boldsymbol{A}\delta\boldsymbol{x} + \boldsymbol{B}\delta u$$

그러나, $\boldsymbol{x}_0 = \boldsymbol{0}$과 $u_0 = 0$에 의해 $\boldsymbol{x} = \boldsymbol{x}_0 + \delta\boldsymbol{x} = \delta\boldsymbol{x}$이고 $u = u_0 + \delta u = \delta u$이다. 따라서 상태 공간 방정식은 다음과 같이 표현될 수 있다.

$$\dot{\boldsymbol{x}} = \boldsymbol{A}\boldsymbol{x} + \boldsymbol{B}u$$

여기서

$$\boldsymbol{A} = \begin{bmatrix} 0 & 1\,0\,0 \\ \frac{(M+m)g}{Ml} & 0\,0\,0 \\ 0 & 0\,0\,1 \\ -\frac{mg}{M} & 0\,0\,0 \end{bmatrix}, \quad \boldsymbol{B} = \begin{bmatrix} 0 \\ \frac{-1}{Ml} \\ 0 \\ \frac{1}{M} \end{bmatrix}$$

이다.

m의 위치를 출력이라고 가정하면, 작은 각도 범위 내에서 $x_m = x + l\sin\theta = x + l\theta$을 얻을 수 있기 때문에, 출력 방정식은 다음과 같다.

$$y = l\theta + x = \boldsymbol{C}\boldsymbol{x} = [l\,0\,1\,0]\begin{bmatrix} \theta \\ \dot{\theta} \\ x \\ \dot{x} \end{bmatrix}$$

이 때, $M = 2.4\text{kg}$, $m = 0.23\text{kg}$, $l = 0.36\text{m}$, $g = 9.81\text{m/s}^2$라고 가정하고, MATLAB을 이용하여 전달함수인 MATLAB **ML**

$$G(s) = Y(s)/U(s) = X_m(s)/U(s)$$

를 구하라.

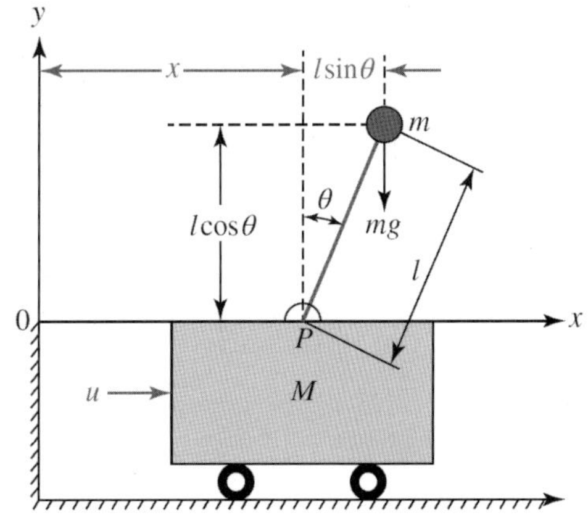

그림 P3.15 모터로 구동되는 수레에 탑재된 도립 진자 시스템

심화 학습문제

26. HIV/AIDS의 제어 2장의 51번 문제에서 HIV 감염 모델을 소개하였다. HIV 침입억제약인, 1장의 17번 문제에서 논의된, 역전사효소억제제(RTI)와 단백분해효소억제제(PI)에 관한 모델을 다음과 같은 모델로 변화시킨다(*Craig, 2004*):

$$\frac{dT}{dt} = s - dT - (1-u_1)\beta T v$$
$$\frac{dT^*}{dt} = (1-u_1)\beta T v - \mu T^*$$
$$\frac{dv}{dt} = (1-u_2)kT^* - cv$$

여기서 $0 \le u_1 \le 1$, $0 \le u_2 \le 1$는 역전사효소억제제(RTI)와 단백분해효소억제제(PI)의 각각의 효율성이다.

a. HIV/AIDS 모델을 다음의 동작점

$$(T_0,\ T_0^*,\ v_0) = \left(\frac{c\mu}{\beta k},\ \frac{s}{\mu} - \frac{cd}{\beta k},\ \frac{sk}{c\mu} - \frac{d}{\beta}\right)$$

에서의 선형화된 모델을 구하여라. 이때 $u_{10} = u_{20} = 0$이다. 위의 동작점은 HIV에 감염된, 임상증상이 있는 환자의 경우이다.

위의 세 가지 방정식은 $\dot{x_i} = f_i(x_i,\ u_1,\ u_2)$, $i = 1,\ 2,\ 3$ 같은 형태임을 확인하라.

b. 행렬 A와 B 가 다음의 형태로 주어지고,

$$\mathbf{A} = \begin{bmatrix} \frac{\partial f_1}{\partial x_1} & \frac{\partial f_1}{\partial x_2} & \frac{\partial f_1}{\partial x_3} \\ \frac{\partial f_2}{\partial x_1} & \frac{\partial f_2}{\partial x_2} & \frac{\partial f_2}{\partial x_3} \\ \frac{\partial f_3}{\partial x_1} & \frac{\partial f_3}{\partial x_2} & \frac{\partial f_3}{\partial x_3} \end{bmatrix}_{T_0,\, T_0^*,\, v_0} ;\quad \mathbf{B} = \begin{bmatrix} \frac{\partial f_1}{\partial u_1} & \frac{\partial f_1}{\partial u_2} \\ \frac{\partial f_2}{\partial u_1} & \frac{\partial f_2}{\partial u_2} \\ \frac{\partial f_3}{\partial u_1} & \frac{\partial f_3}{\partial u_2} \end{bmatrix}_{T_0,\, T_0^*,\, v_0}$$

자유로운 HIV의 수를 구하기 위해 출력 행렬 C를 다음으로 정의하였을 때,

$$\mathbf{C} = [0 \quad 0 \quad 1]$$

A와 B가 아래와 같이 나타남을 증명하여라.

$$\mathbf{A} = \begin{bmatrix} -(d+\beta v_0) & 0 & -\beta T_0 \\ \beta v_0 & -\mu & \beta T_0 \\ 0 & k & -c \end{bmatrix};\ \mathbf{B} = \begin{bmatrix} \beta T_0 v_0 & 0 \\ -\beta T_0 v_0 & 0 \\ 0 & -kT_0^* \end{bmatrix}$$

c. HIV/AIDS 모델들의 매개변수들의 값과 의미를 다음의 표로 나타내었다.

t	시간	날
d	감염되지 않은 T세포 사망	0.02/day
k	감염된 T세포가 생성하는 자유 바이러스 비율	100/세포수
s	감염되지 않은 T세포 Source term	10/mm^3/day
β	자유 바이러스의 감염율	2.4×10^{-5}/mm^3/day
c	바이러스의 사망률	2.4/day
μ	감염된 T세포 사망률	0.24/day

표에서 주어진 변수들을 이용하여 운동 방정식을 완성하여라.

$$\dot{\mathbf{x}} = \mathbf{Ax} + \mathbf{Bu}$$
$$\mathbf{y} = \mathbf{Cx}$$

27. 하이브리드 자동차 1장의 문제 18에서 직렬, 병렬, 분산 전원 하이브리드 전기 자동차 (HEV)의 순항 제어에 대한 블록 선도를 구했다. 블록 선도는 엔진이나 전기 자동차, 혹은 그 둘이 동시에 자동차를 나아가게 한다는 것을 보였다. 만약 추진력을 전기 모터 만이 만들어 내면, 모든 HEV 블록 선도의 순방향 패스(forward path)는 유사하다. 일반적으로, 이러한 순방향 패스는 그림 P3.16의 블록 선도와 비슷하게 표현이 가능하다 (*Preitl*, 2007).

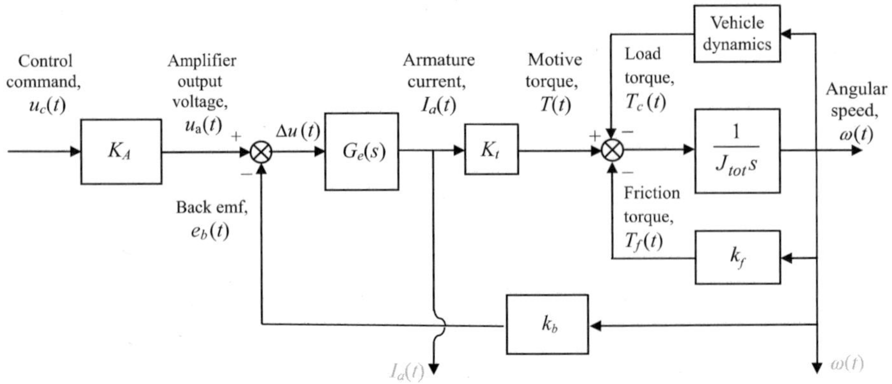

그림 P3.16 HEV 순방향 패스에 대한 블록 선도(© 2007 IEEE)

모터가 전기자로 제어되는 DC 모터라고 가정하자. 이 선도에서, K_A는 전력 증폭기의 이득을 나타내고, $G_e(s)$은 모터의 전기 회로와 저항 R_a와 인덕터 L_a의 전달 함수를 나타내고, K_t는 모터 돌림힘 상수, J_{tot}는 J_m으로 표현되는 모터의 관성 모멘트, J_{veh}으로 표현되는 차체의 관성 모멘트, J_w로 표현되는 모터 축을 포함한 두 바퀴의 관성 모멘트를 모두 합한 것이고, k_f는 점상 마찰 계수, 마지막으로 k_b는 역 기전력 상수이다.

전자 제어 유닛에서 발생되는 전압 $u_c(t)$와 부하 돌림힘 $T_c(t)$가 입력이다. 모터의 각속도 $\omega(t)$와 전기자 전류 $I_a(t)$가 이 블록 선도의 출력이다.

a. 그림 P3.16의 블록 선도에서 상태 변수, 입력과 출력 변수에 대한 시간 영역에서의 방정식을 작성하라. 여기서 상태 변수는 전기자 전류 $I_a(t)$와 각속도 $\omega(t)$이다.

b. a의 결과를 상태 공간 방정식으로 나타내고, 이를 행렬 형식으로 표현하라. 부하 돌림힘 $T_c(t)$를 시스템의 부가적인 입력으로 간주한다. 따라서 상태 공간 표현에서 시스템은 두 개의 입력과 두 개의 출력을 갖는다.

28. **태양열 집열기** 태양열 집열 장치에서 유체 흐름에 대한 유체 온도를 나타내는 전달 함수 모델이 2장의 문제 53에서 다뤄졌다. 특정 구동 조건에서 이 시스템의 더 자세한 전달 함수 모델은 다음과 같다(*Camacho, 2012*):

$$\frac{H}{Q}(s) = \frac{137.2 \times 10^{-6}}{s^2 + 0.0224s + 196 \times 10^{-6}} e^{-39s}$$

이에 대한 적절한 상태 공간 표현(state-space representation)을 구하라.

시간 응답 4

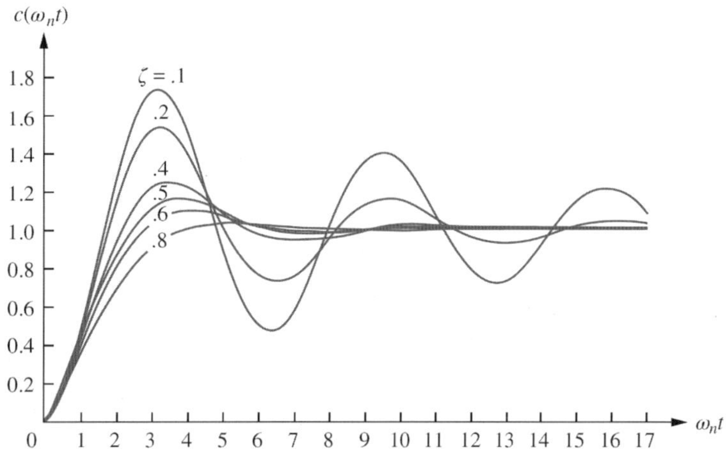

이 장의 학습 성과

이 장의 내용을 학습하면 독자들은 다음을 할 수 있게 된다.

- 전달함수의 극점과 영점을 이용하여 제어시스템의 시간 응답 구하기(4.1–4.2절)
- 1차 시스템의 과도 응답을 정량적으로 표현(4.3절)
- 극점 위치로 표시되는 2차 시스템의 일반적인 응답 표현(4.4절)
- 2차 시스템의 감쇠비와 고유 주파수 계산(4.5절)
- 미흡 감쇠 2차 시스템의 정착 시간, 최고값 시간, 퍼센트 오버슈트와 상승 시간 계산(4.6절)
- 고차 시스템과 영점을 가지는 시스템을 1차 또는 2차 시스템으로 근사화(4.7–4.8절)
- 비선형성이 시스템의 시간 응답에 미치는 영향(4.9절)
- 상태 공간에서 표현된 시스템의 시간 응답 계산(4.10–4.11절)

사례연구 학습 성과

다음의 사례연구를 통하여 이 장의 학습 목표에 대한 성과를 확인할 수 있다.

- 부록 A2에 있는 안테나 방위각 위치 제어시스템에서 (1) 전력증폭기에 계단 함수 전압이 입력되는 경우 부하의 개루프 각속도 응답 형태를 직관적으로 예측 ; (2) 개루프 시스템의 과도 응답을 정량적으로 표현 ; (3) 계단 함수 전압 입력에 대한 개루프 각속도 출력 식의 유도 ; (4) 개루프 시스템을 상태 공간에서 식으로 표현 ; (5) 컴퓨터 시뮬레이션을 통하여 계단 함수 입력에 대한 속도 응답을 그릴 수 있을 것이다.
- 부록 A3에 있는 무인 유영 잠수정의 피치 제어시스템의 블록선도에서 계단 함수 입력에 대한 잠수정의 응답을 예측하고, 이를 구하여 그릴 수 있게 된다. 또한, 시스템의 영점과 고차의 극점들이 시스템 응답에 미치는 영향을 분석할 수 있으며, 해상에서 배의 롤(roll) 응답도 확인할 수 있을 것이다.

4.1 개요

2장에서는 전달함수로 선형 시불변 시스템을 표현하는 과정을 살펴보았으며, 3장에서는 시간 영역에서 시스템을 표현하는 상태 방정식과 출력 방정식에 대해 알아보았다. 엔지니어는 어떤 서브시스템을 수학적으로 표현하고 시스템이 원하는 동작 특성을 가지는지를 확인하기 위하여 과도 상태와 정상 상태 응답을 분석해야 한다. 이 장에서는 주로 시스템의 과도 응답 특성을 분석하기로 한다.

4장에 이어 5장에서는 폐루프 시스템의 응답 특성을 분석하기로 한다. 그러나 독자들은 시스템을 나타내는 방법뿐만 아니라 응용 분야에 대해서도 깊이 있게 공부하여야 한다. 따라서, 이 장에서는 시스템을 표현하는 시스템 모델로부터 과도 응답 특성을 파악하는 방법과 시스템 표현 식이 어떻게 이용되는지를 살펴보기로 한다. 엔지니어들은 서브시스템을 폐루프 시스템으로 통합시키기 전에 서브시스템의 특성을 파악하고자 하므로 이와 같은 해석 과정이 매우 실용적이다.

시스템의 극점과 영점, 해석과 설계 도구를 설명한 후에, 1차 또는 2차 시스템의 계단 함수 응답을 구할 모델 해석을 시작하기로 한다. 시스템의 차수는 시스템을 나타내는 미분방정식의 차수와 같다. 즉, 전달함수의 분자항과 분모항에 공통으로 있는 인수를 소거한 분모항의 차수 또는 시스템을 상태 공간에서 표현할 때 필요한 연립 1차 방정식의 개수이다.

4.2 극점, 영점과 시스템 응답

시스템 응답은 강제 응답(*forced response*)과 고유 응답(*natural response*)의 합이다[1]. 이 응답은 미분방정식을 풀거나 Laplace 역변환으로 구할 수 있지만, 계산 과정이 복잡하므로 시간이 많이 소요된다. 시간을 최소로 하는 해석과 설계 기법이 생산적이므로 직관적으로 원하는 결과를 예측할 수 있는 정성적인 해석(qualitative analysis) 기법은 매우 유용하게 사용된다. 극점(*pole*)과 영점(*zero*)이 시스템의 시간 응답과 관계됨을 나타내는 것은 정성적인 해석 기법에 속한다. 제어시스템을 해석하고 설계하는데 기본이 되는 극점과 영점의 개념을 잘 이해하면 시스템의 응답을 간단히 예측할 수 있다. 독자들은 극점과 영점의 개념을 잘 숙지하여, 문제 해결에 활용하기 바라면서 극점과 영점을 정의하기로 하자.

전달함수의 극점

전달함수의 극점은 (1) 전달함수가 무한대가 되도록 하는 전달함수의 s 값이거나 (2) 전달함수의 분모항의 인수가 분자항의 인수와 같아서 소거되는 인수의 근에 해당하는 s 값이다.

정확히 말해서 전달함수의 극점은 (1)을 만족시킨다. 전달함수의 분모항을 전개한 특성 다항식의 근은 전달함수가 무한대가 되도록 하는 s 값이므로 극점이 된다. 분모항의 인수가 분자항의 인수와 같아서 소거된다면 이 인수에 해당하는 근은 전달함수가 무한대가 되도록 하지 못한다. 그러나 제어시스템에서는 분모항에서 소거되는 근을 참고해야 할 경우가 있다. 따라서 (2)도 극점에 포함된다.

전달함수의 영점

전달함수의 영점은 (1) 전달함수가 영이 되도록 하는 전달함수의 s 값이거나 (2) 전달함수의 분자항의 인수가 분모항의 인수와 같아서 소거되는 인수의 근에 해당하는 s 값이다.

---

1 강제 응답은 정상 상태 응답 또는 특수해(*particular solution*)라 하며, 고유 응답은 동차해(*homogeneous solution*)라 한다.

정확히 말해서 전달함수의 영점은 (1)을 만족시킨다. 전달함수의 분자항을 전개한 방정식의 근은 전달함수가 영이 되도록 하는 s 값이므로 영점이 된다. 분자항의 인수가 분모항의 인수로 소거된다면 이 인수에 해당하는 근은 전달함수가 영이 되도록 하지 않는다. 그러나 제어시스템에서는 소거된 분자항의 근을 참고해야 할 경우가 있다. 따라서 (2)도 영점에 포함된다.

1차 시스템의 극점과 영점 : 예제

그림 4.1(a)의 전달함수 $G(s)$는 s=-5인 극점과 -2인 영점을 가진다. 이들 극점과 영점을 그림 4.1(b)와 같이 복소 s-평면 위에서 극점은 ×, 영점은 ○의 기호로 표시하였다. 극점과 영점의 특성을 알아보기 위하여 시스템에 대한 단위 계단 함수 응답(이하 계단 함수 응답으로 표현한다)을 구해 보자. 그림 4.1(a)의 전달함수에 계단 함수를 곱하면 다음과 같이 된다.

$$C(s)=\frac{(s+2)}{s(s+5)}=\frac{A}{s}+\frac{B}{s+5}=\frac{2/5}{s}+\frac{3/5}{s+5} \tag{4.1}$$

여기서

$$A=\frac{(s+2)}{(s+5)}\mid_{s\to 0}=\frac{2}{5}$$
$$B=\frac{(s+2)}{s}\mid_{s\to -5}=\frac{3}{5}$$

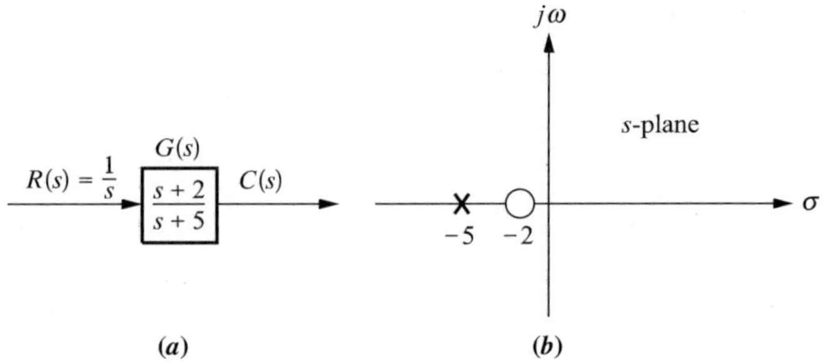

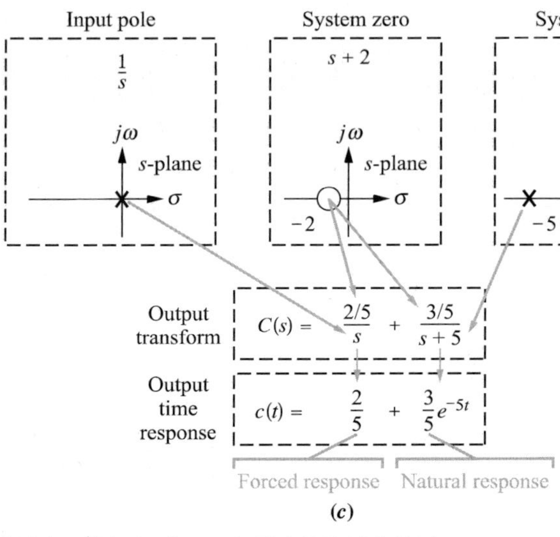

그림 4.1 a. 입력과 출력이 표시된 시스템 b. 시스템의 극점-영점 선도(pole-zero diagram) c. 시스템 응답 성분. 극점이나 영점에 의하여 생성되는 응답 성분을 화살표로 표시

따라서

$$c(t) = \frac{2}{5} + \frac{3}{5}e^{-5t} \tag{4.2}$$

그림 4.1(c)로부터 다음과 같은 결론을 얻을 수 있다.

1. 입력 함수의 극점(input pole)은 강제 응답의 형태를 결정한다(즉, 원점에 있는 극점은 출력에서 계단 함수가 된다).
2. 전달함수의 극점은 고유 응답의 형태를 결정한다(즉, -5에 있는 극점은 e^{-5t}를 생성시킨다).
3. 실수축 위에 있는 극점의 위치가 $-\alpha$일 때, 이 극점은 $e^{-\alpha t}$의 지수함수로 표시되는 응답을 생성시킨다. 따라서, 극점이 음의 실수축 위에 있으면서 원점으로부터 왼편으로 멀어질수록 지수함수로 표현되는 과도 응답은 더 빨리 감소하여 영으로 될 것이다(-5에 있는 극점은 e^{-5t}를 생성시킨다. : 일반적인 경우는 그림 4.2와 같이 표현된다.).
4. 영점과 극점은 강제 응답과 고유 응답의 크기를 결정한다(이것은 식 (4.1)에서 A와 B의 계산에서 확인할 수 있다).

극점을 이용하여 시스템의 응답 형태를 파악하는 기법을 다룬 예제를 살펴보자. 이 경우로부터 직관적으로 응답 형태를 파악하는 법을 이해하게 될 것이다. 실수축 위에 있는 전달함수의 각 극점은 각각의 지수함수로 표시되는 고유 응답을 생성하며, 입력의 극점은 강제 응답을 생성한다.

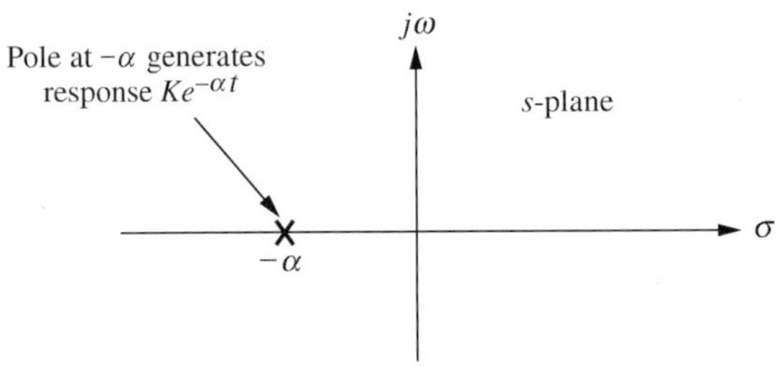

그림 4.2 실수축 위에 있는 극점의 과도 응답 성분

예제 4.1 극점을 이용한 응답 결정

문제 그림 4.3의 시스템에서 출력 $c(t)$의 일반적인 형태를 구하고, 강제 응답과 고유 응답을 구분하여 표시하라.

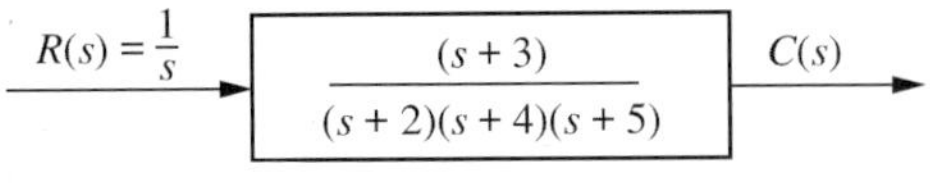

그림 4.3 예제 4.1에 대한 시스템

풀이 시스템의 각 극점은 지수함수로 표시되는 고유 응답을 결정하며, 입력 함수의 극점은 강제 응답을 결정한다. 따라서,

$$C(s) \equiv \underbrace{\frac{K_1}{s}}_{\text{강제 응답}} + \underbrace{\frac{K_2}{(s+2)} + \frac{K_3}{(s+4)} + \frac{K_4}{(s+5)}}_{\text{고유 응답}} \tag{4.3}$$

위 식을 Laplace 역변환하면 출력은 다음과 같다.

$$c(t) \equiv \underbrace{K_1}_{\text{강제 응답}} + \underbrace{K_2e^{-2t} + K_3e^{-4t} + K_4e^{-5t}}_{\text{고유 응답}} \quad (4.4)$$

숙련예제 4.1

문제 시스템의 전달함수가 $G(s) = \dfrac{10(s+4)(s+6)}{(s+1)(s+7)(s+8)(s+10)}$ 일 때, 단위 계단 함수 입력에 대한 출력 $c(t)$의 일반적인 형태를 직관적으로 구하라.

풀이 $c(t) \equiv A + Be^{-t} + Ce^{-7t} + De^{-8t} + Ee^{-10t}$

이 절에서 우리는 극점이 시간 응답 형태를 결정한다는 것을 알았다. 입력 함수의 극점은 강제 응답의 형태를 결정하고, 전달함수의 극점은 고유 응답의 형태를 결정한다. 입력이나 전달함수의 영점과 극점들은 전체 응답의 각 부분의 크기에 영향을 미친다. 한편, 실수축 위에 있는 극점은 지수함수 형태의 응답을 생성시킨다.

4.3 1차 시스템

영점이 없는 1차 시스템(first-order system)의 성능 특성을 살펴보기로 하자. 이 시스템은 그림 4.4(a)의 전달함수로 나타낼 수 있다. 입력이 $R(s) = 1/s$ 인 단위 계단 함수일 때 Laplace 변환 응답 $C(s)$는 다음과 같다.

$$C(s) = R(s)G(s) = \frac{a}{s(s+a)} \quad (4.5)$$

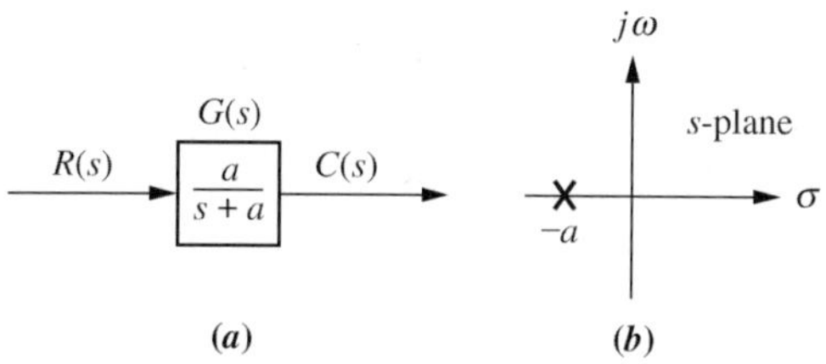

그림 4.4 a. 1차 시스템 b. 극점 위치

식 (4.5)를 Laplace 역변환하면 계단 함수 입력에 대한 시간 함수 응답은 다음과 같다.

$$c(t) = c_f(t) + c_n(t) = 1 - e^{-at} \quad (4.6)$$

여기서 강제 응답 $c_f(t) = 1$은 입력 함수의 극점이 원점이기 때문에 나타나는 결과이다. 그림 4.4(b)와 같이 배치된 시스템의 극점 $-a$에 의하여 생성되는 고유 응답은 $c_n(t) = -e^{-at}$이다. 식 (4.6)을 그린 그래프는 그림 4.5와 같다. 과도 응답 특성을 규정하는데 필요한 파라미터 a에 대해 살펴보자. $t = 1/a$일 때,

$$e^{-at}\,|_{t=1/a} = e^{-1} = 0.37 \quad (4.7)$$

또는

$$c(t)\,|_{t=1/a} = 1 - e^{-at}\,|_{t=1/a} = 1 - 0.37 = 0.63 \quad (4.8)$$

과도 응답 특성을 규정하는 세 가지 규격을 정의하기 위하여 식 (4.6), 식 (4.7)과 식 (4.8)을 사용하자.

가상 실험 4.1
1차 전달함수

이론을 실전에 적용한 사례로 Quanser 회전 서보를 나타내는 1차 전달함수를 구하라. LabVIEW로 시뮬레이션하여 모델의 타당성을 검증하라. 이와 같은 서보모터는 카메라와 같은 메카트로닉 장치에 사용된다.

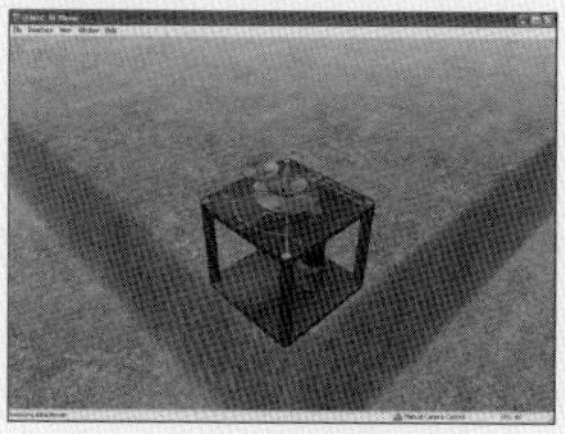
실험 4.1 실행

시정수

식 (4.7)로부터 $1/a$을 응답의 시정수(time constant)라 한다. 시정수는 응답 e^{-at}가 시작되는 처음 값으로부터 37%로 감소하는 데 걸리는 시간이다. 또는, 식 (4.8)로부터 시정수는 계단 함수 입력에 대한 응답이 최종값의 63%에 도달하는 데 걸리는 시간이다(그림 4.5 참조).

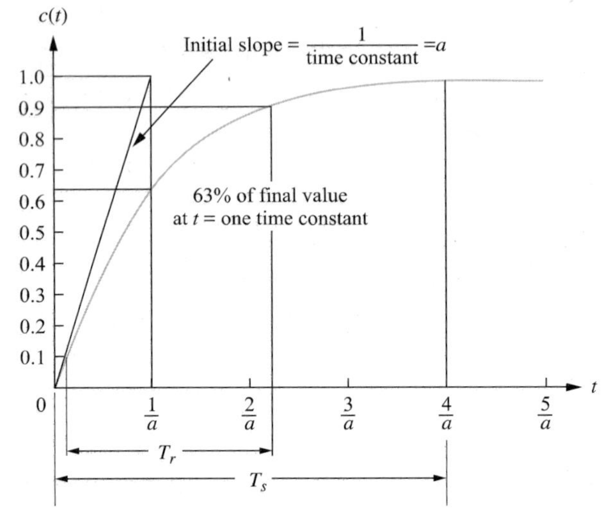

그림 4.5 단위 계단 함수 입력에 대한 1차 시스템의 응답

시정수의 역수(1/초)는 주파수의 단위가 되므로 파라미터 a를 지수함수형 주파수(exponential frequency)라 한다. $t=0$에서 함수 e^{-at}를 미분하면 $-a$이므로 a는 $t=0$에서 지수함수항의 초기 변화율이 된다. 따라서 시정수는 계단 함수 입력에 대해 시스템이 응답하는 초기 속도와 관련되므로 1차 시스템의 과도 응답 특성을 규정하는 규격으로 사용할 수 있다.

시정수는 극점의 위치로부터 계산할 수 있는데(그림 4.4(b) 참조), 전달함수의 극점이 $-a$이면 시정수는 극점의 역수가 된다. 따라서, 전달함수의 극점이 원점으로부터 멀리 위치할수록 시정수가 작으므로 과도 응답 구간도 짧아진다.

그림 4.5에 표시한 또 다른 과도 응답 규격인 상승 시간(rise time) T_r과 정착 시간(settling time) T_s에 대하여 알아보자.

상승 시간 T_r

상승 시간은 응답이 도달하는 최종값의 0.1에서 0.9가 되는 데 걸리는 시간이다. 식 (4.6)에서 상승 시간은 $c(t)=0.9$와 $c(t)=0.1$사이의 시간 간격이며 다음과 같다.

$$T_r = \frac{2.31}{a} - \frac{0.11}{a} = \frac{2.2}{a} \tag{4.9}$$

정착 시간 T_s

정착 시간은 응답이 최종값의 2% 이내로 도달하여 유지되는 데 걸리는 시간이다.[2] 식 (4.6)에서 $c(t)=0.98$일 때의 시간 t를 구하면, 정착 시간은 다음과 같이 된다.

$$T_s = \frac{4}{a} \tag{4.10}$$

2 정착 시간을 2%를 기준으로 정의하였으나 5%를 기준으로 할 수도 있다. 이 책에서는 2%를 기준으로 한다.

실험적으로 1차 전달함수의 결정

시스템의 전달함수를 해석적인 방법으로 구하는 것이 불가능하거나 실용적이지 않을 때도 있다. 조립된 시스템의 경우, 시스템의 부품을 식별하는 것은 쉬운 일이 아니다. 그러나 전달함수는 입출력 관계를 나타내는 식이므로 내부 구조를 알 수 없는 경우에도 계단 함수 입력에 대한 응답을 얻을 수 있다. 계단 함수 입력에 대한 응답으로부터 시정수와 정상 상태 값을 얻을 수 있으므로 이 값들을 이용하여 전달함수를 구할 수 있다.

전달함수가 $G(s)=K/(s+a)$인 1차 시스템의 계단 함수 응답은 다음과 같다.

$$C(s)=\frac{K}{s(s+a)}=\frac{K/a}{s}-\frac{K/a}{(s+a)} \tag{4.11}$$

여기서 K와 a를 실험적으로 정할 수 있으면, 시스템의 전달함수를 구할 수 있다.

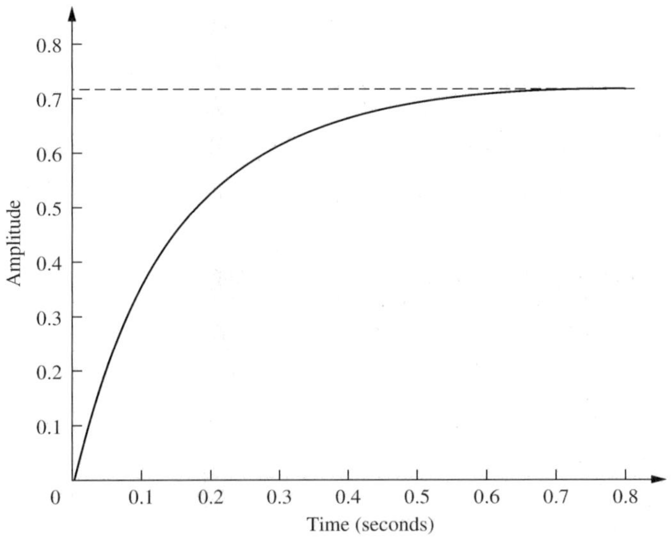

그림 4.6 실험적으로 얻어진 시스템의 계단 함수 응답

그림 4.6의 계단 함수 응답을 살펴보자. 이 응답 곡선은 오버슈트가 없고 응답 초기의 기울기가 0이 아니므로 1차 시스템의 응답으로 볼 수 있다. 이 응답 곡선에서 시정수, 즉 응답이 최종값의 63%에 도달하는 시간을 측정한다. 최종값이 약 0.72이기 때문에 응답이 0.63× 0.72=0.45에 도달하는 시간은 약 0.13초이며 이것이 시정수이다. 따라서, a=1/0.13=7.7이 된다.

식 (4.11)로부터 K를 구할 수 있는데, 강제 응답이 정상 상태에서 0.72이므로 $K/a=0.72$이다. 여기에 a를 대입하면 $K=5.54$가 된다. 따라서 시스템의 전달함수는 $G(s)=5.54/(s+7.7)$이 된다. 그림 4.6은 전달함수 $G(s)=5/(s+7)$에 대한 계단 함수 응답이므로 그래프에서 정성적으로 구한 전달함수가 타당함을 알 수 있다.

숙련예제 4.2

문제 시스템의 전달함수가 $G(s)=\dfrac{50}{s+50}$일 때, 시정수 T_c, 정착 시간 T_s와 상승 시간 T_r을 구하라.

풀이 $T_c=0.02$초, $T_s=0.08$초이고, $T_r=0.044$초이다.

풀이 과정은 www.wiley.com/go/Nise/ControlSystemsEngineering8e에서 확인하라.

4.4 2차 시스템 : 개요

이제 극점, 영점과 과도 응답의 개념을 2차 시스템(second-order system)으로 확장시키자. 1차 시스템과 비교하여 2차 시스템은 해석하고 표현해야 할 응답 범위가 더 넓다. 1차 시스템에서는 파라미터가 변하면 응답 속도만 변하지만, 2차 시스템에서는 파라미터가 변하면 응답 형태도 변한다. 2차 시스템은 1차 시스템과 유사한 응답 특성을 갖기도 하고 파라미터값에 따라 과도 응답이 감쇠 진동을 하거나 감쇠없이 진동하기도 한다.

2차 시스템의 특성을 규정하기 전에 그림 4.7에 나타낸 2차 시스템의 여러 가지 응답 특성을 살펴보기로 하자. 그림 4.7(a)와 같이 영점 없이 두 개의 극점만을 가지는 2차 시스템을 대상으로 한다. 분자항을 상수로 정하면 출력의 크기는 변하지만, 출력의 형태는 변화하지 않는다. 파라미터 a와 b를 적절히 선정하여 2차 시스템이 가질 수 있는 가능한 모든 과도 응답 특성을 나타낼 수 있도록 한다. 단위 계단 함수 입력에 대한 응답은 $C(s)=R(s)G(s)$에서 $R(s)=1/s$이므로 $C(s)$를 부분 분수로 전개하고 Laplace 역변환하면 $c(t)$를 구할 수 있다. 상세한 풀이 과정을 이해하기 위하여 2.2절을 참고하고 장말문제를 풀어 보기 바란다.

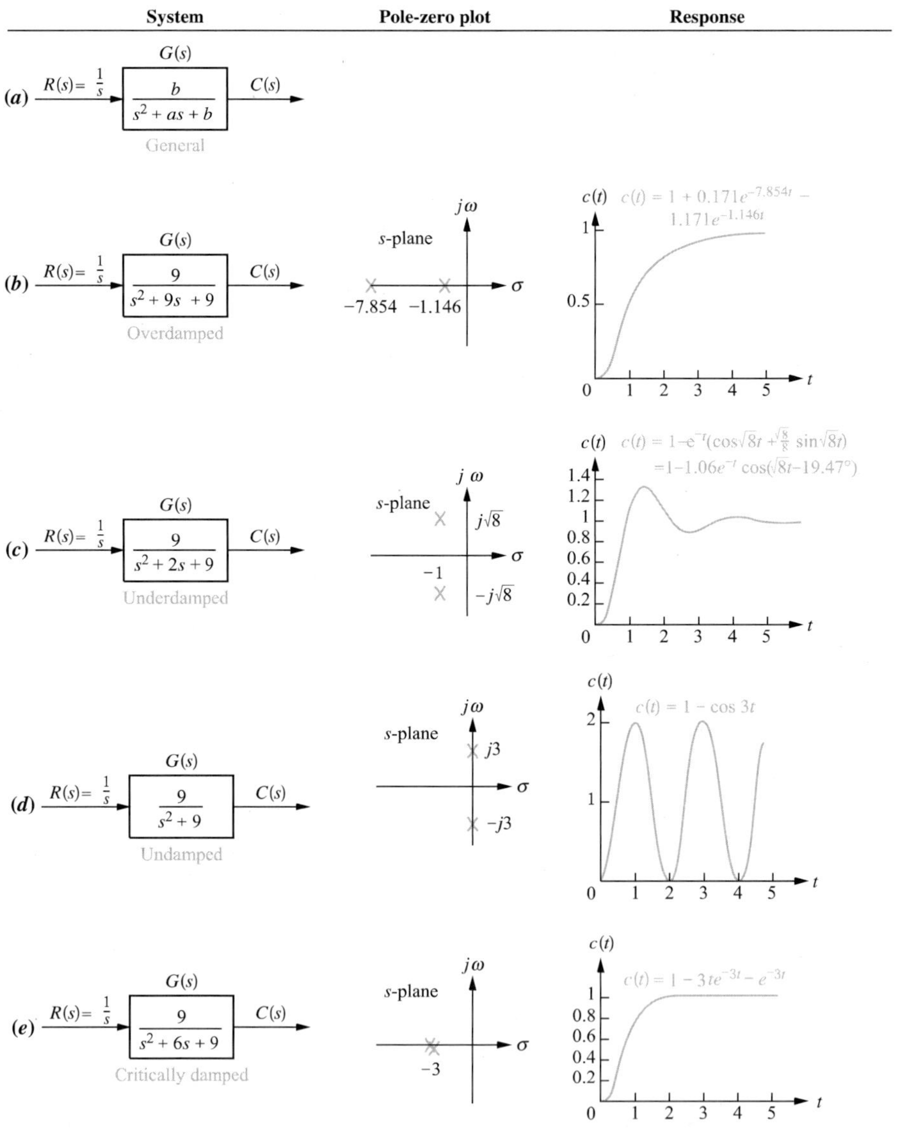

그림 4.7 2차 시스템의 극점 위치 및 계단 함수 응답들

이와 같이 출력 $C(s)$를 부분 분수로 전개한 후 Laplace 역변환하여 시스템의 출력을 직접 구하지 않고 극점을 이용하여 응답 특성을 규정하는 방법과 각각의 응답 특성에 대해 살펴보기로 하자.

과감쇠 응답 : 그림 4.7(b)

과감쇠 응답을 얻기 위한 출력 $C(s)$는 다음과 같다.

$$C(s) = \frac{9}{s(s^2+9s+9)} = \frac{9}{s(s+7.854)(s+1.146)} \tag{4.12}$$

이 출력 함수는 원점에 있는 단위 계단 함수 입력의 극점과 두 개가 실수인 시스템의 극점을 포함한다. 원점에 있는 극점은 상수가 되는 강제 응답을 생성한다. 실수축 위에 있는 두 개의 극점은 지수함수로 나타나는 고유 응답을 생성시키는데 각각의 지수함수형 주파수는 극점 값과 같다. 따라서 출력은 $c(t) = K_1 + K_2 e^{-7.854t} + K_3 e^{-1.146t}$로 표현된다. 이 응답은 그림 4.7(b)와 같으며 **과감쇠**(*overdamped*) 응답이라 한다.[3] Laplace 역변환해야 하는 번거로운 과정을 거치지 않고서도 극점으로부터 응답 형태를 파악할 수 있다.

미흡 감쇠 응답 : 그림 4.7(c)

이 경우 출력 $C(s)$는 다음과 같다.

$$C(s) = \frac{9}{s(s^2+2s+9)} \tag{4.13}$$

이 출력 함수는 원점에 있는 단위 계단 함수 입력의 극점과 두 개가 복소수인 시스템의 극점을 포함한다. 2차 시스템의 응답과 극점과의 관계를 살펴보자. 우선 극점의 위치와 시간 함수로 표시된 응답을 비교하고, 극점의 위치와 응답 파형을 비교하기로 한다. 그림 4.7(c)로부터 고유 응답을 발생시키는 극점은 $s = -1 \pm j\sqrt{8}$ 인데 응답 $c(t)$와 두 극점을 살펴보면 극점의 실수부는 정현파의 진폭이 지수함수적으로 감소하는 값이며 허수부는 정현파의 진동 주파수임을 알 수 있다.

다음으로 극점의 위치와 응답 파형을 비교해 보자. 그림 4.8은 2차 시스템의 일반적인 감쇠 진동 응답 형태를 나타내고 있다. 과도 응답은 극점의 실수부에 의해 결정되는 지수함수적으로 감소하는 파형과 허수부에 의하여 생성되는 정현파를 곱한 결과이다. 지수함수적으로 감소하는 파형을 살펴보면 시정수는 극점의 실수부의 역수와 같다. 허수부는 그림 4.8에 나타낸 바와 같이 정현파의 주파수가 된다. 정현파의 주파수를 **감쇠 진동 주파수**(*damped oscillation frequency*) ω_d 라고 한다. 정상 상태 응답(계단 함수 응답)은 원점에 있는 입력의 극점에 의하여 생성된다. 그림 4.8과 같은 응답 형태를 **미흡 감쇠**(*underdamped*) 응답이라 부르는데, 진동하면서 감소하는 과도 응답 후에 정상 상태에 도달하는 특성을 가진다.

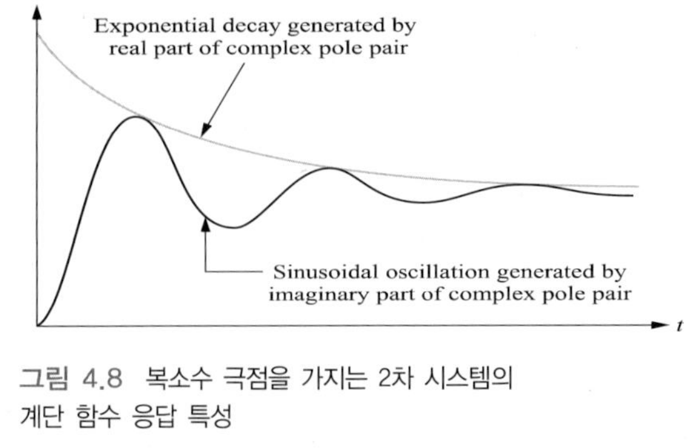

그림 4.8 복소수 극점을 가지는 2차 시스템의 계단 함수 응답 특성

다음 예제에서는 Laplace 역변환 과정을 거치지 않고 극점의 위치와 과도 응답 사이의 관계로부터 직접 응답의 형태를 파악할 수 있음을 설명하고자 한다.

---

3 **과감쇠**(*overdamped*)는 시스템에서 다량의 에너지가 흡수되기 때문에 붙여진 이름이며 계단 함수 입력에 대하여 정상 상태 값 근처에서 과도 응답의 오버슈트와 진동을 억제한다. 에너지 흡수가 감소되면 과감쇠 시스템은 미흡 감쇠 특성을 가지므로 오버슈트가 나타나게 된다.

예제 4.2 극점을 사용한 미흡 감쇠 응답의 결정

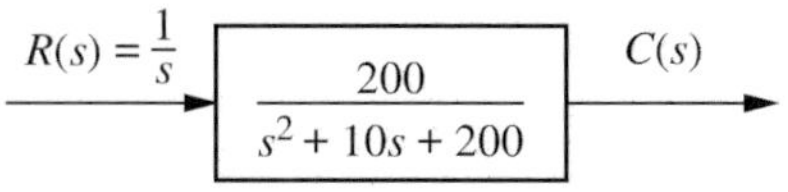

그림 4.9 예제 4.2에 대한 시스템

문제 그림 4.9의 시스템에서 계단 함수 입력에 대한 응답의 일반적인 형태를 직관적으로 구하라.

풀이 입력이 계단 함수이므로 강제 응답은 계단 함수 형태가 된다. 고유 응답의 형태를 구하기 위해 그림 4.9의 전달함수의 분모항을 인수분해하면 극점은 $s=-5\pm j13.23$이 된다. 실수부인 -5는 파형 감쇠를 나타내는 지수함수형 주파수로 시정수의 역수이다. 허수부인 13.23은 정현파의 진동 주파수이다. 따라서 그림 4.7(c)를 참고하면 $c(t)=K_1+e^{-5t}(K_2\cos 13.23t+K_3\sin 13.23t)=K_1+K_4e^{-5t}(\cos 13.23t-\phi)$ 가 된다. 여기서 $\phi=\tan^{-1}K_3/K_2$, $K_4=\sqrt{K_2^2+K_3^2}$ 이고, $c(t)$는 상수와 지수함수적으로 감소하는 정현파의 합이 된다.

4.5절과 4.6절에서는 2차 시스템의 미흡 감쇠에 대해 다시 다루고자 하는데 극점의 위치와 응답의 다른 파라미터와의 관계를 유도하고 설명하기로 한다.

무감쇠 응답 : 그림 4.7(d)

이 경우 출력 $C(s)$는 다음과 같다.

$$C(s)=\frac{9}{s(s^2+9)} \tag{4.14}$$

이 출력 함수는 원점에 있는 단위 계단 함수 입력의 극점과 두 개가 순허수인 시스템 극점을 포함한다. 원점에 있는 입력의 극점은 강제 응답을 생성하고, 허수축 위에 있는 극점인 $\pm j3$에 의하여 고유 응답은 정현파 형태가 된다. 진동 주파수는 극점의 크기와 같으므로 출력은 $c(t)=K_1+K_4\cos(3t-\phi)$로 표시된다. 응답 파형은 그림 4.7(d)와 같고 이를 무감쇠(*undamped*) 응답이라 한다. 극점의 실수부가 0이므로 $e^{-0t}=1$이 되어 파형 감쇠 없이 진동한다.

임계 감쇠 응답 : 그림 4.7(e)

이 경우 출력 $C(s)$는 다음과 같다.

$$C(s)=\frac{9}{s(s^2+6s+9)}=\frac{9}{s(s+3)^2} \tag{4.15}$$

이 출력 함수는 원점에 있는 단위 계단 함수 입력의 극점과 실수이면서 두 개가 중근인 시스템의 극점을 포함한다. 원점에 있는 입력의 극점은 강제 응답을 생성하고, 실수축 위에서 중첩되는 중근의 극점인 -3은 지수함수 항과 이 지수함수 항에 시간 t를 곱한 항의 합이 되는 고유 응답을 생성시킨다. 이때 지수함수형 주파수는 극점 크기와 같으므로 출력은 $c(t)=K_1+K_2e^{-3t}+K_3te^{-3t}$ 가 된다. 응답 파형은 그림 4.7(e)과 같으며, 이를 임계 감쇠(*critically damped*) 응답이라 한다. 임계 감쇠 응답은 오버슈트가 없는 가장 짧은 과도 응답 구간을 가지는 미흡 감쇠 응답이라 할 수 있다.

이 절에서는 2차 시스템의 고유 응답 형태와 각각의 특성을 분석하였으며 다음과 같이 요약할 수 있다.

1. 과감쇠 응답(overdamped response)

   극점 : $-\sigma_1$, $-\sigma_2$인 두 개의 실수 극점

   고유 응답 : 극점의 역수와 동일한 시정수를 가지는 지수함수 파형으로 다음과 같이 표시된다.

$$c(t) = K_1 e^{-\sigma_1 t} + K_2 e^{-\sigma_2 t}$$

2. 미흡 감쇠 응답(under damped response)

극점 : $-\sigma_d \pm j\omega_d$인 두 개의 복소수 극점

고유 응답 : 극점의 실수부의 역수와 동일한 시정수를 가지며 정현파가 지수함수 형태로 감소하는데 다음과 같이 표시된다. 이때 정현파의 각주파수는 극점의 허수부와 동일하다.

$$c(t) = Ae^{-\sigma_d t}\cos(\omega_d t - \phi)$$

3. 무감쇠 응답(undamped response)

극점 : $\pm j\omega_1$인 두 개의 허수 극점

고유 응답 : 극점의 허수부와 동일한 각주파수를 가지는 무감쇠 정현파로 다음과 같이 표시된다.

$$c(t) = A\cos(\omega_1 t - \phi)$$

4. 임계 감쇠 응답(critically damped response)

극점 : $-\sigma_1$에 중첩되는 두 개의 실수 극점

고유 응답 : 극점의 역수와 동일한 시정수를 가지는 지수함수 항과 이 항에 시간 t를 곱한 항의 합으로 다음과 같이 표시된다.

$$c(t) = K_1 e^{-\sigma_1 t} + K_2 t e^{-\sigma_1 t}$$

이 절에서 설명한 네 가지 경우에 대한 계단 함수 응답을 그림 4.10에 나타내었다. 임계 감쇠는 과감쇠와 미흡 감쇠의 경계에 있으며, 오버슈트 없이 정상 상태에 가장 빨리 도달하는 응답이다.

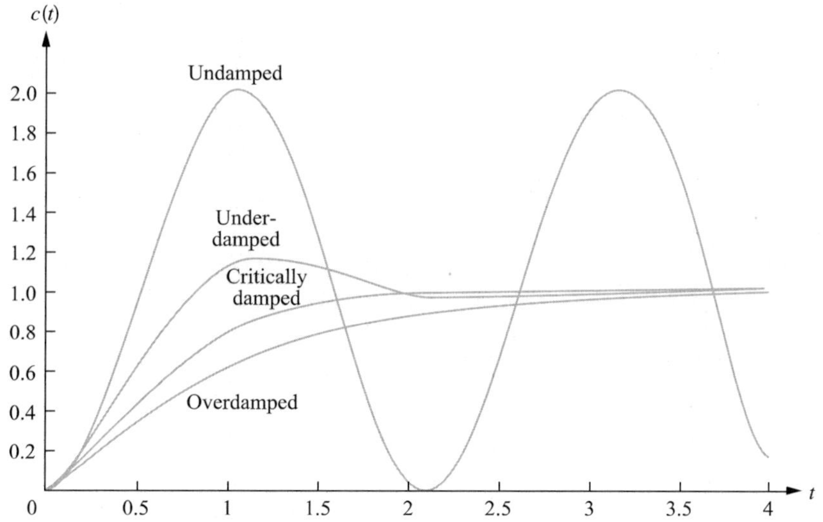

그림 4.10 감쇠 정도에 따른 2차 시스템의 계단 함수 응답

숙련예제 4.3

문제 다음 전달함수에 대한 계단 함수 응답의 일반적인 형태를 직관적으로 구하라.

a. $G(s) = \dfrac{400}{s^2 + 12s + 400}$

b. $G(s) = \dfrac{900}{s^2 + 90s + 900}$

c. $G(s) = \dfrac{225}{s^2 + 30s + 225}$

$$d.\ G(s)=\frac{625}{s^2+625}$$

풀이 $a.\ c(t)=A+Be^{-6t}\cos(19.08t+\phi)$
$b.\ c(t)=A+Be^{-78.54t}+Ce^{-11.46t}$
$c.\ c(t)=A+Be^{-15t}+Cte^{-15t}$
$d.\ c(t)=A+B\cos(25t+\phi)$

풀이 과정은 www.wiley.com/go/Nise/ControlSystemsEngineering8e에서 확인하라.

다음 절에서는 2차 시스템의 응답 특성을 일반화시키고 2차 시스템의 분석과 설계에 사용되는 두 가지 규격을 정의하기로 한다. 4.6절에서는 미흡 감쇠 특성을 중점적으로 다루는데 분석과 설계에 사용할 몇 가지 규격을 정의하기로 한다.

4.5 일반적인 2차 시스템

지금까지 2차 시스템과 응답 특성을 살펴보았는데 이것을 일반화시켜 보자. 시스템의 응답을 직접 그리지 않고 2차 시스템의 응답 특성을 예측할 수 있는 정량적인 규격들을 정의하기로 한다. 이것은 시정수가 1차 시스템의 응답 특성을 규정하는 것처럼 2차 시스템의 과도 응답 특성을 규정하기 위해 사용되는 규격으로 고유 주파수와 감쇠비가 여기에 해당한다.

고유 주파수, ω_n

2차 시스템의 **고유 주파수**(*natural frequency*)는 감쇠 없는 시스템의 진동 주파수이다. 예를 들면, 저항이 단락된 RLC 직렬 회로에서는 진동 주파수가 고유 주파수가 된다.

감쇠비, ζ

감쇠비(*damping ratio*) 정의에 앞서 몇 가지 사항을 설명하고자 한다. 2차 시스템에서 미흡 감쇠 응답은 진동하면서 감소하는 특성에 대해 이미 언급하였으나, 시간축에서 스케일에 무관하게 이 감쇠 진동을 정량적으로 표현하여야 할 필요성이 있다. 즉, 과도 응답에서 1/1000초 동안 3번 주기적으로 진동한 후 정상 상태에 도달하는 시스템과 1,000년 동안 3번 주기적으로 진동한 후 정상 상태에 도달하는 시스템은 같은 형태의 과도 응답 특성을 가진다고 할 수 있다. 예를 들면, 그림 4.10의 미흡 감쇠 응답 곡선은 그 모양을 결정하는 척도를 가진다고 할 수 있는데 이 척도는 시간축의 스케일을 초 단위에서 마이크로 초 단위 또는 천년 단위로 변경하여도 동일하다.

이 척도는 응답 파형의 포락선(envelope)이 지수함수적으로 감소하는 지수함수형 주파수와 고유 주파수를 비교하는 값으로 응답의 시간축의 스케일과는 무관하게 정의할 수 있다. 또한, 지수함수 파형의 시정수에 대한 고유 주기의 비율도 시간축의 스케일과는 무관하다.

따라서 감쇠비 ζ를 다음과 같이 정의한다.

$$\zeta=\frac{\text{지수함수적으로 감소하는 주파수}}{\text{고유주파수}(rad/sec)}=\frac{1}{2\pi}\frac{\text{고유주기}(sec)}{\text{지수함수 파형의 시정수}}$$

이 정의를 사용하기 위하여 2차 시스템을 변형시키자. 그림 4.7(a)의 2차 시스템을 ζ와 ω_n으로 표현하기 위하여 다음 시스템을 고려한다.

$$G(s)=\frac{b}{s^2+as+b} \tag{4.16}$$

극점이 $j\omega$축 위에 있으면 응답은 무감쇠 정현파가 된다. 즉, 극점이 순허수이기 위해서는 $a=0$이 되어야 하므로 식 (4.16)은 다음과 같이 된다.

$$G(s)=\frac{b}{s^2+b} \tag{4.17}$$

정의에 따라, 고유 주파수 ω_n은 이 시스템의 진동 주파수와 일치한다. 이 시스템의 극점은 $j\omega$축 위의 $\pm j\sqrt{b}$에 있으므로

$$\omega_n=\sqrt{b} \tag{4.18}$$

이 된다. 따라서

$$b=\omega_n^2 \tag{4.19}$$

그러면 식 (4.16)에 있는 a는 어떻게 되는가? 미흡 감쇠 시스템이라면 복소수 극점의 실수부 σ는 $-a/2$가 된다. 이 값은 4.4절에서 설명한 지수함수적으로 감소하는 주파수이다. 따라서

$$\zeta=\frac{\text{지수함수적으로 감소하는 주파수}}{\text{고유주파수}(rad/sec)}=\frac{|\sigma|}{\omega_n}=\frac{a/2}{\omega_n} \tag{4.20}$$

이 되므로

$$a=2\zeta\omega_n \tag{4.21}$$

위 결과로부터 일반적인 2차 시스템의 전달함수는 다음과 같이 나타낼 수 있다.

$$G(s)=\frac{\omega_n^2}{s^2+2\zeta\omega_n s+\omega_n^2} \tag{4.22}$$

다음 예제에서는 전달함수를 식 (4.22)와 비교하여 ζ와 ω_n을 구할 수 있다.

예제 4.3 2차 시스템의 ζ와 ω_n 구하기

문제 전달함수가 식 (4.23)로 주어질 때 ζ와 ω_n을 구하라.

$$G(s)=\frac{36}{s^2+4.2s+36} \tag{4.23}$$

풀이 식 (4.23)을 식 (4.22)와 비교하면 $\omega_n^2=36$이므로 $\omega_n=6$이다. 또한 $2\zeta\omega_n=4.2$이므로 ω_n을 대입하면, $\zeta=0.35$가 된다.

지금까지 ζ와 ω_n을 정의하였는데, 이 값들과 극점의 위치와의 관계를 알아보자. 식 (4.22)의 전달함수의 극점은 다음과 같다.

$$s_{1,2}=-\zeta\omega_n\pm\omega_n\sqrt{\zeta^2-1} \tag{4.24}$$

식 (4.24)로부터 2차 시스템의 응답 파형은 ζ의 함수로 나타낼 수 있음을 알 수 있는데, 이것을 그림 4.11에 요약하였다.[4]

4 독자들은 그림 4.11의 결과를 입증해 보기 바란다.

다음 예제에서는 ζ값을 구하고 과도 응답 특성을 확인해 보자.

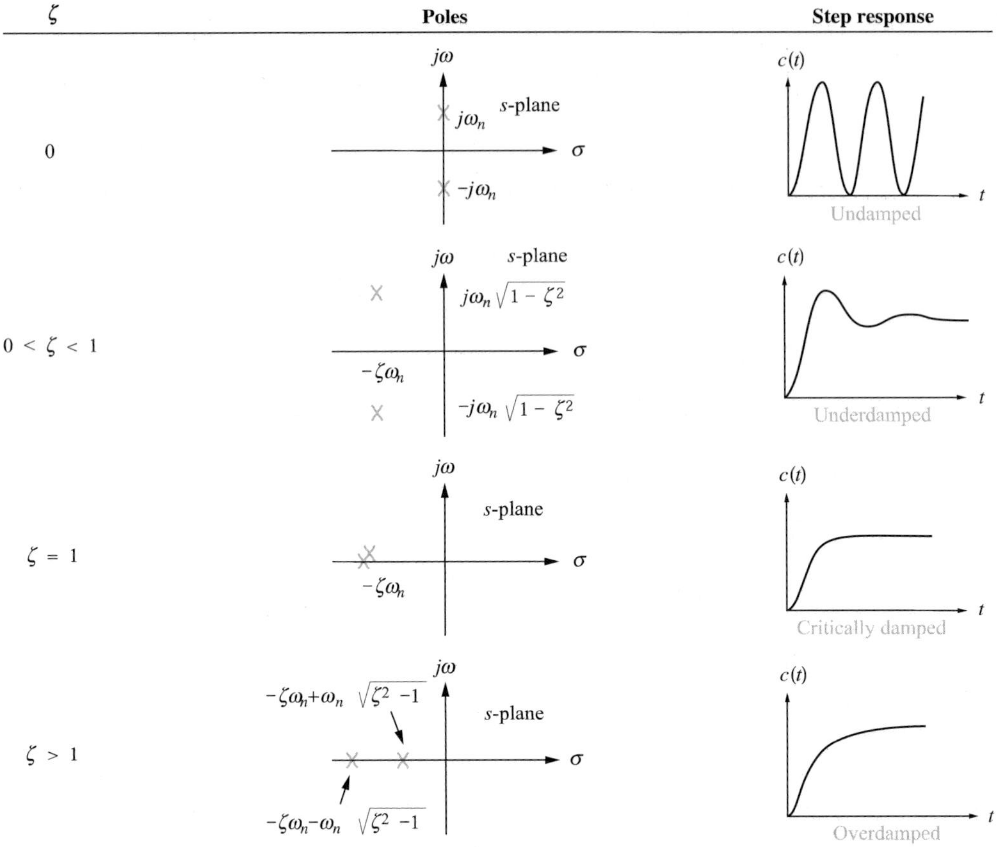

그림 4.11 감쇠비 변화에 따른 2차 시스템의 응답

예제 4.4 ζ값으로 응답 특성 결정

문제 그림 4.12의 각 시스템에서 ζ값을 구하고 예상되는 응답의 특성을 설명하라.

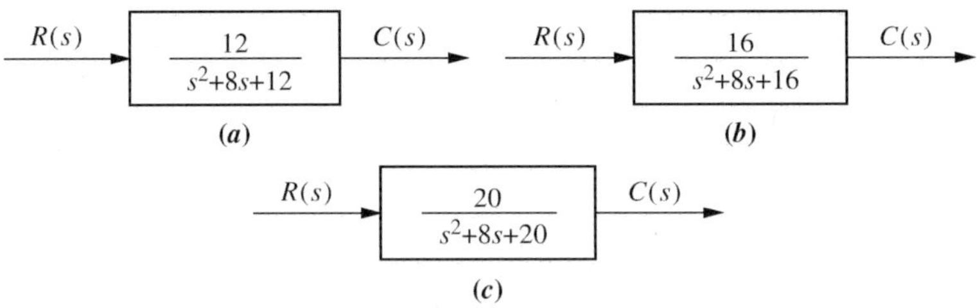

그림 4.12 예제 4.4에 대한 시스템

풀이 먼저, 식 (4.16)을 식 (4.22)에 대응시키면 $a = 2\zeta\omega_n$이고 $\omega_n = \sqrt{b}$이므로

$$\zeta = \frac{a}{2\sqrt{b}} \tag{4.25}$$

그림 4.12의 각 시스템에 주어진 a와 b값을 적용하면 시스템 (a)는 $\zeta = 1.155$이므로 $\zeta > 1$가 되어 과감쇠이다. 시스템 (b)는 $\zeta = 1$이므로 임계 감쇠이다. 시스템 (c)는 $\zeta = 0.894$이므로 $\zeta < 1$이 되어 미흡 감쇠 응답 특성을 가짐을 확인할 수 있다.

숙련예제 4.4

문제 숙련예제 4.3의 각 전달함수에 대해 (1) ζ와 ω_n을 구하고 (2) 응답의 특성을 설명하라.

풀이 **a.** $\zeta = 0.3,\ \omega_n = 20$; 시스템은 미흡 감쇠 특성을 가진다.

b. $\zeta = 1.5,\ \omega_n = 30$; 시스템은 과감쇠 특성을 가진다.

c. $\zeta = 1,\ \omega_n = 15$; 시스템은 임계 감쇠 특성을 가진다.

d. $\zeta = 0,\ \omega_n = 25$; 시스템은 무감쇠 특성을 가진다.

풀이 과정은 www.wiley.com/go/Nise/ControlSystemsEngineering8e에서 확인하라.

이 절에서는 2차 시스템의 고유 주파수 ω_n과 감쇠비 ζ라는 두 가지 파라미터를 정의하였다. 응답은 ζ 값에 좌우되며, 감쇠비에 따라 과감쇠, 임계 감쇠, 미흡 감쇠 및 무감쇠 응답 형태가 됨을 확인하였다.

4.6 미흡 감쇠 특성을 가지는 2차 시스템

지금까지 2차 시스템의 전달함수를 ζ와 ω_n으로 표현하였다. 여기서는 미흡 감쇠 응답 특성을 가지는 2차 시스템의 계단 함수 응답을 분석해 보자. 이 응답은 ζ와 ω_n으로 나타낼 수 있는데 응답 특성을 규정하기 위해 몇 가지 규격들을 추가로 정의하기로 한다. 실제 시스템의 대부분은 미흡 감쇠 특성을 가진다. 이와 같은 미흡 감쇠가 있는 2차 시스템은 독특한 응답 특성을 가지므로 시스템의 해석과 설계의 편의를 위해 미흡 감쇠 응답 특성을 상세하게 규정할 필요가 있다. 먼저 미흡 감쇠 응답과 연관된 과도 응답 규격을 정의한다. 다음으로 극점의 위치와 2차 시스템의 미흡 감쇠 응답 형태와는 연관성이 있으므로 규격을 극점의 위치로 표현한다. 마지막으로, 극점의 위치와 시스템 파라미터 사이의 관계로부터 원하는 응답을 얻기 위한 시스템 설계 문제를 다룬다.

식 (4.22)의 2차 시스템에 대한 계단 함수 응답을 구해 보자. 응답 $C(s)$는 입력과 전달함수의 곱이므로 다음과 같다.

$$C(s) = \frac{\omega_n^2}{s(s^2 + 2\zeta\omega_n s + \omega_n^2)} = \frac{K_1}{s} + \frac{K_2 s + K_3}{s^2 + 2\zeta\omega_n s + \omega_n^2} \tag{4.26}$$

여기서 $\zeta < 1$(미흡 감쇠의 경우)로 한정하였다. 부분 분수로 전개하여 2.2절의 경우 3 방법을 적용하면

$$C(s) = \frac{1}{s} - \frac{(s + \zeta\omega_n) + \dfrac{\zeta}{\sqrt{1-\zeta^2}}\omega_n\sqrt{1-\zeta^2}}{(s + \zeta\omega_n)^2 + \omega_n^2(1-\zeta^2)} \tag{4.27}$$

이 된다. Laplace 역변환을 하면 다음과 같이 되는데 이것은 독자 스스로 확인하기 바란다.

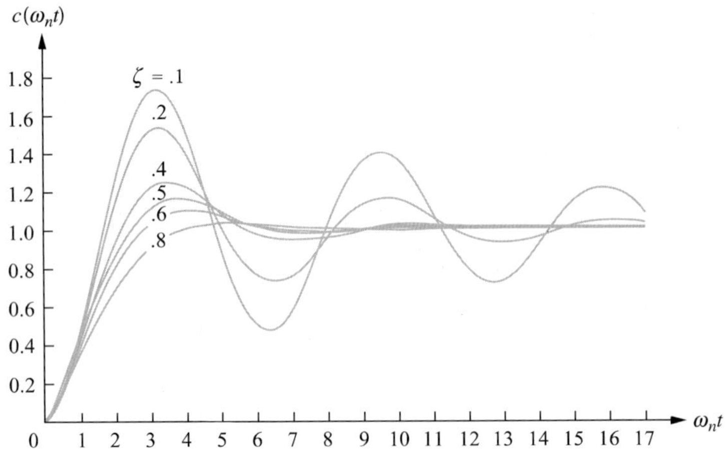

그림 4.13 감쇠비 변화에 따른 2차 시스템의 미흡 감쇠 응답

$$
\begin{aligned}
c(t) &= 1 - e^{-\zeta\omega_n t}\left(\cos \omega_n\sqrt{1-\zeta^2}t + \frac{\zeta}{\sqrt{1-\zeta^2}}\sin \omega_n\sqrt{1-\zeta^2}t\right) \\
&= 1 - \frac{1}{\sqrt{1-\zeta^2}}e^{-\zeta\omega_n t}\cos(\omega_n\sqrt{1-\zeta^2}t - \phi)
\end{aligned}
\tag{4.28}
$$

여기서 $\phi = \tan^{-1}(\zeta/\sqrt{1-\zeta^2})$이다.

여러 가지 ζ값에 대응되는 응답 파형은 그림 4.13과 같으며 시간축은 고유 주파수로 정규화하였다. 여기서 ζ와 응답 형태 사이의 관계를 알 수 있는데 ζ값이 작을수록 응답의 진동이 커진다. 고유 주파수는 시간축을 정규화하는 요소로서 응답 형태에는 영향을 미치지 않는다.

앞에서 2차 시스템과 연관된 두 파라미터 ζ와 ω_n을 정의하였다. 미흡 감쇠 응답과 관련되는 또 다른 파라미터로는 상승 시간, 최고값 시간, 퍼센트 오버슈트 및 정착 시간이 있다. 이 파라미터들은 다음과 같이 정의된다(그림 4.14를 참조하라).

1. 상승 시간(*rise time*), T_r : 파형이 최종값의 0.1에서 0.9에 도달하는 데 걸리는 시간
2. 최고값 시간(*peak time*), T_p : 첫 번째 최고값 또는 최대 최고값에 도달하는 데 걸리는 시간
3. 퍼센트 오버슈트(*percent overshoot*), $\%OS$: 최고값 시간에서 정상 상태 값을 기준으로 파형의 정상 상태 또는 최종 상태보다 큰 최대값을 퍼센트로 나타낸 값

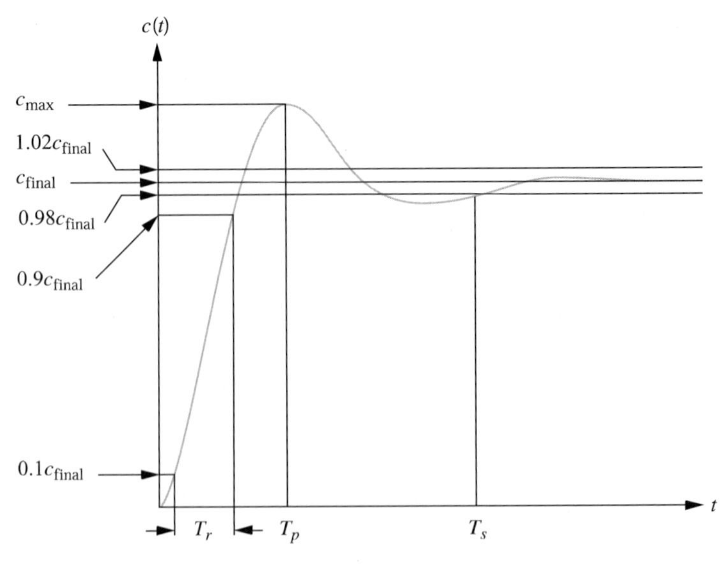

그림 4.14 2차 시스템의 미흡 감쇠 응답 규격

4. 정착 시간(*settling time*), T_s : 과도 상태가 진동하면서 감소하는 값이 정상 상태 값의 ±2% 이내에 도달하여 유지되는 데 걸리는 시간

상승 시간과 정착 시간의 정의는 기본적으로 1차 응답의 정의와 같다. 또한, 2차 이상의 고차 시스템에 대해서도 이들 정의는 성립되나 고차 시스템이 2차 시스템으로 근사화되는 경우에만 정의된 식을 사용할 수 있으며, 이것은 4.7절과 4.8절에서 설명하기로 한다.

상승 시간, 최고값 시간 및 정착 시간은 과도 응답의 응답 속도에 대한 정보를 제공한다. 이 정보는 응답 속도와 특성이 시스템의 성능 저하 정도를 설계자가 결정하는 데 도움을 준다. 예를 들면, 컴퓨터 시스템의 처리 속도는 하드 디스크 헤드가 정상 상태에 도달하여 데이터를 읽는 데 걸리는 시간에 좌우된다. 승객이 느끼는 안락함은 차의 충격 흡수 시스템과 범퍼에 충돌한 후에 발생하는 진동수에 부분적으로 좌우된다.

이제 ζ와 ω_n의 함수로 T_p, $\%OS$, T_s를 나타내 보자. 이 장의 후반부에서는 이들 규격과 시스템의 극점 위치와의 관련성을 설명하기로 한다. 상승 시간은 정확하게 식으로 나타낼 수 없기에 ζ와 상승 시간과의 관계를 그래프로 나타내기로 한다.

최고 시간값(T_p)의 유도

식 (4.28)의 $c(t)$를 미분하고 $t=0$을 제외한 첫 번째 0이 되는 점을 찾으면 T_p를 구할 수 있다. 이것은 표 2.2의 7항의 주파수 영역에서의 미분 성질을 이용함으로써 간단하게 구할 수 있다. 초기조건을 0으로 가정하고, 식 (4.26)을 이용하면 다음 식이 얻어진다.

$$\mathcal{L}[\dot{c}(t)] = sC(s) = \frac{\omega_n^2}{s^2+2\zeta\omega_n s+\omega_n^2} \tag{4.29}$$

이 식에서 분모를 완전 제곱 형태로 나타내면

$$\mathcal{L}[\dot{c}(t)] = \frac{\omega_n^2}{(s+\zeta\omega_n)^2+\omega_n^2(1-\zeta^2)} = \frac{\dfrac{\omega_n}{\sqrt{1-\zeta^2}}\omega_n\sqrt{1-\zeta^2}}{(s+\zeta\omega_n)^2+\omega_n^2(1-\zeta^2)} \tag{4.30}$$

이 되므로 다음 식을 얻을 수 있다.

$$\dot{c}(t) = \frac{\omega_n}{\sqrt{1-\zeta^2}}e^{-\zeta\omega_n t}\sin\omega_n\sqrt{1-\zeta^2}\,t \tag{4.31}$$

식 (4.31)을 0으로 놓으면

$$\omega_n\sqrt{1-\zeta^2}\,t = n\pi \tag{4.32}$$

또는

$$t = \frac{n\pi}{\omega_n\sqrt{1-\zeta^2}} \tag{4.33}$$

이 된다.

정수 n을 대입한 시간에서 극대 또는 극소가 된다. $n=0$이면 $t=0$이 되며, 그림 4.14의 그래프에서 응답의 시작점이 된다. 식 (4.33)에서 $n=1$일 때, 첫 번째 극대가 발생한다. 이 극대가 최고값이 되므로 최고값 시간 T_p는 다음과 같다.

$$T_p = \frac{\pi}{\omega_n\sqrt{1-\zeta^2}} \tag{4.34}$$

퍼센트 오버슈트(%OS)의 유도

그림 4.14로부터 퍼센트 오버슈트 $\%OS$는 다음 식으로 주어진다.

$$\%OS = \frac{c_{\max} - c_{final}}{c_{final}} \times 100 \tag{4.35}$$

여기서 $c_{\max}$항은 최고값 시간에서의 $c(t)$, 즉 $c(T_p)$를 계산하여 얻는다. 식 (4.34)를 식 (4.28)에 대입하면 다음과 같이 된다.

$$\begin{aligned} c_{\max} &= c(T_p) = 1 - e^{-(\zeta\pi/\sqrt{1-\zeta^2})}\left(\cos\pi + \frac{\zeta}{\sqrt{1-\zeta^2}} sin\pi\right) \\ &= 1 + e^{-(\zeta\pi/\sqrt{1-\zeta^2})} \end{aligned} \tag{4.36}$$

식 (4.28)의 계단 함수 응답에서

$$c_{final} = 1 \tag{4.37}$$

이므로 식 (4.36)과 식 (4.37)을 식 (4.35)에 대입하면 $\%OS$는 다음과 같이 된다.

$$\%OS = e^{-(\zeta\pi/\sqrt{1-\zeta^2})} \times 100 \tag{4.38}$$

여기서 퍼센트 오버슈트는 감쇠비 ζ만의 함수가 됨을 주목하라.

식 (4.38)을 이용하면 ζ가 주어질 때 $\%OS$를 구할 수 있으며, 다음과 같이 방정식을 ζ에 대한 식으로 바꾸면 원하는 $\%OS$를 얻기 위한 ζ를 구할 수 있다.

$$\zeta = \frac{-\ln(\%OS/100)}{\sqrt{\pi^2 + \ln^2(\%OS/100)}} \tag{4.39}$$

식 (4.39)를 유도하는 과정은 독자 스스로 확인하기 바란다. 식 (4.38) 또는 식 (4.39)를 그림 4.15의 그래프로 나타내었다.

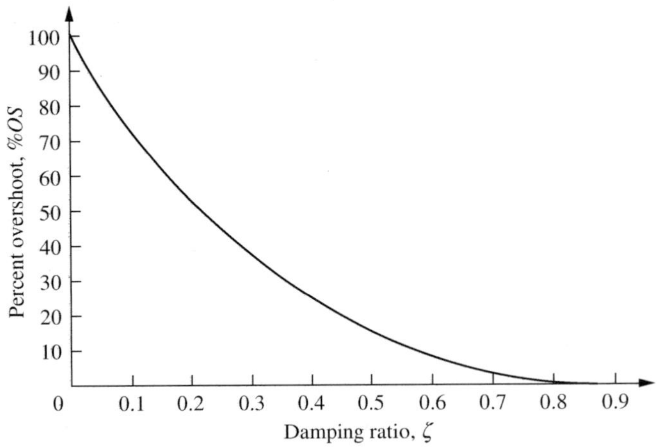

그림 4.15 감쇠비에 대한 퍼센트 오버슈트

정착 시간(T_s)의 유도

정착 시간을 구하기 위해서는, 식 (4.28)의 $c(t)$가 정상 상태 값 c_{final}의 ±2% 내에 도달하여 유지되는 데 걸리는 시간을 구해야 한다. 정의에 의하면 정착 시간은 식 (4.28)에서 감소하고 있는 정현파의 진폭이 0.02에 도달하는 데 걸리는 시간이 된다. 즉

$$e^{-\zeta\omega_n t}\frac{1}{\sqrt{1-\zeta^2}} = 0.02 \tag{4.40}$$

이 방정식은 정착 시간에서 $\cos(\omega_n\sqrt{1-\zeta^2}\,t-\phi)=1$ 로 가정하였기 때문에 어림잡은 추정식이다. 식 (4.40)에서 t를 구하면 정착 시간은 다음과 같이 된다.

$$T_s = \frac{-\ln(0.02\sqrt{1-\zeta^2})}{\zeta\omega_n} \tag{4.41}$$

ζ가 0에서 0.9까지 변할 때 식 (4.41)의 분자는 3.91에서 4.74까지 변한다. ζ가 0에서 0.9 사이에 있는 모든 값에 대하여 식 (4.41)의 정착 시간을 대표할 수 있는 근사식을 다음과 같이 정할 수 있다.

$$\boxed{T_s = \frac{4}{\zeta\omega_n}} \tag{4.42}$$

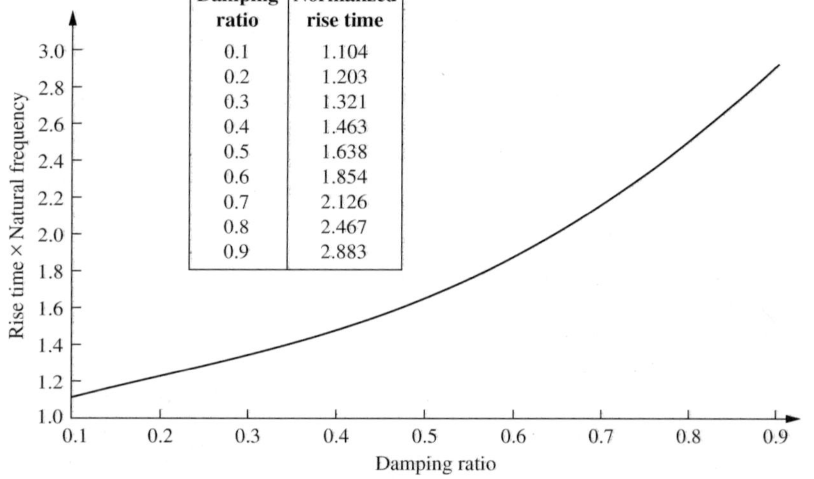

Damping ratio	Normalized rise time
0.1	1.104
0.2	1.203
0.3	1.321
0.4	1.463
0.5	1.638
0.6	1.854
0.7	2.126
0.8	2.467
0.9	2.883

그림 4.16 미흡 감쇠 응답 특성을 가지는 2차 시스템에서 감쇠비에 대한 정규화된 상승 시간 관계

상승 시간(T_r)의 계산

상승 시간과 감쇠비 ζ 사이의 정확한 관계식은 구할 수 없다. 그러나 컴퓨터와 식 (4.28)을 이용하면 대략적인 상승 시간은 구할 수 있다. 우선 $\omega_n t$를 정규화된 시간 변수로 하고 ζ에 대해 $\omega_n t$값을 정한다. 컴퓨터를 이용하여 $c(t)=0.9$와 $c(t)=0.1$이 되는 $\omega_n t$값을 구한다. 이 두 값의 차를 구하면 ζ에 대해 정규화된 상승 시간 $\omega_n T_r$을 얻을 수 있다. 이 관계를 그래프로 나타내면 그림 4.16과 같다.[5] 예제를 살펴보자.

---

5 그림 4.16은 다음 다항식으로 근사화될 수 있다: $\omega_n T_r = 1.76\zeta^3 - 0.417\zeta^2 + 1.039\zeta + 1$ ($0<\zeta<0.9$에서 최대 오차가 1/2% 이하)이고, $\zeta = 0.015(\omega_n T_r)^3 - 0.0883(\omega_n T_r)^2 + 2.504(\omega_n T_r) - 1.738$ ($0.1<\zeta<0.9$에서 최대 오차가 5% 이하). MATLAB의 polyfit 함수를 사용하여 다항식을 구하였다.

예제 4.5 전달함수로부터 T_p, $\%OS$, T_s와 T_r의 계산

가상 실험 4.2
2차 시스템 응답

LabVIEW에서 Quanser 선형 서보의 속도 응답을 제어할 때 고유 주파수와 감쇠비가 가지는 효과를 공부하기 위하여 이론을 실전에 적용하라. 이 개념은 자동차의 순항 속도 제어와 지하철이나 트럭의 속도 제어에 적용될 수 있다.

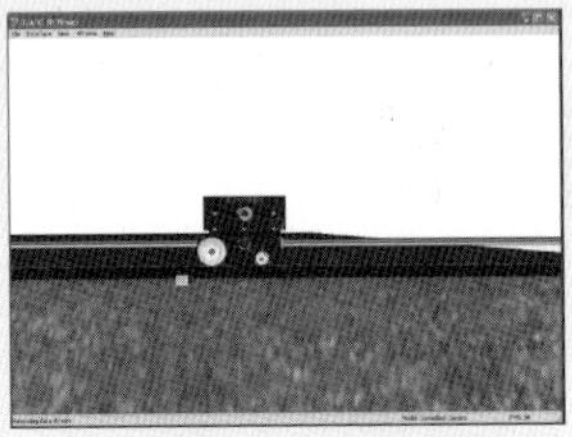

가상실험 4.2 실행

문제 전달함수가

$$G(s) = \frac{100}{s^2 + 15s + 100} \tag{4.43}$$

로 주어질 때, T_p, $\%OS$, T_s 및 T_r을 구하라.

풀이 ω_n과 ζ는 각각 10과 0.75이다. 이 값들을 식 (4.34), 식 (4.38) 및 식 (4.42)에 대입하면 $T_p = 0.475$초, $\%OS = 2.838$ 및 $T_s = 0.533$초가 된다. 그림 4.16에 있는 표를 이용하면 정규화된 상승 시간은 대략 2.3초이므로 $T_r = 0.23$초가 된다. 이 예제로부터 Laplace 역변환 과정과 출력 응답을 그리는 과정을 거치지 않고도 T_p, $\%OS$, T_s 및 T_r을 구할 수 있음을 확인할 수 있다.

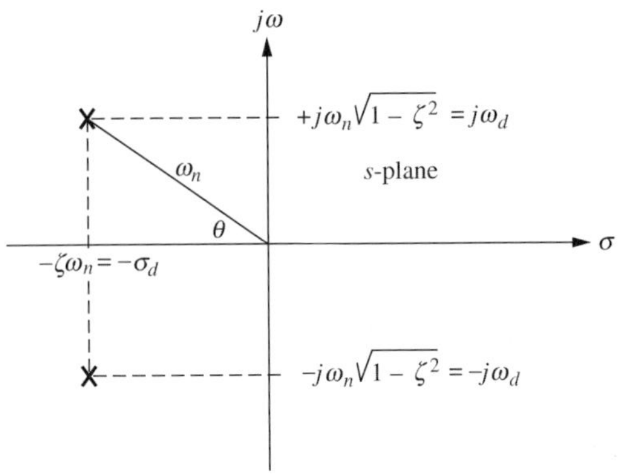

그림 4.17 미흡 감쇠 응답 특성을 가지는 2차 시스템의 극점 위치

지금까지 최고값 시간, 퍼센트 오버슈트 및 정착 시간을 고유 주파수와 감쇠비로 표현하는 식을 유도하였다. 이제 이들과 극점의 위치와의 관계를 알아보기로 하자.

그림 4.11의 미흡 감쇠 특성을 가지는 2차 시스템의 극점 위치를 그림 4.17에 다시 나타내었다. 원점에서 극점까지의 거리는 피타고라스의 정리로부터 고유 주파수 w_n과 같으며, $\cos\theta = \zeta$이다.

식 (4.34)의 최고값 시간과 식 (4.42)의 정착 시간을 극점의 위치로 표시하면 다음과 같다.

$$T_p = \frac{\pi}{\omega_n\sqrt{1-\zeta^2}} = \frac{\pi}{\omega_d} \tag{4.44}$$

$$T_s = \frac{4}{\omega_n\zeta} = \frac{4}{\sigma_d} \tag{4.45}$$

여기서 ω_d는 극점의 허수부로서 **진동 감쇠 주파수**(*damped frequency of oscillation*)이고, σ_d는 극점의 실수부로서 지수함수형 **감쇠 주파수**(*exponential damping frequency*)이다.

식 (4.44)는 T_p가 극점의 허수부 크기에 반비례함을 나타내고 있다. s-평면에서 수평으로 연장되는 선은 허수부가 같은 선이기 때문에 최고값 시간이 동일하다. 마찬가지로 식 (4.45)는 정착 시간이 극점의 실수부 크기에 반비례함을 나타내고 있다. s-평면에서 수직으로 연장되는 선은 실수부가 같은 선이기 때문에 정착 시간이 동일하다. 마지막으로 $\cos\theta = \zeta$이기 때문에 대각선으로 연장되는 선은 $\%OS$가 동일하다. 즉, 퍼센트 오버슈트는 ζ만의 함수이므로 대각선은 $\%OS$가 동일한 선이 된다. 이와 같은 개념에 따라 동일한 T_p, T_s 및 $\%OS$를 가지는 선들을 그림 4.18에 나타내었다.

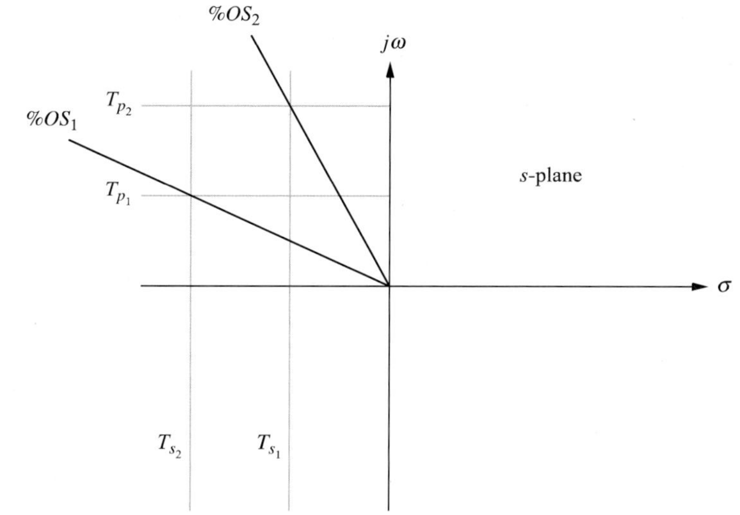

그림 4.18 동일한 최고값 시간 T_p, 정착 시간 T_s 및 퍼센트 오버슈트 $\%OS$를 가지는 선.
주 : $T_{s_2} < T_{s_1}$; $T_{p_2} < T_{p_1}$; $\%OS_1 < \%OS_2$

비교되는 시스템들의 계단 함수 입력에 대한 응답을 분석함으로써 그림 4.18의 중요성을 잘 이해할 수 있다. 그림 4.19(a)는 실수부가 고정된 상태에서 극점을 수직 방향으로 이동시킬 때 생성되는

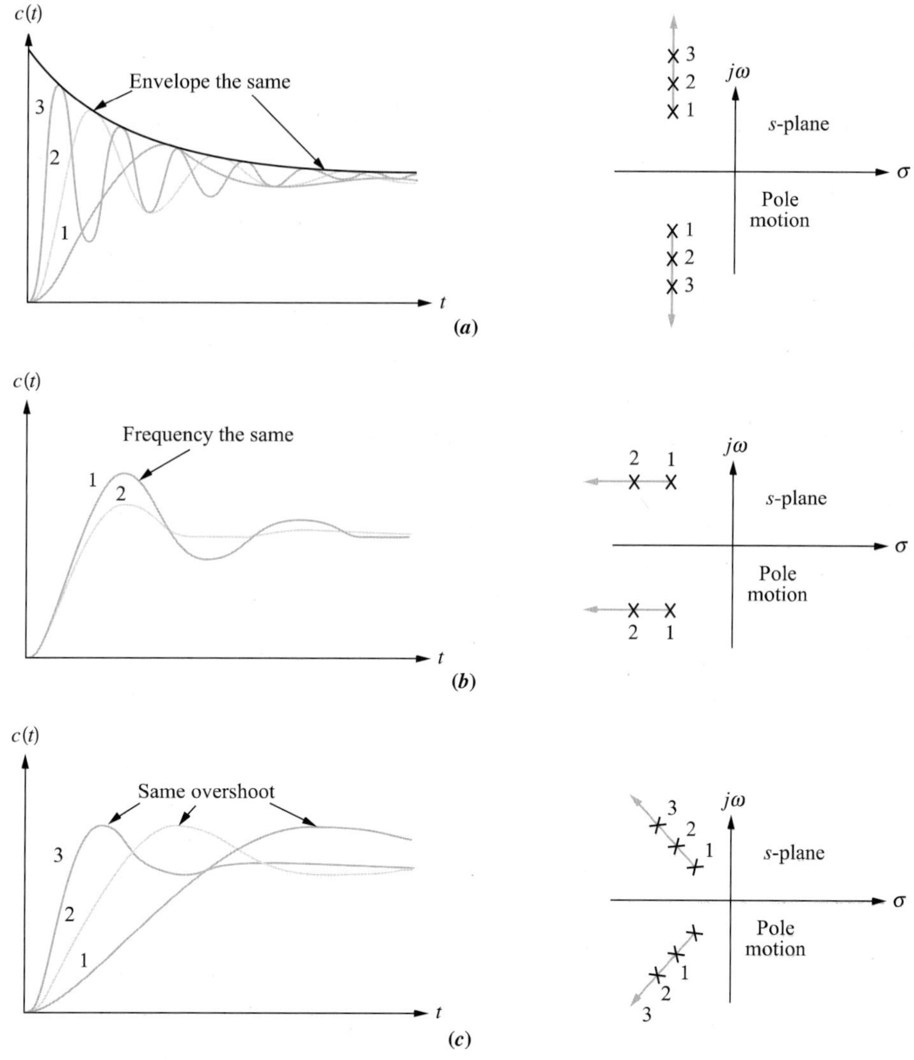

그림 4.19 극점 이동에 따른 2차 미흡 감쇠 시스템의 계단 함수 응답
a. 실수부 고정 b. 허수부 고정 c. 감쇠비 일정

계단 함수 응답이다. 극점이 수직 방향으로 이동하기 때문에 주파수는 증가하나 극점의 실수부가 동일하므로 파형의 지수함수적 감소 형태는 같다. 즉, 정현파 응답의 주파수는 변하지만 지수함수적으로 감소하는 크기는 변하지 않는다. 이와 같이 모든 응답 형태가 동일하게 지수함수적으로 감소하기 때문에 정착 시간은 모두 같다. 그러나 오버슈트가 증가하기 때문에 상승 시간이 단축됨을 기억하라.

극점을 수평 방향에서 우측이나 좌측으로 이동하는 경우에는 허수부가 동일하기 때문에 극점의 이동에 따른 응답은 그림 4.19(b)와 같다. 여기서 허수부가 동일하므로 주파수는 실수부의 이동과 관계없이 같다. 극점이 좌측으로 이동할수록 응답은 더욱 빨리 감소한다. 그러나 허수부가 고정되어 있으므로 최고값 시간은 모든 파형에서 동일하다.

대각선 방향으로 극점을 이동시키면 그림 4.19(c)와 같은 응답을 얻는다. 여기서는 퍼센트 오버슈트가 동일하므로 응답 속도가 달라지지만 응답 파형들은 같은 형태를 가진다. 극점이 원점에서 멀어질수록 응답 속도가 빨라진다.

극점의 위치와 2차 미흡 감쇠 응답 규격 사이의 관계를 설명하는 몇 개의 예를 들고 이 절을 마무리하기로 한다. 첫째 예는 해석의 문제이고, 두 번째 예는 과도 응답 특성을 만족시키도록 시스템 파라미터값을 정하는 문제로 실제 시스템을 구현하기 위한 간단한 설계 문제이다. 강의자들을 위해 2차 시스템을 설명하는 동영상 PPT가 www.wiley.com/go/Nise/ControlSystemsEngineering8e에 있으며 Second-Order Step Response를 참조하라.

예제 4.6 극점의 위치로부터 T_p, $\%OS$와 T_S 계산

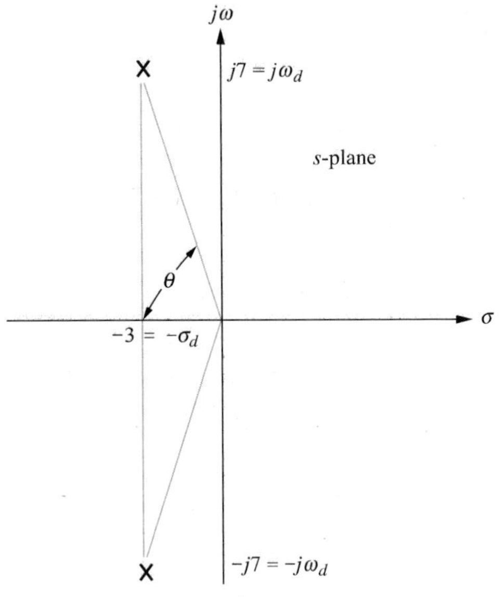

그림 4.20 예제 4.6에 대한 극점 선도

문제 시스템의 극점이 그림 4.20과 같을 때 ζ, ω_n, T_p, $\%OS$ 및 T_s를 구하라.

풀이 감쇠비는 $\zeta = \cos\theta = \cos[\arctan(7/3)] = 0.394$ 이고, 고유주파수 ω_n은 원점에서 극점까지의 길이이므로 $\omega_n = \sqrt{7^2+3^2} = 7.616$이다. 최고값 시간은

$$T_p = \frac{\pi}{\omega_d} = \frac{\pi}{7} = 0.449\text{초} \tag{4.46}$$

이고, 퍼센트 오버슈트는

$$\%OS = e^{-\zeta\pi/\sqrt{1-\zeta^2}} \times 100 = 26\% \tag{4.47}$$

이며, 대략적인 정착 시간은 다음과 같다.

$$T_s = \frac{4}{\sigma_d} = \frac{4}{3} = 1.333\text{초} \tag{4.48}$$

MATLAB ML

MATLAB을 사용하고자 하는 학생들은 부록 B의 프로그램 ch4apB1을 실행하라. 두 개의 복소수 극점들로 2차 다항식을 만들고 T_p, $\%OS$ 및 T_s를 계산하기 위하여 다항식의 계수를 이용하는 방법을 배우게 될 것이다. 이것은 예제 4.6을 풀기 위한 MATLAB 프로그램이다.

예제 4.7 원하는 과도 응답을 가지도록 요소 설계

Design **D**

문제 그림 4.21의 시스템에 계단 함수 토크 $T(t)$가 가해질 때 오버슈트가 20%, 정착 시간이 2초가 되도록 J와 D를 정하라.

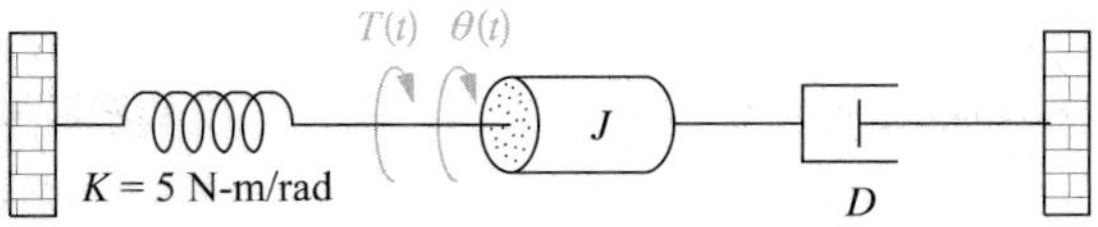

그림 4.21 예제 4.7의 회전 운동을 하는 기계 시스템

풀이 시스템의 전달함수가

$$G(s) = \frac{1/J}{s^2 + \frac{D}{J}s + \frac{K}{J}} \tag{4.49}$$

이므로,

$$\omega_n = \sqrt{\frac{K}{J}} \tag{4.50}$$

이고

$$2\zeta\omega_n = \frac{D}{J} \tag{4.51}$$

가 된다. 이 문제의 경우

$$T_s = 2 = \frac{4}{\zeta\omega_n} \tag{4.52}$$

이므로, $\zeta\omega_n = 2$가 된다. 따라서

$$2\zeta\omega_n = 4 = \frac{D}{J} \tag{4.53}$$

또한, 식 (4.50)과 식 (4.52)로부터

$$\zeta = \frac{4}{2\omega_n} = 2\sqrt{\frac{J}{K}} \tag{4.54}$$

인데, 식 (4.39)로부터 오버슈트가 20%가 되기 위해서는 $\zeta = 0.456$이 되어야 한다. 식 (4.54)로부터

$$\zeta = 2\sqrt{\frac{J}{K}} = 0.456 \tag{4.55}$$

이므로

$$\frac{J}{K} = 0.052 \tag{4.56}$$

가 된다. 이 문제의 경우 $K = 5$N-m/rad이므로, 식 (4.56)에 대입하면 $J = 0.26$ kg-m^{2}가 된다. 이 결과를 식 (4.53)에 대입하면 $D = 1.04$N-m-s/rad가 된다.

실험적으로 2차 시스템의 전달함수를 결정

실험적으로 1차 시스템의 전달함수를 구하는 것과 같은 방법으로 미흡 감쇠 응답 특성을 가지는 2차 시스템의 전달함수를 구할 수 있다. 실험으로 얻은 응답 그래프로부터 퍼센트 오버슈트와 정착 시간을 구할 수 있다. 이들로부터 극점들의 위치를 정할 수 있으므로 전달함수의 분모항이 정해진다. 분자항은 1차 시스템과 같이 측정되고 예측된 정상 상태 값으로부터 정할 수 있다. 이 장의 끝에 수록된 문제는 계단 함수 응답으로부터 2차 전달함수를 구하는 문제이다. 2개의 극점을 가지는 2차 시스템에 극점이 하나 더 추가될 때, 이 극점이 시스템에 미치는 영향에 대해서는 다음 절에서 설명하기로 한다.

숙련예제 4.5

문제 전달함수가 $G(s) = \dfrac{361}{s^2+16s+361}$ 인 시스템에서 ζ, ω_n, T_s, T_p , T_r과 $\%OS$를 구하라.

풀이 $\zeta = 0.421$, $\omega_n = 19$, $T_s = 0.5s$, $T_p = 0.182s$, $T_r = 0.079s$, $\%OS = 23.3\%$

풀이 과정은 www.wiley.com/go/Nise/ControlSystemsEngineering8e에서 확인하라.

스스로 해보기 4.1

숙련예제 4.5를 풀기 위하여 다음 MATLAB 프로그램을 을 사용하라. 생략부호는 다음 행으로 코드가 계속됨을 의미한다.

```
numg=361;
deng=[1 16 361];
omegan=sqrt(deng(3)
  .../deng(1))
zeta=(deng(2)/deng(1))
  .../(2*omegan)
Ts=4/(zeta*omegan)
Tp=pi/(omegan*sqrt
  (1-zeta*2)
pos=100*exp(-zeta*
  pi/sqrt(-zeta^2))
Tr=(1.768*zeta^3-...
  0.417*zeta^2+1.039*
  zeta+1)/omegan
```

4.7 극점이 추가된 시스템 응답

앞 절에서 하나 또는 두 개의 극점을 가지는 시스템을 해석하였다. 앞 절에서 구한 퍼센트 오버슈트, 정착 시간과 최고값 시간에 대한 공식들은 영점 없이 두 개의 복소수 극점만을 가지는 시스템에서 성립된다. 그림 4.22와 같은 시스템이 두 개 이상의 극점 또는 영점들을 포함하면 앞에서 유도한 공식을 사용할 수 없다. 그러나 어떤 조건에서는 두 개 이상의 극점 혹은 영점들을 가지는 시스템이라도 두 개의 복소수 극점 [이를 **지배 극점**(*dominant pole*)이라 한다]만을 가지는 2차 시스템으로 근사화시킬 수 있다. 이 근사화가 적합하면 퍼센트 오버슈트, 정착 시간 및 최고값 시간에 대한 공식들을 사용할 수 있다. 이 절에서는 2차 시스템에 추가되는 극점의 영향을 분석하고 다음 절에서는 추가되는 영점이 시스템에 미치는 영향을 분석하기로 한다.

여기서는 세 개의 극점을 가지는 시스템을 두 개의 극점을 가지는 시스템으로 근사화시킬 수 있는 조건을 살펴보기로 하자. 두 개의 복소수 극점과 실수인 세 번째 극점을 가지는 3차 시스템에서 복소

그림 4.22 조련사의 명령에 따라 움직이는 로봇

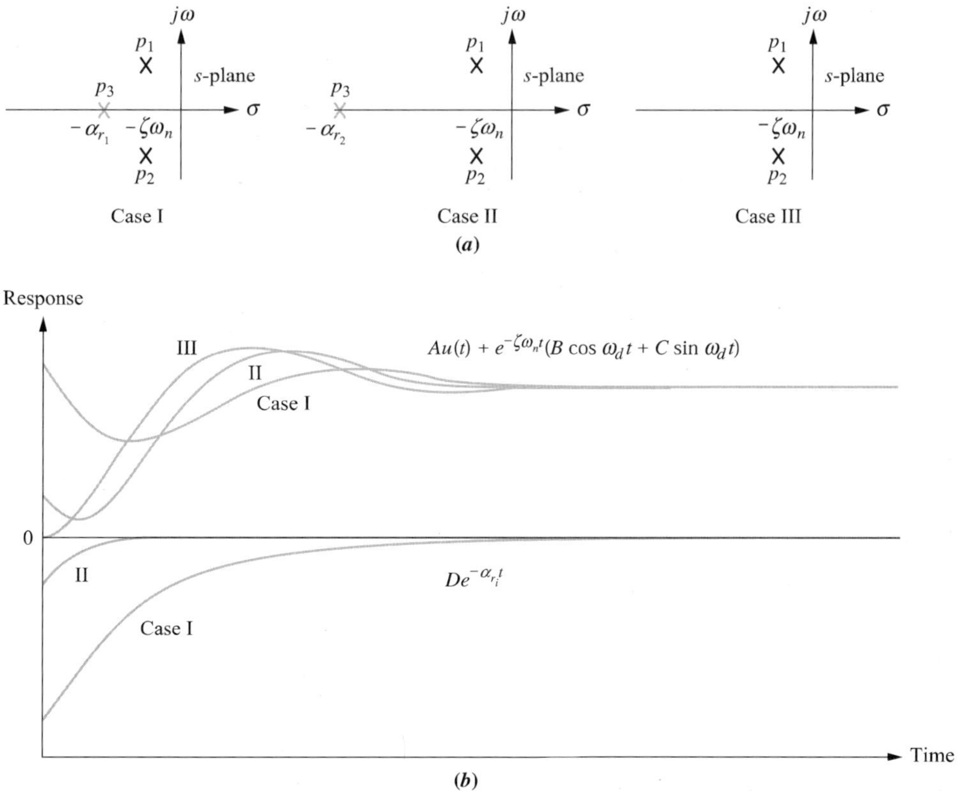

그림 4.23 세 개의 극점을 가지는 시스템의 응답 형태 : a. 극점 위치 b. 응답 형태 : 비지배 극점인 세 번째 극점이 지배 극점 근처에 있는 경우(Case I), 지배 극점으로부터 멀리 떨어져 있는 경우(Case II)와 무한대에 있는 경우(Case III)

수 극점은 $-\zeta\omega_n \pm j\omega_n\sqrt{1-\zeta^2}$ 에 있고, 실수 극점은 $-\alpha_r$ 에 있다고 가정하자. 시스템의 계단 함수 응답을 구하기 위해 출력 $C(s)$를 부분 분수로 전개하면 다음과 같이 된다.

$$C(s) = \frac{A}{s} + \frac{B(s+\zeta\omega_n) + C\omega_d}{(s+\zeta\omega_n)^2 + \omega_d^2} + \frac{D}{s+\alpha_r} \tag{4.57}$$

이 결과로부터 시간 응답은 다음과 같다.

$$c(t) = Au(t) + e^{-\zeta\omega_n t}(B\cos\omega_d t + C\sin\omega_d t) + De^{-\alpha_r t} \tag{4.58}$$

세 가지 α_r값에 대한 각각의 $c(t)$ 파형은 그림 4.23과 같다. Case Ⅰ은 $\alpha_r = \alpha_{r1}$이며 $\zeta\omega_n$ 보다 매우 크지 않은 경우: Case Ⅱ는 $\alpha_r = \alpha_{r2}$이며 $\zeta\omega_n$보다 매우 큰 경우: Case Ⅲ은 $\alpha_r = \infty$ 인 경우이다. 식 (4.58)을 그림 4.23과 연관시켜 보자.

첫째로, $\alpha_r \gg \zeta\omega_n$(Case Ⅱ)이면 세 번째 실수 극점에 의한 지수함수형 응답은 미흡 감쇠 특성을 가지는 2차 시스템의 계단 함수 응답보다 훨씬 빨리 소멸한다. 이 지수함수형 응답이 최초 오버슈트가 생기는 시점 이전에 소멸하면 그 영향을 무시할 수 있다. 따라서 퍼센트 오버슈트, 정착 시간 및 최고값 시간 등의 파라미터는 2차 시스템의 미흡 감쇠 응답에 좌우되므로 시스템의 응답 특성은 2차 시스템의 응답 특성과 유사하게 된다(Case Ⅲ).

다음으로, α_r이 $\zeta\omega_n$보다 매우 크지 않으면(case I), 세 번째 실수 극점에 의한 과도 응답이 복소수 극점에 의해 발생하는 과도 응답에 크게 영향을 미치므로 시스템을 2차로 근사화시킬 수 없다. 따라서 2차 시스템에서 유도한 최고값 시간이나 정착 시간 공식을 사용할 수 없다.

이제 중요하게 고려해야 할 사항은 세 번째 극점에 의한 응답이 복소수 극점에 의한 응답에 미치는 영향이 매우 작아서 무시될 수 있으려면 세 번째 극점은 지배 극점으로부터 '얼마나 멀리 떨어져 있어야 하는가'이다. 여기에 대한 답은 정확도를 어느 정도로 할 것인가에 달려 있다. 이 책에서는 지수함수 파형이 시정수의 5배 되는 시간 이후에는 무시될 수 있을 정도로 감소하는 것으로 가정하여 왼쪽에 있는 세 번째 실수 극점이 지배 극점으로부터 5배 이상 멀리 떨어져 있으면 3차 시스템은 2차 복소수 극점을 가지는 시스템으로 근사화되는 것으로 정하였다. 다음으로 실수 극점에 의한 지수함수 응답 파형의 감소 정도에 대해 살펴보자. 영점은 없고 한 개의 실수 극점과 2개의 지배 극점을 가지는 3차 시스템 출력 함수를 부분 분수로 전개하고 세 번째 실수 극점을 복소평면의 실수축에서 왼쪽으로 멀리 이동시키면 이 극점의 유수가 작아지는 것을 알 수 있다. 세 개의 극점을 가지는 시스템의 계단 함수 응답 $C(s)$가 다음과 같다고 하자.

$$C(s) = \frac{bc}{s(s^2+as+b)(s+c)} = \frac{A}{s} + \frac{Bs+C}{s^2+as+b} + \frac{D}{s+c} \tag{4.59}$$

여기서 세 번째 극점인 실수 극점(이를 비지배 극점(nondominant pole)이라 함)이 실수축 $-c$에 있고, 정상 상태 응답은 1이라고 하자. 식 (4.59)에서 각 분자항의 상수를 구하면 다음과 같다.

$$A = 1; \qquad B = \frac{ca - c^2}{c^2 + b - ca} \tag{4.60a}$$

$$C = \frac{ca^2 - c^2a - bc}{c^2 + b - ca}; \qquad D = \frac{-b}{c^2 + b - ca} \tag{4.60b}$$

비지배 극점이 실수축의 무한 왼쪽으로 이동하여 $c \to \infty$ 이면

$$A = 1;\ B = -1;\ C = -a;\ D = 0 \tag{4.61}$$

가 된다. 따라서 비지배 극점이 실수축의 왼쪽에서 무한대로 이동하면 이 극점에 대한 유수 D가 0이 되므로 응답은 0이 된다.

제어시스템 엔지니어는 시스템 설계 시 유수의 계산을 통하여 충분 조건은 아니지만 필요 조건으로 "경험적으로 5배"라는 규칙을 사용하여 2차 시스템으로 근사화시킬 수 있음을 알게 된다. 그러나 완전한 설계를 위해 대부분 시뮬레이션을 병행한다.

세 번째 극점이 다른 두 시스템의 응답과 2차 시스템의 응답을 비교하는 예제를 살펴보자.

예제 4.8 세 개의 극점을 가지는 시스템들의 응답 비교

문제 식 (4.62)부터 식 (4.64)까지의 전달함수를 가지는 시스템들의 계단 함수 응답을 구하고 비교하라.

$$T_1(s) = \frac{24.542}{s^2 + 4s + 24.542} \tag{4.62}$$

$$T_2(s) = \frac{245.42}{(s+10)(s^2 + 4s + 24.542)} \tag{4.63}$$

$$T_3(s) = \frac{73.626}{(s+3)(s^2 + 4s + 24.542)} \tag{4.64}$$

풀이 전달함수 $T_i(s)$에 대한 계단 함수 응답 $C_i(s)$는 전달함수에 계단 함수 입력을 나타내는 $1/s$를 곱하여 얻는다. 이것을 부분 분수로 전개하고 Laplace 역변환하면 응답 $c_i(t)$를 구할 수 있으며 다음과 같다.

$$c_1(t) = 1 - 1.09e^{-2t}\cos(4.532t - 23.8^o) \tag{4.65}$$

$$c_2(t) = 1 - 0.29e^{-10t} - 1.189e^{-2t}\cos(4.532t - 53.34^o) \tag{4.66}$$

$$c_3(t) = 1 - 1.14e^{-3t} + 0.707e^{-2t}\cos(4.532t + 78.63^o) \tag{4.67}$$

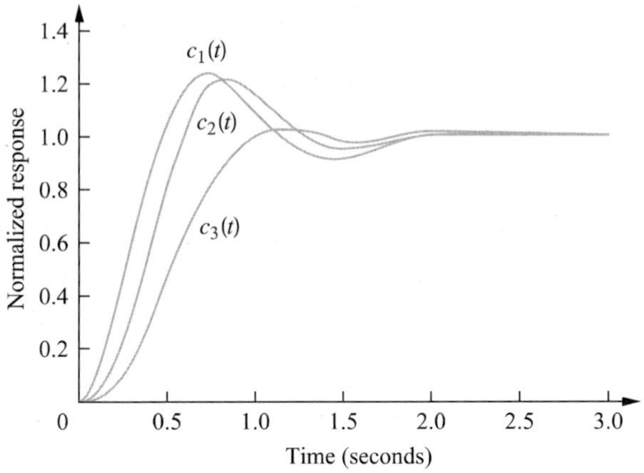

그림 4.24 시스템 $T_1(s)$, $T_2(s)$ 및 $T_3(s)$의 계단 함수 응답들

응답 결과는 그림 4.24와 같다. 세 번째 실수 극점이 지배 극점으로부터 가장 멀리 떨어진 -10에 있는 $c_2(t)$의 응답 파형은 2차 시스템의 응답인 $c_1(t)$의 파형과 유사하다. 그러나 세 번째 극점이 지배 극점 가까이 있는 $c_3(t)$의 응답 파형은 $c_1(t)$의 파형과 비교할 때 차이가 크다.

MATLAB ML

MATLAB을 사용하고자 하는 학생들은 부록 B에 있는 ch4apB2를 실행하라. 독자들은 전달함수로부터 계단 함수 응답을 얻는 방법, 응답을 직접 그래프로 나타내거나 응답 값을 저장하는 법을 배우게 될 것이다. 따라서 예제 4.8에 대해 그림 4.24와 같은 그래프를 얻을 수 있도록 응답 값을 저장하고 이 값들을 이용하여 응답 그래프를 중첩하여 그리고, 그래프에 제목을 붙이며 좌표축과 곡선에 라벨을 붙이는 법을 배우게 될 것이다.

Simulink
SL

Simulink를 이용하여 시스템 응답을 구할 수도 있다. Simulink는 시스템을 표현하고 응답을 얻기 위한 GUI(Graphical User Interface)를 제공하기 위해서 MATLAB과 함께 사용되는 프로그램 패키지이다. 독자들에게 Simulink에 대한 개요와 예제를 포함하는 부록 C를 공부할 것을 권고한다. 부록의 예제 C.1은 Simulink를 이용하여 예제 4.8을 푸는 문제이다.

GUI Tool
GUIT

시스템 응답을 얻는 또 다른 방법은 MATLAB의 Linear System Analyzer를 사용하는 것이다. Linear System Analyzer의 이점은 계단 함수 응답 그래프 위에 정착 시간, 최고값 시간, 상승 시간, 최대 응답과 최종치를 표시하는 것이다. 독자들에게 부록 E를 공부할 것을 권고한다. 여기에는 Linear System Analyzer의 개요와 몇 개의 예제들이 포함되어 있다. 부록의 예제 E.1은 Linear System Analyzer를 이용하여 예제 4.8을 푸는 문제이다.

숙련예제 4.6

문제 다음 전달함수를 2차 시스템으로 근사화할 수 있는지를 판별하라.

a. $G(s)=\dfrac{700}{(s+15)(s^2+4s+100)}$

b. $G(s)=\dfrac{360}{(s+4)(s^2+2s+90)}$

풀이 a. 2차 근사화가 타당하다.
b. 2차 근사화가 타당하지 않다.
풀이 과정은 www.wiley.com/go/Nise/ControlSystemsEngineering8e에서 확인하라.

스스로 해보기 4.2

숙련예제 4.6(a)에서 추가된 극점의 효과를 조사하기 위하여 다음 MATLAB과 Control System Toolbox 문을 사용하라. −15의 고차 극점을 코드에 있는 'a'를 바꿈으로써 다른 값으로 바꿀 수 있다.

```
a=15
numg=100*a;
denga=conv([1 a],...[1 4 100]);
Ta=tf(numga,denga);
numg=100;
deng=[1 4 100];
T=tf(numg,deng);
step(Ta,',',T,'-')
```

4.8 영점을 가지는 시스템의 응답

지금까지 시스템에 극점이 추가되는 경우 이 극점이 시스템에 주는 영향을 분석하였는데 이제 2차 시스템에 영점이 추가되는 경우를 살펴보기로 하자. 이미 4.2절에서 영점이 응답 성분의 유수 또는 응답 크기에는 영향을 주지만, 지수함수적으로 감소하거나 정현파 감쇠 특성 등 응답의 고유 성질에는 영향을 주지 않는다는 것을 알았다. 이 절에서는 두 개의 극점을 가지는 시스템에 복소평면의 좌반면에 실수의 영점을 추가할 때와 우반면에 실수의 영점을 추가할 때의 영향을 분석하기로 한다. 또한, 극점-영점 소거(pole-zero cancellation)에 대해 언급하기로 한다.

두 개의 극점($-1\pm j2.828$)을 가지는 2차 시스템에 -3, -5 및 -10의 영점을 추가할 때 출력되는 응답을 그림 4.25에 나타내었다. 이 결과로부터 영점이 지배 극점에 근접할수록 과도 응답에 미치는 영향이 커지며, 영점이 지배 극점에서 멀어질수록 영점이 없는 2차 시스템의 응답과 유사하다는 것을 알 수 있다. 이것은 부분 분수로 전개한 식으로 입증할 수 있다. 영점이 극점들로부터 멀리 떨어져 있으면 각 극점의 유수는 영점에 의해 같은 영향을 받으므로 유수의 크기는 같게 된다. 식 (4.68)과 같이 부분 분수로 전개하자.

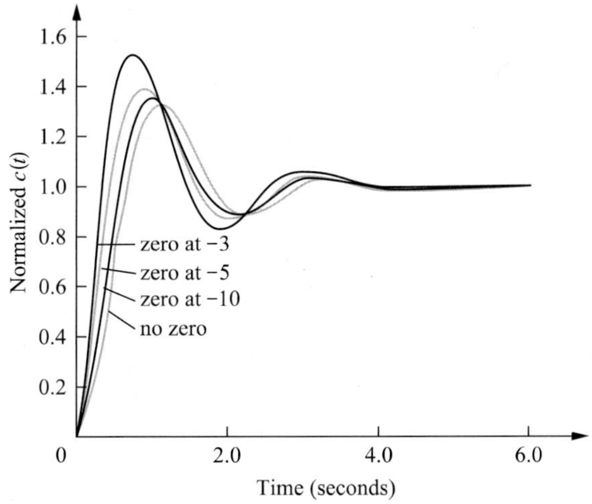

그림 4.25 두 개의 극점을 가지는 시스템에 추가되는 영점의 영향

스스로 해보기 4.3

그림 4.25를 생성하기 위하여 다음 MATLAB과 Control System Toolbox 문을 사용하라.

```
deng=[1 2 9];
Ta=tf([1 3]*9/3,deng);
Tb=tf([1 5]*9/5,deng);
Tc=tf([1 10]*9/10,deng);
T=tf(9,deng);
step(T,Ta,Tb,Tc)
text(0.5,0.6,'no zero')
text(4.0,0.7,...
  zero at -10')
text(0.35,0.8,...
  'zero at -5')
text(0.3,0.9,'zero at -3')
```

$$T(s)=\frac{(s+a)}{(s+b)(s+c)}=\frac{A}{s+b}+\frac{B}{s+c}$$
$$=\frac{(-b+a)/(-b+c)}{s+b}+\frac{(-c+a)/(-c+b)}{s+c} \tag{4.68}$$

여기서 영점이 극점들로부터 멀리 떨어져 있다면 a가 b와 c에 비하여 매우 크기 때문에 다음과 같이 근사화시킬 수 있다.

$$T(s)\approx a\left[\frac{1/(-b+c)}{s+b}+\frac{1/(-c+b)}{s+c}\right]=\frac{a}{(s+b)(s+c)} \tag{4.69}$$

따라서, 영점은 단순한 이득 인자가 되어 응답 성분의 크기에는 큰 영향을 주지 않는다.

좀 더 일반적인 관점에서 영점의 영향을 살펴보기로 하자(Franklin, 1991): 분자항이 1인 시스템 $T(s)$의 응답을 $C(s)$라 하자. 이 시스템의 전달함수에 한 개의 영점을 추가시키면, $(s+a)T(s)$가 되므로 응답은 다음과 같이 된다.

$$(s+a)C(s)=sC(s)+aC(s) \tag{4.70}$$

따라서, 한 개의 영점을 포함하는 시스템의 응답을 두 부분으로 나눌 수 있다. 하나는 영점이 추가되기 전의 응답을 미분한 항이고, 다른 하나는 크기만이 변화된 항이다. 복소평면의 좌반부 실수축에 영점이 위치하면서 영점 $a(a>0)$가 매우 크다면 응답의 Laplace 변환은 $aC(s)$로 근사화되는데, 이것은 $C(s)$에 a를 곱한 결과가 된다. 반면에 영점 a가 매우 크지 않다면 응답에는 $C(s)$를 미분한 항이 포함되며, a가 작아질수록 이 미분한 항이 응답에 더 많은 영향을 주게 된다. 계단 함수 응답에서 응답이 나타나는 시점에서 응답 곡선의 기울기는 대부분 양수가 된다. 따라서 a가 작은 경우 오버슈트가 발생하는 초기에는 미분한 항의 영향이 응답에 가중되므로 2차 시스템은 더 큰 오버슈트를 가지게 된다. 그 이유는 그림 4.25에서 확인할 수 있다.

다음으로 a가 음수이면 영점이 복소평면의 우반면 위치하며 흥미로운 현상이 발생한다. 식 (4.70)에서 일반적으로 $C(s)$를 미분한 항은 응답 초기에는 양수가 되기 때문에 응답의 크기만을 변화시키는 두 번째 항과 반대 부호를 가지게 된다. 따라서 미분한 항 $sC(s)$의 크기가 $aC(s)$보다 크면 응답 초기에는 $aC(s)$항과 반대 부호를 가지며 그림 4.26과 같은 응답 특성이 나타난다. 정상 상태에서 응답이 양수가 되도록 입력의 부호는 음수로 정하는데 응답 초기에는 얼마 동안 최종값과 반대인

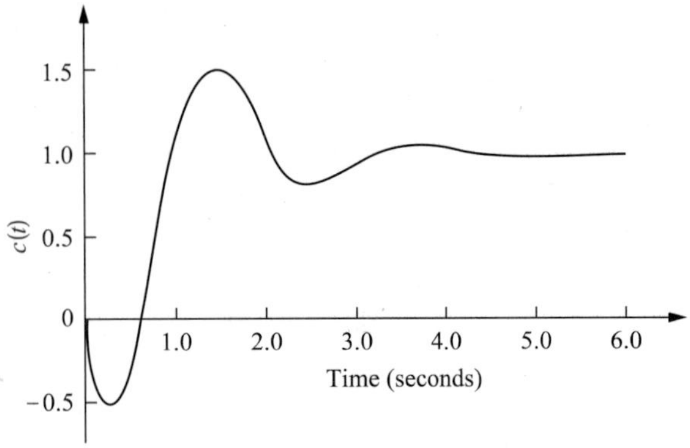

그림 4.26 비최소 위상 시스템의 계단 함수 응답

음수가 되는 구간이 존재함을 주목하라. 이러한 현상이 나타나는 시스템을 비최소 위상 시스템(*nonminimum-phase system*)이라 한다. 오토바이나 비행기는 비최소 위상 시스템 특성을 가지기 때문에 오른쪽으로 가고자 할 때 처음에는 왼쪽을 지향하도록 조종하여야 한다. 이제 비최소 위상 회로망 예제를 살펴보자.

예제 4.9 비최소 위상 시스템의 전달함수

문제 a. 그림 4.27의 연산 증폭기 회로[6]의 전달함수 $V_o(s)/V_i(s)$를 구하라.

b. $R_1 = R_2$이면 이 회로는 모든 주파수 영역의 정현파를 그대로 통과시키는 전역 통과 필터(all-pass filter)가 된다(Dorf, 1993). 주파수 응답에 대해서는 10장에서 자세하게 배우게 될 것이다. $R_1 = R_2$이고 $R_3C = 1/10$일 때, 이 필터의 계단 함수 응답을 구하라. 또한, 응답 성분을 식 (4.70)과 같이 나누어 표현하라.

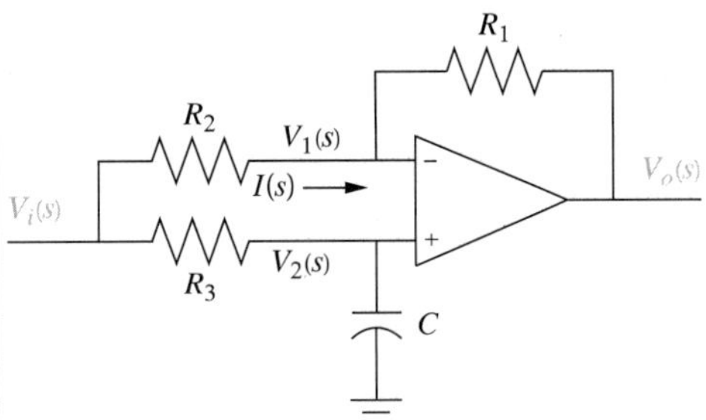

그림 4.27 비최소 위상 전기 회로

풀이 a. 2장으로부터 연산 증폭기의 입력 임피던스가 매우 크다는 것을 알고 있으므로, R_1과 R_2를 흐르는 전류 $I(s)$는 같으며 다음과 같다.

$$I(s) = \frac{V_i(s) - V_o(s)}{R_1 + R_2} \tag{4.71}$$

또한,

$$V_o(s) = A(V_2(s) - V_1(s)) \tag{4.72}$$

그러나

$$V_1(s) = I(s)R_1 + V_o(s) \tag{4.73}$$

이므로, 식 (4.71)을 식 (4.73)에 대입하면 다음과 같이 된다.

$$V_1(s) = \frac{1}{R_1 + R_2}(R_1 V_i(s) + R_2 V_o(s)) \tag{4.74}$$

전압 분배를 이용하면

$$V_2(s) = V_1(s)\frac{1/Cs}{R_3 + \frac{1}{Cs}} \tag{4.75}$$

이 되므로, 식 (4.74)와 식 (4.75)를 식 (4.72)에 대입하고 정리하면 전달함수는 다음과 같이 된다.

$$\frac{V_o(s)}{V_i(s)} = \frac{A(R_2 - R_1R_3Cs)}{(R_3Cs + 1)(R_1 + R_2(1 + A))} \tag{4.76}$$

여기서 연산 증폭기의 이득은 매우 크기 때문에 A를 무한대로 놓고 정리하면 다음과 같이 된다.

6 Dorf, R.C. Introduction to Electric Circuits, 2nd ed.(New York: John Wiley & Sons, 1989,1993), p.583 © 1989, 1993, John Wiley & Sons. 출판사의 허가로 인용.

$$\frac{V_o(s)}{V_i(s)}=\frac{R_2-R_1R_3Cs}{R_2R_3Cs+R_2}=-\frac{R_1}{R_2}\frac{\left(s-\frac{R_2}{R_1R_3C}\right)}{\left(s+\frac{1}{R_3C}\right)} \tag{4.77}$$

b. $R_1=R_2$이고 $R_3C=10$이므로

$$\frac{V_o(s)}{V_i(s)}=-\frac{\left(s-\frac{1}{R_3C}\right)}{\left(s+\frac{1}{R_3C}\right)}=-\frac{(s-10)}{(s+10)} \tag{4.78}$$

입력이 계단 함수이므로 다음과 같이 식 (4.70)과 같은 형태의 응답을 얻을 수 있다.

$$C(s)=-\frac{(s-10)}{s(s+10)}=-\frac{1}{s+10}+10\frac{1}{s(s+10)}=sC_o(s)-10C_o(s) \tag{4.79}$$

여기서

$$C_o(s)=-\frac{1}{s(s+10)} \tag{4.80}$$

는 영점이 없는 응답이다. 식 (4.79)를 부분 분수로 전개하면

$$C(s)=-\frac{1}{s+10}+10\frac{1}{s(s+10)}=-\frac{1}{s+10}+\frac{1}{s}-\frac{1}{s+10}=\frac{1}{s}-\frac{2}{s+10} \tag{4.81}$$

이 되므로 영점이 포함된 것으로 간주되는 시스템의 응답은 다음과 같다.

$$c(t)=-e^{-10t}+1-e^{-10t}=1-2e^{-10t} \tag{4.82}$$

식 (4.80)을 부분 분수로 전개하면

$$C_o(s)=-\frac{1/10}{s}+\frac{1/10}{s+10} \tag{4.83}$$

이 되므로 영점이 없는 응답은 다음과 같다.

$$c_o(t)=-\frac{1}{10}+\frac{1}{10}e^{-10t} \tag{4.84}$$

이 응답들을 그림 4.28에 나타내었는데, 비최소 위상 시스템의 응답 $c(t)$는 시작 순간에 순간적으로 -1로 반전된 후 증가하여 정상 상태에 도달함을 주목하라.

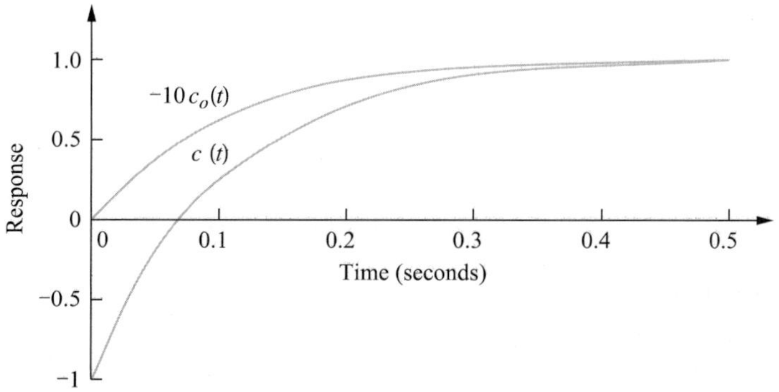

그림 4.28 그림 4.27의 비최소 위상 회로망의 계단 함수 응답($c(t)$)와 영점이 없는 등가 회로망의 정규화된 계단 함수 응답($-10c_o(t)$).

끝으로 극점-영점 소거가 되면 2차 시스템으로 근사화시킬 수 있음을 설명하고자 한다. 식 (4.85)와 같이 영점을 포함하는 3차 시스템에서 다음과 같이 극점 $(s+p_3)$과 영점 $(s+z)$가 상쇄된다고 하자.

$$T(s) = \frac{K\cancel{(s+z)}}{\cancel{(s+p_3)}\,(s^2+as+b)} \tag{4.85}$$

상쇄된 후의 시스템은 2차 전달함수로 표현된다. 또한, 영점 $-z$가 극점 $-p_3$에 매우 가까이 인접하면, 식 (4.85)를 부분 분수로 전개할 때 극점 $-p_3$ 에 의해 지수함수적으로 감소하는 항의 유수는 다른 두 개의 유수보다 매우 작게 된다. 다음 예를 살펴보자.

예제 4.10 유수를 계산하여 극점-영점 소거 효과 확인

스스로 해보기 4.4

예제 4.10에 있는 $c_1(t)$와 $c_2(t)$ 시간 응답 의 성분을 찾음으로써 고차 극점의 효과를 분석하기 위하여 다음 MATLAB과 Symbolic Math Toolbox 문을 사용하라.

```
syms s
C1=26.25*(s+4)/...
  (s*(s+3.5)*...
(s+5)*(s+6);
C2=26.25*(s+4)/...
  (s*(s+4.01)*...
(s+5)*(s+6);
c1=ilaplace(C1);
c1=vpa(c1,3);
pretty(c1)
c2=ilaplace(C2);
c2=vpa(c2,3);
pretty(c2)
```

문제 식 (4.86)과 식 (4.87)의 각 응답 함수에서 영점과 영점에 인접한 극점은 상쇄될 수 있는지 판별하라. 극점-영점 소거가 가능한 경우 소거된 함수의 응답을 구하라.

$$C_1(s) = \frac{26.25(s+4)}{s(s+3.5)(s+5)(s+6)} \tag{4.86}$$

$$C_2(s) = \frac{26.25(s+4)}{s(s+4.01)(s+5)(s+6)} \tag{4.87}$$

풀이 식 (4.86)을 부분 분수로 전개하면

$$C_1(s) = \frac{1}{s} - \frac{3.5}{s+5} + \frac{3.5}{s+6} - \frac{1}{s+3.5} \tag{4.88}$$

이 된다. 여기서 -4인 영점에 근접한 극점 -3.5의 유수는 1이 되므로, 다른 유수와 비교할 때 무시될 수 없다. 따라서 계단 함수 응답이 $C_1(s)$인 시스템은 2차로 근사화될 수 없다. 그러나 식 (4.87)의 $C_2(s)$를 부분 분수로 전개하면 다음과 같이 된다.

$$C_2(s) = \frac{0.87}{s} - \frac{5.3}{s+5} + \frac{4.4}{s+6} + \frac{0.033}{s+4.01} \tag{4.89}$$

여기서 -4에 있는 영점에 근접한 극점 -4.01의 유수는 0.033으로, 다른 유수들보다 크기가 1/100 정도로 작다. 따라서 -4.01인 극점에 의한 응답을 무시할 수 있으므로 2차로 근사화가 가능하다. 즉,

$$C_2(s) \approx \frac{0.87}{s} - \frac{5.3}{s+5} + \frac{4.4}{s+6} \tag{4.90}$$

이것으로부터 응답 $c_2(t)$는 다음과 같다.

$$c_2(t) \approx 0.87 - 5.3e^{-5t} + 4.4e^{-6t} \tag{4.91}$$

숙련예제 4.7

문제 다음 전달함수를 2차 시스템으로 근사화가 타당한지를 판별하라.

a. $G(s) = \dfrac{185.71(s+7)}{(s+6.5)(s+10)(s+20)}$

b. $G(s) = \dfrac{197.14(s+7)}{(s+6.9)(s+10)(s+20)}$

풀이 a. 2차 시스템으로 근사화가 타당하지 않다.
b. 2차 시스템으로 근사화가 타당하다.
풀이 과정은 www.wiley.com/go/Nise/ControlSystemsEngineering8e에서 확인하라.

이 절에서는 전달함수에 추가되는 극점과 영점이 시스템에 미치는 영향을 살펴보았다. 다음 절에서는 2.10절에서 설명한 비선형성이 시스템 응답에 미치는 영향을 살펴보기로 한다.

4.9 비선형성이 시간 응답에 미치는 영향

이 절에서는 비선형성이 실제 시스템의 시간 응답에 미치는 영향을 정성적으로 분석해 보자. 다음 예제에서는 비선형성이 선형 시스템의 응답에 미치는 영향을 확인하기 위하여 그림 2.46의 포화 상태, 무응답 구간과 백래쉬과 같은 비선형성이 시스템에 포함되는 경우를 살펴보자.

시스템 응답은 GUI(Graphical User Interface)를 제공하기 위해서 MATLAB와 함께 사용하는 시뮬레이션용 프로그램 패키지인 Simulink를 이용하여 얻었다. 비선형 특성이 포함될 때 나타나는 응답을 얻기 위해서 Simulink를 사용하는 법을 배우려는 독자들은 부록 C에 있는 Simulink 개요를 참조하기 바란다. 부록에는 Simulink 블록선도와 모든 응답이 함께 수록되어 있다.

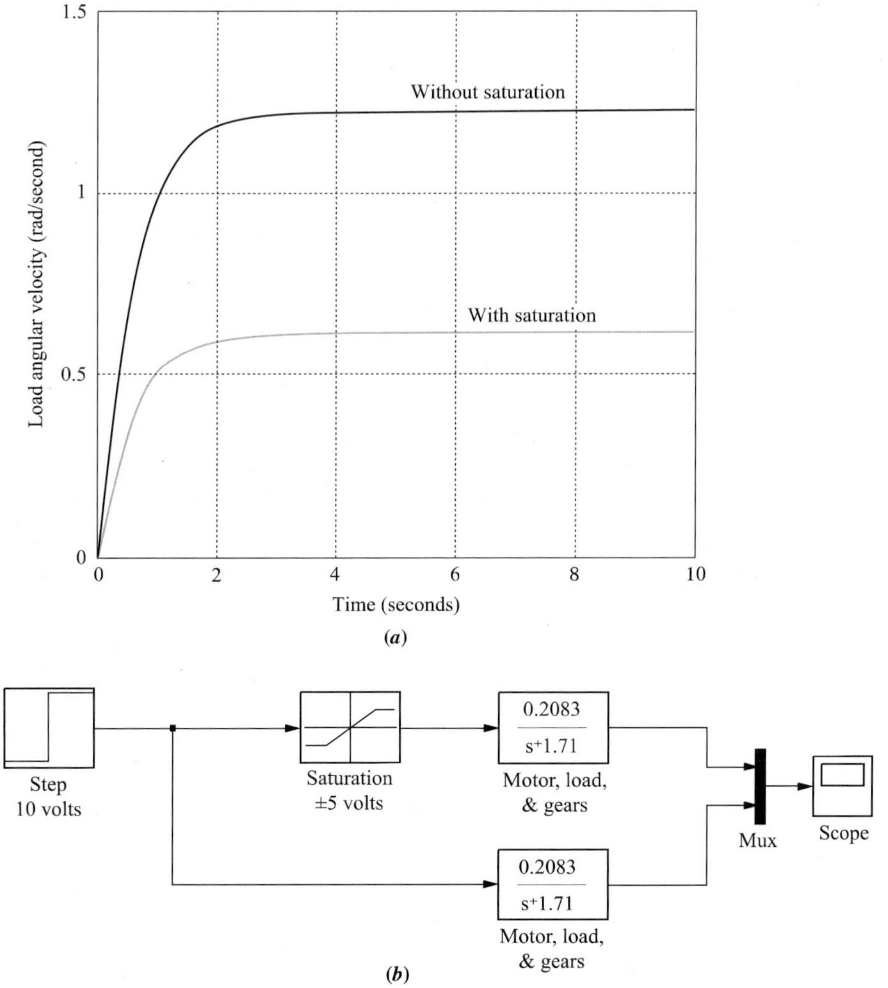

그림 4.29 a. 증폭기의 포화가 부하의 각속도 응답에 미치는 영향 b. Simulink 블록선도

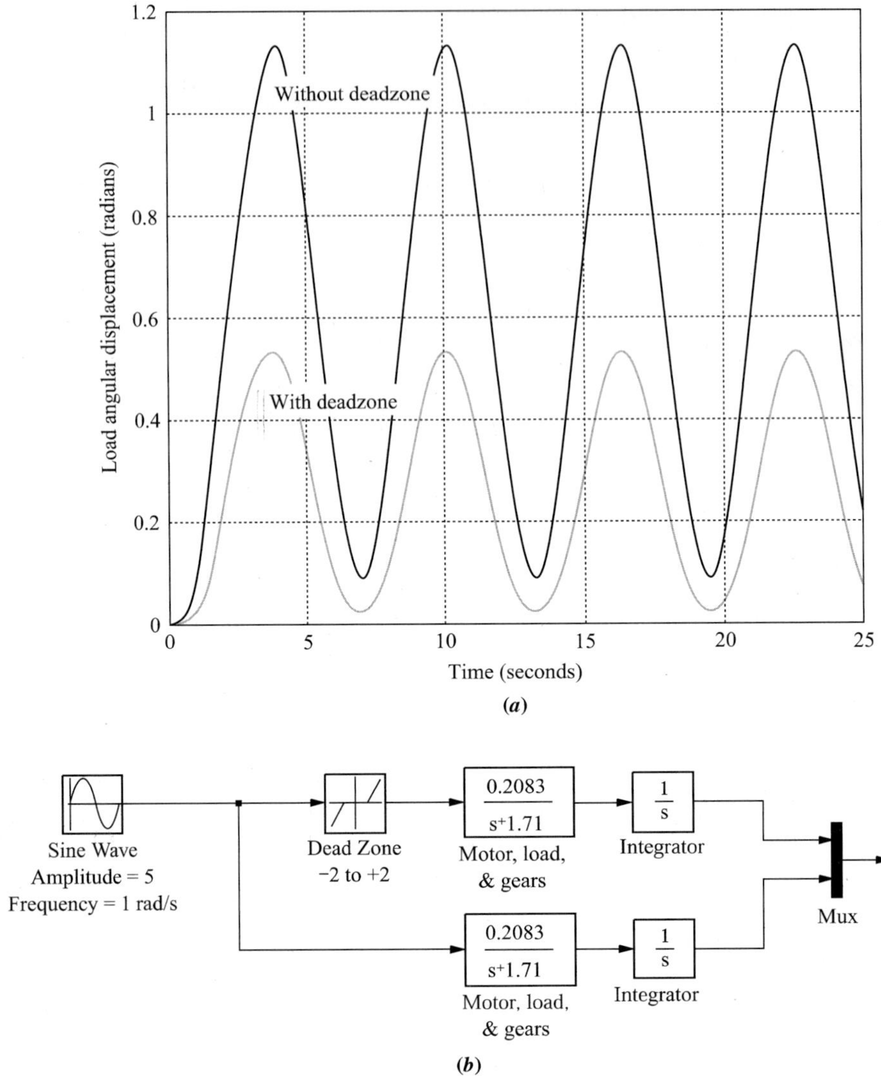

그림 4.30 a. 무응답 구간이 부하의 각변위 응답에 미치는 영향 b. Simulink 블록선도

2장의 안테나 제어 사례연구 문제의 전동기와 부하를 고려하는데 부하의 회전 각속도 $\omega_o(s)$가 식 (2.208)로부터 $\omega_o(s) = 0.1s\,\theta_m(s) = 0.2083E_a(s)/(s+1.71)$로 주어진다고 하자. 계단 함수 입력을 $\pm 5\mathrm{V}$로 포화시키는 이득이 1인 증폭기로 전동기가 구동될 때 증폭기가 포화되는 특성 때문에 부하의 각속도가 제한됨을 그림 4.29에 나타내었다.

무응답 구간이 전동기와 기어에 의해 구동되는 출력축에 미치는 영향을 그림 4.30에 나타내었다. 여기서 사용된 전동기, 부하와 기어는 2장의 안테나 제어 사례연구의 것과 같다. 무응답 구간은 전동기에 인가되는 전압이 작아서 전동기가 움직이지 않을 때 나타나는 비선형성이다. 무응답 구간의 특성을 명확하게 확인하기 위해서 전동기 입력은 정현파 전압을 사용하였다. 전동기는 무응답 구간의 크기를 넘는 전압이 입력되어야 작동된다. 무응답 구간이 존재하면 응답의 크기가 작아짐을 주목하라.

백래쉬의 비선형성이 전동기와 기어에 의해 구동되는 출력축에 미치는 영향을 그림 4.31에 나타내었다. 여기서 사용된 전동기, 부하와 기어는 2장의 안테나 제어 사례연구의 것과 같다. 백래쉬 특성을 명확하게 확인하기 위해서 전동기 입력은 정현파 전압을 사용하였다. 전동기 회전이 역방향이 되면 출력축은 잠시 정지되었다가 기어의 접속이 완전히 이루어진 후에 역방향으로 회전하기 시작한다. 따라서 이 응답은 백래쉬가 없는 선형 응답과는 확연히 다르다.

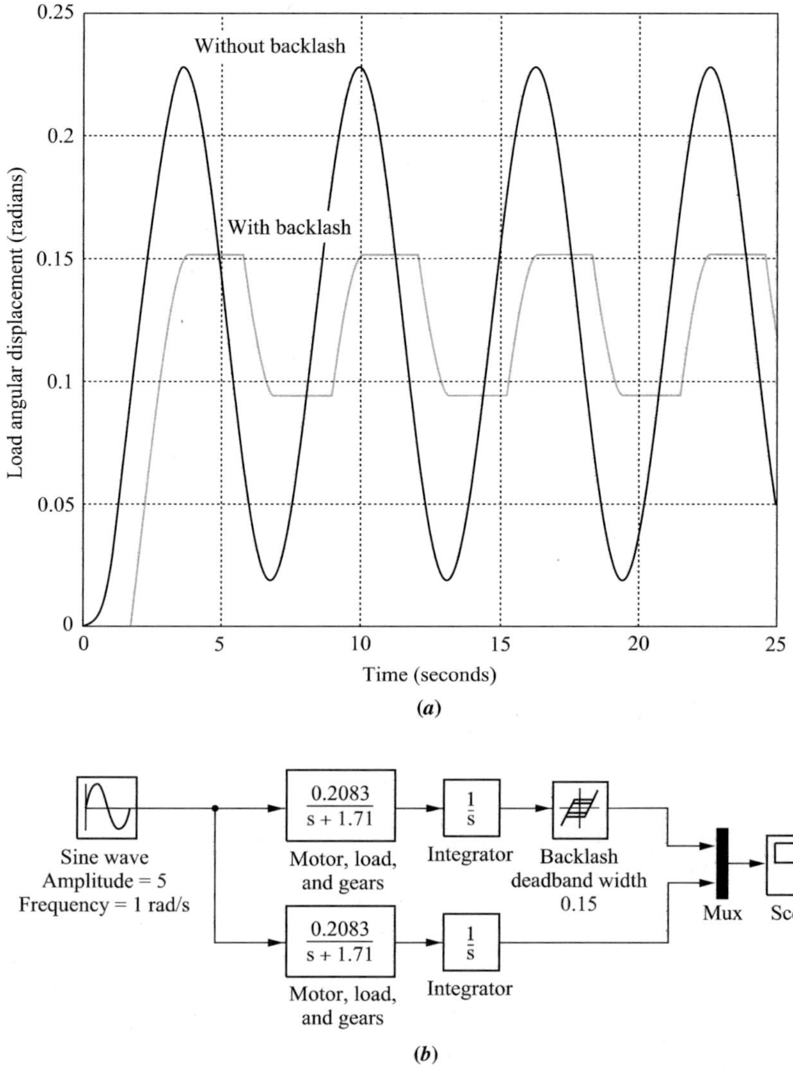

그림 4.31 a. 백래쉬가 부하의 각변위 응답에 미치는 영향 b. Simulink 블록선도

숙련예제 4.8

문제 그림 4.31의 결과를 얻기 위하여 MATLAB의 Simulink를 사용하라.

Simulink
SL

풀이 그림 4.31을 보라.

이 절에서는 비선형성이 시간 응답에 미치는 영향을 살펴보았다. 다시 선형 시스템의 해석으로 전환하기로 한다. 지금까지 선형 시스템으로 한정하여 주파수 영역에서 정의되는 Laplace 변환으로 시간 응답을 구하는 것을 다루었다. 시간 응답을 구하는 또 다른 방법은 시간 영역에서 상태 공간 기법을 이용하는 것인데 다음 절에서 살펴보자.

4.10 Laplace 변환에 의한 상태 방정식의 해

State Space
SS

3장에서는 시스템을 상태 공간에서 상태 방정식과 출력 방정식으로 나타내었다. 이 절에서는 Laplace 변환으로 상태 방정식의 해인 상태 벡터를 구하고 이 벡터로부터 출력 벡터를 구하기로 한다.

상태 방정식이

$$\dot{\mathbf{x}} = \mathbf{A}\mathbf{x} + \mathbf{B}\mathbf{u} \tag{4.92}$$

으로 표시되고 출력 방정식이 다음과 같다고 하자.

$$\mathbf{y} = \mathbf{C}\mathbf{x} + \mathbf{D}\mathbf{u} \tag{4.93}$$

식 (4.92)의 상태 방정식을 Laplace 변환하면 다음과 같이 된다.

$$s\mathbf{X}(s) - \mathbf{x}(0) = \mathbf{A}\mathbf{X}(s) + \mathbf{B}\mathbf{U}(s) \tag{4.94}$$

여기서 $s\mathbf{X}(s)$를 $s\mathbf{I}\mathbf{X}(s)$로 변경하고($\mathbf{I}$는 $n \times n$의 단위 행렬이고, n은 시스템의 차수) $\mathbf{X}(s)$에 대해서 정리하면 다음과 같이 된다.

$$(s\mathbf{I} - \boldsymbol{A})\boldsymbol{X}(s) = \mathbf{x}(0) + \mathbf{B}\mathbf{U}(s) \tag{4.95}$$

식 (4.95)의 양변에 $(s\mathbf{I} - \mathbf{A})^{-1}$을 곱하고 $\mathbf{X}(s)$에 대하여 풀면 다음과 같다.

$$\begin{aligned} \mathbf{X}(s) &= (s\mathbf{I} - \mathbf{A})^{-1}\mathbf{x}(0) + (s\mathbf{I} - \mathbf{A})^{-1}\mathbf{B}\mathbf{U}(s) \\ &= \frac{\operatorname{adj}(s\mathbf{I} - \mathbf{A})}{\det(s\mathbf{I} - \mathbf{A})}[\mathbf{x}(0) + \mathbf{B}\mathbf{U}(s)] \end{aligned} \tag{4.96}$$

식 (4.93)의 출력 방정식을 Laplace 변환하면 다음과 같다.

$$\mathbf{Y}(s) = \mathbf{C}\mathbf{X}(s) + \mathbf{D}\mathbf{U}(s) \tag{4.97}$$

고유치와 전달함수 극점

앞에서 전달함수의 극점이 시스템의 과도 응답 특성을 결정한다는 것을 확인하였다. 시스템을 상태 공간에서 표현하여도 이와 같은 응답 특성을 알 수 있는 등가적인 값이 존재하는가? 방정식 $\det(s\mathbf{I} - \mathbf{A}) = 0$ [식 (4.96)의 분모 참조]의 근은 시스템 행렬 $\mathbf{A}$ 의 고유치(*eigenvalue*)가 됨은 5.8절에서 정의하기로 하고[7], 여기서는 고유치가 시스템의 전달함수의 극점과 같다는 것을 입증하기로 한다. 출력 $\mathbf{Y}(s)$와 입력 $\mathbf{U}(s)$를 각각 스칼라 양 $Y(s)$와 $U(s)$로 나타내고 초기 상태 벡터 $\mathbf{x}(0)$를 0벡터로 한다. 식 (4.96)을 식 (4.97)에 대입하여 전달함수 $Y(s)/U(s)$를 구하면 다음과 같이 된다.

$$\begin{aligned} \frac{\mathrm{Y}(s)}{\mathrm{U}(s)} &= \mathrm{C}\left[\frac{\operatorname{adj}(s\mathbf{I} - \mathrm{A})}{\det(s\mathbf{I} - \mathrm{A})}\right]\mathrm{B} + \mathrm{D} \\ &= \frac{\mathrm{C}\operatorname{adj}(s\mathbf{I} - \mathrm{A})\mathrm{B} + \mathrm{D}\det(s\mathbf{I} - \mathrm{A})}{\det(s\mathbf{I} - \mathrm{A})} \end{aligned} \tag{4.98}$$

7 Laplace 변환을 이용하지 않고 상태 방정식의 해를 구할 때 복소수 변수 s 대신 λ가 사용된다. 따라서 특성 방정식이 $\det(\lambda I - A) = 0$으로 표시된다.

여기서 식 (4.98)의 분모항의 근은 시스템의 극점이 된다. 식 (4.96)과 식 (4.98)의 분모가 같으므로 시스템의 극점과 고유치는 같다. 따라서, 시스템이 상태 공간에서 표현되면 $\det(s\mathbf{I}-\mathbf{A})=0$으로부터 극점을 구할 수 있다. 6장에서 안정도를 논의할 때 다시 언급하기로 한다.

다음 예제는 Laplace 변환으로 상태 방정식의 해를 구할 뿐만 아니라 고유치와 시스템의 극점을 구하는 문제이다.

예제 4.11 Laplace 변환해 : 고유치와 극점

문제 시스템이 식 (4.99)와 같이 상태 공간에서 표현될 때 다음을 구하라.

$$\dot{\mathbf{x}}=\begin{bmatrix}0 & 1 & 0\\ 0 & 0 & 1\\ -24 & -26 & -9\end{bmatrix}\mathbf{x}+\begin{bmatrix}0\\0\\1\end{bmatrix}e^{-t} \tag{4.99a}$$

$$y=[1\quad 1\quad 0]\mathbf{x} \tag{4.99b}$$

$$\mathbf{x}(0)=\begin{bmatrix}1\\0\\2\end{bmatrix} \tag{4.99c}$$

a. 상태 방정식의 해를 구하고, 주어진 지수함수 입력에 대한 출력을 구하라.
b. 고유치와 시스템의 극점을 구하라.

풀이 a. 식 (4.96)의 각 부분을 계산하고 식 (4.97)에 대입하여 문제를 해결한다. 즉,

$$s\mathbf{I}=\begin{bmatrix}s & 0 & 0\\ 0 & s & 0\\ 0 & 0 & s\end{bmatrix} \tag{4.100}$$

이므로

$$(s\mathbf{I}-\mathbf{A})=\begin{bmatrix}s & -1 & 0\\ 0 & s & -1\\ 24 & 26 & s+9\end{bmatrix} \tag{4.101}$$

이고

$$(s\mathbf{I}-\mathbf{A})^{-1}=\frac{\begin{bmatrix}(s^2+9s+26) & (s+9) & 1\\ -24 & s^2+9s & s\\ -24s & -(26s+24) & s^2\end{bmatrix}}{s^3+9s^2+26s+24} \tag{4.102}$$

가 된다. 입력 함수 e^{-t}에 대한 Laplace 변환 $\mathbf{U}(s)$는 $1/(s+1)$이므로 $\mathbf{X}(s)$를 계산할 수 있다. 식 (4.96)을 다음과 같이 다시 표현한다.

$$\mathbf{X}(s)=(s\mathbf{I}-\mathbf{A})^{-1}[\mathbf{x}(0)+\mathbf{B}\mathbf{U}(s)] \tag{4.103}$$

위 식에 식 (4.99a)와 식 (4.99c)의 $\mathbf{B}$와 $\mathbf{x}(0)$를 대입하면 다음과 같은 해가 얻어진다.

$$X_1(s)=\frac{(s^3+10s^2+37s+29)}{(s+1)(s+2)(s+3)(s+4)} \tag{4.104a}$$

$$X_2(s) = \frac{(2s^2 - 21s - 24)}{(s+1)(s+2)(s+3)(s+4)} \tag{4.104b}$$

$$X_3(s) = \frac{s(2s^2 - 21s - 24)}{(s+1)(s+2)(s+3)(s+4)} \tag{4.104c}$$

한편, 식 (4.99b)로부터 출력 방정식은

$$Y(s) = [1 \quad 1 \quad 0]\begin{bmatrix} X_1(s) \\ X_2(s) \\ X_3(s) \end{bmatrix} = X_1(s) + X_2(s) \tag{4.105}$$

이 되므로

$$\begin{aligned} Y(s) &= \frac{(s^3 + 12s^2 + 16s + 5)}{(s+1)(s+2)(s+3)(s+4)} \\ &= \frac{-6.5}{s+2} + \frac{19}{s+3} - \frac{11.5}{s+4} \end{aligned} \tag{4.106}$$

이 된다. 여기서 -1에 있는 극점은 -1에 있는 영점에 의해 상쇄되었다. Laplace 역변환하면 다음과 같은 출력이 얻어진다.

$$y(t) = -6.5e^{-2t} + 19e^{-3t} - 11.5e^{-4t} \tag{4.107}$$

b. 식 (4.102)의 분모 $\det(s\mathbf{I} - \mathbf{A})$ 는 시스템의 전달함수의 분모이다. 따라서 $\det(s\mathbf{I} - \mathbf{A}) = 0$ 의 근 -2, -3과 -4는 시스템의 극점과 고유치가 된다.

Symbolic Math **SM**

MATLAB을 연습하고 MATLAB의 Symbolic Math Toolbox에서 제공하는 기능을 배우고자 하는 독자들은 부록 F에 있는 ch4apF1을 실행하라. 상태 방정식의 해를 Laplace 변환하여 구하는 방법을 배우게 될 것이다. MATLAB과 Symbolic Math Toolbox를 이용하여 예제 4.11을 풀 수 있을 것이다.

숙련예제 4.9

스스로 해보기 4.5

숙련예제 4.9를 풀기 위하여 다음의 MATLAB과 Symbolic Math Toolbox 문을 사용하라.

```
syms s
A=[0 2;-3 -5]; B=[0;1];
C=[1 3]; X0=[2;1];
U=1/(s+1);
I=[1 0;0 1];
X=((s*I-A)^-1)* ...
  (X0+B*U);
Y=C*X; Y=simllify(Y);
y-ilaplace(Y);
pretty(y)
eig(A)
```

문제 시스템이 식 (4.108)과 같이 상태 공간에서 표현될 때 다음을 구하라.

$$\dot{\mathbf{x}} = \begin{bmatrix} 0 & 2 \\ -3 & -5 \end{bmatrix}\mathbf{x} + \begin{bmatrix} 0 \\ 1 \end{bmatrix}e^{-t} \tag{4.108a}$$

$$y = [1 \quad 3]\mathbf{x} \tag{4.108b}$$

$$\mathbf{x}(0) = \begin{bmatrix} 2 \\ 1 \end{bmatrix} \tag{4.108c}$$

a. Laplace 변환하여 출력 $y(t)$를 구하라.

b. 고유치와 시스템의 극점을 구하라.

풀이

a. $y(t) = -0.5e^{-t} - 12e^{-2t} + 17.5e^{-3t}$

b. $-2, -3$

풀이 과정은 www.wiley.com/go/Nise/ControlSystemsEngineering8e에서 확인하라.

4.11 상태 방정식의 시간영역 해

State Space
SS

다른 방법으로 상태 방정식의 해를 구하는 과정에 대해 알아보자. 이 방법은 Laplace 변환을 이용하지 않고, 미분방정식의 해를 시간 영역에서 직접 구하는 고전적인 방법이다. 이때 얻어지는 최종해는 고유 응답과 강제 응답으로 구분되어 구성되지 않는다.

시간 영역에서 상태 방정식의 해는 다음과 같이 주어진다.

$$\begin{aligned}\mathbf{x}(t) &= e^{\mathbf{A}t}\mathbf{x}(0) + \int_0^t e^{\mathbf{A}(t-\tau)}\mathbf{B}\mathbf{u}(\tau)d\tau \\ &= \mathbf{\Phi}(t)\mathbf{x}(0) + \int_0^t \mathbf{\Phi}(t-\tau)\mathbf{B}\mathbf{u}(\tau)d\tau\end{aligned} \tag{4.109}$$

여기서 $\boldsymbol{\Phi}(t) = e^{\mathbf{A}t}$ 이고 **상태 천이 행렬**(*state-transition matrix*)이라 한다.

식 (4.109)의 해의 유도 과정은 www.wiley.com/go/Nise/ControlSystemsEngineering8e에 있는 부록 I를 참조하기 바란다.

식 (4.109)에서 우변의 첫 번째 항은 초기치 상태 벡터 $\mathbf{x}(0)$ 에 의한 응답으로 입력이 0인 조건에서 얻어지기 때문에 **영입력 응답**(*zero-input response*)이라 한다. **컨볼루션 적분**(*convolution integral*)으로 표현되는 두 번째 항은 초기조건과는 무관하고 입력 $\mathbf{u}$ 와 입력행렬 $\mathbf{B}$ 에 좌우되기 때문에 **영상태 응답**(*zero-state response*)이라 한다. 식 (4.109)의 해의 구성은 Laplace 변환으로 구한 해가 고유 응답과 강제 응답으로 조합되는 형태와는 다르다. 선형 미분방정식에서 고유 응답의 상수 값은 초기조건, 강제 응답의 초기값과 강제 응답을 미분한 초기값으로 결정된다. 따라서 고유 응답의 크기는 입력과 출력의 초기조건으로 결정된다. 식 (4.109)에서 영입력 응답은 입력과 입력을 미분한 초기값에 무관하고 상태 벡터의 초기조건에 의해 결정된다. 다음 예제에서 차이점을 명확하게 확인할 수 있을 것이다. 영상태 응답에는 강제 응답과 고유 응답 성분이 조합되어 있음을 주목해야 한다. 이것은 영입력 응답과 영상태 응답에 고유 응답이 포함되어 있다는 것을 의미한다.

예제를 풀기 전에 선형 시불변 시스템의 $\boldsymbol{\Phi}(t)$를 구성하는 요소를 살펴보자. 식 (4.96)의 첫 번째 항은 입력이 0인 시스템의 응답으로 식 (4.109)의 영입력 응답 $\boldsymbol{\Phi}(0)\mathbf{x}(0)$을 Laplace 변환한 결과이다. 따라서 입력이 없는 시스템의 응답은

$$\mathcal{L}\,[\mathbf{x}(t)] = \mathcal{L}\,[\boldsymbol{\Phi}(t)\mathbf{x}(0)] = (s\mathbf{I}-\mathbf{A})^{-1}\mathbf{x}(0) \tag{4.110}$$

이 되므로 $(s\mathbf{I}-\mathbf{A})^{-1}$ 는 상태 천이 행렬 $\boldsymbol{\Phi}(t)$를 Laplace 변환한 결과임을 알 수 있다. 행렬 $(s\mathbf{I}-\mathbf{A})^{-1}$ 의 분모 다항식의 근이 시스템의 극점이 된다는 것은 이미 알고 있는 사실이며, 이 다항식은 방정식 $\det(s\mathbf{I}-\mathbf{A})=0$ 에서 얻어진다. 결과적으로

$$\mathscr{L}^{-1}[(s\mathbf{I}-\mathbf{A})^{-1}] = \mathscr{L}^{-1}\left[\frac{\operatorname{adj}(s\mathbf{I}-\mathbf{A})}{\det(s\mathbf{I}-\mathbf{A})}\right] = \mathbf{\Phi}(t) \tag{4.111}$$

이므로 $\boldsymbol{\Phi}(t)$ 의 각 항은 시스템의 극점들에 의하여 생성되는 지수함수들의 합이 된다.

다음 두 예제를 통하여 지금까지 설명한 내용을 정리하자. 첫 번째 예제는 시간 영역에서 직접 상태 방정식의 해를 구하는 문제이고, 두 번째 예제는 $(s\mathbf{I}-\mathbf{A})^{-1}$ 를 Laplace 역변환하여 상태 천이 행렬을 구하고 이것을 이용하여 해를 구하는 문제이다.

예제 4.12 시간영역 해

문제 입력 $u(t)$가 단위 계단 함수일 때 식 (4.112)로 주어지는 상태 방정식과 초기 상태 벡터에 대하여 상태 천이 행렬과 $\mathbf{x}(t)$를 구하라.

$$\dot{\mathbf{x}}(t)=\begin{bmatrix}0 & 1\\ -8 & -6\end{bmatrix}\mathbf{x}(t)+\begin{bmatrix}0\\1\end{bmatrix}u(t) \tag{4.112a}$$

$$\mathbf{x}(0)=\begin{bmatrix}1\\0\end{bmatrix} \tag{4.112b}$$

풀이 상태 방정식이 다음과 같은 형태이므로

$$\dot{\mathbf{x}}(t)=\mathbf{A}\mathbf{x}(t)+\mathbf{B}u(t) \tag{4.113}$$

$\det(s\mathbf{I}-\mathbf{A})=0$ 를 이용하여 고유치를 구한다. 다항식 $s^2+6s+8=0$으로부터 $s_1=-2$와 $s_2=-4$가 된다. 상태 천이 행렬의 각 항은 극점들(고유치들)에 의하여 발생하는 응답들의 합이므로, 다음과 같은 형태의 상태 천이 행렬이 되는 것으로 가정한다.

$$\boldsymbol{\Phi}(t)=\begin{bmatrix}(K_1e^{-2t}+K_2e^{-4t}) & (K_3e^{-2t}+K_4e^{-4t})\\ (K_5e^{-2t}+K_6e^{-4t}) & (K_7e^{-2t}+K_8e^{-4t})\end{bmatrix} \tag{4.114}$$

계수를 구하기 위하여 www.wiley.com/go/Nise/ControlSystemsEngineering8e에 있는 부록 J의 상태 천이행렬의 성질을 이용한다.

$$\boldsymbol{\Phi}(0)=\mathbf{I} \tag{4.115}$$

이므로

$$K_1+K_2=1 \tag{4.116a}$$

$$K_3+K_4=0 \tag{4.116b}$$

$$K_5+K_6=0 \tag{4.116c}$$

$$K_7+K_8=1 \tag{4.116d}$$

또한

$$\dot{\boldsymbol{\Phi}}(0)=\mathbf{A} \tag{4.117}$$

이므로

$$-2K_1-4K_2=0 \tag{4.118a}$$

$$-2K_3-4K_4=1 \tag{4.118b}$$

$$-2K_5-4K_6=-8 \tag{4.118c}$$

$$-2K_7-4K_8=-6 \tag{4.118d}$$

식 (4.116)과 식 (4.118)의 연립 방정식으로부터 계수들을 구할 수 있다. 예를 들어 식 (4.116a)와 식 (4.118a)로부터 계수 K_1과 K_2를 구할 수 있는데 이를 반복하면 모든 계수를 정할 수 있다. 그 결과로

$$\boldsymbol{\Phi}(t)=\begin{bmatrix}(2e^{-2t}-1e^{-4t}) & (\frac{1}{2}e^{-2t}-\frac{1}{2}e^{-4t})\\(-4e^{-2t}+4e^{-4t}) & (-e^{-2t}+2e^{-4t})\end{bmatrix} \tag{4.119}$$

또한

$$\boldsymbol{\Phi}(t-\tau)\mathrm{B}=\begin{bmatrix}(\frac{1}{2}\mathrm{e}^{-2(\mathrm{t}-\tau)}-\frac{1}{2}\mathrm{e}^{-4(\mathrm{t}-\tau)})\\(-\mathrm{e}^{-2(\mathrm{t}-\tau)}+2\mathrm{e}^{-4(\mathrm{t}-\tau)})\end{bmatrix} \tag{4.120}$$

따라서 식 (4.109)의 첫째 항은

$$\boldsymbol{\Phi}(t)\mathbf{x}(0)=\begin{bmatrix}(2\mathrm{e}^{-2\mathrm{t}}-\mathrm{e}^{-4\mathrm{t}})\\(-4\mathrm{e}^{-2\mathrm{t}}+4\mathrm{e}^{-4\mathrm{t}})\end{bmatrix} \tag{4.121}$$

이 되고 둘째 항은 다음과 같이 된다.

$$\begin{aligned}\int_0^t \boldsymbol{\Phi}(t-\tau)\mathbf{B}\mathbf{u}(\tau)\mathrm{d}\tau &= \begin{bmatrix}\frac{1}{2}e^{-2t}\int_0^t e^{2\tau}d\tau-\frac{1}{2}e^{-4t}\int_0^t e^{4\tau}d\tau\\-e^{-2t}\int_0^t e^{2\tau}d\tau+2e^{-4t}\int_0^t e^{4\tau}d\tau\end{bmatrix}\\&=\begin{bmatrix}\frac{1}{8}-\frac{1}{4}e^{-2t}+\frac{1}{8}e^{-4t}\\\frac{1}{2}e^{-2t}-\frac{1}{2}e^{-4t}\end{bmatrix}\end{aligned} \tag{4.122}$$

이미 언급한 바와 같이 식 (4.122)의 영상태 응답은 1/8의 강제 응답뿐만 아니라 고유 응답 성분인 Ae^{-2t}와 Be^{-4t}의 항을 포함한다. 그러나 계수 A와 B는 초기조건과는 무관하다.
식 (4.121)과 식 (4.122)의 합으로 되는 최종 응답은 다음과 같다.

$$\mathbf{x}(\mathrm{t})=\boldsymbol{\Phi}(\mathrm{t})\mathbf{x}(0)+\int_0^{\mathrm{t}}\boldsymbol{\Phi}(\mathrm{t}-\tau)\mathbf{B}\mathbf{u}(\tau)\mathrm{d}\tau=\begin{bmatrix}\frac{1}{8}+\frac{7}{4}\mathrm{e}^{-2\mathrm{t}}-\frac{7}{8}\mathrm{e}^{-4\mathrm{t}}\\-\frac{7}{2}\mathrm{e}^{-2\mathrm{t}}+\frac{7}{2}\mathrm{e}^{-4\mathrm{t}}\end{bmatrix} \tag{4.123}$$

예제 4.13 Laplace 변환을 이용한 상태 천이 행렬의 계산

문제 예제 4.12의 상태 천이 행렬을 $(s\mathbf{I}-\mathbf{A})^{-1}$ 을 이용하여 구하라.

풀이 상태 천이 행렬 $\Phi(t)$는 $(s\mathbf{I}-\mathbf{A})^{-1}$ 을 Laplace 역변환한 행렬이므로 먼저 $(s\mathbf{I}-\mathbf{A})$ 를 구한다.

$$(s\mathbf{I}-\mathbf{A})=\begin{bmatrix}\mathrm{s} & -1\\8 & (\mathrm{s}+6)\end{bmatrix} \tag{4.124}$$

이것으로부터 다음을 구한다.

$$(s\mathbf{I}-\mathbf{A})^{-1}=\frac{\begin{bmatrix}\mathrm{s}+6 & 1\\-8 & \mathrm{s}\end{bmatrix}}{\mathrm{s}^2+6\mathrm{s}+8}=\begin{bmatrix}\frac{\mathrm{s}+6}{\mathrm{s}^2+6\mathrm{s}+8} & \frac{1}{\mathrm{s}^2+6\mathrm{s}+8}\\\frac{-8}{\mathrm{s}^2+6\mathrm{s}+8} & \frac{\mathrm{s}}{\mathrm{s}^2+6\mathrm{s}+8}\end{bmatrix} \tag{4.125}$$

우변에 있는 행렬의 각 항을 부분 분수로 전개하면 다음과 같이 된다.

$$(s\mathbf{I}-\mathbf{A})^{-1}=\begin{bmatrix}\left(\dfrac{2}{s+2}-\dfrac{1}{s+4}\right) & \left(\dfrac{1/2}{s+2}-\dfrac{1/2}{s+4}\right)\\ \left(\dfrac{-4}{s+2}+\dfrac{4}{s+4}\right) & \left(\dfrac{-1}{s+2}+\dfrac{2}{s+4}\right)\end{bmatrix} \tag{4.126}$$

위 행렬의 각 항을 Laplace 역변환하면 다음과 같은 상태 천이 행렬이 얻어진다.

$$\boldsymbol{\Phi}(t)=\begin{bmatrix}(2e^{-2t}-e^{-4t}) & (\frac{1}{2}e^{-2t}-\frac{1}{2}e^{-4t})\\ (-4e^{-2t}+4e^{-4t}) & (-e^{-2t}+2e^{-4t})\end{bmatrix} \tag{4.127}$$

Symbolic Math
SM

MATLAB을 연습하고 MATLAB의 Symbolic Toolbox의 기능을 배우고자 하는 독자들은 www.wiley.com/go/Nise/ControlSystemsEngineering8e에 있는 부록 F의 ch4apF2를 실행하라. 여기서 상태 방정식의 해를 컨볼루션 적분으로 구하는 방법을 배우게 될 것이다. MATLAB과 Symbolic Math Toolbox를 이용하여 예제 4.12와 4.13을 풀 수 있을 것이다.

상태 공간에서 표현되는 시스템을 디지털 컴퓨터에서 시뮬레이션할 수 있다. MATLAB과 같은 프로그램으로 시뮬레이션하거나 www.wiley.com/go/Nise/ControlSystemsEngineering8e에 있는 부록 H.1에 소개된 프로그램을 이용하여 시뮬레이션할 수 있다.

MATLAB
ML

MATLAB을 사용하고자 하는 학생들은 부록 B에 있는 ch4apB3을 실행하라. MATLAB을 이용하여 상태 공간에서 표현되는 시스템의 계단 함수 응답을 얻을 수 있으며 그래프를 그리기 위해 시간축의 범위를 정하는 법을 배우게 될 것이다.

숙련예제 4.10

문제 상태 공간에서 식 (4.128a)와 같이 표현되는 시스템에 대해 물음에 답하라.

$$\dot{\mathbf{x}}=\begin{bmatrix}0 & 2\\ -2 & -5\end{bmatrix}\mathbf{x}+\begin{bmatrix}0\\1\end{bmatrix}e^{-2t} \tag{4.128a}$$

$$y=[2\quad 1]\mathbf{x} \tag{4.128b}$$

$$\mathbf{x}(0)=\begin{bmatrix}1\\2\end{bmatrix} \tag{4.128c}$$

a. 상태 천이 행렬을 구하라.
b. 컨볼루션 적분을 이용하여 상태 벡터를 구하라.
c. 출력 $y(t)$를 구하라.

풀이

$$a.\ \boldsymbol{\Phi}(t)=\begin{bmatrix}(\frac{4}{3}e^{-t}-\frac{1}{3}e^{-4t}) & (\frac{2}{3}e^{-t}-\frac{2}{3}e^{-4t})\\ (-\frac{2}{3}e^{-t}+\frac{2}{3}e^{-4t}) & (-\frac{1}{3}e^{-t}+\frac{4}{3}e^{-4t})\end{bmatrix}$$

$$b.\ \mathbf{x}(t)=\begin{bmatrix}(\frac{10}{3}e^{-t}-e^{-2t}-\frac{4}{3}e^{-4t})\\ (-\frac{5}{3}e^{-t}+e^{-2t}+\frac{8}{3}e^{-4t})\end{bmatrix}$$

$$c.\ y(t)=5e^{-t}-e^{-2t}$$

풀이 과정은 www.wiley.com/go/Nise/ControlSystemsEngineering8e에서 확인하라.

사례연구

안테나 제어 : 개루프 응답

이 장에서는 2장에서 유도한 전달함수와 3장에서 유도한 상태 방정식을 이용하여 개루프 시스템의 출력을 구하였다. 또한, 시스템의 극점이 과도 응답을 결정하는 데 중요한 역할을 함을 보여주었다. 다음 사례연구에서는 안테나의 방위각 제어시스템의 개루프 시스템 부분을 해석하는 데 이들 개념을 이용하고자 한다. 여기서 다루는 개루프 부분은 전력증폭기와 부하가 연결된 전동기로 구성된다.

문제 부록 A2의 configuration 1로 표시되는 방위각 제어시스템에서 개루프 시스템(피드백 경로가 연결되지 않음)을 대상으로 한다.

a. 전력증폭기에 계단 함수 전압이 입력될 때 개루프 시스템에서 얻어지는 부하의 각속도 응답 형태를 직관적으로 예측하라.
b. 개루프 시스템의 감쇠비와 고유 주파수를 구하라.
c. 전달함수를 이용하여 계단 함수 전압이 전력증폭기에 입력될 때 개루프 시스템에서 얻어지는 부하의 각속도 응답을 식으로 나타내어라.
d. 개루프 시스템의 상태 방정식과 출력 방정식을 구하라.
e. 계단 함수 입력 전압에 대한 개루프 시스템의 각속도 응답을 MATLAB을 이용하여 그래프로 나타내어라.

State Space **SS**

MATLAB **ML**

풀이 부록 A2의 configuration 1로 표시되는 전력증폭기, 전동기와 부하의 전달함수들은 2장의 사례연구에서 다루었다. 두 개의 서브시스템이 그림 4.32(a)와 같이 연결된다. 전동기에 연결된 부하 출력에 s를 곱하면 위치각을 미분시키는 것과 같으므로 그림 4.32(a)와 같이 각속도 출력을 얻을 수 있다. 따라서 그림 4.32(a)와 같이 세 개의 블록이 종속 접속되는 시스템이 되며 그림 4.32(b)와 같은 전달함수로 표현된다.[8]

a. 그림 4.32(b)의 전달함수를 이용하면 계단 함수 응답 형태를 예측할 수 있다. 계단 함수 응답은 계단 함수 입력으로 생성되는 정상 상태 응답과 전달함수의 각 극점에 의하여 생성되는 두 개의 지수함수 응답의 합으로 구성되는데 그 형태는 다음과 같다.

$$\omega_o(t) = A + Be^{-100t} + Ce^{-1.71t} \tag{4.129}$$

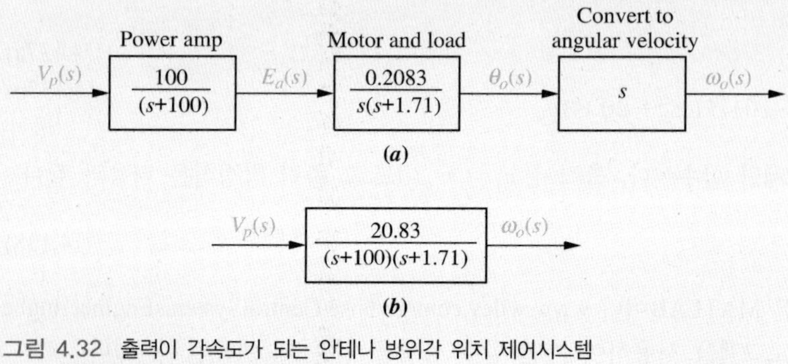

그림 4.32 출력이 각속도가 되는 안테나 방위각 위치 제어시스템
a. 순방향 경로 b. 등가 순방향 경로

b. 개루프 시스템의 감쇠비와 고유 주파수는 전달함수의 분모로부터 구할 수 있다. 개루프 시스템의 전달함수가

8 곱으로 표시되는 관계는 5장에서 유도하기로 한다.

$$G(s) = \frac{20.83}{s^2 + 101.71s + 171} \tag{4.130}$$

이므로 $\omega_n = \sqrt{171} = 13.08$이고, $\zeta = 3.89$가 되며 과감쇠 응답 특성을 가진다.

c. 계단 함수 입력에 대한 각속도 응답을 구하기 위하여 식 (4.130)의 전달함수에 계단 함수 입력 1/s를 곱하면 다음과 같이 된다.

$$\omega_o(s) = \frac{20.83}{s(s+100)(s+1.71)} \tag{4.131}$$

이것을 부분 분수로 전개하면

$$\omega_o(s) = \frac{0.122}{s} + \frac{2.12 \times 10^{-3}}{s+100} - \frac{0.124}{s+1.71} \tag{4.132}$$

가 되므로 시간 응답은 다음과 같다.

$$\omega_o(t) = 0.122 + (2.12 \times 10^{-3})e^{-100t} - 0.124e^{-1.71t} \tag{4.133}$$

State Space
SS

d. 전달함수를 상태 공간 식으로 변환시켜야 하므로 식 (4.130)을 다음과 같이 나타낸다.

$$\frac{\omega_o(s)}{V_p(s)} = \frac{20.83}{s^2 + 101.71s + 171} \tag{4.134}$$

여기서 초기조건을 0으로 하고 등식의 양쪽을 서로 대각선으로 곱한 후 Laplace 역변환하면, 다음 식이 얻어진다.

$$\ddot{\omega}_o + 101.71\dot{\omega}_o + 171\omega_o = 20.83v_p \tag{4.135}$$

위상형 상태변수(phase variable)를

$$x_1 = \omega_o \tag{4.136a}$$

$$x_2 = \dot{\omega}_o \tag{4.136b}$$

으로 정하고, 식 (4.135)를 이용하면, 다음과 같은 상태 방정식이 얻어진다.

$$\dot{x}_1 = x_2 \tag{4.137a}$$

$$\dot{x}_2 = -171x_1 - 101.71x_2 + 20.83v_p \tag{4.137b}$$

여기서 $v_p = 1$인 단위 계단 함수이다. 출력이 $x_1 = \omega_o$이므로, 출력 방정식은 다음과 같다.

$$y = x_1 \tag{4.138}$$

식 (4.137)과 식 (4.138)은 MATLAB이나 www.wiley.com/go/Nise/ControlSystemsEngineering8e의 부록 H.1에 있는 프로그램을 사용하여 계단 함수 응답을 얻는 데 이용될 수 있다.

MATLAB
ML

e. MATLAB을 사용하고자 하는 학생들은 부록 B에 있는 ch4apB4를 실행하라. 이 예제에서는 계단 함수 응답을 그리기 위하여 MATLAB을 사용한다.

도전문제 이 장에서 다룬 내용에 대해 독자들이 얼마나 이해하였는지 확인하기 위하여 도전문제를 제시한다. 부록 A2의 configuration 2로 표시되는 안테나 방위각 제어시스템에서 피드백 경로를 개방한 개루프 시스템에 대해 다음을 구하라.

a. 전력증폭기에 계단 함수 전압이 입력될 때 전력증폭기, 전동기와 부하가 연결된 개루프 시스템의 각속도 응답을 예측하라.
b. 개루프 시스템의 감쇠비와 고유 주파수를 구하라.
c. 전달함수를 이용하여 계단 함수 전압 입력에 대한 전력증폭기, 전동기와 부하가 연결된 개루프 시스템의 각속도 응답을 구하라.
d. 개루프 시스템의 상태 방정식과 출력 방정식을 구하라.
e. MATLAB을 이용하여 계단 함수 입력 전압에 대한 개루프 시스템의 각속도 응답을 그래프로 나타내어라.

State Space **SS**

MATLAB **ML**

무인 유영 잠수정 : 개루프 피치 응답

무인 유영 잠수정(Unmanned Free-Swimming Submersible Vehicle ; UFSS 정)을 그림 4.33에 나타내었다. 잠수정의 잠수 깊이는 다음과 같이 제어된다. 전방으로 움직이는 동안 잠수정의 승강키 면을 지시된 값만큼 편향시키면 잠수정은 피치축을 기준으로 선회한다. 잠수정의 피치는 잠수정을 잠수시키거나 상승시키는 수직 방향의 힘을 발생시킨다. 잠수정에 대한 피치 제어시스템은 여기뿐만 아니라 다른 장에서도 사례연구로서 계속 인용된다. 그림 4.34과 부록 A3에 있는 피치 제어시스템에 대한 블록선도는 계속 사용될 것이다(Johnson, 1980). 이 사례연구에서는 승강키의 편향각 입력에 대해 잠수정의 피치각 출력의 시간 응답을 구하기로 한다.

그림 4.33 무인 유영 잠수정(UFSS정)

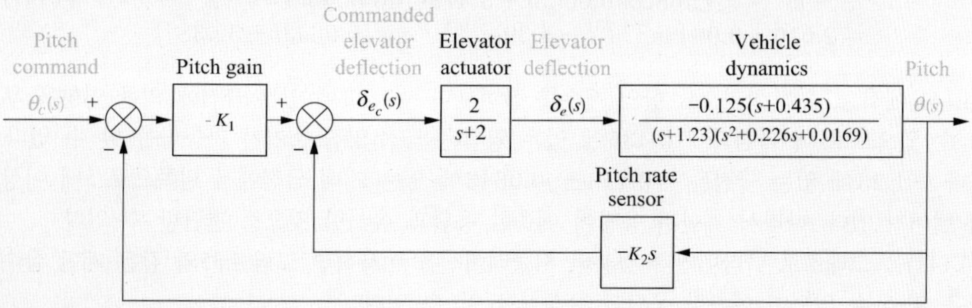

그림 4.34 UFSS정에 대한 피치 제어 루프

문제 무인 유영 잠수정에서 승강키 면의 편향각 $\delta_e(s)$에 대한 피치각 $\theta(s)$ 사이의 전달함수는 다음과 같다.

$$\frac{\theta(s)}{\delta_e(s)}=\frac{-0.125(s+0.435)}{(s+1.23)(s^2+0.226s+0.0169)} \tag{4.139}$$

a. 전달함수에 있는 두 개의 극점만을 사용하여 퍼센트 오버슈트, 상승 시간, 최고값 시간 및 정착 시간을 예측하라.
b. Laplace 변환을 이용하여 승강키 면의 편향각을 계단 함수 입력으로 편향시킬 때 피치각 응답 식을 구하라.
c. 추가된 극점과 영점을 가지는 시스템을 2차로 근사화시키는 것이 타당한지를 평가하라.
d. 계단 함수 입력에 대한 잠수정의 동력학 응답을 그래프로 그리고 c에서 얻은 결과와 비교하라.

강의자를 위해 이 시스템을 설명하는 동영상 PPT가 www.wiley.com/go/ControlSystemsEngineering8e에 있으므로 이용하기 바란다.

풀이

a. 다항식 $s^2+0.226s+0.0169$로부터 $\omega_n^2=0.0169$와 $2\zeta\omega_n=0.226$이다. 따라서 $\omega_n=0.13$ rad/s과 $\zeta=0.869$이므로 $\%OS=e^{-\zeta\pi/\sqrt{1-\zeta^2}}100=0.399\%$이다. 그림 4.16으로부터 $\omega_n T_r=2.75$이므로, $T_r=21.2$초이다. 최고값 시간은 $T_p=\pi/\omega_n\sqrt{1-\zeta^2}=48.9$초이고 정착 시간은 $T_s=4/\zeta\omega_n=35.4$초이다.

b. 전달함수의 분자항이 음수이기 때문에 문제의 d항에서 정상 상태 값을 그릴 때 양수가 되도록 하기 위하여 음수의 계단 함수 응답을 구한다. 응답의 Laplace 변환 $\theta(s)$를 부분 분수로 전개하면

$$\begin{aligned}\theta(s)&=\frac{0.125(s+0.435)}{s(s+1.23)(s^2+0.226s+0.0169)}\\&=2.616\frac{1}{s}+0.0645\frac{1}{s+1.23}\\&\quad-\frac{2.68(s+0.113)+3.478\sqrt{0.00413}}{(s+0.113)^2+0.00413}\end{aligned} \tag{4.140}$$

이므로 Laplace 역변환하면 다음과 같이 된다.

$$\begin{aligned}\theta(t)&=2.616+0.0645e^{-1.23t}\\&\quad-e^{-0.113t}(2.68\cos 0.0643t+3.478\sin 0.0643t)\\&=2.616+0.0645e^{-1.23t}-4.39e^{-0.113t}\cos(0.0643t+52.38^o)\end{aligned} \tag{4.141}$$

c. 식 (4.141)에서 $e^{-1.23t}$항과 cos 항의 계수를 살펴보면 -1.23에 있는 극점에 의한 영향을 무시할 수 있으므로 이 극점과 -0.435에 있는 영점은 극점-영점 소거가 가능함을 알 수 있다. 더구나 -1.23에 있는 극점은 $-0.113\pm j0.0643$에 있는 지배 극점에서 왼쪽으로 5배 이상 멀리 떨어져 있다. 따라서 계산된 응답이 예측한 응답과 유사한 것으로 판단할 수 있다.

d. 식 (4.141)을 그래프로 나타내거나 컴퓨터 시뮬레이션을 이용하면 그림 4.35와 같은 계단 함수 응답을 얻을 수 있으며 예측한 응답과 유사함을 알 수 있다.

MATLAB ML

MATLAB을 사용하고자 하는 학생들은 부록 B에 있는 ch4apB5를 실행하라. MATLAB을 사용하여 ζ, ω_n, T_s, T_p와 T_r을 구하고 계단 함수 응답을 그릴 수 있게 된다. 표는 T_r을 구하는 데 사용된다.

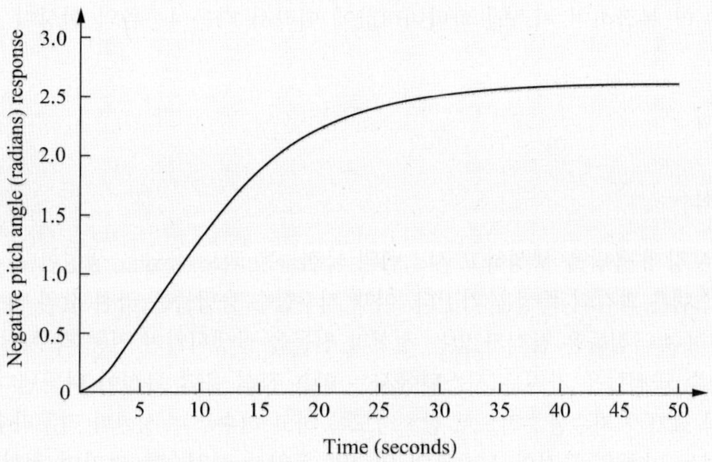

그림 4.35 UFSS정에서 음수의 계단함수 입력에 대한 피치 제어 응답

도전문제 이 장에서 다룬 내용에 대해 독자들이 얼마나 이해하고 있는지 확인하기 위하여 도전문제를 제시한다. 이 문제는 무인 유영 잠수정에 적용된 원리와 동일한 원리를 사용한다. 해상에 있는 배는 그림 4.36과 같이 롤(roll) 축에 대해 롤 운동을 한다. 안정판(stabilizers)이라 불리는 수직 안정판(fin)은 이 롤 운동을 감소시키는 데 사용된다. 안정판 구동 장치와 센서뿐만 아니라 배의 롤 동역학 요소로 구성되는 롤 제어시스템은 페루프 시스템이며 안정판을 위치 제어한다. 외란 토크 입력 $T_D(s)$에 대한 롤 각도 출력 $\theta(s)$ 사이의 관계를 나타낸 롤 동역학이 다음과 같다고 하자.

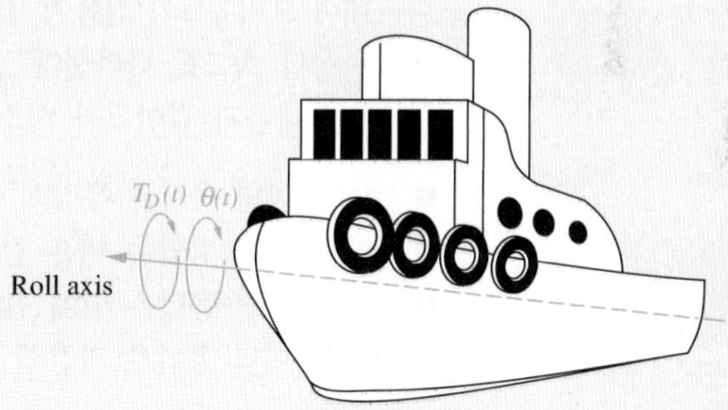

그림 4.36 해상에 있는 배의 롤 축

$$\frac{\theta(s)}{T_D(s)} = \frac{2.25}{s^2 + 0.5s + 2.25} \tag{4.142}$$

다음을 구하라.

a. 고유 주파수, 감쇠비, 최고값 시간, 정착 시간, 상승 시간 및 퍼센트 오버슈트를 구하라.
b. 단위 계단 함수 입력 전압에 대하여 출력 응답 식을 구하라.
c. MATLAB을 이용하여 a와 b를 풀고, b에서 구한 응답을 그려라. MATLAB ML

요약

이 장에서는 2장과 3장에서 얻은 시스템 모델에 대해 계단 함수 입력에 대한 출력 응답을 구하였다. 계단 함수 응답에는 시스템의 과도 응답 특성이 명확하게 나타난다. 1차와 2차 시스템을 해석하였으며 대부분의 시스템이 여기에 해당한다. 해석을 공식화하였으며 응답 특성을 나타내는 정량적 규격을 정의하였다.

실수축 위에 있는 한 개의 극점을 가지는 1차 시스템에 대해 과도 응답 특성을 나타내는 규격은 시정수이다. 이 시정수는 실수축 위에 있는 극점 값의 역수이며 과도 응답의 응답 속도를 나타낸다. 또한, 계단 함수 응답이 최종값의 63%에 도달하는 데 걸리는 시간이다.

2차 시스템은 더 복잡하며 시스템 파라미터값에 따라서 다음 4종류의 현상이 나타날 수 있다.

- 과감쇠
- 미흡 감쇠
- 무감쇠
- 임계 감쇠

입력의 극점은 강제 응답을 생성하고 시스템의 극점들은 과도 응답을 생성한다. 시스템의 극점들이 실수이면 시스템은 과감쇠 특성을 가진다. 이때 지수함수 응답들은 극점 값의 역수와 동일한 시정수를 가진다. 순허수 극점들은 감쇠가 없는 정현파 진동을 발생시키며 진동 각주파수는 순허수 극점 값과 같다. 복소수 극점들을 가지는 시스템에서는 미흡 감쇠 응답 특성이 나타낸다. 복소수 극점의 실수부는 응답의 크기가 지수함수적으로 감소하도록 하고 허수부는 정현파 각주파수가 된다. 지수함수적으로 감소하는 파형은 극점의 실수부의 역수와 동일한 시정수를 가지며 정현파의 각주파수는 극점의 허수부와 동일하다.

2차 시스템에 대해 **감쇠비** ζ와 **고유 주파수** ω_n의 규격들을 정의하였다. 감쇠비는 과도 응답 특성을 나타내며 오버슈트와 진동이 얼마나 큰지를 알려준다. 이것은 시간축 스케일과는 무관하며 고유 주파수는 응답 속도를 나타낸다.

감쇠비가 다음과 같이 2차 시스템의 고유 응답 형태를 결정한다는 것을 알았다.

- $\zeta = 0$이면 응답은 무감쇠
- $\zeta < 1$이면 응답은 미흡 감쇠
- $\zeta = 1$이면 응답은 임계 감쇠
- $\zeta > 1$이면 응답은 과감쇠

고유 주파수는 감쇠가 없을 때의 진동 주파수이다. 이것은 식 (4.28)에서 알 수 있는 바와 같이 응답의 스케일 인자로 작용하며 이 경우 독립 변수는 $\omega_n t$가 된다.

미흡 감쇠의 경우 과도 응답 특성을 나타내는 다음 규격들을 정의하였다.

- 퍼센트 오버슈트, $\%OS$
- 최고값 시간, T_p
- 정착 시간, T_s
- 상승 시간, T_r

최고값 시간은 복소수 극점의 허수부에 반비례한다. 따라서 s-평면에서 수평 방향으로 연장되는 선은 동일한 최고값 시간을 가지는 선이다. 퍼센트 오버슈트는 감쇠비만의 함수로, 복소평면에서 대각선 방향으로 연장되는 선은 퍼센트 오버슈트가 같은 선이다. 마지막으로, 정착 시간은 복소수 극점의 실수부에 반비례하므로, s-평면에서 수직 방향으로 연장되는 선은 동일한 정착 시간을 가지는 선이다.

최고값 시간, 퍼센트 오버슈트 및 정착 시간들은 극점의 위치와 관련이 있음을 알았다. 따라서, 원하는 응답을 얻기 위한 극점의 위치를 설정하고, 이 극점을 가지는 전달함수와 시스템 요소를 정하는 과정을 거쳐 과도 응답을 설계할 수 있다.

포화, 무응답 구간과 백래쉬와 같은 비선형성의 효과를 MATLAB의 Simulink를 이용하여 확인하였다.

이 장에서는 상태 공간 기법을 이용하여 시간 응답을 구하는 방법을 설명하였다. 이 방법으로 구한 응답은 **영입력 응답**과 **영상태 응답**이 조합되었다. 그러나 주파수 응답 방법으로 구한 응답은 고유 응답과 강제 응답으로 조합된다.

다음 장에서는 여러 개의 서브시스템이 결합한 시스템들을 이 장에서 정의된 과도 응답 규격들을 사용하여 분석하고 설계할 것이다. 4장에서 정의된 개념들을 적용하기 위하여 서브시스템들이 결합한 시스템을 단일 전달함수로 나타내는 방법을 배우게 될 것이다.

복습문제

1. 1차 시스템의 성능을 나타내는 규격의 명칭은?
2. 1차 시스템의 성능을 나타내는 규격이 의미하는 것은?
3. 단일 입력과 단일 출력 시스템에서 어떠한 극점들이 정상 상태 응답을 결정하는가?
4. 단일 입력과 단일 출력 시스템에서 어떠한 극점들이 과도 응답을 결정하는가?
5. 극점의 허수부는 응답의 어떤 부분을 결정하는가?
6. 극점의 실수부는 응답의 어떤 부분을 결정하는가?
7. 고유 주파수와 감쇠 주파수의 차이는 무엇인가?
8. 극점의 허수부가 고정된 채 극점이 이동하면 응답 특성 중 변하지 않는 것은?
9. 극점의 실수부가 고정된 채 극점이 이동하면 응답 특성 중 변하지 않는 것은?
10. 극점이 원점으로부터 대각선 방향으로 이동하면 응답 특성 중 변하지 않는 것은?
11. 2차 미흡 감쇠 시스템에서 규정할 수 있는 다섯 가지 규격은 무엇인가?
12. 문제 11에서 응답을 완전하게 결정하는데 필요한 규격들은?
13. 극점이 어디에 위치할 때 : (1) 미흡 감쇠 시스템, (2) 과감쇠 시스템 및 (3) 임계 감쇠 시스템 특성을 가지는가?
14. 극점에 의하여 생성되는 응답을 무시해도 되는 조건 두 가지를 말하라.
15. 극점-영점 소거의 타당성을 설명하라.
16. 상태 방정식의 해로부터 시스템의 출력을 구하는 방법을 설명하라. State Space SS
17. Laplace 변환으로 상태 방정식의 해를 구하는 과정에서 나타나는 $(s\mathbf{I}-\mathbf{A})$ 와 시간 영역에서 해를 구하는 과정에서 나타나는 상태 천이 행렬 사이의 관계는 무엇인가? State Space SS
18. 시간 영역에서 응답을 구하는 장점은 무엇인가? State Space SS
19. 주파수 영역에서 응답을 구하는 장점은 무엇인가?
20. 상태 공간 기법을 사용하여 시스템의 출력을 구할 때 반드시 알아야 하는 것 세 가지는 무엇인가? State Space SS
21. 상태 방정식으로부터 어떻게 시스템의 극점을 구할 수 있는가? State Space SS

가상 탐구 실험실

실험 4.1

목표 극점과 영점의 위치가 1차 및 2차 시스템의 시간 응답에 미치는 영향 평가

최소로 요구되는 소프트웨어 패키지 MATLAB, Simulink와 control System Toolbox

예비실험

1. 전달함수가 $G(s)=\frac{a}{s+a}$ 인 시스템에서 a:1, 2, 3, 4 각각에 대한 정착 시간과 상승 시간을 구하고 복소평면에 극점을 표시하라.
2. 전달함수가 $G(s)=\frac{b}{s^2+as+b}$ 인 시스템에 대해 다음을 수행하라.
   a. $a=4,\ b=25$ 일 때 퍼센트 오버슈트, 정착 시간, 최고값 시간과 상승 시간을 구하고 복소평면에 극점을 표시하라.
   b. 극점의 허수부는 **2a**와 같고 실수부는 **2a**의 2배가 되도록 a와 b를 정하라. 퍼센트 오버슈트, 정착 시간, 최고값 시간과 상승 시간을 구하고 복소평면에 극점을 표시하라.
   c. 극점의 허수부는 **2a**와 같고 실수부는 **2a**의 1/2이 되도록 a와 b를 정하라. 퍼센트 오버슈트, 정착 시간, 최고값 시간과 상승 시간을 구하고 복소평면에 극점을 표시하라.
3. a. 예비실험 **2a**의 시스템에서 극점의 실수부는 **2a**와 같고 허수부는 **2a**의 2배가 되도록 a와 b를 정하라. 퍼센트 오버슈트, 정착 시간, 최고값 시간과 상승 시간을 구하고 복소평면에 극점을 표시하라.
   b. 예비실험 **2a**의 시스템에서 극점의 실수부는 **2a**와 같고 허수부는 **2a**의 4배가 되도록 a와 b를 정하라. 퍼센트 오버슈트, 정착 시간, 최고값 시간과 상승 시간을 구하고 복소평면에 극점을 표시하라.
4. a. 예비실험 **2a**의 시스템에서 감쇠비는 **2a**와 같고 고유 주파수는 **2a**의 2배가 되도록 a와 b 정하라. 퍼센트 오버슈트, 정착 시간, 최고값 시간과 상승 시간을 구하고 복소평면에 극점을 표시하라.
   b. 예비실험 **2a**의 시스템에서 감쇠비는 **2a**와 같고 고유 주파수는 **2a**의 4배가 되도록 a와 b를 정하라. 퍼센트 오버슈트, 정착 시간, 최고값 시간과 상승 시간을 구하고 복소평면에 극점을 표시하라.
5. 예비실험 2, 3, 4와 같이 극점이 바뀐 결과가 시간 응답에 미치는 영향을 간략히 설명하라.

실험

1. Simulink를 사용하여 예비실험 1의 시스템들을 구축하고 Simulink Linear System Analyzer(부록 E.6 온라인 개요 참조)를 사용하여 4개의 전달함수에 대해 각각의 계단 함수 응답을 그래프에 함께 나타내어라. 또한, 각 응답의 정착 시간과 상승 시간을 그래프에 표시하라.
2. Simulink를 사용하여 예비실험 2의 시스템을 구축하고 Simulink Linear System Analyzer를 사용하여 3개의 전달함수에 대한 각각의 계단 함수 응답을 그래프에 함께 나타내어라. 또한, 각 응답의 퍼센트 오버슈트, 정착 시간, 최고값 시간과 상승 시간을 그래프에 표시하라.
3. Simulink를 사용하여 예비실험 **2a**의 시스템과 예비실험 3의 시스템을 구축하고 Simulink Linear System Analyzer를 사용하여 3개의 전달함수에 대한 각각의 계단 함수 응답을 그래프에 함께 나타내어라. 또한, 각 응답의 퍼센트 오버슈트, 정착 시간, 최고값 시간과 상승 시간을 그래프에 표시하라.

4. Simulink를 사용하여 예비실험 2**a**의 시스템과 예비실험 4의 시스템을 구축하고 Simulink Linear System Analyzer를 사용하여 3개의 전달함수에 대한 각각의 계단 함수 응답을 그래프에 함께 나타내어라. 또한, 각 응답의 퍼센트 오버슈트, 정착 시간, 최고값 시간과 상승 시간을 그래프에 표시하라.

결과토의

1. 1차 시스템의 정착 시간, 상승 시간과 극점의 위치에 대한 계산치와 실험치를 표로 만들어라.
2. 예비실험 2의 2차 시스템의 퍼센트 오버슈트, 정착 시간, 최고값 시간, 상승 시간과 극점의 위치에 대한 계산치와 실험치를 표로 만들어라.
3. 예비실험 2**a**와 예비실험 3의 2차 시스템의 퍼센트 오버슈트, 정착 시간, 최고값 시간, 상승 시간과 극점의 위치에 대한 계산치와 실험치를 표로 만들어라.
4. 예비실험 2**a**와 예비실험 4의 2차 시스템의 퍼센트 오버슈트, 정착 시간, 최고값 시간, 상승 시간과 극점의 위치에 대한 계산치와 실험치를 표로 만들어라.
5. 1차 및 2차 시스템에서 극점의 위치가 시간 응답에 미치는 영향에 대해 논하라. 계산치와 실험치 사이에 차이가 있다면 그 이유를 설명하라.

실험 4.2

목표 2차 시스템에 추가되는 극점과 영점이 시간 응답에 미치는 영향 평가

최소로 요구되는 소프트웨어 패키지 MATLAB, Simulink와 control System Toolbox

예비실험

1. a. 전달함수가 $G(s)=\dfrac{25}{s^2+4s+25}$ 인 시스템의 퍼센트 오버슈트, 정착 시간, 최고값 시간과 상승 시간을 구하고 복소평면에 극점을 표시하라.
   b. 1**a**의 시스템에 -200인 극점을 추가하여 1**a**의 과도 응답에 미치는 영향을 평가하라.
   c. 1**a**의 시스템에 -20, -10과 -2인 극점을 추가하여 1**b**를 반복하라.
2. 예비실험 1**a**의 시스템에 -200인 영점을 추가하고, 이 영점을 -50, -20, -10, -5와 -2로 이동시킬 때 영점이 추가되기 전의 순수 2차 시스템의 과도 응답에 미치는 영향이 큰 순서로 영점을 나열하라.
3. 전달함수가 $G(s)=\dfrac{(25b/a)(s+a)}{(s+b)(s^2+4s+25)}$ 인 시스템에서 $a=3$, $b=3.01$, 3.1, 3.3, 3.5와 4.0으로 할 때, 순수 2차 시스템의 과도 응답에 미치는 영향이 가장 작은 b값은 얼마인가?
4. 전달함수가 $G(s)=\dfrac{(250b/a)(s+a)}{(s+b)(s^2+40s+2500)}$ 인 시스템에서 $a=30$, $b=30.01$, 30.1, 30.5, 31, 35와 40으로 할 때, 2차 시스템의 과도 응답에 미치는 영향이 가장 작은 b값은 얼마인가?

실험

1. Simulink를 사용하여 예비실험 1**a**의 2차 시스템에 한 개의 극점을 추가하는데 극점이 각각 -200, -20, -10과 -2일 때의 계단 함수 응답과 추가되기 전의 계단 함수 응답을 그려라. Simulink Linear System Analyzer를 사용하여 각각의 계단 함수 응답을 그래프에 함께 나타내어라. 모든 응답은 정상 상태를 1로 정규화하여 그래프로 나타내고, 각 응답의 퍼센트 오버슈트, 정착 시간, 최고값 시간과 상승 시간을 그래프에 표시하라.

2. Simulink를 사용하여 예비실험 1**a**의 2차 시스템에 한 개의 영점을 추가하는데 영점이 각각 -200, -50, -20, -10, -5와 -2일 때의 계단 함수 응답과 추가되기 전의 계단 함수 응답을 그려라. Simulink Linear System Analyzer를 사용하여 각각의 계단 함수 응답을 그래프에 함께 나타내어라. 모든 그래프는 정상 상태를 1로 정규화하여 그래프로 나타내고, 각각의 퍼센트 오버슈트, 정착 시간, 최고값 시간과 상승 시간을 그래프에 표시하라.
3. Simulink와 $a=3$인 예비실험 3의 전달함수를 사용하여 b가 3, 3.01, 3.1, 3.3, 3.5와 4.0일 때의 계단 함수 응답을 그려라. Simulink Linear System Analyzer를 사용하여 각각의 계단 함수 응답을 그래프에 함께 나타내고, 각 응답의 퍼센트 오버슈트, 정착 시간, 최고값 시간과 상승 시간을 그래프에 표시하라.
4. Simulink와 $a=30$인 예비실험 4의 전달함수를 사용하여 b가 30, 30.01, 30.1, 30.5, 31, 35와 40일 때의 계단 함수 응답을 그려라. Simulink Linear System Analyzer를 사용하여 각각의 계단 함수 응답을 그래프에 함께 나타내고, 각 응답의 퍼센트 오버슈트, 정착 시간, 최고값 시간과 상승 시간을 그래프에 표시하라.

결과토의

1. 추가되는 극점이 한 쌍의 지배 극점에 근접할 때, 과도 응답에 미치는 영향을 설명하라.
2. 추가되는 영점이 한 쌍의 지배 극점에 근접할 때, 과도 응답에 미치는 영향을 설명하라. 영점에서 지배 극점까지 연결한 벡터의 크기와 영점이 순수 2차 시스템의 계단 함수 입력 응답에 미치는 영향 사이의 관계를 설명하라.
3. 극점-영점 소거가 한 쌍의 지배 극점만을 가지는 시스템의 과도 응답에 미치는 영향을 설명하라. 극점-영점 소거를 위해서는 극점과 영점이 얼마나 인접하여야 하는지와 (1) 극점-영점 사이의 거리 관계, (2) 영점과 한 쌍의 지배 극점 사이의 거리 관계에 대해 언급하라.

실험 4.3

목표 시스템의 시간 성능 해석을 위해 LabVIEW Control Design and Simulation Module 사용

최소로 요구되는 소프트웨어 패키지 Control Design과 Simulation Module을 포함하는 LabVIEW

예비실험

MIT 인공지능 연구실과 CMU 로봇 연구실에서 만든 것 중 하나인 실험용 직접 구동 로봇 팔은 피드백 제어시스템으로 표현될 수 있다. 이 시스템은 실제 로봇의 관절 위치를 나타내는 각 위치가 출력이며 목표 관절 위치가 입력이다. 순방향 경로에는 다음의 세 개의 전달함수를 가지는 서브시스템이 종속 접속된다: (1) 성능 개선을 위한 보상기, $G_c(s)$, (2) 이득이 $K_a=1$인 전력증폭기, (3) 전달함수가 $G(s)=\dfrac{2292}{s(s+75.6)}$인 전동기와 부하. 이 시스템은 피드백 이득이 1인 시스템이며 처음에는 시스템이 $G_c(s)=0.6234$(비례제어기라 함)로 제어된다고 가정한다. (McKerrow, 1991)

1. 폐루프 시스템의 전달함수를 구하고 MATLAB을 이용하여 계단 함수 응답을 그려라.
2. $G_c(s)=3.05+0.04s$(PD 제어기라 함)로 반복하라.
3. 두 결과를 비교하여 시간 응답 특성의 특징을 설명하라.

실험

예비실험에서 주어진 두 가지 제어기를 적용하기 위해서 시뮬레이션 루프를 사용하는 LabVIEW VI를 만들어라.

결과토의

예비실험에서 얻은 결과와 LabVIEW VI를 사용하여 얻은 결과와 비교하라.

실험 4.4

목표 극점 위치가 2차 시스템의 시간 응답에 미치는 영향을 평가하기 위해 LabVIEW Control Design과 Simulation Module의 사용

최소로 요구되는 소프트웨어 패키지 Control Design과 Simulation Module을 포함하는 LabVIEW

예비실험 가상 탐구 실험실 4.1의 예비실험 2항을 풀어라.

실험

가상 탐구 실험실 4.1의 예비실험 2항에서 탐구된 기능을 수행하기 위해서 LabVIEW VI를 구축하라. 특히 예비실험 2a를 위해서 앞쪽 패널에는 2차 전달함수의 계수들이 입력으로 명시된다. 또한, 다음 지시 값들이 표시될 것이다: (1) 전달함수; (2) 상태 공간 표현; (3) 극점 위치; (4) 계단 함수 응답 그래프; (5) 동일 그래프 위에 두 상태의 시간 응답; (6) 상승 시간, 최고값 시간, 정착 시간, % 오버슈트, 최대값과 최종값을 포함하는 시간 응답 파라미터

예비실험 2b를 위해서 앞쪽 패널에는 다음 지시 값들이 표시될 것이다: (1) 계단 함수 응답 그래프, (2) 위에 열거된 예비실험 2a의 파라미터 데이터를 2b의 경우에 대해서 표시

예비실험 2c를 위해서 앞쪽 패널에는 다음 지시 값들이 표시될 것이다: (1) 계단 함수 응답 그래프, (2) 위에 열거된 예비실험 2a의 파라미터 데이터를 2c의 경우에 대해서 표시

지시 값들로부터 데이터를 얻기 위해 VI를 실행하라.

결과토의

결과로부터 극점 위치가 계단 함수 응답에 미치는 효과에 대해 검토하라.

하드웨어 인터페이스 실험

실험 4.5

전동기의 개루프 속도 제어

목표 개루프로 전동기의 속도를 제어하고 다음 실험을 위한 준비로 전동기 제어시스템 구축 기능 확인

요구부품 LabVIEW가 내장된 컴퓨터; myDAQ; 홀센서 엔코더(동작범위가 -10V ~ +10V)가 장착된 직류 브러쉬 기어 전동기; 전동기 제어 칩 BA6886N 또는 트랜지스터 회로기판(주: 전동기 입력은 아날로그, PWM은 실험의 복잡성 때문에 생략된다. 전동기 제어 칩을 사용하려면 적절하게 계획하라.)
www.wiley.com/go/Nise/ControlSystemsEngineering8e 에서 제공되는 파일: Open Loop Control vi

예비실험

실험기판에 전동기를 어떻게 연결할지를 계획하라. 효과적인 방법으로 myDAQ에 전동기를 연결하고 분리하기 위해 6가지 색 선으로 헤더를 납땜한다. 전동기 케이블에 선들을 납땜할 수 있다.

실험

소프트웨어 : Open Loop Control VI를 위한 앞쪽 판넬은 그림 4.37(a)와 같다. 시스템 입력은 전동기에 가해지는 전압이고 출력은 전동기 속도(rps: revolution per second)이다. 해당 블록선도는 그림 4.37(b)와 같다.
그림 4.37(b)에서 파란색 화살표가 지시하는 값을 주목하라. 전동기 속도가 실효성을 갖기 위해서는 전동기의 기어비와 엔코더 값에 따라 속도 값을 수정할 필요가 있다. 이 값이 어떻게 계산되는지를 이해하기 위해서 블록선도의 위쪽에 있는 DAQ Assistant 블록이 myDAQ 로부터 엔코더 입력을 읽어 들임을 주목하라. 이 신호 주파수가 전동기 속도에 비례한다는 것을 가정하는 것은 이론적으로 타당하다. 그러나 매우 저속에서 주파수가 직접 측정된다면 DAQ Assistant는 시간 제한으로 정지되어 읽은 값을 제공하지 못한다. 이와 같은 문제 때문에 신호 주파수를 계산하는 다른 방법이 사용된다. DAQ Assistant는 매 100msec 마다 엔코더 신호 펄스의 상승 에지(rising edge)를 측정하고 직전 주기인 100msec 동안 측정하여 저장된 값으로부터 측정된 값을 뺀다. 엔코더 신호의 주파수(edges/msec)는 이 뺀 값을 주기(100msec)로 나누어 얻는다. 이 알고리즘이 어떻게 수행되는가를 이해하기 위해서 블록선도를 참조하라.
빨간색 화살표가 가리키는 숫자의 계산을 설명하기 위한 예를 살펴보자. 48 CPR 엔코더와 함께 9.7:1 기어비가 사용된다면 한번 회전할 때마다 각 엔코더 채널에서 전체 48 에지가 발생한다. 한 개의 채널과 상승하는 에지를 사용하면 전동기 축에서는 12개의 상승 edges/rev가 발생한다. 외부 축에서 한번 회전할 때마다 발생하는 전체 수(positive edges)는 9.7x12=116.4의 상승 edges/rev가 된다.
회전 속도를 알기 위해서 신호의 주파수(edges/msec)는 외부 축에서 발생한 전체 숫자로 나눠야 하며 시간 단위는 msec에서 sec로 조정되어야 한다. 따라서
회전 속도(rps)=Freq x 1000/(9.7x12)=Freq/8.591
이 값은 블록선도에서 설명하는 바와 같이 정해져야 한다.
DAQ Assistant2 블록은 제어 슬라이드의 전압을 myDAQ와 전동기 제어 칩으로 전송한다. DAQ Assistant3 블록은 VI가 종료될 때 칩의 출력이 0이 됨을 확인한다.

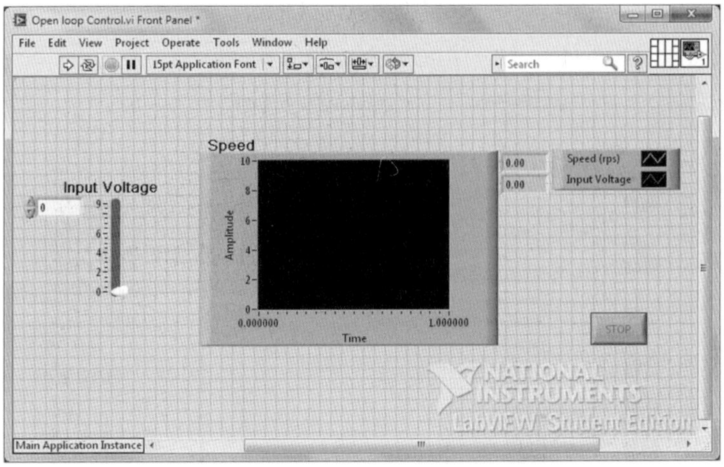

(a)

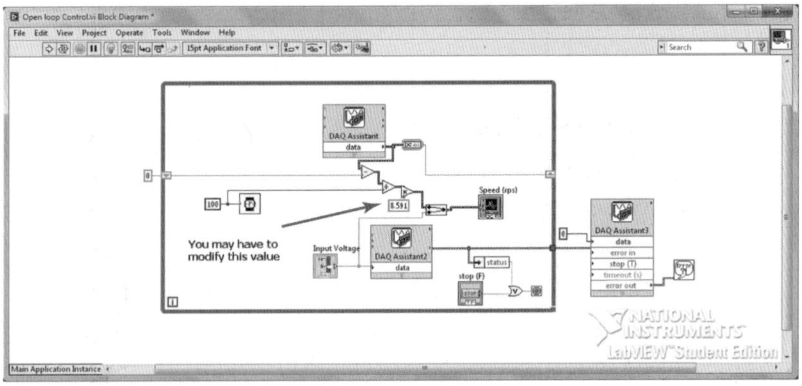

(b)

그림 4.37 개루프 제어.vi: a. 앞쪽 판넬 b. 블록선도

하드웨어 그림 4.38과 같이 myDAQ, 전동기와 제어기를 연결하라.

절차

1. VI를 실행시키고 슬라이더 위치를 바꾸면서 회로 작동을 확인하라. 정상적으로 연결되었으면 슬라이더 위치 변경에 따라 전동기 속도가 변한다.
2. 전동기를 0.5rsp로 회전하도록 조정하여 전동기의 스케일 조정이 적절함을 확인하라. 스톱워치를 사용하여 10초 동안 전동기 축의 회전수를 측정하라. 회전 속도를 1 rsp로 조정하고 측정을 반복하라. 측정은 일관되어야 한다.
3. 슬라이더를 이동시키면서 다음을 측정하라.
   a. 전압을 0으로부터 증가시켜 전동기가 회전하기 시작하는 최소 전압을 기록하라.
   b. 임의의 회전 속도에서 슬라이더를 작동시켜 전동기가 정지할 때까지 전압을 낮추고 이 전압을 기록하라. 이 값들은 같은가? 이 값들은 중요하며 다음 실험에서 사용될 것이다. 이런 측정을 다시 하지 않기 위하여 이 값들을 기록해 두자.
4. x축은 입력 전압이고 y축은 속도(rps)인 좌표 공간을 만들고 3의 결과를 표시하라.
5. 1장처럼 시스템에 대한 기능 블록선도를 그리고 각 부분을 표기하라.
6. 회로와 VI는 전동기가 한 방향으로만 회전하도록 한다. VI가 전동기 회전 방향 및 속도를 제어할 수 있도록 VI와 회로를 수정하라. 칩의 기준 입력은 양수의 전압만이 가능하다. 회전 방향이 전동기 제어 칩의 Pin2와 Pin10의 논리값을 반전시킴으로써 회전 방향이 바뀜을 전동기

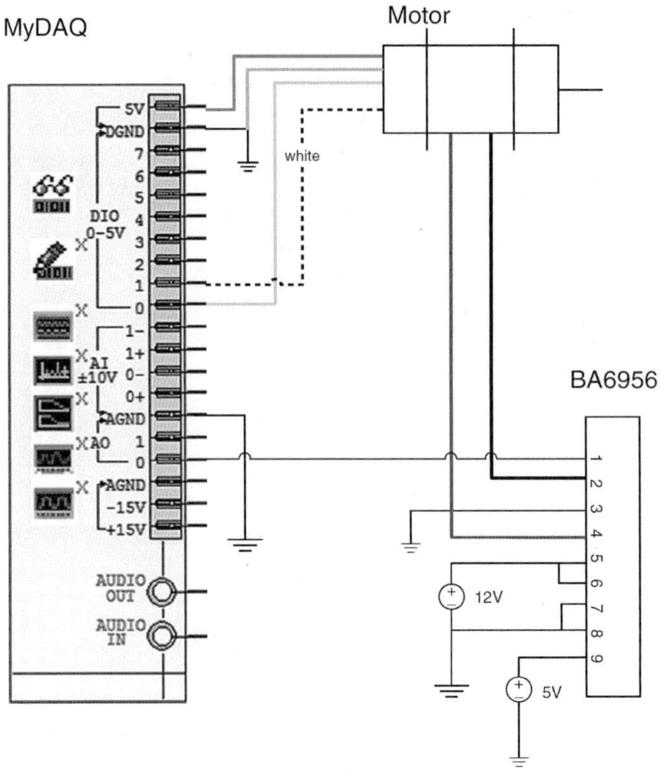

그림 4.38 배선도9

제어 데이터 표에 나타내었다. 그러나 데이터 표를 주의 깊게 살펴보면 방향을 바꾸기 전에 두 입력이 False가 되는 순간(지속 기간의 예측이 불가)이 존재함을 나타내었다. 세 방향 스위치를 시뮬레이션하기 위하여 LabVIEW ring을 사용할 수도 있다. 전동기의 회전 방향을 제어하기 위하여 ring의 두 가지 선택을 사용하라. ring에서 세 번째 선택은 방향을 전환하기 전에 전동기를 정지시킬 수 있도록 전동기 제어기 입력에 낮은 입력을 인가해야 한다.

실험 4.6 전달함수

목표 myDAQ와 LabVIEW를 이용하여 전압 입력과 전동기의 각속도 사이의 전달함수 확인

요구부품 LabVIEW가 내장된 컴퓨터; myDAQ; 홀센서 엔코더(동작범위가 -10V ~ +10V)가 장착된 직류 브러쉬 기어 전동기; 전동기 제어 칩 BA6886N(또는 트랜지스터 회로 기판) www.wiley.com/go/Nise/ControlSystemsEngineering8e에서 제공되는 파일: Plant Identification 2.vi

예비실험 다음 질문에 답하라 :

1. 전달함수가 $G(s)=\dfrac{K}{s\tau+1}$ 인 시스템의 계단 함수 응답은 무엇인가? 여기서 K와 τ는 0보다 큰 상수이다.
2. 1에서 시스템의 계단 함수 응답을 손으로 그려라.
3. $t=\tau$일 때 1의 시스템의 계단 함수 응답 값은 무엇인가?
4. 부하가 없는 영구자석 직류전동기의 전압과 각속도 사이의 전달함수를 구하고 질문 1의 1차 시스템과 비교하라.

9 왼쪽에 있는 MyDAQ의 오른편 슬롯은 Multisim 프로그램 모듈 NI myDAQ 설계시 채택되었으며 White Paper 11423, Figure 2에서 재편집되었다. Multisim과 White Paper는 National Instrument에서 제공하였다.

실험 그림 4.39와 같이 myDAQ, 전동기와 제어기를 연결하라. 두 개의 아날로그 입력 채널을 두 개의 아날로그 출력 채널에 연결한 것을 제외하면 이 연결 구조는 실험 4.5에서 사용한 것과 같다. 측정하기 위해 myDAQ 오실로스코프를 사용할 것이다. 외부 오실로스코프를 사용하는 경우에는 이 연결이 불필요하다.

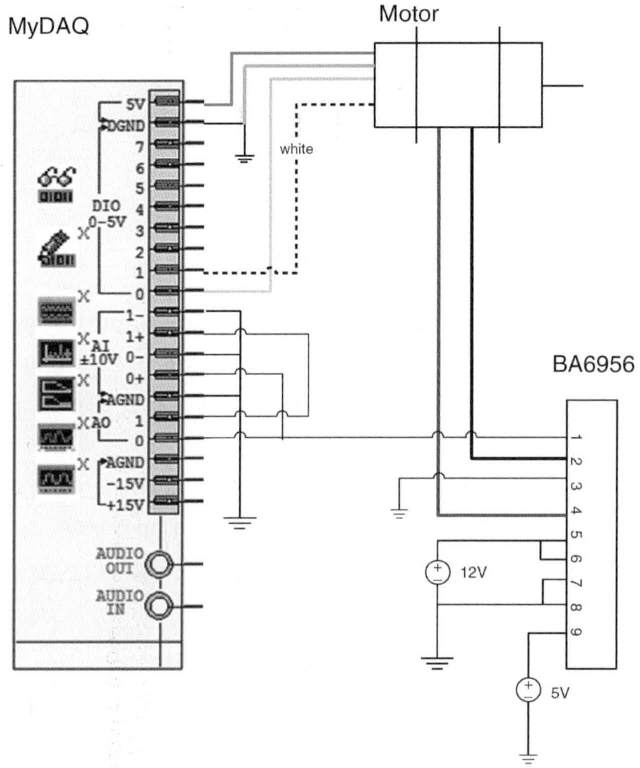

그림 4.39 배선도[10]

1. 그림 4.40과 그림 4.41과 같이 오실로스코프와 Plant Identification 2.vi를 개방하라. 외부 오실로스코프를 사용할 수도 있으며 그림 4.40과 유사하다.

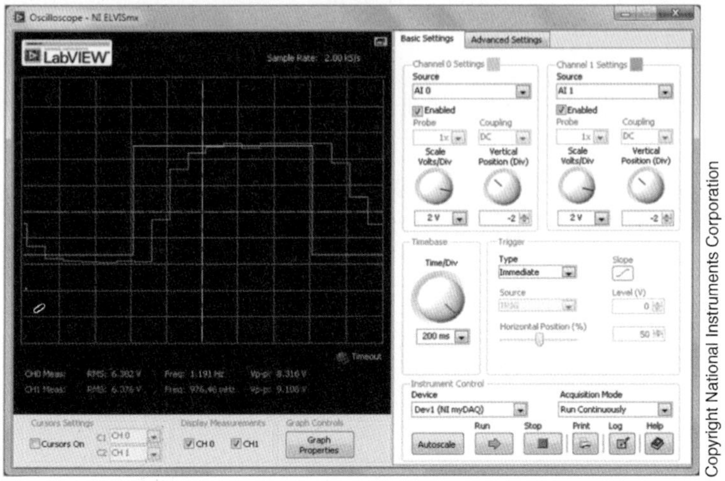

그림 4.40 LabVIEW 오실로스코프–NI ELVISmx

10 왼쪽에 있는 MyDAQ의 오른편 슬롯은 Multisim 프로그램 모듈 NI myDAQ 설계시 채택되었으며 White Paper 11423, Figure 2에서 재편집되었다. Multisim과 White Paper는 National Instrument에서 제공하였다.

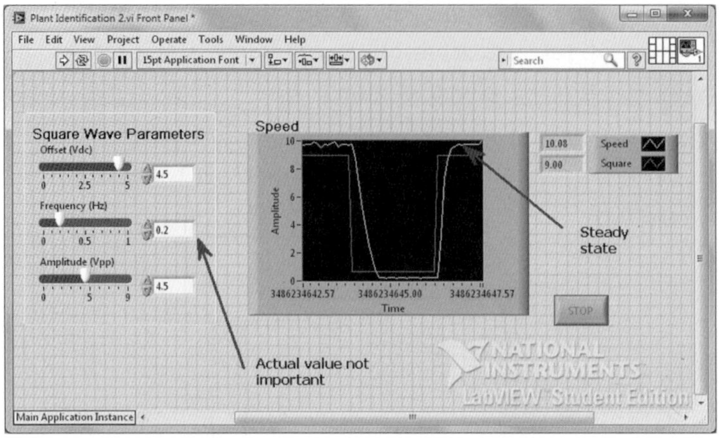

그림 4.41 Plant Identification 2.vi 앞쪽 판넬

2. Plant Identification 2.vi에서 그림 4.41과 같은 크기(amplitude)와 오프셋(offset) 값을 택하라. 구형파가 음수이면 칩의 입력으로 부적합하므로 LabVIEW 오류가 발생한다. 주파수 값으로 부적절하며 그림 4.41과 같이 입력이 충분히 저속이어서 전동기 속도가 정상 상태에 도달하였음을 확실히 해야 한다.
3. Plant Identification 2.vi를 실행하고 오실로스코프를 작동시켜라. 그림 4.40과 같이 속도의 양의 반주기가 완전하게 나타나자마자 오실로스코프에서 STOP 버튼을 눌러라.
4. 오실로스코프에 있는 Log 버튼을 클릭하고 파일 이름을 정하고 디스크에 저장하라. 스프레드쉬트(spreadsheet) 프로그램을 사용하여 파일을 열어라.
5. 오실로스코프에 나타난 시스템의 응답은 1차 시스템의 응답과 유사하고 이론적으로 예상한 바와 일치함을 주목하라. 따라서 전달함수는 $\dfrac{\Omega(s)}{E_i(s)}=\dfrac{k}{s\tau+1}$의 형태가 될 것이다. K는 오실로스코프나 Plant Identification 2.vi로부터 쉽게 얻을 수 있다. 이 예에서 $K=\dfrac{9.71}{9}=1.079$. 시정수 τ를 정하기 위해서 스프레드쉬트를 이용할 것이다.
6. 시정수를 정하기 위해 스프레드쉬트 데이터를 사용하라. www.wiley.com/go/Nise/ControlSystemsEngineering8e로부터 도움을 얻을 것이다.
7. 입력 전압 2V, 5V와 9V에서 실험을 반복하라.

결과토의

1. 이 시스템은 선형인가? 선형임을 어떻게 아는가?
2. 시스템이 입력 범위 내에서 선형이라면 실험의 7에서 얻은 세 가지 전달함수 사이의 적절한 보간 함수를 찾아라. 최종 전달함수를 정하고 다음 실험을 위해서 저장하라.

참고문헌

Borovic, B., Liu, A. Q., Popa, D., and Lewis, F. L. Open-Loop versus Closed-Loop Control-Loop Control of MEMS Devices: Choices and Issues. *Journal of Micromechanics, Microengineering*, vol. 15, 200, pp 1917-1924.

Craig, I. K., Xia, X., and Venter, J. W.; Introducing HIV/AIDS Education into the Electrical Engineering Curriculum at the University of Pretoria. *IEEE Transaction on Education*, vol.47, no. 1 February 2004, pp. 65-73.

DiBona, G. F. Physiology in Perspective: The Wisdom of the Body. Neural Control of the Kidney. *American Journal of Physiology-Regulatory, Integrative and Comparative Physiology*, vol.289, 2005, pp. R633-R641.

Dorf, R. C. *Introduction to Electric Circuits*, 2d ed. Wiley, New York, 1993.

Franklin, G. F. Powell, J. D. and Emami-Naeini, A. *Feedback Control of Dynamic Systems*, 2d ed. Addison-Wesley, Reading, MA, 1991

Glantz, A. S., and Tyberg, V. J. Determination of Frequency Response from Step Response: Application to Fluid-Filled Catheters. *American Journal of Physiology*, vol.2, 1979, pp. H376-H378.

Good, M. C., Sweet, L. M., and Strobel, K. L. Dynamic Models for Control System Design of Integrated Robot and Drive Systems. *Journal of Dynamic Systems, Measurement, and Control*, March 1985, pp. 53-59.

Ionescu, C., and De Keyser, R. Adaptive Closed-Loop Strategy for Paralyzed Skeletal Muscles. Proceedings of the IASTED International Conference on Biomedical Engineering, 2005.

Jannett, T. C., and Aragula, S. Simulation of Adaptive Control of Theophylline Concentrations. *IEEE Control Systems*, December 1992. pp. 32-37.

Johnson, H. et al. *Unmanned Free-Swimming Submersible (UFSS) System Description*. NRL Memorandum Report 4393. Naval Research Laboratory, Washington, DC, 1980.

Kuo, B. C. *Automatic Control Systems*, 5th ed. Prentice Hall, Englewood Cliffs, NJ, 1987.

Linkens, D. A. Adaptive and Intelligent Control in Anesthesia. *IEEE Control Systems*, December 1992, pp. 6-11.

Mallavarapu, K., Newbury, K., and Leo, D. J. *Feedback Control of the Bending Response of Ionic Polymer-Metal Compositive Actuators*. Proceedings of the SPIE, vol. 4329, 2001, pp. 301-310.

Manring, N. D., and Johnson, R. E. Modeling and Designing a Variable-Displacement Open-Loop Pump. *Journal of Dynamic Systems, Measurements, and Control*, vol. 118, June 1996, pp. 267-271.

McRuer, D., Ashkenas, I., and Graham, D. *Aircraft Dynamics and Automatic Control*. Princeton University Press, 1973.

Nakamura, M. et al. Transient Response of Remnant Atrial Heart Rate to Step Changes in Total Artificial Heart Output. *Journal of Artificial Organs*, vol. 5, 2002, pp. 6-12.

Nashner, L. M., and Wolfson, P. Influence of Head Position and Proprioceptive Cues on Short Latency Postural Reflexes Evoked by Galvanic Stimulation of the Human Labyrinth. *Brain Research*, vol. 67, 1974, pp. 255-268.

O'Connor, D. N., Eppinger, S. D., Seering, W. P., and Wormly, D. N. Active Control of a High-Speed Pantograph. *Journal of Dynamic Systems, Measurements, and Control*, vol. 119, March 1997, pp. 1-4.

Ogata, K. *Modern Control Engineering*, 2d ed. Prentice Hall, Englewood Cliffs, NJ, 1990.

Philips, C. L., and Nagle, H. T. *Digital Control Systems Analysis and Design*. Prentice Hall, Englewood Cliffs, NJ, 1984.

Salapaka, S., Sebastian, A., Cleveland, J. P., and Salapaka,. M. V. High Bandwidth Nano-Positioner: A Robust Control Approach. *Review of Scientific Instruments*, vol. 73, No.9 , 2002, pp3232-3241.

Sawusch, M. R., and Summers, T. A. *1001 Things to Do with Your Macintosh*. TAB Books, Blue Ridge Summit, PA, 1984.

Schneider, R. T. Pneumatic Robots Continue to Improve. *Hydraulics & Pneumatics*, October 1992, pp. 38-39.

Stefani, R. T. *Modeling Human Response Characteristics*. COED Application Note No. 33, Computers in Education Division of ASEE, 1973.

Sun, M., and Xiong, Y. Dynamic Flight Stability of a Hovering Bumblebee. *Journal of Experimental Biology*, vol. 208, 2005, pp. 447–459.

Timothy, L. K., and Bona, B. E. *State Space Analysis*: *An Introduction*. McGraw Hill, New York, 1968.

Van Dijk, E., Spruijt, J. N., O'Sullivan, D. M., and Klaasens, J. B. PWM–Switch Modeling of DC–DC Converters. *IEEE Transaction on Power Electronics*, vol. 10, 1995, pp. 659–665.

Zedka, M., Prochazka, A., Knight, B., Gillard, D., and Gauthier, M. Voluntary and Reflex Control of Human Back Muscles During Induced Pain. Journal of Physiology, vol. 520, 1999, pp. 591–604.

Zhou, B. H., Baratta, R. V., Solomonow, M., and D'Ambrosia, R. D. The Dynamic Response of the Cat Ankle Joint During Load–Moving Contractions. *IEEE Transaction on Biomedical Engineering*, vol. 42, no.4, 1995, pp.386–393.

연습문제

1. 그림 4.7의 각 시스템에 대한 출력을 유도하라. SS [4.4절]

2. 그림 P4.1의 각 시스템에 대한 출력 응답 $c(t)$를 구하라. 또한, 각각의 경우에 대해 시정수, 상승 시간 및 정착 시간을 구하라. [4.2절, 4.3절]

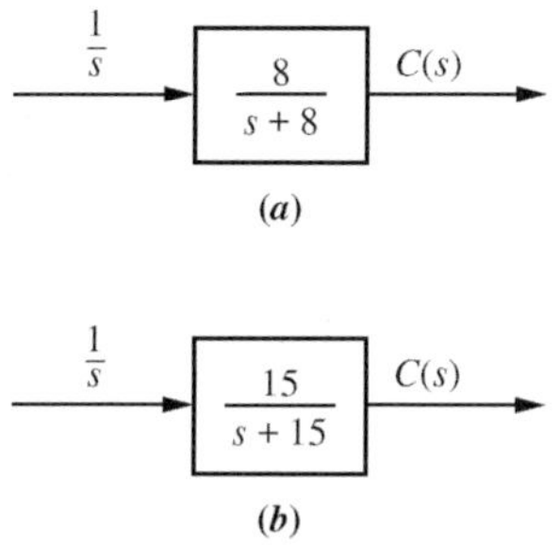

그림 P4.1

3. 그림 P4.2의 회로에서 콘덴서의 초기조건을 0으로 하고 스위치가 t=0에서 닫힐 때 Laplace 변환을 이용하여 콘덴서 전압을 구하라. 콘덴서 전압의 시정수, 상승 시간 및 정착 시간을 구하라. [4.2절, 4.3절]

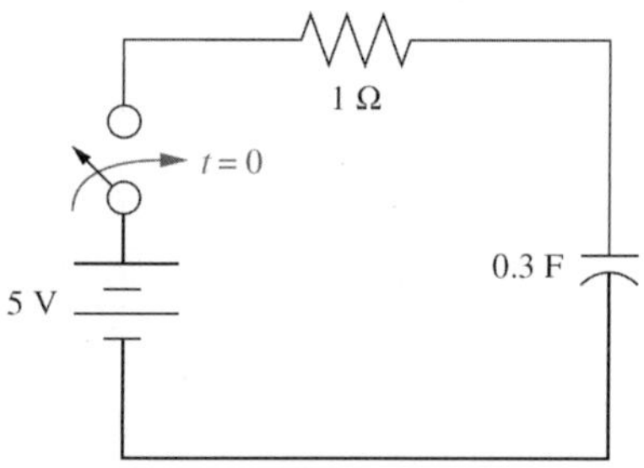

그림 P4.2

4. MATLAB을 이용하여 문제 3의 계단 함수 응답을 그려라. 이 그래프에서 시정수, 상승 시간 및 정착 시간을 구하라. SS MATLAB ML

5. 그림 P4.3의 시스템에서 (a) 질량이 M인 물체의 속도의 정착 시간을 나타내는 방정식을 구하라. (b) 질량이 M인 물체의 속도의 상승 시간을 나타내는 방정식을 구하라.[4.2절, 4.3절]

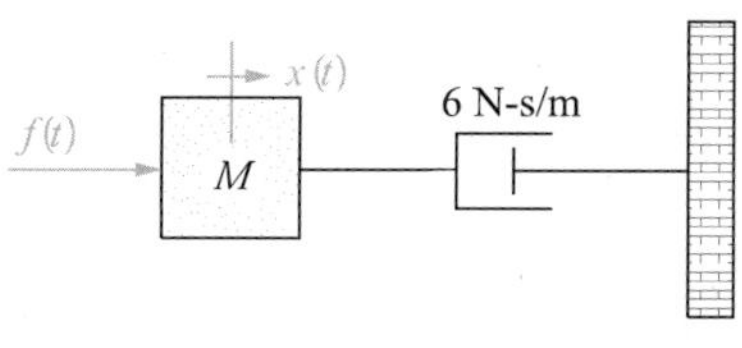

그림 P4.3

6. 아래에 주어진 각 전달함수의 극점들과 영점들의 위치를 구하여, s-평면에 표시하고, Laplace 역변환을 하지 않고 계단 함수 응답의 일반적인 형태를 구하라. 각 응답의 특성을 설명하라(과감쇠, 미흡 감쇠 등). [4.2절, 4.3절]

a. $T(s)=\dfrac{2}{s+2}$

b. $T(s)=\dfrac{5}{(s+3)(s+6)}$

c. $T(s)=\dfrac{10(s+7)}{(s+10)(s+20)}$

d. $T(s)=\dfrac{20}{s^2+6s+144}$

e. $T(s)=\dfrac{s+2}{s^2+9}$

f. $T(s)=\dfrac{(s+5)}{(s+10)^2}$

7. MATLAB을 사용하여 T(s) 극점들을 구하라. [4.2절] MATLAB ML

$$T(s)=\frac{s^2+5s+10}{s^4+7s^3+3s^2-6s+2}$$

8. 다음과 같이 상태 공간에서 표현된 시스템의 전달함수와 극점들을 구하라. [4.10절]

$$\dot{\mathbf{x}}=\begin{bmatrix} 8 & -2 & 3 \\ 0 & 1 & 4 \\ 7 & 9 & 4 \end{bmatrix}\mathbf{x}+\begin{bmatrix} 2 \\ 1 \\ -5 \end{bmatrix}u(t)$$

$$y=[2 \quad 1 \quad 3]\mathbf{x};\ \mathbf{x}(0)=\begin{bmatrix} 0 \\ 0 \\ 0 \end{bmatrix}$$

9. MATLAB을 이용하여 문제 8을 반복하라. [4.10절] MATLAB ML

10. 그림 P4.4의 시스템에서 $f(t)=u(t)$일 때 해 $x(t)$를 구하라. [4.4절]

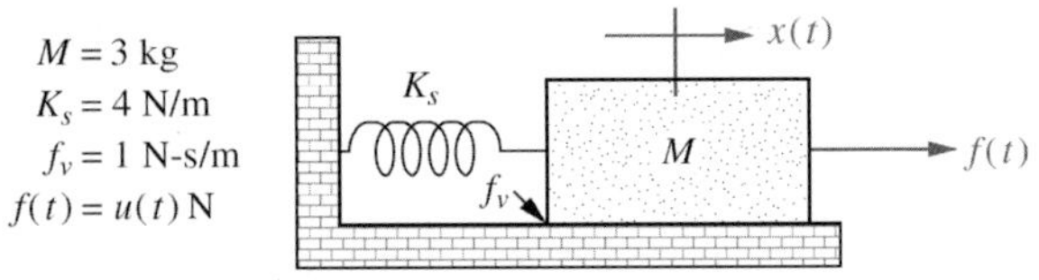

그림 P4.4

11. 문제 6의 각 2차 시스템에서 감쇠비와 고유 주파수를 구하고, 감쇠비가 문제 8에서 예측된 응답의 형태(즉 미흡 감쇠, 과감쇠 등)를 결정함을 보여라. [4.5절] **SS**

12. 직류 이득이 1이고 감쇠비 0.25와 고유 주파수 30rad/s를 가지는 시스템 응답을 Lapace 변환을 이용하여 구하라. 이 시스템은 단위 계단 함수 입력으로 동작한다. [4.6절]

13. 아래의 각 2차 시스템에 대하여 ζ, ω_n, T_s, T_p, T_r 및 $\%OS$를 구하라. [4.6절]

    a. $T(s) = \dfrac{16}{s^2 + 3s + 16}$ **SS**

    b. $T(s) = \dfrac{0.04}{s^2 + 0.02s + 0.04}$

    c. $T(s) = \dfrac{1.05 \times 10^7}{s^2 + 1.6 \times 10^3 s + 1.05 \times 10^7}$

14. MATLAB을 이용하여 문제 13을 반복하라. 주어진 규격을 예측할 컴퓨터 프로그램을 완성하고 계단 함수 응답을 그려라. 그림으로부터 상승 시간을 추정하라. [4.6절] MATLAB **ML**

15. 문제 13의 각 시스템에 대해 MATLAB의 Linear System Analyzer를 사용하여 정착 시간, 최고값 시간, 상승 시간과 %오버슈트를 구하라. [4.6절] GUI Tool **GUIT**

16. 아래와 같은 규격을 가지는 2차 시스템의 극점을 구하라. [4.6절]

    a. $\%OS$=15% ; T_s=0.5초

    b. $\%OS$=8% ; T_p=10초

    c. T_s=1초 ; T_p=1.1초

17. 그림 P4.5의 병진 운동을 하는 기계 시스템에서 다음을 구하라. [4.6절]

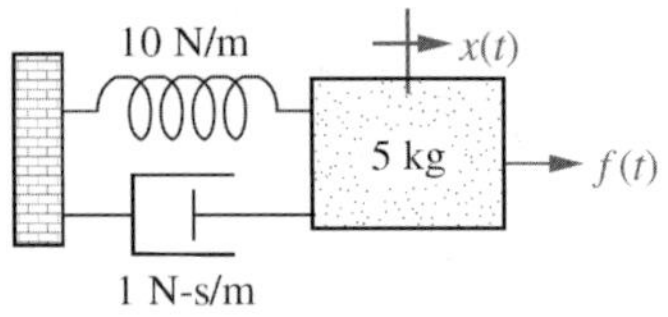

그림 P4.5

    a. 전달함수 $G(s) = X(s)/F(s)$를 구하라.

    b. ζ, ω_n, $\%OS$, T_s, T_p와 T_r과 단위 계단 함수 입력에 대한 c_{final}을 구하라.

18. 그림 P4.6의 시스템에 계단 함수 토크가 $\theta_1(t)$에 가해졌다. 다음을 구하라. **SS**

    a. 전달함수 $G(s) = \theta_2(s)/T(s)$를 구하라.

    b. $\theta_2(t)$의 $\%OS$, 정착 시간과 최고값 시간을 구하라. [4.6절]

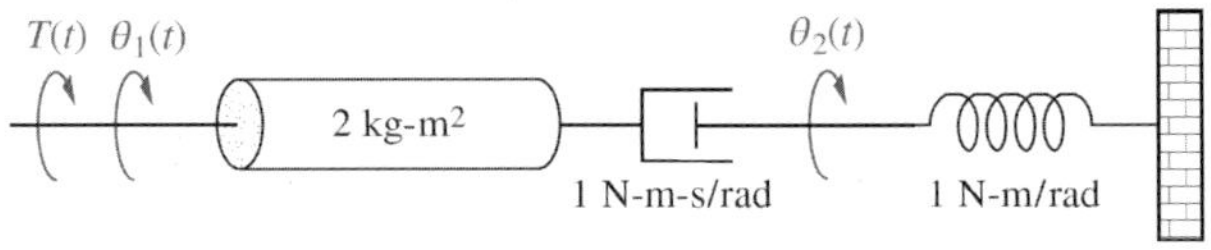

그림 P4.6

19. 2차 시스템의 정착 시간을 계산하는 식 (4.42)를 유도하기 위하여 미흡 감쇠 시스템($\zeta < 1$)으로 가정하였다. 이 문제에서 임계 감쇠 시스템($\zeta = 1$)에 대해서도 유사한 결과를 얻을 것이다.

    a. 전달함수가 $\dfrac{C(s)}{R(s)} = \dfrac{a^2}{(s+a)^2}$로 주어지는 시스템의 계단 함수 응답이 $c(t) = 1 - e^{-at}(1 + at)$가 됨을 보여라. (단, $\mathcal{L}\left\{\dfrac{1}{(s+a)^2}\right\} = te^{-at}$, 이 결과는 예제 2.2로부터 얻을 수 있다.)

    b. 정착 시간은 $e^{-aT_s}(1 + aT_s) = 0.02$에서 T_s를 구하면 얻을 수 있음을 보여라.

    c. MATLAB을 이용하여 x에 대해 $e^{-x}(1 + x) = 0.02$를 그려라. 그래프로부터 $T_s = \dfrac{5.834}{a}$임을 보여라. MATLAB **ML**

20. 단위 계단 함수 입력을 가지는 다음 시스템에서 퍼센트 오버슈트, 정착 시간, 상승 시간 및 최고값 시간과 c_{final}을 구하라. [4.7절]

$$T(s) = \frac{300}{(s^2 + 2.4s + 9)(s + 25)}$$

21. 그림 P4.7과 같은 계단 함수 응답을 가지는 시스템의 전달함수를 구하라. [4.3, 4.6절] SS

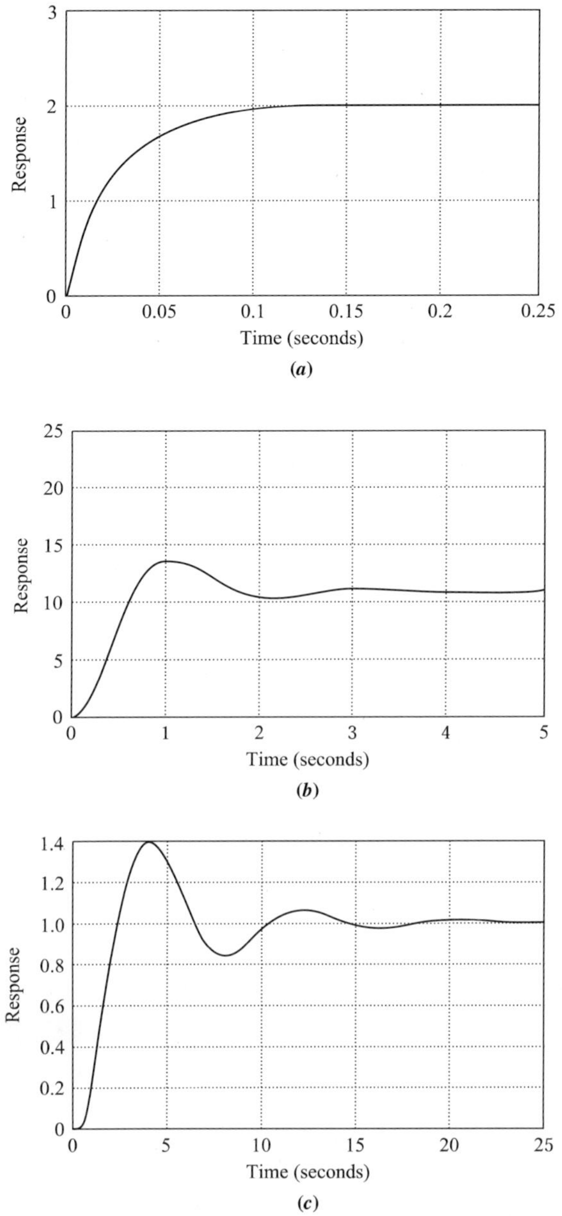

그림 P4.7

22. 다음과 같이 주어지는 응답 함수들에서 극점-영점 소거가 가능한지를 말하라. 소거가 가능하다면 근사화된 시스템의 퍼센트 오버슈트, 정착 시간, 상승 시간 및 최고값 시간을 구하라. [4.8절]

a. $C(s)=\dfrac{(s+5)}{s(s+1)(s^2+3s+10)}$

b. $C(s)=\dfrac{(s+5)}{s(s+2)(s^2+4s+15)}$

c. $C(s)=\dfrac{(s+5)}{s(s+4.5)(s^2+2s+20)}$

d. $C(s)=\dfrac{(s+5)}{s(s+4.9)(s^2+5s+20)}$

23. MATLAB을 이용하여 문제 22a의 시간 응답을 그리고, 그림으로부터 퍼센트 오버슈트, 정착 시간, 상승 시간 및 최고값 시간을 구하라. [4.8절] MATLAB ML

24. 2차 시스템 응답으로 근사화될 수 있는 응답들에 대해서만 최고값 시간, 정착 시간, 퍼센트 오버슈트를 구하라. [4.8절] SS

a. $c(t)=0.003500-0.001524e^{-4t}-0.001976e^{-3t}\cos(22.16t)-0.0005427e^{-3t}\sin(22.16t)$

b. $c(t)=0.05100-0.007353e^{-8t}-0.007647e^{-6t}\cos(8t)-0.01309e^{-6t}\sin(8t)$

c. $c(t)=0.009804-0.0001857e^{-5.1t}-0.009990e^{-2t}\cos(9.796t)-0.001942e^{-2t}\sin(9.796t)$

d. $c(t)=0.007000-0.001667e^{-10t}-0.008667e^{-2t}\cos(9.951t)-0.0008040e^{-2t}\sin(9.951t)$

25. 시스템이 다음의 상태 방정식과 출력 방정식으로 표현될 때, 상태 방정식의 해를 구하지 않고 시스템의 극점을 구하라. [4.10절] State Space SS

$$\dot{\mathbf{x}}=\begin{bmatrix}-1 & 3\\ -4 & -2\end{bmatrix}\mathbf{x}+\begin{bmatrix}3\\1\end{bmatrix}u(t)$$

$$y=[5\quad 1]\mathbf{x}$$

26. 상태 방정식의 해를 구하지 않고 다음을 구하라. [4.10절] State Space SS

a. 특성 방정식을 구하라.

b. 시스템의 극점을 구하라.

$$\dot{\mathbf{x}}=\begin{bmatrix}3 & 2 & 1\\ 1 & 1 & 0\\ 1 & 5 & 0\end{bmatrix}\mathbf{x}+\begin{bmatrix}1\\1\\0\end{bmatrix}u(t)$$

$$y=[0\quad 2\quad 3]\mathbf{x}$$

27. 시스템이 다음과 같이 표현될 때, $Y(s)$를 구하라. [4.10절]

SS State Space SS

$$\dot{\mathbf{x}} = \begin{bmatrix} 1 & 2 \\ -3 & -1 \end{bmatrix}\mathbf{x} + \begin{bmatrix} 1 \\ 1 \end{bmatrix}\sin 3t$$

$$y = [1 \quad 2]\mathbf{x}\,;\ \mathbf{x}(0) = \begin{bmatrix} 3 \\ 1 \end{bmatrix}$$

28. 시스템이 다음과 같이 상태 공간에서 표현될 때, Laplace 변환을 이용하여 $Y(s)$를 구하라. [4.10절]

State Space SS

$$\dot{\mathbf{x}} = \begin{bmatrix} 0 & 1 & 0 \\ -2 & -4 & 1 \\ 0 & 0 & -6 \end{bmatrix}\mathbf{x} + \begin{bmatrix} 0 \\ 0 \\ 1 \end{bmatrix}e^{-t}$$

$$y = [0 \quad 0 \quad 1]\mathbf{x};\ \mathbf{x}(0) = \begin{bmatrix} 0 \\ 0 \\ 0 \end{bmatrix}$$

29. 입력 $u(t)$가 단위 계단 함수일 때, 다음과 같이 상태 공간에서 표현되는 시스템의 $y(t)$를 Laplace 변환을 이용하여 구하라. [4.10절]

State Space SS

$$\dot{\mathbf{x}} = \begin{bmatrix} -5 & 0 \\ -1 & -2 \end{bmatrix}\mathbf{x} + \begin{bmatrix} 3 \\ 1 \end{bmatrix}u(t)$$

$$y = [1 \quad 0]\mathbf{x}\,;\ \mathbf{x}(0) = \begin{bmatrix} 1 \\ 0 \end{bmatrix}$$

30. 입력 $u(t)$가 단위 계단 함수일 때, 상태 공간에서 표현된 다음 시스템의 $y(t)$를 Laplace 변환을 이용하여 구하라. [4.10절]

$$\dot{\mathbf{x}} = \begin{bmatrix} -3 & 1 & 0 \\ 0 & -6 & 1 \\ 0 & 0 & -5 \end{bmatrix}\mathbf{x} + \begin{bmatrix} 0 \\ 1 \\ 1 \end{bmatrix}u(t)$$

$$y = [0 \quad 1 \quad 1]\mathbf{x};\ \mathbf{x}(0) = \begin{bmatrix} 0 \\ 0 \\ 0 \end{bmatrix}$$

31. MATLAB을 이용하여 문제 30의 계단 함수 응답을 그려라. [4.10절]

MATLAB ML

32. MATLAB의 Symbolic Math Toolbox와 식 (4.96)을 이용하여 문제 30을 반복하라. 초기조건 $x(0) = \begin{bmatrix} 1 \\ 1 \\ 0 \end{bmatrix}$에 대하여 프로그램을 실행시켜라. [4.10절]

Symbolic Math SM

33. 시간 영역에서 해를 구하는 고전적인 (Laplace 변환이 아닌) 방법을 이용하여 아래에 표현된 시스템의 상태 천이 행렬, 상태 벡터 및 출력을 구하라. [4.11절]

SS State Space SS

$$\dot{\mathbf{x}} = \begin{bmatrix} 0 & 1 \\ -1 & -5 \end{bmatrix}\mathbf{x};\ y = [1 \quad 2]\mathbf{x}\,;$$

$$\mathbf{x}(0) = \begin{bmatrix} 1 \\ 0 \end{bmatrix}$$

34. 입력 $u(t)$가 단위 계단 함수일 때, 다음과 같이 상태 공간에서 표현되는 시스템의 출력 $y(t)$를 구하라. 상태 방정식의 해를 구하기 위하여 고전적인 방법을 사용하라. [4.11절]

SS State Space SS

$$\dot{\mathbf{x}} = \begin{bmatrix} -2 & 1 & 0 \\ 0 & 0 & 1 \\ 0 & -6 & -1 \end{bmatrix}\mathbf{x} + \begin{bmatrix} 1 \\ 0 \\ 0 \end{bmatrix}u(t)$$

$$y = [1 \quad 0 \quad 0]\mathbf{x};\ \mathbf{x}(0) = \begin{bmatrix} 0 \\ 0 \\ 0 \end{bmatrix}$$

35. MATLAB의 Symbolic Math Toolbox와 식 (4.109)을 이용하여 문제 34를 반복하라. 초기조건 $x(0) = \begin{bmatrix} 1 \\ 1 \\ 0 \end{bmatrix}$에 대하여 프로그램을 실행시켜라. [4.11절]

Symbolic Math SM

36. 부록 H.1에 있는 방법으로 다음 시스템을 시뮬레이션하고 계단 함수 응답을 그려라. 예측된 퍼센트 오버슈트, 최고값 시간 및 정착 시간을 확인하라.

State Space SS

$$T(s) = \frac{1}{s^2 + 0.8s + 1}$$

37. 인간은 그림 P4.8과 같이 시각 신호에 따라 물리적인 반응을 한다. 시각 명령 $V(s)$에 대한 물리적 반응 $P(s)$ 사이의 관계를 나타내는 전달함수는 다음과 같다(Stefani, 1973).

SS

$$G(s) = \frac{P(s)}{V(s)} = \frac{(s+0.5)}{(s+2)(s+5)}$$

다음을 구하라.

a. Laplace 변환을 이용하여 계단 함수 응답을 구하라.

b. 전달함수를 상태 공간에서 표현하라.

State Space SS

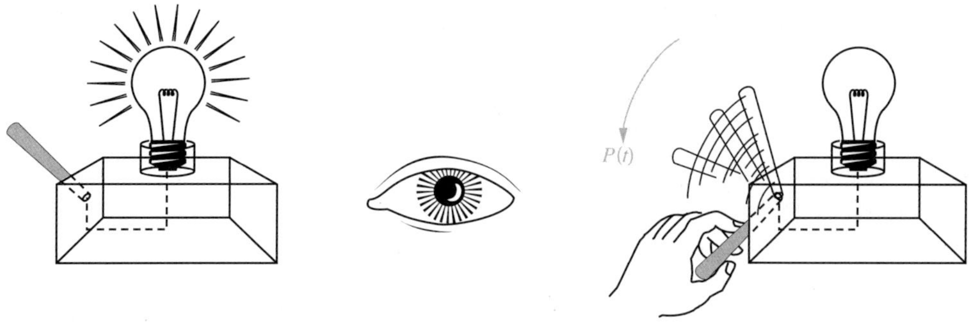

그림 P4.8 시각 명령에 대해 물리적 반응을 연관시키는 전달 함수를 정하는 단계

c. MATLAB을 이용하여 시스템을 시뮬레이션하고 계단 함수 응답을 그려라. MATLAB ML

38. 상부 운동 근육 신경 장애 환자들은 기능성 신경보철을 사용하여 유용한 기능을 얻을 수 있다. 설계를 위하여 근육 동력학 특성을 잘 이해하여야 한다. 근육의 응답을 결정하는 실험에서 확인된 전달함수는 다음과 같다(Zhou. 1995).

$$M(s)=\frac{2.5e^{-0.008s}(1+0.172s)(1+0.008s)}{(1+0.07s)^2(1+0.05s)^2}$$

이 전달함수에 대한 계단 함수 응답을 구하라.

39. 유양돌기(귀 뒤쪽 오른편)에 전극을 부착하고 전류 펄스를 가할 때 사람은 앞뒤로 흔들린다. 전류에 대해 수직 방향 기준으로 흔들리는 각도 사이의 전달함수가 다음과 같이 주어진다(Nashner, 1974).

$$\frac{\theta(s)}{I(s)}=\frac{5.8(0.3s+1)e^{-0.1s}}{(s+1)(s^2/1.2^2+0.6s/1.2+1)}$$

a. 이 전달함수가 지배 극점을 가지는 시스템의 전달함수로 근사화가 가능한지 판단하라.

b. 150msec 폭을 가지는 250μA 펄스에 의해 발생하는 흔들림을 구하라.

40. 압력 변화에 대해 유체로 채워진 도뇨관(catheter)이 편향되는 응답은 2차로 모델링할 수 있다. 모델의 파라미터를 알아야 하는 중요한 이유는 심장 혈관에 적용할 때 무감쇠 고유 주파수가 심장 박동의 5배 정도 되어야 하기 때문이다. 그러나 신호가 빈약할 뿐만 아니라 다른 이유로 파라미터 측정이 어렵다. 응답에서 연속된 두 번의 피크 값와 시간을 측정한 결과로부터 전달함수를 얻는 방법이 개발되었다(Glantz, 1979). 그림 P4.9는 도뇨관 측정으로 얻어졌다고 가정한다. 단위 계

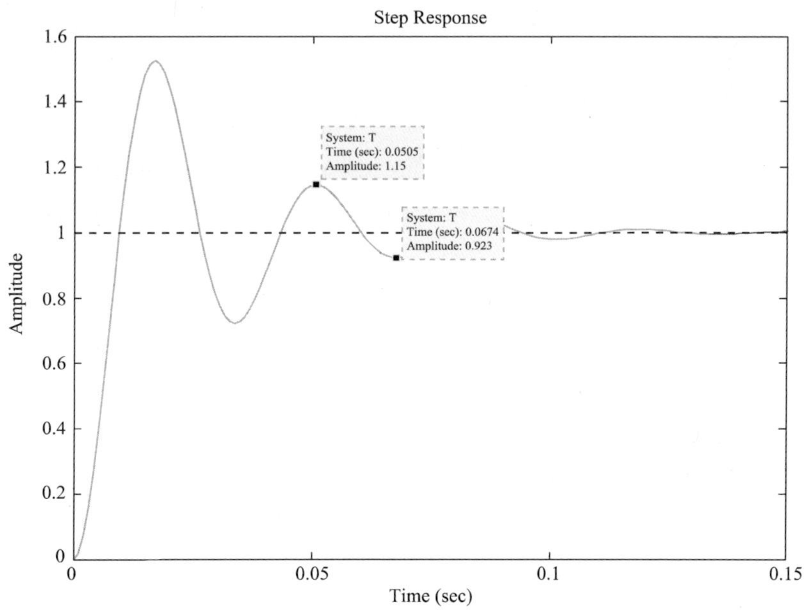

그림 P4.9

단 함수 입력에 대한 응답이 2차 모델이라고 가정하여 전달함수를 구하라.

41. 여러 인자가 신장의 기능에 영향을 준다. 일례로 쥐의 동맥 내의 압력이 계단 함수 형태로 변할 때 신장에 흐르는 피의 흐름에 어떤 영향을 미치는지를 그림 P4.10[11]에 나타내었다. 실험의 'hot tail' 부분에서 주변 열 수용기 시뮬레이션은 쥐의 꼬리를 뜨거운 물에 담그는 행위로 행해진다. 다른 실험에 따른 변화는 수직축에 표시하였다. 'control'과 'hot tail' 응답은 정상 상태 값은 다르나 형태는 같다(Dibona, 2005).

   a. 그림 P4.10을 이용하여 두 응답에 대한 정규화($c_{final}=1$)된 전달함수를 구하라.

   b. MATLAB을 사용하여 'control'과 'hot tail' 응답에 대한 주장을 입증하거나 반론을 하라.

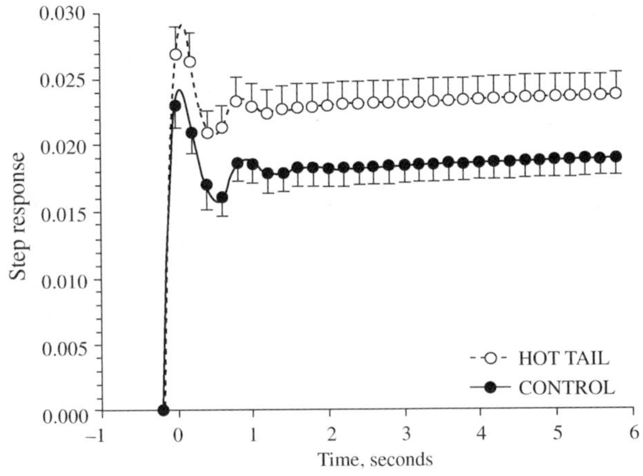

그림 P4.10

42. 생물학적 샘플을 수 μm 내로 이동할 수 있는 나노 위치 장치의 전달함수는 변위 센서로 압전 구동기(piezoelectric actuator)와 LDVT(linear variable differential transformer)를 사용한다. 입력과 변위 사이의 전달함수는 다음과 같다(Salapaka, 2002).

$$G(s)=\frac{9.7\times10^4(s^2-14400s+106.6\times10^6)}{(s^2+3800s+23.86\times10^6)(s^2+240s+2324.8\times10^3)}$$

지배 극점의 개념을 사용하여 분자항은 동일하면서 세 개의 극점을 가지는 등가 전달함수를 구하라. MATLAB을 사용하여 실제 단위 계단 응답과 축소된 등가 시스템의 응답을 동일한 좌표 공간에 그래프로 나타내어라. 이 두 응답과 두 쌍의 극점이 멀리 떨어져 있는 응답 사이의 차이를 설명하라.

11 DiBona, G.F. Physiology in perspective: The Wisdom of the Body. Neural control of the kidney. Am J. Physiol. Regul. Integr. Comp. Physiol Vil. 289, 2005. Fig. 6, p. R639. 인용 허가를 득함.

43. 사람들은 평생 적어도 한 번은 가벼운 통증을 겪게 된다. 이 질환은 견디기 힘든 통증과 함께 일시적인 경직 상태가 되지만 그 원인을 진단하기는 어렵다. 등에서 일어나는 가벼운 통증이 운동 근육의 원형을 변형시킨다는 것은 잘 알려진 사실이다. 따라서 이들 변형과 그 범위에 대한 원인을 연구하는 것은 흥미로운 일이다. 이런 통증의 다른 원인을 파악하고자 실험실 수준의 연구에 활용하기 위해 통제할 수 있는 사람 집단을 확보하는 것은 어렵다. 그러나 건강한 사람들에게 통증을 주고 근육 이동 범위를 비교할 수는 있다. 염수 용액을 해당 근육이나 인대에 직접 주입하여 등의 통증을 제어할 수 있다. 5% 염수 용액을 12분 간격으로 6번의 다른 속도로 주입하는 실험을 통하여 주입 속도에 대한 통증 응답 사이의 전달함수를 얻었다. 피실험 대상자들에 대해 0은 통증이 없는 상태이고, 10은 참을 수 없는 통증을 나타내는 상태로 하고, 0부터 10까지의 단계로 매 15초 간격으로 느끼는 통증을 구두로 답하도록 하였다. 여러 번의 반복 실험을 평균하고 데이터를 조정하여 다음 전달함수를 얻었다.

$$G(s)=\frac{9.7\times10^{-8}(s+0.0001)}{(s+0.009)^2(s^2+0.018s+0.0001)}$$

실험을 위해서는 그림 P4.11과 같은 일정한 통증 수준을 만들기 위한 자동 투약 시스템을 구축하는 것이 바람직하다. 이상적인 투약 시스템의 전달함수는 전체 전달함수가 $M(s)G(s)\approx1$이 되도록

$$M(s)=\frac{1}{G(s)}$$

이 되어야 한다. 그러나 실용화를 위해서 $M(s)$는 적어도 영점보다 하나 많은 극점을 가져야 한다(Zedka, 1999). $G(s)$를 역수로 하고 허수축으로부터 멀리 떨어져 있는 극점들을 추가하여 얻는 적절한 전달함수 $M(s)$를 정하라.

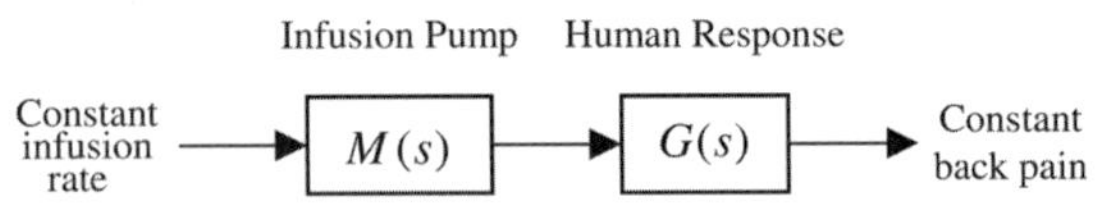

그림 P4.11

44. 인공심장은 사용자의 신경 시스템으로부터 오는 신호 변화에 따라 피의 공급 속도를 변화시키는 폐루프 시스템에서 작동한다. 피드백 보상 설계를 위해 심장의 개루프 전달함수를 아는 것은 중요하다. 이 전달함수를

얻기 위하여 기존 심장의 주요 부분을 그대로 둔 채 인공심장을 송아지에 부착시킨다. 계단 함수 입력을 인공심장에 가하는 동안 원래 심장에 대한 시험 공급 속도가 측정된다. 얻어진 응답이 2차 시스템 응답과 매우 유사한 것으로 판명되었다. 이와 같은 실험에서 계단 응답은 $\%OS$=30%와 첫 번째 최고값 시간 $T_p =$ 127sec를 가짐을 확인하였다(Nagamura, 2002). 해당되는 전달함수를 구하라.

45. 가해진 전압에 대한 골격 근육의 힘 사이의 전달함수는 다음과 같다(Ionescu, 2005).

$$T(s) = \frac{450}{(s+5)(s+20)}$$

a. 시스템의 임펄스 응답을 구하라.
b. 임펄스 응답을 적분하여 계단 함수 응답을 구하라.
c. Laplace 변환을 이용하여 계단 함수 응답을 얻고 b와 비교하라.

46. 전형적인 기존 항공기에서 세로 방향 비행 선형화 모델은 두 쌍의 켤레 복소수 극점을 가지는 전달함수로 표현된다. 결과적으로 이 들 항공기의 고유 응답은 두 모드를 가진다. 'short period' 모드는 감쇠가 심한 모드로서 고주파 진동을 가진다. 'phugoid mode'는 감쇠가 약한 모드로서 진동 주파수가 낮다. 예를 들어 특정 항공기에서는 승강키 편향과 받음각(angle of attack) 사이의 전달함수는 다음과 같다(McRuer, 1973).

$$\frac{\theta(s)}{\delta_e(s)} = -\frac{26.12(s+0.0098)(s+1.371)}{(s^2+8.99\times10^{-3}s+3.97\times10^{-3})(s^2+4.21s+18.23)}$$

a. 'short period' 모드에 해당하는 극점과 'phugoid mode'에 해당하는 극점을 구하라.
b. $j\omega$ 축에 가까이 있는 두 극점과 영점을 보존하는 'phugoid 근사화'(지배 극점 근사화)를 실시하라.
c. MATLAB을 이용하여 본래 전달함수를 가지는 시스템과 근사화한 시스템의 계단 함수 응답을 비교하라. MATLAB ML

47. 크로스랩퍼(crosslapper)는 얇은 섬유조직을 90도까지 회전되는 층에서 기본 조직에 중첩시켜 단단한 조직을 만드는 기계이다. 이송 속도를 제어하여 일정한 제품 폭과 두께를 유지하기 위한 피드백 시스템이 필요하다. 서보모터 토크 $T_m(s)$에 대한 이송 속도 $Y(s)$사이의 전달함수가 유도되었으며 (Kuo, 2008), 다음과 같이 표현된다. MATLAB ML

$$G(s) = \frac{Y(s)}{T_m(s)} = \frac{33s^4+202s^3+10061s^2+24332s+170704}{s^7+8s^6+464s^5+2411s^4+52899s^3+167829s^2+913599s+1076555}$$

a. MATLAB을 이용하여 $G(s)$의 부분 분수 계수와 극점을 구하라.
b. a에서 구한 결과에서 2차 항을 무시하고 얻는 $G(s)$의 근사식을 구하라.
c. MATLAB을 이용하여 주어진 전달함수에 대한 계단 함수 응답과 b에서 얻은 근사식에 대한 계단 함수 응답의 그래프를 동일 좌표 공간에서 나타내어라. 두 그래프 사이의 차이를 설명하라.

48. 제어시스템에서 분수 차수 미적분학(fractional calculus)의 적용이 새로운 것은 아니지만 지난 십여 년간 여러 이유로 이용이 증가되었다. 가장 합당한 이유는 분수 차수를 사용하는 미분방정식이 정수 차수를 사용하는 미분방정식보다 시스템 모델링이 정확하다는 것이다. 분수 차수 미적분학 보상기가 제어시스템 설계시 장점이 될 수도 있다. 분수 차수 미적분학을 적용하여 얻은 전달함수의 예가 다음과 같다: MATLAB ML

$$G(s) = \frac{1}{s^{2.5}+4s^{1.7}+3s^{0.5}+5}$$

이 함수는 Oustaloup 방법(Xue, 2005)을 사용하여 정수 차수의 유리 함수인 전달함수로 근사화될 수 있다. 문헌을 참고하고 학습하여 $G(s)$에 대한 정수 차수의 전달함수로 근사화하고 계단 함수 응답을 그래프로 그리기 위한 M-화일을 만들고 이를 실행하라.

49. pH 공정처리의 수학적 모델링과 제어는 수소이온[H+] 농도와 pH 레벨 사이가 대수적 관계 때문에 공정은 비선형성이 큰 도전적인 문제가 된다. 입력 pH와 출력 pH 사이의 전달함수는 $G_a(s) = \dfrac{Y_a(s)}{X_a(s)} = \dfrac{14.49e^{-3.3s}}{1478.26s+1}$ 이다.

여기서 시간 지연은 3.3초로 가정한다. 전달함수 $G_a(s)$는 메탄 박테리아가 pH를 6.8과 7.2 사이의 최적값으로 유지하는데 필요한 폐수처리 시스템에서 무산소 공정을 위한 모델이다(Jiayu, 2009). 유사하게 (Elarafi, 2008)는 pH 중화 공장을 순수한 지연을 가지는 2차 시스템으로 모델링하기 위하여 경험적인 기법을 사용하였으며 다음과 같은 전달함수를 얻었다:

$$G_p(s) = \frac{Y_p(s)}{X_p(s)} = \frac{1.716\times10^{-5}e^{-25s}}{s^2+6.989\times10^{-3}s+1.185\times10^{-6}}$$

여기서 시간 지연은 25초로 가정하였다.

a. 두 개의 공정 $G_a(s)$와 $G_p(s)$에 대한 단위 계단 함수 응답 $y_a(t)$와 $y_p(t)$를 해석적 방법으로 구하라. (힌트: 표2.2의 시간 이동 정리를 이용하라.)

b. Simulink를 이용하여 $y_a(t)$와 $y_p(t)$를 같은 동일 좌표 공간에서 그래프로 나타내어라. Simulink SL

50. IPMC(Ionic Polymer-Metal Composite)는 양면이 금으로 도금된 Nafion 박막이다. State Space SS
IPMC는 양면에 전계가 가해질 때 구부러진다. IPMC는 여러 분야에서 응용되는 로봇의 액츄에이터로 사용되었으며, 생의학 분야에서는 능동 도뇨관(catheter)으로 사용되었다. 액츄에이터의 정착 시간을 개선하기 위한 목적으로 20mm×10mm×0.2mm 폴리머 샘플을 위한 상태 공간 모델이 개발되었다(Mallavarapu, 2001).

$$\begin{bmatrix} x_1 \\ x_2 \end{bmatrix} = \begin{bmatrix} -8.34 & -2.26 \\ 1 & 0 \end{bmatrix} \begin{bmatrix} x_1 \\ x_2 \end{bmatrix} + \begin{bmatrix} 1 \\ 0 \end{bmatrix} u$$

$$y = [12.54 \quad 2.26] \begin{bmatrix} x_1 \\ x_2 \end{bmatrix}$$

여기서, u는 인가 전압이고 y는 샘플이 캔틸레버(cantilever) 장치에서 시험될 때 재료의 한쪽 끝에서 편향되는 값이다.

a. 시스템에 대한 상태 천이 행렬을 구하라.

b. 식 (4.109)로부터 시스템의 초기조건이 0인 경우 임의의 입력에 대한 출력은 다음 식을 이용하여 구할 수 있다.

$$y(t) = \mathbf{C}\mathbf{x}(t) + \int \mathbf{C}\Phi(\mathrm{t}-\tau)\mathbf{B}u(t)d\tau$$

이 방정식을 이용하여 IPMC 재료의 샘플에 대한 계단 함수 응답을 초기조건을 0으로 하고 구하라.

c. MATLAB을 이용하여 b에서 구한 계단 함수 응답이 타당한지를 평가하라. MATLAB ML

51. 그림 P4.12는 내연기관의 가변 밸브 타이밍(VVT) 시스템에 사용되는 행성 톱니바퀴 기어 요소의 자유물체도(free body diagram)이다(Ren, 2011). 여기서 전기 모터는 캐리어를 구동시키기 위해 사용된다. 해석의 결과로 행성 기어 부하를 가지는 전기 모터는 다음 식으로 표현된다.

$$\Omega_c(s) = G_e(s)E_a(s) + G_m(s)T_{cam}(s)$$

여기서 $\Omega_c(s)$는 캐리어 각속도 출력(rad/s)이고 $E_a(s)$는 회전자에 가해지는 입력 전압이며 $T_{cam}(s)$는 부하 토크 입력이다. 전압 입력에 대한 전달함수 $G_e(s)$는

$$G_e(s) \cong \frac{K_\tau}{R_m(Js+D) + K_\tau K_m} = \frac{45}{0.2s+1}$$

이고 부하 토크 입력에 대한 전달함수 $G_m(s)$는 다음과 같다.

$$G_m(s) \cong \frac{-R_m k}{R_m(Js+D) + K_\tau K_m} = \frac{-5}{0.2s+1}$$

계단 함수 전압 100V가 $t=0$에서 가해지고 이어서 $t=0.4$에서 10 N·m의 등가 부하 토크가 가해질 때 캐리어 각속도 출력 $\omega_c(t)$에 대한 수학적 표현 식을 구하라.

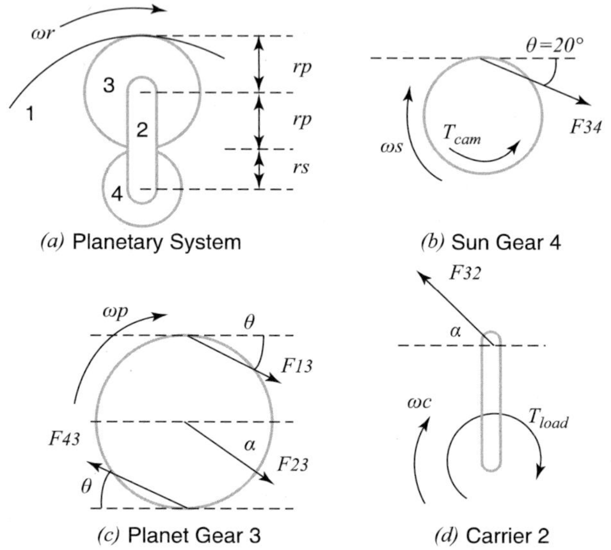

그림 P4.12 행성 기어 시스템 요소의 자유 물체도[12]

52. 부하가 탄력적으로 연결되는 구동 시스템은 전동기가 기어 상자와 긴 축으로 부하에 연결된다. 시스템 파라미터는 J_M=구동 전동기 쪽 관성=0.0338 $kg \cdot m^2$, J_L=부하 쪽 관성=0.1287 $kg \cdot m^2$, $K=C_T$=스프링의 비틀림 상수=1700 $N \cdot m/rad$이고 D=감쇠비=0.15$N \cdot m \cdot s/rad$이다.
이 시스템은 간단한 두 개의 관성 모델로 표현될 수 있는데 전자기 토크 입력과 전동기 속도 출력 $\Omega(s)$ 사이의 전달함수는 다음과 같이 표현된다(Thomsen, 2011).

$$G(s) = \frac{\Omega(s)}{T_{em}(s)} = \frac{1}{s(J_M+J_L)} \cdot \frac{\frac{J_L}{C_T}s^2 + \frac{D}{C_T}s + 1}{\frac{J_M J_L}{C_T(J_M+J_L)}s^2 + \frac{D}{C_T}s + 1}$$

12 Ren Z., and Zhu G. G. Modeling and Control of an Electric Variable Valve Timing System for SI and HCCI Combustion Mode Transition. American Control Conference, San Francisco, CA, 2011, pp. 979–984. Figure 2, p. 980. Copyright Clearance Center를 경유하여 책에서 인용되는 것을 IEEE에서 허가함

전동기에서 발생하는 전자기 토크 T_{em}이 0에서 $50N \cdot m$로 변할 때 시스템은 $t=0$에서 현상 유지된다고 가정한다. MATLAB이나 다른 프로그램을 이용하여 다음 두 조건에서 전동기의 각속도 $\omega(t)$를 구하고 동일 좌표 공간에 그려라.

a. 무부하일 때, 즉, $\omega=\omega_{nl}$ 인 경우

b. 부하가 연결되어 $T_L=0.2\omega(t)$ 이고 $\omega=\omega_L$ 인 경우

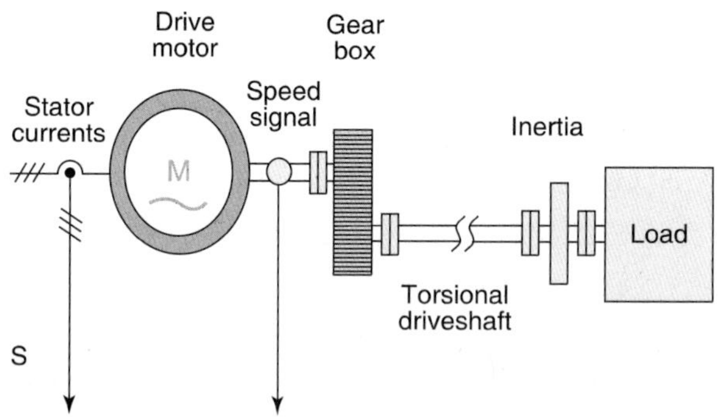

그림 P4.13 전형적인 전동기 구동 시스템의 토폴로지[13]

53. 전동기 구동 카트 위에 장착된 역진자는 3장의 문제 25에서 소개하였다. 시스템은 상태 공간에서 비선형 방정식으로 표시되며 카트에 가해진 힘이 $0(u_0=0)$이 되고 역진자가 수직으로 서 있는 정점($t=0$에서 $x_o=0$)에서 선형화하였다. 선형화된 모델의 상태 공간 표현은 다음과 같다.

$$\dot{\mathrm{x}}=\mathrm{Ax}+\mathrm{Bu}$$

상태변수는 y축을 기준으로 기울어진 역진자 각도 θ, 각속도 $\dot{\theta}$, 카트의 수평 위치 x와 카트 속도 $\dot{\mathrm{x}}$이다. 무게가 m인 역진자의 수평 위치(θ가 작은 경우) $x_m=x+l\sin\theta=x+l\theta$이 출력 변수이다. 상태 공간에서 표현된 시스템 방정식과 출력 방정식에 대해 MATLAB을 이용하여 단위 임펄스 $\delta(t)$(N)[14]와 유사한 입력 $u(t)$에 대해 출력 $x_m(t)$(m)를 구하여 그래프로 나타내어라.

설계 문제

54. 그림 P4.14의 병진 운동을 하는 기계 시스템에서 1파운드의 힘 $f(t)$가 $t=0$에서 가해졌다. $f_v=1$ 인 경우 응답이 4초의 정착 시간과 1초의 최고값 시간을 가지도록 K와 M을 구하라. 또, 이때의 % 오버슈트는 얼마인가? [4.6절]

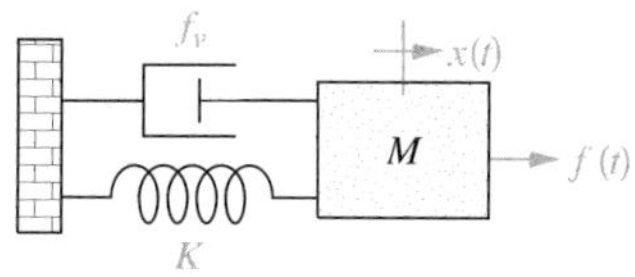

그림 P4.14

55. 그림 P4.14의 병진 운동을 하는 기계 시스템에서 $K=1$이고 $f(t)$는 단위 계단 함수이다. 응답이 17%의 오버슈트와 10초의 정착 시간을 가지도록 하는 M과 f_v를 구하라. [4.6절]

56. 그림 P4.15의 시스템에서 계단 함수 입력 토크에 대한 출력 각변위가 30%의 오버슈트를 가지도록 감쇠비 D를 정하라. [4.6절]

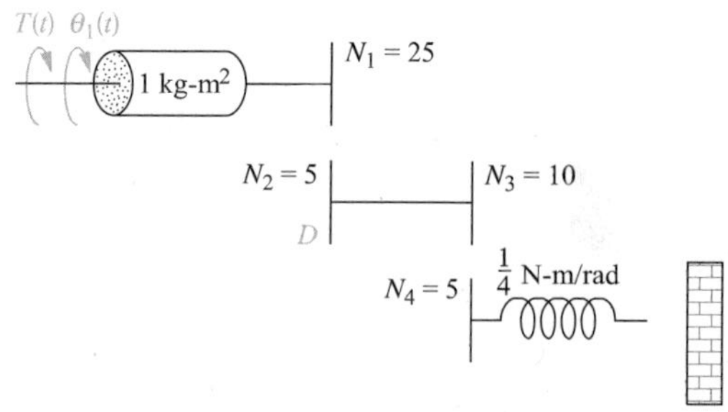

그림 P4.15

57. 그림 P4.16의 시스템에서 전동기의 토크 $T_m(t)$이 계단 함수일 때, 출력 $x(t)$가 16%의 오버슈트와 20초의 정착 시간을 가지도록 M과 K를 정하라. [4.6절]

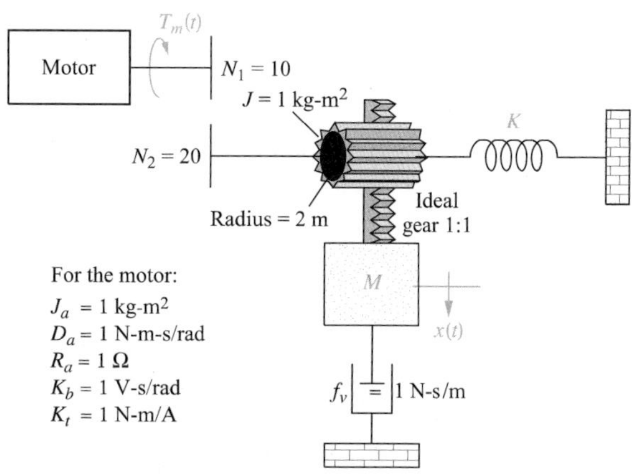

그림 P4.16

13 Thomsen, S., Hoffman, N., and Fuchs, F.W. PI Control, PI-Based State Space Control, and Model-Based Predictive Control for Drive Systems With Elastically Coupled Loads-A Comparative Study. IEEE Transactions On Industrial Electronics, Vol. 58, No. 8, August 2011, pp. 3647-3657. Portion of Figure 1, p. 3648. American Control Conference(ACC), 2011 by IEEE. Copyright Clearance Center를 경유하여 책에서 인용되는 것을 IEEE에서 허가함

14 힌트: 0에서 11초 사이에서 0.1초의 간격 동안 지속되는 impulseplot 명령을 사용하라.

58. 그림 P4.17의 회로에서 $v_i(t)$가 계단 함수 전압이고, $C = 10^{-6}$ F이고 $L = 1$ H인 경우, 콘덴서 양단 전압이 20%의 오버슈트를 가지도록 저항을 구하라. [4.6절] SS

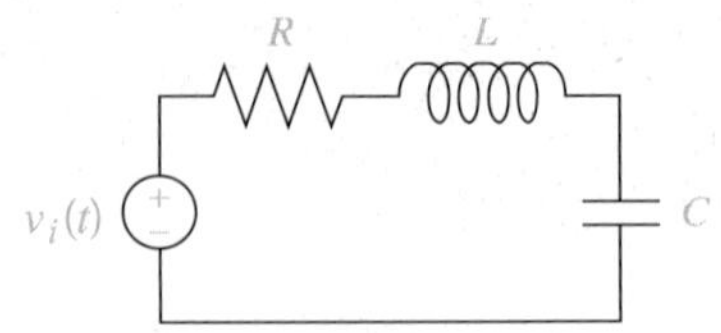

그림 P4.17

59. 그림 P4.17의 회로에서 $v_i(t)$가 계단 함수 전압이고 $L = 1$ H일 때, 콘덴서 양단의 전압 $v_c(t)$가 1ms의 정착 시간과 20%의 오버슈트를 가지도록 R과 C를 정하라. [4.6절]

60. 그림 P4.17의 회로에서 $v_i(t)$가 계단 함수 전압이고 $C = 10\ \mu$F인 경우, 콘덴서 양단전압이 15%의 오버슈트와 7ms의 정착 시간을 가지도록 R과 L을 정하라. [4.6절]

심화 학습문제

61. HIV/AIDS 제어 3장의 문제 26에서 HIV 감염에 대한 선형화된 상태 공간 모델을 제시하였다. 모델에서는 HIV 바이러스의 확산을 억제하는데 두 종류의 약이 사용된다고 가정하였다. 이 책에서는 단일 입력 단일 출력 시스템만을 다루기 때문에 두 가지 약 중 한 가지만 고려하기로 하여 RTI만이 입력으로 사용된다. 따라서 3장의 문제 26의 방정식에서 $u_2 = 0$으로 한다(Craig, 2004). State Space SS

a. 3장의 문제 26의 선형화된 시스템에서 RTI만을 사용하고 문제 26c의 표에 주어진 파라미터 값을 대입하여 상태 방정식이 다음과 같이 표시됨을 보여라.

$$\begin{bmatrix} \dot{T} \\ \dot{T}^* \\ \dot{v} \end{bmatrix} = \begin{bmatrix} -0.04167 & 0 & -0.0058 \\ 0.0217 & -0.24 & 0.0058 \\ 0 & 100 & -2.4 \end{bmatrix} \times \begin{bmatrix} T \\ T^* \\ v \end{bmatrix} + \begin{bmatrix} 5.2 \\ -5.2 \\ 0 \end{bmatrix} u_1$$

$$y = \begin{bmatrix} 0 & 0 & 1 \end{bmatrix} \begin{bmatrix} T \\ T^* \\ v \end{bmatrix}$$

b. RTI 효능에 대한 바이러스 개체 수 사이의 전달함수 $Y(s)/U_I(s)$를 구하라.

c. RTI가 100% 효과적이라고 가정하면 감염 환자의 바이러스 개체 수의 정상 상태 변화를 플라즈마의 mL당 바이러스 개체 수로 답하라. 약이 효능이 최대가 되는 데 걸리는 시간은 얼마인가?

62. 하이브리드 자동차 하이브리드 전기자동차(hybrid electric vehicle:HEV)의 운동 역학은 다음 전달함수로 표현된다고 가정한다.

$$\frac{\Delta V(s)}{\Delta F_e(s)} = \frac{1}{1908s + 10}$$

여기서 ΔV는 속도 변화(m/sec)이고 ΔF_e는 자동차를 추진하기 위해 요구되는 운동력의 변화량(N)이다.

a. 필요 운동력이 $\Delta F_e = 2650N$에서 계단 함수 형태로 변화할 때 $\Delta v(t)$를 계산하라.

b. MATLAB을 이용하여 시뮬레이션하라. 시뮬레이션 결과를 그린 그래프에 a에서 구한 결과를 함께 그려라. MATLAB ML

63. 포물선 용기 수집기(Parabolic trouch collector) 그림 P4.18은 포물선 모양의 용기 수집기에서 개루프 계단 함수 응답을 실험한 결과이다(Camacho, 2012). 이 실험에서 유량은 $t = 0$에서 1 l/sec로 갑자기 감소하였다. 그 결과 온도는 그림 P4.18과 같이 증가하였다. 그래프를 이용하여 시스템의 전달함수를 근사적으로 구하라. (주: 시스템 동특성에 대한 더 이상의 정보가 없으며 그래프 판독 오차 때문에 해는 여러 가지가 될 수 있다).

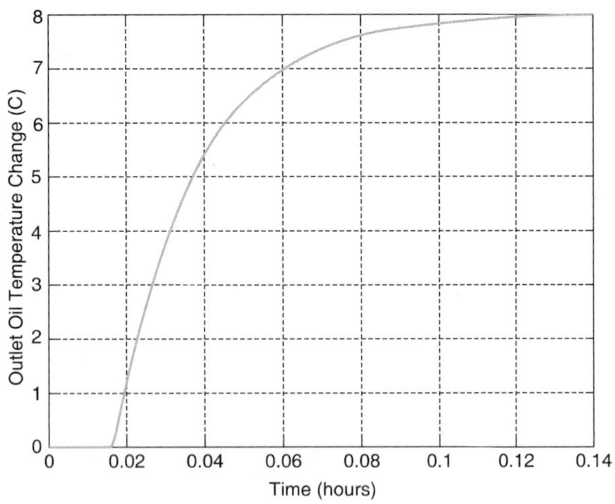

그림 P4.18

복합 시스템의 간략화 5

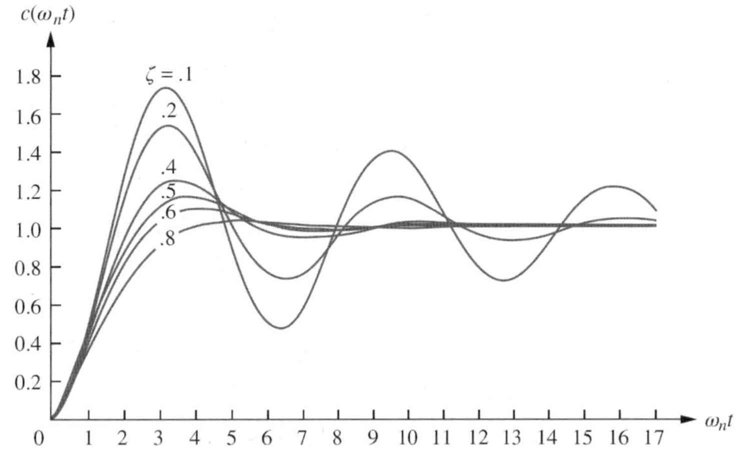

이 장의 학습 성과

이 장의 내용을 학습하면 독자들은 다음을 할 수 있게 된다.

- 복합 서브시스템의 블록선도를 단일 블록으로 통합시켜 전달함수로 표시(5.1–5.2절)
- 복합 서브시스템들로 구성된 시스템의 과도 응답의 해석과 설계(5.3절)
- 블록선도를 신호흐름선도로 변환(5.4절)
- Mason 공식을 이용하여 복합 서브시스템의 전달함수 구하기(5.5절)
- 상태 방정식을 신호흐름선도로 표현(5.6절) State Space SS
- 상태 공간에서 표현된 복합 서브시스템을 종속형, 병렬형, 제어기 표준형과 관측기 표준형으로 표현(5.7절) State Space SS
- 변환 행렬을 이용하여 유사 시스템으로 전환하고 시스템 행렬을 대각선 행렬로 표현(5.8절) State Space SS

사례연구 학습 성과

다음의 사례연구를 통하여 이 장의 학습 목표에 대한 성과를 확인할 수 있다.

- 부록 A2에 있는 안테나 방위각 제어시스템에 대해 (a) 시스템의 입력과 출력 관계를 나타내는 폐루프 전달함수 계산, (b) 폐루프 시스템을 상태 공간에서 표현하기, (c) 시스템을 간략화시킨 모델에서 계단 함수 입력에 대한 폐루프 시스템의 퍼센트 오버슈트, 정착 시간 및 최고값 시간 예측, (d) 폐루프 시스템의 계단 함수 응답 계산, (e) 간략화된 모델의 과도 응답 요구 조건을 만족시키는 시스템 이득의 설계 등을 할 수 있도록 한다.
- 부록 A3에 있는 무인 유영 잠수정(UFSS)의 피치와 항해 방향 제어시스템을 상태 공간에서 표현할 수 있도록 한다. State Space SS

5.1 개요

지금까지는 입력과 출력 사이에 한 개의 블록이 있는 서브시스템을 다루었다. 그러나 복잡한 시스템들은 여러 개의 서브시스템들이 서로 연결되어 있다. 시스템이 입력과 출력 사이의 관계를 나타내는 단일 전달함수로 표현되면 시스템 응답을 계산할 수 있으므로 복합 서브시스템을 단일 전달함수로 표현할 필요가 있다. 이와 같이 표현되면 앞 장에서 소개한 해석 기법을 적용할 수 있고 시스템의 과도 응답 정보도 얻을 수 있다.

이 장에서는 복합 서브시스템을 (1) 블록선도, (2) 신호흐름선도의 두 가지 방법으로 표현하기로 한다. 표현 방법에 따라 해석과 설계 기법이 제한되는 것은 아니지만 블록선도는 통상 주파수 영역의 해석과 설계에 사용되고, 신호흐름선도는 상태 공간 해석에서 주로 사용된다.

신호흐름선도에서 각 블록의 전달함수는 선으로 표시하고 신호는 작은 원으로 표시한다. 신호흐름선도가 상태 공간에서 표현된 시스템의 해석과 설계에 편리한 이유를 설명하기 위해 그림 3.10을 살펴보자. 시스템의 전달함수를 도식적으로 표현하면 그림 3.10(a)처럼 간단하다. 그러나 상태 공간에서 시스템을 도식적으로 나타내려면 그림 3.10(b)와 같이 각 상태변수를 표현해야 한다. 이 예제의 경우 단일 블록으로 표현된 전달함수를 상태변수들로 나타내기 위해서는 7개의 블록과 한 개의 합점이 필요함을 알 수 있다. 따라서 신호흐름선도는 그림 3.10(b)에서 보는 바와 같이 블록선도로 나타내는 것보다 편리하다. 또한, 신속하고 간단하며 상태변수들을 강조하는 데 유리하다. 블록선도나 신호흐름선도로 표현된 시스템을 단일 전달함수로 단순화시키는 방법을 설명하고자 한다. 블록선도 대수학(algebra)은 블록선도를 간략화시키는 데 사용되고, Mason 법칙은 신호흐름선도를 간략화시키는 데 사용된다. 두 방법 모두 주파수 영역이나 상태 공간에서의 해석과 설계에 사용될 수 있다.

5.2 블록선도

이미 알고 있는 바와 같이 단일 서브시스템은 단일 입력, 단일 출력과 하나의 전달함수로 표현되는 단일 블록이다. 많은 시스템은 그림 5.1과 같이 다수의 서브시스템으로 구성되어 있다. 다수의 서브시스템이 서로 연결되면 몇 가지 구성 요소들이 블록선도에 추가되어야 한다. 이 요소들은 **합점**(*summing junction*)과 **분지점**(*pickoff point*)이다. 선형 시불변 시스템에 대한 블록선도의 구성 요소들은 그림 5.2와 같다. 그림 5.2(c)의 합점에서 출력 신호 $C(s)$는 입력 신호 $R_1(s)$, $R_2(s)$ 및 $R_3(s)$의 대수 합이 된다. 그림에서는 세 개의 입력만을 표현하고 있으나 더 많은 입력을 가지는 경우로 확장할 수 있다. 그림 5.2(d)에 나타낸 바와 같이 분지점에서 입력 신호 $R(s)$는 같은 값을 가지는 여러 개의 출력으로 나누어진다.

이제 서브시스템들을 연결하는 방법과 단일 전달함수로 나타내는 방법에 대해 살펴보자. 이들 방법은 복잡하게 구성된 블록을 한 개의 블록으로 간략화시키는 기본적인 방법이 될 것이다.

종속형

그림 5.3(a)는 종속형(cascade form) 서브시스템의 한 예이다. 블록 사이에 표시된 신호는 각 서브시스템의 출력을 나타내며, 출력은 블록의 전달함수에 입력을 곱한 값이 된다. 그림 5.3(b)로 표시되는 등가 전달함수 $G_e(s)$는 그림 5.3(a)로부터 출력의 Laplace 변환을 입력의 Laplace 변환으로 나눈 값이며 다음과 같다.

$$G_e(s) = G_3(s)G_2(s)G_1(s) \tag{5.1}$$

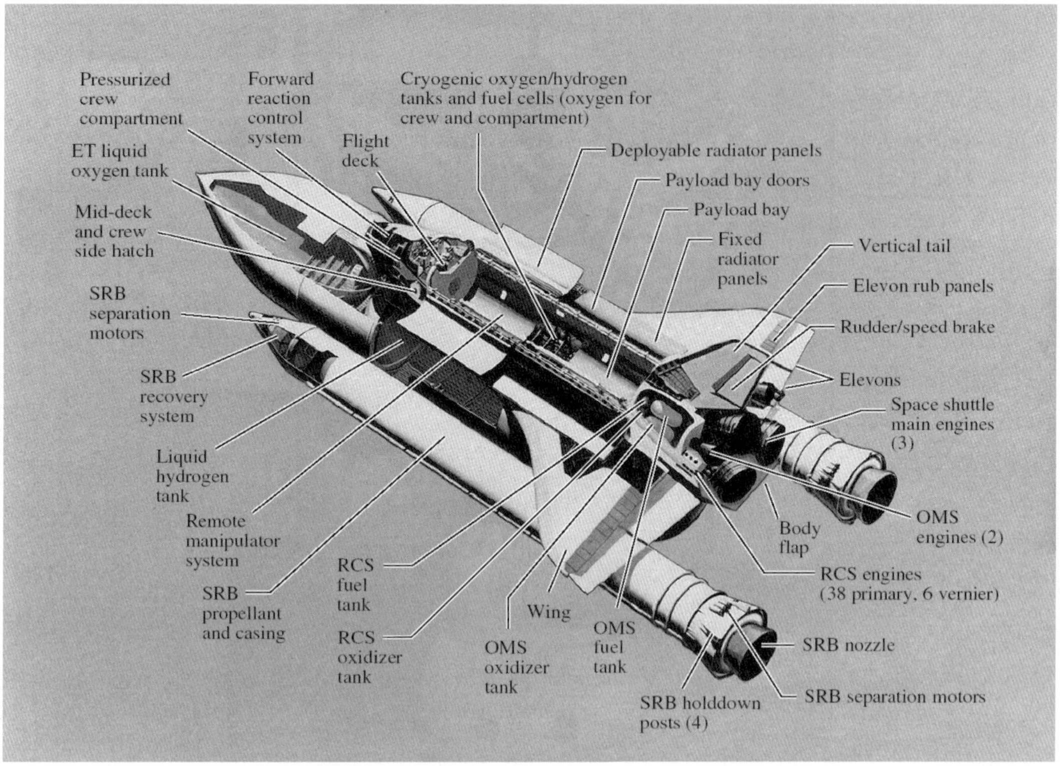

그림 5.1 최근 퇴역한 우주 왕복선은 다수의 서브시스템들로 구성되었는데 제어시스템이나 제어시스템의 요소들을 식별할 수 있는가?

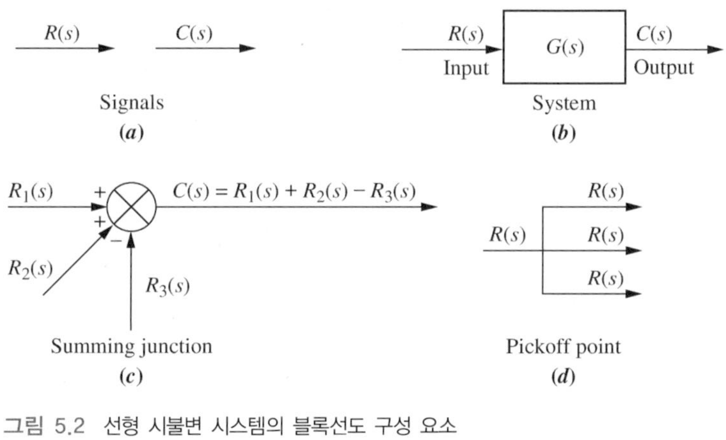

그림 5.2 선형 시불변 시스템의 블록선도 구성 요소

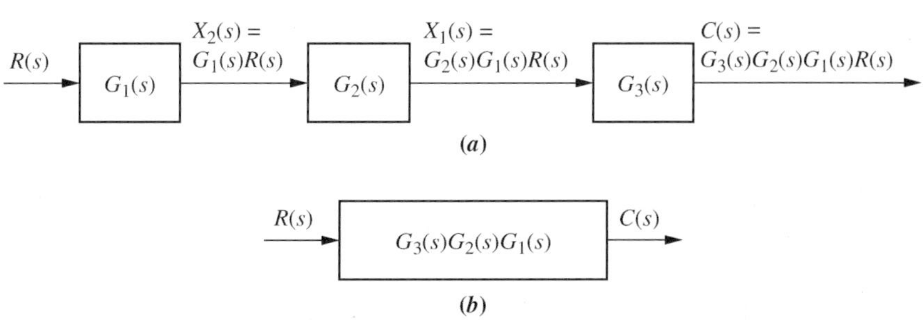

그림 5.3 a. 종속형 서브시스템 b. 등가 전달함수

이것은 각 서브시스템의 전달함수를 곱한 결과가 된다.

식 (5.1)은 연결된 서브시스템들이 인접한 서브시스템들의 부하가 되지 않는다는 가정하에 유도되었다. 즉, 서브시스템의 출력은 뒤쪽에 다른 서브시스템이 종속으로 접속되든 안되든 관계없이 동일하게 유지되어야 한다. 서브시스템이 접속된 후 출력이 변한다면 종속되는 서브시스템은 앞쪽 서브시스템의 부하가 되므로, 등가 전달함수는 각 서브시스템의 전달함수의 곱으로 표시될 수 없다. 그림 5.4(a)의 회로는 이 개념을 설명하기 위한 것으로 회로의 전달함수는

$$G_1(s) = \frac{V_1(s)}{V_i(s)} = \frac{\frac{1}{R_1C_1}}{s + \frac{1}{R_1C_1}} \tag{5.2}$$

이다. 또한 그림 5.4(b)의 회로의 전달함수는 다음과 같다.

$$G_2(s) = \frac{V_2(s)}{V_1(s)} = \frac{\frac{1}{R_2C_2}}{s + \frac{1}{R_2C_2}} \tag{5.3}$$

두 회로가 그림 5.4(c)와 같이 종속으로 연결될 때 루프나 마디 방정식을 이용하여 구한 전달함수는 다음과 같다.

$$G(s) = \frac{V_2(s)}{V_i(s)} = \frac{\frac{1}{R_1C_1R_2C_2}}{s^2 + \left(\frac{1}{R_1C_1} + \frac{1}{R_2C_2} + \frac{1}{R_2C_1}\right)s + \frac{1}{R_1C_1R_2C_2}} \tag{5.4}$$

그러나 식 (5.1)에 따르면

$$G(s) = G_2(s)G_1(s) = \frac{\frac{1}{R_1C_1R_2C_2}}{s^2 + \left(\frac{1}{R_1C_1} + \frac{1}{R_2C_2}\right)s + \frac{1}{R_1C_1R_2C_2}} \tag{5.5}$$

이 되므로 식 (5.4)와 식 (5.5)는 같지 않다. 즉, 분모항에서 s항의 계수가 같지 않다.

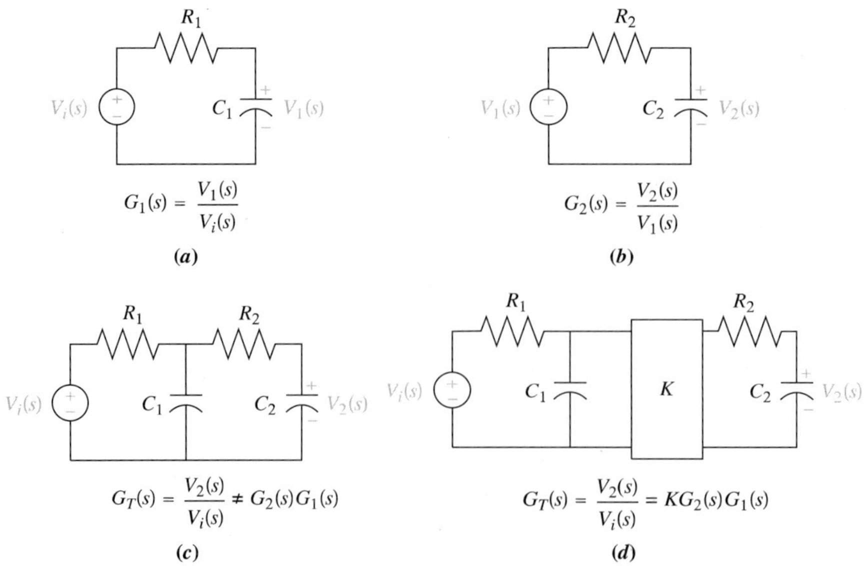

그림 5.4
종속 시스템에서의 부하 연결

부하의 영향을 받지 않도록 하는 방법으로 그림 5.4(d)와 같이 두 회로망 사이에 증폭기를 사용하는 것이다. 증폭기는 높은 입력 임피던스와 낮은 출력 임피던스를 갖기 때문에 앞쪽 회로망의 부하가 되지 않으며, 뒤쪽에 종속되는 회로망의 순수 전압원 역할을 한다. 증폭기가 포함된 회로망의 등가 전달함수는 전달함수와 증폭기의 이득 K의 곱으로 된다.

병렬형

그림 5.5는 병렬형(parallel form) 서브시스템의 예이다. 각 서브시스템의 출력으로부터 등가 전달함수를 구할 수 있다. 병렬형 서브시스템들의 입력은 공통이므로 모든 서브시스템의 출력을 대수적으로 합하여 등가 전달함수를 구할 수 있다. 그림 5.5(a)로부터 등가 전달함수 $G_e(s)$는 출력을 입력으로 나눈 값으로 다음과 같다.

$$G_e(s) = \pm G_1(s) \pm G_2(s) \pm G_3(s) \tag{5.6}$$

이것은 각 서브시스템의 전달함수를 대수적으로 합한 것으로 그림 5.5(b)와 같다.

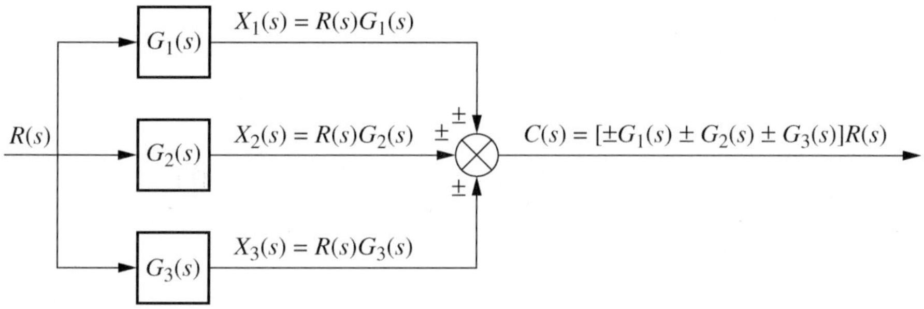

(*a*)

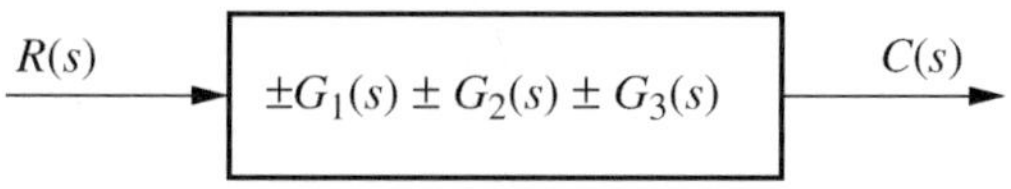

(*b*)

그림 5.5 a. 병렬형 서브시스템 b. 등가 전달함수

피드백형

세 번째 구조는 다음 장에서 계속해서 다룰 피드백형(freedback form)이다. 피드백 시스템은 제어시스템에서 다루는 기본형이다. 1장에서 개루프와 폐루프 시스템들을 정의하였고, 폐루프 또는 피드백 제어시스템의 장점을 언급하였다. 이후로는 피드백 시스템의 해석과 설계에 집중할 것이다.

피드백 시스템의 전달함수를 유도해 보자. 1장에서 설명한 전형적인 피드백 시스템은 그림 5.6(a)와 같으며, 이것을 통합시킨 모델은 그림 5.6(b)와 같다.[1] 이 모델로부터 다음 식을 얻을 수 있다.

$$E(s) = R(s) \mp C(s)H(s) \tag{5.7}$$

한편, $C(s) = E(s)G(s)$이므로

$$E(s) = \frac{C(s)}{G(s)} \tag{5.8}$$

1 시스템의 합점에서 피드백되는 신호의 부호가 음이면 음의 피드백(negative feedback), 부호가 양이면 양의 피드백(positive feedback)이라 한다.

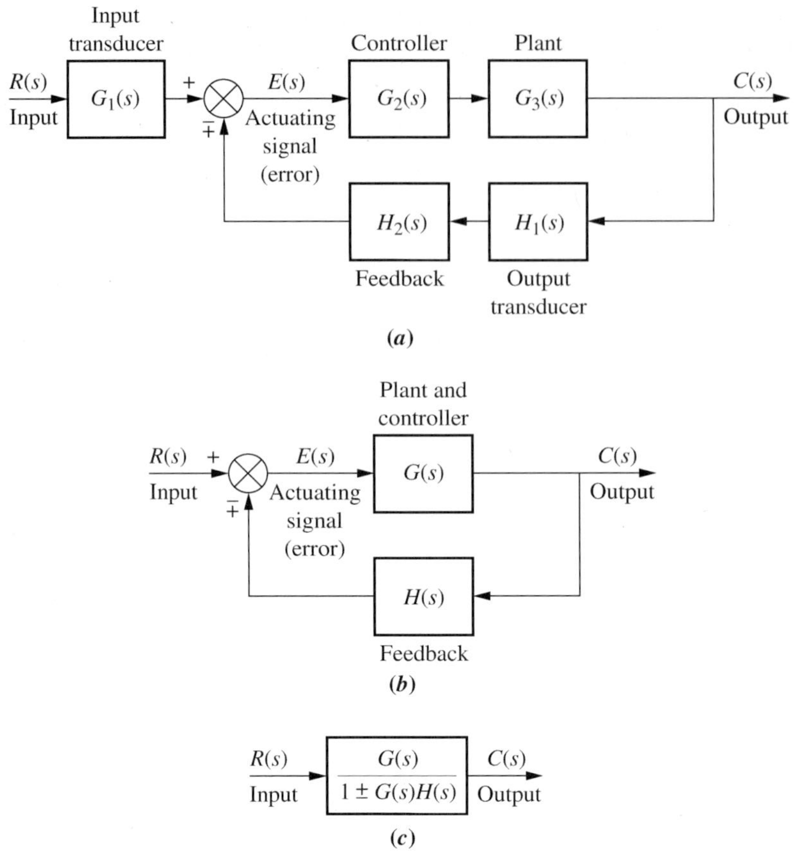

그림 5.6 a. 피드백 제어시스템 b. 통합된 모델 c. 등가 전달함수

식 (5.8)을 식 (5.7)에 대입하고 전달함수 $C(s)/R(s) = G_e(s)$를 구하면 그림 5.6(c)와 같은 등가 또는 폐루프 전달함수가 얻어진다.

$$G_e(s) = \frac{G(s)}{1 \pm G(s)H(s)} \tag{5.9}$$

식 (5.9)에 있는 $G(s)H(s)$는 **개루프 전달 함수**(open–loop transfer function) 또는 **루프 이득**(*loop gain*)이라 한다.

지금까지 세 가지 형태의 복합 서브시스템들의 구성 방법에 대해 알아보았으며 각각에 대한 등가 전달함수도 구하였다. 실제 시스템에서는 이들의 세 가지 형태가 복잡하게 조합되기 때문에 이 구조들을 이해하는 것이 복잡한 시스템의 등가 전달함수를 얻는 데 필수적이다. 이 절에서는 복합 서브시스템들로 구성된 복잡한 시스템을 통합시켜 단일 전달함수로 나타내기로 한다.

블록을 이동시켜 기본형으로 변환

블록을 통합시키기 전의 블록선도에서는 기본형(종속형, 병렬형, 피드백형)외에도 다른 형태가 있음을 설명하기로 한다. 예를 들어 피드백형에서 합점 다음에 분지점이 있다면 피드백 시스템을 단일 블록으로 통합시키기 위하여 피드백형에 적용하는 공식을 사용할 수 없다. 분지점 신호는 사라지게 되고 분지점을 재배치시킬 곳이 없게 된다.

여기서는 블록선도를 기본형으로 변환시키기 위한 기본 블록 이동을 설명하기로 한다. 특히, 블록을 합점과 분지점 좌우로 이동시키는 방법을 설명하도록 한다.

그림 5.7은 블록이 합점의 좌측이나 우측으로 이동할 때 만들어지는 등가 블록선도이고, 그림 5.8은 블록이 분지점의 좌측이나 우측으로 이동할 때 만들어지는 등가 블록선도이다. 이 선도에서 기호 ≡ 는 "등가"를 의미한다. 이와 같은 등가 개념을 이용하여 블록선도를 단일 전달함수로 나타낼 수 있다. 그림 5.7과 5.8의 각 경우 입력에서 출력에 도달하는 신호들을 추적해서 출력 신호가 같으면 등가라고 할 수 있다. 예를 들면, 그림 5.7(a)에서는 신호 $R(s)$와 $X(s)$에 $G(s)$가 곱해진 후 출력된다. 따라서, 두 블록선도에서 각각의 출력은 $C(s) = R(s)G(s) \mp X(s)G(s)$로 같으므로 두 블록선도는 등가이다. 그림 5.7(b)에서는 R(s)에는 $G(s)$가 곱해진 후 출력되나, $X(s)$는 그대로 출력된다. 그림 5.7(b)에 있는 두 블록선도에서 각각의 출력은 $C(s) = R(s)G(s) \mp X(s)$로 같으므로 두 블록선도는 등가이다. 분지점에 대해서도 같은 개념의 적용이 가능하므로 그림 5.8(a)와 (b)의 각각은 등가 블록선도가 된다.

블록선도 간략화 예를 살펴보자.

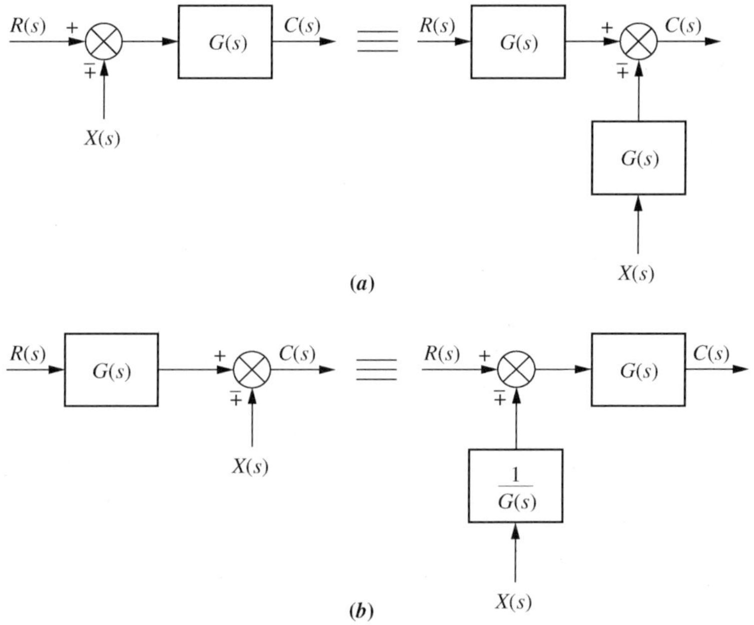

그림 5.7 합점에 대한 블록선도의 등가 모델–블록 이동 후의 등가 블록 a. 블록을 합점 왼쪽으로 이동 b. 블록을 합점 오른쪽으로 이동

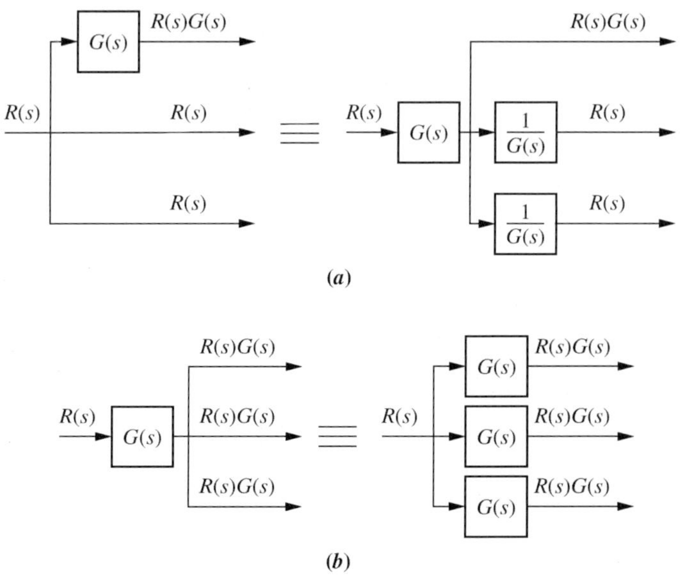

그림 5.8 분지점에 대한 블록선도의 등가 모델–블록 이동 후의 등가 블록 a. 블록을 분지점 왼쪽으로 이동 b. 블록을 분지점 오른쪽으로 이동

예제 5.1 기본형을 이용한 블록선도의 통합

문제 그림 5.9의 블록선도를 통합된 단일 전달함수로 나타내어라.

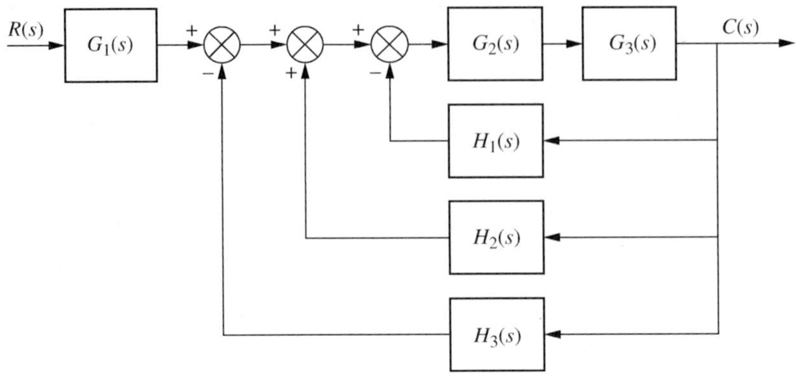

그림 5.9 예제 5.1에 대한 블록선도

풀이 그림 5.10에 배열된 단계로 문제를 푼다. 먼저 세 합점들은 그림 5.10(a)와 같이 한 개의 합점으로 줄일 수 있다.

둘째로, 세 피드백 함수 $H_1(s)$, $H_2(s)$, $H_3(s)$은 병렬로 연결되어 있다. 입력이 공통이므로 출력은 각각을 합한 결과가 된다. 따라서 등가 시스템의 전달함수는 $H_1(s)-H_2(s)+H_3(s)$가 된다. 또한 $G_2(s)$와 $G_3(s)$는 종속으로 접속되어 있으므로 등가 전달함수는 $G_2(s)G_3(s)$이다. 이 결과를 그림 5.10(b)에 나타내었다.

마지막으로, 피드백 시스템을 통합시키고 $G_1(s)$를 곱하면 등가 전달함수는 그림 5.10(c)와 같다.

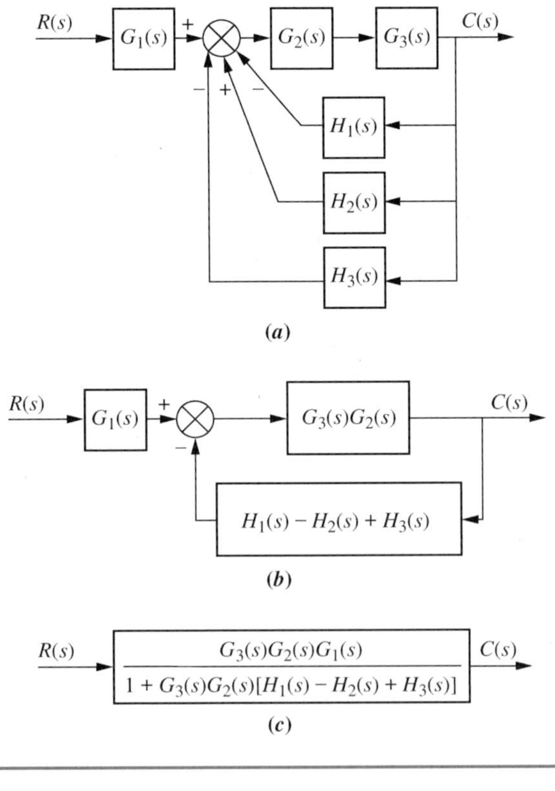

그림 5.10 예제 5.10의 해를 구하는 단계
a. 합점 통합
b. 순방향 경로에 있는 블록선도의 등가 종속 시스템을 구하고 피드백 경로에 있는 블록선도의 등가 병렬 시스템을 구함
c. 등가 피드백 시스템을 구성하고 종속 접속된 $G_1(s)$를 곱한다.

예제 5.2 블록 이동에 의한 블록선도의 통합

문제 그림 5.11의 시스템을 통합된 단일 전달함수로 나타내어라.

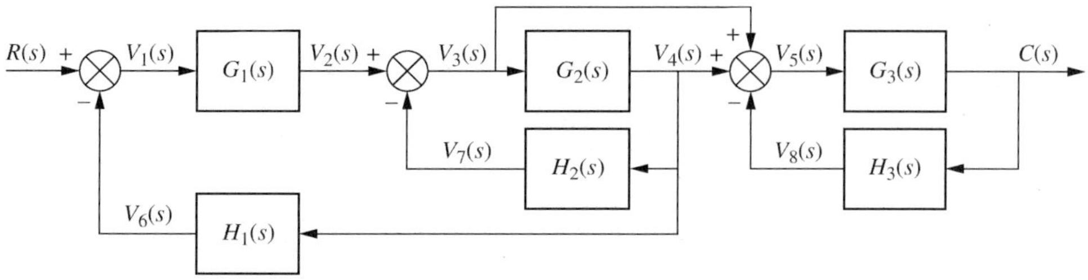

그림 5.11 예제 5.2에 대한 블록선도

풀이 이 예제에서는 그림 5.7과 그림 5.8의 등가 모델을 이용한다. 첫째로, 병렬 형태가 되도록 분지점 좌측으로 $G_2(s)$를 이동시키고, $G_3(s)$와 $H_3(s)$로 구성되는 피드백 시스템을 통합한다. 이 결과는 그림 5.12(a)와 같다.

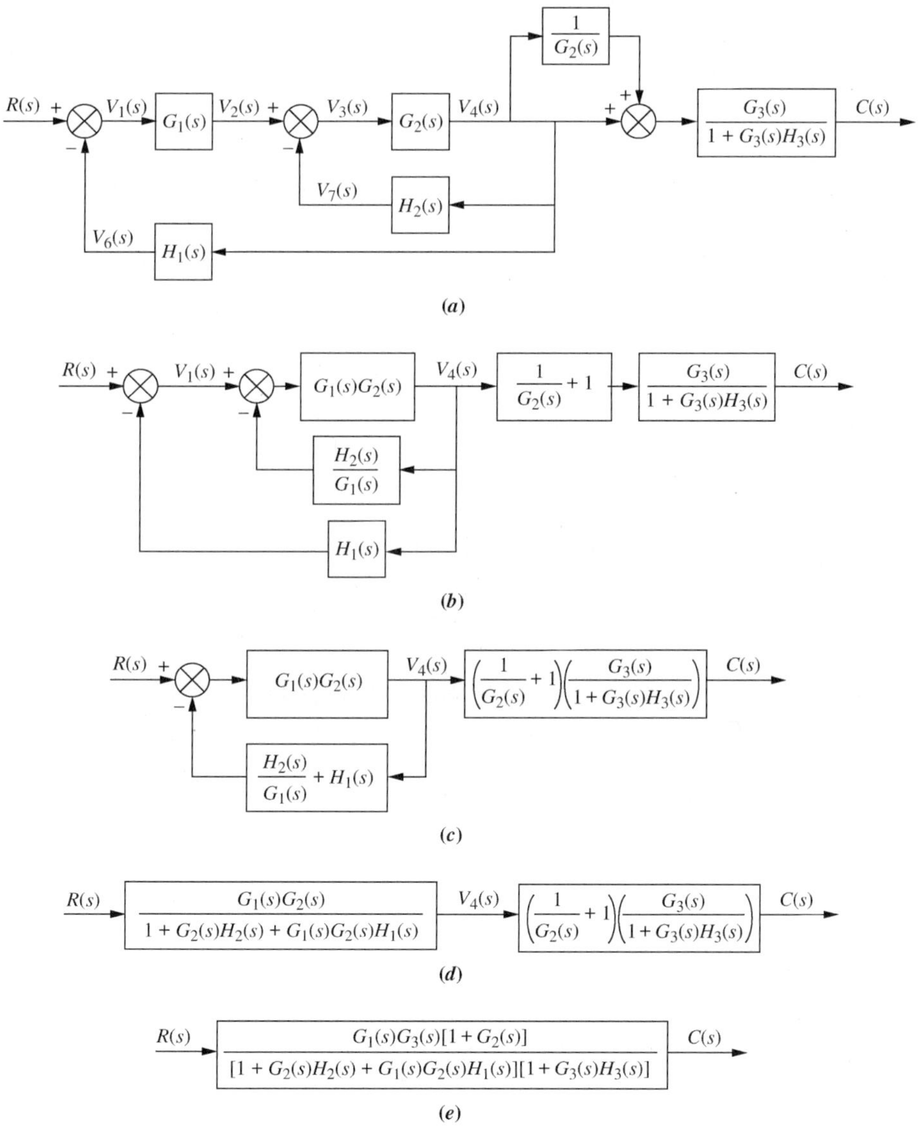

그림 5.12 예제 5.2에 대한 블록선도 통합 단계

둘째로, $1/G_2(s)$과 이득이 1인 경로로 구성되는 병렬 구조를 통합하고, $G_1(s)$를 합점 우측으로 이동시켜 병렬 피드백 서브시스템을 만든다. 그 결과는 그림 5.12(b)와 같다.
셋째로, 합점을 하나로 통합하여 두 피드백 경로를 합하고, 뒤쪽의 종속 접속된 블록을 통합하면 그림 5.12(c)와 같이 된다.
넷째로 피드백 공식을 사용하여 통합하면 그림 5.12(d)가 얻어진다.
마지막으로, 두 종속 블록을 곱하여 단일 블록으로 나타내면 그림 5.12(e)와 같이 된다.

MATLAB **ML**

MATLAB을 사용하여 블록선도를 통합하고자 하는 학생들은 부록 B에 있는 ch5apB1을 실행시켜 보기 바란다.

숙련예제 5.1

문제 그림 5.13의 시스템에서 통합된 등가 전달함수 $T(s) = C(s)/R(s)$를 구하라.

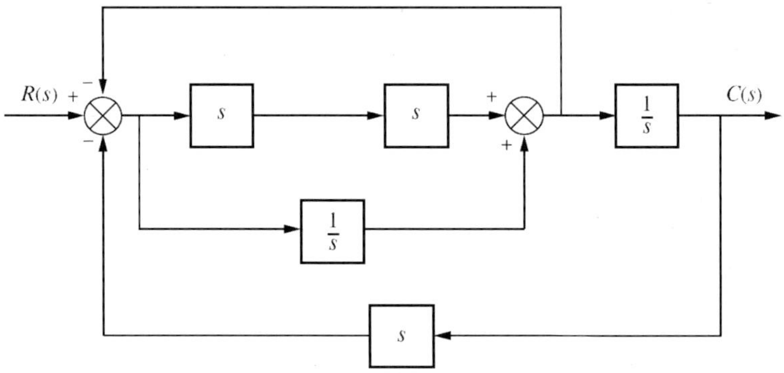

그림 5.13

풀이

$$T(s) = \frac{s^3+1}{2s^4+s^2+2s}$$

풀이 과정은 www.wiley.com/go/Nise/ControlSystemsEngineering8e에서 확인하라.

스스로 해보기 5.1

모든 $G_i(s) = 1/s+1$이고 모든 $H_i(s) = 1/s$일 때, MATLAB과 Control System Toolbox를 사용하여 예제 5.2의 시스템에 대한 폐루프 전달함수를 구하라.

```
G1=tf(1,[1 1]);
G2=G1;G3=G1;
H1=tf(1,[1 0]);
H2=H1;H3=H1;
System=append...
(G1,G2,G3,H1,H2,H3);
input=1;output=3;
Q=[1 -4  0  0  0
   2  1 -5  0  0
   3  2  1 -5 -6
   4  2  0  0  0
   5  2  0  0  0
   6  3  0  0  0];
T=connect(System,...
Q,input,output);
T=tf(T);T=minreal(T)
```

이 절에서는 신호, 시스템, 합점 및 분지점들을 포함하는 몇 가지 블록선도에 대한 등가 블록선도를 살펴보았다. 이들은 종속형, 병렬형 및 피드백형이다. 블록선도 통합 과정에서는 블록선도를 쉽게 간략화시킬 수 있는 형태로 변형시키고 통합된 단일 전달함수로 표현하였다. 다음 절에서는 블록선도를 통합하는 몇 가지 예를 살펴보기로 한다.

5.3 피드백 시스템의 해석과 설계

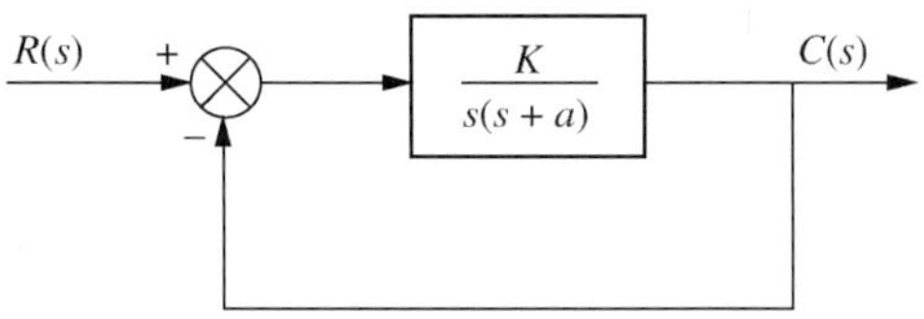

그림 5.14 2차 피드백 제어시스템

5.2절의 개념을 적용하여 2차 시스템으로 간략화된 피드백 시스템을 해석하고 설계해 보자. 통합된 2차 등가 전달함수가 얻어지면 퍼센트 오버슈트, 정착 시간, 최고값 시간 및 상승 시간 등을 구할 수 있다.

안테나 방위각 제어시스템과 같은 제어시스템의 모델인 그림 5.14의 시스템을 고려하자. 전달함수 $k/s(s+a)$는 증폭기, 전동기, 부하와 기어가 포함된 시스템의 모델이다. 식 (5.9)로부터 이 시스템의 폐루프 전달함수 $T(s)$는 다음과 같다.

$$T(s) = \frac{K}{s^2 + as + K} \tag{5.10}$$

여기서 K는 증폭기 이득으로 입력 전압에 대한 출력 전압 비이다. 이득 K가 변함에 따라 극점은 2차 시스템의 세 가지 동작 범위-과감쇠, 임계 감쇠 및 미흡 감쇠-로 이동한다. 예를 들어, K가 0과 $a^2/4$ 사이에 있으면 시스템의 극점들은 실수가 되며 다음과 같다.

$$s_{1,2} = -\frac{a}{2} \pm \frac{\sqrt{a^2 - 4K}}{2} \tag{5.11}$$

이득 K가 증가함에 따라 극점들은 실수축을 따라 이동하는데, $K = a^2/4$가 될 때까지 시스템은 과감쇠 특성을 유지한다. 이 이득 값에서 두 실수 극점은 같아지며 시스템은 임계 감쇠 특성을 갖게 된다. 이득이 $a^2/4$보다 커지면, 미흡 감쇠 특성을 가지는 시스템이 되고 다음과 같은 복소수 극점을 가진다.

$$s_{1,2} = -\frac{a}{2} \pm j\frac{\sqrt{4K - a^2}}{2} \tag{5.12}$$

여기서 K가 증가하면, 실수부는 고정되고 허수부만 증가하게 된다. 따라서 정착 시간은 고정되고 최고값 시간은 감소하며 퍼센트 오버슈트는 증가한다. 피드백 제어시스템에 이 개념을 적용하는 예제를 살펴보기로 하자.

첫 번째 예제는 시스템의 과도 응답을 확인하는 것이고 두 번째 예제는 과도 응답 요구 조건을 만족시키는 이득을 설계하는 것이다.

예제 5.3 과도 응답 구하기

문제 그림 5.15의 시스템에서 최고값 시간, %오버슈트 및 정착 시간을 구하라.

풀이 식 (5.9)를 이용하여 폐루프 전달함수를 구하면 다음과 같다.

$$T(s) = \frac{25}{s^2 + 5s + 25} \tag{5.13}$$

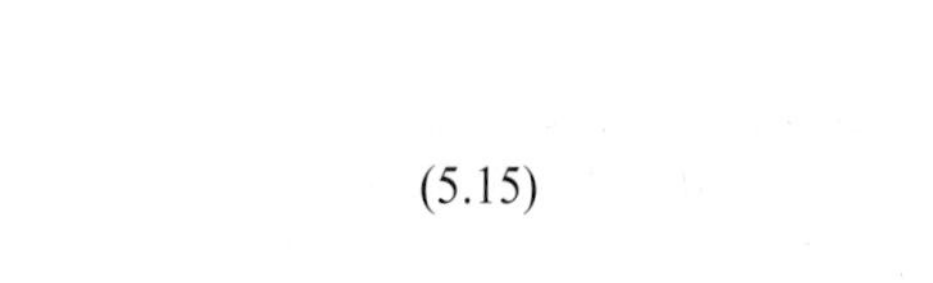

그림 5.15 예제 5.3에 대한 피드백 시스템

식 (4.18)로부터

$$\omega_n = \sqrt{25} = 5 \tag{5.14}$$

이고, 식 (4.21)로부터

$$2\zeta\omega_n = 5 \tag{5.15}$$

이므로 식 (5.14)를 식 (5.15)에 대입하면 ζ는 다음과 같다.

$$\zeta = 0.5 \tag{5.16}$$

식 (4.34), 식 (4.38) 및 식 (4.42)에 ζ와 ω_n 값을 대입하면, 각각 다음과 같다.

$$T_p = \frac{\pi}{\omega_n\sqrt{1-\zeta^2}} = 0.726초 \tag{5.17}$$

$$\%OS = e^{-\zeta\pi/\sqrt{1-\zeta^2}} \times 100 = 16.303 \tag{5.18}$$

$$T_s = \frac{4}{\zeta\omega_n} = 1.6초 \tag{5.19}$$

MATLAB **ML** MATLAB을 사용하고자 하는 독자들은 부록 B에 있는 ch5apB2를 실행시켜 보기 바란다. 블록선도를 통합시키고 폐루프 시스템의 과도 응답 특성인 T_p, $\%OS$ 및 T_s를 구하는 법을 알게 될 것이다. 또한 폐루프 시스템의 계단 함수 응답을 구하는 법도 배울 것이다. 이것은 예제 5.3을 MATLAB으로 푸는 예이다.

Simulink **SL** MATLAB의 Simulink는 시간 응답을 얻기 위해서 피드백 시스템을 시뮬레이션하는 다른 방법이다. MATLAB을 연습하고 MATLAB의 Simulink의 부가된 기능을 사용하고자 하는 독자들은 부록 C를 참조하기 바란다. 예제 C.3은 Simulink에 대한 설명과 비선형성을 가지는 피드백 시스템을 Simulink로 시뮬레이션하는 문제이다.

예제 5.4 과도 응답 특성을 만족시키기 위한 이득 설계

문제 그림 5.16의 피드백 제어시스템이 10%의 오버슈트를 갖도록 이득 K를 정하라.

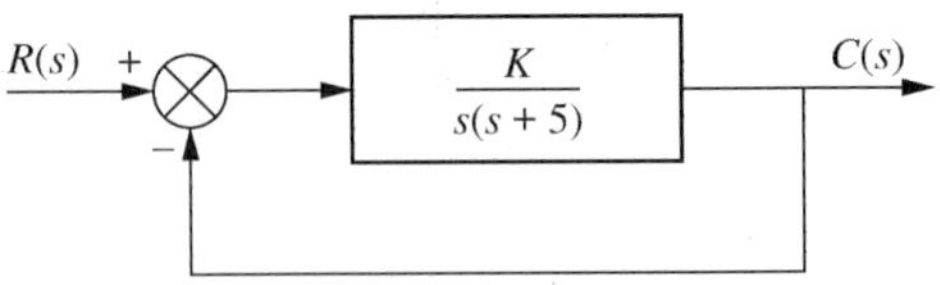

그림 5.16 예제 5.4에 대한 피드백 시스템

풀이 시스템의 폐루프 전달함수는 다음과 같다.

$$T(s) = \frac{K}{s^2+5s+K} \tag{5.20}$$

식 (5.20)으로부터

$$2\zeta\omega_n = 5 \tag{5.21}$$

이고

$$\omega_n = \sqrt{K} \tag{5.22}$$

이다. 따라서

$$\zeta = \frac{5}{2\sqrt{K}} \tag{5.23}$$

퍼센트 오버슈트가 ζ만의 함수이기 때문에 식 (5.23)은 퍼센트 오버슈트가 K의 함수임을 나타낸다.

10%의 오버슈트를 갖기 위해서는 ζ=0.591이어야 한다. 이 값을 식 (5.23)에 대입하여 K를 구하면 다음과 같다.

$$K = 17.9 \tag{5.24}$$

이 문제는 원하는 %오버슈트를 갖도록 설계할 수는 있지만, 정착 시간을 설계 기준으로 정할 수 없다. 왜냐하면, 식 (5.20)의 극점의 실수부는 K값과 무관하게 -2.5로 고정되기 때문이다.

가상 실험 5.1
이득 설계

이론을 Quanser 선형 서보의 위치 제어를 위한 이득 설계와 LabVIEW로 폐루프 시스템 응답을 시뮬레이션하는 실전 문제에 적용하자. 이 개념은 행성의 지형을 탐사하는 탐사선 제어에 활용된다.

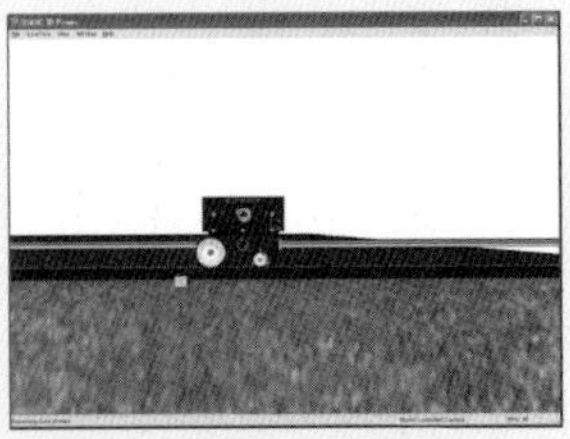
가상실험 5.1 실행

숙련예제 5.2

문제 순방향 경로의 전달함수가 $G(s)=16/s(s+a)$인 단위 피드백 제어시스템에 대해 폐루프 시스템의 계단 함수 응답이 5%의 오버슈트를 갖도록 a값을 정하라.

풀이

$$a=5.52$$

풀이 과정은 www.wiley.com/go/Nise/ControlSystemsEngineering8e에 있다.

스스로 해보기 5.2

숙련예제 5.2의 단위 피드백 폐루프 시스템에 대해 다음의 MATLAB과 Control System Toolbox 프로그램으로 ζ, ω_n, $\%OS$, T_s, T_p와 T_r을 구하라. $a=2$로 시작하여 다른 값에 대해서도 실행하라. 폐루프 시스템에 대한 계단함수 응답을 얻을 수 있다.

```
a=2;
numg=16;
deng=poly([0 -a]);
G=tf(numg,deng);
T=feedback(G,1);
[numt,dent]=...
tfdata(T,'v');
wn=sqrt(dent(3))
z=dent(2)/(2*wn)
Ts=4/(z*wn)
Tp=pi/(wn*...
sqrt(1-z^2))
pos=exp(-z*pi...
/sqrt(1-z^2))*100
Tr=(1.76*z^3-...
0.417*z^2+1.039*...
z+1)/wn
step(T)
```

5.4 신호흐름선도

신호흐름선도(signal flow graph)는 블록선도와는 다른 시스템 표현 방법이다. 블록, 신호, 합점 및 분지점들로 구성되는 블록선도와는 달리, 신호흐름선도는 시스템을 나타내는 가지(branch)와 신호를 나타내는 마디(node)로 구성된다.

이들 요소는 그림 5.17(a)와 (b)와 같이 표기된다. 시스템은 신호 흐름의 방향을 나타내는 화살표가 있는 선으로 표시하고, 이 선 위에 전달함수를 표기한다. 마디 옆에는 신호의 명칭을 표기한다.

그림 5.17(c)는 시스템과 신호를 연결한 그래프이다. 마디로 들어오는 신호의 합이 그 마디의 신호가 된다. 예를 들면, 신호 V(s)는 $V(s)=R_1(s)G_1(s)-R_2(s)G_2(s)+R_3(s)G_3(s)$, 신호 $C_2(s)$는 $C_2(s)=V(s)G_5(s)=R_1(s)G_1(s)G_5(s)-R_2(s)G_2(s)G_5(s)+R_3(s)G_3(s)G_5(s)$이고, 신호 $C_3(s)$는 $C_3(s)=-V(s)G_6(s)=-R_1(s)G_1(s)G_6(s)+R_2(s)G_2(s)G_6(s)-R_3(s)G_3(s)G_6(s)$이다.

음의 신호는 블록선도의 합점에 표시하는 것이 아니라 시스템을 음수로 표기한다.

그림 5.17 신호흐름선도 성분
a. 시스템
b. 신호
c. 시스템과 신호들의 상호 연결

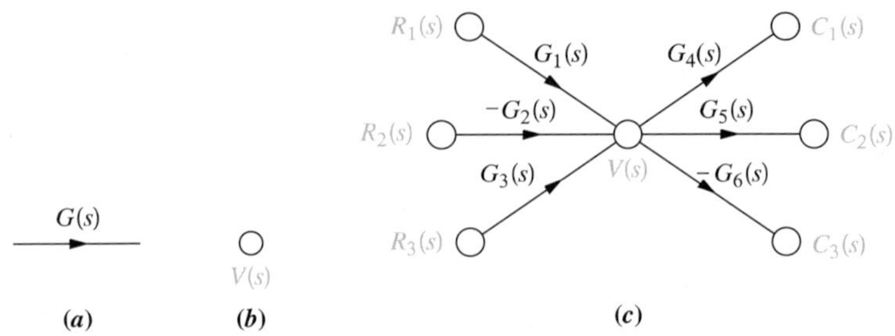

블록선도와 신호흐름선도가 동일함을 보이기 위하여 5.2절에서 소개한 블록선도들을 예제 5.5와 같이 신호흐름선도로 변환하는 예를 살펴보자. 신호는 마디로 나타내고 시스템은 가지로 나타낸 후 마디들을 연결한다. 예제 5.6은 복잡한 블록선도를 신호흐름선도로 변환시키기는 예제이다.

예제 5.5 블록선도를 신호흐름선도로 변환

문제 그림 5.3(a), 5.5(a) 및 5.6(b)의 종속형, 병렬형 및 피드백형 블록선도를 신호흐름선도로 변환하라.

풀이 먼저 각 시스템의 신호를 마디로 표기한다. 다음으로 시스템을 가지로 나타내고 마디들을 연결한다. 종속형, 병렬형 및 피드백형에 대한 마디를 그림 5.18(a), (c) 및 (e)에 각각 나타내었다. 서브시스템을 나타내는 가지로 마디들을 연결하면 그림 5.18(b), (d) 및 (f)와 같은 신호흐름선도가 된다.

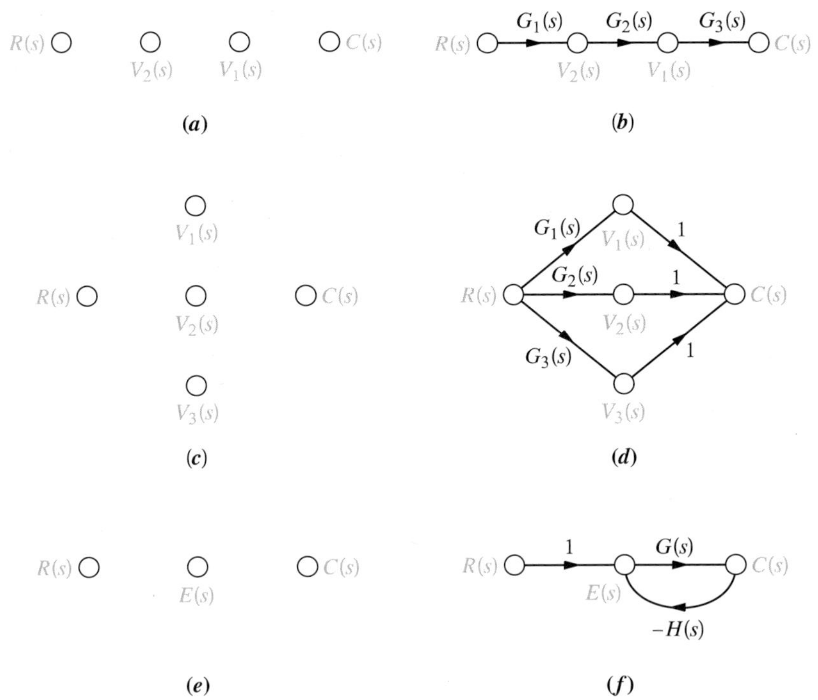

그림 5.18 신호흐름선도 구축 a. 종속으로 연결될 시스템 마디(그림 5.3(a)) b. 종속 접속되는 시스템의 신호흐름선도 c. 병렬로 연결될 시스템 마디(그림 5.5(a)) d. 병렬 접속되는 시스템의 신호흐름선도 e. 피드백으로 연결될 시스템 마디(그림 5.6(b)) f. 피드백 접속되는 시스템의 신호흐름선도

예제 5.6 블록선도를 신호흐름선도로 변환

문제 그림 5.11의 블록선도를 신호흐름선도로 변환하라.

풀이 그림 5.19(a)와 같이 신호를 마디로 표기한다. 다음으로 신호 흐름 방향에 따라 각 전달함수를 가지로 표시하고 마디들을 연결한다. 결과는 그림 5.19(b)와 같다. 블록선도의 합점에서 부호가 음수이면 신호흐름선도에서 전달함수를 음수로 표기한다. 마지막으로, $V_2(s)$, $V_6(s)$, $V_7(s)$, $V_8(s)$와 같이 한 개의 신호만이 입력되고 출력되는 마디를 소거하여 그림 5.19(c)와 같은 통합된 신호흐름선도로 간략화시킨다.

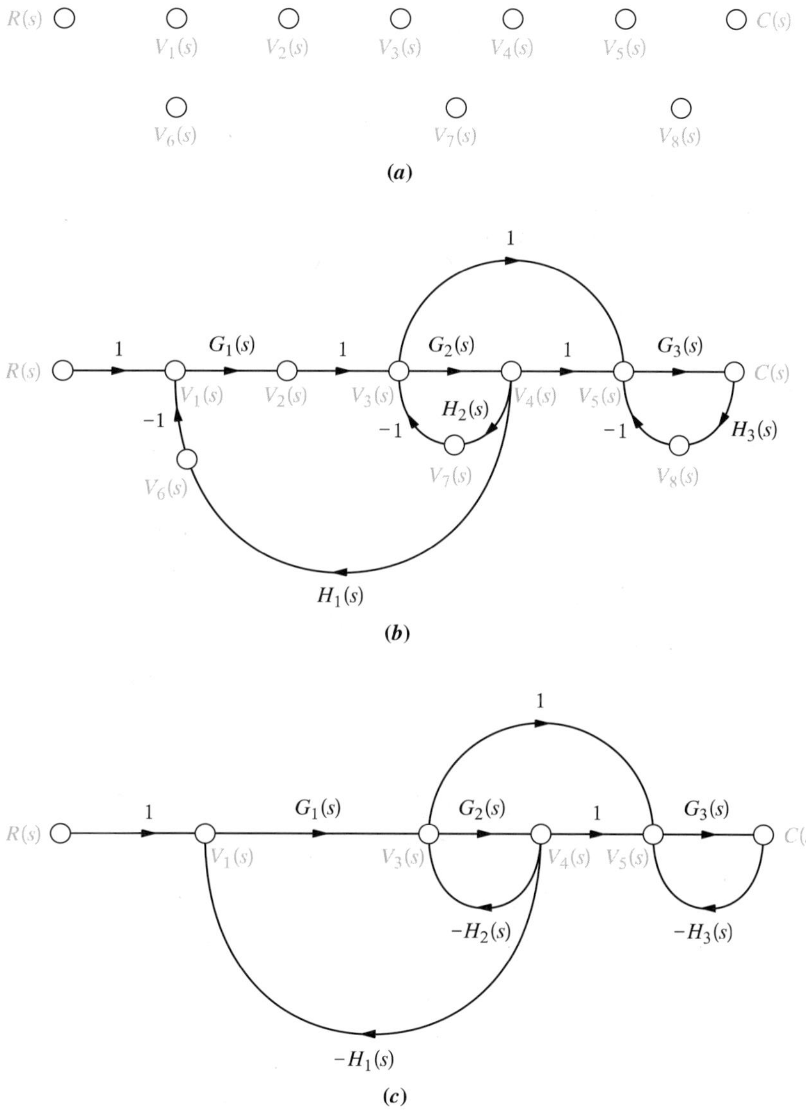

그림 5.19 신호흐름선도 구현 a. 신호인 마디 b. 신호흐름선도 c. 통합된 신호흐름선도

숙련예제 5.3

문제 그림 5.13의 블록선도를 신호흐름선도로 변환시켜라.

풀이 해는 www.wiley.com/go/Nise/ControlSystemsEngineering8e에 있다.

5.5 Mason의 법칙

앞 절에서, 블록선도들을 통합하여 단일 전달함수를 구하는 방법을 설명하였다. 여기서는 신호흐름선도로 나타낸 시스템에서 단일 전달함수를 구하는 방법을 설명하기로 한다.

5.2절에서 다룬 블록선도 통합 기법은 복잡하게 구성된 블록선도를 부분 통합시키는 과정을 순차적으로 진행하여 한 개의 블록으로 통합한 후 단일 전달함수를 얻는 것이다. 신호흐름선도로 표현된 시스템의 경우에는 Mason 법칙을 적용하여 단일 전달함수를 구할 수 있다. 이 공식은 S. J. Mason에 의하여 제안되었는데, 그래프로부터 얻을 수 있는 연립방정식과 신호흐름선도와의 관계를 찾는 과정에서 유도되었다(Mason, 1953).

일반적으로, 공식을 적용하는 것이 복잡하므로 실수할 수도 있다. 특히 뒤에서 언급할 비접촉 루프(nontouching loop)들이 존재하면 공식을 사용하는 것이 더욱 복잡해진다. 그러나 대부분의 시스템은 비접촉 루프를 가지지 않기 때문에 블록선도를 통합시켜 전달함수를 구하는 것보다 Mason 법칙을 사용하는 것이 편리하다.

Mason의 공식을 적용하기 위해서는 몇 가지 요소들을 잘 정의하고 이해하여야 한다. 그리고 이 요소들을 계산하는데 주의하여야 한다. 신호흐름선도에 적용되는 몇 가지 요소에 대한 정의들과 Mason의 공식을 설명하고 예제를 다루기로 한다.

정의

루프 이득(loop gain) 다른 마디를 반복하여 통과하지 않으면서 임의의 마디에서 출발하여 처음 출발한 마디로 되돌아올 때, 신호 흐름 경로에 있는 가지 이득의 곱이다. 그림 5.20의 경우 루프 이득은 다음과 같은 네 가지가 있다.

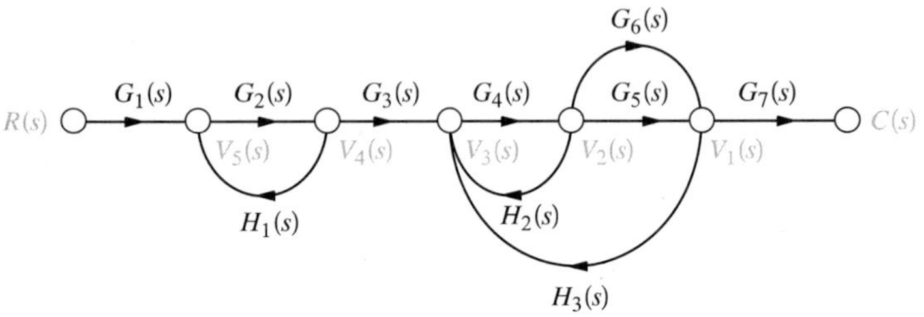

그림 5.20 Mason의 법칙을 설명하기 위한 신호흐름선도

1. $G_2(s)H_1(s)$ (5.25a)
2. $G_4(s)H_2(s)$ (5.25b)
3. $G_4(s)G_5(s)H_3(s)$ (5.25c)
4. $G_4(s)G_6(s)H_3(s)$ (5.25d)

순방향 경로 이득(forward-path gain) 신호흐름선도의 입력에서 출력까지 순방향 경로(forward path)에 있는 이득의 곱이다. 그림 5.20에서 순방향 경로 이득은 다음 두 가지가 있다.

1. $G_1(s)G_2(s)G_3(s)G_4(s)G_5(s)G_7(s)$ (5.26a)
2. $G_1(s)G_2(s)G_3(s)G_4(s)G_6(s)G_7(s)$ (5.26b)

비접촉 루프(nontouching loop) 마디를 공유하지 않는 루프이다. 그림 5.20에서 루프 $G_2(s)H_1(s)$는 루프 $G_4(s)H_2(s)$, 루프 $G_4(s)G_5(s)H_3(s)$ 및 루프 $G_4(s)G_6(s)H_3(s)$와 마디를 공유하지 않는다.

비접촉 루프 이득(nontouching loop gain) 두 개, 세 개, 네 개, 등등을 한 그룹으로 하는 비접촉 루프 그룹의 이득을 곱한 값이다. 그림 5.20에서 두 개의 비접촉 루프를 그룹으로 하는 비접촉 루프 이득은 루프 이득 $G_2(s)H_1(s)$와 루프 이득 $G_4(s)H_2(s)$을 곱하여 얻어진다. 두 개의 루프를 그룹으로 하는 비접촉 루프 이득은 다음 세 가지가 있다.

1. $[G_2(s)H_1(s)][G_4(s)H_2(s)]$ (5.27a)
2. $[G_2(s)H_1(s)][G_4(s)G_5(s)H_3(s)]$ (5.27b)
3. $[G_2(s)H_1(s)][G_4(s)G_6(s)H_3(s)]$ (5.27c)

한편 루프 이득의 곱 $[G_4(s)G_5(s)H_3(s)][G_4(s)G_6(s)H_3(s)]$는, 이들 두 루프가 마디를 공유하기 때문에 비접촉 루프 이득이 아니다. 이 예제에서는 세 개의 루프가 비접촉하는 비접촉 루프 그룹이 존재하지 않기 때문에 세 개의 루프를 그룹으로 하는 비접촉 루프 이득은 없다.

이제 Mason의 공식을 설명하기로 한다.

Mason의 공식

신호흐름선도로 표현된 시스템의 전달함수 $C(s)/R(s)$는 다음과 같이 계산할 수 있다.

$$G(s) = \frac{C(s)}{R(s)} = \frac{\sum_k T_k \Delta_k}{\Delta} \tag{5.28}$$

여기서

k = 순방향 경로의 수

T_k = k번째 순방향 경로 이득

Δ=1-Σ 루프 이득 +Σ 두 개의 루프를 그룹으로 하는 비접촉 루프 이득-Σ 세 개의 루프를 그룹으로 하는 비접촉 루프 이득 +Σ 네 개의 루프를 그룹으로 하는 비접촉 루프 이득 −⋯

Δ_k=Δ-Σ k번째 순방향 경로와 접촉하는 Δ에 있는 루프 이득항

즉, Δ_k는 Δ로부터 k번째 순방향 경로상에 있는 루프 이득과 비접촉 루프 이득을 소거하여 얻어진다.

한편, Δ에서는 부호가 교대로 바뀌는 것을 명심하라. 다음 예제는 Mason 공식을 이해하는 데 도움을 줄 것이다.

예제 5.7 Mason 공식에 의한 전달함수 계산

문제 그림 5.21의 신호흐름선도에서 전달함수 $C(s)$/R(s)를 구하라.

풀이 첫째, 순방향 경로 이득을 구한다. 이 문제에서는 순방향 경로가 하나만 있다.

$$G_1(s)G_2(s)G_3(s)G_4(s)G_5(s) \tag{5.29}$$

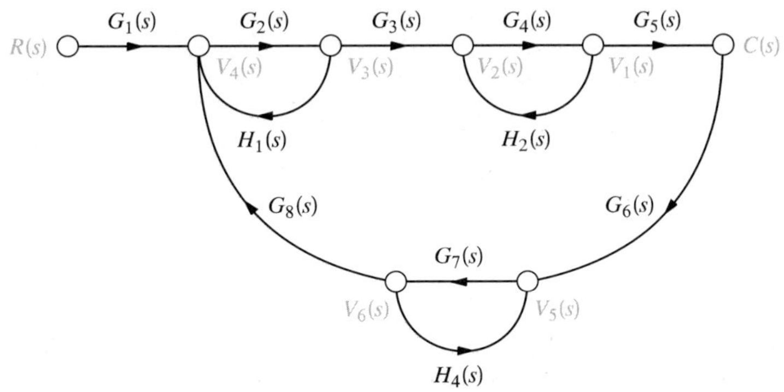

그림 5.21 예제 5.7에 대한 신호흐름선도

둘째, 루프 이득을 구한다. 이 경우에는 다음 네 가지가 있다.

1. $G_2(s)H_1(s)$ (5.30a)
2. $G_4(s)H_2(s)$ (5.30b)
3. $G_7(s)H_4(s)$ (5.30c)
4. $G_2(s)G_3(s)G_4(s)G_5(s)G_6(s)G_7(s)G_8(s)$ (5.30d)

셋째, 두 개의 루프를 그룹으로 하는 비접촉 루프를 찾는다. 식 (5.30)과 그림 5.21로부터 루프 1은 루프 2와 접촉하지 않고, 루프 1은 루프 3과 접촉하지 않는다. 또한, 루프 2는 루프 3과 접촉하지 않는다는 것을 알 수 있다. 루프 1, 2, 3 모두 루프 4에 접촉함에 주목하라. 따라서, 두 개의 루프를 그룹으로 하는 비접촉 루프 이득은 다음과 같다.

루프 1과 2 : $G_2(s)H_1(s)G_4(s)H_2(s)$ (5.31a)

루프 1과 3 : $G_2(s)H_1(s)G_7(s)H_4(s)$ (5.31b)

루프 2와 3 : $G_4(s)H_2(s)G_7(s)H_4(s)$ (5.31c)

마지막으로, 세 개의 루프를 그룹으로 하는 비접촉 루프 이득은 다음과 같다.

루프 1, 2와 3 : $G_2(s)H_1(s)G_4(s)H_2(s)G_7(s)H_4(s)$ (5.32)

식 (5.28)과 정의로부터 Δ와 Δ_k를 구하면

$$\begin{aligned}\Delta = 1 - [&G_2(s)H_1(s) + G_4(s)H_2(s) + G_7(s)H_4(s)\\ &+ G_2(s)G_3(s)G_4(s)G_5(s)G_6(s)G_7(s)G_8(s)]\\ + [&G_2(s)H_1(s)G_4(s)H_2(s) + G_2(s)H_1(s)G_7(s)H_4(s)\\ &+ G_4(s)H_2(s)G_7(s)H_4(s)]\\ - [&G_2(s)H_1(s)G_4(s)H_2(s)G_7(s)H_4(s)]\end{aligned} \tag{5.33}$$

이고, Δ로부터 k번째 순방향 경로상에 있는 루프 이득과 비접촉 루프 이득들을 소거하면 Δ_k가 얻어진다.

$$\Delta_1 = 1 - G_7(s)H_4(s) \tag{5.34}$$

식 (5.29), 식 (5.33)과 식 (5.34)를 식 (5.28)에 대입하면 다음 전달함수가 얻어진다.

$$G(s) = \frac{T_1\Delta_1}{\Delta} = \frac{[G_1(s)G_2(s)G_3(s)G_4(s)G_5(s)][1 - G_7(s)H_4(s)]}{\Delta} \tag{5.35}$$

순방향 경로는 하나만 있으므로, $G(s)$는 이 순방향 경로에 의한 이득 식으로 표시된다.

숙련예제 5.4

문제 그림 5.19(c)의 신호흐름선도로 표시되는 시스템의 전달함수를 Mason 공식을 이용하여 구하라. 이 문제는 예제 5.2의 블록선도를 통합하여 전달함수를 구하는 문제와 같다.

풀이

$$T(s) = \frac{[G_1(s)G_3(s)[1 + G_2(s)]}{[1 + G_2(s)H_2(s) + G_1(s)G_2(s)H_1(s)][1 + G_3(s)H_3(s)]}$$

풀이 과정은 www.wiley.com/go/Nise/ControlSystemsEngineering8e에 있다.

5.6 상태 방정식의 신호흐름선도

State Space
SS

이 절에서는 상태 방정식을 신호흐름선도로 표현하는 방법을 다루기로 한다. 먼저 상태변수들을 표시한 후 신호흐름선도를 그린다.

다음 상태 방정식과 출력 방정식을 고려하자.

$$\dot{x}_1 = 2x_1 - 5x_2 + 3x_3 + 2r \tag{5.36a}$$

$$\dot{x}_2 = -6x_1 - 2x_2 + 2x_3 + 5r \tag{5.36b}$$

$$\dot{x}_3 = x_1 - 3x_2 - 4x_3 + 7r \tag{5.36c}$$

$$y = -4x_1 + 6x_2 + 9x_3 \tag{5.36d}$$

먼저 그림 5.22(a)와 같이 세 개의 상태변수 x_1, x_2 와 x_3에 해당하는 마디 세 개를 정하고 각 상태변수의 좌측에 해당 상태변수를 미분한 신호를 마디로 표기한다. 또한, 입력 r과 출력 y를 각각 마디로 표기한다.

다음으로 그림 5.22(b)와 같이 상태변수를 나타낸 마디와 상태변수를 미분한 마디를 적분식인 $1/s$로 연결한다. 여기에 식 (5.36)을 이용하여 각 마디에 관련된 신호들을 연결한다. 예를 들면, 식 (5.36a)로부터 $\dot{x}_1$에는 그림 5.22(c)와 같이 $2x_1 - 5x_2 + 3x_3 + 2r$이 되도록 신호들을 연결한다. 마찬가지로 $\dot{x}_2$에는 그림 5.22(d)와 같이 $-6x_1 - 2x_2 + 2x_3 + 5r$이 되도록 연결하고, $\dot{x}_3$에는 그림 5.22(e)와 같이 $x_1 - 3x_2 - 4x_3 + 7r$이 되도록 연결한다. 마지막으로, 식 (5.36d)로부터 출력 y는 그림 5.22(f)와 같이 $-4x_1 + 6x_2 + 9x_3$이 되도록 신호들을 연결한다. 이것은 위상변수형 표현으로 각 적분기의 출력이 상태변수가 된다.

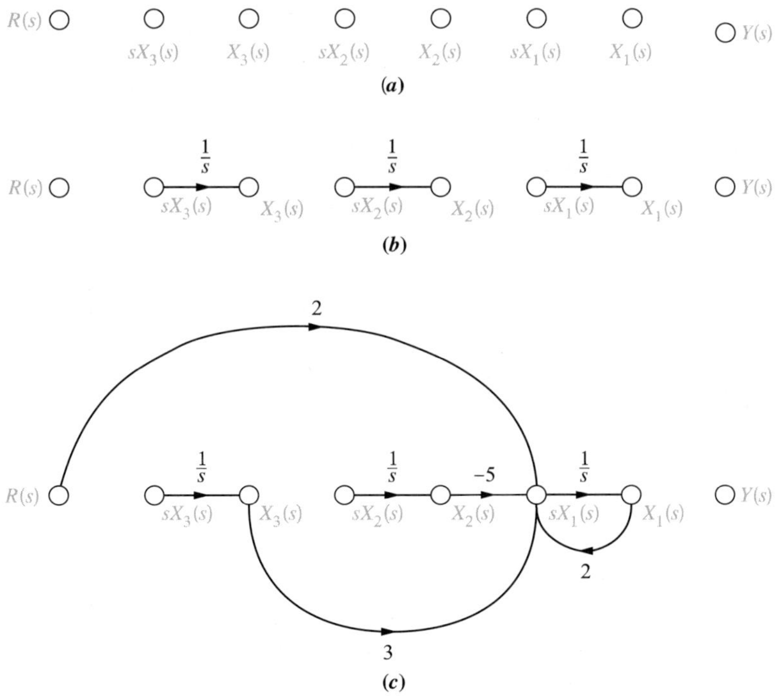

그림 5.22 식 (5.36)의 시스템에 대한 신호흐름선도의 구현 : a. 마디 설정 b. 상태변수와 상태변수 미분항을 연결 c. dx_1/dt를 구현 d. dx_2/dt를 구현

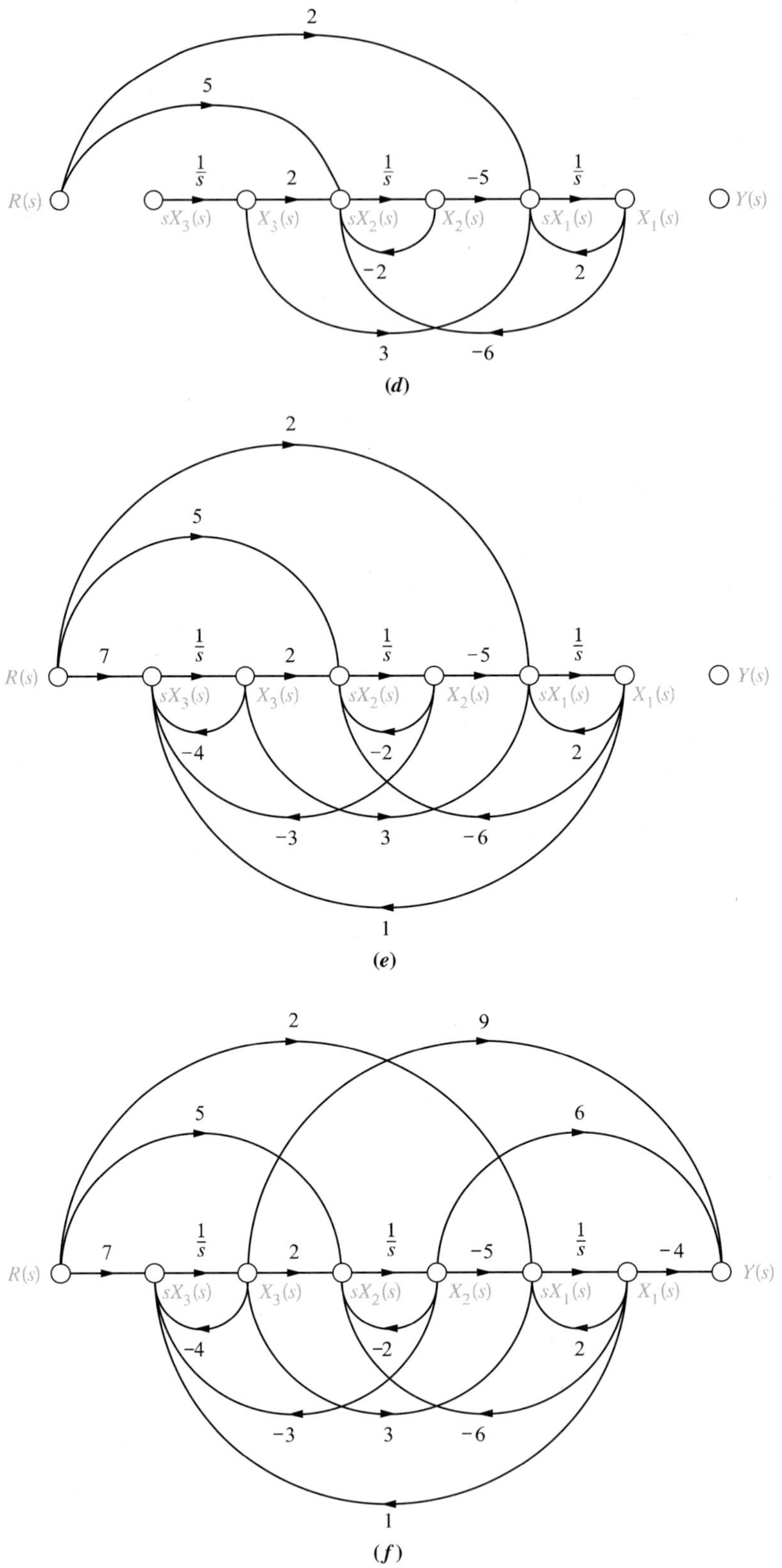

그림 5.22 (계속) e. dx_3/dt를 구현 f. 출력을 구현

숙련예제 5.5

문제 다음 상태 방정식과 출력 방정식으로 표시되는 시스템을 신호흐름선도로 나타내어라.

$$\dot{\mathbf{x}} = \begin{bmatrix} -2 & 1 & 0 \\ 0 & -3 & 1 \\ -3 & -4 & -5 \end{bmatrix}\mathbf{x} + \begin{bmatrix} 0 \\ 0 \\ 1 \end{bmatrix} r$$

$$y = \begin{bmatrix} 0 & 1 & 0 \end{bmatrix}\mathbf{x}$$

풀이 해는 www.wiley.com/go/Nise/ControlSystemsEngineering8e에 있다.

다음 절에서는, 신호 흐름 모델을 이용하여 같은 시스템을 상태 공간에서 다르게 표현하는 과정을 설명하고자 한다. 시스템의 입력과 출력이 동일해도, 상태 공간에서 시스템 표현 식은 다양하며 다른 형태로 나타낼 수 있음을 알 수 있게 될 것이다.

5.7 상태 공간에서의 다른 표현

State Space
SS

3장에서는 시스템을 상태 공간에서 위상변수형으로 표현하였다. 그러나 상태 공간에서 시스템 모델은 위상변수형 이외에도 여러 가지 형태로 표현될 수 있다. 이들 각 모델은 입력과 출력이 같으므로 시스템 특성은 변하지 않지만, 다른 형태로 표현하면 시스템 해석에 편리할 경우가 많다. 예를 들면, 증폭기와 필터 출력과 같이 시스템의 물리적 변수들을 상태변수로 선정하면 시스템의 물리적 특성을 해석하는 데 유리하다.

특정한 상태변수와 상태 공간 모델을 선정하는 다른 이유는 쉽게 해를 구할 수 있기 때문이다. 뒤에서 알게 되겠지만 상태변수들을 특별하게 선정하면 시스템을 연립 미분방정식으로 표현할 때, 상태변수들이 상호 결합하지 않도록 분리할 수 있다. 즉, 한 개의 변수만의 1차 미분방정식으로 표현되며, n개의 변수에 대한 독립적인 n개의 연립 미분방정식이 되므로 쉽게 해를 구할 수 있다.

특정 변수를 상태변수로 선정하는 또 다른 이유는 모델링이 쉽기 때문이다. 상태변수를 잘 선정하면 모델의 특징을 이용하여 서브시스템의 상태변수를 표현하는 식으로 변환시키기가 쉽다. 엔지니어는 직관적으로 상태 방정식과 출력 방정식을 세우는 방법과, 신호흐름선도를 그리는 방법을 배우게 될 것이다.

몇 가지 대표적인 형태를 예를 들어 각각이 상태 공간에서 어떻게 표현되는지를 알아보자.

종속형(Cascade Form)

시스템을 상태 공간에서 위상변수형으로 나타낼 수 있음은 이미 설명하였다. 여기서 상태변수 사이의 관계는 연속적으로 미분이 되는 관계이다. 그러나 이것만이 상태변수를 선정하는 유일한 방법은 아니다. 그림 3.10(a)의 시스템의 전달함수는 다음과 같이 달리 표현할 수 있다.

$$\frac{C(s)}{R(s)} = \frac{24}{(s+2)(s+3)(s+4)} \tag{5.37}$$

이것은 그림 5.23과 같이 식 (5.37)의 각 항이 종속 접속되는 블록선도로 나타낼 수 있다. 각 블록의 출력을 상태변수로 정하면 이들은 위상변수와 다른 상태변수가 된다.

이제 신호흐름선도를 이용하여 시스템을 상태 공간에서 표현하는 법을 살펴보자. 그림 5.23을 이용하여 신호흐름선도를 그리면 상태 방정식을 세우는 데 도움이 된다. 그림 5.23의 각 블록을 미분방정식으로 나타내면 그 블록에 대한 신호흐름선도를 그릴 수 있다. 각 블록의 형태는

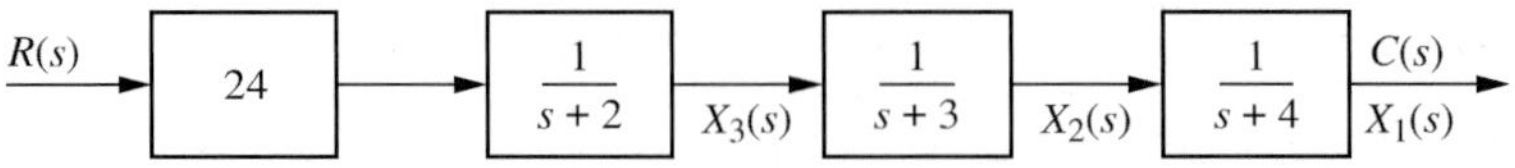

그림 5.23 그림 3.10의 시스템을 1차 시스템이 종속 접속되는 시스템으로 표현

$$\frac{C_i(s)}{R_i(s)} = \frac{1}{(s+a_i)} \tag{5.38}$$

이므로 등식의 양변을 대각선으로 곱하면, 다음과 같이 표현된다.

$$(s+a_i)C_i(s) = R_i(s) \tag{5.39}$$

이것을 Laplace 역변환하면

$$\frac{dc_i(t)}{dt} + a_i c_i(t) = r_i(t) \tag{5.40}$$

이므로 $dc_i(t)/dt$에 대하여 정리하면 다음과 같이 된다.

$$\frac{dc_i(t)}{dt} = -a_i c_i(t) + r_i(t) \tag{5.41}$$

그림 5.24(a)는 식 (5.41)을 신호흐름선도로 표현한 것이다. 여기서 적분기의 출력은 $c_i(t)$인 마디로 표기되고, 적분기의 입력 측, 출력을 미분한 마디는 입력에 연결되어 있다.

그림 5.24(a)의 전달함수를 종속 접속시키면, 그림 5.24(b)와 같은 신호흐름선도를 얻을 수 있다.[2] 이제 새롭게 표현된 시스템에 대한 상태 방정식을 세워보자. 각 상태변수의 미분항이 각 적분기의 입력이 된다는 점을 상기하면 다음 방정식이 얻어진다.

$$\dot{x}_1 = -4x_1 + x_2 \tag{5.42a}$$

$$\dot{x}_2 = \qquad -3x_2 + x_3 \tag{5.42b}$$

$$\dot{x}_3 = \qquad\qquad -2x_3 + 24r \tag{5.42c}$$

출력 방정식은 그림 5.24(b)로부터 직관적으로 얻을 수 있다.

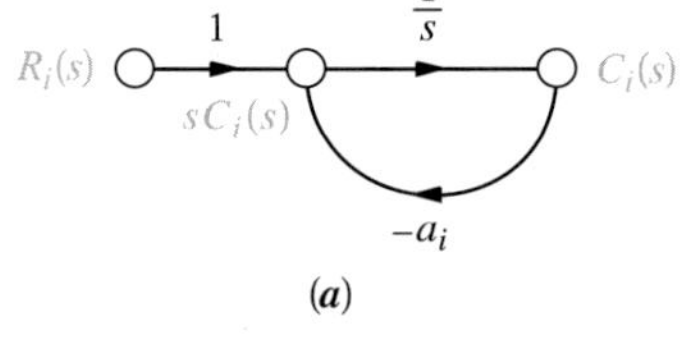

(a)

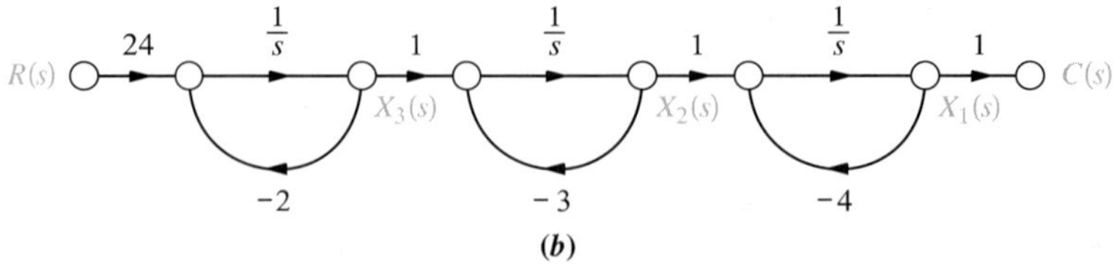

(b)

그림 5.24 a. 1차 서브시스템 b. 그림 5.23의 시스템에 대한 신호흐름선도

2 마디 $X_3(s)$와 다음에 연결되는 마디를 합칠 수 없는데, 그 이유는 $X_2(s)$가 첫 번째 적분기의 입력으로 피드백되어 입력이 변경되고 신호 $X_3(s)$가 없어지기 때문이다. $X_2(s)$와 다음 마디에 대해서도 같은 논리를 적용할 수 있다.

$$y = c(t) = x_1 \tag{5.43}$$

식 (5.42)와 식 (5.43)의 상태 방정식과 출력 방정식을 벡터-행렬식으로 나타내면 다음과 같이 된다.

$$\dot{\mathbf{x}} = \begin{bmatrix} -4 & 1 & 0 \\ 0 & -3 & 1 \\ 0 & 0 & -2 \end{bmatrix}\mathbf{x} + \begin{bmatrix} 0 \\ 0 \\ 24 \end{bmatrix}\mathrm{r} \tag{5.44a}$$

$$y = [1 \quad 0 \quad 0]\mathbf{x} \tag{5.44b}$$

그림 5.24(b)와 식 (5.44)를 비교하면, 상태 방정식을 구성하는 요소의 의미를 명확하게 확인할 수 있다. 다음에서 식 (3.18)과 식 (3.19)의 상태 방정식과 출력 방정식의 일반적인 형태에 대해서 논의해 보자.

예를 들면, 행렬 **B**는 입력 $r(t)$를 시스템에 연결시키는 항을 포함하기 때문에 입력 행렬이다. 특히, 상수 24는 그림 5.24(b)에서 보는 바와 같이 신호흐름선도의 입력과 식 (5.44)의 입력 행렬에서 동일하게 나타난다. 행렬 **C**는 상태변수 x_1을 출력 $c(t)$에 연결시키는 상수를 포함하므로 출력 행렬이다. 행렬 **A**는 서브시스템 자체에 관련되는 항을 포함하므로 시스템 행렬이다. 식 (5.44)의 시스템 행렬에는 시스템의 극점이 대각선으로 배열되어 있다.

식 (5.44)와 식 (3.59)의 위상변수형을 비교해 보면, 위상변수형의 경우에는 시스템의 특성 다항식의 계수들이 시스템 행렬의 마지막 행에 배열된다. 반면에 식 (5.44)에서는 시스템의 극점인 특성 다항식의 근이 시스템 행렬에서 대각선으로 배열된다.

병렬형(Paralled Form)

시스템을 표현하는 또 다른 형태로 병렬형이 있다. 이 형은 시스템의 특성 방정식이 중근을 포함하지 않으면 시스템 행렬 **A**는 대각선 성분만을 가진다.

종속형에서는 1차 서브시스템들이 종속 접속된다. 반면에, 병렬형은 전달함수를 부분 분수로 전개한 결과로부터 유도된다. 식 (5.37)의 전달함수를 부분 분수로 전개하면 다음과 같이 된다.

$$\frac{C(s)}{R(s)} = \frac{24}{(s+2)(s+3)(s+4)} = \frac{12}{(s+2)} - \frac{24}{(s+3)} + \frac{12}{(s+4)} \tag{5.45}$$

식 (5.45)는 1차 서브시스템의 합과 같다. 신호흐름선도를 얻기 위하여 $C(s)$를 다음과 같이 나타내자.

$$C(s) = R(s)\frac{12}{(s+2)} - R(s)\frac{24}{(s+3)} + R(s)\frac{12}{(s+4)} \tag{5.46}$$

여기서 $C(s)$는 세 항의 합이 되고, 각 항은 $R(s)$가 입력인 1차 서브시스템이다. 이것을 신호흐름선도로 나타내면 그림 5.25와 같다.

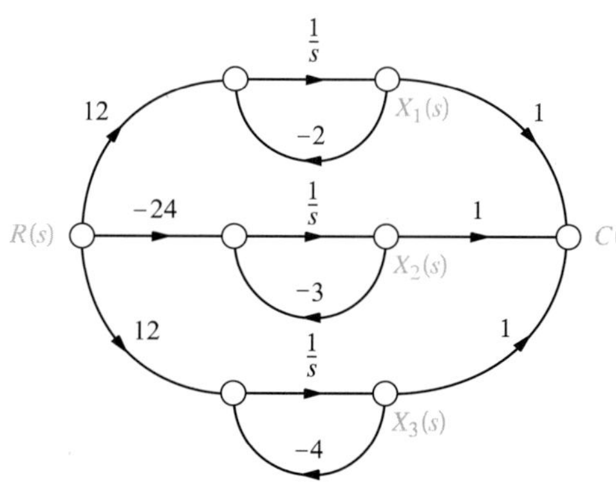

그림 5.25 식 (5.45)에 대한 신호흐름선도

상태 방정식을 얻기 위하여 신호흐름선도를 이용하기로 한다. 직관적으로 상태변수는 각 적분기의 출력이 되므로 상태변수의 미분이 적분기의 입력이 된다. 적분기의 입력에서 신호들을 합하면 다음과 같은 상태 방정식이 얻어진다.

$$\dot{x}_1 = -2x_1 \qquad\qquad + 12r \tag{5.47a}$$

$$\dot{x}_2 = \qquad -3x_2 \qquad - 24r \tag{5.47b}$$

$$\dot{x}_3 = \qquad\qquad -4x_3 + 12r \tag{5.47c}$$

출력 방정식은 상태변수들을 합하여 얻는다.

$$y = c(t) = x_1 + x_2 + x_3 \tag{5.48}$$

식 (5.47)과 식 (5.48)을 벡터-행렬식으로 나타내면 다음과 같이 된다.

$$\dot{\mathbf{x}} = \begin{bmatrix} -2 & 0 & 0 \\ 0 & -3 & 0 \\ 0 & 0 & -4 \end{bmatrix}\mathbf{x} + \begin{bmatrix} 12 \\ -24 \\ 12 \end{bmatrix}\mathrm{r} \tag{5.49}$$

$$y = [1 \quad 1 \quad 1]\mathbf{x} \tag{5.50}$$

따라서, 그림 3.10(a)의 시스템은 대각선 성분만을 가지는 시스템 행렬로 표현된다. 시스템을 이와 같이 나타내면 각 방정식은 한 개의 변수에 대한 1차 미분방정식이 된다. 따라서 각 방정식의 해를 독립적으로 구할 수 있는 장점이 있다. 이와 같은 방정식들은 비결합(decoupled)되었다고 한다.

MATLAB **ML**

MATLAB을 사용하고자 하는 독자들은 부록 B에 있는 ch5apB3를 실행시켜 보기 바란다. 전달함수를 특정한 상태변수 방정식으로 변환하기 위하여 MATLAB을 사용하는 방법을 이해하게 될 것이다. 식 (5.45)에 있는 전달함수를 식 (5.49)와 같이 상태 공간에서 병렬형으로 나타내는 문제를 해결할 수 있다.

전달함수의 분모가 실수의 중근을 갖는 경우에도, 부분 분수로 전개하여 병렬형을 유도할 수 있다. 그러나 시스템 행렬은 대각선 성분만을 가지지 않는다.

다음 시스템을 예를 들어 설명하기로 한다.

$$\frac{C(s)}{R(s)} = \frac{(s+3)}{(s+1)^2(s+2)} \tag{5.51}$$

이것을 부분 분수로 전개하면 다음과 같다.

$$\frac{C(s)}{R(s)} = \frac{2}{(s+1)^2} - \frac{1}{(s+1)} + \frac{1}{(s+2)} \tag{5.52}$$

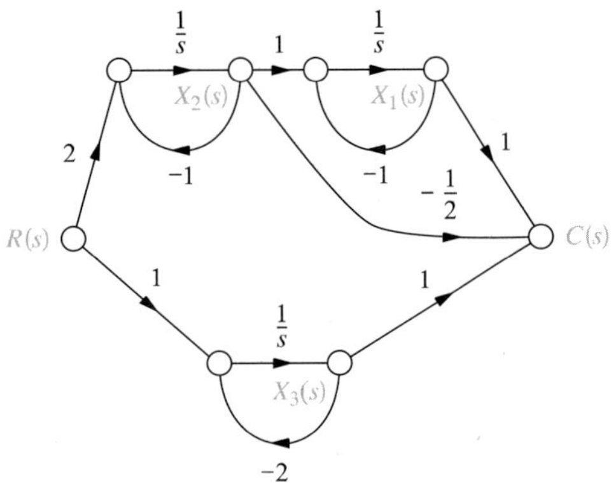

그림 5.26 식 (5.52)에 대한 신호흐름선도

식 (5.52)에 대한 신호흐름선도는 그림 5.26과 같다. 여기서 $-1/(s+1)$항은 $X_2(s)$에서 $C(s)$로 신호가 전달되도록 하면서 생성된다. 상태 방정식과 출력 방정식은 그림 5.26으로부터 다음과 같이 직관적으로 얻을 수 있다.

$$\dot{x}_1 = -x_1 + x_2 \tag{5.53a}$$

$$\dot{x}_2 = -x_2 + 2r \tag{5.53b}$$

$$\dot{x}_3 = -2x_3 + r \tag{5.53c}$$

$$y = c(t) = x_1 - \frac{1}{2}x_2 + x_3 \tag{5.53d}$$

이것을 벡터-행렬식으로 나타내면 다음과 같다.

$$\dot{\mathbf{x}} = \begin{bmatrix} -1 & 1 & 0 \\ 0 & -1 & 0 \\ 0 & 0 & -2 \end{bmatrix}\mathbf{x} + \begin{bmatrix} 0 \\ 2 \\ 1 \end{bmatrix}\mathrm{r} \tag{5.54a}$$

$$y = \left[1 \quad -\frac{1}{2} \quad 1\right]\mathbf{x} \tag{5.54b}$$

시스템 행렬이 대각선 성분만을 가지지는 않지만, 시스템 극점들이 대각선을 따라 배열된다. 중근일 때는 대각선 위쪽에 1이 배치되는데 이와 같은 시스템 행렬 형태를 Jordan 표준형(*Jordan canonical form*)이라 한다.

제어기 표준형(Controller Canonical Form)

위상변수들을 사용하여 시스템을 표현하는 방법으로는 위상변수형 외에 제어기 표준형이 있다. 이것은 12장에서 다룰 제어기 설계에서 사용되기 때문에 붙여진 이름이며 위상변수형에서 위상변수를 역순으로 배열하여 간단히 얻을 수 있다. 다음 전달함수를 고려해 보자.

$$G(s) = \frac{C(s)}{R(s)} = \frac{s^2 + 7s + 2}{s^3 + 9s^2 + 26s + 24} \tag{5.55}$$

위상변수형은 예제 3.5에서 다음과 같이 유도되었다.

$$\begin{bmatrix} \dot{x}_1 \\ \dot{x}_2 \\ \dot{x}_3 \end{bmatrix} = \begin{bmatrix} 0 & 1 & 0 \\ 0 & 0 & 1 \\ -24 & -26 & -9 \end{bmatrix} \begin{bmatrix} x_1 \\ x_2 \\ x_3 \end{bmatrix} + \begin{bmatrix} 0 \\ 0 \\ 1 \end{bmatrix} r \tag{5.56a}$$

$$y = \begin{bmatrix} 2 & 7 & 1 \end{bmatrix} \begin{bmatrix} x_1 \\ x_2 \\ x_3 \end{bmatrix} \tag{5.56b}$$

여기서 $y = c(t)$이다. 위상변수를 역순으로 배열하면 다음과 같이 된다.

$$\begin{bmatrix} \dot{x}_3 \\ \dot{x}_2 \\ \dot{x}_1 \end{bmatrix} = \begin{bmatrix} 0 & 1 & 0 \\ 0 & 0 & 1 \\ -24 & -26 & -9 \end{bmatrix} \begin{bmatrix} x_3 \\ x_2 \\ x_1 \end{bmatrix} + \begin{bmatrix} 0 \\ 0 \\ 1 \end{bmatrix} r \tag{5.57a}$$

$$y = \begin{bmatrix} 2 & 7 & 1 \end{bmatrix} \begin{bmatrix} x_3 \\ x_2 \\ x_1 \end{bmatrix} \tag{5.57b}$$

스스로 해보기 5.3

다음의 MATLAB과 Control System Toolbox 프로그램을 사용하여 식 (5.55)의 전달함수를 식 (5.58)의 제어기 표준형으로 변환하라.

```
numg=[1 7 2];
deng=[1 9 26 24];
[Acc,Bcc,Ccc,Dcc]...
=tf2ss[numg,deng]
```

식 (5.57)을 상태변수 순서로 다시 배열하면 다음과 같은 제어기 표준형이 얻어진다.[3]

$$\begin{bmatrix} \dot{x}_1 \\ \dot{x}_2 \\ \dot{x}_3 \end{bmatrix} = \begin{bmatrix} -9 & -26 & -24 \\ 1 & 0 & 0 \\ 0 & 1 & 0 \end{bmatrix} \begin{bmatrix} x_1 \\ x_2 \\ x_3 \end{bmatrix} + \begin{bmatrix} 1 \\ 0 \\ 0 \end{bmatrix} r \tag{5.58a}$$

$$y = \begin{bmatrix} 1 & 7 & 2 \end{bmatrix} \begin{bmatrix} x_1 \\ x_2 \\ x_3 \end{bmatrix} \tag{5.58b}$$

그림 5.27은 신호흐름선도로부터 제어기 표준형을 얻는 과정을 나타내고 있는데 제어기 표준형은 위상변수를 역순으로 재정렬하여 얻는다. 식 (5.56)은 그림 5.27(a)로부터 얻고, 식 (5.58)은 그림 5.27(b)로부터 얻을 수 있다.

---

3 MATLAB 명령 tf2ss를 사용하여 전달함수를 상태 공간 식으로 변환하면 제어기 표준형으로 된다.

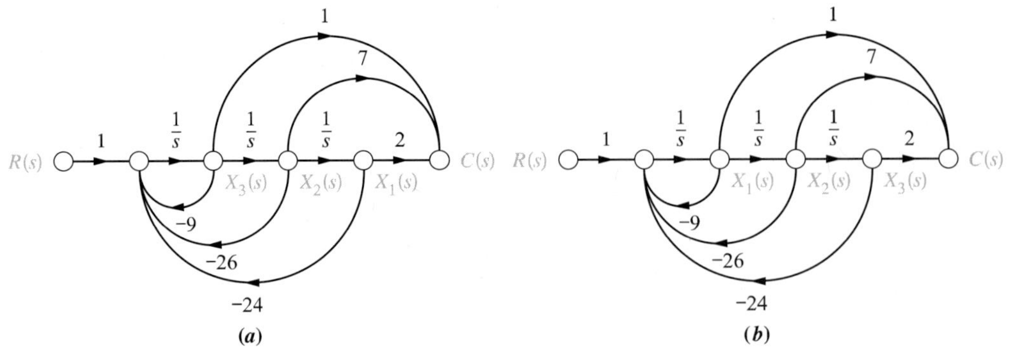

그림 5.27 $G(s)=C(s)/R(s)=(s^2+7s+2)/(s^3+9s^2+26s+24)$을 상태 공간에서 표현하기 위한 신호흐름선도 a. 위상변수형 b. 제어기 표준형

위상변수형과 제어기 표준형은 특성 다항식의 계수가 시스템 행렬의 마지막 행과 처음 행에 각각 배열된다는 점을 주목하라. 특성 다항식의 계수들이 배열되는 시스템 행렬을 특성 다항식에 대한 **동반 행렬**(*companion matrix*)이라 한다. 동반 행렬은 좌측이나 우측 열에 특성 다항식의 계수가 배열될 수도 있는데 다음 절에서 설명하기로 한다.

관측기 표준형(Observer Canonical Form)

12장에서 다룰 관측기 설계에서 사용되기 때문에 명명된 관측기 표준형의 시스템 행렬은 특성 다항식의 계수가 좌측 열에 배열되는 동반 행렬이다. 한 예로 식 (5.55)의 시스템이 이 형태로 표시되는 예를 살펴보자. 분자와 분모의 모든 항을 s의 최고차항인 s^3으로 나누면 다음과 같다.

$$\frac{C(s)}{R(s)}=\frac{\frac{1}{s}+\frac{7}{s^2}+\frac{2}{s^3}}{1+\frac{9}{s}+\frac{26}{s^2}+\frac{24}{s^3}} \tag{5.59}$$

식 (5.59)의 양변을 대각선으로 곱하면

$$\left[\frac{1}{s}+\frac{7}{s^2}+\frac{2}{s^3}\right]R(s)=\left[1+\frac{9}{s}+\frac{26}{s^2}+\frac{24}{s^3}\right]C(s) \tag{5.60}$$

이 되므로 적분 차수가 같은 항들을 묶어 다음과 같이 나타내자.

$$C(s)=\frac{1}{s}[R(s)-9C(s)]+\frac{1}{s^2}[7R(s)-26C(s)]+\frac{1}{s^3}][2R(s)-24C(s)] \tag{5.61}$$

또는

$$C(s)=\frac{1}{s}\left[[R(s)-9C(s)]+\frac{1}{s}\left([7R(s)-26C(s)]+\frac{1}{s}[2R(s)-24C(s)]\right)\right] \tag{5.62}$$

식 (5.61)이나 식 (5.62)는 신호흐름선도를 그리는 데 사용될 수 있는데 우선 그림 5.28(a)와 같이 세 개의 적분기를 배치한다.

식 (5.61)에서, 출력 $C(s)$를 얻기 위해서는 첫 번째 항 $[R(s)-9C(s)]$를 한 번 적분하여야 하므로 그림 5.28(b)와 같이 출력 $C(s)$에 가까운 쪽의 적분기 입력에 $[R(s)-9C(s)]$를 연결한다. 두 번째 항 $[7R(s)-26C(s)]$는 두 번 적분하여야 하므로 두 번째 적분기 입력에 $[7R(s)-26C(s)]$를 연결한다. 마지막으로, 식 (5.61)의 마지막 항 $[2R(s)-24C(s)]$는 세 번 적분하여야 하므로 첫 번째 적분기 입력에 $[2R(s)-24C(s)]$를 연결한다.

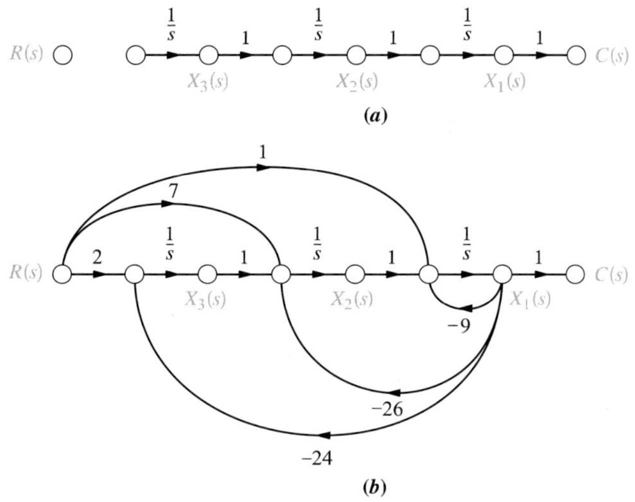

그림 5.28 관측기 표준형을 얻기 위한 신호흐름선도 a. 계획 b. 구현

각 적분기의 출력을 상태변수로 정하면 다음과 같은 상태 방정식이 얻어진다.

$$\dot{x}_1 = -9x_1 + x_2 \qquad + r \tag{5.63a}$$

$$\dot{x}_2 = -26x_1 \qquad + x_3 + 7r \tag{5.63b}$$

$$\dot{x}_3 = -24x_1 \qquad + 2r \tag{5.63c}$$

그림 5.28(b)로부터 출력 방정식은 다음과 같다.

$$y = c(t) = x_1 \tag{5.64}$$

식 (5.63)과 식 (5.64)를 벡터-행렬식으로 나타내면 다음과 같이 된다.

$$\dot{\mathbf{x}} = \begin{bmatrix} -9 & 1 & 0 \\ -26 & 0 & 1 \\ -24 & 0 & 0 \end{bmatrix}\mathbf{x} + \begin{bmatrix} 1 \\ 7 \\ 2 \end{bmatrix}\mathrm{r} \tag{5.65a}$$

$$y = [1 \quad 0 \quad 0]\mathbf{x} \tag{5.65b}$$

> **스스로 해보기 5.4**
>
> 다음 MATLAB과 Control System Toolbox 프로그램을 사용하여 식 (5.55)의 전달함수를 식 (5.65)의 관측기 표준형으로 변환하라.
>
> ```
> numg=[1 7 2];
> deng=[1 9 26 24];
> [Acc,Bcc,Ccc,Dcc]...
> =tf2ss[numg,deng]
> Aoc=transpose(Acc)
> Boc=transpose(Ccc)
> Coc=transpose(Bcc)
> ```

식 (5.65)는 전달함수의 분모항의 계수들이 첫 번째 열에 배열되고, 분자항의 계수들이 입력 행렬 B에 포함된다는 것을 제외하면 위상변수형과 유사하다는 것을 주목하라. 또한, 관측기 표준형의 시스템 행렬은 제어기 표준형의 시스템 행렬을 전치시킨 전치 행렬이고, 벡터 B는 제어기 표준형의 벡터 C를 전치시킨 전치 벡터이다. 벡터 C는 제어기 표준형의 벡터 B의 전치 벡터가 되므로 이들 두 형은 쌍대(dual) 관계에 있다고 한다. 따라서 시스템이 $\mathbf{A}$, $\mathbf{B}$ 및 $\mathbf{C}$로 표기될 때, 이 시스템과 쌍대가 되는 시스템은 $\mathbf{A}_\mathrm{D} = \mathbf{A}^T$, $\mathbf{B}_\mathrm{D} = \mathbf{C}^T$, $\mathbf{C}_\mathrm{D} = \mathbf{B}^T$로 표기된다. 시스템의 신호흐름선도인 그림 5.27(b)와 쌍대가 되는 시스템의 신호흐름선도인 그림 5.28(b)를 비교함으로써 쌍대의 중요성을 인식할 수 있다. 쌍대가 되는 시스템의 신호흐름선도는 원래 시스템의 신호흐름선도에서 모든 화살표를 반대로 하고, 상태변수를 각 상태변수의 미분으로 바꾸고 입력과 출력을 바꾸어 얻을 수 있다.

지금까지 설명한 형태들을 피드백 제어시스템에 적용하는 예제를 살펴보기로 하자.

예제 5.8 피드백 시스템의 상태 공간 표현

문제 그림 5.29의 피드백 제어시스템을 순방향의 개루프 전달함수를 종속형으로 나타내는 방법으로 상태 공간에서 표현하라.

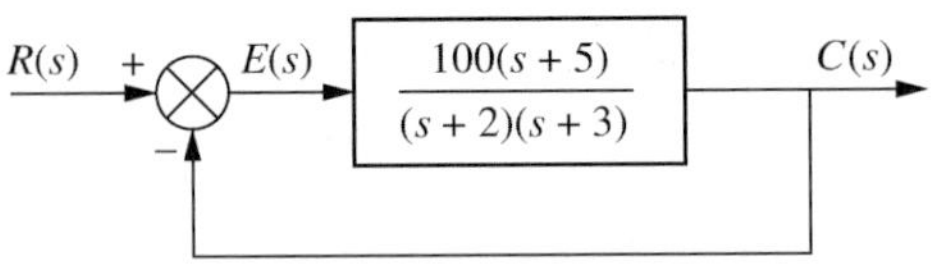

그림 5.29 예제 5.8에 대한 피드백 제어시스템

풀이 우선, 순방향의 개루프 전달함수를 종속형으로 나타낸다. 이득 100, -2에 있는 극점 및 -3에 있는 극점들을 그림 5.30(a)와 같이 종속 접속시킨다. -5에 있는 영점은 3.5절에서 설명한 바와 같이 시스템을 위상변수형으로 나타내는 방법을 사용하여 처리한다. 다음으로, 그림 5.30(b)에 나타낸 바와 같이 피드백 경로와 입력을 추가시킨다. 이제 직관적으로 상태 방정식을 세울 수 있다.

$$\dot{x}_1 = -3x_1 + x_2 \tag{5.66a}$$

$$\dot{x}_2 = \quad -2x_2 + 100(r - c) \tag{5.66b}$$

그러나 그림 5.30(b)로부터

$$c = 5x_1 + (x_2 - 3x_1) = 2x_1 + x_2 \tag{5.67}$$

이 되므로 식 (5.67)을 식 (5.66b)에 대입하면 다음과 같은 상태 방정식이 얻어진다.

$$\dot{x}_1 = \quad -3x_1 \quad + x_2 \tag{5.68a}$$

$$\dot{x}_2 = -200x_1 - 102x_2 + 100r \tag{5.68b}$$

출력 방정식은 식 (5.67)과 같다.

$$y = c(t) = 2x_1 + x_2 \tag{5.69}$$

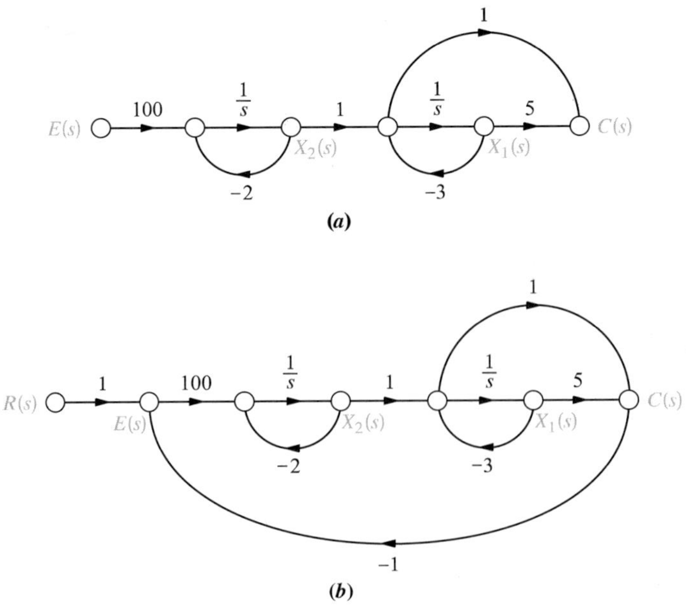

그림 5.30 그림 5.29의 시스템에 대한 신호흐름선도 a. 순방향의 개루프 전달함수 b. 완성된 신호흐름선도

상태 방정식과 출력 방정식을 벡터-행렬식으로 나타내면 다음과 같다.

$$\dot{\mathbf{x}} = \begin{bmatrix} -3 & 1 \\ -200 & -102 \end{bmatrix}\mathbf{x} + \begin{bmatrix} 0 \\ 100 \end{bmatrix}\mathrm{r} \tag{5.70a}$$

$$y = [2 \quad 1]\mathbf{x} \tag{5.70b}$$

숙련예제 5.6

문제 그림 5.29의 피드백 제어시스템을 순방향의 개루프 전달함수를 제어기 표준형으로 나타내는 방법으로 상태 공간에서 표현하라.

풀이

$$\dot{\mathbf{x}} = \begin{bmatrix} -105 & -506 \\ 1 & 0 \end{bmatrix}\mathbf{x} + \begin{bmatrix} 1 \\ 0 \end{bmatrix}\mathrm{r}$$

$$y = [100 \quad 500]\mathbf{x}$$

풀이 과정은 www.wiley.com/go/Nise/ControlSystemsEngineering8e에 있다.

이 절에서는 전달함수와 신호흐름선도를 사용하여 시스템을 위상변수형 외에 병렬형, 종속형, 제어기 표준형 및 관측기 표준형으로 표현하였다. 전달함수 $C(s)/R(s) = (s+3)/[(s+4)(s+6)]$에 대하여 앞에서 언급된 여러 가지 형들의 신호흐름선도와 상태 공간 표현 식을 그림 5.31에 나타내었다. 신호흐름선도와 상태 방정식으로부터 제어기 표준형과 관측기 표준형은 쌍대가 됨을 확인할 수 있다. 다음 절에서는 전달함수와 신호흐름선도를 사용하지 않고 시스템 표현 식을 변경시킬 수 있음을 설명하고자 한다.

<table>
<tr><th>형식</th><th>전달함수</th><th>신호흐름선도</th><th>상태 방정식</th></tr>
<tr><td>위상
변수형</td><td>$\frac{1}{(s^2+10s+24)} * (s+3)$</td><td>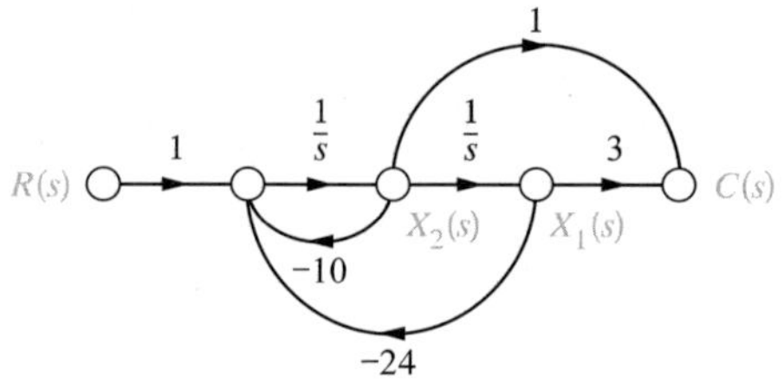
</td><td>$\dot{\mathbf{x}} = \begin{bmatrix} 0 & 1 \\ -24 & -10 \end{bmatrix}\mathbf{x} + \begin{bmatrix} 0 \\ 1 \end{bmatrix}r$
$y = [3 \quad 1]\mathbf{x}$</td></tr>
<tr><td>병렬형</td><td>$\frac{-1/2}{(s+4)} + \frac{3/2}{s+6}$</td><td>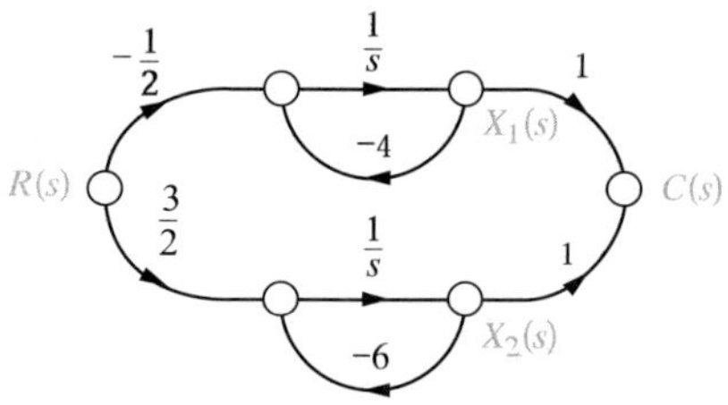
</td><td>$\dot{\mathbf{x}} = \begin{bmatrix} -4 & 0 \\ 0 & -6 \end{bmatrix}\mathbf{x} + \begin{bmatrix} -\frac{1}{2} \\ \frac{3}{2} \end{bmatrix}r$
$y = [1 \quad 1]\mathbf{x}$</td></tr>
<tr><td>종속형</td><td>$\frac{1}{(s+4)} * \frac{(s+3)}{(s+6)}$</td><td>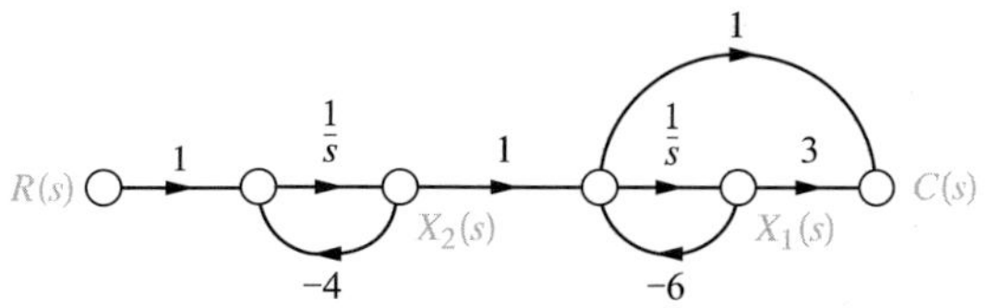
</td><td>$\dot{\mathbf{x}} = \begin{bmatrix} -6 & 1 \\ 0 & -4 \end{bmatrix}\mathbf{x} + \begin{bmatrix} 0 \\ 1 \end{bmatrix}r$
$y = [-3 \quad 1]\mathbf{x}$</td></tr>
</table>

그림 5.31 $C(s)/R(s) = (s+3)/[(s+4)(s+6)]$에 대한 상태 공간 표현식. 주 : $y = c(t)$

형식	전달함수	신호흐름선도	상태 방정식
제어기 표준형	$\dfrac{1}{(s^2+10s+24)} * (s+3)$	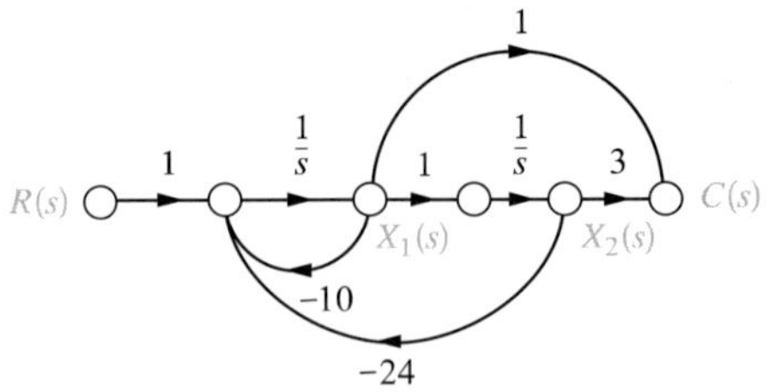	$\dot{\mathbf{x}} = \begin{bmatrix} -10 & -24 \\ 1 & 0 \end{bmatrix}\mathbf{x} + \begin{bmatrix} 1 \\ 0 \end{bmatrix} r$ $y = [1 \;\; 3]\,\mathbf{x}$
관측기 표준형	$\dfrac{\frac{1}{s} + \frac{3}{s^2}}{1 + \frac{10}{s} + \frac{24}{s^2}}$	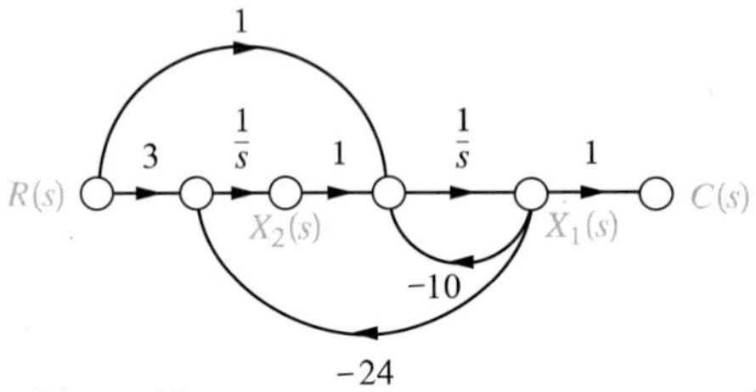	$\dot{\mathbf{x}} = \begin{bmatrix} -10 & 1 \\ -24 & 0 \end{bmatrix}\mathbf{x} + \begin{bmatrix} 1 \\ 3 \end{bmatrix} r$ $y = [1 \;\; 0]\,\mathbf{x}$

그림 5.31 (계속) $C(s)/R(s) = (s+3)/[(s+4)(s+6)]$에 대한 상태 공간 표현식. 주 : $y = c(t)$

5.8 유사 변환

State Space
SS

5.7절에서는 입력과 출력의 관계를 나타내는 전달함수가 같더라도 시스템은 다른 상태변수로 표현될 수 있음을 보였다. 전달함수를 다른 형태로 표현하고 이것을 신호흐름선도로 나타낸 후 상태 방정식으로 표현하면 다른 형태의 상태 방정식이 얻어짐을 알았다. 달리 표현되지만 같은 시스템이므로 이 시스템들은 서로 유사(*similar*)하다고 한다. 상태 공간에서 표현되는 형태는 서로 다르지만, 유사 시스템들은 동일한 전달함수를 가지므로 극점이나 고유치는 같다.

여기서는 전달함수와 신호흐름선도를 사용하지 않고, 시스템의 상태 방정식을 다른 형태로 변환시킬 수 있음을 예를 들어 설명하고자 한다. 이 부분에 대한 사전 지식이 없거나 기억을 상기시키고 싶은 독자는 www.wiley.com/go/Nise/ControlSystemsEngineering8e에 있는 부록 L을 공부하기 바란다.

유도 결과를 설명하고자 상태 공간에서 시스템을 다음과 같이 표현하자.

$$\mathbf{x} = \mathbf{A}\mathbf{x} + \mathbf{B}\mathbf{u} \tag{5.71a}$$

$$\mathbf{y} = \mathbf{C}\mathbf{x} + \mathbf{D}\mathbf{u} \tag{5.71b}$$

이 시스템은 다음과 같은 유사 시스템으로 변환될 수 있다.

$$\mathbf{z} = \mathbf{P}^{-1}\mathbf{A}\mathbf{P}\mathbf{z} + \mathbf{P}^{-1}\mathbf{B}\mathbf{u} \tag{5.72a}$$

$$\mathbf{y} = \mathbf{C}\mathbf{P}\mathbf{z} + \mathbf{D}\mathbf{u} \tag{5.72b}$$

2차원 공간이면

$$\mathbf{P} = [\mathbf{U}_{\mathbf{z}_1}\mathbf{U}_{\mathbf{z}_2}] = \begin{bmatrix} p_{11} & p_{12} \\ p_{21} & p_{22} \end{bmatrix} \tag{5.72c}$$

$$\mathbf{x} = \begin{bmatrix} p_{11} & p_{12} \\ p_{21} & p_{22} \end{bmatrix} \begin{bmatrix} z_1 \\ z_2 \end{bmatrix} = \mathbf{Pz} \tag{5.72d}$$

이고

$$\mathbf{z} = \mathbf{P}^{-1}\mathbf{x} \tag{5.72e}$$

가 된다. 따라서 행렬 P는 행렬의 열이 z_1, z_2 좌표에서 기저 벡터의 좌표 성분이 되는 변환 행렬이다. 이 기저 벡터는 x_1, x_2 좌표에서 선형 조합으로 표현된다. 다음 예제를 살펴보자.

예제 5.9 상태 방정식의 유사 변환

문제 시스템이 상태 공간에서 식 (5.73)으로 표현될 때

$$\dot{\mathbf{x}} = \begin{bmatrix} 0 & 1 & 0 \\ 0 & 0 & 1 \\ -2 & -5 & -7 \end{bmatrix} \mathbf{x} + \begin{bmatrix} 0 \\ 0 \\ 1 \end{bmatrix} \mathrm{u} \tag{5.73a}$$

$$y = [1 \quad 0 \quad 0]\mathbf{x} \tag{5.73b}$$

상태변수 x와 다음 관계로 주어지는 새로운 상태변수 z로 표현되는 시스템으로 변환하라.

$$z_1 = 2x_1 \tag{5.74a}$$

$$z_2 = 3x_1 + 2x_2 \tag{5.74b}$$

$$z_3 = x_1 + 4x_2 + 5x_3 \tag{5.74c}$$

풀이 식 (5.74)를 벡터-행렬식으로 나타내면

$$\mathbf{z} = \begin{bmatrix} 2 & 0 & 0 \\ 3 & 2 & 0 \\ 1 & 4 & 5 \end{bmatrix} \mathbf{x} = \mathbf{P}^{-1}\mathbf{x} \tag{5.75}$$

이므로, 식 (5.72)를 이용하면 다음 식을 얻을 수 있다.

$$\begin{aligned} \mathbf{P}^{-1}\mathbf{AP} &= \begin{bmatrix} 2 & 0 & 0 \\ 3 & 2 & 0 \\ 1 & 4 & 5 \end{bmatrix} \begin{bmatrix} 0 & 1 & 0 \\ 0 & 0 & 1 \\ -2 & -5 & -7 \end{bmatrix} \begin{bmatrix} 0.5 & 0 & 0 \\ -0.75 & 0.5 & 0 \\ 0.5 & -0.4 & 0.2 \end{bmatrix} \\ &= \begin{bmatrix} -1.5 & 1 & 0 \\ -1.25 & 0.7 & 0.4 \\ -2.5 & -0.4 & -6.2 \end{bmatrix} \end{aligned} \tag{5.76}$$

$$\mathbf{P}^{-1}\mathbf{B} = \begin{bmatrix} 2 & 0 & 0 \\ 3 & 2 & 0 \\ 1 & 4 & 5 \end{bmatrix} \begin{bmatrix} 0 \\ 0 \\ 1 \end{bmatrix} = \begin{bmatrix} 0 \\ 0 \\ 5 \end{bmatrix} \tag{5.77}$$

$$\mathbf{CP} = [1 \quad 0 \quad 0] \begin{bmatrix} 0.5 & 0 & 0 \\ -0.75 & 0.5 & 0 \\ 0.5 & -0.4 & 0.2 \end{bmatrix} = [0.5 \quad 0 \quad 0] \tag{5.78}$$

따라서 변환된 시스템은 다음과 같다.

$$\dot{\mathbf{z}} = \begin{bmatrix} -1.5 & 1 & 0 \\ -1.25 & 0.7 & 0.4 \\ -2.55 & 0.4 & -6.2 \end{bmatrix}\mathbf{z} + \begin{bmatrix} 0 \\ 0 \\ 5 \end{bmatrix}u \tag{5.79a}$$

$$y = [0.5 \quad 0 \quad 0]\mathbf{z} \tag{5.79b}$$

MATLAB ML

MATLAB을 사용하고자 하는 독자들은 부록 B에 있는 ch5apB4를 실행시켜 보기 바란다. 유사 변환이 어떻게 이루어지는 지를 배우게 될 것이다. 이것은 예제 5.9를 풀기 위하여 MATLAB을 이용하는 문제이다.

지금까지 서로 다른 상태 공간에 있는 기저 벡터 간의 변환 방법에 대하여 설명하였다. 유사 변환 시스템을 구하는 주된 이유는 시스템 행렬을 대각선 성분만을 가지는 형태로 변환시킬 수 있다는 것이다.

시스템 행렬의 대각선 행렬화

5.7절에서 신호흐름선도가 병렬형인 경우 시스템 행렬이 대각선 행렬(diagonal matrix)로 된다는 것을 알았다. 시스템 행렬이 대각선 행렬이 되면 각 상태 방정식은 한 개의 상태변수만으로 표현된다. 따라서 각 미분방정식의 해는 다른 방정식들과 무관하게 구할 수 있다. 이러한 방정식들은 비결합되어(decoupled) 있다고 한다.

전달함수를 부분 분수로 전개하고 신호흐름선도를 사용하지 않으면서 행렬 변환을 이용하여 시스템을 비결합시킬 수 있다. 행렬 $\mathbf{P}$를 구하면 변환된 시스템 행렬 $\mathbf{P}^{-1}\mathbf{AP}$ 는 대각선 행렬이 될 것이다. 따라서, 시스템 행렬이 대각선 행렬로 되는 상태 공간 변환 식을 구해 보자. 새로운 상태 공간 표현 식 역시 그것의 상태변수와 관련되는 기저 벡터들을 가진다. 시스템 행렬을 대각선 행렬로 만드는 시스템의 기저 벡터를 확장하여 얻어지는 임의의 벡터를 **고유 벡터**(*eigenvector*)라고 부른다. 따라서 www.wiley.com/go/Nise/ControlSystemsEngineering8e에 있는 부록 L의 식 (L.7)에서 설명하는 바와 같이 고유 벡터는 변환 행렬 $\mathbf{P}$ 의 열이 된다.

고유 벡터를 정의하고, 이미 언급한 성질을 가짐을 보이자. 다음으로 고유치(eigenvalue)를 정의하고, 행렬을 대각선 행렬로 변환하는 방법을 알아보자.

정의

고유 벡터 행렬 $\mathbf{A}$ 의 고유 벡터는 $\mathbf{A}$ 에 의해 변환되는 고유 벡터가 이 벡터의 상수 배가 되는 $\mathbf{x_i} \neq \mathbf{0}$ 인 모든 벡터이다. 즉,

$$\boxed{\mathbf{Ax_i} = \lambda_i \mathbf{x_i}} \tag{5.80}$$

여기서 λ_i는 상수이다.

그림 5.32는 고유 벡터에 대한 정의를 나타내고 있다. 그림 5.32(a)와 같이 변환된 후에 $\mathbf{Ax}$ 가 $\mathbf{x}$ 와 동일선 위에 있지 않으면 $\mathbf{x}$ 는 고유 벡터가 아니다. 그러나 그림 5.32(b)와 같이 변환된 후에 $\mathbf{Ax}$ 가 $\mathbf{x}$ 와 동일선 위에 있으면 $\mathbf{x}$ 는 행렬 $\mathbf{A}$ 의 고유 벡터이다.

고유치 행렬 $\mathbf{A}$ 의 고유치는 $\mathbf{x_i} \neq \mathbf{0}$ 에 대하여 식 (5.80)을 만족시키는 λ_i값이다.

고유 벡터를 구하기 위하여, 식 (5.80)을 정리하면 고유 벡터 $\mathbf{x_i}$ 는 다음 식을 만족한다.

$$\mathbf{0} = (\lambda_i\mathbf{I} - \mathbf{A})\mathbf{x_i} \tag{5.81}$$

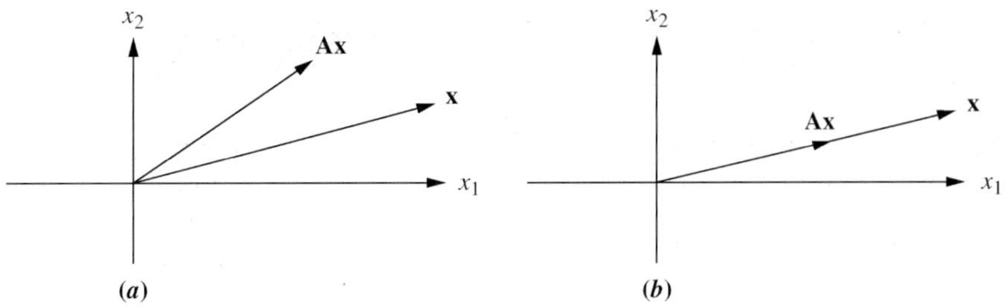

그림 5.32 고유 벡터가 되기 위해서는 변환 $\mathbf{Ax}$ 는 반드시 $\mathbf{x}$ 와 동일선 위에 있어야 한다. 따라서 a. $\mathbf{x}$ 는 고유 벡터가 아니며 b. $\mathbf{x}$ 는 고유 벡터이다.

양변에 $(\lambda_i\mathbf{I}-\mathbf{A})^{-1}$ 를 곱하고 $\mathbf{x_i}$ 에 대해서 풀면 다음과 같다.

$$\mathbf{x_i}=(\lambda_i\mathbf{I}-\mathbf{A})^{-1}\mathbf{0}=\frac{\mathrm{adj}(\lambda_i\mathbf{I}-\mathbf{A})}{\det(\lambda_i\mathbf{I}-\mathbf{A})}\mathbf{0} \tag{5.82}$$

여기서 $\mathbf{x_i}\neq\mathbf{0}$ 이므로, 다음 식을 만족시키면 0이 아닌 해가 존재한다.

$$\boxed{\det(\lambda_i\mathbf{I}-\mathbf{A})=\mathbf{0}} \tag{5.83}$$

이 식으로부터 고유치 λ_i를 구할 수 있다.

이제 고유 벡터 $\mathbf{x_i}$ 를 구하는 예를 살펴보자. 우선, $\det(\lambda_i\mathbf{I}-\mathbf{A})=\mathbf{0}$ 을 이용하여 고유치 $\boldsymbol{\lambda_i}$ 를 구한 후, 식 (5.80)을 이용하여 고유 벡터를 구한다.

예제 5.10 고유 벡터의 계산

문제 다음 행렬의 고유 벡터를 구하라.

$$\mathbf{A}=\begin{bmatrix}-3 & 1\\ 1 & -3\end{bmatrix} \tag{5.84}$$

풀이 고유 벡터 $\mathbf{x_i}$ 는 식 (5.81)을 만족하므로 $\det(\lambda_i\mathbf{I}-\mathbf{A})=\mathbf{0}$ 으로부터 고유치 λ_i를 구한다.

$$\begin{aligned}\det(\lambda\mathbf{I}-\mathbf{A})&=\left|\begin{bmatrix}\lambda & 0\\ 0 & \lambda\end{bmatrix}-\begin{bmatrix}-3 & 1\\ 1 & -3\end{bmatrix}\right|\\ &=\left|\begin{bmatrix}\lambda+3 & -1\\ -1 & \lambda+3\end{bmatrix}\right|\\ &=\lambda^2+6\lambda+8\end{aligned} \tag{5.85}$$

이 식으로부터 고유치는 $\lambda=-2$와 -4이다.
각 고유치에 대해 식 (5.80)을 반복 적용하면

$$\mathbf{Ax_i}=\lambda\mathbf{x_i}$$

$$\begin{bmatrix}-3 & 1\\ 1 & -3\end{bmatrix}\begin{bmatrix}x_1\\ x_2\end{bmatrix}=-2\begin{bmatrix}x_1\\ x_2\end{bmatrix} \tag{5.86}$$

또는

$$-3x_1 + x_2 = -2x_1 \tag{5.87a}$$
$$x_1 - 3x_2 = -2x_2 \tag{5.87b}$$

위 식으로부터 $x_1 = x_2$이다. 따라서

$$\mathbf{x} = \begin{bmatrix} c \\ c \end{bmatrix} \tag{5.88}$$

다른 고유치 -4에 대해서도

$$\mathbf{x} = \begin{bmatrix} c \\ -c \end{bmatrix} \tag{5.89}$$

가 얻어지므로 식 (5.88)과 식 (5.89)를 이용하면 고유 벡터를 다음과 같이 선정할 수 있다.

$$\mathbf{x}_1 = \begin{bmatrix} 1 \\ 1 \end{bmatrix}, \quad \mathbf{x}_2 = \begin{bmatrix} 1 \\ -1 \end{bmatrix} \tag{5.90}$$

이제 행렬 $\mathbf{A}$의 고유 벡터를 변환 행렬 $\mathbf{P}$의 기저 벡터로 선정하면, 시스템 행렬은 대각선 행렬이 된다는 것을 보이자. 행렬 $\mathbf{P}$가 $\mathbf{A}$의 고유 벡터 $\mathbf{x}_i$로 구성된다고 하자.

$$\mathbf{P} = [\mathbf{x}_1, \mathbf{x}_2, \mathbf{x}_3, \cdots, \mathbf{x}_n] \tag{5.91}$$

여기서 $\mathbf{x}_i$는 $\mathbf{A}\mathbf{x}_i = \lambda_i \mathbf{x}_i$ 인 고유 벡터이므로 다음 식이 성립된다.

$$\mathbf{AP} = \mathbf{PD} \tag{5.92}$$

여기서 $\mathbf{D}$는 대각선 성분이 고유치 λ_i로 배열되는 대각선 행렬이고, $\mathbf{P}$는 식 (5.91)에서 정의된 행렬이다. 식 (5.92)의 양변에 $\mathbf{P}^{-1}$을 곱하면 $\mathbf{D}$를 구할 수 있으며, 다음과 같다.

$$\mathbf{D} = \mathbf{P}^{-1}\mathbf{AP} \tag{5.93}$$

이것은 식 (5.72)의 시스템 행렬이다.

요약하면 시스템 행렬의 고유 벡터로 구성되는 변환 행렬 $\mathbf{P}$로 시스템을 변환시킬 때, 변환된 시스템 행렬은 시스템의 고유치가 대각선으로 배열되는 대각선 행렬이 된다. 변환된 시스템은 서로 다른 실근을 가지는 전달함수를 부분 분수로 전개하여 얻는 시스템과 동일하다.

예제 5.10에서는 2차 시스템의 고유 벡터를 구하는 문제를 다루었는데 계속하여 시스템 행렬을 대각선 행렬로 변환해 보자.

예제 5.11 상태 공간에서 표현된 시스템의 대각선 행렬화

문제 시스템이 식 (5.94)로 주어질 때, 시스템 행렬이 대각선 행렬이 되도록 변환하라.

$$\dot{\mathbf{x}} = \begin{bmatrix} -3 & 1 \\ 1 & -3 \end{bmatrix}\mathbf{x} + \begin{bmatrix} 1 \\ 2 \end{bmatrix}u \tag{5.94a}$$

$$y = [2 \ \ 3]\mathbf{x} \tag{5.94b}$$

풀이 우선, 고유치와 고유 벡터를 구한다. 이 과정은 이미 예제 5.10에서 다루었다. 다음으로, 고유 벡터로 구성되는 변환 행렬 **P**를 만든다.

$$\mathbf{P}=\begin{bmatrix}1 & 1\\1 & -1\end{bmatrix} \tag{5.95}$$

마지막으로, 변환된 시스템의 시스템 행렬, 입력 행렬 및 출력 행렬을 각각 계산한다.

$$\mathbf{P}^{-1}\mathbf{AP}=\begin{bmatrix}1/2 & 1/2\\1/2 & -1/2\end{bmatrix}\begin{bmatrix}-3 & 1\\1 & -3\end{bmatrix}\begin{bmatrix}1 & 1\\1 & -1\end{bmatrix}=\begin{bmatrix}-2 & 0\\0 & -4\end{bmatrix} \tag{5.96a}$$

$$\mathbf{P}^{-1}\mathbf{B}=\begin{bmatrix}1/2 & 1/2\\1/2 & -1/2\end{bmatrix}\begin{bmatrix}1\\2\end{bmatrix}=\begin{bmatrix}3/2\\-1/2\end{bmatrix} \tag{5.96b}$$

$$\mathbf{CP}=\begin{bmatrix}2 & 3\end{bmatrix}\begin{bmatrix}1 & 1\\1 & -1\end{bmatrix}=\begin{bmatrix}5 & -1\end{bmatrix} \tag{5.96c}$$

식 (5.96)을 식 (5.72)에 대입하면

$$\dot{\mathbf{z}}=\begin{bmatrix}-2 & 0\\0 & -4\end{bmatrix}\mathbf{z}+\begin{bmatrix}3/2\\-1/2\end{bmatrix}u \tag{5.97a}$$

$$y=\begin{bmatrix}5 & -1\end{bmatrix}\mathbf{z} \tag{5.97b}$$

이 얻어진다. 여기서 시스템 행렬은 고유치가 대각선으로 배열되는 대각선 행렬이 된다.

MATLAB을 사용하고자 하는 독자들은 부록 B에 있는 ch5apB5를 실행시켜 보기 바란다. MATLAB을 이용하여 시스템을 대각선 행렬로 변환하는 이 문제는 예제 5.11과 유사(동일하지 않음)하다. MATLAB **ML**

숙련예제 5.7

문제 시스템이 상태 공간에서 다음과 같이 표현된다고 하자.

$$\dot{\mathbf{x}}=\begin{bmatrix}1 & 3\\-4 & -6\end{bmatrix}\mathbf{x}+\begin{bmatrix}1\\3\end{bmatrix}u$$

$$y=\begin{bmatrix}1 & 4\end{bmatrix}\mathbf{x}$$

다음의 새로운 상태 벡터 z로 표현되도록 시스템을 변환하라.

$$\mathbf{z}=\begin{bmatrix}3 & -2\\1 & -4\end{bmatrix}\mathbf{x}$$

풀이

$$\dot{\mathbf{z}}=\begin{bmatrix}6.5 & -8.5\\9.5 & -11.5\end{bmatrix}\mathbf{z}+\begin{bmatrix}-3\\-11\end{bmatrix}u$$

$$y=\begin{bmatrix}0.8 & -1.4\end{bmatrix}\mathbf{z}$$

풀이 과정은 www.wiley.com/go/Nise/ControlSystemsEngineering8e에 있다.

숙련예제 5.8

스스로 해보기 5.5

다음의 MATLAB과 Control System Toolbox 프로그램을 이용하여 숙련예제 5.8을 풀어라.

```
A=[1 3;-4 -6];
B=[1;3];
C=[1 4];
D=0;S=ss(A,B,C,D);
Sd=canon(S,'modal')
```

문제 숙련예제 5.7의 시스템에서 시스템 행렬이 대각선 행렬이 되도록 변환하라.

풀이

$$\dot{\mathbf{z}} = \begin{bmatrix} -2 & 0 \\ 0 & -3 \end{bmatrix}\mathbf{z} + \begin{bmatrix} 18.39 \\ 20 \end{bmatrix}u$$

$$y = \begin{bmatrix} -2.121 & 2.6 \end{bmatrix}\mathbf{z}$$

풀이 과정은 www.wiley.com/go/Nise/ControlSystemsEngineering8e에 있다.

이 절에서는 전달함수를 다른 형태로 표현하거나 신호흐름선도를 이용하지 않고 행렬 변환을 통하여 동일한 시스템을 상태 공간에서 다른 형태로 나타내는 방법을 배웠다. 다른 형태의 두 시스템은 서로 유사(similar)하다고 한다. 유사 시스템은 입력과 출력 사이의 관계를 나타내는 전달함수가 같으므로 고유치와 극점도 같다. 특히 서로 다른 실수의 고유치를 가지는 시스템의 시스템 행렬이 대각선 행렬이 되도록 변환시켰다.

이제 시스템의 블록선도와 신호흐름선도의 개념을 사례연구에 적용한 후 요약하기로 한다. 사례연구에서는 안테나 방위각 위치 제어시스템과 무인 유영 잠수정 문제를 다루며 블록선도의 통합이 이들 시스템의 해석과 설계에 유용함을 이해하게 될 것이다. 블록선도 통합은 이들 사례연구 시스템뿐만 아니라 그림 5.33과 같은 자동차 조립용 로봇에 사용되는 제어시스템의 해석과 설계에서도 중요하다.

그림 5.33 자동차 조립용 로봇 팔

사례연구

안테나 제어 : 폐루프 시스템의 응답 설계

Design D

이 장에서는 실제 서브시스템들이 전달함수로 모델링되고 피드백 시스템을 구성하기 위해 상호 연결됨을 알았다. 상호 연결된 서브시스템 모델들은 시스템을 입력과 출력 사이의 관계를 나타내는 단일 전달함수로 통합될 수 있다. 폐루프 시스템의 전달함수가 되는 이 단일 전달함수는 시스템 응답을 결정하는 데 사용된다.

다음 사례연구에서는 안테나 방위각 위치 제어시스템의 과도 응답 특성을 해석하고 설계하기 위하여 서브시스템들로 구성된 시스템을 단일 폐루프 전달함수로 통합시키는 과정을 설명하고자 한다.

문제 부록 A2의 configuration 1로 표시되는 방위각 위치 제어시스템에 대해 다음을 구하라.

a. 블록선도를 통합시켜 폐루프 시스템의 전달함수를 구하라.

b. 각 서브시스템을 신호흐름선도로 나타내고, 이 선도로부터 폐루프 시스템의 상태 공간 표현식을 구하라.

State Space SS

c. (b)에서 구한 신호흐름선도에 Mason 법칙을 적용하여 폐루프 시스템의 전달함수를 구하라.

d. 전력증폭기의 전달함수를 1로 하고 $K=1000$일 때, 폐루프 시스템의 최고값 시간, 퍼센트 오버슈트 및 정착 시간을 계산하라.

e. (d)의 시스템에 대하여 폐루프 시스템의 계단 함수 응답을 구하는 식을 유도하라.

f. (d)의 모델이 10%의 오버슈트를 가지도록 하는 K값을 구하라.

풀이 각 서브시스템의 전달함수는 2장의 사례연구에서 구하였다. 이것을 조합하여 그림 5.34(a)와 같은 폐루프 피드백 제어시스템의 블록선도를 만든다.

a. 입력 각변위에 대한 출력 각변위의 관계를 나타내는 단일 폐루프 시스템의 전달함수로 표현되는 블록선도로 통합시키기 위한 단계를 그림 5.34(a)~(d)에 나타내었다. 그림 5.34(b)에서는 입력 전위차계를 합점의 우측으로 이동시켜 단위 피드백 시스템이 되도록 하였다. 그림 5.34(c)에서는 순방향 경로에 있는 각 블록의 전달함수를 곱해서 순방향 경로의 등가 전달함수로 나타내었다. 마지막으로, 피드백 공식을 적용하여 그림 5.34(d)와 같은 폐루프 시스템의 전달함수로 나타내었다.

b. 각 서브시스템의 신호흐름선도를 구하기 위하여, 3장의 사례연구에서 유도한 상태 방정식들을 사용한다. 전력증폭기의 신호흐름선도는 식 (3.87)과 식 (3.88)의 상태 방정식으로부터 그리고, 전동기와 부하의 신호흐름선도는 식 (3.98)의 상태 방정식으로부터 그린다. 다른 서브시스템들은 순수 이득으로 표시된다. 그림 5.34(a)에 대한 신호흐름선도는 그림 5.35와 같으며 상호 연결된 서브시스템들로 구성된다.

State Space SS

상태 방정식은 그림 5.35로부터 얻어진다. 우선, 적분기의 출력을 상태변수로 정의하여 상태 벡터를 다음과 같이 정한다.

$$\mathbf{x}=\begin{bmatrix} x_1 \\ x_2 \\ e_a \end{bmatrix} \tag{5.98}$$

그림 5.35를 이용하여, 직관적으로 상태 방정식을 세우면 다음과 같다.

$$\dot{x}_1= \qquad +x_2 \tag{5.99a}$$

$$\dot{x}_2= \qquad -1.71x_2+2.083e_a \tag{5.99b}$$

$$\dot{e}_a=-3.18Kx_1 \qquad -100e_a+31.8K\theta_i \tag{5.99c}$$

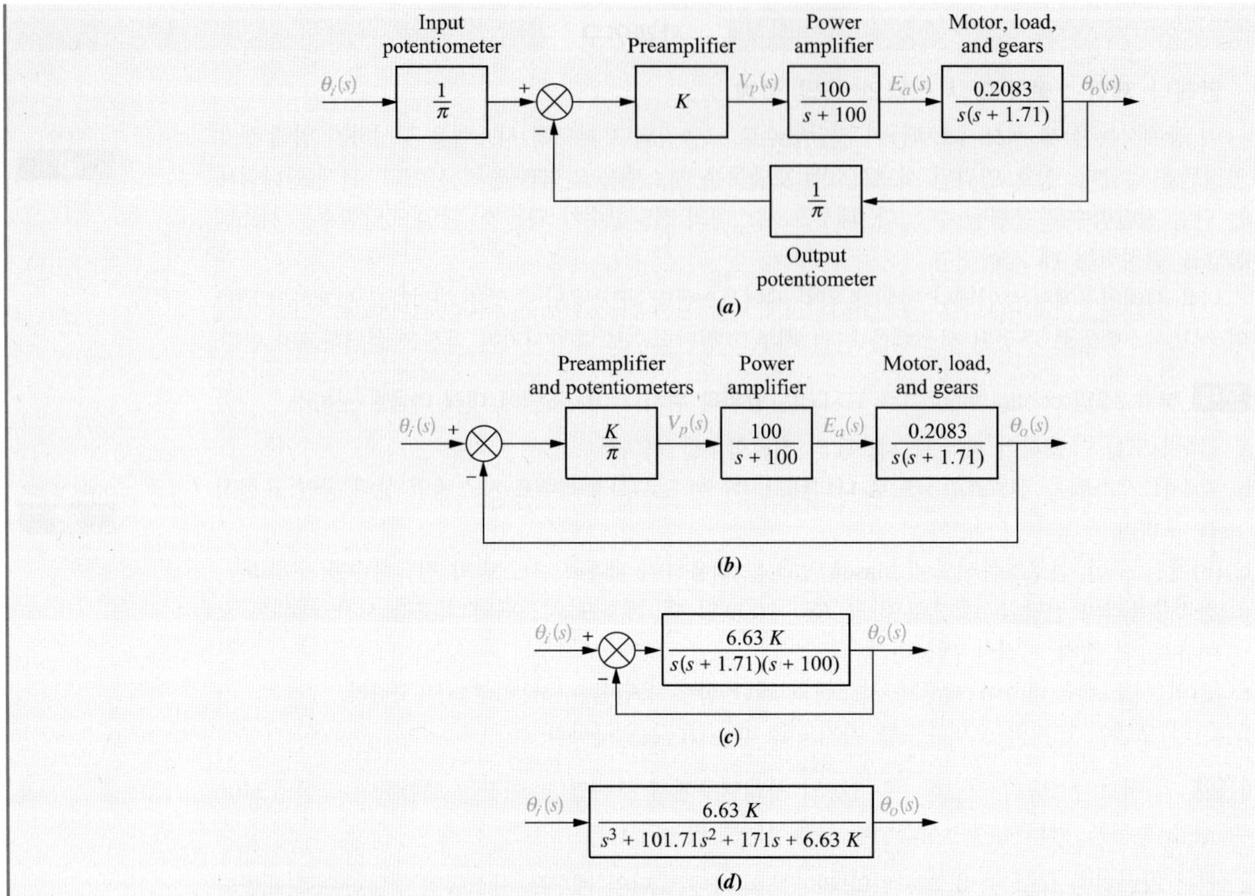

그림 5.34 안테나 방위각 위치 제어시스템에 대한 블록선도 통합 a. 시스템 기본 블록선도 b. 합점 오른쪽으로 전위차계 이동 c. 순방향 경로의 등가 전달함수로 나타냄 d. 통합된 폐루프 시스템의 전달함수

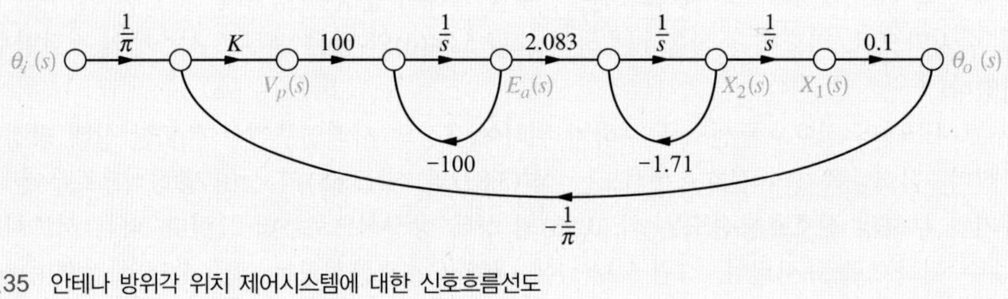

그림 5.35 안테나 방위각 위치 제어시스템에 대한 신호흐름선도

출력 방정식은 다음과 같다.

$$y = \theta_0 = 0.1x_1 \tag{5.100}$$

여기서 $1/\pi = 0.318$이다.

이것을 벡터-행렬 식으로 나타내면 다음과 같다.

$$\dot{\mathbf{x}} = \begin{bmatrix} 0 & 1 & 0 \\ 0 & -1.71 & 2.083 \\ -3.18\mathrm{K} & 0 & -100 \end{bmatrix} \mathbf{x} + \begin{bmatrix} 0 \\ 0 \\ 31.8\mathrm{K} \end{bmatrix} \theta_{\mathrm{i}} \tag{5.101a}$$

$$y = [0.1 \quad 0 \quad 0]\mathbf{x} \tag{5.101b}$$

c. 안테나 방위각 위치 제어시스템의 폐루프 전달함수를 유도하기 위하여 그림 5.35에 Mason의 법칙을 적용한다. 먼저 순방향 경로 이득을 구하는데 그림 5.35로부터 한 개의 순방향 경로 이득이 있다.

$$T_1 = (\frac{1}{\pi})(K)(100)(\frac{1}{s})(2.083)(\frac{1}{s})(\frac{1}{s})(0.1) = \frac{6.63K}{s^3} \quad (5.102)$$

다음으로 폐루프를 구성하는 루프 이득을 구하는데 e_a가 출력이 되는 전력증폭기 루프 $G_{L1}(s)$, x_2가 출력이 되는 전동기 루프 $G_{L2}(s)$, θ_o가 출력이 되는 전체 시스템 루프 $G_{L3}(s)$의 세 가지가 있다.

$$G_{L1}(s) = -\frac{100}{s} \quad (5.103a)$$

$$G_{L2}(s) = -\frac{1.71}{s} \quad (5.103b)$$

$$G_{L3}(s) = (K)(100)(\frac{1}{s})(2.083)(\frac{1}{s})(\frac{1}{s})(0.1)(\frac{-1}{\pi}) = \frac{-6.63K}{s^3} \quad (5.103c)$$

한편, $G_{L1}(s)$와 $G_{L2}(s)$만이 비접촉 루프이므로 비접촉 루프 이득은 다음과 같다.

$$G_{L1}(s)G_{L2}(s) = \frac{171}{s^2} \quad (5.104)$$

식 (5.28)에 있는 Δ와 Δ_k를 구하면

$$\begin{aligned}\Delta &= 1 - [G_{L1}(s) + G_{L2}(s) + G_{L3}(s)] + [G_{L1}(s)G_{L2}(s)] \\ &= 1 + \frac{100}{s} + \frac{1.71}{s} + \frac{6.63K}{s^3}\frac{+171}{s^2}\end{aligned} \quad (5.105)$$

이고

$$\Delta_1 = 1 \quad (5.106)$$

이다. 식 (5.102), 식 (5.105) 및 식 (5.106)를 식 (5.28)에 대입하면 폐루프 전달함수는 다음과 같이 된다.

$$T(s) = \frac{C(s)}{R(s)} = \frac{T_1\Delta_1}{\Delta} = \frac{6.63K}{s^3 + 101.71s^2 + 171s + 6.63K} \quad (5.107)$$

d. 그림 5.34(b)에서 전력증폭기를 이득이 1인 블록으로 대체시키고 전단 증폭기 이득 K를 1000으로 놓으면 순방향 경로의 전달함수 $G(s)$는 다음과 같이 된다.

$$G(s) = \frac{66.3}{s(s+1.71)} \quad (5.108)$$

피드백 공식을 적용하여 폐루프 전달함수를 구하면 다음과 같다.

$$T(s) = \frac{66.3}{s^2 + 1.71s + 66.3} \quad (5.109)$$

분모항에서 $\omega_n = 8.14$, $\zeta = 0.105$ 이므로 식 (4.34), 식 (4.38) 및 식 (4.42)를 사용하면, 최고값 시간=0.388초, 퍼센트 오버슈트=71.77% 및 정착 시간=4.68초가 된다.

e. 단위 계단 함수의 Laplace 변환은 $1/s$ 이므로 이것을 식 (5.109)에 곱한 후 부분 분수로 전개하면 다음과 같다.

$$C(s) = \frac{66.3}{s(s^2+1.71s+66.3)} = \frac{1}{s} - \frac{s+1.71}{s^2+1.71s+66.3} = \frac{1}{s} - \frac{(s+0.855)+0.106(8.097)}{(s+0.855)^2+(8.097)^2} \tag{5.110}$$

식 (5.110)을 Laplace 역변환하면 출력이 구해진다.

$$c(t) = 1 - e^{-0.855t}(\cos 8.097t + 0.106\sin 8.097t) \tag{5.111}$$

f. 단순화된 모델에서

$$G(s) = \frac{0.0663K}{s(s+1.71)} \tag{5.112}$$

이므로 폐루프 전달함수는 다음과 같다.

$$T(s) = \frac{0.0663K}{s^2+1.71s+0.0663K} \tag{5.113}$$

식 (4.39)로부터 10% 오버슈트를 갖기 위해서는 $\zeta = 0.591$ 이 되어야 한다. 식 (5.113)의 분모항으로부터 $\omega_n = \sqrt{0.0663k}$ 이고 $2\zeta\omega_n = 1.71$ 이다.
따라서

$$\zeta = \frac{1.71}{2\sqrt{0.0663K}} = 0.591 \tag{5.114}$$

로부터 $k = 31.6$ 이 된다.

도전문제 이 장의 학습 목표를 얼마나 이해하고 있는지 확인하기 위하여 다음 문제를 제시하고자 한다. 부록 A2의 configuration 2로 표시되는 안테나 방위각 위치 제어시스템에서 다음을 구하라.

a. 블록선도를 통합하여 폐루프 전달함수를 구하라.

State Space SS

b. 각 서브시스템을 신호흐름선도로 나타내고 이것으로부터 폐루프 시스템의 상태 공간 표현 식을 구하라.
c. (b)에서 구한 신호흐름선도에 Mason의 법칙을 적용하여 폐루프 전달함수를 구하라.
d. 전력증폭기를 이득이 1인 블록으로 대체시키고 $K=5$일 때 폐루프 시스템의 퍼센트 오버슈트, 정착 시간 및 최고값 시간을 계산하라.
e. (d)의 시스템에 대해 계단 함수 입력에 대한 폐루프 시스템의 응답 식을 유도하라.
f. (d)의 모델에 대해 오버슈트가 15%가 되도록 전단 증폭기 이득 K값을 구하라.

UFSS 정 : 피치각 제어의 표현

State Space SS

4장의 사례연구에서 소개한 무인 유영 잠수정을 다시 인용하자(Johnson, 1980). 해저에서 상승 및 하강 제어를 위하여 사용되는 피치각 제어시스템을 상태 공간에서 표현하기로 한다.

문제 부록 A3에 있는 UFSS 정의 피치 제어 루프의 블록선도를 고려하자. 피치각 θ는 피치각 명령 θ_e에 의해 제어되는데 이것은 피치각과 피치 속도 피드백 신호와 함께 승강키 편향값 δ_e을 결정한다. 이 승강키의 편향에 따라 잠수정이 동작하고 피치각이 결정된다. $K_1 = K_2 = 1$일 때 다음을 구하라.

a. 피치각, 피치 속도와 승강키 편향이 상태변수가 되도록 각 서브시스템에 대한 신호흐름선도를 그리고, 서브시스템들을 상호 연결하라.
b. (a)에서 얻은 신호흐름선도를 이용하여 피치 제어 루프를 상태 공간에서 나타내어라.

풀이

a. 잠수정의 동역학은 두 개의 전달함수로 분리되고 이것으로부터 신호흐름선도를 그린다. 그림 5.36은 승강키 구동 장치가 분리된 것을 보여주고 있다. 각 블록은 지시된 시스템 변수들이 상태변수가 되는 조건에 부합하기 위하여 그림 5.37(a)와 같이 위상변수형의 신호흐름선도로 나타내었다. 피드백 경로를 추가하여 신호흐름선도를 완성하면 그림 5.37(b)와 같다.

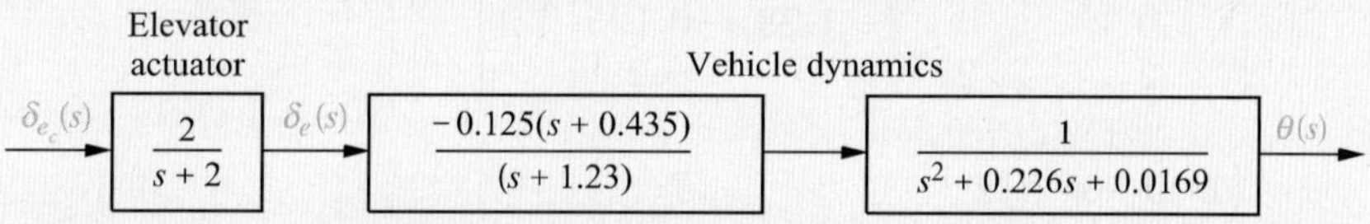

그림 5.36 UFSS 정의 승강키와 잠수정의 동특성을 나타내는 블록선도와 신호흐름선도

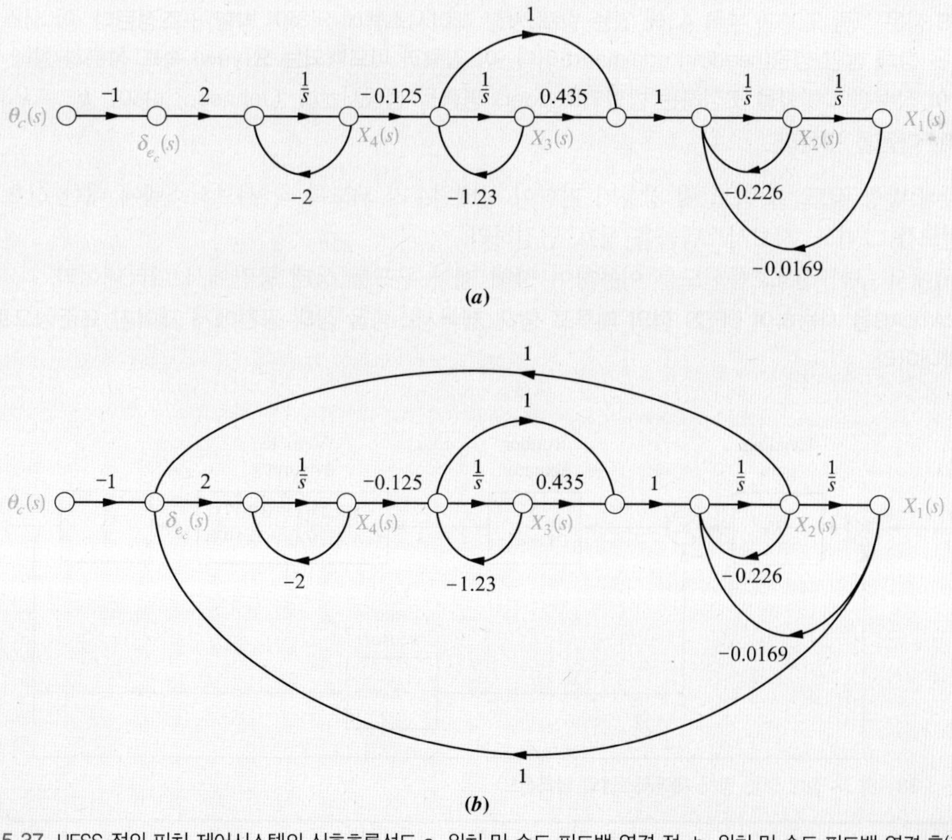

그림 5.37 UFSS 정의 피치 제어시스템의 신호흐름선도 a. 위치 및 속도 피드백 연결 전 b. 위치 및 속도 피드백 연결 후(필요한 변수들은 $x_1 = \theta$, $x_2 = \dfrac{d\theta}{dt}$, $x_4 = \delta_e$임)

b. 직관적으로, 상태변수 x_1에서 x_4에 대한 미분방정식을 세울 수 있으며 다음과 같다.

$$\dot{x}_1 = \qquad + x_2 \tag{5.115a}$$

$$\dot{x}_2 = -0.0169x_1 - 0.226x_2 + 0.435x_3 - 1.23x_3 - 0.125x_4 \tag{5.115b}$$

$$\dot{x}_3 = \qquad - 1.23x_3 - 0.125x_4 \tag{5.115c}$$

$$\dot{x}_4 = \quad 2x_1 \quad + 2x_2 \qquad - 2x_4 - 2\theta_c \tag{5.115d}$$

출력 방정식은 $y = x_1$이 된다.

이것을 벡터-행렬 식으로 나타내면 다음과 같다.

$$\dot{\mathbf{x}} = \begin{bmatrix} 0 & 1 & 0 & 0 \\ -0.0169 & -0.226 & -0.795 & -0.125 \\ 0 & 0 & -1.23 & -0.125 \\ 2 & 2 & 0 & -2 \end{bmatrix}\mathbf{x} + \begin{bmatrix} 0 \\ 0 \\ 0 \\ -2 \end{bmatrix}\theta_c \tag{5.116a}$$

$$y = [1 \quad 0 \quad 0 \quad 0]\mathbf{x} \tag{5.116b}$$

도전문제 이 장의 학습 목표를 얼마나 이해하고 있는지 확인하기 위하여 다음 문제를 제시한다. UFSS 정은 그림 5.38과 부록 A3에 있는 항해 방향 제어시스템에 의하여 방향이 조정된다. 이 시스템의 입력은 항해 방향 명령(heading command)이다. 이 입력과 피드백되는 요(yaw) 속도 성분과 항해 방향 성분이 잠수정의 방향을 조정하는 방향키(rudder) 명령을 생성시킨다. (Johnson, 1980). $k_1 = k_2 = 1$일 때, 다음을 구하라.

a. 항해 방향 각도, 요 속도 및 방향키 편향이 상태변수가 되도록 각 서브시스템에 대한 신호흐름선도를 그리고, 서브시스템들을 상호 연결하라.

MATLAB
ML

b. (a)에서 구한 신호흐름선도를 이용하여 항해 제어 루프를 상태 공간에서 나타내어라.

c. MATLAB을 사용하여 UFSS 정의 폐루프 항해 제어시스템을 상태 공간에서 제어기 표준형으로 나타내어라.

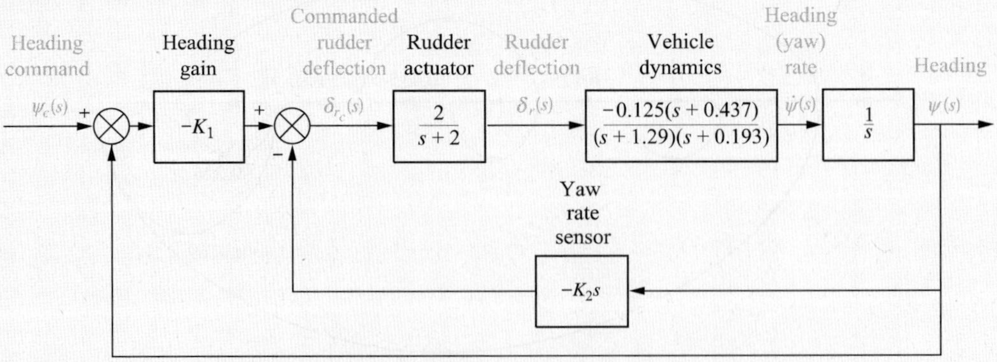

그림 5.38 UFSS 정에 대한 항해 제어시스템의 블록선도

요약

이 장의 목표 중의 하나는 블록선도나 신호흐름선도를 이용하여 복합 서브시스템들을 어떻게 표현하는지를 배우는 것이다. 또 다른 목표는 블록선도로 표현된 시스템이나 신호흐름선도로 표현된 시스템을 단일 전달함수로 통합시키는 것이다.

선형 시불변 시스템의 블록선도는 네 가지 요소 : **신호, 시스템, 합점** 및 **분기점**으로 구성됨을 확인하였다. 이 요소들은 세 가지 기본형 : **종속형, 병렬형** 및 **피드백형**으로 조합된다. 다음으로 시스템을 합점과 분지점 전후로 이동시키는 기본 방법을 소개하였다.

기본형과 시스템 이동 방법을 인지하면 복잡한 블록선도도 입력과 출력의 관계를 나타내는 단일 전달함수로 통합시킬 수 있다. 다음으로 4장에서 설명한 방법을 적용하여 2차 시스템의 과도 현상을 해석하고 설계하였다. 피드백 제어시스템의 이득을 조정하면 과도 응답의 일부를 제어할 수 있다는 것을 알았다.

선형 시불변 시스템의 신호흐름선도는 신호를 나타내는 마디와 서브시스템을 화살표로 나타내는 가지의 두 요소로 구성된다. 합점과 분지점들은 신호흐름선도에서 따로 표시하지 않는다. 신호흐름선도는 상태변수들의 의미를 표현하는 데 유용하며 시스템을 상태 방정식으로 표현하는 데 도움을 준다.

Mason의 법칙은 신호흐름선도로부터 시스템의 전달함수를 구하는 데 사용된다. 이 공식은 블록선도를 통합시키는 기법을 대신하며 복잡한 것처럼 보이나 비접촉 루프가 없는 경우에는 간단하게 사용할 수 있다. 많은 경우 블록선도를 통합시키는 것보다 전달함수를 쉽게 구할 수 있다.

마지막으로, 상태 공간에서 표현된 시스템을 다른 변수로 표현되는 시스템으로 변환할 수 있음을 보았다. 이 장을 포함하여 앞의 두 장에서 **위상변수형, 종속형, 병렬형, 제어기 표준형** 및 **관측기 표준형**을 다루었다. 시스템의 상태변수가 달라지면 물리적 의미가 달라질 수도 있으며, 상태 방정식의 해를 쉽게 구할 수도 있다.

다음 장에서는 시스템 안정도를 논의하기로 한다. 시스템이 안정하지 않으면 원하는 과도 응답을 가지는 시스템을 설계할 수 없다. 시스템이 안정한지를 판별하는 방법과 파라미터값들이 시스템의 안정도에 어떤 영향을 미치는가를 알아보기로 한다.

복습문제

1. 선형 시불변 시스템의 블록선도를 구성하는 네 가지 요소는 무엇인가?

2. 서브시스템을 상호 연결하는 세 가지 기본형의 명칭은?

3. 문제 2의 각각의 기본형에 대한 등가 전달함수를 어떻게 구하는지를 설명하라.

4. 문제 2와 3에서 논의된 기본형 외에도 블록선도를 통합시키려면 반드시 알아야 하는 것을 무엇인가?

5. 그림 5.14와 같은 간단한 2차 피드백 제어시스템에서 순방향 경로 이득 K의 변화가 과도 응답에 미치는 영향을 설명하라.

6. 그림 5.14와 같은 간단한 2차 피드백 제어시스템에서 이득 K가 미흡 감쇠 영역으로 증가할 때 감쇠비 변화를 설명하라.

7. 신호흐름선도를 구성하는 두 가지 요소는 무엇인가?

8. 합점은 신호흐름선도에서 어떻게 되는가?

9. 순방향 경로가 모든 루프와 접촉하고 있다면 Δ_k는 어떻게 되는가?

State Space SS

10. 상태 공간에서 시스템을 표현하는 다섯 가지 방법의 명칭은?

State Space SS

11. 같은 방법을 이용하여 얻어지는 두 가지 형태의 상태 공간 표현은 무엇인가?

State Space SS

12. 대각선 행렬로 표시되는 상태 공간 표현 형태는?

State Space SS

13. 시스템 행렬이 대각선 행렬일 때 대각선 성분은 어떤 값인가?

State Space SS

14. Jordan 표준형으로 표현된 시스템에서 시스템 행렬의 대각선 성분은 무엇인가?

State Space SS

15. 시스템 행렬이 대각선 행렬이 되는 시스템이 가지는 장점은 무엇인가?

State Space SS

16. 시스템을 다른 형태로 표현하려는 두 가지 이유는 무엇인가?

State Space SS

17. 어떤 종류의 시스템에서 관측기 표준형을 사용하려는가?

State Space SS

18. 기저 벡터를 이용한 상태 벡터 변환을 설명하라.

State Space SS

19. 고유 벡터의 정의는 무엇인가?

State Space SS

20. 고유 벡터의 정의에 근거하면 고유치는 무엇인가?

State Space SS

21. 시스템 변환을 위한 기저 벡터로서 고유 벡터를 사용하는 중요성은 무엇인가?

가상 탐구 실험실

실험 5.1

목표 종속형, 병렬형과 피드백형을 포함한 기본형의 등가 관계를 입증하기. 블록을 합점 뒤로 이동 및 분지점 뒤로 이동을 포함한 기본적인 이동의 등가 관계를 입증하기

최소로 요구되는 소프트웨어 패키지 MATLAB, Simulink와 control System Toolbox

예비실험

1. 세 개 블록 $G_1(s)=1/s+1$, $G_2(s)=1/s+4$, $G_3(s)=s+3/s+5$가 종속으로 접속될 때, 등가 전달함수를 구하라.
2. 세 개 블록 $G_1(S)=1/s+4$, $G_2(s)=1/s+4$, $G_3(s)=s+3/s+5$가 병렬로 접속될 때, 등가 전달함수를 구하라.
3. $G(s)=s+1/s(s+2)$이고, $H(s)=s+3/s+4$일 때, 그림 5.39의 부의 피드백 시스템에 대한 등가 전달함수를 구하라.
4. 예비실험 3의 시스템에서 $H(s)$를 합점의 왼쪽으로 이동시킨 등가 시스템을 그려라.
5. 예비실험 3의 시스템에서 $H(s)$를 분지점의 오른쪽으로 이동시킨 등가 시스템을 그려라.

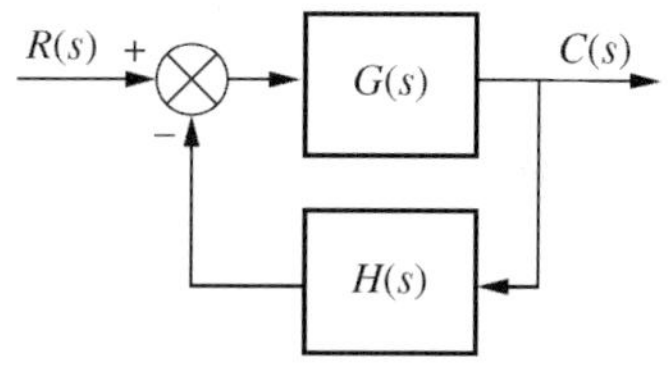

그림 5.39

실험

1. Simulink를 사용하여 예비실험 1의 종속 접속 시스템을 구축하고 등가가 되는 하나의 블록으로 나타내어라. 종속으로 접속된 시스템의 계단 함수 응답과 등가인 블록 시스템의 계단 함수 응답을 분리하여 그려라. 각 응답에서 정착 시간과 상승 시간을 기록하라.
2. Simulink를 사용하여 예비실험 2의 병렬 접속 시스템을 구축하고 등가가 되는 하나의 블록으로 나타내어라. 병렬로 접속된 시스템의 계단 함수 응답과 등가인 블록 시스템의 계단 함수 응답을 분리하여 그려라. 각 응답에서 정착 시간과 상승 시간을 기록하라.
3. Simulink를 사용하여 예비실험 3의 부의 피드백 시스템을 구축하고 등가가 되는 하나의 블록으로 나타내어라. 부의 피드백 시스템의 계단 함수 응답과 등가 블록 시스템의 계단 함수 응답을 분리하여 그려라. 각 응답에서 정착 시간과 상승 시간을 기록하라.
4. Simulink를 사용하여 예비실험 3, 4, 5의 부의 피드백 시스템을 구축하라. 각 시스템의 계단 함수 응답을 분리하여 그려라. 각 응답에서 정착 시간과 상승 시간을 기록하라.

결과토의

1. 실험 데이터를 사용하여 종속으로 접속된 블록의 등가 전달함수를 확인하라.
2. 실험 데이터를 사용하여 병렬로 접속된 블록의 등가 전달함수를 확인하라.
3. 실험 데이터를 사용하여 부의 피드백 시스템의 등가 전달함수를 확인하라.
4. 실험 데이터를 사용하여 합점과 분지점 뒤로 블록을 이동시킬 때 등가성을 확인하라.
5. 결과로부터 등가성이 입증되는지를 설명하라.

실험 5.2

목표 블록선도를 간략화하기 위하여 LabVIEW의 Control Design과 Simulation Module 내의 여러 함수 사용하기

최소로 요구되는 소프트웨어 패키지 Control Design Simulation Module을 포함하는 LabVIEW

예비실험

예제 5.2의 블록선도에서 G_1, G_2, G_3, H_1, H_2, H_3를 다음 전달함수로 대치하고 통합된 등가 전달함수를 구하라.

$$G_1 = \frac{1}{s+10};\ G_2 = \frac{1}{s+1};\ G_3 = \frac{s+1}{s^2+4s+4};\ H_1 = \frac{s+1}{s+2};\ H_2 = 2; H_3 = 1$$

실험

예제 5.2의 각 블록이 예비실험에 주어진 전달함수로 표시될 때 LabVIEW를 구성하라.

결과토의

LabVIEW로 구한 등가 전달함수와 예비실험에서 계산한 결과와 비교하라.

실험 5.3

목표 Mason 공식을 이용한 블록선도 간략화를 위하여 LabVIEW의 Control Design과 Simulation Module과 Mathematics/Polynomial palette 내의 여러 함수 사용하기

최소로 요구되는 소프트웨어 패키지 Control Design Simulation Module을 포함하는 LabVIEW, Math Script RT Module과 Mathematics/Polynomial palette

예비실험

가상 탐구 실험 5.2의 예비실험 블록선도가 주어질 때 Mason 공식을 이용하여 등가 전달함수를 구하라.

실험

Mason 공식을 이용한 블록선도 간략화를 위하여 LabVIEW의 Control Design과 Simulation Module 및 Mathematics/Polynomial 함수를 사용하라.

결과토의

LabVIEW로 구한 등가 전달함수와 예비실험에서 계산한 결과와 비교하라.

참고문헌

Åstrom, K., Klein, R. E., and Lennartsson, A. Bicycle Dynamics and Control. *IEEE Control Systems*, August 2005, pp. 26-47.

Bailey, F. N., Cockburn, J. C., and Dee, A. Robust Control for High-Performance Materials Testing. *IEEE Control Systems*, April 1992, pp. 63-70.

Ballard, R. D. *The Discovery of the Titanic*, Warner Books, Inc., New York, 1987.

Ben-Dov, D., and Salcudean, S. E. A Force-controlled Pneumatic Actuator. *IEEE Transaction on Robotics and Automation*, vol. 11, 1995, pp. 906-911.

Cavallo, A., De Maria, G., and Verde, L. Robust Flight Control Systems: A Parameter Space Design. *Journal of Guidance, Control, and Dynamics*, vol. 15, no. 5, September-October 1992, pp. 1207-1215.

Craig, I. K., Xia, X., and Venter, J. W., Introducing HIV/AIDS Education into the Electrical Engineering Curriculum at the University of Pretoria, *IEEE Transaction on Education*, vol. 47, no. 1, February 2004, pp. 65-73.

de Vlugt, E., Schouten, A. C., and van der Helm, F. C. T. Adaptation of Reflexive Feedback during Arm Posture to Different Environments. *Biological Cybernetics*, vol. 87, 2002, pp. 10-26.

Evans, J., Krishnamurthy, B., Barrows, B., Skewis, T., and Lumelsky, V. Handling Real-World Motion Planning: A Hospital Transport Robot. *IEEE Control Systems*, February 1992, pp. 15-20.

Hostetter, G. H., Savant, C. J., Jr. and Stefani, R. T. *Design of Feedback Control Systems*. 2d ed. Saunders College Publishing, New York, 1989.

Johnson, H. et al. *Unmanned Free-Swimming Submersible (UFSS) system Description*. NRL Memorandum Report 4393. Naval Research Laboratory, Washington, DC, 1980.

Kurland, M., and Papson, T. P. Analog Computer Simulation of Linear Modulation Systems. *Transactions of the Analog/Hybrid Computer Educational Society*, January 1971. pp. 9-18.

Lepschy, A. M., Mian, G. A., and Viaro, U. Feedback Control in Ancient Water and Mechanical Clocks. *IEEE Transactions on Education*, vol. 35, 1992, pp 3-10.

Lin, J.-S., and Kanellakopoulos, I., Nonlinear Design of Active Suspensions *IEEE Control Systems*. vol. 17, issue 3, June 1997, pp. 45-59.

Mason, S. J. Feedback Theory-Some Properties of Signal-Flow Graphs. *Proc. IRE*, September 1953, pp. 1144-1156.

Milhorn, H. T., Jr. *The Application of Control Theory to Physiological Systems*. W. B. Saunders, Philadelphia, 1966.

O'Connor, D. N., Eppinger, S. D., Seering, W. P.; and Wormly, D. N. Active Control of a High-Speed Pantograph. *Journal of Dynamic Systems, Measurement, and Control*, vol. 119, March 1997, pp. 1-4.

Tasch, U., Koontz, J. W., Ignatoski, M. A., and Geselowitz, D. B. An Adaptive Aortic Pressure Observer for the Penn State Electric Ventricular Assist Device. *IEEE Transaction on Biomedical Engineering*, vol. 37, 1990. pp. 374-383.

Timothy, L. K., and Bona, B. E. *State Space Analysis: An Introduction*. McGraw-Hill, New York, 1968.

Vaughan, N. D., and Gamble, J. B. The Modeling and Simulation of a Proportional Solenoid Valve. *Journal of Dynamic Systems, Measurements, and Control*, vol. 118, March 1996, pp. 120-125.

Yaniv, Y., Sivan, R., and Landesberg, A. Stability, Controllability and Observability of the "Four State" Model for the Sarcomeric Control of Contraction. *Annals of Biomedical Engineering*, vol. 34, 2006, pp. 778-789.

연습문제

1. 그림 P5.1의 블록선도로 표시되는 시스템을 다음 방법으로 통합된 등가 전달함수 $T(s) = C(s)/R(s)$로 나타내어라.

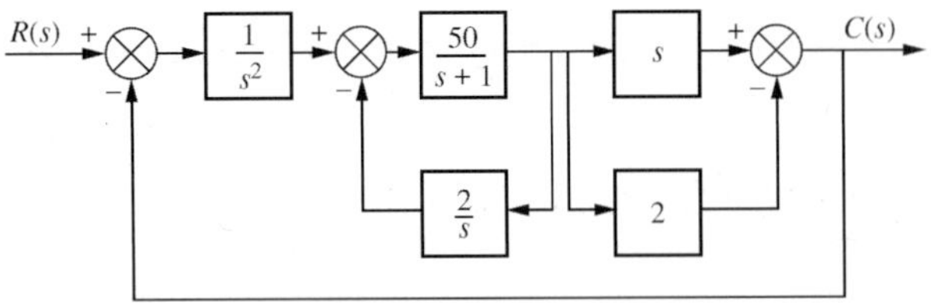

그림 P5.1

a. 블록선도 통합 [5.2절]

b. MATLAB

MATLAB ML

2. 그림 P5.2의 시스템에 대해 블록선도를 통합하여 전달함수 $T(s) = C(s)/R(s)$를 구하라. [5.2절] SS

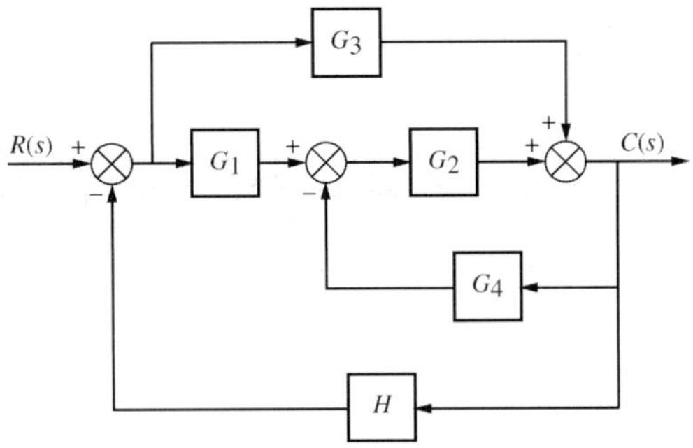

그림 P5.2

3. 그림 P5.3의 시스템에 대해 블록선도를 통합하여 전달함수 $T(s) = C(s)/R(s)$를 구하라. [5.2절]

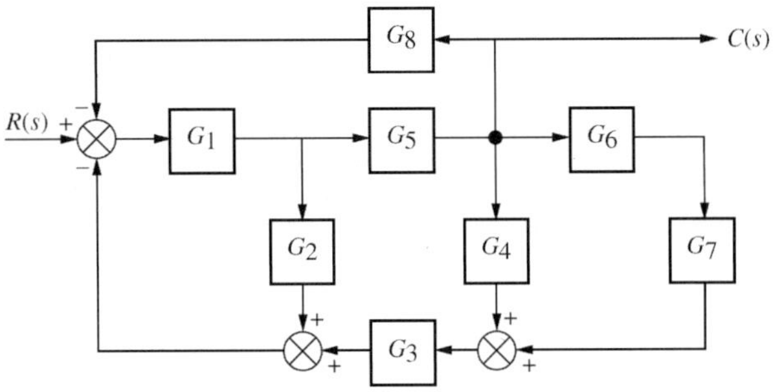

그림 P5.3

4. 그림 P5.4의 시스템을 피드백 이득이 1인 등가 시스템으로 통합하라. [5.2절]

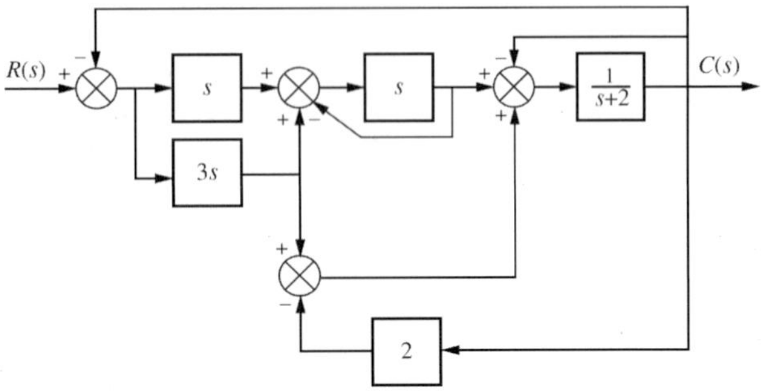

그림 P5.4

5. 그림 P5.5의 시스템에 대해 블록선도를 통합하여 전달함수 $T(s) = C(s)/R(s)$를 구하라.

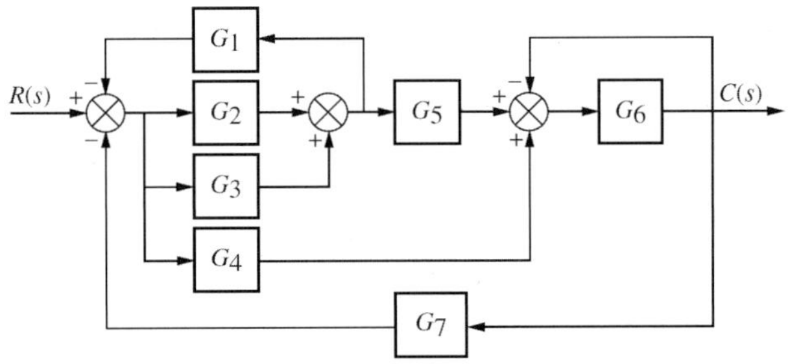

그림 P5.5

6. 그림 P5.6의 시스템은 미흡 감쇠 특성을 가지는가? 가진다면 계단 함수 입력에 대한 응답의 퍼센트 오버슈트, 정착 시간 및 최고값 시간을 구하라.

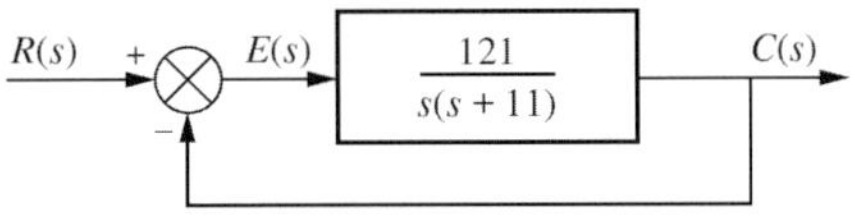

그림 P5.6

7. 그림 P5.7의 시스템에서 입력 $r(t)$가 단위 계단 함수일 때, 출력 $c(t)$를 구하라.

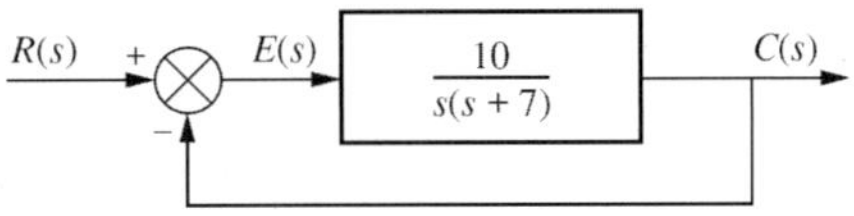

그림 P5.7

8. 그림 P5.8의 시스템에서 폐루프 전달함수 $T(s) = C(s)/R(s)$를 구하라.

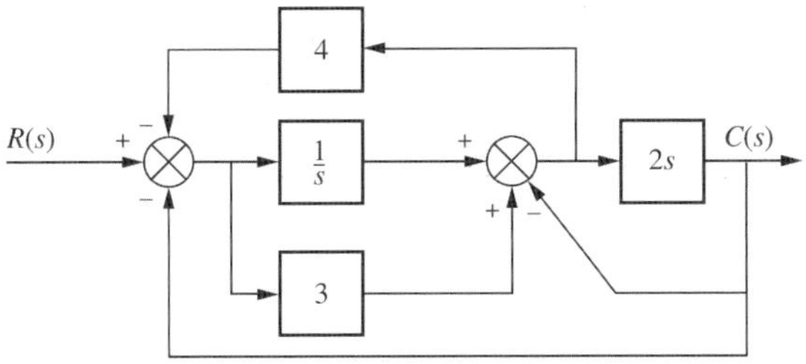

그림 P5.8

9. 그림 P5.9의 시스템에서 계단 함수 입력에 대한 응답이 15%의 오버슈트를 가지도록 K값을 정하라. [5.3절]

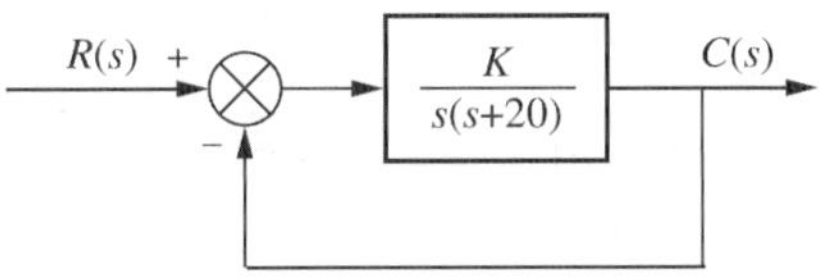

그림 P5.9

10. 그림 P5.10의 시스템에서 0.17초의 정착 시간과 10%의 오버슈트를 가지도록 K와 α를 정하라. [5.3절]

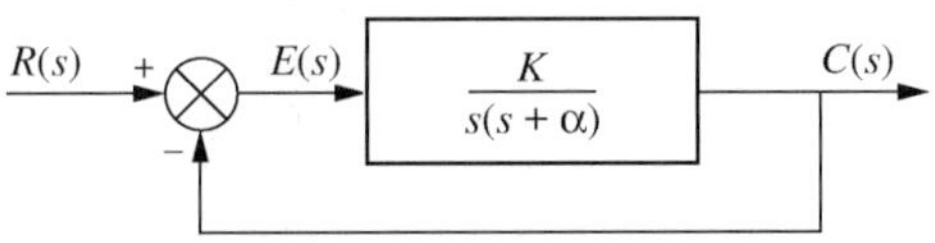

그림 P5.10

11. 그림 P5.11의 시스템에서 계단 함수 응답이 1.5초의 최고값 시간과 3초의 정착 시간을 가지도록 K_1과 K_2를 정하라.

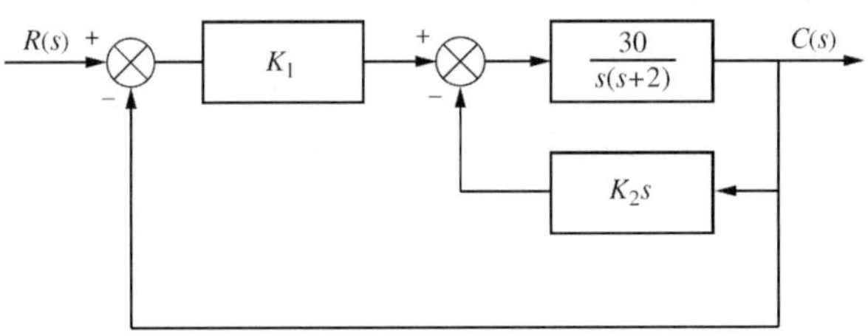

그림 P5.11

12. 그림 P5.12의 시스템에 대하여 다음을 구하여라. SS [5.3절]

a. 전달함수 $T(s) = C(s)/R(s)$로 표현되는 등가 통합 블록선도

b. 감쇠비, 고유 주파수, 퍼센트 오버슈트, 정착 시간, 최고값 시간, 상승 시간 및 감쇠 진동 주파수

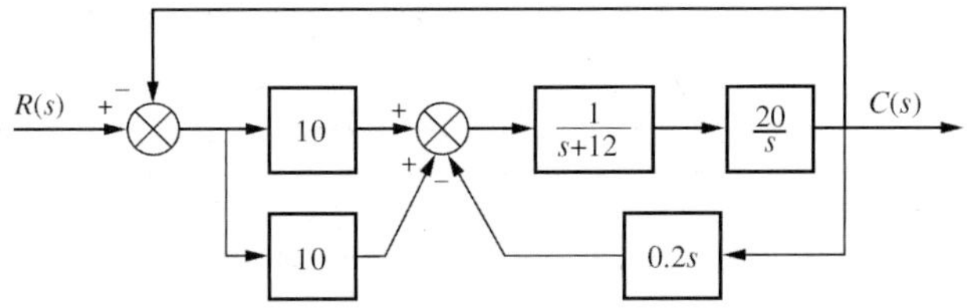

그림 P5.12

13. 그림 P5.13의 시스템에서 ζ, ω_n, 퍼센트 오버슈트, 최고값 시간, 상승 시간 및 정착 시간을 구하라. [5.3절]

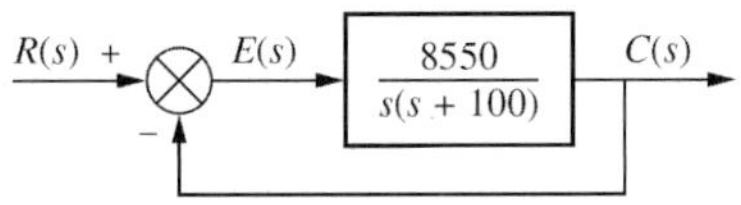

그림 P5.13

14. 그림 P5.14와 같이 전동기와 발전기를 통하여 부하가 구동된다. 발전기의 출력 전압이 $e_g(t) = K_f\, i_f(t)$일 때 (여기서 $i_f(t)$는 발전기의 자계 전류임), 전달함수 $G(s) = \theta_o(s)/E_i(s)$를 구하라. 발전기에서 $k_f = 2\Omega$이고 전동기에서 $K_t = 2\ \mathrm{N\text{-}m/A}$, $K_b = 2\ \mathrm{V\text{-}s/rad}$이다.

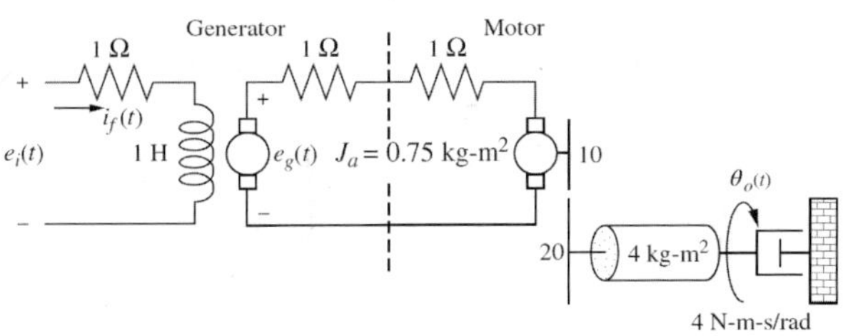

그림 P5.14

15. 그림 P5.15의 시스템에서 $G(s) = E_o(s)/T(s)$를 구하라.

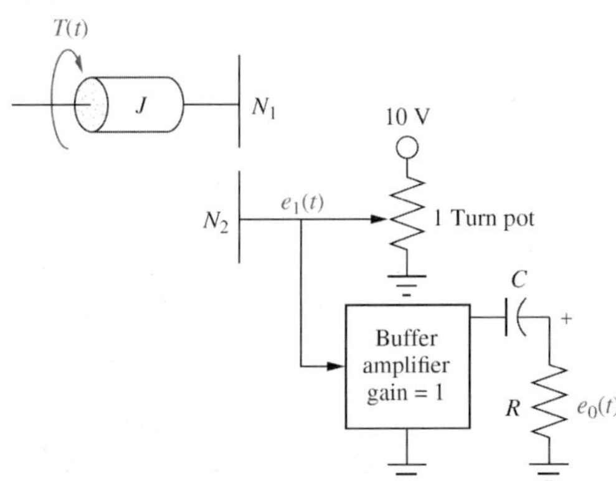

그림 P5.15

16. 문제 1의 블록선도를 신호흐름선도로 바꾸고 신호를 표기하라. [5.4절]

17. 다음 시스템에 대한 신호흐름선도를 그리고, 상태 공간에서 다음 형태로 표현하라. [5.7절]

State Space SS

a. 위상변수형
b. 종속형

$$G(s) = \frac{200}{(s+10)(s+20)(s+30)}$$

18. 다음의 전달함수에 대하여 문제 17을 반복하라. [5.7절]

State Space SS

$$G(s) = \frac{20}{s(s-2)(s+5)(s+8)}$$

19. Mason의 법칙을 이용하여 그림 P5.16의 시스템에 대한 전달함수 $T(s) = C(s)/R(s)$를 구하라. [5.5절]

SS

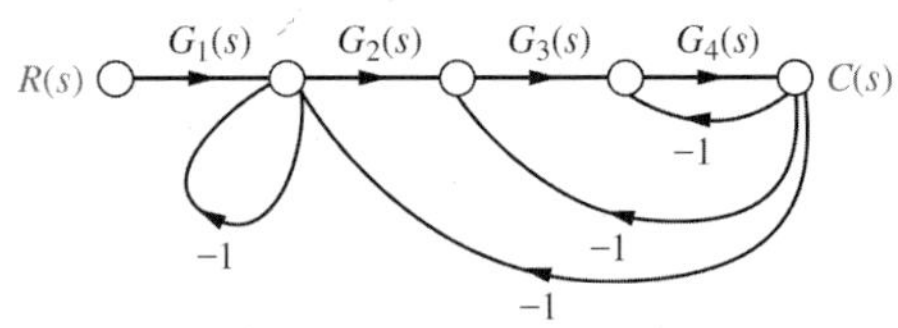

그림 P5.16

20. 본문에 있는 그림 5.13의 전달함수를 Mason 공식을 이용하여 구하라. [5.5절]

21. 다음 시스템을 상태 공간에서 Jordan 표준형으로 나타내고 신호흐름선도를 그려라. [5.7절]

State Space SS

SS

a. $G(s) = \dfrac{(s+1)(s+2)}{(s+3)^2(s+4)}$

b. $G(s) = \dfrac{(s+2)}{(s+5)^2(s+7)^2}$

c. $G(s) = \dfrac{(s+4)}{(s+2)^2(s+5)(s+6)}$

22. 다음 시스템을 상태 공간에서 위상변수형으로 나타내고 신호흐름선도를 그려라. [5.7절]

State Space SS

SS

a. $G(s) = \dfrac{s+3}{s^2+2s+7}$

b. $G(s) = \dfrac{s^2+2s+6}{s^3+5s^2+2s+1}$

c. $G(s) = \dfrac{s^3+2s^2+7s+1}{s^4+3s^3+5s^2+6s+4}$

23. 문제 22의 각 시스템을 제어기 표준형과 관측기 표준형으로 나타내어라. [5.7절]

State Space SS

24. 그림 P5.17의 피드백 제어시스템을 상태 공간에서 나타내어라. 가능하면, 개루프 전달함수를 분리하여 종속형으로 나타내고 출력에서 입력으로 신호 경로를 가지는 피드백 루프가 되도록 하라. 가능하면 블록선도와 일대일 대응이 되도록 신호흐름선도를 그려라. [5.7절]

State Space SS

SS

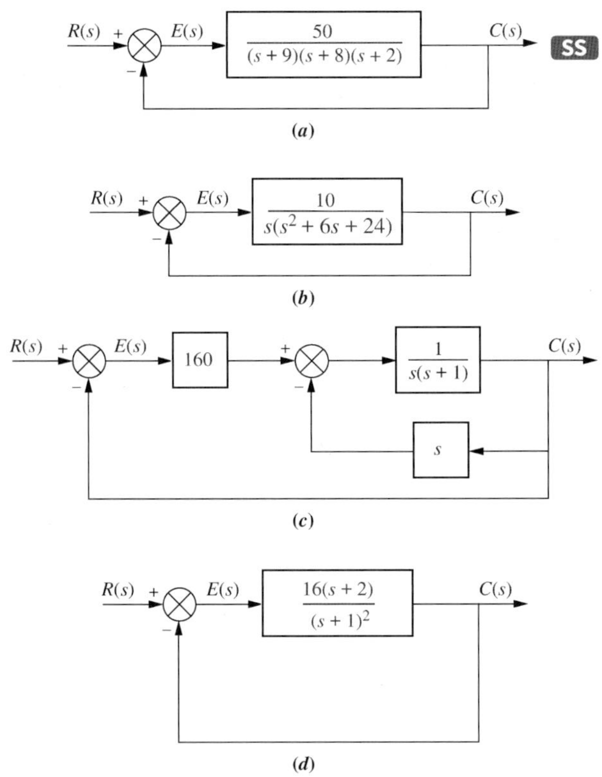

그림 P5.17

25. 그림 P5.18의 시스템에 대해 다음 물음에 답하라. [5.7절]

State Space SS

a. 시스템을 상태 공간에서 위상변수형으로 나타내어라.
b. 시스템을 상태 공간에서 위상변수형이 아닌 다른 형태로 나타내어라.

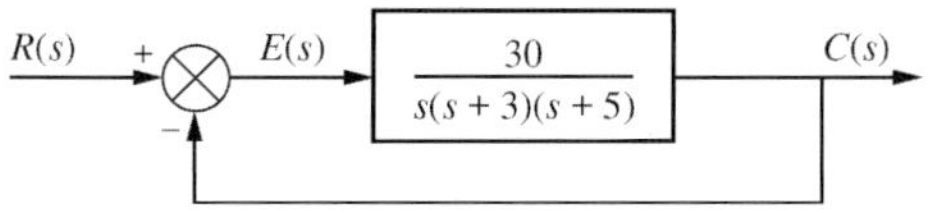

그림 P5.18

26. 그림 P5.19의 시스템에 대해 문제 25를 반복하라. [5.7절]

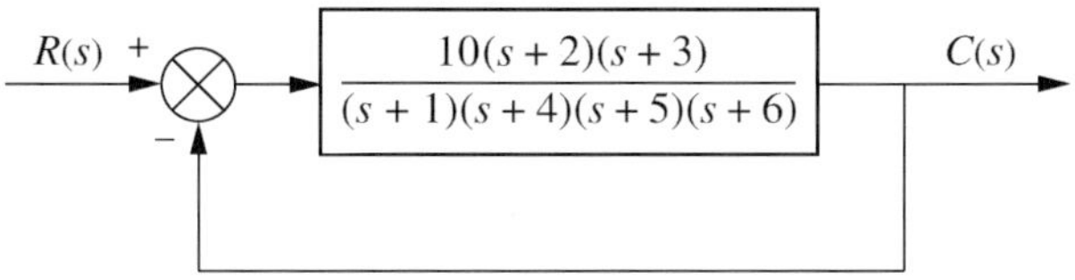

그림 P5.19

27. MATLAB을 이용하여 문제 26을 풀어라. MATLAB ML

28. 그림 P5.20의 시스템을 상태 공간에서 나타내어라. 여기서 $x_1(t)$, $x_3(t)$와 $x_4(t)$는 상태변수들이고, $c(t)$는 출력이며, $x_2(t)$는 $X_1(s)/X_3(s)$의 내부에 포함된다. [5.7절] State Space SS

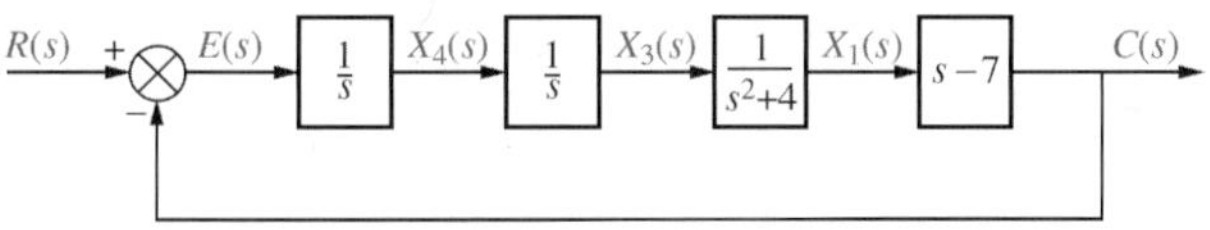

그림 P5.20

29. 그림 P5.21의 회전 운동을 하는 기계 시스템에 대해 SS State Space SS

a. 시스템을 신호흐름선도로 나타내어라.

b. 출력이 $\theta_2(t)$일 경우, 시스템을 상태 공간에서 나타내어라.

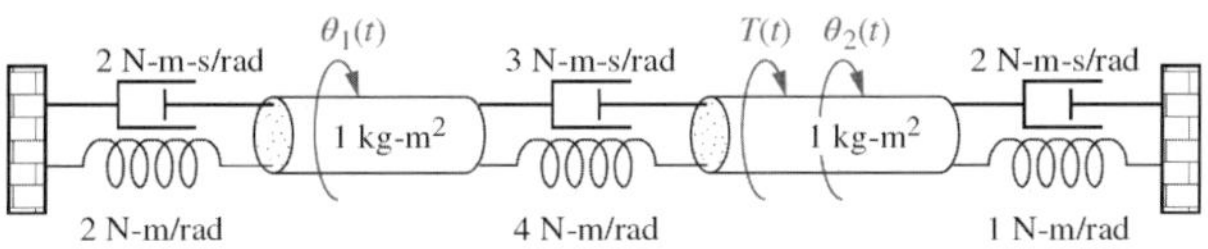

그림 P5.21

30. 서브시스템들이 그림 P5.22와 같이 종속 접속되는 경우 $G_1(s)$가 상태 공간에서 State Space SS

$$\dot{\mathbf{x}}_1 = \mathbf{A}_1\mathbf{x}_1 + \mathbf{B}_1 r$$
$$y_1 = \mathbf{C}_1\mathbf{x}_1$$

와 같이 표현되고, $G_2(s)$가 상태 공간에서

$$\dot{\mathbf{x}}_2 = \mathbf{A}_2\mathbf{x}_2 + \mathbf{B}_2 y_1$$
$$y_2 = \mathbf{C}_2\mathbf{x}_2$$

와 같이 표현된다면, 전체 시스템은 상태 공간에서 다음과 같이 표현됨을 보여라.

$$\begin{bmatrix} \dot{\mathbf{x}}_1 \\ \cdots \\ \dot{\mathbf{x}}_2 \end{bmatrix} = \begin{bmatrix} \mathbf{A}_1 & \vdots & 0 \\ \cdots & \vdots & \cdots \\ \mathbf{B}_2\mathbf{C}_1 & \vdots & \mathbf{A}_2 \end{bmatrix} \begin{bmatrix} \mathbf{x}_1 \\ \cdots \\ \mathbf{x}_2 \end{bmatrix} + \begin{bmatrix} \mathbf{B}_1 \\ \cdots \\ 0 \end{bmatrix} \mathrm{r}$$

$$y_2 = \begin{bmatrix} 0 & \vdots & \mathbf{C}_2 \end{bmatrix} \begin{bmatrix} \mathbf{x}_1 \\ \cdots \\ \mathbf{x}_2 \end{bmatrix}$$

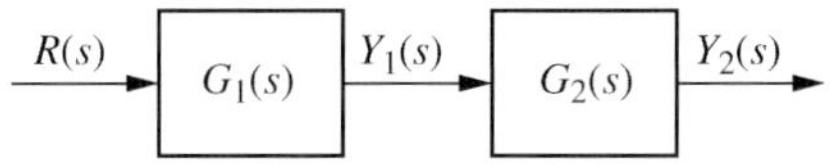

그림 P5.22

31. 서브시스템들이 그림 P5.23과 같이 피드백 시스템이 되도록 연결되는 경우 $G(s)$가 상태 공간에서 State Space SS

$$\dot{\mathbf{x}}_1 = \mathbf{A}_1\mathbf{x}_1 + \mathbf{B}_1 e$$
$$y = \mathbf{C}_1\mathbf{x}_1$$

와 같이 표현되고, $H(s)$가 상태 공간에서

$$\dot{\mathbf{x}}_2 = \mathbf{A}_2\mathbf{x}_2 + \mathbf{B}_2 y$$
$$\rho = \mathbf{C}_2\mathbf{x}_2$$

와 같이 표현된다면, 폐루프 시스템은 상태 공간에서 다음과 같이 표현됨을 보여라.

$$\begin{bmatrix} \dot{\mathbf{x}}_1 \\ \cdots \\ \dot{\mathbf{x}}_2 \end{bmatrix} = \begin{bmatrix} \mathbf{A}_1 & \vdots & -\mathbf{B}_1\mathbf{C}_2 \\ \cdots & \vdots & \cdots \\ \mathbf{B}_2\mathbf{C}_1 & \vdots & \mathbf{A}_2 \end{bmatrix} \begin{bmatrix} \mathbf{x}_1 \\ \cdots \\ \mathbf{x}_2 \end{bmatrix} + \begin{bmatrix} \mathbf{B}_1 \\ \cdots \\ 0 \end{bmatrix} \mathrm{r}$$

$$y = \begin{bmatrix} \mathbf{C}_1 & \vdots & 0 \end{bmatrix} \begin{bmatrix} \mathbf{x}_1 \\ \cdots \\ \mathbf{x}_2 \end{bmatrix}$$

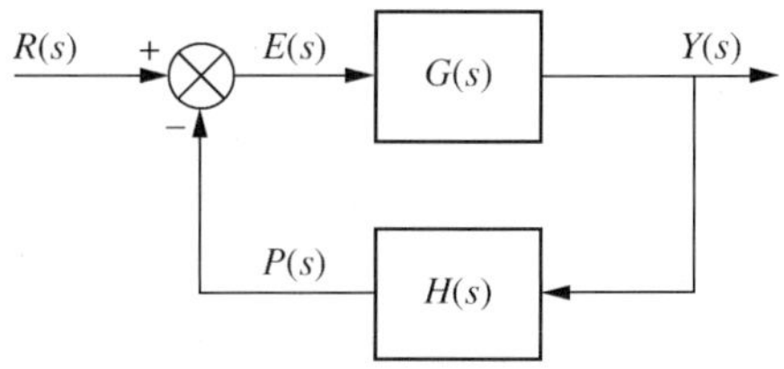

그림 P5.23

32. 시스템이 상태 공간에서 다음과 같이 표현되는 경우

$$\dot{\mathbf{x}}=\begin{bmatrix}-1 & -7 & 6\\ -8 & 4 & 8\\ 4 & 7 & -8\end{bmatrix}\mathbf{x}+\begin{bmatrix}-5\\ -7\\ 5\end{bmatrix}\mathrm{r}$$

$$y=[-9\ \ -9\ \ -8]\mathbf{x}$$

새로운 상태 벡터 $\mathbf{z}$가

$$\mathbf{z}=\begin{bmatrix}-4 & 9 & -3\\ 0 & -4 & 7\\ -1 & -4 & -9\end{bmatrix}\mathbf{x}$$

이 되도록 시스템을 변환하라. [5.8절]

33. 다음 시스템에 대하여 시스템 행렬이 대각선 행렬이 되도록 변환시켜라. [5.8절]

$$\dot{\mathbf{x}}=\begin{bmatrix}-10 & -3 & 7\\ 18.25 & 6.25 & -11.75\\ -7.25 & -2.25 & 5.75\end{bmatrix}\mathbf{x}+\begin{bmatrix}1\\ 3\\ 2\end{bmatrix}\mathrm{r}$$

$$y=[1\ -2\ \ \ 4]\mathbf{x}$$

34. MATLAB을 이용하여 문제 33을 반복하라.

35. 부록 A3에 있는 UFSS 정의 피치 제어시스템의 폐루프 전달함수를 구하라(Johnson 1980).

36. 부록 A2의 configuration 1로 표시되는 안테나 방위각 제어시스템에 대한 폐루프 시스템의 계단 함수 응답에 비선형성이 미치는 영향을 Simulink를 이용하여 그려라. 특히 선형 응답뿐만 아니라 다음 비선형성 각각을 고려하라: 포화(±5[V]), 백래쉬(무응답 간격 0.15) 무응답 구간(-2에서 +2). 전단 증폭기 이득은 100이고 계단 함수 입력은 2 rad으로 가정하라.

37. 그림 P5.24은 비반전 연산증폭기이다. 연산증폭기는 이상적이라 가정한다.

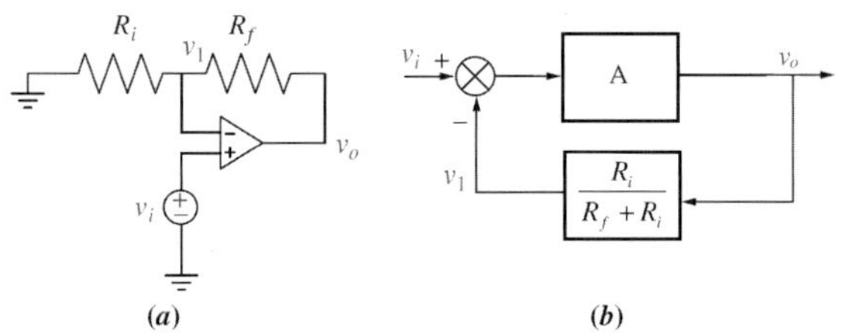

그림 P5.24 a. 비반전 연산증폭기 b. 블록선도

a. 시스템이 다음 두 방정식으로 표시됨을 보여라.

$$v_o = A(v_i - v_o)$$

$$v_1 = \frac{R_i}{R_i + R_f}v_o$$

b. 이들 방정식이 그림 P5.24(b)의 블록선도로 표시될 수 있는지 확인하라.

c. Mason 공식을 사용하여 폐루프 시스템의 전달함수 $V_o(s)/V_i(s)$를 구하라.

d. $A\to\infty$일 때, $V_o(s)/V_i(s) = 1 + R_f/R_i$가 됨을 보여라.

38. 그림 P5.25(a)는 n-채널 증가형 모드 MOSFET 소스 팔로워(source follower) 회로이다. 그림 P5.25(b)는 소신호 등가 모델이다(여기서 $R_i = R_1 \parallel R_2$) (Neamen, 2001).

a. 이 회로 방정식이 다음과 같음을 보여라.

$$\frac{v_{in}}{v_i} = \frac{R_i}{R_i + R_s};$$
$$v_{gs} = v_{in} - v_o;\ v_o = g_m(R_s \parallel r_o)v_{gs}$$

b. 방정식 사이의 관계를 나타내는 블록선도를 그려라.

c. b의 블록선도를 이용하여 전달함수 $\dfrac{V_o(s)}{V_i(s)}$를 구하라.

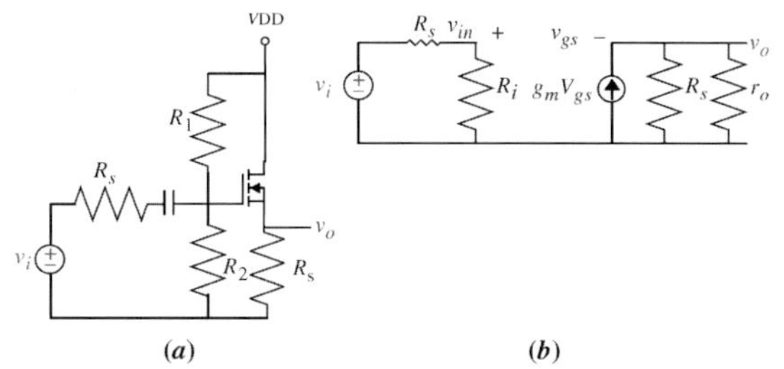

그림 P5.25 a. n-채널 증가형 모드 MOSFET 소스 팔로워 회로 b. 소신호 등가 회로

39. 자동차의 능동 서스펜션(suspension) 시스템은 도로 변화에 대응하는 동적 임피던스를 생성시키는 수동 감쇠기와 스프링이 능동 유압 액추에이터와 병렬로 연결된다. 이와 같은 액추에이터가 폐루프로 제어되는 블록선도를 그림 P5.26에 나타내었다.
그림에서 K_t는 타이어의 스프링 상수, M_{US}는 바퀴 질량, r은 도로 외란, x_1은 수직 방향에서의 자동차 높이 변화, x_3는 바퀴의 수직 방향 변위, $w_0^2 = K_t/M_{US}$는 무 스프링시스템의 고유 주파수이고, ε은 적절히 선정된

필터링 파라미터이다(Lin, 1997). 다음 두 전달함수를 구하라.

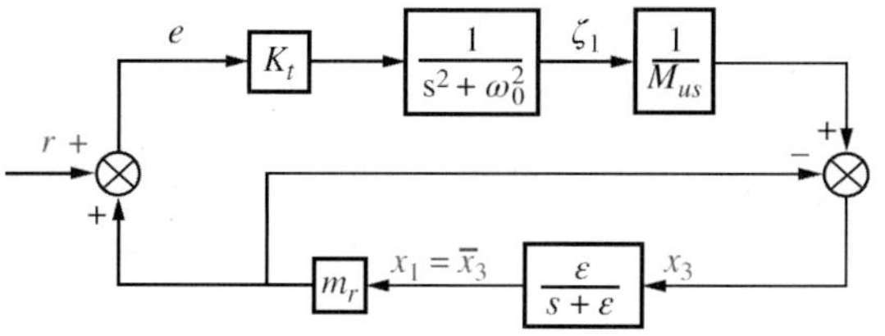

그림 P5.26[4]

a. $\frac{X_3(s)}{R(s)}$

b. $\frac{X_1(s)}{R(s)}$

40. 골격근과 심장 근육 세포의 기본 단위는 근원섬유마디(sarcomere)이다. 이것은 세포에 줄무늬(평행선) 외관이 형성되도록 한다. 예로 한 개의 세포에는 10^5 근원섬유마디가 있으며 이것은 단백질 복합체로 구성된다. 피드백 작용은 근원섬유마디와 근육 수축에 중요한 역할을 한다. 즉, Penn의 법칙에 의하면 근육이 수축하는 동안 작용하는 에너지는 초기조건과 접촉하는 부하에 좌우된다. 근원섬유마디 수축을 나타내는 선형 모델이 심장 근육을 위해 개발되었다.

$$\begin{bmatrix}\dot{A}\\ \dot{T}\\ \dot{U}\\ \dot{SL}\end{bmatrix}=\begin{bmatrix}-100.2 & -20.7 & -30.7 & 200.3\\ 40 & -20.22 & 49.95 & 526.1\\ 0 & 10.22 & -59.95 & -526.1\\ 0 & 0 & 0 & 0\end{bmatrix}\begin{bmatrix}A\\ T\\ U\\ SL\end{bmatrix}+\begin{bmatrix}208\\ -208\\ -108.8\\ -1\end{bmatrix}u(t)$$

$$y=[0\quad 1570\quad 1570\quad 594000]\begin{bmatrix}A\\ T\\ U\\ SL\end{bmatrix}-6240u(t)$$

여기서

A=결합된 칼슘과 인접한 약한 십자형 브리지를 가지는 조절체의 밀도(μM)

T=결합된 칼슘과 인접한 강한 십자형 브리지를 가지는 조절체의 밀도(M)

U=결합된 칼슘과 인접한 강한 십자형 브리지가 없는 조절체의 밀도(M)

SL=근원섬유마디 길이(m)

시스템 입력은 $u(t)$ = 줄어드는 근육 속도(m/초)이고, 출력은 $y(t)$ = 근육 힘(N)이다(Yaniv, 2006). 다음을 구하라.

a. MATLAB을 사용하여 전달함수 $\frac{Y(s)}{U(s)}$를 구하라. MATLAB ML

b. MATLAB을 사용하여 $\frac{Y(s)}{U(s)}$를 부분 분수로 분해하라. MATLAB ML

c. 시스템의 신호흐름선도를 병렬형으로 그려라. State Space SS

d. c의 선도를 이용하여 시스템을 비결합된 상태 방정식으로 나타내어라. State Space SS

41. 전기심실 보조장치(EVAD:electrical ventricular assist device)는 기존 심장과 병행하여 작동시킴으로써, 기능은 약화되었지만 펌프 작동이 가능한 심장을 가지는 환자를 돕도록 설계되었다. 이 장치는 밀대 판(pusher plate) 위에서 작동하는 무브러쉬 직류전동기로 구성된다. 판 이동은 심장 수축 시 혈액의 방출을 돕고 심장 이완 시 혈액의 유입에 도움을 준다. 심장 수축 모드 동안의 시스템 동력학 특성은 다음 식으로 표시된다.

$$\begin{bmatrix}\dot{x}\\ \dot{v}\\ \dot{P}_{ao}\end{bmatrix}=\begin{bmatrix}0 & 1 & 0\\ 0 & -68.3 & -7.2\\ 0 & 3.2 & 0.7\end{bmatrix}\begin{bmatrix}x\\ v\\ P_{ao}\end{bmatrix}+\begin{bmatrix}0\\ 425.4\\ 0\end{bmatrix}e_m$$

이 모델에서 상태변수는 밀대 판 위치인 x이며, v는 밀대 판 속도이고, P_{ao}는 대동맥 혈압이다. 시스템 입력은 전동기 전압 e_m이다(Tasch, 1990).

a. MATLAB을 사용하여 시스템 행렬이 대각선 행렬이 되도록 하는 유사 변환을 구하라. MATLAB ML

b. MATLAB과 a의 결과를 이용하여 대각선 행렬로 변환된 시스템 방정식을 구하라. MATLAB ML

42. 팔이 자세를 취했을 때 팔의 반응을 측정하고 식별하는 실험에서 선형 유압 매니퓰레이터(manipulator)의 손으로 물건을 잡는다. 힘을 측정하기 위하여 로드셀(load cell)을 액츄에이터에 부착한다. 힘이 작용하는 동안 물건들이 고정 자세를 유지하도록 한다. 그림 P5.27은 팔-환경을 결합한 시스템의 블록선도이다.

이 선도에서 $H_r(s)$는 반사 길이와 속도 피드백 동력학, $H_{act}(s)$는 작용 동력학, $H_i(s)$는 고유의 작용 동

4 Lin Jung-Shan, Kanellakopoulos, I. "Nonlinear Design of Active Suspensions." IEEE Control Systems Magazine, Vol. 17 Issue 3, June 1997, pp. 45-59, Figure 3. p. 48. IEEE Control Systems by IEEE Control Systems Society. Copyright Clearance Center를 경우하여 책에 인용될 수 있도록 IEEE에서 허가함

력학, $H_h(s)$는 손 동력학, $H_e(s)$는 환경 동력학, $X_a(s)$는 팔의 위치, $X_h(s)$는 팔의 측정 위치, $F_h(s)$는 손에 미치는 상호 작용하는 힘, $F_{int}(s)$는 본래 힘, $F_{ref}(s)$는 반발력, $A(s)$는 반발 작용이고 $D(s)$는 외부 외란 힘이다(de Vlugt, 2002).

a. 블록선도로부터 신호흐름선도를 그려라.

b. $F_h(s)/D(s)$를 구하라.

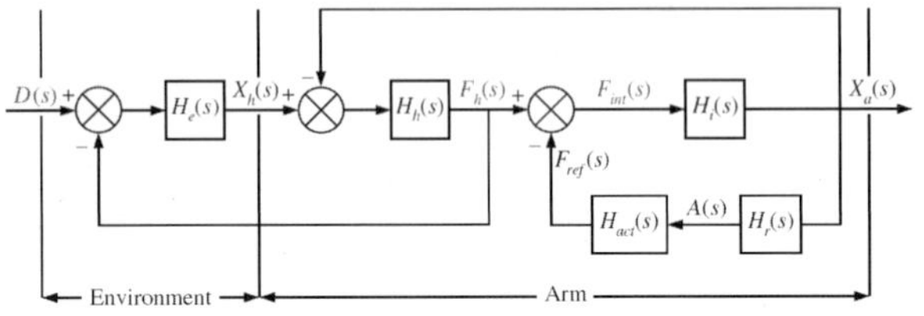

그림 P5.27

43. 촉각 피드백을 가지는 가상현실 시뮬레이터는 조이스틱으로 구동되는 잠수함의 제어를 시뮬레이션하기 위하여 개발되었다. 운용자의 촉각 피드백은 조이스틱 위치의 압박과 시뮬레이터 위치 피드백으로 이루어진다(Karkoub, 2010). 그림 P5.28은 촉각 피드백 시스템의 블록선도로 입력, u_h는 사람 팔 근육으로 생기는 힘이고, 출력 y_s와 y_j는 각각 시뮬레이터 위치와 조이스틱 위치이다.

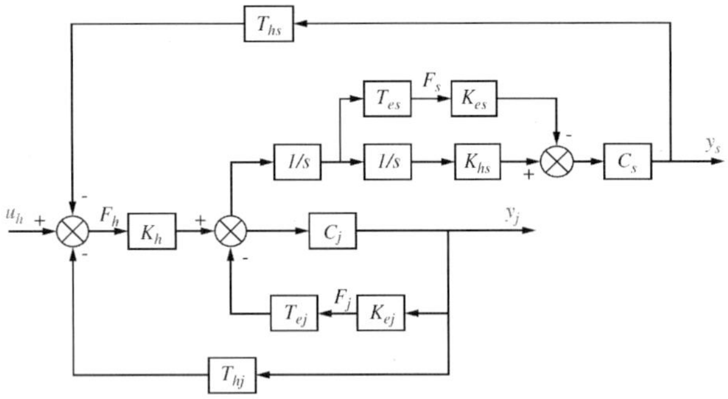

그림 P5.28[5]

a. 전달함수 $\dfrac{Y_s(s)}{U_h(s)}$를 구하라.

b. 전달함수 $\dfrac{Y_j(s)}{U_h(s)}$를 구하라.

44. 어떤 의학 치료에서는 주입이 정확한지를 판별하는 모니터링을 CT 촬영으로 하기 위하여 환자의 피부 속으로 바늘을 삽입한다. CT 촬영은 방사능을 방출하므로, 의료기사가 방사능에 장시간 노출되는 것은 매우 위험하다. 이런 위험을 피할 목적으로 원격제어 로봇이 개발되었다(Piccin, 2009). 로봇은 CT 촬영 기계가 허용 공간 내에 있도록 바늘의 위치와 각도를 제어한다. 바늘이 삽입되는 조직에서 나타나는 삽입 방해에 상응하는 피드백 힘을 기사에게 제공한다. 로봇은 조작자에게 바늘이 직접 삽입되는 것과 같은 감각과 기동성을 제공한다. 그림 P5.29는 힘 주입 구조에 대한 블록선도로 F_h는 입력 힘이고, X_h는 출력 변위이다. 합점의 입력은 음수로 표시되지 않으면 양수이다. 블록선도에서 $Z=$ 임피던스; $G=$ 전달함수; $C_i=$통신 채널 전달함수; $F=$ 힘; $X=$ 위치를 나타낸다. 아래 첨자 h와 m은 주 매니퓰레이터(master manipulator)를 나타내며, 아래 첨자 s와 e는 종 매니퓰레이터(slave manipulator)를 나타낸다.

a. $Z_h=0$, $C_1=C_s$, $C_2=1+C_6$와 $C_4=-C_m$으로 가정하고, Mason 공식을 이용하여 조작자의 힘 입력 F_h에 대한 바늘 변위 X_h 사이의 전달함수가 다음과 같음을 보여라.

$$Y(s)=\frac{X_h(s)}{F_h(s)}=\frac{Z_m^{-1}C_2(1+G_sC_s)}{1+G_sC_s+Z_m^{-1}(C_m+C_2Z_eG_sC_s)}$$

b. $Z_h \neq 0$일 때 $\dfrac{X_h(s)}{F_h(s)}=\dfrac{Y(s)}{1+Y(s)Z_h}$임을 보여라.

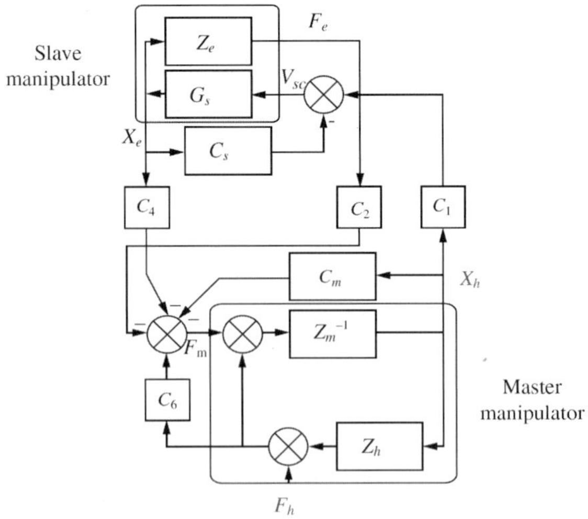

그림 P5.29[6]

5 Karkoub, M., Her, M-G., and Chen, J. M. Design and Control of a Haptic Interface Motion Simulator for Virtual Entertainment Systems. *Robotica*, vol. 28, 2010, Figure 8, p. 53, Cambridge University 출판부의 허가로 인용됨

6 Piccin, O., Barbe, L., Bayle, B. and Mathelin, M. A Force Feedback Teleoperated Needle Insertion Device for Percutaneous Procedures. Int. J. of Robotics Research, vol. 28, p. 1154. Figure 14, Copyright © 2009. SAGE의 허가로 인용됨

45. 철강 생산 공정에서 연속 주조는 필수적인 응고 공정으로 그림 P5.30(a)와 같이 용해된 철이 금형을 통과한 후 철판 속에서 응고된다. 최종 제품의 치수는 주조 속도 V_p(m/min)와 금형에서 용해된 철의 흐름을 제어하는 착암기(stopper)의 위치 $X(\%)$에 좌우된다(Kong, 1993). 단순화시킨 주조시스템 모델은 그림 P5.30(b)와 같다(Kong, 1993, Graebe, 1995). 모델에서 H_m = 금형 레벨(mm); H_t = 튠디쉬(tundish)에서는 일정하다고 가정한 용해된 철의 높이; D_z = 금형 두께=용해된 철 속으로 잠긴 노즐 깊이와 W_t = 튠디쉬에 있는 용해된 철의 무게.
특정 목적으로 $A_m = 0.5$와

$$G_x(s) = \frac{0.63}{s+0.926}$$

으로 정한다. 밸브 위치 루프가 다음 2차 전달함수로 표시된다고 하자.

$$G_v(s) = \frac{X(s)}{Y_C(s)} = \frac{10}{s^2+10s+100}$$

또한, 제어기는 다음 전달함수로 표시된다.

$$G_C(s) = \frac{1.6(s^2+1.25s+0.25)}{s}$$

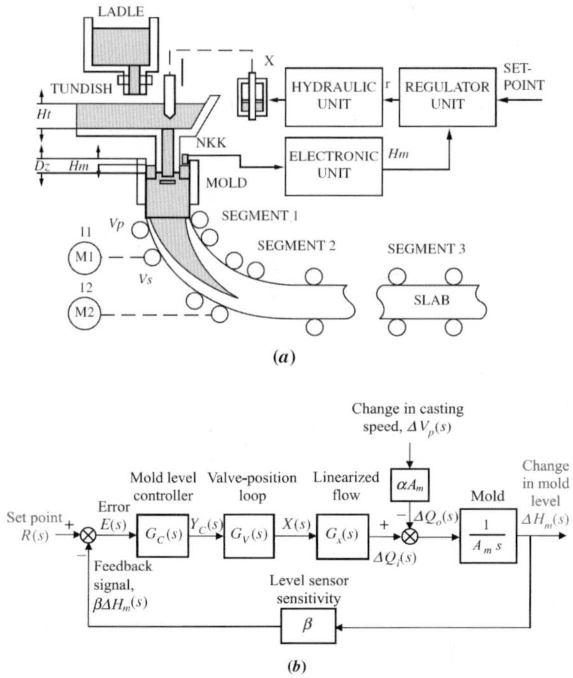

그림 P5.30 철 주조 공정 a. 공정[7] b. 블록선도

7 Kong, F., and de Keyser, R. Identification and Control of the Mould Level in a Continuous Casting Machine, second IEEE Conference on Control Applications, Vancouver, B.C., 1993. pp. 53-58. Figure 1. p. 53

금형 레벨 센서의 감도는 $\beta = 0.5$이고 $t = 0^-$에서 시스템 변수의 초기조건은 $R(0^-) = 0$; $Y_C(0^-) = X(0^-) = 41.2$; $\Delta H_m(0^-) = 0$; $H_m(0^-) = -75$; $\Delta V_p(0^-) = 0$; $V_p(0^-) = 0$이다. 다음을 구하라.

a. $v_p(t)$가 상수($\Delta v_p = 0$)라 가정하고 폐루프 전달함수 $T(s) = \dfrac{\Delta H_m(s)}{R(s)}$를 구하라.

b. $r(t) = 5u(t)$, $v_p(t) = 0.97u(t)$이고 $H_m(0^-) = -75\text{mm}$일 때 Simulink를 이용하여 시스템을 시뮬레이션하라. Workspace sink에 연결하여 시간축에 금형 레벨(어레이 형)을 기록하라. 각각의 변수 이름이 나타나도록 해야 한다. 시뮬레이션이 종료되면 MATLAB plot 명령을 사용하여 $t = 0$에서 80초까지 $h_m(t)$의 그래프를 얻고 편집하라. Simulink SL

46. 부의 피드백이 적용될 때, 그림 5.6(b)의 시스템에 대한 전체 전달함수가 다음과 같다는 것을 그림 5.6(c)에 나타내었다. SS

$$\frac{C(s)}{R(s)} = \frac{G(s)}{1+G(s)H(s)}$$

$G(s)$는 변하지도 않고 이동되지도 않을 때 같은 폐루프 전달함수 $C(s)/R(s)$를 얻는 다른 피드백 시스템의 블록선도를 구하라. 새로운 블록선도는 피드백 경로 이득이 1이 되어야 한다. 필요에 따라 주 순방향 경로에 입력변환기와 제어기가 추가될 수 있다.

47. 자동 전압 조정기는 전력 분배 시스템에서 부하와 선로가 변동하여도 전력시스템의 전압을 일정하게 유지하도록 한다(Gozde, 2011). 그림 P5.31은 이 시스템의 블록선도이다. 여기서 $K_a = 10$, $T_a = 0.1$, $K_e = 1$, $T_e = 0.4$, $K_g = 1$, $T_g = 1$, $K_s = 1$, $T_s = 0.001$이고 제어기는 $G_{PID} = 1.6 + \dfrac{0.4}{s} + 0.3s$로 가정하라.

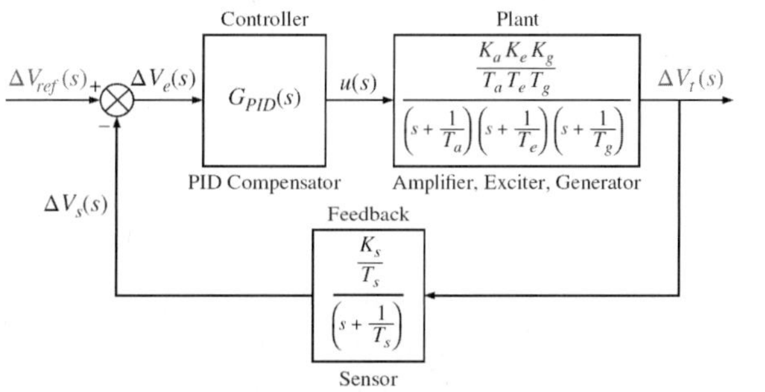

그림 P5.31

유리함수로 표현되는 폐루프 시스템의 전달함수 $T(s)=\dfrac{\Delta V_t(s)}{\Delta V_{ref}(s)}$를 구하라.

48. 탄력적으로 부하가 연결되는 구동 시스템은 4장의 문제 52에 소개하였다. 이 구동 시스템의 기계적 부분(Thomsen, 2011)은 두 개의 관성 모델로 간략화되었다. 약간 다른 파라미터들을 사용하면 다음 전달함수가 얻어진다.

$$G(s)=\frac{\Omega_L(s)}{T(s)}=\frac{25(s^2+1.2s+12500)}{s(s^2+5.6s+62000)}$$

여기서 $T(s)=T_{em}(s)-T_L(s)$이고, $T_{em}(s)$는 전동기에 의해 발생되는 전자기 토크, $T_L(s)=$부하 토크이며 $\Omega_L(s)=$부하 속도이다. 구동 시스템은 그림 P5.32에서 보는 바와 같이 피드백 제어 루프에서 제어되며 $\Omega_r(s)=$ 원하는 기준 속도이다 제어기 전달함수가 $G_c(s)=K_P+\dfrac{K_I}{s}=4+\dfrac{0.5}{s}$이고 출력 전압$=0-5.0$(V)이다. 전동기와 전력증폭기는 $K_M=10N\cdot m/volt$의 이득을 가진다.

a. 내부 루프의 전달함수 $D(s)=\dfrac{\Omega_L(s)}{T_{em}(s)}$를 계산이나 MATLAB을 이용하여 구하라. MATLAB **ML**

b. $t=0$에서 부하속도 $\omega_L(t)=0rad/\sec$이고 계단함수 기준 입력 $\omega_r(t)=260u(t)rad/\sec$가 인가될 때 $\omega_L(t)$를 MATLAB이나 다른 프로그램을 이용하여 구하고 그래프로 나타내어라. 그래프 위에 퍼센트 오버슈트, 최고값 시간, 상승 시간, 정착 시간과 최종 정상상태 값 등의 중요한 특성들을 모두 표기하라.

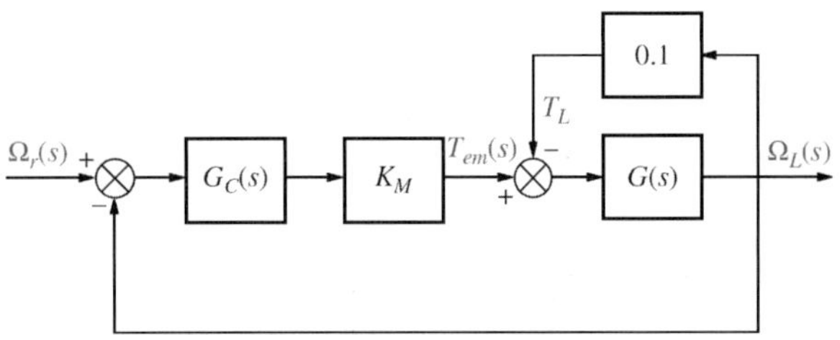

그림 P5.32

49. 직접회로는 반도체 웨이퍼 표면에서 인쇄공정을 거쳐 만들어진다. 필름의 감광 공정과 유사한 인쇄공정을 거치기 위해 반도체 웨이퍼에는 감광 물질을 바른다. 웨이퍼 표면의 필요한 곳만 빛에 노출되도록 함으로써 회로가 만들어진다. 회로의 집적화를 위해 이 공정은 나노미터급의 정확도를 가져야 하며 가능한 최고 속도로 진행되어야 한다. 이것을 달성하기 위해서 복잡한 기계장치와 방법들이 개발되었다. 그림 P5.33은 이 목적을 위한 전용 스캐너의 블록선도이다(Butler, 2011). Mason 공식을 이용하여 다음을 구하라.

a. 전달함수 $\dfrac{X_{ss}(s)}{R(s)}$

b. 전달함수 $\dfrac{X_{ls}(s)}{R(s)}$

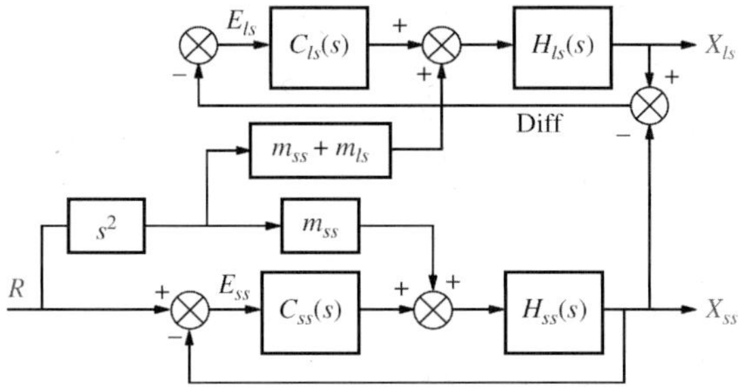

그림 P5.33[8]

50. 2장의 문제 48에서 배터리 충전 시스템에 직류를 공급하는 삼상 ac/dc 컨버터를 소개하였다(Graovac, 2001). 각 상은 그림 P2.27의 등가 회로와 같은 교류 필터를 가진다. 인덕터 전류 $I_{acF}(s)$와 ac/dc 컨버터의 상을 표시한 전류원 $I_{acR}(s)$ 및 공급되는 상전압 $V_a(s)$ 사이의 관계를 s-영역에서 나타내는 방정식이 다음과 같음을 입증하는 문제였다:

$$I_{acF}(s)=I_{acF1}(s)+I_{acF2}(s)$$
$$=\frac{1+RCs}{LCs^2+RCs+1}I_{acR}(s)+\frac{Cs}{LCs^2+RCs+1}V_a(s)$$

a. $V_C(s)$에 대한 s-영역에서의 방정식을 유도하라.

b. $R=1\Omega,\ L=1mH,\ C=20\mu F,\ i_{acR}(t)=10u(t)A,\ v_a(t)=20tu(t)V$[9]이고 초기조건이 0이라 가정할 때 Simulink를 이용하여 이 시스템을 모델링하고 인덕터 전류 $i_{acF}(t)$와 콘덴서 전압 $v_C(t)$를 0에서 15msec 사이에서 그래프로 나타내어라. Simulink **SL**

---

8 Butler, H. Position Control in Lithographic Equipment. IEEE Control Systems Magazine, October, 2011, pp. 28–47, Figure 18. p. 37.

9 램프 함수는 계단 함수를 적분하여 얻어지며 한계를 가지는 적분기를 사용하였다.

설계문제

51. 그림 P5.34(a)와 같은 전동기와 부하는 그림 P5.34(b)의 피드백 시스템의 일부분이다. 폐루프 시스템의 과도 응답이 20%의 오버슈트를 가지도록 점성 감쇠 계수 D_L 값을 정하라.

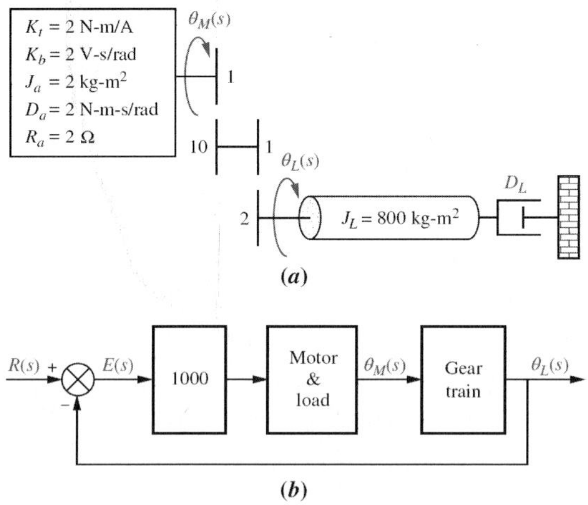

그림 P5.34 위치 제어 a. 전동기와 부하 b. 블록선도

52. 그림 P5.35의 시스템은 태코미터를 추가시켜 과도 응답이 변경되도록 한다. 감쇠비가 0.69가 되도록 시스템의 K와 K_2 값을 정하라. 태코미터가 삽입되기 전 시스템의 고유 주파수는 10rad/s이다.

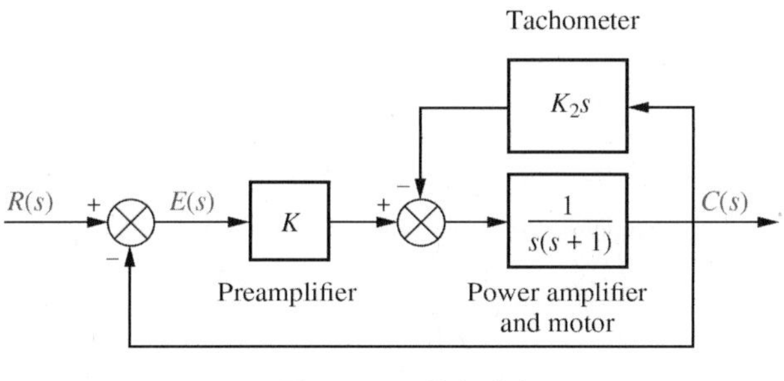

그림 P5.35 위치 제어

53. 그림 P5.36(a)의 기계 시스템은 그림 P5.36(b)의 단위 피드백 시스템의 일부이다. 20%의 오버슈트와 2초의 정착 시간을 가지도록 M과 D를 정하라.

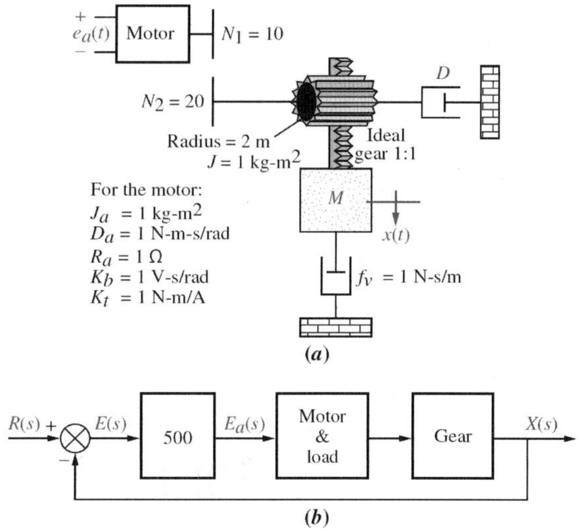

그림 P5.36 a. 전동기와 부하
b. 피드백 시스템에서의 전동기와 부하

54. 그림 P5.37의 이상적인 연산증폭기를 고려하자.

a. 왼쪽 연산증폭기가 차동증폭기(즉, $v_1 = v_o - v_{in}$)로 작용하는 것을 보여라.

b. 차동증폭기는 합점으로 표현되고 오른쪽 연산증폭기는 순방향 경로에 있는 전달함수로 표현되는 시스템의 블록선도를 그려라. R은 변수로 둔다.

c. 폐루프 전달함수를 구하라.

d. 단위 계단 함수 입력에 대해 정착 시간이 $T_s = 1$ msec가 되도록 R 값을 정하라.

e. d에서 정한 R 값에 대해 계단 함수 응답을 그려라.

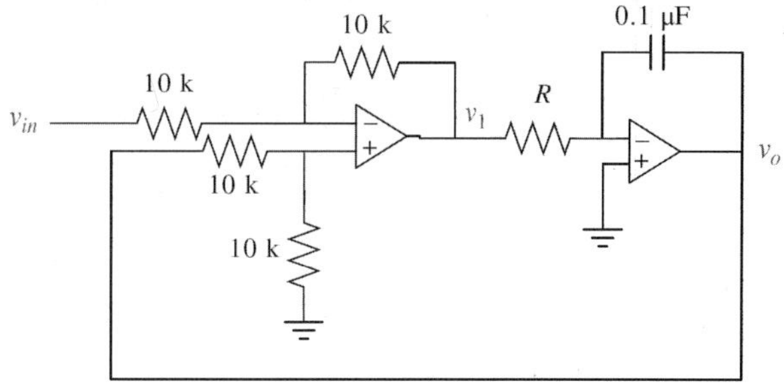

그림 P5.37

심화 학습문제

55. HIV/AIDS의 제어 4장의 문제 61에 주어진 HIV 시스템을 다시 인용하자(Craig, 2004).

State Space **SS**

$$\begin{bmatrix} \dot{T} \\ \dot{T}^* \\ \dot{v} \end{bmatrix} = \begin{bmatrix} -0.04167 & 0 & -0.0058 \\ 0.0217 & -0.24 & 0.0058 \\ 0 & 100 & -2.4 \end{bmatrix} \begin{bmatrix} T \\ T^* \\ v \end{bmatrix} + \begin{bmatrix} 5.2 \\ -5.2 \\ 0 \end{bmatrix} u_1$$

$$y = \begin{bmatrix} 0 & 0 & 1 \end{bmatrix} \begin{bmatrix} T \\ T^* \\ v \end{bmatrix}$$

시스템을 다음 형태로 나타내어라.

a. 위상변수형
b. 제어기 표준형
c. 관측기 표준형
d. MATLAB을 사용하여 시스템이 대각선 행렬로 표현되도록 변환하라.

MATLAB **ML**

56. 하이브리드 자동차 그림 P5.38은 직류전동기로 구동되는 HEV에 종속 제어 기법을 적용하는 블록선도이다(Preitl, 2007).

속도 제어기는 $G_{sc}(s) = 100 + \dfrac{40}{s}$, 토크 제어기와 전력증폭기는 $K_A G_{TC}(s) = 10 + \dfrac{6}{s}$, 전류센서 감도는 $K_{CS} = 0.5$이고 속도센서 감도는 $K_{SS} = 0.0433$이라 하자. 앞 장에서 제시된 계수와 상수들은

$$\frac{1}{R_a} = 1; \eta_{tot} K_t = 1.8; k_b = 2; D = k_f = 0.1;$$

$$\frac{1}{J_{tot}} = \frac{1}{7.226}; \frac{r}{i_{tot}} = 0.0615;$$

$\rho C_w A v_0 \dfrac{r}{i_{tot}} = 0.6154$이다.

a. 블록선도에 이 값들을 대입하고 블록선도 간략화 규칙을 적용하여 전달함수 $T(s) = \dfrac{V(s)}{R_v(s)}$를 구하라[힌트: 맨끝의 $\dfrac{r}{i_{tot}}$ 블록을 분지점 오른쪽으로 이동시킬 것].

b. 그림 P5.38의 시스템에 대한 Simulink 모델을 만들어라. 초기조건은 0으로 하고 $t = 0$에서 기준신호 입력 $r_v(t) = 4u(t)$를 입력하라. 계단 함수 입력에 대해 다음 변수들의 응답을 X-Y 축에 그래프(0에서 8초 사이)로 나타내어라:(1) 자동차 속도 변화(m/s), (2) 가속도(m/s^2)와 (3) 전동기 전기자 전류(A).
위의 3개의 변수를 시간축에 기록(어레이 형태)하기 위해 4개의 Workspace sink에 연결하라. 각각에는 변수 이름이 동반되어야 한다. 시뮬레이션이 종료된 후 MATLAB plot 명령을 사용하여 3개의 그래프를 그리고 편집하라.

Simulink **SL**
MATLAB **ML**

57. 포물선 용기 수집기 포물선 용기의 수집기 설비를 위한 제어기 설계는 실용적인 연구 영역이다. 제어기 설계(Camacho, 2012)에 이용되는 기법 중이 하나는 내부

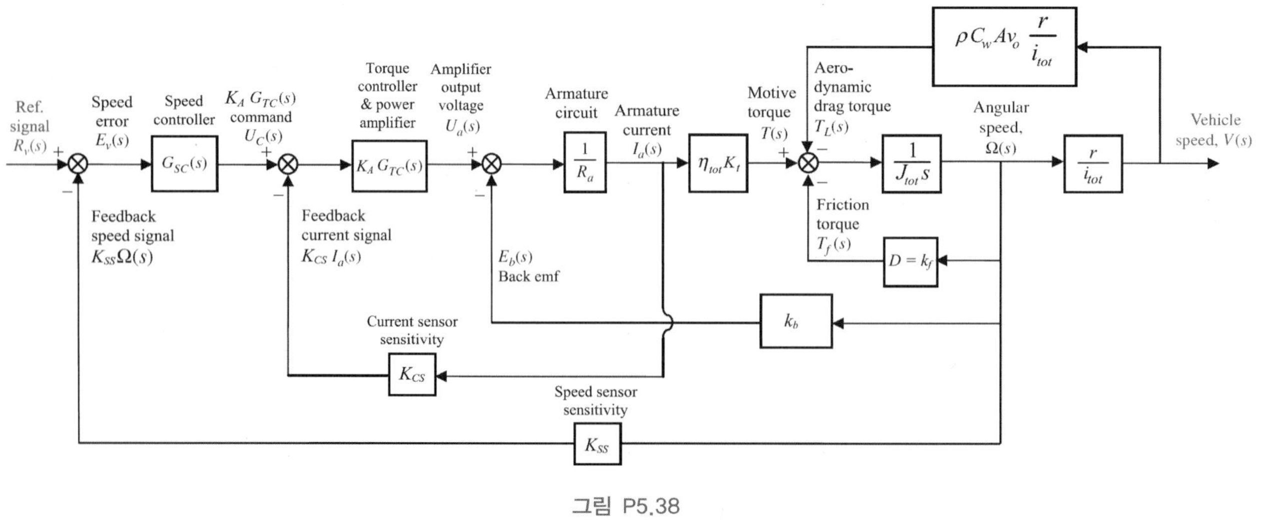

그림 P5.38

모델 제어(IMC: Internal Model Control)이다. 여기서는 IMC에 대해 상세하게 다루지는 않지만 그림 P5.39(a)는 IMC 구조에 대한 블록선도이다. IMC를 적용하기 위해서는 공정의 동력학을 완전하게 알아야 한다. 그림 P5.39(a)에서 실제 공정은 $P(s)$이고 $\widetilde{P}(s)$는 공정을 모델링한 소프트웨어 모델이다. $G(s)$는 설계할 제어기이다. 모든 블록이 선형 시불변 시스템으로 가정하면 시스템에 중첩의 원리(superposition principle)을 적용할 수 있다.

a. 중첩의 원리($D(s)=0$으로 함)를 적용하여 명령 입력에 대한 출력 사이의 전달함수 $\dfrac{C(s)}{R(s)}$를 Mason 공식으로 구하라.
b. 중첩의 원리($R(s)=0$으로 함)를 적용하여 외란 입력에 대한 출력 사이의 전달함수 $\dfrac{C(s)}{D(s)}$를 Mason 공식으로 구하라.
c. 두 입력에 대한 출력 $C(s)$를 구하기 위해 a와 b의 결과를 이용하라.
d. 그림 P5.39(b)의 시스템에서 $G_c(s)=\dfrac{G(s)}{1-G(s)\widetilde{P}(s)}$일 때 그림과 같은 전달함수를 가짐을 보여라.

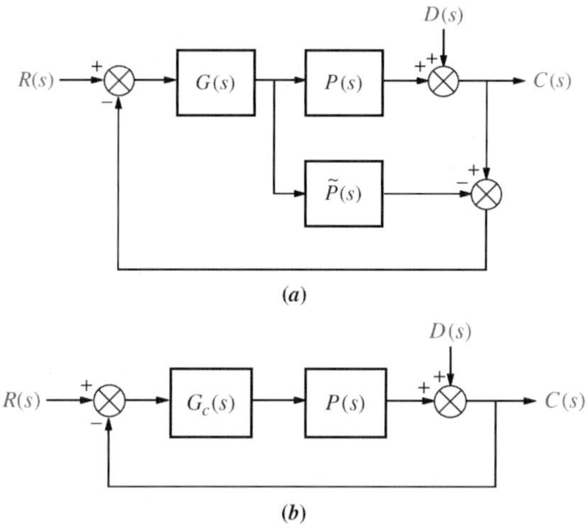

그림 P5.39

안정도 6

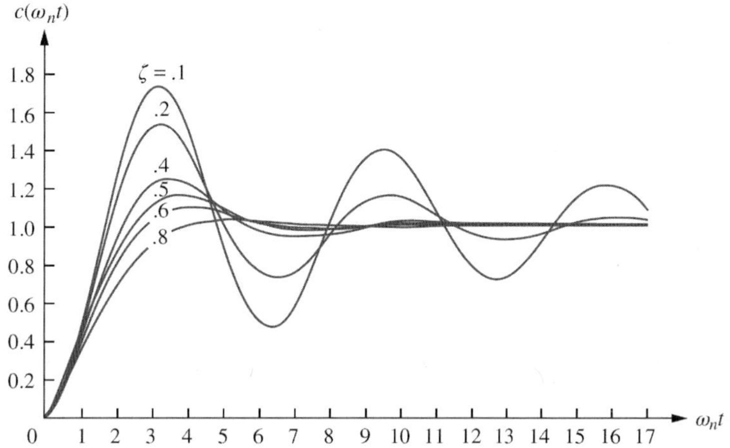

이 장의 학습 성과

이 장의 내용을 학습하면 학생들은 다음을 할 수 있게 된다.

- 시스템의 안정도를 판별하기 위하여 Routh 표를 만들고 해석하는 방법(6.1–6.2절)
- Routh 표에서 행의 처음 값이 0이거나 행 전체가 0이 되도록 표를 만들고 해석하는 방법(6.3–6.4절)
- 상태 공간에서 표현된 시스템의 안정도를 판별하기 위하여 Routh 표를 이용하는 방법(6.5절) State Space SS

사례연구 목적

다음의 사례연구를 통하여 이 장의 학습 목표에 대한 성과를 확인할 수 있다.

- 부록 A2에 있는 안테나 방위각 위치 제어시스템이 안정하기 위한 전단 증폭기 이득의 범위를 구할 수 있다.
- 부록 A3에 있는 무인 유영 잠수정의 피치나 방향 제어시스템이 안정하기 위한 이득의 범위를 결정할 수 있다.

6.1 개요

1장에서 제어시스템의 설계에는 세 가지 요구 사항 즉, 과도 응답, 안정성 및 정상 상태 오차들이 필요하다는 것을 알았다. 지금까지 과도 응답을 설명하였는데 8장에서 다시 다루기로 한다. 여기서는 설계 요구 사항 중 하나인 안정도(stability)를 설명하고자 한다.

안정도는 가장 중요한 시스템 규격(specification)이다. 시스템이 불안정하면 과도 응답과 정상 상태 오차들은 논의할 필요가 없다. 불안정한 시스템에 대해서는 원하는 과도 응답이나 정상 상태 오차에 대한 요구 사항을 만족하도록 설계할 수 없다. 그러면 안정도란 무엇인가? 시스템의 종류나 해석의 관점에 따라 안정도에 대한 많은 정의가 있다. 이 절에서는 선형 시불변 시스템으로 한정하여 설명하기로 한다.

1.5절에서 정상 상태 응답이 강제 응답으로만 구성되어 있다면 시스템의 출력을 제어할 수 있다고 설명하였다. 그러나, 시스템의 전체 응답은 강제 응답(forced response)과 고유 응답(natural response)을 합한 응답으로 다음과 같다.

$$c(t) = c_{forced}(t) + c_{natural}(t) \tag{6.1}$$

응답의 개념을 이용하여 안정도, 불안정도 및 임계 안정도를 정의하기로 한다.

- 시간이 무한대가 될 때 고유 응답이 0으로 감소하면, 선형 시불변 시스템은 **안정**(*stable*)하다.
- 시간이 무한대가 될 때 고유 응답이 무한대로 증가하면, 선형 시불변 시스템은 **불안정**(*unstable*)하다.
- 시간이 무한대가 될 때 고유 응답이 감소하거나 증가하지 않고, 일정한 값을 유지하거나 진동하면 선형 시불변 시스템은 **임계 안정**(*marginally stable*)하다.

따라서, 안정도의 정의는 고유 응답이 0으로 감소하여 강제 응답만이 존재하는가와 고유 응답의 형태에 의존한다.

전체 응답에서 강제 응답과 고유 응답을 구별하기가 어려울 수도 있다. 그러나, 입력이 유한한 값으로 제한된 상태에서 시간이 무한대가 될 때 전체 응답이 무한대로 증가하지 않으면, 고유 응답은 분명히 무한대로 증가하지 않는다는 것을 알 수 있다. 입력이 유한하지 않다면 전체 응답도 유한하지 않을 수 있으므로, 시스템의 안정도에 대한 어떤 결론을 얻을 수 없다. 즉, 강제 응답이 유한하지 않거나 고유 응답이 유한하지 않기 때문에 전체 응답이 유한하지 않다고 말할 수 없다. 따라서 전체 응답을 고려하면서 고유 응답을 근간으로 하는 첫 번째 정의와는 다른 안정도에 대한 정의를 얻을 수 있다:

- 크기가 유한한 모든 입력에 대해 출력이 유한하다면 시스템은 안정하다.

이것을 유한-입력 유한-출력(Bounded-Input, Bounded-Output, BIBO) 안정도라 한다.

이제, 고유 응답보다는 전체 응답을 근간으로 하는 불안정에 대한 다른 정의를 살펴보자. 입력의 크기가 유한하여도 전체 응답이 유한하지 않다면 시간이 무한대가 될 때 고유 응답이 무한대가 된다고 할 수 있으므로 시스템은 불안정하다. 입력이 유한하지 않으면 전체 응답이 유한하지 않으므로, 시스템의 안정도에 대해 어떠한 결론을 내릴 수 없다. 즉, 강제 응답이 유한하지 않거나 고유 응답이 유한하지 않기 때문에 전체 응답이 유한하지 않는지를 판별할 수 없다. 따라서, 전체 응답을 근간으로 하는 불안정에 대한 다른 정의를 내릴 수 있다.

- 크기가 유한한 임의의 입력에 대해 출력이 유한하지 않으면 시스템은 불안정하다.

이와 같은 정의는 앞에서 언급한 임계 안정에 대한 정의가 안정한지 불안정한지를 분명하게 한다. 임계 안정도는 크기가 유한한 어떤 입력에 대해서는 안정하고 다른 입력에 대해서는 불안정하게 됨을 의미한다. 예를 들어, 고유 응답이 무감쇠일 때, 크기가 유한하고 고유 주파수와 동일한 주파수를 가지는 정현파 입력이 인가되면 고유 응답은 진동이 증가하는 응답이 되지만, 이 정현파 입력을 제외한 크기가 유한한 다른 모든 입력에 대해 이 시스템은 안정하다. 따라서 고유 응답의 개념으로 정의된 임계 안정은 BIBO 안정도 정의에 의하면 불안정으로 판별된다.

선형 시불변 시스템의 안정도에 대한 정의들을 요약해 보자.

고유 응답의 개념을 사용하면:

1. 시간이 무한대가 될 때 고유 응답이 0으로 감소하면 시스템은 안정하다.
2. 시간이 무한대가 될 때 고유 응답이 무한대로 증가하면 시스템은 불안정하다.
3. 고유 응답이 감소하거나 증가하지 않고 일정한 값이나 진동을 유지하면 시스템은 임계 안정하다.

전체 응답의 개념을 사용하면(BIBO):

1. 크기가 유한한 모든(*every*) 입력에 대하여 출력이 유한하면 시스템은 안정하다.
2. 크기가 유한한 어떤(*any*) 입력에 대하여 출력이 유한하지 않으면 시스템은 불안정하다.

물리적으로, 고유 응답이 유한하지 않고 무한대로 증가하는 불안정한 시스템은 시스템에 인접하는 시설이나 사람에게 손상을 줄 수 있다. 많은 경우, 시스템이 완전히 파괴되는 것을 방지하기 위하여 작동을 제한시키고 동작이 정지되도록 설계한다. 물리적인 시스템의 시간 응답을 그래프로 나타내면 불안정한 시스템에서는 과도 상태가 유한하지 않고 무한대가 되어 전체 응답이 정상 상태 값이나 다른 강제 응답에 도달하지 않게 된다.[1]

시스템의 안정도를 어떻게 판별할 것인가? 고유 응답의 개념을 근간으로 하는 안정도 정의에 따라 판별하기로 하자. 시스템의 극점이 복소평면의 좌반면에 있으면 고유 응답은 지수함수적으로 감소하거나 진동하면서 감소하는 점을 상기하자. 이들 고유 응답은 시간이 무한대가 될 때 0으로 감소한다. 따라서, 폐루프 시스템의 극점들이 복소평면인 s-평면의 좌반면에 있으면 실수부가 음수가 되고 시스템은 안정하게 된다. 즉, **안정한 시스템의 폐루프 전달함수는 좌반면에 만 존재하는 극점을 가진다.**

극점이 s-평면 우반면에 존재하면 고유 응답은 지수함수적으로 증가하는 응답이거나 지수함수적으로 증가하는 정현파 응답이므로, 시간이 무한대가 될 때 이 고유 응답들은 무한대로 증가한다. 따라서, 폐루프 시스템의 극점들이 s-평면의 우반면에 있으면 실수부는 양수가 되고 시스템은 불안정하게 된다. 극점들이 허수축 위에서 중첩하게 되면 $At^n \cos(\omega t + \phi)$ 형태의 응답이 나타나므로, 시간이 무한대가 될 때 응답은 무한대로 증가하게 된다. 따라서, **불안정한 시스템의 폐루프 전달함수는 우반면에 적어도 하나의 극점을 갖거나 허수축 위에서 중첩하는 극점을 가진다.**

마지막으로 시스템이 허수축 위에 한 쌍의 극점을 가지면 고유 응답은 순수하게 정현파 진동을 하는 응답으로, 응답의 크기는 증감 없이 일정하다. 따라서, **임계 안정 시스템의 폐루프 전달함수는 허수축 위에 한 쌍의 극점을 가지고 나머지는 좌반면에 존재하는 극점을 가진다.**

그림 6.1(a)의 안정한 시스템의 계단 함수 응답과 그림 6.1(b)의 불안정한 시스템의 응답을 비교할 때, 안정한 시스템의 진동은 감소하지만 불안정한 시스템의 진동은 무한대로 증가함을 알 수 있다. 또한, 안정한 시스템의 응답은 크기가 1인 정상 상태 값에 도달한다는 것을 확인할 수 있다.

피드백 제어시스템의 안정도를 판별하는 것이 항상 쉬운 것은 아니다. 간단하지 않은 대표적인 경우를 그림 6.2에 소개하였다. 그림 6.2(a)에서 보는 바와 같이 순방향 전달함수의 극점을 알지라도, 그림 6.2(b)와 같이 등가 폐루프 시스템으로 표현되면 인수분해를 하거나 다른 방법으로 해를 구하지 않고서는 극점의 위치를 알 수가 없다.

---

1 여기에서는 유한하지 않고 무한대로 증가하는 고유 응답과 역시 무한대로 증가하는 램프 신호나 지수함수적으로 증가하는 함수와 같은 강제 응답과는 다르게 구분하여야 함을 주의하라. 강제 응답이 무한대로 증가하는 시스템이라도 고유 응답이 0으로 감소하는 한 안정하다.

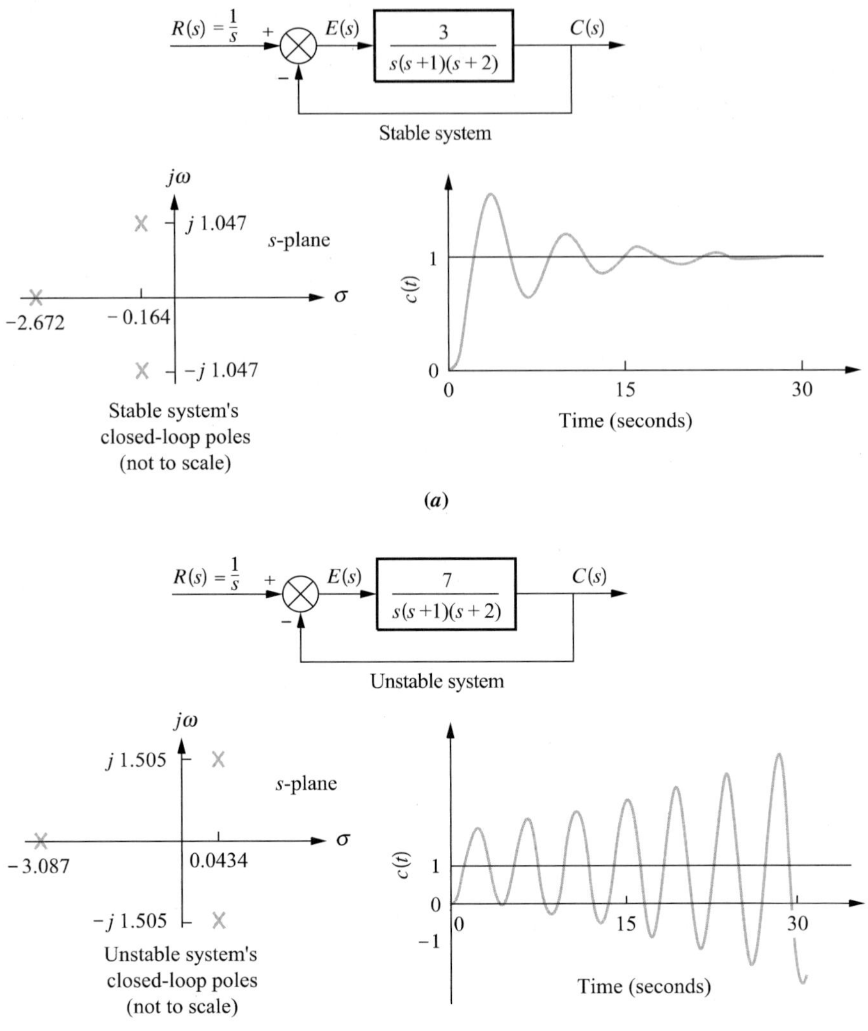

그림 6.1 폐루프 극점과 응답
a. 안정한 시스템
b. 불안정한 시스템

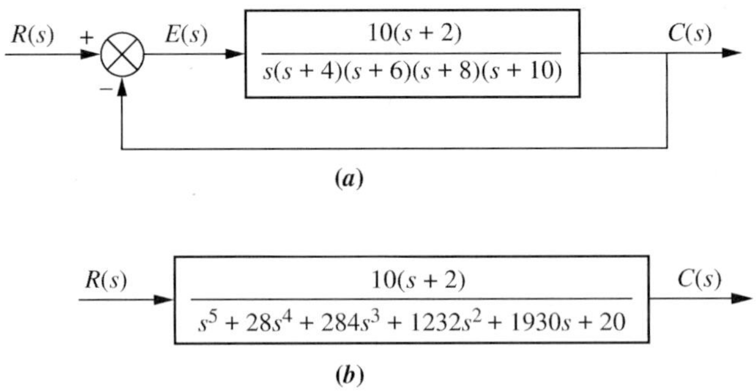

그림 6.2 폐루프 극점을 찾는 문제
a. 원래 시스템
b. 등가 시스템

그러나, 어떤 조건이 확인되면, 시스템의 안정도에 관한 몇 가지 결론을 도출할 수 있다. 첫째로, 폐루프 전달함수의 극점들이 모두 복소평면의 좌반면에 있으면, 이 전달함수의 분모항은 $(s + a_i)$와 같은 인수들의 곱으로 구성되고, a_i는 양의 실수이거나 실수부가 양인 복소수가 된다. 이와 같은 항들을 곱하여 얻어지는 다항식의 계수들은 모두 양수가 되며[2] 다항식은 복소수 s에 대해 어떤 항도 빠지지 않고 모든 항을 가지게 된다. 다항식에서 어떤 항이 없다는 것은 계수가 양수인 항과 계수가 음수인 항끼리 소거되거나 허수축 위에 근을 가지는 인수가 있음을 의미한다. 따라서, 시스템이 불안

2 다항식에 −1을 곱함으로써 다항식의 계수들을 모두 음수가 되게 할 수 있다. 이 변환으로 근의 위치가 변경되지 않는다.

정하기 위한 충분조건은 폐루프 전달함수의 분모항에 있는 모든 계수의 부호가 같지 않다는 것이다. 분모항을 내림차순으로 표시한 s 다항식에서 어느 항이 없으면 시스템은 불안정하거나 기껏해야 임계 안정하다. 그러나 분모항의 모든 항이 존재하고 계수들이 양수라는 것은 확인할 수 있어도 시스템의 극점 위치를 정확하게 알기는 어렵다.

지금까지 설명한 방법이 충분하지 않으면, 컴퓨터로 폐루프 전달함수의 분모항의 근을 구하여 안정도를 판별할 수 있다. 오늘날에는 휴대용 계산기까지도 다항식의 근을 계산할 수 있지만, 분모항의 근을 직접 구하지 않고 안정도를 판별하는 방법에 대해 다음 절에서 설명하고자 한다.

6.2 Routh-Hurwitz 판별법

이 절에서는 폐루프 시스템의 극점을 구하지 않고 안정도를 판별하는 방법을 학습하기로 한다. 이 방법을 이용하면 시스템의 극점들이 복소평면 좌반면, 우반면과 $j\omega$축 위에 몇 개가 존재하는지를 판별할 수 있다(어디에 있는지를 정확하게 알 수는 없음). 즉, s-평면의 각 영역에 있는 극점의 수는 구할 수 있으나 극점의 위치는 정확하게 알 수 없다. 이 방법을 Routh–Hurwitz **안정도 판별법**이라 부른다(Routh, 1905).

이 판별법은 두 단계로 진행된다: (1) Routh 표라 불리는 표를 만들고, (2) Routh 표를 해석하여 시스템의 극점들이 좌반면, 우반면과 $j\omega$축 위에 몇 개가 존재하는지를 판별한다. 컴퓨터나 계산기를 이용하면 극점의 위치를 정확하게 계산할 수 있음에도 불구하고 Routh- Hurwitz 판별법을 배우려는 이유에 대해 궁금할 수도 있을 것이다. 그러나 이 방법의 강점은 안정도를 판별하는 데 있는 것이 아니라 설계 문제를 다루는 데 있다. 예를 들어 전달함수의 분모항에 미지의 파라미터가 존재할 때 시스템이 안정하기 위한 파라미터 범위를 계산기로 구하려면 반복 계산으로 겨우 구할 수 있을 것이다. 그러나 Routh-Hurwitz 판별법을 이용하면 시스템이 안정하기 위한 파라미터 범위를 쉽게 계산할 수 있음을 뒤에 알게 될 것이다.

이 절에서는 기본적인 Routh 표를 만들고 해석하기로 한다. 다음 절에서는 이 표를 만들 때 발생할 수 있는 두 가지 특별한 경우를 설명하기로 한다.

기본 Routh 표 만들기

그림 6.3의 등가 폐루프 전달함수를 살펴보자. 시스템의 극점이 어디에 위치하는가를 파악하는 문제이므로 분모항만 필요하다. 먼저, 표 6.1과 같은 Routh 표를 만든다. 폐루프 전달함수의 분모항의 최고차항인 s^n부터 최저차항인 s^0까지를 열(column)로 배열하는데 이 열을 라벨(label) 열이라 한다. 다음으로, 첫 번째 행(row)에는 분모항의 최고차 항의 계수부터 시작하여 하나씩 건너뛰면서 2 차수 낮은 항의 계수들을 차례대로 배열한다. 두 번째 행에는 두 번째 최고차 항의 계수부터 시작하여 역시 하나씩 건너 뛰면서 2 차수 낮은 항의 계수들(앞 행에서 제외된 계수들)을 배열한다.

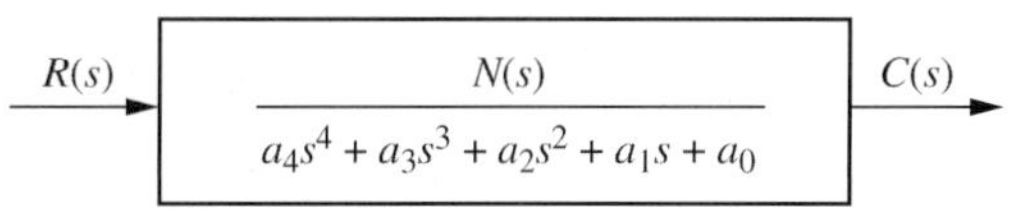

그림 6.3 등가 폐루프 전달함수

표 6.1 Routh 표의 기본 배치

s^4	a_4	a_2	a_0
s^3	a_3	a_1	0
s^2			
s^1			
s^0			

나머지 항들은 다음과 같이 채운다. 각 항은 바로 위 두 행에 있는 두 항의 값들로 구성되는 행렬식에 – 부호를 붙이고 위 행의 첫째 열의 값으로 나눈 값으로 채운다. 여기서 행렬은 다음과 같이 만든다. 첫째 열의 값은 항상 위에 있는 두 행의 첫째 열의 값으로 한다. 둘째 열의 값은 위쪽 우측에 있는 두 열의 값으로 한다. s^0 행까지 모든 열이 정해지면 표가 완성되는데, 표 6.2는 완성된 Routh 표이다. 이제 예제를 살펴보자.

표 6.2 완성된 Routh 표

s^4	a_4	a_2	a_0
s^3	a_3	a_1	0
s^2	$\dfrac{-\begin{vmatrix} a_4 & a_2 \\ a_3 & a_1 \end{vmatrix}}{a_3} = b_1$	$\dfrac{-\begin{vmatrix} a_4 & a_0 \\ a_3 & 0 \end{vmatrix}}{a_3} = b_2$	$\dfrac{-\begin{vmatrix} a_4 & 0 \\ a_3 & 0 \end{vmatrix}}{a_3} = 0$
s^1	$\dfrac{-\begin{vmatrix} a_3 & a_1 \\ b_1 & b_2 \end{vmatrix}}{b_1} = c_1$	$\dfrac{-\begin{vmatrix} a_3 & 0 \\ b_1 & 0 \end{vmatrix}}{b_1} = 0$	$\dfrac{-\begin{vmatrix} a_3 & 0 \\ b_1 & 0 \end{vmatrix}}{b_1} = 0$
s^0	$\dfrac{-\begin{vmatrix} b_1 & b_2 \\ c_1 & 0 \end{vmatrix}}{c_1} = d_1$	$\dfrac{-\begin{vmatrix} b_1 & 0 \\ c_1 & 0 \end{vmatrix}}{c_1} = 0$	$\dfrac{-\begin{vmatrix} b_1 & 0 \\ c_1 & 0 \end{vmatrix}}{c_1} = 0$

예제 6.1 Routh 표 만들기

문제 그림 6.4(a)의 시스템에 대한 Routh 표를 만들어라.

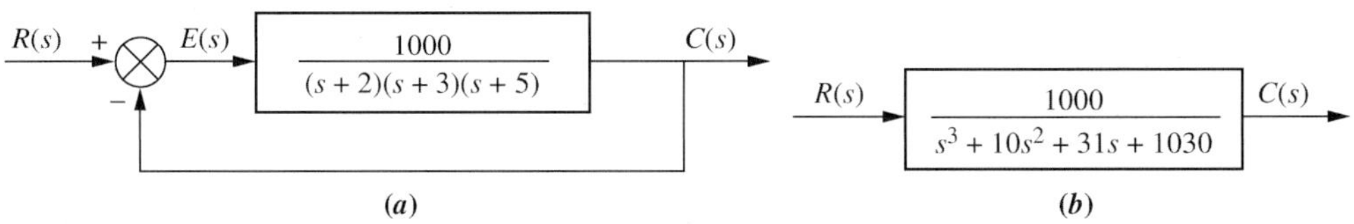

그림 6.4 a. 예제 6.1에 대한 피드백 시스템 b. 등가 폐루프 시스템

풀이 순방향 전달함수의 극점이 아니라 등가 폐루프 시스템의 분모항이 필요하므로 등가 폐루프 시스템을 구한다. 피드백 공식을 사용하면, 그림 6.4(b)와 같은 등가 시스템이 얻어진다. 분모항에 Routh-Hurwitz 판별법을 적용하기로 한다. 우선, 표 6.3과 같이 라벨 열에 s^3부터 s^0까지 배열한다. 다음으로, 폐루프 전달함수의 분모항의 계수들로부터 표의 첫째 행에는, 최고차항인 s^3의 계수부터 시작하여 하나씩 건너뛰는 항의 계수들을 배열한다. 다음 두 번째 행에는 첫째 행에서 제외된 분모항의 계수들을 내림차순으로 배열한다. 계속되는 행의 값들은 표 6.2의 행렬식 계산 방법으로 계산하여 배열한다.

아래 행의 값에 영향을 주지 않으면 Routh 표에 있는 임의의 행의 값들에 양수를 곱하여 계산을 간편하게 할 수 있다. 이것은 전체 표를 확인하고 앞 행에서 공통 상수가 상쇄됨을 확인함으로써 입증할 수 있다. 예를 들어, 표 6.3의 두 번째 행은 1/10을 곱하였다. 음수를 행에 곱하지 않도록 주의해야 하는데 그 이유를 나중에 알게 될 것이다.

표 6.3 예제 6.1에 대한 완성된 Routh 표

s^3	1	31	0
s^2	~~10~~ 1	~~1030~~ 103	0
s^1	$\dfrac{-\begin{vmatrix} 1 & 31 \\ 1 & 103 \end{vmatrix}}{1} = -72$	$\dfrac{-\begin{vmatrix} 1 & 0 \\ 1 & 0 \end{vmatrix}}{1} = 0$	$\dfrac{-\begin{vmatrix} 1 & 0 \\ 1 & 0 \end{vmatrix}}{1} = 0$
s^0	$\dfrac{-\begin{vmatrix} 1 & 103 \\ -72 & 0 \end{vmatrix}}{-72} = 103$	$\dfrac{-\begin{vmatrix} 1 & 0 \\ -72 & 0 \end{vmatrix}}{-72} = 0$	$\dfrac{-\begin{vmatrix} 1 & 0 \\ -72 & 0 \end{vmatrix}}{-72} = 0$

기본 Routh 표의 해석

Routh 표를 만드는 방법을 알았으므로, 이제 해석하는 방법에 대해 살펴보자. 복소평면의 좌반면과 우반면에 극점을 가지는 시스템의 Routh 표를 해석하기로 한다. 허수의 극점들을 가지는 시스템에 대한 Routh 표는 다음 절에서 논의한다. 요약하면, Routh–Hurwitz 판별법은 우반면에 존재하는 다항식의 근의 개수와 첫째 열에서의 부호 변화 횟수가 같음을 판정하는 것이다.

폐루프 전달함수의 모든 극점이 s-평면의 좌반면에 존재하면 시스템은 안정하므로 Routh 표의 첫째 열에서 부호의 변화가 일어나지 않으면 시스템은 안정하다고 판정한다. 예를 들어, 표 6.3에서 첫째 열에서 두 번의 부호 변화가 있다. 처음 부호 변화는 s^2행의 1과 s^1 행의 −72 사이에서 발생하고, 두 번째 부호 변화는 s^1 행의 -72와 s^0 행의 103 사이에서 발생한다. 따라서, 우반면에 두 개의 극점이 존재하는 것으로 판정되므로 그림 6.4의 시스템은 불안정하다.

숙련예제 6.1

문제 다음 다항식에 대한 Routh 표를 만들고, 우반면과 좌반면에 몇 개의 극점이 있는지 판별하라.

$$P(s) = 3s^7 + 9s^6 + 6s^5 + 4s^4 + 7s^3 + 8s^2 + 2s + 6$$

풀이 우반면에 4개, 좌반면에 3개 존재한다.
풀이 과정은 www.wiley.com/go/Nise/ControlSystemsEngineering8e에 있다.

기본 Routh 표를 만들고 해석하는 방법을 설명하였으며 다음 절에서는 Routh 표를 만들 때 나타날 수 있는 특별한 경우들을 살펴보기로 하자.

6.3 Routh-Hurwitz 판별법 : 특별한 경우

두 가지 특별한 경우가 발생할 수 있다: (1) Routh 표에서 어떤 행의 첫째 열만 0이 되는 경우와 (2) Routh 표에서 어떤 행 전체가 0이 되는 경우이다. 먼저 처음 경우를 살펴보자.

첫째 열의 한 항만 0이 되는 경우

어떤 행에서 첫째 열의 항이 0이면 두 번째 행을 만들 때 0으로 나누어야 하는 문제가 발생한다. 양의 방향 또는 음의 방향에서 0으로 접근하는 극한값 ϵ(epsilon)으로 첫째 열의 0을 대체하면, 0으로 나누어야 하는 문제를 피하면서 첫째 열에 있는 전체 항들의 부호를 정할 수 있다. 예제를 살펴보자.

예제 6.2 ϵ 기법에 의한 안정도 판별

문제 다음 폐루프 전달함수의 안정도를 판별하라.

$$T(s) = \frac{10}{s^5 + 2s^4 + 3s^3 + 6s^2 + 5s + 3} \tag{6.2}$$

스스로 해보기 6.1

다음 MATLAB 문을 사용하여 식 (6.2)의 폐루프 전달함수의 극점을 구하라.

```
roots([1 2 3 6 5 3])
```

풀이 해는 표 6.4와 같다. 식 (6.2)의 분모항에 대한 Routh 표를 작성한다. Routh 표를 만드는 과정에서 s^3 행에서 첫째 열이 0이 된다. 이 0을 작은 수 ϵ으로 대체시키고 표를 완성한다. 표를 해석하기 위해서 ϵ의 부호를 양수 또는 음수로 가정한다. 표 6.5는 ϵ을 양수 또는 음수로 가정했을 때 나타나는 표 6.4의 첫째 열의 부호를 표시하였다.

표 6.4 예제 6.2에 대한 완성된 Routh 표

s^5	1	3	5
s^4	2	6	3
s^3	$\not{0}$ ϵ	$\frac{7}{2}$	0
s^2	$\frac{6\epsilon-7}{\epsilon}$	3	0
s^1	$\frac{42\epsilon-49-6\epsilon^2}{12\epsilon-14}$	0	0
s^0	3	0	0

표 6.5 한 행의 첫 째 열이 0이 되는 Routh 표에서 첫째 열의 부호 판정

라벨	첫째 열	$\epsilon=+$	$\epsilon=-$
s^5	1	+	+
s^4	2	+	+
s^3	$\not{0}$ ϵ	+	−
s^2	$\frac{6\epsilon-7}{\epsilon}$	−	+
s^1	$\frac{42\epsilon-49-6\epsilon^2}{12\epsilon-14}$	+	+
s^0	3	+	+

이 표에서 ϵ을 양수로 정하면 s^3 행에서 s^2행으로 바뀔 때 부호 변화가 발생하고, s^2행에서 s^1행으로 바뀔 때 부호 변화가 발생하므로 두 번의 부호 변화가 있다. 따라서, 우반면에 두 개의 극점을 가지기 때문에 시스템은 불안정하다. 반대로 ϵ을 음수로 정하면, s^4 행에서 s^3행으로 바뀔 때 부호 변화가 생기고 s^3행에서 s^2행으로 바뀔 때 부호 변화가 발생한다. 이 결과는 ϵ을 양수로 가정한 경우와 동일하므로 우반면에 두 개의 극점을 가진다. 따라서 시스템은 불안정하다.

Symbolic Math
SM

MATLAB을 이용하고 MATLAB의 Symbolic Math Toolbox의 기능을 익히고자 하는 독자는 부록 F의 ch6apF1을 실행시켜 보기 바란다. 표 안에 ϵ과 같은 심벌이 있어도 Symbolic Math Toolbox를 사용하여 Routh 표의 각 항의 값을 계산하는 법을 익히게 될 것이다. 또한 MATLAB과 Symbolic Math Toolbox로 예제 6.2에 대한 Routh 표를 만드는 다른 방법을 알게 될 것이다.

어떤 행의 첫째 열에만 0이 나타나는 경우, Routh 표를 만들 수 있는 또 다른 방법은 원래 다항식의 근의 역수를 근으로 가지는 다항식을 이용하는 것이다. 이 다항식의 근들 역시 원래 다항식의 근과 동일하게 우반면, 좌반면 또는 허수축에 존재한다는 사실을 이용하는 것이며, 그 이유는 근 값의 역수를 취한 값이 다른 영역으로 이동하지 않기 때문이다. 따라서, 역수인 근을 가지는 다항식을 찾아서 이 다항식에 대한 Routh 표를 만들면 행의 첫째 열에서 0이 나타나지 않는다. 이 방법은 앞에서 설명한 ϵ 방법보다 계산이 간단하다.

원래 다항식의 근의 역수를 근으로 가지는 다항식에서는 원래 다항식의 계수가 역순으로 나타나게 된다(Phillips, 1991). 다음 식을 가정하자.

$$s^n + a_{n-1}s^{n-1} + \cdots + a_1 s + a_0 = 0 \tag{6.3}$$

여기서 s를 1/d로 대체시키면, d는 s의 역수인 근이 될 것이다. 이것을 식 (6.3)에 대입하면

$$\left(\frac{1}{d}\right)^n + a_{n-1}\left(\frac{1}{d}\right)^{n-1} + \cdots + a_1\left(\frac{1}{d}\right) + a_0 = 0 \tag{6.4}$$

식 (6.4)에서, $(1/d)^n$으로 묶으면 다음과 같이 된다.

$$\begin{aligned}&\left(\frac{1}{d}\right)^n\left[1 + a_{n-1}\left(\frac{1}{d}\right)^{-1} + \cdots + a_1\left(\frac{1}{d}\right)^{(1-n)} + a_0\left(\frac{1}{d}\right)^{-n}\right]\\ &= \left(\frac{1}{d}\right)^n\left[1 + a_{n-1}d + \cdots + a_1 d^{(n-1)} + a_0 d^n\right] = 0\end{aligned} \tag{6.5}$$

따라서, 역수를 취한 근을 가지는 다항식에서는 계수가 역순으로 나타나게 된다. 이 방법의 장점을 확인하기 위해 앞의 예제를 다시 풀어 보자.

예제 6.3 역순의 계수를 활용한 안정도 판별

문제 다음 폐루프 전달함수의 안정도를 판별하라.

$$T(s)=\frac{10}{s^5+2s^4+3s^3+6s^2+5s+3} \tag{6.6}$$

풀이 먼저, 식 (6.6)의 분모항의 근의 역수가 근이 되는 다항식을 만든다. 앞에서 설명한 것처럼 이 다항식은 식 (6.6)의 분모항의 계수가 역순으로 나타난다.

$$D(s)=3s^5+5s^4+6s^3+3s^2+2s+1 \tag{6.7}$$

식 (6.7)을 이용하여 표 6.6과 같은 Routh 표를 만든다. 두 번의 부호 변화가 나타나기 때문에 시스템은 우반면에 두 개의 극점을 가진다. 따라서 시스템은 불안정하다. 이것은 예제 6.2에서 얻은 결과와 동일하다. 이 경우 표 6.6은 첫 번째 열에서 0이 나타나지 않음에 주목하라.

표 6.6 예제 6.3에 대한 Routh 표

s^5	3	6	2
s^4	5	3	1
s^3	4.2	1.4	
s^2	1.33	1	
s^1	−1.75		
s^0	1		

한 행 전체가 0인 경우

이제, 두 번째 특별한 경우를 살펴보자. Routh 표를 만들 때 한 행 전체가 0이 되는 경우가 있는데 이것은 원래 다항식을 인수분해할 때 나타나는 짝수 다항식 때문에 발생하는데, 앞에서 설명한 행의 첫째 열만 0이 되는 경우와 다르게 취급되어야 한다. 한 행 전체가 0이 되는 경우 Routh 표를 어떻게 만들고 해석하는가를 알기 위하여 다음 예제를 살펴보자.

예제 6.4 한 행 전체가 0인 경우 Routh 표에 의한 안정도 판별

문제 다음 폐루프 전달함수에서 우반면에 존재하는 극점의 개수를 구하라.

$$T(s)=\frac{10}{s^5+7s^4+6s^3+42s^2+8s+56} \tag{6.8}$$

풀이 먼저 식 (6.8)의 분모항에 대한 Routh 표를 작성하자(표 6.7 참조). 편의상 두 번째 행에 1/7을 곱한다. 세 번째 행을 계산하면 행 전체가 0이 되기 때문에 표 만드는 과정을 중단하고, 다음 절차를 진행한다. 먼저 0이 되는 행 바로 위쪽 행에 있는 항의 값들을 계수로 하는 보조 다항식을 만든다. 이 다항식은 그 행에 해당하는 라벨 열의 차수를 최고차 항으로 하여 둘씩 감소하는 차수를 가지는 다항식이다. 따라서 이 행에 대한 다항식은 다음과 같다.

표 6.7 예제 6.4에 대한 Routh 표

s^5	1	6	8
s^4	~~7~~ 1	~~42~~ 6	~~56~~ 8
s^3	~~0~~ ~~4~~ 1	~~0~~ ~~12~~ 3	~~0~~ ~~0~~ 0
s^2	3	8	0
s^1	$\frac{1}{3}$	0	0
s^0	8	0	0

$$P(s) = s^4 + 6s^2 + 8 \tag{6.9}$$

다음으로 식 (6.9)의 다항식을 s로 미분하면 다음 식이 얻어진다.

$$\frac{dP(s)}{ds} = 4s^3 + 12s + 0 \tag{6.10}$$

마지막으로 전체가 0인 행을 식 (6.10)의 계수들로 대체시키며, 계산의 편의를 위해서 1/4을 곱한다. 표의 나머지 부분은 표 6.2의 방법으로 완성한다. 표 6.7에서 첫째 열의 모든 값이 양수가 됨을 알 수 있다. 따라서, 우반면에 극점이 존재하지 않는다.

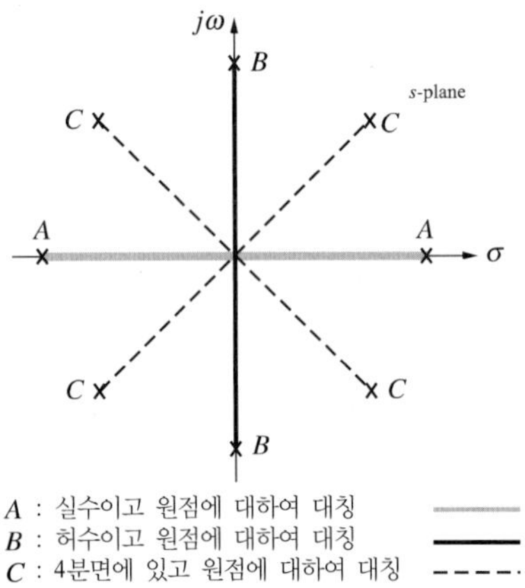

그림 6.5 짝수 다항식들을 발생시키는 근의 위치들 : A, B, C 또는 이들의 조합

한 행이 모두 0이 되는 경우를 좀 더 살펴보자. 원래 다항식의 인수가 짝수 또는 홀수 다항식이면 Routh 표에서 한 행 모두 0이 된다. 예를 들면, $s^4 + 5s^2 + 7$은 짝수 다항식으로 s에 대해 짝수 차 항만으로 이루어지며 원점에 대하여 대칭이 되는 근만을 가진다.[3] 이 대칭인 근은: (1) 실수의 대칭 근, (2) 순허수의 대칭 근, (3) 복소평면 상에 있는 대칭 근(quadrantal)으로 분류할 수 있으며 그림 6.5에 나타내었다. 이와 같은 형태의 근을 갖거나 이 들이 조합된 형태의 근을 가지면 짝수 다항식이 된다.

짝수 다항식이면 Routh 표의 한 행에서 모두 0이 나타난다. 즉,한 행이 모두 0이면 원점에 대칭인 근을 가지는 짝수 다항식이 존재함을 알 수 있다. 이 들 근 중 일부는 $j\omega$축 위에 있을 수 있다. 결과적으로, $j\omega$ 축 위에 있는 근들은 원점에 대칭이기 때문에, 모든 항이 0이 되는 행이 나타나지 않으면 $j\omega$ 축 위에 근이 존재하지 않는다.

이 경우 Routh 표에서 확인할 수 있는 또 다른 특징은 모든 항이 0이 되는 행 바로 위쪽 행의 값은 짝수 다항식의 계수가 된다. 이 짝수 다항식은 원래 다항식을 인수분해한 인수가 된다. 마지막으로, 짝수 다항식을 포함하는 행부터 마지막 행까지 만들어지는 Routh 표는 짝수 다항식으로부터 생성되는 표이다. 다음 예제에서 이 사실들을 확인해 보자.

예제 6.5 한 행이 모두 0인 Routh 표를 이용하여 극점의 위치 확인

문제 다음 전달함수에서, 우반면, 좌반면 및 $j\omega$축 위에 있는 극점의 개수를 구하라.

$$T(s) = \frac{20}{s^8 + s^7 + 12s^6 + 22s^5 + 39s^4 + 59s^3 + 48s^2 + 38s + 20} \tag{6.11}$$

3 다항식 $s^5 + 5s^3 + 7s$는 홀수 다항식의 예이다 ; 이는 s의 홀수 차수들만 가진다. 홀수 다항식은 짝수 다항식에 s를 곱한 결과가 된다. 따라서, 홀수 다항식에서 상수항은 항상 나타나지 않는다.

풀이 식 (6.11)의 분모항으로부터 표 6.8의 Routh 표를 만든다. 계산을 간편하게 하기 위하여 s^6 행에 1/10을 곱하고, s^5 행에 1/20을 곱한다. 표를 만드는 과정에서 s^3 행의 모든 항이 0이 된다. 따라서 이 행 바로 위쪽 s^4 행의 각 항의 값으로 다음과 같은 짝수 다항식 $P(s)$를 만들 수 있다.

$$P(s) = s^4 + 3s^2 + 2 \tag{6.12}$$

이 다항식은 식 (6.11)의 분모항의 인수가 된다. 표에서 s^3 행의 각 항의 값을 정하기 위하여 이 다항식을 s로 미분하면 다음과 같다.

$$\frac{dP(s)}{ds} = 4s^3 + 6s + 0 \tag{6.13}$$

이제 s^3 행에 있는 각 항의 0을 4, 6, 0으로 대체시키고, 계산의 편의를 위하여 이 행에 1/2을 곱한다. 계속하여 s^0까지 표를 완성한다. 이 Routh 표를 해석해 보자. 이 Routh 표의 s^4 행에서 s^0 행까지는 s^4 행의 짝수 다항식에 대한 표로서, 이 다항식의 근에 대해 몇 가지 결론을 내릴 수 있다. 이 표의 s^4 행에서 s^0 행까지 첫째 열의 부호 변화가 없으므로 짝수 다항식은 우반면에 극점을 가지지 않는다. 우반면에 극점이 존재하지 않기 때문에 근의 대칭성 성질로부터 좌반면에도 극점이 존재하지 않는다. 따라서 식 (6.12)의 짝수 다항식의 네 개의 극점은 모두 $j\omega$축 위에 있게 된다.[4] 이 결과를 표 6.9의 첫 째 열에 나타내었다.

표 6.8 예제 6.5에 대한 Routh 표

s^8	1	12	39	48	20
s^7	1	22	59	38	0
s^6	~~−10~~ −1	~~−20~~ −2	~~10~~ 1	~~20~~ 2	0
s^5	~~20~~ 1	~~60~~ 3	~~40~~ 2	0	0
s^4	1	3	2	0	0
s^3	~~0~~ ~~4~~ 2	~~0~~ ~~6~~ 3	~~0~~ ~~0~~ 0	0	0
s^2	~~$\frac{3}{2}$~~ 3	~~2~~ 4	0	0	0
s^1	$\frac{1}{3}$	0	0	0	0
s^0	4	0	0	0	0

표 6.9 예제 6.5에 대한 극점 위치 요약

	Polynomial		
Location	**Even (fourth-order)**	**Other (fourth-order)**	**Total (eighth-order)**
Right half-plane	0	2	2
Left half-plane	0	2	2
$j\omega$	4	0	4

4 안정하기 위한 필요 조건은 순허수 근($j\omega$ 근)들은 중첩하지 않아야 한다. 짝수 다항식에서 순허수 근이 중첩하는지 점검하여야 한다. 이 경우, 중첩하는 순허수 근을 가지면 다항식은 4차 완전 제곱 다항식이 된다. 식 (6.12)는 완전 제곱이 아니기 때문에 네 개의 근들은 서로 다르다.

전체 다항식의 나머지 근에 대해서는 Routh 표의 s^8 행으로부터 s^4 행에서 평가한다. 이 표에서 s^7 행에서 s^6 행으로 바뀔 때, s^6 행에서 s^5 행으로 바뀔 때 두 번의 부호 변화가 발생한다. 따라서, 다항식의 두 개의 근은 우반면에 있으며 표 6.9의 'Other'에 나타내었다. 이것을 종합한 결과를 표 6.9의 'Total'에 나타내었는데, 우반면에 두 개, 좌반면에 두 개, $j\omega$축에 네 개의 근을 가지며, 우반면에 있는 극점 때문에 시스템은 불안정하다.

가상 실험 6.1
안정도

LabVIEW에서 Quanser 선형 역진자의 안정도를 평가하고 이론을 실전에 적용하라. 역진자가 위쪽으로 세워져 있으면 이 시스템은 로켓을 발사하는 동안의 안정화 문제가 되고, 아래쪽으로 향해 있으면 건설용 갠트리 크레인(gantry crane)을 조종하는 문제가 된다.

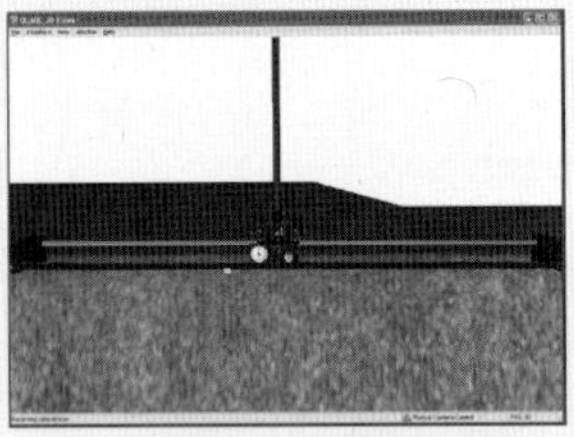

실험 6.1 실행

Routh 표에서 어떤 행 전체가 0이 되는 다항식에 대하여 설명한 것을 요약하자. 이 다항식은 원점에 대칭인 근을 가지는 짝수 다항식이다. 이 짝수 다항식은 Routh 표에서 한 행이 모두 0인 행의 바로 위쪽 행의 항으로 표시된다. 짝수 다항식이 나타나는 행부터 마지막 행까지의 Routh 표는 이 짝수 다항식에 대한 표이다. 따라서 이 표에서 나타나는 부호 변화 횟수는 짝수 다항식의 근이 우반면에 존재하는 개수와 같다. 근이 원점에 대칭이기 때문에 짝수 다항식은 좌반면과 우반면에 같은 개수의 근을 가져야 한다. 이들 근을 제외한 근은 반드시 $j\omega$축 위에 있어야 한다.

Routh 표에서 시작 행부터 짝수 다항식이 나타나는 행까지는 원래 다항식을 짝수 다항식으로 나눈 인수에 해당하는 다항식의 Routh 표이다. 여기서 나타나는 부호 변화 횟수만큼 우반면에 근이 존재한다. 나머지 근들은 좌반면에 존재하며 $j\omega$축 위에는 근이 존재하지 않는다.

숙련예제 6.2

문제 Routh-Hurwitz 판별법을 적용하여 다음 폐루프 시스템의 극점이 우반면, 좌반면과 $j\omega$축 위에 몇 개씩 존재하는지 판별하라.

$$T(s)=\frac{s^3+7s^2-21s+10}{s^6+s^5-6s^4+0s^3-s^2-s+6}$$

풀이 우반면에 2개, 좌반면에 2개, $j\omega$축 위에 2개 극점이 존재한다.

풀이 과정은 www.wiley.com/go/Nise/ControlSystemsEngineering8e에 있다.

다음에 추가되는 몇 개의 예제들에서 Routh-Hurwitz 판별법의 유용성을 확인해 보자.

6.4 Routh-Hurwitz 판별법 : 추가 예제들

앞의 두 절에서 Routh–Hurwitz 판별법을 소개하였다. 이제 많은 해석과 설계 문제에 이 방법을 적용하여 보자.

예제 6.6 Routh–Hurwitz 기본 문제

문제 그림 6.6의 시스템에 대하여 좌반면, 우반면과 $j\omega$ 축 위에 있는 극점의 개수를 구하라.

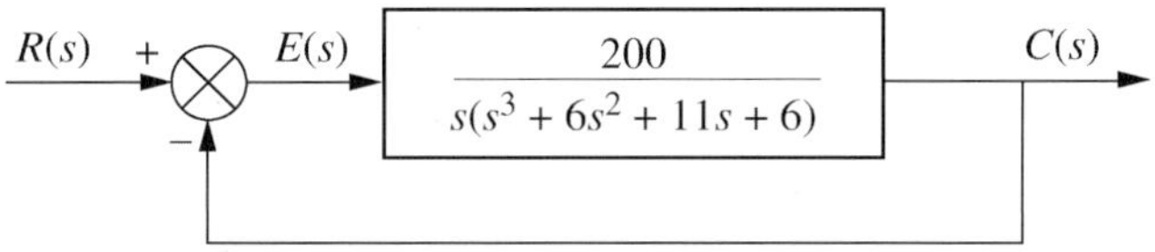

그림 6.6 예제 6.6에 대한 피드백 제어시스템

풀이 먼저 폐루프 전달함수를 구한다.

$$T(s) = \frac{200}{s^4 + 6s^3 + 11s^2 + 6s + 200} \tag{6.14}$$

식 (6.14)의 분모항에 대한 Routh 표는 표 6.10과 같다. 표에서 값이 0인 항은 모두 빈칸으로 두었다. s^1 행에서 음수가 나타나므로 두 번의 부호 변화가 있다. 따라서 이 시스템은 우반면에 두 개의 극점을 가지므로 시스템은 불안정하다. 나머지 두 개의 극점은 좌반면에 존재하며 모두 0이 되는 행이 없으므로 $j\omega$축 위에 존재하는 극점은 없다.

표 6.10 예제 6.6에 대한 Routh 표

s^4	1	11	200
s^3	~~6~~ 1	~~6~~ 1	
s^2	~~10~~ 1	~~200~~ 20	
s^1	−19		
s^0	20		

다음 예제는 어떤 행의 첫째 열에서만 0이 발생하는 경우이다.

예제 6.7 첫째 열이 0이 되는 경우에 대한 Routh–Hurwitz 판별법

문제 그림 6.7의 시스템에 대하여 좌반면, 우반면과 $j\omega$ 축 위에 있는 극점의 개수를 구하라.

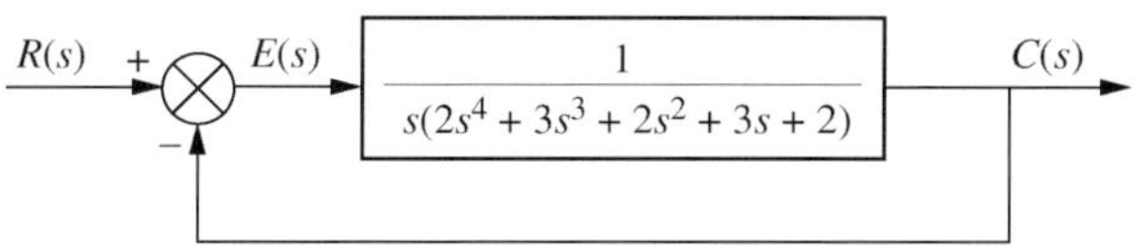

그림 6.7 예제 6.7에 대한 피드백 제어시스템

풀이 폐루프 전달함수는 다음과 같다.

$$T(s) = \frac{1}{2s^5 + 3s^4 + 2s^3 + 3s^2 + 2s + 1} \tag{6.15}$$

식 (6.15)의 분모항에 대한 Routh 표는 표 6.11과 같다. s^3인 첫째 열에서 0이 나타난다. 전체 행이 0이 아니므로 0을 작은 값 ϵ으로 대체시키고 표 만들기를 계속한다. ϵ을 양수로 하면, s^2 행의 첫째 열이 음수가 된다. 따라서 두 번의 부호 변화가 있으므로 우반면에 두 개의 극점을 가지는 불안정한 시스템이다. 나머지 극점들은 좌반면에 존재한다.

표 6.11 예제 6.7에 대한 Routh 표

s^5	2	2	2
s^4	3	3	1
s^3	~~0~~ ϵ	$\frac{4}{3}$	
s^2	$\frac{3\epsilon-4}{\epsilon}$	1	
s^1	$\frac{12\epsilon-16-3\epsilon^2}{9\epsilon-12}$		
s^0	1		

원래 다항식의 근의 역수가 되는 근을 가지는 다항식을 만들어 표를 만드는 방법을 이용할 수 있다. 식 (6.15)의 분모항의 계수가 역순이 되는 계수를 가지는 다음 다항식을 만든다.

$$s^5+2s^4+3s^3+2s^2+3s+2 \tag{6.16}$$

이 다항식에 대한 Routh 표는 표 6.12와 같다. 이 경우에도 역시 s^2 행의 첫 번째 열에서 0이 발생한다. 그러나, 이 표는 표 6.11보다 쉽게 완성할 수 있으며 표 6.12에서 보는 바와 같이 표 6.11과 같은 결과를 얻는다. 즉, 좌반면에 두 개의 극점과 우반면에 두 개의 극점이 있으므로 시스템은 불안정하다.

표 6.12 예제 6.7에 대한 또 다른 Routh 표

s^5	1	3	3
s^4	2	2	2
s^3	2	2	
s^2	~~0~~ ϵ	2	
s^1	$\frac{2\epsilon-4}{\epsilon}$		
s^0	2		

MATLAB
ML

MATLAB을 사용하고자 하는 독자들은 부록 B에 있는 ch6apB1을 실행하기 바란다. 전달함수 T(s)를 구하기 위한 블록선도 간략화 방법과 안정도를 판별하기 위하여 폐루프 시스템의 극점 위치를 판별하는 방법을 배우게 될 것이다. 이 예제는 MATLAB을 이용하여 예제 6.7을 푸는 문제이다.

다음 예제에서는 Routh 표에서 모든 항에서 0인 행이 나타나기 때문에 순허근을 갖게 되는 경우를 다룬다.

예제 6.8 한 행 전체가 0인 경우에 대한 Routh–Hurwitz 판별법

문제 그림 6.8의 시스템에서 좌반면, 우반면과 $j\omega$축 위에 있는 극점의 개수를 구하고, 폐루프 시스템의 안정도를 판별하라.

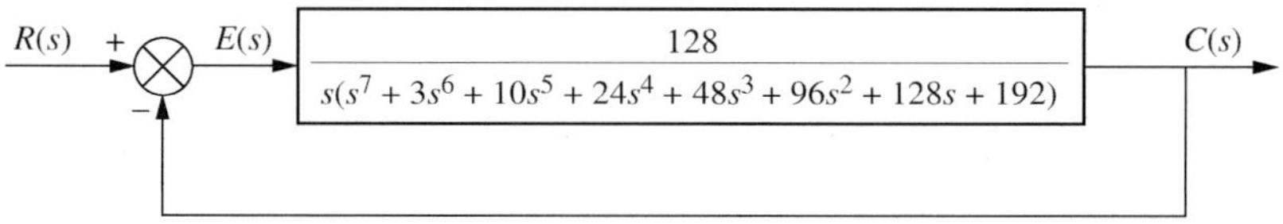

그림 6.8 예제 6.8에 대한 피드백 제어시스템

풀이 그림 6.8의 시스템에 대한 폐루프 전달함수는 다음과 같다.

$$T(s) = \frac{128}{s^8 + 3s^7 + 10s^6 + 24s^5 + 48s^4 + 96s^3 + 128s^2 + 192s + 128} \quad (6.17)$$

분모항에 대한 Routh 표는 표 6.13과 같다. 이 표에서 s^5 행에서 모든 항이 0이 되므로 폐루프 전달함수의 분모항은 짝수 다항식의 인수를 가진다. 따라서 s^6 행으로부터 다음과 같은 짝수 다항식을 얻는다:

$$P(s) = s^6 + 8s^4 + 32s^2 + 64 \quad (6.18)$$

행 전체가 0인 항들을 대체시키기 위하여 이 짝수 다항식을 s로 미분한다:

$$\frac{dP(s)}{ds} = 6s^5 + 32s^3 + 64s + 0 \quad (6.19)$$

스스로 해보기 6.2

MATLAB, Control System Toolbox와 다음 문을 사용하여 그림 6.8에 대한 폐루프 전달함수와 폐루프 극점을 구하라.

```
numg=128;
deng=[1 3 10 24 ...
  48 96 128 192 0];
G=tf(numg, deng);
T=feedback(G,1)
poles=pole(T)
```

표 6.13 예제 6.8에 대한 Routh 표

s^8	1	10	48	128	128
s^7	~~3~~ 1	~~24~~ 8	~~96~~ 32	~~192~~ 64	
s^6	~~2~~ 1	~~16~~ 8	~~64~~ 32	~~128~~ 64	
s^5	~~0~~ ~~6~~ 3	~~0~~ ~~32~~ 16	~~0~~ ~~64~~ 32	~~0~~ ~~0~~ 0	
s^4	~~$\frac{8}{3}$~~ 1	~~$\frac{64}{3}$~~ 8	~~64~~ 24		
s^3	~~−8~~ −1	~~−40~~ −5			
s^2	~~3~~ 1	~~24~~ 8			
s^1	3				
s^0	8				

식 (6.19)의 계수들로 s^5 행의 항들을 대체시키고 계산의 편의를 위해서 1/2을 곱하여 표를 완성한다.

짝수 다항식이 있는 s^6행부터 표의 끝까지 두 번의 부호 변화가 있으므로 짝수 다항식은 우반면에 두 개의 극점을 가진다. 극점은 원점에 대칭이기 때문에 짝수 다항식은 반드시 같은 수의 극점을 좌반면에 갖게 된다. 짝수 다항식이 6차이므로 두 개의 나머지 극점들은 반드시 $j\omega$축 위에 있게 된다.

표 6.14 예제 6.8에 대한 극점 위치 요약

	Polynomial		
Location	Even (sixth-order)	Other (second-order)	Total (eighth-order)
Right half-plane	2	0	2
Left half-plane	2	2	4
$j\omega$	2	0	2

Routh 표의 처음부터 s^6행에 있는 짝수 다항식까지는 부호 변화가 없으므로 원래 다항식의 나머지 극점은 우반면에 존재하지 않는다. 이 결과를 표 6.14에 요약하였다. 시스템은 우반면에 두 개, 좌반면에 네 개, $j\omega$축 위에 두 개의 극점을 가지며 이 극점들은 서로 다른 극점이다. 극점이 우반면에 존재하므로 폐루프 시스템은 불안정하다.

Routh-Hurwitz 판별법은 피드백 제어시스템의 이득이 변하면 폐루프 극점 위치가 변하기 때문에 과도 응답이 달라진다는 것을 확실하게 보여준다. 다음 예제를 통하여 이 개념을 설명하기로 한다. 그림 6.9의 로봇 팔 기계 기구와 같은 제어시스템에서 이득이 변하면 극점들은 s-평면의 안정 영역인 좌반면에서 $j\omega$축을 통과하여 우반면으로 이동할 수 있다.

© asharkyu/Shutterstock

그림 6.9 산업체의 제조 공장에 배치된 로봇 팔 기계 기구

예제 6.9 Routh-Hurwitz 판별법에 의한 안정한 시스템 설계

문제 그림 6.10의 시스템에서 안정, 불안정 및 임계 안정한 시스템이 되도록 하는 이득 K의 범위를 구하라. 여기서, $K > 0$으로 가정한다.

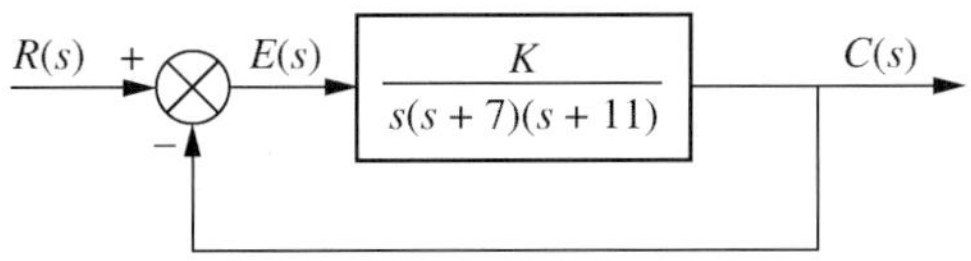

그림 6.10 예제 6.9에 대한 피드백 제어시스템

풀이 먼저, 폐루프 전달함수를 구한다.

$$T(s) = \frac{K}{s^3 + 18s^2 + 77s + K} \tag{6.20}$$

다음으로 표 6.15와 같은 Routh 표를 작성한다.

표 6.15 예제 6.9에 대한 Routh 표

s^3	1	77
s^2	18	K
s^1	$\frac{1386 - K}{18}$	
s^0	K	

이득 K를 양수로 가정하였으므로, 첫째 열에서 s^1 행을 제외한 모든 항은 항상 양수이다. s^1 행의 첫째 항의 값은 K값에 따라 양수, 0 또는 음수가 될 수 있다. 먼저 $K < 1386$이면, 첫째 열에 있는 모든 항은 양수가 되어 부호 변화가 없다. 따라서 세 개의 극점은 좌반면에 있게 되므로 시스템은 안정된다.

다음으로 $K > 1386$이면, s^1행의 첫째 열의 항은 음수가 되므로 두 번의 부호 변화가 생긴다. 따라서, 우반면에 두 개, 좌반면에 1개의 극점을 가지므로 이 시스템은 불안정하다.

마지막으로 $K = 1386$이면, s^1 행이 모두 0이 되므로 $j\omega$축 위에 극점이 있게 된다. s^2행에서 K를 1386으로 대체시키면, 다음과 같은 짝수 다항식이 얻어진다.

$$P(s) = 18s^2 + 1386 \tag{6.21}$$

이것을 s에 대해 미분하면

$$\frac{dP(s)}{ds} = 36s + 0 \tag{6.22}$$

식 (6.22)의 계수들로 모두 0인 행의 항를 대체시키면, 표 6.16과 같은 Routh 표를 얻는다.

표 6.16 예제 6.9에서 $K = 1386$일 때의 Routh 표

s^3	1	77
s^2	18	1386
s^1	~~0~~ 36	
s^0	1386	

짝수 다항식이 있는 s^2 행에서 표의 끝까지 부호 변화가 없으므로 짝수 다항식은 $j\omega$축 위에 두 개의 극점을 가진다. 표의 처음부터 짝수 다항식이 있는 행까지 부호 변화가 없으므로 나머지 근은 좌반면에 있다. 따라서 시스템은 임계 안정하다.

MATLAB ML

MATLAB을 사용하려는 독자들은 부록 B의 ch6apB2를 실행시켜 보기 바란다. 시스템이 안정하기 위한 이득의 범위를 찾기 위해 루프 프로그램을 어떻게 만들어야 하는지를 알게 될 것이다. 이것은 MATLAB을 사용하여 예제 6.9를 푸는 문제이다.

Symbolic Math SM

MATLAB을 연습하고 MATLAB의 Symbolic Math Toolbox의 기능을 익히고자 하는 독자들은 부록 F의 ch6apF2를 실행하라. 표 안에 이득 K와 같은 기호가 포함되어도 Symbolic Math Toolbox를 사용하여 표를 완성하는 방법을 배우고 MATLAB과 Symbolic Math Toolbox가 예제 6.9를 풀기 위한 또 다른 방법을 제공함을 알게 될 것이다.

Routh-Hurwitz 판별법은 짝수의 인수를 포함하는 다항식의 인수분해에 적용되기도 한다. 다음 예제를 살펴보자.

예제 6.10 Routh-Hurwitz 판별법에 의한 인수분해

문제 다음의 다항식을 인수분해하라.

$$s^4+3s^3+30s^2+30s+200 \tag{6.23}$$

풀이 표 6.17의 Routh 표를 만든다. s^1행이 모두 0이 됨을 확인할 수 있다. s^2 행에 있는 항들로 짝수 다항식을 만든다 :

$$P(s)=s^2+10 \tag{6.24}$$

표 6.17 예제 6.10에 대한 Routh 표

s^4	1	30	200
s^3	~~3~~ 1	~~30~~ 10	
s^2	~~20~~ 1	~~200~~ 10	
s^1	~~0~~ 2	~~0~~ 0	
s^0	10		

Routh 표를 완성하기 위하여 이 다항식을 s로 미분한다. 그러나, 이 다항식은 식 (6.23)에 있는 원래 다항식의 인수이기 때문에, 식 (6.23)을 식 (6.24)로 나누어 다른 인수 $(s^2+3s+20)$을 얻는다. 따라서

$$\begin{aligned} s^4+3s^3+30s^2+30s+200 &= (s^2+10)(s^2+3s+20) \\ &= (s+j3.1623)(s-j3.1623) \\ &\quad \times(s+1.5+j4.213)(s+1.5-j4.213) \end{aligned} \tag{6.25}$$

숙련예제 6.3

문제 다음의 순방향 전달함수를 가지는 단위 피드백 시스템에서, 시스템이 안정하기 위한 K의 범위를 구하라.

$$G(s) = \frac{K(s+20)}{s(s+2)(s+3)}$$

풀이 $0 < K < 2$

풀이 과정은 www.wiley.com/go/Nise/ControlSystemsEngineering8e에 있다.

6.5 상태 공간에서의 안정도

State Space

SS

지금까지 s-평면에서 안정도를 판별하는 법을 소개하였다. 이제 상태 공간에서 안정도 판별을 살펴보기로 하자. 4.10절에서 시스템의 극점은 시스템 행렬 A의 고유치와 같다는 것을 언급하였다. 행렬 $\mathbf{A}$의 고유치는 방정식 $\det(s\mathbf{I}-\mathbf{A})=0$의 해(이것은 전달함수의 극점이 됨)라는 것도 설명하였다. 5.8절에서는 고유치에 대한 정의와 고유치가 행렬을 대각선 행렬로 변환시키는 데 이용됨을 설명하였다. 이제 고유치와 시스템의 극점이 동일하다는 것을 다시 확인하기로 하자.

5.8절로부터 행렬 $\mathbf{A}$의 고유치는 방정식

$$\mathbf{Ax} = \lambda\mathbf{x} \tag{6.26}$$

에서 $\mathbf{x}$가 0이 아닌 해(당연해인 0 제외)가 되도록 하는 λ값이다.

$\mathbf{x}$가 해가 되도록 하기 위한 λ값을 구하기 위하여 식 (6.26)을 다음과 같이 정리한다.

$$\lambda\mathbf{x} - \mathbf{Ax} = \mathbf{0} \tag{6.27}$$

또는,

$$(\lambda\mathbf{I} - \mathbf{A})\mathbf{x} = \mathbf{0} \tag{6.28}$$

여기서 $\mathbf{x}$에 대하여 풀면 다음과 같다.

$$\mathbf{x} = (\lambda\mathbf{I} - \mathbf{A})^{-1}\mathbf{0} \tag{6.29}$$

또는,

$$\mathbf{x} = \frac{\operatorname{adj}(\lambda\mathbf{I} - \mathbf{A})}{\det(\lambda\mathbf{I} - \mathbf{A})}\mathbf{0} \tag{6.30}$$

식 (6.30)의 분모가 0이 아니면 모든 해는 영 벡터가 됨을 알 수 있다. 분모가 0이면 $\mathbf{x}$의 원소들이 0/0이거나 부정이 되므로 0이 아닌 해가 존재하는 유일한 경우는 분모가 0이 되는 경우이다.

따라서 식 (6.30)의 분모를 0으로 놓음으로써 λ를 계산할 수 있다.

$$\det(\lambda\mathbf{I} - \mathbf{A}) = 0 \tag{6.31}$$

이 방정식으로부터 식 (6.26)의 $\mathbf{x}$가 0이 아닌 해가 되기 위한 λ값을 찾을 수 있다. 5.8절에서 행렬 A의 고유치로 λ를 정의하였으며 고유 벡터로 $\mathbf{x}$를 정의하였다.

이제 시스템 행렬 $\mathbf{A}$의 고유치와 시스템의 극점과의 관계를 다시 확인해 보자. 3장에서 상태 방정식으로부터 시스템 전달함수 (3.73)을 유도하였다. $(s\mathbf{I}-\mathbf{A})^{-1}$이 존재하기 때문에 시스템 전달함수의 분모항은 $\det(s\mathbf{I}-\mathbf{A})$가 된다. 따라서,

$$\det(s\mathbf{I}-\mathbf{A})=0 \tag{6.32}$$

은 시스템의 특성 방정식이므로 이 식으로부터 시스템의 극점을 구할 수 있다.

식 (6.31)과 식 (6.32)는 변수가 다른 것을 제외하면 동일하기 때문에 행렬 A의 고유치는 전달함수에서 극점-영점 소거되기 전의 시스템의 극점과 일치하는 것으로 결론지을 수 있다. 따라서, 상태 공간에서 표현된 시스템의 경우 시스템 행렬 A의 고유치를 구하고, s-평면에서 위치를 확인함으로써 안정도를 판별할 수 있다.

예제 6.11 상태 공간에서 안정도 판별

문제 다음 시스템에서 좌반면, 우반면과 $j\omega$축 위에 존재하는 극점의 개수를 구하라.

$$\dot{\mathbf{x}}=\begin{bmatrix}0 & 3 & 1\\ 2 & 8 & 1\\ -10 & -5 & -2\end{bmatrix}\mathbf{x}+\begin{bmatrix}10\\ 0\\ 0\end{bmatrix}u \tag{6.33a}$$

$$y=[1 \quad 0 \quad 0]\mathbf{x} \tag{6.33b}$$

풀이 먼저, $(s\mathbf{I}-\mathbf{A})$ 를 구한다.

$$(s\mathbf{I}-\mathbf{A})=\begin{bmatrix}s & 0 & 0\\ 0 & s & 0\\ 0 & 0 & s\end{bmatrix}-\begin{bmatrix}0 & 3 & 1\\ 2 & 8 & 1\\ -10 & -5 & -2\end{bmatrix}=\begin{bmatrix}s & -3 & -1\\ -2 & s-8 & -1\\ 10 & 5 & s+2\end{bmatrix} \tag{6.34}$$

다음으로 $\det(s\mathbf{I}-\mathbf{A})$ 를 구한다.

$$\det(s\mathbf{I}-\mathbf{A})=s^3-6s^2-7s-52 \tag{6.35}$$

이 다항식에 대해 표 6.18과 같은 Routh 표를 작성한다.

표 6.18 예제 6.11에 대한 Routh 표

s^3	1	−7
s^2	~~−6~~ −3	~~−52~~ −26
s^1	~~$-\frac{47}{3}$~~ −1	~~0~~ 0
s^0	−26	

첫째 열에서 한 번의 부호 변화가 있으므로 시스템은 우반면에 한 개, 좌반면에 두 개의 극점을 가진다, 따라서, 시스템은 불안정하다. 만일 비최소 위상 영점이 불안정한 극점을 상쇄시킨다면 시스템이 안정하다고 할 수 있는가? 그러나 시스템 파라미터가 약간만 변동하여도 실제로 비최소 위상 영점이나 불안정한 극점이 변동하여 극점-영점 소거가 되지 않으므로 시스템이 불안정하게 될 것이다.

MATLAB
ML
MATLAB을 사용하고자 하는 독자들은 부록 B에 있는 ch6apB3를 실행하길 바란다. 시스템 행렬의 고유치를 구함으로써 상태 공간에서 표현된 시스템의 안정도를 판별하는 방법을 배우게 될 것이다. 이것은 MATLAB을 사용하여 예제 6.11을 풀기 위한 문제이다.

숙련예제 6.4

문제 상태 공간에서 표현된 다음 시스템에서, 좌반면, 우반면과 $j\omega$축 위에 있는 극점의 개수를 구하라.

$$\dot{\mathbf{x}} = \begin{bmatrix} 2 & 1 & 1 \\ 1 & 7 & 1 \\ -3 & 4 & -5 \end{bmatrix}\mathbf{x} + \begin{bmatrix} 0 \\ 0 \\ 1 \end{bmatrix}\mathrm{r}$$

$$y = [0 \quad 1 \quad 0]\mathbf{x}$$

풀이 우반면에 2개, 좌반면에 1개.

풀이 과정은 www.wiley.com/go/Nise/ControlSystemsEngineering8e에 있다.

스스로 해보기 6.3

다음 MATLAB 문을 사용하여 숙련예제 6.4의 시스템에 대한 고유치를 구하라.

```
A=[2 1 1
   1 7 1
   -3 4 -5];
Eig=eig(A)
```

이 절에서는 상태 공간 관점에서 피드백 제어시스템의 안정도를 평가하였다. 시스템의 폐루프 극점과 고유치가 동일하기 때문에, 상태 공간에서 표현된 시스템이 안정하기 위한 조건은 고유치가 s-평면의 우반면에 존재하지 않아야 하며, $j\omega$축 위에 존재하는 경우에는 중첩하지 않아야 한다는 것이다.

극점을 구하기 위하여 전달함수를 구하지 않고서도 상태 방정식으로부터 고유치를 직접 구할 수 있다. 즉, 방정식 $\det(s\mathbf{I}-\mathbf{A})=0$ 으로부터 직접 고유치를 구할 수 있다. 만약 s의 다항식 $\det(s\mathbf{I}-\mathbf{A})$ 를 쉽게 인수분해할 수 없다면, s-평면의 각 영역에 몇 개의 고유치가 존재하는지를 판별하기 위하여 Routh-Hurwitz 판별법을 적용할 수 있다.

이제 사례연구와 요약으로 이 장을 마무리하고자 한다. 사례연구에는 안테나 위치 제어시스템과 UFSS가 포함된다. 안정도는 그림 6.11의 시스템에서 중요한 만큼 이들 시스템에서도 중요하다.

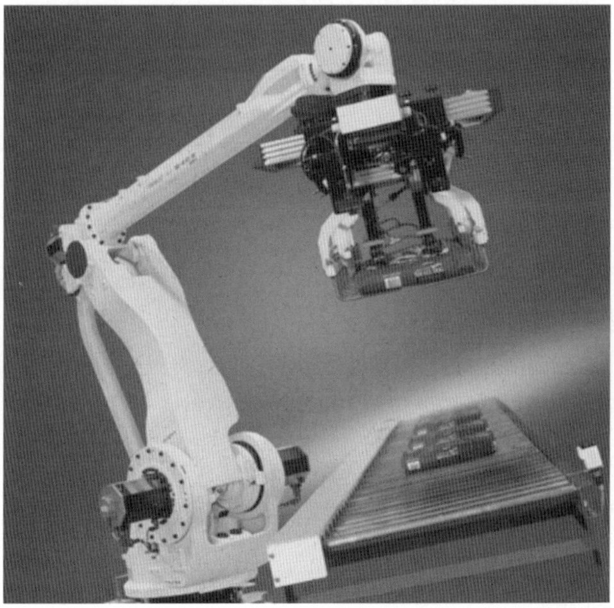

그림 6.11 FANUC 로봇 M–410iB™은 4축 모션을 가지며 부대 운반 임무 수행

사례연구

안테나 제어 : 이득조정에 의한 안정도 설계

Design D

이 장에서는 안정도를 다루었다. 안정한 시스템은 s-평면의 좌반면에 폐루프 극점들을 가짐을 확인하였다. 루프 이득이 변하면 극점의 위치가 변하는데, 그 결과 극점이 s-평면의 우반면으로 이동하면 시스템은 불안정하게 된다. 적절한 이득의 선정은 폐루프 시스템의 안정도를 보장하기 위한 필수 요건이다. 다음 사례연구는 안정도를 보장하기 위한 루프 이득의 선정을 설명하는 예이다.

문제 부록 A2의 configuration 1에 표시된 안테나 방위각 위치 제어시스템에 대해 폐루프 시스템이 안정하기 위한 전단 증폭기의 이득의 범위를 구하라.

풀이 폐루프 시스템의 전달함수는 5장에 있는 사례연구에서 다음과 같이 유도되었다.

$$T(s) = \frac{6.63K}{s^3 + 101.7s^2 + 171s + 6.63K} \tag{6.36}$$

분모항의 Routh 표는 표 6.19과 같다. 이 표에서 $K = 2623$이면 세 번째 행의 모든 항이 0이 되므로 이 K값에서 시스템은 임계 안정하게 된다. 즉, $0 < K < 2623$이면, 표의 첫째 열에서 부호 변화가 생기지 않는다. 따라서 시스템이 안정하기 위한 K 값의 범위는 $0 < K < 2623$가 된다.

강의를 위해 이 시스템을 설명하는 동영상 PPT가 www.wiley.com/go/Nise/ControlSystemsEngineering8e에 있다. 안테나(ch.6)을 참조하라.

표 6.19 안테나 제어 사례연구에 대한 Routh 표

s^3	1	171
s^2	101.71	6.63K
s^1	17392.41 − 6.63K	0
s^0	6.63K	

도전문제 이 장의 학습 목표를 얼마나 이해하였는지를 확인하기 위하여 문제를 제시하고자 한다. 부록 A2의 configuration 2에 표시된 안테나 방위각 위치 제어시스템에 대해 폐루프 시스템이 안정하기 위한 전단 증폭기의 이득의 범위를 구하라.

UFSS 정 : 이득 조정에 의한 안정도 설계

Design D

이 사례연구를 위해 UFSS 정의 상승과 하강 제어를 위한 피치 제어시스템의 안정도를 살펴보자. 특히, 피치 제어 루프가 안정하기 위한 피치 이득의 범위를 구한다.

문제 UFSS 정(Johnson, 1980)에 대한 피치 제어 루프는 부록 A3에 있다. $K_2 = 1$일 때 폐루프 피치 제어시스템이 안정하기 위한 K_1의 범위를 구하라.

풀이 먼저 피치 제어시스템을 단일 폐루프 전달함수로 간략화시킨다. 순방향의 등가 전달함수 $G_e(s)$는 다음과 같이 주어진다.

$$G_e(s) = \frac{0.25K_1(s + 0.435)}{s^4 + 3.456s^3 + 3.457s^2 + 0.719s + 0.0416} \tag{6.37}$$

단위 피드백을 가지는 폐루프 전달함수 $T(s)$는 다음과 같다.

$$T(s) = \frac{0.25K_1(s+0.435)}{s^4+3.456s^3+3.457s^2+(0.719+0.25K_1)s+(0.0416+0.109K_1)} \quad (6.38)$$

식 (6.38)의 분모항에 대한 Routh 표는 표 6.20과 같다.

표 6.20 UFSS 사례연구에 대한 Routh 표

s^4	1	3.457	$0.0416+0.109K_1$
s^3	3.456	$0.719+0.25K_1$	
s^2	$11.228-0.25K_1$	$0.144+0.377K_1$	
s^1	$\dfrac{-0.0625K_1^2+1.324K_1+7.575}{11.228-0.25K_1}$		
s^0	$0.144+0.377K_1$		

첫째 열에서 s^4행과 s^3행의 항은 양수이다. 시스템이 안정하기 위해서는 첫째 열의 모든 항이 양수가 되어야 하므로 s^2 행의 첫째 열은 $-\infty < K_1 < 44.91$이어야 한다. 다음으로 s^1 행의 첫째 열이 양수가 되기 위해서는 분모항이 양수이므로 분자항도 반드시 양수이어야 한다. 분자항인 2차 방정식의 해는 $K_1 = -4.685$와 25.87이다. 따라서 분자항이 양수가 되기 위해서는 $-4.685 < K_1 < 25.87$가 되어야 한다. 마지막으로 s^0행의 첫째 열이 양수가 되기 위해서는 $-0.382 < K_1 < \infty$이다. 이 세 가지 조건으로부터 $-0.382 < K_1 < 25.87$이면 시스템은 안정하게 된다.

도전문제 이 장의 학습 목표를 얼마나 이해하였는지를 확인하기 위하여 문제를 제시한다. 부록 A3에 있고 5장에서 사례연구 도전문제로 소개된 UFSS 정(Johnson, 1980)의 방향 제어시스템에 대하여 다음 문제를 풀어라.

a. $K_2 = 1$일 때 잠수정이 안정하기 위한 방향 제어 이득의 범위를 구하라.

b. MATLAB를 사용하여 a를 반복하라. MATLAB **ML**

사례연구에서는 시스템이 안정하기 위한 이득의 범위를 계산하였다. 이 범위 내의 이득 값에 대해 시스템은 안정하더라도 이 범위 내에 있는 이득을 선택했을 때 원하는 과도 응답 특성이나 정상상태 오차 특성을 가지지 않을 수도 있음을 알아야 한다. 이득만을 조정하는 방법 외에 원하는 특성을 얻기 위한 설계 기법들은 9장과 11장에서 공부할 것이다.

요약

이 장에서는 전달함수를 이용하는 고전적인 관점과 상태 공간 관점에서 시스템의 안정도를 판별하는 개념을 공부하였다. 선형 시스템의 안정도는 시간이 무한대가 될 때, 고유 응답이 0으로 감소하는데 근거하고 있다는 것을 알았다. 반면에 고유 응답이 유한하지 않고 무제한으로 증가하면, 고유 응답이 강제 응답을 압도하므로 제어할 수 없다. 이것이 불안정하게 되는 조건이다. 세 번째 가능한 상황은 고유 응답이 감소하지도 않고 무제한으로 증가하지도 않으면서 진동하는 경우이다. 이 경우 시스템은 임계 안정하다고 한다.

고유 응답을 명확하게 얻을 수 없을 때는 다른 안정도 정의를 사용하였다. 이 정의는 전체 응답에 근거하는 것으로 모든 유한한 입력에 대해 출력이 유한하면 시스템은 안정하다(BIBO)고 하고, 임의의 유한한 입력에 대해 출력이 유한하지 않으면 시스템은 불안정하다고 한다.

수학적으로 선형 시불변 시스템의 안정도는 폐루프 극점들의 위치로부터 판별된다.

- 모든 극점이 좌반면에만 존재하면, 시스템은 안정하다.
- 임의의 극점이 우반면에 존재하면, 시스템은 불안정하다.
- 어떤 극점들은 $j\omega$축 위에 있고 나머지 극점들은 좌반면에 존재하며, $j\omega$축 위에 있는 극점들이 서로 다른 극점이면 시스템은 임계 안정하다. $j\omega$축 위에 있는 극점들이 중첩하면 시스템은 불안정하다.

개루프 시스템의 극점들을 알고 있다 하더라도 고차 시스템에서는 컴퓨터 프로그램을 이용하지 않으면 폐루프 시스템의 극점들을 구하기가 어렵다는 것을 알았다.

Routh–Hurwitz 판별법을 이용하면 극점의 위치는 못 구하더라도 s-평면의 각 영역에 몇 개의 극점들이 존재하는지는 알 수가 있다. 우반면에 극점들이 존재하는 것을 정확히 아는 것만으로도 시스템이 불안정하다는 것을 판별하는데 충분하다. 제한적이지만 짝수 다항식이 나타날 때, 시스템의 특성 방정식을 인수분해하는 데 Routh 표를 이용할 수 있다.

상태 공간에서 표현된 시스템의 안정도를 판별하는 것은 특성 방정식의 근의 위치를 구하는 것과 동일하다. 이들 근은 시스템 행렬의 고유치와 같으므로, $\det(s\mathbf{I}-\mathbf{A})$ 의 해를 구함으로써 얻을 수 있다. Routh-Hurwitz 판별법을 이 다항식에 적용할 수 있다. 중요한 점은 안정도를 판별하기 위하여 시스템의 상태 공간 표현을 전달함수로 변환할 필요가 없다는 것이다. 다음 장에서는 세 가지 중요한 제어시스템의 요구 조건 중 마지막인 정상 상태 오차에 대해서 살펴볼 것이다.

복습문제

1. 선형 시스템의 안정도를 판별하는데 출력 응답의 어떤 부분이 중요한가?
2. 불안정하면 문제 1에서 언급된 응답에서 어떤 현상이 일어나는가?
3. 불안정하면 물리적 시스템에서 어떤 일이 발생하는가?
4. BIBO 안정도 정의에 따르면 임계 안정한 시스템은 왜 불안정한 시스템으로 판단되는가?
5. 시스템이 불안정하지 않기 위해서는 시스템 극점들은 어디에 있어야 하는가?
6. Routh-Hurwitz 판별법은 우리에게 무엇을 설명하는가?
7. Routh-Hurwitz 판별법이 폐루프 시스템의 극점의 실제 위치를 쉽게 알려주는 조건은 무엇인가?
8. Routh 표의 첫 번째 열에만 0이 나타나는 경우는?
9. Routh 표의 한 행의 모든 항이 0이 되는 경우는?
10. Routh 표의 한 행에 양수를 곱하는 이유는?
11. Routh 표의 한 행에 음수를 곱하지 않는 이유는?
12. Routh 표에서 짝수 다항식 위쪽에서 두 번의 부호 변화가 있고 짝수 다항식 아래에서 다섯 번의 부호 변화가 있다면, 시스템은 우반면에 몇 개의 극점을 가지는가?
13. 한 행이 모두 0이면 시스템은 항상 $j\omega$축 위에 극점을 가지는가?
14. 7차 시스템이 s^3행에서 모두 0이고 s^4행 이후에서 두 번의 부호 변화가 있다면, 시스템은 $j\omega$축 위에 몇 개의 극점을 가지는가? State Space SS
15. 시스템 행렬의 고유치와 폐루프 극점이 동일하다는 것이 사실인가? State Space SS
16. 고유치는 어떻게 구하는가?

가상 탐구 실험실

실험 6.1

목표 극점의 위치가 안정도에 미치는 영향 평가. 부의 피드백 시스템에서 루프 이득이 안정도에 미치는 영향 평가

최소로 요구되는 소프트웨어 패키지 MATLAB, Simulink와 control System Toolbox

예비실험

1. 그림 6.12에서

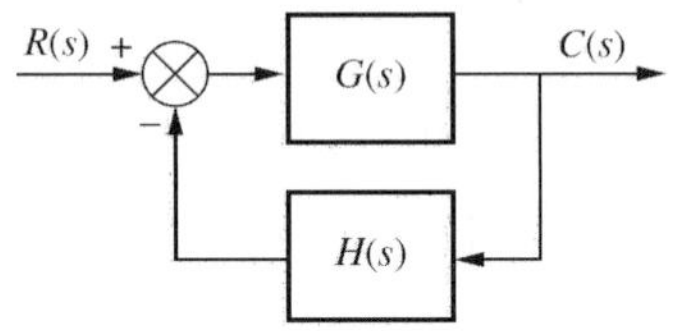

그림 6.12

$$G(s)=\frac{K}{s(s+2)^2},\ H(s)=1$$

일 때 부의 피드백 시스템의 등가 전달함수를 구하라.

2. 예비실험 1의 시스템에 대해 2차의 극점을 가지며 과감쇠가 되기 위한 2개의 이득 값을 구하라. 미흡 감쇠가 되도록 문제를 반복하라.
3. 예비실험 1의 시스템에 대해 임계 감쇠가 되는 이득 K를 구하라.
4. 예비실험 1의 시스템에 대해 시스템이 임계 안정하기 위한 이득 K를 구하라. 이 이득에서 진동 주파수를 구하라.
5. 예비실험 2에서 4까지 각각에 대해 극점의 위치를 동일한 그래프에 나타내고, 각 극점에 해당하는 이득 값을 표시하라.

실험

1. Simulink를 사용하여 예비실험 1의 부의 피드백 시스템을 구성하고, 과감쇠, 미흡 감쇠, 임계 감쇠와 임계 안정한 이득에 대한 각각의 계단 함수 응답을 그래프로 나타내어라.
2. 임계 안정되도록 계산된 두 가지 이득에 대한 계단 함수 응답을 그려라.
3. 부의 피드백 시스템 출력에 전달함수

$$G_1(s)=\frac{1}{s^2+4}$$

를 종속 접속시키고 임계 안정되도록 하는 이득보다 작게 K를 정하고, 계단 함수 응답을 그려라. 임계 안정된 이득 K에 대해 계단 함수 응답을 그려라.

결과토의

1. 그래프로부터 시스템이 불안정하게 되는 조건에 대해 논의하라.
2. 이득이 폐루프 시스템의 계단 함수 응답에 미치는 영향에 대해 논의하라.

실험 6.2

목표 안정도 해석을 위해 LabVIEW Control Design과 Simulation Module의 사용

최소로 요구되는 소프트웨어 패키지 Control Design과 Simulation Module을 포함하는 LabVIEW

예비실험

차수가 다른 6개의 전달함수를 선택하고 Routh-Hurwitz 판별법을 이용하여 안정도를 판별하라.

실험

특성 방정식의 차수와 계수를 입력하고 극점 위치와 안정도에 관한 정보를 출력하는 LabVIEW VI를 구성하라.

결과토의

실험 결과로부터 예비실험의 안정도 판별 결과를 확인하라.

참고문헌

Ballard, R. D. The Riddle of the *Lusitania, National Geographic*, April 1994, National Geographic Society, Washington, DC, 1994, pp. 68–85.

Bittar, A., and Sales, R. M. H2 and Control for MagLev Vehicles. *IEEE Control Systems*, vol. 18, no. 4, August 1998, pp. 18–25.

Cochran, J. E.; Innocenti, M.; No, T. S.; and Thukral, A. Dynamics and Control of Maneuverable Towed Flight Vehicles. *Journal of Guidance, Control, and Dynamics*, vol. 15, no. 5, September– October 1992, pp. 1245–1252.

Craig, I. K., Xia, X., and Venter, J. W. Introducing HIV/AIDS Education into the Electrical Engineering Curriculum at the University of Pretoria, *IEEE Transactions on Education*, vol. 47, no. 1, February 2004, pp. 65–73

D'Azzo, J., and Houpis, C. H. *Linear Control System Analysis and Design*. 3d ed. McGraw–Hill, New York, 1988.

Dorf, R. C. *Modern Control Systems*. 5th ed. Addison–Wesley, Reading, MA, 1989.

Hekman, K. A., and Liang, S. Y. Compliance Feedback Control for Part Parallelism in Grinding. *International Journal of Manufacturing Technology*, vol. 15, 1999, pp. 64–69

Hostetter, G. H., Savant, C. J., Jr., and Stefani, R. T. *Design of Feedback Control Systems*. 2d ed. Saunders College Publishing, New York, 1989.

Johnson, H., et al. *Unmanned Free-Swimming Submersible (UFSS) System Description*. NRL Memorandum Report 4393. Naval Research Laboratory. Washington, DC, 1980.

Kara, A., Kawamura, K., Bagchi, S., and El–Gamal, M. Reflex Control of a Robotic Aid System to Assist the Physically Disabled. *IEEE Control Systems*, June 1992, pp.71–77.

Marttinen, A., Virkkunen, J., and Salminen, R. T. Control Study with Pilot Crane. *IEEE Transactions on Education*, vol. 33, no. 3, August 1990, pp. 298–305.

Minnichelli, R. J., Anagnost, J. J., and Desoer, C. A. An Elementary Proof of Kharitonov's Stability Theorem with Extensions. *IEEE Transactions on Automatic Control*, vol. 34, 1989, pp. 995–998.

O'Connor, D. N., Eppinger, S. D., Seering, W. P., and Wormly. D. N. Active Control of a High–Speed Pantograph. *Journal of Dynamic Systems, Measurements, and Control*, vol. 119, March 1997, pp.1–4.

Özgüner, Ű., Űnyelioglu, K. A., and Haptipoğlu, C. An Analytical Study of Vehicle Steering Control. Proceedings of the 4th IEEE Conference Control Applications, 1995, pp. 125–130.

Phillips, C. L., and Harbor, R. D. *Feedback Control systems*. 2d ed. Prentice–Hall, Englewood Cliffs, NJ, 1991.

Rober, S. J., Shin, Y. D., and Nwokah, O. D. I. A Digital Robust Controller for Cutting Force Control in the End Milling Process. *Journal of Dynamic Systems, Measurement, and Control*, vol. 119, June 1997, pp. 146–152.

Routh, E. J. *Dynamics of a System of Rigid Bodies*. 6th ed. Macmillan, London, 1905.

Schierman, J. D., and Schmidt, D. K. Analysis of Airframe and Engine Control Interactions and Integrated Flight/Propulsion Control. *Journal of Guidance, Control, and Dynamics*, vol. 15, no. 6, November–December 1992, pp. 1388–1396.

Thomas, B., Soleimani–Mosheni, M., and Fahlén, P. Feed–Forward in Temperature Control of Buildings. *Energy and Buildings*, vol. 37, 2005, pp. 755–761.

Timothy, L. K., and Bona, B. E. *State Space Analysis*: An Introduction. McGraw–Hill, New York, 1968.

Yan, T., and Lin, R. Experimental Modeling and Compensation of Pivot Nonlinearity in Hard Disk Drives. IEEE *Transactions on Magnetics*, vol. 39, 2003, pp. 1064–1069.

연습문제

1. 근을 구하지 않고 다음 다항식의 근이 좌반면, 우반면과 $j\omega$축 위에 있는 개수를 구하라. [6.2절]

$$P(s) = s^5 + 4s^4 + 4s^3 + 5s^2 + 2s + 2$$

2. 다음 다항식의 근이 우반면, 좌반면과 $j\omega$축 위에 있는 개수를 구하라. [6.3절] SS

$$P(s) = s^5 + 6s^3 + 5s^2 + 8s + 20$$

3. Routh 표를 이용하여 다음 함수의 극점이 좌반면, 우반면과 $j\omega$축 위에 존재하는 개수를 구하라. [6.3절]

$$T(s) = \frac{s-2}{s^5 - 2s^4 + 4s^3 - 3s^2 + 2s - 3}$$

4. 시스템의 폐루프 전달함수가 다음과 같다. SS

$$T(s) = \frac{s^3 + 2s^2 + 7s + 21}{s^5 - 2s^4 + 3s^3 - 6s^2 + 2s - 4}$$

우반면, 좌반면과 $j\omega$축 위에 존재하는 폐루프 극점들의 개수를 구하라. [6.3절]

5. 그림 P6.1의 개루프 시스템의 극점이 좌반면, 우반면과 $j\omega$축 위에 존재하는 개수를 구하라. [6.3절]

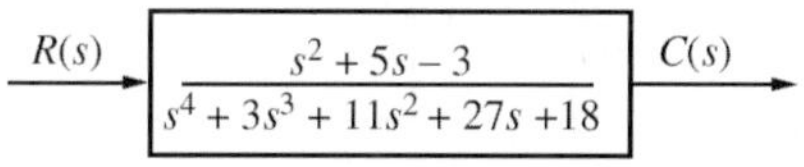

그림 P6.1

6. 그림 P6.2의 개루프 시스템의 극점이 우반면, 좌반면과 $j\omega$축 위에 존재하는 개수를 구하라. [6.3절] SS

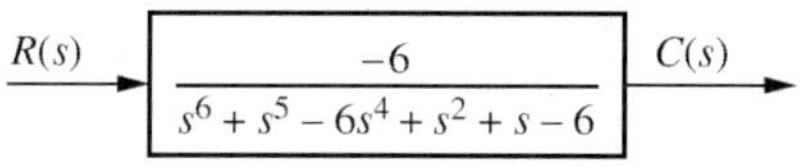

그림 P6.2

7. 그림 P6.3에서 함수 $G(s)$가 다음과 같을 때 단위 피드백 시스템이 안정한지를 판별하라. [6.2절]

$$G(s) = \frac{584}{(s+2)(s+3)(s+4)(s+5)}$$

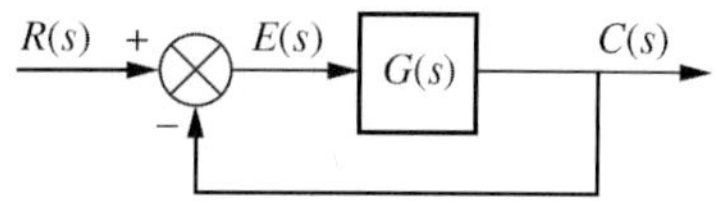

그림 P6.3

8. MATLAB을 이용하여 문제 6의 시스템의 극점을 구하라. SS MATLAB ML

9. 그림 P6.3에서 함수 G(s)가 다음과 같을 때 폐루프 시스템이 안정하기 위한 K의 범위를 구하라. [6.4절]

$$G(s) = \frac{K(s-1)}{s(s+2)(s+3)}$$

10. 그림 P6.3의 단위 피드백 시스템에서 함수 $G(s)$가 다음과 같을 때, Routh-Hurwitz 판별법을 이용하여 폐루프 시스템의 안정도를 판별하라. [6.2절] SS

$$G(s) = \frac{1}{2s^4 + 5s^3 + s^2 + 2s}$$

11. 그림 P6.3의 단위 피드백 시스템에서 함수 $G(s)$가 다음과 같을 때 좌반면, 우반면과 $j\omega$축 위에 존재하는 폐루프 전달함수의 극점의 개수를 구하라. [6.3절]

$$G(s) = \frac{10}{s(s^6 + 2s^5 - 3s^4 - 10s^3 - s^2 - 2s + 3)}$$

12. 다음 Routh 표에서 s^5행은 원래 모두 0이었다. 우반면, 좌반면과 $j\omega$축 위에 존재하는 원래 다항식의 근의 개수를 구하라. [6.3절] SS

s^7	1	2	−1	−2
s^6	1	2	−1	−2
s^5	3	4	−1	0
s^4	1	−1	−3	0
s^3	7	8	0	0
s^2	−15	−21	0	0
s^1	−9	0	0	0
s^0	−21	0	0	0

13. Routh-Hurwitz 판별법을 이용하여 그림 P6.4의 시스템에서 우반면, 좌반면과 $j\omega$축 위에 존재하는 폐루프 극점의 개수를 구하라. [6.3절]

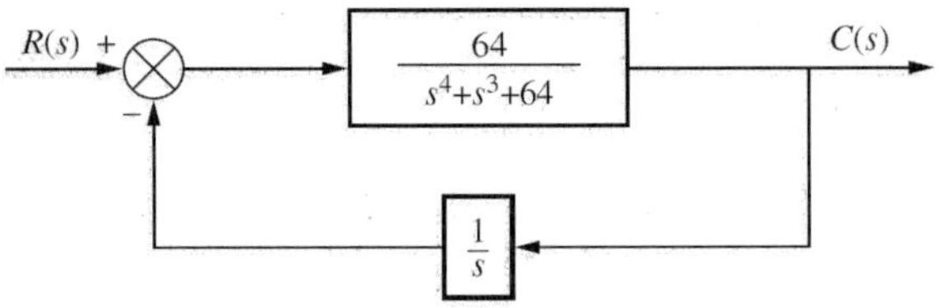

그림 P6.4

14. 그림 P6.3의 단위 피드백 시스템에서 함수 $G(s)$가 다음과 같을 때, 안정하기 위한 K의 범위를 구하라. [6.4절]

$$G(s)=\frac{K(s+10)}{s(s+2)(s+3)}$$

15. 그림 P6.3의 단위 피드백 시스템에서 함수 $G(s)$가 다음과 같고 계수 a, b가 다음 조건일 때, 안정하기 위한 K의 범위를 구하라. [6.4절] **SS**

$$G(s)=\frac{K(s-a)}{s(s-b)}$$

a. $a<0,\ b<0$
b. $a<0,\ b>0$
c. $a>0,\ b<0$
d. $a>0,\ b>0$

16. 그림 P6.3의 단위 피드백 시스템에서 함수 $G(s)$가 다음과 같을 때, 안정하기 위한 K의 범위를 구하라. [6.4절]

$$G(s)=\frac{K(s+3)(s+5)}{(s-2(s-4)}$$

17. MATLAB과 Symbolic Math Toolbox를 사용하여 문제 16을 풀기 위한 Routh 표를 K를 사용하여 작성하라. Symbolic Math **SM**

18. 그림 P6.3의 단위 피드백 시스템에서 함수 $G(s)$가 다음과 같을 때, 안정하기 위한 K의 범위를 구하라. [6.4절]

$$G(s)=\frac{K(s+4)(s-4)}{(s^2+3)}$$

19. 그림 P6.3의 단위 피드백 시스템에서 함수 $G(s)$가 다음과 같을 때, 안정하기 위한 K의 범위를 구하라. [6.4절]

$$G(s)=\frac{K(s+1)}{s^4(s+4)}$$

20. 그림 P6.3의 단위 피드백 시스템에서 함수 $G(s)$가 다음과 같을 때, 안정하기 위한 K의 범위를 구하라. [6.4절]

$$G(s)=\frac{K(s-2)(s+4)(s+5)}{(s^2+12)}$$

21. 그림 P6.3의 단위 피드백 시스템에서 함수 $G(s)$가 다음과 같을 때, 안정하기 위한 K의 범위를 구하라. [6.4절]

$$G(s)=\frac{K(s+2)}{(s^2+1)(s+4)(s-1)}$$

22. 그림 P6.3의 단위 피드백 시스템에서 함수 $G(s)$가 다음과 같을 때 Routh-Hurwitz 판별법을 이용하여 진동하기 위한 K값을 구하라. [6.4절]

$$G(s)=\frac{K}{(s+77)(s+27)(s+38)}$$

23. Routh-Hurwitz 판별법을 이용하여 그림 P6.5의 시스템이 안정하기 위한 K의 범위를 구하라. [6.4절]

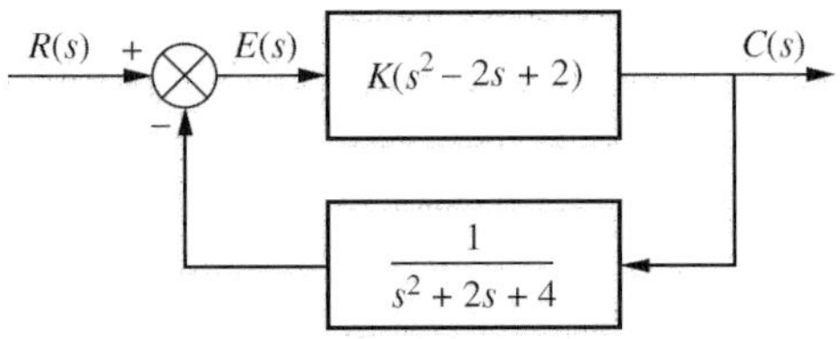

그림 P6.5

24. 그림 P6.6의 시스템에 대하여 문제 23을 반복하라. [6.4절]

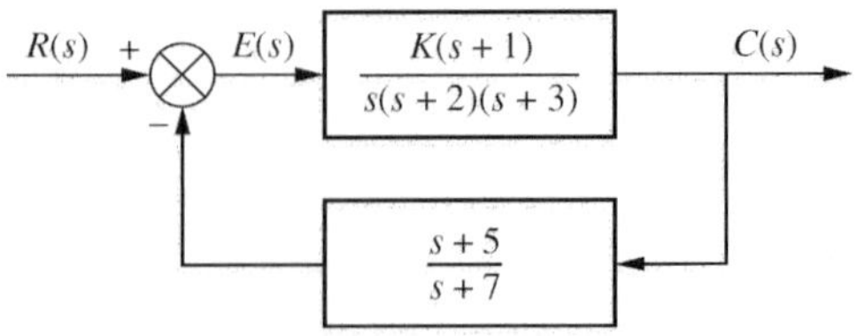

그림 P6.6

25. 그림 P6.3의 단위 피드백 시스템에서 함수 $G(s)$가 다음과 같을 때 물음에 답하라. [6.4절]

$$G(s)=\frac{K(s+5)}{s(s+1)(s+3)}$$

a. 폐루프 시스템이 안정하기 위한 K의 범위
b. 폐루프 시스템이 진동하는 K값
c. b에서의 진동 주파수

26. 그림 P6.7의 시스템에 대하여 시스템이 안정하기 위한 K값의 범위를 구하고, 시스템이 진동하게 되는 이득 K값과 진동 주파수를 구하라. [6.4절]

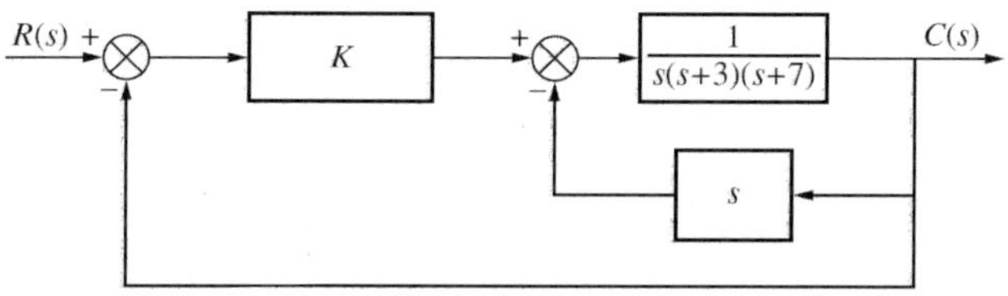

그림 P6.7

27. 그림 P6.3의 단위 피드백 시스템에서 함수 $G(s)$가 다음과 같을 때 물음에 답하라. [6.4절]

$$G(s)=\frac{Ks(s+2)}{(s^2-4s+8)(s+3)}$$

a. 안정하기 위한 K의 범위를 구하라.
b. 시스템이 임계 안정할 때 진동 주파수를 구하라.

28. 그림 P6.3의 단위 피드백 시스템에서 함수 $G(s)$가 다음과 같을 때 물음에 답하라. [6.4절]

$$G(s)=\frac{K}{(s+1)^3(s+5)}$$

a. 폐루프 시스템이 안정하기 위한 K의 범위를 구하라.
b. 폐루프 시스템이 임계 안정할 때 진동 주파수를 구하라.

29. 그림 P6.3의 단위 피드백 시스템에서 함수 $G(s)$가 다음과 같을 때 물음에 답하라. [6.4절]

$$G(s)=\frac{K}{(s+49)(s^2+4s+5)}$$

a. 안정하기 위한 K의 범위를 구하라.
b. 시스템이 임계 안정할 때 진동 주파수를 구하라.

30. 그림 P6.3의 단위 피드백 시스템에서 함수 $G(s)$가 다음과 같을 때 Routh-Hurwitz 판별법을 이용하여 물음에 답하라. [6.4절] **SS**

$$G(s)=\frac{K}{s(s+1)(s+2)(s+6)}$$

a. 안정하기 위한 K의 범위를 구하라.
b. 임계 안정하기 위한 K값을 구하라.
c. 시스템이 임계 안정할 때 폐루프 시스템의 극점들의 실제 위치를 구하라.

31. 그림 P6.8의 시스템이 안정하기 위한 K의 범위를 구하라. [6.4절]

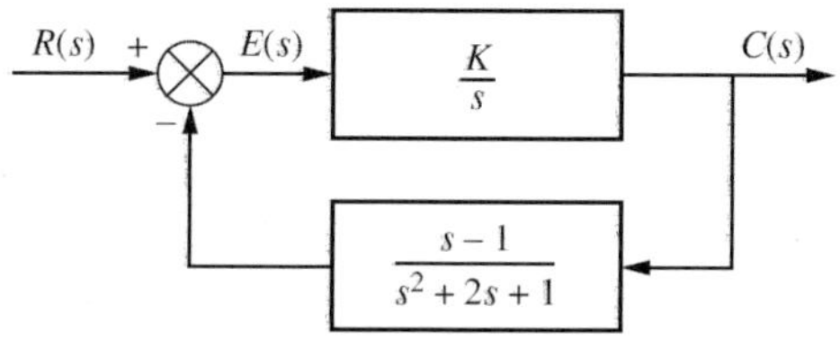

그림 P6.8

32. 수직이착륙(short takeoff and landing: STOL) 전투기에서 엔진의 팬 속도와 피치 제어 명령 사이의 결합성을 무시하면, 주 연소기의 연료 유속(lb/h) 입력과 엔진의 팬 속도(rpm) 출력 사이의 관계를 나타내는 전달함수는 다음과 같다(Schierman, 1992). [6.4절]

$$G(s)=\frac{1.3s^7+90.5s^6+1970s^5+15,000s^4+3120s^3-41,300s^2-5000s-1840}{s^8+103s^7+1180s^6+4040s^5+2150s^4-8960s^3-10,600s^2-1550s-415}$$

a. 우반면, 좌반면과 $j\omega$축 위에 존재하는 극점의 개수를 구하라.
b. 이 개루프 시스템은 안정한가?

33. 고정된 로프 길이로 물건을 들어 올리는 토크 제어 크레인의 선형 모델은 다음과 같다. **SS**

$$P(s)=\frac{X_T(s)}{F_T(s)}=\frac{1}{m_T}\frac{s^2+\omega_0^2}{s^2(s^2+a\omega_0^2)}$$

여기서 $\omega_0=\sqrt{\frac{g}{L}}$, $L=$로프 길이, $m_T=$자동차의 질량, $a=$자동차와 로프의 질량, $f_T=$자동차에 가해지는 힘 입력, $x_T=$로프 변위(Marttinen, 1990)이다. 시스템이 그림 P6.9와 같이 피드백 구조로 제어된다면 $K>0$일 때, 폐루프 극점은 어디에 위치하는가?

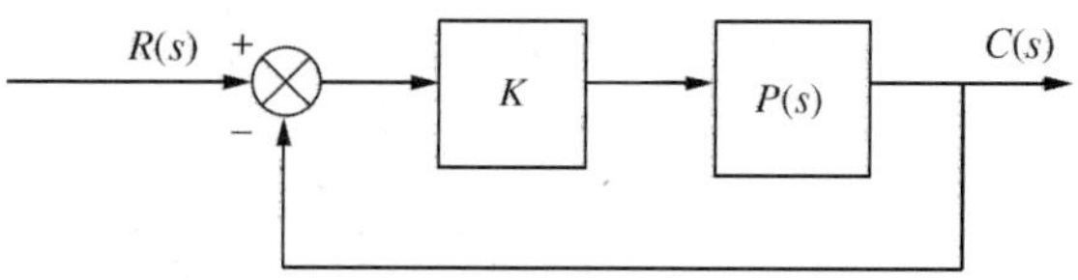

그림 P6.9

34. MATLAB을 이용하여 다음 시스템의 고유치를 구하라.

MATLAB ML

State Space SS

$$\dot{\mathbf{x}} = \begin{bmatrix} 0 & 1 & 0 \\ 0 & 1 & -4 \\ -1 & 1 & 8 \end{bmatrix}\mathbf{x} + \begin{bmatrix} 0 \\ 0 \\ 0 \end{bmatrix}u$$

$$y = [0 \quad 0 \quad 1]\mathbf{x}$$

35. 단위 피드백 시스템에서 순방향 경로에 있는 시스템이 다음과 같은 상태 방정식으로 표현된다. Routh-Hurwith 판별법을 이용하여 폐루프 시스템의 안정도를 판별하라. [6.5절]

State Space SS

$$\dot{\mathbf{x}} = \begin{bmatrix} 0 & 1 & 0 \\ 0 & 1 & 2 \\ -5 & -4 & -3 \end{bmatrix}\mathbf{x} + \begin{bmatrix} 0 \\ 1 \\ 0 \end{bmatrix}u$$

$$y = [1 \quad 0 \quad 1]\mathbf{x}$$

36. MATLAB을 이용하여 문제 35를 반복하라.

MATLAB ML

37. 전동기 구동 카트 위에 장착된 역진자는 3장의 문제 25에서 소개하였다. 시스템의 상태 공간 모델은 정지점 $x_0 = 0$에서 선형화되었다. 이 점은 카트에 가해지는 힘이 $u_0 = 0$인 $t = 0$에서 단진자의 점 질량(point-mass) m이 거꾸로 서 있는 상태에 해당된다(Prasad, 2012). 이 문제에서는 이 모델은 y 축으로부터의 단진자 각 θ와 카트의 수평 위치 x인 두 개의 출력 변수를 가지는 것으로 수정하기로 한다. 따라서 출력 방정식은 다음과 같이 된다.

SS

$$y = \begin{bmatrix} \theta \\ x \end{bmatrix} = Cx = \begin{bmatrix} 1 & 0 & 0 & 0 \\ 0 & 0 & 1 & 0 \end{bmatrix} \begin{bmatrix} \theta \\ \dot{\theta} \\ x \\ \dot{x} \end{bmatrix}$$

MATLAB을 이용하여 우반면, 좌반면과 $j\omega$축 위에 존재하는 고유치의 수를 구하라. 안정도는 어떻게 되는지 판별하라. [6.5절]

MATLAB ML

설계 문제

38. 항공기의 피치 루프에 대한 모델은 그림 P6.10과 같다. 시스템이 안정하기 위한 이득 K의 범위를 구하라. 또한 $K > 0$에서 시스템이 불안정해질 수 있는가?

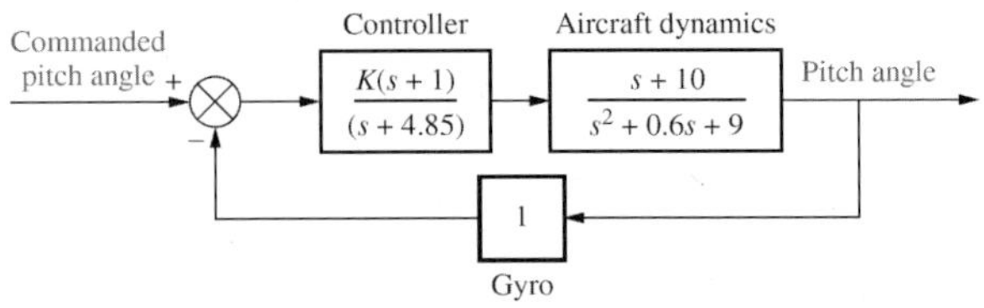

그림 P6.10 항공기 피치 루프 모델

39. 화학 공정의 온도 유지에 제어시스템이 적용된다(그림 P6.11). 공정에서 화학 반응의 흐름은 액츄에이터와 밸브에 의해 제어된다. 반응은 큰 용기 내의 온도 변화를 일으킨다. 측정되는 온도는 폐루프에 있는 원하는 기준 온도와 비교되고, 반응의 흐름은 원하는 온도 상승과 하강이 이루어지도록 조절된다. 9장에서는 이러한 공정 제어시스템의 성능을 개선하는데 PID 제어기가 어떻게 사용되는지를 배우게 될 것이다. 그림 P6.11은 PID제어기를 추가하기 전의 제어시스템으로 PID 제어기의 이득을 1로 정하였다. PID 제어기 설계에 앞서 이 시스템이 안정하기 위한 증폭기의 이득 K의 범위를 구하라.

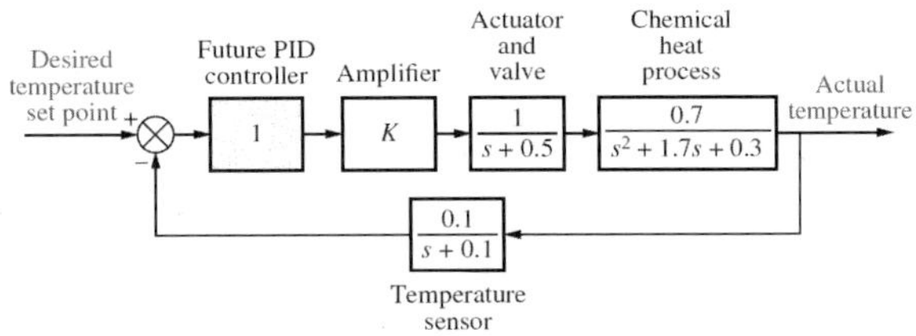

그림 P6.11 화학 공정 제어시스템의 블록선도

40. 실내 라디에이터의 전력, $\dot{Q}(s)$로부터 면적이 11 m^2인 방의 내부 온도, $T(s)$, 사이의 전달함수는 다음과 같다.

$$P(s) = \frac{T(s)}{\dot{Q}(s)} = \frac{1\times10^{-6}s^2 + 1.314\times10^{-9}s + 2.66\times10^{-13}}{s^3 + 0.00163s^2 + 5.272\times10^{-7}s + 3.538\times10^{-11}}$$

여기서 $\dot{Q}(s)$는 watt이고 T는 ℃(Thomas, 2005). 방 온도는 그림 P6.9와 같은 폐루프 시스템으로 제어된다. 폐루프 시스템이 안정하기 위한 K의 범위를 구하라.

41. 수직축에서 평면 연삭을 하는 동안, 다축 CNC 장치는 다이나모미터(dynamometer)로 인가되는 힘을 측정하고 적절한 수정을 하여 제어한다. 이 피드백 힘 제어는 최종 제품에서 더 좋은 균질성과 공차를 얻도록 한다. 초고속 급송율을 가지는 특수 실험에서 원하는 깊이로 절단(DOC)하는 명령으로부터 인가되는 힘 사이의 전달함수는 다음과 같다.

$$\frac{F(s)}{DOC(s)} = \frac{K_C}{1 + \frac{K_C}{ms^2 + bs + k} - \frac{K_C}{K_f}\left(\frac{1}{Ts+1}\right)}$$

여기서 $k = 2.1 \times 10^4\,\mathrm{N/m}$, $b = 0.78\,\mathrm{Ns/m}$, $m = 1.2 \times 10^{-4}\,\mathrm{Kg}$, $K_c = 1.5 \times 10^4\,\mathrm{N/mm}$이고 $T = 0.044s$이다. 파라미터 k_f는 시스템을 조정하기 위하여 변동한다. 시스템이 안정하기 위한 K_f의 범위를 구하라(Hekman, 1999).

42. 저가의 리튬 이온 배터리 충전기를 얻기 위해서 그림 P6.3의 피드백 루프가 사용된다. 여기서 $G(s) = G_c(s)P(s)$이다. $G(s)$를 구하기 위해 다음 전달함수가 유도되었다(Tsang,2009):

$$P(s) = \frac{R_1R_2C_1C_2s^2 + (R_1C_1 + R_2C_1 + R_2C_2)s + 1}{C_1(1 + R_2C_2)s}$$

$$G_c(s) = K_p + \frac{K_I}{s}$$

여기서 $R_1 = 0.15\Omega; R_2 = 0.44\Omega; C_1 = 7200F;$ $C_2 = 170F$ 일 때 Routh-Hurwitz 판별법을 이용하여 폐루프 시스템이 안정하기 위한 $K_p > 0$과 $K_I > 0$의 범위를 구하라.

43. 그림 P6.12는 핵발전소의 스팀 발전기의 수위를 제어하는데 사용되는 종속 제어시스템을 간략화하고 선형화한 블록선도이다(Wang, 2009).

이 시스템에서 수위 제어기, $G_{LC}(s)$는 주 제어기(master controller)이고 급수 흐름 제어기, $G_{FC}(s)$는 종 제어기(slave controller)이다. 질량 균형 방정식(mass balance equation)을 이용하면 수위는 물흐름을 적분하는 것으로 생각할 수 있다. 그러나 스팀 발전기에서 스팀 흐름 속도와 급수의 냉각 효과는 그 공정의 동특성을 변화시킨다. 후자를 고려하고 스팀 흐름 속도에서 변화가 모호한 영향을 무시하면 다음과 같이 급수 흐름 속도, $Q_w(s)$에 대해 제어되는 수위, $C(s)$사이의 전달함수 $G_{fw}(s)$는 1차의 지상 시스템(lag system)과 시간 지연이 추가되는 것으로 볼 수 있다.

$$G_{fw}(s) = \frac{C(s)}{Q_w(s)} = \frac{K_1e^{-\tau_1 s}}{s(T_1s+1)} = \frac{2e^{-2s}}{s(25s+1)}$$
$$\approx \frac{2}{s(25s+1)(2s^2+2s+1)}$$

여기서, $K_1 = 2$는 공정 이득, $\tau_1 = 2$는 순수한 시간 지연이고, $T_1 = 25$은 스팀 발전기의 시정수이다. ($e^{-\tau_1 s}$은 시간 지연을 나타내며 Pade 근사식으로 표현할 수 있다. 이 근사식은 요구되는 정확도에 따라 여러 가지 복잡한 형태로 표현될 수 있다. 여기서는 Pade 근사식, $e^{-x} = \frac{1}{1 + x + \frac{x^2}{2!}}$과 해당 스팀 발전기에 대한 수치를 사용한다.)

제어 밸브의 동특성은 다음 전달함수로 나타낸다:

$$G_v(s) = \frac{Q_w(s)}{Y(s)} = \frac{K_v}{T_vs+1} = \frac{1}{3s+1}$$

여기서 K_v는 밸브 이득이고 T_v는 시정수이다.

함수가 $G_{FC}(s) = K_{P_{FC}} + K_{D_{FC}}s = 0.5 + 2s$와 $G_{LC}(s) = K_{P_{LC}} + K_{D_{LC}}s = 0.5 + Ks$일 때, Routh-Hurwitz 판별법을 이용하여 시스템이 안정을 유지하기 위한 수위 제어기의 미분 이득, $K_{D_{LC}} = K > 0$의 범위를 구하라.

44. 폐루프 시스템 구조인 자전거의 자동 방향 제어를 위해 예측 정보(look-ahead information)가 사용된다. 진행 방향의 도로 중간에 한 선을 그리고 자전거의 세로축(longitudinal axis)에 임의의 한 점을 선정한다. 예측점과 기준선 사이의 거리를 측정함으로써 예측값(Look- ahead offset)이 계산되고, 이 값은 자전거의 경로를 수정하는 데 사용된다. 고정된 세로 방향 속도로 직선 경로를 따라 주행하는 자전거의 선형 모델은 다음과 같다.

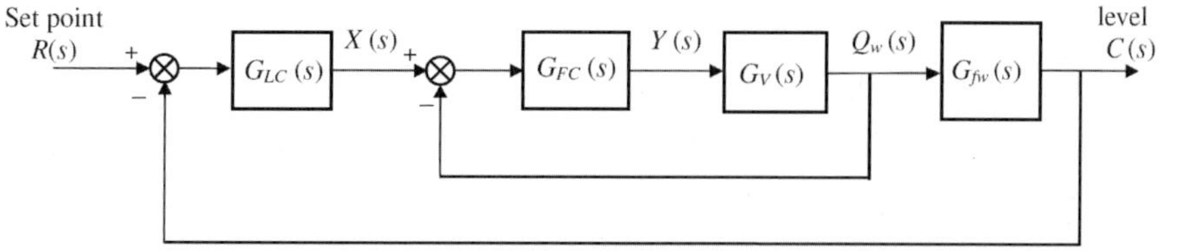

그림 P6.12

$$\begin{bmatrix} \dot{V} \\ \dot{r} \\ \dot{\psi} \\ \dot{Y}_g \end{bmatrix} = \begin{bmatrix} -11.7 & 6.8 & 61.6K & 7.7K \\ -3.5 & -24 & -66.9K & 8.4K \\ 0 & 1 & 0 & 0 \\ 1 & 0 & -10 & 0 \end{bmatrix} \begin{bmatrix} V \\ r \\ \psi \\ Y_g \end{bmatrix}$$

여기서, $V=$자전거의 측면(lateral) 속도, $r=$자전거의 요(yaw) 속도, ψ=자전거의 요 가속도이고 $Y_g = y$축 위에 있는 자전거의 중력 좌표의 중심이다. K는 설계자에 의해 선정되는 제어기 파라미터이다(Ozguner, 1995). Routh-Hurwitz 판별법을 이용하여 폐루프 시스템이 안정하기 위한 K의 범위를 구하라.

45. 그림 P5.31은 자동 전압 시스템의 블록선도이다(Godze, 2011). 여기서 파라미터값들은 다음과 같다고 가정한다. $K_a = 10,\ T_a = 0.1,\ K_e = 1,\ T_e = 0.4,\ K_g = 1,\ T_g = 1,\ K_s = 1$이고 $T_s = 0.001$이다. 또한 PID 제어기의 전달함수는 단순 적분기 $G_{PID} = \dfrac{K}{s}$로 대체된다고 하였다. 폐루프 시스템이 안정하기 위한 K값의 범위를 구하라.

46. 무부하 UAV 헬리콥터의 폐루프 시스템은 안정하고 다음 특성 방정식으로 표시된다고 소개되었다(Pounds, 2011).

$$s^3 + \left(\frac{mgh}{I}(q_2 + kk_d) + q_1 g\right)s^2 + k\frac{mgh}{I}s + \frac{mgh}{I}(kk_i + q_1) = 0$$

여기서 m은 헬리콥터 질량, g는 중력가속도, I는 헬리콥터의 회전 관성, h는 무게중심 위에서의 로터면의 높이, q_1과 q_2는 안정판의 상하 회전 운동 파라미터, k, k_i와 k_d는 제어기 파라미터이며 모두 양수이다. UAV는 페이로드(payload)를 들어 올리며, 이때 질량, 높이와 관성은 각각 m', h'와 I'로 변한다. 헬리콥터가 다음 조건을 만족시키는 한 안정함을 보여라.

$$\frac{m'gh'}{I'} > \frac{q_1 + kk_i - q_1 gk}{k(q_2 + kk_d)}$$

47. 그림 P6.13은 경제시스템의 동특성 모델이다(Wingrove, 2012). 여기서 x는 GNP 증가율, x_0는 GNP의 장기동향(dc 값), Δx는 GNP의 장기동향 변화율, r_x는 경제에 영향을 주는 실질적이고 심리적인 외란 입력, r_m은 무작위 화폐 입력이고 Δu는 실업율 변동량이다. 블록선도의 두 개의 피드백 루프를 가지는데, 하나는 경제 동특성이 다음과 같이 근사화되는 Friedman의 모델에 의한 것이고

$$F(s) = \frac{K_x s}{\left(\dfrac{s}{\omega_n}\right)^2 + 2\zeta\left(\dfrac{s}{\omega_n}\right) + 1}$$

다른 하나는 GNP가 실업율 변화와 관련되는 Okun의 법칙에 의한 것이다. 파라미터값은 $K_x = 2\text{years}$, $\omega_n = 1.5\text{rad/year}$, $\zeta = 0.8$, $K_u = 0.4$이고 $G_x = -0.4$이다. 폐루프 시스템이 안정하기 위한 G_u의 범위를 구하라.

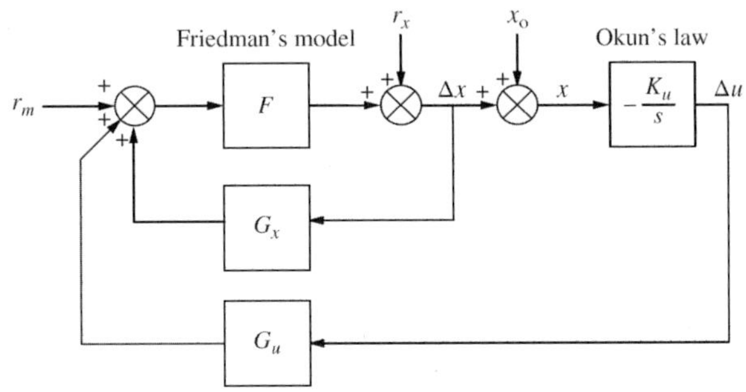

그림 P6.13

48. 그림 P6.14의 시스템에서

$G_1(s) = \dfrac{1}{s(s+2)(s+4)}$이다. 다음을 구하라.

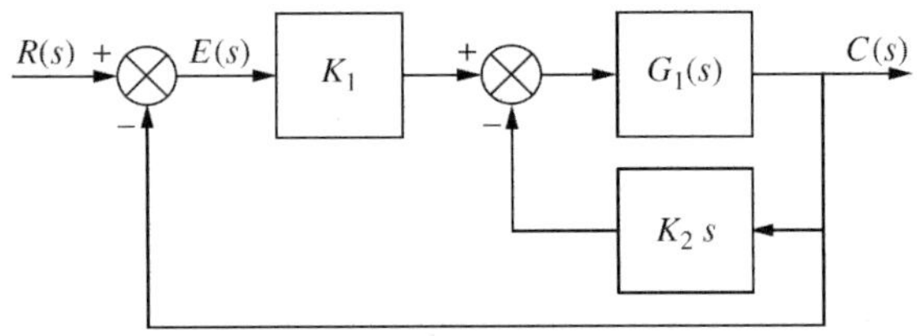

그림 P6.14

a. 내부 루프는 두 개의 음수인 실수 극점을 가지며 K_1은 시스템이 안정하기 위한 범위에 있을 때 K_2 값을 구하라.
b. 시스템이 진동할 때 진동 주파수에서 K_1의 값을 구하라.
c. 폐루프 시스템의 실수 극점이 -5일 때 이득 K_1을 구하라. 이 경우 계단 함수 응답 $c(t)$는 2차의 미흡 감쇠 응답으로 근사화될 수 있는가? 이유를 설명하라.
d. c의 응답이 2차 시스템의 응답으로 근사화된다면 계단 함수 입력 $r(t) = u(t)$에 대해 %OS와 정착 시간 T_s를 구하라.

49. 탄력적으로 결합하는 부하를 가지는 구동 시스템이 4장의 문제 52와 5장의 문제 48에 소개되었다(Thomsen, 2011). 이 시스템은 그림 P5.32와 같은 구조로 피드백 제어된다. 여기서 $\Omega_L(s)=$부하속도, $\Omega_r(s)=$기준 속도이다. 제어기 전달함수가 $G_c(s)=K_p+\dfrac{K_I}{s}$이고 다른 모든 파라미터는 5장의 문제 48과 같다. $K_I=0.1$일 때 시스템이 안정하기 위한 K_p의 범위를 구하라.

심화 학습문제

50. HIV/AIDS 제어 　4장의 문제 61에서 얻은 HIV 감염에 대한 선형 모델은 다음 전달함수로 표시된다.

$$P(s)=\frac{Y(s)}{U_1(s)}=\frac{-520s-10.3844}{s^3+2.6817s^2+0.11s+0.0126}$$

정해진 수준으로 바이러스양을 유지하기 위하여 투약하는 처방을 개발하는 것이 바람직하다. 적절한 $u_1(t)$를 얻기 위하여 그림 P6.15와 같은 피드백 시스템이 적용될 것이다(Craig,2004).
먼저 $G(s)=K$인 상수로 정하고 Routh-Hurwitz 판별법을 이용하여 폐루프 시스템이 안정하기 위한 K의 범위를 구하라.

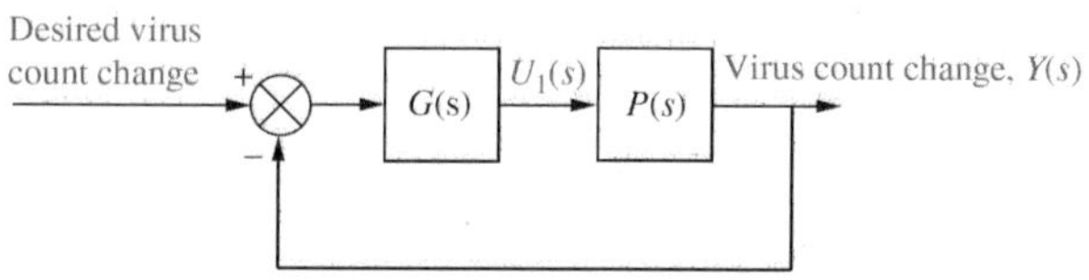

그림 P6.15

51. 하이브리드 자동차 　그림 P6.16은 5장에서 소개한 HEV 시스템을 나타낸다. 여기에 파라미터값들을 표시하였다. 속도 제어기는 비례 이득, K_p를 포함한다고 가정하였다. Routh-Hurwitz 판별법을 이용하여 폐루프 시스템이 안정하기 위한 비례 이득 $K_p>0$의 범위를 구하라(Graebe, 1995)

52. 포물선 용기 수집기 　포물선 모양의 용기 수집기의 유체 온도는 그림 P6.9과 같은 단위 피드백 제어시스템에 의해 제어된다. 개루프 전달함수가 다음과 같이 주어진다고 하자.

$$P(s)=\frac{137.2\times10^{-6}}{s^2+0.0224s+196\times10^{-6}}e^{-39s}$$

폐루프 시스템이 안정하기 위한 이득 K의 범위를 Routh-Hurwitz 판별법을 이용하여 구하라.
주: 이 시스템의 전달함수에 포함되는 것과 같은 순순한 시간 지연 동특성은 유리함수가 아니기 때문에 Routh-Hurwitz 판별법을 직접 적용할 수 없다. 그러나 비 유리함수에 Pade 근사기법을 적용할 수 있으며 문제 6.43에 소개하였다. 여기서는 근사식을 다음과 같이 1차 근사화하여 사용할 수 있다.

$$e^{sT}\approx\frac{1-\dfrac{T}{2}s}{1+\dfrac{T}{2}s}$$

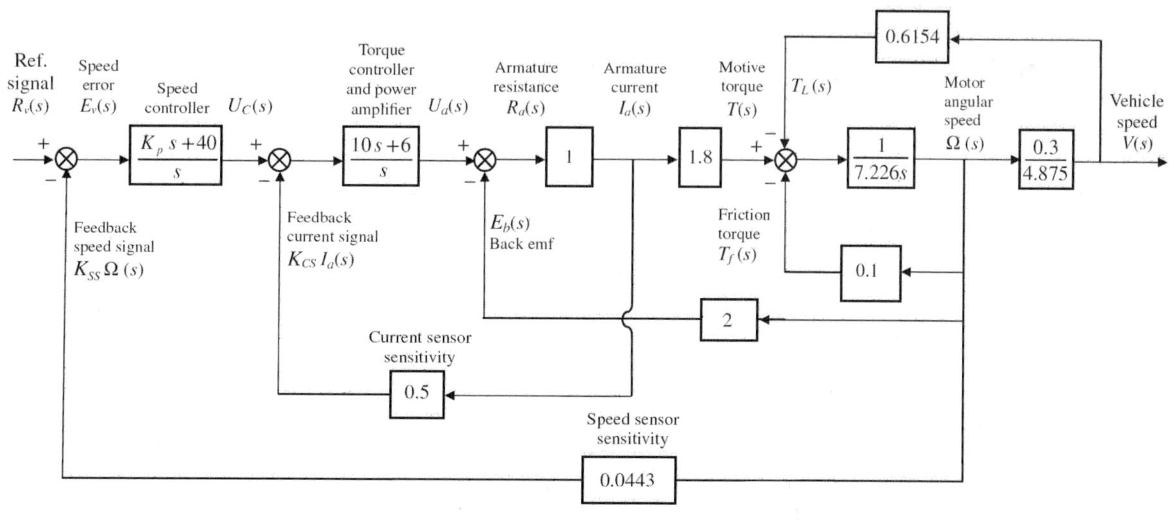

그림 P6.16

정상상태 오차 7

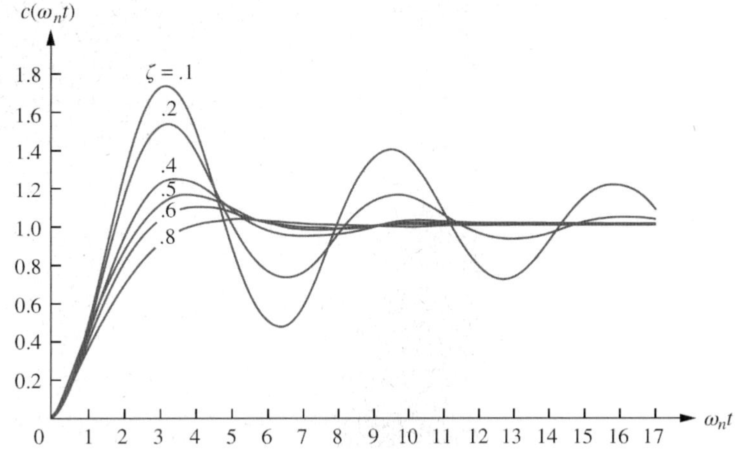

장의 학습 결과

이 장을 마친 후 다음을 수행 할 수 있다.

- 단위 피드백 시스템에 대한 정상상태 오차를 찾을 수 있다.(7.1–7.2절)
- 시스템의 정상상태 오차의 성능을 규정한다.(7.3절)
- 정상상태 오차 사양을 만족시키기 위해서 폐루프 시스템의 이득을 설계한다.(7.4절)
- 입력외란에 대한 정상상태 오차를 찾을 수 있다.(7.5절)
- 비단일 피드백 시스템들에 대한 정상상태 오차를 찾을 수 있다.(7.6절)
- 매개 변수 변화들에 대한 정상상태 오차 민감도를 찾을 수 있다.(7.7절)
- 상태 공간에서 표현된 시스템들에 대한 정상상태 오차를 찾을 수 있다.

사례 연구 결과

다음의 사례연구를 통하여 이 장의 목적에 대한 이해의 정도를 확인할 수 있다.

- 부록 A2에 나타낸 안테나 방위각 위치 제어 시스템이 주어졌을 때, 정상상태 오차의 성능 규격을 만족하는 전단 증폭기 이득을 구할 수 있다.
- 비디오 레이저 디스크 녹화기가 뒤틀어진 디스크에 녹화하는데 필요한 이득을 구할 수 있다.

7.1 개요

1장에서 제어 시스템을 분석하고 설계할 때는 경제적 사회적 요구와 함께 설계의 강인성을 고려하여 (1) 과도 응답, (2) 안정도, (3) 정상상태 오차 등의 세 가지 규격에 중점적으로 고려한다는 것을 알았다. 1차와 2차 시스템에 한하여 과도 상태 해석 요소들을 4장에서 유도한 바 있다. 고차 시스템으로 확장하여 이러한 개념들을 8장에서 다시 설명한다. 6장에서 다룬 안정도 해석법으로부터 시스템이 불안정한 경우에 고유 응답이 강제 응답을 능가하여 무한대로 증가한다는 것을 알았다. 이제 정상상태 오차를 해석해 보자. 오차를 정의하고 이들을 제어하는 방법들을 유도한다. 원하는 과도 응답, 정상상태 오차, 시스템이 안정하기 위한 요구 조건들을 적절히 절충하여 제어 시스템을 설계해야 한다는 것을 점진적으로 알게 될 것이다.

정의 및 테스트 입력

정상상태 오차(steady-state error)는 $t \to \infty$ 일 때, 정해진 테스트 입력에 대한 입력과 출력의 차이이다. 표 7.1에 정상상태 오차의 분석과 설계에 사용되는 테스트 입력들이 정리되어 있다. 이러한 테스트 신호들이 어떻게 사용되는 가를 예를 들어 살펴보자. 출력 위치가 입력 명령 위치를 추종하는 위치 제어 시스템의 경우, 계단 입력(step input)은 일정한 위치로의 이동을 나타낸다. 따라서 고정 궤도에 있는 인공위성과 같은 고정 목표를 향한 위치 제어 시스템의 성능을 결정하는데 유용하다(그림 7.1 참조). 즉, 위성을 향하는 안테나의 위치 제어는 계단 입력을 사용하여 정확도를 테스트할 수 있는 하나의 예이다.

표 7.1 위치 제어 시스템들의 정상상태 오차들을 평가하기 위한 테스트 파형

파형	이름	물리적 의미	시간 함수	라플라즈 변환
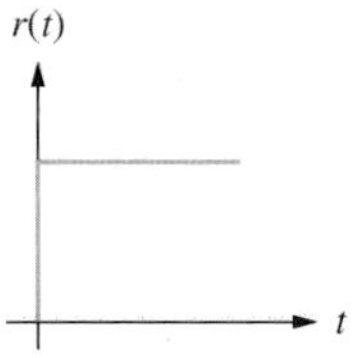	계단	정위치	1	$\frac{1}{s}$
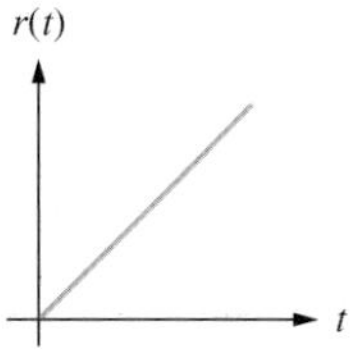	램프	등속도	t	$\frac{1}{s^2}$
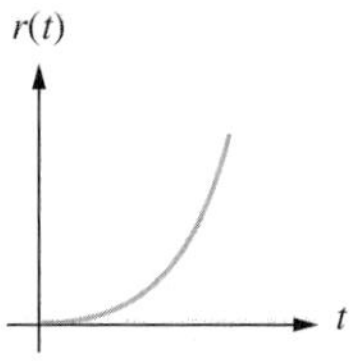	포물선	등가속도	$\frac{1}{2}t^2$	$\frac{1}{s^3}$

램프 입력(ramp input)은 선형적으로 크기가 증가하므로 위치 제어 시스템에 대해서 등속도 입력을 나타낸다. 이 함수는 선형적으로 증가하는 입력을 추종하거나, 등속도의 표적을 추적하는 시스템의 성능을 평가하는 데 사용될 수 있다. 예를 들면, 그림 7.1에서 보는 바와 같이 일정한 각속도로 하늘을 가로질러 이동하는 인공위성을 추적하는 제어 시스템에서 인공위성과 제어 시스템 사이의 각도 위치의 정상상태 오차를 평가하는데 사용될 수 있다.

마지막으로 2차 미분이 상수가 되는 포물선 입력(parabolic input)은 위치 제어 시스템에 대해서 등가속도 입력을 나타내고, 그림 7.1에 있는 미사일과 같이 가속하는 표적의 정상상태 오차 성능을 평가하기 위해 사용될 수 있다.

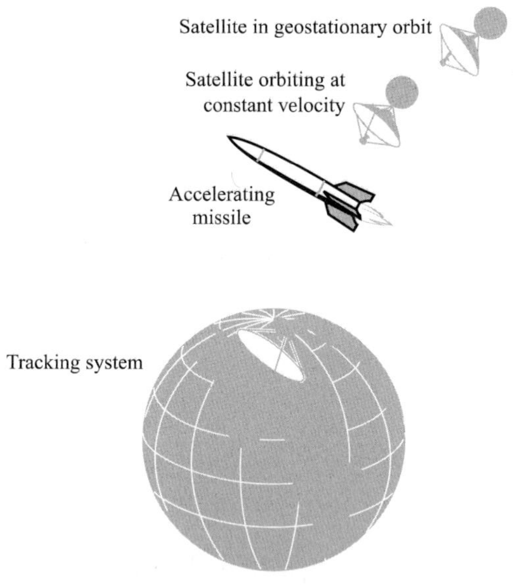

그림 7.1 표적 형태에 따라서 변하는 정상상태 오차의 분석과 설계를 위한 테스트 입력

안정한 시스템에의 적용

정상상태에 도달한 이후에 피드백 제어 시스템의 입력과 출력의 차이를 위주로 고려하기 위해 $t \to \infty$ 일 때, 고유 응답이 0으로 접근하는 안정한 시스템에 국한하여 설명한다. 불안정한 시스템은 정상상태에서 출력을 제어할 수 없는 시스템이 되므로 정상상태의 오차를 고려하는 것은 전혀 의미가 없다. 정상상태 오차를 계산하기 위해서 유도한 식을 불안정한 시스템에 적용하는 것은 적합하지 않다. 그러므로 엔지니어는 정상상태 오차를 분석하고 설계하기 전에 시스템의 안정 여부를 반드시 점검하여야 한다. 이 장의 모든 예제와 문제들에서 사용되는 시스템들은 안정한 것으로 가정한다. 실제로 적용하기 위해서는 시스템의 안정도를 우선적으로 점검하여야 할 것이다.

정상상태 오차의 평가

정상상태 오차에 대한 개념을 살펴보자. 그림 7.2(a)에 계단 입력과 두 개의 가능한 출력을 보여준다. 출력 1은 정상상태 오차가 0인 경우를 나타내고, 출력 2는 정상상태 오차 $e_2(\infty)$가 유한한 경우를 나타낸다. 램프 입력에 대한 유사한 예를 그림 7.2(b)에서 보여주고 있는데, 램프 입력에 대하여 정상상태 오차가 0인 출력 1과, 과도 상태가 사라진 후 입력과 출력 사이의 수직 방향으로 측정된 정상상태 오차 $e_2(\infty)$가 유한한 출력 2를 보여준다. 램프 입력에 대해서는 또 다른 가능성이 존재한다. 즉, 출력의 기울기와 입력의 기울기가 다르면 그림 7.2(b)의 출력 3에서와 같이 정상상태 오차는 과도 상태가 사라진 후에서의 수직 방향으로 측정할 때, t가 무한대로 접근함에 따라서 무한대로 증가한다.

이제 일반적인 블록선도로 나타낸 시스템의 오차를 관찰해 보기로 하자. 오차는 시스템의 입력과 출력 사이의 차이로 정의되므로, 그림 7.3(a)에 나타낸 바와 같이 폐루프 전달 함수를 $T(s)$, 입력과 출력 사이의 차이를 취한 오차를 $E(s)$로 정의하자. 이제 정상상태 혹은 최종의 $e(t)$ 값을 살펴보자. 단위 피드백 시스템의 경우 $E(s)$는 그림 7.3(b)에 보인 바와 같이 정의할 수 있다. 이 장에서는 먼저 단위 피드백 시스템의 정상상태 오차에 대한 표현을 유도하고, 다음에 단위 피드백이 아닌 시스템으로 확장하여 적용한다. 단위 피드백 시스템의 정상상태 오차를 다루기 전에 시스템에서 발생할 수 있는 오차의 원인들을 우선 살펴보기로 하자.

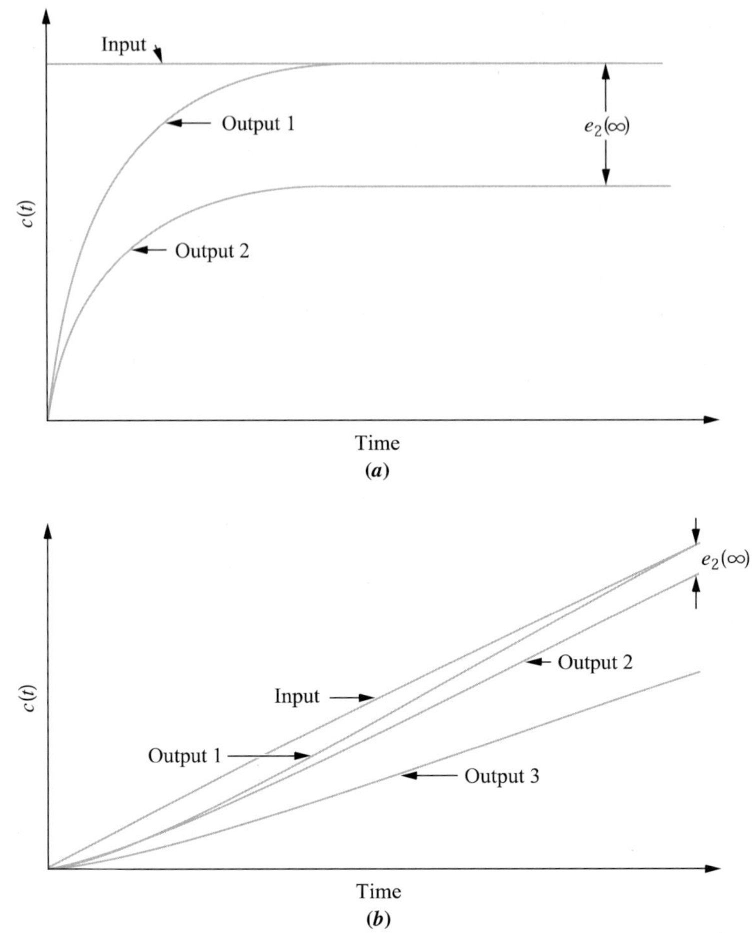

그림 7.2 정상상태 오차 a. 계단 입력 b. 램프 입력

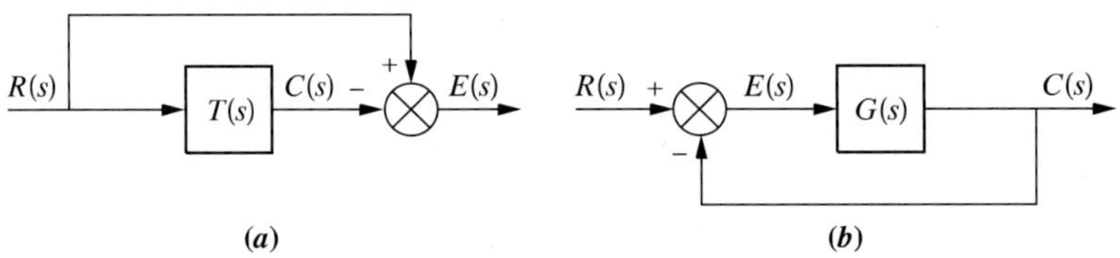

그림 7.3 폐루프 제어 시스템 오차 a. 일반 표현 b. 단위 피드백 시스템에 대한 표현

정상상태 오차의 원인

기어의 백래쉬(backlash)나 임계 전압 이상이 가해져야 움직이는 모터의 비선형 특성들은 제어 시스템에 정상상태의 오차를 유발하는 주된 요인이 된다. 비선형 현상에 의한 정상상태 오차는 연구의 중요한 대상이 되고 있지만, 선형 시스템을 대상으로 하는 본 교재에서는 시스템 자체의 구조와 인가되는 입력의 형태에 의해 발생되는 정상상태의 오차만을 살펴본다.

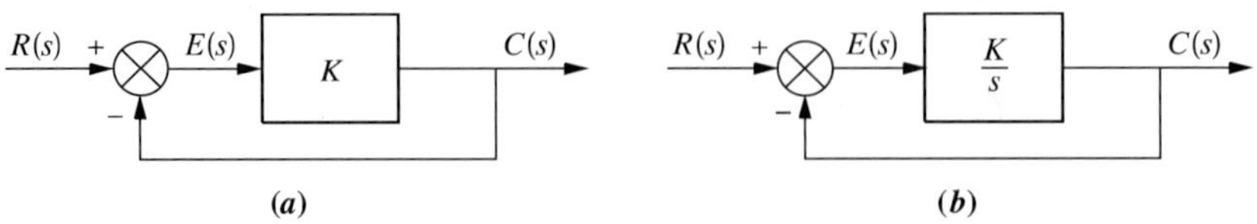

그림 7.4 a. 계단 입력에 대하여 정상상태 오차가 유한한 시스템 b. 계단 입력에 대하여 정상상태 오차가 0인 시스템

예를 들면 그림 7.4(a)의 시스템에서 $R(s)$는 입력, $C(s)$는 출력, 그리고 $E(s)=R(s)-C(s)$가 오차로 정의된다. 이 시스템에 계단 입력이 가해질 때, 정상상태에서 $c(t)$와 $r(t)$가 같아진다면, $e(t)$는 0이 된다. 그러나 $e(t)$가 0이 아닌 유한한 값을 가지게 되면 오차 $c(t)$는 상수 이득 K배로 줄어들 뿐, 0이 될 수 없다. 그러므로 시스템은 구조의 영향(순방향 경로에 K의 상수 이득)으로 인하여 오차는 반드시 존재하게 된다. 출력의 정상상태 값을 $c_{\text{steady}-\text{state}}$라 하고, 오차의 정상상태 값을 $e_{\text{steady}-\text{state}}$라고 하면, $c_{\text{steady}-\text{state}}=Ke_{\text{steady}-\text{state}}$이 되거나 또는

$$e_{steady-state}=\frac{1}{K}c_{steady-state} \tag{7.1}$$

이 된다. 따라서 K값이 클수록 $c_{\text{steady}-\text{state}}$값이 작아져서 $e_{\text{steady}-\text{state}}$와 유사한 값을 가지게 된다. 결론적으로 순방향 경로에 상수 이득을 가진 시스템은 계단 입력에 대한 정상상태 오차가 항상 존재한다는 것이다. 물론, 이 오차는 K값이 증가하면 감소한다.

그림 7.4(b)와 같이 순방향 경로 이득을 적분기로 대치하면, 계단 입력에 대한 정상상태 오차는 0이 될 것이다. 그 이유는, $e(t)=r(t)-c(t)$이므로 $c(t)$가 증가하면 $e(t)$는 감소한다. 이 감소는 오차가 0이 될 때까지 계속될 것이다. 그러나 적분기는 입력 없이도 일정한 출력을 가질 수 있기 때문에 $c(t)$의 값은 계속 존재하게 될 것이다. 예를 들면 모터는 간단히 적분기로 표현할 수 있다. 모터에 전압이 인가되면 회전할 것이며, 이 때 인가된 전압을 제거하면 모터는 정지할 것이고 현재 출력 위치를 유지하게 된다. 초기 위치로 돌아가지 않기 때문에 모터에 대한 더 이상의 입력이 없어도 각 변위 출력은 존재한다. 그러므로 순방향 경로에 모터를 사용하는 그림 7.4(b)와 같은 시스템은 계단 입력에 대하여 0의 정상상태 오차를 가질 수 있다.

시스템 구성에 따라서 다양한 정상상태 오차 특성들이 나타나는 것을 어떻게 예측할 수 있는가를 보여주기 위하여 두 가지 경우에 대하여 정성적(定性的)으로 확인한다. 이제 개념들을 정립하고 정상상태 오차와 이들 오차를 발생하는 시스템 구성 사이에 존재하는 관계를 유도한다.

7.2 단위 피드백 시스템에 대한 정상상태 오차

정상상태 오차는 단위 피드백 시스템에 대하여 시스템의 폐루프 전달 함수 $T(s)$나 개루프 전달 함수 $G(s)$로부터 계산할 수 있다. 주제와 정의들을 소개하기 위하여 폐루프 전달 함수 $T(s)$를 사용하여 시스템의 정상상태 오차의 유도를 시작한다. 다음에는 계산의 편의를 위해 단위 피드백 시스템에서 개루프 전달 함수 $G(s)$를 이용하여 정상상태 오차에 영향을 끼치는 요소들에 대한 개념을 정립한다. 이 장의 후반부에서는 이러한 개념을 단위 피드백이 아닌 시스템으로 일반화한다.

$T(s)$로 표현된 정상상태 오차

그림 7.3(a)를 고려하자. $E(s)$를 구하기 위하여 입력 $R(s)$와 출력 $C(s)$ 사이의 오차를 나타내면

$$E(s)=R(s)-C(s) \tag{7.2}$$

그러나

$$C(s)=R(s)T(s) \tag{7.3}$$

이 된다.

식 (7.3)을 식 (7.2)에 대입하여 간단히 하고, $E(s)$에 대하여 풀면

$$E(s)=R(s)[1-T(s)] \tag{7.4}$$

식 (7.4)에서 임의의 시간 t에서 $e(t)$에 대한 해를 구할 수 있으나, 우리는 오차의 최종 값 $e(\infty)$에 관심이 있다. 따라서 $E(s)$의 역라플라스 변환을 취하지 않고 $e(t)$의 최종 값을 구할 수 있는 최종치 정리[1]를 적용하여 t를 무한대로 접근시키면 다음의 결과를 얻을 수 있다.

$$e(\infty)=\lim_{t\to\infty} e(t)=\lim_{s\to 0} sE(s) \tag{7.5}$$ [2]

식 (7.4)를 식 (7.5)에 대입하면

$$e(\infty)=\lim_{s\to\infty} sR(s)[1-T(s)] \tag{7.6}$$

가 된다.

예제를 살펴보자.

예제 7.1 $T(s)$를 이용한 정상상태 오차

문제 $T(s)=5/(s^2+7s+10)$이고, 입력이 단위 계단 함수일 때 그림 7.3(a)의 시스템에 대하여 정상상태 오차를 구하라.

풀이 문제의 설명으로부터 $R(s)=1$, $T(s)=5/(s^2+7s+10)$를 식 (7.4)에 대입하면

$$E(s)=\frac{s^2+7s+5}{s(s^2+7s+10)} \tag{7.7}$$

가 된다. $T(s)$가 안정하고, 따라서 $E(s)$가 우반 평면 극점 혹은 원점을 제외한 허수축상의 극점을 가지고 있지 않으므로, 최종치 정리를 사용할 수 있다. 식 (7.7)을 식 (7.5)에 대입하면 $e(\infty)=1/2$이 된다.

$G(s)$를 이용한 정상상태 오차

순방향 전달 함수 $G(s)$를 가진 단위 피드백 시스템으로써 시스템을 구성하는 경우가 많다. 폐루프 전달 함수 $T(s)$를 구하여 앞에서와 같이 정상상태 오차를 분석할 수 있지만, $T(s)$보다는 $G(s)$를 이용하여 정상상태 오차를 표현하면 분석과 설계를 위한 깊은 통찰력을 가질 수 있다.

그림 7.3(b)에 보인 피드백 제어 시스템을 고려하자. 피드백 이득 $H(s)$가 1이기 때문에 시스템은 단위 피드백을 갖는다. $E(s)$는 실제로 입력 $R(s)$와 출력 $C(s)$ 사이의 오차를 의미한다. 따라서 $E(s)$에 대한 해를 구할 수 있다면 오차에 대한 표현을 구할 수 있을 것이다. 그러면 정상상태

1 최종치 정리는 미분식에 대한 라플라스 변환으로부터 유도된다. 그러므로

$$\mathcal{L}[\dot{f}(t)]=\int_{0-}^{\infty}\dot{f}(t)e^{st}dt=sF(s)-f(0-)$$

$s\to 0$함에 따라, 이 식은

$$\int_{0-}^{\infty}\dot{f}(t)dt=f(\infty)-f(0-)=\lim_{s\to 0}sF(s)-f(0-)$$

또는

$$f(\infty)=\lim_{s\to 0}sF(s)$$

로 구해진다.

유한한 정상상태 오차에 대하여, 최종치 정리는 $F(s)$가 좌반 평면에 극점을 가지거나, 혹은 원점에 기껏해야 하나의 극점만을 가지고 있는 경우에만 유효하다. 그러나 $F(s)$가 원점에 하나 이상의 극점을 가지고 있는 경우에는 무한대의 정상상태 오차를 가지게 된다(D'Azzo와 Houpis, 1988 참조). 또한, $F(s)$가 우반 평면이나 원점이 아닌 허수 축상에 극점을 가지고 있다면 최종치 정리를 적용할 수 없다.

2 단지 전달 함수, $E(s)$가 (1) 좌반 평면이나 원점에만 극점을 가지고, (2) 폐루프 전달 함수, $T(s)$가 안정할 때만 유효하다. 식 (7.5)에 의해 불안정한 시스템에도 적용할 수 있지만, 이 결과 값은 의미가 없는 값이 된다.

오차를 구하기 위하여 표 2.2에 있는 항목 11의 최종치 정리를 적용할 수 있을 것이다.

그림 7.3(b)로부터 $E(s)$를 적으면

$$E(s) = R(s) - C(s) \tag{7.8}$$

를 얻을 수 있다. 또한

$$C(s) = E(s)G(s) \tag{7.9}$$

이다.

결국 식 (7.9)를 식 (7.8)에 대입하여 $E(s)$에 대하여 풀면

$$E(s) = \frac{R(s)}{1+G(s)} \tag{7.10}$$

가 된다.

여기서 식 (7.5)에 대해 최종치 정리를 적용한다. 계산하기 전에 폐루프 시스템이 Routh- Hurwitz 판별법 등을 이용하여 안정한가를 반드시 확인하여야 한다. 폐루프 시스템이 안정하다고 가정하고 식 (7.10)을 식 (7.5)에 대입하면

$$e(\infty) = \lim_{s\to 0}\frac{sR(s)}{1+G(s)} \tag{7.11}$$

이 얻어진다.

식 (7.11)을 이용하여 주어진 입력 $R(s)$와 시스템 $G(s)$로부터 정상상태 오차 $e(\infty)$를 계산할 수 있다. 여기서 $R(s)$에 대한 여러 입력들을 대입하여 개루프 시스템 $G(s)$과 정상상태 오차 $e(\infty)$ 사이의 관계에 대한 결론을 도출한다.

제어 시스템의 정상상태 오차의 특성들에 대한 규격을 정립하기 위하여 사용된 세 가지 테스트 신호들이 표 7.1에 나타나 있다. 각 입력에 대해서 식 (7.11)을 이용하여 정상상태 오차에 미치는 영향을 평가하기로 하자.

계단 입력 $R(s) = 1/s$일 때 식 (7.11)을 이용하여 구한다.

$$e(\infty) = e_{\text{step}}(\infty) = \lim_{s\to 0}\frac{s(1/s)}{1+G(s)} = \frac{1}{1+\lim_{s\to 0} G(s)} \tag{7.12}$$

아래의 항은

$$\lim_{s\to 0} G(s)$$

주파수 변수 s가 0으로 접근하기 때문에 순방향 전달 함수의 직류(DC) 이득이다. 영(0)의 정상상태 오차를 갖기 위해서는

$$\lim_{s\to 0} G(s) = \infty \tag{7.13}$$

이 되어야 한다.

따라서 식 (7.13)을 만족하기 위한 $G(s)$는 반드시 다음과 같은 형태를 취해야 한다.

$$G(s) \equiv \frac{(s+z_1)(s+z_2)\cdots}{s^n(s+p_1)(s+p_2)\cdots} \tag{7.14}$$

무한대 극한이 되기 위해서는 s가 0으로 접근할 때 분모는 반드시 0이 되어야 한다. 따라서 $n \geq 1$ 즉, 원점에 적어도 하나의 극점이 존재해야만 한다. 주파수 영역에서 s로 나누는 것은 시간 영역에서는 적분이 되기 때문에(표 2.2, 항목 10 참조), 순방향 경로에 적어도 하나의 적분기가 존재한다고 말할 수도 있다. 영의 정상상태 오차를 가진 이러한 경우의 정상상태 응답은 그림 7.2(a)에 나타낸 출력 1과 유사하다.

적분기가 없는 경우에는 $n = 0$이 된다. 식 (7.14)를 이용하여

$$\lim_{s\to 0} G(s) = \frac{z_1 z_2 \cdots}{p_1 p_2 \cdots} \tag{7.15}$$

가 되며, 이는 유한한 값으로 식 (7.12)에 대입하면 유한한 오차가 발생한다. 그림 7.2(a)의 출력 2는 유한한 정상상태 오차를 갖는 경우의 예이다.

요약하면 단위 피드백 시스템에서 계단 입력에 대한 정상상태 오차는 순방향 경로에 적어도 하나의 적분기가 존재한다면 0이 될 것이다. 적분기가 없다면 0이 아닌 유한한 오차가 존재할 것이다. 이 결과는 7.1절의 정성적인 논의와 비교해 볼 수 있다. 순이득은 계단 입력에 대해서 일정한 정상상태 오차를 발생하나, 적분기는 동일한 입력 형태에 대하여 오차가 0으로 된다는 사실을 알 수 있다. 이제 램프 입력에 대한 정상상태 오차를 살펴보자.

램프 입력 $R(s) = 1/s^2$일 때 식 (7.11)을 이용하여 구한다.

$$e(\infty) = e_{\text{ramp}}(\infty) = \lim_{s\to 0}\frac{s(1/s^2)}{1+G(s)} = \lim_{s\to 0}\frac{1}{s+sG(s)} = \frac{1}{\lim\limits_{s\to 0} sG(s)} \tag{7.16}$$

램프 입력에 대하여 0의 정상상태 오차를 갖기 위해서는 반드시

$$\lim_{s\to 0} sG(s) = \infty \tag{7.17}$$

을 만족해야 한다. 식 (7.17)을 만족시키기 위해서는 $G(s)$가 $n \geq 2$인 식 (7.14)와 동일한 형태를 가져야 한다. 바꾸어 말하면, 순방향 경로에 적어도 두 개의 적분기가 존재하여야 한다. 램프 입력에 대한 0의 정상상태 오차를 갖는 예가 그림 7.2(b)의 출력 2에 나타나 있다.

순방향 경로에 하나의 적분기만이 존재하는 식 (7.14)의 모양을 가정하면

$$\lim_{s\to 0} sG(s) = \frac{z_1 z_2 \cdots}{p_1 p_2 \cdots} \tag{7.18}$$

가 되고, 무한대가 아닌 유한한 값이 된다. 식 (7.16)을 이용하면 이 구조는 그림 7.2(b)의 출력 2에 나타난 바와 같이 일정한 오차가 초래하게 된다는 것을 알 수 있다.

순방향 경로에 적분기가 없다면,

$$\lim_{s\to 0} sG(s) = 0 \tag{7.19}$$

가 되고, 정상상태 오차는 무한대가 되며, 그림 7.2(b)의 출력 3에 나타난 바와 같이 발산하게 된다. 마지막으로 포물선 입력에 대하여 살펴보자.

포물선 입력 $R(s) = 1/s^3$을 가지고 식 (7.11)을 이용하여

$$e(\infty) = e_{\text{parabola}}(\infty) = \lim_{s \to 0} \frac{s(1/s^3)}{1+G(s)} = \lim_{s \to 0} \frac{1}{s^2 + s^2 G(s)} = \frac{1}{\lim_{s \to 0} s^2 G(s)} \tag{7.20}$$

을 얻을 수 있다. 포물선 입력에 대하여 0의 정상상태 오차를 갖기 위하여 반드시

$$\lim_{s \to 0} s^2 G(s) = \infty \tag{7.21}$$

가 되어야 한다. 식 (7.21)을 만족하기 위해서 $G(s)$는 $n \geq 3$인 식 (7.14)와 같은 형태를 취하여야 한다. 달리 표현하면, 순방향 경로에 적어도 세 개의 적분기가 있어야 한다.

순방향 경로에 두 개의 적분기만이 존재한다면

$$\lim_{s \to 0} s^2 G(s) = \frac{z_1 z_2 \cdots}{p_1 p_2 \cdots} \tag{7.22}$$

으로써 무한대가 아닌 유한한 값으로 된다. 이 결과를 식 (7.20)에 대입하면 이 구조는 일정한 오차를 초래함을 알 수 있다.

순방향 경로에 적분기가 단지 하나 또는 없다면

$$\lim_{s \to 0} s^2 G(s) = 0 \tag{7.23}$$

가 되고, 정상상태 오차는 무한대가 된다. 두 예제를 통하여 이 개념들을 설명한다.

예제 7.2 적분기가 없는 시스템의 정상상태 오차

문제 그림 7.5에 보인 시스템에서 $5u(t)$, $5tu(t)$, $5t^2u(t)$의 입력에 대한 정상상태 오차를 구하라. $u(t)$는 단위 계단 함수이다.

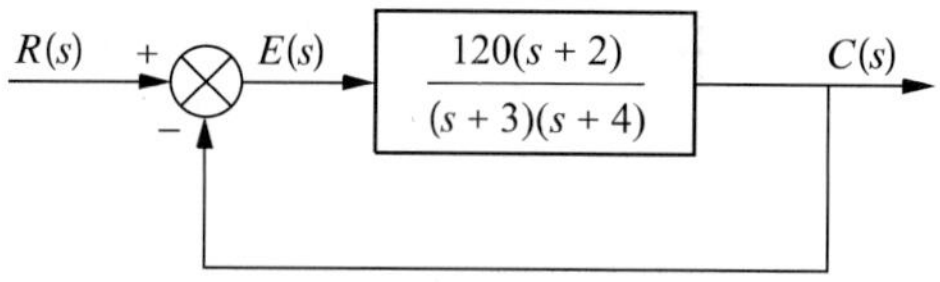

그림 7.5 예제 7.2에 대한 피드백 제어 시스템

풀이 먼저 폐루프 시스템이 확실하게 안정한지를 확인한다. 자세한 것은 생략한다. 다음으로 입력 $5u(t)$에 대한 라플라스 변환은 $5/s$가 되고, 정상상태 오차는 식 (7.12)에 주어진 값보다 5배 정도 클 것이다. 또한

$$e(\infty) = e_{step}(\infty) = \frac{5}{1 + \lim_{s \to 0} G(s)} = \frac{5}{1+20} = \frac{5}{21} \tag{7.24}$$

그림 7.2(a)의 출력 2와 유사한 응답을 의미한다.

입력 $5tu(t)$에 대한 라플라스 변환은 $5/s^2$가 되고, 정상상태 오차는 식 (7.16)에 주어진 값보다 5배 정도 클 것이다. 또한

$$e(\infty) = e_{ramp}(\infty) = \frac{5}{\lim_{s \to 0} sG(s)} = \frac{5}{0} = \infty \tag{7.25}$$

은 그림 7.2(b)의 출력 3과 유사한 응답을 의미한다.

입력 $5t^2u(t)$에 대한 라플라스 변환은 $10/s^3$가 되고, 정상상태 오차는 식 (7.20)에 주어진 값보다 10배 정도 클 것이다. 또한

$$e(\infty) = e_{parabola}(\infty) = \frac{10}{\lim_{s \to 0} s^2 G(s)} = \frac{10}{0} = \infty \tag{7.26}$$

로 된다.

예제 7.3 하나의 적분기를 가진 시스템의 정상상태 오차

문제 그림 7.6에 나타내 시스템에서 $5u(t)$, $5tu(t)$, $5t^2u(t)$의 입력에 대한 정상상태 오차를 구하라. $u(t)$는 단위 계단 함수이다.

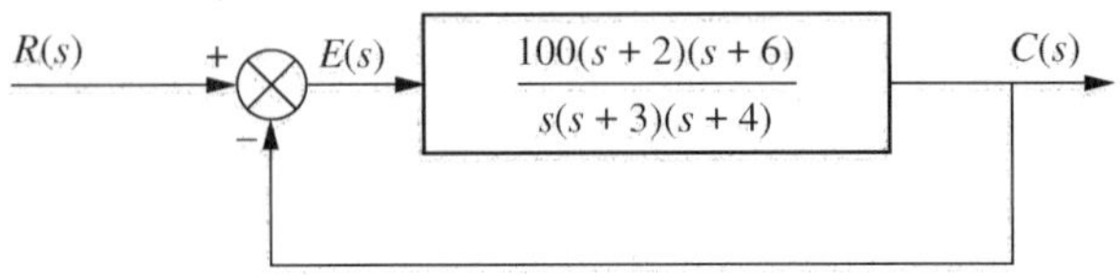

그림 7.6 예제 7.3에 대한 피드백 제어 시스템

풀이 먼저 폐루프 시스템이 확실하게 안정한지를 확인한다. 자세한 것은 생략한다. 다음으로 순방향 경로에 적분기가 존재하기 때문에 여러 입력 파형에 대한 정상상태 오차들은 예제 7.2에서 구한 값보다 작아질 것임을 염두에 두어야 한다. 입력 $5tu(t)$에 대한 라플라스 변환은 $5/s$가 되고, 정상상태 오차는 식 (7.12)에 주어진 값보다 5배 정도 클 것이다.

또한

$$e(\infty) = e_{step}(\infty) = \frac{5}{1 + \lim_{s \to 0} G(s)} = \frac{5}{\infty} = 0 \tag{7.27}$$

은 그림 7.2(a)의 출력 1과 유사한 응답을 의미한다. 순방향 경로에 적분기가 있는 경우, 계단 입력에 대해 유한한 오차를 갖는 예제 7.2와는 달리 오차가 0이 됨을 주목하라.

입력 $5tu(t)$에 대한 라플라스 변환은 $5/s^2$가 되고, 정상상태 오차는 식 (7.16)에 주어진 값보다 5배 정도 클 것이다. 또한

$$e(\infty) = e_{ramp}(\infty) = \frac{5}{\lim_{s \to 0} sG(s)} = \frac{5}{100} = \frac{1}{20} \tag{7.28}$$

은 그림 7.2(b)의 출력 2와 유사한 응답을 의미한다. 순방향 경로에 적분기가 있는 경우는 램프 입력에 대하여 예제 7.2에서는 무한대의 오차가 발생하였지만 유한한 오차를 가짐을 주목하라.

입력 $5t^2u(t)$에 대한 라플라스 변환은 $10/s^3$이 되고, 정상상태 오차는 식 (7.20)에 주어진 값보다 10배 정도 클 것이다. 또한

$$e(\infty) = e_{parabola}(\infty) = \frac{10}{\lim_{s \to 0} s^2 G(s)} = \frac{10}{0} = \infty \tag{7.29}$$

가 된다.

순방향 경로에 있는 적분기는 포물선 입력에 대해서는 예제 7.2에서 구한 것보다 정상상태 오차를 개선시키지 못함을 주목하라.

숙련예제 7.1

문제 단위 피드백 시스템이 다음의 개루프 전달 함수를 갖는다.

$$G(s) = \frac{10(s+20)(s+30)}{s(s+25)(s+35)}$$

a. 다음의 입력들에 대한 정상상태 오차를 구하라: $15u(t)$, $15tu(t)$, 및 $15(t^2)u(t)$.
b. 다음의 $G(s)$에 대해 반복하라.

$$G(s) = \frac{10(s+20)(s+30)}{s^2(s+25)(s+35)(s+50)}$$

풀이 a. 폐루프 시스템은 안정하다. 그리고 $15u(t)$ 입력에 대해서는 $e_{\text{step}}(\infty) = 0$, $15tu(t)$에 대해서는 $e_{\text{ramp}}(\infty) = 2.1875$, $15(t^2)u(t)$에 대해서는 $e_{\text{parabola}}(\infty) = \infty$이다.
b. 폐루프 시스템은 불안정이다. 계산을 할 수 없다.

풀이 과정은 www.wiley.com/go/Nise/ControlSystemsEngineering8e에 있다.

7.3 고정 오차 상수와 시스템형

이 절에서는 단위 음의 피드백 시스템의 정상상태 성능 규격으로서 사용될 수 있는 파라미터들을 정의한다. 과도 응답에 대한 성능 규격으로서 감쇠비, 고유 주파수, 정착 시간, 퍼센트 오버슈트 등을 정의하는 것과 유사하게 파라미터들을 정의한다 . 정상상태 오차 성능 규격을 정상상태 오차 상수라 한다. 다음 절에서는 이들이 어떻게 정의되는지, 어떻게 계산하는지, 그리고 설계를 위하여 어떻게 사용하는지를 살펴본다.

고정 오차 상수

앞의 절에서 정상상태 오차에 대하여 다음의 관계를 유도하였다. 계단 입력 $u(t)$에 대하여,

$$e(\infty) = e_{\text{step}}(\infty) = \frac{1}{1 + \lim_{s\to 0} G(s)} \tag{7.30}$$

로 된다.

램프 입력 $tu(t)$에 대하여,

$$e(\infty) = e_{\text{ramp}}(\infty) = \frac{1}{\lim_{s\to 0} sG(s)} \tag{7.31}$$

로 된다.

포물선 입력 $\frac{1}{2}t^2u(t)$에 대하여,

$$e(\infty) = e_{\text{parabola}}(\infty) = \frac{1}{\lim_{s\to 0} s^2G(s)} \tag{7.32}$$

로 된다.

극한을 취한 분모의 세 항들은 정상상태 오차를 결정한다. 이러한 극한들을 **정상상태 오차 상수**라 한다. 각각 그들의 이름은

위치 상수 K_p라 하며,

$$K_p = \lim_{s \to 0} G(s) \tag{7.33}$$

로 표시된다.

속도 상수 K_v라 하며,

$$K_v = \lim_{s \to 0} sG(s) \tag{7.34}$$

로 표시된다.

가속도 상수 K_a라 하며,

$$K_a = \lim_{s \to 0} s^2G(s) \tag{7.35}$$

로 표시된다.

지금까지 보아온 바와 같이, $G_{(s)}$의 형태와 관계하는 이러한 값들은 영, 유한한 상수, 무한대 등의 값으로 주어진다. 정상상태 오차 상수는 정상상태 오차의 분모에 나타나기 때문에[식 (7.30)에서부터 식 (7.32)까지], 정상상태 오차 상수가 증가하면 정상상태 오차는 감소한다.

7.2절에서는 최종치 정리를 이용하여 정상상태 오차 값을 구하였다. 다른 방법으로 정상상태 오차 상수를 이용할 수 있다. 다음에 몇 가지 예를 살펴본다.

예제 7.4 정상상태 오차 상수를 이용한 정상상태 오차

문제 그림 7.7의 각 시스템에 대하여 정상상태 오차 상수 값을 구하고 표준 계단, 램프, 포물선 입력에 대하여 예측되는 오차를 구하라.

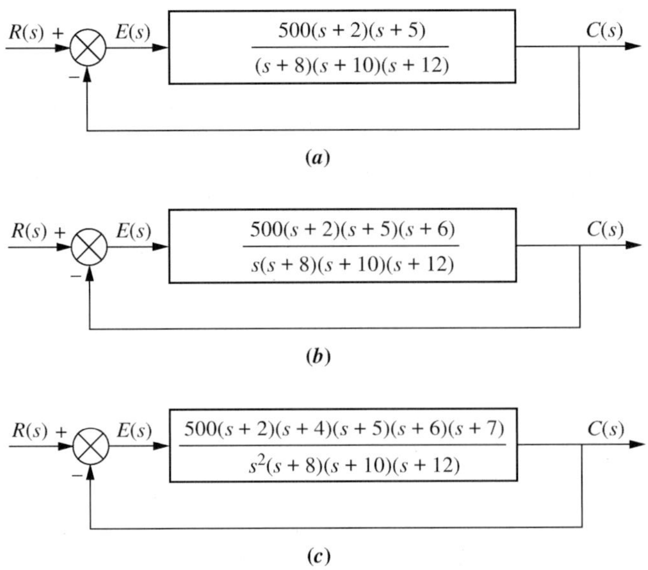

그림 7.7 예제 7.4에 대한 피드백 제어 시스템

풀이 먼저, 주어진 모든 폐루프 시스템이 확실히 안정한지를 확인한다. 자세한 것은 생략한다. 다음으로, 그림 7.7(a)에 대하여

$$K_p = \lim_{s \to 0} G(s) = \frac{500 \times 2 \times 5}{8 \times 10 \times 12} = 5.208 \tag{7.36}$$

$$K_v = \lim_{s \to 0} s\,G(s) = 0 \tag{7.37}$$

$$K_a = \lim_{s \to 0} s^2 G(s) = 0 \tag{7.38}$$

로 구해진다.

따라서 계단 입력에 대해서는,

$$e(\infty) = \frac{1}{1+K_p} = 0.161 \tag{7.39}$$

램프 입력에 대해서는

$$e(\infty) = \frac{1}{K_v} = \infty \tag{7.40}$$

포물선 입력에 대해서는

$$e(\infty) = \frac{1}{K_a} = \infty \tag{7.41}$$

로 구해진다.

여기서 그림 7.7(b)에 대해서는

$$K_p = \lim_{s \to 0} G(s) = \infty \tag{7.42}$$

$$K_v = \lim_{s \to 0} s\,G(s) = \frac{500 \times 2 \times 5 \times 6}{8 \times 10 \times 12} = 31.25 \tag{7.43}$$

및

$$K_a = \lim_{s \to 0} s^2 G(s) = 0 \tag{7.44}$$

로 구해진다.

따라서 계단 입력에 대해서는,

$$e(\infty) = \frac{1}{1+K_p} = 0 \tag{7.45}$$

램프 입력에 대해서는,

$$e(\infty) = \frac{1}{K_v} = \frac{1}{31.25} = 0.032 \tag{7.46}$$

포물선 입력에 대해서는,

$$e(\infty) = \frac{1}{K_a} = \infty \tag{7.47}$$

로 구해진다.
마지막으로 그림 7.7(c)에 대해서는,

$$K_p = \lim_{s \to 0} G(s) = \infty \tag{7.48}$$

$$K_v = \lim_{s \to 0} s\,G(s) = \infty \tag{7.49}$$

및

$$K_a = \lim_{s \to 0} s^2 G(s) = \frac{500 \times 2 \times 4 \times 5 \times 6 \times 7}{8 \times 10 \times 12} = 875 \tag{7.50}$$

로 구해진다.
따라서 계단 입력에 대해서는,

$$e(\infty) = \frac{1}{1+K_p} = 0 \tag{7.51}$$

램프 입력에 대해서는,

$$e(\infty) = \frac{1}{K_v} = 0 \tag{7.52}$$

포물선 입력에 대해서는,

$$e(\infty) = \frac{1}{K_a} = \frac{1}{875} = 1.14 \times 10^{-3} \tag{7.53}$$

로 구해진다.

MATLAB **ML** MATLAB을 사용하는 학생들은 이제 부록 B에 있는 ch7apB1을 실행시켜 보라. 그러면 MATLAB을 이용하여 시스템의 안정도를 어떻게 시험할 것인가, 정상상태 오차 상수를 어떻게 구할 것인가, 정상상태 오차를 어떻게 계산할 것인가를 배우게 될 것이다. 이 연습은 MATLAB을 이용하여 예제 7.4의 시스템 (b)를 푸는 것이다.

시스템형

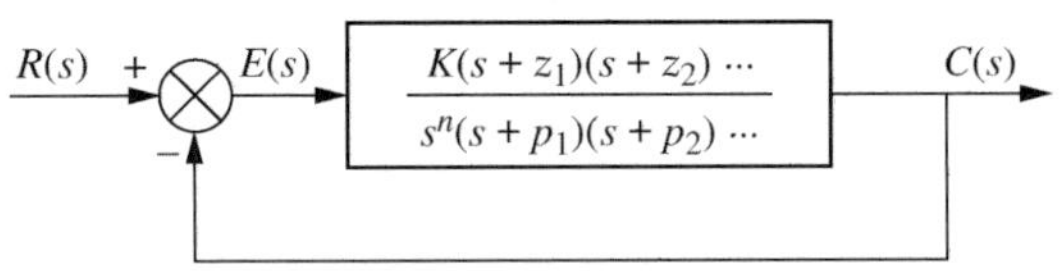

그림 7.8 시스템형을 정의하기 위한 피드백 제어 시스템

단위 음의 피드백 시스템에 대해 계속 살펴보자. 정상상태 오차 상수 값들은 $G(s)$의 형태에 따라 결정되며 특히 순방향 경로에 있는 순수 적분기의 수에 의존한다. 정상상태 오차들은 순방향 경로에 있는 적분기들의 수에 의존하기 때문에, 이 시스템 속성에 이름을 부여한다. 그림 7.8의 시스템에 대하여, 분모에 있는 n의 값을 시스템형으로 정의한다. 또는 등가적으로 순방향 경로에 있는 순수 적분기의 수로 정의한다. 그러므로 $n=0$인 시스템은 형 0인 시스템이 되고, $n=1$ 또는 $n=2$이면 상응되는 시스템은 각각 형 1 또는 형 2인 시스템이 된다.

표 7.2 입력, 시스템형, 정상상태 오차 상수 및 정상상태 오차 사이의 관계

		형 0		형 1		형 2	
입력	정상상태 오차 공식	정상상태 오차 상수	오차	정상상태 오차 상수	오차	정상상태 오차 상수	오차
계단, $u(t)$	$\frac{1}{1+K_p}$	$K_p =$ Constant	$\frac{1}{1+K_p}$	$K_p = \infty$	0	$K_p = \infty$	0
램프, $tu(t)$	$\frac{1}{K_v}$	$K_v = 0$	∞	$K_v =$ Constant	$\frac{1}{K_v}$	$K_v = \infty$	0
포물선, $\frac{1}{2}t^2u(t)$	$\frac{1}{K_a}$	$K_a = 0$	∞	$K_a = 0$	∞	$K_a =$ Constant	$\frac{1}{K_a}$

표 7.2에 정상상태 오차, 정상상태 오차 상수 및 시스템형의 개념들을 같이 묶어 놓았다. 이 표는 입력 파형과 시스템형의 함수로서 정상상태 오차 상수와 정상상태 오차를 보여주고 있다.

숙련예제 7.2

문제 단위 피드백 시스템이 다음의 개루프 전달 함수를 갖는다.

$$G(s) = \frac{1000 \times (s+8)}{(s+7)(s+9)}$$

a. 시스템의 형을 구하고 K_p, K_v 및 K_a를 구하라.

b. (a)의 해를 이용하여 단위 계단, 단위 램프 및 포물선 입력에 대한 정상 상태 오차를 구하여라.

풀이 a. 폐루프 시스템은 안정하다. 시스템형은 Type0 형이고, $K_p = 127$, $K_v = 0$이며 $K_a = 0$이다.

b. $e_{step}(\infty) = 7.8 \times 10^{-3}$, $e_{ramp}(\infty) = \infty$이고 $e_{parabola}(\infty) = \infty$이다.

풀이 과정은 www.wiley.com/go/Nise/ControlSystemsEngineering8e.에 있다.

스스로 해보기 7.1

MATLAB의 Control System Toolbox를 사용하여, 다음 기술된 명령어를 통해 K_p, $e_{step}(\infty)$을 찾고, 숙련 예제 7.2의 시스템에 대한 안정도 해석을 위해 폐루프 시스템의 극점의 위치를 확인하라.

```
numg = 1000*[1 8];
deng = poly([-7 -9]);
G = tf(numg, deng);
Kp = dcgain(G);
estep = 1/(1+Kp)
T = feedback(G, 1);
Poles = pole(T)
```

이 절에서는 정상상태 오차, 정상상태 오차 상수 및 시스템형을 정의하였다. 이제 제어 시스템의 정상상태 오차에 대한 규격을 공식화하고, 몇 가지 예들을 보여준다.

7.4 정상상태 오차의 규격

정상상태 오차 상수는 그림 7.9에서 보는 바와 같이 제어 시스템의 정상상태 오차 특성을 규정하는데 사용될 수 있다. 감쇠비 ζ, 정착 시간 T_s, 최고값 시간 T_p와 퍼센트 오버슈트, $\%OS$들이 제어 시스템의 과도 응답에 대한 규격으로서 사용되는 것처럼, 위치 상수 K_p, 속도 상수 K_v와 가속도 상수 K_a들은 제어 시스템의 정상상태 오차에 대한 규격으로서 사용될 수 있다. 정상상태 오차 상수의 규격 안에 많은 정보가 포함되어 있음을 곧 알게 될 것이다.

그림 7.9 납땜에 사용되는 로봇이다. 정상 상태 오차는 조립 라인 로봇의 제어 특성을 디자인 할 때 매우 중요한 요소이다.

예를 들어 만약 제어 시스템이 $K_v = 1000$ 인 규격을 가지고 있다면, 몇 가지 결론들을 도출할 수 있다.

1. 시스템은 안정하다.
2. 형 1의 시스템만이 유한한 상수인 K_v 값을 갖기 때문에 시스템의 형은 1이다. 형 0인 시스템에 대해서는 $K_v = 0$, 반면에 형 2인 시스템에 대해서는 $K_v = \infty$ 임을 상기하라.
3. 램프 입력이 테스트 신호이다. K_v가 유한한 값으로 규정되고, 램프 입력에 대한 정상상태 오차가 K_v에 반비례하기 때문에 테스트 입력은 램프 신호임을 알 수 있다.
4. 입력 램프 신호와 출력 램프 신호 사이의 정상상태 오차는 입력 기울기 단위당 $1/K_v$이 된다.

정상상태 오차 상수를 이용한 해석과 설계를 보여주는 두 예제를 살펴보기로 하자.

예제 7.5 정상상태 오차 규격의 해석

문제 규격 $K_v = 1000$에는 무슨 정보가 포함되어 있는가?

풀이 시스템은 안정하다. 형 0 시스템만이 유한한 K_p를 가지고, 형 1과 형 2 시스템은 $K_p = \infty$를 가지므로 시스템은 형 0이다. K_p가 규정되어 있으므로 입력 테스트 신호는 계단 신호이다. 마지막으로 단위 계단에 대한 오차는

$$e(\infty) = \frac{1}{1+K_p} = \frac{1}{1+1000} = \frac{1}{1001} \tag{7.54}$$

이다.

예제 7.6 정상상태 오차 규격을 만족시키는 이득 설계

문제 그림 7.10의 시스템에 대하여 정상상태에서 10% 오차가 있도록 K값을 구하라.

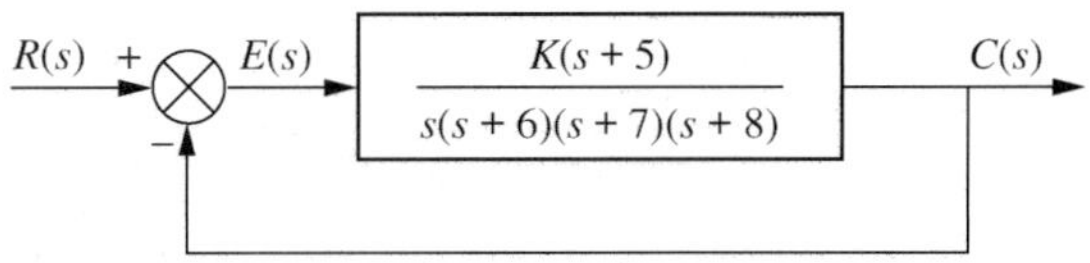

그림 7.10 예제 7.6에 대한 피드백 제어 시스템

풀이 시스템이 형 1이기 때문에 문제에서 언급된 오차는 램프 입력에 대해 적용하여야 한다. 형 1 시스템에서는 램프 신호만이 유한한 오차를 발생한다. 따라서

$$e(\infty) = \frac{1}{K_v} = 0.1 \tag{7.55}$$

이다.
그러므로

$$K_v = 10 = \lim_{s \to 0} sG(s) = \frac{K \times 5}{6 \times 7 \times 8} \tag{7.56}$$

로 되며, 이는

$$K = 672 \tag{7.57}$$

로 구해진다.
Routh-Hurwitz 판별법을 적용하면 이 시스템이 구해진 이득에서 안정함을 알 수 있다.
비록 이 이득이 정상상태 오차와 안정도에 대한 판정 기준을 만족하지만 원하는 과도 응답을 발생하지 않을 수 있다. 9장에서 이 세 가지 규격들을 만족하는 피드백 제어 시스템을 설계할 것이다.

MATLAB을 사용하는 학생들은 이제 부록 B에 있는 ch7ap2를 실행해 보라. MATLAB을 이용하여 정상상태 오차 규격을 만족하는 이득을 어떻게 구하는가를 배우게 될 것이다. 이 연습은 MATLAB을 이용하여 예제 7.6을 푼다. MATLAB **ML**

숙련예제 7.3

문제 단위 피드백 시스템이 다음의 순방향 전달 함수를 갖는다.

$$G(s) = \frac{K(s+12)}{(s+14)(s+18)}$$

정상상태 오차가 10% 이내가 되도록 K의 값을 정하라.

풀이 $K = 189$

풀이 과정은 www.wiley.com/go/Nise/ControlSystemsEngineering8e.에 있다.

스스로 해보기 7.2

MATLAB의 Control System Toolbox를 사용하여, 다음 기술된 명령어를 통해 숙련예제 7.3을 풀고, 시스템의 안정도에 대한 결과를 확인하라.

```
numg=[1  12];
deng=poly([-14  -18]);
G=tf(numg, deng);
Kpdk=dcgain(G);
estep=0.1;
K=(1/estep -1)/Kpdk
T=feedback(G, 1);
Poles = pole(T)
```

이 예제와 문제들로 단위 피드백 시스템에 대한 설명은 마무리한다. 남은 절에서는 피드백이 단위값이 아닐 경우에 대해 정상상태 오차 및 외란에 의한 정상상태 오차에 대해 살펴본다.

7.5 외란 신호에 대한 정상상태 오차

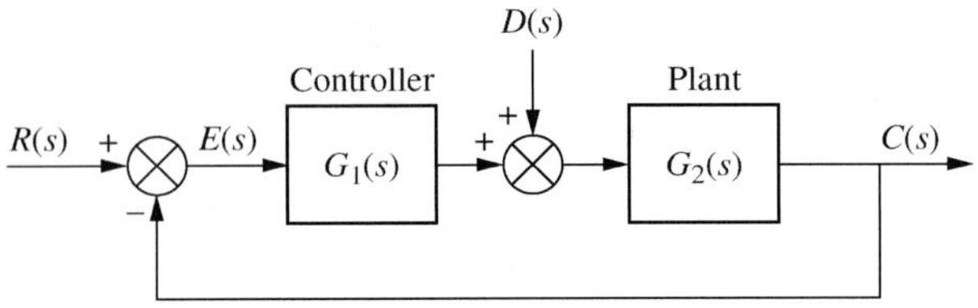

그림 7.11 외란 신호를 나타내는 피드백 제어 시스템

피드백 제어 시스템은 외란 신호 또는 시스템으로 들어오는 원치 않는 입력에 대한 보상을 위하여 사용된다. 피드백을 사용하는 장점은 이러한 외란 신호에도 불구하고 시스템을 오차가 작거나 없이 입력을 따라 가도록 설계할 수 있다는 것이다. 그림 7.11은 제어기와 플랜트 사이에 외란 신호 $D(s)$가 입력되는 피드백 제어 시스템을 나타내고 있다. 이제 외란 신호를 포함하는 정상상태 오차에 대한 표현을 다시 유도한다.

출력은

$$C(s) = E(s)G_1(s)G_2(s) + D(s)G_2(s) \tag{7.58}$$

로 주어진다. 또한

$$C(s) = R(s) - E(s) \tag{7.59}$$

이다.

따라서 식 (7.59)를 식 (7.58)에 대입하고 $E(s)$에 대하여 풀면

$$E(s) = \frac{1}{1+G_1(s)G_2(s)}R(s) - \lim_{s\to 0}\frac{sG_2(s)}{1+G_1(s)G_2(s)}D(s) \tag{7.60}$$

을 얻는다. 여기서 $1/[1+G_1(s)G_2(s)]$는 $R(s)$에 대한 $E(s)$의 관계를 나타내는 전달 함수이며, $-G_2(s)/[1+G_1(s)G_2(s)]$는 $D(s)$에 대한 $E(s)$의 관계를 나타내는 전달 함수로서 생각할 수 있다.

정상상태 오차 값을 구하기 위하여 식 (7.60)에 최종치 정리[3]를 적용하면

$$\begin{aligned} e(\infty) = \lim_{s\to 0} sE(s) &= \lim_{s\to 0}\frac{s}{1+G_1(s)G_2(s)}R(s) - \lim_{s\to 0}\frac{sG_2(s)}{1+G_1(s)G_2(s)}D(s) \\ &= e_R(\infty) + e_D(\infty) \end{aligned} \tag{7.61}$$

을 얻는다. 여기서

$$e_R(\infty) = \lim_{s\to 0}\frac{s}{1+G_1(s)G_2(s)}R(s)$$

및

$$e_D(\infty) = -\lim_{s\to 0}\frac{sG_2(s)}{1+G_1(s)G_2(s)}D(s)$$

이다.

첫 번째 항 $e_R(\infty)$는 이미 구한 $R(s)$에 기인하는 정상상태 오차이다. 두 번째 항 $e_D(\infty)$은 외란 신호에 기인하는 정상상태 오차이다. 외란 신호에 기인하는 오차를 줄이기 위한 $e_D(\infty)$에 대한 조건을 살펴보자.

3 $[1+G_1(s)G_2(s)]$의 근들이 좌반 평면에 있는, 즉 시스템이 안정한 경우에만 최종치 정리를 적용할 수 있음을 기억하라.

이 시점에서 $D(s)$, 제어기 및 플랜트에 대한 몇 가지 가정을 하여야 한다. 우선 계단 외란 신호 $D(s)=1/s$를 가정한다. 이 값을 식 (7.61)의 두 번째 항 $e_D(\infty)$에 대입하면 계단 외란 신호에 기인하는 정상상태 오차 요소는

$$e_D(\infty) = -\frac{1}{\lim\limits_{s\to 0}\dfrac{1}{G_2(s)} + \lim\limits_{s\to 0} G_1(s)} \tag{7.62}$$

로 구해진다.

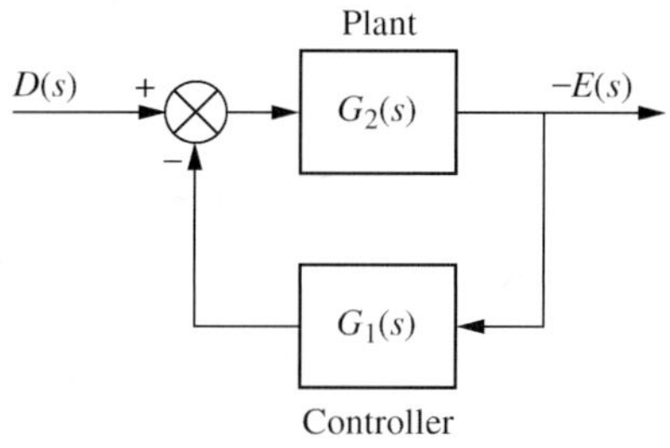

그림 7.12 $R(s)=0$이고, 외란 신호를 입력으로, 오차를 출력으로, 나타나도록 재구성한 그림 7.11의 시스템

이 식은 계단 외란 신호에 의하여 발생되는 정상상태 오차는 $G_1(s)$의 직류(DC) 이득을 증가시키거나 $G_2(s)$의 직류 이득을 감소시킴으로서 줄일 수 있음을 보여준다.

이 개념은 그림 7.12에 나타나 있다. 이것은 그림 7.11의 시스템을 외란 신호 $D(s)$가 입력으로, 오차 $E(s)$를 출력으로, $R(s)$를 0으로 하여 재 정돈한 것이다. 그림 7.12에서 출력으로 표시된 $E(s)$의 정상상태 값을 최소화하기 위해서는, 보다 작은 $E(s)$의 값으로 $G_1(s)$의 정상상태 값에 대응되도록 피드백하기 위하여 $E(s)$의 직류 이득을 증가시키거나, 또는 $D(s)$의 직류 이득을 줄이면 된다. 그러면 피드백 공식에서 예상할 수 있듯이 $G_2(s)$의 값이 보다 작은 값으로 된다.

예제를 살펴보고 외란 신호로부터 발생되는 정상상태 오차의 수치 값을 계산해 보자.

예제 7.7 계단 외란 신호에 기인한 정상상태 오차

문제 그림 7.13의 시스템에 대하여 계단 외란 신호에 기인한 정상상태 오차 요소를 구하라.

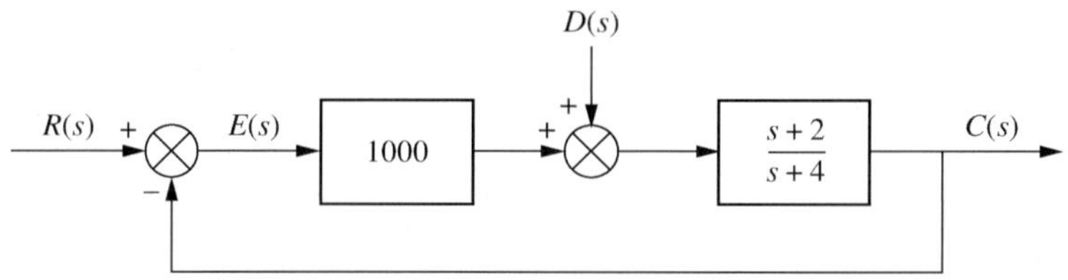

그림 7.13 예제 7.7에 대한 피드백 제어 시스템

풀이 시스템은 안정하다. 그림 7.12와 식 (7.62)를 이용하여 다음을 구한다.

$$e_D(\infty) = -\frac{1}{\lim\limits_{s\to 0}\dfrac{1}{G_2}(s) + \lim\limits_{s\to 0} G_1(s)} = -\frac{1}{0+1000} = -\frac{1}{1000} \tag{7.63}$$

이 결과는 계단 외란 신호에 의해 발생된 정상상태 오차가 $G_1(s)$의 직류 이득에 반비례한다는 것을 보여준다. 이 예제에서 $G_2(s)$의 직류 이득은 무한대이다.

가상 실험 7.1
정상상태오차

LabVIEW에서 시뮬레이션 하는 것에 의해 입력과 외란이 가해질 때의, 퀀저 회전 장치(Quanser Rotary Servo)의 정상상태 오차를 찾는 실습에 이론을 적용하자. 이러한 분석은 병 라벨 기계나 로봇 관절 제어에 대한 제어기를 설계할 때 중요하다.

가상 실험은 Learning Space에서 찾을 수 있다.

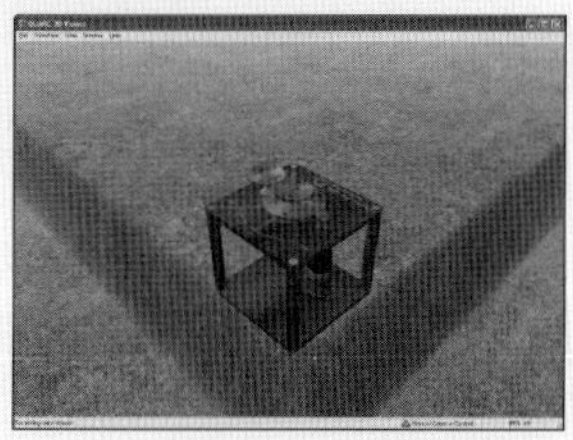

실험 7.1 실행

숙련예제 7.4

문제 그림 7.14에 있는 시스템에 단위 외란이 가해졌을 때 이 외란에 의한 정상상태 오차를 구하라.

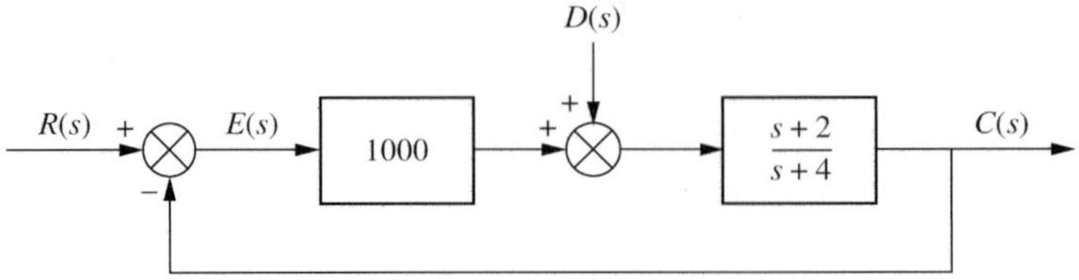

그림 7.14
숙련예제 7.4를 위한 시스템

풀이 $e_D(\infty) = -9.98 \times 10^{-4}$

풀이 과정은 www.wiley.com/go/Nise/ControlSystemsEngineering8e.에 있다.

7.6 단위 피드백이 아닌 시스템에 대한 정상상태 오차

제어 시스템들은 성능 개선을 위하여 사용하는 보상이나 시스템의 물리적 모델 때문에 종종 비단위 피드백 시스템이 된다. 피드백 경로는 1이 아닌 순수 이득이나 어떤 동적 표현을 가질 수 있다.

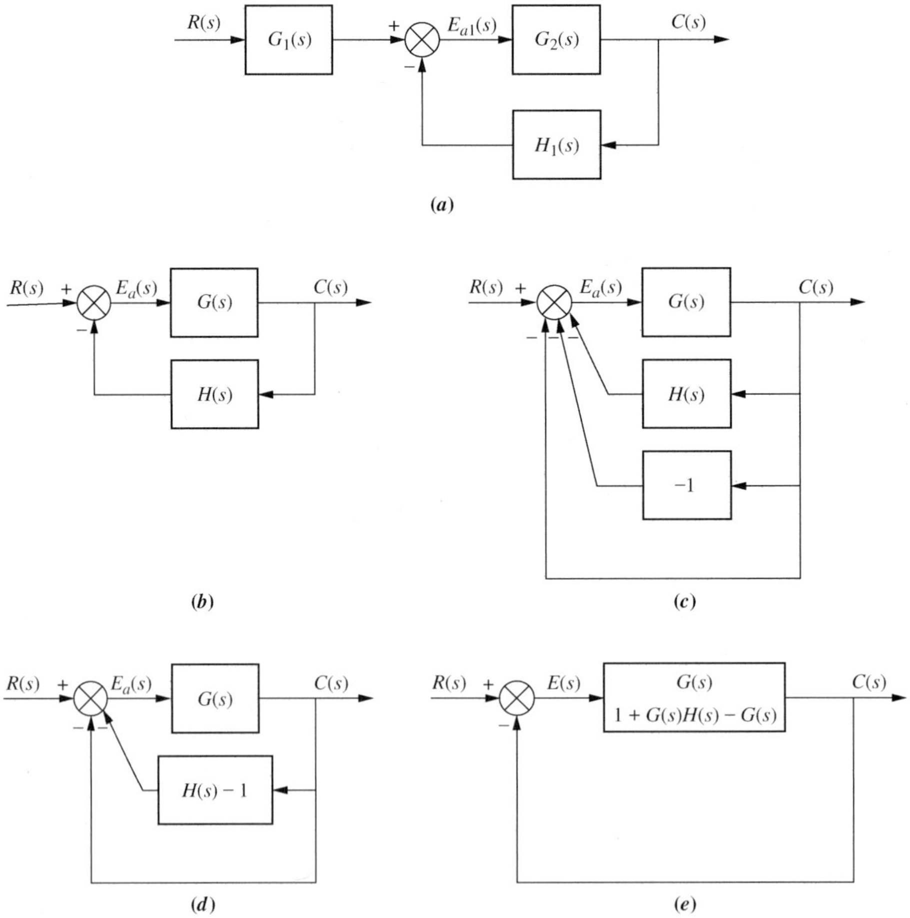

그림 7.15 일반적인 단위 피드백이 아닌 시스템으로부터 등가 단위 피드백 시스템의 형성

입력 변환기 $G_1(s)$, 제어기 및 플랜트 $G_2(s)$, 및 피드백 $H_1(s)$를 갖는 일반적인 피드백 시스템이 그림 7.15(a)에 주어져 있다. 입력 변환기를 합점(summing junction) 오른편으로 밀어 넣으면, $G(s) = G_1(s)G_2(s)$이고 $H(s) = H_1(s)/G_1(s)$인 그림 7.15(b)의 일반적인 비단위 피드백 시스템으로 표시된다. $H(s) = 1$인 단위 피드백 시스템과는 다르게 오차는 단순히 입력과 출력의 차이로 주어지는 것이 아님을 주목하라. 이 경우에 합점 다음의 신호를 동작 신호 $E_a(s)$라 부른다. 만약 $r(t)$와 $c(t)$가 같은 단위를 갖고 있으면, 정상상태 오차는 $e(\infty) = r(\infty) - c(\infty)$로 구해진다. 우선 블록선도로부터 $E(s) = R(s) - C(s)$의 표현을 명료하게 구하는 법을 살펴보자.

단위 피드백이 아닌 시스템들에 대한 정상상태 오차를 다루는 방법을 살펴보기 위해, 그림 7.15(b)에 나타낸 단위 피드백이 아닌 제어 시스템을 우선 그림 7.15(c)에 나타낸 것처럼 단위 피드백 경로를 더하고 빼서 단위 피드백 시스템으로 변환한다. 이 과정에 입력과 출력의 단위가 같다는 조건이 만족되어야 한다. 다음으로, 그림 7.15(d)에 나타낸 바와 같이 음의 단위 피드백과 $H(s)$를 결합시킨다. 마지막으로, $G(s)$와 $[H(s) - 1]$로 구성된 피드백 시스템을 결합해서 그림 7.15(e)에 나타낸 바와 같이 등가 순방향 경로와 단위 피드백으로 구성한다. 마지막 그림은 $E(s) = R(s) - C(s)$를 명료하게 보여주고 있다.

다음의 예제는 단위 피드백이 아닌 시스템에 대한 정상상태 오차, 시스템형, 정상상태 오차 상수의 개념들을 요약하고 있다.

예제 7.8 단위 피드백이 아닌 시스템에 대한 정상상태 오차

문제 그림 7.16에 나타낸 시스템에 대하여 시스템형과 관련한 적절한 오차상수, 그리고 단위 계단 입력에 대한 정상상태 오차를 구하라. 단, 입력과 출력의 단위는 동일한 것으로 가정한다.

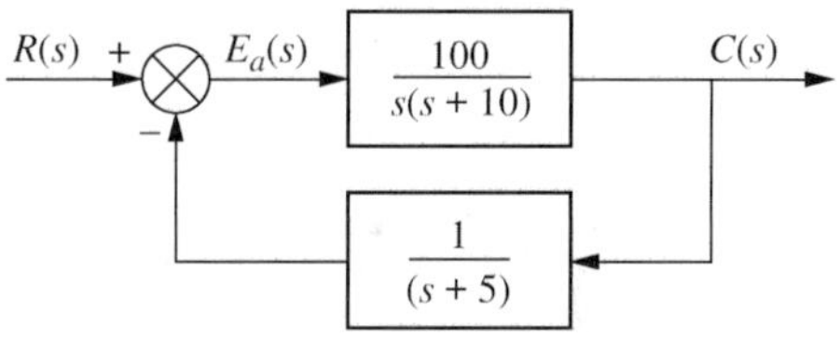

그림 7.16 예제 7.8에 대한 단위 피드백이 아닌 제어 시스템

풀이 시스템이 실제 안정한 지를 판별한 후에 시스템이 형 1이라고 직관적으로 알 수 있을 것이다. 이 경우는 단위 피드백이 아닌 요소가 존재하기 때문에 플랜트의 구동 신호가 입력과 출력과의 차이와 같지 않다. 이 문제를 푸는 첫 단계는 그림 7.16의 시스템을 등가 단위 피드백 시스템으로 변경하는 것이다. 그림 7.15(e)의 등가 순방향 전달 함수에

$$G(s) = \frac{100}{s(s+10)} \tag{7.64}$$

및

$$H(s) = \frac{1}{(s+5)} \tag{7.65}$$

을 대입하면, 다음을

$$G_e(s) = \frac{G(s)}{1+G(s)H(s)-G(s)} = \frac{100(s+5)}{s^3+15s^2-50s-400} \tag{7.66}$$

구할 수 있다.

따라서 식 (7.66)은 순수 적분기가 없으므로 형 0 시스템을 나타낸다. 그러면 적절한 정상상태 오차 상수는 K_p가 되고 그 값은

$$K_p = \lim_{s\to 0}\frac{100\times 5}{-400} = -\frac{5}{4} \tag{7.67}$$

스스로 해보기 7.3

MATLAB의 Control System Toolbox를 사용하여, 다음에 기술된 명령어를 통해 예제 7.8의 $G_e(s)$를 찾아라.

```
G=zpk([],[0 -10],100);
H=zpk([],-5,1);
Ge=feedback…
(G,H-1));
'Ge(s)'
Ge=tf(Ge)
T=feedback(Ge,1);
'Poles of T(s)'
pole(T)
```

이다. 따라서 정상상태 오차 $e(\infty)$는

$$e(\infty) = \frac{1}{1+K_p} = \frac{1}{1-(5/4)} = -4 \tag{7.68}$$

이다.
정상상태 오차에 대한 음의 값은 출력 계단 신호가 입력 계단 신호보다 크다는 것을 의미한다.

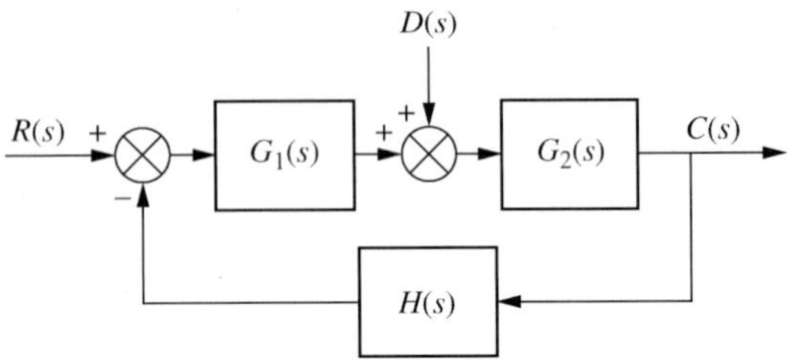

그림 7.17 외란 신호를 가진 단위 피드백이 아닌 제어 시스템

단위 피드백이 아닌 시스템에 대한 정상상태 오차의 논의를 계속하기 위하여 외란신호를 가진 일반적인 비단위 피드백 시스템, 그림 7.17을 살펴보자. 정상상태 오차에 대한 일반적인 방정식을 유도하고, 다음에 계단 입력과 계단 외란 신호에 대한 오차가 0이 되도록 하기 위해 시스템 파라미터를 결정할 것이다.[4]

이 시스템에 대한 정상상태 오차 $e(\infty) = r(\infty) - c(\infty)$는

$$e(\infty) = \lim_{s\to 0} sE(s) = \lim_{s\to 0} s\left\{\left[1 - \frac{G_1(s)G_2(s)}{1+G_1(s)G_2(s)H(s)}\right]R(s) - \left[\frac{G_2(s)}{1+G_1(s)G_2(s)H(s)}\right]D(s)\right\} \tag{7.69}$$

로 표시된다.

여기서 계단 입력과 계단 외란 신호로만 논의를 제한하면, $R(s) = D(s) = 1/s$이고, 식 (7.69)는

$$e(\infty) = \lim_{s\to 0} sE(s) = \left\{\left[1 - \frac{\lim_{s\to 0}[G_1(s)G_2(s)]}{\lim_{s\to 0}[1+G_1(s)G_2(s)H(s)]}\right] - \left[\frac{\lim_{s\to 0} G_2(s)}{\lim_{s\to 0}[1+G_1(s)G_2(s)H(s)]}\right]\right\} \tag{7.70}$$

이 된다. 0의 오차를 얻기 위해서는

$$\frac{\lim_{s\to 0}[G_1(s)G_2(s)]}{\lim_{s\to 0}[1+G_1(s)G_2(s)H(s)]} = 1 \quad \text{and} \quad \frac{\lim_{s\to 0} G_2(s)}{\lim_{s\to 0}[1+G_1(s)G_2(s)H(s)]} = 0 \tag{7.71}$$

을 만족해야 한다.

식 (7.71)은 다음의 조건에서 항상 만족될 수 있다 : (1) 시스템이 안정하고, (2) $G_1(s)$는 형 1의 시스템이며, (3) $G_2(s)$는 형 0의 시스템이며, 그리고 (4) $H(s)$는 단위 직류 이득을 갖는 형 0의 시스템이다.

이 절을 마무리하면서 그림 7.15(a)에 있는 동작 신호 $E_{a1}(s)$의 정상상태 값을 구하는 것을 살펴보도록 하자. 일반적으로 같은 단위를 가지는 합점에서의 정상상태 오차를 구하기 때문에 입력과 출력의 단위가 같아야 하는 제약은 없다[5]. 그림 7.15(a)에 대한 정상상태 동작 신호는

4 자세한 유도 내용은 이 장의 마지막 부분에 연습문제로 나와 있다.

5 정상상태 오차는 명백히 입력과 출력 사이의 정상상태 차이이다. 정상상태 동작 신호는 모든 출력이 합해지는 점에서의 정상상태 차이를 의미한다. 문제, 예제 및 평가에서 정상상태 오차를 묻는 경우에 입력과 출력의 단위를 동일한 것으로 가정한다.

$$e_{a1}(\infty) = \lim_{s\to 0} \frac{sR(s)G_1(s)}{1 + G_2(s)H_1(s)} \tag{7.72}$$

와 같으며, 이에 대한 유도는 이 장의 연습문제로 학생들에게 남겨둔다.

예제 7.9 비단위 피드백 시스템에 대한 정상상태 동작 신호

문제 그림 7.16의 시스템에 단위 계단 입력이 인가되었을 때 정상상태 동작 신호를 구하라. 단위 램프 입력에 대해 같은 문제를 반복하라.

풀이 식 (7.72)에 단위 계단 입력 $R(s) = 1/s$, $G_1(s) = 1$, $G_2(s) = 100/[s(s+10)]$ 및 $H_1(s) = 1/(s+5)$을 대입하라. 또한, $G_1(s) = 1$이므로, $e_{a1}(\infty) = e_a(\infty)$를 고려하면 다음과 같이 구해진다.

$$e_a(\infty) = \lim_{s\to 0} \frac{s\left(\frac{1}{s}\right)}{1 + \left(\frac{100}{s(s+10)}\right)\left(\frac{1}{(s+5)}\right)} = 0 \tag{7.73}$$

식 (7.72)를 단위 램프 입력, $R(s) = 1/s^2$에 대해 구해 보면 다음과 같다.

$$e_a(\infty) = \lim_{s\to 0} \frac{s\left(\frac{1}{s^2}\right)}{1 + \left(\frac{100}{s(s+10)}\right)\left(\frac{1}{(s+5)}\right)} = \frac{1}{2} \tag{7.74}$$

숙련예제 7.5

문제

a. 그림 7.18에 주어진 비단위 피드백 시스템에 단위 계단 입력이 가해졌을 때, 정상상태 오차 $e(\infty) = r(\infty) - c(\infty)$를 구하여라. 단위 램프 입력에 대해 같은 문제를 반복하라. 입력과 출력의 단위는 같다고 가정하라.

b. 그림 7.18에 주어진 비단위 피드백 시스템에 단위 계단 입력이 가해졌을 때 정상상태 동작 신호 $e_a(\infty)$를 구하여라. 단위 램프 입력에 대해 같은 문제를 반복하라.

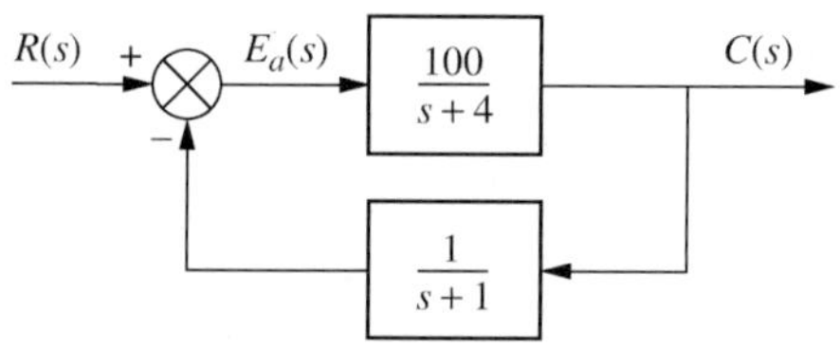

그림 7.18 숙련예제 7.5를 위한 비단위 피드백 시스템

풀이

a. $e_{\text{step}}(\infty) = 3.846 \times 10^{-2}$, $e_{\text{ramp}}(\infty) = \infty$

b. 단위 계단 입력에 대해, $e_a(\infty) = 3.846 \times 10^{-2}$; 단위 램프 입력에 대해, $e_a(\infty) = \infty$.

풀이 과정은 www.wiley.com/go/Nise/ControlSystemsEngineering8e에서 확인 가능하다.

이 절에서는 정상상태 오차 분석을 단위 피드백이 아닌 시스템에 적용하였다. 비단위 피드백이 존재할 때, 플랜트의 동작 신호는 실제 오차 혹은 입력과 출력의 차이가 아니다. 비단위 피드백 시스템의 경우 (1) 입력과 출력의 단위가 같으면 정상상태 오차를 구하고, 아니면 (2) 정상상태 동작 신호를 구하면 될 것이다.

또한, 외란 신호를 가진 단위 피드백이 아닌 시스템의 정상상태 오차에 대한 일반적인 표현을 유도하였다. 이 식을 계단 입력과 계단 외란 신호에 대한 오차가 0이 되도록 하기 위한 부 시스템의 속성들을 결정하는데 사용하였다.

이 장을 마치기 전에 정상상태 오차관점에서 중요할 뿐 아니라 제어시스템 설계과정에서도 매우 유용한 주제에 대하여 기술한다.

7.7 감도

설계 과정에서 기술자는 시스템 파라미터의 변화가 시스템의 특성에 영향을 주는 범위를 고려하기를 원할 것이다. 이상적으로는 열이나 다른 원인들에 기인한 파라미터 변화가 시스템의 성능에 큰 영향을 미쳐서는 안 된다. 시스템 파라미터의 변화가 시스템의 전달 함수, 즉 성능에 영향을 주는 정도를 감도라 부른다. 감도가 0인 시스템(즉, 시스템 파라미터의 변화가 전달 함수에 영향을 미치지 않는 시스템)이 이상적이다. 감도가 클수록 파라미터 변화의 영향으로 바람직하지 않다.

예를 들어 함수 $F=K/(K+a)$를 가정하자. $K=10$이고, $a=100$이면 $F=0.091$이 된다. 파라미터 a가 3배가 되면 $F=0.032$가 된다. $(300-100)/100=2(200\%$ 변화)만큼의 파라미터 a의 변화는 $(0.032-0.091)/0.091=-0.65(-65\%$ 변화) 만큼의 함수 F에 있어서의 변화를 일으킴을 알 수 있다. 따라서 함수 F는 파라미터 a의 변화에 대해서 감도가 감소함을 알 수 있다. 피드백의 또 다른 장점으로 일반적으로 파라미터 변화에 대하여 감도를 줄여준다는 것을 알게 될 것이다.

앞에서 논의한 것을 기초로 해서 감도의 정의를 공식화해 보자. 감도는 파라미터의 부분적 변화가 0으로 접근함에 따라서 파라미터의 부분적 변화에 대한 함수의 부분적 변화의 비이다. 즉

$$\begin{aligned} S_{F:P} &= \lim_{\Delta P \to 0} \frac{Fractional\ change\ in\ the function,\ F}{Fractional\ change\ in\ the\ parameter,\ P} \\ &= \lim_{\Delta P \to 0} \frac{\Delta F/F}{\Delta P/P} \\ &= \lim_{\Delta P \to 0} \frac{P\Delta F}{F\Delta P} \end{aligned}$$

로 표시되며, 다음으로 간략화 된다.

$$S_{F:P} = \frac{P}{F}\frac{\delta F}{\delta P} \tag{7.75}$$

이제 우선 폐루프 전달 함수에 정의를 적용하고 다음에 정상상태 오차에 대해서 감도 정의를 적용하여 보자.

예제 7.10 폐루프 전달 함수의 감도

문제 그림 7.19의 시스템에 대해서 파라미터 a의 변화에 대한 폐루프 전달 함수의 감도를 계산하라. 감도를 어떻게 감소시킬 수 있겠는가?

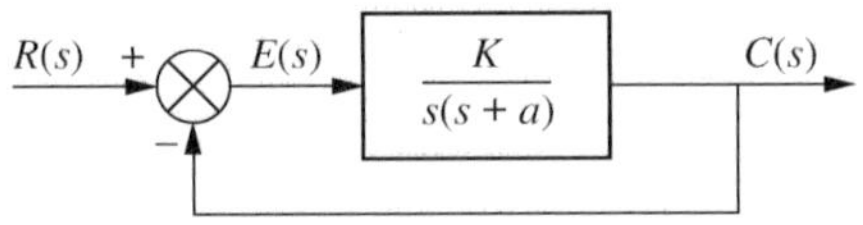

그림 7.19 예제 7.10과 7.11에 대한 피드백 제어 시스템

풀이 폐루프 전달 함수는

$$T(s)=\frac{K}{s^2+as+K} \tag{7.76}$$

로 주어진다.
식 (7.75)를 사용하여 감도를 구하면

$$S_{T:a}=\frac{a}{T}\frac{\delta T}{\delta a}=\frac{a}{\left(\dfrac{K}{s^2+as+K}\right)}\left(\frac{-Ks}{(s^2+as+K)^2}\right)=\frac{-as}{s^2+as+K} \tag{7.77}$$

로 주어진다. 이는 부분적으로 s의 값으로 된 함수이다. 그러나 임의의 s에 대해서 K를 증가시키면, 파라미터 a의 변화에 대한 폐루프 전달 함수의 감도를 감소시킬 수 있음을 알 수 있다.

예제 7.11 램프 입력에 대한 정상상태 오차의 감도

문제 그림 7.19의 시스템에 대하여 입력이 램프 입력인 경우에 파라미터 K와 파라미터 a의 변화에 대한 정상상태 오차의 감도를 구하라.

풀이 시스템에 대한 정상상태 오차는

$$e(\infty)=\frac{1}{K_v}=\frac{a}{K} \tag{7.78}$$

로 표시된다. 파라미터 a의 변화에 대한 $e(\infty)$의 감도는

$$S_{e:a}=\frac{a}{e}\frac{\delta e}{\delta a}=\frac{a}{a/K}\left[\frac{1}{K}\right]=1 \tag{7.79}$$

로 되며, 파라미터 K의 변화에 대한 $e(\infty)$의 감도는

$$S_{e:K}=\frac{K}{e}\frac{\delta e}{\delta K}=\frac{K}{a/K}\left[\frac{-a}{K^2}\right]=-1 \tag{7.80}$$

로 된다.
따라서 파라미터 a 또는 K의 변화가 $e(\infty)$에 직접 나타나고, 감도는 감소나 증가가 없다. 식 (7.80)의 음의 부호는 K가 증가함에 따라서 $e(\infty)$가 감소함을 나타낸다. 이러한 결과는 $e(\infty)$가 파라미터 a에 대하여 직접 비례하고, 파라미터 K에 반비례하기 때문에 식 (7.80)으로부터 직접 인지할 수 있다.

예제 7.12 계단 입력에 대한 정상상태 오차의 감도

문제 계단 입력을 가진 그림 7.20에 보인 시스템에 대하여 파라미터 K와 파라미터 a의 변화에 대한 정상상태 오차의 감도를 구하라.

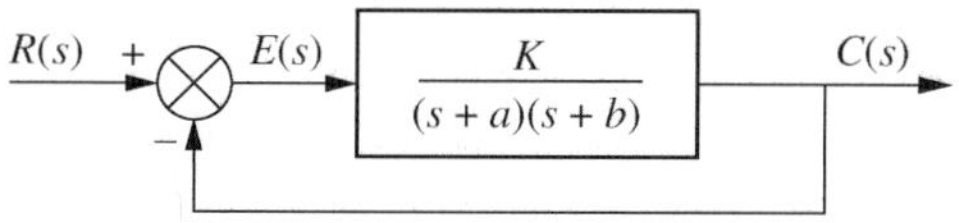

그림 7.20 예제 7.12에 대한 피드백 제어 시스템

풀이 위와 같은 형 0 시스템에 대한 정상상태 오차는

> **스스로 해보기 7.4**
>
> MATLAB의 Symbolic Math Toolbox를 사용하여, 다음 기술된 명령어를 통해 예제 7.12의 $S_{e:a}$를 찾아라.
>
> ```
> syms K a b s
> G=K/((s+a)*(s+b));
> Kp=subs(G,s,o);
> e=1/(1+Kp);
> Sea=(a/e)*diff(e,a);
> Sea=simple(Sea);
> 'Sea'
> Pretty(Sea)
> ```

$$e(\infty)=\frac{1}{1+K_p}=\frac{1}{1+\dfrac{K}{ab}}=\frac{ab}{ab+K} \tag{7.81}$$

로 된다. 파라미터 a의 변화에 대한 $e(\infty)$의 감도는

$$S_{e:a}=\frac{a}{e}\frac{\delta e}{\delta a}=\frac{a}{\left(\dfrac{ab}{ab+K}\right)}\frac{(ab+K)b-ab^2}{(ab+K)^2}=\frac{K}{ab+K} \tag{7.82}$$

로 주어지며, 파라미터 K의 변화에 대한 $e(\infty)$의 감도는

$$S_{e:K}=\frac{K}{e}\frac{\delta e}{\delta K}=\frac{K}{\left(\dfrac{ab}{ab+K}\right)}\frac{-ab}{(ab+K)^2}=\frac{-K}{ab+K} \tag{7.83}$$

으로 구해진다.

식 (7.82)와 식 (7.83)으로부터 양의 a와 b에 대하여 파라미터 K와 a의 변화에 대한 감도는 1보다 작음을 알 수 있다. 따라서 이 경우에서의 피드백은 두 파라미터의 변동에 대한 감도를 감소시킨다.

숙련예제 7.6

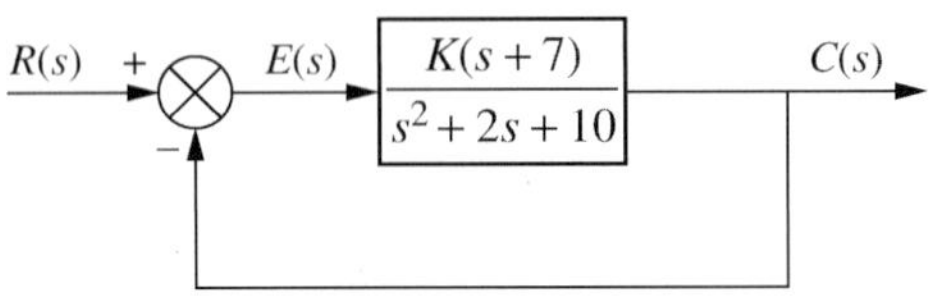

그림 7.21 숙련예제 7.6을 위한 시스템

문제 그림 7.21에 주어진 시스템에서 K의 변화에 대한 정상상태 오차의 감도를 구하라.

풀이 $S_{e:K}=\dfrac{-7K}{10+7K}$

풀이 과정은 www.wiley.com/go/Nise/ControlSystemsEngineering8e에서 확인 가능하다.

이 절에서는 감도를 정의하였고, 몇 가지의 경우에 있어서 피드백은 시스템 파라미터 변화에 대한 시스템의 정상상태 오차의 감도를 감소시킨다는 것을 알 수 있었다. 감도의 개념은 정상상태 오차 성능에만 국한하지 않고 제어 시스템의 성능에 대한 다른 측정 기준으로 적용될 수 있다.

7.8 상태 공간으로 표시된 시스템의 정상상태 오차

지금까지 전달 함수로 표시된 시스템에 대하여 정상상태 오차를 구하는 문제를 다루어 왔다. 이 절에서는 상태 공간에서 표시된 시스템의 정상상태 오차를 구하는 방법에 대해 설명한다. 정상상태 오차를 구하는 두 가지 방법을 소개한다. (1) 최종치 정리를 사용하는 방법과 (2) 입력 대입에 의하여 구하는 법을 설명한다. 여기서 각각의 방법을 고려할 것이다.

최종치 정리에 의한 해석

상태공간에서 표시된 단일 입력 단일 출력 시스템의 정상상태 오차는 최종치 정리와 상태 공간 표시로 구해진 식 (3.73)의 폐루프 전달 함수를 사용하여 구해진다. 다음의 상태 공간에서 표시된 폐루프 시스템을 고려해 보자.

$$\dot{x} = Ax + Br \tag{7.84a}$$
$$y = Cx \tag{7.84b}$$

오차의 라플라스 변환은

$$E(s) = R(s) - Y(s) \tag{7.85}$$

로 된다. 그러나 폐루프 전달 함수 $T(s)$에 의해

$$Y(s) = R(s)T(s) \tag{7.86}$$

로 주어진다. 이 식 (7.86)을 식 (7.85)에 대입하면

$$E(s) = R(s)[1 - T(s)] \tag{7.87}$$

로 된다. 식 (3.73)을 사용하여 $T(s)$를 바꾸어 주면,

$$E(s) = R(s)[1 - C(sI - A)^{-1}B] \tag{7.88}$$

로 된다. 여기에 최종치 정리를 적용하면 다음과 같이 정상상태 오차를 구할 수 있다.

$$\lim_{s\to 0} sE(s) = \lim_{s\to 0} sR(s)[1 - \mathbf{C}(s\mathbf{I} - \mathbf{A})^{-1}\mathbf{B}] \tag{7.89}$$

예제를 통하여 살펴보기로 하자.

예제 7.13 최종치 정리를 이용한 정상상태 오차

문제 식 (7.90)으로 표시된 시스템에 대하여 단위 계단 입력 및 단위 램프 입력에 정상상태 오차를 최종치 정리를 사용하여 구하라.

$$A = \begin{bmatrix} -5 & 1 & 0 \\ 0 & -2 & 1 \\ 20 & -10 & 1 \end{bmatrix}; \quad B = \begin{bmatrix} 0 \\ 0 \\ 1 \end{bmatrix}; \quad C = [-1 \ \ 1 \ \ 0] \tag{7.90}$$

풀이 식 (7.90)을 식 (7.89)에 대입하면, 다음과 같이 구해진다.

$$\begin{aligned} e(\infty) &= \lim_{s\to 0} sR(s)\left(1 - \frac{s+4}{s^3 + 6s^2 + 13s + 20}\right) \\ &= \lim_{s\to 0} sR(s)\left(\frac{s^3 + 6s^2 + 12s + 16}{s^3 + 6s^2 + 13s + 20}\right) \end{aligned} \tag{7.91}$$

단위 계단 입력 $R(s) = 1/s$에 대한 정상상태 오차는 $e(\infty) = 4/5$이며, 단위 램프입력 $R(s) = 1/s^2$에 대한 정상상태 오차는 $e(\infty) = \infty$가 된다. 이 시스템은 형 0 시스템으로 작용한다.

스스로 해보기 7.5

MATLAB의 Symbolic Math Toolbox를 사용하여, 다음에 기술된 명령어를 통해 예제 7.13 시스템의 계단 입력에 대한 정상상태 오차를 찾아라.

```
syms s
A=[-5   1   0
    0  -2   1
   20  -10  1];
B=[0;0;1];
C=[-1  1  0];
I=[1  0  0
     0  1  0
     0  0  1];
E=(1/s)*[1-C*…
  [(s*I -A)^-1]*B];
%New command
%subs(X, old, new);
%Replace old in …
%X(old) with new.
error=subs(s*E, s, 0)
```

입력 대입에 의한 해석

$(s\mathbf{I}-\mathbf{A})$의 역을 구하지 아니하고 정상상태 오차를 구할 수 있는 방법으로 상태 방정식에 가상적으로 구해진 입력을 대입하여 구하는 방식이 있으며(Hostetter, 1989), 이 방법은 다입력 다출력 시스템에도 적용 가능하다. 단위 계단 입력 및 단위 램프 입력에 대해 결과를 유도할 것이다.

계단 입력 단위 계단 입력, $r=1$에 대한 상태방정식, 식(7.84)에 대하여, $\mathbf{x}$의 정상상태 해, $\mathbf{x}_{ss}$를 상수 $\mathbf{x}$를 사용하여 다음과 같이 나타내자.

$$\mathrm{x}_{ss}=\begin{bmatrix}V_1\\V_2\\\vdots\\V_n\end{bmatrix}=\mathbf{V} \tag{7.92}$$

또한,

$$\dot{\mathrm{x}}_{ss}=0 \tag{7.93}$$

이므로 식 (7.84)에 단위 계단 입력, $r=1$, 식 (7.92) 및 식 (7.93)을 함께 대입하면,

$$0=\boldsymbol{A}\mathrm{V}+\mathrm{B} \tag{7.94a}$$

$$y_{ss}=\mathrm{CV} \tag{7.94b}$$

가 되며, y_{ss}는 정상상태 출력을 나타낸다. 이 식을 $\mathbf{V}$에 대해 풀어보면 다음과 같다.

$$\mathrm{V}=-\mathrm{A}^{-1}\mathrm{B} \tag{7.95}$$

그러나 정상상태의 오차는 정상상태의 입력과 정상상태의 출력의 차이이므로, 상태 공간에서 표시된 시스템의 단위 계단 입력에 대한 정상상태 오차는 최종적으로 다음과 같이 구해진다.

$$e(\infty)=1-y_{ss}=1-\mathbf{CV}=1+\mathbf{CA}^{-1}\mathbf{B} \tag{7.96}$$

램프 입력 단위 램프 입력 $r=t$에 대해 $\mathbf{x}$의 정상상태 해를 상수 V_i 및 W_i를 사용하여 다음과 같이 나타낸다.

$$\mathrm{x}_{ss}=\begin{bmatrix}V_1t+W_1\\V_2t+W_2\\\vdots\\V_nt+W_n\end{bmatrix}=\mathbf{V}t+\mathbf{W} \tag{7.97}$$

따라서

$$\dot{\mathrm{x}}_{ss}=\begin{bmatrix}V_1\\V_2\\\vdots\\V_n\end{bmatrix}=\mathrm{V} \tag{7.98}$$

로 되며, $r=t$ 식 (7.97) 및 식 (7.98)을 식 (7.84)에 대입하면 다음과 같다.

$$\mathrm{V}=\mathrm{A}(\mathrm{V}t+\mathrm{W})+\mathrm{B}t \tag{7.99a}$$

$$y_{ss}=\mathrm{C}(\mathrm{V}t+\mathrm{W}) \tag{7.99b}$$

식 (7.99a)를 만족하기 위하여 t에 대해 계수를 같게 두면, $\mathbf{AV} = -\mathbf{B}$ 혹은

$$\mathrm{V} = -\mathrm{A}^{-1}\mathrm{B} \tag{7.100}$$

으로 표시된다.

또한, 식 (7.99a)에서 상수항들을 같게 두면 $\mathbf{AW} = \mathbf{V}$ 혹은

$$\mathrm{W} = \mathrm{A}^{-1}\mathrm{V} \tag{7.101}$$

로 구해진다. 식 (7.100)과 식 (7.101)을 식 (7.99b)에 대입하면 다음과 같다.

$$y_{ss} = \mathrm{C}[-\mathrm{A}^{-1}\mathrm{B}t + \mathrm{A}^{-1}(-\mathrm{A}^{-1}\mathrm{B})] = -\mathrm{C}[\mathrm{A}^{-1}\mathrm{B}t + (\mathrm{A}^{-1})^2\mathrm{B}] \tag{7.102}$$

따라서 정상상태 오차는

$$e(\infty) = \lim_{t\to\infty}(t - y_{ss}) = \lim_{t\to\infty}[(1 + \mathbf{CA}^{-1}\mathbf{B})t + \mathbf{C}(\mathbf{A}^{-1})^2\mathbf{B}] \tag{7.103}$$

으로 구해진다.

주목할 사항은 이 방법을 사용하기 위해서는 $\mathbf{A}^{-1}$가 존재해야만 한다는 것이다. 즉, $\mathbf{A} \neq 0$가 되어야 한다. 이제 식 (7.96)과 식 (7.103)을 사용하여 단위 계단 입력 및 단위 램프 입력에 대하여 정상상태 오차를 구하는 문제를 살펴보기로 하자.

예제 7.14 입력 대입에 의한 정상상태 오차 구하기

문제 식 (7.90)으로 표시된 시스템에 대하여 단위 계단 입력 및 단위 램프 입력에 정상상태 오차를 입력 대입법을 사용하여 구하라.

풀이 단위 계단 입력에 대한 정상상태 오차는 식 (7.96)로부터,

$$e(\infty) = 1 + CA^{-1}B = 1 - 0.2 = 0.8 \tag{7.104}$$

로 되며 여기서 C, A 및 B는 다음과 같다.

$$A = \begin{bmatrix} -5 & 1 & 0 \\ 0 & -2 & 1 \\ 20 & -10 & 1 \end{bmatrix};\quad B = \begin{bmatrix} 0 \\ 0 \\ 1 \end{bmatrix};\quad C = [-1\ \ 1\ \ 0] \tag{7.105}$$

단위 계단 입력에 대해서는 식 (7.103)으로부터 다음과 같이 구해진다.

$$e(\infty) = [\lim_{t\to\infty}[(1 + CA^{-1}B)t + C(A^{-1})^2B] = \lim_{t\to\infty}(0.8t + 0.08) = \infty \tag{7.106}$$

숙련예제 7.7

문제 아래의 상태 공간에서 표시된 시스템의 단위 계단 입력에 대한 정상상태 오차를 구하라. 정상상태 오차를 최종치 정리와 입력 대입법 각각을 사용하여 구하라.

$$A = \begin{bmatrix} 0 & 1 \\ -3 & -6 \end{bmatrix};\quad B = \begin{bmatrix} 0 \\ 1 \end{bmatrix};\quad C = [1\ \ 1]$$

풀이 $e_{step}(\infty) = \dfrac{2}{3}$

풀이 과정은 www.wiley.com/go/Nise/ControlSystemsEngineering8e에서 확인 가능하다.

이 장에서 전달 함수로 표시된 시스템 및 상태 공간에서 표시된 시스템의 정상상태 오차를 구하는 방법을 설명하였다. 상태 공간에서 표시된 시스템에 대해서는 (1) 최종치 정리를 사용하는 방법과 (2) 입력 대입을 사용하는 방법에 대하여 설명하였다.

사례연구

Design 안테나 제어 : 이득을 통한 정상상태 오차의 설계

Design D

이 장에서는 폐루프 피드백 제어 시스템에 있어서 계단, 램프, 포물선 입력에 대한 정상상태 오차를 어떻게 구하는가를 보여 주었다. 또한 정상상태 오차의 요구 사항을 만족하도록 이득을 어떻게 정할 것인가에 대해서도 배웠다. 이 사례연구에서는 이러한 개념을 정리하기 위하여 안테나 방위각 위치 제어 시스템을 이용한다.

문제 부록 A2에 나타낸 안테나 방위각 위치 제어 시스템에 대하여(configuration 1)

a. 계단, 램프, 포물선 입력들에 대하여 이득 K 항으로 정상상태 오차를 구하라.
b. 정상상태에서 10%의 오차가 되도록 이득 K의 값을 구하라.

풀이 a. 시스템에 대한 간략화한 블록선도가 전면 표지 안쪽에 나타나 있다. 정상상태 오차는 다음과 같이 주어진다.

$$e(\infty) = \lim_{s\to 0} sE(s) = \lim_{s\to 0} \frac{sR(s)}{1+G(s)} \tag{7.107}$$

블록선도로부터 합점의 오른쪽에 가변 저항을 넣은 후의 등가 순방향 전달 함수는 다음과 같다.

$$G(s) = \frac{6.63K}{s(s+1.71)(s+100)} \tag{7.108}$$

계단 입력에 대한 정상상태 오차를 구하기 위하여 식 (7.108)를 따라 $R(s) = 1/s$를 사용하고, 이를 식 (7.107)에 대입한다. 결과는 $e(\infty) = 0$으로 된다.

램프 입력에 대한 정상상태 오차를 구하기 위하여 식 (7.108)를 따라 $R(s) = 1/s^2$를 사용하고, 이를 식 (7.107)에 대입한다. 결과는 $e(\infty) = 25.79/K$이다.

포물선 입력에 대한 정상상태 오차를 구하기 위하여 식 (7.108)를 따라 $R(s) = 1/s^3$를 사용하고, 이를 식 (7.107)에 대입한다. 결과는 $e(\infty) = \infty$이다.

b. 시스템이 형 1이기 때문에 정상상태에서의 10% 오차가 되기 위해서는 반드시 램프 입력을 고려해야 한다. 이 입력이 유한하고 0이 아닌 오차를 발생하는 유일한 입력이기 때문이다. 따라서 램프 입력에 대하여

$$e(\infty) = 0.1 = \frac{1}{K_v} = \frac{(1.71)(100)}{6.63K} = \frac{25.79}{K} \tag{7.109}$$

이 된다.

그러므로 K=257.9이다. K의 값이 시스템의 안정성을 보장하는 이득의 범위 안에 있는지를 확인해야 한다. 지난 장의 안테나 제어 사례연구에서 안정도를 유지하기 위한 이득의 범위는 $0<K<2623.29$로 구해졌다. 그러므로 시스템은 257.9의 이득에 대하여 안정하다.

도전문제 이 장의 목표에 대한 여러분들의 지식을 테스트하기 위한 하나의 문제가 주어졌다. 전면 부록 A2의 configuration 2에 나타낸 안테나 방위각 위치 제어 시스템을 참고하여, 다음을 수행하라.

a. 계단, 램프, 포물선 입력들에 대하여 이득 K 항으로 정상상태 오차를 구하라.
b. 정상상태에서 20% 오차를 발생하도록 이득 K의 값을 구하라.

Design 비디오 레이저 디스크 레코더 : 이득을 통한 정상상태 오차의 설계

두 번째 사례연구로서, 녹화를 위한 비디오 레이저 디스크의 초점 정렬 시스템을 살펴보자.

Design **D**

문제 비디오 레이저 디스크에 녹화를 하기 위해서는, 프로그램 내용을 기록 장소에 기록하기 위하여 반드시 0.5μm 의 레이저 점을 기록 매체에 초점을 맞추어야 한다. 작은 레이저 점은 초점 렌즈를 $\pm 0.1\mu$m 의 정확도로 위치시켜야 한다. 초점렌즈의 피드백 제어 시스템 모델을 그림 7.22에 나타내었다. 검출기는 그림 7.23(a)에 나타낸 바와 같이 초점의 집중 정도를 측정함으로써 초점 렌즈와 비디오 디스크 사이의 거리를 감지한다. 레이저 디스크 D로부터 반사되는 레이저 빛은 빔 분광기 B_1과 B_2에 의하여 분리되어서, 구경(aperture) A의 뒤로 모아진다. 나머지는 거울에 의하여 반사되어서 구경 A의 전면으로 모인다. 구경을 통과하는 각 빔의 총 광량은 빔의 집중점(focal point)이 구경으로부터 얼마나 멀리 있는가에 달려있다. 분할 포토다이오드의 각 면P는 각 빔의 강도를 측정한다. 따라서 기록 대물렌즈로부터의 레이저 디스크의 거리가 변함에 따라 각 빔의 집중점도 변한다.

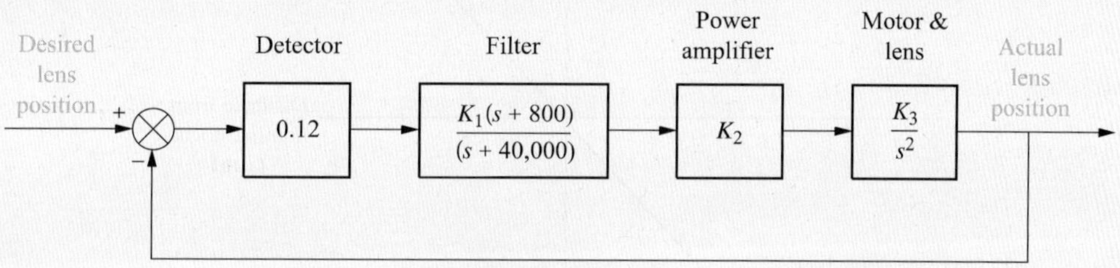

그림 7.22 비디오 레이저 디스크 기록. 기록 빔의 초점 정렬 제어 시스템

그 결과, 분할 포토다이오드의 각 부분에서 감지되는 상대 전압은 변한다. 빔이 초점에서 벗어났을 때는 포토다이오드의 한쪽이 높은 전압을 출력한다. 빔이 초점에 있을 때는 포토다이오드의 양쪽에서 출력되는 전압은 동일하다.

검출기에 대한 간략화 된 모델은 정상적인 초점으로부터 레이저 디스크의 거리에 대하여 두 요소로부터 출력되는 차분 전압을 나타내는 직선이다. 검출기의 입력과 출력의 관계를 선형화한 도표가 그림 7.23(b)에 나타나 있다 (Isailovic, 1985). 레이저 디스크에 대한 뒤틀림(warp)은 $10t^2\mu$m 의 초점에서 가장 나쁜 외란을 일으킨다고 가정한다. 시스템에서 요구하는 초점 정렬의 정확도를 만족하는 $K_1K_2K_3$의 값을 구하라.

풀이 시스템형은 형 2이기 때문에 포물선 입력에 대하여 유한한 오차로 응답할 수 있다. 외란은 $10t^2\mu$m 의 입력과 같은 효과를 가진 것으로 가정할 수 있다. $10t^2$의 라플라스 변환은 $20/s^3$이다. 즉, 포물선 입력에 대해서 오차의 일반적인 방정식을 유도하기 위해서 사용되는 단위 가속도보다 20배 크다. 따라서 $e(\infty) = 20/K_a$이며, $K_a = \lim_{s\to 0} s^2G(s)$로 구해진다.

그림 7.22로부터 $K_a = 0.0024K_1K_2K_3$이며, 또한 문제의 설명으로부터 오차는 0.1μm 보다 크지 않아야 한다. 그러므로 $e(\infty) = 8333.33/K_1K_2K_3 = 0.1$이다. 따라서 $K_1K_2K_3 \geq 8333.3$이고 시스템은 안정하다.

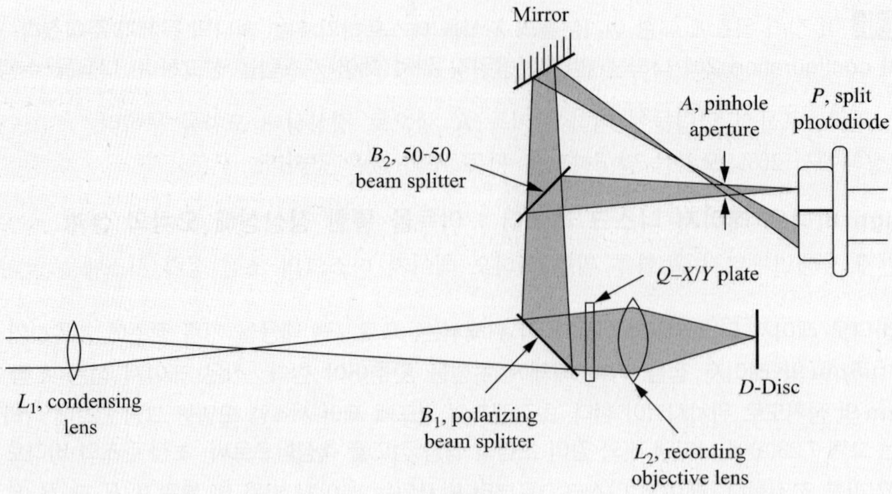

(a)

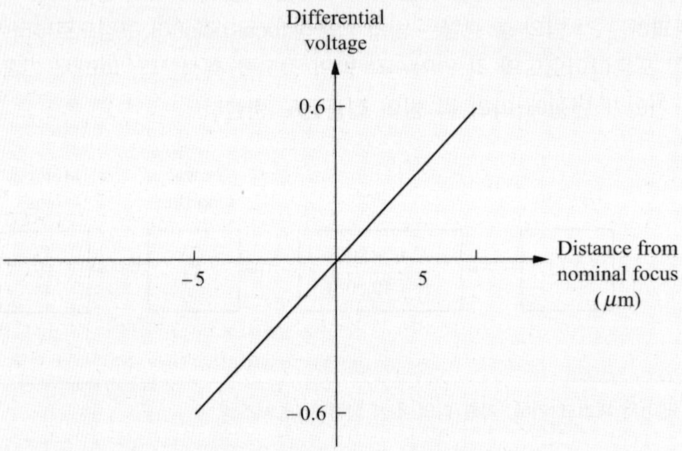

(b)

그림 7.23 비디오 레이저 디스크 기록 a. 초점 검출기 광학;[6] b. 초점 검출기의 선형화한 전달 함수 [6]

도전문제 이 장의 목표에 대한 여러분들의 지식을 테스트하기 위한 하나의 문제가 주어졌다. 그림 7.24에 나타낸 비디오 레이저 디스크 녹화 시스템의 블록선도에 대해서 다음을 행하라.

a. 디스크의 뒤틀림이 초점에 최악의 $15t^2\mu m$ 외란으로 작용할 때, 초점 렌즈의 위치가 $\pm 0.005\mu m$의 정확도로 제어가 되기 위한 $K_1K_2K_3$의 값을 구하라.

b. Routh-Hurwitz 판별법을 이용하여 (a)의 조건이 만족될 때, 시스템이 안정한지를 보여라.

MATLAB ML

c. MATLAB을 이용하여 (a)의 조건이 만족될 때 시스템이 안정한 지를 보여라.

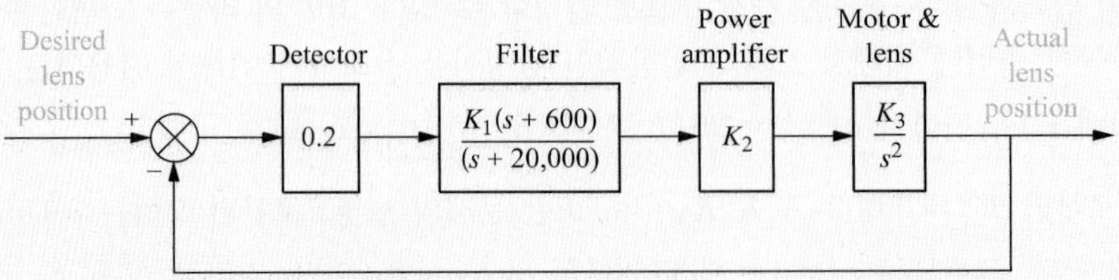

그림 7.24 레이저 디스크 녹화 초점 조정 시스템

6 Isailovic, J. Videodisk and Optical Memory Thechnologies, 1st Edition, © 1985. Reprinted vy permission of Pearson Education, Inc., Ipper Saddle River, NJ.

요약

이 장에서는 정상상태 오차에 대한 피드백 제어 시스템의 분석과 설계를 다루었다. 정상상태 오차는 전적으로 시스템의 구성과 깊은 관계가 있는 것으로 공부하였다. 시스템의 구성과 이른바 계단, 램프, 포물선 등의 선택한 테스트 신호 그룹을 기초로 해서 시스템의 정상상태 오차 성능에 대한 분석과 설계를 할 수 있다. 시스템이 안정하다고 가정하면, 시스템이 순방향 경로 상에 많은 수의 순수 적분기들을 가질수록 정확도가 높아진다.

정상상태 오차는 테스트 입력의 형태에 따라 좌우된다. 안정한 시스템에 최종치 정리를 적용하면 단위 계단의 입력에 대한 정상상태 오차는

$$e(\infty) = \frac{1}{1+\lim_{s\to 0} G(s)} \tag{7.110}$$

단위 속도의 램프 입력에 대한 정상상태 오차는

$$e(\infty) = \frac{1}{\lim_{s\to 0} s\,G(s)} \tag{7.111}$$

그리고 단위 가속도의 포물선 입력에 대해서는

$$e(\infty) = \frac{1}{\lim_{s\to 0} s^2 G(s)} \tag{7.112}$$

로 구해진다.

식 (7.110)에서 식 (7.112)까지의 극한을 취한 항들을 **정상상태 오차 상수**라 부른다. 식 (7.110)부터 차례대로 해서 극한을 취한 분모 항들을 각각 **위치 상수**, **속도 상수** 및 **가속도 상수**라 한다. 정상상태 오차 상수들은 제어 시스템에 대한 정상상태 오차 규격들이다. 정상상태 오차를 규정함으로써 순방향 경로에 있는 순수 적분기의 수와 사용된 테스트 신호 및 예측되는 정상상태 오차를 나타낸다.

이 장에서 다룬 또 다른 정의는 **시스템의 형**이다. 시스템형은 단위 피드백 시스템으로 가정했을 때 순방향 경로에 있는 순수 적분기의 수이다. 시스템형이 증가하면 시스템이 안정도를 유지하는 한 정상상태 오차는 감소한다.

대부분의 경우 정상상태 오차는 정상상태 오차 상수에 반비례하기 때문에 정상상태 오차 상수가 커질수록 정상상태 오차는 작아진다. 시스템의 이득이 증가하면 정상상태 오차 상수는 증가한다. 따라서 일반적으로 시스템이 안정도를 유지하는 한 시스템 이득이 증가하면 정상상태 오차는 감소한다.

단위 피드백이 아닌 시스템은 등가 단위 피드백 시스템으로 유도한 다음 이전의 모든 정상상태 오차 규격들을 적용할 수 있다. 이 방법은 입출력의 단위가 같은 시스템에 제한된다.

외란에 의한 시스템의 정상상태 오차는 피드백으로 감소시킬 수 있음을 보았으며, 피드백과 더불어 시스템의 이득을 조절하여 외란의 효과를 줄일 수 있음을 알았다.

마지막으로 상태 공간으로 표시된 시스템의 정상상태 오차를 최종치 정리 및 입력 대입법을 사용하여 구할 수 있음을 알았다.

다음 장에서는 제어 시스템의 분석과 설계에 있어서 매우 유용한 도구인 근궤적을 배울 것이다.

복습문제

1. 정상상태 오차를 일으키는 두 원인들의 이름을 말하라.
2. 일정한 속도 차이를 가지고 추적하는 위치 제어는 정상상태에서 얼마나 큰 위치 오차를 발생하게 되는가?
3. 정상상태 오차를 평가하기 위해서 사용하는 테스트 입력들의 이름을 말하라.
4. 문제 3에서 나열한 테스트 입력 각각에 대하여 정상상태 오차를 0으로 하기 위해 순방향 경로에 몇 개의 적분기가 필요한가?
5. 시스템 이득을 증가시키면 정상상태 오차에 어떤 효과를 미치는가?
6. 계단 입력에 대하여 무슨 조건이 만족되면 정상상태 오차가 근사적으로 정상상태 오차 상수의 역수로 되는가?
7. 램프와 포물선 입력에 대하여 정상상태 오차 상수와 정상상태 오차 사이에는 어떤 관계가 있는가?
8. 규격 $K_p = 10,000$에는 어떤 정보가 포함되어 있는가?
9. 시스템형을 정의하라.
10. 제어 시스템의 순방향 전달 함수가 -1, -2 및 -3에 세 개의 극점들을 가지고 있다. 시스템형은 얼마인가?
11. 외란 신호에 대하여 피드백은 어떤 효과를 가지고 있는가?
12. 플랜트의 입력에 인가되는 계단 입력 외란 신호에 대하여, 외란의 영향을 최소화하기 위한 제어기와 플랜트 이득의 효과를 기술하라.
13. 시스템이 단위 피드백이 아닌 요소를 가지고 있을 때 순방향 경로 동작 신호가 시스템 오차인가?
14. 단위 피드백이 아닌 시스템을 정상상태 오차에 대하여 어떻게 분석하고 설계할 것인가?
15. 감도를 말로 정의하고, 감도를 개선하는 측면에서 피드백 제어 시스템 공학의 목표를 설명하라.
16. 상태 공간에서 표시된 시스템의 정상상태 오차를 계산하는 두 가지 방법의 이름을 들어라.

가상 탐구 실험실

실험 7.1

목표 입력파형, 루프이득, 시스템의 형에 따른 정상상태 오차들의 영향을 확인한다.

요구되는 소프트웨어의 최소 구성 MATLAB, Simulink, Control System Toolbox

예비실험

1. 어떤 시스템 형이 계단 입력에 대하여 정상상태 오차가 0이 되는가?
2. 어떤 시스템 형이 램프 입력에 대하여 정상상태 오차가 0이 되는가?
3. 어떤 시스템 형이 램프 입력에 대하여 정상상태 오차가 무한대가 되는가?
4. 어떤 시스템 형이 포물선 입력에 대하여 정상상태 오차가 0이 되는가?
5. 어떤 시스템 형이 포물선 입력에 대하여 정상상태 오차가 무한대가 되는가?
6. 그림 7.25의 음의 피드백 시스템에서,

$$G(s)=\frac{K(s+6)}{(s+4)(s+7)(s+9)(s+12)},\quad H(s)=1$$

일 때, 다음과 같은 입력 $5u(t)$, $5tu(t)$, $5t^2u(t)$에 대한 정상상태 오차를 K항으로 표현하여라.

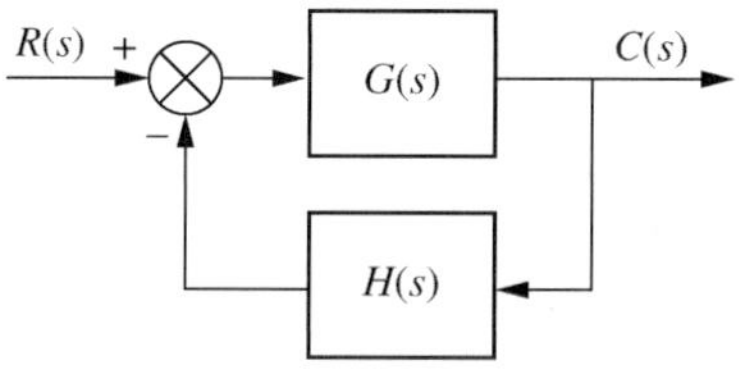

그림 7.25

7. $G(s)=\dfrac{K(s+6)(s+8)}{s(s+4)(s+7)(s+9)(s+12)}$, $H(s)=1$에 대하여 예비실험 6을 반복하여라.
8. (8판의 문제 8번 수식), $H(s)=1$에 대하여 예비실험 6을 반복하여라.

실험

1. Simulink를 사용하여, 예비실험 6의 음의 피드백 시스템을 구성하여라. $K=50$, 500, 1000, 5000일 때, 입력 $5u(t)$에 대한 시스템의 오차 신호를 하나의 그래프에 그려라. 입력 $5tu(t)$와 $5t^2u(t)$에 대하여 반복하여라.
2. Simulink를 사용하여, 예비실험 7의 음의 피드백 시스템을 구성하여라. $K=50$, 500, 1000, 5000일 때, 입력 $5u(t)$에 대한 시스템의 오차 신호를 하나의 그래프에 그려라. 입력 $5tu(t)$와 $5t^2u(t)$에 대하여 반복하여라.
3. Simulink를 사용하여, 예비실험 8의 음의 피드백 시스템을 구성하여라. $K=200$, 400, 800, 1000일 때, 입력 $5u(t)$에 대한 시스템의 오차 신호를 하나의 그래프에 그려라. 입력 $5tu(t)$와 $5t^2u(t)$에 대하여 반복하여라.

결과토의

1. Lab1에서 그린 그림을 통해 예측되는 정상상태 오차와 예비실험에서 계산된 값을 비교하여라. 어떤 불일치가 있다면 그 이유를 설명하여라.
2. Lab2에서 그린 그림을 통해 예측되는 정상상태 오차와 예비실험에서 계산된 값을 비교하여라. 어떤 불일치가 있다면 그 이유를 설명하여라.
3. Lab3에서 그린 그림을 통해 예측되는 정상상태 오차와 예비실험에서 계산된 값을 비교하여라. 어떤 불일치가 있다면 그 이유를 설명하여라.

실험 7.2

목적 계단 입력과 램프 입력에 대해 정상상태 성능분석을 위한 LabVIEW Control Design 과 Simulation Module을 사용하기 위함.

요구되는 소프트웨어의 최소 구성 Control Design and Simulation module을 가지고 있는 LabVIEW

예비실험 그림 7.26에서 보여진 로봇 조작기의 단일 관절의 모델이 주어졌다. 여기서 B는 점성 마찰 계수이고, $\theta_d(s)$는 희망 각도, $\theta(s)$는 출력 각도, 그리고 $D(s)$는 외란이다. 우리는 9장에서 공부하게 될 PD 제어기를 이용하여 관절각을 추종하기를 원한다. J와 B는 1이라고 가정한다. 다음의 PD 이득들의 조합에 대한 시스템의 계단과 램프 응답을 찾아라(K_P, K_D): $(16, 7)$,$(64, 15)$, and $(144, 23)$.

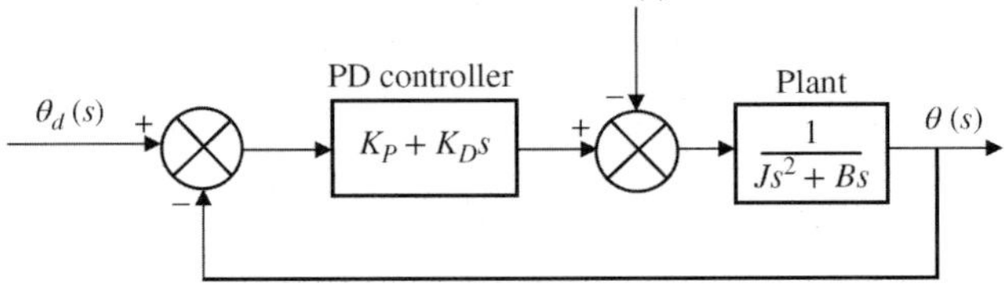

그림 7.26

실험

1. 외란이 없는 조건하에서, 계단 입력과 램프 입력에 대한 시스템의 응답을 시뮬레이션 하기위한 Control Design and Simulation/Simulation 판에서 함수들을 이용하여 LabVIEW VI를 만들어라.
2. D=40일 때의 외란에서 10의 입력 설정점을 추종하기위해, Control Design and Simulation/Simulation 판에서 함수들을 이용하여 LabVIEW VI를 만들어라.

결과토의 예비실험의 결과들과 당신의 결과를 비교하라. 서로 다른 입력과 PD 매개 변수에 대한 이 시스템의 다양한 응답으로부터 당신은 어떠한 결론을 도출 할 수 있는가? 시스템형은 무엇인가? 정상상태 작용이 다양한 입력들에 대해 시스템형과 정상상태 오차에 대해 당신이 배운 이론을 입증하는가? 설명하라.

참고문헌

Barkana, I. Classical and Simple Adaptive Control of Nonminimum Phase Autopilot Design. *Journal of Guidance, Control, and Dynamics*, vol. 28, 2005, pp. 631-638.

Bylinkski, G. Silicon Valley High Tech: Window to the Future. Intercontinental Publishing Corp, Ltd., Hong Kong, 1985. Figure caption source for Figure 7.9.

Camacho, E. F., Berenguel, M., Rubio, F. R., and Martinez, D. Control of Solar Energy Systems. Springer-Verlag, London, 2012.

Chandra, F. A., Buzi, G;, and Doyle, J. C. Glycolytic Oscillations and Limits on Robust Efficiency. Science, vol. 333, American Association for the Advancement of Science, July 8, 2011, pp. 187-192.

Craig, I. K., Xia, X., and Venter, J. W. Introducing HIV/AIDS Education into the Electrical Engineering Curriculum at the Univercity of Pretoria. *IEEE Trasactionson Education*, vol. 47, no. 1, Febrary 2004, pp. 65-73.

D'Azzo, J. J., and Houpis, C. H. *Feedback Control System Analysis and Design Conventional and Modern*, 3rd ed. McGraw-Hill, NewYork, 1988.

Hollot, C. V., Misra, V., Towsly, D., and Gong, W. A Control Theoretic Analysis of RED. *Proceedings of IEEE INFOCOM*, 2001, pp. 1510-1519.

Hostetter,G. H., Savant, C. J., Jr., and Stefami, R. T. *Design of Feedback Control Systems*. 2nd ed. Saunders College Pubilshing, NewYork, 1989.

Isailovic, J. *Videodisc and Optical Memory Systems*, Prentice-Hall, Englewood Cliffs, NJ, 1985.

Kuo, C.-F. J., Tu, H.-M., and Liu, C.-H. Dynamic Modeling and Control of a Current New Horizontal Type Cross-Lapper Machine. *Textile Research Journal,* vol. 80, no. 19, Sage, 2010, pp. 2016–2027.

Lam, C. S., Wong, M.C., and Han, Y.D. Stability Study on Dynamic Voltage Restorer(DVR). *Power Electronics Systems and Applications, 2004; Proceedings First International Conference on Power Electronics*, 2004, pp. 66-71.

Lin, J. S., and Kanellakopoulos, I. Nonlinear Design of Active Suspensions. *IEEE Control Systems*, vol. 17, issue 3, June 1997, pp. 45-59.

Low, K. H., Wang, H., Liew, K. M., and Cai, Y. Modeling and Motion Control of Robotic Hand for Telemanipulation Application. *International Journal of Software Engineering and Knowledge Engineering*, vol. 15, 2005, pp. 147-152.

Mitchell, R. J. More Nested Velocity Feedback Control. IEEE 9th *International Conference on Cybernetic Intelligent Systems (CIS),* 2010.

Ohnishi, K., Shibata, M, and Murakami, T. Motion Control for Advanced Mechatronics. *IEEE/ASME Transaction on Mechatronics*, vol. 1, no. 1, March 1996, pp. 56-67.

Papadopoulos, K . G, Papastefanaki, E . N., and Margaris, N.I. Explicit Analytical PID Tuning Rules for the Design of Type-III Control Loops. IEEE Transactions on Industrial Electronics, vol. 60, no. 10, October 2013, pp. 4650-4664.

Preitl, Z., Bauer, P., and Bokor, J. A Simple Control Solution for Traction Motor Used in Hybrid Vehicles. Fourth Internation Symposium on Applied Computational Intelligence and Informatics. IEEE, 2007. pp. 157-162.

Schneider, R. T. Pneumatic Robots Continue to Improve. *Hydraulics & Pneumatics*, October 1992, pp.38-39.

Spong, M., Hutchinson, S., and Vidyasagar, M. Robot Modeling and Control. John Wiley & Sons. Hoboken, NJ, 2006.

Stefani, R. T. Design and Simulation of an Automobile Guidance and Control System. Transactions, Computers in Education Division of ASEE, January 1978, pp. 1-9.

Yin, G., Chen, N., and Li, P. Improving Handling Stability Performance of Four-Wheel Steering Vehicle via μ-Synthesis Robust Control. Ieee Transactions on Vehicular Technology, vol. 56, no. 5, 2007, pp. 2432-2439.

연습문제

1. 다음의 전달 함수를 가진 그림 P7.1에 나타낸 단위 피드백 시스템에 대하여

$$G(s)=\frac{1350(s+2)(s+10)(s+32)}{s(s+4)(s^2+8s+32)}$$

다음의 테스트 입력들에 대한 정상상태 오차를 구하라: $17u(t)$, $32tu(t)$, $48t^2u(t)$ [7.2절]

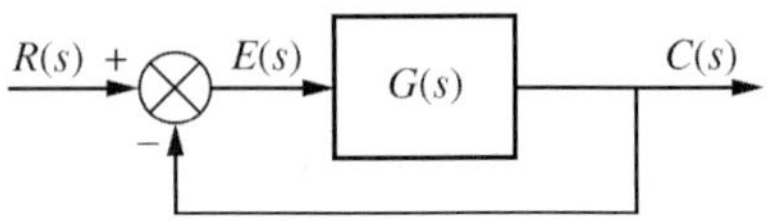

그림 P7.1

2. 램프 입력 $r(t)$와 출력 $c(t)$이 그림 P7.2에 나타나 있다. 출력의 정상상태가 근사적으로 램프라 가정할 때, 다음을 구하라. [7.1절] **SS**

a. 정상상태 오차

b. 입력이 $r(t)=tu(t)$일 때의 정상상태 오차

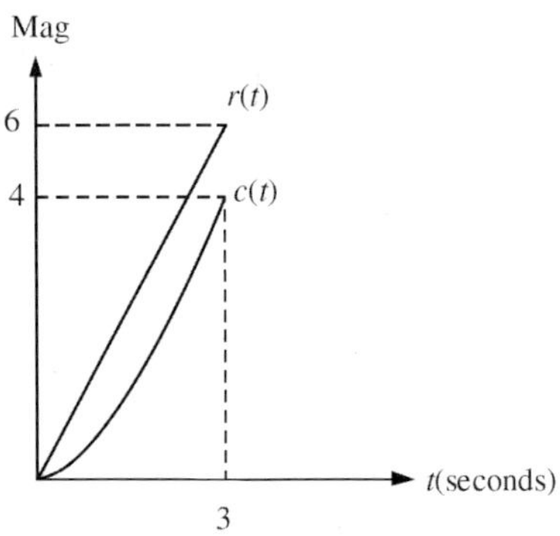

그림 P7.2

3. 다음의 전달 함수를 가진 그림 P7.1에 나타낸 단위 피드백 시스템에 대하여

$$G(s)=\frac{375(s+5)(s+18)(s+54)}{s^2(s+8)(s+24)}$$

입력이 $8t^2u(t)$인 경우 정상상태 오차를 구하라. [7.2절]

4. 그림 P7.3에 나타낸 시스템에 대하여 입력이 $10u(t)$, $10tu(t)$, $10t^2u(t)$일 때 예측되는 정상상태 오차는 얼마인가? [7.2절] **SS**

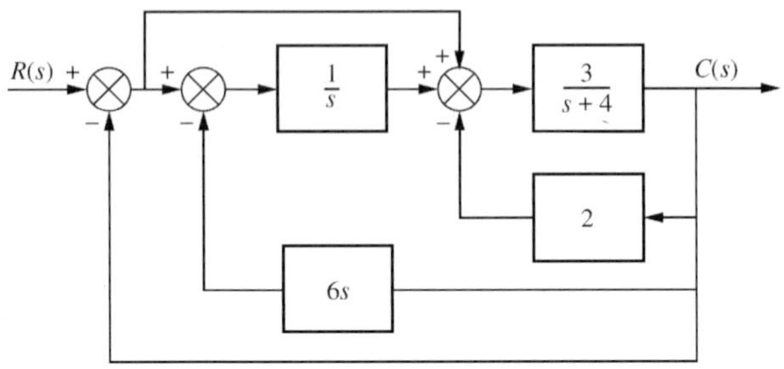

그림 P7.3

5. 다음의 전달 함수를 갖는 그림 P7.1에 나타낸 단위 피드백 시스템에 대하여 $4u(t)$ 및 $7tu(t)$, 그리고 $5t^2u(t)$의 입력들에 대한 정상상태 오차를 구하라. [7.3절]

$$G(s)=\frac{2}{(s+0.5)(s^2+1s+2)}$$

6. 다음의 전달 함수를 갖는 그림 P7.1에 나타낸 형 3의 단위 피드백 시스템에 $25t^3u(t)$의 입력을 인가하였다. **SS**

$$G(s)=\frac{210(s+4)(s+6)(s+11)(s+13)}{s^3(s+7)(s+14)(s+19)}$$

위치 정상상태 오차를 구하라. [7.3절]

7. 시스템의 속도 정상상태 오차는 다음과 같이 정의된다.

$$\left(\frac{dr}{dt}-\frac{dc}{dt}\right)\Big|_{t\to\infty}$$

여기서 r(t)은 시스템 입력이고 c(t)는 시스템 출력이다. 다음의 순방향 전달 함수를 갖는 단위 피드백 시스템에 $t^3u(t)$의 입력이 인가되었을 때, 속도 정상상태 오차를 구하라. [7.2절]

$$G(s)=\frac{200(s+2)(s+3)}{s^2(s+1)(s+15)}$$

8. $K_p=2$인 시스템이 있다. $50u(t)$와 $50tu(t)$의 입력에 대해 예상되는 정상상태 오차는 얼마인가? [7.3 절]

9. 다음의 전달 함수를 가진 그림 P7.1에 나타낸 단위 피드백 시스템에 대하여 [7.3절] **SS**

$$G(s) = \frac{5000}{s(s+75)}$$

a. 단위 계단 입력에 대한 예상되는 퍼센트 오버슈트는 얼마인가?

b. 단위 계단 입력에 대한 정착 시간은 얼마인가?

c. $5u(t)$의 입력에 대한 정상상태 오차는 얼마인가?

d. $5tu(t)$의 입력에 대한 정상상태 오차는 얼마인가?

e. $5t^2u(t)$의 입력에 대한 정상상태 오차는 얼마인가?

10. 다음의 전달 함수를 가진 그림 P7.1에 나타낸 단위 피드백 시스템이 주어졌을 때,

$$G(s) = \frac{300,000(s+5)(s+10)(s+30)}{s(s+60)(s+\alpha)(s+90)}$$

$K_v = 40,000$이 되기 위한 α의 값을 구하라. [7.4 절]

11. 다음의 전달 함수를 가진 그림 P7.1에 나타낸 단위 피드백 시스템에 대하여 **SS**

$$G(s) = \frac{K(s+2)(s+4)(s+6)}{s^2(s+5)(s+7)}$$

정상상태 오차 상수가 10,000이 되도록 K의 값을 구하라. [7.4절]

12. 그림 P7.4에 나타낸 시스템에 대하여 [7.3절]

a. $20u(t)$, $20tu(t)$ 및 $20t^2u(t)$의 입력들에 대한 정상상태 오차를 구하라.

b. K_p, K_v 및 K_a를 구하라.

c. 시스템형을 말하라.

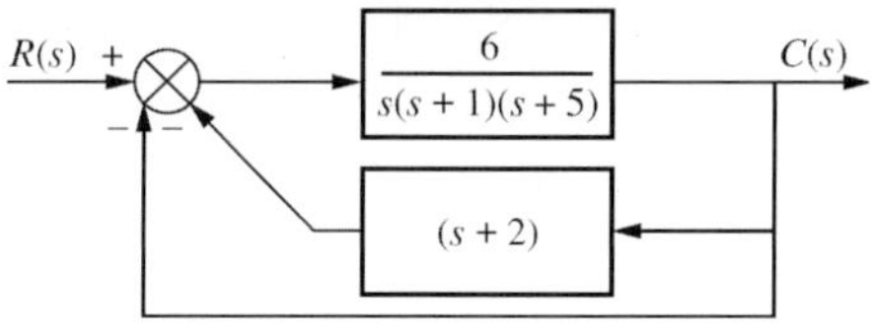

그림 P7.4

13. 그림 7.5의 시스템에 대하여 다음과 조건에서의 시스템형을 말하여라 [7.3절]

a. M(s) = 5.

b. M(s) = 5/s.

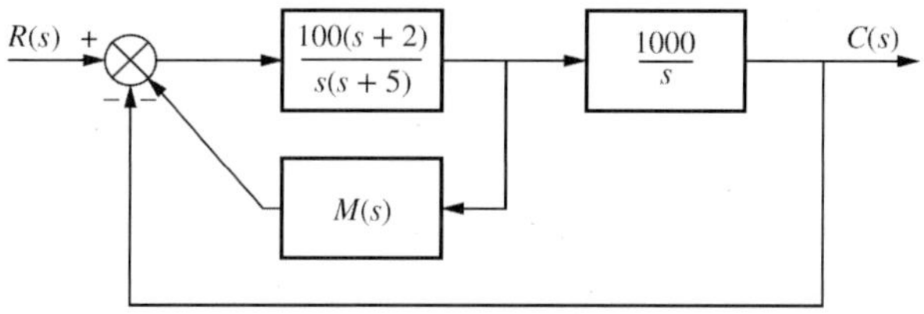

그림 P7.5

14. 그림 P7.6에서 단위 계단 입력에 대한 정상상태 오차가 0이 되도록 하는 피드포워드 전달 함수 $G_2(s)$의 제약 조건은 무엇인지 다음의 각 경우에 대하여 구하라. [7.3절]

a. $G_1(s)$가 형 0의 전달 함수일 때

b. $G_1(s)$가 형 1의 전달 함수일 때

c. $G_1(s)$가 형 2의 전달 함수일 때

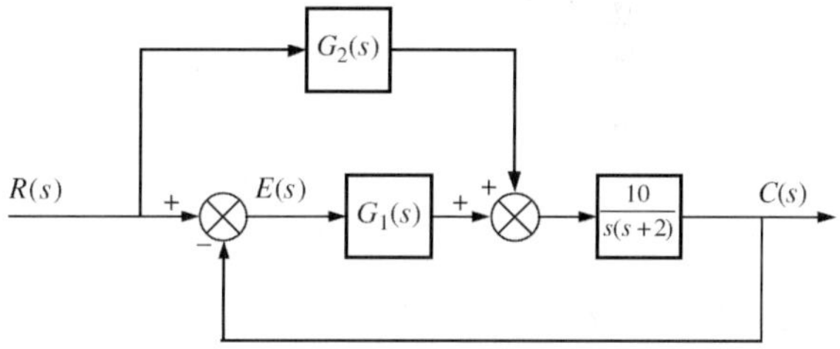

그림 P7.6

SS

15. 정상상태 오차는 시간이 무한대로 접근할 때, 입력과 출력사이의 위치의 차이로서 정의된다. 입력과 출력 사이의 속도의 차이인 정상상태 속도 오차를 정의하자. 속도 오차에 대한 표현, 즉 $\dot{e}(\infty) = \dot{r}(\infty) - \dot{c}(\infty)$를 유도하고, 속도 오차에 대한 표 P7.1을 완성하라. [7.2절, 7.3절]

표 P7.1

		Type		
		0	1	2
Input	Step			
	Ramp			
	Parabola			

16. 다음의 전달 함수를 가진 그림 P7.1의 단위 피드백 시스템이 주어졌을 때

$$G(s)=\frac{K(s+a)}{s(s+2)(s+15)}$$

기울기 30의 램프 입력에 대해 정상상태 오차가 0.005이 되기 위한 Ka값을 구하라. [7.4절]

17. 그림 P7.7의 시스템에 대하여, $50tu(t)$의 입력이 인가될 때, 정상상태 오차가 0.05이 되기 위한 K의 값을 설계하라. [7.4절]

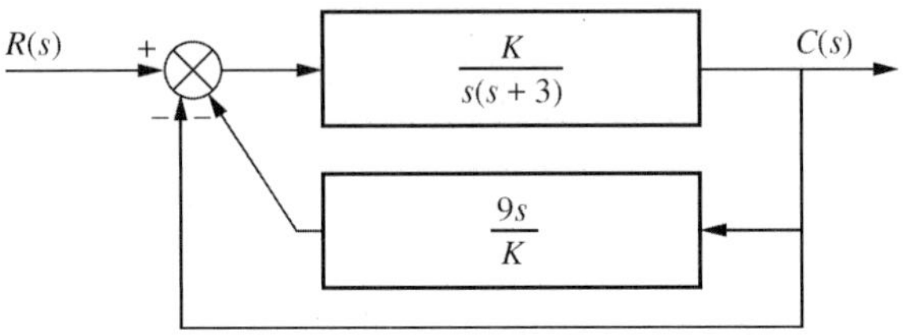

그림 P7.7

18. 다음의 전달 함수를 가진 그림 P7.1의 단위 피드백 시스템은 정상상태에서 $10tu(t)$의 입력에 대해 1/6000의 오차를 가진다. [7.4절]

$$G(s)=\frac{K(s^2+3s+30)}{s^n(s+5)}$$

a. 규격을 만족하는 K와 n을 구하라.
b. K_p, K_v 및 K_a는 얼마인가?

19. 다음의 전달 함수를 가진 그림 P7.1의 단위 피드백 시스템에 대하여 [7.3절]

$$G(s)=\frac{K(s^2+6s+6)}{(s+5)^2(s+3)}$$

a. 시스템의 형을 구하라.
b. $12u(t)$의 입력에 대하여 얼마의 오차를 예측할 수 있는가?
c. $12tu(t)$의 입력에 대하여 얼마의 오차를 예측할 수 있는가?

20. 다음의 전달 함수를 가진 그림 P7.1의 시스템이 주어졌을 때

$$G(s)=\frac{K(s+4)}{(s+1)(s^2+7s+30)}$$

정상상태 오차가 5%가 되도록 하는 K값을 구하라. [7.4절]

21. 다음의 전달 함수를 가진 그림 P7.1의 단위 피드백 시스템을 아래의 규격들을 만족하도록 설계하고자 한다. 단위 계단 입력에 대한 정상상태 오차=0.1 ; 감쇠비=0.5 ; 고유 주파수= $\sqrt{10}$. K, α 및 β를 구하라. [7.4절] **SS**

$$G(s)=\frac{K(s+\alpha)}{(s+\beta)^2}$$

22. 어떤 2차의 단위 피드백 시스템이 다음의 규격을 만족하면서 램프 입력을 추종한다 : 정상상태 출력 위치는 입력 속도의 0.01만큼 입력 위치로부터 벗어났다; 폐루프 시스템의 고유 주파수는 10rad/s이다. 다음을 구하라.

a. 시스템형
b. 순방향 경로 전달 함수에 대한 정확한 표현
c. 폐루프 시스템의 감쇠비

23. 그림 P7.1의 단위 피드백 시스템의 전달함수는 $G(s)=\frac{C(s)}{E(s)}=\frac{K}{s(s+a)}$이고 램프 입력 $r(t)=tu(t)$을 추종하게 되어 있다. 정상상태 출력 위치는 입력 위치로부터 입력 속도의 0.01 (즉, $e(\infty)=\frac{1}{K_v}=0.01$)만큼 차이가 발생한다. 폐루프 시스템의 고유 주파수를 $w_n=5$ rad/s로 설정하고 [7.4절] 다음을 구하라.

a. 시스템형
b. K와 α의 값
c. 폐루프 시스템의 감쇠비, ζ
d. K가 4로 감소되고 α=0.4일 때, 이에 상응하는 $e(\infty)$, w_n, ζ의 값을 찾아라.

24. 다음의 전달 함수를 갖는 그림 P7.1의 시스템을 아래의 요구 사항들을 만족하도록 설계하고자 한다 : 단위 램프 입력에 대한 정상상태 위치 오차가 1/10이다 ; 폐루프 극점들은 $-1\pm j1$에 위치한다. 규격들을 만족시키기 위한 K, α 및 β를 구하라. [7.4절]

$$G(s)=\frac{K(s+\alpha)}{s(s+\beta)}$$

25. 다음의 전달 함수를 가진 그림 P7.1의 시스템이 있을 때 **SS**

$$G(s)=\frac{K}{s(s+a)}$$

아래의 질문에 답하라. [7.4절]

a. $K_v=1000$과 20%의 오버슈트를 발생하기 위한 K와 a를 구하라.

b. 정상상태에서 1%의 오차와 10%의 오버슈트를 발생하기 위한 K와 a를 구하라.

26. 그림 P7.8의 시스템이 주어졌을 때 다음을 구하라. [7.3절]

a. 폐루프 전달 함수
b. 시스템형
c. $5u(t)$의 입력에 대한 정상상태 오차
d. $5tu(t)$의 입력에 대한 정상상태 오차
e. (c)와 (d)의 답에 대한 타당성을 설명하라.

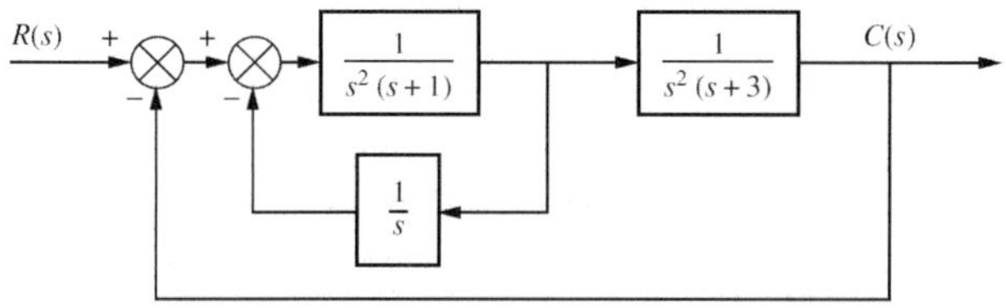

그림 P7.8

27. 그림 P7.9는 다음의 규격들을 갖는다. $K_v = 20$, $\zeta = 0.7$. 이 시스템의 규격들을 만족하도록 K_1과 K_f의 값을 구하라. [7.4절] SS

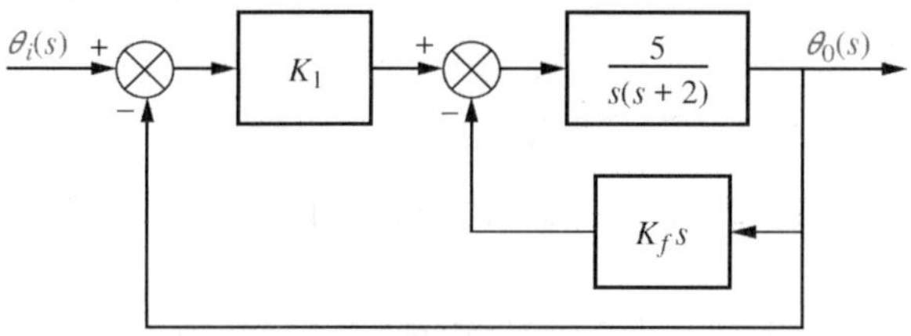

그림 P7.9

28. 그림 P7.10의 시스템에서 다음의 규격을 만족하기 위한 K_1과 K_2값을 설계하라. 단위 계단 외란 신호에 의한 정상상태 오차의 요소는 -0.00001 ; 단위램프 입력에 의한 정상상태 오차의 요소는 0.002이다. [7.5절]

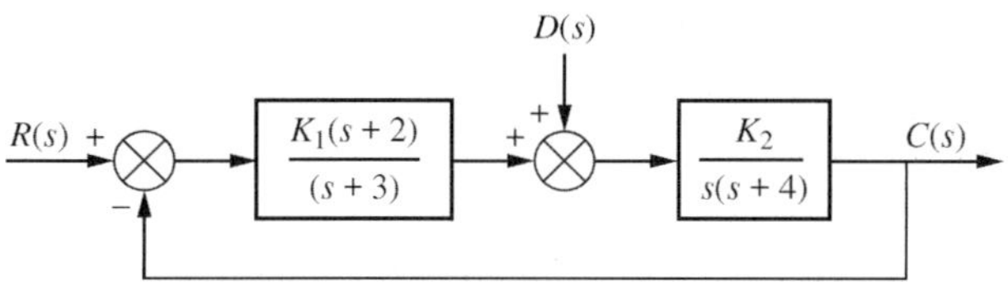

그림 P7.10

29. 그림 P7.11에서 $G(s) = 5$, $P(s) = \dfrac{7}{s+2}$로 놓자.

a. $D(s) = 0$일 때의 명령 입력 $R(s) = \dfrac{3}{s}$에 의한 정상상태 오차를 계산하라. SS

b. Simulink를 사용하여 a의 결과를 확인하라. Simulink SL

c. $R(s) = 0$일 때의 외란 입력 $D(s) = -\dfrac{1}{s}$에 의한 정상상태 오차를 계산하라.

d. Simulink를 사용하여 c의 결과를 확인하라. Simulink SL

e. 명령 입력 $R(s) = \dfrac{3}{s}$과 외란 $D(s) = -\dfrac{1}{s}$가 동시에 적용됨에 따른 전체 정상상태 오차를 계산하라.

f. Simulink를 사용하여 e의 결과를 확인하라. Simulink SL

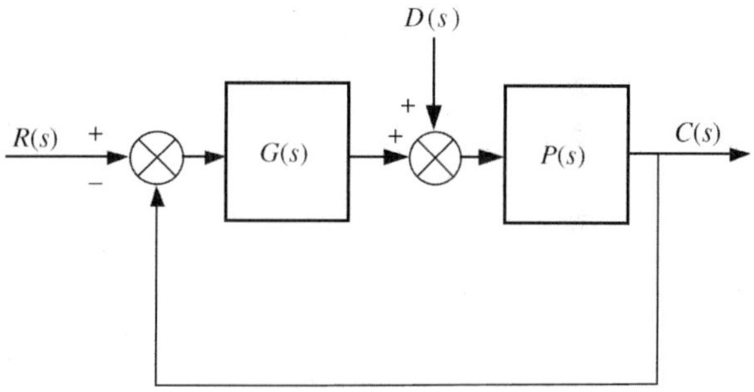

그림 P7.11

30. 비단위 피드백 시스템에 대한 동작 신호의 최종치를 구하는 교재의 식 (7.72)를 유도하라. [7.6절]

31. 그림 P7.12에 나타낸 시스템 각각에 대하여 다음을 구하라. [7.6절]

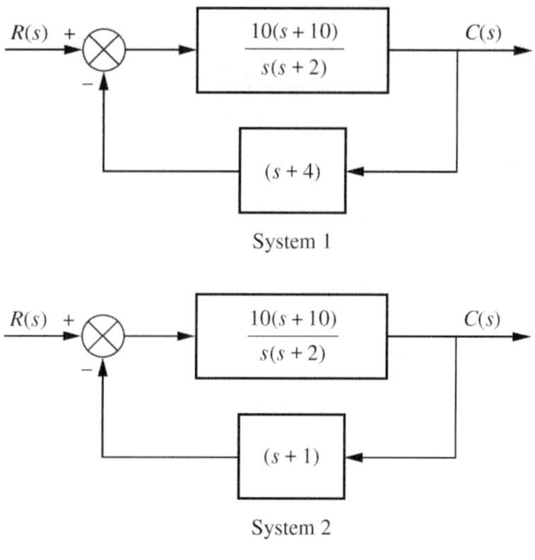

그림 P7.12 단위 피드백이 아닌 폐루프 시스템

a. 시스템형
b. 적절한 정상상태 오차 상수
c. 일정한 오차가 나타나는 입력 파형
d. (c)에서 구한 파형의 단위 입력에 대한 정상상태 오차
e. 동작 신호의 정상상태 값

32. 그림 P7.13에 나타낸 시스템 각각에 대하여, 단위 계단, 램프 및 포물선 입력들에 대한 적절한 정상상태 오차 상수를 구하고, 정상상태 오차 $r(\infty)-c(\infty)$를 구하라. [7.6절]

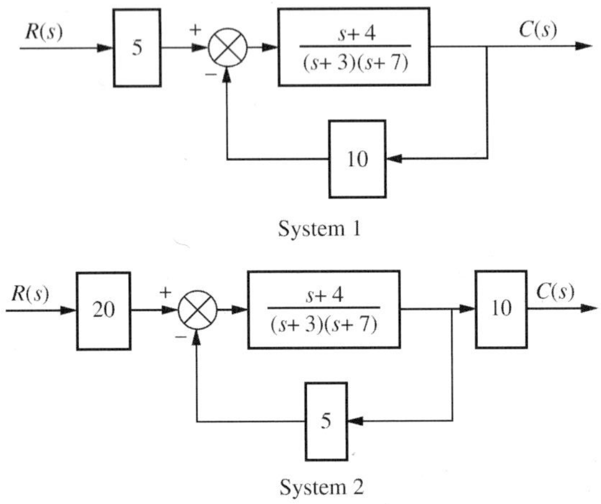

그림 P7.13

33. 그림 P7.14에 나타낸 시스템이 주어졌을 때 다음 사항을 구하라. [7.6절]

a. 시스템형
b. 정상상태에서 0.1%의 오차를 발생하기 위한 K의 값

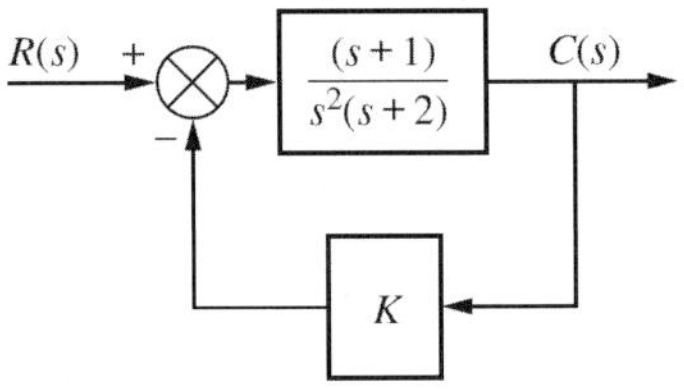

그림 P7.14

34. 그림 P7.15에 나타낸 시스템에 대하여 $K=10$과 $K=10^6$일 때 MATLAB을 이용하여 다음 사항을 구하라. [7.6절] MATLAB ML

a. 시스템형
b. K_p, K_v 및 K_a
c. $30u(t)$, $30tu(t)$ 및 $30t^2u(t)$의 입력들에 대한 정상상태 오차

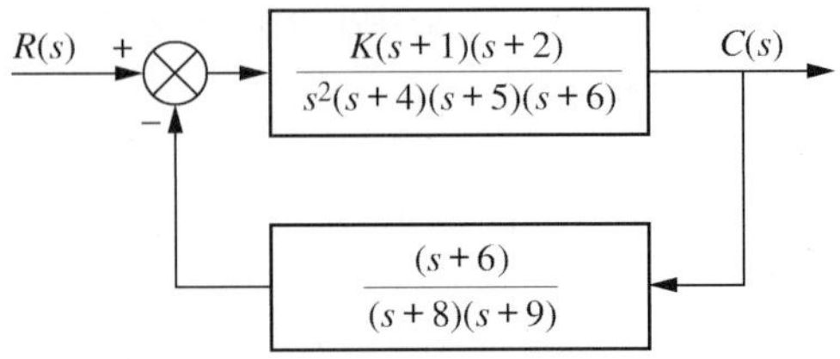

그림 P7.15

35. 동적 전압 복원기(Dynamic Voltage Restorer, DVR)는 전원 공급기에 직렬로 연결되어 있는 장치이다. 이 장치는 부하로의 전압 전달을 계속적으로 감시하고, 부하 전원 상수를 유지하기 위해 필요한 추가 전압을 적용함으로써 전압 하강을 보상해 준다. SS
그림 P7.16의 모델에서, u_r는 희망 기준 전압, u_o는 입력 전압, 그리고 Z_L는 부하 임피던스를 나타낸다. 다른 모든 매개 변수들은 동적 전압 복원기에 포함되어 있다(Lam, 2004).

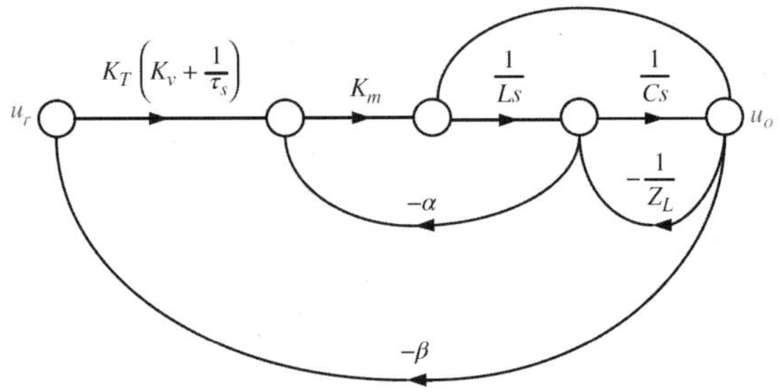

그림 P7.16 DVR 모델

a. $Z_L=\dfrac{1}{sC_L}$, $\beta\neq 1$라 가정하고, 시스템의 형을 구하라.
b. 단위 계단 입력에 대한 정상상태 오차를 β의 함수로 구하라.

36. 식 (7.69)를 유도하라. [7.6절]

37. 그림 P7.17에 나타낸 시스템이 주어졌을 때 다음 사항을 실행하라. [7.6절]

a. $R(s)$와 $D(s)$의 항으로써 오차 $E(s)=R(s)-C(s)$에 대한 표현을 유도하라.
b. $R(s)$와 $D(s)$가 단위 계단 함수일 때, 정상상태 오차 $e(\infty)$를 유도하라.
c. 정상상태 오차가 0이 되기 위해서 필요한 $G_1(s)$, $G_2(s)$ 및 $H(s)$의 속성을 결정하라.

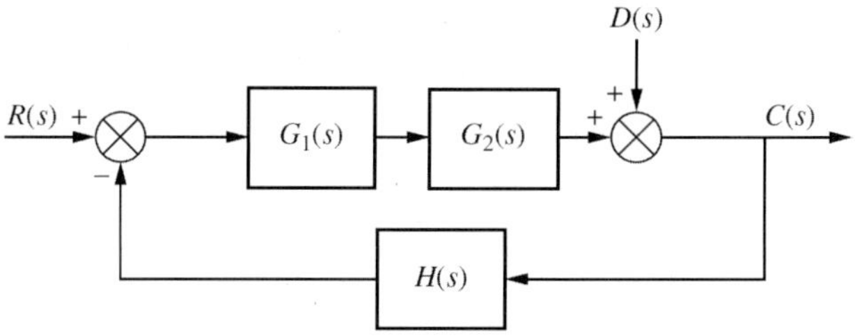

그림 P7.17 입력과 외란 신호를 가진 시스템

38. 그림 P7.18에 나타낸 시스템이 주어졌을 때 파라미터 a에 대한 정상상태 오차의 감도를 구하라. 계단 입력으로 가정하라. 파라미터 a의 함수로서 감도의 도표를 그려라. [7.7절]

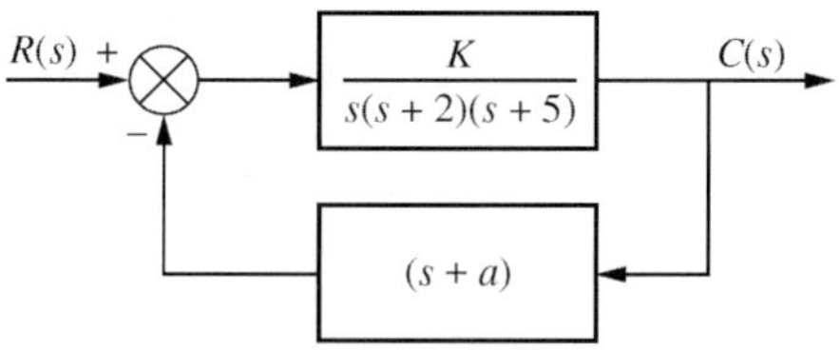

그림 P7.18

39. 그림 P7.19에 나타낸 시스템에 대하여 $K_1 = 100$이고 $K_2 = 0.1$일 때, K_1과 K_2의 변화에 대한 정상상태 오차의 감도를 구하라. 입력과 외란 신호 모두 계단 입력으로 가정하라. [7.7절]

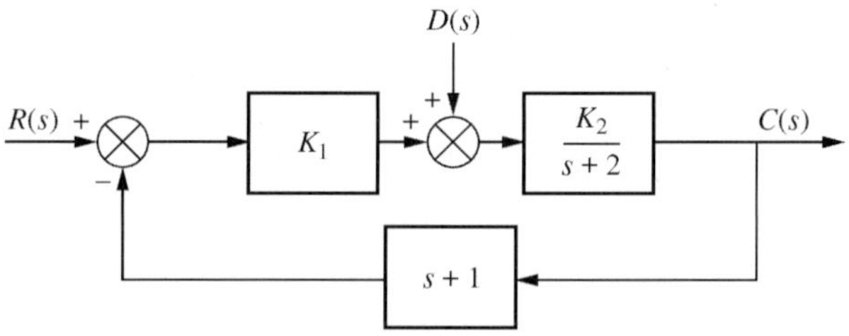

그림 P7.19 입력과 외란 신호를 가진 시스템

40. 그림 P5.26는 어떤 능동 완충 장치의 블록선도를 나타낸다(Lin, 1997).

a. 외란 r로부터 오차 신호 e까지의 전달 함수를 구하라.

b. a의 전달 함수를 사용하여 단위 계단 외란에 대한 정상상태 오차 e를 구하라.

c. a의 전달 함수를 사용하여 단위 램프 외란에 대한 정상상태 오차 e를 구하라.

d. b와 c의 결과로부터 e에 대한 시스템의 형은 무엇인가?

41. 4륜 자동차 조향장치의 간략화 된 모델은 그림 7.20과 같다.

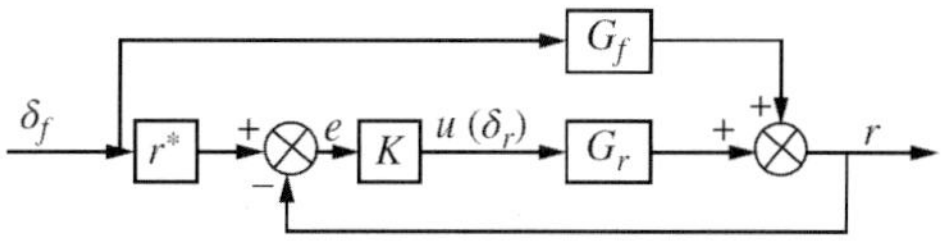

그림 P7.20 4륜 자동차 조향 모델 [7]

이 블록선도에서, 출력 r은 자동차의 편향 율이고, δ_f와 δ_r은 타이어 앞뒤 각각의 조향 각이다.

이 모델에서,

$$r^*(s) = \frac{\frac{s}{300}+0.8}{\frac{s}{10}+1}, \quad G_f(s) = \frac{h_{1s}+h_2}{s^2+a_1s+a_2},$$

$$G_r(s) = \frac{h_{3s}+b_1}{s^2+a_1s+a_2}$$

와 K(s)는 설계되어질 제어기이다 (*Yin, 2007*).

a. δ_f를 계단 입력이라고 가정하고, 만약에 가능하다면 그림 P7.20에서 신호 e에 의해 정의되어진 정상상태 오차가 0일 때 필요한 제어기 K(s)의 최소 시스템형을 찾아라.

b. δ_f를 계단 입력이라고 가정하고, 만약에 가능하다면 신호 $\delta_f(\infty) - r(\infty)$에 의해 정의되어진 정상상태 오차가 0일 때 필요한 제어기 K(s)의 시스템형을 찾아라.

42. 직물 크로스 래퍼 기계 (Kuo, 2010) 개발의 일환으로, 토크 입력

$$u(t) = \begin{Bmatrix} 1 & 0 \le t < 50 \\ -1 & 50 \le t < 100 \end{Bmatrix}$$

는 피드백 루프 안에 포함되어 있는 이동 가능한 선반 중 하나의 모터에 적용된다. 상응되는 속도 출력 응답은 그림 P7.21에서 나타난다.

a. 개루프 시스템형은 무엇인가?

---

7 Yin, G., Chen, N., and Li, P.Improving Handling Stability Performance of Four-Wheel Steering Vehicle via μ-Synthesis Robust Control. IEEE Transactions on Vehicular Technology, vol. 56, no. 5, 2007, pp. 2432-2439. Fig. 2, pp. 2434. IEEE Transactions on Vehicular Technology by Vehicular Technology Society; Institute of Electrical and Electronics Engineers; IEEE Vehicular Technology Group. Reproduced with permission of Institute of Electrical and Electronics Engineers, in the format Republish in a book via Copyright Clearance Center.

b. 정상상태 오차는 무엇인가?

c. 램프 입력에 대한 정상상태 오차는 무엇인가?

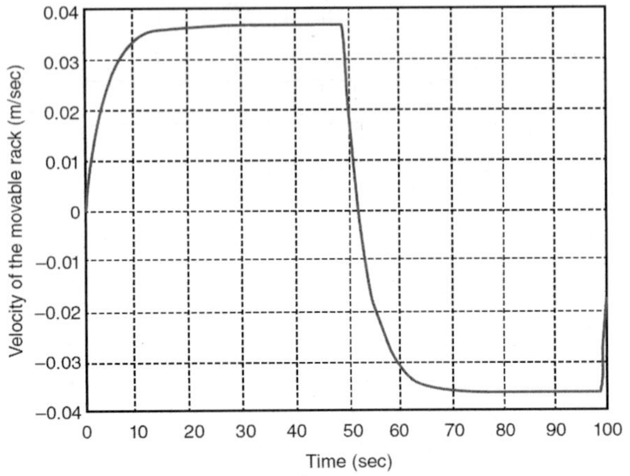

그림 P7.21 속도 출력 응답 8

43. 그림 P7.22의 블록선도는 이중 중첩된 타코미터 피드백 루프 (Mitchellm 2010)와 증폭기에 의해 구동하는 모터를 나타낸다.

a. 계단 입력에서 시스템의 정상상태 오차를 구하라.

b. 시스템형은 무엇인가?

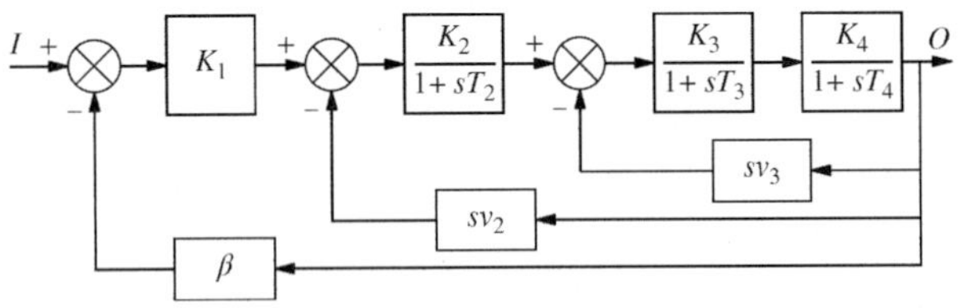

그림 P7.22 9

44. 피드백 시스템의 출력이 포물선뿐 아니라 계단 및 램프 기준 신호(Papadopoulos, 2013)를 완벽하게 추종할 때, 9장에서 논의된 PID 제어기는 형 3 시스템으로 권장될 수 있다. 그림 P.7.23의 시스템에서, 플랜트 $G_P(s)$의 전달함수와 추천된 제어기 $G_C(s)$는 다음과 같이 주어진다.

$$G_P(s) = \frac{127e^{-0.2s}}{s(s+1)(s+2)(s+5)^2(s+10)}$$

$$G_C(s) = \frac{(92.9s^2+13.63s+1)}{97.6s^2(0.1s+1)}$$

Simulink를 사용하여 이 시스템의 모델을 구하고 $t=0$초에서 단위 계단 기준 입력 $r(t)$이 적용되고, (같은 그래프에) $t=150$초에서 외란 $d(t)=0.25r(t)$이 적용될 때의 응답 (0에서 300초)을 도시하라. 기준 입력과 외란으로 인한 정상상태 오차 값은 무엇인가? 단위 계단 기준 입력에 대응한 퍼센트 오버슈트로 입증된 형 3 시스템의 상대적 안정성은 어떠한가?

Simulink SL

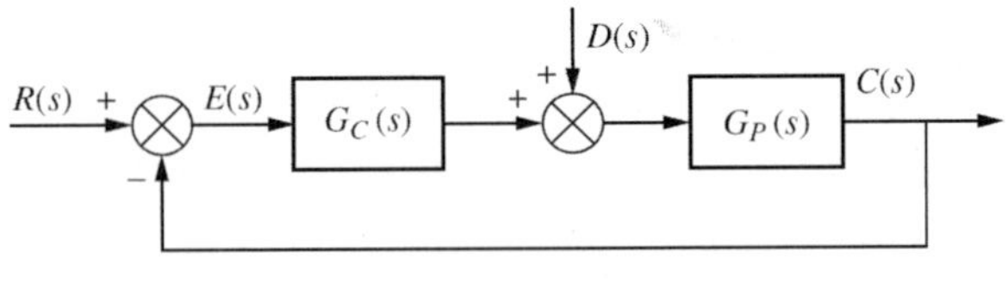

그림 P7.23

45. 문제 44에서 형 3 피드백 제어 시스템 (Papadopoulos, 2013)을 보였다. $t=50$초에 적용한 단위 램프 기준 입력 $r(t)=tu(t)$에 대한 응답 (0에서 100초)을 도시한 문제에 대해 개발된 Simulink 모델을 수정하라. 기준 입력과 외란 램프에 인한 정상상태 오차 값은 무엇인가? 이 모델을 복사하여 동일한 파일에 붙여 넣어라. 그리고 복사본 파일에서, $t=0$ 초에서 기준 입력은 단위 포물선 입력은 $r(t)=tu(t)$으로 변경하고, $t=50$초에 외란은 $d(t)=0.25tu(t)$로 변경하여, 새로운 그래프 (Scope 1)에 포물선 신호에 대한 시스템의 응답을 도시하라.

Simulink SL

해당 모델을 같은 폴더에 복사한 뒤, 기준 입력을 0초에 포물선으로 변경하라 ($r(t)=0.5t^2u(t)$). 그리고, 외란($d(t)=0.125t^2u(t)$)을 $t=50$초 에 인가하라. 그 후, 새로운 그래프(scope 1)에 해당 포물선 입력 신호에 대한 시스템 응답을 도시하라.

설계 문제

46. 로보틱스 및 기계에 사용되는 운동 제어는 위치 제어와 힘 제어를 포함한다. 힘 제어를 위해 설계자에게 비접촉 운동 및 접촉 운동의 두 가지 상태를 고려해야 한다. 그림 P7.24(a)는 접촉 운동 하에서 힘 제어를 위한 기계 시스템의 선도를 보여준다. 힘 명령 $F_{cmd}(s)$는 시스템의 입력이고, 제어된 접촉 힘 $F(s)$는 출력이다.

그림에서 모터는 힘 작용기로 사용된다. 구동기로부터의 힘 출력은 물체에 가해지고 힘 센서에 의해 측정된다. 이 시스템은 그림 P7.24(b)의 블록선도로 나타내어진다. K_2는 과도 응답 특성 개선을 위한 속도 피드백이다. 그 루프는 실제로 보이지 않는 전기 루프로 실현되며, 출력에 원하는 토크를 내기 위한 모터의 아마추어 전류 제어를 수행한다. $T_m = K_t i_a$(Ohnishi, 1996)

8 Kuo, C.-F.J., Tu, H.-M., and Liu, C.-H. Dynamic Modeling and Control of a Current New Horizontal Type Cross-Lapper Machine. Textile Research Journal, Vol. 80 (19), pp. 2016-2027, Figure 5. Copyright © 2010 Reprinted by Permission of SAGE.

9 Mitchell, R. J. More Nested Velocity Feedback Control. *IEEE 9th International Conference on Cybernetic Systems (CIS)*, 2010. Figure 5, page 3 of the paper.

임을 상기하자. 힘 제어를 위한 램프 입력에 대해 정상상태 힘 오차를 10% 이내로 하기 위한 K_2의 범위를 구하라.

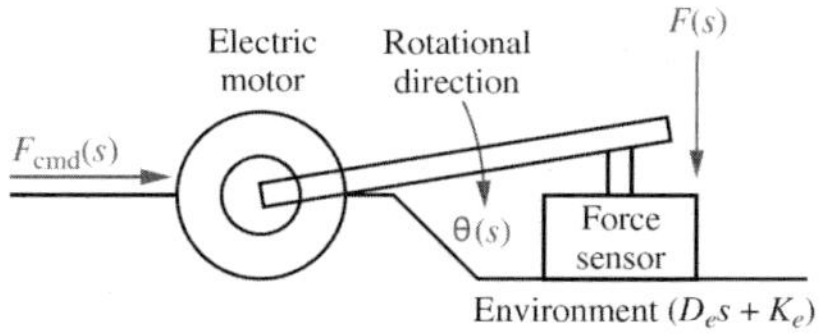

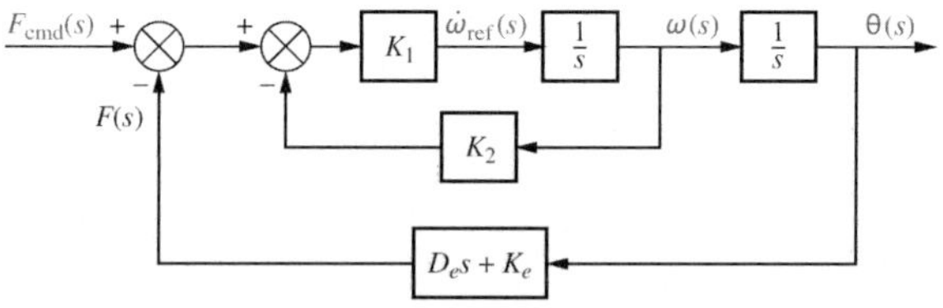

그림 P7.24 a. 접촉 동작에 대한 힘 제어 기계 루프 [10] b. 블록선도 [10]

47. 산업용 로봇에 대한 개루프 회전 고리 제어기와 플랜트는 다음과 같은 전달 함수를 가지고 있다.

$$G_e(s) = \frac{\omega_o(s)}{V_i(s)} = \frac{K}{(s+10)(s^2+4s+10)}$$

식에서 $\omega_o(s)$는 로봇의 각 회전 고리 속도의 라플라스 변환이며, $V_i(s)$는 제어기로의 입력 전압이다. $G_e(s)$가 속도 제어 루프의 전향 전달 함수라고 가정한다. 이 때 입력 변환기 및 센서의 이득은 각각 3으로 가정한다(*Schneider, 1992*).

a. 입력 명령 각회전 고리 속도와 실제 출력 각회전 고리 속도 사이의 정상상태 오차를 최소화하는 이득 K를 구하라.

b. (a)에서 구한 K값에 대한 정상상태 오차는 얼마인가?

c. (a)의 설계에서 어떤 종류의 입력이 가해졌는가?

48. 그림 P7.11에서 플랜트 $P(s) = \dfrac{48,500}{s^2+2.89s}$는 로봇 매니퓰레이터의 관절 역학을 나타낸다. 이 시스템의 출력 $C(s)$는 관절의 각 위치이다(Low, 2005). 이 시스템은 9장에서 논의될 PI(비례-적분) 제어기 $G(s) = K_P + \dfrac{K_I}{s}$로 구성된 폐루프 구조로 제어된다. $R(s)$은 관절의 원하는 각도 위치이다. $D(s)$는 부적합한 모델링, 쿨롱 마찰, 또는 다른 외부적 힘들이 관절에 영향을 미침으로써 발생할 수 있는 외란들이다.

a. 시스템의 형을 구하라.

b. $K_I \neq 0$일 때, 계단 외란 입력에 대하여 $e_{ss} = 0$임을 보여라.

c. 포물선 입력에 대해 $e_{ss} = 5\%$의 결과를 얻을 수 있는 K_I의 값을 구하라.

d. c에서의 K_I를 사용하여 폐루프 시스템이 안정하도록 하는 K_P의 범위를 구하라.

10 Ohnishi, K.; Shibata, M.; and Murakami, T.Motion Control for Advanced Mechatronics. IEEE/ASME Transactions on Mechatronics, vol. 1, no. 1, March 1996, Figures 14&16, p.62. IEEE/ASME transactions on mechatronics: a joint publication of the IEEE Industrial Electronics Society and the ASME Dynamic Systems and Control Division by Institute of Electrical and Electronics Engineers; IEEE Industrial Electronics Society; American Society of Mechanical Engineers. Dynamic Systems and Control Division Reproduced with permission of IEEE in the format Republish in a book via Copyright Clearance Center.

심화 학습문제

49. HIV/ADIS의 제어 6장 문제 50과 그림 P6.15의 블록선도에서 보이는 HIV 전염 모델을 생각해 보자.

a. $G(s)$가 상수일 때, 이 시스템의 형을 구하라.

b. $G(s) = K$일 때, 이 시스템은 $K < 2.04 \times 10^{-4}$의 범위에서 안정함을 6장 문제 64에서 보였다. 단위 계단입력에 대한 정상상태 오차를 10%로 만드는 K값은 얼마인가?

c. 정상상태 오차를 줄이기 위해 $G(s) = \dfrac{K}{s}$로 만들어 시스템 형을 증가시키는 방법이 제안되었다. 이것은 현명한 선택인가? K에 대해 안정한 범위는 어떻게 되는가?

50. 하이브리드 자동차 그림 7.25은 그림 P5.39로부터 가져온 HEV의 속도제어 블록선도와 단위 피드백 시스템으로서 재배열을 보여준다. 이 시스템의 출력은 $C(s) = K_{ss}V(s)$이고, 이것은 속도 센서/변환기의 출력전압이다.

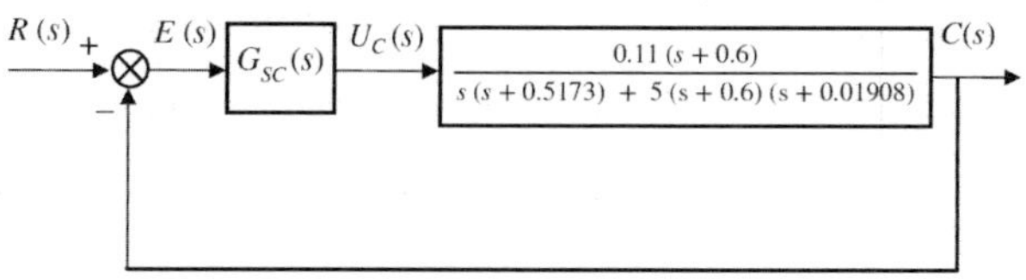

그림 P7.25

a. 속도제어기가 $G_{sc}(s) = K_{Psc}$로 주어졌다고 가정한다. 정상상태 오차가 $e_{step}(\infty) = 1\%$가 되도록 하는 이득, K_{Psc},를 찾아라.

b. 단위 계단 입력에 대한 정상상태 오차를 줄이기 위해 적분기를 추가한 제어기를 $G_{sc}(s) = K_{Psc} + (K_{Isc}/s) = 100 + (K_{Isc}/s)$이라고 가정한다. 정상상태 오차가 $e_{ramp}(\infty) = 2.5\%$일 때, 적분이득, K_{Isc},를 찾아라.

c. 파트 a 와 b에서, HEV가 지상 고도에서 운전되어진다고 가정되어진다. $G_{sc}(s) = 100 + \dfrac{40}{s}$의 제어기를 사용하여 정상상태 속도에 도달한 후에 자동차가 경사도, $\alpha = 5^\circ$인 언덕을 올라가기 시작한 경우를 고려해보자. 각도가 작은 경우에서 $\sin\alpha = \alpha$이므로 모터 축에 반영되어 질 때의 등반 토크는:

$$T_{st} = \frac{F_{st}r}{i_{tot}} = \frac{mgr}{i_{tot}}sin\alpha = \frac{mgr\alpha}{i_{tot}}$$

$$= \frac{1590 \times 9.8 \times 0.3 \times 5}{4.875 \times 57.3} = 83.7Nm$$

그림 7.26의 블록선도는 파트 c에 대해 재배열되어진 HEV의 제어 시스템을 나타낸다.

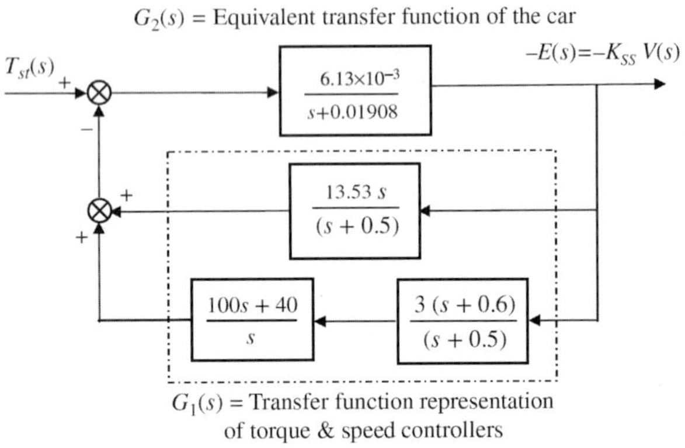

그림 P7.26

이 블록선도에서, $\alpha = 5^\circ$에 상응하는 입력은 $T_{st}(t) = 83.7u(t)$이고, 출력은 차의 속도, $v(t)$에서의 변화에 비례하는 $-e(t) = -c(t) = -K_{ss}v(t)$의 음의 오차를 가진다. 외란에서의 계단 변화에 따른 등반 토크가 $T_{st}(t) = 83.7u(t)$일 때, 정상상태 오차 $e(\infty)$를 찾아라.

51. **포물선 모양 통의 수집** 포물선 모양 통의 수집(Camacho, 2012)은 그림 P7.1과 같이 단위 피드백 구성으로 포함할 수 있으며, 여기서 $G(s) = G_c(s)P(s)$이고

$$P(s) = \frac{137.2 \times 10^{-6}}{S^2 + 0.0224s + 196 \times 10^{-6}}e^{-39s}$$

a. $G_c(s) = K$라 가정할 때, 3%의 단위 계단 입력 정상상태 오차가 되는 K 값을 찾아라. 6장 문제 52에서 얻은 결과를 사용하여, K의 값이 사용되는 경우 시스템이 폐루프 안정한지 확인하라.

b. $G_c(s) = K$으로 달성할 수 있는 최소 단위 계단 입력 정상상태 오차는 무엇인가?

c. 0%의 정상상태 오차를 달성하기 위해 사용될 수 있는 단순한 보상기 $G_c(s)$는 무엇인가?

근궤적 기법

8

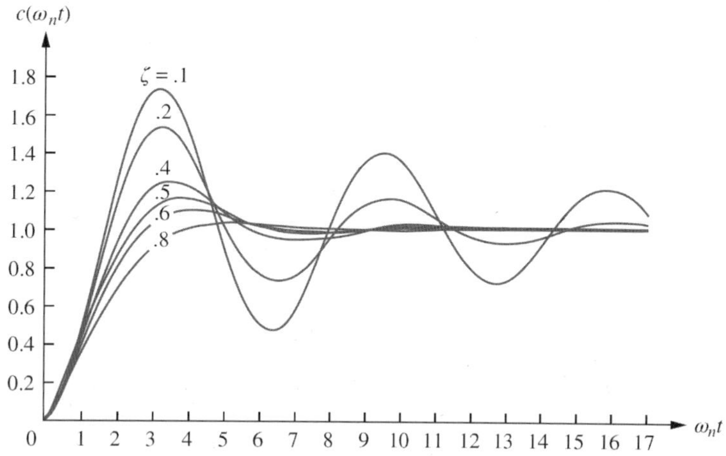

장의 학습 결과

이 장을 마친 후 다음을 수행 할 수 있다:

- 근궤적의 정의(8.1–8.2절)
- 근궤적의 특성을 설명(8.3절)
- 근궤적을 개략적으로 그리기(8.4절)
- 근궤적에서의 좌표와 이에 대응하는 이득을 찾기(8.5–8.6절)
- 2차이상의 시스템에 대한 과도 응답의 설계 조건을 만족하는 매개 변수 값을 정하기 위하여 근궤적을 사용하는 방법(8.7–8.8절)
- 양의 피드백 시스템에 대한 근궤적을 개략적으로 그리기(8.9절)
- 근궤적상의 점에서 근 민감도를 찾기(8.10절)

사례 연구 결과

다음의 사례연구를 통하여 이 장의 목적에 대한 이해의 정도를 확인할 수 있다.

- 부록 2에 있는 안테나 방위각 위치 제어 시스템에 대하여 과도 응답의 설계 조건을 만족하는 전단 증폭기의 이득을 찾을 수 있을 것이다.
- 부록 3에 있는 무인 유영 잠수정에 대한 피치와 항해 방향 제어 시스템에 대한 근궤적을 그려서 과도 응답 설계 조건을 만족하는 이득을 설계할 수 있을 것이다. 그리고 다른 성능 특성에 대한 평가도 할 수 있을 것이다.

8.1 개요

시스템 매개 변수 변화에 따른 폐루프 극점을 도식적으로 표현한 근궤적은 안정도와 과도 응답에 대한 분석과 설계에 있어서 유용한 방법이다(Evans,1948;1950). 피드백 제어 시스템은 정성적 관점에서는 이해하기 어려우므로 수학적 기법을 사용하여 다룬다. 본 장에서 다루는 근궤적 기법은 설계자가 구하려고 하는 제어 시스템의 성능을 정성적으로 설명해 주는 그래픽 기법이며, 지금까지 논의된 방법들보다 더 많은 정보를 제공해 주는 정량적인 도구이다.

지금까지 1차나 2차의 시스템에 있어서 원하는 과도 응답을 갖도록 해 주는 이득이나 다른 시스템 매개 변수들을 설계하였다. 근궤적 기법의 강점은 이와 같은 시스템은 물론 2차 이상의 고차 시스템에 대한 해를 제공해 준다는 것이다. 예를 들어, 적절한 조건하에서는 4장에서 배운 개념을 사용하여 원하는 퍼센트 오버슈트와 정착 시간을 갖는 4차 시스템의 시스템 매개 변수들을 설계할 수 있다.

근궤적 기법을 사용하여 여러 매개 변수들의 변화에 대한 시스템의 성능을 정성적으로 설명할 수 있다. 예를 들어, 이득 변화가 퍼센트 오버슈트, 정착 시간, 최고값 시간에 미치는 효과를 명확하게 나타낼 수 있다. 그리고, 정성적 설명을 정량적 분석으로 확인할 수 있다.

근궤적 기법을 통하여 과도 응답뿐만 아니라 시스템의 안정도를 도식적으로도 표현할 수 있다. 따라서, 안정한 영역, 불안정한 영역, 진동이 발생하는 조건 등을 파악할 수 있다.

근궤적을 설명하기 전에, 다음의 논의에서 필요한 두 가지 개념 : (1) 제어 시스템 문제, (2) 복소수와 복소수의 벡터 표현을 복습하기로 한다.

제어 시스템 문제

6장에서 이미 제어 시스템 문제를 다루었다. 개루프 전달 함수의 극점은 쉽게 찾을 수 있는 반면에(직관적으로 구할 수 있고 시스템의 이득이 변해도 바뀌지 않음), 폐루프 전달 함수의 극점은 찾기가 어려울 뿐만 아니라(폐루프 시스템의 특성 다항식인 폐루프 전달 함수의 분모항을 인수 분해하지 않고는 찾을 수가 없고), 시스템 이득이 변하면 폐루프 극점이 바뀐다.

전형적인 폐루프 피드백 제어 시스템을 그림 8.1(a)에 나타내었다. 개루프 전달 함수는 5장에서 $KG(s)H(s)$라고 정의하였다. $KG(s)H(s)$의 극점은 1차나 2차의 부 시스템들이 종속 접속된 시스템으로부터 만들어지기 때문에 쉽게 찾을 수 있다. 그리고 K가 변화하더라도 함수의 극점 위치는 달라지지 않는다. 반면에, 분모를 인수 분해하지 않고는 $T(s)=KG(s)/[1+KG(s)H(s)]$ 극점을 결정할 수 없다. 또한, K가 변함에 따라, $T(s)$의 극점이 변하게 된다. 이것을 설명하기 위해

$$G(s)=\frac{N_G(s)}{D_G(s)} \tag{8.1}$$

$$H(s)=\frac{N_H(s)}{D_H(s)} \tag{8.2}$$

라 정의하면, 폐루프 전달 함수 $T(s)$는

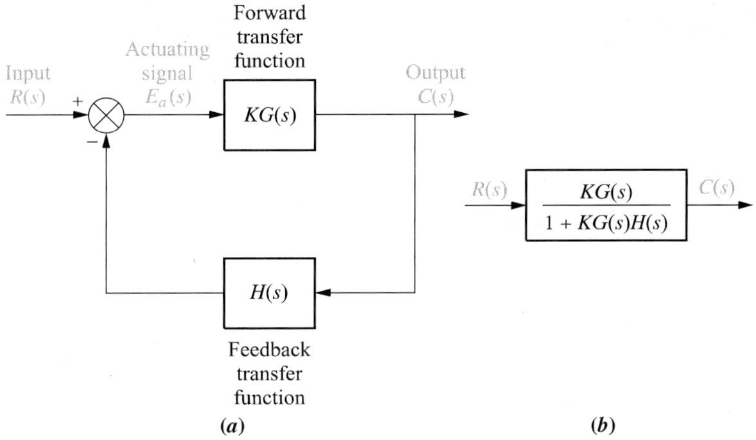

그림 8.1 a. 폐루프 시스템 b. 등가 전달 함수

$$T(s)=\frac{KN_G(s)D_H(s)}{D_G(s)D_H(s)+KN_G(s)N_H(s)} \tag{8.3}$$

과 같다. 여기서 N과 D는 인수 분해된 다항식이며 각각 분자항과 분모항을 나타낸다. 우리는 다음 사항을 관측할 수 있다: 일반적으로 $G(s)$와 $H(s)$의 분모, 분자의 인수는 알고 있으며, $T(s)$의 영점은 $G(s)$의 영점과 $H(s)$의 극점으로 이루어져 있다. $T(s)$의 극점을 직관적으로는 알 수 없으며, 사실 K의 값에 따라 변하게 된다. 예를 들어, $G(s)=(s+1)/[s(s+2)]$, $H(s)=(s+3)/(s+4)$일 경우, $KG(s)H(s)$의 극점은 0, -2, -4이고 영점은 -1과 -3이다. 그리고 $T(s)=K(s+1)(s+4)/[s^3+(6+K)s^2+(8+4K)s+3K$이므로, $T(s)$의 영점은 $G(s)$의 영점과 $H(s)$의 극점으로 이루어져 있다. $T(s)$의 극점은 분모를 인수 분해하지 않고는 바로 알 수가 없으며, 또한 K의 함수이다. 시스템의 과도 응답과 안정도는 $T(s)$의 극점에 좌우되기 때문에, 특정한 값에 대하여 분모를 인수 분해하지 않는 한 시스템 성능에 관한 정보를 얻을 수가 없다. 그러나 근궤적법을 사용하면 K의 변화에 따른 $T(s)$의 극점의 궤적을 알 수 있다.

복소수의 벡터 표현

직각 좌표계에서 임의의 복소수 $\sigma+j\omega$는 그림 8.2(a)에 나타낸 것처럼 벡터를 사용하여 도식적으로 표현할 수 있다. 그 복소수는 또한 $M\angle\theta$처럼 크기 M과 θ각도 를 가지는 극좌표 형태로 나타낼 수도 있다. 만약, 복소수를 어떤 복소 $F(s)$함수 에 대입하면, 또 다른 복소수가 생긴다. 예를 들어, $F(s)=(s+a)$일 경우, 복소수 $s=\sigma+jw$를 대입하면 $F(s)=(\sigma+a)+jw$라는 또 다른 복소수가 생긴다. 이것을 그림 8.2(b)에 나타내었다. $F(s)$는 $-a$에서 영점을 갖는다. 그림 8.2(c)와 같이, 벡터를 왼쪽으로 a만큼 이동하면, $F(s)$의 영점에서 출발하여 에서 끝나는 다른 복소수 표현을 얻을 수 있다.

결론적으로 $(s+a)$는 복소수이고 그 함수의 영점에서 출발하여 점 s까지 그려지는 벡터로 표현할 수 있다. 예를 들어, $(s+7)|_{s\to 5+j2}$는 그림 8.2(d)에 나타낸 것처럼 그 함수의 영점 -7에서 출발하여, 점 s, 즉 $5+j2$까지 그려지는 복소수이다.

이제 복잡한 함수에 그 개념을 적용하기 위하여 다음의 함수를 가정해보자.

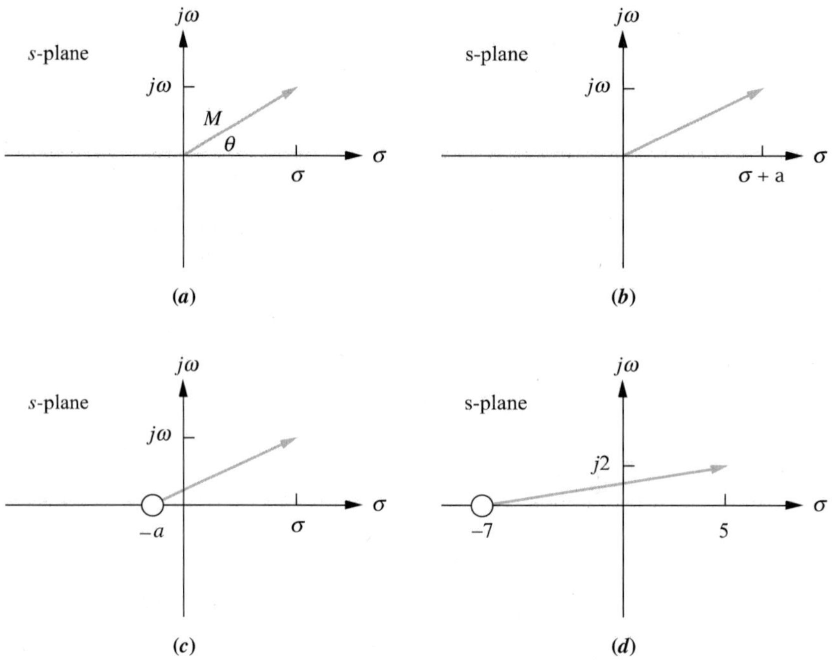

그림 8.2 복소수의 벡터 표현 a. $s=\sigma+j\omega$ b. $(s+a)$ c. $(s+a)$의 다른 표현 d. $(s+7)_{s\to 5+j2}$

$$F(s)=\frac{\prod_{i=1}^{m}(s+z_i)}{\prod_{j=1}^{n}(s+p_i)}=\frac{\Pi\text{ 분자의 복소 인수}}{\Pi\text{ 분모의 복소 인수}} \tag{8.4}$$

여기서 기호 Π 는 "곱", m은 영점수, n은 극점수를 의미한다. 분자와 분모의 각 인수들은 벡터로 표현될 수 있는 복소수이다. 이 함수는 임의의 점 s에서 $F(s)$값을 나타내기 위한 복소연산을 나타낸다. 각 복소 인수들은 벡터이므로, 임의의 점 s에서 $F(s)$의 크기 M은 다음과 같다.

$$M=\frac{\Pi\text{ zero lengths}}{\Pi\text{ pole lengths}}=\frac{\prod_{i=1}^{m}|(s+z_i)|}{\prod_{j=1}^{n}|(s+p_j)|} \tag{8.5}$$

여기서 영점 길이 $|(s+z_i)|$는 $F(s)$의 영점 $-z_i$에서 점 s까지 그려지는 벡터의 크기이고, 극점 길이 $|(s+p_j)|$는 $F(s)$의 극점 $-p_j$에서 점 s까지 그려지는 벡터의 크기이다. 임의의 점 s에서 $F(s)$의 각도 θ는 다음과 같다.

$$\begin{aligned}\theta &= \sum\text{zero angles}-\sum\text{pole angles}\\ &=\sum_{i=1}^{m}\angle(s+z_i)-\sum_{j=1}^{n}\angle(s+p_j)\end{aligned} \tag{8.6}$$

여기서 영점각은 $F(s)$의 영점 $-z_i$에서 s점 까지 그려지는 벡터가 양의 실수축과 이루는 각이고, 극점각은 $F(s)$의 극점 $-p_j$에서 점 s까지 그려지는 벡터가 양의 실수축과 이루는 각이다.

다음 예제를 가지고 식 (8.5)와 (8.6)의 성립을 확인하여 보자.

예제 8.1 벡터를 이용한 복소 함수의 평가

문제 $F(s)$가 다음과 같을 때, 점 $s=-3+j4$에서 $F(s)$를 구하여라.

$$F(s)=\frac{(s+1)}{s(s+2)} \tag{8.7}$$

풀이 그림 8.3에 도식적으로 문제를 나타내었다. 여기서 함수의 각 벡터 $(s+\alpha)$는 점 $s=-3+j4$에서 끝난다. -1에 있는 영점에서 시작하는 벡터는 다음과 같다.

$$\sqrt{20}\angle 116.6^\circ \tag{8.8}$$

원점에 위치한 극점에서 시작하는 벡터는

$$5\angle 126.9^\circ \tag{8.9}$$

이고, 극점 -2에서 시작하는 벡터는

$$\sqrt{17}\angle 104.0^\circ \tag{8.10}$$

이다. 식 (8.8)에서 식 (8.10)까지를 식 (8.5)와 식 (8.6)에 대입하면 다음과 같다.

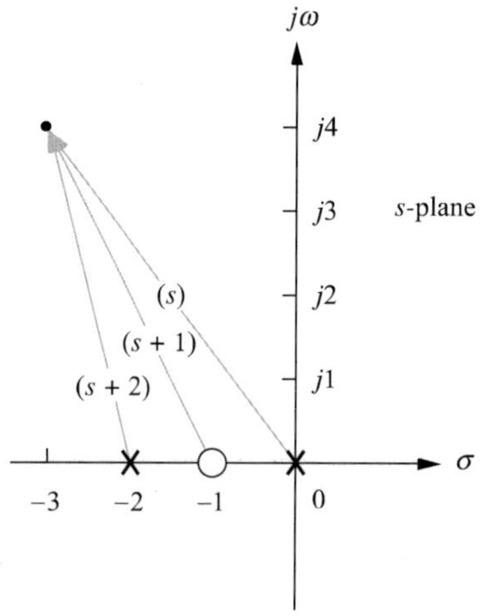

그림 8.3 식 (8.7)의 벡터 표현

$$M\angle\theta=\frac{\sqrt{20}}{5\sqrt{17}}\angle 116.6^\circ-126.9^\circ-104.0^\circ=0.217\angle-114.3^\circ \tag{8.11}$$

이것은 점 $-3+j4$에서 $F(s)$를 계산한 결과이다.

숙련예제 8.1

문제 $F(s)$가 다음과 같을 때,

$$F(s)=\frac{(s+2)(s+4)}{s(s+3)(s+6)}$$

점 $s=-7+j9$에서 $F(s)$를 다음의 방법으로 구하여라.

a. 주어진 점을 $F(s)$에 직접 대입하여 구하여라.

b. 벡터를 사용하여 결과를 계산하여라.

풀이 $-0.0339-j0.0899=0.096\angle-110.7^\circ$

풀이 과정은 www.wiley.com/go/Nise/ControlSystemsEngineering8e에 있다.

스스로 해보기 8.1

다음의 MATLAB 명령문을 사용하여 숙련예제 8.1에 있는 문제를 풀어라.

```
s=-7+9j;
G=(s+2)*(s+4)/...
  (s*(s+3)*(s+6));
Theta=(180/pi)*...
  angle(G)
M=abs(G)
```

이로써 근궤적에 대해 논의할 준비가 되었다.

8.2 근궤적의 정의

그림 8.4(a)와 같은 무인 카메라 시스템은 자동으로 피사체를 따라 움직일 수 있다. 추적 시스템은 화소 변화를 감시하고 변화의 중심으로 카메라를 위치시킨다. 근궤적 기법을 사용하여 그러한 시스템의 과도 응답과 안정도에 루프 이득이 미치는 영향을 분석하여 설계할 수 있다.

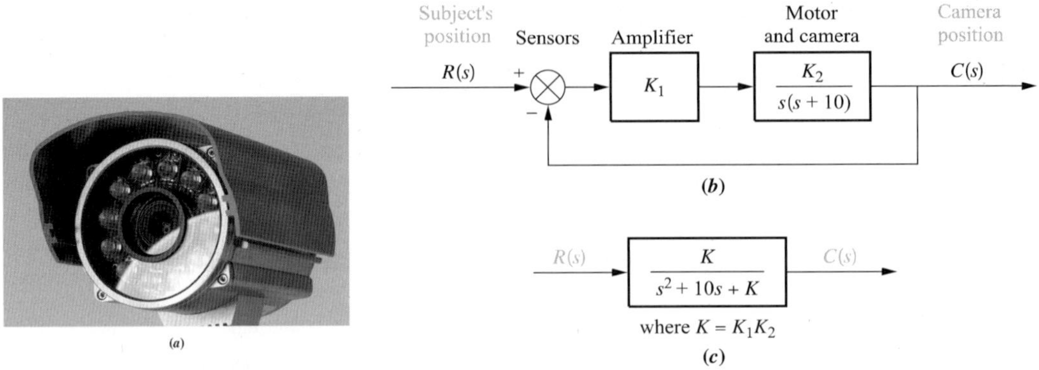

그림 8.4 a. 자동 추적 무인 카메라는 자동으로 움직이는 물체에 대해 사용될 수 있다.; b. 블록선도; c. 폐루프 전달 함수

그림 8.4(b)가 추적 시스템의 블록선도라고 가정하자. 이때 폐루프 시스템 근은 이득 K가 변화함에 따라 그 위치가 변화한다. 표 8.1은 그림 8.4(c)에 나타낸 전달 함수의 분모에 2차 근의 공식을 적용하여 얻은 것으로, 극점의 위치가 이득 K의 값에 따라 변하는 것을 나타내고 있다. 표 8.1에 나타낸 K값에 따른 극점의 위치 변화를 그림 8.5(a)에 도식적으로 나타내었다.

표 8.1 그림 8.4 시스템의 이득 변화에 대한 극점 위치

K	극점 1	극점 2
0	-10	0
5	-9.47	-0.53
10	-8.87	-1.13
15	-8.16	-1.84
20	-7.24	-2.76
25	-5	-5
30	$-5 + j2.24$	$-5 - j2.24$
35	$-5 + j3.16$	$-5 - j3.16$
40	$-5 + j3.87$	$-5 - j3.87$
45	$-5 + j4.47$	$-5 - j4.47$
50	$-5 + j5$	$-5 - j5$

표 8.1과 그림 8.5(a)에서 이득 K가 증가함에 따라, $K = 0$일 때, -10에 있던 폐루프 극점은 오른쪽으로 이동하고, $K = 0$일 때, 0에 있던 폐루프 극점은 왼쪽으로 이동한다. 두 극점은 -5에서 만나 실수축에서 이탈하여 복소평면 안으로 이동한다. 하나는 위쪽으로, 다른 하나는 아래쪽으로 이동하는데, 어디에서 출발한 극점이 위쪽 또는 아래쪽으로 이동하는지는 알 수 없다. 그림 8.5(b)에 개개의 폐루프 극점의 위치를 제거하고, 극점의 이동 경로를 실선으로 나타내었다. 우리가 **근궤적이라고 부르는 것은 이득에 따른 폐루프 극점의 경로 표현을 의미하는 것이다.** 근궤적을 그리는 대부분의 경우, 양의 이득 또는 $K \geq 0$ 에 대하여만 논하기로 한다.

근궤적은 이득 K에 따른 과도 응답의 변화를 나타낸다. 이득이 25보다 적을 경우에는 극점이 실수축에 있으므로 시스템이 과감쇠한다. 이득이 25일 경우, 극점이 실수이고 중근이므로 임계 감쇠한다. 이득이 25 이상인 경우에는 미흡 감쇠한다. 이상의 결론은 4장에서 논한 해석적인 기법을 사용해서 얻을 수도 있지만, 아래의 결론은 근궤적에 의해서 도식적으로 얻을 수 있다.

근궤적에서 미흡 감쇠의 부분을 관찰해보면, 복소극점의 실수 값이 이득의 값에 상관없이 항상 같다는 것을 알 수 있다. 2차 시스템에서 정착 시간은 복소극점의 실수 값에 반비례하므로, 이득의 값에 관계없이 시스템의 정착 시간은 미흡 감쇠 응답의 모든 조건하에서 같다는 결론을 얻을 수 있다.

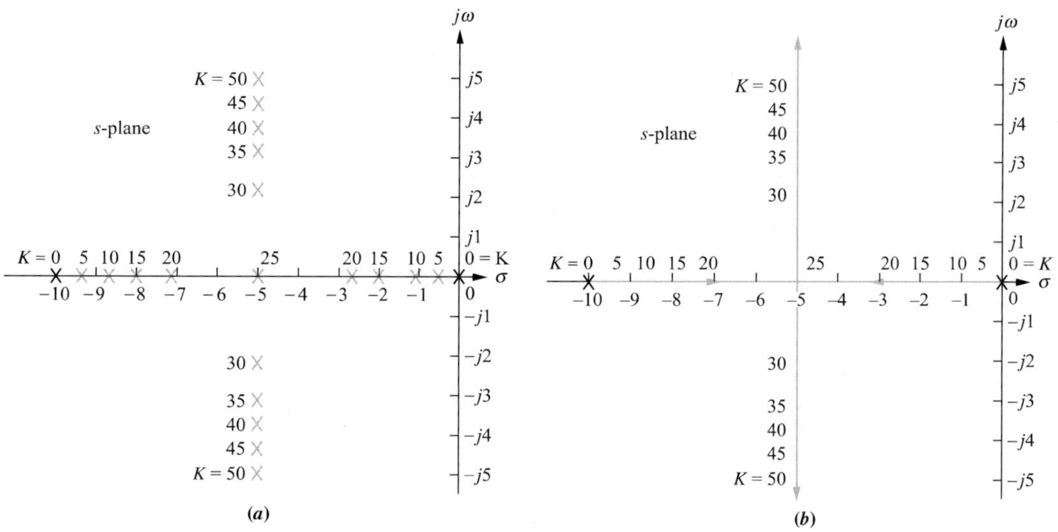

그림 8.5 a. 표 8.1의 극점 위치 b. 근궤적

또한, 이득의 증가에 따라서 감쇠비는 감소하고 퍼센트 오버슈트는 증가한다. 또한, 감쇠 진동 주파수는 극점의 허수부와 같으므로, 이득의 증가에 따라서 증가하게 되어 최고값 시간이 줄어든다. 마지막으로, 근궤적은 절대 우반 평면으로 넘어가지 않기 때문에, 이득에 관계없이 시스템은 항상 안정하고 정현파 진동은 절대로 생기지 않는다.

간단한 시스템에 대하여 이러한 결론을 내리는 일은 사소한 것인지도 모르지만, 2차 이상의 고차 시스템에 대하여도 이러한 해석법을 적용할 수 있다는 것이 근궤적 기법의 특징이다. 일반적으로 고차 시스템에 대하여 과도 응답 특성과 극점의 위치를 관련시키는 것은 어렵다. 하지만, 근궤적 기법을 통하여 그러한 관계를 파악할 수 있기 때문에 고차 시스템의 해석과 설계에 있어서 근궤적 기법이 중요한 기법 중의 하나가 된다.

8.3 근궤적의 특성

8.2절에서 전달 함수의 분모를 2차 다항식으로 인수 분해하여 근궤적을 구할 수 있었다. 만약, 다항식이 5차나 10차인 경우에는 어떻게 될 것인가 생각해보자. 컴퓨터 없이는 이득의 여러 값에 대하여 다항식을 인수 분해하는 것이 문제가 될 것이다.

근궤적의 특성에 대하여 살펴보기로 한다. 근궤적의 특성을 이해하면 폐루프 전달 함수의 분모를 인수 분해하지 않고서도 고차 시스템의 근궤적을 손쉽게 개략적으로 그릴 수 있다.

그림 8.1(a)의 일반적인 제어 시스템으로부터 근궤적의 특성을 유도할 수 있다. 그 시스템의 폐루프 전달 함수는 다음과 같다.

$$T(s) = \frac{KG(s)}{1 + KG(s)H(s)} \tag{8.12}$$

식 (8.12)로부터, 극점은 분모의 특성 다항식이 0일 때의 s값으로 다음 식이 성립한다.

$$KG(s)H(s) = -1 = 1\angle(2k+1)180^\circ \quad k = 0, \pm1, \pm2, \pm3, \ldots \tag{8.13}$$

여기서 -1은 $1\angle(2k+1)180°$의 극좌표 형태로 표현된다. 또한, s 값이 다음의 두 식을 만족시키면 폐루프 극점이 된다.

$$|KG(s)H(s)| = 1 \tag{8.14}$$

$$\angle KG(s)H(s) = (2k+1)180° \tag{8.15}$$

식 (8.13)은 s의 값을 함수 $KG(s)H(s)$에 대입하면 복소수가 된다는 것을 의미한다. 만약, 복소수의 각이 180°의 홀수 배이면, s의 값은 주어진 K 값에 대하여 극점이 된다. 이 K의 값은 어떻게 구하는가? K의 값은 식 (8.15)의 각도 조건식을 만족하는 동시에 식 (8.14)의 크기 조건식을 만족해야 하므로 다음과 같다.

$$K = \frac{1}{|G(s)||H(s)|} \tag{8.16}$$

폐루프 시스템의 극점으로 인해 $KG(s)H(s)$ (또는 K가 스칼라이므로)의 각이 180°의 홀수배가 된다는 것을 알았다. 따라서 $KG(s)H(s)$의 크기가 1이 되므로, 극점에서 K의 값은 $G(s)H(s)$의 역수임을 알 수 있다.

그림 8.4의 2차 시스템에서 이러한 관계를 알아보자. 표 8.1에서 이득이 5일 때 폐루프 극점은 -9,47, -0.53이다. 이 시스템의 경우,

$$KG(s)H(s) = \frac{K}{s(s+10)} \tag{8.17}$$

이므로, s에 -9.47의 극값을 대입하고 K에 5를 대입하면 $KG(s)H(s)$는 -1이 된다. 표 8.1의 다른 점에 대하여도 구할 수 있으며, 각각의 경우에 $KG(s)H(s)$가 -1이 된다는 것을 알 수 있을 것이다.

식 (8.15)의 의미를 도식적으로 나타내면 이해하는데 도움이 된다. 8.1절에서 복습한 복소수의 개념을 그림 8.6에 나타낸 시스템의 근궤적에 적용해 보도록 하자. 이 시스템의 개루프 전달 함수는 다음과 같고

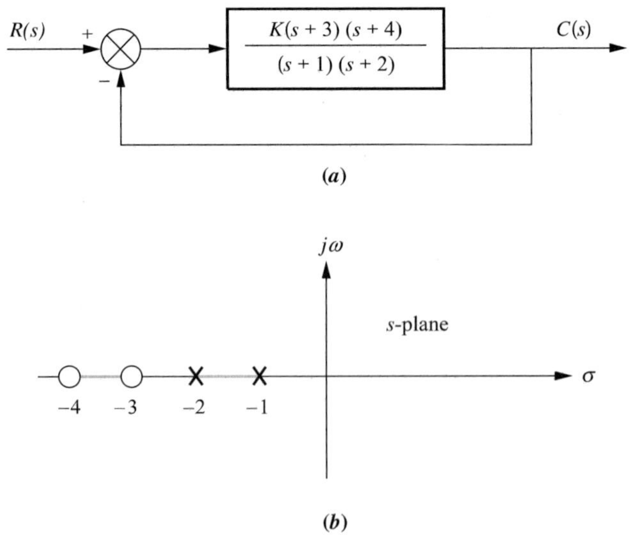

그림 8.6 a. 예제 시스템 b. $G(s)$의 극-영점도

$$KG(s)H(s) = \frac{K(s+3)(s+4)}{(s+1)(s+2)} \tag{8.18}$$

폐루프 전달 함수 $T(s)$는 아래와 같다.

$$T(s) = \frac{K(s+3)(s+4)}{(1+K)s^2 + (3+7K)s + (2+12K)} \tag{8.19}$$

만약 s가 어떤 이득 K값에 대한 폐루프 시스템 극점이라면, s는 식 (8.14)와 식 (8.15)를 반드시 만족해야 한다.

점 $-2+j3$을 고려해 보자. 만약 이 점이 어떤 이득에 대하여 폐루프 극점이 되려면, 영점의 각에서 극점의 각을 뺀 값이 180°의 홀수배가 되어야 한다. 그림 8.7로부터

$$\theta_1 + \theta_2 - \theta_3 - \theta_4 = 56.31^\circ + 71.57^\circ - 90^\circ - 108.43^\circ = -70.55^\circ \tag{8.20}$$

이 되므로, $-2+j3$은 근궤적 상에 있는 점이 아니다. 즉, 어떤 이득에 대한 폐루프 극점이 될 수 없다.

점 $-2+j(\sqrt{2}/2)$에 대하여 이 과정을 반복하면, 각이 180°가 된다. 즉, $-2+j(\sqrt{2}/2)$는 어떤 이득에 대하여 근궤적 상의 점이 된다. 이제 이득 값을 구해 보자.

식 (8.5)와 식 (8.16)으로부터

$$K = \frac{1}{|G(s)H(s)|} = \frac{1}{M} = \frac{\Pi \text{ 극점길이}}{\Pi \text{ 영점길이}} \tag{8.21}$$

이므로, 그림 8.7에서 점 $-2+j3$ 대신 점 $-2+j(\sqrt{2}/2)$를 적용하면, 이득 K는 다음과 같다.

$$K = \frac{L_3 L_4}{L_1 L_2} = \frac{\frac{\sqrt{2}}{2}(1.22)}{(2.12)(1.22)} = 0.33 \tag{8.22}$$

그러므로 점 $-2+j(\sqrt{2}/2)$는 이득 0.33에 대한 근궤적 상의 점이다.

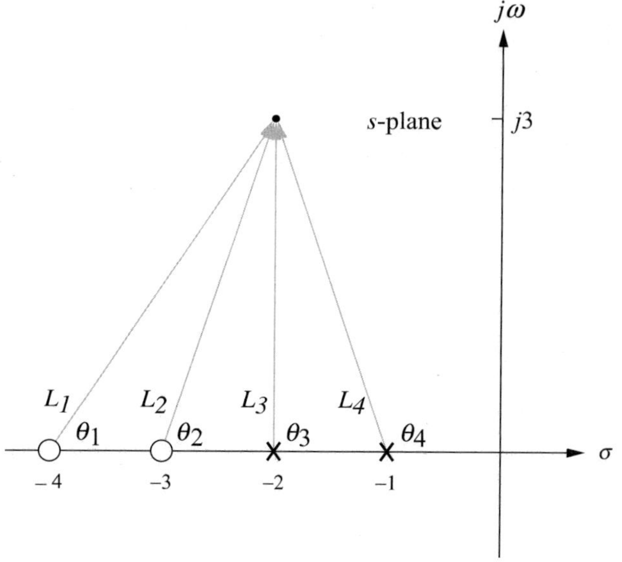

그림 8.7 $G(s)$에서 그림 8.6(a)의 $-2+j3$의 벡터 표현

지금까지의 내용을 요약하면 다음과 같다. 개루프 전달 함수 $KG(s)H(s)$의 극점과 영점이 주어질 때, 어떤 K값에 대하여 복소평면상의 어떤 점 s가 근궤적 상의 점이 되려면 모든 영점에서 그 점까지 이은 벡터의 각도합에서 모든 극점에서 그 점까지 이은 벡터의 각도합을 뺀 값이 $(2k+1)180°$이어야 한다. 또한, 각이 $(2k+1)180°$로 되는 점에서의 이득 K는 극점 길이의 곱에서 영점 길이의 곱을 나눈 값이다.

숙련예제 8.2

문제 전향 전달 함수를 가지는 단위 피드백 시스템 $G(s)$가 다음과 같을 때,

$$G(s) = \frac{K(s+2)}{(s^2+4s+13)}$$

다음의 문제를 풀어라.

a. $G(s)$의 영점과 극점에서 점 $(-3+j0)$까지 이은 벡터의 각도합을 구하여, 그 점에서의 $G(s)$의 각을 계산하여라.

b. a에서의 점이 근궤적 상의 점인지 확인하여라.

c. a에서의 점이 근궤적 상의 점이라면, 벡터 길이를 사용하여 이득 K를 구하여라.

풀이 a. 각도합=180°

b. 주어진 점은 근궤적 상의 점이다.

c. $K=10$

풀이 과정은 www.wiley.com/go/Nise/ControlSystemsEngineering8e에 있다.

스스로 해보기 8.2

MATLAB과 다음의 명령문을 사용하여 숙련예제 8.2를 풀어라.

```
s=-3+0j;
G=(s+2)/(s^2+4*s+13);
Theta=(180/pi)*...
  angle(G)
M=abs(G);
k=1/M
```

8.4 근궤적의 약도

앞에서 설명한 바와 같이, s-평면상의 각도합이 180°의 홀수배가 되는 모든 점을 찾아 연결하면 근궤적을 얻을 수 있다. 컴퓨터의 도움 없이는 지루한 작업이지만, 이 개념을 사용하여 많은 노력을 하지 않고도 개략적으로 근궤적을 그릴 수 있는 규칙을 찾을 수 있다. 일단 개략적인 궤적을 그리고 특정한 문제를 위해 관심 있는 점들을 정확하게 그릴 수 있다.

다음의 5개 규칙을 사용하여 최소한의 계산으로 개략적인 근궤적을 그릴 수가 있다. 이들 규칙을 통해 제어 시스템의 특성을 직관적으로 고찰할 수 있는 개략적인 궤적을 그릴 수 있다. 다음절에서는 근궤적 상의 각도나 실제의 점을 구하여 궤적을 상세하게 그릴 수 있다. 그러나 궤적을 상세하게 그리려면 많은 계산 과정이 필요하기 때문에 MATLAB과 같은 컴퓨터 프로그램을 사용해야 한다.

1. **가지의 수** 각각의 폐루프 극점은 이득, K가 변함에 따라 이동한다. 한 개의 극점이 이동하는 경로를 가지라고 정의하면, 한 개의 폐루프 극점에 대하여 한 개의 가지가 형성된다. 첫 번째 규칙으로서 근궤적의 가지의 수를 정의하자.

   근궤적의 가지의 수는 폐루프 극점의 수와 같다.

   한 예로서, 그림 8.5(b)에 두 개의 가지가 있는데, 한 개는 원점에서 시작하고 다른 한 개는 -10에서 시작한다.

2. 대칭성 복소 폐루프 극점이 공액 복소수가 아니면, 폐루프 극점을 포함하는 각 인수들을 곱하여 생기는 다항식의 계수는 복소수가 된다. 물리적으로 구현할 수 있는 시스템의 전달 함수의 계수는 복소수가 될 수 없으므로, 다음의 결론을 내릴 수 있다.

   근궤적은 실수축에 대하여 대칭이다.

   실수축에 관한 대칭의 예를 그림 8.5(b)에 나타내었다.

3. **실수축 상에서 근궤적이 존재하는 영역** 실수축 상에서 근궤적이 존재하는 영역을 정하기 위하여 식 (8.15)의 각도의 성질을 사용하자. 그림 8.8에 일반 개루프 시스템의 극, 영점을 나타내었다. 실수축 상의 각 점 P_1, P_2, P_3, P_4를 따라가면서 영점과 극점에 의한 각도를 계산해 보면 다음과 같은 사항을 알 수 있다. (1) 각 점에서 개루프 공액 복소극점 혹은 영점에 의한 각도는 0°이다. (2) 각 점의 왼쪽에 있는 개루프 극점과 개루프 영점에 의한 각도는 0°이다. 결론적으로 임의의 점에서의 각도는 그 점의 오른쪽 실수축 상에 있는 개루프 실수축의 극점과 영점에 의한 각도이다. 각 점의 오른쪽 실수축에 있는 개루프 실수축의 극점과 영점에 의한 각도를 계산하면 다음과 같은 사항을 알 수 있다. (1) 실수축 상에 있는 극점이나 영점에 의한 각도는 0°또는 180°이다. (2) 그 점의 오른쪽 실수축 상에 존재하는 극점이나 영점의 개수가 홀수면 그 점에서의 각도는 180°이다. 따라서 다음과 같이 요약할 수 있다.

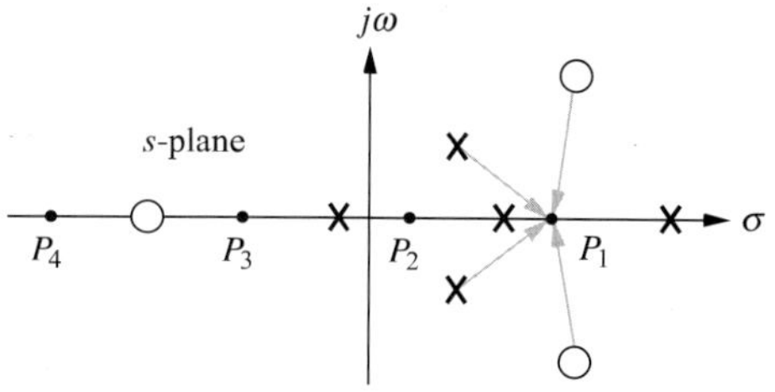

그림 8.8 실수축 상의 테스트 점 P_1에 대한 일반 개루프 시스템의 극점과 영점

   $K > 0$일 때, 실수축 상에서 그 점 오른쪽에 있는 개루프 시스템의 유한 극점과 유한 영점을 합한 수가 홀수면 그 점은 근궤적 상에 있다.

   그림 8.6(b)를 살펴보자. 위에서 설명한 규칙에 따라 근궤적이 존재하는 실수축 영역은 그림 8.9에 나타난 것처럼 -1과 -2 사이와 -3과 -4 사이이다.

4. **출발점과 도착점** 근궤적은 어디에서 시작(이득이 0)하여 어디에서 끝(이득이 무한대)나는가? 여기에 대한 답을 얻기 위해 근궤적을 실수축 밖의 영역으로 확장해보자. 식 (8.3)의 폐루프 전달 함수 $T(s)$에서 이득 K가 매우 작은 경우와 매우 큰 경우에 대한 $T(s)$를 구해 보자. 먼저, 이득 K가 0으로 접근하면, $T(s)$는

$$T(s) \approx \frac{KN_G(s)D_H(s)}{D_G(s)D_H(s)+\epsilon} \tag{8.23}$$

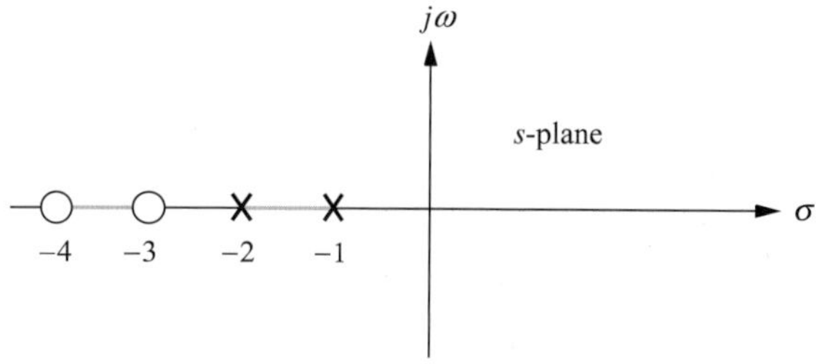

그림 8.9 그림 8.6의 시스템에 대해 근궤적이 존재하는 실수축 영역

   으로 근사화되므로 식 (8.23)으로부터 폐루프 시스템의 극점은 $G(s)$와 $H(s)$의 극점으로 근사화되는 것을 알 수 있다. 즉, 근궤적은 개루프 전달 함수 $G(s)H(s)$의 극점에서 시작한다는 것을 알 수 있다.
   이득이 클 때, 즉 K가 무한대로 접근함에 따라

$$T(s) \approx \frac{KN_G(s)D_H(s)}{\epsilon+KN_G(s)N_H(s)} \tag{8.24}$$

   로 근사화되므로 식 (8.24)로부터 폐루프 시스템의 극점은 $G(s)H(s)$의 영점으로 근사화되는 것을 알 수 있다. 즉, 근궤적은 개루프 전달 함수 $G(s)H(s)$의 영점에서 끝난다는 것을 알 수 있다. 규칙을 요약하면 다음과 같다.

근궤적은 $G(s)H(s)$의 유한 극점과 무한 극점에서 출발하여 $G(s)H(s)$의 유한 영점과 무한 영점에서 끝난다.

이들 극점과 영점은 개루프 극점과 영점임을 기억하여라.

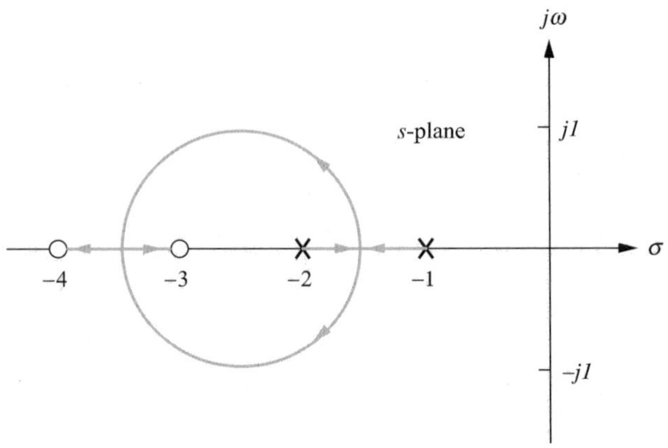

그림 8.10 그림 8.6의 시스템에 대한 완전한 근궤적

이러한 규칙을 설명하기 위하여 실수축 상의 개략적인 근궤적이 그림 8.9와 같은 그림 8.6(a)의 시스템을 살펴보자. 위의 규칙을 사용하면 근궤적은 -1과 -2에서 출발하여 -3과 -4에서 끝나는 것을 알 수 있다(그림 8.10을 보시오). 그러므로 극점은 -1과 -2에서 출발하여 이 두 극점 사이의 실수축 영역을 이동한다. 근궤적은 두 극점 사이의 점에서 만나서 복소평면 속으로 갈라져서 공액 복소극점이 되어 이동한다. 이 두 극점은 -3과 -4의 영점 사이의 실수축 상의 점에서 만난 후, 각각 실수축을 따라 개루프 시스템의 영점 -3과 -4로 이동하여 근궤적이 완성된다.

5. **무한대에서의 동작 특성** 다음의 개루프 전달 함수에 대하여 규칙 4를 적용해 보자.

$$KG(s)H(s) = \frac{K}{s(s+1)(s+2)} \tag{8.25}$$

이것은 $s=0, -1, -2$ 에서 3개의 유한 극점이 있으며, 유한 영점은 없다.
함수는 무한한 극점과 영점을 가질 수도 있다. s가 무한대가 될 때 함수도 무한대가 된다면, 이 함수는 무한대에서 한 개의 극점을 갖는다. 또 s가 무한대가 될 때 그 함수가 0이 된다면, 함수는 무한대에서 한 개의 영점을 갖는다. 예를 들어, 함수 $G(s)=s$ 는 s가 무한대가 될 때 $G(s)$가 무한대로 되기 때문에, 무한대에서 한 개의 극점이 존재하게 된다. 반면, $G(s)=1/s$ 인 경우에는 s가 무한대가 될 때 $G(s)$가 0이 되기 때문에, 무한대에서 한 개의 영점이 존재하게 된다. 유한한 극, 영점뿐만 아니라 무한대의 극, 영점들을 모두 포함시킨다면 모든 s의 함수는 극점과 영점의 수가 같다. 위의 예에서 식 (8.25)는 3개의 유한한 극점과 3개의 무한한 영점을 가지게 된다. 이를 설명하기 위하여 s를 무한대로 접근시키면 개루프 전달 함수는 다음과 같다.

$$KG(s)H(s) \approx \frac{K}{s^3} = \frac{K}{s \cdot s \cdot s} \tag{8.26}$$

분모의 각 s가 무한대가 되면 개루프 함수 $KG(s)H(s)$는 0이 된다. 따라서 식 (8.26)은 무한대에서 3개의 영점을 갖는다.
그러므로 식 (8.25)의 근궤적은 $KG(s)H(s)$의 유한 극점에서 시작하여 무한 영점에서 끝난다. 이제 다음과 같은 의문이 생긴다: 무한 영점은 어디에 있는가? 3개의 유한 극점에서 3개의 무한 영점으로 근궤적이 이동하는 것을 보기 위해서는 이 영점들이 어디에 있는지 알아야 한다. 규칙

5를 사용하여 무한대에 있는 영점의 위치를 찾을 수 있다. 또한, 규칙 5를 사용하면 유한 극점보다 유한 영점을 더 많이 포함하는 함수에 대하여 무한대에 있는 극점의 위치를 찾아낼 수도 있다.[1] 규칙 5를 사용하여 무한대에 있는 영점으로 접근하거나 무한대에 있는 극점에서 시작하는 근궤적의 경로를 알 수 있다. www.wiley.com/go/Nise/ControlSystemsEngineering8e의 부록 M.1에 그 유도 과정을 나타내었다.

근궤적이 무한대로 접근하면 점근선에 접근한다. 또한, 점근선이 실수축과 만나는 점을 σ_a 각도를 θ_a라 할 때, 점근선 식은 다음과 같다.

$$\sigma_a = \frac{\sum \text{finite poles} - \sum \text{finite zeros}}{\#\ \text{finite poles} - \#\ \text{finite zeros}} \tag{8.27}$$

$$\theta_a = \frac{(2k+1)\pi}{\#\ \text{finite poles} - \#\ \text{finite zeros}} \tag{8.28}$$

여기서 $k=0, \pm1, \pm2, \pm3$이고, 각도는 실수축의 양의 방향과 이루는 각이다.

식 (8.28)의 K는 무한대로 접근하는 근궤적의 점근선의 수를 나타낸다. 이 개념을 다음의 예를 통하여 살펴보기로 하자.

예제 8.2 근사화된 근궤적의 약도

문제 그림 8.11의 시스템에 대한 근궤적을 그려라.

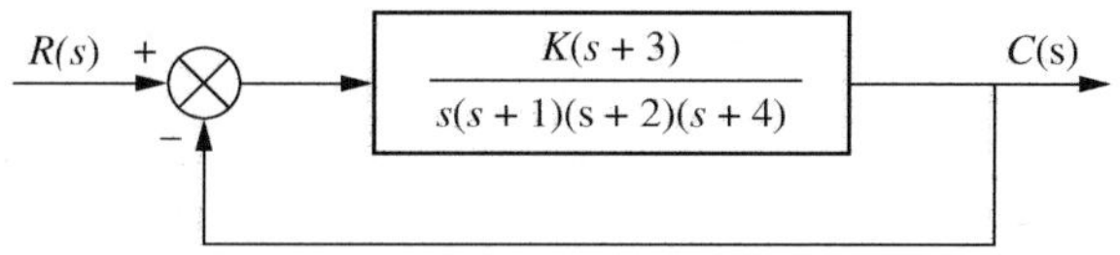

그림 8.11 예제 8.2의 시스템

풀이 먼저 점근선을 구하자. 식 (8.27)을 사용하면 점근선이 실수축과 만나는 점은 다음과 같이 계산된다.

$$\sigma_a = \frac{(-1-2-4)-(-3)}{4-1} = -\frac{4}{3} \tag{8.29}$$

식 (8.28)에 의하면 -4/3를 지나는 점근선의 각도는 다음과 같다.

$$\sigma_a = \frac{(2k+1)\pi}{\#\text{유한극점} - \#\text{유한영점}} \tag{8.30a}$$

$$= \pi/3 \quad \text{for} \quad k=0 \tag{8.30b}$$

$$= \pi \quad \text{for} \quad k=1 \tag{8.30c}$$

$$= 5\pi/3 \quad \text{for} \quad k=2 \tag{8.30d}$$

---

1 그러나 계단 입력과 같은 불연속 입력 함수에 대하여 미분을 하게 되면 무한한 출력을 만들어 내기 때문에, 물리적 시스템은 유한 영점보다 더 많은 유한 영점을 갖는다.

K의 값을 계속 증가시키면 같은 각도가 반복된다. 점근선의 수는 유한 극점수와 유한 영점수의 차이와 같다.

규칙 4는 근궤적이 개루프 극점에서 시작하여 개루프 영점에서 끝난다는 것을 나타낸다. 이 예제에서는 개루프 영점수보다 개루프 극점수가 더 많기 때문에 무한대에 영점이 있어야 한다. 점근선으로 무한대의 어디에 영점이 위치해 있는지를 알 수 있다.

그림 8.12는 점근선을 포함하는 완전한 근궤적을 나타내며, 지금까지 배운 모든 규칙들을 사용하여 그린 것이다. 실수축 상의 근궤적의 오른편에 있는 극점과 영점의 개수가 홀수이다. 근궤적은 개루프 극점에서 출발하여 개루프 영점에서 끝이 난다. 이 예제에서는 한 개의 유한 영점과 3개의 무한 영점이 있다. 따라서 규칙 5를 통하여 무한대에 있는 3개의 영점이 점근선의 끝에 있다는 것을 알 수 있다.

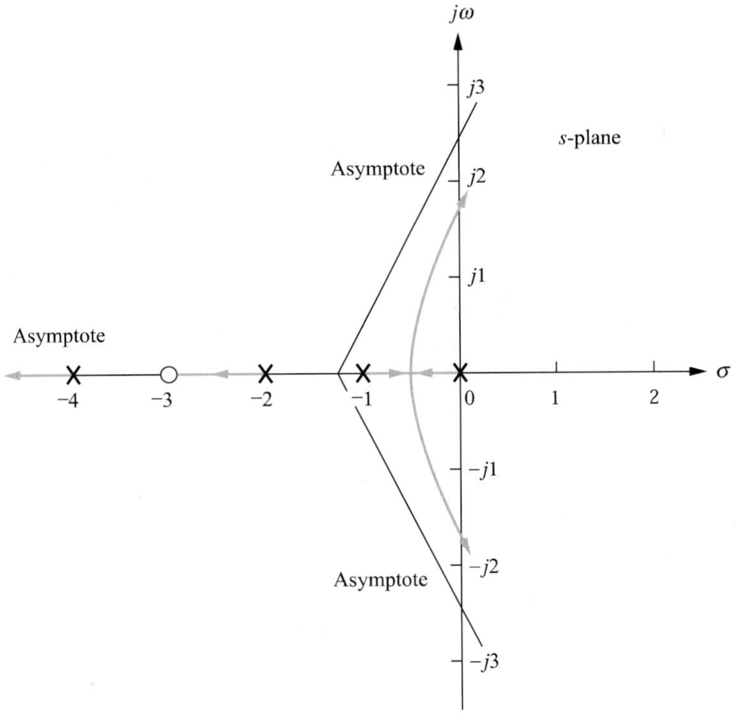

그림 8.12 그림 8.11의 시스템에 대한 근궤적과 점근선

숙련예제 8.3

문제 전향 전달 함수를 가지는 단위 피드백 시스템 $G(s)$가 다음과 같을 때, 근궤적과 점근선을 개략적으로 그려라.

$$G(s) = \frac{K}{(s+2)(s+4)(s+6)}$$

풀이

풀이 과정은 www.wiley.com/go/Nise/ControlSystemsEngineering8e에 있다.

8.5 근궤적도 상세화

앞 절에서 설명된 규칙을 사용하면 개략적인 근궤적을 손쉽게 그릴 수가 있다. 근궤적을 더 상세하게 그리고 싶으면, 관련된 이득과 함께 근궤적 상의 중요한 점들을 정확히 나타내야만 한다. 근궤적이 복소평면으로 들어가거나 나오는 실수축 상의 점인 이탈점(breakaway points) 및 인입점(break-in points), 그리고 $j\omega$축과 교차하는 점이 그러한 점이다. 또한, 복소극점 및 영점에서의 출발 각도와 도착 각도를 구하면 근궤적을 더욱 정확하게 그릴 수 있다. 이 절에서는 근궤적 상에서 이러한 특별한 점을 구하는데 필요한 계산 방법에 대하여 설명하기로 한다.

이 계산 중 몇 가지는 영점 각도의 합에서 극점 각도의 합을 뺀 것이 180°의 홀수배와 같다는 것과 근궤적 상의 한 점에서의 이득은 (1) 그 점까지 연결한 극점 길이들의 곱을, (2) 그 점까지 연결한 영점 길이들의 곱으로 나눈 값이라는 기본적인 근궤적 관계를 사용한다. 아직 이러한 계산을 수행하는 방법에 대하여는 설명하지 않았다. 과거에는 값싼 Spirule™을 사용하여 신속하게 각도를 더하고 길이를 곱하거나 나누어 이득을 계산하였다. 오늘날에는 주로 개인용 컴퓨터뿐만 아니라 포켓용 계산기나 프로그램으로 동작 가능한 계산기를 사용하여 계산한다.

MATLAB을 사용하려는 학생들은 8.6절 끝에서 근궤적에 MATLAB를 적용하는 방법을 배울 것이다. www.wiley.com/go/Nise/ControlSystemsEngineering8e의 부록 H.2에 그 외의 방법에 대하여도 설명하였다.

그러한 논의를 프로그램으로 동작 가능한 계산기에 적용할 수도 있다. 이 시점에서 독자들에게 컴퓨터의 사용을 권하는 바이다. 만약 근궤적을 구하기 위해 손으로 계산을 한다면, 많은 수고를 해야 할 것이다.

이제 실수축 상의 이탈점, 인입점, $j\omega$축을 지나는 점, 복소극점에서 출발하는 각도, 영점에 도달하는 각도를 계산함으로써 근궤적을 상세하게 그리는 방법에 대하여 설명하기로 한다. 근궤적 상의 임의의 점을 정확히 찾고 이득을 계산하는 방법을 제시함으로써 결론을 내리고자 한다.

실수축 이탈점과 인입점

실수축으로부터 복소평면으로 시스템 극점이 이동할 때, 근궤적이 실수축에서 이탈하게 된다. 또 다른 경우에는 한 쌍의 복소극점이 실수가 되면서 궤적이 실수축으로 돌아가게 된다. 그림 8.13에서 이것을 설명한다. 이 궤적은 처음 4개의 규칙: (1) 가지수 (2) 대칭성 (3) 근궤적이 존재하는 실수축 영역 (4) 시작점과 끝나는 점을 사용하여 간략하게 그려졌다. 그림에는 근궤적이 -1과 -2 사이의 실수축을 출발하여 +3과 +5 사이의 실수축으로 돌아가는 것이 나타나 있다. 궤적이 실수축을 떠나는 점 $-\sigma_1$을 이탈점이라 하고, 궤적이 실수축으로 돌아가는 점 $+\sigma_2$를 **인입점**이라 한다.

이탈점이나 인입점에서 근궤적의 가지는 실수축과 $180°/n$의 각도를 이루며, n은 실수축 상에서 이탈하거나 인입하는 점에서의 폐루프 극점의 수이다(Kuo, 1991). 그러므로 그림 8.13과 같이 2개의 극점을 가지는 경우, 이탈점에서 근궤적은 실수축과 90°를 이룬다. 이제 이탈점과 인입점을 찾는 방법을 알아보자.

$K=0$일 때 -1과 -2에 있는 두 개의 폐루프 극점은 이득이 0에서 점점 증가함에 따라 서로 접근한다. 그러므로 -1과 -2 사이의 실수축에서는 이탈이 일어나는 점에서 이득이 최대가 된다는 결론을 얻는다. 극점이 복소평면 속으로 이동하면 이득은 더욱 증가하게 된다. 그러므로 개루프 극점 사이의 실수축 상의 이득이 최대가 되는 점에서 이탈점이 발생한다는 결론을 얻을 수 있다.

이제 실수축 상의 +3과 +5 사이의 인입점을 살펴보자. 폐루프 복소쌍이 실수축으로 돌아와서 폐루프 극점이 개루프 영점으로 접근하면 이득은 계속 증가하여 무한대로 된다. 따라서 2개의 영점 사이의 실수축에서는 인입점에서 이득이 최소가 된다.

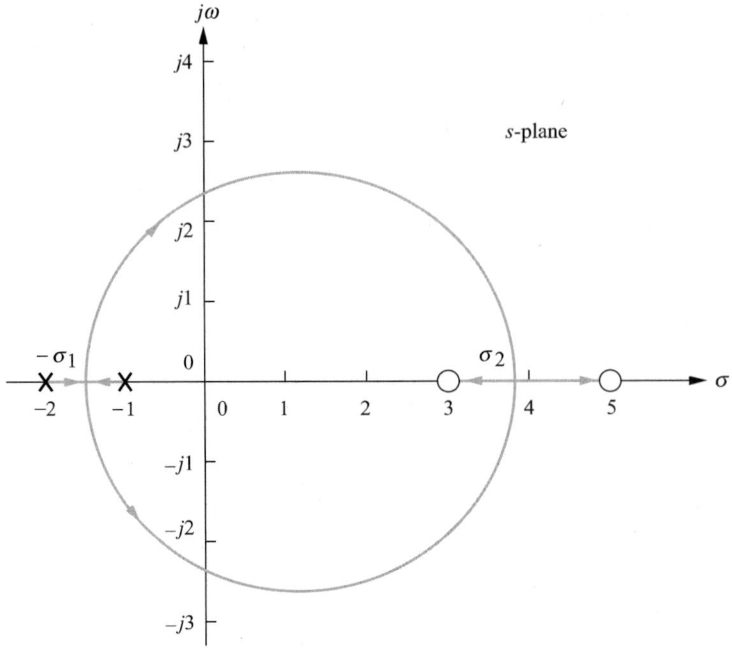

그림 8.13 실수축 상의 이탈점($-\sigma 1$)과 인입점($+\sigma 2$)을 나타낸 근궤적의 예

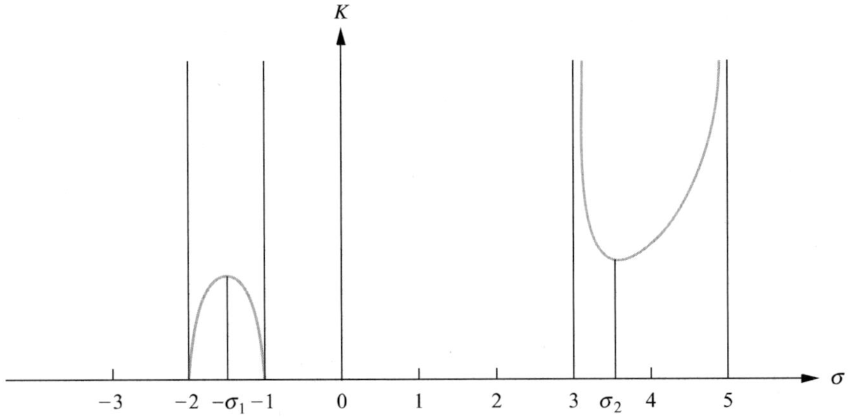

그림 8.14 그림 8.13의 근궤적에 대한 실수축 상에서의 이득 변화

그림 8.14는 실수축 상에서 이득의 변화를 보여준다. 이탈점은 -1과 -2 사이에서 이득이 최대가 되는 점이고, 인입점은 +3과 +5 사이에서 이득이 최소가 되는 점이다.

근궤적이 실수축에서 이탈하고 실수축으로 인입하는 점을 찾기 위한 3가지의 방법이 있다. 첫 번째 방법은 미분을 사용하여 이득 K가 최대 또는 최소가 되는 점을 찾는 방법이다. 근궤적의 모든 점에서 식 (8.13)은 다음과 같다.

$$K=-\frac{1}{G(s)H(s)} \tag{8.31}$$

근궤적이 존재하는 실수축 영역에서 이탈점이나 인입점이 되는 점은 $s=\sigma$을 만족하는 점이다. 그러므로 실수축 상에서 식 (8.31)은 다음과 같다.

$$K=-\frac{1}{G(\sigma)H(\sigma)} \tag{8.32}$$

이 식은 그림 8.14에 나타낸 것과 유사하게 σ에 대한 K의 곡선을 나타낸다. 그러므로 식 (8.32)를 σ에 대하여 미분한 다음 0으로 놓으면, 이득이 최대가 되는 점과 최소가 되는 점을 구하여 이탈점과 인입점을 구할 수 있다. 다음의 예제를 살펴보자.

예제 8.3 미분에 의한 이탈점과 인입점 찾기

문제 그림 8.13의 근궤적에 대하여 미분을 사용하여 이탈점과 인입점을 구하여라.

풀이 개루프 극점과 영점을 사용하여 근궤적이 그림 8.13과 같은 개루프 시스템을 나타내면 다음과 같다.

$$KG(s)H(s) = \frac{K(s-3)(s-5)}{(s+1)(s+2)} = \frac{K(s^2-8s+15)}{(s^2+3s+2)} \tag{8.33}$$

근궤적 상의 모든 점에 대하여 $KG(s)H(s) = -1$이고, 실수축에서는 $s=\sigma$이므로

$$\frac{K(\sigma^2-8\sigma+15)}{(\sigma^2+3\sigma+2)} = -1 \tag{8.34}$$

가 성립된다. K에 대하여 풀면 다음과 같다.

$$K = \frac{-(\sigma^2+3\sigma+2)}{(\sigma^2-8\sigma+15)} \tag{8.35}$$

σ에 대하여 K를 미분하여 0으로 놓으면 다음과 같다.

$$\frac{dK}{d\sigma} = \frac{(11\sigma^2-26\sigma-61)}{(\sigma^2-8\sigma+15)^2} = 0 \tag{8.36}$$

σ에 대하여 풀면, $\sigma = -1.45,\ 3.82$이고, 이 점들이 이탈점과 인입점이다.

두 번째 방법은 미분의 변분을 사용하는 방법이다. 이것을 천이 방법(*transition method*)이라고 하는데, 미분 단계가 생략된다(Franklin, 1991).

이 방법은 www.wiley.com/go/Nise/ControlSystemsEngineering8e의 부록 M.2에 유도되어 있으며 다음과 같다.

이탈점과 인입점에서는 다음의 관계를 만족한다.

$$\sum_{1}^{m} \frac{1}{\sigma + z_i} = \sum_{1}^{n} \frac{1}{\sigma + p_i} \tag{8.37}$$

여기에서 z_i와 p_i는 각각 $G(s)H(s)$의 영점과 극점값의 음수이다.

미분하지 않고 식 (8.37)을 σ에 대하여 풀면, K를 최소화 혹은 최대화하는 실수축 값을 구하여 이탈점과 인입점을 얻을 수 있다. 다음 예제를 살펴보자.

예제 8.4 미분없이 이탈점 인입점 찾기

문제 예제 8.3을 미분하지 않고 반복하여라.

풀이 식 (8.37)을 사용하면

$$\frac{1}{\sigma-3}+\frac{1}{\sigma-5}=\frac{1}{\sigma+3}+\frac{1}{\sigma+2} \tag{8.38}$$

이 되므로, 간단히 하면 아래와 같다.

$$11\sigma^2-26\sigma-61=0 \tag{8.39}$$

그러므로 σ=-1.45와 3.82가 되어 예제 8.3과 일치한다.

표 8.2 그림 8.13의 근궤적에 대한 이탈점과 인입점을 찾기 위한 데이터

실수 축 값	이득	설명
−1.41	0.008557	
−1.42	0.008585	
−1.43	0.008605	
−1.44	0.008617	
−1.45	0.008623	← 최대 이득 : 이탈
−1.46	0.008622	
3.3	44.686	
3.4	37.125	
3.5	33.000	
3.6	30.667	
3.7	29.440	
3.8	29.000	← 최소 이득 : 인입
3.9	29.202	

세 번째 방법은 www.wiley.com/go/Nise/ControlSystemsEngineering8e의 부록 H.2에 있는 근궤적 프로그램으로 이탈점과 인입점을 찾는 것이다. 이 프로그램을 사용하여 -1과 -2 사이의 최대 이득점과 +3과 +5 사이의 최소 이득점을 찾을 수 있다. 표 8.2에 이 프로그램으로 얻은 결과가 나타나 있다. 근궤적은 -1과 -2 사이의 최대 이득점인 -1.45에서 시작하여 +3과 +5 사이의 최소 이득점인 +3.8로 다시 들어온다. 이 결과는 앞의 두 가지의 방법을 사용하여 얻은 결과와 일치한다. MATLAB을 사용하여 이탈점과 인입점을 구할 수도 있다.

$j\omega$ 축과의 교차점

이제 축과의 교차점을 사용하여 근궤적을 더 상세하게 그려보자. $j\omega$ 축과의 교차점은 아주 중요한 점이다. 그림 8.12를 살펴보면 시스템의 극점은 이득이 특정한 값이 될 때까지 좌반 평면에 존재하지만, 그 이상의 이득값에 대하여는 폐루프 시스템의 두 개의 극점은 시스템이 불안정해지는 우반 평면으로 넘어간다. 그러므로 $j\omega$ 축과의 교차점은 시스템의 안정과 불안정의 경계가 되는 점이다. 예를 들어, $j\omega$ 축과의 교차점에서의 의 값은 진동 주파수를 나타내고, $j\omega$ 축과의 교차점에서의 이득값은 시스템이 안정하기 위한 최대의 이득값이 된다. 한편, 이득이 작으면 불안정하고 이득이 크면 안정한 시스템도 있다. 그때의 근궤적은 우반 평면에서 시작하여(이득이 작으면 불안정) 좌반 평면에서 끝나게(이득이 크면 안정) 된다.

$j\omega$축과의 교차점을 찾기 위하여 다음과 같이 6장에서 설명한 Routh-Hurwitz 판별법을 사용할 수 있다: Routh 표의 한 행을 0으로 하면 이득을 구할 수 있고, 그 행 바로 위의 짝수승 다항식의 근을 구하면 허수축과의 교차점에서의 주파수를 구할 수 있다.

예제 8.5 허수축과의 교차점에서 주파수와 이득 구하기

문제 그림 8.11의 시스템에 대하여 근궤적이 허수축과 교차하는 점에서의 주파수와 이득 K를 구하라. 또 시스템이 안정한 K의 범위를 구하여라.

풀이 그림 8.11의 시스템에 대한 폐루프 전달 함수는 다음과 같다.

$$T(s)=\frac{K(s+3)}{s^4+7s^3+14s^2+(8+K)s+3K} \tag{8.40}$$

분모를 사용하여 임의의 열에 상수를 곱하여 항들을 단순화시키면 표 8.3 Routh 배열을 얻는다. 한 행이 모두 0이 되면 허수축에 근을 가질 가능성이 있다. 근궤적이 그려지는 양의 이득에 대하여 단지 s^1행만이 0이 될 수 있다. 그러므로

표 8.3 식 (8.40)에 대한 Routh 표

s^4	1	14	$3K$
s^3	7	$8+K$	
s^2	$90-K$	$21K$	
s^1	$\frac{-K^2-65K+720}{90-K}$		
s^0	$21K$		

$$-K^2-65K+720=0 \tag{8.41}$$

과 같이 되고, 이 방정식에서 K의 값을 구하면 다음과 같다.

$$K=9.65 \tag{8.42}$$

s^2행에 K=9.65를 대입하여 짝수승 다항식을 구성하면

$$(90-K)s^2-21K=80.35s^2+202.7=0 \tag{8.43}$$

과 같고, s의 값은 $\pm j1.59$이다. 그러므로 근궤적은 이득이 9.65일 경우, $j\omega$축과의 교차점 $\pm j1.59$을 지난다. 그러므로 이 시스템은 $0 \le K < 9.65$에서 안정하다.

$j\omega$축과의 교차점(근궤적 상의 다른 점들도 마찬가지지만)을 구하는 다른 방법은 $j\omega$축과의 교차점에서는 유한 개루프 극점과 영점이 이루는 각도의 합이 $(2k+1)180°$가 되어야 한다는 사실을 사용하는 것이다. 그러므로 이러한 각도 조건을 만족하는 점을 찾을 때까지 $j\omega$축상의 점을 찾는다. www.wiley.com/go/Nise/ControlSystemsEngineering8e의 부록 H.2나 MATLAB의 근궤적 프로그램과 같은 컴퓨터 프로그램으로 이러한 값을 찾을 수 있다.

다음 예제부터는 이 방법을 사용하여 $j\omega$축과의 교차점을 찾는다.

출발각과 도착각

이제 복소극점에서의 출발각과 복소영점으로의 도착각을 구하여 근궤적을 더 상세하게 그려보자.

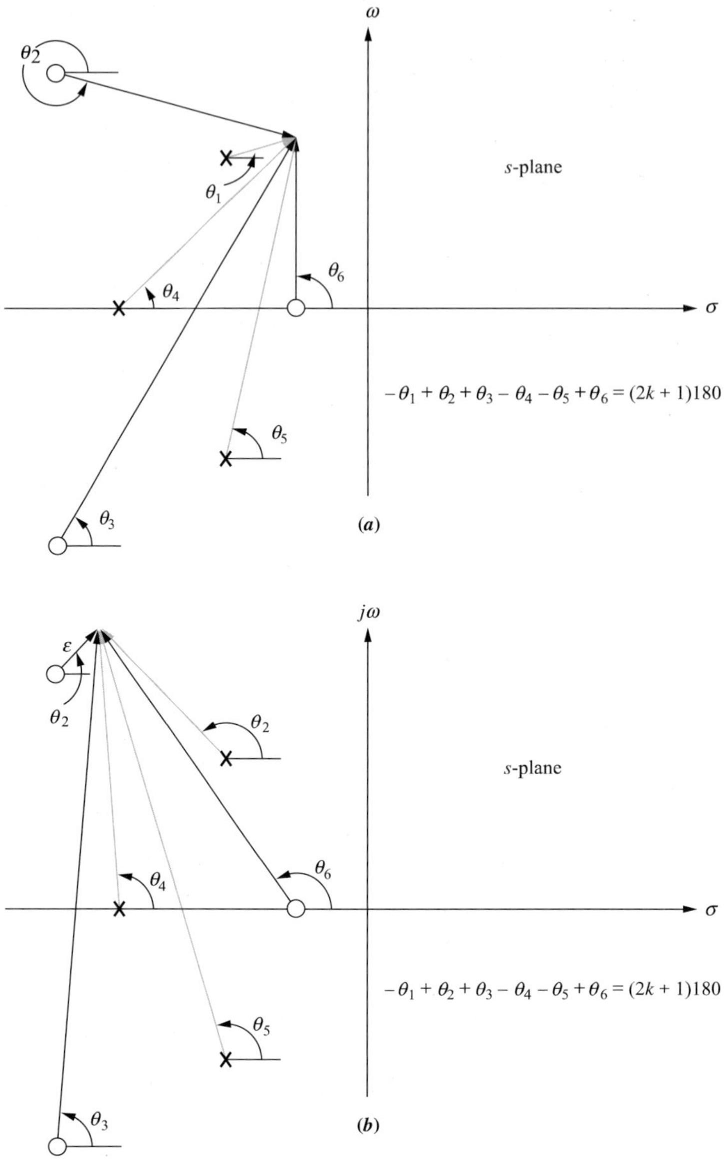

그림 8.15 개루프 극점 및 영점과 출발각과 도착각의 계산 a. 출발각 b. 도착각

그림 8.15를 살펴보면, 개루프 극점과 영점의 일부가 복소수임을 알 수 있다. 근궤적은 개루프 극점에서 시작하여 개루프 영점에서 끝난다. 근궤적을 더욱 상세하게 그리기 위하여 근궤적이 복소극점에서 출발하는 각과 복소영점으로 도착하는 각도를 계산해야 한다.

어떤 복소극점과 ϵ 만큼 가까이 있는 근궤적 상의 한 점을 가정하면, 이 점에 대한 모든 유한 극점과 영점에서의 각도합은 180°의 홀수배이다. 그 점과 ϵ 만큼 가까이 있는 극점을 제외한 다른 모든 극점과 영점이 그 점과 이루는 각도는 그 점 가까이에 있는 극점과의 각도를 통하여 구할 수 있다. 그러므로 각도의 합에서 미지의 각은 ϵ 만큼 가까이 있는 극점과의 각도이다. 미지의 각도를 계산하면 이 복소극점에서의 출발각을 얻을 수 있다. 그러므로 그림 8.15(a)로부터

$$-\theta_1+\theta_2+\theta_3-\theta_4-\theta_5+\theta_6=(2k+1)180^\circ \tag{8.44a}$$

혹은

$$\theta_1=\theta_2+\theta_3-\theta_4-\theta_5+\theta_6-(2k+1)180^\circ \tag{8.44b}$$

가 만족된다.

어떤 복소영점과 ϵ 만큼 가까이에 있는 근궤적 상의 한 점을 가정하면, 이 점에 대한 모든 유한 극점과 영점의 각도합은 180°의 홀수배이다. 그 점과 ϵ 만큼 가까이에 있는 영점을 제외한 다른 모든 극점과 영점이 그 점과 이루는 각도는 그 점 가까이에 있는 영점과의 각도를 통하여 구할 수 있다. 그러므로 각도의 합에서 미지의 각은 ϵ 만큼 가까이 있는 영점과의 각도이다. 미지의 각도를 계산하면 이 복소영점에서의 도착각을 얻을 수 있다. 그러므로 그림 8.15(b)로부터

$$-\theta_1+\theta_2+\theta_3-\theta_4-\theta_5+\theta_6=(2k+1)180^\circ \tag{8.45a}$$

$$\theta_2=\theta_1-\theta_3+\theta_4+\theta_5-\theta_6+(2k+1)180^\circ \tag{8.45b}$$

가 성립한다.

다음 예제를 살펴보자.

예제 8.6 복소극점으로 부터의 출발 각도 구하기

문제 그림 8.16의 단위 피드백 시스템에 대하여 복소극점에서의 출발각을 구하고 개략적인 근궤적을 그려라.

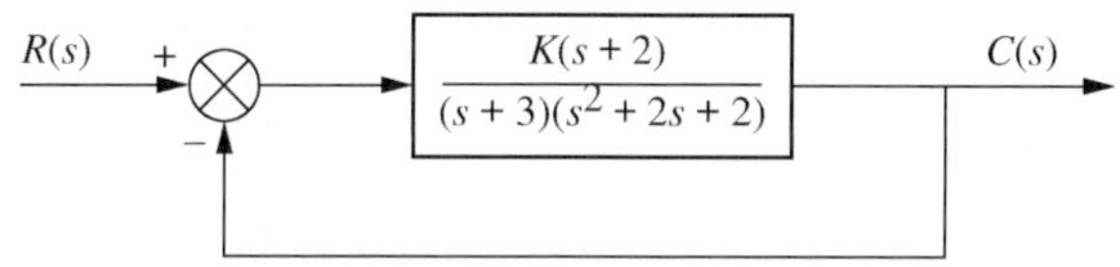

그림 8.16 복소극점을 갖는 단위 피드백 시스템

풀이 그림 8.17에 나타낸 것처럼 $G(s)=(s+2)/[(s+3)(s^2+2s+2)]$의 극점과 영점이 2사분면 내의 복소극점 $-1+j1$에서 ϵ 만큼 가까이에 있는 점과 이루는 각도의 합을 구해 보면,

$$-\theta_1-\theta_2+\theta_3-\theta_4=-\theta_1-90^\circ+\tan^{-1}\left(\frac{1}{1}\right)-\tan^{-1}\left(\frac{1}{2}\right)=180^\circ \tag{8.46}$$

과 같다. 따라서 $\theta=-251.6^\circ=108.4^\circ$가 된다. 그림 8.17에 개략적인 근궤적을 나타내었다. 복소극점부터 출발각을 통해 근궤적을 상세하게 그리는 방법에 대하여 주목하여라.

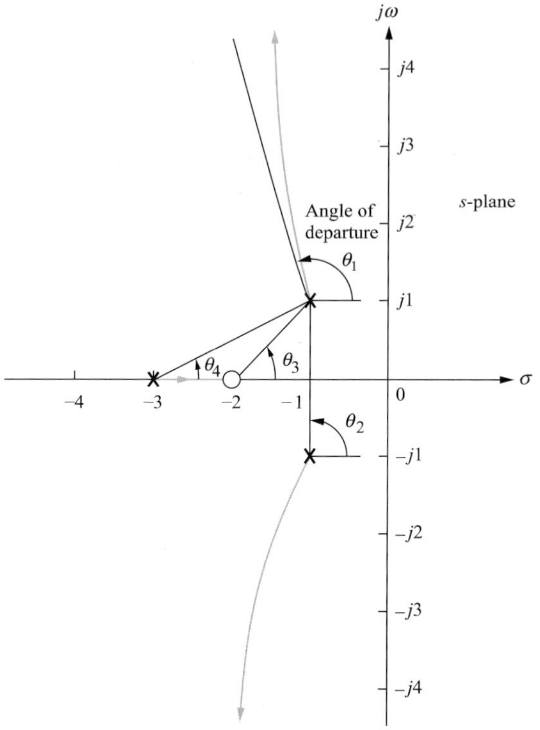

그림 8.17 그림 8.16의 시스템에 대한 근궤적에서의 출발각

근궤적의 작도 및 보정

8.4절에서의 규칙을 사용하여 개략적인 근궤적을 그린 후, 근궤적 상의 정확한 위치와 그 점에서의 이득을 구해야 할 경우가 있다. 예를 들어, 20% 오버슈트를 나타내는 직선과 근궤적이 만나는 정확한 좌표를 구해야 할 경우가 있다. 또한, 그 점에서의 이득의 값을 구해야 할 경우도 있다.

그림 8.12의 근궤적을 고려해보자. 근궤적이 0.45 감쇠비선과 만나는 정확한 점과 그 점에서의 이득을 찾는다고 하자. 그림 8.18에 $\zeta = 0.45$ 직선과 시스템의 개루프 극점 및 영점을 나타내었다. $\zeta = 0.45$ 직선상에 몇 개의 테스트 점을 선정하여 각도의 합을 구하면, 각도의 합이 180°의 홀수배가 되는 점의 위치를 찾을 수 있는데, 그 점이 근궤적이 존재하는 곳이다. 따라서 식 (8.21)을 사용하여 그 점에서의 이득 K의 값을 구할 수 있다.

$\zeta = 0.45$ 선 상의 반경 2인 점($r = 2$)을 선정하여 영점의 각도는 더하고 극점의 각도는 뺄 경우, 다음과 같다.

$$\theta_2 - \theta_1 - \theta_3 - \theta_4 - \theta_5 = -251.5^\circ \tag{8.47}$$

합이 180°의 홀수배가 아니기 때문에 반경 2에서의 점은 근궤적 상의 점이 아니다. 마찬가지로 반경 1.5, 1, 0.747, 0.5에 대하여 그 점에 대한 각도를 구하면 그림 8.18의 표를 얻을 수 있다. 이 표에서는 반경 r과 기호 $\angle$로 표시된 각도의 합으로 점들을 나타내었다. 표를 보면 반경이 0.747인 점에서 각도의 합이 -180°이므로 이 점이 근궤적이 지나는 점임을 알 수 있다. 식 (8.21)을 사용하면 이점에서의 이득 K는 다음과 같다.

$$K = \frac{|A||C||D||E|}{|B|} = 1.71 \tag{8.48}$$

Radius r	Angle $\angle$ (degrees)
0.5	−158.4
0.747	−180.0
1.0	−199.9
1.5	−230.4
2.0	−251.5

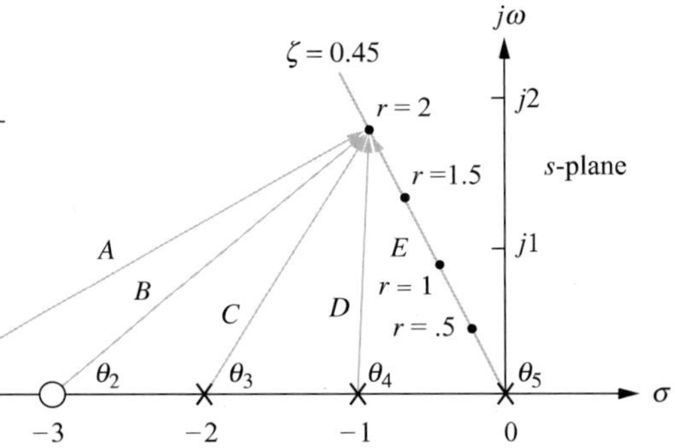

그림 8.18 그림 8.12의 근궤적 상의 정확한 점 찾기와 보정

요약하면 각도의 합(영점의 각도-극점의 각도)이 180° 의 홀수배로 되는 점을 주어진 선상에서 찾는다고 할 수 있다. 이 점이 근궤적 상의 점이며 이 때의 이득은 이 점까지 그은 극점 길이의 곱을 영점 길이의 곱으로 나누어 구할 수 있다. www.wiley.com/go/Nise/ControlSystemsEngineering8e의 부록 H.2에 있는 프로그램이나 MATLAB과 같은 컴퓨터 프로그램을 사용하여 구할 수 있다.

숙련예제 8.4

문제 전향 전달 함수를 가지는 단위 피드백 시스템 $G(s)$가 다음과 같을 때,

$$G(s) = \frac{K(s+2)}{(s^2 - 4s + 13)}$$

다음의 문제를 풀어라.

a. 개략적인 근궤적을 그려라.

b. $j\omega$ 축과의 교차점을 구하여라.

c. $j\omega$ 축과의 교차점에서의 이득 K를 구하여라.

d. 인입점을 구하여라.

e. 복소극점에서의 출발각을 구하여라.

풀이 a. www.wiley.com/go/Nise/ControlSystemsEngineering8e의 해를 보아라.

b. $s=\pm j\sqrt{21}$

c. $K=4$

d. 인입점=-7

e. 출발각= -233.1°

풀이 과정은 www.wiley.com/go/Nise/ControlSystemsEngineering8e에 있다.

8.6 예제

본 절에서는 개략적인 근궤적을 그리고 근궤적 상의 점을 찾는 규칙을 복습할 뿐만 아니라 예제도 함께 풀어본다. 근궤적은 시스템 매개 변수의 변화에 따른 폐루프 극점의 경로를 나타낸 것이다. 근궤적 상의 각 점은 $\angle G(s)H(s)=(2k+1)180°$의 각도 조건을 만족한다. 이러한 관계를 사용하여 개략적인 근궤적을 그리고 근궤적 상의 점을 찾는 규칙을 다음과 같이 요약하였다.

개략적인 근궤적을 그리는 기본 규칙

가지의 수　근궤적의 가지의 수는 폐루프 극점의 수와 같다.

대칭성　근궤적은 실수축에 대하여 대칭이다.

실수축 상에서 근궤적이 존재하는 영역　$K>0$일 때, 실수축 상의 유한 개루프 극점 및 또는 유한 개루프 영점의 합이 홀수인 영역의 왼쪽에 실수축 상의 근궤적이 존재한다.

시작점과 끝점　근궤적은 $G(s)H(s)$의 유한 극점 및 무한 극점에서 시작하여 $G(s)H(s)$의 유한 극점 및 무한 영점에서 끝난다.

무한대에서의 근궤적 특성　근궤적이 무한대에 접근함에 따라서 근궤적은 직선의 점근선에 접근하게 된다. 그리고 점근선의 방정식은 실수축과의 교점과 라디안 각도로 다음과 같이 나타낼 수 있다.

$$\sigma_a=\frac{\sum \text{finite poles}-\sum \text{finite zeros}}{\#\,\text{finite poles}-\#\,\text{finite zeros}} \tag{8.49}$$

$$\theta_a=\frac{(2k+1)\pi}{\#\,\text{finite poles}-\#\,\text{finite zeros}} \tag{8.50}$$

여기서 $k=0,\ \pm1,\ \pm2,\ \pm3,\ \cdots$ 이다.

근궤적을 상세히 그리기 위한 부가적인 규칙

실수축의 이탈점과 인입점　근궤적은 실수축에서 이득이 최대인 점에서 이탈하고, 실수축에서 이득이 최소인 점으로 인입한다.

$j\omega$축과의 교차점 계산 근궤적은 $\angle G(s)H(s) = (2k+1)180°$ 점에서 $j\omega$축과 교차한다. Routh-Hurwitz 판별법 또는 $(2k+1)180°$을 만족하는 $j\omega$축상의 점을 찾는 방법을 통하여 $j\omega$축과의 교점을 찾을 수 있다.

출발각과 도착각 근궤적은 개루프 복소극점에서 출발하고 개루프 복소영점으로 도착하는데 이때의 각도는 다음과 같이 계산할 수 있다: 극점 또는 영점에 가까이 있는 한 점 ϵ을 가정한다. 모든 개루프 극점과 영점에서 이 점에 그은 벡터의 각도를 모두 더한다. 그 합은 $(2k+1)180°$이다. 다른 모든 극점과 영점으로부터 그어진 벡터는 그 점에서 ϵ 가까이 있는 복소극점 혹은 복소영점으로 그어진 것으로 간주할 수 있으므로, 미지의 각은 ϵ에 가까이 있는 극점 또는 영점으로부터 그은 각도이다. 이 미지의 각을 구하면 출발각과 도착각을 알 수 있다.

근궤적의 작도 및 보정 근궤적의 모든 점은 $\angle G(s)H(s) = (2k+1)180°$의 관계를 만족한다. 근궤적의 모든 점에서 이득 K는 다음과 같이 구할 수 있다.

$$K = \frac{1}{|G(s)H(s)|} = \frac{1}{M} - \frac{\Pi\text{ finite pole lengths}}{\Pi\text{ finite zero lengths}} \tag{8.51}$$

근궤적의 작도를 보여주는 두 개의 애니메이션 PPT는 www.wiley.com/go/Nise/ControlSystemsEngineering8e에서 내려 받을 수 있다. 근궤적의 작도와 동적 근궤적에 대해 살펴보자.

이제 요약된 예제를 살펴보자.

예제 8.7 근궤적의 개략화와 특정점 찾기

문제 그림 8.19(a)의 시스템에 대하여 개략적인 근궤적을 그리고 다음의 문제를 풀어라.

a. 궤적이 0.45 감쇠비선과 교차하는 정확한 점과 이득

b. 근궤적이 $j\omega$축과 교차하는 정확한 점과 이득

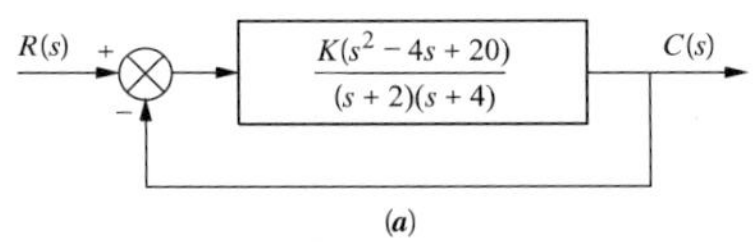

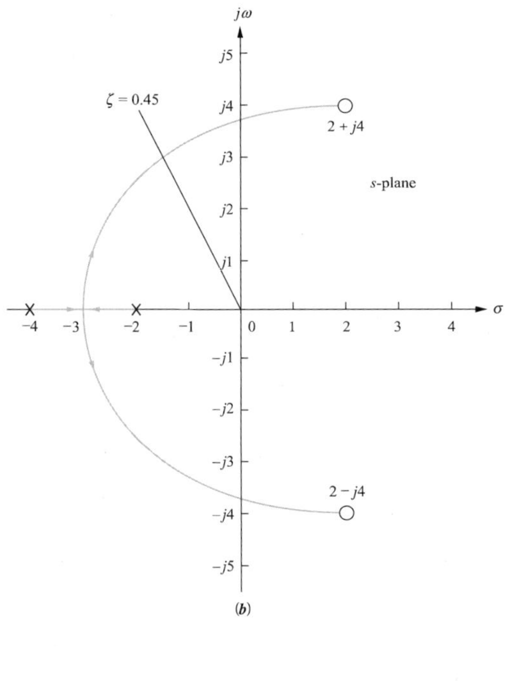

그림 8.19 a. 예제 8.7의 시스템
b. 개략적인 근궤적

c. 실수축 상의 이탈점
d. 시스템이 안정하기 위한 K의 범위

풀이 그림 8.19(b)에 문제의 해를 부분적으로 나타내었다. 먼저 개략적인 근궤적을 그린다. 규칙 3을 사용하면 실수축 상에서 근궤적이 존재하는 영역은 -2와 -4임을 알 수 있다.
규칙 4를 통하여 근궤적은 개루프 극점에서 출발하여 개루프 영점에서 끝나는 것을 알고 있다. 이러한 두 규칙만으로도 개략적인 근궤적을 그릴 수 있다.

a. 근궤적이 $\zeta = 0.45$인 선과 교차하는 정확한 점을 찾기 위하여 www.wiley.com/go/Nise/ControlSystemsEngineering8e의 부록 H.2에 있는 근궤적 프로그램을 사용하여

$$\theta = 180^\circ - \cos^{-1}0.45 = 116.7^\circ \tag{8.52}$$

인 선을 따라 각도의 합이 180°의 홀수배가 되는 점을 찾는다.
극좌표계로 나타내면, 근궤적은 $3.4\angle 116.7°$에서 $\zeta = 0.45$인 선과 교차하고, 이때의 이득 K는 0.417이다.

b. 근궤적이 $j\omega$축과 교차하는 정확한 점을 찾기 위하여, 근궤적 프로그램을 사용하여

$$\theta = 90^\circ \tag{8.53}$$

인 선을 따라 각도의 합이 180°의 홀수배가 되는 점을 찾는다. 극좌표계로 나타내면, 근궤적은 $\pm j3.9$에서 $j\omega$축과 교차하고, 이때의 이득 K는 1.5이다.

c. 이탈점을 찾기 위하여, 근궤적 프로그램을 사용하여 실수축의 -2와 -4 사이에서 최대 이득을 가지는 점을 찾는다. 모든 점의 각도합은 180°의 홀수배이다. 최대 이득이 0.0248인 점은 -2.88이다. 그러므로 이탈점은 실수축의 개루프 극점들 사이의 -2.88이다.
d. (b)의 해로부터, 이 시스템은 K의 값이 0에서 1.5 사이일 경우에 안정하다.

MATLAB을 사용하고 있는 학생들은 부록 B의 ch8p1을 반드시 실행해 보시오. MATLAB을 사용하여 근궤적을 그리고 제목을 붙이고 상수 ζ와 ω_n곡선을 중첩하여, 근궤적의 크기를 키우거나 줄이며, 화면상의 근궤적을 확인하면서 임계점이나 이들 점에서의 이득 등을 찾는 방법을 배울 것이다. 이러한 연습으로 MATLAB을 사용하여 예제 8.7을 풀 수 있게 된다. MATLAB ML

숙련예제 8.5

문제 순방향 전달 함수를 가지는 단위 피드백 시스템 가 다음과 같을 때,

$$G(s) = \frac{K(s-2)(s-4)}{(s^2+6s+25)}$$

다음의 문제를 풀어라.

a. 개략적인 근궤적을 그려라.
b. 허수축과의 교차점을 구하여라.
c. $j\omega$축과의 교차점에서의 이득 K를 구하여라.
d. 인입점을 구하여라.
e. 궤적이 0.5 감쇠비선과 교차하는 점을 구하여라.
f. 궤적이 0.5 감쇠비선과 교차하는 점에서의 이득 K를 구하여라.
g. 시스템이 안정한 이득 K의 범위를 구하여라.

스스로 해보기 8.3

MATLAB과 다음 기술된 명령문을 사용하여 숙련예제 8.5에 대한 근궤적을 그려라. 그려진 근궤적 위에 적절한 점들을 클릭해서 문제의 남아있는 부분을 풀어라.

```
numg=poly([2 4]);
deng=[1 6 25];
G=tf(numg, deng)
rlocus(G)
z=0.5
sgrid(z,0)
```

풀이 a. www.wiley.com/go/Nise/ControlSystemsEngineering8e의 해를 보아라

b. $s = \pm j4.06$

c. $K = 1$

d. 인입점=+2.89

e. $s = -2.42 + j4.18$

f. $K = 0.108$

g. $K < 1$

풀이 과정은 www.wiley.com/go/Nise/ControlSystemsEngineering8e에 있다.

8.7 이득조정을 통한 과도 응답 설계

개략적인 근궤적을 그리는 방법을 배웠으므로, 이제 이것을 사용하여 과도 응답을 설계하는 방법을 알아보자. 앞 절의 마지막 부분에서 근궤적이 감쇠비가 0.45인 선과 교차할 때의 이득이 0.417이었다. 이것은 이 시스템의 퍼센트 오버슈트가 20.5%이고 감쇠비가 0.45인 것을 의미하는가? 퍼센트 오버슈트, 정착 시간, 그리고 최고값 시간을 나타내는 공식들은 단지 시스템이 폐루프 영점은 없고 두 개의 폐루프 복소극점만을 갖는 경우에만 적용된다는 것을 알아야 한다. 극점과 영점이 삽입될 때의 효과와 두 개의 극점을 갖는 시스템으로 근사화할 수 있는 타당한 조건은 4.7절과 4.8절에서 논의하였고, 여기에서는 폐루프 시스템과 그들의 근궤적에 이를 적용하기로 한다. 2차 시스템으로의 근사화 조건을 여기에서 다시 언급한다:

1. 고차의 극점들은 한 쌍의 2차 지배 극점보다 s-평면의 좌반평면에서 훨씬 더 먼 왼쪽에 위치한다. 고차의 극점에 의한 응답은 2차 지배 극점으로 얻을 수 있는 과도 응답에 별다른 영향을 미치지 못한다.
2. 폐루프 2차 쌍극점 근처의 폐루프 영점은 고차의 폐루프 극점을 가까이 위치시킴으로써 거의 상쇄된다.
3. 고차의 폐루프 극점들의 근접에 의해서 상쇄되지 않은 폐루프 영점들은 폐루프 2차 쌍극점에서 멀리 떨어져 있다.

근궤적에 적용되는 첫 번째 조건을 그림 8.20(a), (b)에 도식적으로 나타내었다. 그림 8.20(b)는 그림 8.20(a)보다 폐루프 극점 p_3가 폐루프 2차 지배 극점쌍 p_1과 p_2에서 멀리 떨어져 있기 때문에, 2차 시스템으로 근사화한 결과가 더 정확하게 된다.

두 번째 조건은 그림 8.20(c), (d)에 도식적으로 나타내었다. 그림 8.20(d)는 그림 8.20(c)보다 폐루프 극점 p_3가 상쇄될 폐루프 영점에 더 가까이 있기 때문에, 2차 시스템으로 근사화한 결과가 더 정확하게 된다.

고차 시스템의 설계 과정을 요약하면 다음과 같다.

1. 주어진 시스템의 개략적인 근궤적을 그린다.
2. 이 시스템은 영점이 없는 2차 시스템이라 가정하고, 과도 응답 설계 조건에 맞는 이득을 찾는다.
3. 모든 고차 극점의 위치를 찾아서 고차 극점이 2차 지배 극점보다 허수축에서 훨씬 멀리 떨어져 있다는 것을 확인하여 2차 시스템으로의 근사화가 타당함을 보인다. 이 책에서는 고차 극점이 지배극점으로부터 대략 5배 멀리 있으면 타당하다고 가정한다. 또한 폐루프 영점은 대부분 고차의

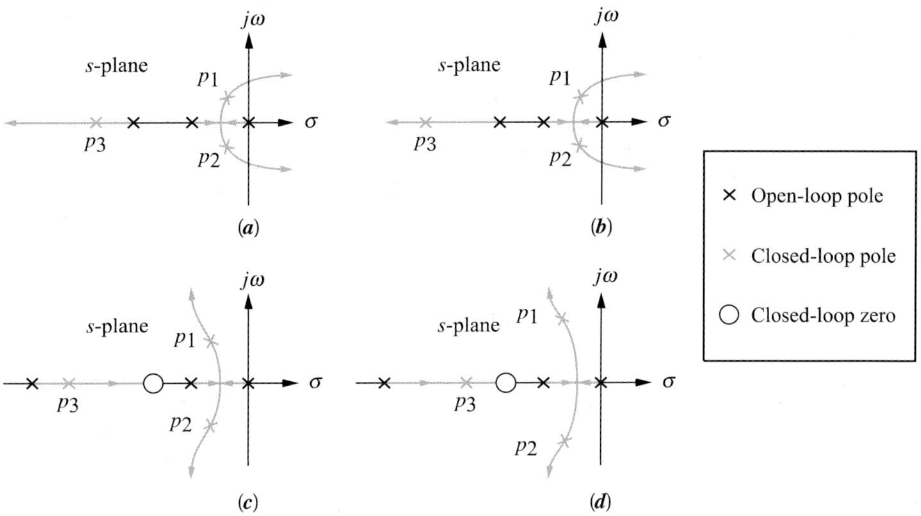

그림 8.20 2차 시스템으로 근사화

폐루프 극점에 의해서 근사적으로 상쇄된다는 것도 확인한다. 폐루프 영점이 고차의 폐루프 극점에 의해서 상쇄되지 않는다면, 영점이 2차 지배 쌍극점보다 훨씬 멀리 있어서 유한 영점이 없는 시스템의 응답과 거의 같은 응답을 내는지를 확인하여라.

4. 위의 가정들이 성립되지 않으면, 과도 응답 설계 조건을 만족하는지 확인하기 위하여 시뮬레이션을 해 봐야 한다. 어쨌든 모든 경우에 시뮬레이션 하는 것은 좋은 방법이다.

이제 2차 시스템으로 근사화하고 근사화의 타당성을 검사하는 방법을 다음의 설계 예제를 통하여 알아보도록 하자.

예제 8.8 3차 시스템의 이득 설계

문제 그림 8.21의 시스템에서 1.52%의 오버슈트가 되도록 이득 K값을 설계하시오. 또한 정착 시간, 최고값 시간, 정상 상태 오차를 추정하여라.

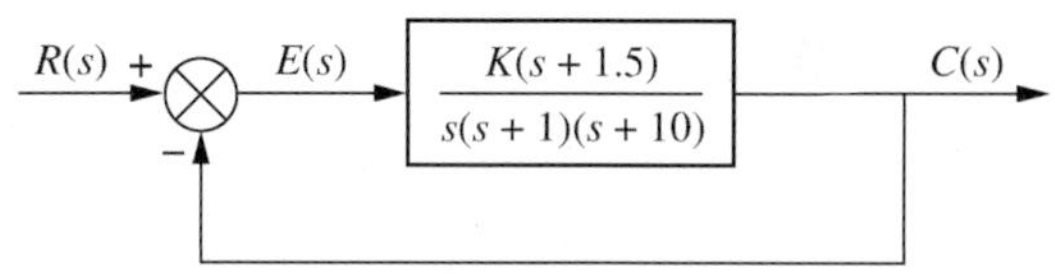

그림 8.21 예제 8.8의 시스템

풀이 근궤적은 그림 8.22와 같다. 시스템은 한 개의 영점을 가진 3차 시스템이다. 실수축 상의 이탈점은 0과 -1 사이, -1.5와 -10 사이에 있으며, 이 점에서 이득이 최대이다. 근궤적 프로그램을 사용하여 이 영역에서 이득이 최대가 되는 점을 찾으면, 이탈점은 이득이 2.511인 -0.62와 이득이 28.89인 -4.4에서 찾을 수 있다. 실수축 상에서 인입점은 -1.5와 -10 사이에 있으며, 이 영역에서 이득은 최소가 된다. 근궤적 프로그램을 사용하면 이 영역에서 이득이 최소가 되는 인입점은 이득이 27.91인 -2.8에서 찾을 수 있다.

다음으로 이 시스템은 2차로 근사화할 수 있고 영점이 없는 미흡 감쇠 시스템이라고 가정하면, 1.52% 오버슈트를 갖기 위한 감쇠비는 0.8이 된다. 그림 8.22에 이 감쇠비를 근궤적 상에 선으로 나타내었다.

근궤적 프로그램을 사용하여 개루프 극점 및 영점과 이루는 각의 합이 180°의 홀수배가 되는 점을 0.8 감쇠비선 상에서 찾을 수 있다. 이 점이 근궤적이 0.8 감쇠비선 즉, 1.52% 오버슈트선과 교차하는 점이다. 다음의 세 점이 이러한 조건을 만족한다: 이득이 각각 7.36, 12.79, 39.64일 때, $-0.87 \pm j0.66$, $-1.19 \pm j0.90$, $-4.6 \pm j3.45$이다. 각 점에서 정착 시간과 최고값 시간은 각각 다음의 식들을 사용하여 계산할 수 있다.

그림 8.22
예제 8.8의 근궤적

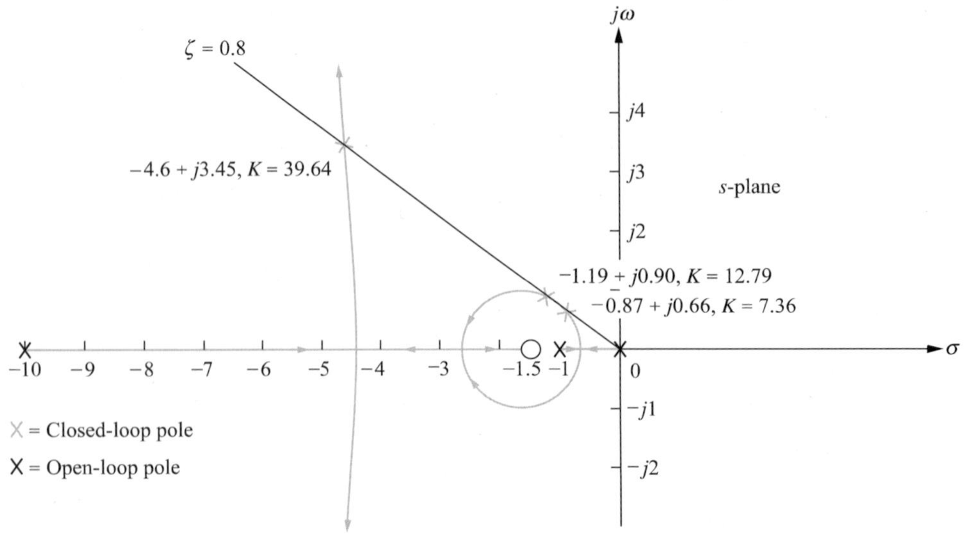

$$T_s = \frac{4}{\zeta\omega_n} \tag{8.54}$$

여기서 $\zeta\omega_n$은 폐루프 극점의 실수부이며,

$$T_p = \frac{\pi}{\omega_n\sqrt{1-\zeta^2}} \tag{8.55}$$

여기서 $\omega_n\sqrt{1-\zeta^2}$ 은 폐루프 극점의 허수부이다.

2차 시스템으로 가정한 것을 검증하기 위하여 3번째 극점의 위치를 계산해야 한다. 근궤적 프로그램을 사용하여, -1.5의 영점과 -10 극점 사이의 음의 실수축 상에서 2차 지배 극점과 같은 이득을 갖는 점을 찾는다. 0.8 감쇠비선과 교차하는 세 개의 각 극점에 대한 제 3의 폐루프 극점은 각각 -9.25, -8.6, -1.8이다. 표 8.4에 이러한 결과를 요약하였다.
마지막으로, 각각의 경우에 대한 정상 상태 오차를 살펴보자. 지금까지는 정상 상태 오차를 설계 대상에 포함하지 않았다. 그러나 과도 응답 특성을 만족하도록 이득을 정할 때, 정상 상태 오차에 대해서도 설계를 하게 된다. 예를 들어, 정상 상태 오차를 K_v라 표시하면 다음과 같이 구할 수 있다.

$$K_v = \lim_{s\to 0} sG(s) = \frac{K(1.5)}{(1)(10)} \tag{8.56}$$

표 8.4에 각각의 경우에 대한 결과를 나타내었다.

표 8.4 예제 8.8의 시스템의 특성

Case	폐루프 극점	폐루프 영점	이득	3번째 폐루프 극점	정착 시간	최고값 시간	K_v
1	$-0.87 \pm j0.66$	$-1.5 + j0$	7.36	−9.25	4.60	4.76	1.1
2	$-1.19 \pm j0.90$	$-1.5 + j0$	12.79	−8.61	3.36	3.49	1.9
3	$-4.60 \pm j3.45$	$-1.5 + j0$	39.64	−1.80	0.87	0.91	5.9

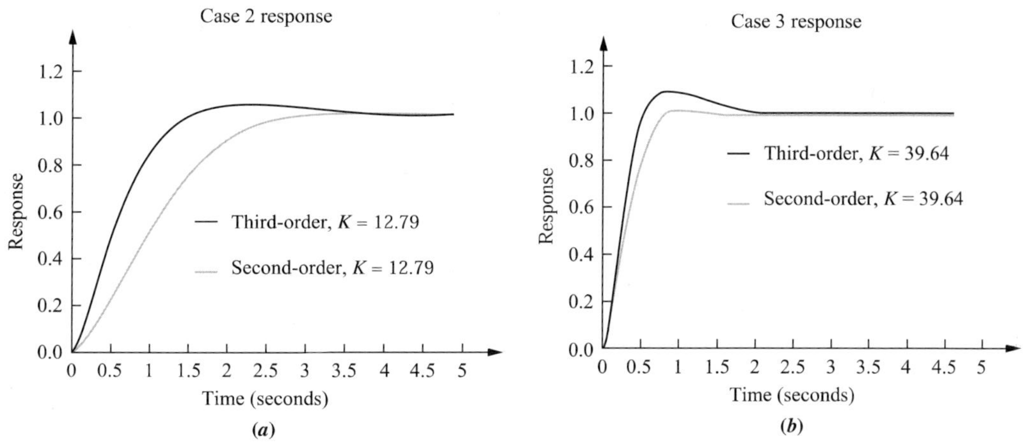

그림 8.23 예제 8.8의 2차, 3차 응답 a. Case 2 b. Case 3

2차 시스템으로 근사화하는 것이 타당한지 알아보자. 표 8.4에서 case 1과 case 2는 제3의 폐루프 극점이 폐루프 영점에서 상대적으로 훨씬 멀리 떨어져 있다. 이 두 경우에는 극점-영점 상쇄가 이루어지지 않으므로, 2차 시스템 근사화가 타당하지 않다. case 3에서는 제3의 폐루프 극점과 폐루프 영점이 상대적으로 가까이 있으므로, 2차 시스템 근사화가 타당하다고 할 수 있다. 이것을 보이기 위하여 case 3의 폐루프 계단 응답을 부분 분수 전개하여 지수 함수적으로 감소하는 진폭이 미흡 감쇠하는 정현파의 진폭보다 훨씬 작은지 살펴본다. case 3의 폐루프 극점과 영점으로 이루어진 폐루프 계단 응답 $C_3(s)$는 다음과 같다.

$$\begin{aligned} C_3(S) &= \frac{39.64(s+1.5)}{s(s+1.8)(s+4.6+j3.45)(s+4.6-j3.45)} \\ &= \frac{39.64(s+1.5)}{s(s+1.8)(s^2+9.2s+33.06)} \\ &= \frac{1}{s}+\frac{0.3}{s(s+18)}-\frac{1.3(s+4.6)+1.6(3.45)}{(s+4.6)^2+3.45^2} \end{aligned} \tag{8.57}$$

그러므로 제3의 극점에 의해 지수 함수적으로 감소하는 진폭은 0.3이고, 지배 극점에 의해 미흡 감쇠 응답의 진폭은 $\sqrt{1.3^2+1.6^2}=2.06$이다. 지배 극점에 의한 응답이 비지배 극점에 의한 지수 함수 응답보다 6.9배 크므로 2차 시스템으로 근사화하는 것이 타당하다고 할 수 있다.

시뮬레이션 프로그램을 사용하여 방금 풀었던 문제에 대한 계단 응답을 비교한 그림 8.23을 그릴 수 있다. 지배 극점쌍이 설계 문제에서 계산되었다고 가정하고, case 2와 case 3에 대하여 3차 응답과 2차 응답을 모두 그린 것이다. 여기서 case 3의 경우에는 퍼센트 오버슈트가 약간 다르지만, 2차 시스템으로 근사화하는 것이 타당하다고 할 수 있다. 하지만 case 2의 경우에는, 2차 시스템으로 근사화하는 것이 타당하지 않다. case 3에서 오버슈트가 과도한 점 외에는 case 3의 응답은 서로 비슷하다.

MATLAB을 사용하고 있는 학생들은 부록 B의 ch8p2을 반드시 실행해 보아라. MATLAB을 사용하여 퍼센트 오버슈트 값을 키보드로 입력하는 방법을 배울 것이다. 또한, 근궤적과 요구되는 퍼센트 오버슈트선을 MATLAB을 사용하여 확인하면서 중첩하여 그릴 수 있다. 사용자는 MATLAB으로 근궤적을 확인하면서 요구되는 퍼센트 오버슈트선과 근궤적의 중첩점을 선정하게 된다. MATLAB은 선정한 점에 대한 이득과 그 이득에서의 모든 폐루프 극점을 출력하고 폐루프 계단 응답을 그릴 것이다. 이러한 연습을 통해 MATLAB을 사용하여 예제 8.8을 풀 수 있게 된다. MATLAB ML

GUI Tool
GUIT

MATLAB을 사용하는 학생들은 부록 E에 설명 된 Control System Designer를 탐색 할 수 있다. Control System Designer는 시스템의 근궤적을 그리고 관찰하며 확인할 수 있게 해 주는 편리하고 직관적인 도구이다. E.7절에는 이것을 사용하여 얻을 수 있는 이점이 설명되어 있고, E.8절에는 사용 방법이 설명되어 있다. 숙달되기 위해 이 장의 마지막에 있는 문제에 Control System Designer를 적용해 보아라.

숙련예제 8.6

문제 전향 전달 함수를 가지는 단위 피드백 시스템 $G(s)$가 다음과 같을 때,

$$G(s)=\frac{K}{(s+2)(s+4)(s+6)}$$

다음의 문제를 풀어라.

a. 개략적인 근궤적을 그려라.
b. 2차 시스템 근사화를 사용하여 단위 계단 입력에 대하여 10%의 오버슈트를 갖기 위한 이득 K를 설계하라.
c. (b)에서 설계한 K값에 대하여 정착 시간, 최고값 시간, 상승 시간, 정상 상태 오차를 구하여라.
d. 2차 시스템 근사화의 타당성을 확인하여라.

풀이 a. www.wiley.com/go/Nise/ControlSystemsEngineering8e의 해를 보아라.
b. $K=45.55$
c. $T_s=1.97\text{ s}$, $T_p=1.13\text{ s}$, $T_r=0.53\text{ s}$, $e_{\text{step}}(\infty)=0.51$
d. 2차 시스템 근사화는 타당하지 않다.

풀이 과정은 www.wiley.com/go/Nise/ControlSystemsEngineering8e에 있다.

8.8 근궤적의 일반화

지금까지 우리는 항상 근궤적을 전향 이득 K의 함수에 대하여 그렸다. 제어 시스템 설계자는 폐루프 극점들이 다른 매개 변수의 함수에 대하여 어떻게 변하는지를 알아야 한다. 예를 들어, 그림 8.24에서 관심 있는 매개 변수는 $-p_1$에 있는 개루프 극점이다. p_1값의 변화에 대한 근궤적을 어떻게 얻을 수 있을까?

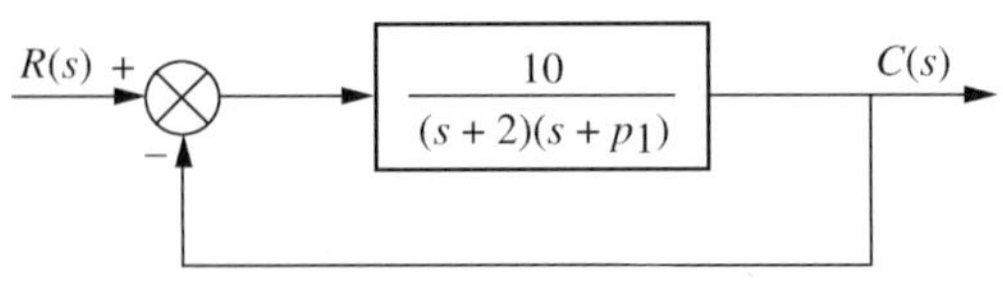

그림 8.24 매개 변수 p_1으로 보정된 근궤적을 필요로 하는 시스템

만약 함수 $KG(s)H(s)$가 식 (8.58)과 같다면,

$$KG(s)H(s)=\frac{10}{(s+2)(s+p_1)} \tag{8.58}$$

이 때, 문제가 되는 점은 p_1이 앞에서 다룬 문제에서의 이득 K처럼 함수의 곱셈 인자가 아니라는 것이다. 이러한 문제를 해결하는 방법은 p_1을 전향 이득으로 표현할 수 있는 등가의 시스템을 만드

는 것이다. 폐루프 전달 함수의 분모가 $1+KG(s)H(s)$이므로, 분모가 $1+p_1G(s)H(s)$인 등가 시스템을 만든다.

그림 8.24의 시스템에 대한 폐루프 전달 함수는 식 (8.59)이다.

$$T(s)=\frac{KG(s)}{1+KG(s)H(s)}=\frac{10}{s^2+(p_1+2)s+2p_1+10} \tag{8.59}$$

p_1으로 묶으면, 다음 식과 같다.

$$T(s)=\frac{10}{s^2+2s+10+p_1(s+2)} \tag{8.60}$$

분자와 분모를 p_1을 포함하지 않은 $s^2+2s+10$로 나누면, 분모항은 다음 식과 같이 $[1+p_1G(H)H(s)]$의 형태가 된다.

$$T(s)=\frac{\dfrac{10}{s^2+2s+10}}{1+\dfrac{p_1(s+2)}{s^2+2s+10}} \tag{8.61}$$

개념적으로, 식 (8.61)은 다음과 같은 식으로 표현되는 시스템을 의미한다.

$$KG(s)H(s)=\frac{p_1(s+2)}{s^2+2s+10} \tag{8.62}$$

이제 개루프 시스템을 식 (8.62)로 가정하여 p_1의 함수로써 근궤적을 그릴 수 있다. 최종 결과는 그림 8.25와 같다.

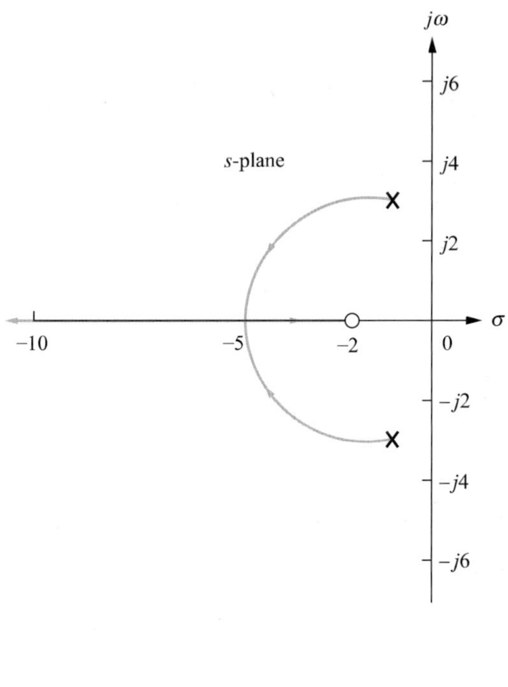

그림 8.25 매개 변수 p_1에 대한 그림 8.24 시스템의 근궤적

숙련예제 8.7

문제 전향 전달 함수를 가지는 단위 피드백 시스템 $G(s)$가 다음과 같을 때, p_1의 변화에 따른 개략적인 근궤적을 그려라.

$$G(s) = \frac{100}{s(s+p_1)}$$

풀이 풀이 과정은 www.wiley.com/go/Nise/ControlSystemsEngineering8e에 있다.

이 절에서 우리는 임의의 시스템 매개 변수의 함수에 대한 근궤적을 그리는 방법을 배웠다. 다음 절에서는 양의 피드백 시스템의 근궤적을 그리는 방법을 배운다.

8.9 양의 피드백 시스템의 근궤적

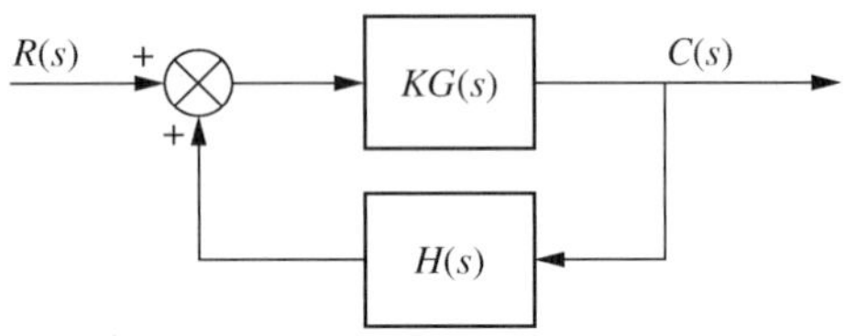

그림 8.26 양의 피드백 시스템

그림 8.1의 시스템을 사용하여 근궤적의 특성을 유도하였다. 이것은 입력 신호에 피드백 신호가 음이 되어 합해지기 때문에 음의 피드백 시스템이다. 만약, 피드백 신호가 음이 아니라, 양이 되어 입력 신호에 합해진다면 근궤적의 특성이 바뀌게 된다. 양의 피드백 시스템은 음의 $H(s)$값을 가지는 음의 피드백 시스템으로 생각할 수 있다. 이러한 개념을 사용하면, 그림 8.26의 양의 피드백 시스템의 전달 함수는 다음과 같다.

$$T(s) = \frac{KG(s)}{1 - KG(s)H(s)} \tag{8.63}$$

이제 식 (8.63)의 분모에 대하여 근궤적을 그리는 과정을 다시 살펴보자. 극점 s는 다음과 같은 경우에 존재하게 된다.

$$KG(s)H(s) = 1 = 1\angle k360° \quad k = 0, \pm1, \pm2, \pm3, \ldots \tag{8.64}$$

그러므로 양의 피드백 시스템의 근궤적은 $KG(s)H(s) = k360°$의 각도가 $180°$인 s-평면상의 모든 점들로 구성된다. 이런 관계로 인해 8.4절에 있는 개략적인 근궤적을 그리는 규칙이 어떻게 변하는가?

1. 가지의 수　음의 피드백에 적용된 규칙이 성립된다. 변화 없다.
2. 대칭　음의 피드백에 적용된 규칙이 성립된다. 변화 없다.
3. 실수축 상에서 근궤적이 존재하는 영역　8.4절에서 설명한 바에 의하면 실수축 상의 한 점에서 $G(s)H(s)$의 영점과 극점에 의한 각도의 합은 $180°$의 홀수배나 $360°$의 배수가 된다. 그러므로 양의 피드백 시스템에 대한 근궤적은 실수축 상에서 음의 피드백 시스템에 의한 근궤적이 존재하지 않는 영역에서 존재한다. 그 규칙은 다음과 같다.

■ 실수축 상에서 근궤적이 존재하는 영역 : 실수축에서 양의 피드백 시스템의 근궤적은 유한 개루프 극점과 유한 개루프 영점의 합이 짝수개인 영역의 왼쪽에 존재한다.

규칙에 있어서 변한 점은 짝수개라는 단어이다; 음의 피드백 시스템의 경우, 근궤적은 실수축에서 개루프 유한 극점과 유한 영점의 합이 홀수개인 영역의 왼쪽에 존재한다.

4. 시작점과 끝점　식 (8.63)을 식 (8.12) 대신 사용한다면, 8.4절의 설명과 같다. 그러므로 다음 규칙이 성립된다.

■ 시작점과 끝점 : 양의 피드백 시스템의 근궤적은 $G(s)H(s)$의 유한 극점 및 무한 극점에서 시작하여 $G(s)H(s)$의 유한 영점 및 무한 영점에서 끝난다.

5. 무한대에서의 근궤적 특성　양의 피드백 시스템은 식 (8.64)의 관계를 따르기 때문에 점근선 설명에서 변하는 점은 www.wiley.com/go/Nise/ControlSystemsEngineering8e의 부록 M의 식 (M.4)에서 알 수 있다.

따라서 점근선의 기울기가 변하게 된다. 실수축과 점근선이 만나는 점은 변하지 않는다. 양의 피드백 시스템의 무한대에서의 특징은 다음의 규칙을 따른다.

■ 근궤적은 궤적이 무한대에 접근할수록 점근선에 접근한다. 또한, 양의 피드백 시스템의 점근선 방정식은 다음과 같이 실수축과의 교점 σ_a와 각도 θ_a로 나타낼 수 있다.

$$\sigma_a = \frac{\sum \text{유한극점} - \sum \text{유한영점}}{\#\ \text{유한극점} - \#\ \text{유한영점}} \tag{8.65}$$

$$\theta_a = \frac{k2\pi}{\#\text{유한극점} - \#\text{유한영점}} \tag{8.66}$$

여기서 $k = 0, \pm 1, \pm 2, \pm 3, \cdots$ 이며, 각도는 양의 실수축에 대한 라디안 값이다.

차이점은 식 (8.66)의 분자가 $(2k+1)\pi$ 대신 $k2\pi$라는 것이다.

다른 값들에 대한 계산 방법은 다음과 같다. 허수축과의 교점은 근궤적 프로그램을 사용하여 찾을 수 있다. jw축상에서 각도의 합이 180°의 홀수배 대신 360°의 배수인 곳을 찾는다. 이탈점은 K가 최대가 되는 점을 찾으면 된다. 인입점은 K가 최소가 되는 점을 찾으면 된다.

음의 피드백 시스템의 경우, 항상 양의 이득 값에 대하여 근궤적을 그렸다. 양의 피드백 시스템은 음의 이득 값을 가지는 음의 피드백 시스템으로 생각할 수 있기 때문에 이 절에서 전개한 규칙들은 음의 이득 값을 가진 음의 피드백 시스템에 동등하게 적용할 수 있다. 예를 들어 살펴보자.

예제 8.9 양의 피드백 시스템에 대한 근궤적

문제 그림 8.11의 시스템에서 음의 이득 K의 함수로 개략적인 근궤적을 그려라.

풀이 K와 관련하여 -1을 그림 8.27(a)와 같이 분지점 오른쪽에 삽입하여 등가의 양의 피드백 시스템을 얻을 수 있다. 그러므로 등가 시스템의 이득이 양일 경우, 근궤적은 그림 8.11의 시스템에서 이득 K가 음인 근궤적과 등가이다.

실수축 상에서 근궤적이 존재하는 영역은 유한 개루프 극점 및 영점의 합이 짝수개가 되는 왼쪽 영역이다. 그러므로 근궤적은 -1과 -2 사이, -3과 -4 사이의 실수축 상에 존재한다. 식 (8.27)을 사용하면, 교점 σ_a는 다음과 같다.

$$\sigma_a = \frac{(-1-2-4)-(-3)}{4-1} = -\frac{4}{3} \tag{8.67}$$

교점 -4/3를 지나는 선들의 각도는 다음과 같다.

$$\sigma_a = \frac{k2\pi}{\#\text{유한극점} - \#\text{유한영점}} \tag{8.68a}$$

$$= 0 \quad \text{for } k = 0 \tag{8.68b}$$

$$= 2\pi/3 \quad \text{for } k = 1 \tag{8.68c}$$

$$= 4\pi/3 \quad \text{for } k = 2 \tag{8.68d}$$

최종의 개략적인 근궤적은 그림 8.27(b)와 같다.

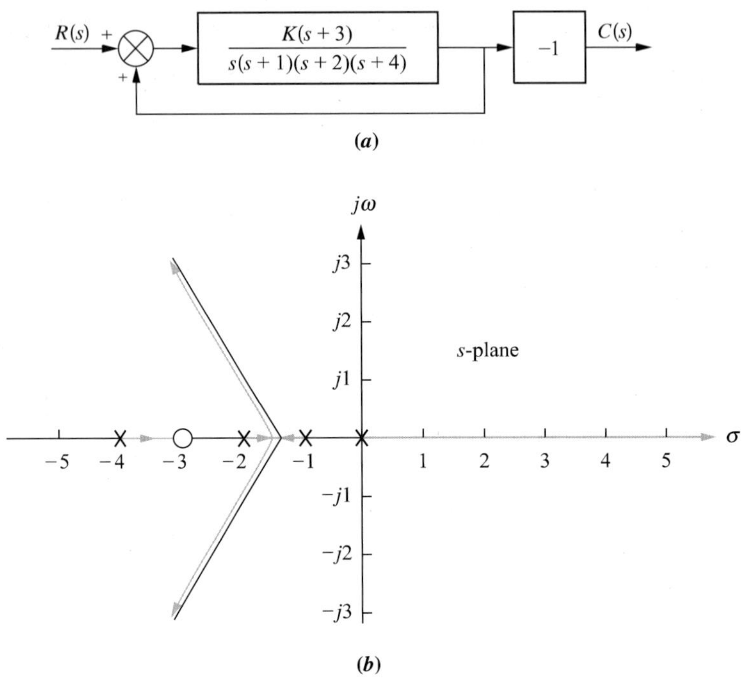

그림 8.27 a. 예제 8.9의 등가 양의 피드백 시스템 b. 근궤적

숙련예제 8.8

문제 전향 전달 함수를 가지는 단위 피드백 시스템 $G(s)$가 다음과 같을 때, p_1의 변화에 따른 개략적인 근궤적을 그려라.

$$G(s) = \frac{K(s+4)}{(s+1)(s+2)(s+3)}$$

풀이 완전한 해는 www.wiley.com/go/Nise/ControlSystemsEngineering8e에 있다.

8.10 극점 감도

근궤적은 시스템 매개 변수 변화에 따른 폐루프 극점들을 그린 것이다. 일반적으로 시스템 매개 변수는 이득이다. 매개 변수 변화에 따라 폐루프 극점들이 변하고, 그 결과 시스템의 성능이 변한다. 매개 변수는 열이나 다른 환경 조건 때문에 종종 우리가 원하는 값으로부터 벗어나게 된다. 매개 변수값의 변화가 시스템의 성능에 미치는 영향을 알아보자.

근궤적은 이득과 극점 위치 사이의 비선형 관계를 나타낸다. 근궤적의 어떤 영역에서는 (1) 아주 작은 이득의 변화 때문에 극점 위치의 변화가 매우 커서 성능이 크게 변한다; 근궤적의 다른 영역에서는 (2) 이득이 매우 크게 변하더라도 극점 위치는 아주 작게 변화한다. 첫 번째 경우, 시스템이 이득의 변화에 대하여 높은 감도를 가진다고 한다. 두 번째의 경우, 시스템이 이득의 변화에 대하여 낮은 감도를 가진다고 한다. 이득의 변화에 대하여 감도가 낮은 시스템이 더 좋은 시스템이다.

7.7절에서는 감도를 매개 변수의 변화가 0에 접근할 때 매개 변수의 변화분에 대한 함수 변화분의 비로 나타내었다. 이와 같은 정의를 매개 변수가 변하는 폐루프 극점 시스템에 적용하여, 이득과 같은 시스템 매개 변수의 미소 변화분에 대한 폐루프 극점의 미소 변화분의 비로써 근 감도를 정의한다. 식 (7.75)를 사용하면 이득 K에 대한 폐루프 극점 s의 감도는 다음과 같다:

$$S_{s:K} = \frac{K}{s}\frac{\delta s}{\delta K} \tag{8.69}$$

여기서 s는 현재의 극점 위치이고, K는 현재의 이득이다. 식 (8.69)를 사용하여 변분을 유한의 증분으로 바꾸면, 폐루프 극점들의 실제 변화는 다음 식으로 근사화된다.

$$\Delta s = s(S_{s:K})\frac{\Delta K}{K} \tag{8.70}$$

여기에서 Δs는 극점의 위치 변화이고, $\Delta K/K$는 이득 K의 변화분이다. 예제를 살펴보기로 하자. $\delta s/\delta K$를 구할 수 있도록 특성 방정식을 먼저 살펴보자. 그러면, 식 (8.69)를 사용하여 현재의 폐루프 극점 s와 이와 관련된 이득 K를 사용하여 감도를 구할 수 있다.

예제 8.10 폐루프 시스템에서 이득의 변화에 따른 근의 감도

문제 $s=-9.47,\ -5+j5$에서 그림 8.4의 시스템의 근 감도를 구하시오. 또한, K의 10% 변화에 따른 극점 위치의 변화를 계산하여라.

풀이 폐루프 전달 함수의 분모로부터 얻은 시스템의 특성 방정식은 $s^2+10s+K=0$이다. K에 대하여 미분하면 다음과 같다.

$$2s\frac{\delta s}{\delta K}+10\frac{\delta s}{\delta K}+1=0 \tag{8.71}$$

위의 식으로부터, 다음의 식을 얻을 수 있다.

$$\frac{\delta s}{\delta K}=\frac{-1}{2s+10} \tag{8.72}$$

식 (8.72)을 식 (8.69)에 대입하면, 감도는 다음과 같다.

$$S_{s:K}=\frac{K}{s}*\frac{-1}{2s+10} \tag{8.73}$$

표 8.1로부터 $s=-9.47$에 대하여 $K=5$이다. 이 값들을 식 (8.73)에 대입하면 $S_{s:K}=-0.059$이다. 식 (8.70)을 사용하여 K값의 10% 변화에 대한 극점 위치의 변화는 $s=-9.47$, $\Delta K/K=0.1$, $S_{s:K}=-0.059$임을 알 수 있다. 그러므로 $\Delta s=0.056$이 되어, 극점이 K값의 10% 변화에 대하여 오른쪽으로 0.056 만큼 이동하게 된다.

표 8.1로부터 $s=-5+j5$에 대하여 $K=50$이다. 이 값들을 식 (8.73)에 대입하면 $S_{s:K}=1/(1+j1)=(1/\sqrt{2})\angle-45°$이다. 식 (8.70)을 사용하여 K값의 10% 변화에 대한 극점 위치의 변화는 $s=-5+j5$, $\Delta K/K=0.1$, $S_{s:K}=(1/\sqrt{2})\angle-45°$임을 알 수 있다. 그러므로 $\Delta s=-j0.5$이 되어 극점이 K값의 10% 변화에 대하여 수직으로 0.5만큼 이동하게 된다.

요약하면, $K=5$일 때 $S_{s:K}=-0.059$이고, $K=50$일 때 $S_{s:K}=(1/\sqrt{2})\angle-45°$이다. 크기를 비교하면 근궤적은 K값이 작을 때, 이득 변화에 대하여 덜 민감하다고 결론지을 수 있다. 근감도는 극점의 변화에 의한 크기와 방향에 대한 정보를 포함하는 복소량을 계산한 것이다.

숙련예제 8.9

문제 전향 전달 함수를 가지는 단위 피드백 시스템 $G(s)$가 다음과 같을 때,

$$G(s)=\frac{K(s+1)}{s(s+2)}$$

$K=20$일 경우, K값의 5% 변화에 대하여 폐루프 극점의 변화량을 구하여라.

풀이 폐루프 극점이 -21.05일 경우 $\Delta s=-0.9975$이며, 폐루프 극점이 -0.95일 경우 $\Delta s=-0.0025$이다.

완전한 해는 www.wiley.com/go/Nise/ControlSystemsEngineering8e에 있다.

사례연구

안테나 제어 : 이득조정에 의한 과도 응답 설계

Design
D

이 장의 주요 목적은 이득 조정을 통한 고차 시스템(2차 이상)의 설계를 설명하는 것이다. 특히 퍼센트 오버슈트, 정착 시간, 최고값 시간과 같은 과도 응답 조건을 만족하는 이득값을 결정하는데 관심이 있다. 다음의 사례연구는 근궤적을 사용하여 이러한 설계 과정을 나타낸다.

문제 앞표지 안쪽에 있는 안테나 방위각 위치 제어 시스템(configuration 1)에서 오버슈트가 25%가 되도록 전단 증폭기 이득을 구하여라.

풀이 이 시스템의 블록선도는 5장의 사례연구에서 유도하였으며, 그림 5.34(c)와 같다. 여기서 $G(s)=6.63K/[s(s+1.71)(s+100)]$이다.

먼저 근궤적을 그린다. 실수축 상에서 근궤적이 존재하는 영역은 0과 -1.71 사이, -100과 무한대 사이이다. 이 궤적은 실수축 상의 0, -1.71, -100의 개루프 극점들에서 시작된다. 그리고, 이 궤적은 식 (8.27), 식 (8.28)로 계산한 실수축 교점 -33.9에서 60°, 180°, -60°의 점근선을 따라 무한대에 있는 영점으로 이동한다. 근궤적의 일부를 그림 8.28에 나타내었다.

식 (4.39)을 사용하면 25% 오버슈트를 갖는 감쇠비는 0.404에 해당한다. 원점에서 $\cos^{-1}\zeta=113.8$인 각도로 사선을 그린다. 이 선이 근궤적과 만나는 점에 시스템의 2차 폐루프 지배 극점을 위치시킨다. www.wiley.com/go/Nise/ControlSystemsEngineering8e의 부록 H.2에서 있는 근궤적 프로그램을 사용하여 사선 위에서 180°가 되는 점을 찾으면, 폐루프 지배 극점들은 $2.063\angle113.8°=-0.833\pm j1.888$이 된다.

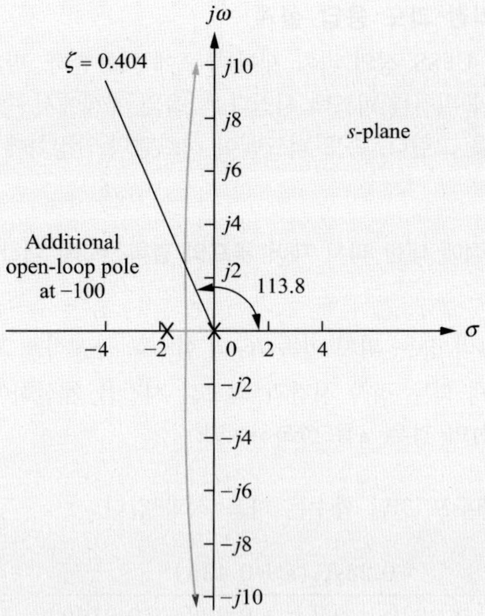

그림 8.28 안테나 제어 시스템에 대한 근궤적 일부

이득 값은 $6.63K = 425.7$이므로, $K = 64.21$이다.

2차 시스템으로 근사화한 가정을 검토해 보면, 제3의 극점은 개루프 극점 -100의 왼쪽에 위치해야 하므로, 지배 극점쌍의 실수부 -0.833보다 5배 이상 큰 값이다. 그러므로 2차 시스템으로 근사화한 것이 타당하다.

그림 8.29에 있는 폐루프 시스템의 계단 응답에 대한 컴퓨터 시뮬레이션에서 퍼센트 오버슈트가 25%이므로, 설계 사양이 만족되었음을 알 수 있다.

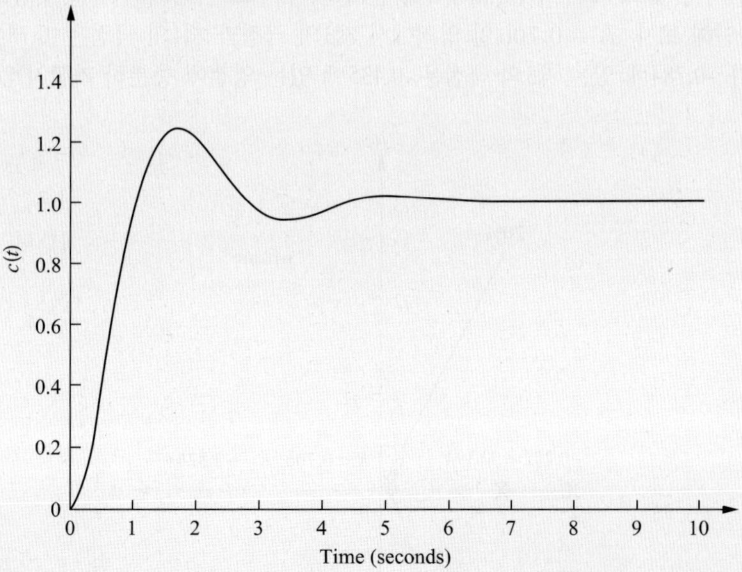

그림 8.29 이득이 조정된 안테나 제어 시스템의 계단 응답

도전문제 이 장의 목적에 관한 이해 정도를 시험할 문제를 제시하고자 한다. 부록 A.3에 있는 안테나 방위각 위치 제어 시스템(구성 2)을 보고 다음 문제를 풀어라.

a. 정착 시간이 8초가 되도록 전단 증폭기 이득 K를 구하여라.

b. MATLAB을 사용하여 위의 과정을 반복하라.

MATLAB ML

Design D

UFSS 정 : 이득 조정에 의한 과도 응답 설계

이 사례연구에서는 근궤적을 UFSS 정의 피치 제어 루프에 적용한다. 피치 제어 루프는 뒷표지 안쪽에 나타낸 것과 같이 속도와 위치를 피드백 시킨다. 다음의 예제에서 속도 피드백이 없는 경우와 있는 경우에 대하여 근궤적을 그린다. 속도 피드백이 시스템의 안정화에 미치는 효과에 대하여 살펴볼 것이다.

문제 부록 A.3에 있는 UFSS 정에 대한 피치 제어 루프의 블록선도에 대하여 다음 문제를 푸시오 (Johnson, 1980).

a. $K_2 = 0$(속도 피드백이 없음)의 경우, 피치 이득 K_1의 함수로 근궤적을 그리고 폐루프 시스템의 응답이 20% 오버슈트를 갖게 되는 정착 시간과 최고값 시간을 계산하여라.

b. $K_2 = K_1$(속도 피드백 첨가)의 경우, **a**를 반복하여라.

풀이 a. $K_2 = 0$이라 하면, 개루프 전달 함수는 다음 식과 같다.

$$G(s)H(s) = \frac{0.25K_1(s+0.435)}{(s+1.23)(s+2)(s^2+0.226s+0.0169)} \tag{8.74}$$

여기서 근궤적을 그림 8.30에 그렸다. 식 (4.39)으로 계산한 20% 오버슈트선과 만나는 2차 지배극점은 이득이 $K = 0.25\ \ K_1 = 0.706$에 의해 $K_1 = 2.824$에서 $-0.202 \pm j0.394$가 됨을 알 수 있다.

지배 극점의 실수부로부터 정착 시간은 $T_s = 4/0.202 = 19.8$초가 됨을 알 수 있다. 지배 극점의 허수부로부터 최고값 시간은 $T_p = \pi/0.394 = 7.97$초임을 알 수 있다. 이러한 계산은 시스템을 2차로 근사화하는 것을 기본으로 하고 있으므로, -0.435와 -1.23 사이에서 제 3의 폐루프 극점의 위치를 찾고, -2와 무한대 사이에서 제4의 폐루프 극점의 위치를 찾음으로써 가정의 타당성을 확인해 보자. $K = 0.706$인 영역에서 제3의 극점과 제4의 극점은 -0.784와 -2.27에서 찾을 수 있다. -0.784에 있는 제3의 극점은 -0.435에 있는 영점에 충분히 가깝지 않으므로, 시뮬

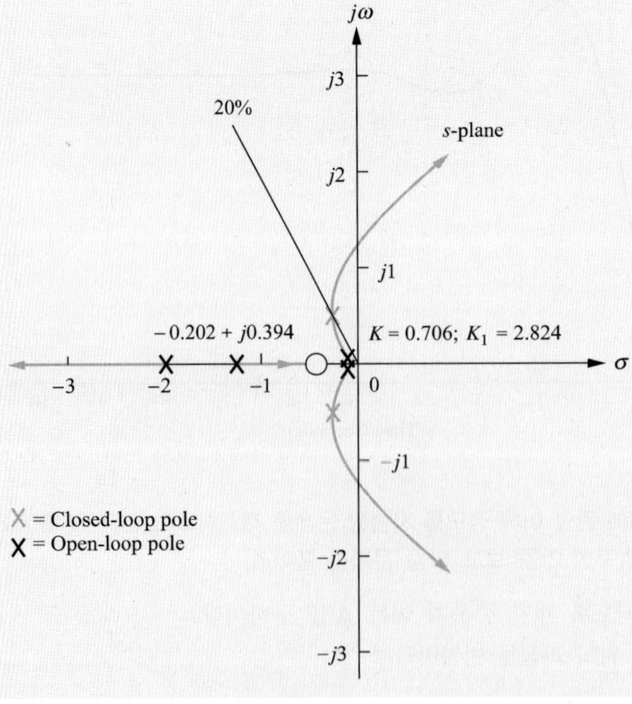

그림 8.30 UFSS 정의 속도 피드백이 없는 피치 제어 루프의 근궤적

레이션으로 타당성을 확인해야 한다. -2.27에 있는 제4의 극점은 지배 극점들보다 허수축에서 11배 멀리 떨어져 있으므로, 지배극점들의 실수부보다 적어도 5배 이상이 되어야 한다는 조건을 만족한다.

그림 8.31에 나타낸 시스템의 계단 응답 컴퓨터 시뮬레이션 결과는 최종값 0.88에 대하여 29%의 오버슈트와 약 20초의 정착시간, 그리고 약 7.5초의 최종값 시간을 나타내고 있다.

b. 뒷표지 안쪽에 있는 피치 제어 시스템에서 $K_2 = K_1$으로 속도 피드백을 가하여 새로운 개루프 전달 함수를 찾는다. 합점을 지나서 오른쪽에 $-K_1$을 넣고, 피치 속도 센서를 $-K_1$으로 나누고 두 개의 피드백 경로를 결합하여 $(s+1)$을 얻음으로써, 다음의 개루프 전달 함수를 얻을 수 있다.

$$G(s)H(s) = \frac{0.25K_1(s+0.435)(s+1)}{(s+1.23)(s+2)(s^2+0.226s+0.0169)} \tag{8.75}$$

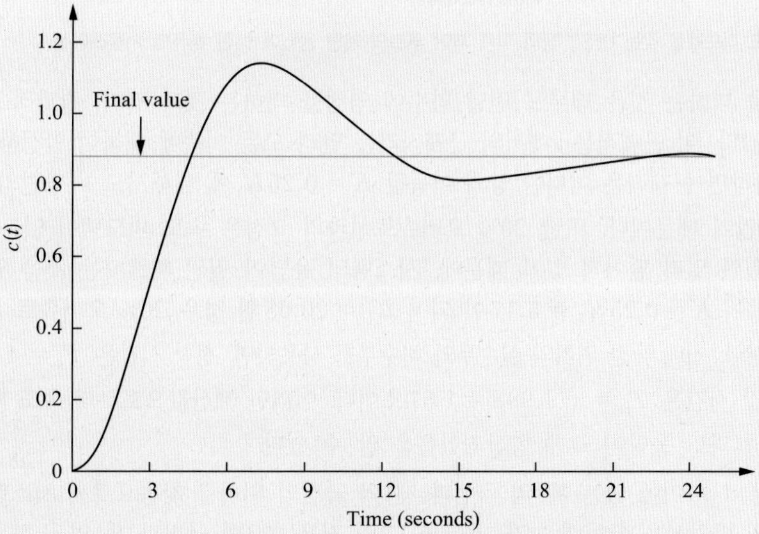

그림 8.31 UFSS 정의 속도 피드백이 없는 피치 제어 루프의 계단 응답 컴퓨터 시뮬레이션

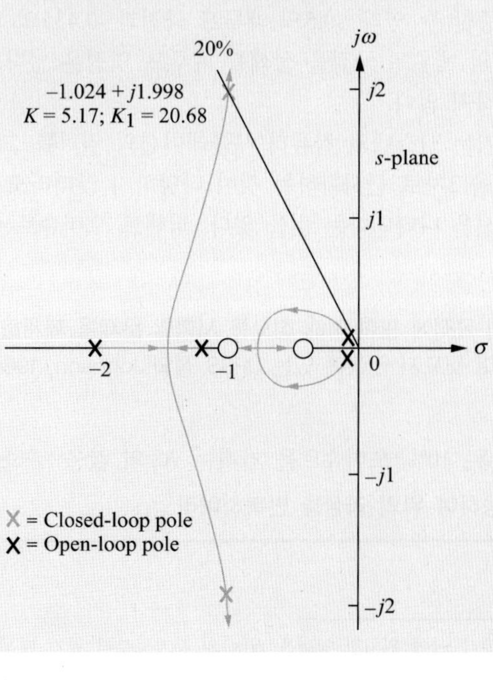

그림 8.32 UFSS 정, 속도 피드백이 있는 피치 제어 루프의 근궤적

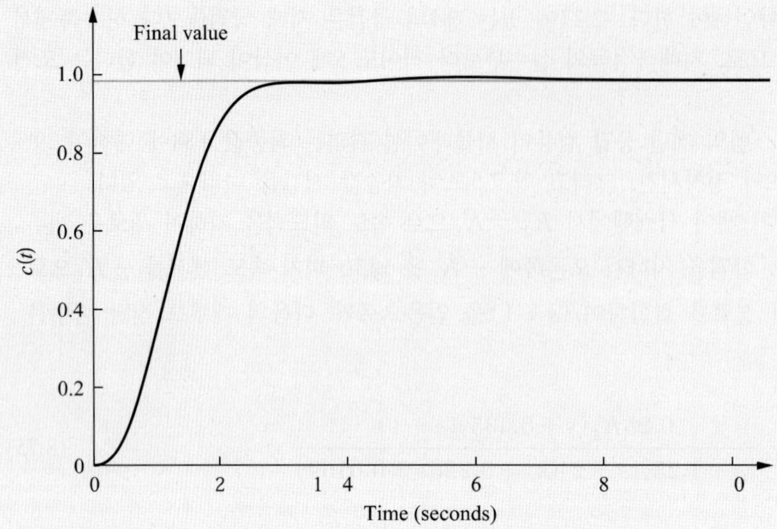

그림 8.33 속도 피드백을 갖는 UFSS 정의 피치 제어 루프의 계단 응답에 대한 컴퓨터 시뮬레이션

속도 피드백을 더하는 것은 개루프 전달 함수에 영점을 더하는 것과 같다. 결과적으로 근궤적은 그림 8.32와 같다. 이 근궤적은 a에서의 근궤적과는 달리 모든 이득에 대하여 안정하다는 것을 알 수 있다. 왜냐하면 근궤적은 어떠한 양의 이득값 $K = 0.25K_1$에 대해서도 s-평면의 우반 평면으로 이동하지 않기 때문이다. 또한, 20% 오버슈트선과의 교점은 속도 피드백이 없는 경우에 비해 허수축에서 훨씬 멀리 떨어져 있기 때문에, 시스템의 응답이 훨씬 빠르다는 것을 알 수 있다.

근궤적은 이득이 $K = 0.25K_1 = 5.17$이 되어 $K_1 = 20.68$일 경우, 20% 오버슈트 선과 -1.024±j 1.998에서 만난다. 지배 극점 위치의 실수부와 허수부를 사용하면, 정착 시간은 $T_s = 4/1.024 = 3.9$초이고, 최종값 시간은 $T_p = \pi/1.998 = 1.57$초이다. 이러한 계산값으로부터 속도 피드백이 없는 시스템에 비해 과도 응답이 크게 향상되었음을 알 수 있다.

이제 -0.435와 -1 사이에 있는 제3의 극점과 제4의 극점의 위치를 찾음으로써 시스템을 2차로 근사화하는 것의 타당성을 확인해 보자. $K = 5.17$일 경우, 제3의 극점과 제4의 극점은 대략 -0.5와 -0.91에 위치한다. -1에 있는 영점은 $H(s)$의 영점이므로, 이 영점은 폐루프 전달 함수의 영점이 아니라는 것을 입증할 수 있다. -0.5의 폐루프 극점과 -0.435의 폐루프 영점 사이에 극-영점 상쇄가 있더라도 -0.91의 폐루프 극점을 상쇄할 폐루프 영점은 없다.[2] 그러므로 시스템을 2차로 근사화하는 것은 타당하지 않다.

속도 피드백을 가지는 시스템의 컴퓨터 시뮬레이션의 결과를 그림 8.33에 나타내었다. 이러한 응답을 통해, 시스템을 2차로 근사화하는 것이 타당하지 않더라도 속도 피드백을 가지지 않은 시스템보다 상당한 개선을 나타낸다는 것을 있다. 퍼센트 오버슈트는 작고, 정착 시간은 20초가 아니라 약 6초가 된다.

도전문제 이 장의 목적에 관한 이해 정도를 시험할 문제를 제시하고자 한다. 5장의 사례연구 도전 문제에서 소개하였으며 뒷표지 안쪽에 있는 UFSS 정의(Johnson, 1980) 항해 방향 제어 시스템에 대하여 다음을 풀어라.

a. $K_2 = K_1$의 경우, 10% 오버슈트를 가지는 K_1의 값을 구하여라.

MATLAB ML

b. MATLAB을 사용하여 위의 과정을 반복하여라.

2 Fig 8.32의 근궤적에서 -1에 위치한 영점은 $H(s)$의 분자로부터 왔기 때문에 개루프 영점이다.

근궤적의 사용과 응용을 보여주는 두 가지 사례연구로 이 장을 마무리하고자 한다. 근궤적을 그리는 방법과 시스템을 2차로 근사화하여 과도 응답을 계산하는 방법을 살펴보았다. 속도 피드백이 UFSS에서 사용되지 않았을 때는 시스템을 2차로 근사화하는 것이 타당함을 알았다. 속도 피드백이 사용될 때는 $H(s)$에 의한 개루프 영점이 도입되었다. 이것은 폐루프 영점이 아니기 때문에 극-영점 상쇄가 일어나지 않아서 시스템을 2차로 근사화하는 것은 타당하지 않았다. 그러나 이 경우, 속도 피드백을 가지는 시스템은 속도 피드백을 가지지 않은 시스템보다 개선된 과도 응답을 나타낸다. 다음 장에서 속도 피드백이 개선된 결과를 가져오는 이유를 살펴보기로 한다. 또한, 과도 응답을 개선시키는 다른 방법들도 살펴보기로 한다.

요약

이 장에서는 제어 시스템을 분석, 설계하는데 유용한 도구인 근궤적을 살펴보았다. 근궤적을 통해 피드백 제어 시스템의 안정도와 과도 응답에 대한 정성적이고 정량적인 정보를 얻을 수 있었다. 근궤적을 사용하면 개루프 시스템의 극점과 영점에서 출발하는 폐루프 시스템의 극점들을 찾을 수 있다. 이것은 도식적으로 근을 찾는 기법이다.

고차 시스템의 개략적인 근궤적을 신속하게 그릴 수 있는 방법들을 살펴보았다. 근궤적으로부터 매개 변수 변화에 따른 과도 응답의 변화에 대한 정성적인 정보를 얻을 수 있다. 또한 이득이 어떤 범위에 있을 때 시스템이 불안정한 지를 조사할 수도 있다.

다음으로 s-평면에 있는 점이 근궤적 위에 있는지를 조사하기 위한 조건을 알았다: 개루프 영점과 극점이 s-평면에 있는 점과 이루는 각도의 합이 $180°$의 홀수배가 된다. www.wiley.com/go/Nise/ControlSystemsEngineering8e의 부록 G.2에서 있는 컴퓨터 프로그램을 사용하여 근궤적 위에 있는 점들을 신속하게 찾을 수 있다.

고차 시스템을 2차로 근사화한 것이 타당하면, 이러한 프로그램을 사용하여 과도 응답 사양을 만족하는 점과 이득을 찾을 수 있다. MATLAB과 같은 프로그램을 사용하여 결과를 확인하면서 근궤적을 그리고 과도 응답 사양과 시스템 매개 변수를 결정할 수 있다.

이 장에서 다루는 설계 방법은 이득을 조정하는 것이다. 이 방법은 근궤적 상의 극점에 의해 결정되는 과도 응답에 제한된다. 근궤적 상이 아닌 극점들의 위치로 표현된 과도 응답들은 간단한 이득 조정만으로는 얻을 수 없다. 한 번 과도 응답이 설정되면 이득이 고정되므로, 정상상태 오차도 자동적으로 결정된다. 달리 말하면, 이득 조정만 하는 경우에는 과도 응답 설계조건과 정상 상태 오차 설계조건 사이에 절충이 있어야 한다. 과도 응답과 정상상태 오차는 간단한 이득 조정만으로는 동시에 만족되도록 설계될 수 없다.

또한 이득뿐만 아니라 시스템 매개 변수들에 대하여 근궤적을 그리는 방법을 배웠다. 이 경우 근궤적을 그리기 위하여 먼저 원하는 시스템의 매개 변수가 이득과 같은 위치에 있도록 폐루프 전달 함수를 등가 전달 함수로 바꾸어야 한다. 양의 피드백 시스템의 근궤적을 그리는 방법을 살펴보고 이 장의 논의를 마친다.

다음 장에서는 근궤적의 개념을 확장하여 보상 회로를 설계한다. 이 회로들을 사용하여 과도 응답 성능과 정상 상태 오차 성능을 분리하여 설계할 수 있는 이점을 가질 수 있다.

복습문제

1. 근궤적이란 무엇인가?
2. 근궤적을 그리는 두 가지 방법을 기술하여라.
3. 만약 $KG(s)H(s) = 5\angle 180°$일 때, 근궤적 위의 점 s의 이득은 얼마인가?
4. 이득의 값이 변하면 시스템의 영점이 변하는가?
5. 폐루프 전달 함수의 영점은 어디에 있는가?
6. 근궤적이 허수축과 교차하는 점을 구하는 두 가지 방법은 무엇인가?
7. 시스템이 불안정하다면 근궤적은 어떻게 된다고 말할 수 있는가?
8. 이득이 변하여도 정착 시간이 변하지 않는다면 근궤적은 어떻게 된다고 말할 수 있는가?
9. 이득이 변하여도 고유 주파수가 변하지 않는 근궤적에 대하여 어떻게 말할 수 있는가?
10. 근궤적도의 실수축과 교차여부를 어떻게 결정할 수 있는가?
11. 시스템을 2차로 근사화하기 위해 모든 폐루프의 극점과 영점이 가져야 하는 조건들을 기술하라.
12. 양의 피드백과 음의 피드백 시스템에 관계없이 적용할 수 있는 근궤적 작도법의 규칙은?
13. 개루프 시스템의 영점이 근궤적과 과도 응답에 어떤 영향을 끼치는지 간단하게 설명하라.

가상 탐구 실험실

실험 8.1

목표 개루프의 극점과 영점이 근궤적의 모양에 끼치는 영향을 알아본다. 개루프 이득이 폐루프 시스템의 과도 응답에 끼치는 영향을 측정하는 수단으로서 근궤적이 적합한지 확인한다.

요구되는 소프트웨어의 최소 구성 MATLAB, Simulink, Control System Toolbox.

예비실험

1. 그림 8.34의 개루프 극점/영점 구성을 가지는 단위 음의 피드백 시스템의 두 가지 근궤적을 그려라.

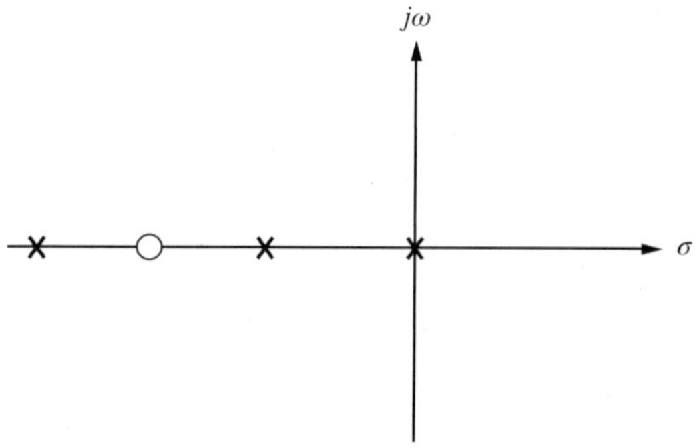

그림 8.34

2. 예비실험 1의 개루프 시스템이 $G(s)=\dfrac{K(s+1.5)}{s(s+0.5)(s+10)}$일 때, 다음의 이득 K에 대한 퍼센트 오버슈트를 구하여라. K:20, 50, 85, 200, 700

실험

1. MATLAB의 SISO 설계 툴을 사용하여 근궤적을 그리기 위해 $G(s)=\dfrac{K(s+6)}{s(s+0.5)(s+10)}$ 인 음의 단위 피드백 시스템을 설정하여라. 편의성을 위해 SISO 설계 툴의 보상기 함수를 사용하여 근궤적 결과의 영점을 -6으로 드래그(drag)하여라. 영점이 -6인 근궤적을 출력하여라. 그리고 다음 위치에 대한 근궤적도 출력하여라. -2, -1.5, -1.37, -1.2
2. MATLAB의 SISO 설계 툴을 사용하여 근궤적을 그리기 위해 $G(s)=\dfrac{K(s+1.5)}{s(s+0.5)(s+10)}$ 인 음의 단위 피드백 시스템을 설정하라. 계단 응답을 보기 위해 SISO 설계 툴에 있는 LTI viewer를 실행 하여라. 예비실험 2에서 주어진 K값을 사용하여 퍼센트 오버슈트와 정착 시간을 기록하고 각각의 K값에 대한 근궤적과 계단 응답을 출력하라.

결과토의

1. 예비실험 1과 실험 1의 결과를 논의하여라. 어떤 결론을 이끌어 낼 수 있는가?
2. 예비실험 2의 계산 값과 실험 2의 결과 값에 대해 퍼센트 오버슈트와 정착시간을 비교하는 표를 작성하라. 차이점의 이유를 토론하라. 어떤 결론을 이끌어 낼 수 있는가?

실험 8.2

목표 MATLAB을 사용하여 근궤적을 통한 제어기의 이득을 설계

요구되는 소프트웨어의 최소 구성 Control Systems Toolbox을 가지고 있는 MATLAB.

예비실험

전기자 제어 직류 서보모터에 의해 작동되는 NASA 8축 Advanced Research Manipulator II(ARM II)의 전기 기계 어깨 관절/링크에 대한 개루프 시스템 역학 모델은 그림 8.22와 같다.

ARM II 어깨 관절의 상수 매개 변수들은 $K_a = 12$, $L = 0.006H$, $R = 1.4\Omega$, $K_b = 0.00867$, $n = 200$, $K_m = 4.375$, $J = J_m + J_L/n^2$, $D = D_m + D_L/n^2$, $J_L = 1$, $D_L = 0.5$, $J_m = 0.00844$, 그리고 $D_m = 0.00013$ (Craig, 2005), (Nyzen, 1999), (Williams, 1994)이다.

a. 개루프 전달함수 $G(s) = \dfrac{\theta_L(s)}{V_{ref}(s)}$를 구하시오.

b. $G(s)$와 제어기 $G_c(s)$를 종속 접속하는 것에 의해 루프는 $G_e(s) = G_c(s)G(s)$와 같은 등가 순방향 전달 함수를 형성하는 순방향 경로에 근접하게 된다. $G_c(s)$의 매개 변수는 목표했던 과도 성능을 설계하는데 사용될 것이다. 폐루프 시스템으로의 입력은 전압 $V_I(s)$이고, 이는 1 볼트당 1 라디안의 비율로 로봇관절의 각도 변위를 나타낼 수 있다. 폐루프 시스템의 출력은 관절의 실제 각도변위 $\theta_L(s)$이다. 피드백 경로에서의 엔코더 K_e는 1 라디안 당 1 볼트의 비율로 실제 관절의 변위를 전압으로 변환한다. 모든 전달함수에 대해서 폐루프 시스템을 그려라.

c. 폐루프 전달함수를 찾으시오.

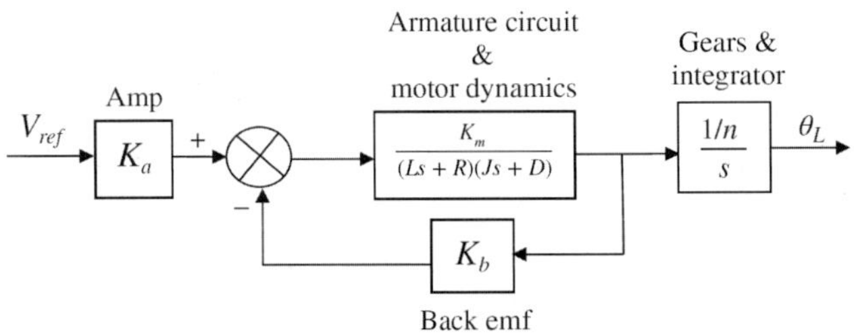

그림 8.35 ARM II의 개루프 모델

실험

$\dfrac{K_P}{K_D} = 4$라 할 때, MATLAB을 사용하여 0.2%의 최대 퍼센트 오버슈트와 계단 응답을 갖는 K_D의 값을 설계하라.

결과토의

1. 설계에 대해서 성공적인지 토의하라.
2. 기대하는 것은 정상 상태 오차인가? 답에 대한 이유를 대답하라.

실험 8.3

목표 LabVIEW를 사용하여 근궤적을 통해 제어기의 이득을 설계

요구되는 소프트웨어의 최소 구성 Control Design and Simulation Module, and the MathScript RT Module을 가지고 있는 LabVIEW.

예비실험

앞의 과정이 끝나지 않았다면, 실험 8.2의 예비실험을 완료하라.

실험

$\frac{K_P}{K_D} = 4$ 라 하자. 0.2%의 최대 퍼센트 오버슈트를 갖는 계단 응답을 얻기 위한 K_D의 설계를 구현하기 위해서 LabVIEW를 통해 예제로부터 Root Locus VI를 열고 수정하라. 하이브리드 graphical/MathScript 방법을 사용하라.

결과토의

1. 설계에 대해서 성공적인지 토의하라.
2. 기대하는 것은 정상 상태 오차인가? 답에 대한 이유를 대답하라.

하드웨어 연결 실험실

실험 8.4 이득 조정을 사용한 속도 제어

목표 이득 보상을 사용한 폐루프에서 모터의 속도를 제어한다. 보상된 과도 응답과 정상상태 오차 사이의 변화에 대하여 관찰한다.

요구되는 장비 LabVIEW가 설치된 컴퓨터; myDAQ; 홀 센서 구조의 쿼드러쳐 엔코더가 장착된 직류 브러쉬 기어 모터 (-10V에서 10V의 동작 범위)와 BA6886N 모터 제어 칩 또는 트랜지스터 회로 대체물

www.wiley.com/go/Nise/ControlSystemsEngineering8e에서 제공된 파일

Speed P Control Incomplete.vi
Signal Conditioning (SubVI).vi

예비실험 다음 질문에 대답하라:

1. 그림 8.36의 시스템에 대해 $R(s)$에서 $C(s)$로 가는 폐루프 전달함수를 찾아라.
2. 시스템에서 근궤적을 그려라.
3. 정착 시간, 최고값 시간, 최대 출력을 표시하는 시스템의 단위-계단 응답을 그려라.
4. 시스템에서 단위-계단 입력에서 정상상태 오차를 표현하라.

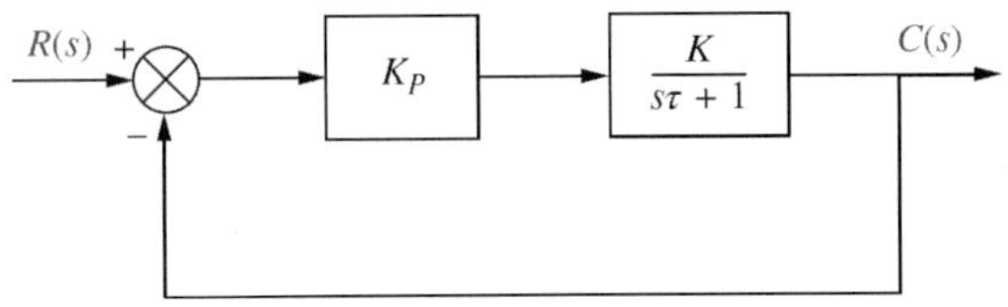

그림 8.36

실험

소프트웨어 The Speed P Control Incomplete.vi is provided and illustrated in Figure P8.24. You need to modify it as follows before it becomes operational.

Speed P Control Incomplete.vi는 그림 8.37에서 제공 및 설명되었다. 이를 동작하기 전에 다음 사항들을 명확히 해야 한다.

1. 그림 8.37(b)와 같이 모터의 기어비와 엔코더의 CPR(회전 당 수치)을 맞추기 위해 왼쪽에 있는 상수를 변경하라.
2. P 제어기에 대해 SubVI를 작성하고 화살표를 그림 8.37(b)에 두어라. P 제어기의 함수는 $u = K_P e$이다. SubVI는 시스템 에러 e와 비례 상수 K_P로 두 개의 입력을 가지고 있다. 이것은 한 개의 출력 u를 내보낸다.

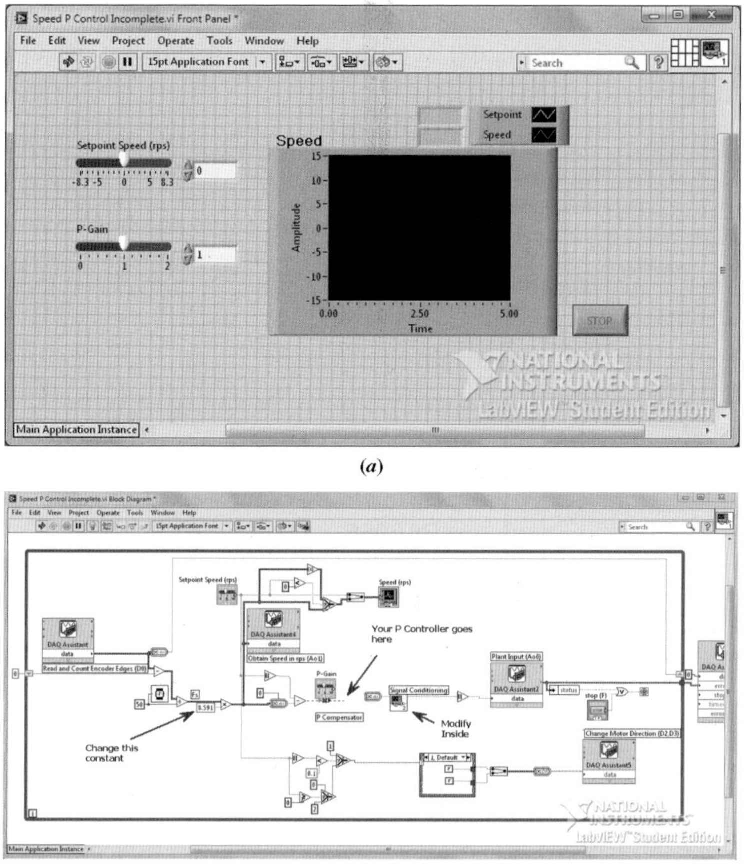

(*a*)

(*b*)

그림 8.37 Speed P Control Incomplete.vi: a. 전방 패널; b. 블록 선도

3. 그림 8.37(b)의 Signal Conditioning(SubVI)를 더블 클릭하면, 그림 8.38을 볼 수 있다. 모터의 데드존 파라미터를 반영하기 위해 표시된 상수를 수정하라. Sub VI는 모터 제어기에 입력 전압을 제한하고, 모터 제어기에 입력함으로써 오프셋에 의한 데드존을 제거한다.

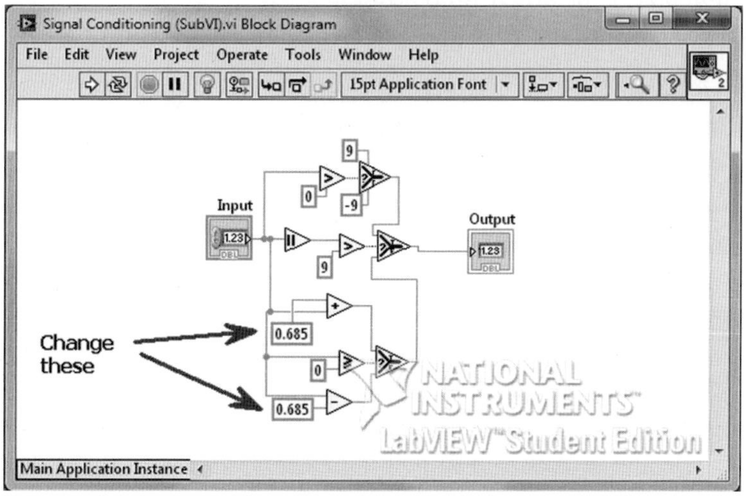

그림 8.38 신호 조절 (Sub VI).vi 블록 선도

하드웨어 그림 8.39는 속도 제어를 위한 하드웨어 선도이다. 모터 제어기 칩의 2번과 10번 핀은 모터 방향을 바꾸는 것을 허용하기 위해 myDAQ의 디지털 신호 선 D2와 D3에 연결된 것을 제외하면, 이 선도는 실험 4.6에 있는 것과 같다.

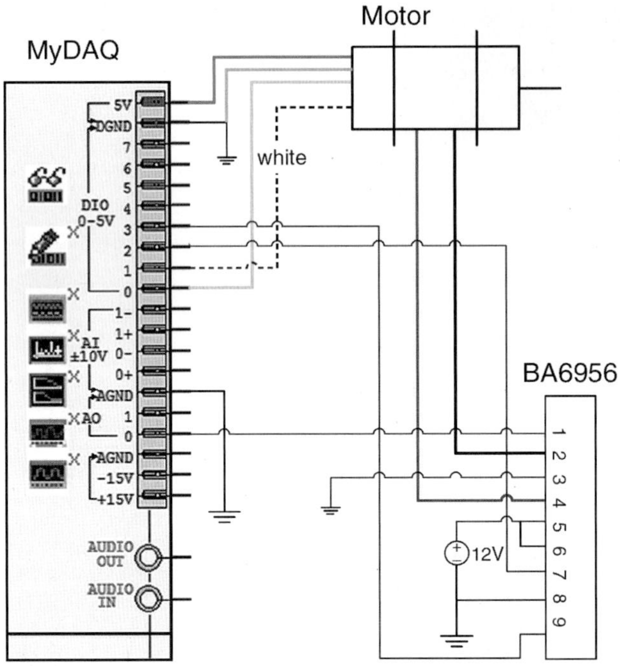

그림 8.39 결선도 [3]

절차

1. 폐루프 시스템의 동작을 확인하라.
2. 시스템의 기능별 블록선도 (교재에서 본 것과 유사한)를 그려라. 신호 조절 기능 또는 신호 방향 변화는 포함하지 마시오.
3. 실험 4.6에서 찾은 전달 함수를 이용하여 시스템의 근궤적을 그려라.
4. 시스템이 폐루프 안정이기 위한 K_P의 이론적 범위를 찾아라.
5. 시스템이 폐루프 안정이기 위한 실험적인 K_P의 범위를 찾기 위해 프로그램과 시스템을 실행하라.
6. 실험에서 세 개의 다른 K_P 값을 신중하게 선택하라.
7. 이미 찾은 전달 함수와 비례 이득의 세 가지 신중한 선택을 사용하여, 직접 계산하여 다음 테이블을 작성하라(계산기 가능, 컴퓨터 시뮬레이션 불가능). 모든 과정을 보여라.

K_P			
T_P - 최고값 시간			
%OS - 퍼센트 오버슈트			
T_s - 정착 시간			
e_{ss} - 정상상태오차 (계단 입력)			

이론

3 MyDAQ right slot shown on left is taken from Multisim program module NI myDAQ design and also reproduced in White-Paper 11423, Figure 2. Both Multisim and the White Paper are from National Instruments

8. 세 가지 값 K_P 각각에 대해, 계단입력 실험을 수행하라; 각 세 가지 값에 대해 같은 한 가지 계단입력 크기를 사용하라. 오실로스코프 화면은 전체 시스템의 과도 응답을 포함하는지 확인하라. 위의 테이블의 모든 매개 변수들의 측정값을 보이고 아래 테이블에 작성하라. 정착 시간 T_s은 아날로그 채널의 제한된 수로 인해 현재 설정에서 측정하기 어렵다. T_s를 측정하는 대신에, 스코프 커서를 사용하여 이론적인 값을 오실로스코프에 표시한다.

K_P			
T_P – 최고값 시간			
%OS – 퍼센트 오버슈트			
e_{ss} – 정상상태오차 (계단 입력)			

실험

결과토의

이론적인 결과와 실험적인 결과를 상세히 비교하라. 이론과 실험 값 사이에 유사점과 차이점을 토론하고 이에 대한 이유를 제시하라.

실험 8.5 이득 조정을 이용한 위치 제어

목표 이득 보상을 이용한 폐루프의 영구 자석 직류 모터 축의 각 위치를 제어하라. 보상된 과도 응답과 정상 상태 오차 사이의 상호 연관성에 대해 관찰한다.

요구되는 장비 LabVIEW가 설치된 컴퓨터; myDAQ; 홀 센서 구조의 쿼드러쳐 엔코더가 장착된 직류 브러쉬 기어 모터 (-10V에서 10V의 동작 범위)와 BA6886N 모터 제어 칩 또는 트랜지스터 회로 대체물

www.wiley.com/go/Nise/ControlSystemsEngineering8e에서 제공된 파일

Position control.vi

Signal Conditioning (SubVI).vi

P Controller (SubVI).vi

예비실험

다음 질문에 대답하라:

1. 영구 자석 직류 모터에서 전기자 전압 $E_a(s)$에서 각속도 $\Omega(s)$로의 전달함수는 $\dfrac{\Omega(s)}{E_a(s)}=\dfrac{K}{\tau s+1}$ 이다. 전기자 전압에서 각 위치 $\dfrac{\Theta(s)}{E_a(s)}$의 전달함수를 찾아라.
2. 그림 8.40의 시스템에 대한 근궤적을 그려라.

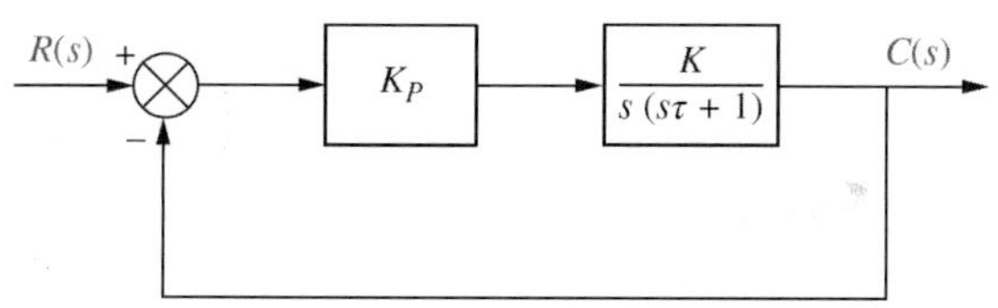

그림 8.40

3. 정착 시간, 최고값 시간, 최대 출력을 표시하는 시스템의 단위-계단 응답을 그려라. 모든 가능성을 찾아라: 과감쇠, 임계감쇠, 미흡감쇠
4. 시스템에서 단위-계단 입력을 인가할 때의 정상상태 오차에 대한 식을 찾아라.

실험

소프트웨어 Position control.vi의 전방 패널과 블록선도는 그림 8.41에서 볼 수 있다. 데드존 파라미터를 맞추기 위해서는 Signal Conditioning SubVI 안에 있는 상수를 변경하라. 선도의 오른쪽에 있는 상수는 모터의 기어 비를 맞출 때에만 수정되어야 한다.

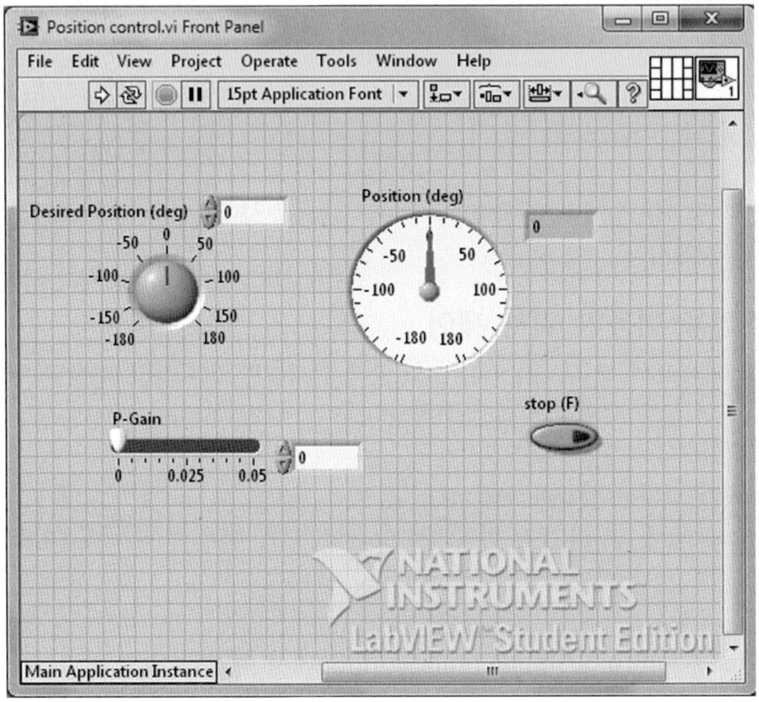

(a)

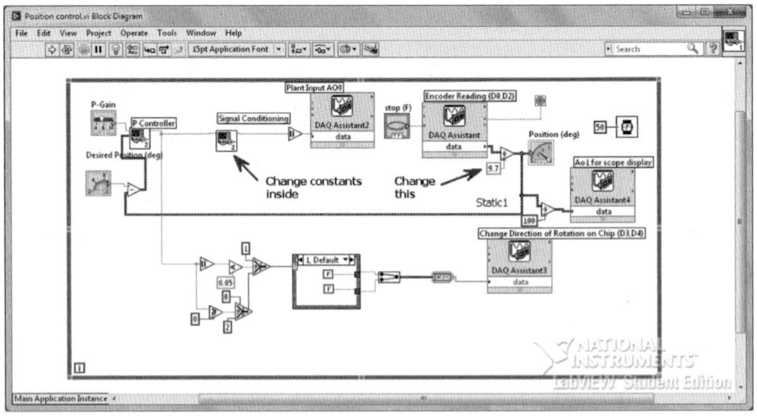

(b)

그림 8.41 Position control.vi: a. 전방 패널; b. 블록선도

하드웨어 그림 8.39의 배선도에서 다음 사항들을 바꾸어라: D1, D2, D3에서 각각 D2, D3, D4로 결선을 바꾸어라. 다른 모든 연결들은 그대로 두어라.

절차

1. 작은 P 이득을 선택하라. 폐루프 시스템의 동작을 확인하라. 모터는 전 범위에서 양방향으로 움직일 수 있어야 한다.
2. 실험 4.6에서 찾은 전달 함수를 사용하여 전기자 전압에서 각 위치로의 모터 전달 함수 $\frac{\Theta(s)}{E_a(s)}$를 계산하라.
3. 시스템의 기능별 블록선도를 그려라. 신호 조절기능 또는 신호 방향 변화는 포함하지 마시오. 모든 적절한 신호를 표기하라.
4. 방금 계산된 전달함수 $\frac{\Theta(s)}{E_a(s)}$를 사용하여 시스템의 근궤적을 그려라.
5. 시스템이 폐루프 안정이기 위한 K_P의 이론적 범위를 찾아라.
6. 시스템이 폐루프 안정이기 위한 실험적인 K_P의 범위를 찾기 위해 프로그램과 시스템을 실행하라.
7. 실험에 대한 K_P의 세 가지 다른 값을 신중하게 선택하라.
8. 이미 찾은 전달 함수와 비례 이득의 세 가지 신중한 선택을 사용하여, 직접 계산하여 다음 테이블을 작성하라(계산기 가능, 컴퓨터 시뮬레이션 불가능). 모든 과정을 보여라.

K_P			
T_P - 최고값 시간			
%OS - 퍼센트 오버슈트			
T_s - 정착 시간			
e_{ss} - 정상상태오차 (계단 입력)			

이론

9. 세 가지 값의 K_P에 대하여 한 가지 계단입력 값을 사용하여 실험을 수행하라. 오실로스코프 화면은 전체 시스템의 과도 응답을 포함하는지 확인하라. 위의 테이블의 모든 매개 변수들의 측정값을 보이고 아래 테이블에 작성하라. 정착 시간 T_s은 아날로그 채널의 제한된 수로 인해 현재 설정에서 측정하기 어렵다. T_s를 측정하는 대신에, 스코프 커서를 사용하여 이론적인 값을 오실로스코프에 표시한다.

K_P			
T_P - 최고값 시간			
%OS - 퍼센트 오버슈트			
e_{ss} - 정상상태오차 (계단 입력)			

실험

결과토의 이론적인 결과와 실험적인 결과를 상세히 비교하라. 이론과 실험 값 사이에 유사점과 차이점을 토론하고 이에 대한 이유를 제시하라.

참고문헌

Anderson, C. G., Richon, J.-B., and Campbell, T. J. An Aerodynamic Moment-Controlled Surface for Gust Load Alleviation on Wind Turbine Rotors. *IEEE Transactions on Control System Technology*, vol. 6, no. 5, September 1998, pp. 577-595.

Åström, K., Klein, R.E., and Lennartsson, A. Bicycle Dynamics and Control. *IEEE Control Systems*, August 2005, pp.26-47.

Bakel. M. W., and Sarpeshkal. R. Feedback Analysis and Design of RF Powcr Links for Low-Power Bionic Systems. IEEE Transactions on Biomedical, Circuirs and systems. vol. 1, 2007, pp. 28-38

Camacho, E. F., Berenguel, M., Rubio, F. R., and Martinez, D. Control of Solar Energy Systems. Springer-Verlag, London, 2012.

Craig, I. K., Xia, X., and Venter, J. W., Introducing HIV/AIDS Education into the Electrical Engineering Curriculum at the University of Pretoria. *IEEE Transactions on Education*, vol.47, no. 1, February 2004, pp. 65-73.

Craig, J. J, Introduction to Robotics. Mechanics and control, 3d ed. Prentice Hall, Upper Saddle River, NJ, 2005

Davidson, C. M., dePaor, A. M., and Lowery, M. M. Insights from Control Theory into Deep Brain Stimulation for Relief from Parkinson's Disease. IEEE, Proc. of the 9th Int. Conf. Elecktro, 2012, pp. 2-7.

Dorf, R. C. *Modern Control Systems*, 5th ed. Addison-Wesley, Reading, Mass., 1989.

Evans, W. R. Control System Synthesis by Root Locus Method. *AIEE Transactions*, vol. 69, 1950, pp. 66-69.

Evans, W. R. Graphical Analysis of Control Systems. *AIEE Transactions*, vol. 67, 1948, pp. 547-551.

Franklin, G. F., Powell, J. D., and Emami-Naeini, *A. Feedback Control of Dynamic Systems*, 2d ed. Addison-Wesley, Reading, Mass., 1991.

Galvao, K. H. R., Yoneyama, T., and de Araùjo, F. M. U. A simple Technique for Identifying a Linearized Model for a Didactic Magnetic Levitation System. *IEEE Transactions on Education*, vol. 46, no. 1, February 2003, pp. 22-25.

Guy, W., *The Human Pupil Servomechanism*. Computers in Education Division of ASEE, Application Note No. 45, 1976.

Hahn, J. O., Dumont, G. A., and Ansermino, J. M. System Identification and Closed-Loop Control of End-Tidal CO2 in Mechanically Ventilated Patients. IEEE Transactions on Information Technology in Biomedicine, vol. 16, no. 6, November 2012, pp. 1176-2012.

Hollot, C. V., Misra, V., Towsley, D., and Gong, W. A Control Theoretic Analysis of RED. *Proceedings of IEEE INFOCOM*, 2001, pp. 1510-1519.

Johnson, H., et al. *Unmanned Free-Swimming Submersible (UFSS) System Description*, NRL Memorandum Report 4393. Naval Research Laboratory, Washington, D.C., 1980.

Karlsson. P., and Svesson, J. DC Bus Voltage Control for a Distributed Power System, IEEE Trans. on Power Electronics, vol. 18, no. 6, 2003, pp. 1405-1412.

Khammash, M., and El-samad, H. Systems Biology: From Physiology to Gene Regulation. *IEEE Control Systems*, August 2004, pp. 62-76.

Kuo, B. C. *Automatic Control Systems*. 6th ed. Prentice Hall, Englewood Cliffs, N.J., 1991.

Lam, C. S., Wong, M, C., and Han, Y. D. Stability Study on Dynamic Voltage Restorer(DVR). *Power Electronics Systems and Applications 2004; Proceedings of the First International Conference on Power Electronics, 2004*, pp. 66-71.

Low, K. H., Wang, H., Liew, K. M., and Cai, Y. Modeling and Motion Control of Robotic Hand for Telemanipulation Application. *International Journal of Software Engineering and Knowledge Engineering*, vol. 15, 2005, pp. 147-152.

Mahmood, H., and Jiang, J. Modeling and Control System Design of a Grid Connected VSC considering the Effect of the Interface Transformer Type. IEEE Transactions on Smart Grid, vol. 3, no. 1, March 2012, pp. 122-134.

Nyawako, D., and Reynolds, P. Response-Dependent Velocity Feedback Control for Mitigation of Human-Induced Floor Vibrations, Smart Meterials and Structures, vol. 18, IOP Publishing Ltd., UK, 2009, pp. 1-13

Nyzen, R. J. Analysis and Control of an Eight-Degree-of-Freedom Manipulator, Ohio University Masters Thesis, Mechnical Engineering, Dr. Robert L. Williams II, advisor, August 1999.

Preitl, Z., Bauer, P., and Bokor, J. A Simple Control Solution for Traction Motor Used in Hybrid Vehicles. Fourth International Symposium on Applied Computational Intelligence and Informatics, IEEE, 2007, pp. 157-162.

Saeys, W., Deblander, J., Ramon, H., and Anthonis, J. High-performance Flow Control for Site-specific Application of Liquid Manure, Biosystems Engineering, vol. 99, 2008, pp. 22-34.

Shahin, M., and Maka, S. A Transfer Function Method for the Assessment of Nervous System Modulation of Long-Term Dynamics of Blood Pressure. IEEE International Conf. on Communication, Control, and Computing, IEEE 2010, pp. 560-564.

Spong, M., Hutchinson, S., and Vidyasagar, M. Robot Modeling and Control. Jone Wiley & Sons, Hoboken, NJ, 2006.

Stapleton, C.A. Root-Locus Study of Synchronous-Machine Regulation. IEE Proceedings, vol. 111, issue 4, 1964, pp. 761-768

Thomsen, S., Hoffmann, N., and Fuchs, F. W. PI Control, PI-Based State Space Control, and Model-based Predictive Control for Drive Systems With Elastically Coupled Loads-A Comparative Study. IEEE Transactions on Industrial Electronics, vol. 58, no. 8, August 2011, pp. 3647-3657.

Ünyelioĝlu, K, A., Hatopoĝlu,C., and Özgüner, Ü. Design and Stability Analysis on a Lane Following Controller. *IEEE Transactions on Control Systems Technology*, vol. 5, 1997, pp. 127-134.

Williams, R. L. II. Local Performance Optimization for a Class of Redundant Eight-Degree-of-Freedom Manipulators. NASA Technical Paper 3417, NASA Langley Research Center, Hampton VA, March 1994.

Yamazaki, H., Marumo, Y., Iizuka, Y., and Tsunashima, H. Driver Model Simulation for Railway Brake Systems, Fourth IET Int. Conf. on Railway Condition Monitoring, 2008.

Yan, T., and Lin, R. Experimental Modeling and Compensation of Pivot Nonlinearity in Hard Disk Drives. *IEEE Transactions on Magnetics*, vol. 39, 2003, pp. 1064-1069.

연습문제

1. 그림 P8.1의 각각의 개요도가 근궤적이 될 수 있는지 여부에 대하여 설명하라. 만약 개요도가 근궤적이 될 수 없으면 그 이유를 설명하고, 모든 이유를 제시하라. [8.4절]

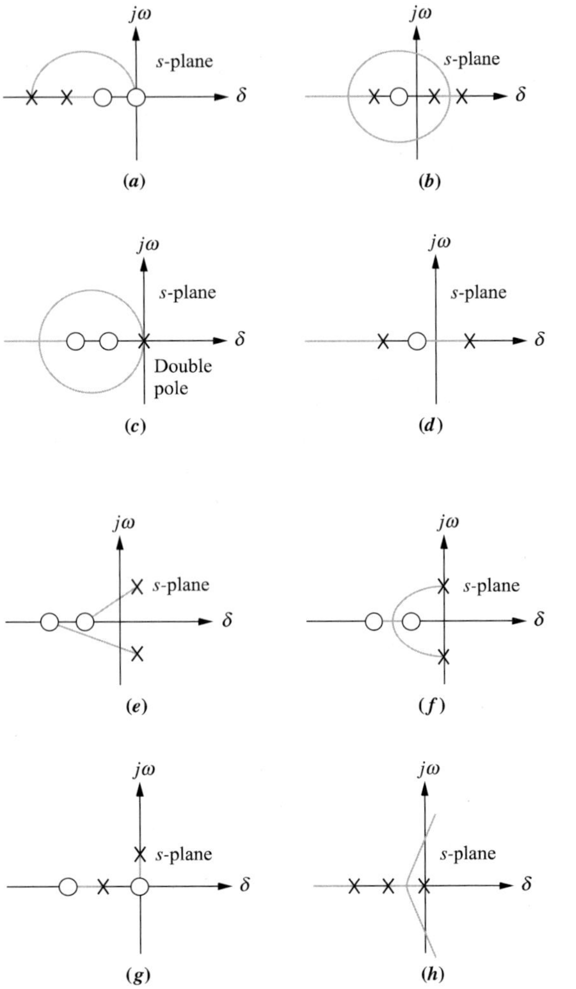

그림 P8.1

2. 그림 P8.2에 있는 각각의 개루프 극점-영점도에서 일반적인 근궤적 모양을 개략적으로 그려라. [8.4절]

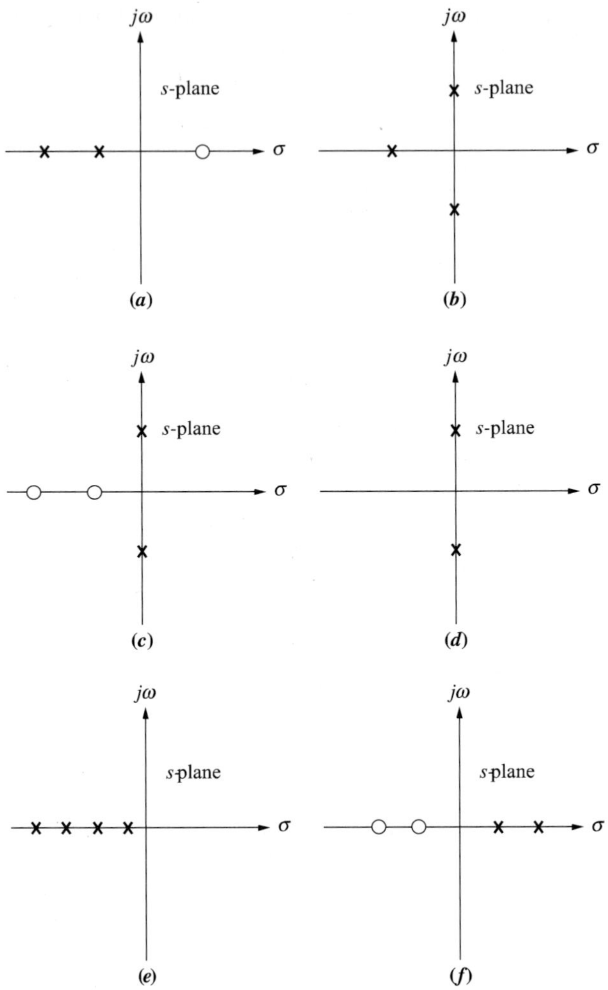

그림 P8.2

3. 그림 P8.3에서

$$G(s) = \frac{K(s+\frac{2}{3})}{s^2(s+6)}$$

라고 할 때, [8.5절]

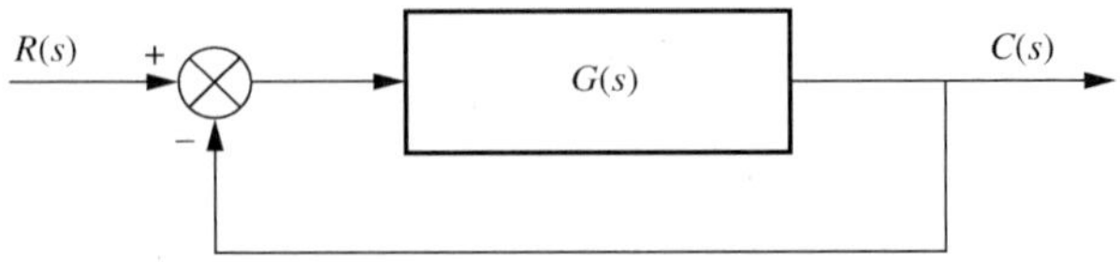

그림 P8.3

a. 근궤적도를 그려라.

b. 세 개의 폐루프 극점들이 만나는 점에서의 폐루프 전달 함수를 구하라.

4. 그림 P8.4에 있는 개루프 시스템의 극점-영점 선도에서 개략적으로 근궤적을 그리고 인입점을 구하라. [8.5절]

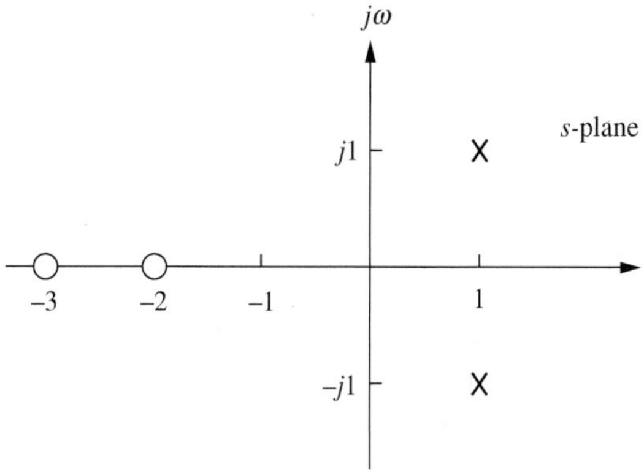

그림 P8.4

5. 그림 8.3에서

$$G(s)=\frac{K(s+1)(s+10)}{(s+4)(s-6)}$$

일 때, 근궤적을 그리고 폐루프 시스템이 안정한 K의 값을 찾아라. 그리고 인입점과 이탈점을 구하라. [8.5절]

6. 폐루프 전달 함수의 분모인 피드백 제어 시스템의 특성 다항식이 $s^3+2s^2+(20K+7)s+100K$로 주어질 때, 이 시스템의 근궤적을 개략적으로 그려라. [8.8절]

7. 그림 P8.3의 단위 피드백 시스템에서

$$G(s)=\frac{K(s+2)(s^2+4)}{(s+5)(s-3)}$$

일 때, 근궤적을 그리시오. 극점들이 우반 평면에 있기 위한 K의 범위는 얼마인가? [8.5절]

8. 그림 P8.3의 단위 피드백 시스템에서

$$G(s)=\frac{K(s^2-16)}{(s^2+9)}$$

일 때, 근궤적을 그리고 폐루프 시스템이 안정한 K의 범위를 구하시오. [8.5절]

9. 그림 P8.5의 각각의 시스템에서 정확한 근궤적을 그리고 다음 값들을 구하여라. [8.5절] SS

a. 이탈점과 인입점

b. 시스템이 안정되기 위한 K의 범위

c. 시스템이 안정되며 임계감쇠 특성의 2차 극점을 갖기 위한 K값

d. 시스템이 안정되며 한 쌍의 2차 극점이 0.707의 감쇠비를 갖도록 하는 K값

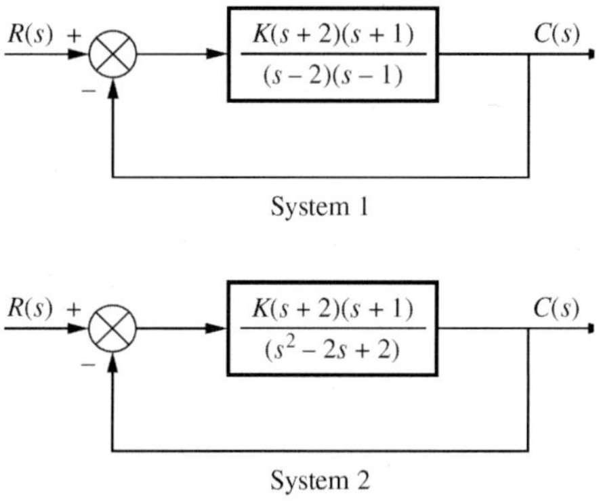

그림 P8.5

10. 그림 P8.3의 단위 피드백 시스템에서 전달 함수가 다음과 같이 주어질 때 근궤적을 개략적으로 그리고, 안정하기 위한 K값의 범위를 구하라. [8.5절]

a. $G(s)=\dfrac{K(s^2+1)}{(s-1)(s+2)(s+3)}$

b. $G(s)=\dfrac{K(s^2-2s+2)}{s(s+1)(s+2)}$

11. 그림 P8.3의 단위 피드백 시스템에서

$$G(s)=\frac{K(s+6)}{(s^2+1)(s-2)(s+4)}$$

일 때, 근궤적을 개략적으로 그리고 폐루프 시스템의 극점 중 두 개의 극점만이 우반 평면에 존재하기 위한 K값의 범위를 구하라. [8.5절]

12. 그림 P8.3의 단위 피드백 시스템에서

$$G(s)=\frac{K}{s(s+5)(s+8)}$$

일 때 근궤적을 그리고, 이득 값을 표시하라. 또한, 이탈점, 점근선, $j\omega$축과의 교차점 등과 같은 모든 임계점들을 구하라. [8.5절]

13. 그림 P8.6의 근궤적에서 [8.5절]

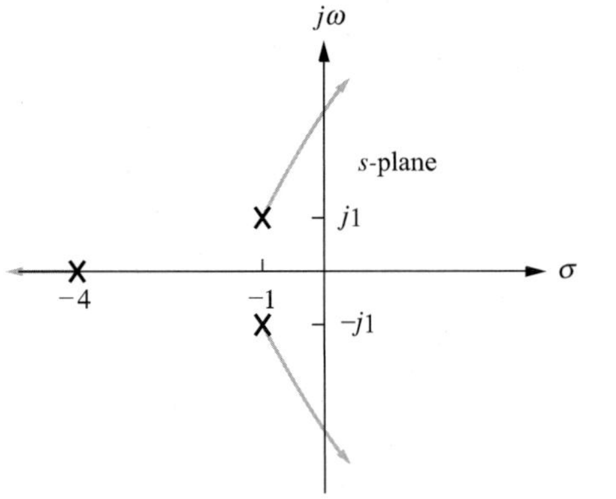

그림 P8.6

a. 시스템이 임계 안정하기 위한 이득값을 구하라.
b. 폐루프 전달 함수가 실수축 -5에 극점을 갖기 위한 이득값을 구하라.

14. 그림 P8.3의 단위 피드백 시스템에서

$$G(s)=\frac{K(s+2)}{s(s+1)(s+3)(s+5)}$$

일 때, [8.5절]

a. 근궤적을 개략적으로 그려라.
b. 점근선을 구하라.
c. 시스템이 임계 안정되기 위한 이득값을 구하라.
d. 폐루프 전달 함수가 두 개의 실근을 갖기 위한 이득값을 구하라.

15. 그림 P8.3의 단위 피드백 시스템에서 **SS**

$$G(s)=\frac{K(s+\alpha)}{s(s+3)(s+6)}$$

일 때, 2차 폐루프 시스템의 극점이 $-1\pm j100$이기 위한 α와 K값을 구하라. [8.5절]

16. 단위 피드백 시스템에서

$$G(s)=\frac{K(s-2)(s-3)}{s(s+2)(s+3)}$$

일 때, 근궤적을 개략적으로 그리고 다음을 구하라. [8.5절]

a. 이탈점과 인입점
b. $j\omega$축과의 교차점
c. 폐루프 시스템이 안정되기 위한 K값의 범위
d. 시스템이 안정되며 감쇠비가 0.5인 2차의 복소극점을 갖기 위한 K의 값

17. 그림 P8.7(a)의 시스템에서 근궤적을 그리고 다음을 구하라. [8.7절] **SS**

a. 점근선
b. 이탈점
c. 안정되기 위한 K값의 범위
d. 지배 2차 극점 쌍의 감쇠비가 0.7이 되기 위한 의 K값

안정도가 개선되기 위하여 근궤적이 $j\omega$축과 $j5.5$에서 교차하게 하려면, 그림 P8.7(b)와 같이 개루프 시스템 함수에 한 개의 영점이 첨가되어야 한다.

e. α값을 구하고 새로운 근궤적을 개략적으로 그려라.
f. 새로운 근궤적에 대하여 (c)를 반복하라.
g. (c)와 (f)의 결과를 비교하시오. 과도 응답에서 무엇이 개선되는가?

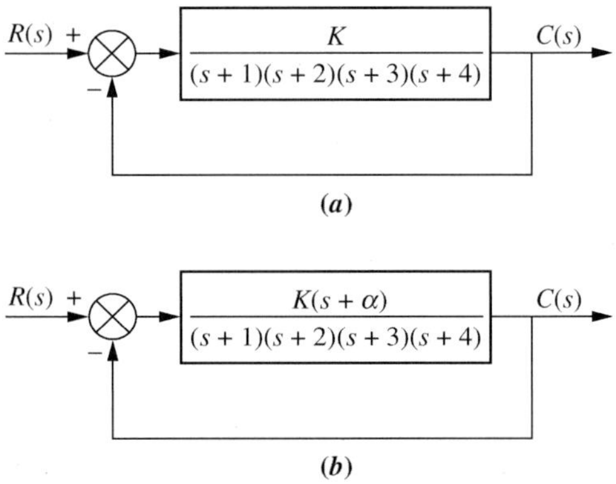

그림 P8.7

18. 그림 P8.8의 양의 피드백 시스템에 대한 근궤적을 그려라. [8.9절]

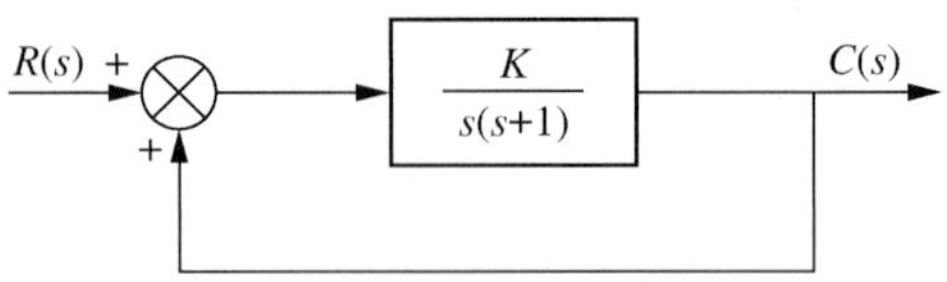

그림 P8.8

19. 그림 P8.3의 단위 피드백 시스템에서

$$G(s)=\frac{K}{(s+1)(s+2)(s+3)}$$

일 때, 먼저 2차 근사식으로 만든 후 다음 문제를 푸시오. 모든 문제를 푼 뒤에 2차로 근사화한 것이 타당한지 확인하라. [8.7절]

a. 근궤적을 개략적으로 그려라.

b. 20% 오버슈트를 갖기 위한 K를 구하라.

c. (b)에서 구한 K에 대한 정착 시간과 최고값 시간은 얼마인가?

d. (b)에서 구한 K에 대한 고차 극점들의 위치를 구하라.

e. 안정하기 위한 K의 범위를 구하라.

20. 그림 P8.3의 단위 피드백 시스템에서

$$G(s)=\frac{K(s^2-2s+2)}{(s+1)(s+3)(s+4)(s+5)}$$

일 때, 다음 문제를 풀어라. [8.7절]

a. 근궤적을 개략적으로 그려라.

b. 점근선을 구하라.

c. 시스템이 안정되기 위한 이득 K의 범위를 구하라.

d. 이탈점을 구하라.

e. 폐루프 계단 응답이 20%의 오버슈트를 갖기 위한 K값을 구하라.

f. 20%의 오버슈트로 동작할 때, 고차의 폐루프 극점들의 위치를 구하라.

g. 2차로 근사한 방법이 타당한지 토의하라.

h. MATLAB을 사용하여 폐루프 계단 응답을 2차로 근사한 방법의 타당성을 논하라. MATLAB ML

21. 그림 P8.3의 단위 피드백 시스템에서 SS

$$G(s)=\frac{K(s+2)(s+3)}{s(s+1)}$$

일 때, 최소 감쇠비를 갖도록 설계하고자 한다. 다음을 구하라. [8.7절]

a. 감쇠비가 최소가 되는 K값

b. 그 경우 예상되는 퍼센트 오버슈트

c. 그 경우 예상되는 정착시간과 최고값 시간

d. 2차로 근사화하는 것에 대한 타당성(토의하여라.)

e. 최소 감쇠비일 경우, 단위 램프 입력에 대해 예상되는 정상 상태 오차

22. 그림 P8.3의 폐루프 시스템에서,

$$G(s)=\frac{K(s+\alpha)}{s(s+5)(s+20)}$$

일 때 K값이 클 경우 정착 시간이 2초가 되기 위한 α값을 구하라. 결과에 대한 근궤적을 개략적으로 그려라. [8.8절]

23. 그림 P8.3의 단위 피드백 시스템에서 SS

$$G(s)=\frac{K(s+5)}{(s^2+8s+25)(s+1)^2(s+\alpha)}$$

일 때, 폐루프 함수의 지배 복소극점이 0.5의 감쇠비와 1.2rad/s의 고유 주파수를 갖기 위한 와 값을 설계하라.

24. 그림 P8.3의 단위 피드백 시스템에서

$$G(s)=\frac{K}{s(s+3)(s+4)(s+8)}$$

일 때, 다음 문제를 풀어라. [8.7절]

a. 근궤적을 개략적으로 그려라.

b. 10%의 오버슈트를 갖기 위한 K값을 구하라.

c. 모든 비지배 극점들의 위치를 찾으시오. **b**에서 2차 근사화를 통하여 얻은 결과에 대하여 무엇을 말할 수 있는가?

d. 안정한 시스템이 되기 위한 K의 범위를 구하라.

25. 그림 P8.3의 단위 피드백 시스템에서 SS

$$G(s)=\frac{K(s^2+4s+5)}{(s^2+2s+5)(s+3)(s+4)}$$

일 때, 다음 문제를 풀어라. [8.7절]

a. 2차로 근사화할 때 최고값 시간이 1초가 되도록 이득 K를 구하라.

b. MATLAB으로 시스템을 시뮬레이션하여 2차 근사화의 정확도를 확인하라. MATLAB ML

26. 그림 P8.3의 단위 피드백 시스템에서

$$G(s)=\frac{K(s+2)(s+3)}{(s^2+2s+s)(s+4)(s+5)(s+6)}$$

일 때, 다음 문제를 풀어라. [8.7절]

a. 근궤적을 개략적으로 그려라.

b. $j\omega$축과의 교점과 교점에서의 이득 K값을 구하라.

c. 모든 이탈점과 인입점을 찾아라.

d. 복소극점에서의 출발각을 구하라.

e. 폐루프 지배 극점들에 대해 감쇠비가 0.3이 되도록 이득 K를 구하라.

27. 아래 식을 이용하여 문제 26번의 (a)부터 (c), 그리고 (e)를 반복하라. [8.7절]

$$G(s)=\frac{K(s+4)}{s(s+1)(s+2)(s+10)}$$

28. 그림 P8.9의 시스템에서 다음 문제를 풀어라. SS [8.7절]

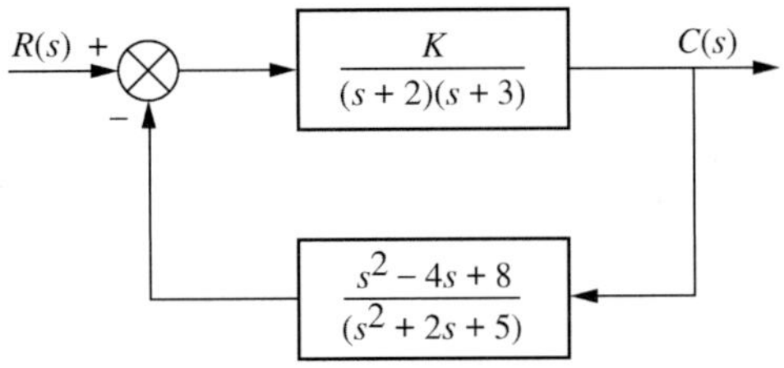

그림 P8.9

a. 근궤적을 개략적으로 그려라.
b. $j\omega$축과의 교점과 그때의 K값을 구하라.
c. 실수축에서의 이탈점을 유효숫자 두 자리의 정확도로 구하라.
d. 복소영점으로의 도착각을 구하라.
e. 폐루프 영점을 구하라.
f. 폐루프의 계단 응답이 30% 오버슈트를 갖기 위한 이득 K값을 구하라.
e. 2차 근사화의 타당성에 대해 토의하라.

29. 그림 P8.10의 시스템에 대한 근궤적을 개략적으로 그리고, 다음을 구하라. [8.7절]

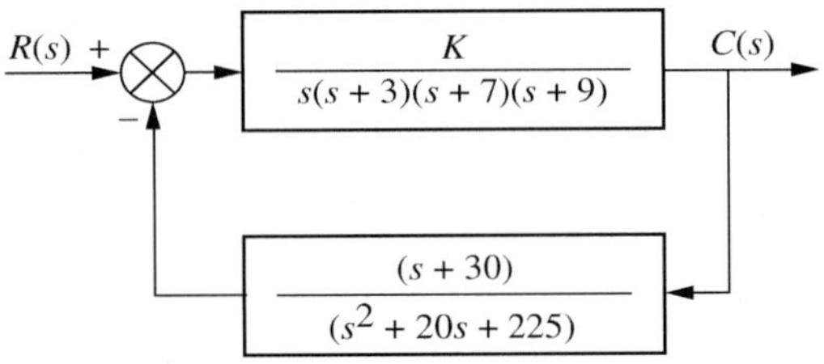

그림 P8.10

a. 안정되기 위한 이득의 범위
b. 시스템의 지배 극점에서 감쇠비가 0.707이 되기 위한 이득값
c. 임계 감쇠되는 폐루프 극점을 갖는 이득값

30. MATLAB을 사용하여 문제 29번을 반복하라. 프로그램은 다음 순서로 수행되도록 한다. MATLAB ML

a. 근궤적을 화면에 나타내고 정지
b. 실수축으로 -2에서 0.5, 허수축으로 -2에서 2로 근궤적이 확대되도록 한다.
c. 확대된 근궤적 상에 0.707 감쇠비선을 중첩시킨다.
d. 0.707 감쇠비선과 근궤적이 교차하는 점을 선정하고, 그 점에서의 이득과 그 때의 모든 폐루프 시스템의 극점을 화면에 나타내도록 한다. 또한, 근궤적이 허수축과 교차하는 점을 선정하고, 그 점에서의 이득뿐만 아니라 그 때의 모든 폐루프 극점을 화면에 출력하도록한다.
e. 임계적으로 감쇠된 경우에 대한 계단 응답을 그린다.

31. 그림 P8.3의 단위 피드백 시스템에서

$$G(s) = \frac{K(s+z)}{s^2(s+10)}$$

일 때, 다음 문제를 풀어라. [8.7절]

a. $z = 2$일 때, 과도 응답의 감쇠주파수가 5 rad/s가 되도록 K값을 구하라.
b. (a)의 시스템에서 어떤 오차 상수를 사용할 수 있으며, 그 값은 얼마인가?
c. z와 K값을 변경하여 재설계하고자 한다. 만약 새 설계 조건이 $\%OS$=4.32%, $T_s = 0.8$초일 때, z와 K의 새로운 값들을 구하라.

32. 그림 P8.3의 단위 피드백 시스템에서

$$G(s) = \frac{K}{(s+1)(s+3)(s+6)^2}$$

일 때, 다음을 구하라. [8.7절]

a. 정착 시간이 4초가 되는 이득 값 K
b. 시스템이 임계 감쇠값을 갖기 위한 이득 K값

33. 그림 P8.3의 단위 피드백 시스템이 다음과 같이 주어졌을 때 MATLAB ML

$$G(s) = \frac{K(s+0.02)}{s^2(s+4)(s+10)(s+25)}$$

MATLAB을 이용하여 근궤적을 그려라. 궤적을 확대(-5에서 0과 -1에서 6)하여 20.5%의 오버슈트 및 $T_s = 3$초의 정착 시간을 가지는 폐루프 단위 계단 응답 $c(t)$을 갖는 이득 K를 찾아라. 피크 시간, 상승 시간, 최종 정상상태 값 등과 같은 관련된 모든 특성을 시간 응답 그래프에 표시하라.

34. 그림 P8.3에서 SS

$$G(s) = \frac{K(s-1)}{(s+2)(s+3)}$$

일 때, [8.7절]

a. 폐루프 시스템의 안정을 위한 K의 범위를 구하라.
b. $K > 0$일 때, 근궤적도를 그려라.
c. $K < 0$일 때, 근궤적도를 그려라.

d. 계단 입력을 가정하고, 가장 짧은 정착시간이 얻어질 때의 값은 얼마인가?

e. d에서 얻어진 K값을 사용하고 단위계단입력을 가했을 때, 이 문제에서 주어진 시스템의 e_{ss}값을 구하라.

f. d에서 얻어진 K값을 사용했을 때, 단위계단입력에 대한 시스템의 응답을 대략적으로 그려라.

35. 그림 P8.11은 선형화된 자기부상제어 시스템 (Galao, 2003)의 폐루프 제어의 블록선도를 보여준다. $A=1300$, $\eta=860$이라 가정하고, 근궤적도를 그리고 폐루프 시스템이 안정하기 위한 값의 범위를

a. $G(s)=K$;

b. $G(s)=\dfrac{K(s+200)}{s+1000}$

일 때로 나누어 구하라.

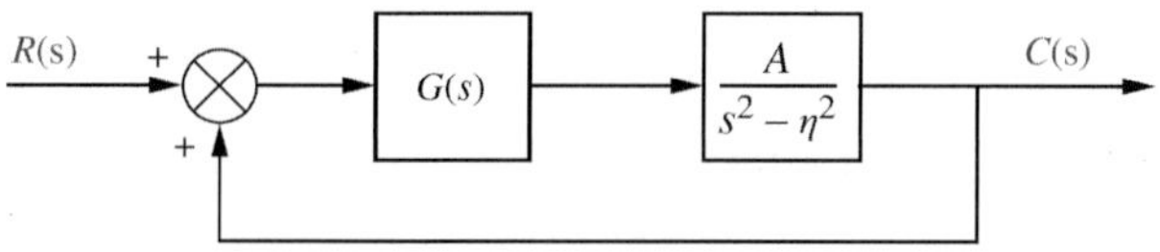

그림 P8.11 선형화 된 자기 부상 시스템의 블록선도

36. 어떤 자전거에서 조종간의 회전각도 $\delta(s)$부터 경사진 각도 $\varphi(s)$로의 전달 함수가 다음과 같이 주어졌다.

$$G(s)=\frac{\psi(s)}{\delta(s)}=\frac{aV}{bh}\times\frac{s+\dfrac{V}{a}}{s^2-\dfrac{g}{h}}$$

이 모델에서 h는 바닥과 자전거 무게중심 사이의 수직거리이므로, 이 모델의 개루프 시스템은 불안정하다는 것을 쉽게 증명할 수 있다. 어떤 특정 자전거에서 $a=0.6$m, $b=1.5$m, $h=0.8$m, $g=9.8$m/s이다. 자전거를 안정화시키기 위해서 그 자전거를 그림 P8.3과 같이 폐루프 구조로 만들었다. 이 때, 제어가 가능한 변수는 뒷바퀴의 속력 밖에 없게 하였다.

a. 폐루프 시스템의 안정을 보장하기 위한 V의 범위를 구하라.

b. 이 장에서 소개된 방법이 이 시스템의 근궤적도를 그리는데 사용 될 수 없는 이유를 설명하라.

c. MATLAB을 이용하여 근궤적도를 구하라. MATLAB ML

37. 자동차를 코스의 중앙에 그려진 선을 따라가도록 제어하기 위한 기법은, 예측지점을 정하고 그 지점에서 자동차의 탈선 정도를 측정하는 것이다. 이러한 자동차의 선형화된 모델은

$$\begin{bmatrix}\dot{V}\\ \dot{r}\\ \dot{\psi}\\ \dot{Y}_g\end{bmatrix}=\begin{bmatrix}a_{11} & a_{12} & -b_1k & \dfrac{b_1K}{d}\\ a_{21} & a_{22} & -b_2K & \dfrac{b_2K}{d}\\ 0 & 1 & 0 & 0\\ 1 & 0 & U & 0\end{bmatrix}\begin{bmatrix}V\\ r\\ \psi\\ Y_g\end{bmatrix}$$

이고, 여기서 V는 자동차의 측면 속도, r는 자동차의 요(yaw) 속도, ψ는 자동차의 요 위치, Y_g는 자동차 무게중심의 y축 좌표이다. K는 자동차의 경로에 의존하여 변화하는 파라미터이다. $U=$-10m/s의 속도로 이동하고 있는 자동차에서, 각 파라미터들은 $a_{11}=$ -11.6842, $a_{12}=$6.7632, $b_1=$-61.5789, $a_{21}=$-3.5143, $a_{22}=$24.0257, $b_2=$66.8571이고, 예측지점까지의 거리 $d=$5m이다(Ünyelioĝlu, 1997). 이 자동차가 폐루프 시스템으로 제어된다고 가정하고

a. 시스템의 특성 방정식을 K의 함수로 구하라.

b. K값의 변화에 따른 시스템의 근궤적을 구하라.

c. b에서 찾은 근궤적을 바탕으로, 모든 K값에 대해 시스템이 불안정할 것임을 보여라.

38. 7장의 문제 35에서 논의되었던 동적전압복원기를 바탕으로 다음을 수행하라.

a. $Z_L=\dfrac{1}{sC_L}$로써 순수한 커패시턴스일 때, 이 시스템은 불안정해지려는 경향이 있다. 이 경우의 특성방정식을 구하라.

b. a에서 구한 특성방정식을 이용하여, 시스템의 근궤적도를 C_L의 함수로써 그려라. $L=$7.6mH, $C=$11 μF, $\alpha=$26.4, $\beta=$1, $K_m=$25, $K_v=$15, $K_T=$ 0.09565, $\tau=$2ms로 놓아라. (Lam, 2004)

39. 기차를 멈출 때의 폐루프 차량 응답은 기차의 SS 동역학과 피드백 루프의 적분 부분인 운전자에 달려있다. 그림 8.3에서 입력 $R(s)=v_r$을 기준 속도, 출력 $C(s)=v$를 실제 차량의 속도라 하자. (Yamazaki,2008)에서 이러한 동역학은 $G(s)=G_d(s)G_t(s)$에 의해 구성될 수 있음을 보여준다.

$$G_d(s)=h\left(1+\frac{K}{s}\right)\frac{s-\dfrac{L}{2}}{s+\dfrac{L}{2}}$$

G_d는 각 운전자에 대해서 특정한 h, K, L을 매개 변수로 가지는 운전자의 동역학이다. $h=0.003$와 $L=1$로 가정하자. 기차의 동역학은 아래와 같이 주어졌으며,

$$G_t(s)=\frac{k_b f K_P}{M(1+k_e)s(\tau s+1)}$$

여기서 차량의 무게는 $M=8000kg$이고; 관성 계수 $k_e=0.1$; 제동 이득 $k_b=142.5$; 압력 이득 $K_P=47.5$; 시정수 $\tau=1.2$; 그리고 일반적인 마찰 계수는 $f=0.24$이다.

a. 드라이버 변수 K의 함수로 시스템의 근궤적을 그려라.

b. 이 모델이 실제 드라이버-기차의 정확한 표현이 되지 않는 이유를 설명하라.

40. 전압 강하 제어는 부하가 전원에 의해 제공되는 전압보다 낮은 전압에서 구동되는 기술이다. 일반적으로 부하에서 필요한 전류가 증가함에 따라 전압은 감소한다. 전압 강하의 장점은 부하 전류 변화에 대해 더 낮은 민감도를 가져오는 것이다. 전압 강하는 직류 버스를 통해 연결된 부하와 몇몇 발전기의 전력 분배에 적용될 수 있다. (Karlsson, 2003) 발전기 및 부하가 3상 교류 전력에 의해 구동되면, 교류/직류 변환기를 통해 버스에 결합된다. 각각의 부하가 독립적으로 작동하기 때문에 그림 8.12의 피드백 시스템은 버스 전압 변화에 각각 동등하게 대응되어 사용된다.

여기서 $C_s=C_r=8{,}000\,\mu F$, $L_{cable}=50\mu H$, $R_{cable}=0.06\Omega$, $Z_r=R_r=5\Omega$, $\omega_{lp}=200\,rad/s$, $G_{conv}(s)=1$, $V_{dc-ref}=750\,V$, 그리고 $P_{ref-ext}=0$이다.

a. Z_{req}이 R_r과 C_r의 병렬 조합이고 $G_{conv}(s)=1$일 때

$$G(s)=\frac{V_s(s)}{I_s(s)}=\frac{V_s(s)}{I_{s-ref}(s)}$$

을 구하여라.

b. MATLAB M-file을 이용하여 이 시스템의 전체 근궤적을 x축(실수 축)은 -150에서 0까지 y축(허수 축)은 -150에서 150까지 그리시오. 그림을 복사하고 아래의 사항에 대해서 찾으시오: MATLAB ML

(1) 시스템이 감쇠비 $\zeta=0.707$를 갖고 켤레 복소수 폐루프 지배 극점을 가질 때의 이득 K를 구하시오.

(2) 근궤적에서 선택된 해당되는 점의 좌표를 구하시오.

(3) 그 이득에 대한 모든 폐루프 극점의 값을 구하시오.

(4) 계단 입력 전압 $v_{dc-ref}(t)=750u(t)$에 대한 출력 전압 $v_s(t)$을 구하시오.

c. 계단 응답을 그리고 응답에서 아래의 매개 변수를 MATLAB characteristics tool(graph window)을 사용하여 표시하시오. MATLAB ML

(1) 실제 퍼센트 오버슈트와 최고값 시간 T_P

(2) 상승 시간 T_r과 정착 시간 T_s

(3) 최종 정상 상태 전압 값

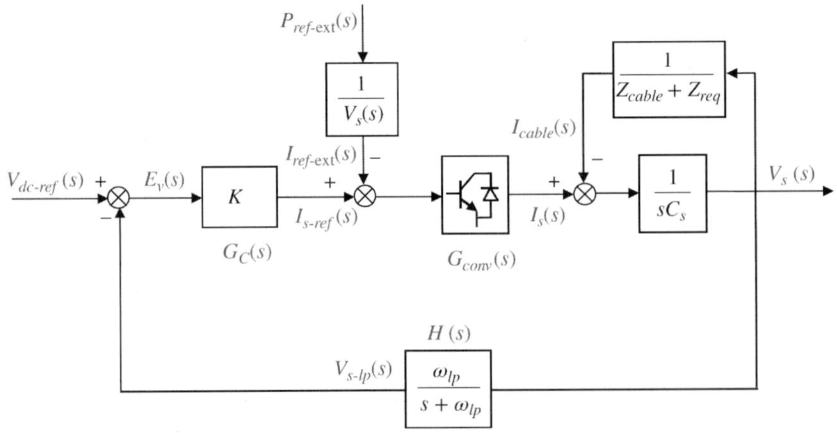

그림 P8.12 [49]

4 Karlsson, P., and Svensson, J. DC Bus Voltage Control for a Distributed Power System, IEEE Trans. Power Electronics, vol. 18, no. 6, 2003, pp. 1405–1412. Fig. 4, p. 1406. IEEE Transactions on Power Electronics by Institute of Electrical and Electronics Engineers; Power Electronics Council (Institute of Electrical and Electronic Engineers); IEEE Power Electronics Society. Reproduced with permission of Institute of Electrical and Electronics Engineers, in the format Republish in a book via Copyright Clearance Center.

41. 인공호흡기의 폐루프 피드백 사용은 호흡기관 치료 (Hahn, 2012)가 필요한 환자들의 사망률과 건강에 대한 문제를 많이 줄일 수 있다고 한다. 전달 함수에 관련된 충분한 지식은 적절한 제어기 설계를 위해 필수적이다. 18명의 환자들 연구에서 분당 호흡량부터 호기말 이산화탄소 분압까지의 개루프 전달함수가 다음과 같이 모델링 될 수 있음을 알았다.

$$G(s) = \frac{0.415k_c(s+0.092)(s+0.25)}{s(s+0.007)(s+0.207)}$$

a. 이탈점들과 각 이탈점에 해당하는 k_c 값을 나타내는 시스템의 근궤적을 그려라

b. 인공호흡기 설계에서 가장 빠른 정착시간에 무시될 수 있는 정도의 오버슈트를 갖는 것이 매우 중요하다. $k_c = 5.35$ 값은 이러한 스펙들을 달성할 수 있도록 제안되고 있다. k_c값에 대한 폐루프 극점의 위치를 표시하고 이득 선택이 타당한 이유를 설명하라.

42. 그림 P8.13는 5장 (Thomsen, 2011)의 문제 48에서 언급된 구동장치의 피드백 시스템을 간소화한 그림이다.

$$G(s) = \frac{25(s^2+1.2s+12500)}{s(s^2+5.6s+62000)}$$

그림 P5.32과 그림 P8.13을 고려하여 그림 P8.15의 $G_{p(s)}$가 주어진다.

$$G_p(s) = K_M \frac{G(s)}{1+0.1G(s)}$$

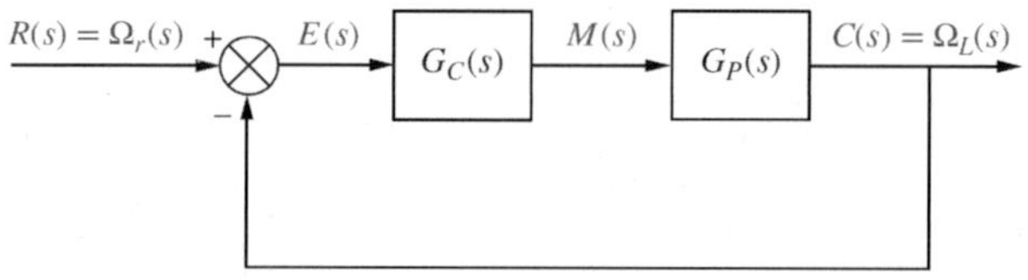

그림 P8.13

MATLAB **ML**

제어기는 비례기, 즉, $G_c(s) = K_P$ 로 주어졌다. 근궤적[5]을 그리기 위해 이 장의 문제 30에서 개발된 비슷한 과정과 MATLB을 사용하여, $t = 0$초에서 계단 입력 $r(t) = \omega r(t) = 260u(t)$ rad/sec을 적용할 때의 출력응답 $c(t) = \omega L(t)$을 포함하라.

시간 응답 그래프에서 퍼센트 오버슈트 (16%를 초과하지 않는다.), 최고값 시간, 상승 시간, 정착 시간, 최종 정상상태 값 등과 같은 특성과 관련된 모든 값을 나타내라.

설계문제

43. 사람 눈동자에 대한 서보 메커니즘을 단순화한 블록선도가 그림 P8.14에 있다. $e^{-0.18s}$은 시간 지연을 나타내며 Pade 근사식으로 근사화 시킬 수 있다. 이 근사화는 요구되는 정밀도의 정도에 따라서 훨씬 복잡한 형태가 될 수 있다. Pade 근사식으로

$$e^{-x} = \frac{1}{1+x+\frac{x^2}{2!}}$$

을 사용하면

$$e^{-0.18s} = \frac{61.73}{s^2+11.11s+61.73}$$

이 된다. 망막 내 빛의 양은 홍체의 열림 정도에 비례하는 함수이므로, 망막 내 빛의 양의 진동은 홍체의 진동을 의미한다(Guy, 1976). 다음을 구하라.

a. 진동을 일으키는 K값

b. 진동 주파수

c. 눈이 20%의 오버슈트를 가지며 동작하는 K값에 대한 홍체의 정착 시간

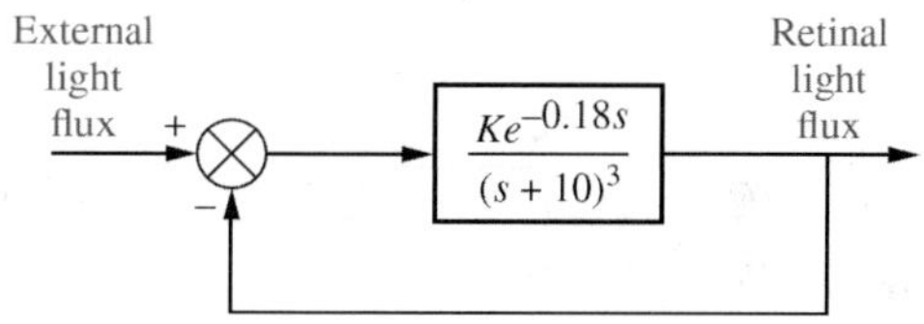

그림 P8.14 눈동자 서보 메카니즘을 간략화한 블록선도

44. 어떤 하드디스크의 팔이 다음과 같은 불안정한 개루프 전달 함수를 가지고 있다. **SS**

$$P(s) = \frac{X(s)}{F(s)} = \frac{1}{I_b s^2}$$

여기서 $X(s)$는 팔의 위치변화이고, $F(s)$는 가해진 힘이다 (*Yan, 2003*). 팔의 관성은 $I_b = 3\times10^{-5}$kg-m^{2}로 주어지고, 진상 제어기(과도응답을 개선하기 위해 사용되고 9장에서 논의됨) $G_c(s)$가 종속 접속되어 그림 P8.3에서와 같은 구조에서 아래와 같은 전달 함수로 구해진다.

$$P(s)G_c(s) = G(s) = \frac{K}{I_b}\frac{(s+1)}{s^2(s+10)}$$

a. 시스템의 근궤적도를 K에 대한 함수로 나타내고 도시하라.

b. 감쇠비 $\zeta = 0.7$의 복소 켤레 지배 극점을 만드는 K 값을 구하시오.

5 1과 5 사이의 이득에 상응하는 근궤적이 근접 지점을 선택하라.

(a)

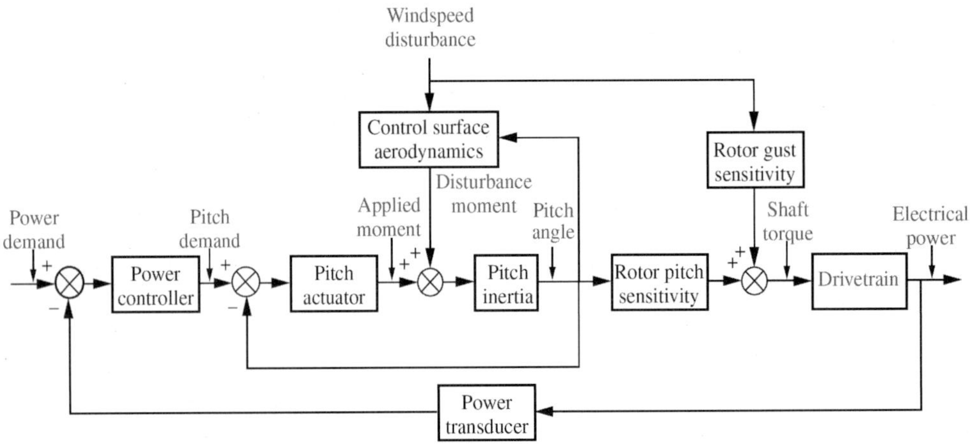

(b)

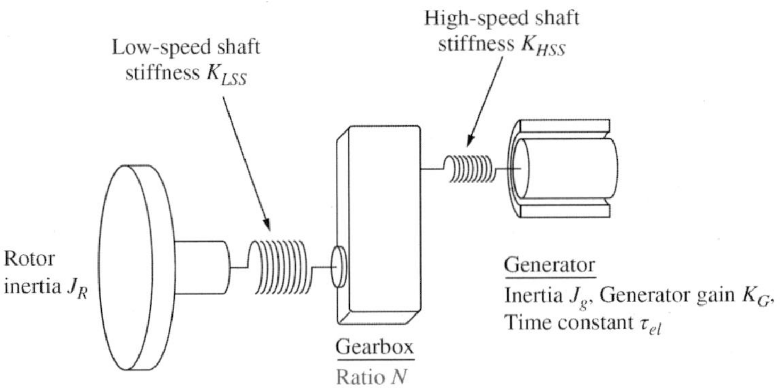

(c)

그림 P8.15 a. 캘리포니아, 팜 스프링스 부근의 풍력 발전 터빈 b. 일정 속력으로 피치 제어되는 풍력 터빈을 위한 제어 루프 [5] c. 동력 전달 장치 [6]

---

6 Adapted from Anderson, C. G., Richon, J-B., and Campbell, T. J. An Aerodynamic Moment-Controlled Surface for Gust Load Alleviation on Wind Thrbine Rotors, IEEE Transactions on Control System Technology, vol 6, no. 5, September 1998, pp. 577-595. @ 1998 IEEE.

45. 그림 P8.15(a)와 같은 풍력 터빈을 이용한 발전(發電) 방법이 점차 대중화 될 것이다. 피드백 제어 루프는 주어진 요구된 입력 전력에 대하여 터빈의 출력 전력을 제어하도록 설계되었다. 블레이드-피치 제어는 그림 P8.15(b)와 같이 일정 속력으로 피치 제어되는 풍력 터빈을 위한 제어 루프의 한 부분으로 쓰여질 것이다. 윈드밀 로터, 기어 박스, 그리고 발전기로 구성된 동력 전달 장치(drivetrain)(그림 P8.15(c) 참조)는 제어 루프의 일부이다. 토크는 바람이 로터를 구동하면서 발생되고, 윈드밀 로터는 기어 박스를 통해 발전기에 연결된다. 동력 전달 장치의 전달 함수는

$$\frac{P_o(s)}{T_R(s)} = G_{dt}(s) = \frac{3.92K_{LSS}K_{HSS}K_GN^2s}{N^2K_{HSS}(J_Rs^2+K_{LSS})(J_Gs^2[\tau_{el}s+1]+K_Gs)+J_Rs^2K_{LSS}[(J_Gs^2+K_{HSS})(\tau_{el}s+1)+K_Gs]}$$

이며, $P_o(s)$는 발전기부터 출력 전력까지의 라플라스 변환이고, $T_R(s)$는 로터의 입력 토크의 라플라스 변환이다. 전형적인 수치값들을 대입한 전달 함수는

$$\frac{P_o(s)}{T_R(s)} = G_{dt}(s) = \frac{3.92(12.6\times10^6)(301\times10^3)(688)N^2s}{N^2(301\times10^3)(190,120s^2+12.6\times10^6)(3.8s^2[20\times10^{-3}s+1]+688s)+190,120s^2(12.6\times10^6)[(3.8s^2+301\times10^3)(20\times10^{-3}s+1)+688s]}$$

이다(Anderson, 1998). 이용 가능한 컴퓨터 도구를 사용하여 동력 전달 장치의 역학 관계에 대해서 다음 문제를 풀어라.

a. 다양한 기어 비율 N에 대하여 $G_{dt}(s)$의 극점의 위치를 보여주는 근궤적을 개략적으로 그려라.
b. $G_{dt}(s)$의 복소극점쌍이 0.5의 감쇠비를 갖도록 N의 값을 구하라.

46. 심박 조율기, 망막 임플란트, 심부뇌자극기, 그리고 척수 신경 자극기와 같은 신체에 이식 가능한 의학 장치는 경피 반응 장치를 통해 충전되는 인체 내부의 배터리에 의해 동력을 받는다. 최적 배터리 충전은 신체 외부의 충전 회로가 신체에 이식된 충전 회로와 공명이 일어날 때 구현 된다 (Baker, 2007). 이러한 조건에서, 두 개의 공명 회로의 연결은 그림 8.3의 피드백 시스템에 의해 모델링 될 수 있다. **SS**

$$G(s) = \frac{Ks^4}{(s^2+2\zeta\omega_ns+\omega_n^2)^2}$$

이득 K는 외부와 내부 신체 회로 사이의 자기 결합과 연관이 있다. K는 위치, 피부 상태 그리고 다른 변화들 때문에 바뀌게 된다. 위 문제에서 $\zeta = 0.5$와 $\omega_n = 1$로 하자.

a. 폐루프 안정을 위한 K의 범위를 구하시오.
b. 근궤적을 그리시오.

47. 조화 구동장치는 작은 반발, 고 토크 전송 그리고 소형 크기로 인해 로봇 조작기에서 대중적으로 사용된다. 관절 유연성의 문제는 때때로 좋은 성능을 얻는데 있어서 제한적인 요소가 된다. 그림 8.16과 같이 이상화된 관절 유연성 모델을 고려해 보자. 구동장치로의 입력은 동작기로부터 나오고, 이것은 θ_m에서 적용된다. 출력은 θ_1에서 부하로 연결되어 있다. 스프링은 관절 유연성을 나타내며 B_m과 B_1은 각각 동작기의 점성제동과 부하의 점성제동을 나타낸다. 그림 8.17과 같이 장치를 피드백 루프에 삽입할 것이다. 순방향 경로의 첫 번째 블록은 다음 장에서 공부하게 될 PD 제어기이다. PD 제어기는 과도 상태 성능을 향상시키기 위해 사용되었다. MATLAB **ML**

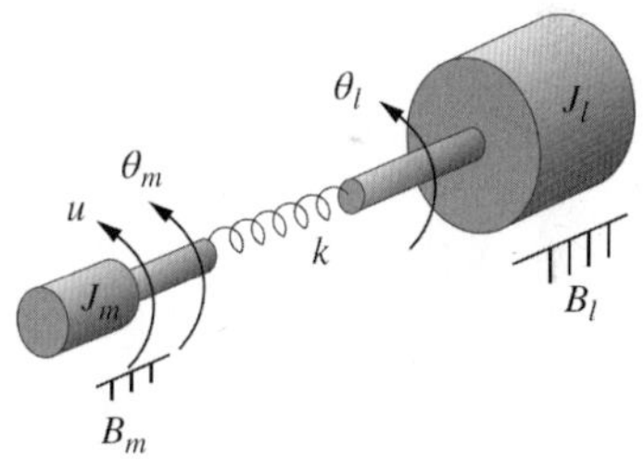

그림 P8.16 [7]

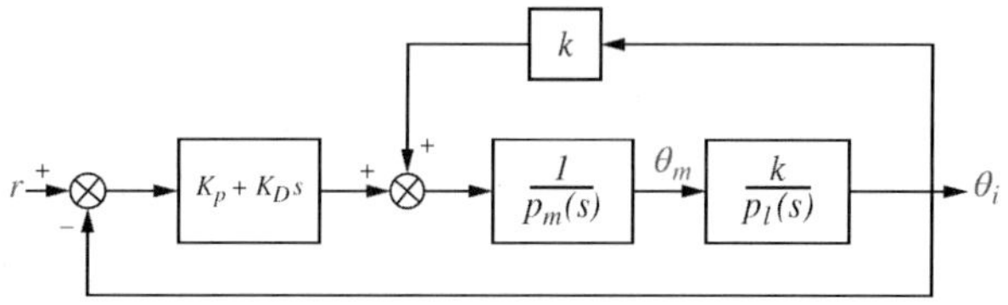

그림 P8.17 [8]

7 Spong, M., Hutchinson, S., and Vidyasagar, M. Robot Modeling and Control. John Wiley & Sons, Hoboken, NJ, 2006. Figure 6.20, p. 221.

8 Spong, M., Hutchinson, S., and Vidyasagar, M. Robα Modeling and Control. John Wiley & Sons, Hoboken, NJ, 2006. Figure 6.24, p. 224.

주어진 다음 변수들을 가진 계단 응답에서 대략 5%의 오버슈트를 산출하기 위한 이득 K_D를 MATLAB을 이용하여 구하라.

$J_1 = 10;\ B_1 = 1;\ k = 100;\ J_m = 2;\ B_m = 0.5;$

$\dfrac{K_P}{K_D} = 0.25;\quad p_1(s) = J_1 s^2 + B_1 s + k;$ 그리고

$p_m(s) = J_m s^2 + B_m s + k$

48. LabVIEW, Control Design and Simulation Module 그리고 MathScript RT Module을 사용하여 문제 47의 시스템을 구현하기 위한 예제로부터 Interactive Root Locus VI를 열고 수정하라. 근궤적에서 폐루프 극점의 위치의 변화에 의한 문제 47의 조건을 충족시키기 위한 매개 변수 K_D를 선택하라. 전방 패널이 다음을 표시해야 한다.: (1) 개루프 전달함수, (2) 폐루프 전달함수, (3) 근궤적, (4) 폐루프 극점의 목록, 그리고 (5) 계단 응답

SS LabVIEW LV

49. 자동 조절장치는 동일한 대칭 전기자 권선을 가진 3상 동기 모터의 필드 전류를 제어하기 위해 사용되어 진다. 조절장치의 목적은 특정 제한 내에서 일정한 전압을 유지하는 것이다. 동기 모터의 전달함수는

MATLAB ML

$$G_{sm}(s) = \frac{\Delta\delta(s)}{\Delta p_m(s)} = \frac{M(s-z_1)(s-z_2)}{(s-p_1)(s-p_2)(s-p_3)}$$

이고 이것은 회전자 각도 $\Delta\delta(s)$의 변화를 동기 모터의 축의 전력 $\Delta p_m(s)$에서의 변화와 연관시키는 것이다. 폐루프 시스템은 그림 8.3과 같고 여기서 $G(s) = KG_C(s)G_{sm}(s)$이고 K는 조정 가능한 이득이다. 조절장치의 전달함수, $G_C(s)$는 다음과 같이 주어진다.

$$G_c(s) = \frac{\mu/T_e}{s + \dfrac{1}{T_e}}$$

매개 변수의 값들은 아래와 같다고 가정하자.

$\mu = 4,\ M = 0.117,\ T_e = 0.5,$

$z_{1,2} = -0.071 \pm j6.25.\ p_1 = -0.047,$

and $p_{2,3} = -0.262 \pm j5.1,$

시스템에 대한 근궤적을 MATLAB M-file을 작성하여 그리고 다음을 구하라.

a. 시스템이 임계 안정이 될 때의 이득 K

b. 16%의 오버슈트에 해당하는 폐루프 극점, p, 전달함수, $T(s)$

c. 16%의 오버슈트에 해당하는 근궤적에서 선택되어진 점의 좌표

d. 16% 오버슈트 설계에 해당하는 폐루프 시스템의 단위 계단 응답을 시뮬레이션 하라. 시뮬레이션에서 다음의 값들을 명시하라: (1) 실제 오버슈트 백분율 (2) 상응하는 최고값 시간, T_p (3) 상승시간, T_r (4) 고정시간, T_s 그리고 (5) 최종 정상 상태 값.

50. 인간이 많은 양의 물을 섭취하면 혈액의 양이 증가하여 동맥의 혈압이 높아진다. 신장은 혈압이 정상 압력으로 돌아 올 때까지 혈액 부피를 줄인다(Shahin, 2010). 이 과정을 수학적으로 묘사하기 위해, 다양한 피시험자의 평균 동맥 혈압을 관찰하면서 워터 로딩 실험을 수행한다. 이 과정의 개루프 전달함수는

$$G(s) = \frac{b_p(1.759s^3 + 2.318s^2 + 2.173\times 10^{-4})}{3.362s^3 + 11.34s^2 + 7.803s + 0.00293}$$

이고, 이때 b_p는 자율 신경 활동 매개변수이다.

a. 이탈점과 각 이탈점에서의 b_p값을 나타내는 시스템의 근궤적을 그려라.

b. 시스템이 과감쇠가 되는 b_p 범위를 나타내라.

c. 시스템이 임계 감쇠가 되는 b_p값을 나타내라.

d. 시스템이 미흡 감쇠가 되는 b_p 범위를 나타내라.

e. b_p값이 커질수록 시스템이 큰 정착 시간을 갖는 이유에 대해 설명하라.

51. 몇몇 환자에서 파킨슨병의 치료법 중 하나는 딥 브레인 시뮬레이션(Deep Brain Stimulation, DBS) (Davidson, 2012)이다. DBS에서 전극의 세트가 외과 수술로 인해 주입되고 진동 전류는 뇌 맥박조정기라고 알려진 시상하부에 인가된다. 근궤적은 DBS의 역학 설명하기 위한 시스템의 선형화 모델에 사용되어 왔다. DBS 모델은 그림 P8.3의 단위 피드백 도면에서 $G(s) = \dfrac{ks}{(s-b)^2}\ (b>0)$을 대입함으로써 얻을 수 있다.

a. k의 함수로 근궤적을 그리고 이탈점과 이에 해당하는 이득 값을 구하라.

b. b의 관점에서 폐루프 시스템의 안정성을 위한 k의 범위를 구하라.

c. 시스템이 허수축 위에 폐루프 극점이 있을 때 진동 주파수를 구하라.

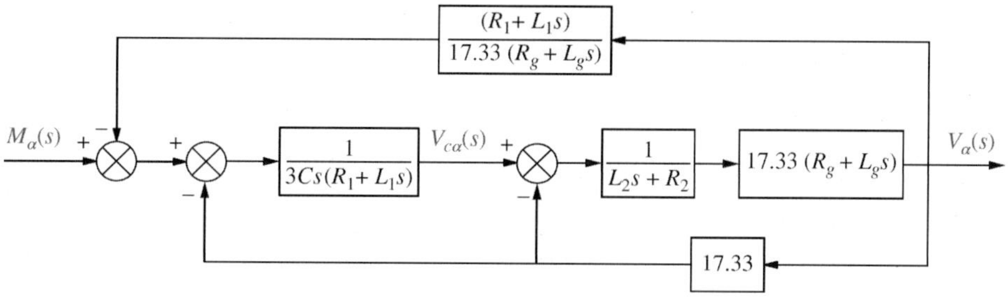

(a)

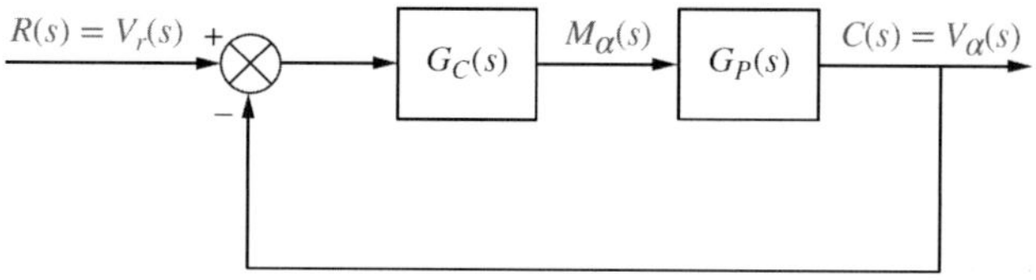

(b)

그림 P8.18

52. Y-Y 변압기를 사용하여 계통 연계된 전압-소스 컨버터 (VSC)의 α-하부시스템의 선형 모델이 그림 P8.18(a)에 보여진다(Mahmood, 2012).
여기서, $C=135\mu F$, $R_1=0.016\Omega$, $L_1=0.14mH$, $R_2=0.014\Omega$, $L_2=10\mu H$, $R_g=1.1\Omega$, $L_g=0.5mH$ 이다.

a. 전달함수 $G_P(s)=\dfrac{V_a(s)}{M_a(s)}$를 찾아라.

b. $G_p(s)$가 그림 P8.18(b)에서의 플랜트이고 $G_C(s)=K$일 때, MATLAB을 이용하여 근궤적을 그려라. 궤적을 확대하면 (실수축 -300 ~ 0, 허수축 -50 ~ 5000), $\zeta=0.012$에 해당하는 K 와 지배극점의 좌표를 찾아라. 이득 값은 $t=0$ 초에서 계단 입력 $r(t)=v_r(t)=208u(t)$ 을 적용할 때의 출력 응답 $c(t)=v_a(t)$을 도시하라. 퍼센트 오버슈트, 최고 시간값, 상승 시간, 정착 시간, 최종 정상상태 값과 같은 모든 관련된 특성 값들을 시간 응답 그래프 $c(t)$에 나타내라. MATLAB ML

심화 학습문제

53. HIV/AIDS 제어 6장 연습문제 50의 선형화된 모델에서는 바이러스 수준이 RTIs의 평균치에 의해 제어된다. 그 때의 플랜트의 개루프 전달 함수는

$$P(s)=\frac{Y(s)}{U_1(s)}=\frac{-520s-10.3844}{s^3+2.6817s^2+0.11s+0.0126}$$

과 같이 나타난다. 환자에게 투여되는 RTIs의 분량은 환자를 그림 P6.15과 같이 제어 루프의 $G(s)$에 넣음으로써 자동적으로 계산된다(Craig, 2004).

a. 가장 간단한 경우로 $G(s)=K,\ K>0$이 있다. 이 경우에 $P(s)$의 분자의 음의 부호와 합점에서 음의 피드백의 부호가 서로 상쇄되어 양의 피드백 루프를 만든다는 사실을 유념하라. 양의 피드백 규칙을 이용하여 시스템의 근궤적도를 도시하라.

b. 이번에는 $G(s)=-K,\ K>0$를 가정하자. 이제 이 시스템은 음의 피드백 시스템이 되었다. 음의 피드백 규칙을 이용하여 근궤적도를 도시하라. 이 경우에 $K>0$을 만족하는 모든 K에 대해 이 시스템이 폐루프에서 안정함을 보여라.

54. 하이브리드 자동차 7장에서 그림 7.25는 단위 피드백 시스템으로 재배열된 HEV의 속도 제어에 대한 블록선도이다 (Preitl, 2007). 속도 제어기의 전달함수는 아래와 같다고 하자. MATLAB ML

$$G_{sc}(s)=K_{P_{sc}}+\frac{K_{I_{sc}}}{s}=\frac{K_{P_{sc}}\left(s+\dfrac{K_{I_{sc}}}{K_{P_{sc}}}\right)}{s}$$

a. 우선 속도 제어기가 비례 제어기로 구성되었다고 가정하자($K_{I_{sc}}=0$이고 $G_{SC}(s)=K_{P_{sc}}$). 순방향 경로의 개루프 극점을 계산하라. MATLAB을 사용하여 시스템의 근궤적을 그리고 임계 감쇠 폐루프 응답에 대한 이득 $K_{P_{sc}}$를 찾아라. 마지막으로 MATLAB을 사용하여 단위 계단 입력에 대한 시간 영역의 응답$c(t)$를 그려라. 여기서 응답의 상승 시간 T_r과 정착 시간 T_s을 표시하라. MATLAB ML

b. 제어기에 $K_{I_{sc}}/K_{P_{sc}} = 0.4$을 만족하는 적분 이득 $K_{I_{sc}}$를 추가하라. MATLAB을 사용하여 근궤적을 그리고 10%의 오버슈트를 가지는 폐루프 단위 계단 응답을 가져오는 비례 이득 $K_{P_{sc}}$를 찾아라. MATLAB을 사용하여 $c(t)$를 그리고 응답의 최고값 시간 T_p와 정착 시간 T_s를 표시하라. 2차 미흡 감쇠 응답과 위에서 얻은 응답은 비슷한가?

MATLAB
ML

55. 포물선 모양 통 수집기. 그림P8.3과 같이 단위 피드백 구조로 되어있는 포물선 모양 통 수집기 (Camocho, 2012)의 유체 온도 제어기로 고려하면, 이때 개루프 플랜트 전달함수는 주어진다.

$$G(s) = \frac{137.2\times 10^{-6}K}{s^2 + 0.0224s + 196\times 10^{-6}}e^{-39s}$$

시간지연을 $e^{-sT} \approx \dfrac{1-\dfrac{T}{2}s}{1+\dfrac{T}{2}s}$로 근사화 하였을 때, 근궤적의 결과를 그려라 ($G(\infty) < 0$ 근사치를 대입한 후에, 8.9절 양의 피드백 규칙을 사용한다.) 그림에 대해 적절히 표시하고 찾아라.

a. 점근선과 실수축과의 교차점
b. 인입점과 이탈점 (양의 피드백 시스템에서도 8.5절에서 제시된 과정은 유효하다.)
c. 폐루프 시스템의 안정을 위한 K의 범위
d. 시스템을 진동시키는 K 값과 진동 주파수

근궤적 설계 9

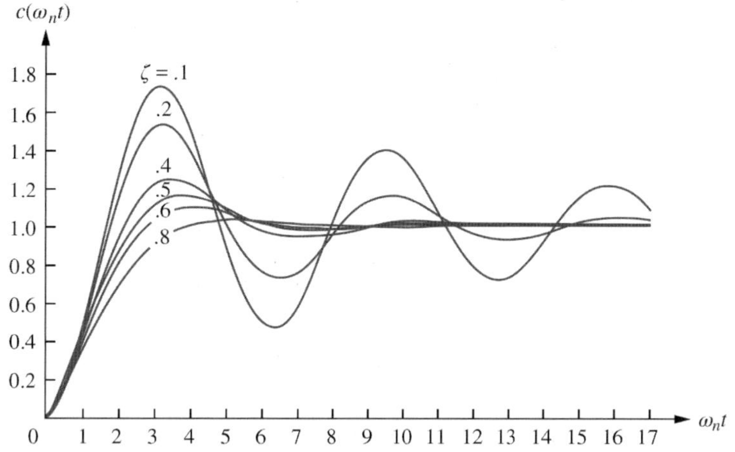

장의 학습 결과

이 장을 마친 후 다음을 수행 할 수 있다:

- 정상상태 오차를 개선하는 종속 보상기를 설계하기 위하여 근궤적을 사용한다.(9.1–9.2절)
- 과도 응답을 개선하는 종속 보상기를 설계하기 위하여 근궤적을 사용한다.(9.3절)
- 정상상태 오차와 과도 응답의 두 가지 모두를 개선하는 종속 보상기를 설계하기 위하여 근궤적을 사용하는 방법(9.4절)
- 과도 응답을 개선하는 피드백 보상기를 설계하기 위하여 근궤적을 사용한다.(9.5절)
- 설계된 보상기를 물리적으로 구현한다.(9.6절)

사례 연구 결과

다음의 사례연구를 통하여 이 장의 목적에 대한 이해의 정도를 확인할 수 있다.

- 부록 A2에 있는 안테나 방위각 위치 제어 시스템에 대해서 과도 응답과 정상상태 오차의 특성을 만족하는 종속 보상기를 설계할 수 있을 것이다.
- 부록 A3에 있는 UFSS 잠수정에 대한 피치와 선두 제어 시스템에 대해서 과도 응답 특성을 만족하는 종속 또는 피드백 보상기를 설계할 수 있을 것이다.

9.1 개요

8장에서 근궤적이 과도 응답과 안정도에 대한 정보를 도식적으로 나타냄을 알았다. 이득 변화에 따른 과도 응답의 변화에 대한 일반적인 개념을 얻기 위하여 궤적을 빠르고 개략적으로 그릴 수 있다. 또한, 궤적상의 특별한 점들은 양적인 설계 정보를 얻기 위하여 정확히 찾아질 수 있다.
일반적으로 과도 응답 설계 조건을 만족하는 적당한 루프 이득을 근궤적을 통해 선정할 수 있다. 이득이 변함에 따라서 다른 응답을 가지게 된다. 이득이 정해지면 이 이득에 대한 근궤적상에 위치하는 극점에 대한 과도 응답을 얻게 된다. 따라서 시스템은 근궤적을 따라 존재하는 과도 응답 특성만을 갖게 된다.

과도 응답 개선

만약에 근궤적상에 없는 과도 응답을 갖도록 설계를 할 수 있다면 원하는 과도 응답의 설계의 유연성은 증가된다. 그림 9.1(a)에 개념을 나타내었다. 원하는 퍼센트 오버슈트나 정착 시간으로 정의된 과도 응답이 B점에 의해 표시된다고 가정하자. 그러나 지정된 퍼센트 오버슈트는 현재의 근궤적에서는 단순한 이득 조절로는 A점에 의해서 나타내는 정착 시간만을 얻을 수 있다. 그러므로 A점에서 B점으로 퍼센트 오버슈트의 변화 없이 응답 속도를 증가시키는 것이 우리의 목적이다. 그러나 B점이 현재의 근궤적상에 있지 않기 때문에 이득 조정만으로는 응답 속도를 향상시킬 수 없다. 그림 9.1(b)는 얻고자 하는 과도 응답이 개선된 것을 보여주고 있다: 빠른 응답과 느린 응답은 퍼센트 오버슈트가 같다.

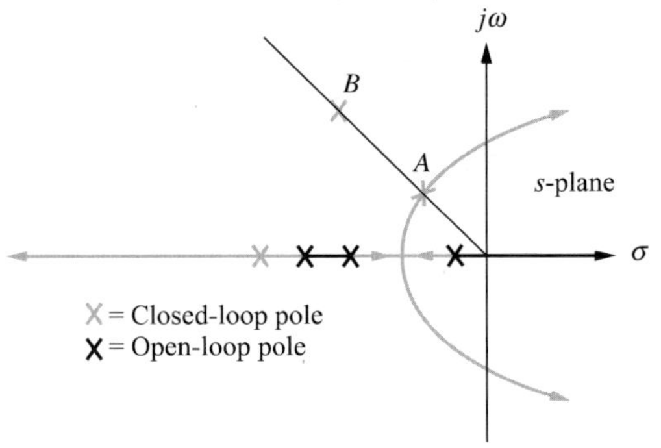

(a)

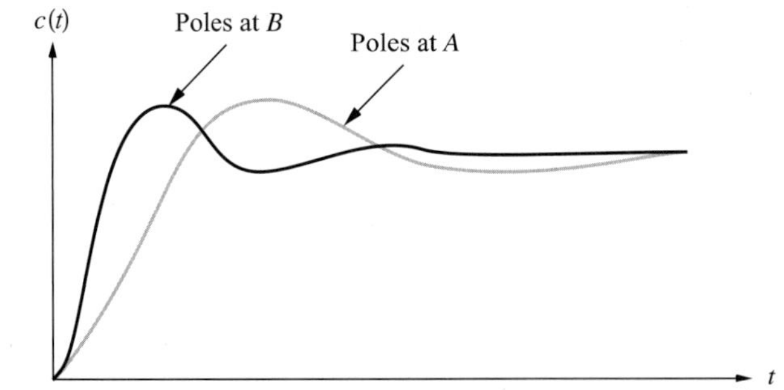

(b)

그림 9.1 a. 이득 조정에 의하여 근궤적의 설계점을 결정할 수 있는 경우 (A) 이득 조정에 의하여 근궤적의 설계점을 결정할 수 없는 경우 (B) b. A와 B의 극점으로부터의 응답

문제 해결 방법은 현재의 시스템을 근궤적이 원하는 설계점 B를 통과하도록 변경하는 것이다. 그러나 이러한 변경은 비용이 많이 들고 비생산적이다. 대부분의 시스템들은 과도 응답 특성보다는 다른 특성을 고려하여 선정한다. 예를 들면, 엘리베이터의 몸체나 모터는 속도와 파워에 따라서 선정한다. 과도 응답 특성에 맞도록 선정한 부품들은 파워의 요구 사항을 만족하지 못할 수도 있다.

따라서 기존의 시스템을 변경하는 것보다는 극점과 영점을 갖는 보조 시스템을 삽입하여 보상된 시스템의 근궤적이 원하는 극점을 통과하도록 보상해야 한다. 이러한 보상 방법의 이점 중 하나는 플랜트 앞부분의 저전력단에 극점과 영점을 갖는 보상기를 삽입시킬 수 있다는 것이다. 보상을 위한 극점과 영점의 추가를 현재 부착된 부하, 설계 문제, 시스템의 출력 요구 조건과 연관시킬 필요가 없다. 극점과 영점을 갖는 보상시스템은 수동이나 능동 회로로 구현할 수 있다.

추가적인 개루프의 극점과 영점을 갖는 시스템으로 보상할 때의 단점은 원하는 응답에 부가적인 영향을 주면서 함께 시스템의 차수가 증가한다는 것이다. 4장과 8장에서는 극점과 영점을 추가할 때 과도 응답에 미치는 영향을 설명하였다. 이 장에서는 원하는 **폐루프** 시스템의 2차 극점이 얻어지도록 **개루프**에 추가되는 극점과 영점의 적절한 위치를 정한다. 그러나 설계가 끝날 때까지는 고차 **폐루프** 극점의 위치를 알 수가 없다. 그래서 설계가 끝난 다음에 요구 조건을 만족하는가에 대해서 모의 실험을 통하여 과도 응답을 평가해야 한다.

12장에서 상태 공간 설계에 대해 논의한다면, 설계 이후에 고차 폐루프 극점의 위치를 찾아야하는 단점이 없어진다. 이 방법은 설계 초기 단계에서 설계자가 설정 초기 단계에서 모든 폐루프 극점의 위치를 설계하고 구체적으로 명시해주는 것이다.

다음에 논의될 과도 응답을 보상하는 한 가지 방법은 순방향 경로에 이득과 함께 미분기를 병렬로 삽입하는 것이다. 다음의 예제를 통하여 미분기의 역할을 살펴보기로 한다. 계단 입력을 가지는 위치 제어를 가정하면 초기에 큰 오차 변화가 있다. 이런 급격한 오차 변화를 미분하는 것은 플랜트를 구동시키는 신호가 커지도록 한다. 따라서 미분기의 출력은 순수 이득을 통과한 출력보다 매우 크게 된다. 이렇게 큰 초기 입력으로 인해 플랜트는 더 빠른 응답을 가져오게 된다. 오차가 최종 값에 접근함에 따라 오차의 미분 값은 0이 가깝게 되므로, 미분기로부터의 출력은 이득을 통과한 출력에 비해서 무시할 수가 있다.

정상상태 오차 개선

보상기는 시스템의 과도 응답을 개선하기 위하여 사용될 뿐만 아니라 정상상태 오차의 특성을 개선하기 위해서도 **독립적**으로 사용될 수 있다. 앞에서는 과도 응답과 정적 오차 상수가 모두 이득에 관계되기 때문에 시스템의 이득이 과도 응답 특성을 만족하도록 조정될 때는 정상상태 오차가 증가했다. 이득이 클수록 정상상태의 오차는 줄어들지만 퍼센트 오버슈트가 커진다. 반면에 오버슈트를 줄이기 위하여 이득을 줄이는 것은 정상상태 오차를 증가시킨다. 그러나 **동적 보상기**[1]를 사용하면 과도 상태와 정상상태 오차의 특성을 동시에 만족하도록 설계할 수 있다. 시스템이 선형 구간 내에서 동작하는 것이라면, 과도 응답과 정상상태 오차를 절충하여 설계할 필요가 없다.

7장에서는 순방향 경오의 개루프에 원점에 있는 극점 한 개를 첨가하여 정상상태 오차를 개선할 수 있는 것을 배웠다. 이로 인해, 시스템형은 증가되지만 정상상태 오차는 0으로 만들 수 있다. 원점에서의 이런 추가적인 극점을 구현하기 위해서는 적분기가 필요하다.

요약하면, 과도 응답은 미분기를 첨가함으로서 개선이 되고, 정상상태 오차는 순방향 경로에 적분기를 첨가함으로써 개선된다.

---

1 **동적**이라는 용어는 순간적이 아닌 과도 응답을 갖는 보상기를 의미한다. 그러한 보상기의 전달 함수는 순수 이득이 아니고 라플라스 변수 s의 함수가 된다.

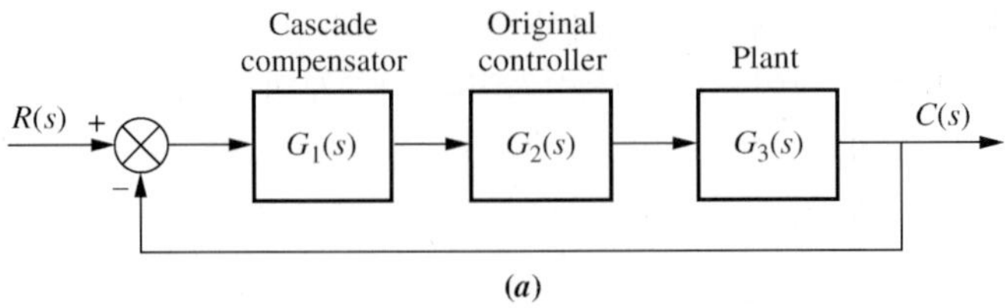

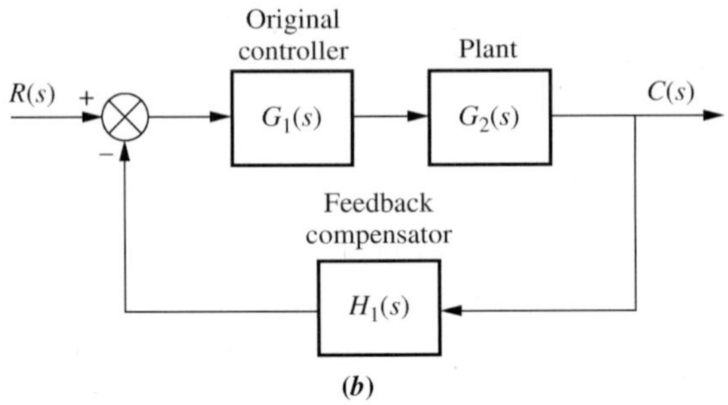

그림 9.2 보상 기법 a. 종속 b. 피드백

구성

이 장에서는 두 종류의 보상기 구성 : (1) 종속 보상(cascade compensation) (2) 피드백 보상(feedback compensation)을 다룬다. 이런 방법들이 그림 9.2에 나타나 있다. 종속 보상에서는 보상 회로 $G_1(s)$가 플랜트와 종속으로 순방향 경로의 저전력단에 위치한다. 피드백 보상이 사용된다면, 보상기 $H_1(s)$는 피드백 경로에 위치한다. 두 방법 모두 개루프 극점과 영점을 변화시킴으로써, 원하는 폐루프 극점을 통과하는 새로운 근궤적을 만들 수 있다.

보상기

정상상태 오차를 개선하기 위하여 순수 적분을 사용하고 그리고 과도 응답을 개선하기 위하여 순수 미분을 사용하는 보상기를 **이상 보상기**(*ideal compensator*)로 정의한다. 전기 회로를 사용하는 이상 보상기의 경우에는 능동 증폭기나 또는 전원을 필요로 하는 능동 회로로 구현할 수 있다. 이상 적분 보상기의 이점은 정상상태 오차를 0으로 줄일 수 있다는 것이다. 타코미터와 같은 전자기적인 이상 보상기는 플랜트와 쉽게 연결시킬 수 있기 때문에 과도 응답을 개선하기 위하여 자주 사용된다.

능동 소자를 이용하여 보상할 수 없을 때는 다른 설계 기법을 사용할 수 있다. 저항이나 커패시터와 같은 수동 소자로 구현할 수 있는 보상기는 순수 적분이나 순수 미분 동작을 할 수가 없기 때문에 이상적인 보상기가 아니다. 수동 회로의 이점은 값이 싸고, 동작할 때 부가적인 전원이 필요 없다는 것이다. 단점으로는 이상적인 보상기가 정상상태 오차를 0으로 할 수 있는 반면에 수동 소자를 사용하면 정상상태 오차를 0으로 할 수 없다는 것이다.

따라서 능동 소자와 수동 소자의 선택은 가격과 무게, 원하는 성능, 전달 함수 그리고 보상기와 다른 하드웨어 사이의 인터페이스 등을 생각해야 한다. 9.2, 9.3, 9.4절에서는 첫 번째로 이상 보상을 사용하는 종속 보상기 설계를 설명하고, 그 다음에 순수 적분과 순수 미분 동작을 하지 않는 보상기를 사용하는 종속 보상기에 대해서 설명한다.

9.2 종속 보상기를 사용한 정상상태 오차의 개선

이 절에서는 종속 보상기를 사용하여 피드백 제어 시스템의 정상상태 오차를 개선하는 두 가지 방법을 설명한다. 이 설계의 목적은 과도 응답에는 영향을 주지 않으면서 정상상태 오차를 개선하는 것이다.

첫 번째 방법은 순수한 적분기가 개루프의 순방향 극점을 원점에 배치하도록 사용하는 **이상 적분 보상**이다. 그래서 시스템형을 증가시키면서 오차를 0으로 줄이는 것이다. 두 번째 방법은 순수 적분을 사용하지 않는 것이다. 이 보상 방법은 원점 가까이에 극점을 배치하는 것으로서, 비록 정상상태 오차를 완전히 0으로 하지는 못하지만 정상상태 오차를 줄이도록 하는 것이다.

첫 번째 방법은 정상상태 오차를 0으로 줄일 수 있는 반면에 보상기가 증폭기와 같은 능동 회로로 구현되어야 한다. 두 번째 방법은 비록 오차를 0으로 줄이지는 못하지만 추가적인 전원을 필요로 하지 않는 값싼 수동 회로를 사용할 수 있다는 이점이 있다.

보상기에 관련된 이름은 보상기를 구현하는 방법이나 보상기의 특성에서 온다. 오차가 플랜트에 들어가는 시스템을 **비례 제어 시스템**(*proportional control system*)이라 한다. 오차의 적분이 플랜트에 들어가는 시스템을 **적분 제어 시스템**(*integral control system*)이라 한다. 마지막으로, 오차의 미분이 플랜트에 들어가는 시스템은 **미분 제어 시스템**(*derivative control system*)이라 한다. 따라서 이번 절에서는 이상 적분 보상기를 **비례 적분**(*PI : Proportional-plus-Integral*) 제어기라 한다. 왜냐하면, 앞으로 볼 수 있듯이 비례 오차와 오차의 적분의 합이 플랜트에 들어가기 때문이다. 두 번째 방법은 지상 보상기라는 것을 사용한다. 이 보상기의 이름은 11장에서 설명될 주파수 응답 특성으로부터 유래된다. 그래서 **PI 제어기**와 **이상 적분 보상기**를 번갈아 가면서 사용하고, 종속 보상기가 순수 적분 동작을 하지 않을 때를 **지상 보상기**라 한다.

이상 적분 보상(PI)

정상상태 오차는 원점에 개루프 극점을 배치함으로써 개선할 수 있다. 왜냐하면, 이것은 시스템형을 1 만큼 증가시키기 때문이다. 예를 들면, 시스템형이 0인 시스템이 계단 입력에 대하여 유한한 오차를 가질 경우 시스템의 형을 1 만큼 증가시킨다면 오차가 0으로 된다. 능동 회로는 원점에 극점을 배치시키기 위하여 사용될 수 있다. 이 장의 끝에서는 능동 전자 회로를 사용하여 적분기를 구현하는 방법에 대하여 설명할 것이다.

과도 응답에 영향을 주지 않으면서 정상상태 오차를 개선하는 방법을 보이기 위하여 그림 9.3(a)를 살펴보자. 여기서 A 점의 폐루프 극점에 의해 원하는 과도 응답을 갖는 시스템을 고려하자. 만약에 시스템형을 증가시키기 위하여 원점에 극점 하나를 추가하면, 그림 9.3(b)에 보이는 것처럼 점에서의 개루프 극점에 대한 각도는 180°가 되지 않고 근궤적은 더 이상 A 점을 통과하지 않는다.

이러한 문제를 해결하기 위하여, 그림 9.3(c)에 나타낸 것처럼 원점에 있는 극점 가까이에 한 개의 영점을 추가한다. 그 결과 보상 극점에 의한 각도는 보상 영점에 의한 각도에 의해서 상쇄된다. 그러므로 시스템형은 증가하고 근궤적은 A 점을 지나게 된다. 더욱이 보상 극점에서의 길이에 대한 보상 영점에서의 길이의 비가 거의 1이 되기 때문에 지배 극점에서의 이득은 보상 전의 이득과 거의 같다. 그러므로 과도 응답에는 영향을 주지 않고 정상상태 오차를 개선할 수 있게 된다. 원점에 한 개의 극점을 갖고 그 극점 가까이에 한 개의 영점을 갖는 보상기는 **이상 적분 보상기**라 한다.

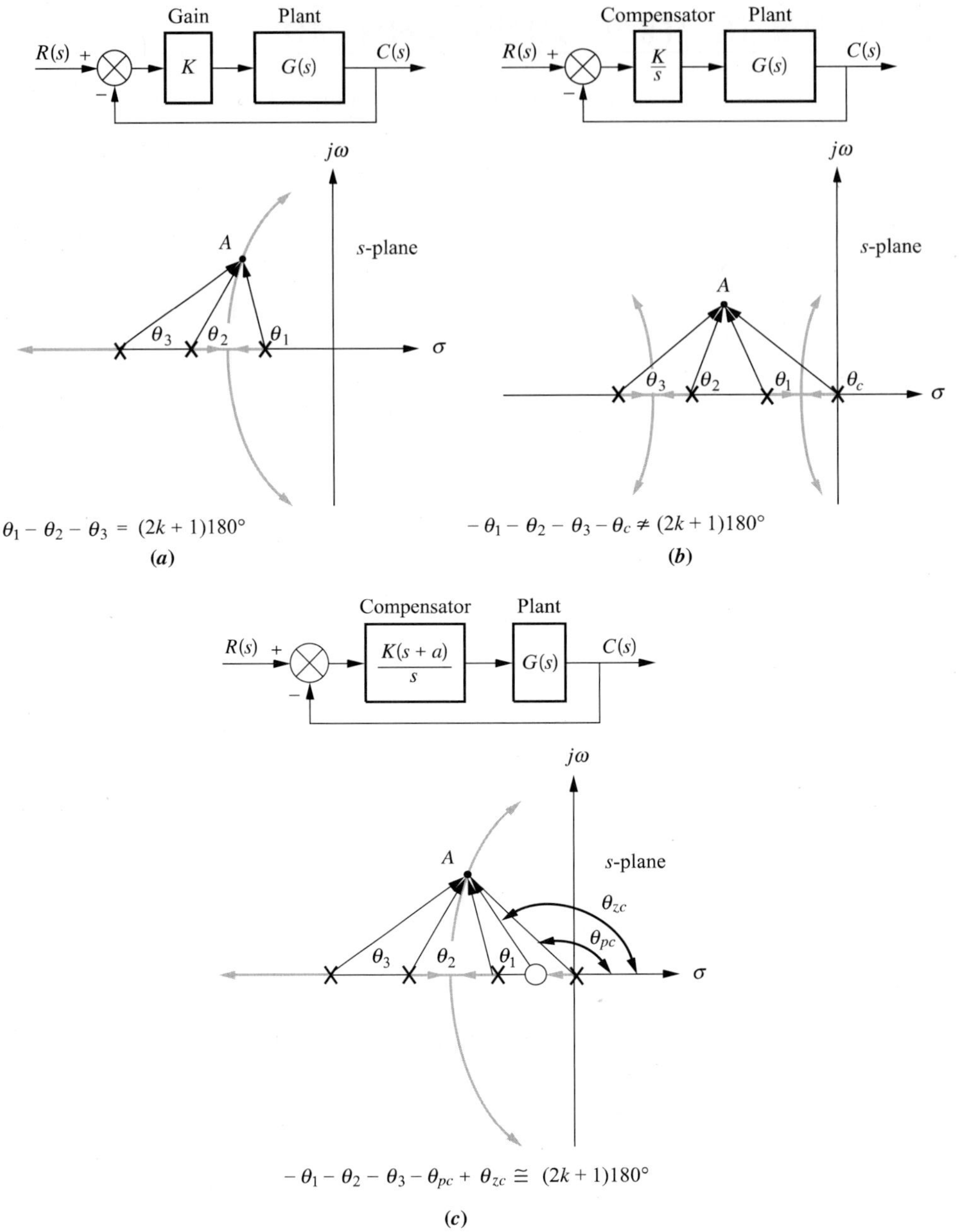

그림 9.3 A에서의 극점은 a. 보상기 없이 근궤적상에 있다. b. 보상기의 극점이 추가됨으로써 근궤적상에 있지 않다. c. 보상기의 극점과 영점이 추가됨으로써 근사적으로 근궤적상에 있게 된다.

다음 예제에서 이상 적분 보상의 영향을 설명한다. 한 개의 개루프의 극점은 시스템형을 증가시키고 정상상태 오차를 0으로 하기 위하여 원점에 배치한다. 원래의 근궤적상에 있는 폐루프의 극점들이 보상된 근궤적상의 같은 점에 남아 있도록 하기 위하여, 한 개의 개루프 영점은 원점에 있는 개루프 극점에 매우 가깝게 배치한다.

예제 9.1 이상적분 보상기의 효과

문제 감쇠비가 0.174인 그림 9.4(a)의 시스템에 대하여 그림 9.4(b)에 보여진 이상 적분 보상기의 삽입이 과도 응답에는 영향을 주지 않고 계단 입력에 대해 정상상태 오차를 0으로 줄이는 것을 보이시오. 보상 회로는 시스템형을 증가시키기 위하여 원점에 한 개의 극점을 가지도록 선정하고, 지배적인 2차 극점에서 보상기의 각도 영향이 거의 0이 되도록 하기 위하여, 보상기 극점 가까이인 −0.1에 한 개의 영점을 가지도록 선정한다. 그러므로 지배적인 2차 폐루프 극점들은 새로운 근궤적상에 근사적으로 남아 있게 된다.

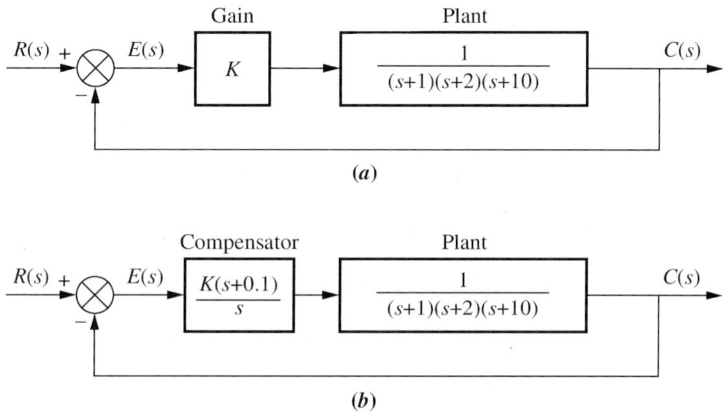

그림 9.4 예제 9.1에 대한 폐루프 시스템 a. 보상 전 b. 이상 적분 보상 후

풀이 먼저 비보상 시스템을 분석하고 지배적인 2차 극점의 위치를 결정한다. 다음으로 단위 계단 입력에 대한 비보상 시스템의 정상상태 오차를 계산한다. 비보상 시스템에 대한 근궤적은 그림 9.5와 같다.

0.174의 감쇠비는 s-평면 상에 100.2°의 방사선으로 나타낼 수 있다. www.wiley.com/go/Nise/ControlSystemsEngineering8e의 부록 H에 있는 근궤적 프로그램을 사용하여 이 방사선상을 따라 찾아보면, 이득 $K=164.6$에 대한 지배 극점이 $-0.694\pm j3.926$이 된다. 이 때 실수축 상에 있는 -10을 넘어가는 세 번째 극점을 찾아보자. 근궤적 프로그램을 사용하여 지배 극점에서의 이득 $K=164.6$과 같은 이득을 갖는 점을 찾아보면 세 번째 극점은 -11.61이 된다. 이 이득에 대한 위치 상수는 $K_p=8.23$이 된다. 그러므로 정상상태 오차는 다음과 같다.

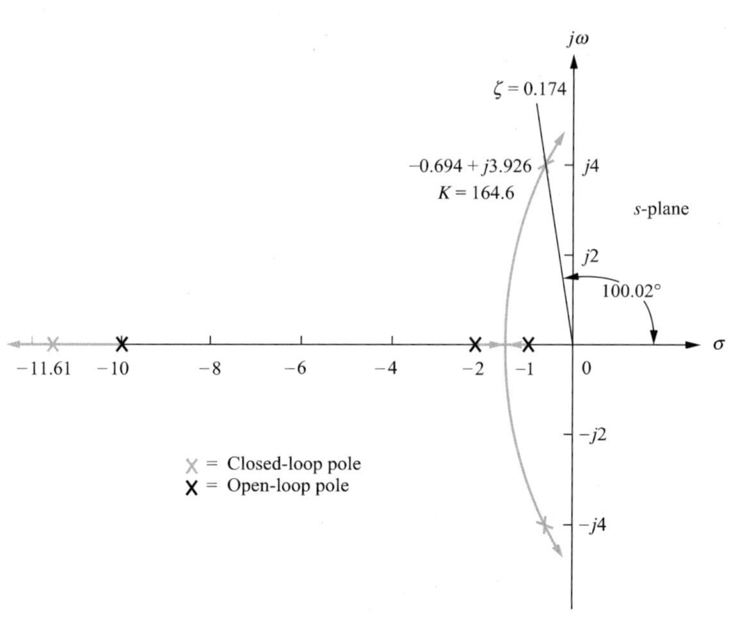

그림 9.5 그림 9.4(a)의 비보상 시스템에 대한 근궤적

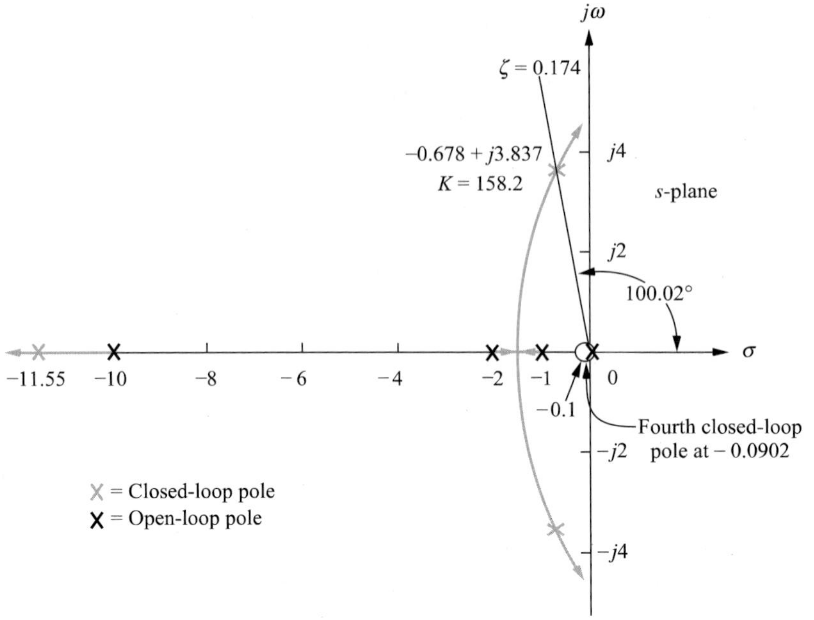

그림 9.6 그림 9.4(b)의 보상 시스템에 대한 근궤적

$$e(\infty) = \frac{1}{1+K_P} = \frac{1}{1+8.23} = 0.108 \tag{9.1}$$

그림 9.4(b)에 나타난 것처럼, -0.1에 한 개의 영점을 가지는 이상 적분 보상기를 추가함으로서 그림 9.6에 보여진 근궤적을 얻는다. 지배 2차 극점과 -10을 넘어서 있는 세 번째 극점과 이득은 비보상 시스템에 대한 값들과 거의 같다. 보상된 근궤적에서 원점과 -0.1 사이의 궤적은 보상 전 근궤적과 다르다. 지배 극점에서의 이득 $K=158.2$에 대하여 네 번째의 극점을 찾아보면, 극점-영점 상쇄를 일으키는 영점에 충분히 가까이 있는 -0.0902에 네 번째의 극점이 있다는 것을 알 수 있다. 따라서 보상 시스템의 폐루프 극점과 이득은 비보상 시스템의 폐루프 극점 및 이득과 거의 같다. 이것은 보상 시스템의 과도 응답이 비보상 시스템의 과도 응답과 거의 같다는 것을 의미한다. 그러나 극점을 원점에 갖는 보상 시스템은 비보상 시스템과는 달리 시스템형이 1인 시스템이고, 계단 입력에 대하여 오차가 0이 된다.

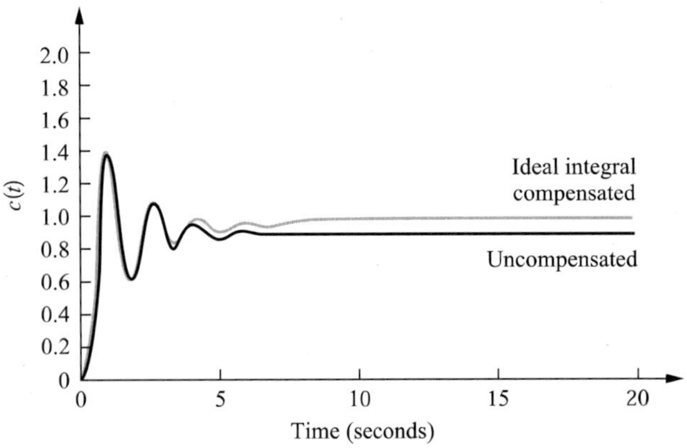

그림 9.7 예제 9.1의 이상 적분 보상 시스템의 응답과 보상되지 않은 시스템의 응답

그림 9.7은 보상되지 않은 응답과 이상 적분 보상이 된 응답을 비교한 것이다. 이상 적분 보상 시스템의 계단 응답은 정상상태에서 1로 접근하는 반면에 비보상 시스템은 0.892로 접근한다. 그래서 이상 적분 보상 시스템은 정상상태 오차가 0이다. 보상 시스템과 이상 적분 보상 시스템의 과도 응답은 대략 3초까지는 같다. 그림 9.4(b)에 나타난 것처럼, 이 시간 이후에는 보상기 안의 적분기가 오차가 0이 될 때까지 오차에 대해서 서서히 보상한다. 시뮬레이션을 보면, 보상 시스템은 최종값 1의 ±2%내로 될 때까지는 거의 18초가 걸리고, 비보상 시스템은 최종값 0.892의 ±2%내로 도달할 때까지는 약 6초가 걸린다. 첫째로 이상 적분 보상은 정착 시간이 나빠진다. 그러나 보상 시스템은 거의 같은 시간 안에 비보상 시스템의 최종값에 도달한다. 나머지 시간에는 비보상 시스템의 정상상태 오차를 개선한다.

이상 적분 보상기를 구현하는 방법은 그림 9.8에 나타난다. 보상 회로는 $G(s)$앞단에 있고 이상 적분 보상기이다.

$$G_c(s) = K_1 + \frac{K_2}{s} = K_1(s + \frac{K_2}{K_1}) \tag{9.2}$$

K_2 / K_1의 값을 변화시킴으로써, 영점의 값을 조절할 수 있다. 이 방법에 있어서 오차와 오차의 적분의 합이 플랜트 $G(s)$의 앞으로 입력된다. 그림 9.8에서는 비례 제어와 적분 제어를 가지고 있기 때문에, 이상 적분 제어기(보상기)를 PI 제어기라고도 한다. 이 장의 끝에서 각각의 블록 K_1과 K_2/s를 구현하는 방법을 살펴 볼 것이다.

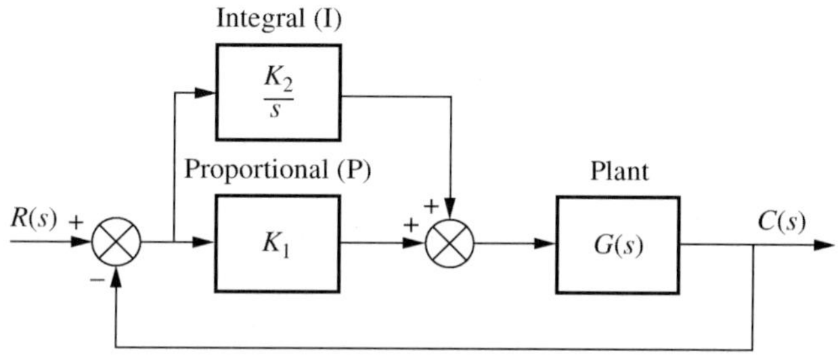

그림 9.8 PI 제어기

지상 보상

원점에 극점을 갖는 이상 적분 보상은 능동 적분기를 필요로 한다. 만약 수동 회로를 사용하면, 그림 9.9(c)에 나타난 것과 같이 극점과 영점은 원점 가까이에서 왼쪽으로 이동한다. 극점이 이와 같이 배치되면, 시스템형은 증가하지 않고 비보상 시스템보다는 정적 오차 상수를 개선할 수 있다. 이러한 방법을 시스템형이 1인 시스템에 대해서도 대체적으로 적용할 수 있다.

그림 9.9(a)의 비보상 시스템을 고려하자. 이 시스템에 대해 정적 오차 상수 K_{v_o}는 다음과 같다.

$$K_{v_o} = \frac{Kz_1z_2\cdots}{p_1p_2\cdots} \tag{9.3}$$

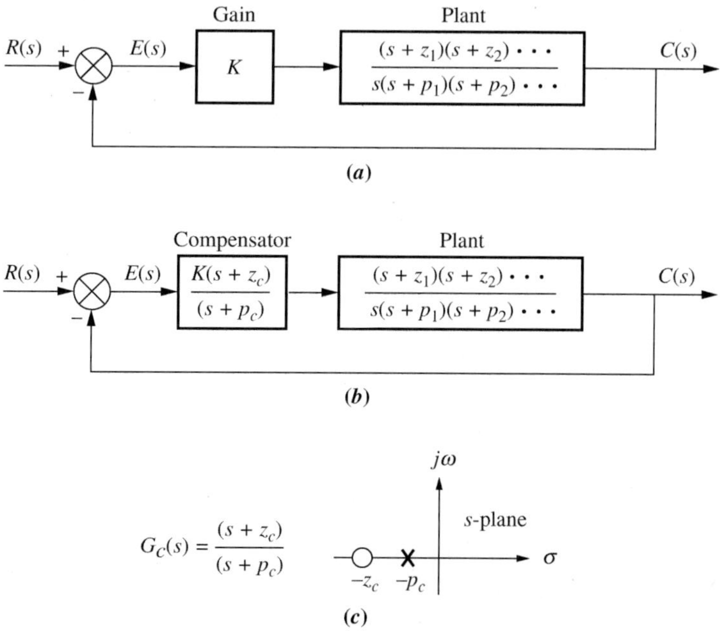

그림 9.9 a. 시스템형 1의 비보상 시스템
b. 시스템형 1의 보상된 시스템
c. 보상기의 극점-영점 그림

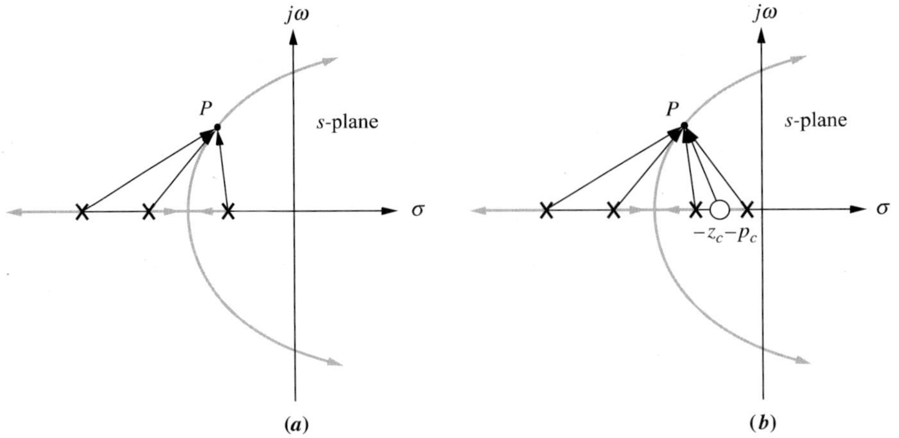

그림 9.10 근궤적 a. 지상 보상 전 b. 지상 보상 후

그림 9.9(b)와 (c)에서 보인 지상 보상기(lag compensator)를 가정하면, 새 정적 오차 상수는 다음과 같다.

$$K_{\nu_N} = \frac{(Kz_1z_2\cdots)(z_c)}{(p_1p_2\cdots)(p_c)} \tag{9.4}$$

과도 응답에 미치는 영향에 대하여 살펴보자. 그림 9.10은 추가적인 지상 보상기가 근궤적에 미치는 영향을 나타낸다. 비보상 시스템의 근궤적은 그림 9.10(a)에 나타나 있다. 여기서 점 P를 지배 극점으로 가정하자. 만약 지상 보상기의 극점과 영점이 서로 가까이 있다면 보상기의 각도에 대한 영향은 0°이다. 그래서 보상기가 더해진 그림 9.10(b)에서는 점 P가 여전히 보상된 근궤적상에서 근사적으로 같은 위치에 있다.

이득 K에 미치는 영향에 대하여 살펴보자. 보상기를 삽입한 후에 K의 값은 보상전의 시스템과 보상후의 시스템에 대하여 사실상 거의 같다. 왜냐하면 지상 보상기로부터 그려진 벡터의 길이는 근사적으로 같고, 그리고 다른 모든 벡터는 거의 변화하지 않기 때문이다.

이제, 정상상태 오차에서는 얼마만큼의 개선이 있었는지를 살펴보자. 비보상 시스템과 보상 시스템의 이득 K가 거의 같기 때문에, 식 (9.3)을 식 (9.4)에 대입하면 다음 식을 얻을 수 있다.

$$K_{\nu_N} = K_{\nu_o}\frac{z_c}{p_c} > K_{\nu_o} \tag{9.5}$$

식 (9.5)는 비보상 시스템의 K_v에 대한 보상 시스템의 K_v의 개선량이 보상기의 극점에 대한 보상기의 영점의 크기의 비와 같다는 것을 알 수 있다. 과도 응답 특성을 유지하기 위해서는 보상기의 극점과 영점이 서로 가까이에 있어야 한다는 것을 알 수 있다. 정상상태 오차를 개선하기 위해서는 p_c에 대한 z_c의 비를 키워야 하며, 동시에 보상기의 각도에 대한 영향을 최소로 하기 위해서는 극점과 영점이 서로 가까이 있어야 하고, 극점-영점의 쌍을 원점 가까이에 위치하도록 하여야 한다. 예를 들면, 극점이 -0.001에 있고, 영점이 -0.01에 있다면 p_c에 대한 z_c의 비가 10이 된다. 그러므로 비율은 10이 되고 극점과 영점이 매우 가까이 있게 됨으로써 보상기의 각도 영향은 작다.

결론적으로, 이상 보상기가 정상상태 오차를 0으로 만들지만 원점에 없는 극점을 갖는 지상 보상기는 정적 오차 상수를 z_c/p_c만큼 개선한다. 또한, 보상기의 극점-영점 쌍이 원점 가까이에 배치된다면 과도 응답은 영향을 덜 받게 된다. 이 장의 끝 부분에서 지상 보상기에 대한 회로의 구성을 소개한다. 이 회로 구성은 수동 회로로 구현되며, 이상 적분(PI) 보상기가 필요로 하는 능동 증폭기와 부가적인 전원들을 필요로 하지 않는다. 다음 예제에서는 정상상태 오차를 개선하기 위한 지상 보상기를 설계한다.

예제 9.2 지상 보상기 설계

문제 근궤적을 사용하여 시스템이 0.174의 감쇠비로 동작하고 정상상태 오차를 10배 개선시킬 수 있도록, 그림 9.5와 같은 그림 9.4(a)의 시스템을 보상하는 보상기를 설계하시오.

풀이 예제 9.1에서 비보상 시스템 오차가 $K_p=8.23$일 때 0.108이었다. 10배 개선된다는 것은 정상상태 오차가 다음과 같음을 의미한다.

$$e(\infty)=\frac{0.108}{10}=0.0108 \tag{9.6}$$

그러므로

$$e(\infty)=\frac{1}{1+K_P}=0.0108 \tag{9.7}$$

K_p에 대해서 풀어서 다시 정리하면

$$K_P=\frac{1-e(\infty)}{e(\infty)}=\frac{1-0.0108}{0.0108}=91.59 \tag{9.8}$$

비보상 시스템으로부터 보상 시스템까지 K_p에 대한 개선은 보상기의 극점에 대한 보상기의 영점의 비이며, 다음의 식으로 나타낼 수 있다.

$$\frac{z_c}{p_c}=\frac{K_{P_N}}{K_{p_o}}=\frac{91.59}{8.23}=11.13 \tag{9.9}$$

P_c를 임의로 선택하면

$$P_c=0.01 \tag{9.10}$$

식 (9.9)를 사용하면 z_c를 찾을 수 있다.

$$z_c=11.13p_c\approx 0.111 \tag{9.11}$$

비보상 시스템과 그림 9.11의 보상 시스템을 비교해 보자. 먼저 그림 9.12에 보여진 것처럼 보상 시스템의 근궤적을 개략적으로 그려보자. 다음에 $\zeta=0.174$의 선을 따라 가면서 180°의 배수가 되는 점을 찾으면 $-0.678\pm j3.836$인 2차 지배 극점과 이 때의 이득 $K=158.1$을 얻을 수 있다. 제3과 제4의 폐루프 극점은 -11.55와 -0.101에 각각 있으며, 이 극점들은 지배 극점의 이득과 같은 이득에 대하여 실수축 상에서 찾을 수 있다. 비보상 시스템과 보상 시스템의 모든 과도 상태와 정상상태 결과들은 표 9.1과 같다.
보상 시스템의 네 번째 극점은 영점과 함께 상쇄된다. 보상 시스템의 나머지 세 개의 폐루프 극점은 비보상 시스템의 세 개의 폐루프 극점에 매우 가깝게 남아 있게 된다. 그러므로 두 시스템의 과도 응답은 거의 같다. 그러나 보상 시스템의 정상상태 오차는 비보상 시스템의 정상상태 오차에 비해서 1/9.818배가 되어 10배 정도 개선되는 설계 사양을 만족한다.

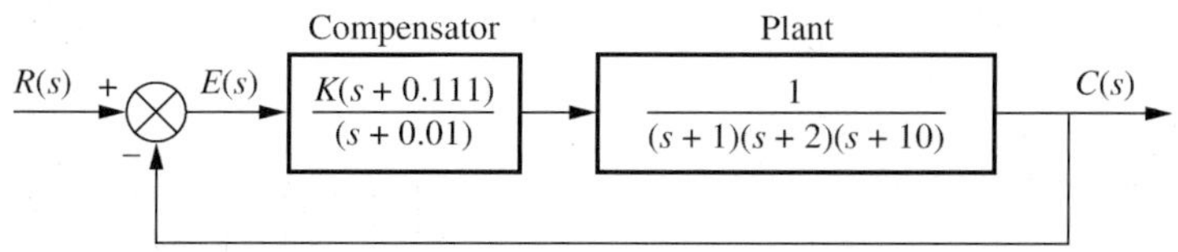

그림 9.11 예제 9.2에 대한 보상 시스템

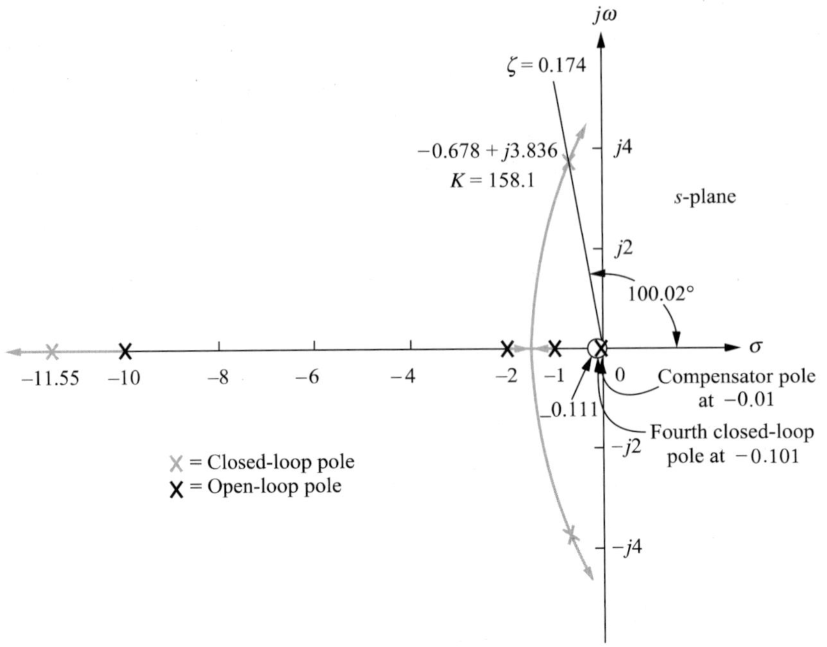

그림 9.12 그림 9.11의 보상 시스템에 대한 근궤적

표 9.1 예제 9.2에 대한 비보상 시스템과 지상 보상된 시스템의 예측된 특성

매개 변수	비보상	지상 보상
Plant and compensator	$\dfrac{K}{(s+1)(s+2)(s+10)}$	$\dfrac{K(s+0.111)}{(s+1)(s+2)(s+10)(s+0.01)}$
K	164.6	158.1
K_p	8.23	87.75
$e(\infty)$	0.108	0.011
Dominant second-order poles	$-0.694 \pm j3.926$	$-0.678 \pm j3.836$
Third pole	−11.61	−11.55
Fourth pole	None	−0.101
Zero	None	−0.111

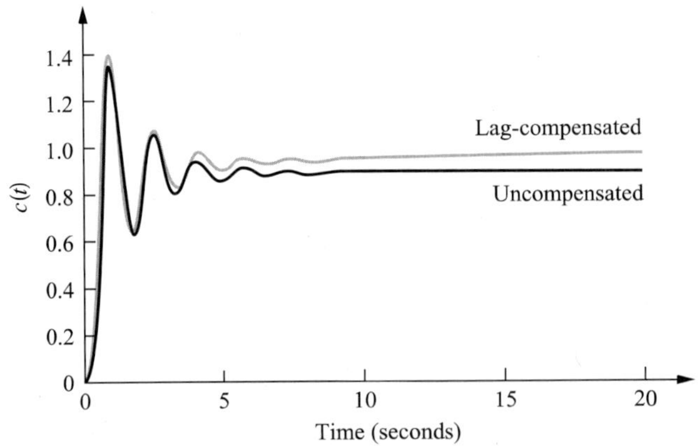

그림 9.13 예제 9.2에 대한 비보상 시스템과 지상 보상된 시스템의 계단 응답

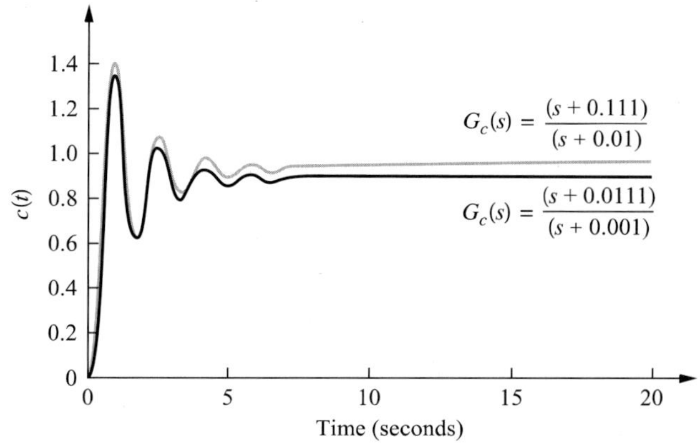

그림 9.14 다른 지상 보상기를 사용한 예제 9.2에 대한 시스템의 계단 응답

그림 9.13은 시간 영역에 대한 지상 보상기의 영향을 나타낸다. 비보상 시스템과 지상 보상된 시스템의 과도 응답이 같을 지라도, 지상 보상된 시스템이 비보상 시스템보다 1에 더 가까이 접근함으로서 정상상태 오차가 줄어들었음을 알 수 있다.

이제 지상 보상기에 대하여 다른 설계 가능성을 살펴보고 그림 9.13의 응답과 비교해 보자. 극점과 영점이 앞에서의 설계보다 원점에 10배 정도 가까이 있는 지상 보상기라고 가정하자. 그 결과는 그림 9.14에 나타내었다. 비록 두 응답이 결국에는 거의 같은 정상상태의 값으로 되지만 앞에서 설계된 지상 보상기 $G_c(s) = (s+0.111)/(s+0.01)$는 제안된 지상 보상기 $G_c(s) = (s+0.0111)/(s+0.001)$보다 더 빠르게 최종값으로 접근한다. 이러한 현상을 다음과 같이 설명할 수 있다. 표 9.1에서 이전에 설계된 지상 보상기는 -0.101에 네 번째 폐루프 극점을 갖는다. 허수축에 10배 정도 가까이 있는 개루프 극점을 가지는 새로운 지상 보상기에 대하여 앞에서와 같은 방법을 사용하면 -0.01에서 네 번째의 폐루프 극점을 찾을 수 있다. 그래서 새로운 지상 보상기는 원래의 지상 보상기보다 허수축에 더 가까운 폐루프의 극점을 가진다. -0.01에 있는 이 극점은 -0.101에 있는 원래의 극점보다 더 긴 과도 응답을 갖고 정상상태값에 빨리 도달하지 못한다.

스스로 해보기 9.1

다음의 MATLAB와 Control System Table 명령어를 사용하여 그림 9.13을 그려라.

```
Gu = zpk([],...
[-1-2-10],164.6);
Gc = zpk([-0.111],...
[-0.01],1);
Gce = Gu*Gc;
Tu = feedback(Gu,1));
Tc = feedback(Gce,1);
step(Tu)
hold
step(Tc)
```

숙련예제 9.1

문제 다음과 같은 전향 전달 함수를 가지는 단위 피드백 시스템은

$$G(s) = \frac{K}{s(s+7)}$$

15%의 오버슈트를 가지는 폐루프 계단 응답으로 작동한다. 다음 문제를 풀어라.

a. 단위 램프 입력에 대하여 정상상태 오차를 구하라.
b. 정상상태 오차를 20배 개선시키기 위한 지상 보상기를 설계하라.
c. 보상 시스템에 단위 램프 입력을 인가할 경우 정상상태 오차를 구하라.
d. 정상상태 오차가 얼마나 개선되었는가를 구하라.

풀이 a. $e_{ramp}(\infty) = 0.1527$

b. $G_{lag}(s) = \dfrac{s+0.2}{s+0.01}$

c. $e_{ramp}(\infty) = 0.0078$

d. 19.58배 개선

풀이 과정은 www.wiley.com/go/Nise/ControlSystemsEngineering8e에 있다.

9.3 종속 보상을 통한 과도 응답 개선

과도 응답에 영향을 주지 않고 정상상태 오차를 개선하는 문제를 다루었으므로 이제는 과도 응답 그 자체를 개선시켜 보자. 이 절에서는 종속 보상을 사용하여 피드백 제어 시스템의 과도 응답을 개선하는 두 가지 방법에 대하여 설명한다. 전형적으로 원하는 퍼센트 오버슈트를 갖도록 하며 비보상 시스템보다 더 짧은 정착 시간을 갖는 응답을 설계하는 것이 목적이다.

첫 번째 방법은 **이상 미분 보상**(*ideal derivative compensation*)이다. 이상 미분 보상은 피드백 제어 시스템의 전향 경로에 순수 미분기를 삽입한다. 미분기의 첨가는 전향 경로 전달 함수에 한 개의 영점을 더하는 것과 같은 효과이다. 이 보상기 구현을 위해 능동 회로가 필요하다. 하지만 미분기는 잡음의 영향을 크게 한다. 잡음의 크기가 비록 작을지라도 잡음의 주파수는 신호에 비해서 높다. 그러므로 고주파 잡음을 미분하는 것은 원치 않는 큰 신호를 발생시킨다.

두 번째 방법은 순수 미분을 사용하지 않는 것이다. 대신에 순방향 경로 전달 함수에 한 개의 영점과 좀 더 떨어진 한 개의 극점을 추가함으로서 수동 회로를 갖는 미분 기능을 대신할 수 있다. 앞에서 설명한 것과 같이 영점은 순수 미분을 근사화한 것이다.

정상상태 오차를 개선하기 위한 보상과 마찬가지로 보상기의 구현과 관련 있는 이름을 정하자. 이상 미분 보상기는 오차와 오차미분의 합이 플랜트로 입력되는 구성 때문에 **비례 미분**(*PD : Proportional-plus-Derivative*) 제어기라고 한다. 두 번째 방법은 **진상 보상기**(*lead compensator*)라고 하는 수동 회로를 사용한다. 지상 보상기와 마찬가지로, 5장에서 설명했지만 이름은 주파수 응답으로부터 유래한다. 그러므로 **PD 제어기**와 **이상 미분 보상기**라는 이름을 혼용하기도 하고, 이 종속 보상기가 순수한 미분 동작을 하지 않을 때는 **진상 보상기**라 한다.

이상 미분 보상(PD)

s-평면상에서 폐루프 극점의 위치를 적절히 선정함으로써 시스템의 과도 응답을 결정할 수 있다. 만약에 이 극점이 근궤적상에 있다면 단순한 이득 조정만으로도 과도 응답의 설계 조건을 만족하도록 할 수 있다. 그러나 극점이 근궤적상에 있지 않다면 보상된 새로운 시스템의 근궤적을 정해진 폐루프 극점을 지나도록 바꿔야 한다. 이렇게 하기 위하여 s-평면상에서 근궤적이 설계점을 통과하도록 하는 새로운 개루프 함수를 만들어 내는 전향 경로 안에 극점과 영점을 첨가해야 한다. 시스템의 속도를 올리는 한 방법은 일반적으로 순방향 경로에 한 개의 영점을 첨가하는 것이다.

이 영점은 다음과 같은 전달 함수를 가지는 보상기로 나타낼 수 있다.

$$G_c(s) = s + z_c \tag{9.12}$$

미분과 순수 이득의 합인 이 함수를 **이상 미분 제어기**(*ideal derivative controller*) 혹은 **PD 제어기**라고 한다. 보상기의 영점을 잘 선정하면 비보상 시스템보다 응답을 빠르게 할 수 있다. 요약하면, 극점과 영점을 추가하는 이상 미분 보상기를 사용하면 순수 이득의 조정만으로는 얻을 수 없는 과도 응답을 얻을 수 있다.

이제 이상 미분 보상기가 시스템의 응답 속도를 향상시킨다는 것을 살펴보자. 그림 9.15에 여러 가지의 간단한 경우를 나타내었는데, 그림 9.15(a)에서는 감쇠비가 0.4로 동작하는 비보상 시스템이 -2, -3, -4에 각각 한 개의 보상 영점을 첨가함으로써, 그림 9.15(b), (c), (d)의 보상 시스템으로 된다는 것을 보였다. 이 설계 방법에서 영점의 위치를 각각 다르게 하였을 때, 각각에 대한 근궤적을 나타내었다. 각 보상 시스템의 2차 지배 극점은 감쇠비가 0.4인 선 위에서 비보상 시스템보다 더 먼 곳에 위치한다.

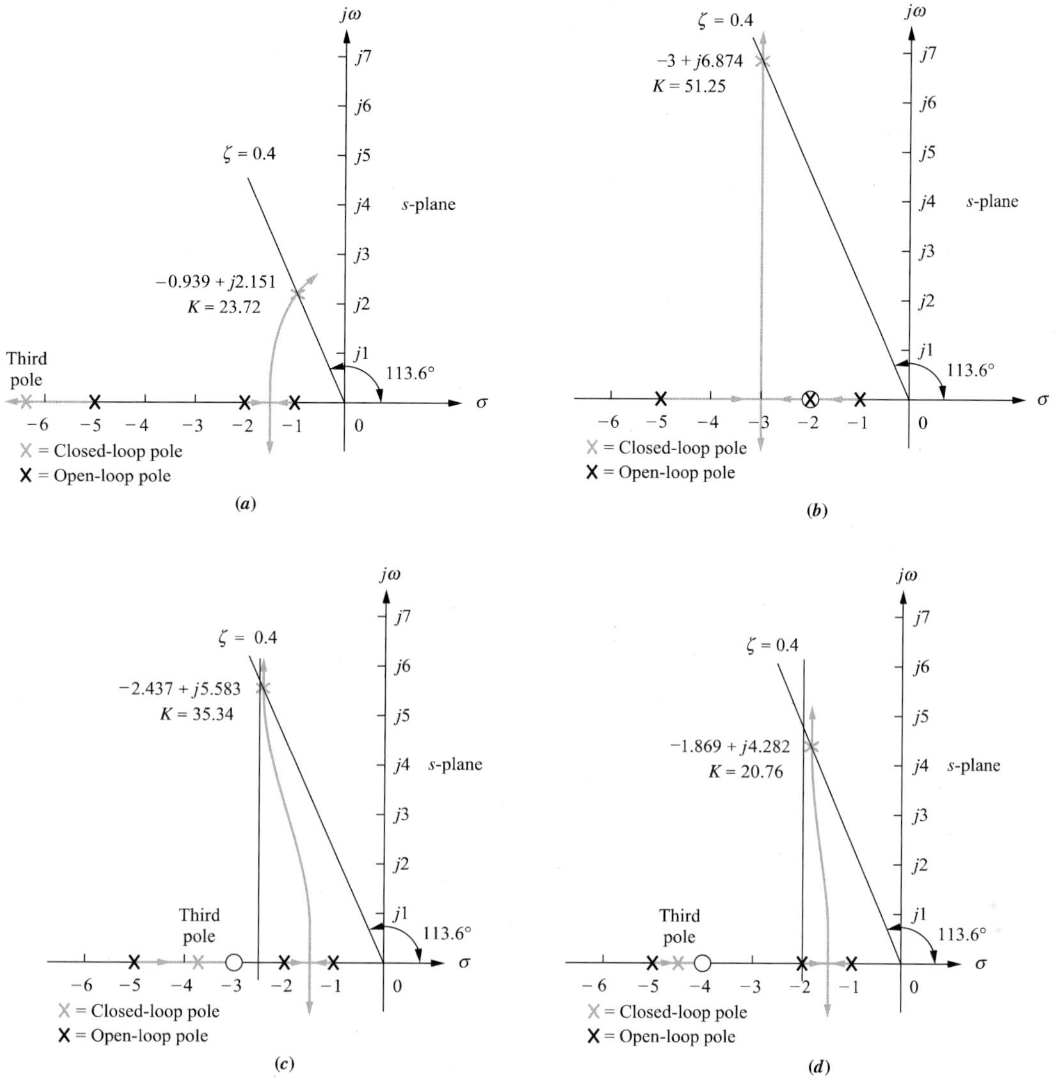

그림 9.15 이상 미분 보상을 사용한 경우 a. 보상이 안 된 경우 b. 보상기의 영점이 −2에 있는 경우 c. 보상기의 영점이 −3에 있는 경우 d. 보상기의 영점이 −4에 있는 경우

각각의 보상 시스템은 비보상 시스템과 같은 감쇠비를 갖는 지배 극점을 갖는다. 그러므로 각 보상된 시스템은 같은 퍼센트 오버슈트를 가진다고 할 수 있다.

또한, 보상 시스템의 지배 폐루프 극점은 비보상 시스템의 폐루프 지배 극점보다 더 음의 실수값을 갖는다. 그러므로 보상 시스템의 정착 시간이 비보상 시스템의 정착 시간보다도 짧아진다. 보상 시스템의 폐루프 지배 극점이 허수축으로부터 멀리 떨어질수록 정착 시간은 짧아진다. 그림 9.15(b)의 시스템이 가장 짧은 정착 시간을 가진다.

모든 보상 시스템은 비보상 시스템 보다 시스템의 허수부가 더 크기 때문에 짧은 최고값 시간을 갖는다. 그림 9.15(b)는 시스템의 가장 작은 최고값 시간을 나타낸다.

또한, 영점을 지배 극점으로부터 더 멀리 배치할수록 보상된 폐루프 시스템의 지배 극점이 원점 가까이 그리고 비보상 시스템의 지배 극점 가까이로 움직인다. 그림 9.15에서 나타낸 각각의 설계 경우에 대한 근궤적의 결과들은 표 9.2와 같다.

요약하면, c와 d의 보상 방법이 b의 방법보다 응답을 느리게 할지라도, 세 경우 모두에 대하여 이상 미분 보상의 첨가는 퍼센트 오버슈트는 변함없이 유지하면서 각 경우에 대한 응답 시간을 짧게 한다. 이 변화는 정착 시간과 최고값 시간에서 가장 잘 볼 수 있으며 적어도 두 배 정도의 속도 개선

표 9.2 그림 9.15의 시스템에 대한 예측 특성

	비보상	보상 b	보상 c	보상 d
Plant and compensator	$\dfrac{K}{(s+1)(s+2)(s+5)}$	$\dfrac{K(s+2)}{(s+1)(s+2)(s+5)}$	$\dfrac{K(s+3)}{(s+1)(s+2)(s+5)}$	$\dfrac{K(s+4)}{(s+1)(s+2)(s+5)}$
Dom, poles	$-0.939 \pm j2.151$	$-3 \pm j6.874$	$-2.437 \pm j5.583$	$-1.869 \pm j4.282$
K	23.72	51.25	35.34	20.76
ζ	0.4	0.4	0.4	0.4
ω_n	2.347	7.5	6.091	4.673
$\%OS$	25.38	25.38	25.38	25.38
T_s	4.26	1.33	1.64	2.14
T_p	1.46	0.46	0.56	0.733
K_p	2.372	10.25	10.6	8.304
$e(\infty)$	0.297	0.089	0.086	0.107
Third pole	−6.123	None	−3.127	−4.262
Zero	None	None	−3	−4
Comments	Second-order approx. OK	Pure second-order	Second-order approx. OK	Second-order approx. OK

을 가져온다. 또 다른 이점 중의 하나는 지상 보상기를 사용하지 않고도 정상상태 오차를 개선한다는 것이다. 여기에서 보상 시스템의 정상상태 오차는 $e(\infty)$와 K_p에 의해서 알 수 있는 것처럼 적어도 비보상 시스템의 1/3이다. 표 9.2에 있는 모든 시스템형은 0이고, 어느 정도의 정상상태 오차가 예상된다. 그러나 일반적으로 과도 응답의 개선과 함께 항상 정상상태 오차가 개선된다고 가정해서는 안 된다.

표 9.2에 있는 각 경우의 시간 응답을 그림 9.16에 나타내었다. 보상 시스템이 비보상 시스템의 응답보다 빠르고 오차가 작음을 알 수 있다.

지금까지 이상 미분 보상의 역할을 살펴보았고, 이제는 과도 응답의 설계 조건을 만족하는 이상 미분 보상기를 설계해 보자. 기본적으로 폐루프 극점을 원하는 과도 응답이 되도록 하는 설계점에 대하여 개루프 극점과 영점으로부터 각도의 합을 계산할 수가 있다. 계산된 각도와 180°의 차이가 보상기 영점에 의한 각도가 되어야 한다. 그러면 삼각법을 사용하여 구한 각도로서 영점의 위치를 찾을 수 있다.

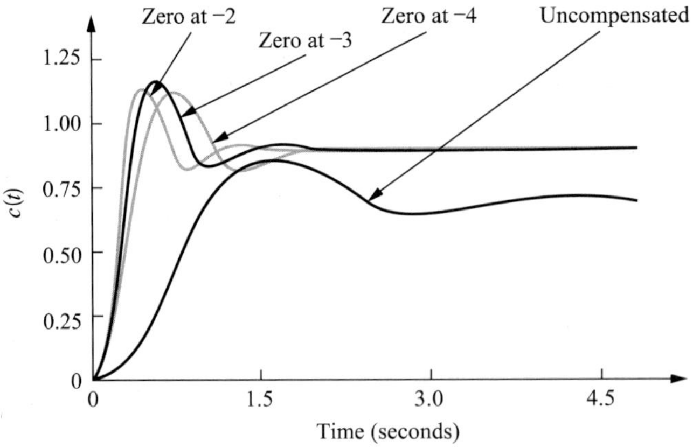

그림 9.16 표 9.2의 비보상 시스템과 이상 미분 보상의 해

예제 9.3 이상 미분 보상기 설계

문제 그림 9.17에 주어진 시스템에 대하여 정착 시간을 1/3로 줄이고, 퍼센트 오버슈트가 16%가 되도록 하는 이상 미분 보상기를 설계하라.

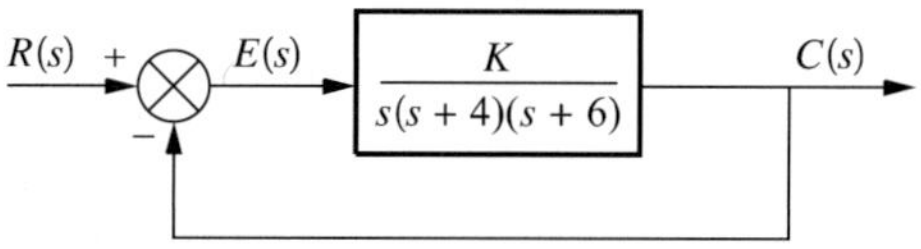

그림 9.17 예제 9.3의 피드백 제어 시스템

풀이 먼저 16%의 퍼센트 오버슈트를 갖는 비보상 시스템의 성능을 평가해 보기로 하자. 비보상 시스템에 대한 근궤적은 그림 9.18과 같다. 오버슈트가 16%라는 것은 $\zeta=0.504$와 등가이므로, 감쇠비에 대한 선을 따라가면서 180°의 홀수배가 되는 점을 찾으면, 지배 2차 극점이 $-1.205\pm j2.064$에 있다는 것을 알 수 있다. 그러므로 비보상 시스템의 정착 시간은 다음과 같다.

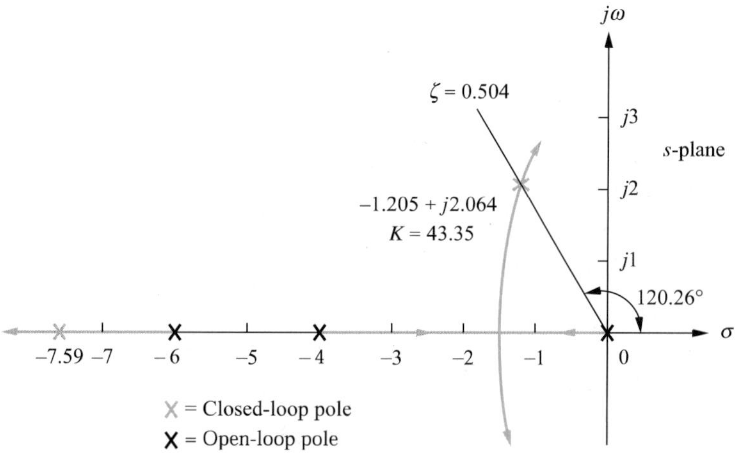

그림 9.18 그림 9.17에서 비보상 시스템의 근궤적

$$T_s=\frac{4}{\zeta\omega_n}=\frac{4}{1.205}=3.320 \tag{9.13}$$

퍼센트 오버슈트나 정착 시간에 대한 평가가 2차 근사화에 기본을 두고 있으므로, 제3의 극점을 찾아서 가정을 검증해 보아야 하며 2차 근사화하는 것에 대한 타당성을 확인해야 한다. 2차 지배 극점에서의 이득이 43.35이므로 이 이득에 대하여 -6 이하의 실수축 상에 있는 극점을 찾아보면, 2차 지배 극점과 $j\omega$축간의 거리의 6배 정도 멀리 떨어진 -7.59 지점에서 제3의 극점을 찾을 수 있다. 따라서 2차 근사화가 유효하다는 결론을 내릴 수 있다. 비보상 시스템의 과도 응답과 정상상태 오차에 대한 특성은 표 9.3과 같다.

이제 보상 시스템을 설계해 보자. 우선 보상된 시스템의 지배 극점을 선정한다. 정착 시간을 3배 줄이기 위하여 보상 시스템의 정착 시간을 식 (9.13)의 1/3로 한다. 즉, 보상 시스템의 정착 시간을 1.107로 한다. 그러므로 보상 시스템의 지배 2차 극점의 실수부는 다음과 같다.

$$\sigma=\frac{4}{T_s}=\frac{4}{1.107}=3.613 \tag{9.14}$$

또한 그림 9.19는 실수부가 -3.613이고 허수부가 다음 식과 같이 설계되는 지배 2차 극점을 나타낸다.

$$\omega_n=3.613\tan(180^\circ-120.26^\circ)=6.193 \tag{9.15}$$

가상 실험 9.1
PD 제어기 설계

이론을 실습에 적용하고 LabVIEW에서 퀀저 볼과 빔(Quanser Ball and Beam)의 PD 제어기를 설계하기 위해 근궤적 방법을 사용한다. 볼과 빔은 발열 화학 공정과 비슷하게 과열을 방지 할 수 있게끔 안정화 시켜야 하는 불안정한 시스템이다.

가상 실험은 Learning Space에서 찾을 수 있다.

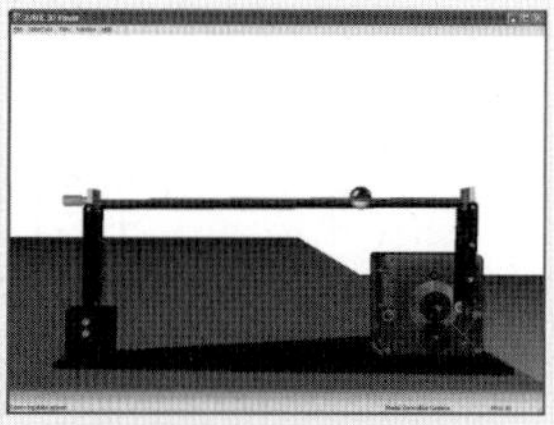

실험 9.1 실행

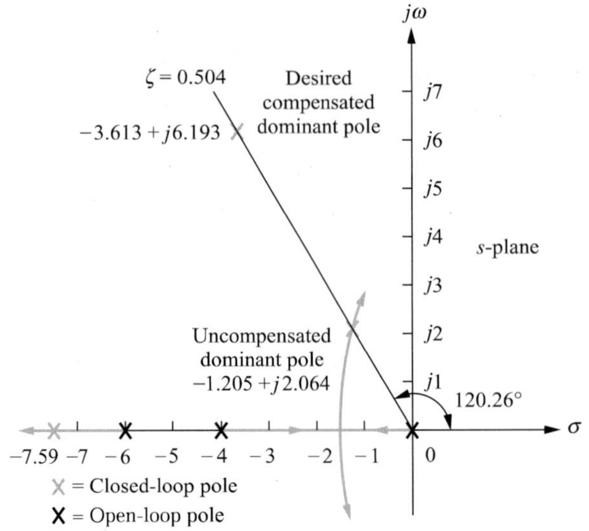

그림 9.19 예제 9.3에 대한 비보상 시스템의 근궤적상에 보상된 지배 극점을 중첩시킴

다음은 보상기의 영점의 위치를 선정한다. 근궤적 프로그램을 이용하여 비보상 시스템의 극점과 영점을 입력시키고 또한 테스트 점으로 -3.613+j6.193을 입력하여 프로그램 한다. 그리고 테스트 점에서 비보상 시스템의 극점과 영점에 의한 각도의 합을 계산한다. 이렇게 구한 값과 180°의 차이가 보상기 영점에 의한 각도가 된다. 그림 9.19에 나타난 개루프 극점과 원하는 지배 2차 극점 $-3.613+j6.193$을 테스트 점으로 하면 각도의 합은 $-275.6°$가 된다. 따라서 근궤적상에 있는 테스트 점을 통과하기 위해서는 보상기 영점에 의한 각도가 $+275.6° - 180° = 95.6°$가 되어야 한다. 그림 9.20에 나타난 것처럼 보상기의 영점에 해당되는 $-\sigma$는 다음과 같이 구한다.

$$\frac{6.193}{3.613-\sigma} = \tan(180° - 95.6°) \tag{9.16}$$

그래서 $\sigma = 3.006$이다. 그림 9.21은 보상 시스템의 완전한 근궤적을 나타낸다. 비보상 시스템과 보상 시스템의 결과는 표 9.3과 같다.

표 9.3 예제 9.3에 대한 비보상 시스템과 보상 시스템의 특성

	비보상	시뮬레이션	보상	시뮬레이션
Plant and compensator	$\frac{K}{s(s+4)(s+6)}$		$\frac{K(s+3.006)}{s(s+4)(s+6)}$	
Dominant poles	$-1.205 \pm j2.064$		$-3.613 \pm j6.193$	
K	43.35		47.45	
ζ	0.504		0.504	
ω_n	2.39		7.17	
%OS	16	14.8	16	11.8
T_s	3.320	3.6	1.107	1.2
T_p	1.522	1.7	0.507	0.5
K_v	1.806		5.94	
$e(\infty)$	0.554		0.168	
Third pole	−7.591		−2.775	
Zero	None		−3.006	
Comments	Second-order approx. OK		Pole-zero not canceling	

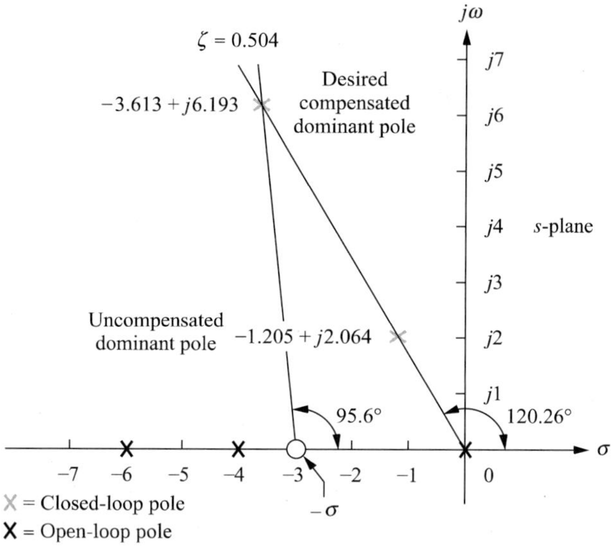

그림 9.20 예제 9.3에 대한 보상기 영점의 위치 계산

비보상 시스템의 경우에는 세 번째 극점이 지배 2차 극점 쌍의 실수부로부터 5배 멀리 떨어져 있으므로, 과도 응답의 예측값은 정확하다. 그러나 보상 시스템의 2차 근사화는 타당하지 못하다. 왜냐하면, -2.775에 있는 폐루프 극점과 -3.006에 있는 폐루프 영점 사이에서 근사적인 폐루프의 세 번째 극점과 영점의 상쇄가 일어나지 않기 때문이다. $-3.613 + j6.193$에 있는 지배 극점의 유수와 -2.775에 있는 극점의 유수를 비교하기 위해 시뮬레이션이나 폐루프 응답의 부분 분수 전개를 사용한다. 비보상 시스템과 보상 시스템의 시뮬레이션 결과는 표 9.3의 두 번째 열과 네 번째 열에 각각 나타내었다. 시뮬레이션 결과는 이 예제의 끝에서 설명할 MATLAB을 사용하여 구할 수도 있고, 또는 www.wiley.com/go/Nise/ControlSystemsEngineering8e의 부록 H.1에 있는 상태 공간 계단 응답 프로그램을 사용하여 구할 수 있다. 비보상 시스템과 보상 시스템의 퍼센트 오버슈트는 3% 만큼 차이가 나지만, 정착 시간은 약 3배 개선됨을 알 수 있다.

비보상 시스템과 더 빠른 보상 시스템을 비교한 최종 결과를 그림 9.22에 나타내었다.

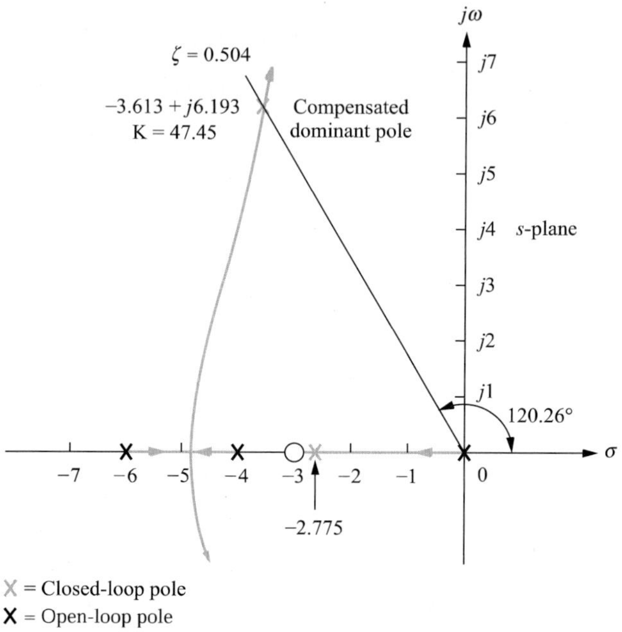

그림 9.21 예제 9.3의 보상 시스템의 근궤적

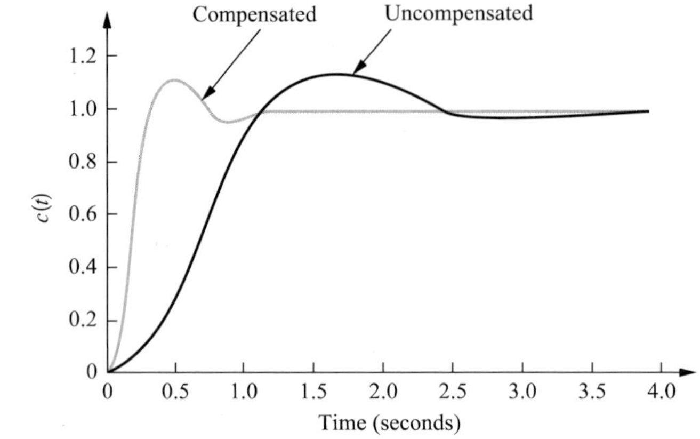

그림 9.22 예제 9.3의 비보상 시스템과 보상 시스템의 계단 응답

MATLAB ML

MATLAB을 사용할 학생들은 부록 B에 있는 ch9apB1을 수행해 보아라. PD 제어기를 설계하기 위하여 MATLAB을 사용할 것이다. 키보드를 사용하여 원하는 퍼센트 오버슈트를 입력하시오. MATLAB은 비보상 시스템의 근궤적과 퍼센트 오버슈트에 해당하는 선을 그릴 것이다. 비보상 시스템의 성능 특성과 이 시스템에 대한 계단 응답을 MATLAB을 통하여 확인하면서 이득을 선정할 수 있다. 이러한 특성을 사용하여 원하는 정착 시간을 입력할 수 있다. 그러면 MATLAB은 PD 제어기를 설계하고, 그의 성능 특성을 화면에 나타내고, 계단 응답을 그릴 것이다. 이 연습은 MATLAB을 사용하여 예제 9.3을 푼다.

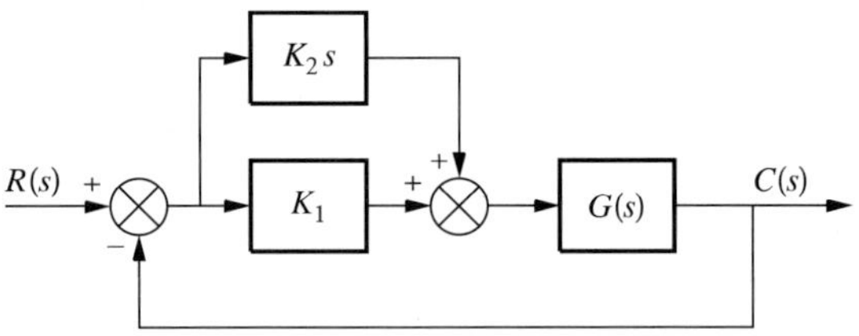

그림 9.23 PD 제어기

보상기의 영점의 위치를 결정하면 이상 미분 제어기(PD 제어기)를 어떻게 구현할 것인가? 비례 적분(PI) 제어기를 사용하여 정상상태 오차를 개선하는 이상 적분 보상기를 구현하였다. 비례 미분(PD) 제어기를 사용하여 과도 응답을 개선하는 이상 미분 보상기를 구현하였다. 예를 들면, 그림 9.23의 제어기 전달 함수는 다음과 같이 나타낼 수 있다.

$$G_s(s) = K_2 s + K_1 = K_2\left(s + \frac{K_1}{K_2}\right) \tag{9.17}$$

여기서 K_1/K_2를 보상기 영점의 음수와 같도록 선정하고, K_2는 필요한 루프 이득값이 되도록 선정한다. 이 장의 끝에서 근사 미분과 이득을 얻을 수 있는 회로에 대해서 공부할 것이다.

이상 미분 보상기는 시스템의 과도 응답을 개선할 수 있는 반면에 두 가지의 단점을 갖고 있다. 첫 번째로는 미분 동작을 하기 위한 능동 회로가 필요하다. 두 번째로는, 앞에서 언급하였듯이. 미분에 의한 잡음의 영향이 커진다. 신호에 비해 잡음의 크기는 작지만, 주파수는 높다. 높은 주파수에 대한 미분은 원치 않는 신호를 크게 하고, 증폭기나 다른 소자의 포화 상태를 일으킨다. 진상 보상기는 이상 미분의 이러한 단점을 해결하기 위하여 사용하는 수동 회로이고, 또한 과도 응답도 개선한다.

스스로 해보기 9.2

1. Matlab Command window의 Home 탭에서, VARIABLE 카테고리에 있는 Clear Workspace를 클릭한다.
2. Matlab Command window의 탭에 있는 APPS를 클릭하고 Control System Designer를 클릭한다.
3. Control System Designer window에서 Control System 탭의 Preferences를 클릭 후 Options 탭의 Zero/pole/gain을 선택한다. 그리고 Edit Architecture를 클릭한다.
4. Edit Architecture - Configuration 1에서, Blocks 탭을 클릭한 후, G:zpk([],[0,-4,-6],1)를 입력한다. OK를 클릭한다.
5. 상단의 Root Locus Editor for . . .를 우 클릭을 하고, Maximize Root Locus Editor for . . .를 선택한다.

진상 보상

능동 소자로 구현되는 이상 적분 보상기를 수동 소자로 구현되는 지상 보상기로 근사화 시킬 수 있는 것처럼, 능동 소자로 구현되는 이상 미분 보상기도 수동 소자로 구현되는 진상 보상기로 근사화 시킬 수 있다. 수동 회로를 사용하면 영점만을 갖는 보상기를 만들 수 없기 때문에 한 개의 극점이 추가된다. 그러나 만약 극점이 영점보다 허수축에서 멀리 떨어져 있으면 보상기에 의한 각도가 여전히 양수이므로 한 개의 등가 영점으로 근사화 시킬 수 있다.

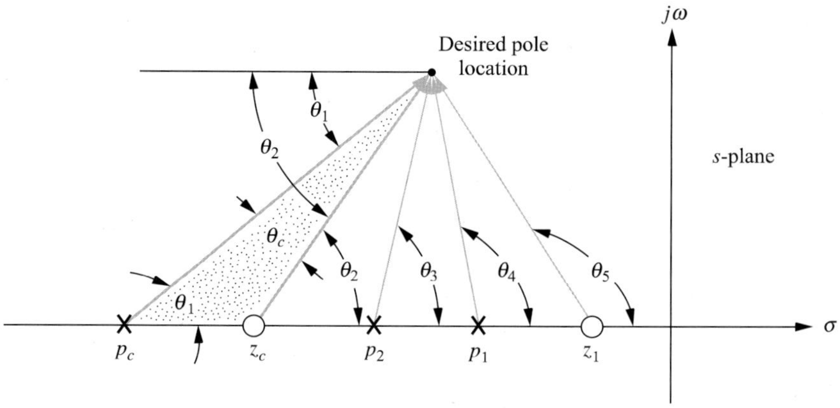

그림 9.24 진상 보상의 기하학

다시 말하면, 보상기의 영점에 대한 각도에서 보상기의 극점에 대한 각도를 뺀 것이 단 한 개의 PD 제어기의 영점에 대한 것처럼 각도가 양수이므로, 과도 응답을 개선하기 위하여 보상기를 사용할 수 있다.

능동 회로를 사용하는 PD 제어기보다 수동 회로를 사용하는 진상 보상기의 이점으로는 다음과 같은 것들이 있다. 첫 번째로 추가 전원이 필요 없고, 두 번째로 미분 때문에 발생하는 잡음이 줄어든다는 것이다.

단점으로는 PD 제어기가 우반 평면으로 넘어가는 근궤적의 가지 수를 줄일 수 있는 반면에, 진상 보상기는 추가된 극점 때문에 허수축 우반 평면으로 넘어가는 근궤적의 가지수를 줄이지 못한다는 것이다.

먼저 진상 보상기의 개념을 살펴보기로 하자. 만약 s-평면상에서 원하는 지배 2차 극점을 선정하면, 설계점에 대한 비보상 시스템의 극점과 영점으로부터 각도의 합을 찾을 수 있다. 그 각도의 합과 180°와의 차이가 보상기에 요구되는 각도이다.

그림 9.24에 나타낸 예를 들면, 다음과 같다.

$$\theta_2 - \theta_1 - \theta_3 - \theta_4 + \theta_5 = (2k+1)180^\circ \tag{9.18}$$

여기서 $(\theta_2 - \theta_1) = \theta_c$가 진상 보상기의 각도이다. 그림 9.24로부터 θ_c는 설계점으로부터 실수축 상에 있는 보상기의 극점과 영점 사이의 각도임을 알 수 있다. 이제 원하는 폐루프 극점의 위치에 대하여 그림 9.25에 설명한 것과 같이 보상기가 가져야 할 각도에 해당하는 극점과 영점을 실수축상에서 선택할 수 있다. 이것을 통하여 과도 응답 요구 조건을 만족하는 수많은 진상 보상기를 설계할 수 있다는 것을 알 수 있다.

이와 같은 진상 보상기들은 어떻게 다른가? 정적 오차 상수의 값, 보상된 근궤적상의 설계점에 도달하기 위하여 필요한 이득, 설계가 끝났을 때 2차로 근사화 하는 것이 타당한지를 판별하는 어려움과 그에 따른 과도 응답 등이 차이가 난다.

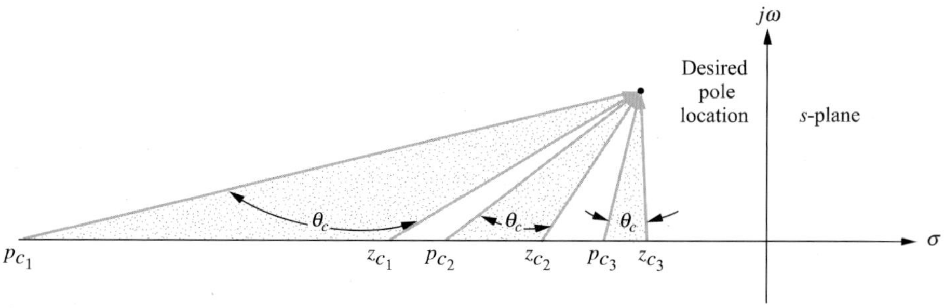

그림 9.25 진상 보상기의 3가지 예

6. root locus의 흰색 배경에서 우클릭을 하고, **Design Requirements /New. . .**를 선택한다.
7. drop-down에서 Percent overshoot를 고른후 16을 입력한다. **OK**를 누른다.
8. root locus의 흰 배경에서 우클릭을 한 후 **Design/ Requirements/New . . .**를 선택한다.
9. **Settling time**을 선택한 후 **OK**를 클릭한다.
10. Settling time의 수직 선을 Root Locus와 16% overshoot 방사상 구조의 선의 교점으로 드래그한다. **ROOT LOCUS EDITOR** 탭에서 root locus를 확대할 수 있다.
11. 폐 루프의 극점을 percent overshoot와 settling time의 경계들의 교차점까지 root locus를 따라서 드래그한다.
12. Root locus의 흰 배경 에서 왼 클릭을 한 후 **Design Requirements /Edit . . .**을 고르고 drop -down 메뉴에서 Settling time을 선택 한다. settling time을 표시된 시간의 1/3로 바꾼다. **Close**를 클릭 한다.
13. ROOT LOCUS EDITOR 탭에서, 영점을 선택한 후 root locus의 실수 축에 위치시킨다. Percent overshoot와 settling time의 경계의 교차점까지 영점을 이동시킨다. 폐 루프의 극점을 같은 두 경계를 가로챌 때까지 root locus를 따라 이동시킨다.
14. root locus의 흰 영역에서 왼 클릭 후 designed ideal lead compensator design을 보기 위해 Edit Compensator를 선택한다.
15. **CONTROL SYSTEM** 탭에서 **New Plot/New Step**을 선택한다. Window에서 **New Input-Output Transfer Response**를 선택한다. Input(r)과 output(y)를 구체화 한다. **Plot**을 클릭한다.
16. Plot을 왼 클릭 후 **Characteristics/Peak Response**와 **Settling time**을 선택한다.
17. 설계가 잘 되었는지 확인하기 위해 resulting dots를 클릭한다.

설계를 하는 과정에서 진상 보상기의 극점과 영점을 임의로 선정하고 설계점에서 개루프 시스템의 극점과 영점에 의한 각도를 계산한다. 이 각도와 180°와의 차이는 남아 있는 보상기의 극점과 영점에 의한 각도가 된다. 예제를 살펴보자.

예제 9.4 진상 보상기 설계

문제 그림 9.17의 시스템에 대하여 30%의 오버슈트를 유지하면서 정착 시간을 반으로 줄이는 3가지의 진상 보상기를 설계하시오. 또한 각각의 설계에 대하여 시스템의 특성을 비교하라.

풀이 먼저, 비보상 시스템의 정착 시간이 얼마인지를 알아보기 위하여 30%의 오버슈트를 가지면서 작동하는 비보상 시스템의 특성을 살펴보자. 30%의 오버슈트를 가지기 위해서는 감쇠비가 0.358이 되어야 하기 때문에, 그림 9.26의 근궤적 상에서 비보상 시스템의 지배 극점에 대한 $\zeta = 0.358$ 인 선을 따라 보상 시스템의 극점을 찾는다. 비보상 시스템의 지배 극점의 실수부로부터 비보상 시스템의 정착 시간이 $T_s = 4/1.007 = 3.972$ 초임을 알 수 있다. 비보상 시스템의 다른 특성은 표 9.4와 같다.

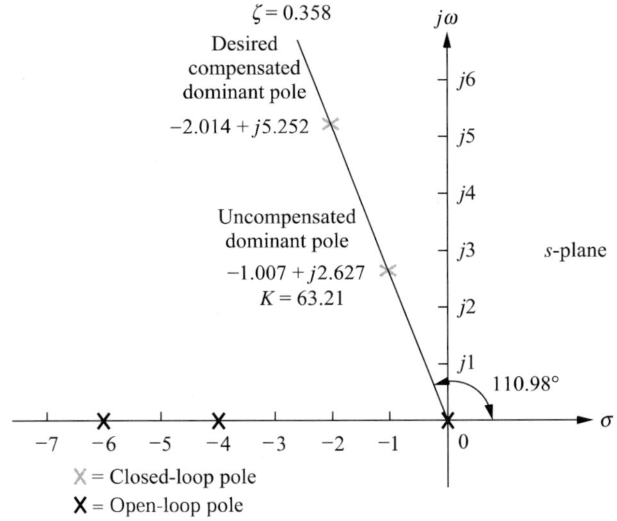

그림 9.26 진상 보상기 설계. 예제 9.4에 대한 비보상과 보상의 지배 극점을 나타냄

다음에는 설계점을 구해 보자. 정착 시간을 반으로 줄이면 $T_s = 3.972/2 = 1.986$ 초가 된다. 이것으로부터 원하는 극점의 실수부는 $-\zeta\omega_n = -4/T_s = -2.014$ 이고, 허수부는 $\omega_d = -2.014\tan(110.98°) = 5.252$ 가 된다.

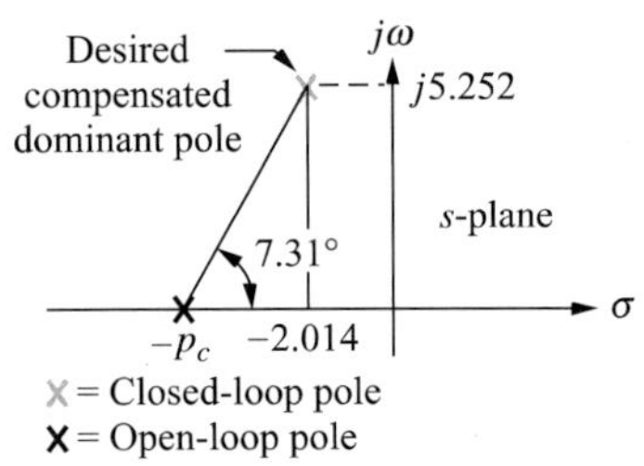

그림 9.27 예제 9.4에 대한 보상기의 극점 계산

계속해서 진상 보상기를 설계해 보자. 임의로 보상기의 영점이 실수축 상의 -5에 있다고 가정하자. 테스트 점으로 설계점을 사용하고, 근궤적 프로그램을 사용하여 이 영점과 비보상 시스템의 극점과 영점에 의한 각도를 합하시오. 이때 계산된 각도는 -172.69°이다. 이 각과 180°와의 차는 근궤적상에서 설계점을 배치하기 위한 보상기의 극점에 의한 각도가 된다. 그러므로 보상기의 극점에 의하여 각도가 -7.31°가 되는 점에 극점이 배치되어야 한다.

그림 9.27은 보상기 극점의 위치를 계산하는데 사용된다. 이 그림으로부터

$$\frac{5.252}{\rho_c - 2.014} = \tan 7.31° \tag{9.19}$$

표 9.4 예제 9.4에 대한 진상 보상 설계의 비교

	비보상	보상 a	보상 b	보상 c
Plant and compensator	$\frac{K}{s(s+4)(s+6)}$	$\frac{K(s+5)}{s(s+4)(s+6)(s+42.96)}$	$\frac{K(s+4)}{s(s+4)(s+6)(s+20.09)}$	$\frac{K(s+2)}{s(s+4)(s+6)(s+8.971)}$
Dominant poles	$-1.007 \pm j2.627$	$-2.014 \pm j5.252$	$-2.014 \pm j5.252$	$-2.014 \pm j5.252$
K	63.21	1423	698.1	345.6
ζ	0.358	0.358	0.358	0.358
ω_n	2.813	5.625	5.625	5.625
$\%OS^*$	30 (28)	30 (30.7)	30 (28.2)	30 (14.5)
T_s^*	3.972 (4)	1.986 (2)	1.986 (2)	1.986 (1.7)
T_p^*	1.196 (1.3)	0.598 (0.6)	0.598 (0.6)	0.598 (0.7)
K_v	2.634	6.9	5.791	3.21
$e(\infty)$	0.380	0.145	0.173	0.312
Other poles	-7.986	$-43.8, -5.134$	-22.06	$-13.3, -1.642$
Zero	None	-5	None	-2
Comments	Second-order approx. OK	Second-order approx. OK	Second-order approx. OK	No pole-zero cancellation

* Simulation results are shown in parentheses.

이므로 보상기 극점은 다음과 같다.

$$\rho_c = 42.96 \tag{9.20}$$

그림 9.28에 보상 시스템의 근궤적을 개략적으로 나타내었다. 퍼센트 오버슈트와 정착 시간의 예측치가 적절한지를 확인하기 위하여 2차로 근사화 한 것이 타당한 지를 보여야 한다. 이러한 타당성을 검토하기 위하여 그림 9.28에서 -42.96의 왼쪽과 -5와 -6 사이에 있는 제3의 극점과 제4의 극점을 찾아야 한다. 보상 시스템의 지배 극점에서의 이득 1423에 대한 지배 극점을 찾아보면, 세 번째 극점과 네 번째 극점이 각각 -43.8과 -5.134에 있다는 것을 알 수 있다. -43.8은 지배 극점의 실수부보다 20배 이상 멀리 떨어져 있기 때문에, 세 번째 폐루프 극점의 영향은 무시할 수 있다. -5.134에 있는 폐루프 극점은 -5에 있는 영점과 가까이 있기 때문에, 극점-영점 상쇄가 일어나서 2차 근사화가 타당하다는 것을 알 수 있다.

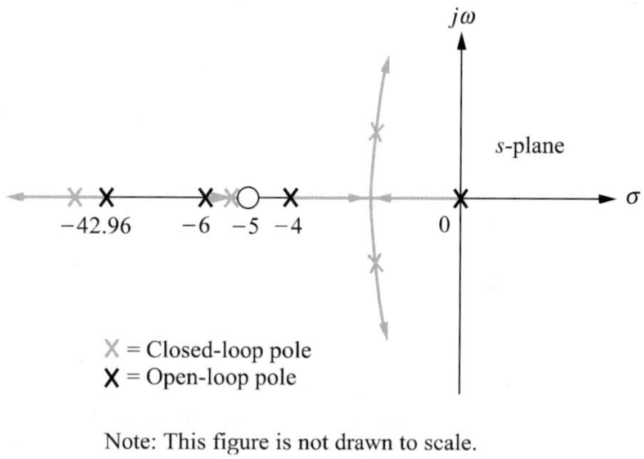

그림 9.28 보상 시스템의 근궤적

이 설계와 보상기의 영점을 -2와 -4에 임의로 배치시킨 다른 두 가지의 설계에 대하여 모든 결과들을 표 9.4에 요약하였다. 각각에 대한 설계는 이 예제의 끝에서 설명할 MATLAB이나 또는 상태 공간 모델, 그리고 www.wiley.com/go/Nise/ControlSystemsEngineering8e의 부록 H.1에 있는 계단 응답 프로그램을 사용하여 시뮬레이션을 함으로써 검증할 수 있다. 이러한 설계 문제에 대한 시뮬레이션 결과는 표에서 괄호 안에 표시하였다. 시뮬레이션과 일치하지 않는 경우는 보상기의 영점이 -2에 있는 경우이다. 이 경우에는 폐루프 극점과 영점이 상쇄되지 않는다.

근궤적의 개요도로부터, 영점의 영향이 예견된 응답과 다른 이유를 알 수 있다. 영점이 극점 -4의 오른쪽에 있으면, 이 영점과 원점 사이에 근궤적이 존재하게 된다. 즉, 지배 극점보다도 원점 가까이에 폐루프 극점이 있게 된다. 이 때는 이득이 매우 크지 않으면 극점-영점 상쇄가 거의 일어나지 않는다. 그러므로 근궤적을 간략하고 신속하게 그려보는 것은 더 나은 설계를 할 수 있는 정보를 제공한다. 이 예제의 경우, 영점을 극점 -4의 왼쪽에 배치하면 극점-영점 상쇄가 일어나고, 고차 극점이 지배 극점의 왼쪽에 있게 되어 빨리 응답하게 된다. 이것은 영점을 -4와 -5에 배치시키는 경우에 대하여 2차로 근사화하는 것이 더 타당하다는 사실로 증명된다. 다시 말하면, 영점을 어디에 배치 할 것인가에 대한 결정은 경험적으로 하게 되며, 설계가 끝난 후 시뮬레이션을 통하여 검증해야 한다.

이제 표 9.4에 나타낸 결과를 요약해 보기로 하자. 먼저 다음과 같은 차이점을 알 수 있다.

1. 임의로 선정한 영점의 위치
2. 정상상태 오차의 개선 양
3. 요구되는 이득 K의 양
4. 제3, 4 극점의 위치와 2차 근사화에 미치는 상대적인 영향. 이 영향은 지배 극점으로부터 그들의 거리에 의해서 측정되거나 폐루프 영점에 의한 상쇄 정도에 의하여 측정된다.

먼저 시뮬레이션으로 원하는 성능을 검증하면, 보상기의 선정은 필요한 이득의 양이나 지상 보상기 없이 얻을 수 있는 정상상태 오차 개선량을 기초로 해서 이루어진다.

표 9.4의 결과는 그림 9.29와 같이 비보상 시스템과 3가지의 진상 보상 시스템에 대한 계단 응답의 시뮬레이션에 의해 확인된다.

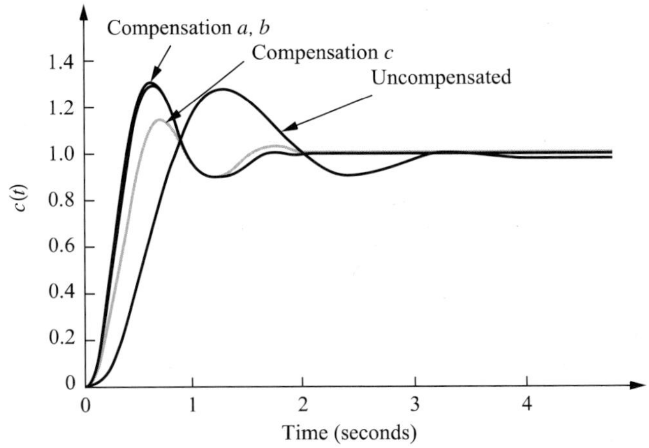

그림 9.29 예제 9.4에 대한 비보상 시스템과 진상 보상 시스템의 응답

MATLAB
ML

MATLAB을 사용할 학생들은 부록 B에 있는 ch9apB2를 수행해 본다. 진상 보상기를 설계하기 위하여 MATLAB을 사용할 것이다. 키보드를 사용하여 원하는 퍼센트 오버슈트를 입력하시오. MATLAB은 비보상 시스템의 근궤적과 퍼센트 오버슈트에 해당하는 선을 그릴 것이다.

비보상 시스템의 성능 특성과 이 시스템에 대한 계단 응답을 MATLAB을 통하여 확인하면서 이득을 선정할 수 있다. 이러한 특성을 사용하여 원하는 정착 시간과 진상 보상기에 대한 영점의 값을 입력할 수 있다. 그 다음 보상기의 극점값을 선정할 수 있다. 그러면 MATLAB은 근궤적을 그릴 것이다. 계속해서 근궤적이 원하는 점을 지날 때까지 극점을 반복하여 선정할 수 있다. MATLAB은 진상 보상기와 성능 특성을 나타내고 계단 응답을 그릴 것이다. 그 다음 계속해서 여러분들은 근궤적이 원하는 점으로 갈 때까지 극점을 선정할 수 있다. 그러면 MATLAB은 진상 보상기와 이 보상기를 화면에 나타내고, 성능 특성을 수치화하여 계단 응답을 그릴 것이다. 이 연습은 MATLAB을 사용하여 예제 9.4를 푼다.

숙련예제 9.2

문제 다음과 같은 전향 전달 함수를 갖는 단위 피드백 시스템이

$$G(s) = \frac{K}{s(s+7)}$$

일 때, 15%의 오버슈트를 가지는 폐루프 계단 응답으로 동작한다. 다음 문제를 풀어라.

a. 정착 시간을 구하라.

b. 정착 시간을 3배 빠르게 하는 진상 보상기를 설계하시오. 여기서 보상기의 영점을 -10에 배치하라.

풀이

a. $T_s = 1.143s$

b. $G_{lead}(s) = \frac{s+10}{s+25.52}$, $K = 476.3$

완전한 해는 www.wiley.com/go/Nise/ControlSystemsEngineering8e에 있다.

9.4 정상상태 오차와 과도 응답 개선

이제 9.2절과 9.3절에서 각각 다룬 정상상태 오차와 과도 응답의 개선을 위한 설계 방법을 결합해 보기로 하자. 우선 9.3절의 방법을 사용하여 과도 응답을 개선한다. 그리고 9.2절의 방법을 적용하여 이 보상 시스템의 정상상태 오차를 개선한다. 이러한 접근 방법의 단점으로는 정상상태 오차가 개선되는 반면에 응답 속도가 약간 느려진다는 것이다.

다른 방법으로는, 먼저 정상상태 오차를 개선하고 그 다음 과도 응답을 개선하도록 설계하는 것이다. 이러한 접근 방법의 단점으로는 경우에 따라 과도 응답을 개선하여 시스템을 설계하는 것이 앞서 설계된 정상상태 오차의 개선의 저하를 가져올 수 있다는 것이다. 또 다른 경우에는 과도 응답을 개선하여 시스템을 설계하면 앞서 설계된 정상상태 오차보다 더 나은 개선을 가져올 수 있다는 것이다. 이것은 주어진 정상상태 오차 설계 조건보다 훨씬 개선된 결과이다. 이렇게 설계하는 것이 비용이 더 들거나 다른 설계상의 문제를 일으키지 않는 한 문제가 되지 않는다. 본 교재에서는 먼저 과도 응답에 대하여 설계를 하고 그 다음에 정상상태 오차에 대하여 설계를 하기로 한다.

설계는 앞에서 설명한 것처럼 능동 회로나 수동 회로로 구성되는 보상기를 사용한다. 능동 회로를 사용하여 먼저 PD 제어기를 설계하고 이어서 PI 제어기를 설계한다. 이 때 구현되는 보상기를 **비례-적분-미분**(*PID : proportional-integral-derivative*) 제어기라고 한다. 수동 회로를 사용하여 먼저 진상 보상기를 설계하고, 그 다음 지상 보상기를 설계하여 얻어지는 보상기를 **지상-진상 보상기**(*lag-lead compensator*)라 한다.

PID 제어기 설계

그림 9.30에 있는 PID 제어기의 전달 함수는 다음과 같다.

$$G_c(s) = K_1 + \frac{K_2}{s} + K_3 s = \frac{K_1 s + K_2 + K_3 s^2}{s} = \frac{K_3\left(s^2 + \frac{K_1}{K_3}s + \frac{K_2}{K_3}\right)}{s} \tag{9.21}$$

이 전달 함수는 두 개의 영점과 원점에 있는 한 개의 극점을 갖는다. 한 개의 영점과 원점에 있는 극점은 이상 적분 보상기에 의해 설계되고 다른 하나의 영점은 이상 미분 보상기에 의해 설계된다.

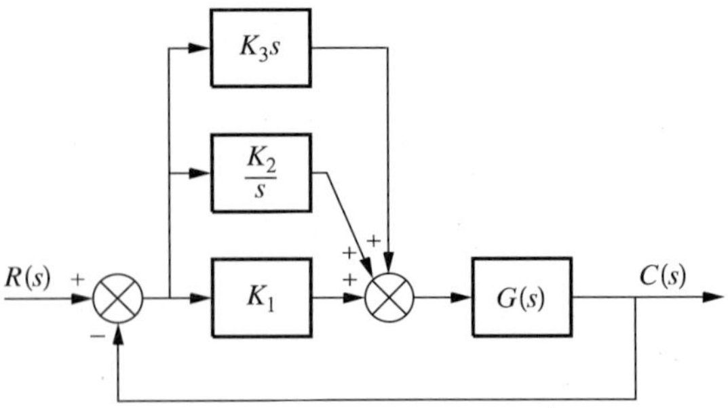

그림 9.30 PID 제어기

예제 9.5에서 설명하는 설계 방법은 다음과 같은 단계로 이루어진다.

1. 얼마나 과도 응답을 개선해야 하는지를 결정하기 위하여 비보상 시스템의 성능을 평가한다.
2. 과도 응답 설계 조건을 만족하도록 PD 제어기를 설계하고 영점의 위치와 루프 이득을 계산한다.
3. 모든 설계 조건이 만족되는지를 시뮬레이션을 통하여 확인한다.
4. 시뮬레이션 결과가 설계 조건을 만족하지 않으면 설계를 다시 한다.
5. 정상상태 오차에 대한 설계 조건을 만족하도록 PI 제어기를 설계한다.
6. 그림 9.30의 이득 K_1, K_2, K_3를 결정한다.
7. 모든 설계 조건이 만족되는지를 시뮬레이션을 통하여 확인한다.
8. 시뮬레이션 결과가 설계 조건을 만족하지 않으면 설계를 다시 한다.

예제 9.5 PID 제어기 설계

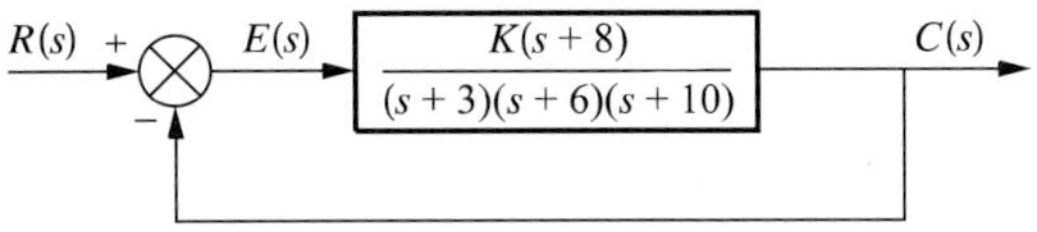

그림 9.31 예제 9.5에 대한 비보상 피드백 제어 시스템

문제 그림 9.31의 시스템에 대하여 보상 시스템이 20%의 오버슈트를 가지면서 최고값 시간이 비보상 시스템의 2/3가 되도록 하고, 계단 입력에 대하여 정상상태 오차가 0이 되도록 PID 제어기를 설계하라.

풀이 풀이는 앞에서 설명한 8단계의 과정으로 이루어진다.

1단계 먼저 비보상 시스템이 20%의 오버슈트를 가질 때 시스템 성능을 평가해 보자. 그림 9.32와 같이 20%의 오버슈트에 해당하는 선 $\zeta = 0.456$과 근궤적이 만나는 점에서의 이득이 121.5이고, 위치 $-5.415 \pm j10.57$이 지배 극점이 됨을 알 수 있다.

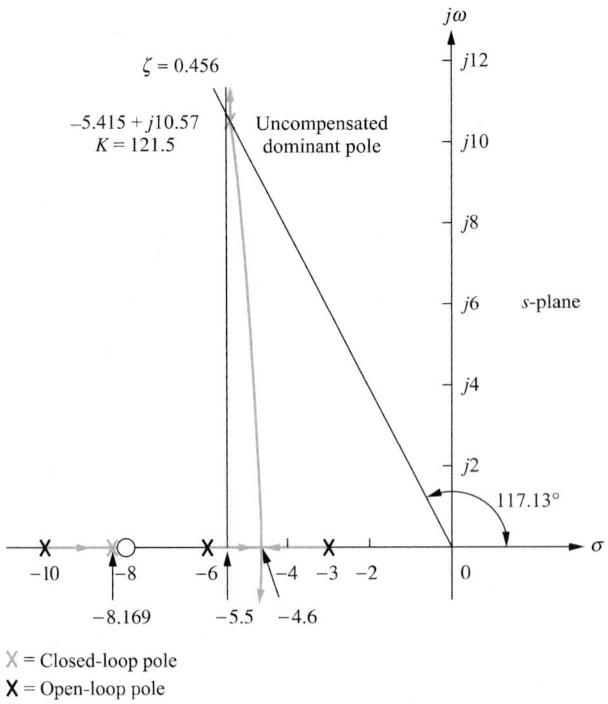

그림 9.32 예제 9.5의 비보상 시스템의 근궤적

지배 극점의 이득에 대한 -8과 -10 사이에 있는 세 번째 극점은 -8.169가 된다. 비보상 시스템의 전체 성능을 표 9.5의 두 번째 열에 나타내었으며 시뮬레이션을 통하여 얻은 값과 계산된 값을 비교하였다(그림 9.35). 비보상 시스템이 20%의 오버슈트를 가질 때 최고값 시간은 약 0.297초이다.

2단계 비보상 시스템의 최고값 시간을 2/3로 줄이기 위하여, 먼저 보상 시스템의 지배 극점의 위치를 찾아야 한다. 보상 시스템에 대한 지배 극점의 허수부는 다음과 같다.

$$\omega_d=\frac{\pi}{T_P}=\frac{\pi}{(2/3)(0.297)}=15.87 \tag{9.22}$$

그리고 지배 극점의 실수부는 다음과 같다.

$$\sigma=\frac{\omega_d}{\tan 117.13^\circ}=-8.13 \tag{9.23}$$

다음으로 보상기를 설계한다. 그림 9.33과 같이 보상기의 영점의 위치를 계산한다. 근궤적 프로그램을 사용하여 비보상 시스템의 모든 극점과 영점에서 보상 시스템의 지배 극점까지에 대한 각도의 합을 구하면 -198.37°가 된다. 그래서 보상기 영점의 각도는 198.37° -180°=18.37°이다. 보상기 영점이 그림 9.33과 같이 $-z_c$에 있다고 가정하면

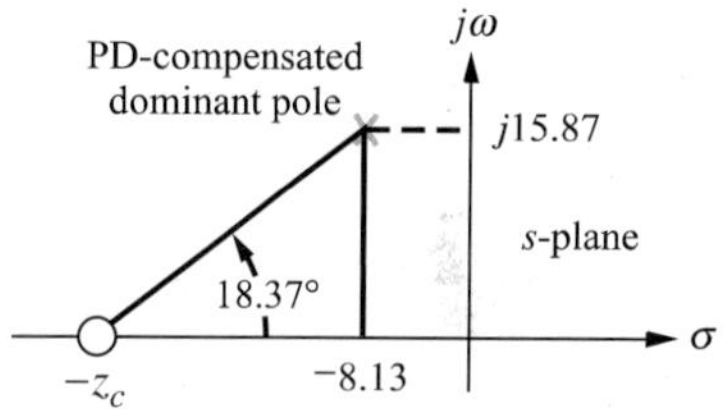

그림 9.33 예제 9.5에 대한 PD 보상기의 영점 계산

$$\frac{15.87}{z_c-8.13}=\tan 18.37^\circ \tag{9.24}$$

이므로

$$z_c=55.92 \tag{9.25}$$

가 된다. 따라서 PD 제어기는 다음과 같다.

$$G_{PD}(s)=(s+55.92) \tag{9.26}$$

표 9.5 예제 9.5의 비보상, PD 보상, PID 보상 시스템의 예측 특성

	보상	PD–보상	PID–보상
Plant and compensator	$\frac{K(s+8)}{(s+3)(s+6)(s+10)}$	$\frac{K(s+8)(s+55.92)}{(s+3)(s+6)(s+10)}$	$\frac{K(s+8)(s+55.92)(s+0.5)}{(s+3)(s+6)(s+10)s}$
Dominant poles	$-5.415\pm j10.57$	$-8.13\pm j15.87$	$-7.516\pm j14.67$
K	121.5	5.34	4.6
ζ	0.456	0.456	0.456
ω_n	11.88	17.83	16.49
$\%OS$	20	20	20
T_s	0.739	0.492	0.532
T_p	0.297	0.198	0.214
K_p	5.4	13.27	∞
$e(\infty)$	0.156	0.070	0
Other poles	−8.169	−8.079	−8.099, −0.468
Zeros	−8	−8, −55.92	−8, −55.92, −0.5
Comments	Second-order approx. OK	Second-order approx. OK	Zeros at −55.92 and −0.5 not canceled

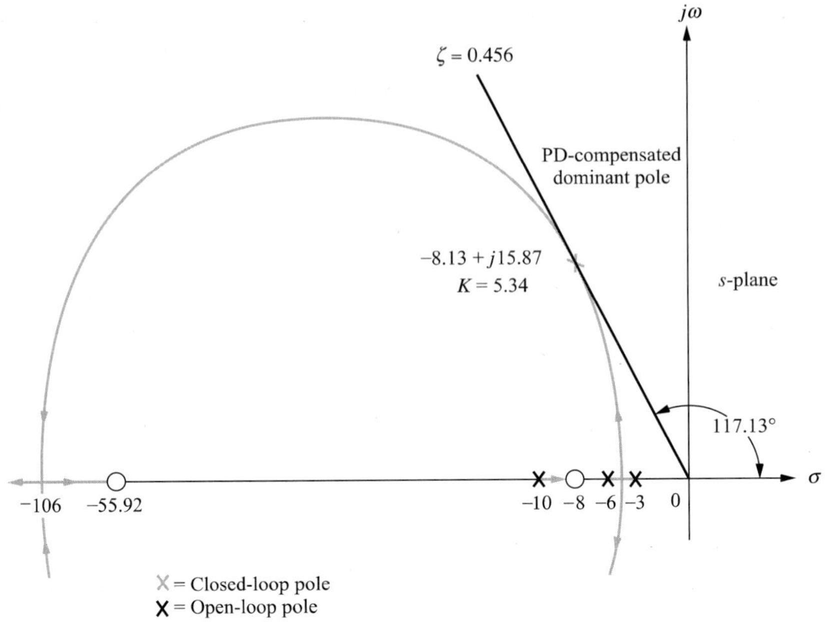

그림 9.34 예제 9.5의 PD 보상 시스템의 근궤적

Note: This figure is not drawn to scale.

PD 보상 시스템의 완전한 근궤적을 그림 9.34에 나타내었다. 근궤적 프로그램을 사용하면 설계점에서의 이득이 5.34가 됨을 알 수 있다. 이상 미분 보상기에 대한 전체 특성을 표 9.5의 세 번째 열에 나타내었다.

3과 4단계 PD 보상 시스템을 시뮬레이션하면 그림 9.35와 같다. 비보상 시스템보다 최고값 시간이 줄고 정상상태 오차가 개선되었음을 알 수 있다.

5단계 PD 제어기를 설계한 후 계단 입력에 대하여 정상상태 오차가 0인 이상 적분 보상기를 설계한다. 이상 적분 보상기의 영점을 원점 가까이에 배치시켜야만 이상 적분 보상기로 동작한다. 따라서 이상 적분 보상기는 다음과 같이 선정한다.

$$G_{PI}(s) = \frac{s+0.5}{s} \tag{9.27}$$

그림 9.36과 같이 PID 보상 시스템에 대하여 근궤적을 개략적으로 그릴 수 있다. 근궤적이 0.456의 감쇠비선과 만나는 점이 지배 2차 극점이 되며, 위치는 $-7.516 \pm j14.67$이고 이득은 4.6이다. PID 보상 시스템의 나머지 특성은 표 9.5의 네 번째 열에 나타내었다.

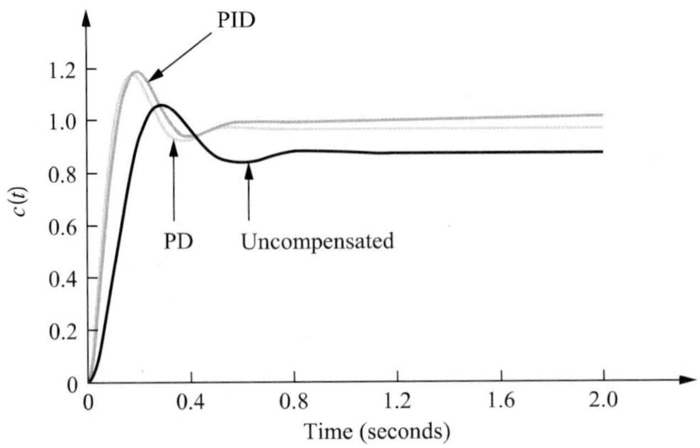

그림 9.35 예제 9.5의 비보상, PD 보상, PID 보상된 경우의 계단 응답

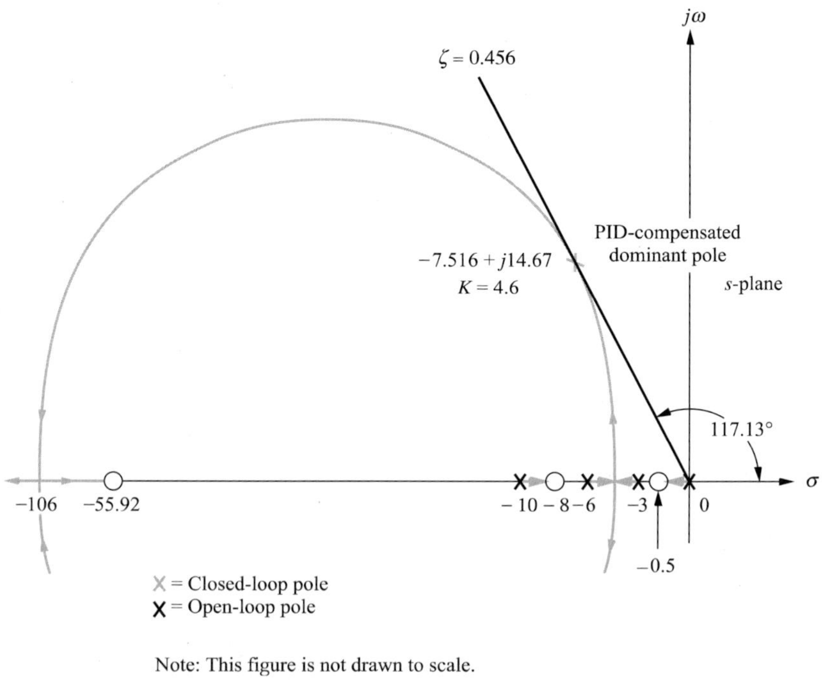

그림 9.36 예제 9.5의 PID 보상 시스템에 대한 근궤적

6단계 이제 그림 9.30에 나타낸 이득 K_1, K_2, K_3의 값을 결정한다. 식 (9.26)과 식 (9.27)로부터 이득의 곱과 PID 제어기 식은 다음과 같다.

$$\begin{aligned} G_{PID}(s) &= \frac{K(s+55.92)(s+0.5)}{s} = \frac{4.6(s+55.92)(s+0.5)}{s} \\ &= \frac{K(s^2+56.42s+27.96)}{s} \end{aligned} \tag{9.28}$$

식 (9.21)과 식 (9.28)을 비교하면, $K_1 = 259.5$, $K_2 = 128.6$, $K_3 = 4.6$이 된다.

7과 8단계 그림 9.35로 돌아가서 설계 결과를 요약해 보자. PD 보상은 처음 최고값에 도달할 때까지의 시간을 줄임으로써 과도 응답을 개선시켰으며, 정상상태 오차에 있어서도 약간의 개선을 하였다. 완전한 PID 제어기는 PD 제어기로 설계된 과도 응답을 크게 손상시키지 않고 정상상태 오차를 더 개선하였다. 앞에서 이미 언급했던 것처럼 PID 제어기는 1의 최종치에 도달할 때까지 약 3초가 소요되는 느린 응답을 나타내고 있다. 만약 이것이 만족스럽지 않다면, 이상 미분 보상기를 다시 설계하거나 PI 제어기의 영점을 원점에서 더 멀리 배치함으로써, 시스템의 속도를 향상시킬 수 있다. 시뮬레이션은 이러한 형태의 설계 방식에서는 중요한 역할을 한다. 왜냐하면, 정상상태 오차가 천천히 수정되는 이러한 응답에 대해서는 유도된 정착 시간 계산식을 적용할 수 없기 때문이다.

지상-진상 보상기 설계

앞의 예제에서 과도 응답과 정상상태 오차 성능을 개선하는 PID 제어기를 이상 미분 보상기와 이상 적분 보상기를 순차적으로 결합하여 설계하였다. 다음 예제에서는 과도 응답과 정상상태 오차를 이상 PID 제어기를 사용하지 않고 진상 보상기와 지상 보상기를 사용하여 개선시킨다. 이러한 보상기를 지상-진상 보상기라 한다.

먼저 과도 응답을 개선하기 위한 진상 보상기를 설계한다. 그 다음에 정상상태의 오차에 있어서 개선되어야할 양을 계산한다. 마지막으로, 정상상태 오차의 요구 조건을 만족하는 지상 보상기를 설계한다. 이 장의 끝에서 수동 회로로 설계된 회로를 소개한다. 다음 과정은 설계 과정을 요약한 것이다.

1. 과도 응답에 있어서 얼마의 양이 개선되어야 하는지를 결정하기 위하여 비보상 시스템의 성능을 평가한다.
2. 과도 응답 설계 조건을 만족하기 위하여 진상 보상기를 설계한다. 영점의 위치, 극점의 위치, 루프 이득을 결정한다.
3. 모든 설계 조건이 만족되는 지를 시뮬레이션을 통하여 확인한다.
4. 시뮬레이션 결과가 설계 조건을 만족하지 않으면 설계를 다시 한다.
5. 정상상태 오차에 있어서 얼마만큼의 개선이 더 필요한지를 결정하기 위하여 진상 보상 시스템에 대하여 정상상태 오차 성능을 계산한다.
6. 정상상태 오차에 대한 설계 조건을 만족하도록 지상 보상기를 설계한다.
7. 모든 설계 조건이 만족되는지를 시뮬레이션을 통하여 확인한다.
8. 시뮬레이션 결과가 설계 조건을 만족하지 않으면 설계를 다시 한다.

예제 9.6 지상-진상 보상기 설계

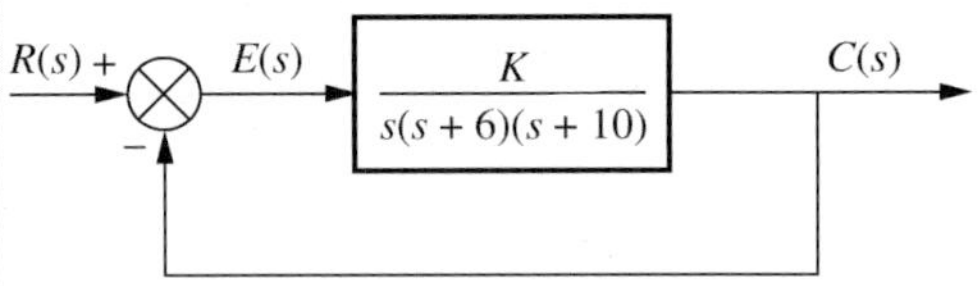

그림 9.37 예제 9.6에 대한 비보상 시스템

문제 그림 9.37의 시스템에 대하여 시스템이 20%의 오버슈트로 동작하고 정착 시간이 반으로 줄어들도록 지상-진상 보상기를 설계하시오. 또 보상된 시스템은 램프 입력에 대하여 정상상태 오차가 10배 개선됨을 볼 것이다.

풀이 풀이는 앞에서 설명한 단계를 따르는다.

1단계 먼저 비보상 시스템의 성능을 평가한다. 그림 9.38에서 20% 오버슈트선($\zeta=0.456$)과 근궤적이 만나는 점을 구하면, 이득이 192.1일 때 $-1.794\pm j3.501$인 지배 극점이 얻어진다. 비보상 시스템의 성능을 표 9.6에 요약하였다.

2단계 다음에는 보상 시스템의 지배 극점의 위치를 선정함으로써 진상 보상기 설계를 시작하자. 정착 시간은 실수부에 반비례하기 때문에, 정착 시간을 반으로 줄이기 위하여 지배 극점의 실수부를 2배 증가시킨다. 그러므로

$$-\zeta\omega_n = -2(1.794) = -3.588 \tag{9.29}$$

이 되고 설계점의 허수부는 다음과 같다.

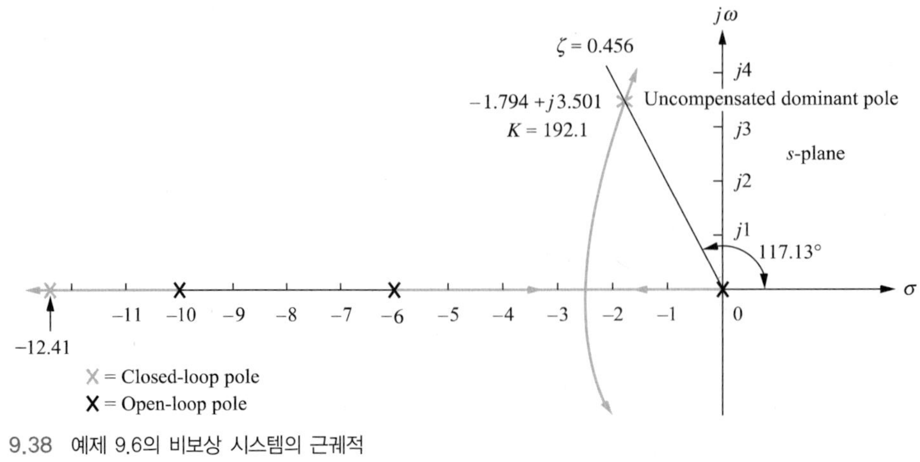

그림 9.38 예제 9.6의 비보상 시스템의 근궤적

표 9.6 예제 9.6의 비보상의 경우, 진상 보상의 경우, 지상-진상 보상의 경우에 대한 시스템의 예측 특성

	비보상	진상 보상	지상-진상 보상
Plant and compensator	$\frac{K}{s(s+6)(s+10)}$	$\frac{K}{s(s+10)(s+29.1)}$	$\frac{K(s+0.04713)}{s(s+10)(s+29.1)(s+0.01)}$
Dominant poles	$-1.794 \pm j3.501$	$-3.588 \pm j7.003$	$-3.574 \pm j6.976$
K	192.1	1977	1971
ζ	0.456	0.456	0.456
ω_n	3.934	7.869	7.838
$\%OS$	20	20	20
T_s	2.230	1.115	1.119
T_p	0.897	0.449	0.450
K_v	3.202	6.794	31.92
$e(\infty)$	0.312	0.147	0.0313
Third pole	-12.41	-31.92	-31.91, -0.0474
Zero	None	None	-0.04713
Comments	Second-order approx. OK	Second-order approx. OK	Second-order approx. OK

$$\omega_d = \zeta\omega_n \tan 117.13^\circ = 3.588 \tan 117.13^\circ = 7.003 \tag{9.30}$$

이제 진상 보상기를 설계하자. 임의로 진상 보상기의 영점의 위치를 선정하는데, 여기서는 -6인 개루프 시스템의 극점과 일치하는 보상기의 영점을 선정한다.

이와 같이 선정하면, 영점이 제거되어 비보상 시스템과 같은 수의 세 개의 극점을 갖는 진상 보상된 시스템이 된다.

보상기 극점의 위치를 찾음으로써 설계를 마무리한다. 근궤적 프로그램을 사용하여 비보상 시스템의 극점과 영점, 보상기의 영점으로부터 설계점에 이르는 각도를 합하면 -164.65°가 된다. 이 값과 180°의 차이 -15.35°는 보상기 극점에 의한 각도이다. 그림 9.39의 기하학 그림을 사용하면

$$\frac{7.003}{p_c - 3.588} = \tan 15.35^\circ \tag{9.31}$$

이 되므로, 보상기 극점의 위치, p_c는 -29.1이 된다.

진상 보상 시스템에 대한 완전한 근궤적을 그림 9.40에 나타내었다. 설계점에서의 이득은 1977이다.

3과 4단계 시뮬레이션을 통하여 설계 결과를 확인한다. 진상 보상 시스템의 결과는 그림 9.42에 나타내었으며 만족할 만하다.

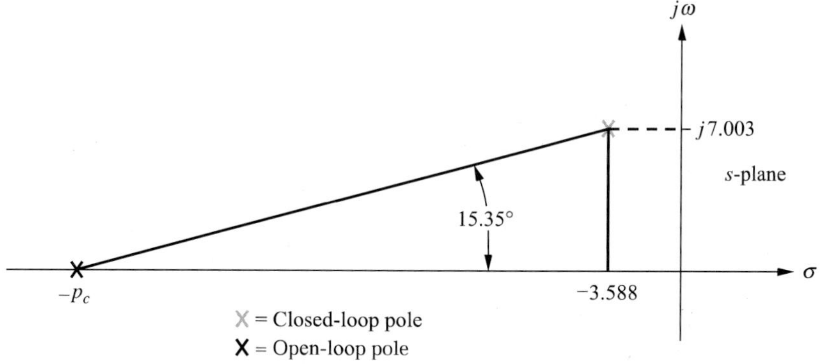

그림 9.39 예제 9.6에 대한 보상기 극점 계산

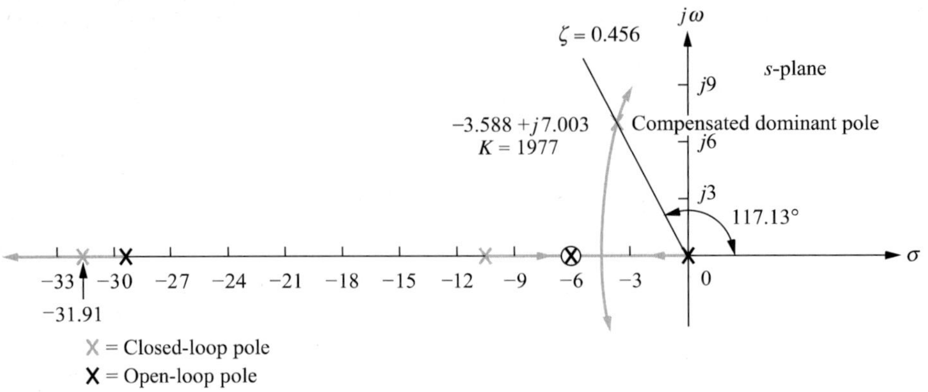

그림 9.40 예제 9.6의 진상 보상 시스템의 근궤적

5단계 계속하여 정상상태 오차를 개선하기 위하여 지상 보상기를 설계하자. 비보상 시스템의 개루프 전달 함수는 다음과 같기 때문에

$$G(s) = \frac{192.1}{s(s+6)(s+10)} \tag{9.32}$$

정상상태 오차에 반비례하는 정적 오차 상수 K_v는 3.201이다. 진상 보상 시스템의 개루프 전달 함수는 다음과 같기 때문에

$$G_{LC}(s) = \frac{1977}{s(s+10)(s+29.1)} \tag{9.33}$$

정상상태 오차에 반비례하는 정적 오차 상수 K_v는 6.794이다. 그러므로 진상 보상의 첨가는 정상상태 오차를 2.122배 만큼 개선시킨다. 문제에서는 10배의 개선을 요구하였으므로,
진상 보상기보다 정상상태 오차가 4.713배(10/2.122=4.713) 개선되도록 지상 보상기를 설계해야 한다.

6단계 지상 보상기의 극점을 0.01의 임의의 값으로 선정하고, 영점을 0.04713으로 선정하면 지상 보상기는 다음과 같다.

$$G_{lag}(s) = \frac{(s+0.04713)}{(s+0.01)} \tag{9.34}$$

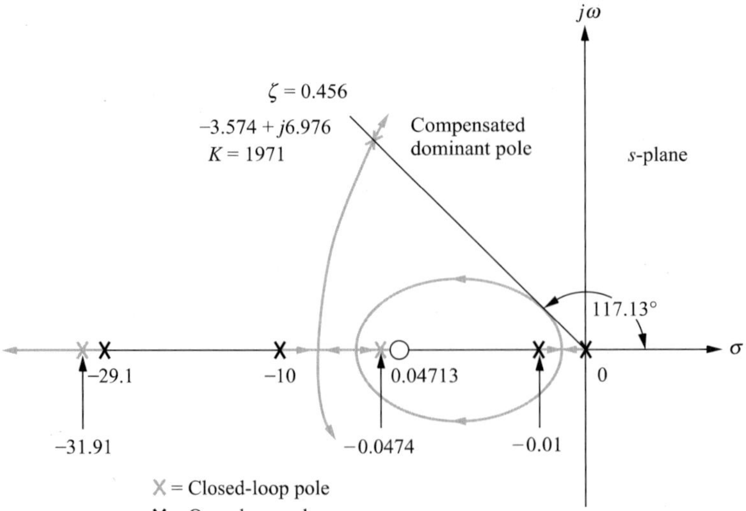

그림 9.41 예제 9.6의 지상-진상 보상 시스템의 근궤적

지상-진상 보상 시스템의 개루프 전달 함수는

$$G_{LLC(s)} = \frac{K(s+0.04713)}{s(s+10)(s+29.1)(s+0.01)} \tag{9.35}$$

여기에서 비보상 시스템의 -6에 있는 극점은 -6에 있는 진상 보상기의 영점에 의해 상쇄된다. 지상-진상 보상 시스템의 완전한 근궤적을 그리고, 0.456인 감쇠비선을 선을 따라가면서, 지배 폐루프 극점을 찾아보면 이득이 1971일 때 $-3.574 \pm j6.976$에서 지배 폐루프 극점을 찾을 수 있다. 지상-진상 보상된 근궤적을 그림 9.41에 나타내었다.

설계 결과에 대한 요약은 표 (9.6)과 같다. 지상-진상 보상은 정착 시간이나 최고값 시간에서 알 수 있는 것처럼 시스템의 응답 속도를 향상시킨다. 램프 입력에 대한 정상상태 오차는 $e(\infty)$에서 알 수 있는 것처럼 10배 감소되었다.

7단계 설계의 마지막 단계는 그림 9.42와 그림 9.43과 같은 시뮬레이션 결과를 확인하는 것이다.

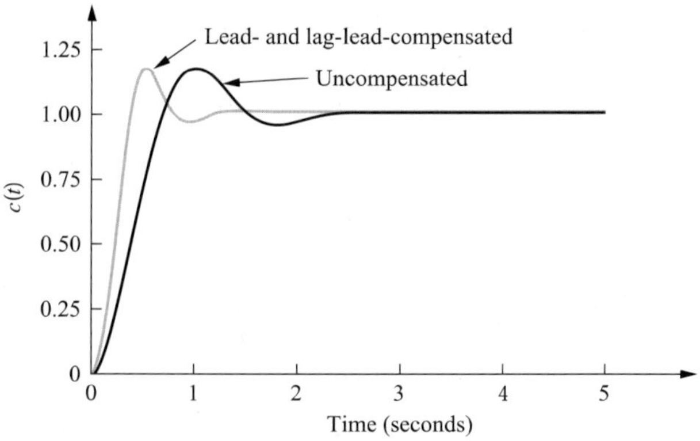

그림 9.42 예제 9.6의 지상-진상 보상 시스템에 대한 계단 응답의 개선

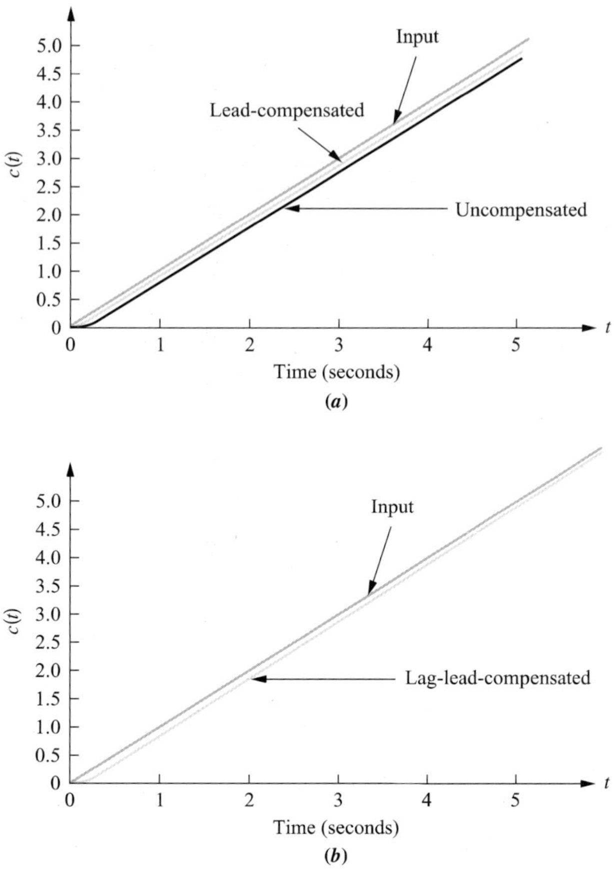

그림 9.43 예제 9.6의 시스템에 대한 램프 응답 오차의 개선
a. 진상 보상이 된 경우
b. 지상-진상 보상이 된 경우

그림 9.42로부터 지상-진상 보상 시스템의 최고값 시간이 짧아졌다는 것을 알 수 있고, 이로 인해 과도 응답이 개선됐다는 것을 알 수 있다. 그림 9.43에 램프 입력에 대한 정상상태 오차의 개선을 보였다. 여기에서 지상-진상 보상의 경우가 더 많이 개선됐다는 것을 알 수 있다. 진상 보상 시스템에 대한 개선은 그림 9.43(a)에, 지상 보상기가 첨가된 지상-진상 보상 시스템에 대한 개선은 그림 9.43(b)에 나타내었다.

앞의 예제에서 -6에 있는 시스템 극점은 진상 보상기 영점에 의해 상쇄되었다. 만약에 진상 보상기의 영점을 다른 곳에 배치하더라도 설계 방법은 동일하다. 다른 위치에 영점을 배치시키면 개루프 극점을 상쇄시키지 못하기 때문에, 예제에서 보였던 것보다 한 개의 극점을 더 갖는 시스템이 된다. 이와 같이 극점을 증가시키는 것은 2차 근사화 하는 것을 어렵게 만든다. 어떤 경우에는 매 단계마다 성능을 확인하기 위하여 시뮬레이션을 해야 한다.

노치 필터(notch filter)

만약 기계 시스템으로 구성된 플랜트가 고주파의 진동 모드를 갖는다면, 원하는 폐루프 응답을 얻는 것은 어렵다. 허수축 가까이에 있는 복소 극점 쌍으로 표현되는 이런 고주파의 진동 모드는 플랜트 전달 함수의 일부분으로서 모델링 될 수 있다. 이와 같은 폐루프 구성에서는 그림 9.44(a)에 나타난 것과 같이 고주파 진동 모드를 나타내는 복소 극점이 허수축으로 더 가까이 갈 수 있고, 또는 우반평면으로 넘어갈 수도 있다. 그래서 그림 9.44(b)에 나타낸 것처럼 시스템의 응답은 원하는 응답이 아닌 불안정하거나 고주파의 진동을 가지는 응답으로 나타날 수 있다.

고주파 진동을 제거하는 한 가지 방법으로는 그림 9.44(c)와 같이 플랜트에 노치 필터[2]를 종속으로 연결하는 것이다(Kuo, 1995). 노치 필터는 실수축에 두 개의 극점을 갖고 플랜트의 작은 감쇠비를 갖는 두 개의 극점을 상쇄시키기 위하여 두 개의 영점을 갖는다. 그래서 그림 9.44(d)와 같이 플랜트의 고주파 극점으로부터의 근궤적은 이 극점으로부터 거리가 매우 짧은 노치 필터의 영점으로 들어간다. 이 때 극점-영점 상쇄(그림 9.44(e))가 일어나기 때문에 고주파 응답은 무시될 수 있다. 다음으

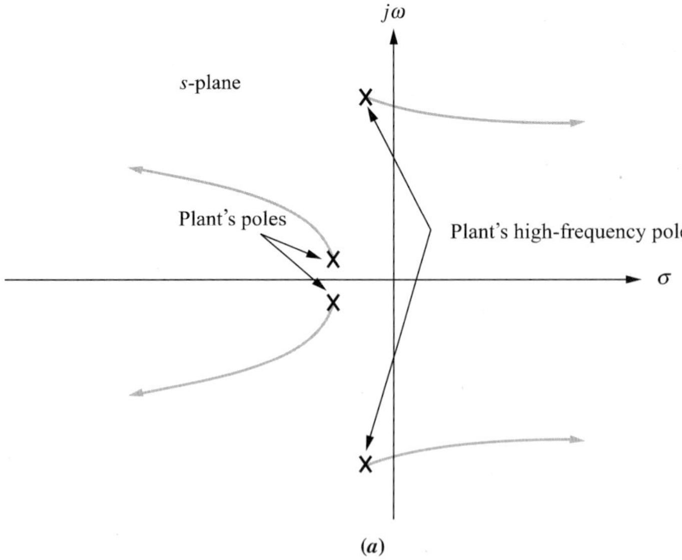

(a)

그림 9.44 a. 노치 필터를 사용하기 전의 근궤적

2 이 필터의 이름은 고주파 극점의 감쇠된 주파수 가까이에서 주파수 응답의 크기가 급격히 작아지는 특성으로부터 왔다. 크기 주파수 응답은 10장에서 설명할 것이다.

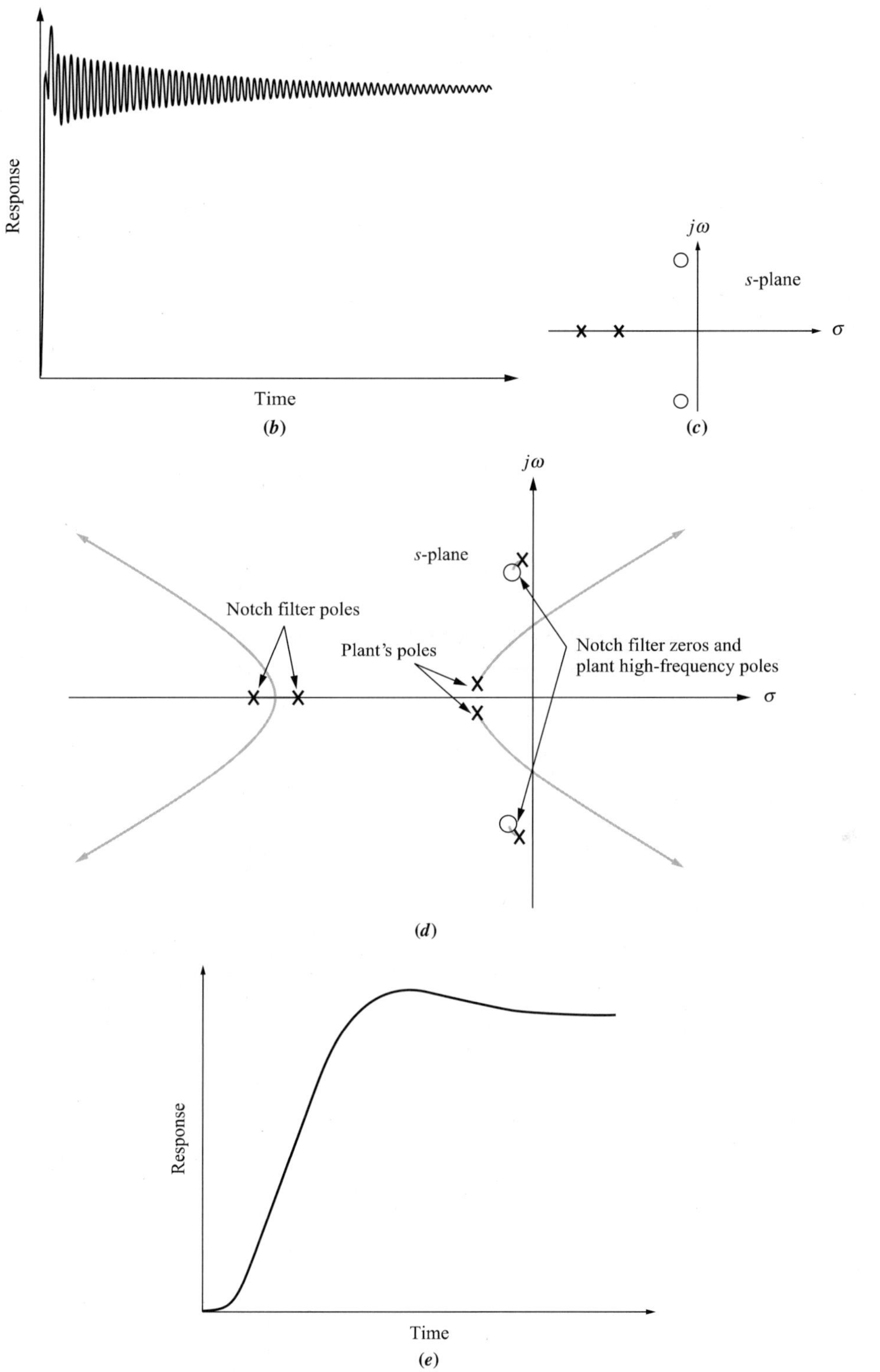

그림 9.44 (계속) b. 노치 필터를 사용하기 전의 전형적인 폐루프 시스템의 계단 응답 c. 노치 필터의 극점-영점 작도 d. 노치 필터를 사용한 후의 근궤적 e. 노치 필터를 사용한 후의 폐루프 시스템의 계단 응답

로 원하는 응답을 얻기 위하여 다른 종속 보상기를 설계할 수 있다. 노치 필터를 단계적인 분석과 이 장의 끝에 있는 설계 문제 55번을 통해 다룰 것이다.

숙련예제 9.3

문제 다음과 같은 전향 전달 함수를 갖는 단위 피드백 시스템이

$$G(s)=\frac{K}{s(s+7)}$$

20%의 오버슈트를 가지는 폐루프 계단 응답으로 동작한다. 다음 문제를 풀어라.

a. 정착 시간을 구하라.
b. 단위 램프 입력을 인가할 경우 정상상태 오차를 구하라.
c. 정착 시간을 2배 빠르게 하고 단위 램프 입력에 대하여 정상상태 오차를 10배 감소시키는 지상-진상 보상기를 설계하다. 여기서 진상 보상기의 영점을 -3에 배치하라.

풀이

a. $T_s=1.143s$
b. $e_{ramp}(\infty)=0.1189$
c. $G_c(s)=\frac{(s+3)(s+0.092)}{(s+9.61)(s+0.01)}$, $K=205.4$

풀이 과정은 www.wiley.com/go/Nise/ControlSystemsEngineering8e에 있다.

이 절의 결론을 맺기 전에 종속 보상기의 논의를 간단히 요약해 보자. 9.3, 9.4, 9.5절에서 과도 응답과 정상상태 오차를 개선하기 위하여 종속 보상기를 사용하였다. 표 9.7에 이들 보상기의 형태, 기능 및 특성을 나타내었다.

표 9.7 종속 보상기의 종류

기능	보상기	전달 함수	특성
정상상태 오차 개선	PI	$K\frac{s+z_c}{s}$	1. 시스템형을 증가시킨다. 2. 오차가 0으로 된다. 3. $-z_c$의 영점은 작은 음수이다. 4. 보상기를 구현하기 위하여 능동 회로가 필요하다.
정상상태 오차 개선	지상	$K\frac{s+z_c}{s+p_c}$	1. 오차는 개선되지만 0으로 되지는 않는다. 2. $-P_c$에 있는 극점은 작은 음수이다. 3. $-z_c$의 영점은 $-P_c$ 극점의 왼쪽 가까이에 있다. 4. 보상기를 구현하는데 능동 회로가 필요없다.
과도 응답 개선	PD	$K(s+z_c)$	1. $-z_c$의 영점은 근궤적상의 설계점에 있도록 선정한다. 2. 보상기를 구현하기 위하여 능동 회로가 필요하다. 3. 잡음과 포화를 일으킬 수 있다. 비율(속도) 피드백 또는 극점으로 구현된다(진상).
과도 응답 개선	진상	$K\frac{s+z_c}{s+p_c}$	1. $-z_c$의 영점과 $-P_c$의 극점은 근궤적상의 설계점에 있도록 선정한다. 2. $-P_c$의 극점은 $-z_c$의 영점보다 더 음의 값이다. 3. 보상기를 구현하는데 능동 회로가 필요없다.
정상상태 오차 및 과도 응답 개선	PID	$K\frac{(s+z_{lag})(s+z_{lead})}{s}$	1. $-z_{lag}$의 지상 영점과 원점에 있는 극점은 정상상태 오차를 개선시킨다. 2. $-z_{lead}$의 진상 영점은 과도 응답을 개선한다. 3. $-z_{lag}$의 지상 영점은 원점의 왼쪽 가까이에 있다. 4. $-z_{lead}$의 진상 영점은 근궤적상의 설계점에 있도록 선정한다. 5. 보상기를 구현하기 위하여 능동 회로가 필요하다. 6. 잡음과 포화를 일으킬 수 있다. 속도 피드백 혹은 부가적인 극점으로 구현된다.

표 9.7 계속

기능	보상기	전달 함수	특성
정상상태 오차 및 과도 응답 개선	지상-진상	$K\dfrac{(s+z_{\text{lag}})(s+z_{\text{lead}})}{(s+p_{\text{lag}})(s+p_{\text{lead}})}$	1. $-p_{\text{lag}}$의 지상 극점과 $-z_{\text{lag}}$의 지상 영점은 정상상태의 오차를 개선시킨다. 2. $-p_{\text{lead}}$의 진상 극점과 $-z_{\text{lead}}$의 진상 영점은 과도 응답을 개선한다. 3. $-p_{\text{lag}}$의 지상 극점은 작은 음수이다. 4. $-z_{\text{lag}}$의 지상 영점은 $-p_{\text{lag}}$의 지상 극점의 왼쪽에 있다. 5. $-z_{\text{lead}}$의 진상 영점과 $-p_{\text{lead}}$의 진상 극점은 근궤적상의 설계점에 배치한다. 6. $-p_{\text{lead}}$에 있는 진상 극점은 $-z_{\text{lead}}$의 진상 영점보다 더 음의 값이다. 7. 보상기를 구현하는데 능동 회로가 필요없다.

9.5 피드백 보상

9.4절에서 과도 응답과 정상상태 응답을 독립적으로 개선하기 위한 방법으로서 종속 보상을 사용하였다. 플랜트에 보상기를 종속적으로 연결하는 것이 근궤적이 원하는 과도 응답을 갖는 폐루프 시스템의 s-평면의 극점을 지나도록 하는 유일한 방법은 아니다. 피드백 경로에 원하는 전달 함수를 삽입시킴으로써 근궤적의 모양을 바꿀 수 있다. 그림 9.45는 피드백 제어 시스템의 **부루프**(*minor loop*)에 보상기 $H_c(s)$를 배치시킨 일반적인 형태이다. 만약에 K를 1, $G_s(s)$를 1로 하거나 또는 K와 $G_s(s)$ 모두를 동시에 1로 하면 다른 형태가 된다.

피드백 보상에 대한 설계 과정은 종속 보상에 대한 것보다 훨씬 더 복잡하다. 반면에 피드백 보상은 더 빠른 응답을 제공한다. 따라서 엔지니어는 제어 루프 내에서 부분적으로 빠른 응답을 얻기 위하여 분리하여 설계를 한다. 예를 들면, 항공기의 조종 제어 루프에 미치는 보조 날개와 방향타에 의한 동적 응답의 영향을 줄이고 빠른 응답을 갖도록 하기 위하여 항공기 보조 날개와 방향타 제어 시스템의 과도 응답을 분리하여 설계할 수 있다. 피드백 제어 시스템은 종속 보상기를 사용할 때 잡음이 문제가 되는 경우에 사용할 수 있다. 또한, 보상기를 통과하는 신호는 전향 경로의 고수준 출력단에서 나와 저수준 입력단으로 들어가기 때문에 피드백 보상은 부가적인 증폭을 필요로 하지 않을 수도 있다. 예를 들어서, 그림 9.45에서 K와 $G_2(s)$가 1이라고 하자. 피드백 보상기 $K_fH_c(s)$로 들어가는 입력은 $G_1(s)$의 고수준 출력단으로부터 나온다. 반면에 $K_fH_c(s)$의 출력은 K_1으로 들어가는 저수준 입력단 중의 하나이다. 그러므로 $K_fH_c(s)$를 통과하면 레벨의 감소가 있게 되고, 그래서 증폭이 항상 필요한 것은 아니다.

가장 흔한 피드백 보상기는 미분기로서 동작하는 속도 센서(rate sensor)이다. 항공기나 배에서 사용되는 속도 센서는 입력 속도에 비례하는 출력 전압을 만들어 내는 속도 자이로가 될 수 있다. 그 이외의 많은 시스템에 있어서 이 속도 센서는 타코미터로 구현된다. 타코미터는 입력 회전 속도에 비례하여 출력 전압을 만드는 전압 발생기이다. 이 보상기는 시스템의 위치 출력에 쉽게 기어로 연결

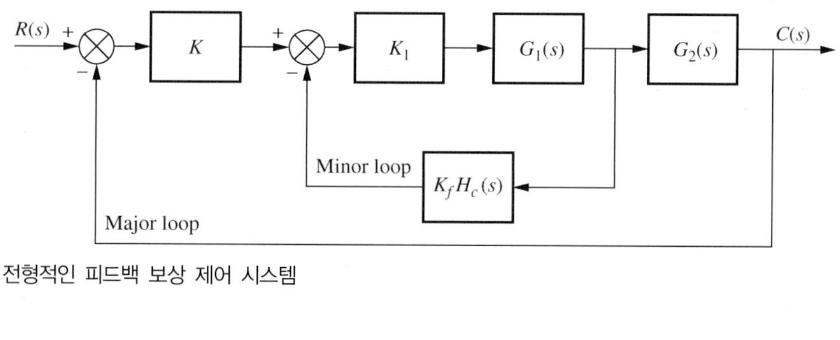

그림 9.45 전형적인 피드백 보상 제어 시스템

그림 9.46 피드백 경로에 미분기로서 타코미터를 사용한 위치 제어 시스템. 이 시스템과 부록 A2에 있는 개요도는 유사한가?

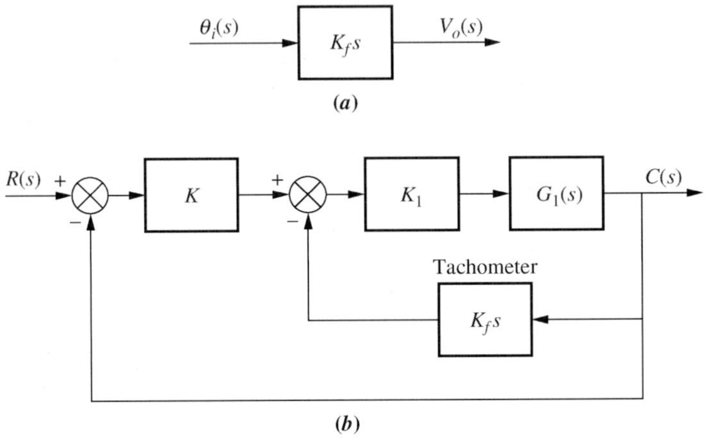

그림 9.47 a. 타코미터의 전달 함수 b. 타코미터 피드백 보상

될 수 있다. 그림 9.46은 모터에 기어를 통하여 타코미터가 연결되어 있는 위치 제어 시스템을 나타낸다. 여기서 입력 전위차계, 출력 전위차계뿐만 아니라 모터와 관성 부하를 볼 수 있다. 타코미터의 블록선도를 그림 9.47(a)에 나타내었고, 제어 루프 내부에서의 전형적인 위치는 그림 9.47(b)와 같다.

이 절에서는 속도 피드백만을 통하여 시스템을 설계하는 방법을 보이지만, 속도뿐만 아니라 위치를 포함한 모든 상태들이 적당한 제어 시스템의 성능을 얻기 위하여 피드백되는 보상 방법에 대해서도 12장에서 설명할 것이다.

이제 설계 과정을 살펴보자. 전형적으로 피드백 보상 설계는 $H_c(s)$에 대한 동적 시스템의 형태를 결정한 후에, 그림 9.45에서 K, K_1, K_f와 같은 이득을 결정하는 것으로 이루어진다. 두 가지의 설계 방법이 있다. 첫째는 종속 보상기의 설계 방법과 유사하다. 여기에서 $G(s)$를 전향 경로 전달 함수로 하고, $H(s)$를 피드백 경로 전달 함수로 하는 전형적인 피드백 시스템을 생각하자. 이제 $G(s)H(s)$로부터 그려지는 근궤적을 고려하자. 종속 보상을 이용하여 $G(s)$에 극점과 영점을 첨가한다. 피드백 보상을 이용하여 $H(s)$에 극점과 영점을 첨가한다.

두 번째 방법으로써, 그림 9.45에 나타낸 부루프에 대하여 설계 조건을 만족하도록 설계하고 다음에 주루프(major loop)를 설계한다. 그러면 항공기의 보조 날개와 같은 부루프는 그 자신의 성능 설계 조건으로 설계될 수 있고 주루프 내에서 동작한다.

방법 1

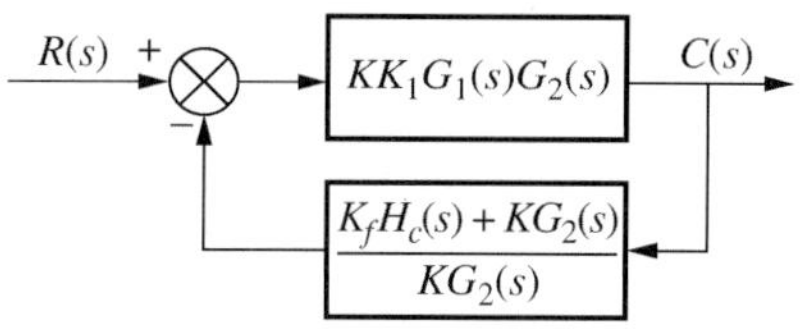

그림 9.48 그림 9.45의 등가 블록선도

첫 번째 방법은 그림 9.45의 K를 합점을 통과시켜서 오른쪽으로 밀어 넣고, $G_2(s)$를 분지점을 통과시켜서 왼쪽으로 밀어 넣은 다음, 두 개의 피드백 경로를 첨가하여 그림 9.48과 같이 축소시킨다. 그림 9.48에서 루프 이득 $G(s)H(s)$는 다음과 같다.

$$G(s)H(s) = K_1 G_1(s)[K_f H_c(s) + KG_2(s)] \tag{9.36}$$

피드백 $K_f H_c(s)$가 없는 루프 이득은 다음과 같다.

$$G(s)H(s) = KK_1 G_1(s)G_2(s) \tag{9.37}$$

그래서 피드백을 더한 효과는 $G_2(s)$의 극점과 영점을 $[K_f H_c(s) + KG_2(s)]$의 극점과 영점으로 바꾸는 것으로 나타난다. 그러므로 근궤적이 설계점을 지나도록 하기 위해 $H(s)$를 이용하여 새로운 극점과 영점을 삽입시키는 것은 종속 보상과 유사하다. 그러나 그림 9.48에 나타낸 등가 피드백 $H(s) = [K_f H_c(s) + KG_2(s)]/KG_2(s)$의 영점이 폐루프 영점이 아니라는 것을 기억해야 한다.

예를 들어, 만약 $G_2(s) = 1$이고 부루프 피드백 $K_f H_c(s)$가 속도 센서이면, $K_f H_c(s) = K_f s$이다. 그 때 식 (9.36)으로부터 루프 이득은 다음과 같다.

$$G(s)H(s) = K_f K_1 G_1(s)(s + \frac{K}{K_f}) \tag{9.38}$$

그러므로 $-K/K_f$에 있는 한 개의 영점이 기존의 개루프 극점과 영점에 더해진다. 이 영점은 근궤적이 설계점을 지나도록 모양을 변형시킨다. 마지막으로, 이득 K_1를 조정하여 원하는 응답을 얻는다. 또, 이 영점이 폐루프 영점이 아니라는 것을 확인한다. 다음의 수치 예제를 살펴보기로 하자.

예제 9.7 속도 피드백을 통한 영점 보상

문제 그림 9.49(a)의 시스템에 대하여, 시스템이 20%의 오버슈트로 동작하고 정착 시간을 1/4로 줄이는 그림 9.49(b)에 나타낸 속도 피드백 보상기를 설계하라.

풀이 먼저 PD 보상기를 설계한다. 비보상 시스템에 대하여 20%의 오버슈트선($\zeta = 0.456$)을 따라가면서 찾아보면, 그림 9.50에 나타낸 것처럼 $-1.809 \pm j3.531$에서 지배 극점을 찾을 수 있다. 비보상 시스템에 대한 추정 설계 조건을 표 9.8에 나타내었으며, 계단 응답을 그림 9.51에 나타내었다. 비보상 시스템의 정착 시간이 2.21초이고 이것을 1/4로 줄이면 0.55초가 된다.

다음에 보상 시스템의 지배 극점의 위치를 결정한다. 정착 시간을 1/4로 줄이기 위하여 극점의 실수부를 4배 증가시켜야 하므로, 보상된 극점의 실수부는 $4(-1.809) = -7.236$이 된다. 이 때 허수부는 다음과 같다.

$$\omega_d = -7.236\tan 117.13^\circ = 14.12 \tag{9.39}$$

여기에서 117.13°는 20%의 오버슈트선의 각도이다.

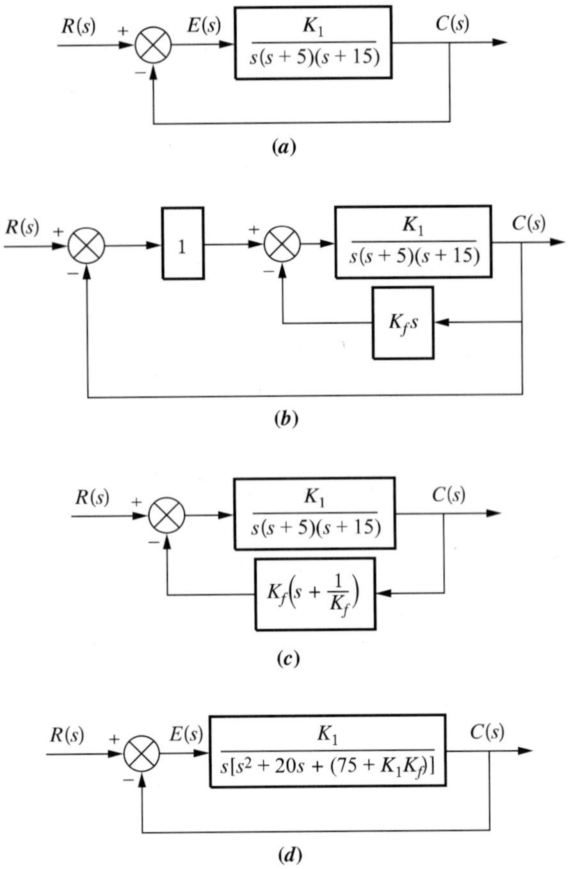

그림 9.49 a. 예제 9.7의 시스템 b. 속도 피드백 보상이 된 시스템 c. 보상된 등가 시스템 d. 단위 피드백으로 나타낸 보상된 등가 시스템

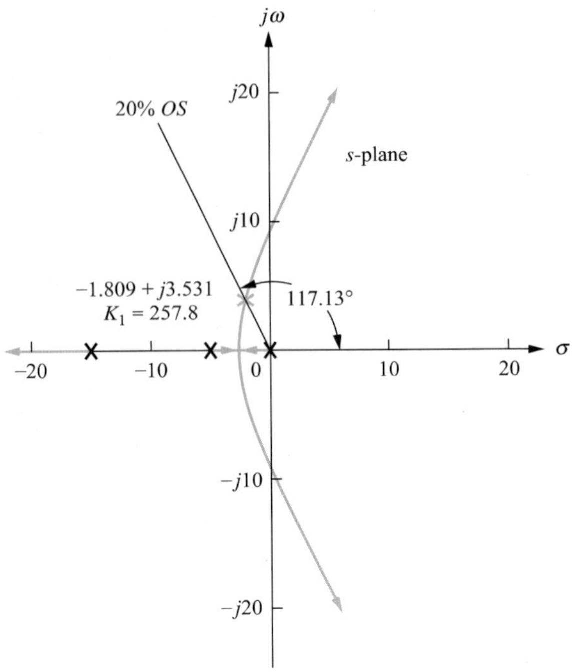

그림 9.50 예제 9.7의 비보상 시스템에 대한 근궤적

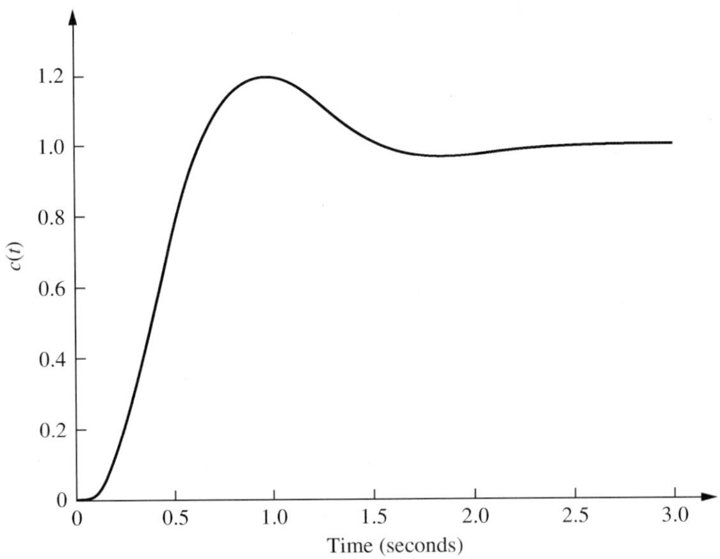

그림 9.51 예제 9.7의 비보상 시스템에 대한 계단 응답

표 9.8 예제 9.7의 비보상 시스템과 보상 시스템의 예측 특성

	비보상	보상
Plant and compensator	$\frac{K_1}{s(s+5)(s+15)}$	$\frac{K_1}{s(s+5)(s+15)}$
Feedback	1	$0.185(s+5.42)$
Dominant poles	$-1.809 \pm j3.531$	$-7.236 \pm j14.12$
K_1	257.8	1388
ζ	0.456	0.456
ω_n	3.97	15.87
$\%OS$	20	20
T_s	2.21	0.55
T_p	0.89	0.22
K_v	3.44	4.18
$e(\infty)$ (ramp)	0.29	0.24
Other poles	-16.4	-5.53
Zero	None	None
Comments	Second-order approx. OK	Simulate

$-7.236 \pm j14.12$의 보상된 지배 극점을 사용하여, 비보상 시스템의 극점으로부터의 각도를 합한다. 그러면 각도의 합은 -277.33°가 된다. 이 각도는 설계점에서 180°가 되어야 하므로, 보상기에 의한 영점의 각도는 +97.33°가 되어야 한다는 것을 알 수 있다. 보상기 영점의 위치에 대한 계산은 그림 9.52에 나타낸 기하학으로부터 알 수 있다. 그러므로

$$\frac{14.12}{7.236 - z_c} = \tan(180^\circ - 97.33^\circ) \tag{9.40}$$

이로부터 보상기의 영점은 $z_c = 5.42$가 된다.

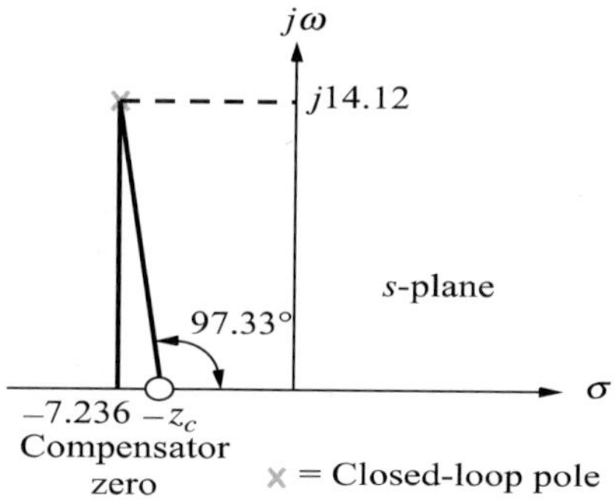

그림 9.52 예제 9.7의 보상기 영점 계산

그림 9.49(c)의 등가 보상 시스템에 대한 근궤적을 그림 9.53에 나타내었다. 그림 9.49(c)로부터 설계점의 이득 K_1K_f가 256.7이 된다는 것을 알 수 있다. K_f는 보상기 영점의 역수이므로, $K_f = 0.185$가 된다. 그러므로 $K_1 = 1388$이다.

정상상태 오차의 특성을 평가하기 위하여, 그림 9.49(d)로부터 K_v를 찾을 수 있다.

$$K_v = \frac{K_1}{75 + K_1K_f} = 4.18 \tag{9.41}$$

보상 시스템의 예측 성능은 표 9.8과 같다. 고차 극점이 지배 극점으로부터 충분히 떨어져 있지 않기 때문에 무시할 수가 없다. 또한, 그림 9.49(d)로부터 페루프 전달 함수는 다음과 같다.

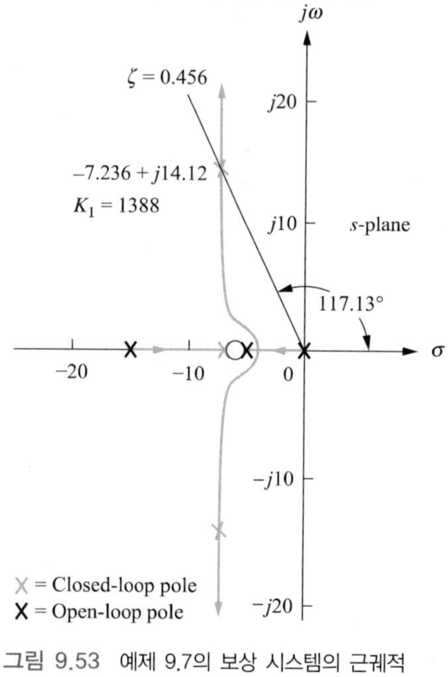

그림 9.53 예제 9.7의 보상 시스템의 근궤적

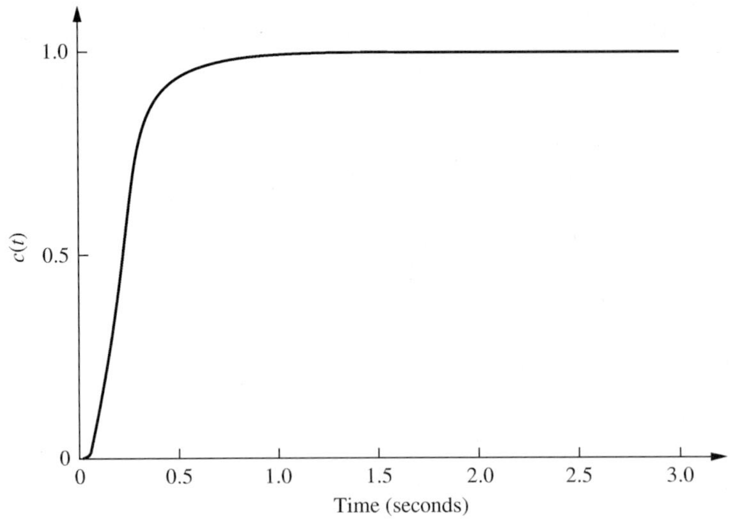

그림 9.54 예제 9.7의 보상 시스템에 대한 계단 응답

$$T(s) = \frac{G(s)}{1 + G(s)H(s)} = \frac{K_1}{s^3 + 20s^2 + (75 + K_1 K_f)s + K_1} \tag{9.42}$$

따라서 예상한 것처럼 개루프 영점이 폐루프 영점이 되지 않기 때문에 극점-영점 상쇄가 일어나지 않는다. 그러므로 설계는 시뮬레이션을 통하여 검증하여야 한다.

시뮬레이션 결과를 그림 9.54에 나타내었고, 정착 시간이 약 2.2초인 비보상 시스템에 비해서 보상 시스템은 0.75초의 정착 시간을 갖는 과감쇠 응답을 나타내고 있다. 비록 설계 조건을 만족하지는 못하지만, 그림 9.51의 비보상 시스템보다는 개선되었다는 것을 알 수 있다. 전형적으로 오버슈트가 없다는 것은 바람직하다. 만약 정착 시간을 더 줄이기를 원한다면 시스템을 다시 설계하여야 한다.

PD 종속 보상을 사용하여 이 예제를 반복할 이 장의 끝에 있는 연습문제 8번을 풀어 보기 바란다. 종속 보상에 대한 보상기 영점이 극점-영점 상쇄 가능성이 있는 폐루프 영점이라는 것을 알 수 있다. 그러나 PD 보상은 보통 잡음 때문에 실용적이지 못하다.

방법 2

두 번째 방법에서는 폐루프 시스템 응답과 무관하게 피드백 보상 기법으로 부루프가 원하는 과도 응답을 갖도록 설계하는 것이다. 항공기의 경우, 부루프는 보조 날개의 위치를 제어하고 반면에, 전체 폐루프 시스템은 전체 항공기의 피치 각도를 제어한다.

그림 9.45의 부루프는 기본적으로 전향 전달 함수이고, 이때의 전향 전달 함수의 극점은 부루프 이득에 의하여 조절될 수 있다는 것을 알 수 있다. 이 극점은 전체 제어 시스템의 개루프 극점이 된다. 다시 말하면, 종속 보상에서처럼 극점과 영점을 부가하여 근궤적의 모양을 바꾸기보다는, 이득 조절을 통하여 플랜트의 극점을 실제로 변화시킬 수 있다는 것이다. 마지막으로, 종속 보상의 경우처럼 폐루프 극점을 루프 이득에 의하여 결정한다.

예제 9.8 부루프 피드백 보상

문제 그림 9.55(a)의 시스템에 대하여 부루프의 감쇠비가 0.8, 폐루프 시스템의 감쇠비가 0.60이 되도록 그림 9.55(b)와 같은 부루프 피드백 보상을 설계하라.

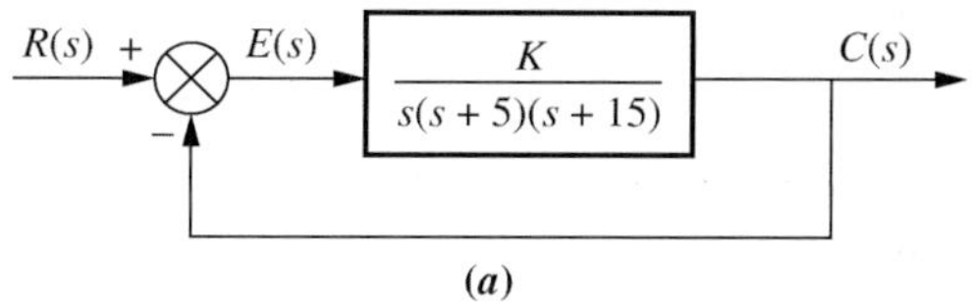

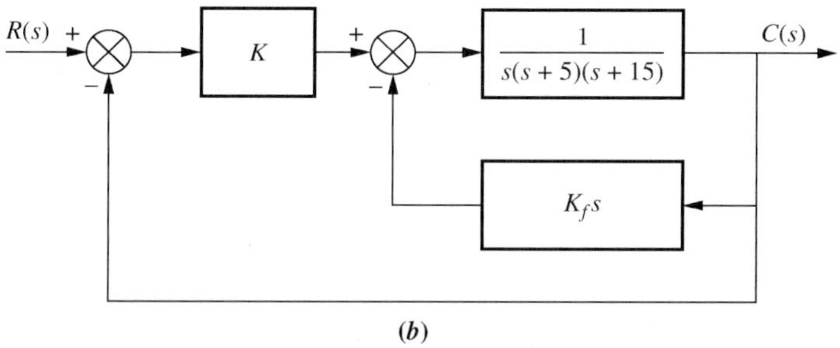

그림 9.55 예제 9.8에 대한 a. 비보상 시스템 b. 피드백 보상 시스템

풀이 부루프는 플랜트 $1/[s(s+5)(s+15)]$와 피드백 보상기 $K_f s$를 포함하는 루프로 정의된다. K_f의 값은 부루프 극점의 위치를 설정하도록 조정된다. 그 다음 원하는 폐루프 응답을 갖도록 K를 조정한다.

부루프의 전달 함수 $G_{\mathrm{ML}}(s)$는 다음과 같다.

$$G_{ML(s)} = \frac{1}{s[s^2+20s+(75+K_f)]} \tag{9.43}$$

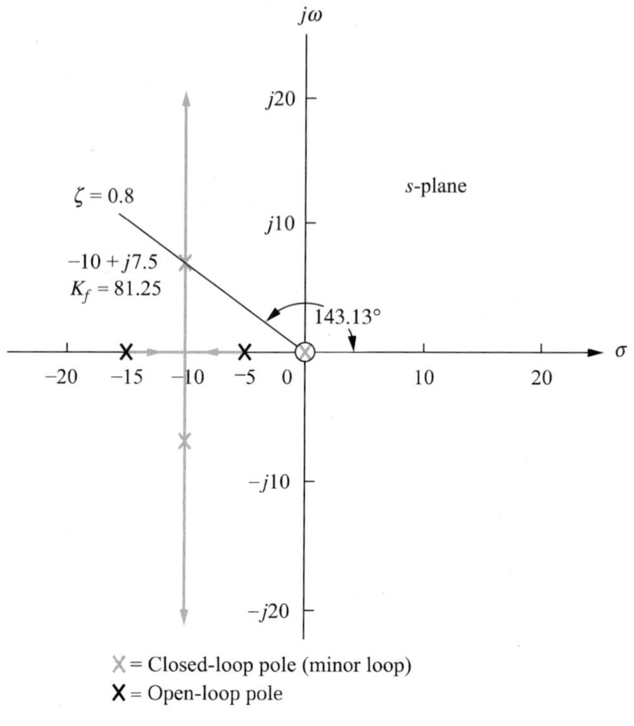

그림 9.56 예제 9.8의 부루프에 대한 근궤적

그림 9.57 예제 9.8의 폐루프 시스템에 대한 근궤적

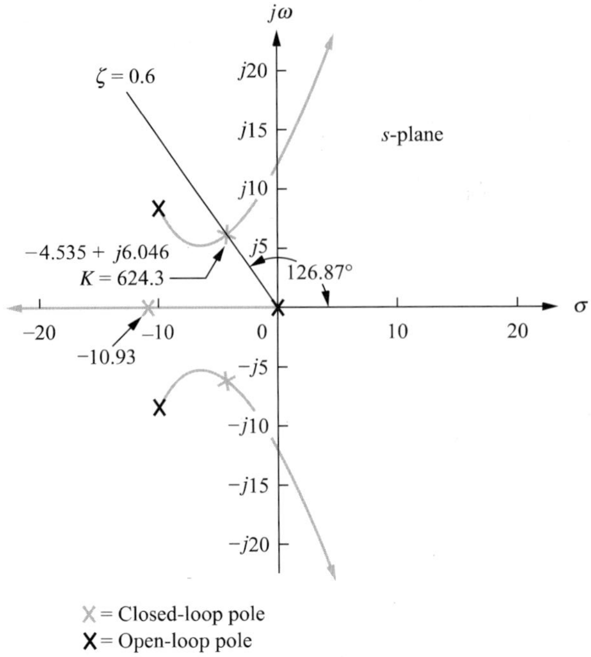

$G_{\mathrm{ML}}(s)$의 극점은 해석적인 방법이나 근궤적을 통하여 구할 수 있다. 부루프에 대한 개루프 전달 함수인 $K_f s/[s(s+5)(s+15)]$의 근궤적을 그림 9.56에 나타내었다. 원점에 있는 영점은 부루프의 피드백 함수에 의한 것이기 때문에, 이 영점은 부루프의 폐루프 함수의 영점이 아니다. 그러므로 원점에 있는 극점은 여전히 남아 있게 되고, 원점에서 극점-영점 상쇄가 일어나지 않는다. 식 (9.43)은 또한 이러한 현상을 나타내고 있다. 원점에 고정된 극점을 볼 수 있고, 이득에 따라서 변하는 두 개의 복소 극점을 볼 수 있다. 식 (9.43)으로부터 보상기 이득 K_f는 부루프 극점의 고유 주파수 ω_n을 변화시킨다. 복소 극점의 실수부는 $\zeta\omega_n = -10$으로 일정하기 때문에, 감쇠비는 $2\zeta\omega_n = 20$이 되도록 가변되어야 한다. 그림 9.56에서 $\zeta = 0.8$인 선을 그리면, 복소 극점은 $-10 \pm j7.5$가 된다. 이 때의 이득 K_f는 81.25가 되고, 설계 조건을 만족하는 위치에 부루프의 극점을 배치시킨다. 극점 $-10 \pm j7.5$와 식 (9.43)의 원점에 있는 극점은 개루프 시스템의 극점이 되어, 이득 K의 변화에 대한 근궤적을 그릴 수 있다.

이 시스템에 대한 최종적인 근궤적을 그림 9.57에 나타내었다. 여기서 $\zeta = 0.6$인 감쇠비선을 그리고 복소 폐루프 극점을 찾는다. 그러면 복소 폐루프 극점은 이득이 624.3일 때 -4.535±j6.046이 된다. 세 번째 극점은 -10.93이다.

결과를 표 9.9에 요약하였다. 보상 시스템은 비보상 시스템과 같은 감쇠비를 가지지만 훨씬 빠르고 또한 정상상태 오차도 더 작음을 알 수 있다. 그러나 이 결과는 예측한 결과이고 퍼센트 오버슈트나 정착 시간, 그리고 최고값 시간을 확인하기 위하여 시뮬레이션을 해야 한다. 왜냐하면, 세 번째 극점이 지배 극점으로부터 충분히 멀리 떨어져 있지 않기 때문이다. 그림 9.58에 계단 응답을 나타내었고 예측된 성능과 가깝다는 것을 알 수 있다.

가상 실험 9.2
정격 피드백과 PD 제어를 통하여 과도응답과 정상상태 오차 개선

이론을 실습에 적용하고 LabVIEW을 통하여 퀀저 자기 부상 시스템(Quanser Magnetic Levitation system)에서 볼 위치를 제어하는 보상기를 설계 한다. 자기 부상 기술은 고속 자기 부상 열차와 같은 현대 운송 시스템에 쓰인다. 가상 실험은 Learning Space에서 찾을 수 있다.

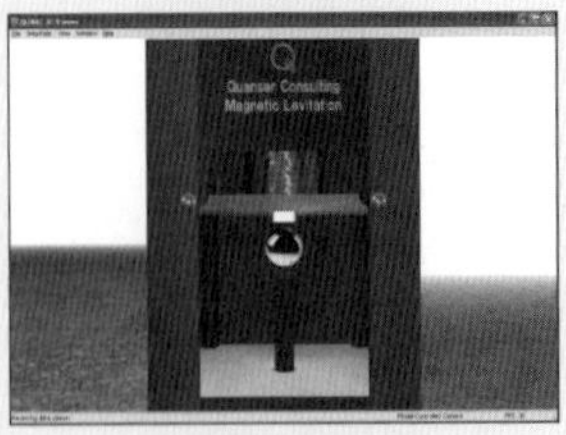

실험 9.2 실행

표 9.9 예제 9.8의 비보상 시스템과 보상 시스템의 예측 특성

	비보상	보상
Plant and compensator	$\dfrac{K_1}{s(s+5)(s+15)}$	$\dfrac{K}{s(s^2+20s+156.25)}$
Feedback	1	1
Dominant poles	$-1.997 \pm j2.662$	$-4.535 \pm j6.046$
K	177.3	624.3
ζ	0.6	0.6
ω_n	3.328	7.558
$\%OS$	9.48	9.48
T_s	2	0.882
T_p	1.18	0.52
K_v	2.364	3.996
$e(\infty)$ (ramp)	0.423	0.25
Other poles	−16	−10.93
Zero	None	None
Comments	Second-order approx. OK	Simulate

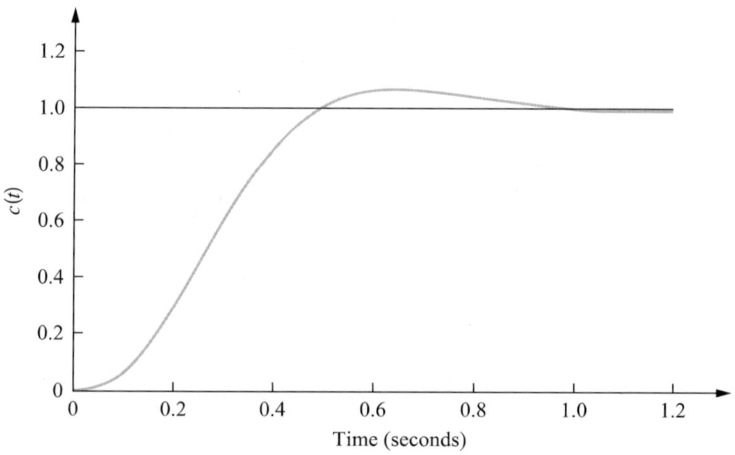

그림 9.58 예제 9.8에 대한 계단 응답 시뮬레이션

숙련예제 9.4

문제 그림 9.59의 시스템에 대하여 부루프의 지배 극점에 대한 감쇠비가 0.7, 폐루프 시스템의 지배 극점에 대한 감쇠비가 0.5가 되도록 부루프 피드백 보상을 설계하라.

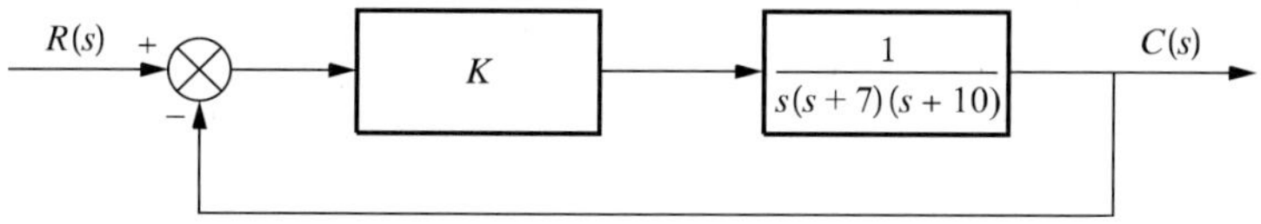

그림 9.59
숙련예제 9.4에 대한 시스템

풀이 시스템은 $K_f = 77.42$이고, $K = 626.3$인 그림 9.55(b)와 유사하게 구성된다.

풀이 과정은 www.wiley.com/go/Nise/ControlSystemsEngineering8e에 있다.

보상 방법에 대한 설명은 이로써 마무리가 되었다. 지금까지 종속 보상과 피드백 보상의 두 방법을 공부하였고 비교하였다. 이제 우리가 설계한 제어기와 보상기를 실제로 어떻게 구현할 것인가를 살펴보도록 하자.

9.6 보상기의 물리적인 구현

이 장에서는 피드백 제어 시스템에 있어서 과도 응답과 정상상태 오차를 개선하기 위한 보상 방법을 제시하였다. 플랜트와 종속으로 연결되거나 피드백 경로에 사용되는 보상기의 전달 함수를 유도하였다. 이러한 보상기는 보상기의 극점과 영점의 구성에 따라서 정의된다. 보상기는 능동 PI, PD 또는 PID 제어기 혹은 수동 지상, 진상, 혹은 지상-진상 보상기이다. 이 절에서는 능동 제어기와 수동 보상기를 어떻게 구현할 것인가에 대하여 설명할 것이다.

능동-회로 구현

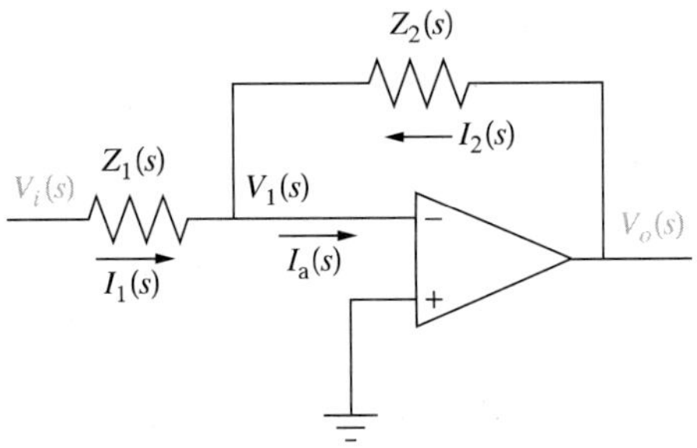

그림 9.60 전달 함수 구현을 위하여 구성된 연산 증폭기

2장에서는 그림 9.60에 나타낸 것과 같은 반전 연산 증폭기의 전달 함수를 다음과 같이 유도하였다.

$$\frac{V_o(s)}{V_i(s)} = -\frac{Z_2(s)}{Z_1(s)} \tag{9.44}$$

$Z_1(s)$와 $Z_2(s)$의 적당한 선정에 의하여 이 회로는 이 장에서 설명했던 PID 제어기와 같은 보상기나 제어기를 구현하기 위한 블록으로 사용될 수 있다. PI, PD, PID 제어기뿐만 아니라 연산 증폭기를 사용하는 지상, 진상, 지상-진상 보상기의 구현을 표 9.10에 요약하였다. 임피던스를 찾는 2장의 방법을 사용하여 표의 내용을 검증할 수 있다.

다른 보상기는 표에서 나타낸 보상기들을 종속시킴으로써 구현할 수 있다. 예를 들면 지상-진상 보상기는 그림 9.61에 나타낸 것처럼 지상 보상기에 진상 보상기를 종속하여 만든다. 다음 예제를 통하여 이 장에서 이미 설계한 제어기 하나를 구현해 보자.

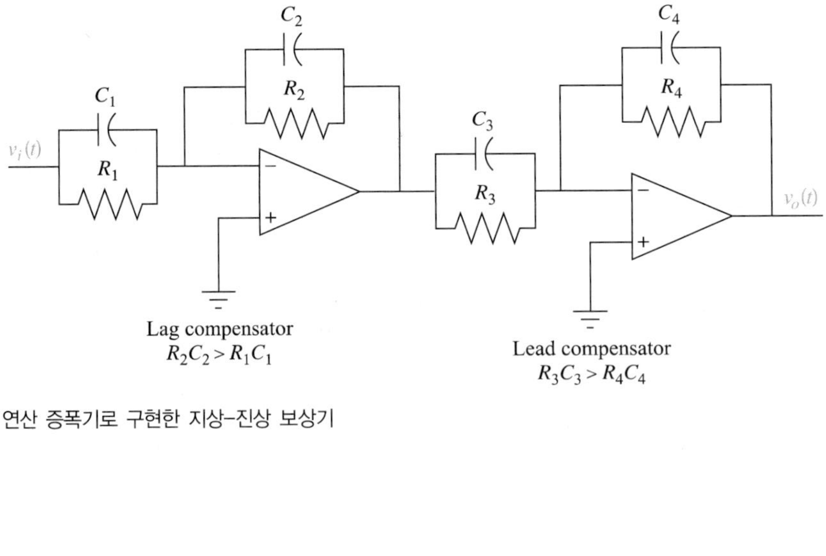

그림 9.61 연산 증폭기로 구현한 지상-진상 보상기

표 9.10 연산증폭기를 사용한 제어기나 보상기의 능동 회로 구현

기능	$\mathbf{Z_1}(s)$	$\mathbf{Z_2}(s)$	$\mathbf{G_c}(s) = -\dfrac{\mathbf{Z_2}(s)}{\mathbf{Z_1}(s)}$
이득		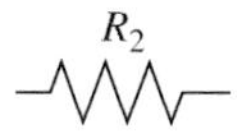	$-\dfrac{R_2}{R_1}$
적분		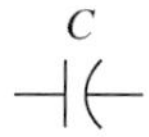	$-\dfrac{\frac{1}{RC}}{s}$
미분			$-RCs$
PI 제어기			$-\dfrac{R_2}{R_1}\dfrac{\left(s+\frac{1}{R_2C}\right)}{s}$
PD 제어기	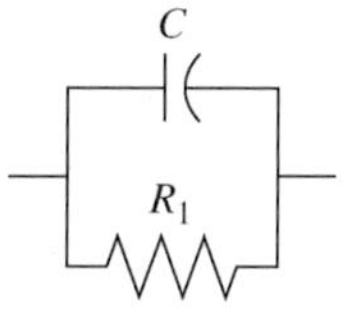	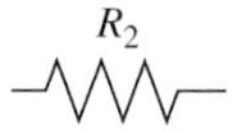	$-R_2C\left(s+\dfrac{1}{R_1C}\right)$
PID 제어기	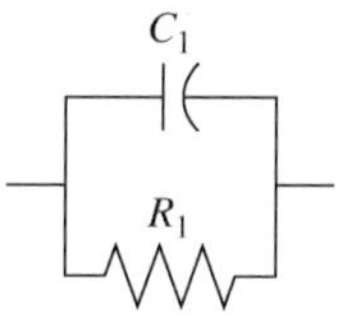		$-\left[\left(\dfrac{R_2}{R_1}+\dfrac{C_1}{C_2}\right)+R_2C_1s+\dfrac{\frac{1}{R_1C_2}}{s}\right]$
지상 보상	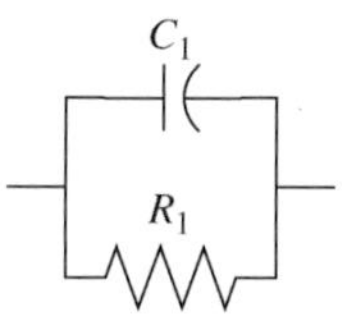	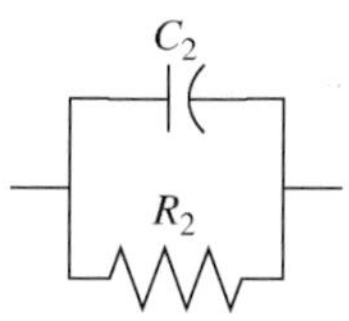	$-\dfrac{C_1}{C_2}\dfrac{\left(s+\frac{1}{R_1C_1}\right)}{\left(s+\frac{1}{R_2C_2}\right)}$ where $R_2C_2 > R_1C_1$
진상 보상	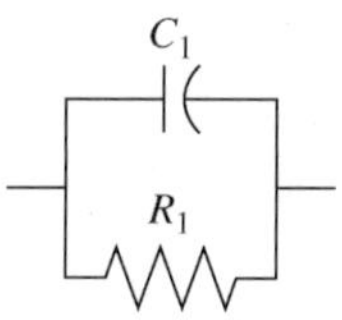	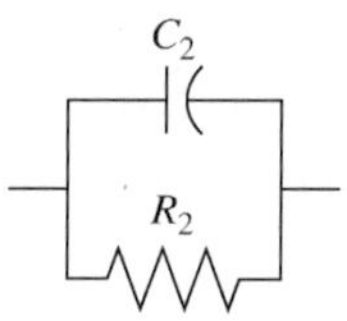	$-\dfrac{C_1}{C_2}\dfrac{\left(s+\frac{1}{R_1C_1}\right)}{\left(s+\frac{1}{R_2C_2}\right)}$ where $R_1C_1 > R_2C_2$

예제 9.9 PID 제어기 구현

문제 예제 9.5의 PID 제어기를 구현하시오.

풀이 PID 제어기의 전달 함수는 다음과 같다.

$$G_c(s) = \frac{(s+55.92)(s+0.5)}{s} \tag{9.45}$$

이것은 다음 식으로 나타낼 수 있다.

$$G_c(s) = s + 56.42 + \frac{27.96}{s} \tag{9.46}$$

표 9.10의 PID 제어기와 식 (9.46)을 비교하면, 다음 세 개의 식으로 나타낼 수 있다.

$$\frac{R_2}{R_1} + \frac{C_1}{C_2} = 56.42 \tag{9.47}$$

$$R_2 C_1 = 1 \tag{9.48}$$

그리고

$$\frac{1}{R_1 C_2} = 27.96 \tag{9.49}$$

미지수가 4개이고 식은 3개이기 때문에, 한 개의 소자에 대하여는 임의의 값으로 선정한다. $C_2 = 0.1\,\mu\mathrm{F}$으로 선정하면 나머지의 값들은 $R_1 = 357.65\,\mathrm{k\Omega}$, $R_2 = 178{,}891\,\mathrm{k\Omega}$, $C_1 = 5.59\,\mu\mathrm{F}$이 된다. 완전한 회로를 그림 9.62에 나타내었다. 여기에서 각 소자의 값들은 반올림하여 표시하였다.

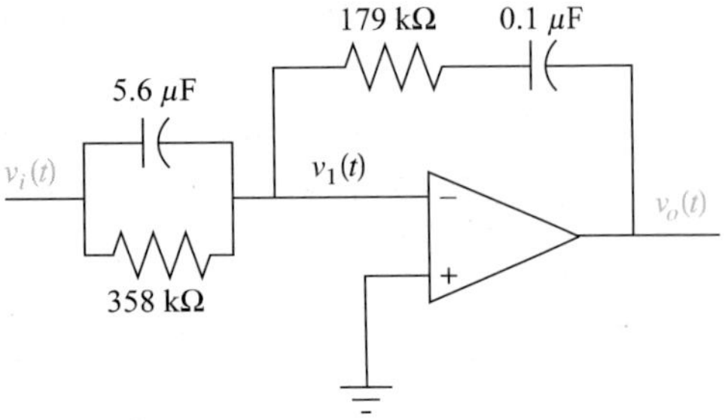

그림 9.62 PID 제어기

수동 회로의 구현

지상, 진상, 지상-진상 보상기는 수동 회로로 구현할 수 있다. 보상기 회로와 전달 함수를 표 9.11에 요약하였다. 전달 함수는 2장의 방식으로 유도할 수 있다.

지상-진상 보상기의 전달 함수는 다음과 같이 나타낼 수 있다.

$$G_c(s) = \frac{\left(s + \frac{1}{T_1}\right)\left(s + \frac{1}{T_2}\right)}{\left(s + \frac{1}{\alpha T_1}\right)\left(s + \frac{\alpha}{T_2}\right)} \tag{9.50}$$

여기에서 $\alpha < 1$이다. 그러므로 T_1이 있는 항은 진상 보상기가 되고, T_2가 있는 항은 지상 보상기가 된다. 식 (9.50)은 이러한 수동 회로의 구현을 사용하는 것에서 내재하고 있는 제한점을 보여준다. 진상 보상기의 극점에 대한 진상 보상기의 영점의 비가 지상 보상기의 영점에 대한 지상 보상기의 극점의 비와 같아야 됨을 알 수 있다. 11장에서는 이러한 제한점을 갖는 지상-진상 보상기를 설계한다.

이러한 제한점이 없는 지상-진상 보상기를 앞에서 보인 것과 같은 능동 회로로 구현할 수도 있고, 또는 표 9.11에서 보인 것과 같은 진상 회로와 지상 회로를 종속시킴으로써 수동 회로로도 구현할 수 있다. 그렇지만, 한 회로가 다른 회로의 부하가 되지 않도록 두 회로를 분리시켜야 한다. 만약 한 회로가 다른 쪽의 부하가 된다면, 전달 함수는 각각의 전달 함수의 곱으로 되지 않는다. 수동 회로를 사용하여 구현한 회로를 그림 9.63에 나타내었다. 이 보상기는 $R_f \gg R_3$이고 이득이 $(R_f + R_3)/R_f = 1$인 전압 폴로워로 구성된 비 반전 연산 증폭기를 통해서 분리된다. 예제 9.10은 수동 회로 보상기의 설계를 보여준다.

표 9.11 보상기의 수동 회로 구형

기능	회로	전달함수, $\dfrac{V_o(s)}{V_i(s)}$
지상 보상	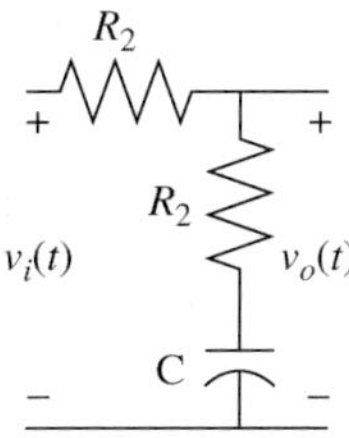	$\dfrac{R_2}{R_1+R_2}\dfrac{s+\dfrac{1}{R_2C}}{s+\dfrac{1}{(R_1+R_2)C}}$
진상 보상	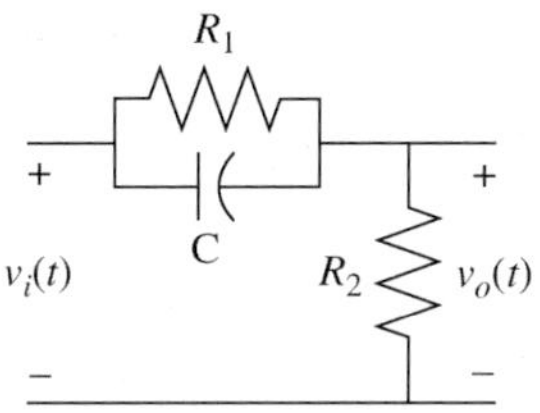	$\dfrac{s+\dfrac{1}{R_1C}}{s+\dfrac{1}{R_1C}+\dfrac{1}{R_2C}}$
지상–진상 보상	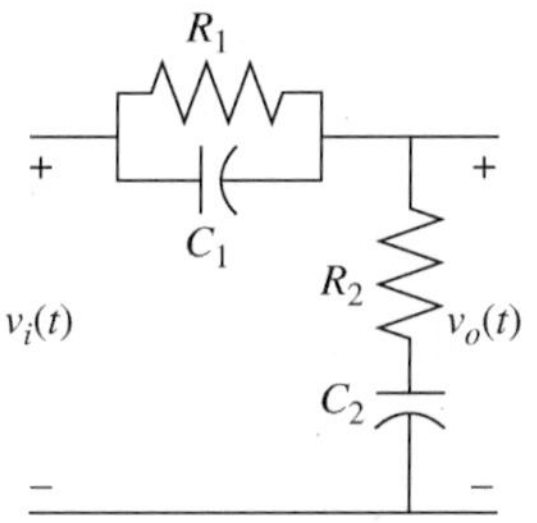	$\dfrac{\left(s+\dfrac{1}{R_1C_1}\right)\left(s+\dfrac{1}{R_2C_2}\right)}{s^2+\left(\dfrac{1}{R_1C_1}+\dfrac{1}{R_2C_2}+\dfrac{1}{R_2C_1}\right)s+\dfrac{1}{R_1R_2C_1C_2}}$

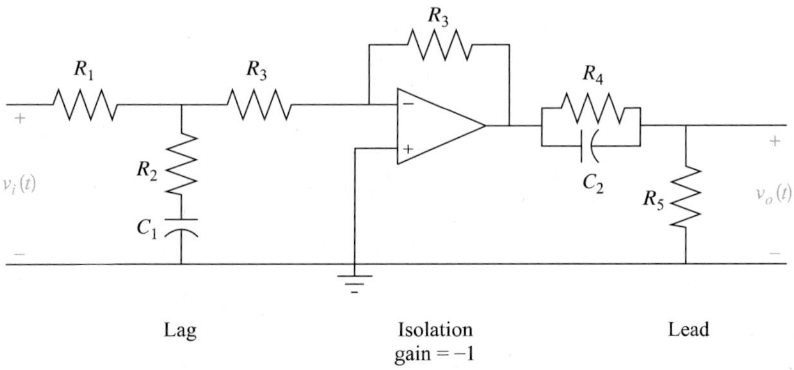

그림 9.63 지상 보상 회로와 진상 보상 회로가 분리된 지상–진상 보상기의 구현

예제 9.10 진상 보상기의 구현

문제 예제 9.4(보상기 b)에서 설계한 진상 보상기를 구현하라.

풀이 진상 보상기의 전달 함수는 다음과 같다.

$$G_c(s)=\frac{s+4}{s+20.09} \tag{9.51}$$

표 9.11의 진상 회로와 식 (9.51)을 비교하면, 다음 두 개의 식을 얻을 수 있다.

$$\frac{1}{R_1 C} = 4 \tag{9.52}$$

그리고

$$\frac{1}{R_1 C} + \frac{1}{R_2 C} = 20.09 \tag{9.53}$$

그러므로 $R_1 C = 0.25$ 이고 $R_2 C = 0.0622$ 이다. 미지수가 3개이고 식은 2개이기 때문에 한 개의 소자에 대하여는 임의의 값으로 선정한다. $C = 1\,\mu\mathrm{F}$ 으로 선정하면 $R_1 = 250\,\mathrm{k}\Omega$, $R_2 = 62.2\,\mathrm{k}\Omega$ 이 된다.

숙련예제 9.5

문제 다음의 (a)와 (b)같은 전달 함수를 갖는 보상기를 구현하고, 어느 것이 수동 회로를 사용하여 구현이 가능한지를 선택하라.

a. $G_c(s) = \dfrac{(s+0.1)(s+5)}{s}$

b. $G_c(s) = \dfrac{(s+0.1)(s+2)}{(s+0.01)(s+20)}$

풀이 a. $G_c(s)$는 PID 제어기의 전달 함수이므로 능동 회로로 구현된다. 여기서는 표 9.10에 있는 PID 제어기 회로를 가지는 그림 9.60을 사용하여 보상기를 구현한다. 각각의 소자에 대한 여러 가지의 값들 중에 한 가지 경우에 대한 근사화한 소자값은 다음과 같다.

$C_1 = 10\,\mu\mathrm{F},\ C_2 = 100\,\mu\mathrm{F},\ R_1 = 20\,\mathrm{k}\Omega,\ R_2 = 100\,\mathrm{k}\Omega$

b. $G_c(s)$는 수동 회로를 사용하여 구현할 수 있는 지상-진상 보상기이다. 왜냐하면, 진상 보상기의 극점과 영점의 비가 지상 보상기의 극점과 영점의 비의 역이기 때문이다. 표 9.11에 나타낸 지상-진상 보상기를 사용한다. 각각의 소자에 대한 여러 가지의 값들 중에 한 가지 경우에 대한 근사화한 소자값은 다음과 같다.

$C_1 = 100\,\mu\mathrm{F},\ C_2 = 900\,\mu\mathrm{F},\ R_1 = 100\,\mathrm{k}\Omega,\ R_2 = 560\,\Omega$

풀이 과정은 www.wiley.com/go/Nise/ControlSystemsEngineering8e에 있다.

사례연구

Design D

안테나 제어 : 지상-진상 보상

8장의 안테나 방위각 위치 제어 시스템 사례연구에서는 간단한 이득 조정을 사용하여 25%의 오버슈트를 얻었다. 이 퍼센트 오버슈트가 얻어지면 정착 시간이 결정된다. 만약 이득을 증가시켜서 정착 시간을 개선시키면 퍼센트 오버슈트 또한 증가한다. 이 절에서는 정착 시간을 줄이면서 25%의 오버슈트를 갖도록 하는 종속 보상기를 설계하여 안테나 방위각 위치 제어를 할 것이다. 또한, 이 시스템의 정상상태 오차 성능이 개선됨을 보인다.

문제 부록 A2 configuration 1의 안테나 방위각 위치 제어 시스템에 대하여 다음 조건을 만족하는 종속 보상기를 설계하시오. (1) 오버슈트 = 25%, (2) 정착 시간 = 2초, (3) $K_v = 20$

풀이 8장의 사례연구에서 25%의 오버슈트를 갖는 전단 증폭기의 이득은 64.21이고, 지배 2차 극점은 $-0.833 \pm j1.888$이었다. 그러므로 정착 시간은 $4/\zeta\omega_n = 4/.833 = 4.8$초이다. 시스템의 개루프 전달 함수는 5장의 사례연구에서 유도한 것처럼 $G(s) = 6.63K/[s(s+1.71)(s+100)]$이다. 그러므로 $K_v = 6.63K/(1.71 \times 100) = 2.49$이다. 이들 값들을 본 예제에서의 요구 조건들과 비교하면, 정착 시간을 2.4배 개선해야 하고, K_v에 있어서는 약 8배 증가시켜야 한다.

과도 응답을 개선하기 위한 진상 보상기 설계 먼저 지배 2차 극점의 위치를 찾는다. 정착 시간 T_s가 2초가 되고, 퍼센트 오버슈트가 25%가 되기 위해서는 지배 2차 극점의 실수부는 $-4/T_s = -2$가 되어야 한다. 극점을 113.83°선(25% 오버슈트에 해당하는 $\zeta = 0.404$)상에 위치시키면 허수부는 4.529가 된다(그림 9.64 참조).

다음으로 한 개의 진상 보상기 영점을 가정하고, 보상기 극점을 찾는다. -2에 보상기의 영점을 가정하고, 비보상 시스템의 개루프 극점 및 영점과 보상기의 영점으로부터 $-2 \pm j4.529$의 설계점에 이르는 각도가 -120.14°가 되는 점을 구하기 위하여 www.wiley.com/go/Nise/ControlSystemsEngineering8e의 부록 H.2에 있는 근궤적 프로그램을 사용한다. 그러면 설계점이 보상 시스템의 근궤적상에 있기 위해서는 120.14°-180°=-59.86°가 되는 점에 보상기의 극점이 있어야 한다. 그림 9.64에 이것에 해당하는 기하 그림을 나타내었다. 보상기의 극점을 계산하면, $4.529/(p_c - 2) = \tan 59.86°$로서 $p_c = 4.63$이 된다.

이제 이득을 결정하자. 진상 보상이 된 시스템의 개루프 전달 함수는 다음과 같다.

$$G(s) = \frac{6.63K(s+2)}{s(s+1.71)(s+100)(s+4.63)} \tag{9.54}$$

따라서 근궤적 프로그램에서 나타난 테스트 점으로 설계점 $-2 + j4.529$에서의 이득 $6.63K$는 2549가 된다는 것을 알 수 있다.

정상상태 오차를 개선하기 위한 지상 보상기 설계 진상 보상기 시스템에 대한 K_v는 식 (9.54)로부터 다음과 같다.

$$K_v = \frac{2549(2)}{(1.71)(100)(4.63)} = 6.44 \tag{9.55}$$

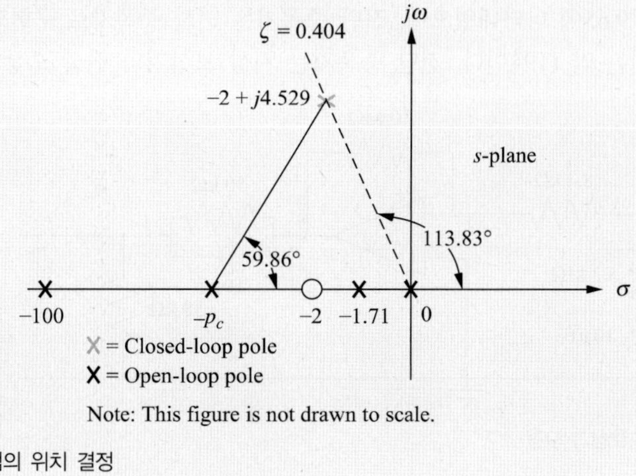

그림 9.64 보상기 극점의 위치 결정

$K_v = 20$이 되어야 하므로, 진상 보상 시스템에 의한 개선량은 $20/6.44 = 3.1$이다. $p_c = -0.01$로 선정하면 영점은 3.1배 더 큰 $z_c = 0.031$이 된다.

이득 결정 완전한 지상-진상 보상이 된 개루프 함수 $G_{\text{LLC}}(s)$는 다음과 같다.

$$G_{LLC}(s) = \frac{6.63K(s+2)(s0.031)}{s(s+.01)(s+1.71)(s+4.63)(s+100)} \tag{9.56}$$

www.wiley.com/go/Nise/ControlSystemsEngineering8e의 부록 H.2에 있는 근궤적 프로그램과 식 (9.56)의 극점과 영점을 사용하여 25% 오버슈트선(113.83°) 상의 설계점을 찾는다. 이 점은 지상 보상기의 추가로 $-1.99 \pm j4.51$에서 약간 이동한다. 이 점에서의 이득 $6.63K$는 2533이다. K에 대하여 풀면, $K = 382.1$이 된다.

보상기의 구현 지상-진상 보상기를 그림 9.63에 나타내었다. 표 9.11로부터 지상 보상기 부분은 다음과 같은 전달 함수를 갖는다.

$$G_{lag}(s) = \frac{R_2}{R_1+R_2}\frac{s+\dfrac{1}{R_1C}}{s+\dfrac{1}{(R_1+R_2)C}} = \frac{R_2}{R_1+R_2}\frac{s+0.031}{s+0.01} \tag{9.57}$$

$C = 10\ \mu\text{F}$으로 선정하면, $R_1 = 3.2\,\text{M}\Omega$, $R_2 = 6.8\,\text{M}\Omega$이 된다.

표 (9.11)로부터 진상 보상기 부분은 다음과 같은 전달 함수를 갖는다.

$$G_{lead}(s) = \frac{s+\dfrac{1}{R_1C}}{s+\dfrac{1}{R_1C}+\dfrac{1}{R_2C}} = \frac{(s+2)}{(s+4.63)} \tag{9.58}$$

$C = 10\ \mu\text{F}$으로 선정하면, $R_2 = 50\,\text{k}\Omega$, $R_1 = 38\,\text{k}\Omega$이 된다.

시스템에서 필요한 전체 루프 이득은 2533이다. 그러므로

$$6.63K\frac{R_2}{R_1+R_2} = 2533 \tag{9.59}$$

이고, 여기서 K는 전단 증폭기의 이득이며 $R_2/(R_1+R_2)$는 지상 보상기 부분의 이득이다. 지상 부분을 구현할 때 R_1과 R_2의 값을 사용하면 $K = 1194$가 된다.

최종 회로를 그림 9.65에 나타내었으며, 전단 증폭기는 연산 증폭기로 구현되어 있고 피드백 저항과 입력 저항의 비는 약 1194이다. 전단 증폭기는 지상 보상기와 진상 보상기 부분을 분리한다.

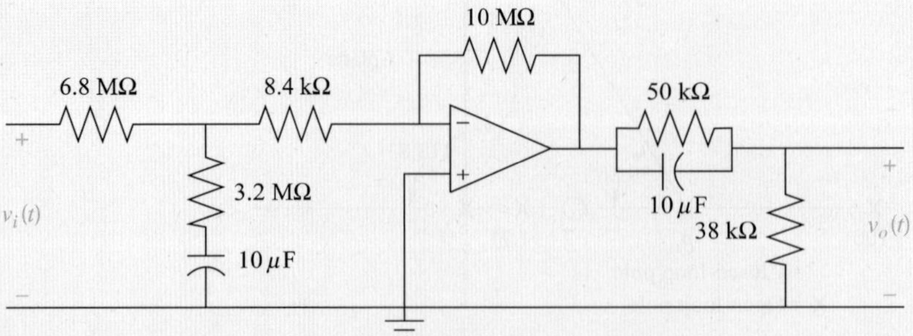

그림 9.65 지상-진상 보상기 구현

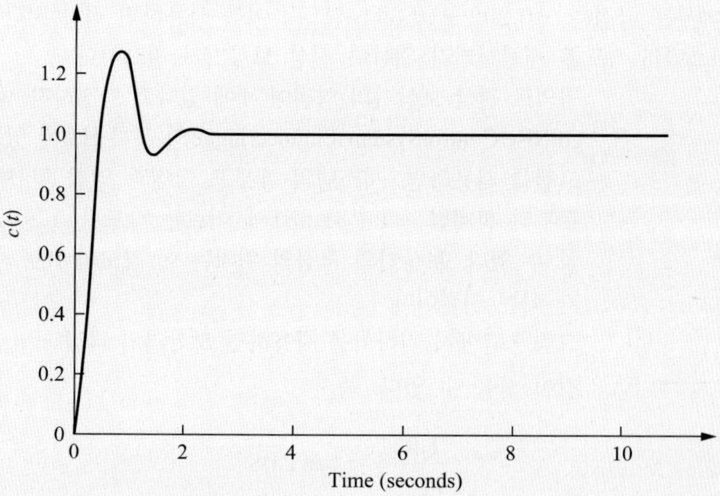

그림 9.66 지상-진상 보상된 안테나 제어의 계단 응답

설계 결과의 요약 $K=382.1$의 값을 식 (9.56)에 대입하면 보상된 시스템의 K_v는 다음과 같다.

$$K_v = \lim_{s\to 0} sG_{LLC}(s) = \frac{2533(2)(0.031)}{(0.01)(1.71)(4.63)(100)} = 19.84 \tag{9.60}$$

이 값은 8장의 사례연구에서와 같이 $K_v=64.21$로 설정하여 비보상 시스템 $G(s)$로부터 계산된다.

마지막으로, 시뮬레이션을 통하여 2차 근사화의 타당성을 확인해 보면, 그림 9.66과 같은 실제 과도 응답을 얻을 수 있다. 이것을 그림 8.29의 이득 조정에 의한 시스템 응답과 비교해 보면 간단한 이득 조정보다는 종속 보상에 의한 개선 효과가 큼을 알 수 있다. 이득 보상된 시스템은 정착 시간이 4초이고, 퍼센트 오버슈트는 25%이다. 지상-진상 보상 시스템은 정착 시간이 약 2초이고, 28%의 오버슈트를 갖는다. 만약에 이 결과가 적절하지 않으면 퍼센트 오버슈트를 줄이기 위하여 시스템을 재설계해야 한다.

도전문제 이 장의 목적에 관한 이해 정도를 시험할 문제를 제시하고자 한다. 부록 A2에 있는 configuration 2의 안테나 방위각 위치 제어 시스템을 고려하자. 8장의 도전 문제에서는 이득 조정만으로 8초의 정착 시간을 갖도록 하는 설계 문제를 다루었다.

a. 8장의 도전 문제의 풀이 과정에서 퍼센트 오버슈트와 적당한 정적 오차 상수의 값을 계산하라.
b. 퍼센트 오버슈트를 4배, 정착 시간을 2배 줄이기 위한 종속 보상기를 설계하시오. 또한 적절한 정적 오차 상수를 2배 개선하라.
c. MATLAB을 사용하여 (b)를 반복하라. MATLAB ML

UFSS 정 : 진상 및 피드백 보상

다음으로 UFSS 정에 대한 피치 제어 루프를 재설계한다. 8장의 사례연구에서 속도 피드백이 과도 응답을 개선함을 보였다. 이 장의 사례연구에서는 속도 피드백을 종속 보상기로 대체하도록 한다.

문제 이 책의 부록 A3에 있는 UFSS 정에 대하여 속도 피드백이 없는 $K_2=0$ 피드백 제어 루프가 주어져 있다. 퍼센트 오버슈트가 20%이고 정착 시간이 4초가 되도록 보상기를 설계하시오(Johnson, 1980).

풀이 먼저 지배 극점의 위치를 결정한다. 퍼센트 오버슈트가 20%가 되고 정착 시간이 4초가 되도록 하려면 폐루프 지배 극점의 위치가 $-1\pm j1.951$이 되어야 한다. 8장의 사례연구로부터 비보상 시스템의 폐루프 극점은 $-0.202 \pm j0.394$이므로, 이를 사용하면 정착 시간은 19.8초가 된다. 그러므로 시스템의 속도를 개선시키기 위하여 진상 보상기가 필요하다.

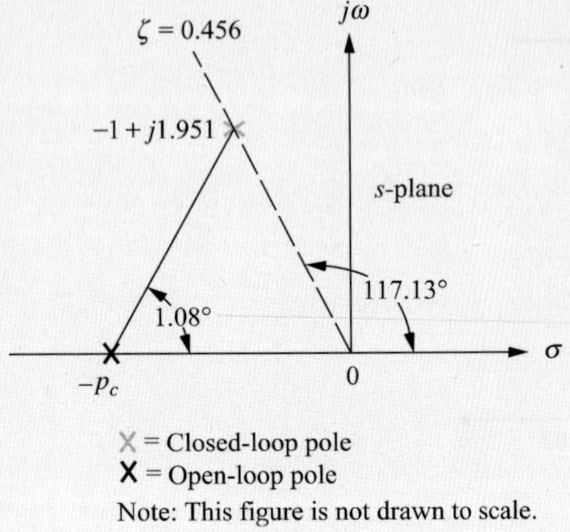

그림 9.67 보상기 극점의 위치 결정

임의로 진상 보상기의 영점이 -1에 있다고 가정하자. www.wiley.com/go/Nise/ControlSystemsEngineering8e의 부록 H.2에 있는 근궤적 프로그램을 사용하면, 시스템의 개루프 극점과 영점 및 보상기의 영점으로부터 설계점 $-1+j1.951$에 이르는 각도가 -178.92°가 되는 것을 알 수 있다. 보상기의 극점의 위치는 이 각도와 180°의 차이인 -1.08°가 되는 지점이다.

그림 9.67에서 기하학을 사용하면 보상기의 극점 $-p_c$ 위치를 다음과 같이 찾을 수 있다. 즉,

$$\frac{1.951}{p_c - 1} = \tan 1.08^\circ \tag{9.61}$$

이므로, $p_c = 104.5$이다. 그러므로 보상된 개루프 전달 함수는 다음과 같다.

$$G(s) = \frac{0.25K_1(s+0.435)(s+1)}{(s+1.23)(s+2)(s^2+0.226s+0.0169)(s+104.5)} \tag{9.62}$$

여기서 보상기는

$$G_c(s) = \frac{(s+1)}{(s+104.5)} \tag{9.63}$$

식 (9.62)에 나타낸 모든 극점과 영점에 대하여 근궤적 프로그램을 사용하면, $-1 \pm j1.951$의 설계점에서 이득은 516.41이다. 보상 시스템의 근궤적을 그림 9.68에 나타내었다.

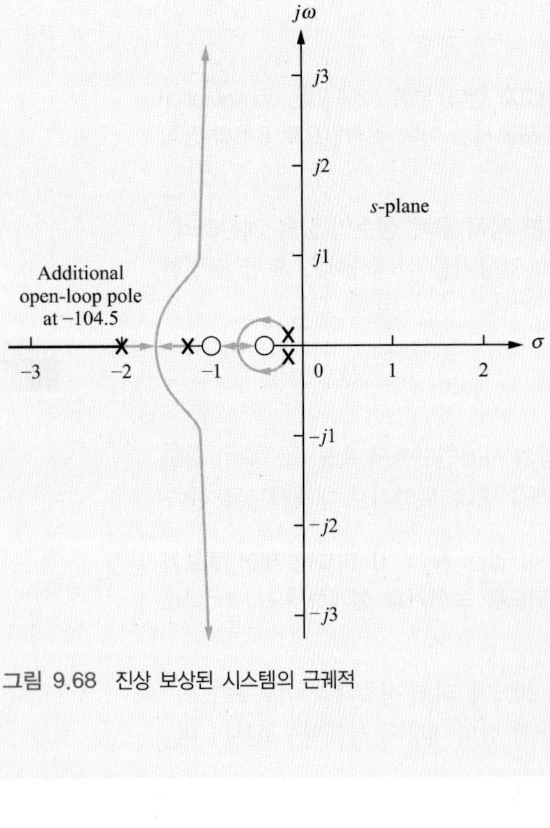

그림 9.68 진상 보상된 시스템의 근궤적

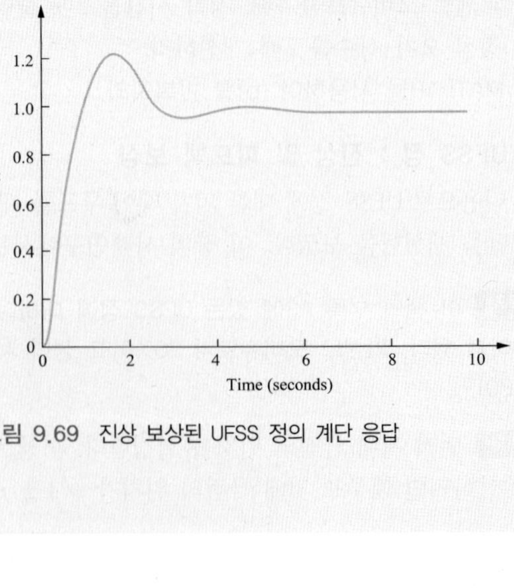

그림 9.69 진상 보상된 UFSS 정의 계단 응답

시스템을 2차로 근사화할 때 -0.5, -0.9, -104.5에 3개의 폐루프 극점이 더 있음을 알 수 있다. 개루프 영점이 -0.435와 -1에 있기 때문에 -0.5와 -0.9에 있는 폐루프 극점과 영점의 상쇄가 가능한지 확인하기 위하여 시뮬레이션이 필요하다. 또한, -104.5에 있는 폐루프 극점은 $-1 \pm j1.951$의 지배 폐루프 극점 실수부에서 5배 정도 멀리 떨어져 있으므로, 과도 응답에 미치는 영향은 거의 무시할 수 있다.

폐루프 시스템의 계단 응답을 그림 9.69에 나타내었다. 여기에서 퍼센트 오버슈트는 26%이고 정착 시간은 4.5초임을 알 수 있다. 이 응답을 그림 8.31의 비보상 시스템의 응답과 비교하면 정착 시간과 정상상태 오차에서 상당한 개선이 있음을 알 수 있다. 그러나 과도 응답 성능은 설계 조건을 만족하지 못한다. 그러므로 이 과도 응답 성능은 설계 조건을 만족하지 못하므로 퍼센트 오버슈트를 줄이기 위해서는 설계를 다시 해야 한다.

도전문제 이 장의 목적에 관한 이해 정도를 시험할 문제를 제시하고자 한다. 부록 A3에 UFSS 정의 항해 방향 제어 시스템이 있다. 부루프는 방향타 및 선체의 동 특성을 포함하며 주루프는 항해 방향의 입출력과 관계된다(Johnson, 1980).

a. 부루프 지배 극점은 0.6의 감쇠비를 갖고, 주루프 극점은 0.5의 감쇠비를 갖는 K_1과 K_2의 값을 구하라.

b. MATLAB을 사용하여 위의 과정을 반복하라. MATLAB **ML**

요약

이 장에서는 과도 응답과 정상상태 설계 조건을 만족하는 시스템의 설계 방법을 배웠다. 이 설계 기법으로 8장에서 설계한 방법의 제약 조건을 해결하였다. 8장에서의 방법으로는 과도 응답을 얻기 위한 극점이 근궤적상에 있을 경우에만 적용할 수 있으며, 이득 조정을 통해서만 원하는 응답을 얻을 수 있다. 이득값에 따라 응답의 정상상태 오차의 양이 결정되므로, 원하는 과도 응답과 원하는 정상상태 오차를 절충하여 설계해야 한다.

이득 조정의 단점을 극복하기 위한 보상 기법으로써 종속 혹은 피드백 보상 기법을 사용한다. 이 장에서는 과도 응답과 정상상태 오차를 서로 분리해서 설계할 수 있음을 알았다. 더 이상 두 설계 조건 사이의 상호 절충은 필요 없게 되었다. 또한, 원래의 근궤적상에 있지 않은 극점에 의한 과도 응답을 얻을 수 있는 설계도 가능하게 되었다.

이 장에서 다루었던 과도 응답 설계 기법은 근궤적이 원하는 과도 응답을 갖는 극점으로 이동하도록 근궤적을 변형시키고 이득 조정을 하는데 기초를 두고 있다. 일반적으로 보상 시스템의 응답이 비보상 시스템의 응답보다 빠르다면 보상 후의 이득은 원래의 이득보다 훨씬 크다.

종속 보상기나 피드백 보상기를 사용하여 극점과 영점을 첨가함으로써 근궤적의 모양을 변형시킨다. 극점과 영점이 삽입된 후에 시스템의 2차 근사화가 타당한 지를 확인해야 한다. 지배 2차 극점쌍 이외의 모든 극점에 의한 응답은 원하는 응답보다 훨씬 빠른 응답이어야 한다. 그러므로 지배 극점이 아닌 극점들은 허수축으로부터 지배 극점쌍보다 적어도 5배 정도 멀리 떨어져 있어야 한다. 또한, 시스템의 임의의 영점들은 극점-영점 상쇄를 위해서 비지배 극점 가까이에 있거나 지배 극점쌍에서 멀리 떨어져 있어야 한다. 이러한 시스템은 2차 지배 극점을 갖는 시스템으로 근사화할 수 있다.

정상상태 응답 설계 기법은 시스템의 형을 증가시키거나 그와 같은 효과를 내기 위해서 극점을 원점이나 원점 가까이에 배치하는 것을 기초로 한다. 이 극점 가까이에 한 개의 영점을 배치하면 과도 응답에 대한 영향을 거의 무시할 수 있다. 그러나 긴 시간에 걸쳐서 정상상태 오차가 감소하게 된다. 빠른 응답을 갖는 극점과 시스템의 2차 근사화가 이루어지도록 상쇄되는 영점에 대해서도 이 방법이 적용된다. 만약에 2차 근사화가 타당하지 않으면, 설계 결과가 규격 내에 있는지 확인하기 위하여 시뮬레이션을 해야 한다.

정상상태 설계 보상기는 PI 제어기나 지상 보상기로 구현된다. PI 제어기는 원점에 한 개의 극점을 배치함으로써 시스템의 형을 증가시킨다. 지상 보상기는 일반적으로 수동 회로로 구현되고 원점 가까이에 극점을 배치한다. 두 방법 모두 과도 응답에는 영향을 미치지 않도록 극점 아주 가까이에 한 개의 영점을 첨가한다.

과도 응답 설계 보상기는 PD 제어기나 진상 보상기로 구현된다. PD 제어기는 과도 응답을 개선하기 위해서 한 개의 영점을 추가하는 이상 보상기이다. 진상 보상기는 영점과 한 개의 극점을 같이 추가하기 때문에 이상 보상기가 아니다. 진상 보상기는 일반적으로 수동 회로로 구현된다.

PID 제어기나 지상–진상 보상기를 사용하면 과도 응답과 정상상태 오차를 동시에 개선할 수 있다. 이들 두 기법은 앞에서 설명한 보상기들을 단순히 조합한 것이다. 표 9.7은 종속 보상기의 종류를 요약한 것이다.

또한, 피드백 보상은 과도 응답을 개선시킨다. 이 때, 보상기는 피드백 경로에 배치한다. 피드백 이득을 사용하여 보상기의 영점이나 시스템의 개루프 극점을 변화시켜서 다양한 근궤적을 선택할 수 있다. 그리고 시스템 이득을 선택된 근궤적을 따라 설계점까지 이동하도록 변화시킨다. 피드백 보상의 이점은 시스템의 전체 응답과는 독립적으로 부 시스템의 빠른 응답을 설계할 수 있다는 점이다.

다음 장에서는 근궤적 설계 기법의 대안이 되는 주파수 응답을 이용하여 설계하는 기법에 대해 살펴보기로 한다.

복습문제

1. 8장과 9장의 설계 방법 차이를 간단히 기술하라.
2. 9장의 설계 방법이 8장의 방법보다 나은 점 두 가지는 무엇인가?
3. 정상상태 오차를 개선하기 위한 보상법은 무엇이 있는가?
4. 과도 응답을 개선하기 위한 보상법은 무엇이 있는가?
5. 정상상태 오차와 과도 응답을 모두 개선하기 위한 보상법은 무엇인가?
6. 정상상태 오차를 개선하기 위하여 종속 보상기의 극점과 영점을 어떻게 배치시켜야 하는가? 또한, 이렇게 배치하는 이유를 설명하라.
7. 과도 응답을 개선하기 위하여 종속 보상기의 극점과 영점을 어떻게 배치시켜야 하는가? 또한 이렇게 배치하는 이유를 설명하라.
8. s-평면상에서 과도 응답을 개선하기 위한 PD 제어기와 진상 보상기의 차이점은 무엇인가?
9. 퍼센트 오버슈트를 변화시키지 않고 시스템의 속도를 향상시키기 위해서는 보상된 시스템의 극점을 비보상 시스템의 극점에 비해서 s-평면의 어디에 배치시켜야 하는가?
10. 지상 보상 회로 대신 PI 제어기를 사용하면 정상상태 오차가 더 개선되는 이유는 무엇인가?
11. 정상상태 오차를 보상할 때 과도 응답에 미치는 효과는 무엇인가?
12. 보상기의 극점으로부터 왼쪽으로 25배 정도 멀리 떨어져 있는 영점을 갖는 지상 보상기는 정상상태 오차를 대략 얼마만큼 개선시키는가?
13. 피드백 보상기의 영점이 -3, 페루프 시스템의 극점이 -3.001에 있다면 극점-영점 상쇄가 가능하다고 할 수 있는가? 그 이유는 무엇인가?
14. 피드백 보상기의 두 가지 이점을 말하라.

가상 탐구 실험실

실험 9.1

목표 진상보상기의 이득과 손실(trade-off)에 대해 알아본다. PI 제어기를 설계하고 정상상태 오차에 대한 영향을 알아본다.

요구되는 소프트웨어의 최소 구성 MATLAB, Control System Toolbox.

예비실험

1. 시스템의 과도 응답 특성을 만족하는 진상 보상기 설계에는 몇 가지가 있는가?
2. 예비실험 1의 진상 보상기 간에는 어떤 차이가 있는가?
3. $G(s)=\dfrac{K}{s(s+3)(s+6)}$ 일 때, 다음의 특성을 만족시키는 음의 단위 피드백 시스템에 대한 진상 보상기를 설계하라: 퍼센트 오버슈트 = 20%, 정착 시간 = 2초. 이 때, 요구되는 이득 K를 구하라. 2차로 근사화하는 것이 타당한지 확인하라.
4. 예비실험 3에서 진상 보상기가 전체 각도에 끼치는 영향은 얼마인가?
5. 예비실험 3의 요구를 만족하는 2개 이상의 진상 보상기의 극점과 영점을 결정하라.
6. 진상 보상된 시스템에서 계단 입력에 대해 예상되는 정상상태 오차는 얼마인가?
7. 진상 보상된 시스템에서 램프 입력에 대해 예상되는 정상상태 오차는 얼마인가?
8. 설계된 진상 보상기 중 하나를 선택하고, 계단 입력과 램프 입력에 대해 정상상태 오차가 0이 되는 진상 보상기에 종속될 수 있는 PI 제어기를 구하라.

실험

1. Control System Designer를 사용하여 예비실험 3에서 설계하고, 근궤적, 계단 응답, 램프 응답을 그려라. 퍼센트 오버슈트, 정착 시간, 계단과 램프의 정상상태 오차를 결정하기 위한 자료를 수집하라. 이득 K를 기록하라.
2. 예비실험 5에서 설계한 것에 대해 실험 1을 반복하라.
3. 예비실험 8에서 선택한 설계에서 Control System Designer를 사용하여 PI 제어기를 삽입하라. 계단 응답을 그리고, 퍼센트 오버슈트, 정착 시간, 정상상태 오차를 측정하라. 또한 설계에 대한 램프 응답을 그리고, 정상상태 오차도 측정하라.
4. 다른 두 가지의 영점에 대한 PI 제어기의 계단, 램프 응답을 그려라.

결과토의

1. 퍼센트 오버슈트, 정착시간, 이득 K, 계단 입력에 대한 정상상태 오차, 램프 입력에 대한 정상상태 오차의 계산된 값과 실제 값을 보여주는 표를 작성하라. PI 제어기가 없는 세 시스템과 실험 3의 PI 제어기를 가지는 단일 시스템을 사용하라.
2. PI 제어기가 없는 시스템의 장점을 열거하라.
3. 최종 설계를 선택하고 그 이유에 대해 논의하시오.

실험 9.2

목표 LabVIEW를 통하여 PID 제어기를 설계하라.

요구되는 소프트웨어의 최소 구성 Control Design 과 Simulation module을 가지고 있는 LabVIEW.

예비실험

1. Cyber Exploration Laboratory Experiment 8.3을 수행하라.
2. Cyber Exploration Laboratory Experiment 8.3의 시스템을 사용하고 PID 제어기 $G_c(s) = K_D s + K_P$로 대치하라.
3. 다음과 같은 요구에 맞게 제어기를 설계하라. (1) Cyber Exploration Laboratory Experiment 8.3을 정착 시간이 1초보다 작게 하라. (2) 퍼센트 오버슈트를 5% 이내로 제한하라.
4. 설계를 실험해 보기 위해 LabVIEW VI을 설계하라. 전방 패널 입력은 PID 이득과 플랜트의 분자와 분모이다. indicators(표시기)은 플랜트 전달 함수, PID 제어기과 폐루프 시스템이다. 마지막으로 계단 응답 그래프위한 indicator를 제공한다.

실험 LabVIEW VI 실행하고 폐루프 시스템의 계단 응답을 얻는다.

결과토의 Cyber Exploration Laboratory Experiment 8.3의 폐루프 계단 응답과 이 실험의 과도 상태와 정상상태 오차 성능을 비교하라.

하드웨어 연결 실험실

실험 9.3 PI 제어를 이용한 속도 제어

목표 이 방법의 장단점을 조사하기 위해 적분 제어를 이용하여 폐루프에서 모터 속도를 제어한다.

요구되는 장비 LabVIEW가 설치된 컴퓨터; myDAQ; 쿼드러쳐 홀 센서 구조의 쿼드러쳐 엔코더가 장착된 직류 브러쉬 기어 모터 (-10V에서 10V의 동작 범위)와 BA6886N 모터 제어 칩 (또는 트랜지스터 회로 대체물)

www.wiley.com/go/Nise/ControlSystemsEngineering8e에서 제공된 파일

Speed PI Control.vi
Signal Conditioning (SubVI).vi
PI Controller (SubVI).vi

예비실험 다음 질문에 대답하라:

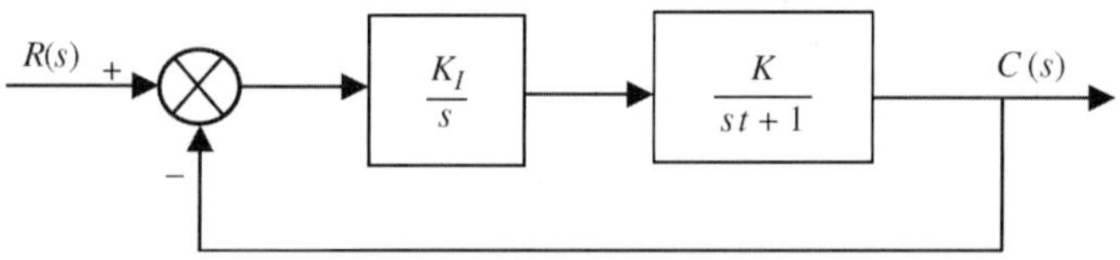

그림 9.70

그림 9.70에 보이는 시스템을 보고 다음을 수행하라.

1. $R(s)$에서 $C(s)$로 가는 폐루프 전달함수를 찾아라.
2. K_I 함수에 대한 근궤적을 그려라.
3. 정착 시간, 최고값 시간, 최대 출력을 표시하는 시스템의 단위-스텝 응답을 그려라. 모든 가능성을 찾아라: 과감쇠, 임계감쇠, 미흡감쇠
4. 단위-스텝 입력에 대한 정상상태 오차를 대해 표현하라.

실험

소프트웨어 Speed PI Control.vi를 사용하고 그림 9.71(b)에 보이는 모터의 기어비와 엔코더 CPR에 맞추어 왼쪽 상수를 변경한다. 또한 PI 제어기에 연결된 상수 값을 변화한다. 이 값들은 최대 모터 전압의 데드존 상수가 된다. 실험 8.4에서 했던 것처럼 신호 조정 블록 내부의 데드존 상수를 변경하라.

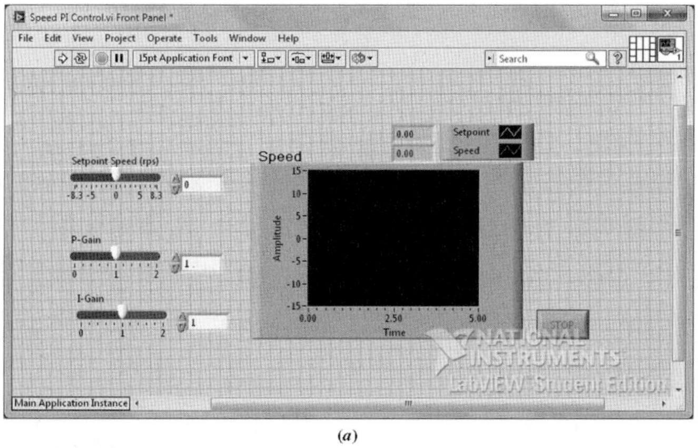

(a)

그림 9.71 Speed PI Control.vi: a. 전면 패널

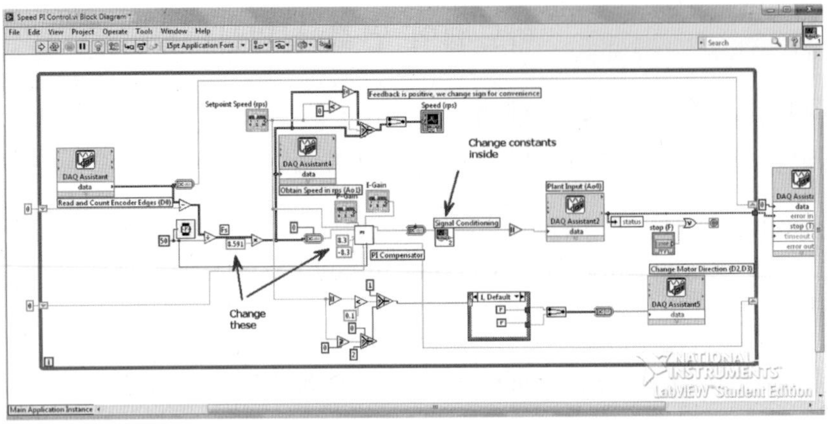

(*b*)

그림 9.71 (계속) b. 블록선도

하드웨어 실험 8.4와 동일

절차

1. P 이득을 0으로 설정하고 작은 I 이득을 선택하라. 시스템의 동작을 확인하라. 이 실험에서 우리는 P 이득을 0으로 유지한다.
2. 시스템의 (1장에서 언급된 것과 유사) 기능별 블록선도를 그려라. 신호 조정 함수나 방 향 신호의 변화를 포함하지 않는다.
3. 실험 4.6에서 찾은 전달함수를 사용하여 시스템의 근궤적을 그려라.
4. 시스템이 폐루프 안정할 수 있는 K_I의 이론적 범위를 찾아라.
5. 시스템이 폐루프 안정할 수 있는 K_I의 실험적 범위를 찾기 위해 프로그램과 시스템을 실행하라.
6. 실험을 대한 K_I의 세 가지 다른 값을 신중히 선택하라.
7. 실험 8.4에서 발견된 전달함수와 비례 이득의 세 가지 신중한 선택을 사용하여, 직접 계산하여 다음 테이블을 작성하라. (계산기 가능, 컴퓨터 시뮬레이션 불가능). 모든 과정을 보여라.

K_P			
T_P – 최고값 시간			
%OS – 퍼센트 오버슈트			
T_s – 정착 시간			
e_{ss} – 정상상태오차 (계단 입력)			

이론

8. 세 가지 값 K_f 각각에 대해, 계단입력 실험을 수행하라. K_I의 세 가지 값에 대해 한 개의 계단 입력을 사용하라. 오실로스코프 화면은 전체 시스템의 과도 응답을 포함하는지 확인하라. 위의 이론 테이블의 모든 매개 변수들의 측정을 보이고 아래 실험 테이블에 작성하라. 정착 시간 T_s는 현재 아날로그 채널의 제한된 수로 인해 현재 설정에서 측정하기 어렵다. T_s를 측정하는 대신에, 스코프 커서를 사용하여 이론적인 값을 오실로스코프에 표시하라. (중요: 이 실험에서 계단 입력을 적용할 때마다 재시작하기 전에 VI를 중지해야 한다. 이 작업은 적분기를 초기화할 것이다.)

K_P			
T_P - 최고값 시간			
%OS - 퍼센트 오버슈트			
e_{ss} - 정상상태오차 (계단 입력)			

실험

결과토의 이론적인 표와 실험적인 표를 상세히 비교하라. 이론과 실험 값 사이에 유사점과 차이점을 토론하고 이에 대한 이유를 제시하라.

참고문헌

Bittanti,S., Dell'Orto, F. ,DiCarlo, A.,and Savaresi,S.M. Notch Filtering and Multirate Control for Radial Tracking in High Speed DVD-Players. *IEEE Transactions on Consumer Electronics*, vol.48, 2002, pp. 56-62.

Budak, A. *Passive and Active Network Analysis and Synthesis*. Houghton Mifflin, Boston, MA, 1974.

Camacho, E. F., Berenguel, M., Rubio, F. R., and Martinez, D. Control of Solar Energy Systems. Springer -Verlag, London, 2012.

Craig, I. K., Xia, X., and Venter, J. W. Introducing HIV/ADIS Education into the Electrical Engineering Curriculum at the University of Pretoria. *IEEE Transactions on Education*, vol.47, no.1, February 2004, pp.65-73.

Craig, J. J. *Introduction to Robotics. Mechanics and Control,* 3d ed. Prentice Hall, Upper saddle River, NJ, 2005.

D'Azzo, J. J., and Houpis, C. H. *Feedback Control System Analysis and Synthesis*. 2d ed. McGraw-Hill, New York, 1966.

Dorf, R. C. *Modern Control Systems*, 5th ed. Addison-Wesley, Reading, MA, 1989.

Hostetter, G. H., Savant, C. J., Jr., and Stefani, R. T. *Design of Feedback Control Systems*, 2d ed. Saunders College Publishing, New York, 1989.

Johnson, H., et al. *Unmanned Free-Swimming Submersible (UFSS) System Description*. NRL Memorandum Report 4393. Naval Research Laboratory, Washington, D.C., 1980.

Karlsson, P.,and Svensson, J. DC Bus Voltage Control for a Distributed Power System, *IEEE Trans. on Power Electronics*, vol. 18, no. 6, 2003, pp. 1405-1412.

Khodabakhshian, A., and Golbon, N. Design of a new Load Frequency PID Controller Using QFT. *Proceedings of the 13th Mediterranean Conference on Control and Automations*, 2005, pp. 970-975.

Kuo, B. C. *Automatic Control Systems*. 7th ed. Prentice Hall, Englewood Cliffs, NJ, 1995.

Mahmood, H., and Jiang, J. Modeling and Control System Design of a Grid Connected VSC Considering the Effect of the Interface Transformer Type. IEEE Transactions on Smart Grid, vol. 3, no. 1, March 2012, pp. 122-134.

Ogata, K. *Modern Control Engineering*, 2d ed. Prentice Hall, Englewood Cliffs, N.J., 1990.

Özel, T. Precision Tracking Control of a Horizontal Arm Coordinate Measuring Machine. (Proceedings of the IEEE Conference on Control Applications), 2003, pp.103-108.

Pounds, P. E. L., Mahony, R. E., and Corke, P. I.; Design of a Static Thruster for Microair Vehicle Rotorcraft. *Journal of Aerospace Engineering,* vol, 22, no. 1, 2009, pp. 85-94

Prasad, L., Tyagi, B., and Gupta, H. Modeling & Simulation for Optimal Control of Nonlinear Inverted Pendulum Dynamical System using PID Controller & LQR. IEEE Computer Society Sixth. Asia Modeling Symposium, 2012, pp. 138-143.

Presitl, Z., Bauer, P., and Bokor, J. A simple Control Solution for Traction Motor Used in Hybrid Vehicles. *Fourth International Symposium on Applied Computational Intelligence and Informatics*. IEEE. 2007.

Romagnoli, J. A., and Palazoglu, A. Introduction to Process Control. CRC Press, Boca Raaton, FL, 2006.

Smith, C. A. *Automated Continuous Process Control*. Wiley, New York, 2002.

Thomas, B., Soleimani-Mosheni, M., and fahlen, P. Feed-forward in Temperature Control of Buildings. *Energy and Buildings*, vol. 37, 2005, pp.755-761.

Van de Vegte, J. *Feedback Control Systems*, 2d ed. Prentice Hall, Englewood Cliffs, NJ, 1990.

Thomsen, S., Hoffmann, N., and Fuchs, F. W. PI Control, PI-Based State Space Control, and Model-Based Predictive Control for Drive Systems With Elastically Coupled Loads-A Comparative Study. IEEE Transactions On Industrial Electronics, vol. 58, no. 8, August 2011 , pp. 3647~3657

Van de Vegte, J. Feedback Control Systems, 2d ed. Prentice Hall, Upper Saddle River, NJ, 1990.

Varghese, J., and Binu, L. S. Adaptive Fuzzy PI Controller for Hypersonic Wind Tunnel Pressure Regulation. 10th National Conference on Technological Trends (NCTT09), Nov. 6~7, 2009, pp. 184~187

Yu, S., Wu, J., and Zhang, D. Robust Non-fragile PID Controller Design for the Stroke Regulation of Metering Pumps. Chinese Journal of Chemical Engineering, vol. 19, no. 1, 2011 , pp. 83~88

연습문제

1. 그림 P9.1의 시스템에 대하여 폐루프의 감쇠비는 0.5일 때 계단 응답에 대한 정상 상태 오차가 0이 된다. 여기서 개루프 전달 함수는

$$G(s) = \frac{K}{(s+1)^2(s+20)}$$

이다. 주어진 특성에 관하여 PI 제어기를 설계하라. 비보상 시스템과 보상 시스템의 특성을 비교하라. [9.2절]

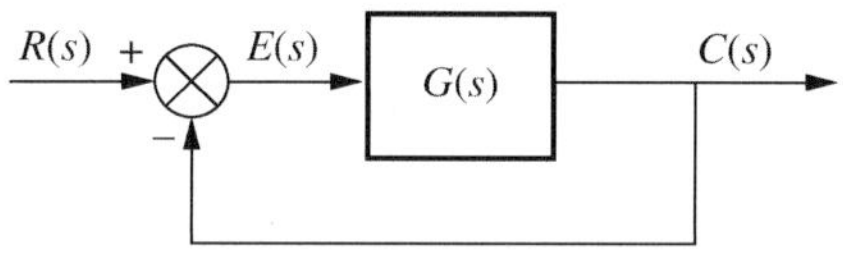

그림 P9.1

2. 그림 P9.1의 단위 피드백 시스템에서 SS

$$G(s) = \frac{K}{s(s+3)(s+6)}$$

일 때, 다음 문제를 풀어라.

a. 안정하기 위한 모든 K값에 대해 램프 응답 오차가 0이 되기 위한 PI 제어기를 설계하라. [9.2절]

b. $K=1$에 대하여 설계한 제어기를 MATLAB을 사용하여 시뮬레이션 하라. 램프 입력과 출력 응답을 모두 한 그래프에 나타내라. MATLAB ML

3. 그림 P9.1의 시스템에 계단 입력을 가했을 때, 15%의 Overshoot를 갖는다. 이 때의 개루프 전달 함수는 다음과 같다. [9.2절]

$$G(s) = \frac{K}{(s+1)(s+2)(s+5)}$$

a. 정적 오차 상수 값은 얼마인가?

b. 비보상 시스템 지배 극점을 거의 변화시키지 않고 오차 상수가 1가 되도록 하는 지상 회로망을 설계하라.

c. MATLAB이나 다른 컴퓨터 프로그램을 사용하여 시뮬레이션을 통하여 보상기의 효과를 설명하라. MATLAB ML

4. 그림 P9.1의 단위 피드백 시스템에서

$$G(s) = \frac{K}{(s+2)(s+4)(s+6)}$$

일 때, 다음 문제를 풀어라.

a. 비보상 시스템에서 10% 오버슈트를 갖는 지배 극점의 위치를 변화시키지 않으면서 $K_p=20$이 되도록 하는 보상기를 설계하라. [9.2절]

b. MATLAB이나 다른 컴퓨터 프로그램을 사용하여 비보상 시스템과 보상 시스템을 시뮬레이션하라. MATLAB ML

c. 지상 보상기에 의하여 보상된 최종값의 2% 이내에 출력이 도달하는 데 걸리는 시간이 얼마인지를 MATLAB이나 다른 컴퓨터 프로그램을 사용하여 구하라. MATLAB ML

5. 그림 P9.1의 단위 피드백 시스템에서 SS

$$G(s) = \frac{K(s+6)}{(s+2)(s+3)(s+5)}$$

이고 지배 극점의 감쇠비가 0.707이다. 정착 시간을 반으로 줄이도록 PD 제어기를 설계하라. 비보상 시스템과 보상 시스템의 과도 응답과 정상상태의 성능을 비교하라. 설계 과정에서 생긴 문제점을 설명하라. [9.3절]

6. 그림 P9.1의 단위 피드백 시스템에서

$$G(s) = \frac{K}{(s+4)^3}$$

일 때, 다음 문제를 풀어라.[9.3절]

a. 오버슈트가 15%이고 정착 시간이 1.2초가 되도록 하는 지배 극점의 위치를 구하라.

b. (a)의 조건을 달성하기 위하여 보상기의 영점이 -1에 위치한다면 보상기 극점에 의한 각도는 얼마인가?

c. 보상기 극점의 위치를 구하라.

d. (a)의 요구 조건을 만족시키기 위한 이득을 구하라.

e. 보상 시스템에서 다른 폐루프 극점들의 위치를 구하라.

f. 2차 근사화의 타당성에 대하여 논하라.

g. 설계 결과를 검증하기 위하여 MATLAB이나 다른 컴퓨터 프로그램을 사용하여 보상된 시스템을 시뮬레이션 하라. MATLAB ML

7. 그림 P9.1의 단위 피드백 시스템에서

$$G(s) = \frac{K}{s^2}$$

이며, 정착 시간이 1.667초이고 오버슈트가 16.3%가 되도록 보상기를 설계하고자 한다. 보상기의 영점이 -1에 있다고 가정하고 다음 문제를 풀어라. [9.3절]

a. 지배 극점의 위치를 구하라.
b. 보상기 극점을 구하라.
c. 시스템 이득을 구하라.
d. 지배 극점이 아닌 모든 극점의 위치를 구하라.
e. 2차 근사화의 타당성을 확인하라.
f. 정상상태 오차 특성을 평가하라.
g. MATLAB이나 다른 컴퓨터 프로그램을 사용하여 시스템을 시뮬레이션하고 계단 입력에 대한 과도 응답 특성을 평가하라. MATLAB ML

8. 그림 P9.1의 단위 피드백 시스템에서

$$G(s) = \frac{K(s+5)}{(s+2)(s+3)(s+7)(s+10)}$$

일 때, 다음 문제를 풀어라.[9.3절]

a. 근궤적을 개략적으로 그려라.
b. $\zeta = 0.8$이 되는 지배 극점의 좌표를 구하라.
c. $\zeta = 0.8$에 대한 이득을 구하라.
d. 시스템이 $T_s = 1$초, $\zeta = 0.8$이 되도록 종속 보상을 할 때, 보상기의 영점이 -4에 있다고 가정하고 보상기 극점을 구하라.
e. 2차 근사화의 타당성을 확인하라.
f. MATLAB이나 다른 컴퓨터 프로그램을 사용하여 보상 시스템과 비보상 시스템을 시뮬레이션하고 그 결과를 예상한 것과 비교하라. MATLAB ML

9. MATLAB을 사용하여 다음과 같은 과정으로 문제 8을 다시 풀어라. MATLAB ML

a. MATLAB은 보상 전 시스템의 근궤적을 그리고 감쇠비 0.8선을 중첩시킨다. 작동점이 선정되면 MATLAB은 작동점의 좌표와 이득뿐만 아니라 작동점에서 2차로 근사화하여 예측된 $\%OS$, T_s, T_p, ζ, w_n, K_p의 값을 출력한다.
b. MATLAB은 비보상 시스템의 계단 응답을 출력한다.
c. MATLAB은 보상된 설계점을 계산하고 키보드로부터 진상 보상기의 극점값이 입력되도록 요구한다. MATLAB은 근궤적을 그려 보상된 설계점을 나타낸다. MATLAB은 근궤적이 설계점을 지날 때까지 키보드로부터 진상 보상기의 극점값을 변화시킬 수 있도록 한다.
d. MATLAB은 보상 시스템의 작동점의 좌표와 이득뿐만 아니라, 작동점에서 2차로 근사화된 시스템의 $\%OS$, T_s, T_p, ζ, w_n, K_p의 값을 출력한다.
e. MATLAB은 보상 시스템의 계단 응답을 화면에 출력한다.
f. 보상기의 영점위치를 몇 번 변화시켜 가면서 보상기 영점을 다르게 선정했을 때, 원래 설계 결과보다 나은 점이 있는지를 보기 위하여 보상된 시스템의 데이터를 수집하라.

10. 그림 P9.1의 단위 피드백 시스템에서 SS

$$G(s) = \frac{K}{s(s+20)(s+40)}$$

이고, 이 시스템의 퍼센트 오버슈트는 20%이다. 퍼센트 오버슈트는 변화시키지 말고 정착 시간을 2로 줄이는 보상기를 설계하고 다음 문제를 풀어라.

a. 보상 전 시스템의 지배 극점, 이득 및 정착 시간을 계산하라.
b. 보상된 시스템의 지배 극점과 정착 시간을 계산하라.
c. 보상기의 영점과 극점을 계산하고, 필요한 이득을 구하라.
d. MATLAB이나 다른 컴퓨터 프로그램을 사용하여 보상 시스템과 비보상 시스템을 시뮬레이션하라. MATLAB ML

11. 그림 P9.1의 단위 피드백 시스템에서 SS

$$G(s) = \frac{K}{(s+15)(s^2+6s+13)}$$

이고, 30%의 오버슈트 특성을 갖는다. [9.3절]

a. 보상기의 영점이 -7에 있을 때, 정착 시간을 반으로 줄이는 종속 보상기의 전달 함수, 시스템 이득, 지배 극점의 위치를 구하라.
b. 다른 극점과 영점을 구하고, 2차 근사화에 대해 설명하라.
c. MATLAB이나 다른 컴퓨터 프로그램을 사용하여 비보상 시스템과 보상 시스템을 모두 시뮬레이션하고 설계한 보상기의 효과를 확인하라. MATLAB ML

12. 단위 피드백 제어 시스템의 전향(forward) 전달 함수가 다음과 같이 주어졌다.[9.3절]

$$G(s) = \frac{K}{s^2(s+4)(s+12)}$$

a. 폐루프 시스템의 계단 응답이 오버슈트가 20.5%, 정착 시간이 3초 되도록 지상 보상기를 설계하라. K의 값을 확정하라.

b. 사용한 2차 근사법이 유효한가?

c. MATLAB 또는 다른 컴퓨터 프로그램을 사용하여 보상된 시스템의 과도 응답을 시뮬레이션하고 예상한 과도 응답과 비교하라. MATLAB ML

13. 그림 P9.1의 단위 피드백 시스템에서

$$G(s)=\frac{K}{(s^2+20s+101)(s+20)}$$

일 때, 지배 극점의 감쇠비가 0.4이고 정착 시간은 0.5초이다. [9.3절]

a. 지배 극점의 좌표를 구하라.

b. 보상기의 극점이 -15에 있다면 보상기 영점의 위치를 구하라.

c. 요구되는 시스템의 이득을 구하라.

d. 비보상 시스템과 보상 시스템의 성능을 비교하라.

e. 설계 결과를 확인하기 위하여 MATLAB이나 다른 컴퓨터 프로그램을 사용하여 시뮬레이션하시오. 필요하다면 재설계를 하라. MATLAB ML

14. 그림 P9.1의 단위 피드백 시스템에서

$$G(s)=\frac{K}{(s+3)(s+5)}$$

일 때, 다음 문제를 풀어라.

a. 이득 조정만으로는 정착 시간을 2/3초, 퍼센트 오버슈트를 1.5%로 할 수 없음을 보여라.

b. (a)의 과도 응답 설계 조건을 만족시키는 진상 보상기를 설계하라. 보상기의 극점, 영점과 이득을 나타내라.

15. 그림 P9.1의 단위 피드백 시스템에서 SS

$$G(s)=\frac{K}{(s+2)(s+4)(s+6)(s+8)}$$

일 때, 보상 전 시스템보다 정착 시간이 0.5초 짧고, 감쇠비가 0.5이며, 정상상태 오차를 30배 개선하는 지상-진상 보상기의 전달 함수를 구하라. 보상기의 영점이 -5에 있을 때 보상된 시스템의 이득을 구하라. 2차로 근사화한 것의 타당성을 확인하고 시뮬레이션을 통하여 설계 결과를 확인하라. [9.4절]

16. 그림 P9.1의 단위 피드백 시스템에서 SS

$$G(s)=\frac{K}{s(s+1)(s+3)}$$

로 주어질 때, 다음 문제를 풀어라. [9.4절]

a. 다음 설계 조건을 만족하도록 보상기를 설계하라: 정착 시간=2.86초, 퍼센트 오버슈트=4.32%, 정상상태 오차는 보상 전보다 2배 개선

b. 비보상 시스템과 보상 시스템의 과도 응답 특성과 정상상태 오차 특성을 비교하라.

c. 비보상 시스템과 보상 시스템의 이득을 비교하라.

d. 2차로 근사화한 것의 타당성을 확인하라.

e. MATLAB이나 다른 컴퓨터 프로그램을 사용하여 비보상 시스템과 보상 시스템을 시뮬레이션하고 특성을 확인하라. MATLAB ML

17. 그림 P9.1의 단위 피드백 시스템에서

$$G(s)=\frac{K}{s(s+5)(s+11)}$$

일 때, 다음 문제를 푸시오. [9.4절]

a. 비보상 시스템이 30% 오버슈트를 가질 때, 이득 K를 구하라.

b. 비보상 시스템의 최고값 시간과 K_v를 구하라.

c. 최고값 시간과 퍼센트 오버슈트를 각각 반으로 줄이고 정상상태 오차를 30배 개선하기 위한 지상-진상 보상기를 설계하시오. 모든 극점, 영점과 이득을 나타내라.

18. 그림 P9.1의 단위 피드백 시스템에서

$$G(s)=\frac{K}{(s+2)(s+4)}$$

일 때, 이 시스템은 4.32%의 오버슈트를 가진다. 정상상태 오차를 개선하기 위해서는 K_p는 적어도 5배 증가되어야 한다. 아래와 같은 지상 보상기를 사용할 때 다음 문제를 풀어라. [9.4절].

$$G_c(s)=\frac{(s+0.5)}{(s+0.1)}$$

a. 보상 시스템과 비보상 시스템에 필요한 이득을 구하라.

b. 보상 시스템과 비보상 시스템의 K_p를 구하라.

c. 보상 시스템과 비보상 시스템에 대한 퍼센트 오버슈트와 정착 시간을 예측하라.

d. (c)의 결과로부터 2차로 근사화하는 것의 타당성을 확인하라.

e. MATLAB이나 다른 컴퓨터 프로그램을 사용하여 보상 전 시스템과 보상된 시스템의 계단 응답을 시뮬레이션하시오. 보상된 시스템의 응답에서 무엇을 알 수 있는가? MATLAB ML

f. (e)에서 확인한 결과로부터 적당한 진상 보상기를 설계하라.

19. 그림 P9.1의 단위 피드백 시스템에서

$$G(s)=\frac{K}{(s+1)(s+3)}$$

일 때, 최고값 시간이 1.122초, 감쇠비가 0.707이고, 계단 응답에 대한 오차가 0이 되도록 PID 제어기를 설계하라. [9.4절]

20. 그림 P9.1의 단위 피드백 시스템에서 SS

$$G(s)=\frac{K}{(s+4)(s+6)(s+10)}$$

일 때, 다음 문제를 풀어라.

a. 계단 응답에 대한 오버슈트가 25%, 정착 시간이 2초, 램프 응답에 대한 정상상태 오차가 0이 되도록 PID 제어기를 설계하라.

b. MATLAB을 사용하여 검증하라. MATLAB ML

21. MATLAB을 사용하여 다음과 같은 과정으로 문제 20을 반복하라. SS MATLAB ML

a. MATLAB은 원하는 퍼센트 오버슈트, 정착 시간, PI 보상기 영점을 요구한다.

b. MATLAB은 PD 제어기의 영점을 설계한다.

c. MATLAB은 원하는 퍼센트 오버슈트 선과 PID 보상 시스템의 근궤적을 화면에 출력한다.

d. 사용자는 근궤적과 원하는 오버슈트 선과의 교점을 선택한다.

e. MATLAB은 PID 보상 시스템의 이득과 과도 응답 특성을 출력한다.

f. MATLAB은 PID 보상 시스템의 계단 응답을 출력한다.

g. MATLAB은 PID 보상 시스템의 램프 응답을 출력한다.

22. 그림 P9.2에 나타낸 시스템의 지배 2차 극점에 대한 감쇠비가 0.456일 때, 모든 폐루프 극점과 영점의 위치를 구하라.

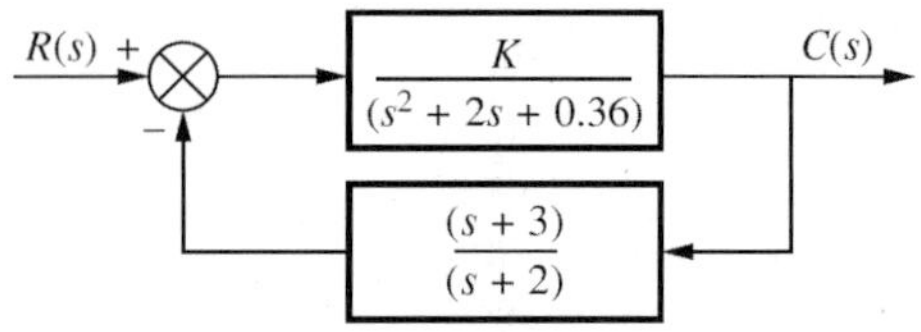

그림 P9.2

23. 그림 P9.1의 단위 피드백 시스템에서 SS

$$G(s)=\frac{K}{s(s+2)(s+4)(s+6)}$$

일 때, 다음 문제를 풀어라. [9.5절]

a. 계단 응답에 대해 15% 이하의 오버슈트와 3초 이내의 정착 시간을 갖기 위한 속도 피드백을 설계하라. 방법 1을 사용하라.

b. MATLAB을 사용하여 보상된 시스템을 시뮬레이션하라. MATLAB ML

24. 그림 P9.3의 시스템에 대하여 [9.5절]

a. 계단 응답이 5% 오버슈트를 가지며 정착 시간이 4초가 되도록 부루프의 피드백 경로에 있는 a와 K_1값을 설계하라.

b. 계단 입력에 대해서 주루프의 응답이 10%의 오버슈트를 갖도록 K값을 설계하라.

c. MATLAB이나 다른 컴퓨터 프로그램을 사용하여 전체 폐루프 시스템의 계단 응답을 시뮬레이션하라. MATLAB ML

d. 주루프의 정상상태 오차가 0이 되도록 하기 위하여 PI 보상기를 첨가하고 MATLAB이나 다른 컴퓨터 프로그램을 사용하여 계단 응답을 시뮬레이션하라. MATLAB ML

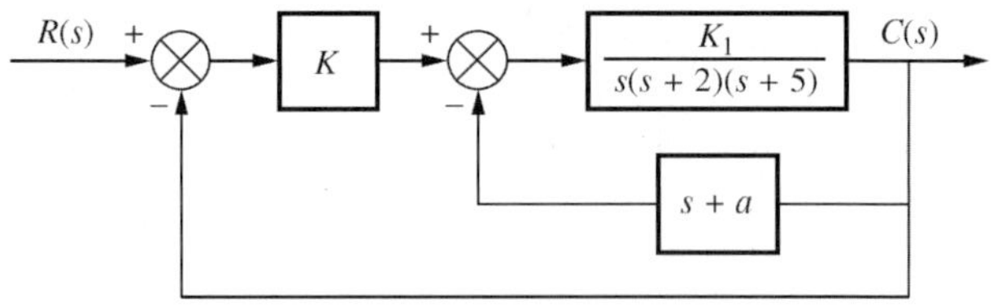

그림 P9.3

25. 그림 P9.1의 단위 피드백 시스템에서 SS

$$G(s)=\frac{K}{(s+1)(s+3)(s+10)}$$

이고, 계단 응답 오차가 0이 되도록 PI 제어기를 설계하라. 시스템은 0.4의 감쇠 요소로 동작한다. 각각의 두 가지 경우에 대해 설계하라:

(1) 보상기의 영점이 -0.1이고 (2) 보상기의 영점이 -0.7이다.

비보상기 시스템과 보상된 시스템에 대해 각각의 사양을 비교하라. 소프트웨어 프로그램을 사용하여 시스템의 각 경우에 대해 시뮬레이션을 진행하라.

26. 모터로 구동되는 수레에 장착된 도립진자는 3장의 문제 25에서 소개되었다. 상태 공간 모델은 고정점 $X_0 = 0$ (Prasad, 2012) 주변으로 선형화 되어있다. 고정점에서 진자점 질량 m은 $t = 0$에서 수직위치에 있고 수레에 작용하는 힘 u_0는 0이다. 이 모델은 2개의 출력변수를 갖기 위해 6장의 문제 37에서 수정되었다: y축과 관련된 진자 각도 $\theta(t)$, 그리고 수레의 수평적 위치 $x(t)$. 고유 값을 찾기 위해 MATLAB이 사용되었다. (4개 중에서) 단 하나의 극점도 s-평면 좌반면에 위치하지 않는다면, 우리는 이 장치가 안정이 필요하다는 결론을 내릴 수 있다. 안정도를 만족하고 적절한 제어 시스템을 설계하기 위해 다음을 수행하라.

a. 두 개의 피드백 시스템은 SL Simulink 모델로 개발하기 위해 사용하고, 이 장치의 Simulink에 대한 신호선도를 그려라. 하나는 수레 위치를 제어하는 $x(t)$이고 다른 하나는 진자의 각도를 제어하는 $\theta(t)$이다. 각도 루프에서 2차 적분기의 상하 포화 제한은 각각 100과 -100으로 설정하고, 위치 루프 제한은 10과 -10으로 설정하라. (Simulink SL)

b. 진자의 각도 제어 시스템이 안정시키기 위해 12.5의 이득을 가지는 속도 피드백을 사용하라. 이러한 시스템의 각 순방향 경로는 수레에 적용된 힘 $u(t)$를 조정하는 비례 미분(PD) 제어기가 포함되어야 한다. 이러한 제어기[1]들은 다음과 같은 설정들로 구성할 수 있다:[2]

수레 위치 제어기는 P=5, I=0, 그리고 D=5

진자 각도 제어기는 P=2, I=0, 그리고 D=10

c. 두 출력 응답을 포착하기 위해 스코프를 구성하면, 각도 제어 루프의 기준 입력과 수레 위치 제어 루프에 대한 입력으로서 단위 계산 소스 ($t = 0$에서 시작하고 최종값은 1을 가짐)로 단위 임펄스[3]를 사용하라.

d. 정상상태 오차 $e(\infty) > 2\%$, 최고값 시간 $T_p > 1.2$초 또는 퍼센트 오버슈트 $\%OS > 20.5\%$의 응답 중 하나를 가진다면, 제어기 설정을 적절히 변화시켜라.

27. 연산 증폭기로 다음 제어기를 구현하라. [9.6절]

a. $\dfrac{s + 0.01}{s}$

b. $s + 2$

28. 수동 소자를 사용하여 다음 보상기를 구현하라. [9.6절]

a. $\dfrac{s + 0.1}{s + 0.01}$

b. $\dfrac{s + 2}{s + 5}$

c. $\left(\dfrac{s + 0.1}{s + 0.01}\right)\left(\dfrac{s + 1}{s + 10}\right)$

29. 연산 증폭기를 사용하여 문제 28을 반복하라. [9.6절]

설계문제

30. 그림 P9.4(a)는 액체의 온도를 미리 정해진 온도로 유지시키는 열교환 장치의 과정을 나타낸 것이다. 센서에서 온도를 측정하고 송신기 TT 22가 대응하는 제어기 TC 22에 온도 정보를 전송하면 제어기에서 목표로 설정된 온도와 실제 온도를[4] 비교한다. 제어기는 탱크 내부의 온도를 변화시키기 위해 자동적으로 증기 밸브를 열고 닫는다. 이 시스템에 관련된 블록선도를 그림 P9.4(b)에 나타내었다(Smith, 2002). 다음의 전달함수를 가정하라. (SS)

$$G_v(s) = \frac{0.02}{4s + 1}, \quad G_1(s) = \frac{70}{50s + 1},$$

$$H(s) = \frac{1}{12s + 1}$$

a. $G_c(s) = K$라고 가정할 때, 지배 극점이 $\xi = 0.7$에 위치하도록 K값을 정하라. 그리고 그 때의 T_s 값을 구하라.

b. a에서와 동일한 감쇠비, 그리고 20% 줄어든 정착시간을 얻기 위해 필요한 PD 제어기를 설계하라.

c. MATLAB 시뮬레이션을 이용하여 위 결과들을 확인하라. (MATLAB ML)

---

1 적분 동작이 안정성에 부정적인 영향을 피하기 위해 0으로 설정되는 PID 제어기이다.

2 각도 제어기와 비례 이득의 낮은 값의 미분 동작에 대한 높은 값이 진자를 더욱 안정시키기 위해 선택된다는 것을 유의해야 한다.

3 단위 임펄스를 만들기 위해서는 파생 블록에 의해 단위 계단 전원이 사용된다.

4 Smith, C.A. Automated Continuous Process Control. John Wiley & Sons, New York, NY, 2002. p. 128, Figure 6-1.1.

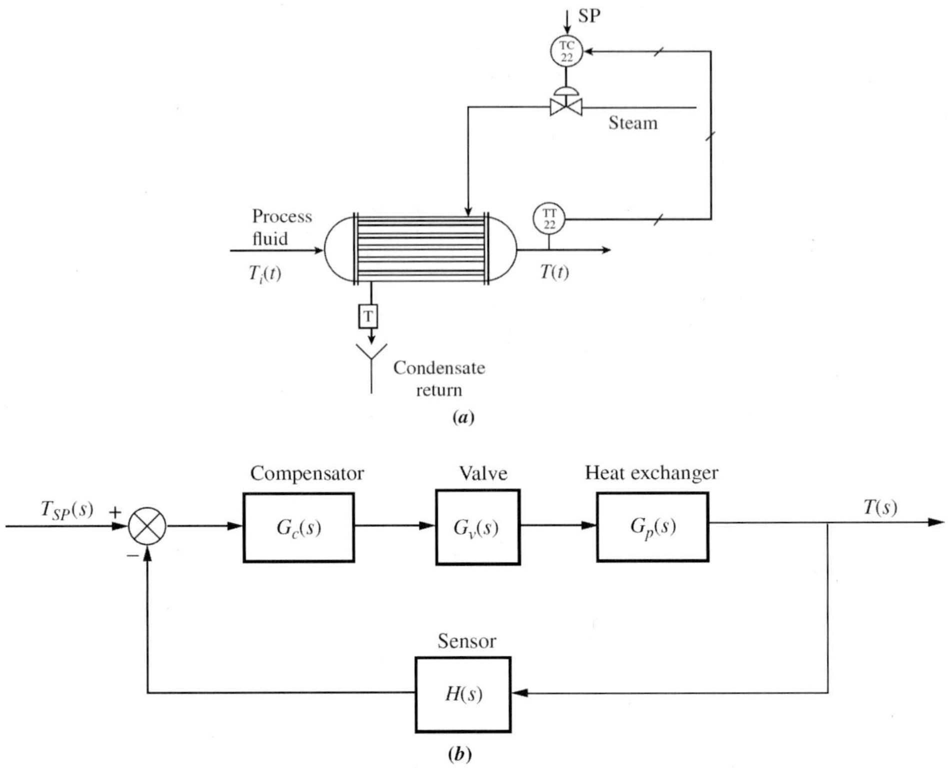

그림 P9.4 a. 열교환 과정 b. 블록선도

31. 문제 30의 b와 c를 진상 보상기를 사용하여 반복하라.

32. a. 토크-속도 곡선과 부하가 그림 P9.5와 같을 때 모터의 전달 함수를 구하라.
    b. 전력 증폭기의 이득을 1로 하고 전단 증폭기의 이득을 5,000으로 하는 위치 제어에서 감쇠비가 0.5가 되도록 타코미터 보상기를 설계하라.

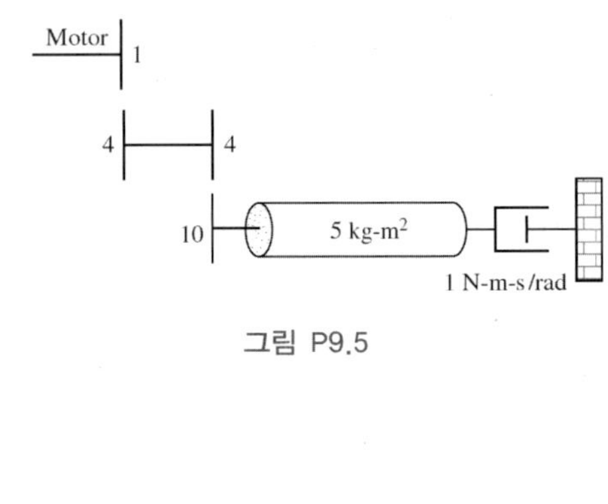

그림 P9.5

c. 비보상 시스템과 보상 시스템의 과도 응답 특성과 정상상태 응답 특성을 비교하라.

33. 퍼센트 오버슈트가 20%이고, 정착 시간이 2초인 위치 제어 시스템을 설계하고자 한다. 모터를 구동하는 증폭기와 전력 증폭기가 접속되고 전달 함수가 $K_1/(s+20)$이다. 축의 위치를 전압으로 바꾸기 위하여 2개의 10회전 전위차계를 사용한다. 전위차계 양단에 $\pm 5\pi$의 전압이 걸린다. 직류 모터의 전달 함수는 다음과 같다.

$$\frac{\theta_a(s)}{E_a(s)} = \frac{K}{s(s+a)}$$

모터의 전달 함수는 다음과 같이 실험적으로 얻어진다: 전기자에 크고 짧은 구형 펄스를 가하여 개루프 방식으로 모터와 기어로 연결된 부하를 구동한다. 오실로스코프의 응답 파형은 모터에 펄스를 가한 후 1/2초만에 최종치의 63%에 도달하는 것을 보여주고 있다. 또 전기자에 10V 직류를 가하면 최종 출력 속도는 100rad/s였다.

a. 시스템의 오버슈트가 20%일 때, 각 부분의 전달 함수를 나타내어 시스템의 블록선도를 완성하라.

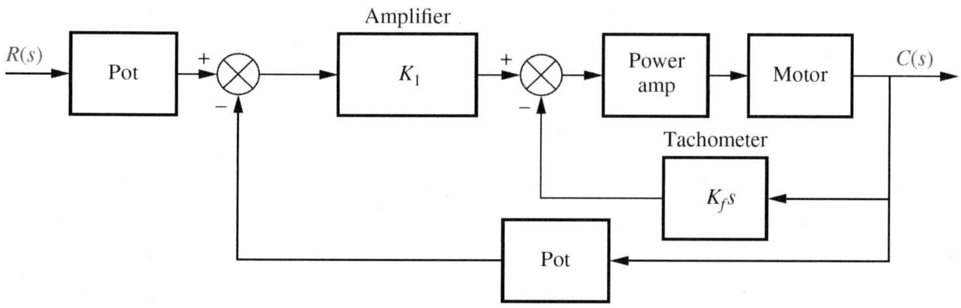

그림 P9.6

b. 단위 램프 입력에 대한 정상상태 오차를 구하라.

c. 과도 응답 특성을 결정하라.

d. 그림 P9.6와 같이 타코미터 피드백이 모터에 사용된다면 설계 조건을 만족시키기 위한 타코미터와 증폭기 이득을 구하라. 과도 응답 특성과 정상상태 특성을 설명하라.

34. 퍼센트 오버슈트는 10%, 정착 시간이 1초이고, $K_v = 1000$인 위치 제어 시스템을 설계하고자 한다. 모터를 구동하기 위한 증폭기와 전력 증폭기가 종속 접속되어 있고 그 전달 함수가 $K_1/(s+40)$이다. 축의 위치를 전압으로 바꾸기 위하여 2개의 10회전 전위차계를 사용한다. 전위차계 양단에는 $\pm 20\pi$의 전압이 걸린다. 직류 모터의 전달 함수는 다음과 같다.

$$\frac{\theta_a(s)}{E_a(s)} = \frac{K}{s(s+a)}$$

50V에서 다이나모미터(dynamometer) 테스트를 하여 다음 데이터를 얻었다. 25Nm 토크에서 1433rpm, 75Nm 토크에서 478rpm을 얻었다. 부하가 연결된 상태에서 측정된 속도는 모터 속도의 1/10이었다. 모터 전기자측에서 부하를 포함한 등가 관성은 100Kgm^{2}이고, 부하를 포함한 등가 점성 감쇠는 50Nm s/rad이다.

a. 각 부분의 전달 함수를 정하여 완전한 시스템 블록선도를 그려라.

b. 문제에서 요구하는 조건을 만족시키기 위한 수동 회로 보상기를 설계하라.

c. 모든 소자값을 나타내는 보상기의 개요도를 그려라.

d. MATLAB이나 다른 컴퓨터 프로그램을 사용하여 시스템을 시뮬레이션하고 모든 요구 조건들이 만족되는지 확인하라. MATLAB ML

35. 그림 P9.7의 시스템에 대하여 폐루프 지배 극점의 감쇠비가 0.5이고, 부루프의 미흡 감쇠 극점의 감쇠비가 0.8이 되도록 K와 K_f값을 정하라.

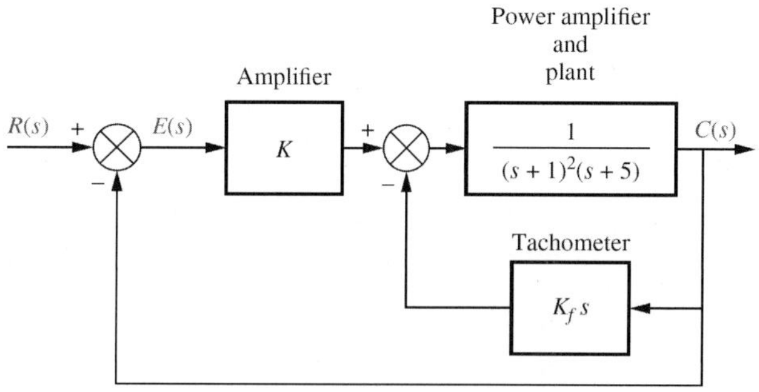

그림 P9.7

36. 증기로 구동되는 발전기가 터빈내부의 증기압을 일정하게 유지시켜주는 조절장치에 의해 일정한 속도로 회전하고 있다. 또한, 부하의 변화나 배전선의 출력에 영향을 미치는 다른 외란들에 대해 신뢰성과 일관성을 보장할 수 있도록 자동발전제어기(AGC) 또는 부하주파수 제어기(LFC)가 부착되어 있다. 특정 터빈-조절장치 시스템은 P9.1의 블록선도를 이용하여 묘사될 수 있다. 여기서 $G(s) = G_c(s)G_g(s)G_t(s)G_m(s)$이고, 각각의 부 시스템은 다음과 같다(Kho-dabakhshian, 2005).

$G_g(s) = \dfrac{1}{0.2s+1}$: 조절장치의 전달 함수

$G_t(s) = \dfrac{1}{0.5s+1}$: 터빈의 전달 함수

$G_m(s) = \dfrac{1}{10s+0.8}$: 기계와 부하의 전달 함수

$G_c(s)$: 설계될 LFC 보상기

a. $G_c(s) = K$라고 가정할 때, 지배 극점이 $\zeta = 0.7$에 위치하도록 K값을 찾아라. 또한 이때의 정착시간 T_s을 구하라.

b. a에서와 동일한 감쇠비와 2초의 정착시간, 계단입력에 대한 정상상태오차가 0이 되도록 PID제어기를 설계하라.

c. 위 결과들을 MATLAB을 이용하여 확인하라. MATLAB ML

37. 문제 36을 PID제어기 대신 지상-진상 보상기를 이용하여 반복하라. 계단입력에 대한 정상상태 오차가 1%가 되도록 지상-진상 보상기를 설계하라.

38. DVD 플레이어는 여러 개의 제어 시스템들이 결합되어 동작한다. 그 제어 작업은 (1) 레이저 빔의 초점을 디스크 표면에 유지, (2) 빠른 트랙 선택, (3) 디스크 회전속도 제어, (4) 정확한 트랙 추적 등을 포함한다. 트랙을 따라가기 위해, 픽업 헤드의 방사상 위치는 자석에 결합되어 있는 보이스 코일을 작동시키는 전압에 의해 제어된다. 어떤 특정 DVD 플레이어에 대해, 전달 함수가

$$P(s)=\frac{X(s)}{V(s)}=\frac{0.63}{\left(1+\dfrac{0.36}{305.4}s+\dfrac{s^2}{305.4^2}\right)\left(1+\dfrac{0.04}{248.2}s+\dfrac{s^2}{248.2^2}\right)}$$

로 주어졌다. $x(t)$= 픽업 헤드의 방사상 위치, $v(t)$= 코일의 입력전압(Bittanti, 2002).

a. 시스템이 그림 P9.1에서 보인 것과 같이 폐루프 구성으로 제어된다고 가정하라. 플랜트 $P(s)$가 비례보상기 $G_c(s)=K$와 종속 접속되어 있다고 할 때, 이 시스템의 근궤적도를 도시하라.

b. 만약 근 궤적그림이 다른 Tool로 만들어졌다면, MATLAB을 이용하여 a를 반복하라.

c. 폐루프 시스템이 안정하기 위한 K값의 범위, 그에 따른 감쇠비의 범위, 그리고 가장 짧은 정착시간을 구하라.

d. 시스템의 지배 극점이 감쇠비 ζ=0.7과 폐루프 정착시간이 0.1초를 갖도록 시스템의 노치 필터(Notch Filter) 보상기를 설계하라.

e. c의 계단 응답을 MATLAB으로 시뮬레이션 하라.

f. b에서의 과도응답에 큰 영향을 주기 않으면서 계단입력에 대해 0의 정상상태오차를 만들어 주도록 PI 보상기를 추가하라.

g. MATLAB을 이용하여 e시스템의 계단응답을 시뮬레이션 하라.

39. 문제 8.40는 비례 제어기를 사용하여 직류 버스 전압을 안정화시키기 위해 비례 제어기의 사용을 통해 강하제어가 구현되어진 교류/직류 변환과 배전 시스템을 보여준다. 간략화를 위해 하나의 전원 컨버터와 하나의 부하 컨버터를 갖는 시스템이 고려되었다. 그 문제에서의 매개 변수와 설계 고려사항은 어떤 문제해결 방법에 따라 그림 9.8과 같이 블록선도로 표시할 수 있다.

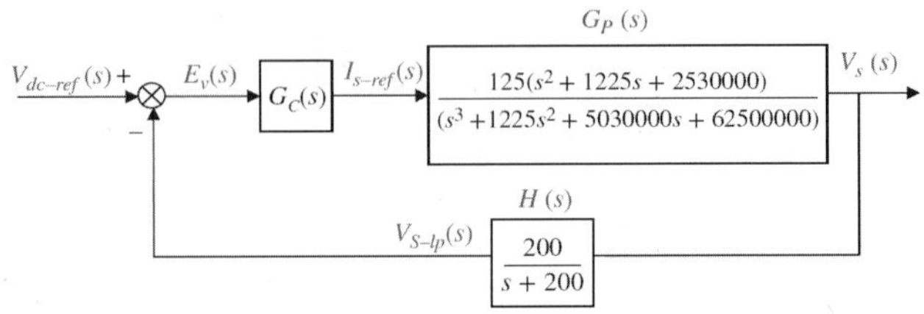

그림 P9.8

여기서 $G_c(s)$는 제어기의 전달 함수이고 $G_c(s)$ 제어 플랜트의 (변환과 배전 단위) 순방향 경로를 나타내며 $H(s)$는 피드백 저역 필터의 전달 함수이다 (Karlsson 2003).

계단 입력이 $v_{dc-ref}=750u(t)$ 일 때 첫 번째 열인 미보상항에 문제 8.40 비례 설계로의 결과로 채워진 표 9.5와 같은 표를 작성하라.

퍼센트 오버슈트 $\leq 4.4\%$, 최고값 시간이 비보상 시스템보다 20% 작게, 영 정상상태 오차 $e_{Vstep}(\infty)=0$을 만족시키는 비례-적분-미분 (PID) 제어기를 설계하기 위해 9.4 절 (예제 9.5)에서 설명된 과정 2-8을 따르라. 표에 남아 있는 PD-보상, PID-보상 두 열을 작성 하라.

40. 초음속 비행기의 테스트는 풍동에서 수행되며, 일정한 공기압을 유지하는 것이 중요하다. 공기압 제어는 여러 단계로 이루어진다. 특정 설정을 위해, 단순화 된 전달 함수는 다음과 같다(Varghese, 2009)

$$\frac{P(s)}{M(s)}=\frac{-2.369\times10^6s^2+7.897\times10^7s+4.21\times10^5}{0.015s^5+0.7802s^4+9.89s^2+3.377s+0.01937}$$

여기서 $M(s)$는 저장 탱크에 압축된 공기를 공급하는 밸브의 스템 운동이고, $P(s)$는 압력탱크의 정착시간 함수이다.

정상상태 오차를 만족하기 위해, 0.4의 감쇠지수로 동작하는 PI 제어기를 설계하라. 비보상 및 보상 시스템의 특성을 비교하고, 상기 보상된 시스템의 계단 응답을 시뮬레이션하기 위해 컴퓨터 프로그램을 사용하라.

41. Y-Y 변압기와 계통 연계된 컨버터 (Mahmood, 2012)의 α-하부시스템 선형 모델은 8장 문제 52에서 플랜트로 제시되었다. 당신은 그 플랜트의 전달 함수를 찾도록 요청받았다.

$$G_P(s)=\frac{V_a(s)}{M_a(s)}$$ (그림 P8.18(b)을 보시오).

a. 8장 문제 52에서 풀이 결과를 사용하여, 단위 이득을 가지는 극-영점 형태의 개루프 전달함수를 작성하라. 그리고 10% 미만의 오버슈트와 고유 주파수가 135.3을 포함하고 계단 입력에 대해 제로 정상상태 오차를 가지도록 PID 제어기를 설계하라.

b. 퍼센트 오버슈트 (있을 경우), 상승 시간, 정착 시간, 그리고 최종 정상상태 값과 같은 모든 중요한 특성을 표현하는 시간 응답 $c(t)$를 그려라. 또한 이 시스템의 모든 폐루프 극점과 속도 오차 상수 K_v를 찾아라. 시간 응답 및/또는 극점에 대해 관찰한 사항이 있는가?

42. 8장 문제 42의 구동 시스템을 위한 PID 제어기 설계는 그림 P8.13 (Thomsen, 2011)에 보여 진다. $t=0$ 초에서 계단 입력 $\omega_r(t)=260u(t)$ rad/s을 인가할 때 오버슈트는 15% 이내이고 정착시간이 0.2초에서 5초이며, 제로 정상상태 위치 오차와 속도 오차는 2% 이내를 가지는 출력 응답 $\omega_L(t)$을 얻어라.

심화 학습문제

43. HIV/AIDS 제어 6장의 문제 50에서 선형화된 RTIs 플랜트모델을 이용하여 HIV/AIDS환자의 바이러스 레벨을 제어할 수 있음을 보였다. 플랜트는 다음식과 같다.

$$P(s)=\frac{Y(s)}{U_1(s)}=\frac{-520s-10.3844}{s^3+2.6871s^2+0.11s+0.0126}$$

이 시스템이 그림 P9.1의 구조에 $G(s)=G_c(s)P(s)$로 장치되어 있다고 가정하자. 여기서 $G_c(s)$는 종속보상기이다. 문제를 간단히 하기 위해, $G_c(s)$의 DC 이득을 0보다 작게 하여 음의 피드백 시스템을 얻는다($G_c(s)$의 음의부호와 $P(s)$의 음의 부호가 서로 상쇄되므로)(Craig, 2004).

a. $G_c(s)=-K$인 비보상 시스템을 고려하자. 이 때, 모든 폐루프 극점들이 실수축 위에 존재하도록 만드는 K값을 찾아라.

b. 이득보상 시스템의 단위계단 응답을 MATLAB을 이용해 시뮬레이션 하라. 퍼센트 오버슈트와 정착시간을 기록하라. MATLAB ML

c. 계단입력에 대한 정상상태오차가 0이 되게 PI보상기를 설계하라. 모든 극점들이 실수가 되도록 이득을 선택하라.

d. c에서 설계를 MATLAB을 이용해 단위 계단 입력에 대해 시뮬레이션 하라. 시뮬레이션 결과와 b에서의 결과를 비교하라. MATLAB ML

44. 하이브리드 자동차 전 장에서 HEV의 속도 제어를 위한 비례 제어기를 설계하는데 근궤적을 사용했다. 그림 P7.25와 (*Preitl, 2007*)같이 단위 피드백 시스템으로 블록선도를 재배열 하였다. 점과 보상기에 의해

$$G(s)=\frac{K(s+0.60)}{(s+0.5858)(s+0.0163)}$$

이 유도되며 $K=0.78$일 때 임계 감쇄 시스템이 된다.

a. 이 설계를 사용하여 성능 사양을 항목별로 표 9.5와 같이 비보상 줄에 입력하라. 8장으로부터 결과의 장점을 사용하거나 MATLAB를 사용하여 항을 찾아라. $r(t)=4u(t)$ 볼트에 대한 $c(t)$를 그려라.

b. 시스템 사양이 계단 입력일 때 정상상태 오차가 0, 램프 입력일 때 정상상태 오차$\le 2\%$, $\%OS \le 4.32\%$, 정착 시간 $\le$ 4 sec을 만족하도록 할 수 있는가. 비례 제어기로 달성 할 수 없다는 것을 분명히 알 수 있다. 그러므로 PI 제어기를 요구에 맞게 설계한다. 필요하다면 PD 모드를 추가하여 PID 제어기를 얻는다. MATLAB을 사용하여 최종 설계를 시뮬레이션 한다. 표의 두 번째 보상 열에 설계한 실험 결과를 입력하라. MATLAB ML

c. 선형 제어 시스템 모델링의 다음의 제한조건을 주목하라:

1. 시스템 변수에는 아무런 제한이 성립되지 않는다. 예를 들면, 모터와 전력 증폭기, 전류, 토크, 전력뿐만 아니라 자동차 가속도는 상위 한계점을 가지고 있지 않다.
2. b에서 응답속도를 향상시키기 위해서 원점에 가장 가까운 극점 위에 PI제어기의 영점을 위치시킬수 있다고 가정한다. 현실적으로, 이러한 극점-영점의 상쇄는 항상 가능하지는 않다.

정확성을 위해 필요한 경우 설명된 한계 이상으로 모델을 확장하지 않으면 상승 및 안정화 시간과 같은 비현실적인 응답 특성이 발생할 수 있습니다. 응답곡선들을 포함한 설계 결과들을 보아라. 그것들이 현실적인가? 만일 그렇지 않다면, 문제 5.57에서 당신이 개발한 당신의 Simulink 모델을 아래와 같이 수정하라. 만약 그러하지 않다면, 다음 4 단계에 따라 문제 5.57에서 개발된 Simulink 모델을 수정하라. Simulink SL

i. 단위 정상상태 이득과 내부 대수적 폐루프들의 생성을 방지하고 시스템 응답영향이 무시되어 질 수 있는 시정수 50ms를 가지는 1차 시스템인 모터 전기자를 표현하라.

ii. 모터 전기자의 출력에 포화 요소를 추가하고 그것의 상위 한계점은 250A로 설정하라.

iii. 아래와 같은 PI 설정을 사용하라. 속도 제어기의 PI 설정은 $P=61$과 $I=0.795$이다. 토크 제어기의 PI 설정은 $P=10$과 $I=6$이다.

iv. 수정된 모델을 실행 하여 얻은 모터 전류, 차 가속도, 속도에서 얻어진 그래프에 대해서 언급하라.

45. 포물선 모양의 통 수집 장치 포물선 모양의 통수집 장치(Camacho, 2012)는 절달 함수로부터 알 수 있듯이 형 0 시스템이다.

$$G(s)=\frac{137.2\times10^{-6}K}{s^2+0.0224s+196\times10^{-6}}e^{-39s}$$

우리는 시스템이 임계 감쇠 모드에서 동작하지만, 감소된 정상상태 오차를 원한다. 근궤적 및 Padé 근사법 $e^{-sT}\approx\frac{1-\frac{T}{2}s}{1+\frac{T}{2}s}$을 사용하여 다음을 수행하라:

a. 지연은 Padé 근사법으로 대체하고 $\zeta=0.5$인 감쇠 요소로 동작하는 시스템을 가지도록 이득을 찾아라.

b. $\zeta=0.5$를 유지하면서 제로 정상상태 오차를 얻을 수 있는 PI 보상기를 설계하라.

c. 당신이 설계를 검증하기 위해 MATLAB을 사용하여 생성된 설계를 시뮬레이션하라. MATLAB ML

정현파 도구들

10

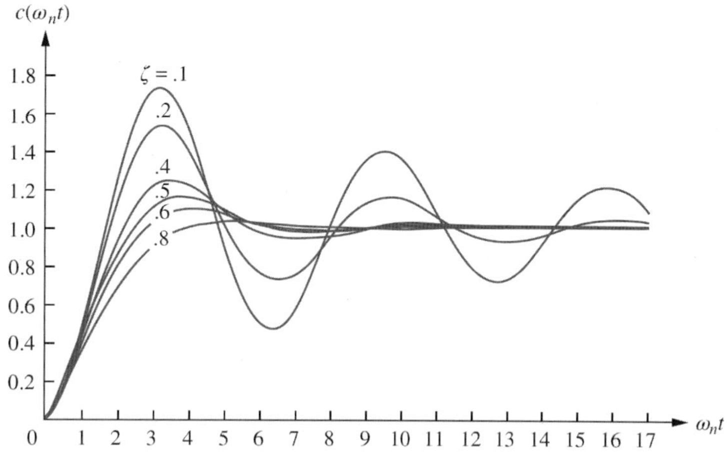

이 장의 학습 결과

이 장을 배운뒤 학생들은 다음의 내용에 대하여 알게 될 것이다:

- 시스템의 주파수 응답을 정의하고 그린다.
- 시스템의 주파수 응답의 근사를 그린다.
- 나이퀴스트 선도를 그린다.
- 나이퀴스트 해석을 이용한 시스템의 안정도 해석 판별
- 나이퀴스트 선도와 보드 선도를 이용한 안정도해석과 이득 및 위상 여유 찾기
- 폐루프시간 응답 파라미터인 최고 시간, 정착 시간, 퍼센트 오버슈트가 주어졌을 때, 폐루프 주파수 응답의 대역폭, 최고 값, 최고 주파수 값 찾기
- 개루프 주파수 응답이 주어졌을때 폐루프 주파수 응답 찾기
- 개루프 주파수 응답이 주어졌을때 폐루프 식과 응답 파라미터인 최고 시간, 정착시간, 그리고 퍼센트 오버슈트 찾기

사례연구 목적

다음의 사례연구를 통하여 이 장의 목적에 대한 이해의 정도를 확인할 수 있다.

- 책 앞표지 안쪽에 나타나 있는 안테나 방향각 위치 제어 시스템에 대하여 안정하기 위한 이득 K의 범위를 주파수 응답 방식을 사용하여 구할 수 있다. 주어진 K에 대하여 %오버슈트와, 정착 시간, 최고 값 시간, 상승 시간을 구할 수 있다.

10.1 개요

과도 응답 설계, 정상 상태 설계와 안정도에 대한 근궤적법을 8장과 9장에서 설명하였다. 8장에서는 이득 조정에 의한 설계의 경우를 고찰하였는데 원하는 과도 응답과 원하는 정상 상태 오차 사이의 상호 절충이 필요하였다. 9장에서는 과도 응답과 정상 상태 오차를 분리해서 규정하고 설계되도록 하는 보상 회로를 사용함으로써 이러한 상호 절충의 필요성을 제거하였다. 따라서, 원하는 과도 응답이 원래 시스템의 근궤적 상에 있지 않은 경우에도 가능하다.

이 장과 11장은 주파수 응답이라는 다른 관점에서 이득 조절과 보상 회로를 사용한 피드백 제어 시스템의 설계에 대해서 논한다. 주파수 응답 보상 기법의 결과는 새로운 것은 아니지만, 근궤적 기법의 결과와는 다르다.

1930년대에 Nyquist와 Bode에 의해서 개발된 주파수 응답 방법은 1948년 Evans에 의해서 개발된 근궤적 방법보다 더 오래 되었다(Nyquist, 1932; Bode, 1945). 이 장에서 다루고자 하는 주파수 응답기법은 근궤적 방법처럼 직관적이지 않다. 그러나 주파수 응답은 피드백 제어 시스템의 관점에서 보면 여러 측면에서 유리한데 다음과 같은 상황에서 이점이 있다.

1. 그림 10.1에서 보는 것처럼 물리적인 데이터로부터 모델링을 할 때
2. 정상 상태 오차 요구 조건과 과도 응답 요구 사양을 만족시키기 위한 진상 보상기를 설계할 때
3. 비선형 시스템의 안정도를 판별할 때
4. 근궤적을 그릴 때 정착 시간이 애매모호한 경우

먼저 주파수 응답의 개념을 논하고 주파수 응답을 정의하고, 주파수 응답에 대한 해석적 표현을 유도하고, 주파수 응답을 그리는 방법을 소개하고, 마지막으로 제어 시스템 해석과 설계에 이 개념을 적용하고자 한다.

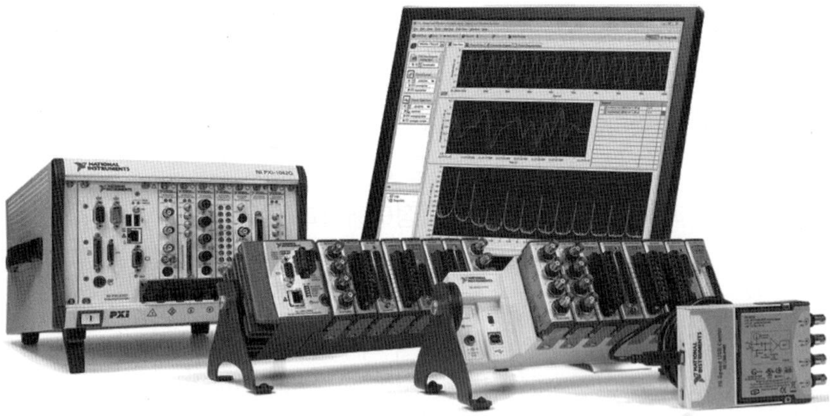

그림 10.1 NI(National Instruments) 사의 LabVIEW 소프트웨어와 함께 물리 시스템의 신호를 획득하기 위한 PXI, Compact RIO, Compact DAQ, 그리고 USB 하드웨어 플랫폼(왼쪽부터). NI사의 LabVIEW는 자료를 분석하고 수학모델을 생성하고, 물리 시스템의 제어기를 설계한다.

주파수 응답의 개념

정상 상태에서 선형 시스템에 정현파 입력을 인가하면 같은 주파수의 정현파 응답을 발생시킨다. 이 응답은 입력과 같은 주파수를 가지지만 진폭과 위상 각도가 입력과 다르다. 이러한 차이는 입력의 주파수에 따라 달라진다.

주파수 응답을 정의하기 전에 정현파의 표현법을 살펴보자. 정현파 신호는 페이저(*phasors*)라는 복소수로 표현할 수 있다. 복소수의 크기는 정현파의 진폭이고 복소수의 위상은 정현파의 위상각이다. 따라서 복소수 $M_1 \cos(\omega t + \phi_1)$ 은 $M_1 \angle \phi_1$ 로 표현되며 주파수 ω 는 함축되어 있다.

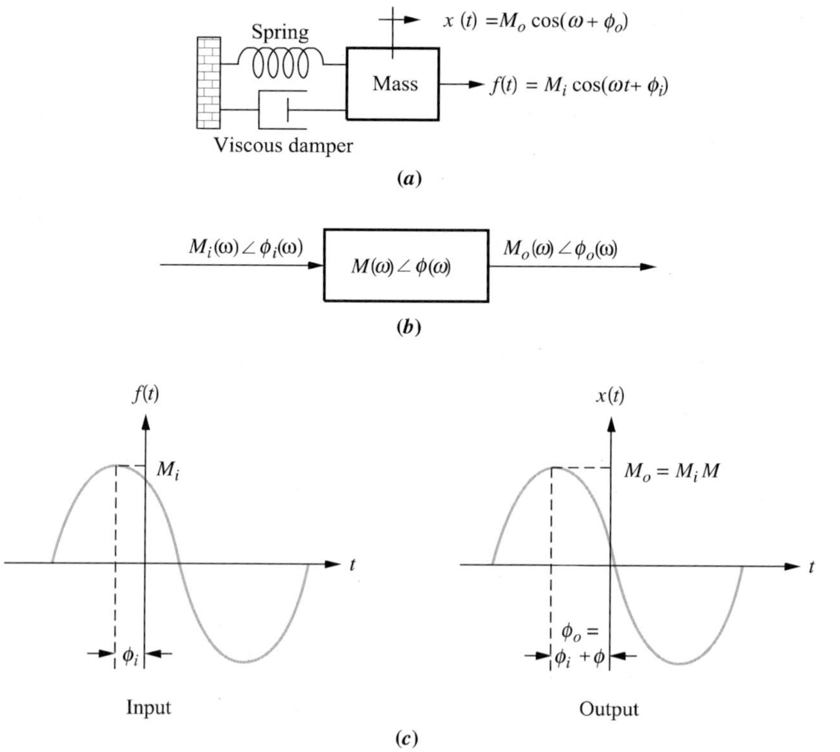

그림 10.2 정현파 주파수 응답 a. 시스템 b. 전달 함수 c. 입력과 출력 파형

시스템은 입력의 크기와 위상각을 변화시키기 때문에, 입력 페이저와 시스템 함수의 곱이 출력의 페이저가 되는 정의로부터 시스템도 복소수로 표현된다고 생각할 수 있다.

그림 10.2(a)의 기계 시스템을 고려해보자. 입력인 힘 $f(t)$가 정현파이면, 시스템의 정상 상태 출력 응답 $x(t)$ 또한 입력의 주파수와 같은 정현파가 된다. 그림 10.2(b)에서 입력과 출력 정현파는 복소수나 페이저 $M_i(\omega)\angle\phi_i(\omega)$와 $M_o(\omega)\angle\phi_o(\omega)$로 표현된다. 여기서 그림 10.2(c)에서 나타낸 것처럼 M은 정현파의 진폭이고, ϕ는 정현파의 위상각이다. 시스템은 복소수 $M(\omega)\angle\phi(\omega)$로 표현된다고 가정한다. 정상상태 출력정현파는 입력을 표현한 복소수에 시스템을 표현한 복소수를 곱함으로써 구할 수 있다. 그러므로 정상 상태 출력 정현파는 다음과 같다.

$$M_o(\omega)\angle\phi_o(\omega) = M_i(\omega)M(\omega)\angle[\phi_i(\omega)+\phi(\omega)] \tag{10.1}$$

식 (10.1)로부터 시스템 함수는 다음과 같이 주어진다.

$$M(\omega) = \frac{M_o(\omega)}{M_i(\omega)} \tag{10.2}$$

$$\phi(\omega) = \phi_o(\omega) - \phi_i(\omega) \tag{10.3}$$

식 (10.2)와 식 (10.3)은 주파수 응답의 정의를 나타낸다. 여기서, $M(\omega)$는 **크기 주파수 응답**(*magnitude frequency response*), $\phi(\omega)$는 **위상 주파수 응답**(*phase frequency response*)이라고 한다. 크기 주파수 응답과 위상 주파수 응답의 조합을 **주파수 응답**(*frequency response*)이라 하고 $M(\omega)\angle\phi(\omega)$로 나타낸다.

달리 표현하면, 진폭 주파수 응답은 입력 정현파의 크기에 대한 출력 정현파의 크기 비로 정의하고 위상 주파수 응답은 입력 정현파와 출력 정현파의 위상각 차이로 정의한다. 두 응답은 주파수의 함수이고, 시스템의 정상 상태 정현파 응답에 대해서만 적용한다.

주파수 응답에 대한 해석적 표현

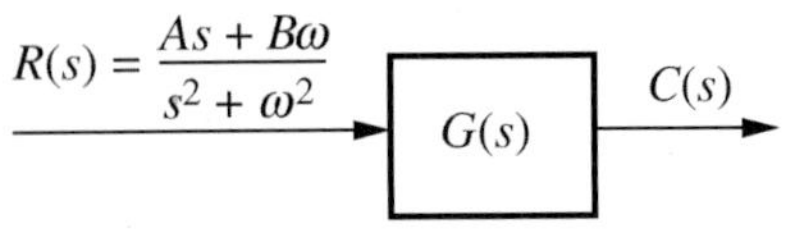

그림 10.3 정현파 입력을 갖는 시스템

지금까지 주파수 응답을 정의하였다. 이제 주파수 응답에 관한 해석적 표현을 알아보자(Nilsson, 1990). 이 장의 후반부에서 안정도와 과도 응답, 정상 상태 오차를 결정하기 위해서 이 해석적 표현법을 사용한다. 그림 10.3은 시스템 $G(s)$와 정현파 입력 $r(t) = A\cos\omega t + B\sin\omega t = \sqrt{A^2 + B^2}\,cos\,[\omega t - \tan^{-1}(B/A)]$가 Laplace 변환된 형태로 나타내었다. 입력은 세 가지 방법의 페이저: (1) 극좌표 형태 $M_i \angle \phi_i$, 여기서 $M_i = \sqrt{A^2 + B^2}$ 이고 $\phi_i = -\tan^{-1}(B/A)$, (2) 직각 좌표 형태 $A - jB$, (3) 오일러 공식을 사용한 $M_i\,e^{j\phi_i}$의 형태로 나타낼 수 있다.

출력 $C(s)$의 강제 응답 부분을 분리하면 주파수 응답을 구할 수 있는데, 그림 10.3으로부터 다음과 같다.

$$C(s) = \frac{As + b\omega}{(s^2 + \omega^2)} G(s) \tag{10.4}$$

식 (10.4)를 부분 전개함으로써 과도응답과 강제응답을 분리할 수 있다. 따라서,

$$\begin{aligned} C(s) &= \frac{As + B\omega}{(s + j\omega)(s - j\omega)} G(s) \\ &= \frac{K_1}{s + j\omega} + \frac{K_2}{s - j\omega} + G(s)\text{의 부분 분수 전개항} \end{aligned} \tag{10.5}$$

여기서,

$$\begin{aligned} K_1 &= \frac{As + B\omega}{s - j\omega} G(s)(\text{없는 기호}) = \frac{1}{2}(A + jB)G(-j\omega) = \frac{1}{2} M_i e^{-j\phi_i} M_G e^{-j\phi_G} \\ &= \frac{M_i M_G}{2} e^{-j(\phi_i + \phi_G)} \end{aligned} \tag{10.6a}$$

$$\begin{aligned} K_2 &= \frac{As + B\omega}{s + j\omega} G(s)(\text{없는 기호}) = \frac{1}{2}(A - jB)G(j\omega) = \frac{1}{2} M_i e^{j\phi_i} M_G e^{j\phi_G} \\ &= \frac{M_i M_G}{2} e^{j(\phi_i + \phi_G)} = K_1^* \end{aligned} \tag{10.6b}$$

식 (10.6)에서 K_1^*는 K_1의 공액 복소수이고,

$$M_G = |G(j\omega)| \tag{10.7}$$

$$\phi_G = G(j\omega) \text{ 의 각도} \tag{10.8}$$

이다.

정상 상태 응답은 입력파형의 극점 혹은 식 (10.5)로 전개된 처음 두 항이다. 따라서, 정현파 정상 상태 출력 $C_{ss}(s)$는 다음과 같다.

$$C_{ss}(s) = \frac{K_1}{s + j\omega} + \frac{K_2}{s - j\omega} \tag{10.9}$$

식 (10.6)을 식 (10.9)에 대입하면, 다음 식을 얻는다.

$$C_{ss}(s)=\frac{\frac{M_iM_G}{2}e^{-j(\phi_i+\phi_G)}}{s+j\omega}+\frac{\frac{M_iM_G}{2}e^{j(\phi_i+\phi_G)}}{s-j\omega} \tag{10.10}$$

Laplace 역변환을 하면, 다음 식을 얻는다.

$$\begin{aligned} c(t)&=M_iM_G\left(\frac{e^{-j(\omega t+\phi_i+\phi_G)}+e^{j(\omega t+\phi_i+\phi_G)}}{2}\right)\\ &=M_iM_G\cos(\omega t+\phi_i+\phi_G) \end{aligned} \tag{10.11}$$

이 식은 $M_o\angle\phi_o=(M_1\angle\phi_1)(M_G\angle\phi_G)$의 극좌표로 표현할 수 있는데, 여기서, $M_G\angle\phi_G$는 주파수 응답 함수이다. 그러나, 식 (10.7)과 식 (10.8)로부터 $M_G\angle\phi_G=G(j\omega)$이다. 즉, 전달 함수가 $G(s)$인 시스템의 주파수 응답이다.

$$G(j\omega)=G(s)|_{s\to j\omega} \tag{10.12}$$

주파수 응답 그리기

$G(j\omega)=M_G(\omega)<\phi_G(\omega)$는 여러 가지 방법으로 그릴 수 있는데. 그 중의 두 가지는 (1) 주파수 함수로 크기와 위상을 분리하여 그리는 것이고, (2) 페이저 길이가 크기이고 페이저 각도가 위상인 극좌표 선도로 그릴 수 있다. 크기와 위상을 분리해서 그릴 때, 크기 곡선은 $\log\omega$ 에 대해서 데시벨(dB)로 그릴 수 있다. 여기서, dB = 20 $\log M$ [1]이다. 위상 곡선은 $\log\omega$ 에 대해서 위상 각도를 그린다. 이 그림들을 10.2절에서 나타낸다.

8.1절에서 다룬 개념을 사용하면, 그래프에 대한 데이터는 s-평면에서 $G(s)$의 극점과 영점으로부터 허수축상의 한 점에 이르는 벡터를 사용하여 얻을 수 있다. 여기서, 특정한 주파수에서의 크기 응답은 $G(s)$의 영점들로부터 허수축상의 점을 연결한 벡터 길이들의 곱에서 $G(s)$의 극점들에서 허수축상의 점을 연결한 벡터 길이들의 곱을 나눈 것이다. 위상 응답은 $G(s)$의 영점에 의한 벡터들의 각도의 합에서 $G(s)$의 극점에 의한 벡터들의 각도의 합을 뺀 것이다. 허수축을 따라 연속적인 점에 대하여 이 과정을 반복하면 주파수 응답에 대한 데이터가 얻어진다. 각 점은 $G(s)$을 $s=j\omega_1$에 대입하여 그 값을 계산하는 것과 등가이다.

그래프는 주파수 응답을 계산하는 컴퓨터 프로그램을 이용하여 그릴 수 있다. 예를 들어서 www.wiley.com/go/Nise/ControlSystemsEngineering8e의 부록 G.2의 근궤적 프로그램은 허수축상에 있는 점을 테스트 점으로서 사용할 수 있다. 각 주파수에서 계산된 값은 크기 응답의 역수가 되고 계산된 각도는 그 주파수에서 위상 응답이 된다.

다음 예제는 주파수 응답에 대해서 해석적 표현을 얻는 방법과 결과 그래프를 그리는 방법을 설명한다.

---

1 이 책에서는 log의 의미는 log10을 의미한다.

예제 10.1 전달 함수로부터 주파수 응답을 얻음

문제 시스템 $G(s) = 1/(s+2)$에 대한 크기 주파수 응답과 위상 주파수 응답에 대한 해석적 표현을 구하라. 또한 분리된 크기와 위상 선도를 그리고 극좌표 선도를 그려라.

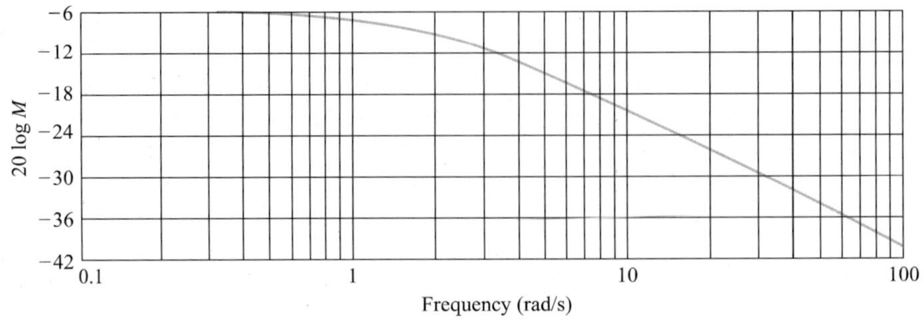

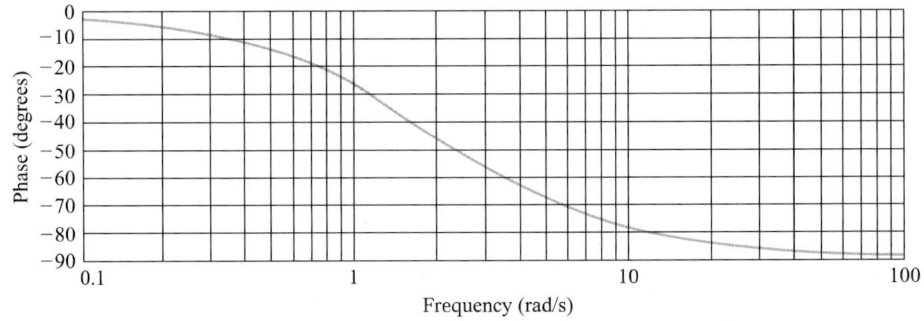

그림 10.4 $G(s) = 1/(s+2)$에 대한 주파수 응답 선도; 크기와 위상을 분리

풀이 먼저, 시스템 함수에 $s = j\omega$를 대입하여 $G(j\omega) = 1/(j\omega+2) = (2-j\omega)/(\omega^2+4)$를 얻는다. 복소수의 크기 $|G(j\omega)| = M(\omega) = 1/\sqrt{(\omega^2+4)}$는 크기 주파수 응답이고, $G(j\omega)$의 위상 $\phi(\omega) = -\tan^{-1}(\omega/2)$는 위상 주파수 응답이다.

$G(j\omega)$는 두 가지 방법: (1) 크기와 위상을 분리하여 그리고 (2) 극좌표 선도를 그릴 수 있다. 그림 10.4는 크기와 위상을 분리한 그래프인데, 크기 선도는 $\log\omega$에 대해서 $20\log M(\omega) = 20\log(1/\sqrt{\omega^2+4})$인 그래프이고, 위상 선도는 $\log\omega$에 대해서 $\phi(\omega) = -\tan^{-1}(\omega/2)$인 그래프이다. 그림 10.5의 극좌표 선도는 각각의 주파수 ω에 대해서 $M(\omega) < \phi(\omega) = 1/\sqrt{\omega^2+4} < -\tan^{-1}(\omega/2)$를 그린 것이다.

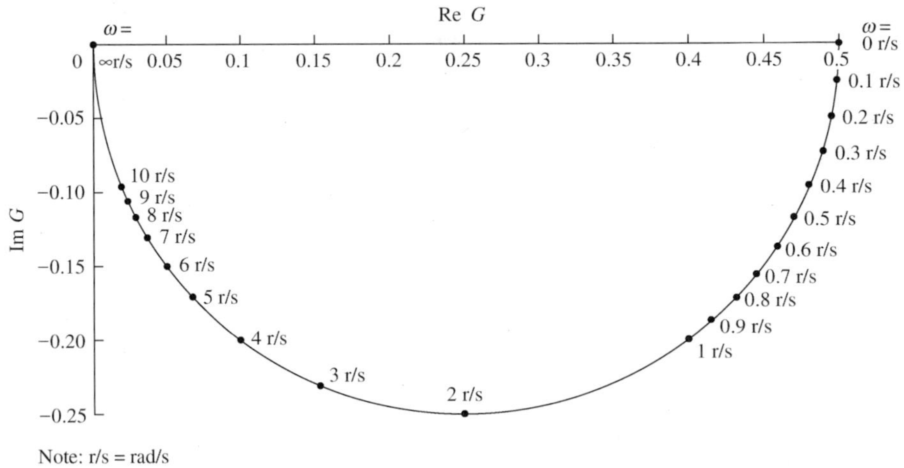

그림 10.5 $G(s) = 1/(s+2)$에 대한 주파수 응답 선도; 극좌표 선도

앞의 예제에서는 주파수 응답에 대한 수학적 표현을 사용하여 크기와 위상을 분리한 응답뿐만 아니라 극좌표 선도를 그렸다. 이들 주파수 응답 표현법 각각은 다른 하나로부터 구할 수 있다. 그림 10.4의 각 주파수에 대한 크기와 위상을 확인하면 그림 10.5를 얻을 수 있다. 예를 들어, 그림 10.4의 주파수에서 크기는 약 -7dB이므로 10-7/20=0.447이고, 위상은 약 -26°이다. 따라서, -26°의 각도에서 반경 0.447인 점을 극좌표 상에 나타내면 1rad/s인 점이 된다. 그림 10.4의 여러 주파수에 대해서 같은 방법으로 반복하면, 그림 10.5를 얻을 수 있다.

이와 유사하게 그림 10.5의 점들을 선정하여 크기와 위상을 분리하여 그리면 그림 10.4가 얻어진다. 예를 들면, 그림 10.5의 2rad/s의 점에 대해 원점에서 그 점을 잇는 벡터를 그리면, 크기가 20log0.35=-9.12dB이고, 위상은 약 -45°임을 알 수 있다. 이것을 크기와 위상을 분리하여 나타내면, 그림 10.4에서 2rad/s에서의 크기와 위상이 된다.

숙련예제 10.1

문제

a. 다음 전달 함수의 크기 응답과 위상 응답에 대한 해석적 표현식을 구하라.

$$G(s) = \frac{1}{(s+2)(s+4)}$$

b. rad/s로 표시되는 로그-주파수를 사용해서 로그-크기 선도와 위상 선도를 그려라.
c. 주파수 응답의 극좌표 선도를 그려라.

풀이

a. $M(\omega) = \dfrac{1}{\sqrt{(8-\omega^2)^2 + (6\omega)^2}}$,

for $\omega \le \sqrt{(8)} : \phi(\omega) = -\arctan\left(\dfrac{6\omega}{8-\omega^2}\right)$,

for$\omega > \sqrt{(8)} : \phi(\omega) = -\left[\pi + \arctan\left(\dfrac{6\omega}{8-\omega^2}\right)\right]$

b. www.wiley.com/go/Nise/ControlSystemsEngineering8e에 접속하여 해를 찾아라.
c. www.wiley.com/go/Nise/ControlSystemsEngineering8e에 접속하여 해를 찾아라.

완벽한 해는 www.wiley.com/go/Nise/ControlSystemsEngineering8e에 있다.

이 절에서는 주파수 응답을 정의하였고, $G(s)$에 $s = j\omega$를 대입하여 간단히 시스템의 주파수 응답에 대한 해석적 표현을 얻는 방법을 살펴보았다. 또한, $G(j\omega)$를 그리는 방법을 살펴보았다. 다음 절에서는 이들을 신속히 그리기 위하여 크기와 위상 선도를 근사화하는 방법에 대해서 살펴본다.

10.2 점근 근사법: Bode 선도

logω 의 함수인 대수 크기와 위상의 주파수 응답 곡선을 Bode 선도라 한다. Bode 선도를 그리는 것은 연속되는 직선으로 근사화할 수 있기 때문에 단순화시킬 수 있다. 직선 근사화는 크기와 위상 주파수 응답의 계산을 단순화시킨다.

다음의 전달 함수를 생각해보자.

$$G(s)=\frac{K(s+z_1)(s+z_2)\cdots(s+z_k)}{s^m(s+p_1)(s+p_2)\cdots(s+p_n)} \tag{10.13}$$

크기 주파수 응답은 각 항의 크기 주파수 응답의 곱이다.

$$|G(s)|=\frac{K|(s+z_1)||(s+z_2)|\cdots|(s+z_k)|}{|s^m||(s+p_1)||(s+p_2)|\cdots|(s+p_n)|} \text{없는 기호} \tag{10.14}$$

따라서, 각 극점과 영점항의 크기 응답을 안다면 전체 응답 크기를 구할 수 있다. 그 과정은 크기의 대수값을 취하는 것으로 단순화시킬 수 있다. 왜냐하면 전체 크기 응답은 대수를 취함으로써 곱해지거나 나누어지는 것이 아니라 영점항들의 크기 응답은 더해지고 극점항들의 크기 응답은 빼지기 때문이다. 크기 응답을 dB로 바꾸면 다음 식이 얻어진다.

$$\begin{aligned}20\log|G(j\omega)|&=20\log K+20\log|(s+z_1)|+20\log|(s+z_2)|\\&\quad+\cdots-20\log|s^m|-20\log|(s+p_1)|-\cdots|_{s\to j\omega}\end{aligned} \tag{10.15}$$

그러므로 만약 각 항의 응답을 안다면 대수합은 전체 응답이 되며 dB 단위이다. 더구나 각 항을 직선으로만 이루어지도록 근사화할 수 있다면 각 항을 그래프에서 더하는 것은 아주 간단해진다. 더 나아가기에 앞서 위상 응답을 살펴보자.

식 (10.13)으로부터 위상 주파수 응답은 영점항의 위상 주파수 응답 곡선의 합에서 극점항의 위상 주파수 응답 곡선의 합을 뺀 것으로 된다. 또한, 위상 응답은 각 항의 합이기 때문에 각각을 직선으로 근사화시키면 그래프에서 간단하게 더할 수 있다.

이제 간단한 극점과 영점항의 주파수 응답을 직선으로 근사화하는 방법을 살펴보기로 하자. 그 다음에는 더 복잡한 함수의 주파수 응답을 그리기 위해서 이들 응답을 결합하는 방법을 설명하고자 한다. 다음 절에서는 Nyquist 안정도 기준에 대해서 논하고 안정도와 과도 응답의 설계 및 해석에 대해서 Bode 선도를 사용하는 방법을 배운다.

$G(s)=(s+a)$에 대한 Bode 선도

함수 $G(s)=(s+a)$의 대수 크기와 위상 응답 선도를 분리해서 그리고자 한다. $s=j\omega$로 대치하면, 다음 식이 얻어진다.

$$G(j\omega)=(j\omega+a)=a\left(j\frac{\omega}{a}+1\right) \tag{10.16}$$

ω가 0으로 접근하는 낮은 주파수 영역에서는

$$G(j\omega)\approx a \tag{10.17}$$

dB로 표시되는 크기 응답은 다음과 같다.

$$20\log M=20\log a \tag{10.18}$$

여기서, $M=|G(j\omega)|$이고 상수가 된다. 식 (10.18)을 $\omega=0.01a$에서 a까지 그리면 그림 10.6(a)와 같다.

$\omega\gg a$인 고주파 영역에서 식 (10.16)은 다음과 같다.

$$G(j\omega)\approx a\left(\frac{j\omega}{a}\right)=a\left(\frac{\omega}{a}\right)\angle 90^\circ=\omega\angle 90^\circ \tag{10.19}$$

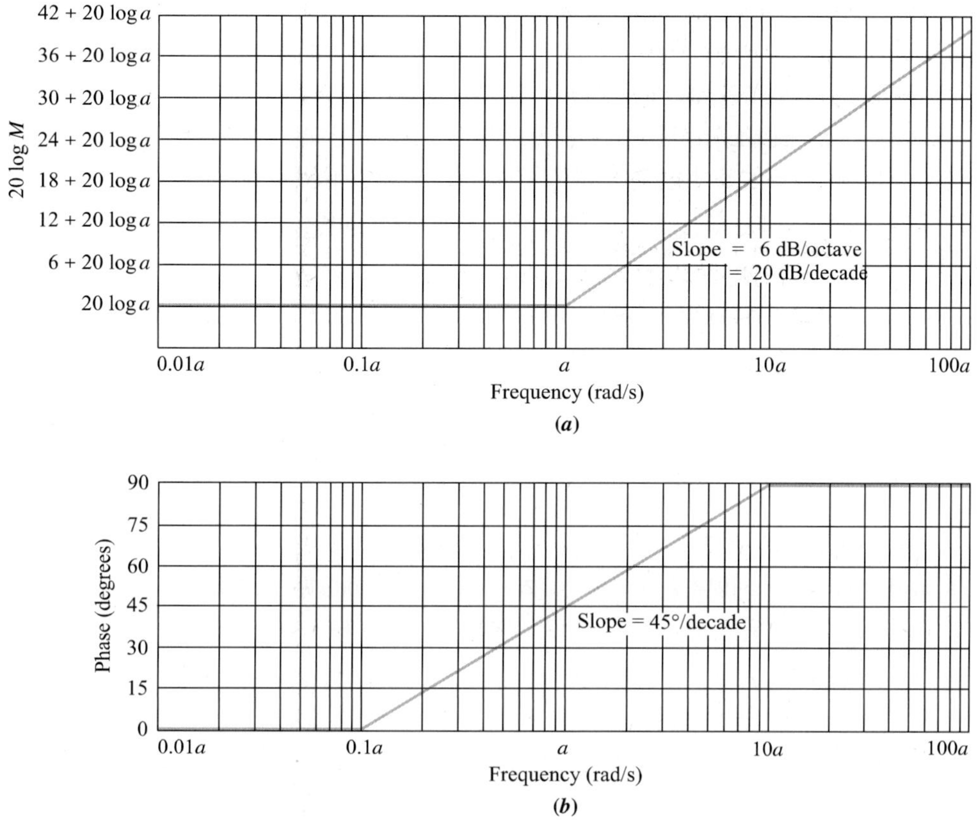

그림 10.6 $(s+a)$의 Bode 선도 a. 크기 선도 b. 위상 선도

dB로 표시되는 크기 응답은 다음과 같다.

$$20\log M = 20\log a + 20\log\frac{\omega}{a} = 20\log\omega \tag{10.20}$$

여기서, $a < \omega < \infty$ 이다. 가운데 항으로부터 고주파 영역에서의 근사화는 $\omega = a$일 때, 저주파 영역의 근사와 동일하고, $w > a$ 에서는 증가하게 됨을 확인할 수 있다.

만약 $\log\omega$ 에 대해서 dB로 표시되는 $20\log M$ 을 그리면, 식 (10.20)은 직선으로 된다.

$$y = 20x \tag{10.21}$$

여기서, $y = 20\log M$ 이고, $x = \log\omega$ 이다. $\log\omega$ 에 대해서 dB를 그리면 기울기가 20인 직선이 된다.

주파수가 두 배가 될 때마다 $20\log\omega$ 은 6dB 증가하기 때문에 직선은 6dB/octave의 기울기를 갖는 것이 된다. 옥타브(octave)는 주파수가 두 배가 됨을 의미한다. 이 직선은 $\omega = a$에서 시작하는데 이 주파수는 저주파 영역에서의 근사화와 고주파 영역에서의 근사화가 일치하는 주파수이다.

이와 같은 근사화 직선을 **점근선**(*asymptote*)이라고 부른다. 저주파 영역에서의 근사화를 **저주파 점근선**이라 하고 고주파 영역에서의 근사화를 **고주파 점근선**이라 한다. 주파수 a를 꺾임 주파수(break frequency)라고 하는데 이 주파수에서 저주파와 고주파 점근선 사이의 꺾임이 있기 때문이다.

많은 경우에 옥타브보다는 디케이드(decade)를 이용하여 그래프를 그리는 것이 편리하다. 디케이드는 주파수가 10배로 되는 것이다. 1decade이면 $20\log\omega$ 는 20dB 만큼 증가한다. 그러므로, 기울기 6dB/octave는 20dB/decade의 기울기와 동일하다. 그림 10.6(a)은 $\omega = 0.01a$에서 $\omega = 100a$까지 그린 그래프이다.

이제 위상 응답을 살펴보기로 하자. 이것은 다음과 같이 그려진다. 꺽임 주파수 a에서 식 (10.16)은 위상이 45°이다. 저주파에서 식 (10.17)은 위상이 0°이 되고, 고주파에서 식 (10.19)는 위상이 90°가 된다. 꺽임 주파수의 1decade 아래 (1/10) 주파수 $0.1a$에서 위상을 0으로 하여 꺽임 주파수에서 45°를 통과하는 +45°/decade의 기울기를 가지는 직선을 그리는데, 꺽임 주파수의 10배인 $10a$의 주파수에서 위상이 90°가 되도록 연장한다. 위상선도 결과는 그림 10.6(b)와 같다.

크기를 정규화하고 대수 크기 선도가 1의 꺽임 주파수에서 0dB가 되도록 주파수 눈금 조정을 하면, 다음과 같은 응용에서 편리하다.

1. 여러 개의 1차 혹은 2차의 주파수 응답 선도를 비교할 때, 각 그림은 정규화 이후에는 같은 저주파 점근선을 갖게 되고 눈금 조정 이후에는 같은 꺽임 주파수를 갖게 된다.
2. 식 (10.13)과 같은 함수의 주파수 응답을 그릴 때, 분자 분모의 각 인수들은 정규화 후에는 같은 저주파 점근선을 갖는다. 이 공통의 저주파 점근선은 Bode 선도를 구할 때 각 성분을 더하기 쉽도록 해준다.

$(s+a)$를 정규화하기 위해서 a로 인수화하여 $a[(s/a)+1]$로 만든다. 새 주파수 변수 $s_1 = s/a$로 정의하여 주파수를 스케일링한다. 크기는 꺽임 주파수에서 0dB가 되도록 크기를 a로 나눈다. 그러면 정규화되고 스케일된 함수는 (s_1+1)로 된다. 원래의 주파수 응답을 얻기 위해서 크기와 주파수에 a를 곱하면 된다.

이제 $(s+a)$에 대한 실제의 크기와 위상 선도와 점근선 근사 선도와 비교하기 위해 정규화와 스케일링 개념을 사용하도록 하자. 표 10.1은 $(s+a)$를 정규화하고 스케일한 주파수 응답에 대한 비교

표 10.1 $(s+a)$에 대한 점근선과 실제의 정규화, 스케일 조정된 주파수 응답

주파수 a	$20\log\frac{M}{a}$ (dB)		Phase (degrees)	
(rad/s)	점근선	실제	점근선	실제
0.01	0	0.00	0.00	0.57
0.02	0	0.00	0.00	1.15
0.04	0	0.01	0.00	2.29
0.06	0	0.02	0.00	3.43
0.08	0	0.03	0.00	4.57
0.1	0	0.04	0.00	5.71
0.2	0	0.17	13.55	11.31
0.4	0	0.64	27.09	21.80
0.6	0	1.34	35.02	30.96
0.8	0	2.15	40.64	38.66
1	0	3.01	45.00	45.00
2	6	6.99	58.55	63.43
4	12	12.30	72.09	75.96
6	15.56	15.68	80.02	80.54
8	18	18.13	85.64	82.87
10	20	20.04	90.00	84.29
20	26.02	26.03	90.00	87.14
40	32.04	32.04	90.00	88.57
60	35.56	35.56	90.00	89.05
80	38.06	38.06	90.00	89.28
100	40	40.00	90.00	89.43

를 나타낸다. 실제의 크기 그래프는 점근선에서 3.01dB를 넘지 않음을 알 수 있다. 이 크기 차이는 꺾임 주파수에서 발생한다. 위상 곡선에 대한 최대 차이는 꺾임 주파수의 1decade 위아래에서 5.71° 가 된다.

표 10.1의 데이터를 그림 10.7과 그림 10.8에 그렸다.

이제 많이 사용되는 다른 전달 함수에 대한 Bode 선도를 그려보자.

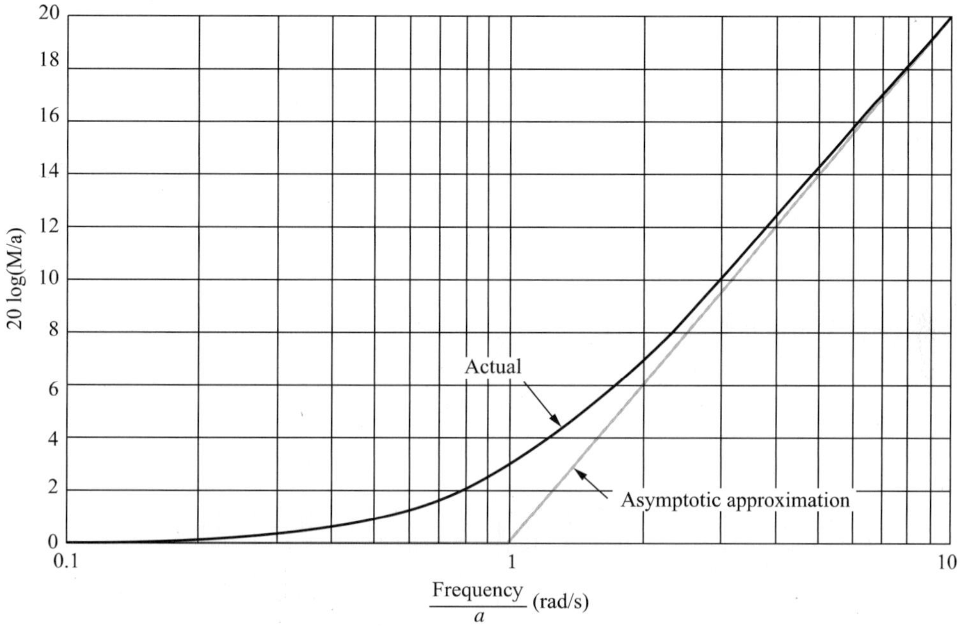

그림 10.7 $(s+a)$의 점근선과 실제의 정규화하고 스케일 조정을 한 크기 응답

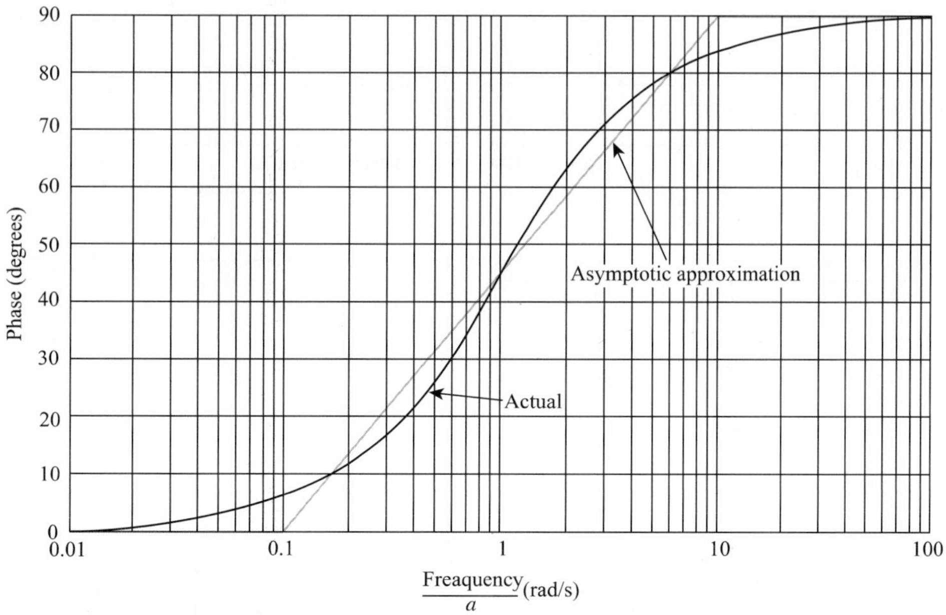

그림 10.8 $(s+a)$의 점근선과 실제의 정규화하고 스케일 조정을 한 위상 응답

$G(s)=1/(s+a)$에 대한 Bode 선도

다음과 같은 전달 함수의 Bode 선도를 그려보자.

$$G(s)=\frac{1}{(s+a)}=\frac{1}{a\left(\dfrac{s}{a}+1\right)} \tag{10.22}$$

이 함수는 $20\log(1/a)$ 의 저주파 점근선을 가지는데 이것은 주파수 s를 0으로 접근시켜 얻을 수 있다. Bode 선도는 주파수가 꺾임 주파수 a가 될 때까지 일정하다. 이 선도는 s를 ∞로 접근시켜 고주파 점근선으로 근사화되며 다음과 같다.

$$G(j\omega)=\frac{1}{a\left(\dfrac{s}{a}\right)}\text{없는 기호}=\frac{1}{a\left(\dfrac{j\omega}{a}\right)}=\frac{\dfrac{1}{a}}{\dfrac{\omega}{a}}\angle-90^\circ=\frac{1}{\omega}\angle-90^\circ \tag{10.23}$$

이것을 dB로 나타내면 다음과 같다.

$$20\log M=20\log\frac{1}{a}-20\log\frac{\omega}{a}=-20\log\omega \tag{10.24}$$

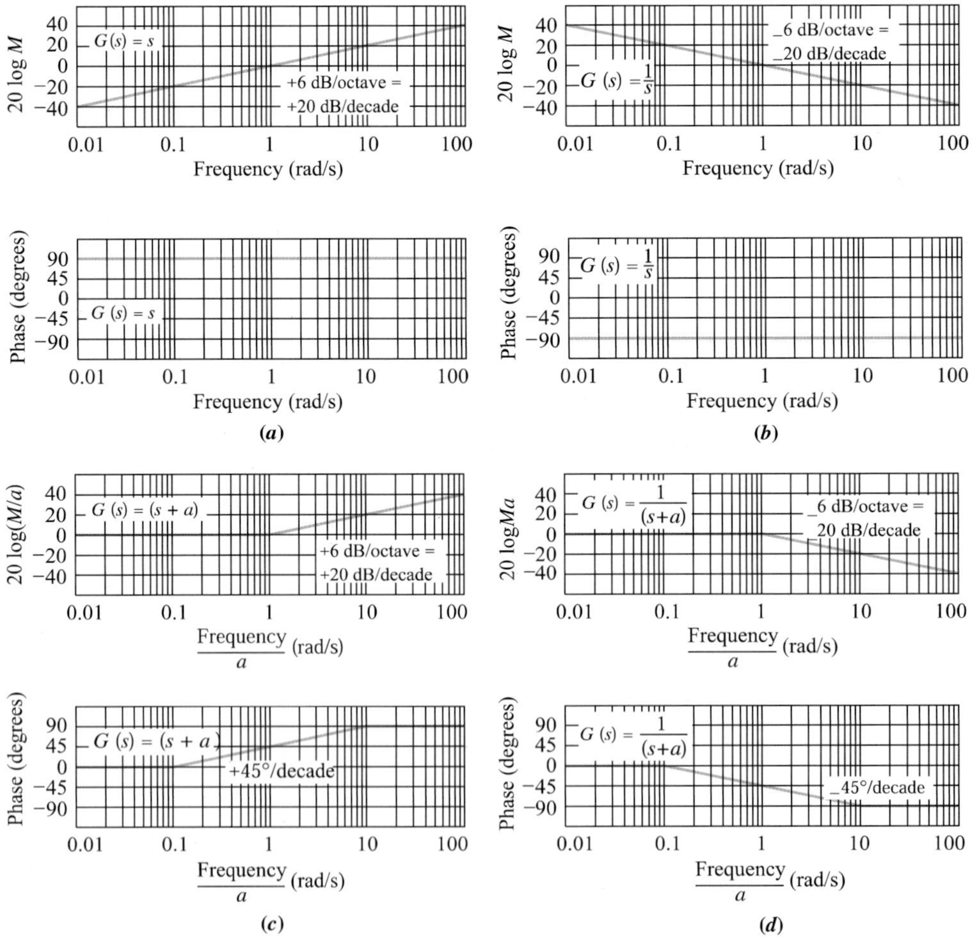

그림 10.9 다음에 대한 정규화 및 눈금 조정한 Bode 선도 a. $G(s)=s$ b. $G(s)=1/s$ c. $G(s)=(s+a)$ d. $G(s)=1/(s+a)$

중간항으로부터 고주파 근사화는 $\omega = a$일 때 저주파 근사화와 같으며, $\omega > a$에서는 감소한다는 것을 확인할 수 있다. 이 결과는 기울기가 양이 아니고 음이라는 것을 제외하면, 식 (10.20)과 유사하다. Bode 대수 크기 선도는 꺾임 주파수에서 20dB/decade의 기울기로 증가하는 것이 아니라 20dB/decade의 기울기로 감소한다.

위상 선도는 함수가 역수이므로 앞 예제와 반대가 된다. 위상은 0°에서 시작해서 꺾임 주파수에서 -45°가 되며 고주파 영역에서 -90°에 도달한다. 정규화하고 스케일된 대수 크기와 위상 Bode 선도를 그림 10.9(d)에 나타내었다.

$G(s) = s$에 대한 Bode 선도

함수 $G(s) = s$는 단 한 개의 고주파 점근선을 갖는다. $s = j\omega$로 놓으면 크기는 $20 \log \omega$ 이고 식 (10.20)과 같다. 따라서, Bode 크기 선도는 $\omega = 1$일 때, 0dB를 지나는 기울기가 +20dB/decade인 직선이 된다. 위상 선도는 그림 10.9(a)에 크기 선도와 함께 나타내었는데 +90°로 일정하다.

$G(s) = 1/s$에 대한 Bode 선도

앞의 함수의 역인 $G(s) = 1/s$의 주파수 응답은 그림 10.9(b)와 같이 $\omega = 1$일 때, 0dB를 지나는 -20dB/decade의 기울기인 직선이 된다. Bode 위상 선도는 -90°로 일정하다.

지금까지 분자나 분모에 s의 1차 다항식을 갖는 4개의 함수를 다루었다. 2차 다항식으로 넘어가기 전에 분자나 분모에 1차 다항식의 곱으로 이루어진 함수에 대하여 Bode 선도를 그리는 예제를 살펴보기로 하자. 각 Bode 선도는 각각의 주파수 응답 곡선을 더함으로써 그릴 수 있다.

예제 10.2 1차 항으로 표현된 경우에 대한 Bode 선도

문제 그림 10.10의 시스템에 대하여 Bode 선도를 그려라. 여기서, $G(s) = K(s+3)/[s(s+1)(s+2)]$이다.

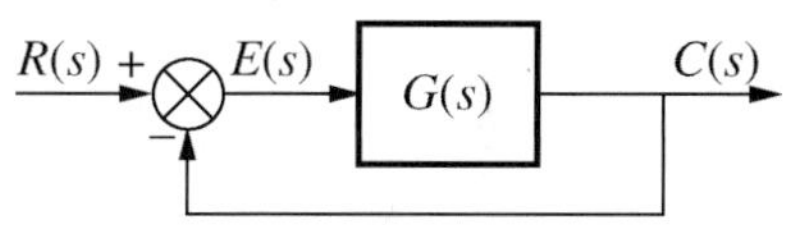

그림 10.10 폐루프 단위 피드백 시스템

풀이 개루프 함수 $G(s) = K(s+3)/[s(s+1)(s+2)]$에 대한 Bode 선도를 그릴 수 있다. Bode 선도는 각 1차항에 대한 Bode 선도의 합이다. 원점의 극점을 제외한 각 항들의 저주파 점근선은 0dB가 되어서, Bode 선도의 각 성분을 더하기 쉽도록 그림을 정규화해서 사용하는 것이 편리하다. $G(s)$의 각 항을 단위 저주파 이득으로 정규화하기 위해서 다음과 같이 나타내어 보자.

$$G(s) = \frac{\frac{3}{2}K\left(\frac{s}{3}+1\right)}{s(s+1)\left(\frac{s}{2}+1\right)} \tag{10.25}$$

이것으로부터 꺾임 주파수가 1, 2, 3인 것을 알 수 있다. 크기 선도는 가장 낮은 꺾임 주파수의 1decade 아래에서 시작해서 가장 높은 꺾임 주파수의 1decade 위쪽까지 지속되어야 한다. 따라서, 그래프의 범위를 0.1rad에서 100rad까지, 즉 3decade를 선정한다.

$[(s/a)+1]$에 대한 저주파 값(즉, $s=0$)과 분모항에 있는 s항에 실제 값을 대입하면 $\omega = 0.1$의 주파수에서 함수의 저주파 값을 식 (10.25)으로부터 구할 수 있는데 $G(j0.1) \approx \frac{3}{2}K/0.1 = 15K$이다. 이득 K의 효과는 크기 곡선을 $20\log K$ 만큼 올리거나(K가 증가하면) 내리는 것(K가 감소하면)이다. K는 위상 곡선에는 영향을 주지 않는다. 만약 $K=1$로 정하면, 크기선도는 계산되거나 알려진 임의의 K값에 대한 크기 선도로 복원시킬 수 있다.

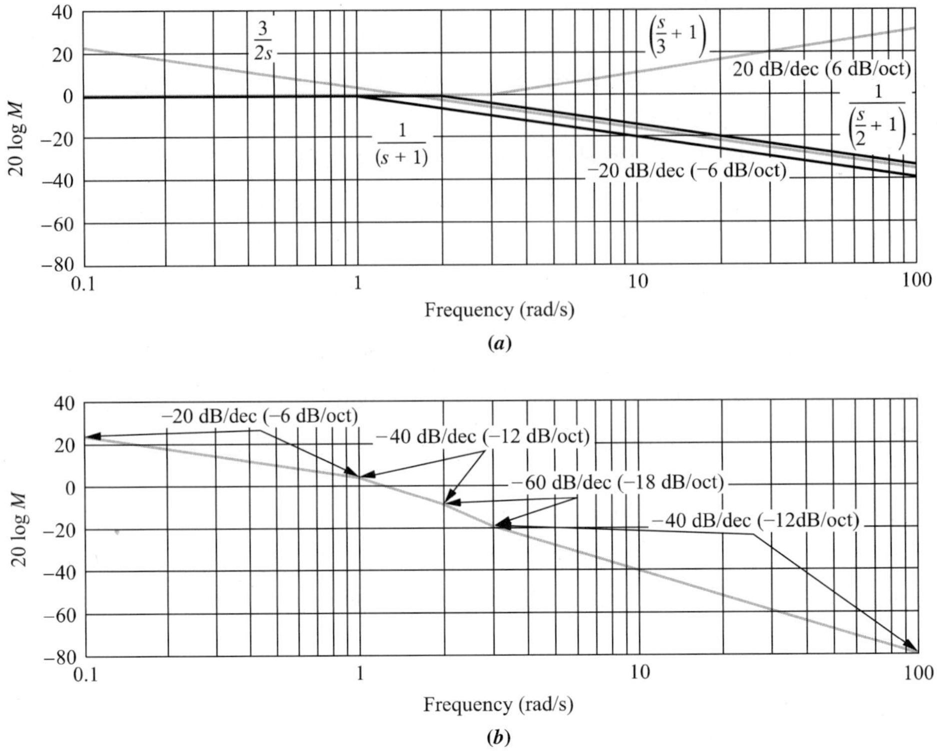

그림 10.11 예제 10.2의 Bode 로그 크기 선도 a. 각 성분 b. 합성

그림 10.11(a)는 Bode 대수 크기 주파수 응답의 각 성분을 나타낸다. 각 성분을 합하면 그림 10.11(b)의 그래프가 된다. 기울기를 구하는데 사용할 수 있는 결과를 표 10.2에 요약하였다. 각 극점과 영점은 첫 번째 열에 열거하였다. 표를 보면, 각 주파수에서의 각각의 기여도를 나타내고 있음을 알 수 있다. 마지막 행은 기울기들의 합으로 그림 10.11(b)에 관련된다. $K=1$일 때의 Bode 크기 선도는 $\omega=0.1$에서 시작하는데 20log 15=23.52dB의 값을 가지며, 분모에 있는 s항 때문에 -20dB/decade의 기울기로 감소한다. $\omega=1$에서 분모에 있는 $(s+1)$항은 20dB/decade의 기울기로 감소하므로 크기선도의 기울기에는 음의 20dB/decade 기울기가 더해진다. 즉, 전체적으로 -40dB/decade의 기울기가 된다.

$[(s/2)+1]$ 때문에 $\omega=2$에서 -20dB/decade 기울기의 점근선이 시작하므로 선도의 기울기는 전체 -60dB/decade가 되며 $\omega=3$까지 지속된다. 이 주파수에서 분자항 $[(s/3)+1]$때문에 +20dB/decade의 기울기를 가지는 점근선이 시작된다. 따라서 크기 선도는 $\omega=3$에서 -60dB/decade에서 -40dB/decade의 기울기로 변한다. 그리고 그 이후에는 다른 꺾임주파수가 없기 때문에 이 기울기가 지속된다.

표 10.2 Bode 크기 선도 : 예제 10.2에 있어서의 각 극점과 영점의 기여 기울기

	주파수(rad/s)			
설명	0.1 시작 : 0의 극점	1 시작 : −1의 극점	2 시작 : −2의 극점	3 시작 : −3의 영점
0의 극점	−20	−20	−20	−20
−1의 극점	0	−20	−20	−20
−2의 극점	0	0	−20	−20
−3의 영점	0	0	0	20
전체 기울기(dB/dec)	−20	−40	−60	−40

기울기는 1decade 마다 20dB씩 감소하는 직선을 중첩시킴으로써 쉽게 얻을 수 있다. 예를 들면, 처음에 $\omega = 0.1$에서 23.52dB로부터 시작하는 -20dB/decade 기울기의 직선은 $\omega = 1$의 3.52dB까지 연장되고, 여기서 -40dB/decade 기울기의 직선은 40dB 감소한 $\omega = 10$의 -36.4dB로 연결되는데 $\omega = 1$에서 $\omega = 2$까지만 지속된다. 다음으로 -60dB의 기울기의 직선은 $\omega = 2$에서 $\omega = 20$까지(1decade) 연결되는데 이 직선은 $\omega = 2$에서 $\omega = 3$까지만 연속된다. 마지막으로 $\omega = 3$에서 $\omega = 30$까지는 기울기 40dB/decade의 직선이 되는데 이 직선은 $\omega = 30$ 이후 끝까지 지속된다.

위상도 유사하게 그릴 수 있다. 그러나, 꺽임 주파수의 1decade 위 아래의 꺽임들이 발생하므로 더 많은 계산을 해야 한다. 표 10.3은 극점과 영점의 각각에 대해서 45°/decade 기울기의 시작 주파수와 끝나는 주파수를 보여준다. 예를 들면, -2의 극점의 경우, -45°/decade의 기울기를 가지는 점근선은 0.2의 주파수에서 시작해서 20의 주파수에서 끝난다.

각 극점을 행으로 나타내고 각 열을 합하면 위상 선도의 결과 그래프가 된다. 전체 기울기를 나타낸 행을 보면 위상선도는 주파수 0.1에서 0.2까지 -45°/decade의 기울기가 되고 0.2에서 0.3까지는

표 10.3 Bode 위상 선도 : 예제 10.2의 각 극점과 영점의 기울기 기여도

설명	주파수(rad/s)					
	0.1 시작 : 0의 극점	0.2 시작 : −2의 극점	0.3 시작 : −3의 극점	0 끝 : −1의 극점	20 끝 : −2의 극점	30 끝 : −3의 극점
−1의 극점	−45	−45	−45	0		
−2의 극점		−45	−45	−45	0	
−3의 영점			45	45	45	0
전체 기울기(dB/dec)	−45	−90	−45	0	45	0

-90°/decade 만큼 증가한다. 0.3에서 10rad/s까지는 -45°/decade가 되며, 10에서 20rad/s까지는 기울기가 0인 직선이 되고, 계속해서 20에서 30rad/s까지는 +45°/decade의 기울기가 된다. 마지막으로 30rad/s에서 무한대까지는 기울기가 0°/decade가 된다.

각 부분을 합성한 위상 선도 결과를 그림 10.12에 나타내었다. 원점에 있는 극점에 대한 위상은 -90°이므로, 위상선도는 -90°에서 시작하고 기울기 형태는 위에서 설명한 것처럼 된다.

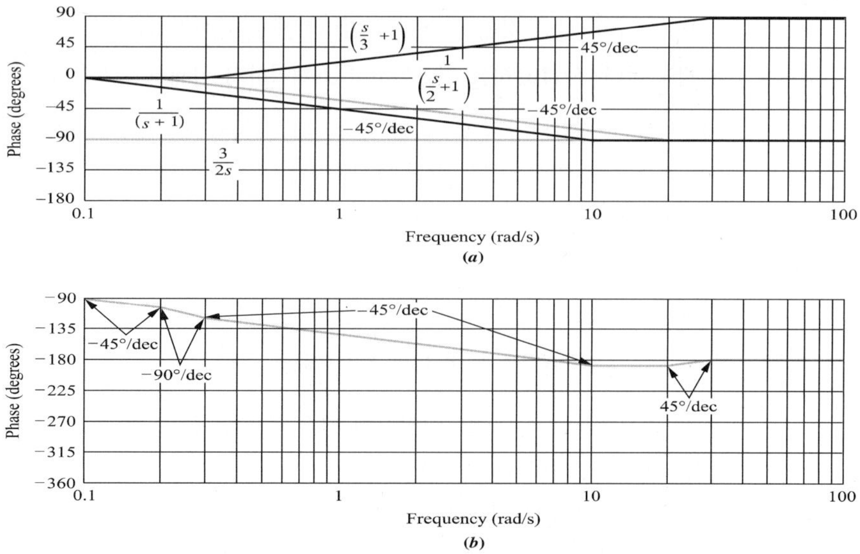

그림 10.12 예제 10.2의 Bode 위상 선도
a. 각 성분 b. 합성

$G(s)=s^2+2\zeta\omega_n s+\omega_n^2$에 대한 Bode 선도

지금까지 1차 시스템에 대한 Bode 선도를 고찰하였다. 이제 s의 2차 다항식에 대한 Bode 대수 크기와 위상 선도를 고찰해 보도록 하자. 2차 다항식은 다음과 같은 형태를 갖는다.

$$G(s)=s^2+2\zeta\omega_n s+\omega_n^2=\omega_n^2\left(\frac{s^2}{\omega_n^2}+2\zeta\frac{s}{\omega_n}+1\right) \tag{10.26}$$

1차 주파수 응답 근사화와는 달리, 점근선 근사화와 실제 주파수 응답의 차이는 ζ 값에 따라서 커질 수 있다. Bode 선도의 수정은 정확도가 개선된다. 먼저 점근선 근사화를 유도하고, 그 다음에 점근선 근사화와 실제 주파수 응답 곡선과의 차이를 보인다.

저주파 영역에서 식 (10.26)은 다음과 같다.

$$G(s)\approx\omega_n^2=\omega_n^2\angle 0^\circ \tag{10.27}$$

저주파 영역에서 dB로 나타낸 크기 M은 다음과 같다.

$$20\log M=20\log|G(j\omega)|=20\log\omega_n^2 \tag{10.28}$$

고주파 영역에서는

$$G(s)\approx s^2 \tag{10.29}$$

또는

$$G(j\omega)\approx-\omega^2=\omega^2\angle 180^\circ \tag{10.30}$$

여기서, dB로 나타낸 크기는 다음 식과 같다.

$$20\log M=20\log|G(j\omega)|=20\log\omega^2=40\log\omega \tag{10.31}$$

식 (10.31)은 식 (10.20)의 1차항의 기울기의 2배인 직선이 된다. 따라서 기울기는 12dB/octave 혹은 40dB/decade가 된다.

식 (10.27)의 저주파 점근선과 식 (10.31)의 고주파 점근선은 $\omega=\omega_n$일 때 같다. 그러므로, ω_n은 2차 다항식의 꺽임 주파수이다.

여러 개의 ω_n을 갖는 시스템을 편리하게 나타내기 위하여 점근선을 그리기 전에 먼저 정규화하고 스케일 한다. 식 (10.26)을 정규화하고 스케일하기 위해서 크기를 ω_n^2으로 정규화하고 주파수는 ω_n으로 나누어 스케일한다. 즉, $G(s_1)/\omega_n^2=s_1^2+2\zeta s_1+1$을 그린다. 여기서 s_1은 s/ω_n이다. $G(s_1)$은 0dB에서 저주파 점근선을 갖고 1rad/s의 꺽임 주파수를 갖는다. 그림 10.13(a)는 정규화되고 스케일된 크기 선도에 대한 점근선을 나타낸다.

이제 위상 선도를 그려보자. 저주파 영역[식 (10.27)]에서의 위상은 0°이고 고주파 영역[식 (10.30)]에서의 위상은 180°이다. 고유 주파수에서의 위상을 구하기 위하여 먼저 $G(j\omega)$의 값을 계산하자.

$$G(jw)=s^2+2\zeta w_n s+w_n^2|_{s\to jw}=\left(w_n^2-w^2\right)+j2\zeta w_n w \tag{10.32}$$

그 다음에는 $\omega=\omega_n$을 대입하여 고유 주파수에서의 함수값을 구한다. 결과는 $j2\zeta\omega_n^2$이기 때문에 고유 주파수에서의 위상은 +90°이다. 그림 10.13(b)는 ω_n으로 스케일된 주파수에 대해 그린 위상을 나타내고 있다. 위상 선도는 0.1에서 10까지 90°/decade의 기울기로 증가하며 1에서 90°를 통과한다.

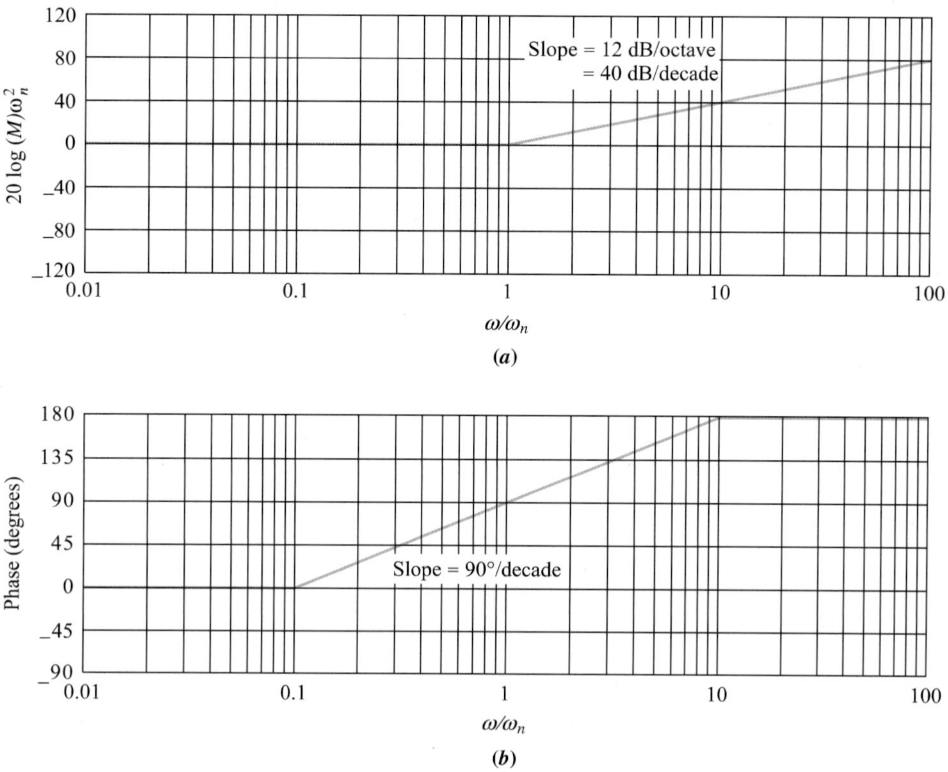

그림 10.13 정규화, 눈금 조정한 $G(s)=s^2+1\zeta\omega_n s+\omega_n^2$에 대한 Bode 점근선 a. 크기 b. 위상

2차 Bode 선도에 대한 수정

이제 2차 다항식의 실제 응답과 점근선 근사화 사이의 오차를 다루어보자. 1차 다항식에서는 3.01dB 크기와 5.71° 이상의 오차는 없었지만, 2차 함수는 ζ 값에 따라서 오차가 더 커질 수 있다.

식 (10.32)로부터 $G(s)=s^2+2\zeta\omega_n s+\omega_n^2$에 대한 실제의 크기와 위상은 각각 다음과 같다.

$$M=\sqrt{\left(\omega_n^2-\omega^2\right)^2+\left(2\zeta\omega_n\omega\right)^2} \tag{10.33}$$

$$Phase=\tan^{-1}\frac{2\zeta\omega_n\omega}{\omega_n^2-\omega^2} \tag{10.34}$$

ζ 값에 대한 이 관계를 표 10.4의 테이블로 나타내고, 정규화한 크기와 스케일된 주파수에 대하여 점근 근사화를 그림 10.14와 그림 10.15에 나타내었다. 그림 10.14는 고유 주파수의 제곱으로 정규화하였고, 스케일한 고유 주파수에서의 정규화한 대수 크기는 $+20\log 2\zeta$ 이다. 스케일이 안 된 고유 주파수에서의 실제 크기는 $+20\log 2\zeta\omega_n^2$ 이다. 표 10.4와 그림 10.14, 그림 10.15는 Bode 선도를 그릴 때 정확도를 개선하기 위해서 사용될 수 있다.

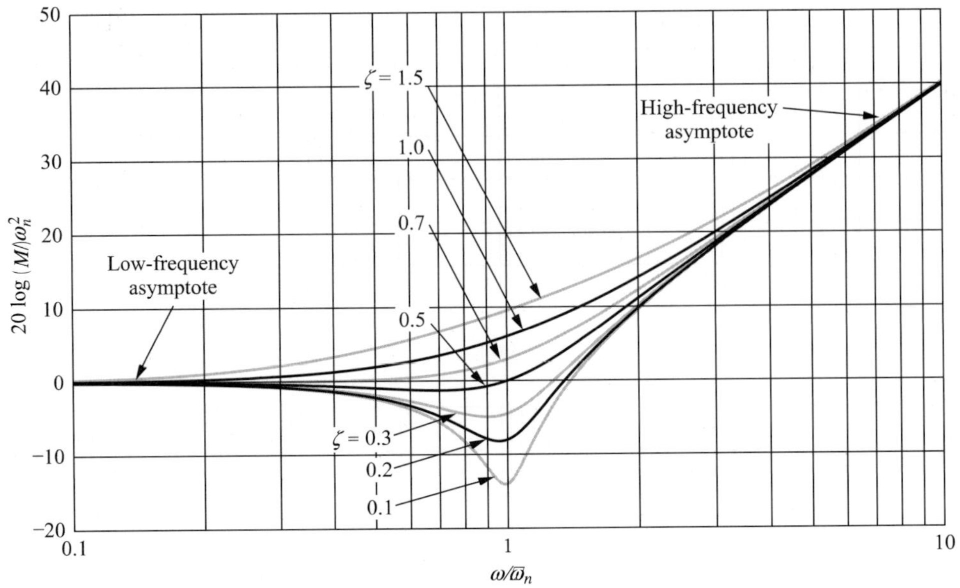

그림 10.14 $s^2+2\zeta\omega_n s+\omega_n^2$의 정규화 및 눈금 조정한 로그 크기 응답

표 10.4 $(s^2+2\zeta w_n s+w_n^2)$에 대한 정규화 및 스케일 조정된 대수 크기와 위상 선도의 데이터. 크기 = 20log(M/w_n^2)

주파수 $\frac{\omega}{\omega_n}$	크기(dB) ζ = 0.1	위상(°) ζ = 0.1	크기(dB) ζ = 0.2	위상(°) ζ = 0.2	크기(dB) ζ = 0.3	위상(°) ζ = 0.3
0.10	−0.09	1.16	−0.08	2.31	−0.07	3.47
0.20	−0.35	2.39	−0.32	4.76	−0.29	7.13
0.30	−0.80	3.77	−0.74	7.51	−0.65	11.19
0.40	−1.48	5.44	−1.36	10.78	−1.17	15.95
0.50	−2.42	7.59	−2.20	14.93	−1.85	21.80
0.60	−3.73	10.62	−3.30	20.56	−2.68	29.36
0.70	−5.53	15.35	−4.70	28.77	−3.60	39.47
0.80	−8.09	23.96	−6.35	41.63	−4.44	53.13
0.90	−11.64	43.45	−7.81	62.18	−4.85	70.62
1.00	−13.98	90.00	−7.96	90.00	−4.44	90.00
1.10	−10.34	133.67	−6.24	115.51	−3.19	107.65
1.20	−6.00	151.39	−3.73	132.51	−1.48	121.43
1.30	−2.65	159.35	−1.27	143.00	0.35	131.50
1.40	0.00	163.74	0.92	149.74	2.11	138.81
1.50	2.18	166.50	2.84	154.36	3.75	144.25
1.60	4.04	168.41	4.54	157.69	5.26	148.39
1.70	5.67	169.80	6.06	160.21	6.64	151.65
1.80	7.12	170.87	7.43	162.18	7.91	154.26
1.90	8.42	171.72	8.69	163.77	9.09	156.41
2.00	9.62	172.41	9.84	165.07	10.19	158.20
3.00	18.09	175.71	18.16	171.47	18.28	167.32
4.00	23.53	176.95	23.57	173.91	23.63	170.91
5.00	27.61	177.61	27.63	175.24	27.67	172.87
6.00	30.89	178.04	30.90	176.08	30.93	174.13
7.00	33.63	178.33	33.64	176.66	33.66	175.00
8.00	35.99	178.55	36.00	177.09	36.01	175.64
9.00	38.06	178.71	38.07	177.42	38.08	176.14
10.00	39.91	178.84	39.92	177.69	39.93	176.53

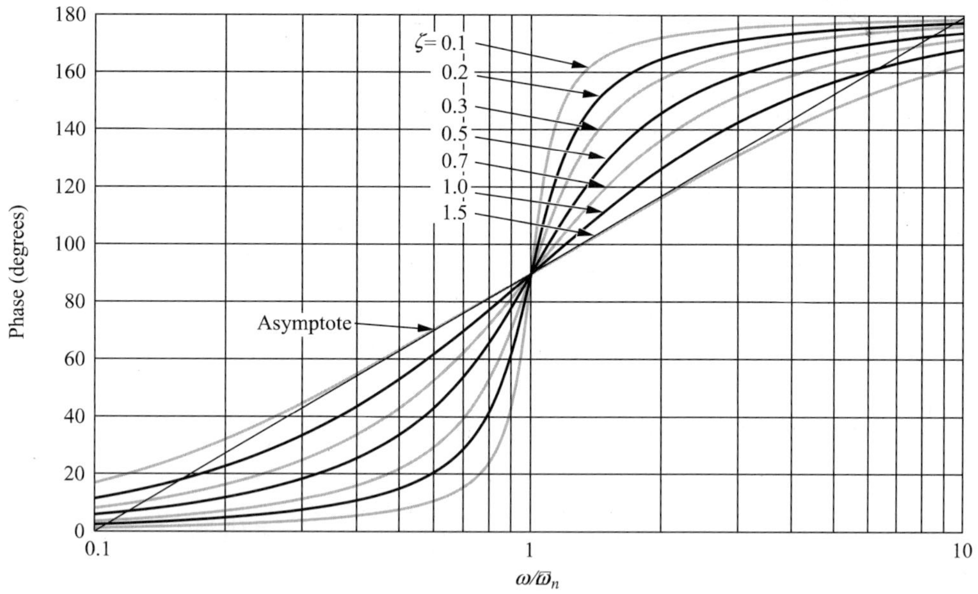

그림 10.15 $s^2+2\zeta\omega_n s+\omega_n^2$의 눈금 조정한 위상 응답

표 10.4 계속

주파수 $\frac{\omega}{\omega_n}$	크기(dB) $\zeta = 0.5$	위상(°) $\zeta = 0.5$	크기(dB) $\zeta = 0.7$	위상(°) $\zeta = 0.7$	크기(dB) $\zeta = 0.1$	위상(°) $\zeta = 0.1$
0.10	−0.04	5.77	0.00	8.05	0.09	11.42
0.20	−0.17	11.77	0.00	16.26	0.34	22.62
0.30	−0.37	18.25	0.02	24.78	0.75	33.40
0.40	−0.63	25.46	0.08	33.69	1.29	43.60
0.50	−0.90	33.69	0.22	43.03	1.94	53.13
0.60	−1.14	43.15	0.47	52.70	2.67	61.93
0.70	−1.25	53.92	0.87	62.51	3.46	69.98
0.80	−1.14	65.77	1.41	72.18	4.30	77.32
0.90	−0.73	78.08	2.11	81.42	5.15	83.97
1.00	0.00	90.00	2.92	90.00	6.02	90.00
1.10	0.98	100.81	3.83	97.77	6.89	95.45
1.20	2.13	110.14	4.79	104.68	7.75	100.39
1.30	3.36	117.96	5.78	110.76	8.60	104.86
1.40	4.60	124.44	6.78	116.10	9.43	108.92
1.50	5.81	129.81	7.76	120.76	10.24	112.62
1.60	6.98	134.27	8.72	124.85	11.03	115.99
1.70	8.10	138.03	9.66	128.45	11.80	119.07
1.80	9.17	141.22	10.56	131.63	12.55	121.89
1.90	10.18	143.95	11.43	134.46	13.27	124.48
2.00	11.14	146.31	12.26	136.97	13.98	126.87
3.00	18.63	159.44	19.12	152.30	20.00	143.13
4.00	23.82	165.07	24.09	159.53	24.61	151.93
5.00	27.79	168.23	27.96	163.74	28.30	157.38
6.00	31.01	170.27	31.12	166.50	31.36	161.08
7.00	33.72	171.70	33.80	168.46	33.98	163.74
8.00	36.06	172.76	36.12	169.92	36.26	165.75
9.00	38.12	173.58	38.17	171.05	38.28	167.32
10.00	39.96	174.23	40.00	171.95	40.09	168.58

$G(s) = 1/(s^2 + 2\zeta\omega_n s + \omega_n^2)$에 대한 Bode 선도

$G(s) = 1/(s^2 + 2\zeta\omega_n s + \omega_n^2)$에 대한 Bode 선도는 $G(s) = s^2 + 2\zeta\omega_n s + \omega_n^2$의 Bode 선도와 유사하게 유도할 수 있다. 크기 곡선이 고유 주파수에서 꺽임이 생기고, -40dB/decade의 기울기로 감소함을 알 수 있다. 위상 선도는 저주파에서 0°이고 $0.1\omega_n$에서 -90°/decade의 기울기로 감소하여 $\omega = 10\omega_n$에서 -180°가 된다.

정확한 주파수 응답은 $G(s) = s^2 + 2\zeta\omega_n s + \omega_n^2$의 주파수 응답과 같은 방법으로 유도할 수 있다. 그 결과를 표 10.5와 그림 10.16, 10.17에 요약하였다. 정확한 크기는 식 (10.33)의 역수이고 정확한 위상은 식 (10.34)의 음수이다. 스케일된 고유 주파수에서 정규화한 크기는 $-20\log 2\zeta$가 된다.

표 10.5 $1/(s^2 + 2\zeta w_n s + w_n^2)$에 대한 정규화 및 스케일 조정된 대수 크기와 위상 선도의 데이터. 크기 = 20log(M/w_n^2)

주파수 $\frac{\omega}{\omega_n}$	크기(dB) $\zeta = 0.1$	위상(°) $\zeta = 0.1$	크기(dB) $\zeta = 0.2$	위상(°) $\zeta = 0.2$	크기(dB) $\zeta = 0.3$	위상(°) $\zeta = 0.3$
0.10	0.09	−1.16	0.08	−2.31	0.07	−3.47
0.20	0.35	−2.39	0.32	−4.76	0.29	−7.13
0.30	0.80	−3.77	0.74	−7.51	0.65	−11.19
0.40	1.48	−5.44	1.36	−10.78	1.17	−15.95
0.50	2.42	−7.59	2.20	−14.93	1.85	−21.80
0.60	3.73	−10.62	3.30	−20.56	2.68	−29.36
0.70	5.53	−15.35	4.70	−28.77	3.60	−39.47
0.80	8.09	−23.96	6.35	−41.63	4.44	−53.13
0.90	11.64	−43.45	7.81	−62.18	4.85	−70.62
1.00	13.98	−90.00	7.96	−90.00	4.44	−90.00
1.10	10.34	−133.67	6.24	−115.51	3.19	−107.65
1.20	6.00	−151.39	3.73	−132.51	1.48	−121.43
1.30	2.65	−159.35	1.27	−143.00	−0.35	−131.50
1.40	0.00	−163.74	−0.92	−149.74	−2.11	−138.81
1.50	−2.18	−166.50	−2.84	−154.36	−3.75	−144.25
1.60	−4.04	−168.41	−4.54	−157.69	−5.26	−148.39
1.70	−5.67	−169.80	−6.06	−160.21	−6.64	−151.65
1.80	−7.12	−170.87	−7.43	−162.18	−7.91	−154.26
1.90	−8.42	−171.72	−8.69	−163.77	−9.09	−156.41
2.00	−9.62	−172.41	−9.84	−165.07	−10.19	−158.20
3.00	−18.09	−175.71	−18.16	−171.47	−18.28	−167.32
4.00	−23.53	−176.95	−23.57	−173.91	−23.63	−170.91
5.00	−27.61	−177.61	−27.63	−175.24	−27.67	−172.87
6.00	−30.89	−178.04	−30.90	−176.08	−30.93	−174.13
7.00	−33.63	−178.33	−33.64	−176.66	−33.66	−175.00
8.00	−35.99	−178.55	−36.00	−177.09	−36.01	−175.64
9.00	−38.06	−178.71	−38.07	−177.42	−38.08	−176.14
10.00	−39.91	−178.84	−39.92	−177.69	−39.93	−176.53

표 10.5 계속

주파수 $\frac{\omega}{\omega_n}$	크기(dB) $\zeta = 0.5$	위상(°) $\zeta = 0.5$	크기(dB) $\zeta = 0.7$	위상(°) $\zeta = 0.7$	크기(dB) $\zeta = 0.1$	위상(°) $\zeta = 0.1$
0.10	0.04	−5.77	0.00	−8.05	−0.09	−11.42
0.20	0.17	−11.77	0.00	−16.26	−0.34	−22.62
0.30	0.37	−18.25	−0.02	−24.78	−0.75	−33.40
0.40	0.63	−25.46	−0.08	−33.69	−1.29	−43.60
0.50	0.90	−33.69	−0.22	−43.03	−1.94	−53.13
0.60	1.14	−43.15	−0.47	−52.70	−2.67	−61.93
0.70	1.25	−53.92	−0.87	−62.51	−3.46	−69.98
0.80	1.14	−65.77	−1.41	−72.18	−4.30	−77.32
0.90	0.73	−78.08	−2.11	−81.42	−5.15	−83.97
1.00	0.00	−90.00	−2.92	−90.00	−6.02	−90.00
1.10	−0.98	−100.81	−3.93	−97.77	−6.89	−95.45
1.20	−2.13	−110.14	−4.79	−104.68	−7.75	−100.39
1.30	−3.36	−117.96	−5.78	−110.76	−8.60	−104.86
1.40	−4.60	−124.44	−6.78	−116.10	−9.43	−108.92
1.50	−5.81	−129.81	−7.76	−120.76	−10.24	−112.62
1.60	−6.98	−134.27	−8.72	−124.85	−11.03	−115.99
1.70	−8.10	−138.03	−9.66	−128.45	−11.80	−119.07
1.80	−9.17	−141.22	−10.56	−131.63	−12.55	−121.89
1.90	−10.18	−143.95	−11.43	−134.46	−13.27	−124.48
2.00	−11.14	−146.31	−12.26	−136.97	−13.98	−126.87
3.00	−18.63	−159.44	−19.12	−152.30	−20.00	−143.13
4.00	−23.82	−165.07	−24.09	−159.53	−24.61	−151.93
5.00	−27.79	−168.23	−27.96	−163.74	−28.30	−157.38
6.00	−31.01	−170.27	−31.12	−166.50	−31.36	−161.08
7.00	−33.72	−171.70	−33.80	−168.46	−33.98	−163.74
8.00	−36.06	−172.76	−36.12	−169.92	−36.26	−165.75
9.00	−38.12	−173.58	−38.17	−171.05	−38.28	−167.32
10.00	−39.96	−174.23	−40.00	−171.95	−40.09	−168.58

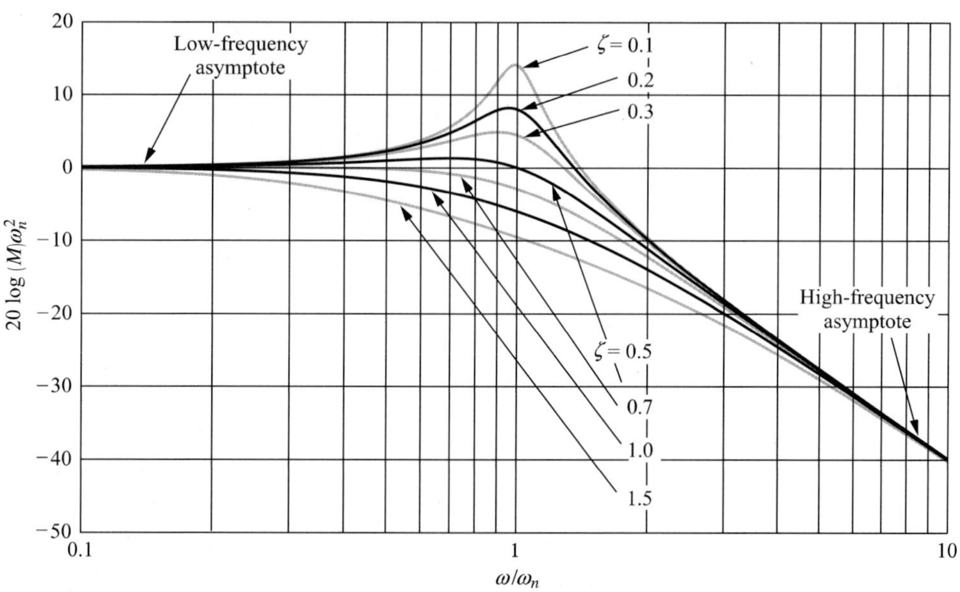

그림 10.16 $1/(s^2+2\zeta\omega_n s+\omega_n^2)$의 정규화 및 스케일된 로그 크기 응답

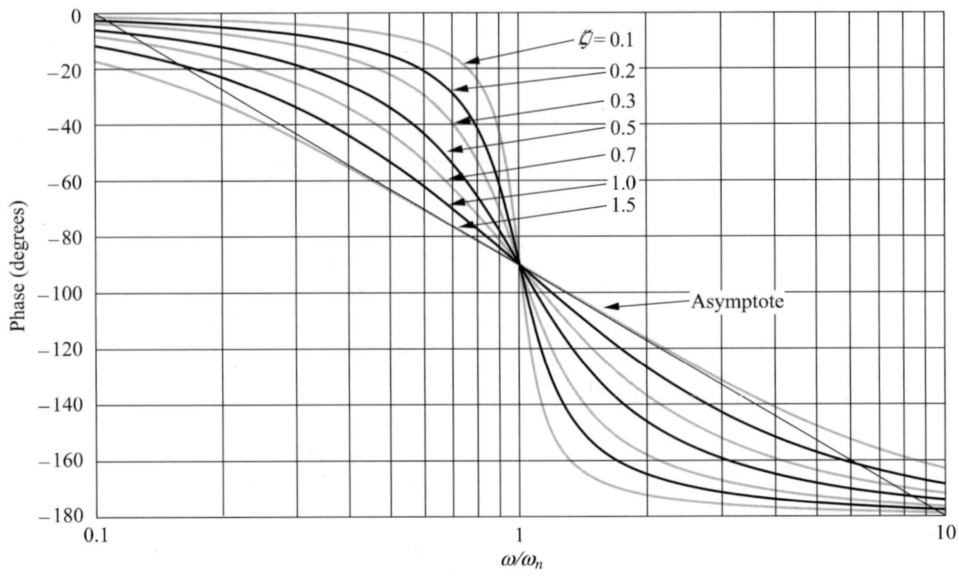

그림 10.17 $1/(s^2+2\zeta\omega_n s+\omega_n^2)$의 스케일된 위상 응답

이제 2차 항을 포함하는 전달 함수의 Bode 선도를 그리는 예제를 살펴보기로 하자.

예제 10.3 1차와 2차 항들로 구성된 경우의 Bode 선도

문제 그림 10.10에 나타낸 단위 피드백 시스템에 대하여 $G(s)$의 Bode 대수 크기선도와 위상 선도를 그려라. 여기서, $G(s)=(s+3)/[(s+2)(s^2+2s+25)]$이다.

풀이 먼저 $G(s)$를 단위 저주파 이득을 갖는 정규화된 인수가 되도록 변환시킨다. 2차 항은 ω_n^2으로 나누어 정규화시킨다.

$$\frac{s^2}{\omega_n^2}+\frac{2\zeta}{\omega_n}s+1 \tag{10.35}$$

따라서,

$$G(s)=\frac{3}{(2)(25)}\frac{\left(\frac{s}{3}+1\right)}{\left(\frac{s}{2}+1\right)\left(\frac{s^2}{25}+\frac{2}{25}s+1\right)}=\frac{3}{50}\frac{\left(\frac{s}{2}+1\right)}{\left(\frac{s}{2}+1\right)\left(\frac{s^2}{25}+\frac{2}{25}s+1\right)} \tag{10.36}$$

Bode 로그-크기 선도를 그림 10.18(b)에 나타내었다. 이는 그림 10.18(a)에 나타낸 $G(s)$의 1차, 2차 항들의 합이다. 이 문제는 해당 주파수에서 시작하여 끝나는 점근선들을 합하여 해결한다. 이 결과를 표 10.6에 요약하였다. $G(s)$의 저주파 영역의 값은 $s=0$으로 하여 구하는데 3/50 또는 -24.44dB가 된다. Bode 크기 선도는 이 값에서 시작하여 처음 꺾임 주파수인 2rad/s까지 계속된다. 여기서 -2의 극점 때문에 -20dB/decade의 기울기인 직선으로 감소되는데 3rad/s의 다음 꺾임주파수까지 지속된다. -3에 있는 영점은 +20dB/decade의 기울기의 직선을 갖도록 하므로 이전의 -20dB/decade 직선과 합하여 기울기가 0인 직선으로 된다. 5rad/s의 주파수에서 2차 인수에 의한 -40dB/decade의 기울기를 가지는 직선이 무한대까지 지속된다.

미흡 감쇠 2차 항에 기인한 Bode 크기 선도의 보정은 고유 주파수에서 점근선에 -20log2ζ의 값을 더하여 이루어진다. $G(s)$의 분모에 있는 2차 항에서 $\zeta=0.2$이므로 보정량은 7.96dB가 된다. 고유 주파수 근처의 점들은 그림 10.16의 곡선으로부터 값을 취하여 보정될 수 있다.

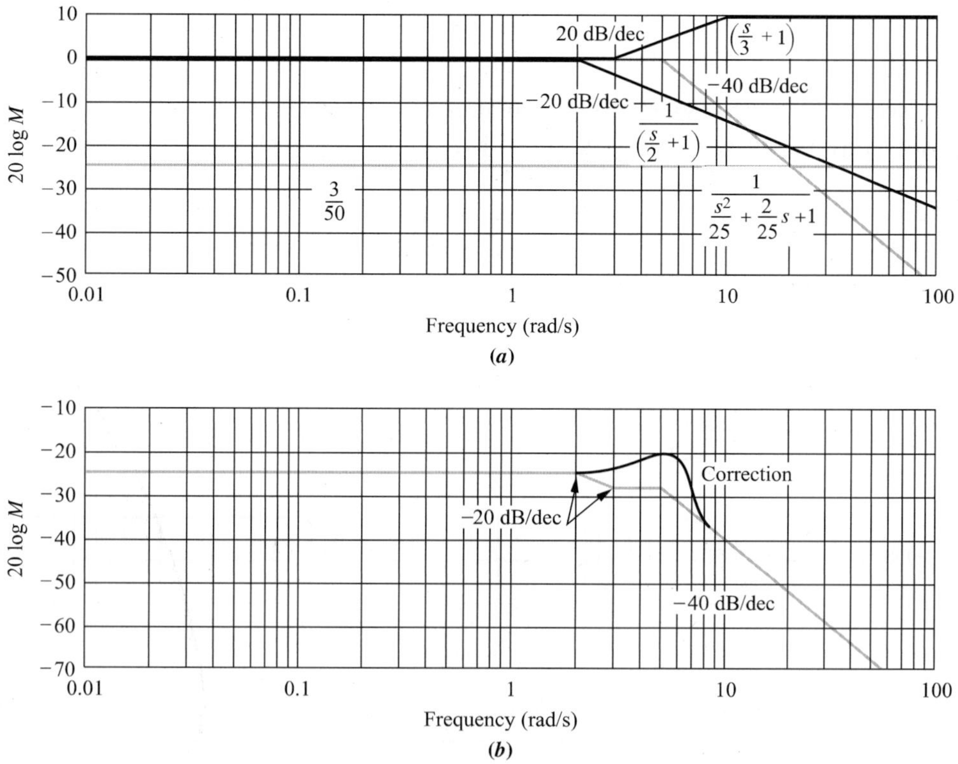

그림 10.18 $G(s)=(s+3)/[(s+2)(s^2+2s+25)]$의 Bode 크기 선도 a. 각 성분 b. 합성

표 10.6 Bode 크기 선도 : 예제 10.3에 있어서의 크기 선도의 기울기

	주파수(rad/s)			
설명	00.1 시작 : 극점	2시작 : −2의 극점	3시작 : −3의 영점	5시작 : $\omega_n=5$
−2의 극점	0	−20	−20	−20
−3의 영점	0	0	20	20
$\omega_n=5$	0	0	0	−40
전체 기울기(dB/dec)	0	−20	0	−40

표 10.7 예제 10.3의 위상 선도 기울기

	주파수(rad/s)					
설명	0.2 시작 : −2의 극점	0.3 시작 : −3의 극점	0.5 시작 : −5의 ω_n	20 끝 : −2의 극점	30 끝 : −3의 극점	50 끝 : −5의 ω_n
−1의 극점	−45	−45	−45	0		
−2의 극점		45	45	45	0	
−3의 영점			−90	−90	−90	0
전체 기울기(dB/dec)	−45	0	−90	−45	−90	0

이제 위상 선도를 그려보자. 표 10.7은 위상 선도의 기울기를 결정하기 위하여 구성한 것이다. -2의 첫 번째 극점은 꺾임 주파수의 1decade 아래쪽 주파수에서 0° 에서 시작하여 1 decade 위쪽에

서 -90°로 끝나는 -45°/decade의 기울기인 직선을 만든다. 마찬가지로 1차 영점도 꺽임주파수의 1decade 아래쪽 주파수에서 0°에서 시작하여 1decade 위쪽에서 +90°로 끝나는 +45°/decade의 기울기인 직선을 만든다. 2차 극점은 고유주파수 $(\omega_n = 5)$의 1decade 아래쪽 주파수에서 0°에서 시작하여 1decade 위쪽에서 -180°로 끝나는 -90°/decade의 기울기인 직선을 만든다. 이것을 그림 10.19(a)에 나타내었으며 각각의 직선을 합하여 그림 10.19(b)와 같은 최종 위상 선도를 얻는다.

MATLAB **ML**

MATLAB을 사용하여 부록 B에 있는 ch10apB1 프로그램을 실행하라. 독자들은 Bode 선도를 그리고 그래프상의 각 점들을 나타내기 위하여 MATLAB을 사용하는 방법을 배울 수 있을 것이다. 이 연습은 MATLAB을 사용하여 예제 10.3을 푸는 것이다.

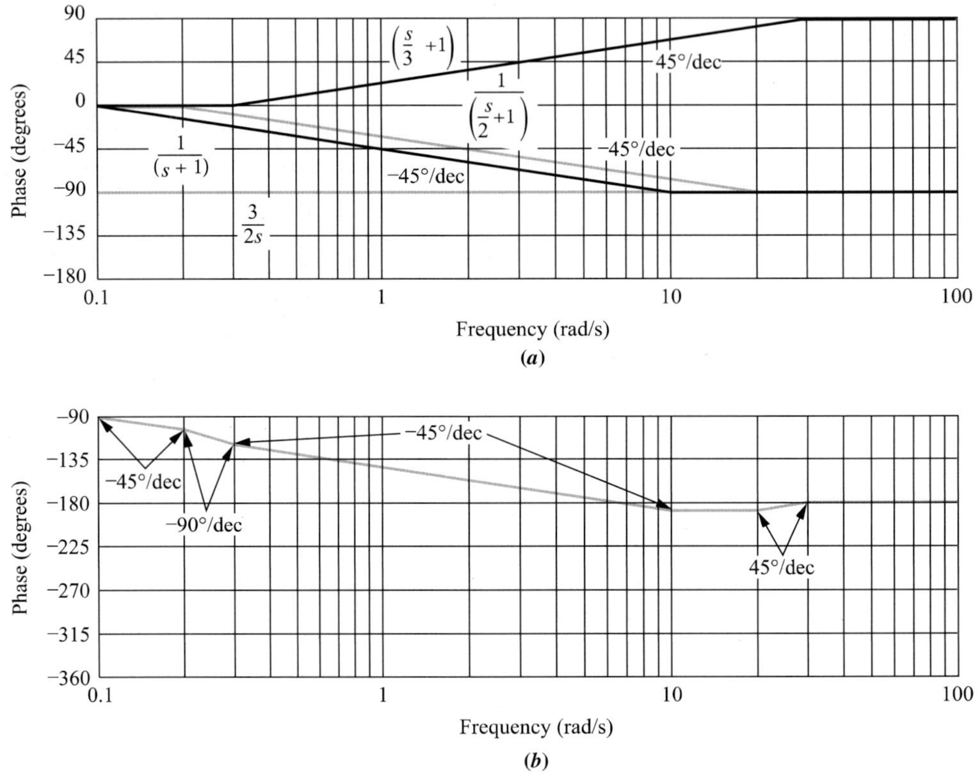

그림 10.19 $G(s) = (s+3)/[(s+2)(s^2+2s+25)]$의 Bode 위상 선도 a. 각 성분 b. 합성

숙련예제 10.2

문제 그림 10.10의 시스템에 대해서 Bode 대수 크기선도와 위상 선도를 그려라.

여기서 $G(s) = \dfrac{(s+20)}{(s+1)(s+7)(s+50)}$이다.

풀이 완벽한 풀이는 www.wiley.com/go/Nise/ControlSystemsEngineering8e에 있다.

스스로 해보기 10.1

숙련예제 10.2의 Bode 선도를 그리기 위하여 MATLAB, Control System Toolbox와 다음 프로그램을 이용하라.

```
G=zpk([-20],[-1,-7,…
  -50],1)
bode (G);grid on
```

Bode 선도가 나타나면, 그래프 상에서 클릭하여 좌표를 읽어 보라.

이 절에서는 Bode 대수 크기선도와 Bode 위상 선도를 그리는 법을 배웠다. Bode 선도는 시스템 $G(s)$에 대하여 크기와 위상 주파수 응답을 분리시켜 나타낸다. 다음 절에서는 시스템의 주파수 응답을 이용하여 안정도를 판별하기 위한 Nyquist 판별법을 공부한다. Bode 선도는 시스템의 안정도를 결정하는데 사용할 수 있다.

10.3 Nyquist 판별법의 기초

Nyquist 판별법은 개루프 주파수 응답과 개루프 극점의 위치와 폐루프 시스템의 안정도를 연관시킨다. 즉, 개루프 시스템의 주파수 응답으로부터 폐루프 시스템의 안정도에 관한 정보를 얻을 수 있다. 이 개념은 개루프 시스템의 극점과 영점을 이용하여 폐루프 시스템의 과도상태와 안정도에 관한 정보를 얻을 수 있다는 점에서 근궤적 기법과 유사하다.

Nyquist 판별법은 안정도에 관한 정보를 제공해 주지만 이 개념을 과도 응답과 정상 상태 오차로 확장시키고자 한다. 그러므로, 주파수 응답 기법은 근궤적과는 다른 접근법이다.

Nyquist 판별법의 유도

그림 10.20의 시스템을 고려해보자. Nyquist 판별법은 폐루프 극점이 우반면에 몇 개 있는지를 알려준다. 판별법을 유도하기에 앞서 유도과정에서 사용되는 4가지의 중요한 개념: (1) $1+G(s)H(s)$의 극점과 $G(s)H(s)$극점 사이의 관계 ; (2) $1+G(s)H(s)$의 영점과 폐루프 전달 함수의 극점사이의 관계 $T(s)$; (3) 사상(*mapping*)의 개념 ; (4) 사상 경로(*mapping contours*)의 개념에 대해 먼저 살펴보기로 한다.

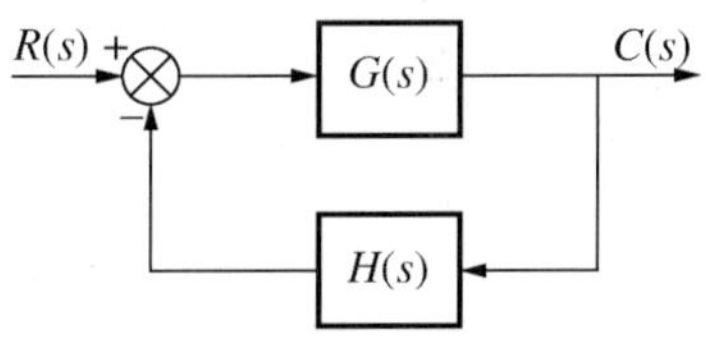

그림 10.20 폐루프 제어 시스템

함수 $G(s)$와 $H(s)$가 다음과 같이 표현된다고 하자.

$$G(s)=\frac{N_G}{D_G} \tag{10.37a}$$

$$H(s)=\frac{N_H}{D_H} \tag{10.37b}$$

위 식으로부터

$$G(s)H(s)=\frac{N_GN_H}{D_GD_H} \tag{10.38a}$$

$$1+G(s)H(s)=1+\frac{N_GN_H}{D_GD_H}=\frac{D_GD_H+N_GN_H}{D_GD_H} \tag{10.38b}$$

$$T(s)=\frac{G(s)}{1+G(s)H(s)}=\frac{N_GD_H}{D_GD_H+N_GN_H} \tag{10.38c}$$

식 (10.38)으로부터, (1) $1+G(s)H(s)$의 극점과 개루프 시스템 $G(s)H(s)$의 극점과 같고, (2) $1+G(s)H(s)$의 영점은 폐루프 시스템 $T(s)$의 극점과 같다는 것을 알 수 있다.

먼저 사상이라는 용어를 정의하자. s-평면상에 있는 복소수를 취해서 함수 $F(s)$에 대입하면 다른 복소수가 얻어지는데 이 과정을 사상이라고 한다. 예를 들어, $s=4+j3$을 함수 (s^2+2s+1)에 대입하면 $16+j30$이 된다. 이것을 복소수 $4+j3$이 함수 (s^2+2s+1)을 통하여 $16+j30$으로 사상됐다고 한다.

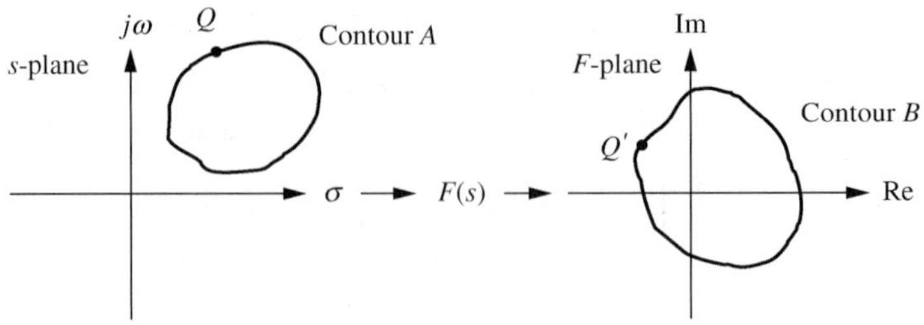

그림 10.21 함수 $F(s)$를 통한 경로 A의 경로 B로의 사상

다음으로, 사상 경로의 개념을 설명하기로 한다. 그림 10.21과 같이 경로 A로 나타낸 것은 점들의 집합이다. 다음 식을 가정하자.

$$F(s) = \frac{(s-z_1)(s-z_2)\ldots}{(s-p_1)(s-p_2)\ldots} \tag{10.39}$$

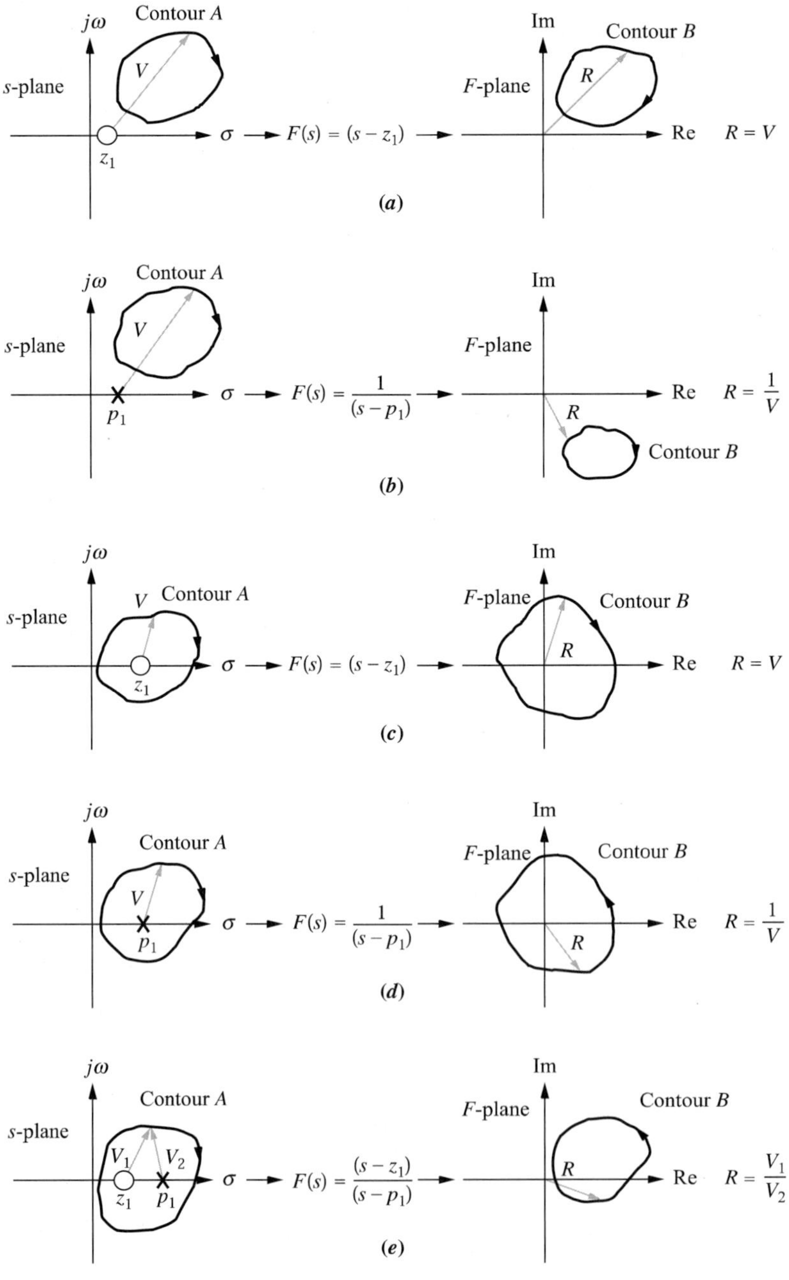

그림 10.22 경로 사상의 예

경로 A의 각 점을 함수 $F(s)$에 대입하면 다른 복소수가 되며 이것을 연결하면 경로 B가 되므로 경로 A는 경로 B로 사상된다. 예를 들면, 그림 10.21의 점 Q는 함수 $F(s)$를 통하여 점 Q'로 사상된다.

8.1절에서 다루었던 벡터 접근 방식을 사용할 수도 있다. 간단한 함수 $F(s)$에 대한 사상 경로의 몇 가지 예를 그림 10.22에 나타내었다. 각 점의 사상은 복소 연산에 의해서 정해지는데 사상 결과로 생기는 복소수 R은 복소수 V로 표현되며 그림 10.22의 마지막 열에 나타었다. 경로 A에 있는 점들을 사상하는 방향을 시계 방향으로 정할 때, 그림 10.22에서 보는 바와 같이 $F(s)$가 영점만을 가지거나 경로 A의 외부에 있는 극점만을 가지면 사상되는 경로 B는 시계방향으로 일주하게 된다. 그러나 $F(s)$가 경로 A의 내부에 있는 극점만을 가지면 사상되는 경로 B는 반시계 방향이 된다. $F(s)$의 극점과 영점들이 경로 A의 내부에 있으면 사상되는 경로 B는 원점을 둘러싸게 된다. 그림 10.22의 마지막 경우처럼 경로 A에 극점과 영점이 동일하게 포함되면 사상되는 경로 B는 원점을 포함하지 않는다.

이제 안정도 판별을 위한 Nyquist **판별법**을 유도해보자. 경로 A의 내부에 포함된 극점 수, 영점 수와 사상된 경로 B가 원점을 반시계 방향으로 일주하는 수 N사이의 관계가 유일함을 보인다. 그 다음 이 관계가 폐루프 시스템의 안정도 판별에 어떻게 사용되는지를 보이기로 한다. 이 안정도 판별법을 Nyquist **판별법**이라고 한다.

먼저 그림 10.23에서 보는 바와 같이 경로 A 안팎에 극점과 영점을 갖는 $F(s) = 1 + G(s)H(s)$를 가정하면 $R = (V_1 V_2)/(V_3 V_4 V_5)$이 된다. 경로 A의 점 Q를 $1 + G(s)H(s)$에 대입하면 사상되는 점들은 경로 B를 만든다. $F(s) = 1 + G(s)H(s)$가 두 개의 영점과 세 개의 극점을 갖기 때문에 식 (10.39)의 각 괄호 항에 해당되는 벡터는 그림 10.23과 같이 표현된다. 경로 A에서 시계 방향으로 이동하면 경로 내부에 있는 식 (10.39)의 각 벡터는 완전히 한 바퀴 돌아 360°의 각도 변화를 가진다. 반면에 경로 A의 외부에 있는 $1 + G(s)H(s)$의 극점과 영점에 의한 각 벡터들은 크기변화만 가지면서 한바퀴 회전하므로 총 각도 변화는 0°이다.

$1 + G(s)H(s)$의 각 극점이나 영점에 해당되는 벡터가 경로 A를 따라 한바퀴 회전할 때 사상된 결과 R에서 360°의 각도변화가 생긴다. 경로 A를 따라 시계 방향으로 이동할 때, 경로 A의 내부에 있는 각 영점은 사상되는 경로에서 시계 방향으로 한바퀴 회전하도록 하고, 경로 A의 내부에 있는 각 극점은 극점이 식 (10.39)의 분모이기 때문에 반시계 방향으로 회전하도록 한다.

따라서, $N = P - Z$이다. 여기서, N은 사상되는 경로 B가 원점을 반시계 방향으로 둘러싸는 회전수이고, P는 경로 A의 내부에 있는 $1 + G(s)H(s)$의 극점 수이고, Z는 경로 A의 내부에 있는 $1 + G(s)H(s)$의 영점 수이다.

그림 10.23의 극점들은 $1 + G(s)H(s)$의 극점들이다. 식 (10.38)으로부터 이 극점들은 $G(s)H(s)$의 극점과 같으며 알고 있는 값이다. 그러나, 그림 10.23에 나타낸 **영점들은** $1 + G(s)H(s)$**의 영점들이나 식 (10.38)로부터 폐루프 시스템의 극점들이 되며 모르는 값이다.** P는 경로 A의 내부에 있는 개루프 극점 수이고, Z는 폐루프 극점 수(경로 A의 내부에 있는 영점 수와 같음)이므로, $Z = P - N$은 경로 A의 내부에 있는 개루프 극점 수에서 사상된 경로가 원점을 반시계 방향으로 둘러싸는 회전수를 뺀 것과 같다는 것을 의미한다.

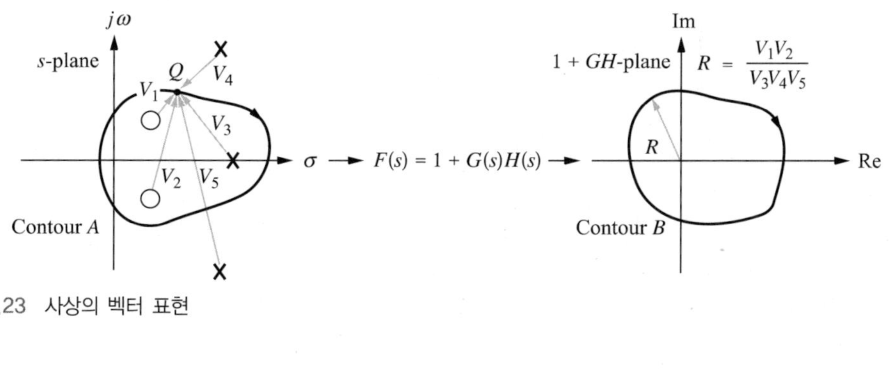

그림 10.23 사상의 벡터 표현

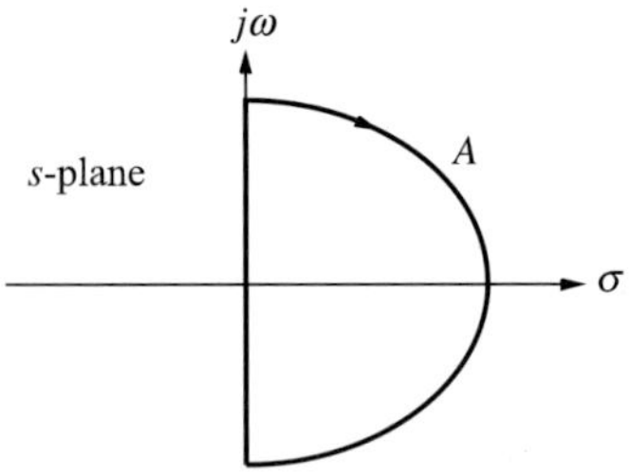

그림 10.24 안정도를 결정하기 위한 우반면을 둘러싸는 경로

그림 10.24에 나타낸 것처럼 경로가 우반면 전체를 포함하도록 하면, 이 경로 A의 내부에 있는 폐루프 극점의 수를 구할 수 있으므로 시스템의 안정도를 판별할 수 있다. 경로 A의 내부에 포함되는 개루프 극점 수 P(우반면에 있는 $G(s)H(s)$의 극점 수와 같음)를 알 수 있기 때문에, 사상되는 경로를 그려 N을 찾으면 된다.

$G(s)H(s)$의 모든 극점과 영점은 알 수 있기 때문에, $1+G(s)H(s)$ 대신에 $G(s)H(s)$를 통하여 사상시키면 어떻게 될 것인가? 결과는 경로가 왼쪽으로 1만큼 이동되는 것을 제외하면, $1+G(s)H(s)$를 통해서 사상시키는 것과 동일하다. 그러므로, 경로가 원점을 둘러싸는 회전수를 구하는 대신에 -1을 둘러싸는 회전수를 구하면 된다. 따라서, Nyquist 안정도 판별법은 다음과 같이 요약할 수 있다.

우반면 전체를 포함하는 경로 A를 $G(s)H(s)$를 통하여 사상시키면, **우반면에 있는 폐루프 극점 수 Z는 우반면에 있는 개루프 극점 수 P에서 사상된 경로가 −1를 반시계 방향으로 둘러싸는 회전수 N을 뺀 값, 즉, $Z=P-N$이다. 이 사상된 경로를 $G(s)H(s)$의 Nyquist 선도라고 한다.**

이제 이 방법이 주파수 응답 기법으로서 분류되는 이유를 알아보자. 그림 10.24의 경로 A에서 $j\omega$ 축상에 있는 점들을 $G(s)H(s)$를 통하여 사상시키는 것은 $G(s)H(s)$에 $s=j\omega$를 대입하는 것과 같기 때문에 주파수 응답 함수 $G(j\omega)H(j\omega)$를 구하는 것과 같다. 따라서, 양의 $j\omega$축 상의 경로에 대한 사상은 주파수 응답을 구하는 것과 같다. Nyquist 선도에서 이 부분은 $G(s)H(s)$의 주파수 응답의 극좌표 선도가 된다.

안정도를 결정하기 위한 Nyquist 판별법의 적용

Nyquist 선도를 그리는 방법을 설명하기 전에 시스템의 안정도를 판별하기 위해서 Nyquist 판별법을 사용하는 몇 가지의 전형적인 예를 살펴보도록 하자. 이 예제를 통하여 독자들은 Nyquist 판별법을 직관적으로 이해할 수 있을 것이다. 그림 10.25(a)에서 경로 A는 폐루프 극점, 즉 $1+G(s)H(s)$의 영점을 둘러싸지 않기 때문에 경로 A를 $G(s)H(s)$통하여 사상시킨 Nyquist 선도는 -1을 둘러싸지 않는다. 따라서 $P=0$, $N=0$이 되어 $Z=P-N=0$이 된다. Z는 우반면을 둘러싸는 경로 A의 내부에 있는 폐루프 극점 수이므로, 이 시스템의 극점은 우반면에 존재하지 않는다. 따라서 시스템은 안정하다.

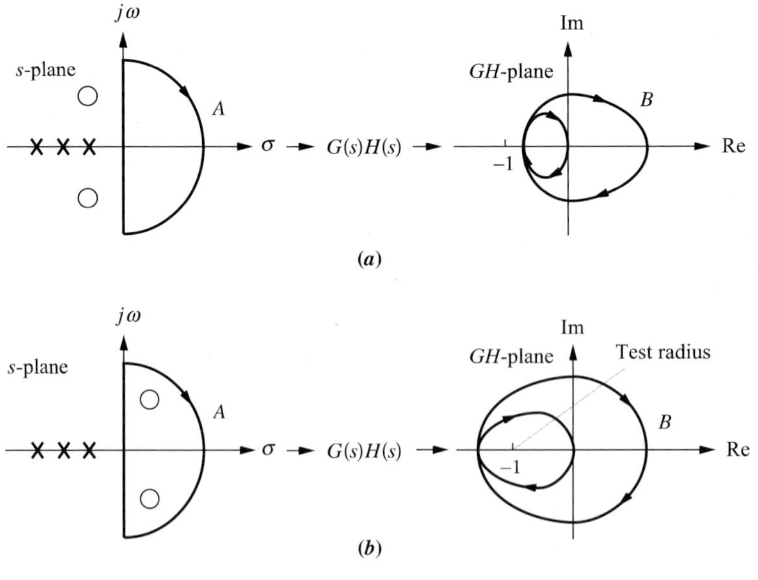

○ = zeros of 1 + $G(s)H(s)$ = poles of closed-loop system Location not known

X = poles of 1 + $G(s)H(s)$ = poles of $G(s)H(s)$ Location is known

그림 10.25 사상의 예 a. 폐루프 극점을 에워싸지 않는 경로 b. 폐루프 극점을 에워싸는 경로

반면에 그림 10.25(b)의 경로 A는 개루프 극점을 둘러싸지 않지만 -1을 시계 방향으로 두 번 둘러싸기 때문에 $P=0$, $N=-2$가 되므로 시스템은 불안정하다. 즉, $Z=P-N=2$이므로 시스템은 우반면에 두 개의 폐루프 극점을 갖는다. 이 두 개의 폐루프 극점은 $1+G(s)H(s)$의 영점으로 그림 10.25(b)의 경로 A의 내부에 있음을 보여주고 있다. 그러나 이러한 극점의 위치는 사전에 알 수 없음을 염두에 두어야 한다.

이 예제에서 사상된 경로가 -1을 시계 방향으로 둘러싸면 N이 음의 값을 갖는다는 것을 알았다. 둘러싸는 회전 수는 -1에서 편리한 방향으로 테스트 직선을 설정하고, 이 직선이 Nyquist 선도와 교차하는 수를 확인하여 구할 수 있다. 반시계 방향으로 교차하면 양수로, 시계 방향으로 교차하면 음수로 정한다. 예를 들면, 그림 10.25(b)에서 경로 B는 테스트 직선을 시계 방향으로 두 번 교차하므로 -1점을 에워싸는 수는 -2가 된다.

Nyquist 판별법을 적용하여 시스템의 안정도를 판별하기 위한 다른 예제를 살펴보기 전에 Nyquist 선도를 그리는 방법을 익히기로 한다. 다음 절에서는 이에 관하여 다룬다.

10.4 Nyquist 선도 그리기

우반면을 둘러싸는 경로는 경로상의 점들을 $G(s)H(s)$에 대입함으로써 함수 $G(s)H(s)$를 통하여 사상시킬 수 있다. 양의 허수축 상의 점들은 $G(s)H(s)$의 극좌표 주파수 응답으로 된다. 벡터는 원점에서 시작하므로 무한 반원상의 점들은 $G(s)H(s)$를 통하여 근사화시킬 수 는데 각 벡터의 크기는 무한대이고 각도는 쉽게 계산된다.

그러나, 대부분의 경우 Nyquist 선도를 간략히 그려도 된다. $G(s)H(s)$의 벡터를 정하고 경로를 따라 벡터의 이동을 확인함으로써 선도를 쉽게 그릴 수 있다. 다음 예제에서는 Nyquist 선도를 신속하게 그리는 방법을 살펴본다. 그러나, 예제들은 Nyquist 선도의 형태를 결정하는데 용이하도록 경로의 각 부분에서 $G(s)H(s)$에 대한 해석적 표현을 포함하고 있다.

예제 10.4 Nyquist 선도 그리기

문제 속도 제어 시스템은 산업 현장이나 가정에서 널리 응용되고 있다. 그림 10.26(a)는 터빈 발전기 쌍으로부터 얻어지는 전력의 출력 주파수를 제어하는 한 적용 예를 나타내고 있다. 속도를 일정하게 제어함으로써 발전되는 주파수가 허용 범위 내에 있도록 한다. 원하는 속도범위를 벗어나면 검출하여 증기 밸브를 조절하여 속도 오차를 보상하도록 한다. 시스템 블록선도를 그림 10.26(b)에 나타내었는데, 시스템에 대한 Nyquist 선도를 그려라.

풀이 그림 10.27(a)의 경로상의 점들을 $G(s)=500/[(s+1)(s+3)(s+10)]$에 대입함으로써 Nyquist 선도를 그릴 수 있다. 이 과정은 그림 10.27(a)와 (b)의 경로상의 각 점으로 그린 $G(s)$의 벡터를 사용하여 복소 연산을 수행하는 것과 동일하다. 그림 10.26(b)에 나타낸 $G(s)$의 각 극점과 영점의 항은 그림 27(a)와 (b)에 있는 벡터이다. 경로상의 임의의 점에 대한 사상 결과 벡터 R은 일반적으로 영점벡터들의 곱에서 극점벡터들의 곱을 나눈 것이다(그림 10.27(c) 참조). 그러므로, 사상 결과의 크기는 영점 길이의 곱에서 극점 길이의 곱을 나눈 것이 되고, 각도는 영점 각도의 합에서 극점 각도의 합을 뺀 것이다.

그림 10.27(a)에서 경로상의 점 A에서 C로 시계 방향으로 이동하면 결과로 생기는 각도는 0°에서 -3×90°=-270°가 된다. 즉, 그림 10.27(c)에서 점 A'에서 점 C'로 간다. 각도는 $G(s)$의 분모의 극점에 대입하여 계산되므로 각도를 증가시키면 함수 $G(s)$에 대입하여 계산되는 각도는 반대가 된다. 즉, 반시계방향으로 270°도 증가하면 결과는 270° 감소된다.

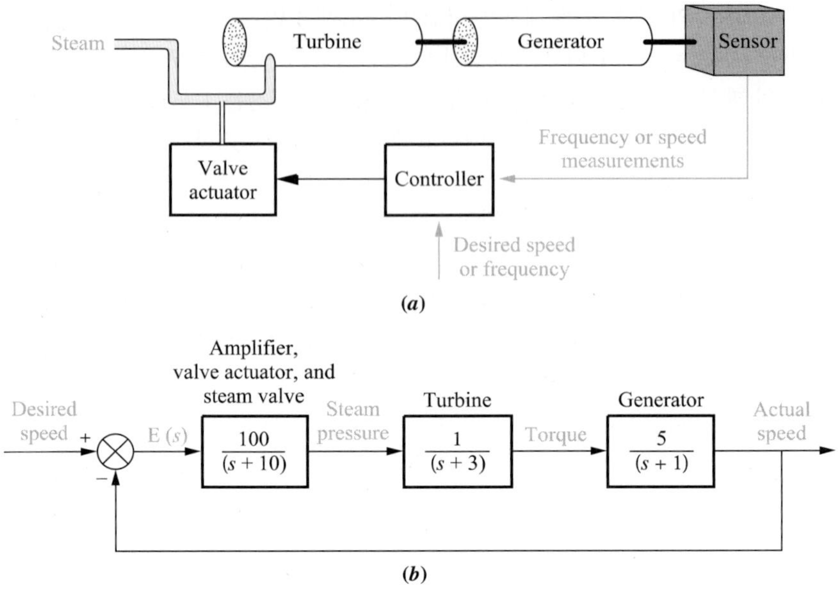

그림 10.26 a. 터빈과 발전기 b. 예제 10.4의 속도 제어 시스템의 블록선도

그림 10.27(c)에서, A' 에서 점 C' 로 이동하는 동안 크기는 영점 길이의 곱에서 극점 길이의 곱으로 나눈 값으로 변화된다. 그러므로, 주파수가 0인 점(그림 10.27(a)의 점 A 에서는 유한한 크기를 가지는 극점이 3개 있다)에서는 유한한 값이 되며, 점 C 의 무한 주파수

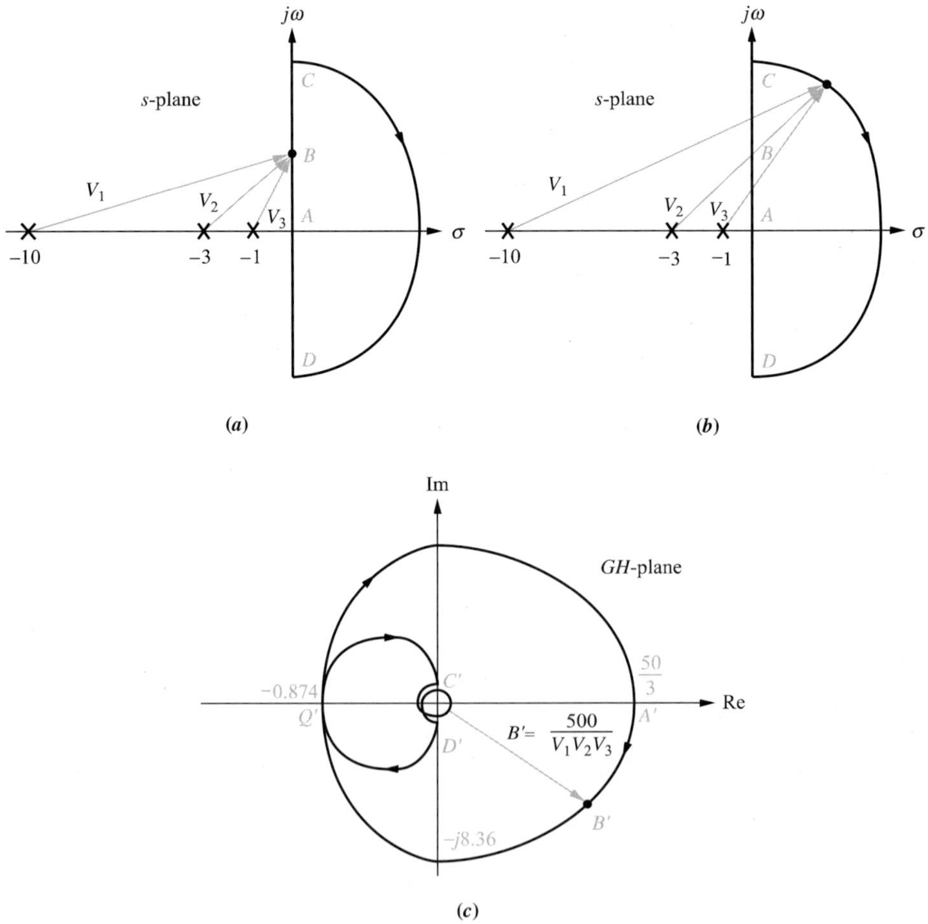

그림 10.27 예제 10.4의 Nyqist 선도의 벡터 계산 a. 저주파에서 경로의 벡터 b. 무한대 경로의 벡터 c. Nyquist 선도

(그림 10.27(a)의 점 C에서는 무한 크기를 가지는 극점이 3개 있다)에서는 크기가 0으로 된다. 점 A에서 점 C까지의 사상은 해석적으로 나타낼 수 있다. 점 A에서 점 C까지의 경로상의 점들은 허수이다. 따라서 A에서 C까지 $G(s)=G(j\omega)$, 또는 그림 10.26(b)로부터

$$G(j\omega)=\frac{500}{(s+1)(s+3)(s+10)}\bigg|_{s\to j\omega}=\frac{500}{(-14\omega^2+30)+j(43\omega-\omega^3)} \tag{10.40}$$

분모의 공액 복소수를 분자 분모에 곱하면 다음 식을 얻을 수 있다.

$$G(j\omega)=500\frac{(-14\omega^2+30)-j(43\omega-\omega^3)}{(-14\omega^2+30)^2+(43\omega-\omega^3)^2} \tag{10.41}$$

주파수가 0이면, $G(j\omega)=500/30=50/3$이다. 그러므로, Nyquist 선도는 50/3에서 0°도 출발한다. 주파수 ω가 증가함에 따라 실수부는 양으로 남아 있고, 허수부는 음으로 된다. $\omega=\sqrt{30/14}$에서 실수부가 음이 되고, $\omega=\sqrt{43}$에서 Nyquist 선도는 허수부가 0이 되기 때문에 음의 실수부를 지난다. 그림 10.27(c)에서 실수축을 지나는 점 Q'의 실수값은 $\omega=\sqrt{43}$을 식 (10.41)에 대입하여 구하는데, 그 값은 -0.874이다. 계속해서 $\omega=\infty$로 증가시키면 실수부는 음이 되고 허수부는 양이 된다. 무한대 주파수에서는 $G(j\omega)\approx 500j/\omega^3$이므로, 대략 크기는 0이고 위상은 90°가 된다. 그림 10.27(b)에서 점 C에서 점 D까지의 무한 반원 경로상에서는 벡터들은 각각 180°씩 시계 방향으로 회전한다. 그러므로, 그림 10.27(c)의 점 C'에서 출발해서 점 D'에서 끝나면서 반시계 방향으로 3×180° 회전하게 된다. 해석적으로는 무한 반원 경로상에서 벡터들은 원점에서 시작하는 무한 크기를 갖는 것으로 가정할 수 있다. s-평면상의 임의의 점에 대한 $G(s)$값은 극좌표로 표시된 복소수를 대입하여 구할 수 있다.

$$G(s)=\frac{500}{(R_{-1}e^{j\theta_{-1}})(R_{-3}e^{j\theta_{-3}})(R_{-10}e^{j\theta_{-10}})} \tag{10.42}$$

여기서, R_{-i}는 복소수 $(s+i)$의 크기이고, θ_{-i}는 복소수 $(s+i)$의 각도이다. 무한 반원 경로상에서 모든 R_{-i}는 무한대이고, 벡터들은 원점에서 시작한다는 가정으로 각도를 계산할 수 있다. 그러므로 무한 반원상에서는 다음과 같다.

$$G(s)=\frac{500}{\infty\angle(\theta_{-1}+\theta_{-3}+\theta_{-10})}=0\angle-(\theta_{-1}+\theta_{-3}+\theta_{-10}) \tag{10.43}$$

그림 10.27(b)의 점 C에서 각도는 모두 90°이므로 그림 10.27(c)의 점 C'에서는 $0\angle$-270°가 된다. 마찬가지로 점 D에서는 $G(s)=0\angle+270°$이고 점 D'로 사상된다. 그림 10.27(c)에 나타낸 것처럼 나선형의 벡터반경이 원점에서 0으로 되는 것을 확인하기 위하여 중간 점을 택할 수 있다. $G(j\omega)H(j\omega)$의 실수부는 항상 우함수이고 허수부는 항상 기함수라는 사실을 이용하여 음의 허수축을 사상시킬 수 있다. 즉, ω가 음수일 때 실수부의 부호는 변하지 않고, 허수부의 부호는 변한다. 그러므로, 음의 허수축의 사상은 양의 허수축 사상의 대칭(mirror image)이 된다. 점 D에서 A까지의 경로 부분의 사상은 점 A에서 C까지의 사상을 실수축에 대하여 대칭시킨 사상이 된다.

앞의 예제에서는 우반면을 둘러싸는 경로상에 개루프 극점이 없는 경우를 다루었다. 만일 경로상에 극점이 존재한다면 경로는 그 극점을 우회하도록 하여야 한다. 그렇지 않으면, 사상으로부터 각도 정보를 얻지 못하면서 크기만 무한대로 발산한다. 결국 Nyquist 선도를 완전하게 그릴 수 없고 -1을 둘러싸는 회전수를 구할 수 없다.

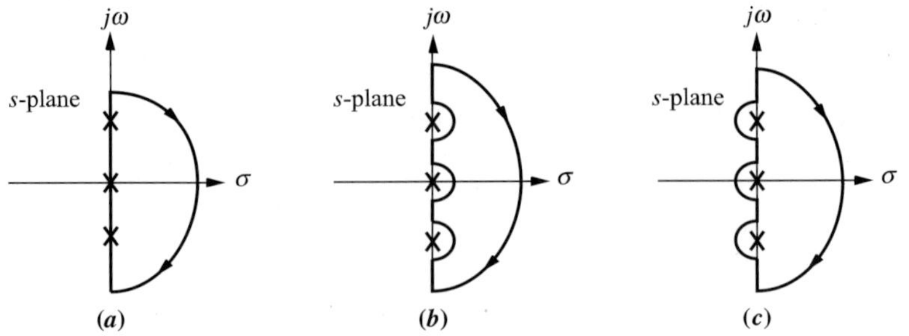

그림 10.28 개루프 극점 주위로 선회 a. 경로 상의 극점 b. 오른쪽 선회 c. 왼쪽 선회

$D(s)$가 순 허근을 가질 때, $G(s)H(s) = N(s)/sD(s)$라 하자. 분모항의 s와 $D(s)$의 허근은 $G(s)H(s)$의 극점으로 그림 10.28(a)처럼 경로 상에 있게 된다. Nyquist 선도를 그리기 위해서 경로 상에 있는 각 개루프 극점을 선회하도록 경로를 정해야 한다. 경로는 그림 10.28(b)처럼 극점의 오른쪽으로 선회시킬 수 있다. 그 극점 가까이에서 극점을 회피하는 경로에서는 각 극점에 대한 벡터는 180°의 각도 변화를 가진다. 이러한 경로상에 있는 극점들의 각도 변화 정보를 이용하여 Nyquist 선도를 완전하게 그릴 수 있다. 물론 선회 반경은 매우 작아야 하고 경로 내부에 있는 우반면 폐루프 극점수에 포함시키지 않아야 한다.

물론, 경로를 개루프 극점의 왼쪽으로 선회시킬 수도 있다. 이 경우에는 각 극점을 선회시킬 때 -180°의 각도변화를 가진다. 선회 반경은 매우 작아야 하고 경로내부에 있는 좌반면 극점수에 포함시켜야 한다. 다음 예제를 살펴보자.

예제 10.5 경로상에 극점이 있는 개루프 함수에 대한 Nyquist 선도

문제 그림 10.10의 단위 피드백 시스템에 대한 Nyquist 선도를 그려라. 여기에서 $G(s) = (s+2)/s^2$ 이다.

풀이 원점에 있는 2개의 시스템 극점이 경로상에 있으므로, 그림 10.29(a)에 나타낸 것처럼 선회 시켜야만 한다. 사상은 점 A에서 시작해서 시계 방향으로 계속한다. 그림 10.29(a)의 점 A, B, C, D, E와 F는 각각 그림 10.29(b)의 점 A', B', C', D', E'와 F'로 사상된다.

점 A에서는 원점에 있는 2개의 개루프 극점 때문에 2×90°=180°의 각도변화를 가지고 영점에 의해서는 0°가 된다. 따라서 점 A에서는 -180°의 각도변화가 있다. 경로가 원점에 근접하면 2개의 개루프 극점에 가까워지므로 함수의 크기는 무한대가 된다. 그러므로, 점 A는 -180°이고 무한대가 되는 점 A'로 사상된다.

점 A에서 점 B로 경로를 따라 이동하면 한 개의 영점 때문에 +90°의 각도 변화가 생기지만 극점에 의한 각도 변화는 없다. 따라서 이 경로에 대한 사상은 반시계 방향으로 +90° 만큼 변한다. 사상된 벡터는 점 A'에서 -180°, 점 B'에서 -90°의 각도를 가지며 크기는 무한대에서 0으로 변한

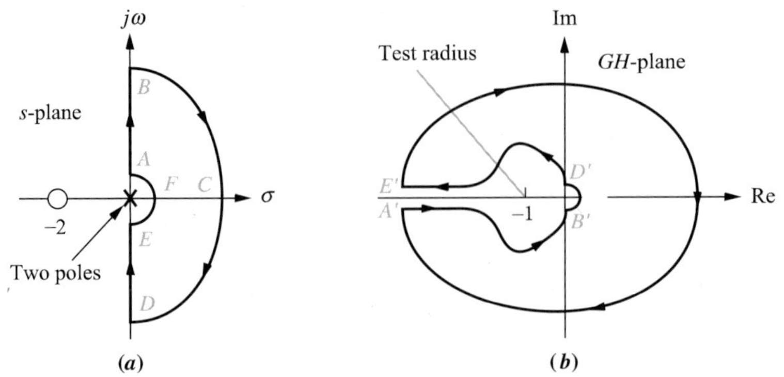

그림 10.29
a. 예제 10.5에 대한 경로
b. 예제 10.5에 대한 Nyquist 선도

다. 이것은 점 B에서 한 개의 영점에 의한 무한 크기를 두 개의 극점에 의한 무한 크기로 나누기 때문이다.

주파수 응답은 $G(j\omega)=(2+j\omega)/(-\omega^2)$에서 ω를 0에서 ∞로 변화시켜 해석적으로 구할 수 있다. 저주파에서는 $G(j\omega)\approx 2/(-\omega^2)$ 또는 $\infty\angle 180°$이다. 고주파에서는 $G(j\omega)\approx j/(-\omega)$ 또는 $0\angle$-90°이다. 또한 실수부와 허수부는 항상 음이다.

경로 BCD를 따라 이동하면 함수의 크기는 0으로 지속된다(한 개의 무한 영점 크기를 두 개의 무한 극점 크기로 나눈다). 벡터들이 BCD를 따라 이동할 때 영점의 벡터와 두 개 극점의 벡터의 각도 변화는 각각 -180°이다. 따라서 사상된 벡터의 총 각도 변화는 +180°이다. 왜냐하면, 영점에 의한 각도 변화에서 극점에 의한 각도 변화의 합을 빼기 때문이다{-180-[2(-180)]=+180}. 사상된 경로는 $B'C'D'$으로 되고, 사상된 결과 벡터는 0으로 접근하는 ϵ의 크기를 가지며 +180°의 각도 변화를 가지게 된다.

해석적인 관점에서 보면 s-평면상의 임의의 위치에서 다음과 같다.

$$G(s)=\frac{R_{-2}\angle\theta_{-2}}{(R_0\angle\theta_0)(R_0\angle\theta_0)} \tag{10.44}$$

여기서, $R_{-2}\angle\theta_{-2}$는 -2에 있는 영점에서 s-평면상의 임의의 점까지의 벡터이고, $R_0\angle\theta_0$는 원점에 있는 극점에서 s-평면상의 임의의 점까지의 벡터이다. 무한 반원상의 경로에서는 모든 $R_{-i}=\infty$이고 벡터들이 원점에서 시작하는 것으로 가정하여 각도를 얻을 수 있다. 그러므로, 점 B에서는 식 (10.44)에서 모든 $\theta_{-i}=90°$이므로 $G(s)=0\angle-90°$이다. 점 C에서는 식 (10.44)에서 모든 $R_{-i}=\infty$이고, $\theta_{-i}=0°$이 되어 $G(s)=0$이다. 점 D에서는 식 (10.44)에서 모든 $R_{-i}=\infty$이고, 모든 $\theta_{-i}=-90°$가 되어 $G(s)=0\angle 90°$이다.

경로 D에서 E까지의 사상은 A에서 B까지의 사상의 대칭이므로 결과는 D'에서 E'까지이다. 마지막으로, 경로 EFA 부분에 대한 사상의 크기는 무한대로 접근한다. 영점의 각도는 변하지 않지만 각 극점은 +180°씩 변한다. 따라서 함수에서의 결과는 -2×180°=-360°로 변화한다. 그러므로, E'에서 A'까지의 사상은 무한대의 크기를 가지며 -360° 회전하게 된다. 해석적인 결과를 얻기 위해서 경로 EFA에 대한 점들에 대해서 식 (10.44)를 사용할 수 있다. 점 E에서는 $G(s)=(2\angle 0°)/[(\epsilon\angle-90°)(\epsilon\angle-90°)]=\infty\angle 180°$이고, 점 F에서는 $G(s)=(2\angle 0°)/[(\epsilon\angle 0°)(\epsilon\angle 0°)]=\infty\angle 0°$이다. 마찬가지로 점 A에서는 $G(s)=(2\angle 0°)/[(\epsilon\angle 90°)(\epsilon\angle 90°)]=\infty\angle-180°$이다.

이제 Nyquist 선도가 완성되었는데 그림 10.29(b)와 같이 -1에서 그린 테스트 직선은 이 선도와 반시계 방향으로 한번 교차하며 시계 방향으로도 한번 교차하여 전체적으로 교차 회수는 0이 된다.

MATLAB을 사용하는 학생들은 부록 B의 ch10apB2 프로그램을 수행하라. 여러분들은 MATLAB을 사용하여 Nyquist 선도를 그리는 방법과 선도상에 점들을 나타내는 방법을 배울 수 있을 것이다. 또한, 주파수에 대한 영역을 지정하는 방법을 배울 것이다. 이 연습은 MATLAB을 사용하여 예제 10.5를 푸는 것이다.

MATLAB
ML

숙련예제 10.3

문제 그림 10.10에서 나타낸 시스템에 대해서 Nyquist 선도를 그려라.

여기서, $G(s)=\dfrac{1}{(s+2)(s+4)}$이다.

숙련예제 10.1(c)에서 그렸던 극선도와 지금 그린 Nyquist 선도를 비교하라.

풀이 완벽한 해는 www.wiley.com/go/Nise/ControlSystemsEngineering8e에 있다.

이 절에서 우리는 Nyquist 선도를 그리는 방법을 배웠다. Nyquist 선도가 음의 실수축을 가로지르는 값을 계산하는 방법을 살펴보았다. 음의 실수축과 교차하는 값은 -1을 둘러싸서 회전하는 수를 결정하는데 중요한 역할을 한다. 또한, 개루프 극점이 경로상에 존재할 때, Nyquist 선도를 그리는 방법을 살펴보았다. 이 경우에는 극점 주위를 선회시키는 것이 필요하다. 다음 절에서는 피드백 시스템의 안정도를 결정하기 위해서 Nyquist 선도를 적용하는 방법을 설명하기로 한다.

10.5 Nyquist 선도에 의한 안정도 판별

스스로 해보기 10.2

그림 10.30(a)의 시스템에 대한 Nyquist 선도를 그리기 위하여 MATLAB, Control System Toolbox와 다음 프로그램을 사용하라.

```
G=zpk([-3,-5],…
  [2,4],1)
nyquist(G)
```

Nyquist 선도가 나타나면, 그래프상에서 마우스를 클릭하여 좌표를 읽어 보라.

이제 식 $Z = P - N$을 이용하여 시스템의 안정도를 판별하기 위해서 Nyquist 선도를 활용하여 보자. 경로에 의해서 둘러싸여지는 $G(s)H(s)$의 개루프 극점의 수를 나타내는 P와 Nyquist 선도가 -1을 회전하는 수를 나타내는 N을 사용하여, 폐루프 시스템의 우반면의 극점의 수 Z를 결정할 수 있다.

폐루프 시스템의 루프 이득이 변한다면, "어떤 범위의 시스템 이득에서 시스템이 안정할 것인가?"라는 의문이 생긴다. 앞에서 근궤적 법과 Routh-Hurwitz 판별법을 이용하여 구했는데, 여기서도 Nyquist 판별법을 통해서 답을 찾는다. 일반적으로 루프 이득을 1로 정해서 Nyquist 선도를 그린다. 왜냐하면, 이득은 크기이므로 이득의 효과는 Nyquist 선도상의 임의의 곳에 상수를 곱하는 것으로 나타나기 때문이다.

그림 10.30을 예로 들어보자. 이 그림은 이득 Kz의 변화에 따른 Nyqujst 선도의 변화를 나타내고 있다. Nyquist 선도는 이득이 증가하면 풍선처럼 팽창하고 이득이 감소하면 줄어드는 것을 볼 수 있다. 따라서 Nyquist 선도가 -1점을 지날 수 있기 때문에 안정도가 변하게 된다. 이 시스템에서 $P = 2$이므로, 시스템이 안정하기 위해서는 $N = 2$가 되도록 Nyquist 선도는 임계점 -1을 둘러싸야 한다. 이득을 줄이면 임계점이 Nyquist 선도의 외부에 있게 되므로 $N = 0$이 된다. 따라서 $Z = 2$가 되어 시스템은 불안정해진다.

다른 관점에서 보면 Nyquist 선도는 고정되고 -1점이 실수축을 따라서 움직인다고 생각할 수 있다. 이렇게 하기 위해서는 이득을 1로 하고 임계점의 위치를 -1 대신 $-1/K$로 설정한다. 그러면, 임계점은 K가 증가할수록 원점에 가깝게 이동한다.

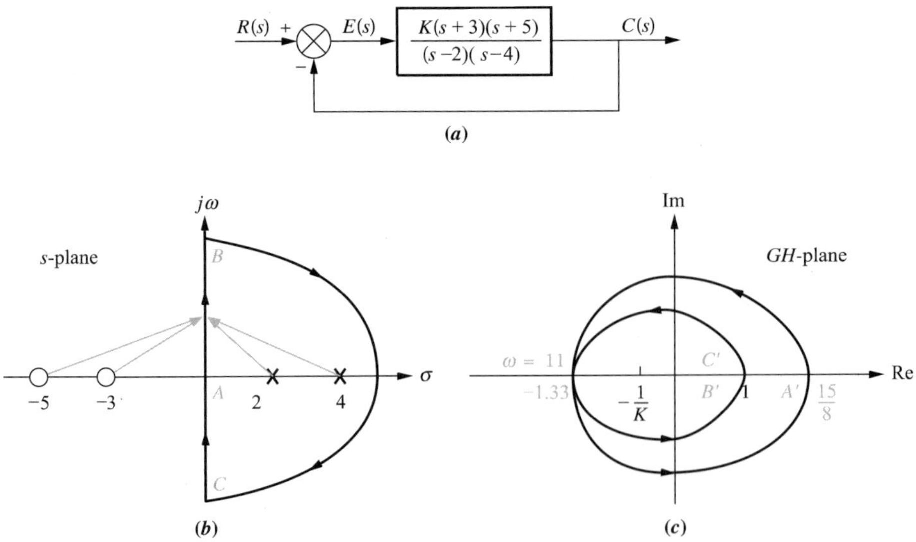

그림 10.30
Nyquist 안정도 예시
a. 시스템 b. 경로
c. Nyquist 선도

마지막으로, Nyquist 선도가 실수축을 지나는 점이 -1이라면 $G(j\omega)H(j\omega)=-1$이 된다. 근궤적 개념으로부터 $G(s)H(s)=-1$일 때, 변수 s값은 시스템의 폐루프 극점이 된다. 따라서, Nyquist 선도가 -1점을 지나는 주파수는 근궤적이 $j\omega$축을 지나가는 주파수와 같으므로 Nyquist 선도가 -1을 지나면 시스템은 임계 안정하다.

요약하면, 개루프 시스템이 가변 이득 K를 포함한다면, $K=1$로 설정하고 Nyquist 선도를 그린다. 임계점을 -1대신 $-1/K$로 정하고 Nyquist 판별법을 기초로 해서, 시스템이 안정하도록 K값을 조정한다.

예제 10.6 Nyquist 판별법을 이용하여 안정하기 위한 이득 K의 범위 구하기

문제 그림 10.10에서 $G(s)=K/[s(s+3)(s+5)]$인 단위 피드백 시스템에 대하여 Nyquist 판별법을 사용하여 안정, 불안정, 임계안정하기 위한 이득 K값을 구하라. 또한, 임계 안정을 이용하여 진동 주파수를 구하라.

풀이 먼저 $K=1$로 설정하고, 그림 10.31(a)에서 나타낸 경로를 사용하여 시스템에 대한 Nyquist 선도를 그린다. 허수축상의 모든 점에 대해서

$$G(j\omega)H(j\omega)=\left.\frac{K}{s(s+3)(s+5)}\right|_{\substack{K=1\\ s=j\omega}}=\frac{-8\omega^2-j(15\omega-\omega^3)}{64\omega^4+\omega^2(15-\omega^2)^2} \tag{10.45}$$

여기서 $\omega=0$에서 $G(j\omega)H(j\omega)=-0.0356-j\infty$이다.

다음으로, Nyquist 선도가 음의 실수축을 지나가는 점을 구한다. 식 (10.45)의 허수부를 0으로 놓으면 $\omega=\sqrt{15}$이다. 이 ω 값을 식 (10.45)에 대입하면 실수부는 -0.0083이 된다. 마지막으로 $\omega=\infty$에서 $G(j\omega)H(j\omega)=G(s)H(s)|_{s\to j\infty}=1/(j\omega)^3=0\angle-270°$이다.

그림 10.31(a)의 경로에서 $P=0$이므로, 시스템이 안정하기 위해서는 $N=0$이 되어야만 한다. 그림 10.31(b)로부터 임계점이 경로 외부에 있다면($N=0$), $Z=P-N=0$이 되어 시스템은 안정하다. 따라서 K는 Nyquist 선도가 -1을 에워쌀 때까지 1/0.0083=120.5만큼 증가시킬 수 있다. 시스템이 안정하기 위한 K의 범위는 $K<120.5$가 된다. 임계 안정하기 위해서는 $K=120.5$이고 이 이득에서 Nyquist 선도는 -1을 지나가며 진동 주파수는 $\sqrt{15}$ rad/s이다.

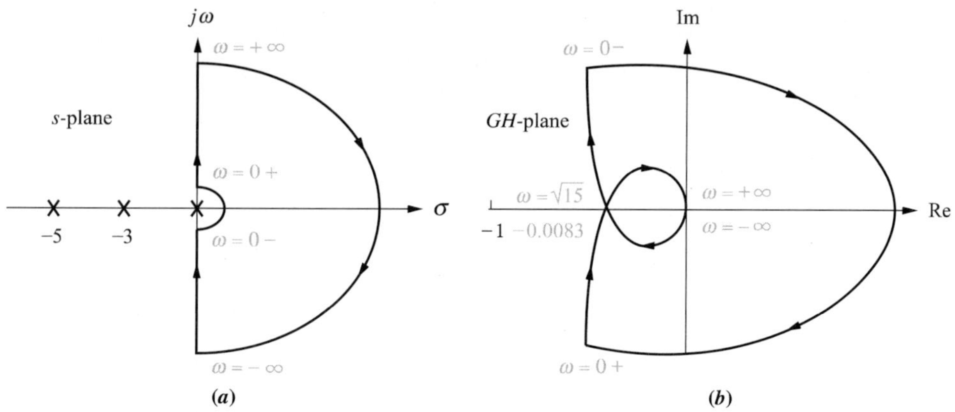

그림 10.31 a. 예제 10.6에 대한 경로 b. Nyquist 선도

안정도를 판별하기 위해서 Nyquist 선도를 사용하였다. 양의 $j\omega$축만을 사상시키는 간단한 접근 방법을 개발할 수 있다.

양의 $j\omega$축만을 사상시켜 안정도 판별

시스템의 안정도를 Nyquist 판별법을 이용하여 판별하는 방법을 소개하였는데 계속해서 양의 $j\omega$ 축만의 사상시켜 시스템의 안정도를 평가하는 간단한 방법에 대해 살펴보기로 하자. 이 개념은 다음 두 절에서 다루는 안정도 여유와 Bode 선도를 이용한 Nyquist 판별법에서 활용된다.

이득이 작으면 안정하고 이득이 커지면 불안정해지는 그림 10.32의 시스템을 고려해보자. 경로가 개루프 극점을 포함하지 않기 때문에 Nyquist 판별법에 따르면 시스템이 안정하기 위해서는 -1점을 둘러싸지 않아야 한다. Nyquist 선도가 임계점을 둘러싸는지는 양의 $j\omega$축만을 사상시켜 알 수 있다. 이득이 작다면 사상된 경로는 -1의 오른쪽을 지나기 때문에 시스템은 안정하다. 그러나 이득이 커지면 사상된 경로는 -1의 왼쪽을 지나기 때문에 시스템은 불안정해진다. 따라서 개루프 함수의 위상이 180° (또는 -180°)인 주파수에서 개루프 이득이 1보다 작도록 하는 루프 이득 K의 범위에서 시스템은 안정하다. 이것은 Nyquist 판별법에 대한 또 다른 설명이 된다.

이제 작은 이득에 대해서는 불안정하고, 큰 이득에 대해서는 안정한 그림 10.33의 시스템을 고려하자. 경로가 두 개의 개루프 극점을 둘러싸기 때문에 안정하기 위해서는 임계점을 반시계 방향으로 두 바퀴 회전해야 한다. 그러므로, 이 경우 개루프 위상이 180° (또는 −180°)인 주파수에서 개루프 이득이 1보다 크면 안정하다.

요약하면, 먼저 Nyquist 판별법과 Nyquist 선도로부터 안정도를 판단한다. 다음에 Nyquist 판별법을 해석하고 양의 허수축만을 사상시킨 결과가 180°에서 1보다 작거나 큰 이득을 갖는지를 결정한다. Nyquist 선도가 여러 개의 주파수에서 ±180°를 지나간다면, 각각의 주파수에 대해 Nyquist 판별법을 적용한다.

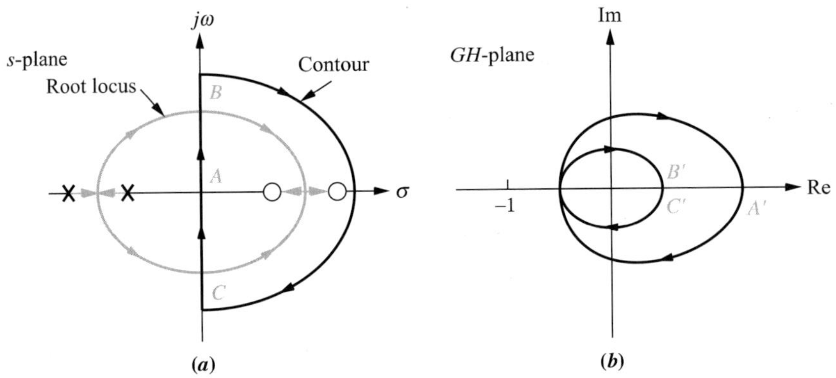

그림 10.32 a. 적은 이득에 대해서는 안정하고 큰 이득에 대해서는 불안정한 시스템의 경로와 근궤적
b. Nyquist 선도

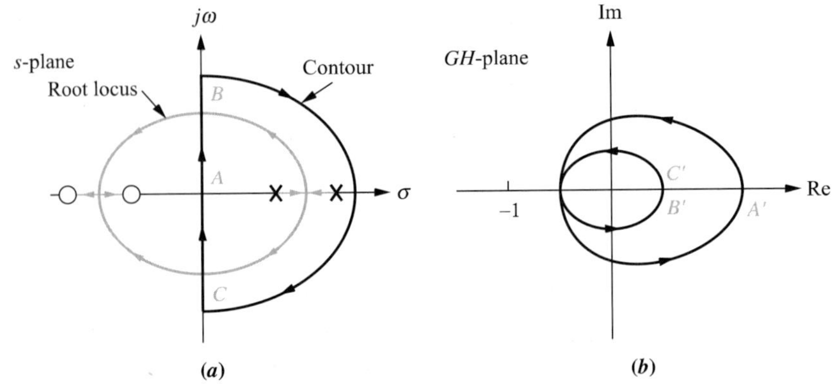

그림 10.33 a. 적은 이득에 대해서는 불안정하고 큰 이득에 대해서는 안정한 시스템의 경로와 근궤적
b. Nyquist 선도

예제 10.7 양의 $j\omega$축만을 사상시켜 안정도 설계

문제 $G(s)=K/[(s^2+2s+2)(s+2)]$인 그림 10.10의 단위 피드백 시스템에서 안정, 불안정, 임계 안정하기 위한 이득의 범위를 구하라. 그리고 임계 안정할 때 진동 주파수(rad/s)를 구하라. Nyquist 판별법과 양의 허수축만을 사상시키는 방법을 사용하라.

풀이 개루프 극점이 좌반면에만 있기 때문에, Nyquist 판별법에서 안정하기 위해서는 -1점을 둘러싸지 않아야 한다. 그러므로, ±180°에서 이득은 1보다 작아야 한다. $K=1$로 정하고 그림 10.34(a)에서 나타낸 것처럼 허수축만을 따라가는 경로 부분을 그린다. 그림 10.34(b)에서 음의 실수축을 지나가는 좌표는 $G(s)H(s)$에 $s=j\omega$를 대입하고 허수부를 0으로 하는 주파수를 찾은 후, 그 주파수를 $G(j\omega)H(j\omega)$의 실수부에 대입하여 구한다. 따라서 양의 허수축상에 있는 임의의 점에 대해서

$$\begin{aligned} G(j\omega)H(j\omega) &= \frac{1}{(s^2+2s+2)(s+2)}\Big|_{s\to j\omega} \\ &= \frac{4(1-\omega^2)-j\omega(6-\omega^2)}{16(1-\omega^2)^2+\omega^2(6-\omega^2)^2} \end{aligned} \tag{10.46}$$

허수부를 0으로 하는 주파수는 $\omega=\sqrt{6}$이 된다. 이 값을 다시 식 (10.46)에 대입하면, 실수부는 $-(1/20)=(1/20)\angle 180°$로 된다.

이 폐루프 시스템은 180°에서 주파수 응답의 크기가 1보다 작으면 안정하게 된다. 따라서 시스템은 $K<20$에서 안정하고, $K>20$이면 불안정하고, $K=20$이면 임계 안정하다. 시스템이 임계 안정할 때 진동 주파수는 $\sqrt{6}$ rad/s이다.

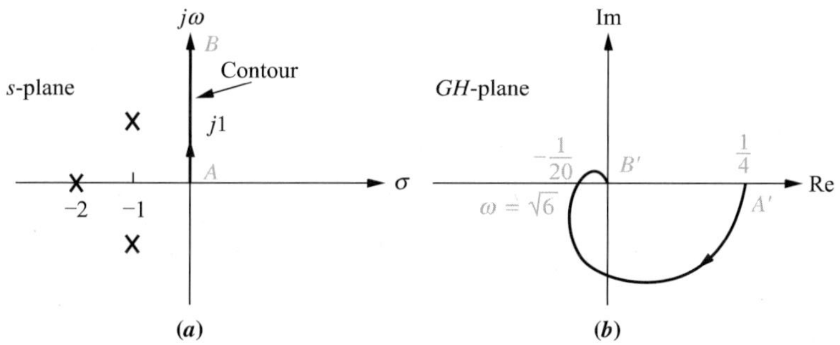

그림 10.34 a. 예제 10.7에 대한 사상될 경로 부분 b. 양의 허수축으로 사상된 Nyquist 선도

숙련예제 10.4

문제 그림 10.10의 시스템에 대해서 다음을 구하라.

여기서, $G(s)=\dfrac{K}{(s+2)(s+4)(s+6)}$이다.

a. Nyquist 선도를 그려라.
b. Nyquist 선도를 사용해서 안정하기 위한 이득 K의 범위를 구하라.

풀이 a. 해답은 www.wiley.com/go/Nise/ControlSystemsEngineering8e에 있다.
b. $K<480$에 대해서 안정하다.

완벽한 해는 www.wiley.com/go/Nise/ControlSystemsEngineering8e에 있다.

10.6 이득 여유와 위상 여유

지금까지 폐루프 시스템의 안정도를 판별하기 위해서 Nyquist 선도를 그리고 해석하는 방법을 알아보았다. 이제 주파수 응답 기법을 통하여 과도 응답의 특성을 설계하기 위해서 이 개념을 확장하여 보자.

Nyquist 선도를 통하여 시스템이 안정하기 위한 두 가지의 측정량, 이득 여유(*gain margin*)와 위상 여유(*phase margin*)를 정의한다. 보다 큰 이득 여유와 위상 여유를 갖는 시스템은 시스템이 불안정해질 때까지 시스템의 보다 큰 파라미터 변화에 대해서 견딜 수 있다. 이득 여유와 위상 여유는 근궤적과 연관되어 있으며 극점이 허수축으로부터 보다 멀리 떨어진 시스템은 보다 큰 안정도를 갖는다.

앞 절에서는 180° 위상의 이득으로부터 안정도를 논했다. 이 개념으로 다음의 이득 여유와 위상 여유에 관한 정의를 할 수 있다.

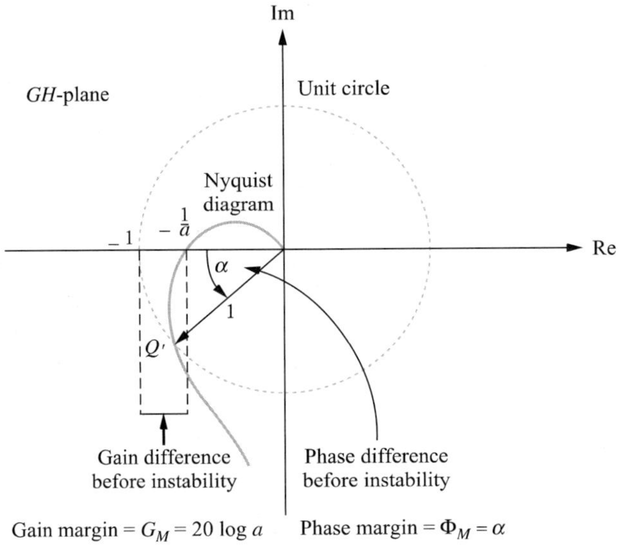

그림 10.35 이득 여유와 위상 여유를 보여주는 Nyquist 선도

- **이득 여유 G_M** 이득 여유는 180°의 위상에서 폐루프 시스템을 불안정하게 하는데 소요되는dB로 표시된 개루프 이득에서의 변화량이다.
- **위상 여유 Φ_M** 위상 여유는 이득 1에서 폐루프 시스템을 불안정하게 만드는데 소요되는 개루프 위상 변화량이다.

이 두 가지의 정의를 그림 10.35에 도식적으로 나타내었다.

사상된 경로가 -1을 둘러싸지 않는다면 시스템이 안정하다고 가정하자. 그림 10.35에서 이득 여유의 정의에 초점을 맞추어 보자. 여기서, -1의 임계점과 Nyquist 선도의 $-1/a$의 실수축을 지나는 점과의 차이는 불안정해질 때까지의 시스템의 여유를 나타낸다. 그러므로, 시스템의 이득이 a만큼 곱해진다면 Nyquist 선도는 임계점을 지나므로, 이득 여유는 a 또는dB로 표현한 $G_M = 20\log a$ 이다.

그림 10.35에서 위상 여유를 도식적으로 표현하였다. 이득이 1인 점 Q'에서 α는 시스템이 불안정해질 때까지의 여유를 나타낸다. 즉, 이득이 1인 곳에서 위상 천이가 α만큼 일어난다면 시스템은 불안정하게 된다. 그러므로, 위상 여유의 양은 α이다. 이 장의 끝에서 위상 여유가 감쇠비와 관계가 있다는 것을 보이도록 한다. 그러므로, 주파수 응답 특성을 과도 응답 특성뿐만 아니라 안정도에도 관련지을 수 있다. 또한, 이득 여유와 위상 여유의 계산은 그림 10.35에 나타낸 Nyqiust 선도를 사용하는 것보다 Bode 선도를 사용하는 것이 더 편리하다는 것을 알게 될 것이다.

이제 이득 여유와 위상 여유를 계산하는 예제를 살펴보기로 하자.

예제 10.8 이득여유와 위상여유의 계산

문제 예제 10.7의 시스템에 대해서 $K=6$일 때, 이득 여유와 위상 여유를 구하라.

풀이 이득 여유를 구하기 위해서 Nyquist 선도가 음의 실수축을 지나가는 주파수를 먼저 구한다. $G(j\omega)H(j\omega)$는 다음과 같다.

$$\begin{aligned} G(j\omega)H(j\omega) &= \frac{6}{(s^2+2s+2)(s+2)}\Big|_{s\to j\omega} \\ &= \frac{6\left[4(1-\omega^2)-j\omega(6-\omega^2)\right]}{16(1-\omega^2)^2+\omega^2(6-\omega^2)^2} \end{aligned} \tag{10.47}$$

Nyquist 선도는 $\sqrt{6}$ rad/s의 주파수에서 실수축을 지나가며 이 때의 실수값은 -0.3이다. 그러므로 실수부가 -1이 될 때까지 1/0.3=3.33 만큼 이득을 증가시킬 수 있다. 이득 여유는 다음과 같다.

$$G_M = 20\log 3.33 = 10.45dB \tag{10.48}$$

위상 여유를 찾기 위해서 식 (10.47)에서 크기가 1이 되는 주파수를 구한다. 문제가 계속될수록 함수 풀이나 부록 G의 G.2절에서 설명한 프로그램과 같은 계산 도구들이 필요할 것이다. Bode 선도를 사용함으로써, 이러한 과정을 단순화시킬 수 있으며, 이 장의 마지막에서 다루기로 한다. 식 (10.47)은 1.253rad/s의 주파수에서 1의 크기를 갖는다. 이 주파수에서 위상은 -112.3°이다. 따라서 위상 여유는 이 각과 -180°와의 차인 67.7°이다.

MATLAB을 사용하여 부록 B에 있는 ch10apB3의 프로그램을 실행시켜보라. 여러분들은 이득 여유와 위상 여유, 0dB 주파수, 180° 주파수를 찾기 위해서 MATLAB을 사용하는 방법을 배울 것이다. 이 연습은 MATLAB을 사용하여 예제 10.8을 푸는 것이다. MATLAB **ML**

MATLAB의 Linear System Analyzer는 Nyquist 선도에서 이득 여유, 위상 여유, 0dB 주파수 및 180° 주파수를 찾을 수 있는 다른 방법이다. 여러분들은 Linear System Analyzer 사용 지침서뿐만 아니라 예제를 포함한 부록 E를 공부하기 바란다. 예제 E.2는 Linear System Analyzer를 사용해서 예제 10.8을 푸는 것이다. GUI Tool **GUIT**

숙련예제 10.5

문제 숙련예제 10.4 문제에 대해서 $K=100$일 때, 이득 여유와 위상이 180°가 되는 주파수를 구하라.

풀이 이득 여유=13.62dB, 180° 주파수=6.63rad/s

완전한 해는 www.wiley.com/go/Nise/ControlSystemsEngineering8e에 있다.

스스로 해보기 10.3

Nyquist 선도를 이용하여 $G(s)H(s)=100/[(s+2)(s+4)(s+6)]$의 이득 여유와 위상 여유를 구하기 위하여 MATLAB, Control System Toolbox와 다음 프로그램을 이용하라.

```
G=zpk([],[-2,-4,-6],100)
nyquist(G)
```

Nyquist 선도가 나타나면,

1. 결과 화면위에서 우클릭 한다.
2. Characteristics를 선택한다.
3. All Stability Margins를 선택한다.
4. 결과가 나오지 않는 화면으로 마우스를 옮기고 이득 여유와 위상여유를 확인한다.

이 장에서 우리는 이득 여유와 위상 여유에 대하여 정의하고, Nyquist 선도를 통해서 계산하는 법을 알아보았다. 다음 장에서는 10.5장과 10.6장에서 Nyquist 선도를 통해서 계산된 안정도 해석법을 Bode 선도를 통해서 알아보는 법을 공부하고자 한다. Bode 선도가 똑같은 결과를 얻는데 시간과 계산량이 줄어들 수 있다는 것을 이해할 수 있을 것이다.

10.7 Bode 선도에 의한 안정도, 이득 여유 및 위상 여유 해석

이 절에서는 안정도, 이득 여유, 위상 여유와 안정되기 위한 이득의 범위를 다룬다. 이들을 Nyquist 선도를 이용하여 해석하는 방법을 이미 다루었다. 이제 Bode 선도를 이용하여 이들을 해석하는 방법을 설명하고자 한다. Bode 선도는 형태는 다르지만 Nyquist 선도의 부분집합이다. Bode 선도는 Nyquist 선도와 근궤적과 같이 많은 계산이 필요하지 않을 뿐만 아니라 계산 툴의 도움을 받지 않고도 쉽게 그릴 수 있기 때문에 Nyquist 선도를 대체할 수 있다. 안정도와 관련된 모든 계산은 Nyquist 판별법에 기초하여 유도된다는 점을 기억해 두자. Bode 선도는 이론적 개념을 실행하고 보여주는 또 다른 방법이다.

안정도 판별

Nyquist 안정도 판별법에 의한 시스템의 안정도 판별 대신 Bode 선도를 이용하여 안정도를 판별하는 예를 살펴보기로 하자. 크기에 상용 로그를 취한 Bode 선도를 그리고 위상이 ±180°인 주파수에서 크기가 0dB 이하로 되는 이득값을 찾는다.

예제 10.9 Bode 선도를 이용한 안정되기 위한 이득의 범위

문제 Bode 선도를 이용하여 그림 10.10에 주어진 단위 피드백 시스템이 안정되기 위한 이득 K의 범위를 정하라. 단, $G(s) = K/[(s+2)(s+4)(s+5)]$이다.

풀이 개루프 시스템의 모든 극점들이 복소 평면의 좌반부에 있기 때문에 이 개루프 시스템은 안정하다. 따라서, 10.5절로부터 위상이 180°일 때 이득이 1보다 작은 주파수 응답을 가지면 폐루프 시스템은 안정하게 된다.
그림 10.36과 같이 크기와 위상에 대한 Bode 선도를 그리자. 10.2절에서와 같이 $G(s)$의 각 인수항에 대한 Bode 선도를 각각 그리고 이들을 더함으로써 $G(s)$에 대한 Bode 선도가 얻어진다. 표 10.6에서 설명하는 바와 같이, 각 꺾임 주파수마다 새로운 Bode 선도의 기울기가 합해져서 전체 Bode 선도의 기울기가 되므로 Bode 선도를 신속하게 그릴 수 있다.
$G(s)H(s)$의 저주파 영역의 이득은 s에 0을 대입함으로써 얻어지므로 크기에 대한 Bode 선도는 $K/40$에서 시작한다. 편의상 $K = 40$으로 놓으면 크기 곡선은 0dB에서 시작한다. 꺾임 주파수 2, 4와 5에서 -20dB/decade씩의 기울기 증가가 있으므로, Bode 선도는 그림 10.36과 같이 된다.
위상 선도는 처음 꺾임 주파수 2의 1/10이 되는 0.2rad/s에서 -45°/decade의 기울기로 감소하여 꺾임 주파수 4와 5rad/s의 1/10이 되는 0.4와 0.5rad/s에서 각각 -45°/decade의 기울기 만큼 감소하고, 각 꺾임 주파수의 10배가 되는 주파수 20, 40과 50rad/s 마다 기울기가 45°/decade씩 증가하게 된다.
이 예제의 경우 시스템이 안정되기 위해서는 Nyquist 선도가 -1을 포함하지 않아야 하기 때문에, Bode 선도에서 위상이 180°가 될 때 크기는 1보다 작아야 된다. 이 Bode 선도에서는 위상이 180°가 되는 주파수 7rad/s에서 크기가 -20dB이므로 이득을 20dB(이득이 10배)만큼 증가시켜도 시스템은 안정하게 된다. 이 Bode 선도는 이득 K를 40으로 정하고 그린 것이므로 이득이 20dB만큼 증가될 수 있으면 40으로부터 40×10=400까지 증가시켜도 시스템은 안정하다. 따라서, 시스템이 안정되기 위한 K값의 범위는 $0 < K < 400$이 된다.

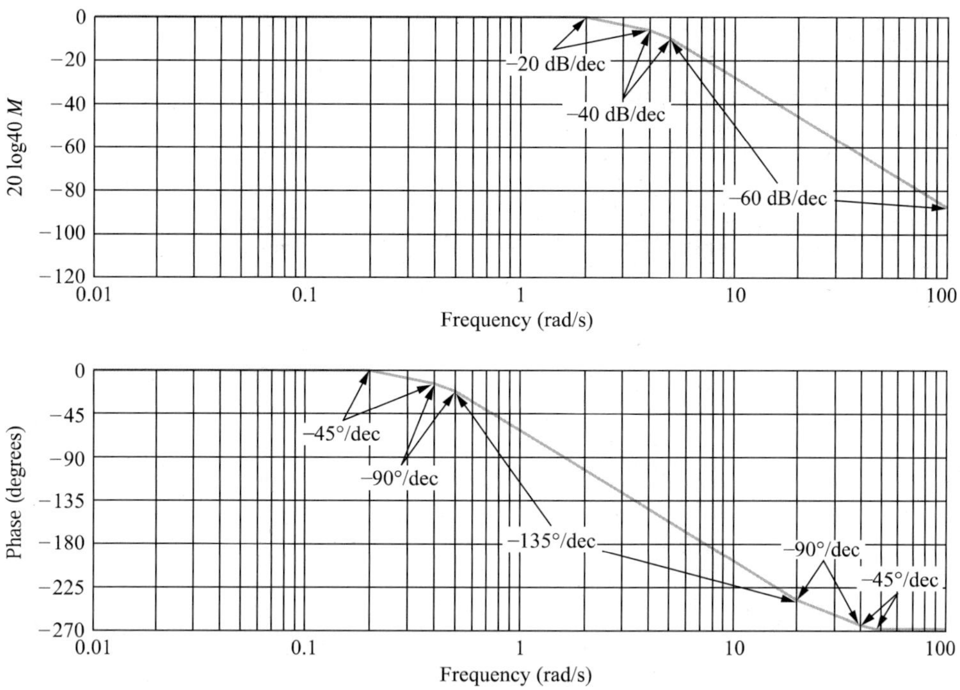

그림 10.36 예제 10.9의 시스템에 대한 Bode 로그-크기 선도와 위상 선도

이 값은 점근선을 이용하여 근사적으로 그려진 Bode 선도로부터 얻어진 것이며, 실제 주파수 응답으로부터 얻어지는 값은 6.16rad/s에서 378이다.

MATLAB을 사용하고자 하는 학생은 부록 B에 있는 프로그램 ch10apB4를 수행시키면 되는데, 주파수 응답 기법을 적용하여 시스템이 안정하기 위한 이득의 범위를 MATLAB을 사용하여 어떻게 구하는가를 알게 될 것이다. 이 예제는 MATLAB을 사용해서 예제 10.9를 푸는 것이다.

MATLAB
ML

이득 여유와 위상 여유의 계산

이득과 위상 여유 계산에 Bode 선도가 어떻게 이용되는가를 알아보자(그림 10.37). 위상 선도에서 위상이 180°가 되는 주파수 ω_{GM}을 찾음으로써 이득 여유를 구할 수 있다. 이 주파수에서 크기 선도

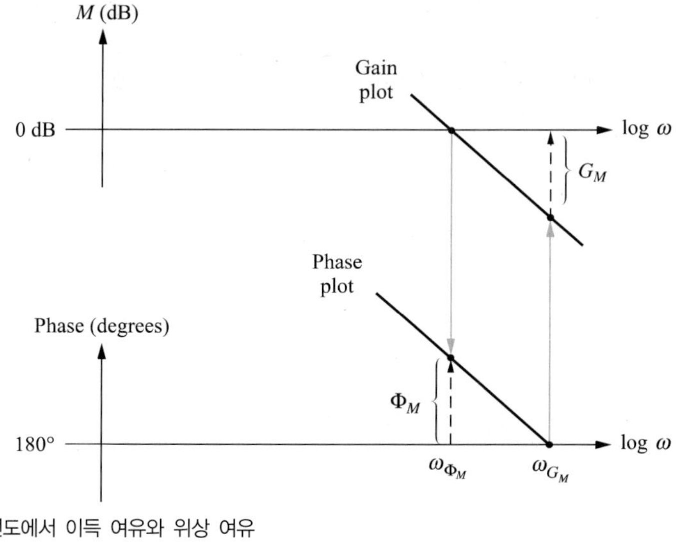

그림 10.37 보드 선도에서 이득 여유와 위상 여유

가 0dB가 되도록 하는데 필요한 이득이 이득 여유 G_M이다. 앞의 예제에서 $K = 40$일 때 이득 여유는 20dB이다.

크기 선도에서 이득이 0dB가 되는 주파수 $\omega_{\Phi M}$를 찾음으로써 위상 여유를 구할 수 있다. 이 위상 여유, ϕ_M은 위상 선도로부터 이 주파수에서의 위상과 180°와의 위상차를 나타낸다.

예제 10.10 Bode 선도로 부터 이득 여유와 위상 여유

문제 예제 10.9의 시스템에서 $K = 200$일 때, 이득 여유와 위상 여유를 구하라.

풀이 그림 10.36은 이득이 40일 때의 크기 선도이므로, $K = 200$(5배 증가)이면 크기 선도는 $20\log 5 = 13.98$ dB 만큼 상승하게 된다.
위상 선도에서 위상이 180°가 되는 주파수를 찾아 이득 여유를 구한다. 이 주파수에서 크기 선도가 0dB를 지나가기 위해서는 이득이 얼마까지 상승될 수 있는가를 알 수 있다. 그림 10.36의 위상 선도에서 위상이 180°가 되는 주파수는 약 7rad/s이므로, 크기 선도에서 이득은 -20+13.98=-6.02dB가 된다. 따라서, 이득 여유는 6.02dB이다.
위상 여유를 구하기 위해, 크기 선도에서 이득이 0dB가 되는 주파수를 구한다. 위상 선도로부터 이 주파수일 때의 위상과 180°와의 위상차가 위상 여유이다. 그림 10.36의 크기 선도를 13.98dB 상승시키면, 크기 선도가 0dB를 지나는 주파수는 5.5rad/s이므로 이 주파수에서 위상은 -165°가 된다. 따라서, 위상 여유는 -165°-(-180°)=15°가 된다.

GUI Tool
GUIT

MATLAB의 Linear System Analyzer는 Bode 선도에서 이득 여유, 위상 여유, 0dB 주파수 및 180° 일 때의 주파수를 찾을 수 있는 다른 방법이다. Linear System Analyzer 사용 지침서뿐만 아니라 예제를 포함한 부록 E를 공부하기 바란다. 예제 E.3은 Linear System Analyzer를 사용해서 예제 10.10을 푸는 것이다.

숙련예제 10.6

스스로 해보기 10.4

Bode 선도를 사용하여 숙련예제 10.6(c)를 풀기 위해 MATLAB, Control System Toolbox와 다음 프로그램을 이용하라.

```
G=zpk([],…
  [-5,-20,-50],10000)
bode(g)
grid on
```

Bode 선도가 나타나면,

1. 결과 화면위에서 우클릭 한다.
2. Characteristics를 선택 한다.
3. All Stability Margins 를 선택한다.
4. 화면밖으로 마우스를 옮겨 이득 여유와 위상여유를 확인한다.

문제 그림 10.10에 나타낸 시스템에 대해서 다음을 해결하라.

여기서, $G(s) = \dfrac{K}{(s+5)(s+20)(s+50)}$ 이다.

a. Bode 로그-크기선도와 위상 선도를 그려라.
b. Bode 선도로부터 안정하기 위한 이득 K의 범위를 찾아라.
c. $K = 10{,}000$일 때, Bode 선도로부터 이득 여유와 위상 여유, 0dB 주파수 및 180°일 때의 주파수를 계산하라.

풀이

a. www.wiley.com/go/Nise/ControlSystemsEngineering8e에 접속하여 답을 확인해 보라.
b. $K < 96{,}270$
c. 이득 여유=19.67dB, 위상 여유=92.9°, 0dB 주파수=7.74rad/s, 주파수=36.7rad/s

완벽한 해는 www.wiley.com/go/Nise/ControlSystemsEngineering8e에 있다.

개루프 주파수 응답 선도로부터 시스템이 안정한지뿐만 아니라 안정된 범위 내에 있기 위한 이득 여유도 계산할 수 있음을 확인하였다. 또한, Bode 선도로부터 이득 여유와 위상 여유를 어떻게 구하는지를 알아보았다.

근궤적 방법에서와 같이 주파수 응답 기법을 사용하여 시스템의 과도 응답을 해석하고 설계하는 방법을 다음 절에서 알아보기로 하자.

10.8 폐루프 시스템의 과도 응답과 주파수 응답 사이의 관계

감쇠 정수와 폐루프 시스템의 주파수 응답

이 절에서는 폐루프 시스템의 과도 응답과 주파수 응답 사이의 관계를 알아보기로 한다. 폐루프 시스템의 전달 함수와 과도 응답 사이의 관계를 얻기 위해 4장에서부터 사용한 그림 10.38의 2차 피드백 제어 시스템을 생각해 보자.

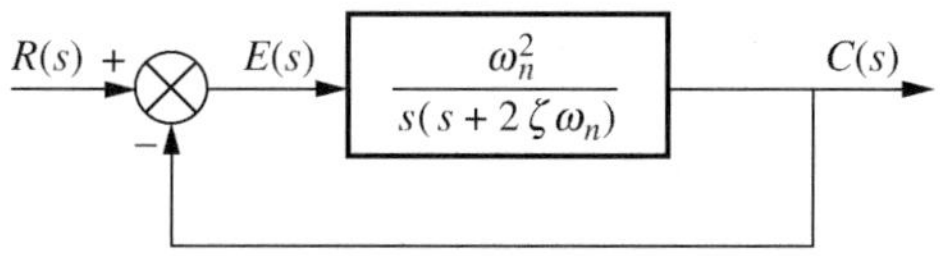

그림 10.38 2차 폐루프 시스템

$$\frac{C(s)}{R(s)} = T(s) = \frac{\omega_n^2}{s^2 + 2\zeta\omega_n s + \omega_n^2} \tag{10.49}$$

식 (10.49)로 주어지는 시스템의 과도 응답과 주파수 응답 특성 사이의 관계를 유도하고 주파수 응답 특성을 감쇠 정수, 고유 주파수, 정착 시간, 최고값 시간과 상승 시간에 관련시켜 보자.

같은 과도 응답 특성을 얻기 위해서, 그림 10.38의 개루프 시스템의 전달 함수

$$G(s) = \frac{\omega_n^2}{s(s+2\zeta\omega_n)} \tag{10.50}$$

의 주파수 응답이 어떻게 사용되는가에 대해서는 10.10절에서 알아보기로 한다.

식 (10.49)로 주어지는 시스템의 주파수 응답을 구하고, 이 응답 특성을 과도 응답과 관련시켜 보자. 식 (10.49)에서 $s = w$를 대입하면, 다음과 같은 주파수 응답식을 얻는다.

$$M = |T(j\omega)| = \frac{\omega_n^2}{\sqrt{(\omega_n^2 - \omega^2)^2 + 4\zeta^2\omega_n^2\omega^2}} \tag{10.51}$$

식 (10.51)에 상용 로그를 취하여 그린 크기 주파수 응답 곡선은 그림 10.39와 같다.

폐루프 시스템의 크기 응답 곡선에서 최고값과 감쇠 정수 사이의 관계를 알아보기 위해, 식 (10.51)을 제곱하고 이 함수를 ω^2에 대해 미분한 후 이 미분값을 0으로 놓으면, M의 최대값 M_p가 얻어진다.

$$M_p = \frac{1}{2\zeta\sqrt{1-\zeta^2}} \tag{10.52}$$

이 때의 주파수 ω_p는 다음과 같다.

$$\omega_p = \omega_n\sqrt{1-2\zeta^2} \tag{10.53}$$

감쇠 정수 ζ가 %오버슈트와 관계되기 때문에 %오버슈트에 대한 크기의 최대값 M_p를 그림 10.40과 같이 그릴 수 있다.

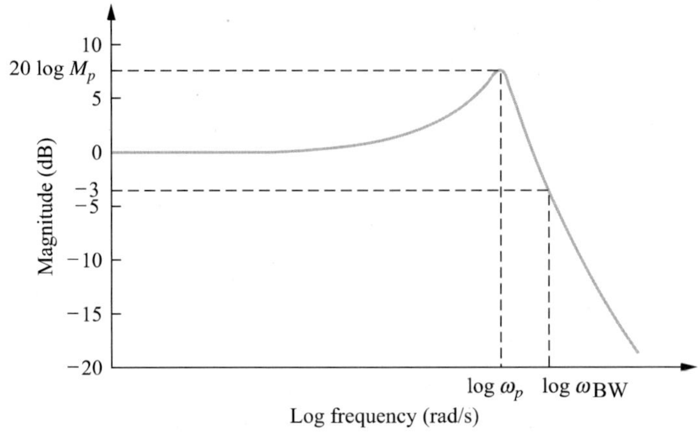

그림 10.39 식 10.51의 로그 크기 선도

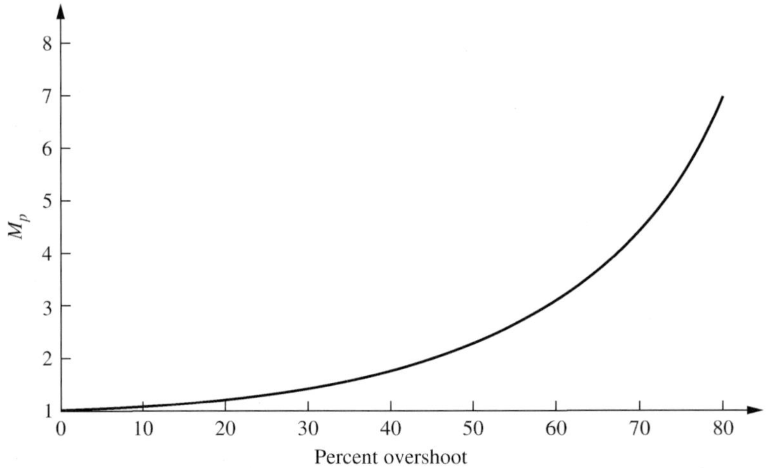

그림 10.40 2개의 극점을 가지는 시스템의 %오버슈트에 대한 폐루프 주파수 응답의 최고값

식 (10.52)는 주파수 응답 곡선의 최대값이 감쇠 정수와 직접 관련되어 있음을 나타내고 있으므로, 최대값이 %오버슈트와 직접적으로 관련된다고 할 수 있다. 식 (10.53)으로부터 최고값 주파수 ω_p는 고유 주파수와 같지 않으나, 감쇠 정수가 작은 경우에는 최고값은 고유 주파수 근처에서 발생된다고 할 수 있다. 마지막으로, $\zeta > 0.707$이면 최고값이 발생되지 않음을 주목하라. 주파수 응답 곡선에서 최고값을 갖기 위한 ζ의 한계값과 계단 함수 응답에서 오버슈트를 갖는 $0 < \zeta < 1$의 범위의 값과 혼동해서는 안 된다.

시간 응답 속도와 폐루프 시스템의 주파수 응답과의 관계

주파수 응답과 시간 응답 사이의 또 다른 관계는 시간 응답 속도(정착 시간, 최고값 시간과 상승 시간)와 폐루프 시스템에서 주파수 응답의 **대역폭**(*bandwidth*) 관계이다. 대역폭은 크기 응답 곡선에서 주파수로부터 크기가 3dB 감소하는 주파수, ω_{BW}까지로 정의된다(그림 10.39 참조).

2차 시스템의 대역폭은 식 (10.51)로부터 $M = 1/\sqrt{2}$ (즉, -3dB)되는 주파수로 다음과 같이 되는데 유도과정은 각자 해 보기 바란다.

$$\omega_{BW} = \omega_n\sqrt{(1-2\zeta^2)+\sqrt{4\zeta^4-4\zeta^2+2}} \tag{10.54}$$

식 (10.54)에 $\omega_n = 4/T_s\zeta$를 대입하면, 다음과 같이 대역폭 ω_{BW}와 정착 시간 사이의 관계식을 얻을 수 있다.

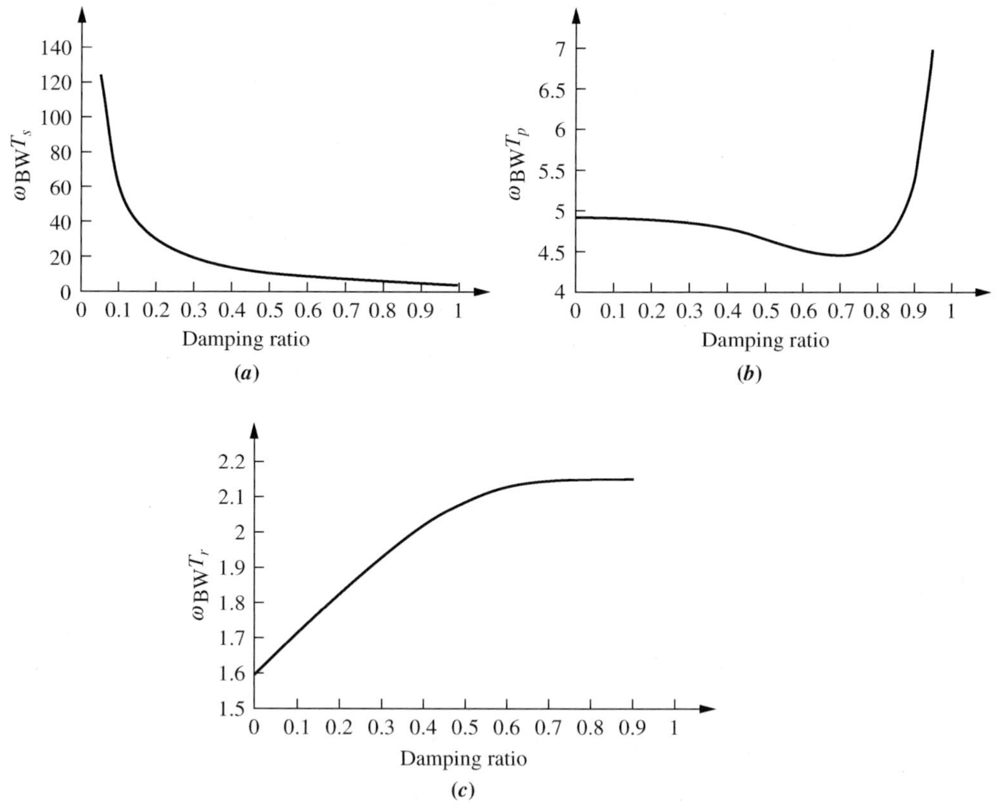

그림 10.41 감쇠 정수와 대역폭 사이의 관계 a. 정착 시간 b. 최고값 시간 c. 상승 시간

$$\omega_{\mathrm{BW}} = \frac{4}{T_s \zeta}\sqrt{(1-2\zeta^2)+\sqrt{4\zeta^4-4\zeta^2+2}} \tag{10.55}$$

또한, $\omega_n = \pi/(T_p\sqrt{1-\zeta^2})$이므로

$$\omega_{\mathrm{BW}} = \frac{\pi}{T_p\sqrt{1-\zeta^2}}\sqrt{(1-2\zeta^2)+\sqrt{4\zeta^4-4\zeta^2+2}} \tag{10.56}$$

대역폭을 상승 시간 T_r과 관련시키기 위해, ζ와 T_r 사이의 관계를 나타낸 그림 4.16을 사용하기로 한다. 예를 들어, $\zeta = 0.4$와 $T_r = 0.2$로 가정하면 그림 4.16으로부터 $\omega_n = 1.463/0.2 = 7.315\ \mathrm{rad/s}$ 이 되므로 $T_r\omega_n = 1.463\ \mathrm{rad/s}$ 이 된다. 따라서, 식 (10.54)를 이용하면 $\omega_{\mathrm{BW}} = 10.05\ \mathrm{rad/s}$ 가 된다. 식 (10.55), 식 (10.56)과 감쇠 정수와 상승 시간과 대역폭의 곱과의 관계는 그림 10.41에 나타내었다.

숙련예제 10.7

문제 20% 오버슈트와 2초 정착 시간을 위해 필요한 폐루프 대역폭을 구하라.

풀이 $\omega_{\mathrm{BW}} = 5.79\ \mathrm{rad/s}$

완벽한 해는 www.wiley.com/go/Nise/ControlSystemsEngineering8e에 있다.

이 절에서는 폐루프 시스템의 과도 응답을 폐루프 시스템의 주파수 응답인 대역폭에 관련시켰다. 계속하여 개루프 시스템의 주파수 응답을 폐루프 시스템의 주파수 응답에 관련시켜 보자.

10.9 개루프 시스템의 주파수 응답과 폐루프 시스템의 주파수 응답과의 관계

폐루프 시스템의 주파수 응답에서 M_p를 구하고 이것으로부터 과도 응답을 구하는 것은 쉬운 일이 아니다.[2] 개루프 시스템의 주파수 응답은 신속하게 그릴 수 있으나 폐루프 시스템의 주파수 응답은 그렇지 못하다. 그러나, 개루프 시스템의 주파수 응답이 폐루프 시스템의 주파수 응답과 관련되어 있다면, 개루프 시스템의 주파수 응답을 폐루프 시스템의 주파수 응답에 포함된 과도 응답 정보에 쉽게 연결시킬 수 있다.

상수 M인 원과 N인 원

다음과 같이 표시되는 단위 피드백 폐루프 시스템을 생각해보자.

$$T(s)=\frac{G(s)}{1+G(s)} \tag{10.57}$$

이 폐루프 시스템의 주파수 응답은 다음과 같다.

$$T(j\omega)=\frac{G(j\omega)}{1+G(j\omega)} \tag{10.58}$$

함수 $G(j\omega)$가 복소수이므로, $G(j\omega)=P(\omega)+jQ(\omega)$라 놓으면 식 (10.58)은 다음과 같이 쓸 수 있다.

$$T(j\omega)=\frac{P(\omega)+jQ(\omega)}{[(P(\omega)+1)+jQ(\omega)]} \tag{10.59}$$

따라서,

$$M^2=|T^2(j\omega)|=\frac{P^2(\omega)+Q^2(\omega)}{[(P(\omega)+1)^2+Q^2(\omega)]} \tag{10.60}$$

식 (10.60)을 정리하면 다음과 같이 나타낼 수 있다.

$$\left(P+\frac{M^2}{M^2-1}\right)^2+Q^2=\frac{M^2}{(M^2-1)^2} \tag{10.61}$$

이것은 반지름이 $M/(M^2-1)$이고, 중심이 $[-M^2/(M^2-1),\ 0]$인 원의 방정식이다. 여러 가지 M값에 대한 원들을 그림 10.42에 나타내었는데, 이를 상수 M인 원이라 하며 단위 피드백 폐루프 시스템의 주파수 응답의 크기에 대한 궤적이다.

개루프 시스템의 전달 함수 $G(s)$의 주파수 응답의 극좌표 선도를 상수 M인 원에 중첩시키면 이 극좌표 선도와 상수 M인 원과의 교차점에 의해 폐루프 시스템의 주파수 응답의 크기가 된다.

상수 M인 원을 사용하는 예를 들기 전에 폐루프 시스템의 위상응답 궤적에 대해서도 같은 방법을 적용하여 상수 N인 원의 방정식을 구해 보자.

---

2 이 절의 끝에서, 폐루프 주파수를 얻기 위해 MATLAB를 사용하는 방법을 설명한다.

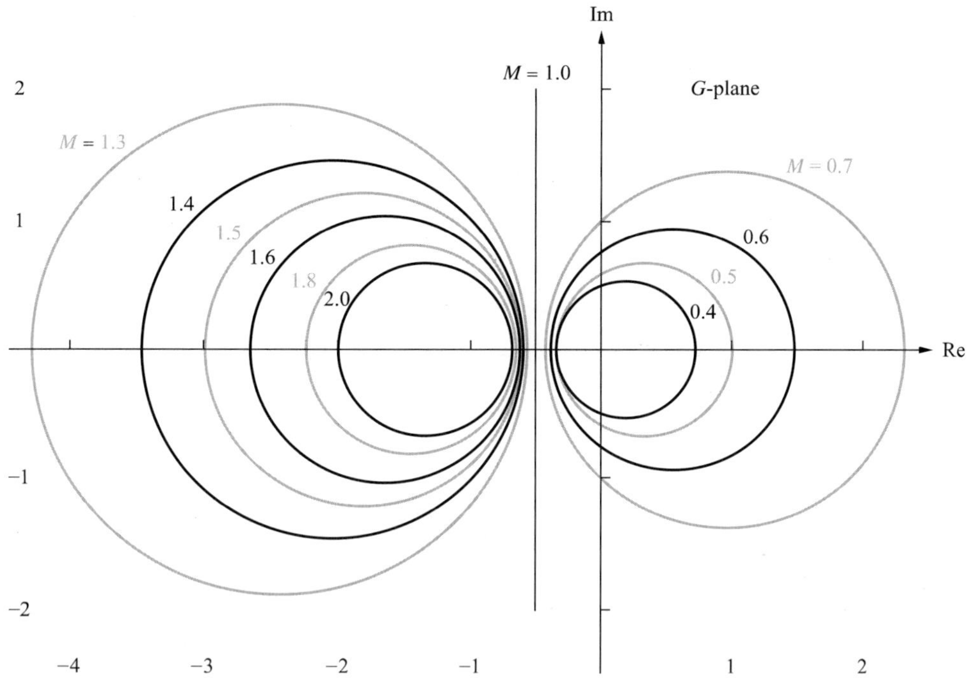

그림 10.42 상수 M인 원

식 (10.59)로부터 폐루프 시스템의 위상 응답 ϕ는 다음과 같다.

$$\begin{aligned}\phi &= \tan^{-1}\frac{Q(\omega)}{P(\omega)} - \tan^{-1}\frac{Q(\omega)}{P(\omega)+1} \\ &= \tan^{-1}\frac{\dfrac{Q(\omega)}{P(\omega)} - \dfrac{Q(\omega)}{P(\omega)+1}}{1+\dfrac{Q(\omega)}{P(\omega)}\left(\dfrac{Q(\omega)}{P(\omega)+1}\right)}\end{aligned} \tag{10.62}$$

위 식의 정리는 $\tan(\alpha-\beta) = (\tan\alpha - \tan\beta)/(1+\tan\alpha\ \tan\beta)$을 이용하여 정리하였으며 식 (10.62)의 양변에 tan를 취하고 정리하면 다음과 같다.

$$\tan\phi = N = \frac{Q}{P^2+P+Q^2} \tag{10.63}$$

식 (10.63)은 다음과 같은 원의 방정식으로 변형시킬 수 있다.

$$\left(P+\frac{1}{2}\right)^2 + \left(Q-\frac{1}{2N}\right)^2 = \frac{N^2+1}{4N^2} \tag{10.64}$$

여러 가지 N값에 대해 그린 원을 그림 10.43에 나타내었는데, 이 원을 상수 N인 원이라 한다. 이들 상수 N인 원에 개루프 시스템의 주파수 응답을 중첩시키면 폐루프 시스템의 위상응답이 된다. 다음 예제에서 상수 M인 원과 N인 원이 어떻게 이용되는가를 살펴보자.

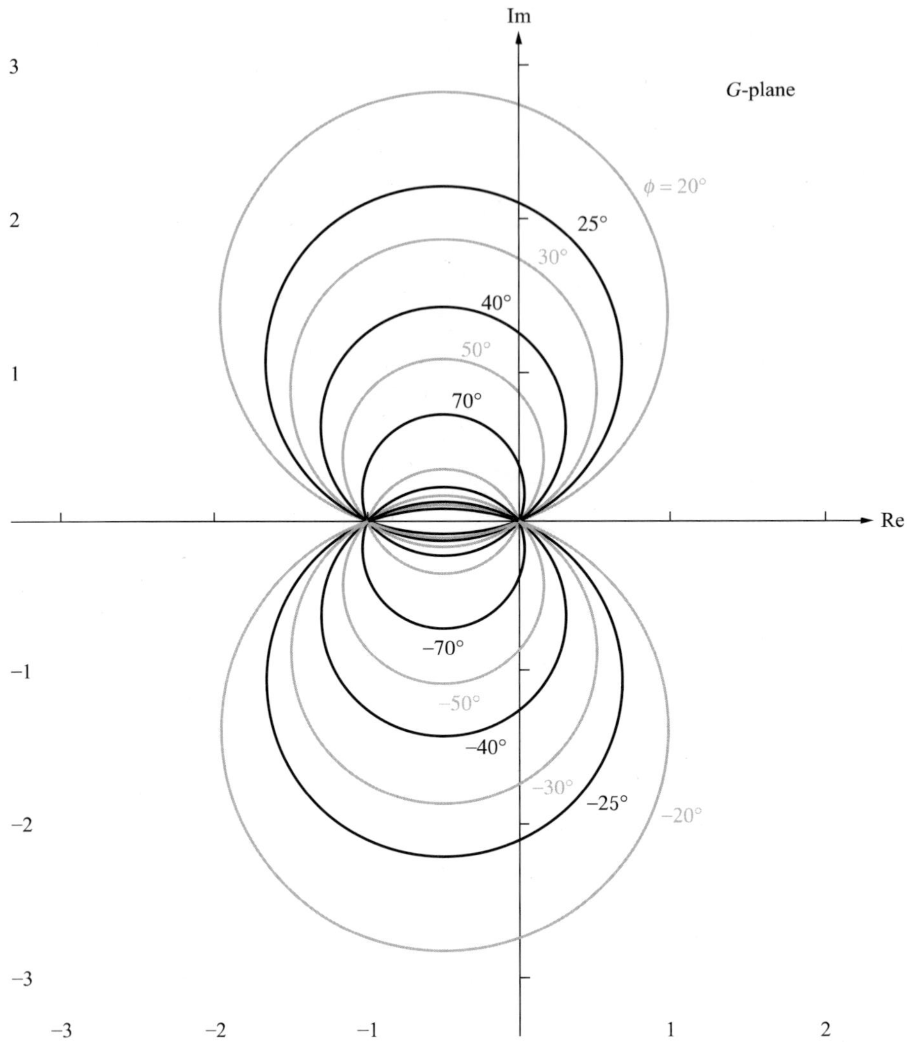

그림 10.43 상수 N인 원

예제 10.11 개루프 주파수 응답으로부터 폐루프 주파수 응답의 결정

문제 상수 M인 원과 N인 원과 개루프 시스템의 주파수 응답 곡선을 이용하여, 그림 10.10에 주어지는 단위 피드백 시스템의 주파수 응답을 구하라. 단, $G(s) = 50/[s(s+3)(s+6)]$ 이다.

풀이 먼저 개루프 시스템의 주파수 응답을 구하고, 상수 M인 원과 N인 원 궤적 위에 개루프 시스템의 주파수 응답을 그린다. 개루프 시스템의 주파수 응답 함수는 다음과 같다.

$$G(j\omega) = \frac{50}{-9\omega^2 + j(18\omega - \omega^3)} \tag{10.65}$$

이 함수로부터 크기 $|G(j\omega)|$와 위상 $\angle G(j\omega)$을 구하여 그릴 수 있다. 개루프 시스템의 주파수 응답(Nyquist 선도)을 그림 10.44와 같이 M과 N원 위에 중첩시킨다.

폐루프 시스템의 주파수 응답의 크기 응답은 Nyquist 선도와 M인 원과의 교차점을 구하여 얻으며, 위상 응답은 Nyquist 선도와 N인 원과의 교차점을 구하여 얻는다. 이 결과를 그림 10.45에 나타내었다.

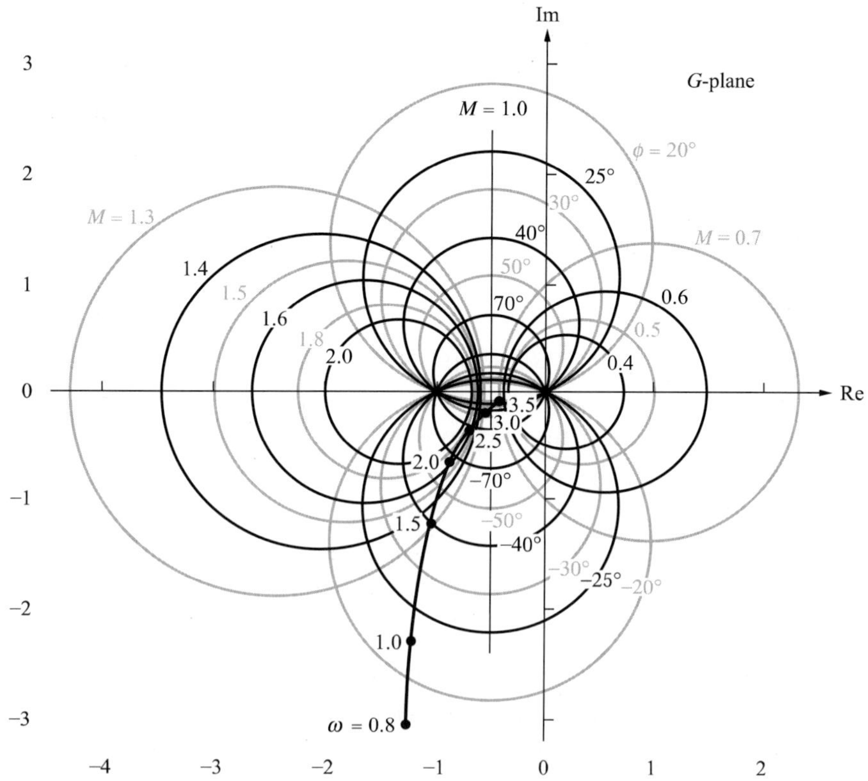

그림 10.44 예제 10.11의 Nyquist 차트와 상수 M과 N인 원

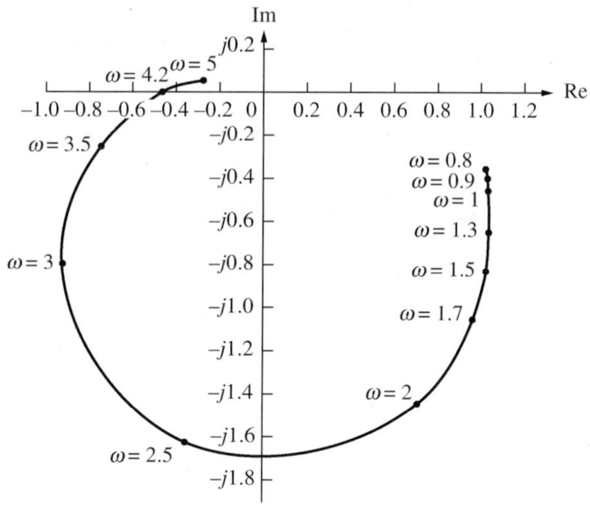

그림 10.45 예제 10.11에 대한 폐루프 시스템의 주파수 응답

예제 10.11을 MATLAB을 사용하여 풀고자 하는 학생들은 부록 B에 있는 ch10apB5를 수행시켜야 하며, MATLAB을 사용하여 폐루프 시스템의 주파수 응답을 구하는 방법을 배우게 될 것이다. 이 예제는 MATLAB을 사용해서 예제 10.11을 푼다.

MATLAB ML

Nichols 차트

상수 M과 N인 원을 이용할 때 불편한 점은 개루프 시스템의 전달 함수 $G(s)$의 이득 변화를 쉽게 다룰 수 없다는 점이다. 예를 들어, Bode 선도에서는 dB로 나타낸 이득 변화만큼 크기 선도를 위 아래로 옮기면 된다. 그러나 M과 N인 원은 dB로 표시되지 않기 때문에 이득변화는 $G(j\omega)$의 각 점에 이득의 증감만큼 곱해야 한다.

상수 M과 N인 원을 달리 나타내는 Nichols 차트는 상수 M인 원을 dB로 나타내어 Bode 선도와 같이 이득의 변화를 간단히 취급할 수 있으며 그림 10.46과 같다. 이 차트는 개루프 시스템의 크기를 dB로 나타내고 위상은 각도로 나타낸 그래프이다. M인 원 위의 모든 점은 Nichols 선도로 변환될 수 있다. 상수 M인 원 위의 각 점은 극좌표에서의 크기와 각도로 나타낼 수 있다. 크기를 dB로 나타내면, 세로축에는 크기를 dB로 나타내고 가로축에는 위상을 나타내는 극좌표를 이용하여 각 점은 Nichols 차트로 변환된다. 마찬가지 방법으로 상수 인 원도 Nichols 차트로 변환시킬 수 있다.

다음 전달 함수를 예로 들어보자

$$G(s) = \frac{K}{s(s+1)(s+2)} \tag{10.66}$$

주파수가 0.1rad/s부터 1rad/s까지 주파수 범위에서 dB로 나타낸 크기와 위상으로 표현되는 Nichols 차트위에 $G(s)$의 주파수 응답을 중첩시키면, $K=1$일 때 그림 10.47과 같은 그래프가 얻어진다. 이득을 10dB만큼 증가시키면 $K=1$일 때의 궤적을 10dB만큼 위로 이동시키면 되며 $K=3.16$(10dB)의 궤적이 된다. Nichols 차트와 $G(j\omega)$의 궤적과 만나는 점이 페루프 시스템의 주파수 응답이 된다.

MATLAB ML

MATLAB을 사용하여 Nichols 차트 위에 주파수 궤적을 그리기 위해서는 부록 B에 있는 ch10p6를 수행시키면 된다. 이것은 MATLAB을 이용하여 Nichols 차트 위에 $G(s)=1/[s(s+1)(s+2)]$의 주파수 궤적을 그리는 프로그램이다.

GUI Tool GUIT

MATLAB의 Linear System Analyzer는 Nichols 차트를 얻기 위한 대안 방법이다. 여러분들은 Linear System Analyzer 지침서뿐만 아니라 예제를 포함한 부록 E를 공부하기 바란다. 예제 E.4는 Linear System Analyzer를 사용해서 그림 10.47을 얻는 방법을 제시한다.

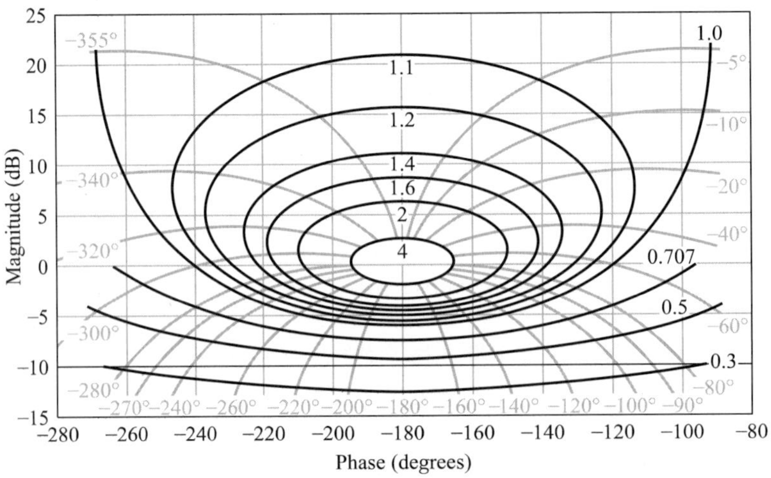

그림 10.46 Nichols 차트

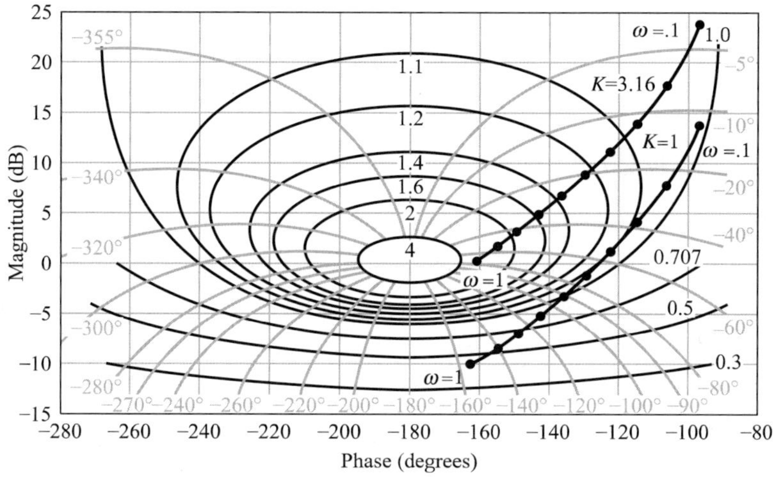

그림 10.47 $G(s)=K/[s(s+1)(s+2)]$ 에서 $K=1$과 $K=3.16$일 때의 주파수 응답을 Nichols 차트 위에 중첩시킨 응답 곡선

숙련예제 10.8

문제 그림 10.10에서 나타낸 시스템에 대해서 다음의 방법들을 사용해서 폐루프 로그-크기와 위상 주파수 응답 선도를 그려라.

여기서, $G(s)=\dfrac{80000}{(s+5)(s+20)(s+50)}$ 이다.

a. M과 N인 원
b. Nichols 차트

풀이 완벽한 해는 www.wiley.com/go/Nise/ControlSystemsEngineering8e에 있다.

스스로 해보기 10.5

숙련예제 10.8에 대한 Nichols 차트를 그리기 위해서 MATLAB, Control System Toolbox와 다음의 프로그램을 이용하라.

```
G=zpk([],…
  [-5,-20,-50],8000)
nichols(G)
grid on
```

10.10 개루프 시스템의 주파수 응답과 폐루프 시스템의 과도 응답과의 관계

상수 M인 원으로부터 감쇠 정수의 결정

시스템의 과도 응답 특성을 추정하기 위하여 예제 10.11의 결과를 사용할 수 있다. 개루프 시스템의 주파수 응답 곡선에 접하는 최대 M인 원을 구하면 폐루프 시스템의 주파수 응답의 최고값을 구할 수 있다. 식 (10.52)를 이용하여 감쇠 정수, ζ, %오버슈트를 구할 수 있다. 다음 예제는 감쇠 정수 또는 %오버슈트를 구하기 위해 개루프 시스템의 주파수 응답과 상수 M인 원을 이용하는 법을 설명한다.

예제 10.12 개루프 주파수 응답으로부터 %오버슈트의 결정

문제 개루프 시스템의 주파수 응답과 상수 M인 원을 이용하여 예제 10.11 시스템의 감쇠 정수와 %오버슈트를 구하라.

풀이 식 (10.52)는 폐루프 시스템의 감쇠 정수와 이 시스템의 주파수 응답의 최고값인 M_p 사이에는 유일한 관계가 있다는 것을 보여주고 있다. 그림 10.44로부터 Nyquist 선도가 1.8M인 원과

접하는 것을 알 수 있는데, 이 값은 폐루프 시스템의 주파수 응답의 최대값이다. 따라서 $M_p = 1.8$이다.

식 (10.52)를 다음과 같이 정리하여 ζ를 구할 수 있다.

$$\zeta^4 - \zeta^2 + \left(1/4M_P^2\right) = 0 \tag{10.67}$$

여기서 $M_p = 1.8$이므로 $\zeta = 0.29$와 0.96이 된다. 식 (10.53)으로부터 ζ가 0.707보다 크면 최고값이 발생하지 않으므로, $\zeta = 0.29$만을 택한다. 이 값에서 %오버슈트는 38.6%가 된다. 그러나, 이와 같이 ζ와 %오버슈트와의 관련 식을 사용하기 위해서는 시스템이 2차로 근사화될 수 있어야 한다. 단위 계단 함수 응답을 얻기 위한 컴퓨터 시뮬레이션 결과 36%의 %오버슈트가 있음을 확인하였다.

지금까지 폐루프 시스템의 주파수 응답의 최고값과 과도응답을 개루프 시스템의 주파수 응답으로부터 얻었다. 폐루프 시스템의 과도 응답을 얻기 위하여 Nyquist 선도와 상수 M과 N인 원을 사용하였다. Nyquist 선도보다 더 쉽게 그릴 수 있는 Bode 선도로 간단히 얻어지는 폐루프 시스템의 과도응답과 개루프 시스템의 주파수 응답사이의 또 다른 관계가 존재한다.

위상 여유로부터 얻는 감쇠 정수

위상 여유와 감쇠 정수 사이의 관계를 유도하자. 이 관계로부터 개루프 시스템의 주파수 응답으로부터 얻어지는 위상 여유로부터 %오버슈트를 계산할 수 있다.

개루프 시스템의 전달 함수가 다음과 같은 단위 피드백 시스템을 고려하자.

$$G(s) = \frac{\omega_n^2}{s(s + 2\zeta\omega_n)} \tag{10.68}$$

2차인 폐루프 시스템의 전달 함수는 다음과 같다.

$$T(s) = \frac{\omega_n^2}{s^2 + 2\zeta\omega_n s + \omega_n^2} \tag{10.69}$$

위상여유를 계산하기 위하여, $|G(j\omega)| = 1$인 주파수를 구한다.

$$|G(j\omega)| = \frac{\omega_n^2}{|-\omega^2 + j2\zeta\omega_n\omega|} = 1 \tag{10.70}$$

식 (10.70)을 만족하는 주파수 ω_1은 다음과 같다.

$$\omega_1 = \omega_n\sqrt{-2\zeta^2 + \sqrt{1 + 4\zeta^4}} \tag{10.71}$$

이 주파수에서 $G(j\omega)$의 위상은 다음과 같다.

$$\begin{aligned} \angle G(j\omega) &= -90 - \tan^{-1}\frac{\omega_1}{2\zeta\omega_n} \\ &= -90 - \tan^{-1}\frac{\sqrt{-2\zeta^2 + \sqrt{4\zeta^4 + 1}}}{2\zeta} \end{aligned} \tag{10.72}$$

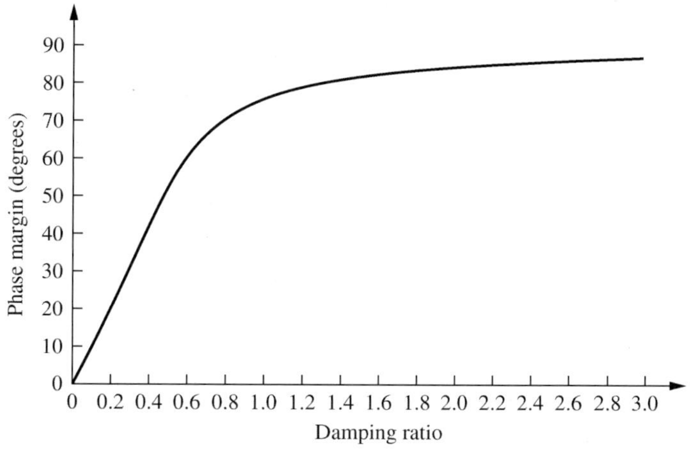

그림 10.48 위상 여유와 감쇠 정수

식 (10.72)의 각과 -180° 사이의 차이인 위상 여유 Φ_M은 다음과 같다.

$$\Phi_M = 90 - \tan^{-1}\frac{\sqrt{-2\zeta^2+\sqrt{1+4\zeta^4}}}{2\zeta} = \tan^{-1}\frac{2\zeta}{\sqrt{-2\zeta^2+\sqrt{1+4\zeta^4}}} \tag{10.73}$$

식 (10.73)을 그린 그림 10.48은 위상여유와 감쇠정수 사이의 관계를 나타내고 있다. 한 예로 식 (10.53)은 ζ=0.707이면 최고값 주파수가 없음을 나타낸다. 따라서, 이 값보다 큰 감쇠정수에서 폐루프 크기응답에는 최고값이 발생하지 않는다. 그림 10.48로부터 폐루프 주파수 응답이 최고값을 갖지 않기 위해서는 개루프 시스템의 주파수 응답에서 위상 여유가 65.52°(ζ=0.707) 이상이 되어야 한다.

개루프 시스템의 주파수 응답으로부터 속도응답

식 (10.55)와 식 (10.56)은 폐루프 응답의 대역폭과 원하는 정착 시간 또는 최고값 시간과 감쇠정수를 관련시킨다. 폐루프 시스템의 대역폭은 개루프 시스템의 주파수 응답으로부터 추정할 수 있음을 보이고자 한다. 그림 10.46의 Nichols 차트로부터 개루프 시스템과 폐루프 시스템의 이득 관계를 알 수 있다. 그림 10.49에 다시 그린 M=0.707(-3dB)인 그래프는 폐루프 시스템의 이득 -3dB일 때(이것은 저주파에서 폐루프 시스템의 이득이 0dB이면 ω_{BW}에서 발생된다) 개루프 시스템 이득을 나타낸다. 폐푸프 대역폭, ω_{BW}(폐루프 크기 응답이 -3dB인 주파수)는 개루프 위상응답이 -135°와

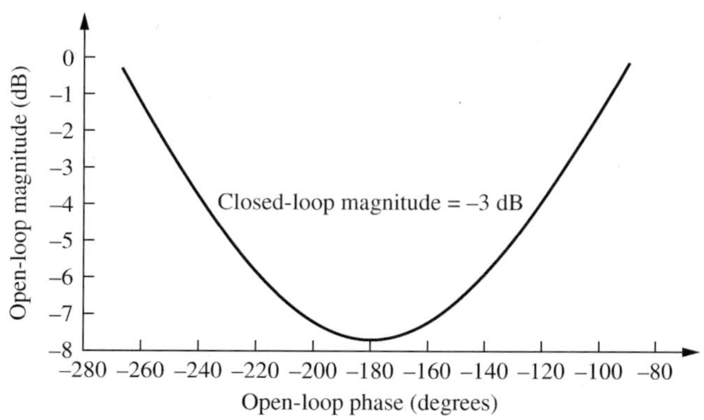

그림 10.49 폐루프 시스템 이득이 –3dB일 때 개루프 시스템의 위상 각도에 대한 이득 관계

-225° 사이에 있다면 개루프 크기 응답이 -6과 -7.5dB 사이에 있는 주파수와 같다고 하여 그림 10.49를 얻을 수 있다. 2차 시스템으로 근사화가 가능하면 식 (10.55)와 식 (10.56)과 원하는 감쇠 정수 ζ를 사용하여 정착 시간과 최고값 시간을 구할 수 있다. 다음 예제를 살펴보자.

예제 10.13 개루프 주파수 응답으로부터 정착시간과 최고값 시간의 계산

문제 그림 10.50(a)의 시스템과 그림 10.50(b)의 Bode 선도를 사용하여 정착 시간과 최고값 시간을 구하라.

풀이 그림 10.50(b)로부터 위상 응답이 -135°와 -225°사이에 있다면, 크기 응답이 -6dB와 -7.5dB 사이에 있는 주파수를 찾음으로써 폐루프 시스템의 대역폭을 구할 수 있다. 그림 10.50(b)로부터 크기가 -6dB와 -7.5dB 사이가 되는 주파수는 근사적으로 3.7rad/s가 되므로, $\omega_{BW} \cong 3.7$rad/s이다. 다음으로 위상여유로부터 ζ를 구하자. 그림 10.50(b)로부터 크기선도에서 0dB가 되는 주파수를 찾으면 위상여유가 구해진다. 이 주파수는 2.2이며 위상은 약 -145°가 된다. 따라서 위상 여유는 대략 (-145°-(-180°))=35°가 된다. 그림 10.48을 이용하면 $\zeta = 0.32$이다. 마지막으로 식(10.55), 식(10.56)과 ζ값과 ω_{BW}값을 사용하면 $T_s = 4.86$초, $T_p = 1.29$초가 된다. 컴퓨터 시뮬레이션 결과에서는 $T_s = 5.5$초, $T_p = 1.43$초가 된다.

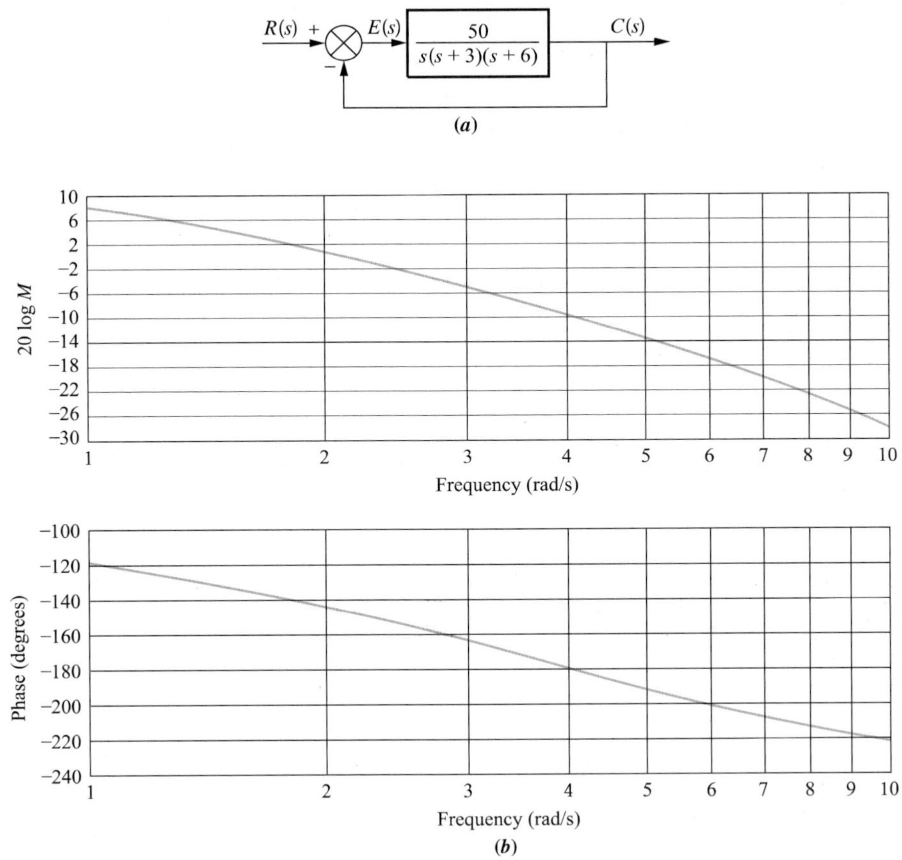

그림 10.50 a. 블록선도 b. 보드선도

숙련예제 10.9

문제 그림 10.10의 시스템에 대한 개루프 주파수 응답을 사용해서 폐루프 계단 응답에 대한 %오버슈트, 정착 시간 및 최고값 시간을 추정하라. 단,

$$G(s) = \frac{100}{s(s+5)}$$

풀이 %OS=4.4%, $T_s = 1.64$초, $T_p = 0.33$초

완벽한 해는 www.wiley.com/go/Nise/ControlSystemsEngineering8e에 있다.

10.11 주파수 응답을 이용한 정상 상태 오차의 계산

이 절에서는 Bode 선도를 이용하여 단위 피드백 시스템의 오차 상수(시스템형이 0인 경우에는 K_p, 시스템형이 1인 경우에는 K_v, 시스템형이 2인 경우에는 K_a)를 어떻게 구하는 가를 알아보기로 한다. 결과는 정규화되지 않고 스케일되지 않은 Bode 로그-크기 선도로부터 얻어진다.

위치 상수

위치 상수 K_p를 구하기 위해 시스템 형이 0인 다음 시스템을 고려하자.

$$G(s)= K\frac{\prod_{i=1}^{n}(s+z_i)}{\prod_{i=1}^{m}(s+p_i)} \tag{10.74}$$

정규화되지 않고 스케일되지 않은 Bode 로그-크기 선도는 그림 10.51(a)과 같다. 주파수 0 근처에서의 크기는

$$20\log M = 20\log K\frac{\prod_{i=1}^{n} z_i}{\prod_{i=1}^{m} p_i} \tag{10.75}$$

한편, 이 시스템의 위치 상수 K_p는 다음과 같다.

$$K_p = K\frac{\prod_{i=1}^{n} z_i}{\prod_{i=1}^{m} p_i} \tag{10.76}$$

이것은 주파수가 0 근처의 크기와 같으므로 시스템 형이 0인 경우 정규화되지 않고 스케일되지 않은 Bode 로그-크기 선도에서 주파수가 0 근처의 크기는 20log K_p로 표시할 수 있다.

속도 상수

시스템 형이 1인 경우 K_v를 구하기 위하여 다음 시스템을 고려하자.

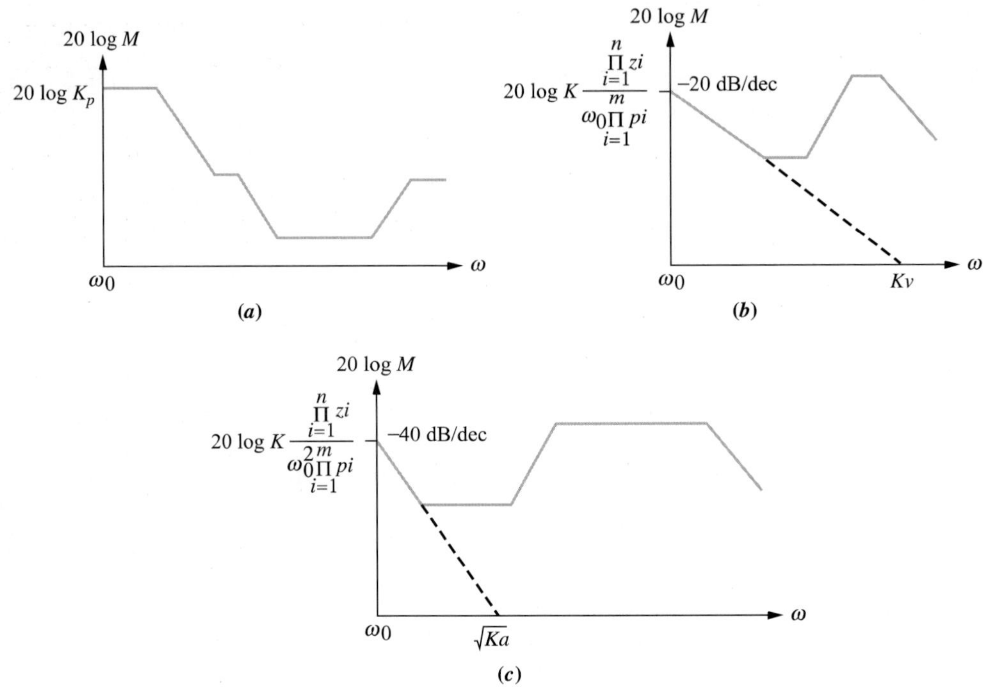

그림 10.51 시스템형에 따른 오차 상수를 나타내는 Bode 로그-크기 선도 a. 시스템형 0 b. 시스템형 1 c. 시스템형 2

$$G(s) = K\frac{\prod_{i=1}^{n}(s+z_i)}{s\prod_{i=1}^{m}(s+p_i)} \tag{10.77}$$

이 시스템에 대한 정규화되지 않고 스케일 되지 않은 Bode 선도의 크기 응답은 그림 10.51(b)와 같다. Bode 선도는 다음 값에서 시작한다.

$$20\log M = 20\log K\frac{\prod_{i=1}^{n} z_i}{\omega_0\prod_{i=1}^{m} p_i} \tag{10.78}$$

처음의 -20dB/decade 기울기는 다음 함수의 세로좌표 값으로 생각할 수 있다.

$$G'(s) = K\frac{\prod_{i=1}^{n} z_i}{s\prod_{i=1}^{m} p_i} \tag{10.79}$$

한편, $G'(s)$는 주파수가 다음과 같을 때 주파수 축과 교차한다.

$$\omega = K\frac{\prod_{i=1}^{n} z_i}{\prod_{i=1}^{m} p_i} \tag{10.80}$$

그러나, 식 (10.77)의 시스템에서

$$K_v = K\frac{\prod_{i=1}^{n} z_i}{\prod_{i=1}^{m} p_i} \tag{10.81}$$

가 되므로, K_v는 식 (10.80)의 주파수 축과 교차하는 주파수와 같다. 따라서, K_v는 정규화되지 않고 스케일 되지 않은 Bode 선도에서 처음의 -20dB/decade인 기울기를 가지는 직선을 연장하여 주파수 축과 만나는 점의 주파수가 된다.

가속도 상수

시스템 형이 2인 경우 K_a를 구하기 위해 다음 시스템을 고려하자.

$$G(s) = K\frac{\prod_{i=1}^{n}(s+z_i)}{s^2\prod_{i=1}^{m}(s+p_i)} \tag{10.82}$$

시스템 형이 2인 시스템의 정규화되지 않고 스케일되지 않은 Bode 선도는 그림 10.51(c)와 같다. Bode 선도는 다음 값에서 시작한다.

$$20\log M = 20\log K\frac{\prod_{i=1}^{n} z_i}{\omega_0^2\prod_{i=1}^{m} p_i} \tag{10.83}$$

처음 기울기는 -40dB/decade는 다음 함수로부터 발생된다고 생각할 수 있다.

$$G'(s) = K\frac{\prod_{i=1}^{n} z_i}{s^2\prod_{i=1}^{m} p_i} \tag{10.84}$$

함수 $G'(s)$는 다음 주파수에서 주파수 축과 교차한다.

$$\omega\sqrt{K\frac{\prod_{i=1}^{n} z_i}{\prod_{i=1}^{m} p_i}} \tag{10.85}$$

그러나 식 (10.82)의 시스템에서는

$$K_a = K\frac{\prod_{i=1}^{n} z_i}{\prod_{i=1}^{m} p_i} \tag{10.86}$$

따라서, 처음 -40dB/decade의 기울기를 갖는 직선은 $\sqrt{K_a}$ 인 주파수에서 주파수 축과 교차한다.

예제 10.14 Bode 선도로부터의 정상상태 오차 상수를 구함

문제 그림 10.52의 Bode 선도의 크기 응답에 대해

a. 시스템 형을 구하라.
b. 정상상태 오차 상수의 근사값을 구하라.

풀이 그림 10.52(a)에서는 처음 시작하는 Bode 선도의 기울기가 0이므로, 시스템 형은 0이다. 따라서, 오차 상수 K_p의 값은 저주파 영역의 점근선으로부터 결정되므로, $20\log K_p = 25$ 또는 $K_p = 17.78$이다.

그림 10.52(b)에서는 처음 시작하는 Bode 선도의 기울기가 -20dB/decade이므로 시스템 형은 1이다. 따라서, 오차 상수 K_v는 처음 -20dB/decade의 기울기인 직선이 0dB인 주파수 축과 만나는 점의 주파수이므로, $K_v = 0.55$이다.

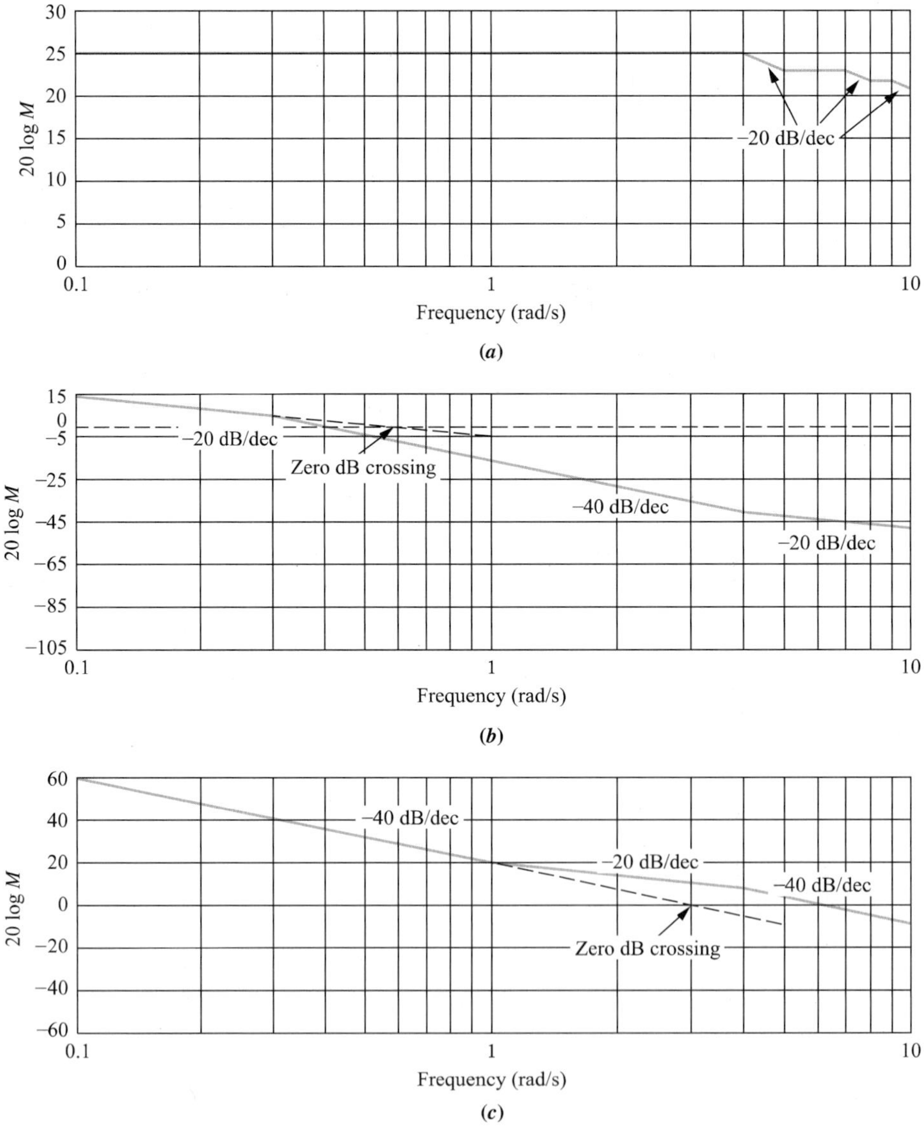

그림 10.52 예제 10.14의 Bode 로그-크기 선도

그림 10.52(c)에서는 처음 시작하는 Bode 선도의 기울기가 -40dB/decade이므로 시스템 형은 2이다. 따라서, $\sqrt{K_a}$는 처음 시작하는 직선이 0dB 주파수 축과 만나는 점의 주파수이므로, $K_a = 3^2 = 9$가 된다.

숙련예제 10.10

문제 개루프 전달 함수가 그림 10.53에서 나타낸 Bode 크기 선도로 표시될 때 안정한 단위 피드백 시스템에 대해 정상상태 오차 상수를 구하라.

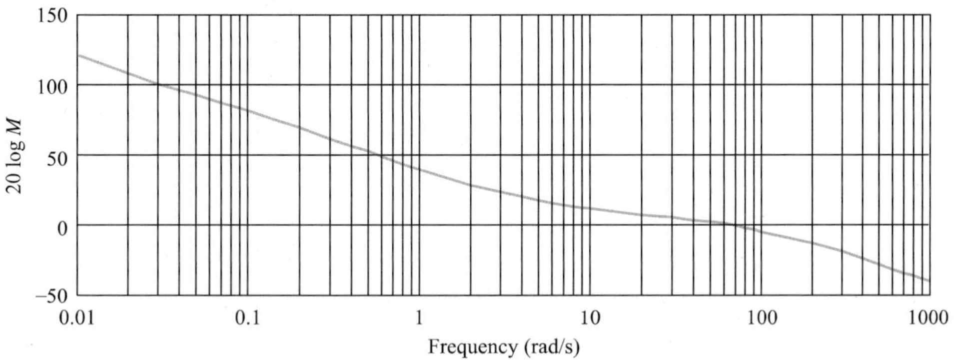

그림 10.53 숙련예제 10.10에 대한 Bode 로그-크기 선도

풀이 $K_p = \infty$, $K_v = \infty$, $K_a = 90.25$

완벽한 풀이는 www.wiley.com/go/Nise/ControlSystemsEngineering8e에 있다.

10.12 시간 지연을 갖는 시스템

시스템에 명령이 가해진 후 출력이 나타나기 시작하는 시간사이에 지연(delay)이 있으면 제어 시스템에서는 시간 지연이 발생한다. 예를 들어, 분산된 파이프 라인을 통하여 연결된 라디에이터에 온수를 공급하여 난방을 하는 난방 시스템을 생각해보자. 고온의 온수가 파이프 라인을 거쳐 라디에이터에 도달하기까지는 시간이 걸리므로 라디에이터는 일정 시간이 지난 뒤에 뜨거워지기 시작한다. 다시 말하면, 온도 상승 명령이 가해진 후 파이프 라인으로 연결된 라디에이터에서 온도가 상승하기까지 시간 지연이 발생한다. 이것은 과도 응답이나 출력이 원하는 기준값까지 상승하는데 걸리는 시간과는 다르며, 시간 지연을 갖는 시스템의 경우, 이 시간 지연 동안 시스템은 아무런 반응을 하지 않는다.

시간 지연 모델링

전달 함수가 $G(s)$인 시스템에 입력 $R(s)$를 가할 때 나타나는 출력을 $C(s)$라 하자. 다른 시스템 $G'(s)$가 T초 만큼 시간 지연을 갖고 출력되면 출력은 $c(t-T)$가 된다. 표 2.2의 5번째 성질로부터 $c(t-T)$의 라플라스 변환은 $e^{-sT}C(s)$가 된다. 시간지연이 없는 시스템의 경우 $C(s) = R(s)G(s)$이고, 시간 지연을 갖는 시스템의 경우에는 $e^{-sT}C(s) = R(s)G'(s)$이므로 이들 두 식을 나누면 $G'(s)/G(s) = e^{-sT}$가 된다. 따라서 시간 지연이 T초인 시스템을 시간지연이 없는 시스템으로 나타내면 다음과 같다.

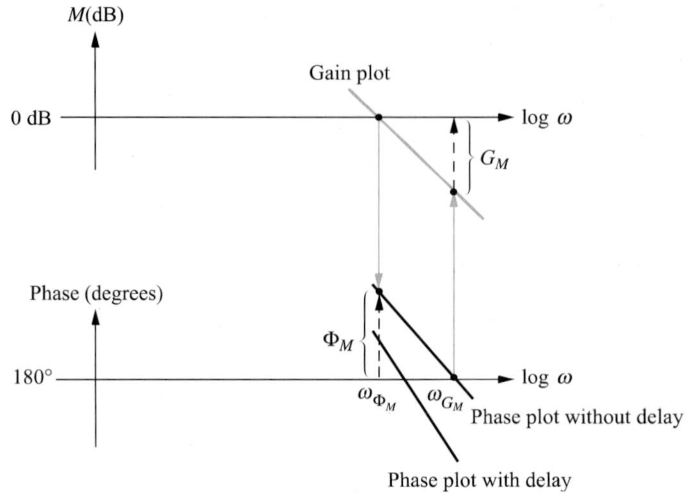

그림 10.54 시간 지연이 주파수 응답에 미치는 영향

$$G'(s) = e^{-sT}G(s) \tag{10.87}$$

시스템이 시간 지연을 가질 때 나타나는 현상을 살펴보기 위해, 식 (10.87)에 $s = j\omega$를 대입하면 다음 식이 얻어진다.

$$G'(j\omega) = e^{-j\omega T}G(j\omega) = |G(j\omega)|\angle\{-\omega T + \angle G(j\omega)\} \tag{10.88}$$

이 식으로부터 시간 지연은 $G(j\omega)$의 크기 주파수 응답에는 영향을 미치지 않으나, $G(j\omega)$의 위상응답에서 주파수에 따라 선형적으로 증가하는 ωT를 빼야 위상이 된다.

시간 지연이 주파수 응답에 미치는 영향을 그림 10.54에 나타내었다. 시간 지연이 없는 시스템의 이득 여유와 위상 여유에서 시간 지연에 의한 위상을 빼야하므로 위상 여유가 줄게 된다. 따라서, 2차로 근사화된 시스템의 경우 위상 여유의 감소 때문에 폐루프 시스템의 감쇠 정수가 작아져 시스템 응답은 진동이 커진다. 또한, 위상이 변함에 따라 이득 여유 주파수가 낮아지고 이득 여유도 감소하게 되므로 시스템의 안정도 여유도 감소하게 된다.

예제 10.15 시간지연을 가지는 시스템의 주파수 응답 선도

문제 시스템 $G(s) = K/[s(s+1)(s+10)]$가 1초의 시간 지연을 갖을 때, 주파수 응답을 Bode 선도를 이용하여 그려라.

풀이 시스템이 시간 지연을 가져도 주파수 응답의 크기 선도는 변하지 않으므로 $K = 1$에서 그림 10.55(a)와 같은 Bode 선도의 크기 응답을 얻는다.
그러나, 위상 응답은 시간 지연에 의해 영향을 받으므로 그림 10.55 (b)와 같게 된다. 먼저, 시간 지연이 1초이므로 시간지연에 대한 위상선도 $e^{-j\omega T} = 1\angle -\omega T = 1\angle -\omega$를 그린다. 다음으로 시스템 $G(j\omega)$의 위상선도를 그린다. 이 두 위상응답을 합하면 $e^{-j\omega T}G(j\omega)$의 위상 응답이 된다. $G(j\omega)$의 위상과 시간지연의 위상은 같은 단위를 사용하여야 한다.
주파수가 증가하면 위상은 더욱 음수가 되므로 위상지연은 위상여유를 감소시킨다. 2차로 근사화되는 경우 위상여유의 감소는 감쇠 정수를 작게 하여 폐루프 시스템의 응답의 진동은 커지게 된다. 또한, 이득 여유 주파수가 낮아지고 크기선도에서는 이득 여유가 감소하므로 시스템은 불안정해질 수 있다.

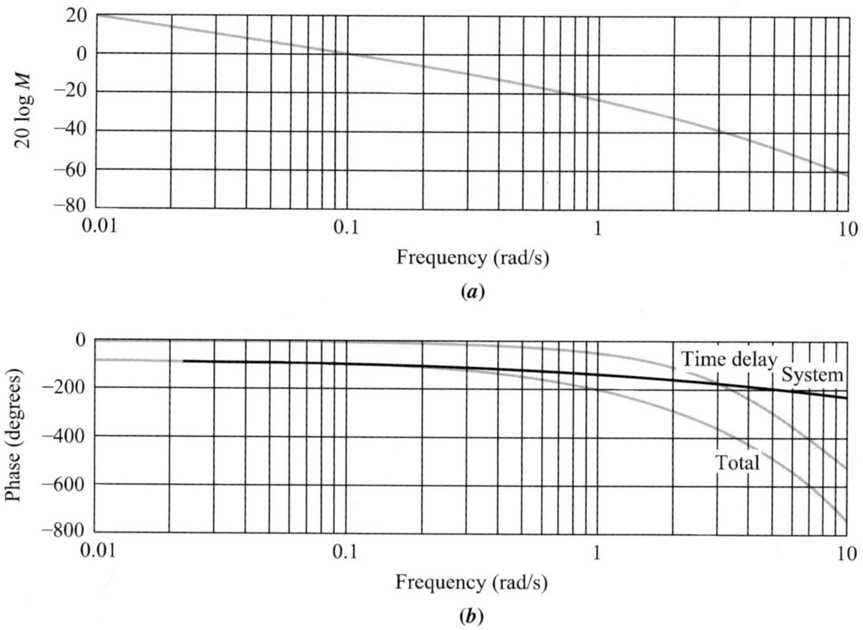

그림 10.55 $G(s) = K/[s(s+1)(s+10)]$에서 $K = 1$이고 시간 지연이 1초일 때의 주파수 응답 a. 크기 응답 곡선 b. 위상 응답 곡선

부록 B의 프로그램 ch10p7은 MATLAB를 사용하여 예제 10.15를 풀기 위한 프로그램으로, 이 프로그램을 수행시킴으로써 Bode 선도에서 시간 지연 영향을 중첩시키는 방법과 한 그래프에 여러 개의 그래프를 중첩시키고 이름을 붙이는 방법을 배우게 될 것이다. 이 예제는 MATLAB을 사용해서 예제 10.15를 푼다. MATLAB ML

예제 10.15의 결과를 이용하여 시스템이 안정하도록 설계하고 과도 응답을 해석하며 시간 지연이 없는 시스템의 결과와 비교해보자.

예제 10.16 시간 지연을 가지는 시스템이 안정하기 위한 이득의 범위

문제 예제 10.15에서는 시간 지연을 가지는 개루프 시스템을 단위 피드백 시스템으로 구성했다. 다음 문제를 풀어라.

a. Bode 선도와 주파수 응답 방법을 사용하여 안정하기 위한 이득 K의 범위를 구하라.
b. 시간 지연이 없는 시스템에 대해서 a를 반복하라.

풀이

a. 그림 10.55의 위상 선도에서 "Total"로 표시된 시간 지연 시스템의 경우, 0.81rad/s의 주파수에서 위상은 -180°가 된다. 이 주파수에서 이득은 -20.39dB이다. 따라서, K는 1인 현재의 값에서 $10^{20.39/20}$=10.46까지 증가시킬 수 있으므로, 시스템은 $0 < K \leq 10.46$에서 안정하다.
b. 그림 10.55의 "System"으로 표시된 시간 지연이 없는 위상선도에서, 주파수 3.16rad/s에서 -180°가 되므로 이득 K는 40.84 또는 110.2까지 증가시킬 수 있다. 따라서 시간지연이 없다면, 시스템은 $0 < K \leq 110.2$에서 안정되므로 이득의 범위가 10배 정도 더 크다.

예제 10.17 시간지연을 가지는 시스템에서 % 오버슈트

문제 예제 10.15에서 시간 지연을 갖는 개루프 시스템을 단위 피드백 시스템으로 구성하였다. 다음을 구하라.

a. Bode 선도와 주파수 응답 방법을 사용하여 $K=5$일 때의 퍼센트 오버슈트를 추정하라.
b. 시간 지연이 없는 시스템에 대해서 (a)를 반복하라.

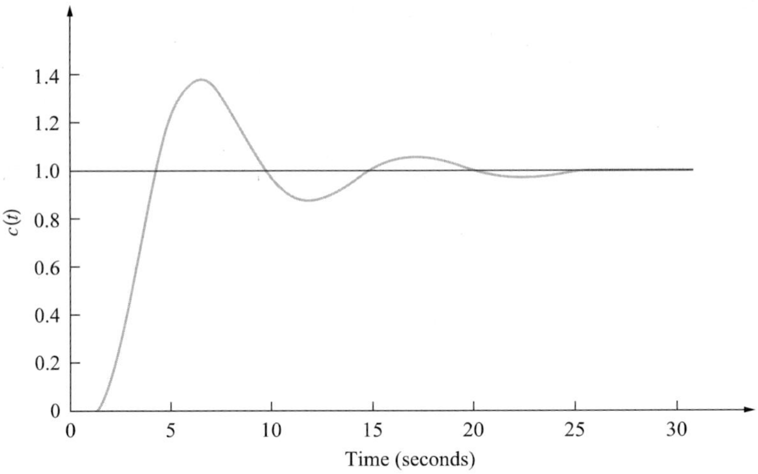

(a)

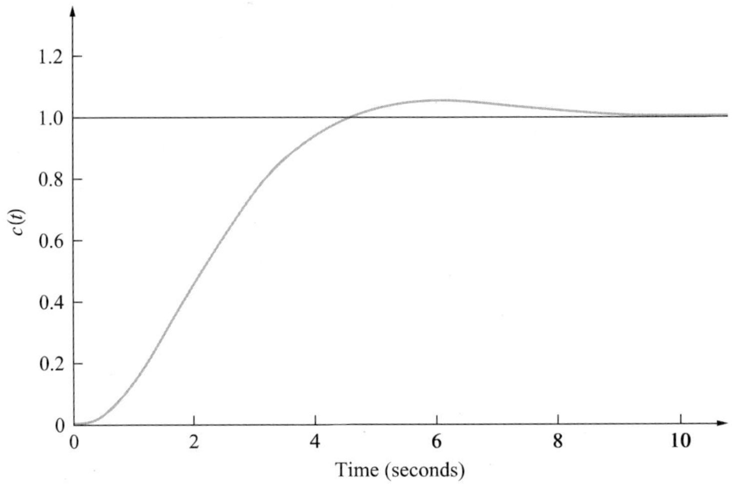

(b)

그림 10.56 $G(s)=5/[s(s+1)(s+10)]$인 폐루프 시스템의 단위 계단 함수 응답 a. 시간 지연이 1초인 시스템 b. 시간 지연이 없는 시스템

풀이

a. $K=5$이므로 그림 10.55의 크기 선도는 13.98dB만큼 위로 이동시킬 수 있다. 크기선도에서 0dB를 지나는 주파수는 0.47rad/s가 되며, "Total"로 표시된 위상 선도로부터 이 주파수에서 위상은 -145°가 된다. 따라서 위상여유는 (-145°-(-180°))=35°가 된다. 시스템이 2차로 근사화된다고 가정하고 식 (10.73)이나 그림 10.48을 사용하면, ζ=0.33이 된다. 식 (4.38)로부터 %OS=33%가 된다. 그림 10.56(a)의 시간 응답에서 실제 %오버슈트는 38%로 나타나 계산된 % 오버슈트 33%와는 다소 차이가 있음을 알 수 있다. 한편, 응답 초기에 시간 지연이 있음을 주목하라.
b. 크기선도가 0dB를 지나는 주파수는 0.47rad/s이다. "System"으로 표시된 위상 선도로부터 이 주파수에서 위상은 -118°이므로 위상 여유는 (-118°-(-180°))=62°이다. 시스템이 2차로 근사화

된다고 가정하고 식 (10.73)이나 그림 10.48을 사용하면, ζ=0.64가 된다. 식 (4.38)로부터 %OS=7.3%가 된다. 그림 10.56(b)는 시간응답이다. 시간 지연이 없으면 오버슈트나 정착 시간이 줄어듦을 알 수 있다.

숙련예제 10.11

문제 그림 10.10에서 보여준 시스템에 대해서 전향 경로 시간 지연이 다음과 같을 때, 위상 여유를 구하라.

여기서, $G(s) = \dfrac{10}{s(s+1)}$ 이다.

a. $0s$
b. $0.1s$
c. $3s$

풀이

a. 18.0°
b. 0.35°
c. -151.41°

완벽한 풀이는 www.wiley.com/go/Nise/ControlSystemsEngineering8e에 있다.

스스로 해보기 10.6

```
G=zpk([],[0,-1],10)
d=0
[numGd, denGd]=pade…
(d,12)
Gd=tf(numGd,denGd)
Ge=G'Gd
bode(Ge)
grid on
```

요약하면, 시간 지연을 갖는 시스템에서 위상 응답에 시간 지연 효과를 반영시킬 수 있으면 주파수 응답 방법을 사용하여 해석할 수 있는데, 시간 지연은 이득과 위상 여유를 줄이므로 %오버슈트를 증가시키거나 시스템의 안정도 여유를 감소시킨다.

10.13 전달 함수를 실험적으로 결정

4장에서는 계단 함수 응답 결과를 이용하여 시스템의 전달 함수를 구하는 방법에 대해 다루었다. 본 절에서는 정현파 입력에 대한 주파수 응답 결과를 이용하여 전달 함수를 구하는 방법에 대해 다루기로 하자.

시스템의 전달 함수를 해석적 방법에 의해 구하는 것은 어려운 일로서 시스템을 구성하는 각 부분의 값을 모를 수도 있고, 시스템 내부 구조를 알지 못할 수도 있다. 이런 경우, 실험적으로 시스템의 주파수 응답을 얻은 후, 이 결과를 이용하여 전달 함수를 구할 수 있다. 정현파 신호나 신호 발생기에서 생성된 신호를 시스템 입력으로 사용하고 정상 상태에서 시스템 출력의 크기나 위상 응답을 측정하면 시스템 주파수 응답을 실험적으로 얻을 수 있다(그림 10.2). 이 과정을 여러 주파수에 대해 반복하면 주파수 응답 그래프가 얻어지는데, 그림 10.2(b)를 참조하면 크기 응답은 $M(\omega) = M_o(\omega)/M_i(\omega)$가 되고, 위상 응답은 $\phi(\omega) = \phi_0(\omega) - \phi_i(\omega)$가 된다. 주파수 응답이 얻어지면 시스템의 전달 함수는 꺾임 주파수와 기울기로부터 유추할 수 있다. 주파수 응답에 의하여 전달 함수를 구하는 방법은 4장에서 다룬 과도 응답 특성을 고려하여 전달 함수를 구하는 방법보다 좀 더 정확할 수 있다.

주파수 응답을 이용하여 전달 함수를 구할 때 Bode 선도를 이용하면 전달 함수의 분자 분모항의 인수를 쉽게 찾을 수 있다. 이 과정에서 경험과 직관이 매우 중요하지만 다음 단계로 나누어 생각할 수 있다.

1. Bode 선도의 크기와 위상 응답으로부터 시스템의 극점과 영점을 추정한다. 시스템 형을 정하기 위해 Bode 선도에서 크기 곡선이 시작되는 부분의 기울기를 조사한다. 극점 수와 영점 수의 차를 알기 위하여 위상 곡선의 변화를 조사한다.
2. Bode 선도의 크기와 위상 곡선의 각 부분이 1차 또는 2차의 극점이나 영점에 대한 주파수 응답으로 근사화되는지를 확인한다.
3. Bode 선도의 크기 응답 곡선에서 미흡 감쇠 특성을 갖는 2차의 극점이나 영점에 대한 주파수 응답으로 근사화되는 부분이 있는지를 확인한다.
4. 극점이나 영점 응답으로 분류되면 크기 응답 곡선을 ±20 또는 ±40dB/decade 직선으로 근사화하고, 위상 응답 곡선은 ±45°/decade 직선으로 근사화하여 꺾임 주파수를 추정한다. 2차의 극점이나 영점에 대해서는 10.2절의 표준 곡선을 사용하여 감쇠 정수와 고유 주파수를 추정한다.
5. 앞에서 찾은 극점과 영점을 갖으며, 이득이 1인 전달 함수를 만든다. 주어진 주파수 응답에서 이 전달 함수의 주파수 응답을 빼는 과정을 반복하여 여분의 극점과 영점을 찾아 전달 함수를 완성한다. MATLAB과 같은 컴퓨터 프로그램을 사용하면 전달 함수를 쉽게 구할 수 있다.

예제 10.18 Bode 선도를 이용한 전달 함수의 결정

문제 그림 10.57과 같은 주파수 응답 특성을 갖는 시스템의 전달 함수를 구하라.

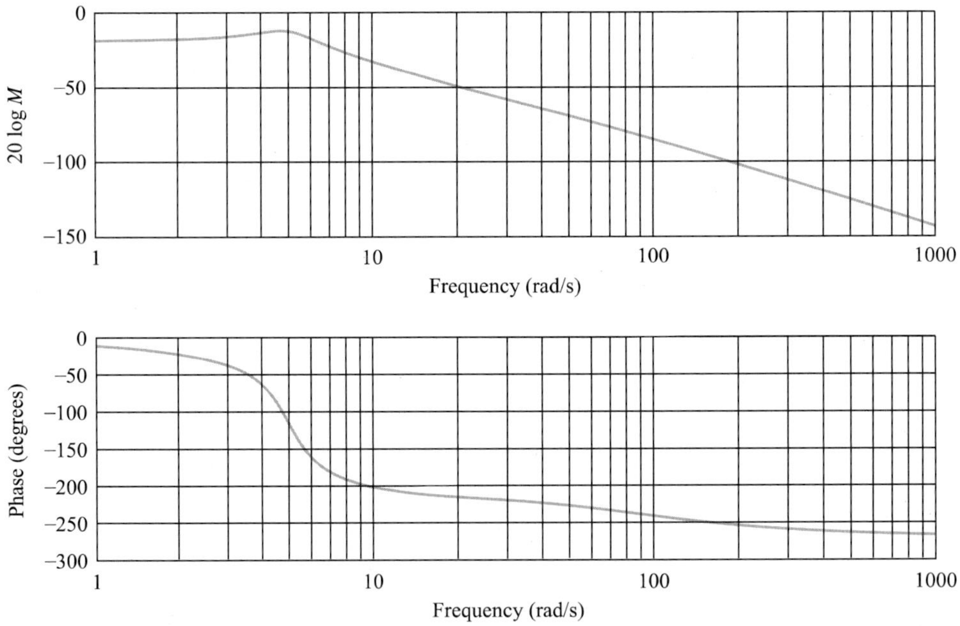

그림 10.57 미결정된 전달 함수를 갖는 시스템에 대한 Bode 선도

풀이 크기 선도에서 최고값이 나타나는 부분을 미흡 감쇠 특성을 갖는 2차 극점으로 정하고, 고유 주파수는 최고값이 나타나는 부분의 주파수인 5로 한다. 그림 10.57로부터 최고값이 약 7dB이므로 식 (10.52)를 이용하면 감쇠 정수는 약 $\zeta=0.24$로 한다. 따라서, 이득이 1인 2차 함수는 $G_1(s)=\omega_n^2/(s^2+2\zeta\omega_n s+\omega_n^2)=25/(s^2+2.4s+25)$가 된다. 이 함수에 대한 Bode 선도를 그림 10.56의 Bode 선도에서 빼면 그림 10.58과 같다.

크기 응답 선도에 -20dB/decade의 직선을 그리고 위상응답 선도에 -45°/decade의 직선을 그려 마지막 극점을 찾는다. 위상 응답 선도로부터 꺾임 주파수를 90rad/s로 한다. 앞의 응답선도로부터 $G_2(s)=90/(s+90)$의 응답선도를 빼면 그림 10.59의 응답선도가 남는다.

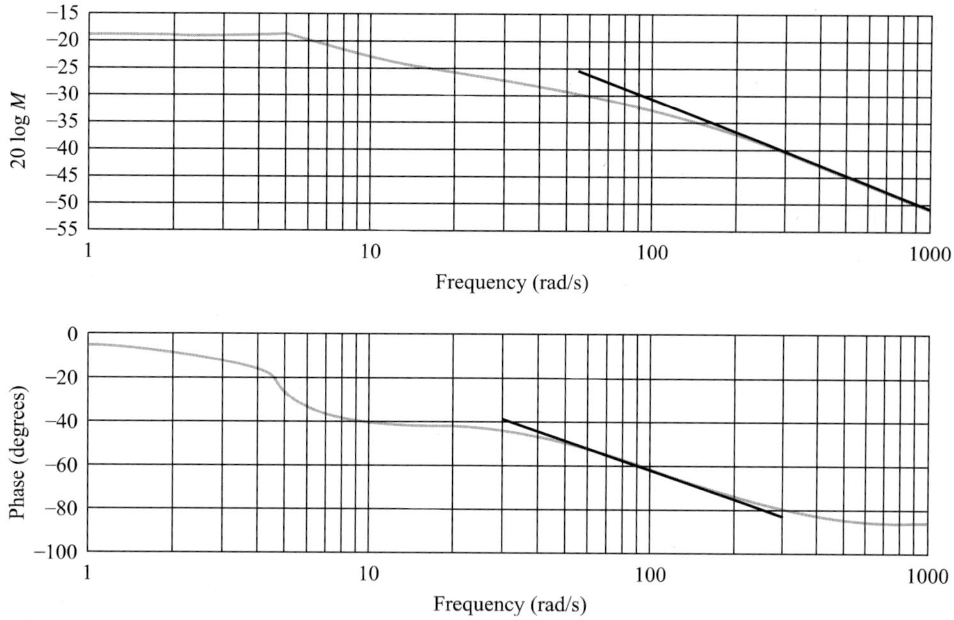

그림 10.58 본래의 Bode 선도와 $G_1(s) = 25/(s^2 + 2.4s + 25)$의 응답 차

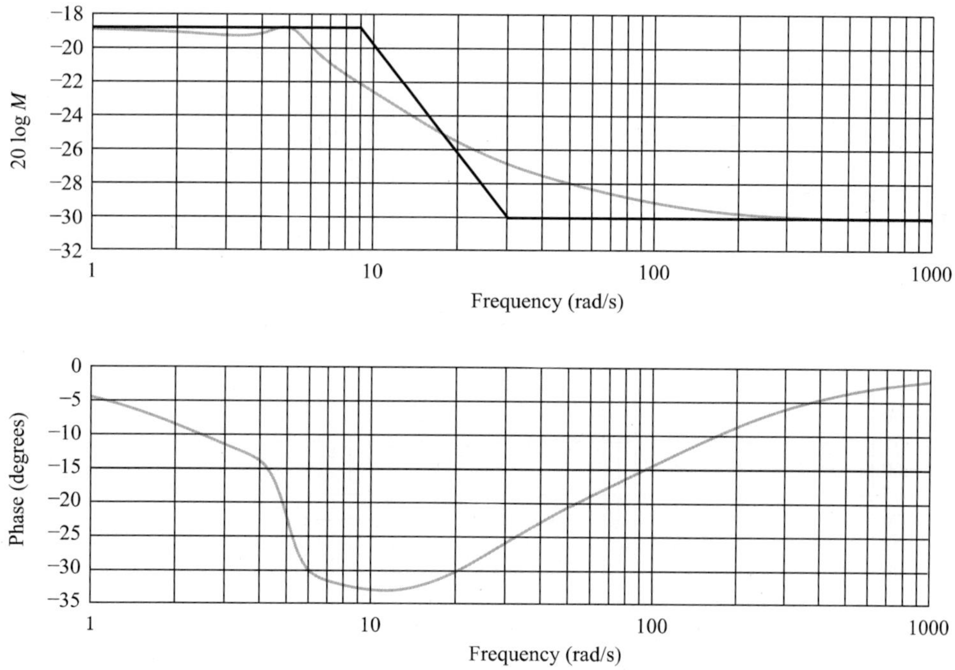

그림 10.59 본래의 Bode 선도와 $G_1(s)\, G_2(s) = [25/(s^2 + 2.4s + 25)]\,[90/(s + 90)]$의 응답 차

그림 10.59의 주파수 응답은 지상 보상기의 주파수 응답과 유사하므로 -20dB/decade 기울기를 갖는 직선을 일치시켜 꺽임 주파수를 찾는다. 그림으로부터 양쪽 꺽임 주파수는 각각 9와 30rad/s이 된다. -9인 극점과 -30인 영점을 가지며 이득이 1인 함수는 $G_3(s) = 0.3(s + 30)/(s + 9)$가 된다. $G_1(s)\, G_2(s)\, G_3(s)$를 빼면 ±1dB인 수평 크기 응답선도와 -3°±5°에서 수평인 위상응답 선도가 남게 된다. 따라서 전달 함수를 찾는 과정이 끝나게 되며 저주파 영역에서 -19dB 또는 0.11의 dc 성분을 가지게 된다. 따라서 전달 함수는 $G(s) = 0.11\, G_1(s)\, G_2(s)\, G_3(s)$, 즉,

$$G(s) = 0.11\left(\frac{25}{s^2+2.4s+25}\right)\left(90\frac{1}{s+90}\right)\left(0.3\frac{s+30}{s+9}\right)$$
$$= 74.25\frac{s+30}{(s+9)(s+90)(s^2+2.4s+25)} \tag{10.89}$$

그러나, 원래의 Bode 선도를 가지는 전달 함수는 다음과 같으며 유도된 전달 함수와는 차이가 있음을 알 수 있다.

$$G(s) = 70\frac{s+20}{(s+7)(s+70)(s^2+2s+25)} \tag{10.90}$$

MATLAB ML

부록 B의 프로그램 ch10apB8은 MATLAB를 사용하여 예제 10.18을 풀기 위한 프로그램으로, 이 프로그램을 수행시킴으로써 MATLAB을 이용하여 전달 함수를 유도하는 법을 배우게 될 것이다.

숙련예제 10.12

문제 Bode 로그-크기 선도와 위상 선도가 그림 10.60으로 표시되는 $G(s)$를 추정하라.

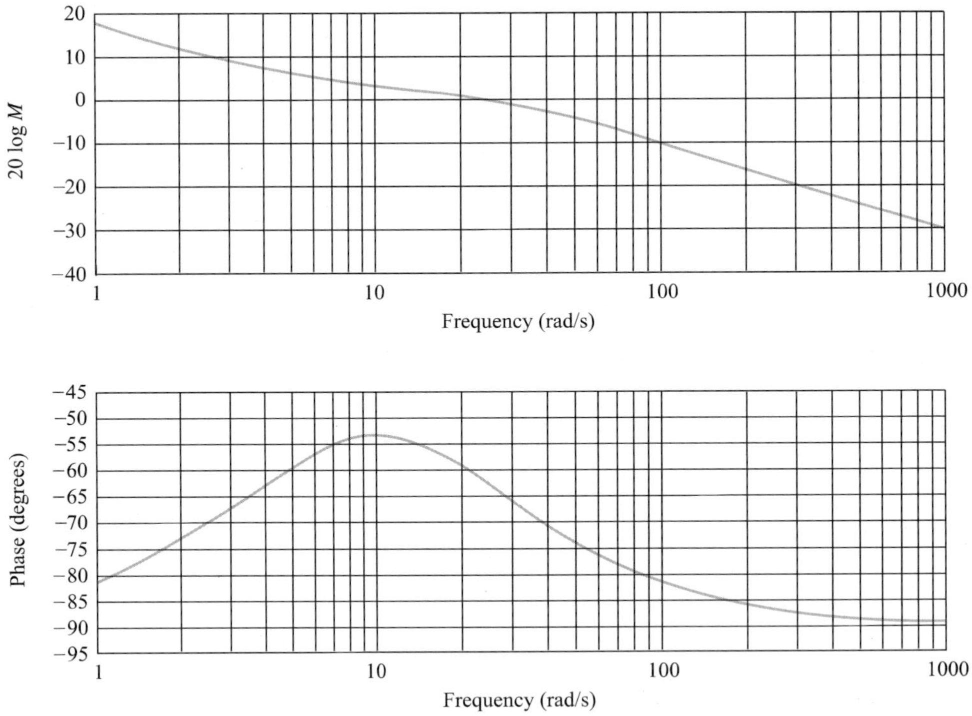

그림 10.60 숙련예제 10.12의 Bode 선도

풀이 $G(s) = \dfrac{30(s+5)}{s(s+20)}$

완벽한 해는 www.wiley.com/go/Nise/ControlSystemsEngineering8e에 있다.

이 장에서 우리는 개루프 시스템과 폐루프 시스템의 주파수 응답과 시간 응답 특성 사이의 관계식을 유도하였다. 다른 각도에서 해석되었지만, 주파수 응답 기법은 앞 장에서 다룬 근궤적과 정상 상태 오차 해석을 대신할 수 있다.

사례연구

안테나 제어 : 안정도 설계 및 과도 응답 해석

Design D

이 장에서 다루었던 내용을 안테나 방위각 제어 시스템에 예를 들어 요약해 보자. 시스템이 안정하기 위한 이득의 범위 및 폐루프 시스템의 계단 함수 응답에 대한 %오버 슈트가 설계 허용치 내에 있도록 하는 이득 결정 방법을 주파수 응답 기법을 이용하여 설명하고자 한다.

문제 이 책의 표지 안쪽에 주어진 안테나 방위각 제어 시스템에 대해 주파수 응답 방법을 사용하여 다음을 결정하라.

a. 시스템이 안정되기 위한 1차 증폭기 이득 K의 범위
b. 1차 증폭기 이득을 30으로 정하였을 때 %오버슈트값
c. 정착 시간
d. 최고값 시간
e. 상승 시간

풀이 이 책의 표지 안쪽에 주어진 블록선도로부터 루프 이득 $G(s)H(s)$는 다음과 같다.

$$G(s)H(s)=\frac{6.63K}{s(s+1.71)(s+100)}=\frac{0.0388K}{s\left(\frac{s}{1.71}+1\right)\left(\frac{s}{100}+1\right)} \tag{10.91}$$

루프 이득에서 $K=1$일 때, 주파수 응답은 그림 10.61과 같다.

a. 시스템이 안정되기 위한 K값의 범위는 다음과 같이 구한다. 그림 10.61의 위상응답에서 위상이 -180°가 되는 각주파수는 $\omega=13.1\,\text{rad/s}$이며, 이 주파수에서 크기는 -68.41dB가 된다. 따라서, 이득 K를 68.41dB만큼 증가시킬 수 있으므로 시스템이 안정되기 위한 이득 K의 한계값은 K=2633이 되어 시스템이 안정되기 위한 이득의 범위는 $0<K<2633$이다.

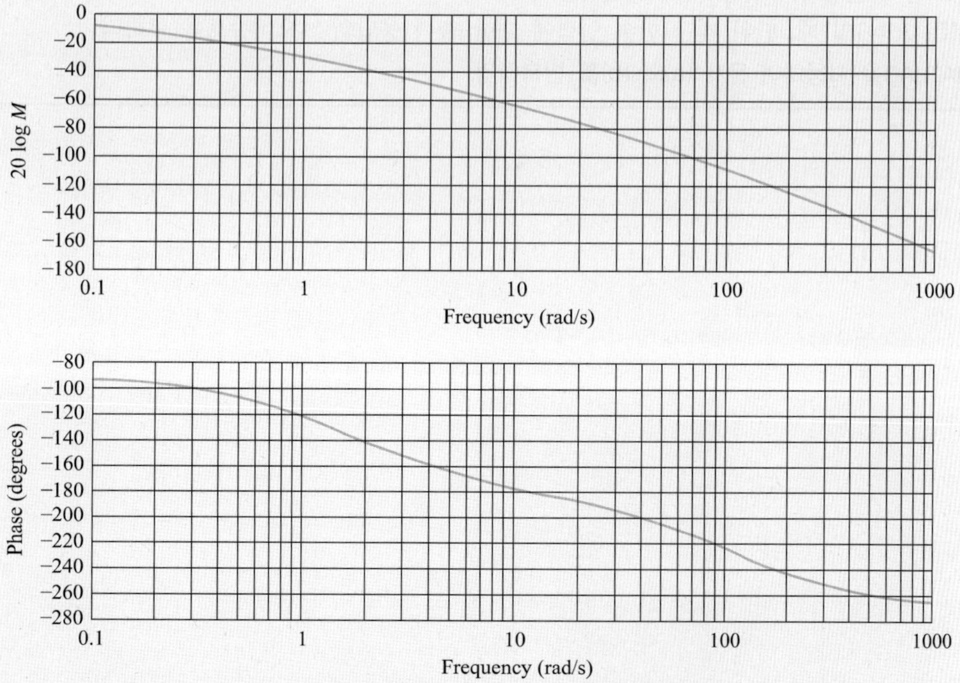

그림 10.61 안테나 제어 시스템 $K=1$에 대한 개루프 시스템의 주파수 응답 선도

b. $K = 30$ 일 때, 단위 계단 함수 응답에 대한 %오버슈트를 구하기 위해 이 시스템을 2차로 근사화하고 2차 시스템에서 성립되는 %오버슈트, 감쇠 정수와 위상 여유에 대한 식이 모두 적용될 수 있다고 하자. 즉, 감쇠 정수와 위상 여유의 관계를 나타내는 식 (10.73)을 사용할 수 있다고 하자.

$K = 30$ 이면, 그림 10.61의 크기 응답은 20 log30=29.54dB만큼 위쪽으로 이동될 수 있기 때문에, 크기 응답이 0dB를 지나는 각주파수는 $\omega = 1$rad/s가 된다.

이 주파수에서 위상은 -120.9°가 되므로 위상 여유는 59.1°이다. 따라서, 식 (10.73)이나 그림 10.48을 이용하면 ζ=0.6이므로 9.48%의 오버슈트를 갖는다. 한편, 컴퓨터 시뮬레이션 결과는 10%오버슈트를 보여준다.

c. 정착 시간을 구하기 위해 시스템을 2차로 근사화하고 식 (10.55)를 이용하기로 한다. $K = 30$ (29.54dB)이므로, 그림 10.61에서 크기가 -36.54dB일 때 개루프 시스템의 크기는 -7dB가 된다. 따라서 대역폭의 근사값은 1.8rad/s이므로, 식 (10.55)에 대입하면 $T_s = 4.25$ 초가 된다. 한편, 컴퓨터 시뮬레이션 결과에서는 정착 시간이 약 4.4초로 나타났다.

d. (c)에서 어림잡은 대역폭과 (a)에서 얻은 감쇠 정수를 식 (10.56)에 대입하면 최고값 시간을 계산할 수 있는데 약 2.5초가 된다. 한편, 컴퓨터 시뮬레이션 결과에서는 최고값 시간이 2.8초가 되는 것으로 나타났다.

e. 그림 4.16으로부터 상승 시간은 감쇠 정수가 0.6일 때 1.854초가 된다. (c)에서 얻은 대역폭과 감쇠 정수 $\zeta = 0.6$을 식 (10.54)에 대입하면 $\omega_n = 1.57$이 된다. 이미 구한 상승 시간과 ω_n값을 이용하면, $T_r = 1.854/1.57 = 1.18$이 된다. 한편, 컴퓨터 시뮬레이션 결과에서는 상승 시간이 1.2초인 것으로 나타났다.

도전문제 이 장의 목표를 정확하게 이해할 수 있도록 하기 위하여 다음 문제를 제시하고자 한다. 부록 A2에 있는 그림 3의 안테나 방위각 제어 시스템에 대해 주파수 응답 방법을 사용하여 다음을 해결하라.

a. 시스템이 안정되기 위한 이득의 범위를 구하라.

b. 이득 K=3일 때, 단위 계단 함수 입력에 대한 출력 응답의 %오버슈트를 구하라.

MATLAB ML

c. MATLAB을 사용하여 문제 (a)와 (b)를 반복하라.

요약

주파수 응답 기법은 피드백 시스템을 해석하고 설계하기 위한 한 가지 방법으로 실험실에서 실제 시스템을 모델링할 때 효과적으로 사용될 수 있다. 반면에 근궤적법은 시간 응답과 직접적으로 관련되어 있다.

시스템에 정현파 입력을 가할 때 정상 상태에서 시스템 출력 역시 정현파가 되며, 정현파 입력을 변화시켜 얻는 출력 데이터와 입력 데이터를 이용하여 주파수 응답을 얻을 수 있다. 크기 응답은 입력과 출력의 크기 비이고 위상 응답은 출력과 입력의 위상 차이다.

시스템의 주파수 응답은 극좌표 선도나 크기 선도와 위상 선도를 분리하여 나타낼 수 있다. 극좌표 선도로 나타내는 경우, 원점에서 선도 위의 점을 연결한 벡터의 길이가 크기가 되며 이 벡터의 각도가 위상이 된다. 극좌표 선도는 주파수를 변화시켜 얻는데, $G(s)H(s)$를 극좌표 선도로 나타낸 것이 Nyquist 선도이다.

주파수를 변화시키면서 크기와 위상을 분리하여 나타낸 선도 중 로그 주파수에 대해 로그를 취한 크기 및 위상을 나타낸 선도를 Bode 선도라 한다. Bode 선도가 Nyquist 선도보다 편리한 점은 궤적을 점근선으로 대신하여 그릴 수 있다는 것이다.

Nyquist 판별법은 주파수 응답으로부터 시스템의 안정도가 판별될 수 있음을 입증하며, Nyquist 판별법과 Nyquist 선도 또는 Nyquist 판별법과 Bode 선도를 이용하여 시스템의 안정도를 판별한다.

주파수 응답 기법은 시스템의 안정도를 판별할 뿐만 아니라 과도 응답 특성을 알 수 있도록 한다. 이득 여유와 위상 여유를 이용하면 과도 응답에 대한 해석 및 설계가 가능하다. 이득 여유는 위상이 180°일 때 시스템이 임계 안정하도록 증가시킬 수 있는 이득의 범위이며, 위상 여유는 이득이 1일 때 시스템이 불안정하게 증가시킬 수 있는 위상의 범위이다.

개루프 시스템의 주파수 응답은 안정도와 과도 응답 특성을 판별하는데 이용되지만, 폐루프 시스템의 주파수 응답이 갖는 최고값 및 대역폭과 과도 응답 사이의 관계를 이용하여 제어 시스템을 설계하기도 한다. 폐루프 시스템에 대한 주파수 응답은 폐루프 시스템의 극점을 쉽게 구할 수 없기 때문에 개루프 시스템의 주파수 응답과 같이 간단히 구할 수 없다. 따라서, 개루프 시스템의 주파수 응답을 그린 후 이 그래프를 이용하여 폐루프 시스템의 주파수 응답을 얻는다. 그래프를 이용하는 방법에는 M인 원과 N인 원을 사용하는 방법과 Nichols 선도를 이용하는 방법이 있다. 개루프 시스템의 주파수 응답을 M인 원과 N인 원 또는 Nichols 선도에 중첩시킴으로써, 폐루프 시스템의 주파수 응답을 얻을 수 있으며, 이것을 이용하여 과도 응답 특성을 해석하고 설계할 수 있다.

오늘날에는 컴퓨터와 관련 소프트웨어를 이용함으로써, 이 장에서 소개한 방법을 사용하지 않고 주파수 응답을 얻을 수 있는데, 근궤적을 그리는 프로그램과 부록 G.2의 프로그램이 여기에 속하며, MATLAB과 같은 소프트웨어를 이용할 수도 있다.

끝으로 실험적으로 얻어지는 주파수 응답으로부터 전달 함수를 구하는 방법을 소개하는데, 이 방법에 의해 얻어지는 전달 함수는 과도 응답을 이용하여 얻는 것보다 더 정확하다.

이 장에서는 주파수 응답 기법에 의한 피드백 제어 시스템의 해석을 다뤘는데, 주파수 응답과 안정도 및 과도 응답 사이의 관계를 유도하였다. 다음 장에서는 이 기법과 Bode 선도를 이용하여 피드백 제어 시스템을 설계하는 방법을 다루고자 한다.

복습문제

1. 주파수 응답 기법이 근궤적 법보다 나은 점 4가지는 무엇인가?
2. 실제 시스템에 적용되는 주파수 응답의 정의는 무엇인가?
3. 주파수 응답을 그리기 위한 방법 두 가지를 말하라.
4. 주파수 응답을 해석적으로 얻는 방법을 간단히 설명하라.
5. Bode 선도에 대해 설명하라.
6. Bode 선도에서 시스템의 각 극점에 대한 크기의 기울기는 어떻게 되는가?
7. 4개의 극점만을 갖는 시스템에 대한 Bode 선도의 크기에서 고주파 영역의 기울기는 얼마가 되는가?
8. 두 개의 영점과 4개의 극점을 갖는 시스템에 대한 Bode 선도의 크기에서 고주파 영역의 기울기는 얼마가 되는가?
9. 극점이 -2인 시스템의 위상 응답 점근선을 구하라.
10. 1차 시스템과 2차 시스템에 대한 Bode 선도에서 주요한 차이점은 무엇인가?
11. 3개의 극점이 -4에 있는 시스템에 대한 주파수 응답 선도에서 점근선과 실제 크기 사이의 최대 차는 얼마인가?
12. Nyquist 판별법에 대해 간략히 설명하라.
13. Nyquist 판별법이 보이고자 하는 점은 무엇인가?
14. Nyquist 선도에 대해 설명하라.
15. Nyquist 판별법을 주파수 응답 기법이라 하는 이유는?
16. Nyquist 선도를 그릴 때, 허수축 위에 있는 개루프 극점은 어떻게 처리해야 하는가?
17. 안정한 개루프 시스템에 대해 약식으로 Nyquist 판별법을 적용시킬 수 있는 방법은 무엇인가?
18. 불안정한 개루프 시스템에 대해 약식으로 Nyquist 판별법을 적용시킬 수 있는 방법은 무엇인가?
19. 이득 여유에 대해 설명하라.
20. 위상 여유에 대해 설명하라.
21. 시스템의 과도 응답을 결정하는 주파수 응답 특성 두 가지를 말하라.
22. 개루프 시스템 전달 함수로부터 폐루프 시스템의 주파수 응답을 구하는 방법 세 가지를 말하라.
23. Bode 선도의 크기 응답 곡선을 이용하여 오차 상수를 구하는 방법을 간단히 설명하라.
24. 시스템에 시간 지연이 추가되면 개루프 시스템의 주파수 응답의 크기가 어떻게 달라지는가?
25. 순수한 시간 지연의 위상 응답이 로그를 취하지 않은 주파수 변화에 대한 위상응답으로 그려진다면 위상 곡선의 모양은 어떻게 되는가?
26. 실험으로 얻은 주파수 응답 데이터로부터 극점 및 영점 성분을 제거하는 과정을 반복하면서 전달 함수를 구할 때 언제 이 과정을 끝내야 하는가?

가상 탐구 실험실

실험 10.1

목표 개루프 주파수 응답과 안정도 사이의 관계, 개루프 주파수 응답과 폐루프 과도 응답 사이의 관계, 폐루프 과도 응답을 예측하는데 추가된 폐루프 극점과 영점이 미치는 영향을 설명하기 위함이다.

요구되는 소프트웨어의 최소 구성 MATLAB, Control System Toolbox

예비실험

1. 순방향 전달 함수 $G(s)=\dfrac{K}{s(s+2)(s+10)}$를 갖는 단일 음의 피드백 시스템의 Nyquist 선도를 그려라.

   Nyquist 선도로부터 시스템이 안정하기 위한 이득의 범위를 구하여라.
2. 2차 폐루프 계단 응답이 다음과 같은 %오버슈트를 가지도록 하는 위상 여유를 구하라. 5%, 10%, 20%, 30%.

실험

1. Control System Designer을 이용하여, 예비실험 1의 시스템에 대한 근궤적도, Nyquist 선도, 스텝 응답을 그려라. 다음 K값: 50, 100, 예비실험 1에서 구한 임계 안정할 때의 값, 임계 안정할 때의 값보다 큰 값에 대해 근궤적도, Nyquist 선도, 스텝 응답을 그려라. 설명이 필요한 그래프를 위해 Zoom tools을 사용하라. 마지막으로 폐루프 극점을 근궤적도를 따라 이동시켜 이득을 바꾸어 보고, Nyquist 선도와 스텝 응답에서 어떤 변화가 있는지 확인하라.
2. Control System Designer을 이용하여 순방향 전달 함수 $G(s)=\dfrac{K}{s(s+10)^2}$를 갖는 단일 음의 피드백 시스템에 대한 Bode 선도와 폐루프 계단함수 응답을 그려라. 예비실험 2에서 구한 각각의 위상 여유에 대한 Bode 선도와 폐루프 계단함수 응답을 그려라. Bode 선도의 크기 선도에서 위아래로 이동하여 원하는 위상 여유를 가지도록 이득을 조절하라. 이 경우 Bode 위상선도가 변하는지 확인하라. 각각의 경우에 대해서 이득 값과 폐루프 극점의 위치를 기록하여라.
3. $G(s)=\dfrac{K}{s(s+10)}$에 대해서 실험 2를 반복하여라.

결과토의

1. 예비실험 1과 실험 1에서 구한 안정되기 위한 이득의 범위를 실제값과 계산값을 표로 정리하라.
2. 실험 2에서 얻어진 위상 여유, %오버슈트, 폐루프 극점의 위치 등의 데이터를 표로 정리하라.
3. 실험 3에서 얻어진 위상 여유, %오버슈트, 폐루프 극점의 위치 등의 데이터를 표로 정리하라.
4. 결과토의 1에서 3까지 각각에 대해, 실제값과 기댓값이 다른 점에 대해서 설명하라.

실험 10.2

목표 LabVIEW와 Nichols charts를 사용하여 폐루프 시간 응답의 성능을 정하기 위함이다.

요구되는 소프트웨어의 최소 구성 LabVIEW, Control Design and Simulation Module, MathScript RT Module, and MATLAB

예비실험

1. Forward-path 전달 함수를 가지는 단위 피드백 시스템을 $G(s)=\dfrac{100}{s(s+5)}$ 이라 가정한다. MATLAB이나 다른 방법을 사용하여 이득 여유와 위상 여유를 구하라. 또한, 폐루프 계단 응답의 % 오버슈트, 정착 시간, 최고값 시간을 구하라.
2. Nichols charts를 만들 수 있는 LabVIEW VI를 설계하라. 이득 여유와 위상 여유를 예측하기 위해 Nichols chart의 스케일을 조정하라. 그리고, Nichols chart에서 구한 이득 여유와 위상 여유의 값을 사용자가 입력하게 하라. 그 결과, VI가 폐루프 계단 응답의 % 오버슈트, 정착 시간, 최고값 시간을 생성할 것이다.

실험

예비실험에서 주어진 시스템을 위해 VI를 실행해 보아라. VI를 다른 시스템과 비교 테스트 해보아라.

결과토의

VI로 생성한 값들과 예비실험에서 계산된 폐루프의 성능을 비교하라.

참고문헌

Astrom, K., Klein, R. E., and Lennartsson, A. Bicycle Dynamics and Control. IEEE Control System, August 2005, pp. 26–47.

Bhambhani, V., and Chen, YQ. Experimental Study of Fractional Order Proportional Integral(FOPI) Controller for Water Level Control. 47th IEEE Conference on Decision and Control, 2008, pp. 1791–1796.

Bode, H. W. Network Analysis and Feedback Amplifier Design. Van Nostrand, Princeton, NJ, 1945.

Camacho, E. F., Berenguel, M., Rubio, F. R., and Martinez, D. Control of Solar Energy Systems. Springer-Verlag, London, 2012.

Craig, I. K., Xia, X., and Venter, J. W. Introducing HIV/AIDS Education into the Electrical Engineering Curriculum at the University of Pretoria. IEEE Transactions on Education, vol. 47, no. 1, February 2004, pp. 65–73.

Dorf, R. C. Modern Control Systems, 5th ed. Addison-Wesley, Reading, MA, 1989.

Franklin, G., Powell, J. D., and Emami-Naeini, A. Feedback Control of Dynamic Systems, 2d ed. Addison-Wesley, Reading, MA, 1991.

Galvão, R. K. H., Yoneyama, T., and de Araújo, F. M. U. A Simple Technique for Identifying a Linearized Model for a Didactic Magnetic Levitation System. IEEE Transactions on Education, vol. 46, no. 1, February 2003, pp. 22–25.

Hollot, C. V., Misra, V., Towsley, D., and Gong, W. A Control Theoretic Analysis of RED. Proceedings of IEEE INFOCOM, 2001, pp. 1510–1519.

Hostetter, G. H., Savant, C. J., Jr., and Stefani, R. T. Design of Feedback Control Systems, 2d ed. Saunders College Publishing, New York, 1989.

Khadraoui, S., Nounou, H., Nounou, M., Datta, A., and Bhattacharyya, S. P. A measurement-based approach for tuning of reduced-order controllers. American Control Conference (ACC),

June 2013, pp. 3876–3881.

Kim, S.-H., Kim, J. H., Yang, J., Yang, H., Park, J.-Y., and Park, Y.-P. Tilt Detection and Servo Control Method for the Holographic Data Storage System. Microsystem Technologies, vol. 15, 2009. pp. 1695–1700.

Kuo, B. C. Automatic Control Systems, 5th ed. Prentice Hall, Upper Saddle River, NJ, 1987.

Kuo, F. F. Network Analysis and Synthesis. Wiley, New York, 1966.

Lam, P. Y. Gyroscopic Stabilization of a Kid-Size Bicycle. IEEE 5th International Conference on Cybernetics and Intelligent Systems, 2011, pp. 247–252.

Mahmood, H., and Jiang, J. Modeling and Control System Design of a Grid Connected VSC Considering the Effect of the Interface Transformer Type. IEEE Transactions on Smart Grid, vol. 3, no. 1, March 2012, pp. 122–134.

Nilsson, J. W. Electric Circuits, 3d ed. Addison-Wesley, Reading, MA, 1990.

Nyquist, H. Regeneration Theory. Bell Systems Technical Journal, January 1932, pp. 126–147.

Ogata, K. Modern Control Engineering, 2d ed. Prentice Hall, Upper Saddle River, NJ, 1990.

Preitl, Z., Bauer, P., and Bokor, J. A Simple Control Solution for Traction Motor Used in Hybrid Vehicles. Fourth International Symposium on Applied Computational Intelligence and Informatics. IEEE, 2007, pp. 157–162.

Thomas, B., Soleimani-Mosheni, M., and Fahlén, P. Feed-forward in Temperature Control of Buildings. Energy and Buildings, vol. 37, 2005, pp. 755–761.

Thomsen, S., Hoffmann, N., and Fuchs, F. W. PI Control, PI-based State Space Control, and Model-Based Predictive Control for Drive Systems With Elastically Coupled Loads—A Comparative Study. IEEE Transactions on Industrial Electronics, vol. 58, no. 8, August 2011, pp. 3647–3657.

Wang, X.-K., Yang, X.-H., Liu, G., and Qian, H. Adaptive Neuro-Fuzzy Inference System PID Controller for Steam Generator Water Level of Nuclear Power Plant, Proceedings of the Eighth International Conference on Machine Learning and Cybernetics, 2009, pp. 567–572.

연습문제

1. 아래의 각 $G(s)$에 대해 크기와 위상 응답을 얻기 위한 식을 구하라. [10.1절]

   a. $G(s)=\dfrac{1}{s(s+1)(s+3)}$

   b. $G(s)=\dfrac{(s+2)}{(s+1)(s+3)}$

   c. $G(s)=\dfrac{(s+2)(s+4)}{s(s+1)(s+3)}$

2. 문제 1의 각 함수에 대한 로그-크기 선도와 위상 선도를 그려라. 단, 세포좌표는 rad/s의 log-주파수를 사용하고, 점근선은 이용하지 말 것. [10.1절]

3. 문제 1의 각 함수에 대한 주파수 응답의 극좌표 선도를 그려라.[10.1절] SS

4. 그림 P10.1의 각 시스템에 대한 Nyquist 선도를 그려라. [10.4절]

5. 그림 P10.2에 나타낸 분리된 크기와 위상 곡선으로부터 극좌표 선도를 그려라. [10.1절]

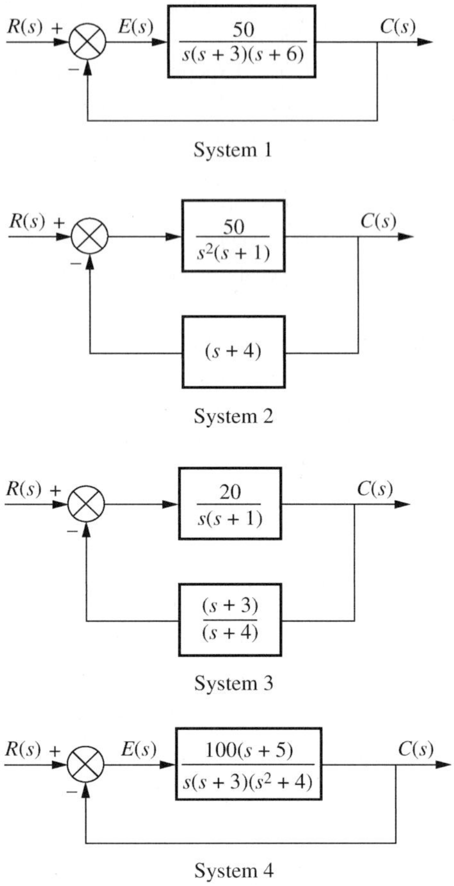

그림 P10.1

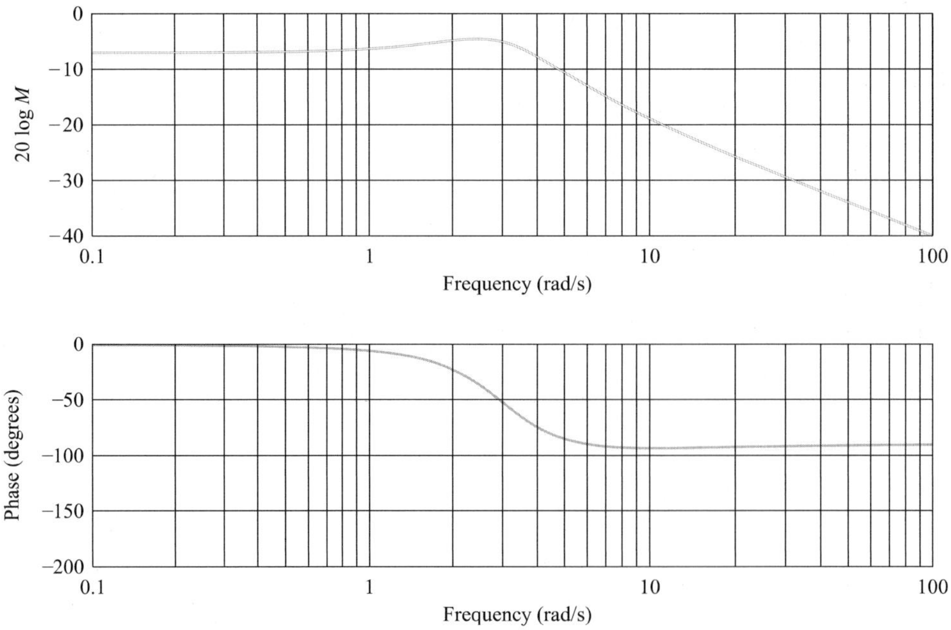

그림 P10.2

6. 그림 P10.3에 주어진 극좌표 선도를 크기와 위상 선도로 나타내어라. [10.1절] **SS**

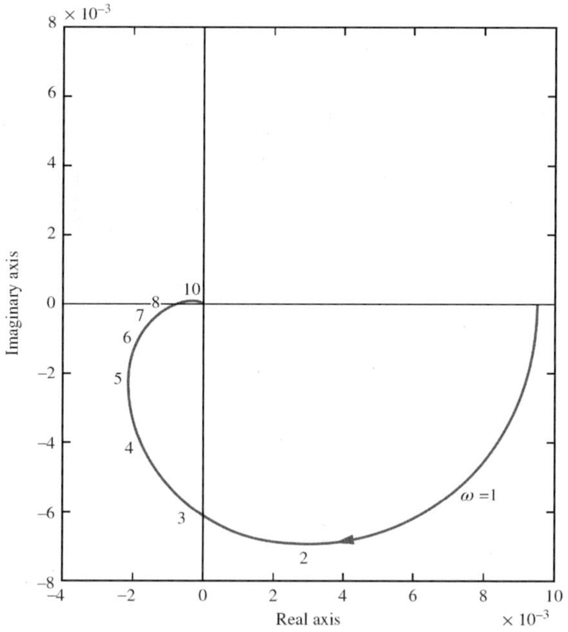

그림 P10.3

7. Nyquist 판별법을 사용하여 문제 4의 각 시스템이 안정한지를 판별하라. [10.3절]

8. Nyquist 판별법을 사용하여 그림 P10.4의 각 시스템이 안정하기 위한 이득의 범위를 구하라. [10.3절] **SS**

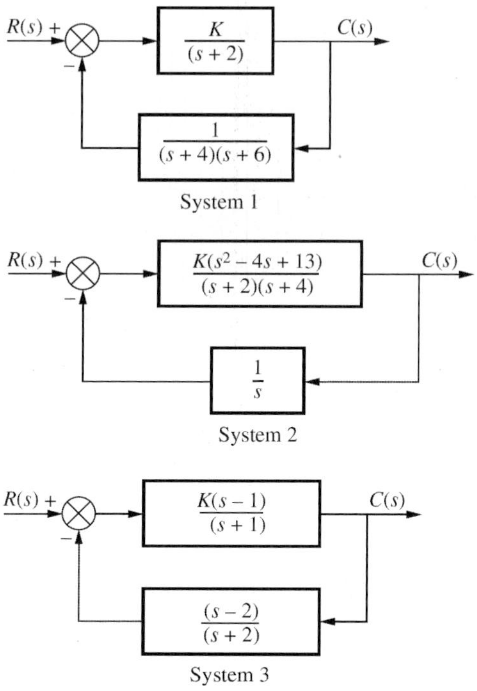

그림 P10.4

9. 문제 8의 각 시스템에서 K값이 각각 다음과 같을 때, 이득 여유와 위상 여유를 구하라. [10.6절]

   a. $K = 500$
   b. $K = 50$
   c. $K = 0.5$

10. 다음 문제에 대한 MATLAB 프로그램을 작성하라. MATLAB **ML**

    a. 이득 K값은 키보드로부터 입력되도록 한다.
    b. 키보드로부터 입력된 값에 대해 시스템의 Bode 선도를 그리도록 한다.
    c. 입력된 K값에 대한 이득 여유와 위상 여유를 계산하고 화면에 나타내도록 한다.

    개루프 시스템의 전달 함수가

    $$G(s) = K/[s(s+3)(s+12)]$$

    로 주어지는 단위 피드백 시스템에 작성된 프로그램을 적용시켜 보아라.

11. 2개의 극점을 가지는 시스템에 대해서 ζ와 ω_n을 사용해서 폐루프 대역폭, 식 (10.54)를 유도하라. [10.8절] **SS**

12. 다음과 같은 성능 특성을 갖는 폐루프 시스템의 대역폭을 구하라. [10.8절]

    a. $\zeta = 0.3,\ T_s = 1.5$초
    b. $\zeta = 0.3,\ T_p = 1.5$초
    c. $T_s = 5$초, $T_p = 3$초
    d. $\zeta = 0.2,\ T_r = 0.5$초

13. 그림 10.10의 단위 피드백 시스템에서 $G(s)$가 다음과 같이 주어질 때, M과 N인 원을 사용하여 폐루프 시스템의 주파수 응답을 구하라. [10.9절]

    a. $G(s) = \dfrac{10}{s(s+1)(s+2)}$
    b. $G(s) = \dfrac{1000}{(s+3)(s+4)(s+5)(s+6)}$
    c. $G(s) = \dfrac{50(s+3)}{s(s+2)(s+4)}$

14. 문제 13을 Nichols 차트를 사용하여 구하라. [10.9절] **SS**

15. 문제 13의 결과를 이용하여, 각 시스템의 단위 계단 함수 응답에서 발생되는 %오버슈트를 구하라. [10.10절]

16. 문제 14의 루프 이득이 다음과 같이 변할 때, 문제 14의 결과를 이용하여 %오버슈트를 구하라. [10.10절]

a. 10에서 30으로
b. 1,000에서 2,500으로
c. 50에서 75로

17. 다음 문제에 대한 MATLAB 프로그램을 작성하라. MATLAB ML

a. 이득 K값은 키보드로부터 입력되도록 한다.
b. 개루프 시스템의 전달 함수가 $KG(s)$인 단위 피드백 시스템의 크기 및 위상 응답을 얻도록 한다.
c. 입력된 K값을 대입한 폐루프 시스템의 주파수 응답에서 대역폭, 피크값과 이 때의 주파수를 계산하고 화면에 나타내도록 한다.

그림 P10.5에서 $K = 50$일 때, 작성된 프로그램을 적용시켜 보아라.

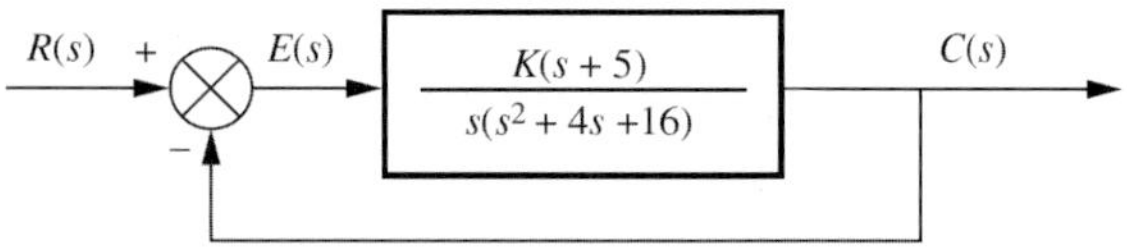

그림 P10.5

18. 다음 주어진 전향 전달 함수를 가지는 단위 피드백 시스템에 대해서, MATLAB의 Linear System Analyzer를 사용하여 그린 Nichols 차트로 부터 이득 여유, dB 주파수, -180° 주파수를 구하라. GUI Tool GUIT

여기서, $G(s) = \dfrac{7(s+5)}{s(s^2+5s+20)}$ 이다.

19. Bode 선도를 사용하여, 그림 P10.6의 시스템에 대한 과도 응답을 추정하라. [10.10절]

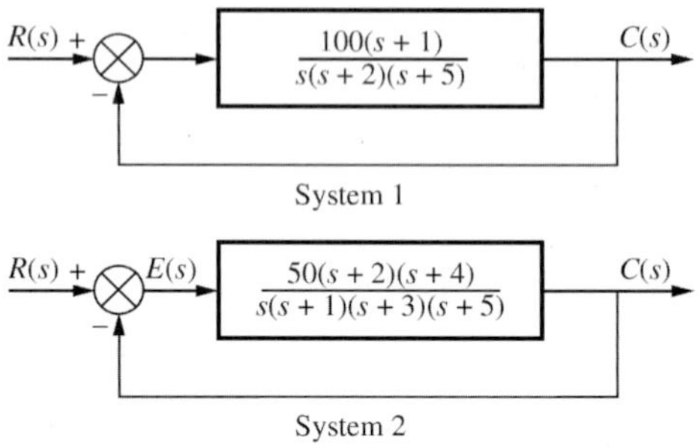

그림 P10.6

20. 그림 P10.5 시스템에 대해 다음 물음에 답하라. SS [10.10절]

a. 크기와 위상에 대한 Bode 선도를 그려라.
b. 시스템을 2차로 근사화하고 $K = 2$일 때, 이 시스템의 과도 응답을 구하라.

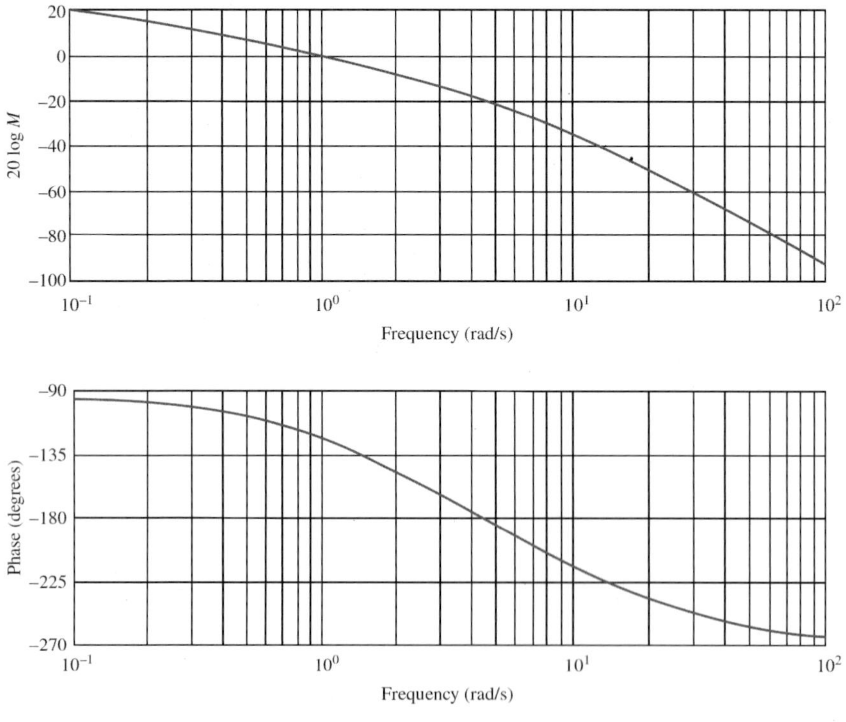

그림 P10.7

c. MATLAB이나 다른 프로그램을 이용하여 단위 계단 함수 응답을 얻고 (b)에서 얻은 결과가 타당한지를 말하라. MATLAB ML

21. MATLAB에서 다음을 해결하기 위해 개루프 전달 함수 $G(s)$를 사용한 프로그램을 작성하라. MATLAB ML

a. Bode 선도를 그려라.
b. 주파수 응답 방법을 사용해서 %오버슈트, 정착 시간 및 최고값 시간을 추정하라.
c. 폐루프 계단 응답을 그려라.

문제 10.19의 시스템에서 얻었던 결과들과 비교하라.

22. 단위 피드백 시스템을 사용한 플랜트 $G(s)$에 대한 Bode 선도를 그림 10.7에 나타내었다. 다음을 해결하라.

a. 이득 여유, 위상 여유, 0dB 주파수, 180°주파수와 폐루프 대역폭을 구하라.
b. 감쇠비, 퍼센트 오버슈트, 정착 시간, 최고값 시간을 추정하기 위해 (a)에서 구한 결과를 사용하라.

23. 그림 P10.8의 시스템에 대해 물음에 답하라. [10.12절]

a. 시간 지연이 0, 0.1, 0.2, 0.5와 1초일 때, 안정된 시스템의 위상 여유를 구하라.
b. 문제 (a)의 시간 지연에 대한 이득 여유를 구하라.
c. 문제 (a)에서 시스템이 안정된 경우를 말하라.
d. 시간 지연 때문에 시스템이 불안정하게 되는 경우, 시스템이 안정되기 위해서는 이득을 얼마 만큼 줄여야 하는가?

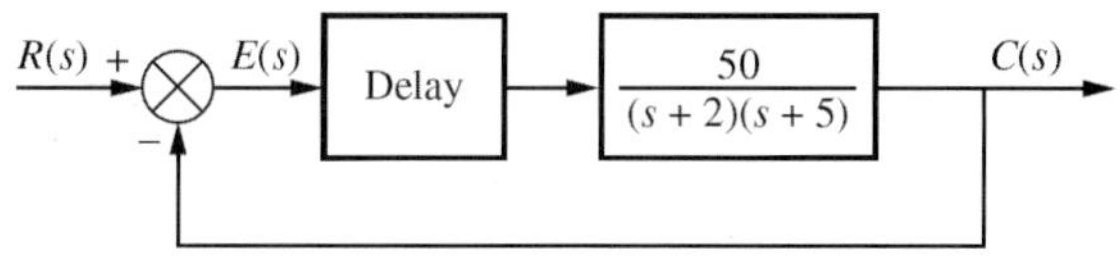

그림 P10.8

24. 순방향 전달 함수를 가지는 단위 피드백 시스템이

$$G(s) = \frac{K}{s(s+1)(s+15)}$$

이고, 시간 지연이 0.2초인 단위 피드백 시스템에서 $K = 30$일 때, 시스템을 2차로 근사화하여 %오버슈트를 계산하라. Bode 선도와 주파수 응답 기법을 사용하라. [10.12절]

25. 문제 24에서 시간 지연을 MATLAB 함수 pade(T, n)을 사용하여 근사화하고 단위 계단 함수 응답을 구한 후 문제 24의 결과와 비교하라. MATLAB ML

26. 그림 P10.9의 Bode 선도를 갖는 전달 함수를 그림으로부터 직접 구하거나 MATLAB을 이용하여 구하라. [10.13절]

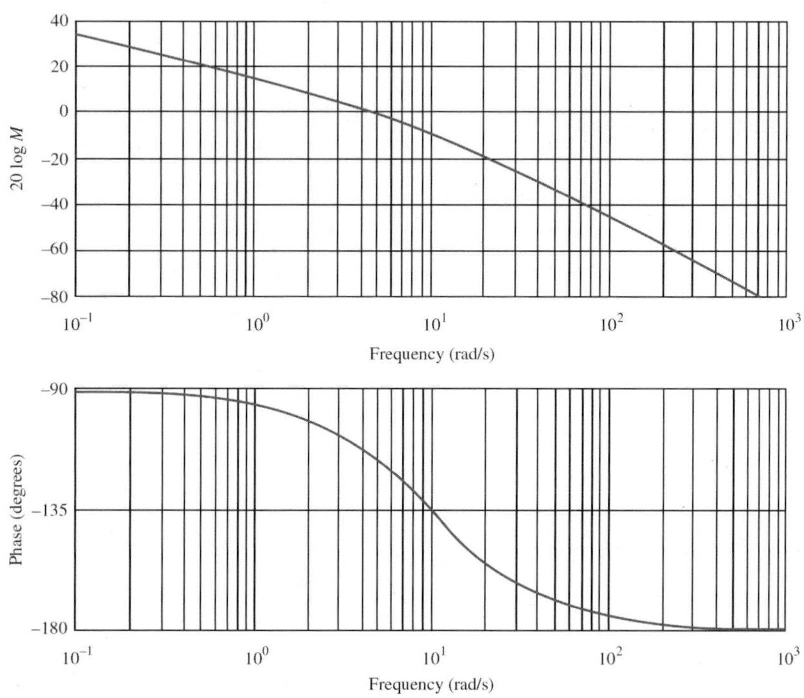

그림 P10.9

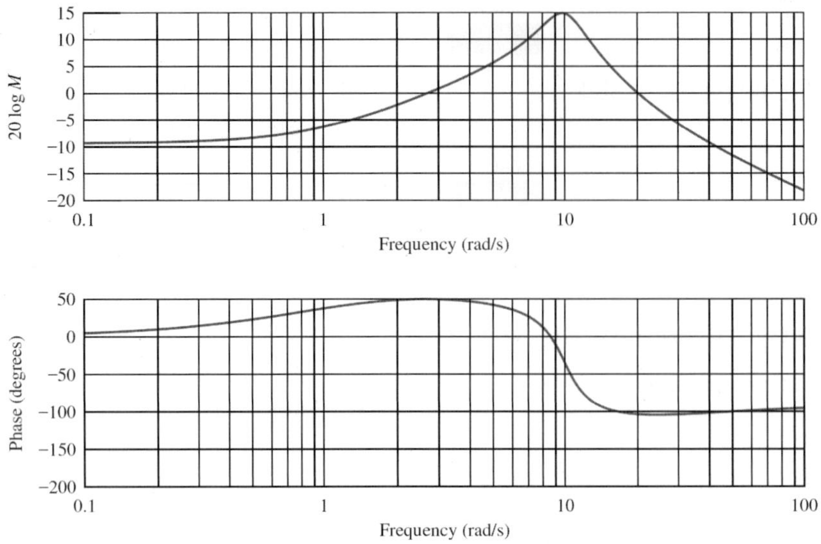

그림 P10.10

27. 그림 P10.10에 나타낸 Bode 선도에 대해서 문제 26를 반복하라. [10.13절]

28. 방의 온도는 라디에이터의 에너지를 조절함에 따라 제어될 수 있다. 방안에서 실내의 라디에이터의 에너지 $\dot{Q}$에 대한 방안의 온도 T(℃)사이의 전달 함수는

$$P(s) = \frac{T(s)}{\dot{Q}(s)} = \frac{(1\times10^{-6})s^2 + (1.314\times10^{-9})s + (2.66\times10^{-13})}{s^3 + 0.00163\,s^2 + (5.272\times10^{-7})s + (3.538\times10^{-11})}$$

이 시스템은 그림 10.20과 같은 폐루프 구조로 제어되는데 $G(s) = KP(s)$이고 $H = 1$이다.

a. $K = 1$일 때 Nyquist 선도를 그려라.
b. 이득여유와 위상여유를 구하라
c. 폐루프 안정을 위한 K의 범위를 구하라. 해의 결과를 6장의 58번 문제와 비교해 보라.

29. 8장의 문제 35에서 다룬 자기부상시스템의 플랜트 전달함수는 $P(s) = -\dfrac{1300}{s^2 - 860^2}$이다(Galvao, 2003). 플랜트는 $M(s)$와 종속 연결되고 시스템은 그림 10.20과 같은 구조로 제어된다. 여기서 $G(s) = M(s)P(s)$. 아래에 주어지는 $M(s)$에 대해, $K = 1$일 때의 Nyquist 선도를 그리고, $K > 0$에서 폐루프가 안정되기 위한 K의 범위를 구하라.

a. $M(s) = -K$
b. $M(s) = -\dfrac{K(s+200)}{s+1000}$
c. 위의 결과와 8장 문제 35번의 결과를 비교하라.

30. 자전거에서 조정각(δ)과 롤 각(φ)사이의 단순화된 선형 전달 함수는 다음과 같다(Astrom,2005). SS

$$P(s) = \frac{\varphi(s)}{\delta(s)} = \frac{12(s+20)}{s^2+25}$$

운전자는 이득 K로 표현되고 폐루프 시스템은 그림 10.20과 같이 주어진다. 여기서 $G(s) = KP(s)$이고 $H = 1$이다. MATLAB과 Nyquist 판별법을 사용하여 폐루프 안정화를 위한 K의 범위를 구하라. MATLAB ML

31. 배의 롤은 제어 시스템에 의해 조정된다. 수평타의 구동 장치에 입력되는 전압에 의해 배에 가해질 롤 토크가 발생된다. 이 롤 토크에 해당되는 각도만큼 배는 롤을 하게 된다.
이와 같은 롤 제어 시스템에 대한 블록선도를 그림 P10.11에 나타내었다. 이 시스템의 이득과 위상 여유를 구하라.

32. random early detection(RED) 알고리즘을 사용하여 제어되고 TCP/IP상에서 동작하는 특정 네트워크 링크에 대한 선형 모델은 그림 10.20으로 표현된다. 여기서 $G(s) = M(s)P(s)$, $H = 1$이고(Hollot, 2001)

$$M(s) = \frac{0.005L}{s+0.005};\quad P(s) = \frac{140625e^{-0.1s}}{(s+2.67)(s+10)}$$

a. $L = 1$에서 Nichols 챠트를 그려라. 이 시스템은 폐루프 안정한가?

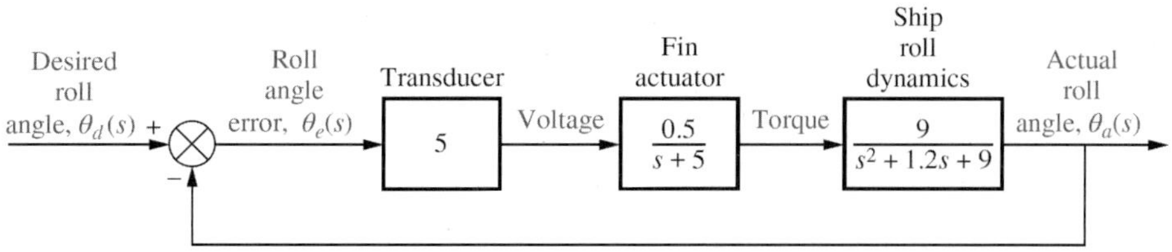

그림 P10.11 배의 롤 안정 시스템 블록도

b. 폐루프 안정되기 위한 L의 범위를 구하라.

c. Nichols 챠트를 이용하여 %OS, T_s를 구하라. ($L = 0.95$) 예상되는 단위 계단함수 응답을 손으로 그려라.

d. Simulink를 이용한 시뮬레이션으로 단위 계단함수 응답을 구하여 c를 입증하라. Simulink SL

33. 문제 32의 TCP/IP 네트워크 링크에서 L=0.8로 두되, 시간지연되는 양은 미지수로 가정한다. SS

a. 시간지연이 없는 시스템의 Nyquist 선도를 그리고, 위상 여유를 구하라.

b. 폐루프 안정되기 위한 최대 시간지연을 구하라.

34. 공정상의 홀로그램 미디어 저장 시스템은 휘어지는 광합성수지 디스크를 사용한다. 디스크가 회전하고 있을때 기울어지는 것은 정보의 검색을 어렵게 만든다. 그래서 이러한 기울어짐을 보상하는 시스템이 개발되었다. 레이져 빔은 디스크의 표면에 집중되어 있고, 디스크의 떨림은 이러한 레이져 빔의 반사를 통해서 측정된다. 거울이 디스크와 함께 차례로 정렬되어 정보를 읽을수 있게 된다. 이 시스템은 단위피드백을 가지는 다음의 전달함수를 제어기로 가지도록 모델링 된다. SS

$$G_c(s) = \frac{78.575(s+436)^2}{(s+132)(s+8030)}$$

이고 플랜트는

$$P(s) = \frac{1.163\times 10^8}{s^3 + 962.5s^2 + 5.985\times 10^5 s + 1.16\times 10^8}$$

는 $L(s) = G_c(s)P(s)$의 개루프 전달함수를 가진다.

a. Matlab을 사용하여 시스템의 나이퀴스트 선도를 그려라. MATLAB ML

b. 시스템의 위상여유를 구하라.

c. b에서 구한 위상여유 값을 이용하여 단위 입력이 들어왔을대의 %오버슈트값을 예측하라.

d. 단위 입력이 들어왔을때의 시스템의 응답을 시뮬레이션해보고 c에서 구한 %오버슈트값과 비교해보라.

35. Labview의 Control Design 모듈과 시뮬레이션 모듈, 그리고 MathScript RT 모듈을 사용하여 Nyquist Anlysis.vi를 수정하여 당신이 입력한 시스템의 나이퀴스트 선도를 사용하여 안정하기 위한 K의 범위를 찾아라. 추가로, 개루프 전달함수의 분자와 분모항을 입력받는 LabVIEW를 프로그래밍 하고 K=10,000일때의 나이퀴스트선도를 그려라. VI에디터의 나이퀴스트 선도가 다음의 항들을 디스플레이 할수 있도록 구성하라. (1) 이득 여유, (2) 위상 여유, (3) 0dB 주파수, (4) 180도 주파수. 숙련 예제 10.6의 시스템과 결과를 사용하여 당신의 프로그램을 검증하라. LabVIEW LV MATLAB ML

36. LabVIEW의 Control Design 모듈과 시뮬레이션 모듈, 그리고 MathScrip RT 모듈을 사용하여 개루프 전달함수를 입력받고, 보드 선도를 그리고 단위 입력에 대하 폐루프 전달함수를 그려라. 당신의 VI 프로그램은 CD Parametric Time Response 또한 사용하여 (1) 상승시간, (2) 최고값 시간, (3) 정착 시간 (4) %OS, (5) 정상상태 값, (6) 최고 값을 디스플레이 하라. 숙련예제 10.9를 사용하여 당신의 프로그램을 검증하라. 프로그래밍으로 인하여 얻은 결과 값을 숙련예제 10.9의 결과와 비교하라. LabVIEW LV MATLAB ML

37. 원자력 발전소의 증기발생기 내의 수위를 조절하는 직렬연결된 시스템의 블락다이어그램은 그림 P 6.14에 나타나 있다. 그 시스템에서 수위 조절 제어기, $G_{LC}(s)$, 는 주 제어기이고, 물을 보충해 주는 $G_{FC}(s)$는 보조 제어기이다. 내부의 피드백 회로는 등가 전달함수 $G_{WX}(s)$로 대체된다고 하자. (Wang, 2009)와 (Bhambhani, 2008)의 수치값을 사용하여 1초의 시간 지연이 있는 시스템의 전달함수는 MATLAB ML

$$G_{fw}(s) = \frac{2 \cdot e^{-Ts}}{s(T_1 s+1)} = \frac{2 \cdot e^{-s}}{s(25s+1)};$$

$$G_{WX}(s) = \frac{(4s+1)}{3(3.333s+1)};$$

$$G_{LC}(s) = K_{P_{LC}} + K_{D_{LC}} s = 1.5(10s+1).$$

이다. 매트랩류의 프로그램을 사용하여:

a. 5차 Pade 근사(매트랩에서 사용가능)를 이용하여 보드선도의 크기와 위상 선도를 그려라. 가능하면 이득마진과 위상마진을 구하여 보라.

b. 단위입력, r(t)=u(t) 에 대한 응답 C(t)를 구하여 보라. 구한 응답에서 상승시간, T_r, 정착시간, T_s, 출력의 최종값, 그리고 가능하다면 %OS와 최고시간 , T_P를 구하여 보라.

c. 시간 지연이 1.5초 일 때 위 두 스텝을 반복하여 보라.

38. 자전거를 자동 평형 시키기 위한 개루프 시스템의 전달 함수가 다음과 같을 때, (Lam, 2011):

$$G(s) = \frac{\theta(s)}{U(s)}$$
$$= \frac{334019}{s^4 + 5126.16s^3 + 2470.7s^2 + 428419s - 34040}$$

$\theta(s)$는 수직을 기준으로 한 자전거의 각도이며, $U(s)$는 자전거를 안정화시키는 플라이휠을 움직이는 모터에 사용된 전압이다. 자전거는 우반면에 하나의 개루프 극점이 있는 불안정한 개루프임을 유의하자.

a. 시스템의 Nyquist 선도를 그려라.

b. 시스템의 이득 여유와 위상 여유를 구하라.

c. 단위 피드백 시스템을 가정하고, 전향 전달 함수가 $KG(s)$일 때, 폐루프 안정을 위한 K의 범위를 구하라.

d. 시스템을 2차로 근사화하고 K=0.141 일 때, %오버슈트의 예상치는?

e. **d**의 K값을 사용해서 컴퓨터 프로그램으로 단위 계단 응답을 위한 시스템 모의 실험을 수행하라.

39. 문제 10.17에서 작성한 MATLAB 프로그램을 수정하여 다음을 해결하라. MATLAB ML

a. 8장의 42번 문제에서 소개된 주행 시스템 (Thomsen, 2011) 의 폐루프 크기와 위상 주파수 응답 선도를 그려라. 그래프의 특성을 이용해 K의 값을 Bode 선도 제목에 명시하라.

b. $K = K_P = 3.2$와 10의 두 대역폭 비례 제어기 이득값을 대입하여 폐루프 주파수 응답을 위한 폐루프 전달 함수 T(s), 피크값, 피크값의 주파수를 구하고 이를 화면에 나타내도록 한다.

40. 8장의 52번 문제에서 격자점으로 연결된 전압원 변환기 (VSC)와 Y-Y 변압기 (Mahmood, 2012)의 α - 부 시스템 선형 모델을 다루었다. 그림 P8.20(b)에서 $G_C(s) = K$와 $G_P(s)$는 다음과 같은 극점 영점의 형 (이득이 1이고 다소 수정된 파라미터들을 가짐) 을 취하게 된다.

$$G_P(s) = \frac{V_a(s)}{M_a(s)}$$
$$= \frac{(s+2200)}{(s+200)(s^2+120s+16\times10^6)}$$

MATLAB과 주파수 응답 기법을 사용하여 이 시스템의 Bode 선도를 그리고 다음을 구하라: MATLAB ML

a. 시스템 안정화를 위한 K의 범위

b. $K = 5\times10^5$일 때, 이득 여유, 위상 여유, 0 dB 주파수, 180° 주파수를 구하라.

41. 시스템 확인이 필요 없는 미지의 SISO 시스템에 대해 고정된 구조 제어기를 설계하는 새로운 측정중심의 기법이 제안되었다. 아래의 예제로 사용된 4차 전달 함수는 단위 정상 상태 이득을 가지기 위해 수정되었다. (Khadraoui, 2013)

$$G(s) = \frac{0.1111(4s^2+5s+1)}{(s^4+3.1s^3+0.85s^2+0.87s+0.1111)}$$

이 새로운 기법에 대해서는 참조문헌을 참조하길 바란다. 하지만 이 문제와 11장에서 다룰 유사한 문제에서는 10장과 11장에서 배운 정석적인 방법을 사용하기로 한다.

$G_C(s) = K$를 가지는 종속 비례 제어기일 때, MATLAB과 주파수 응답 기법을 사용해 시스템에 대한 bode 선도를 그리고 다음을 구하라: MATLAB ML

a. 시스템 안정화를 위한 K의 범위

b. K=0.3일 때, 이득 여유, 위상 여유, 0 dB 주파수, 180° 주파수를 구하라.

심화 학습문제

42. HIV/AIDS 제어 HIV/AIDS에 대한 수동적인 선형화된 모델은 6장에서 다음과 같이 얻을 수 있었다 (Craig,2004);

$$P(s)=\frac{Y(s)}{U_1(s)}=\frac{-520s-10.3844}{s^3+2.6817s^2+0.11s+0.0126}$$

a. 그림 10.20에서 $G(s)=P(s)$와 $H(s)=1$로 한 되먹임 배치를 고려해보자. Nyquist 선도를 그려보라. 폐루프 시스템의 안정성에 대하여 계산해보라.

b. 그림 10.20에서 $G(s)=-P(s)$와 $H(s)=1$로 한 되먹임 배치를 고려해보자. Nyquist 선도를 그려보라. 폐루프 시스템의 안정성에 대하여 계산해보라. 이득여유와 위상여유를 구해보라.

43. 하이브리드 자동차 연습문제 8.54에서 우리는 단위 피드백 시스템으로 재 구성된 HEV의 속도 제어기의 근궤적을 매트랩을 사용하여 그린 것이 P.7.25에 나타나 있다. (Preitl, 2007) 시스템의 전달함수와 보상기는

MATLAB ML

$$G(s)=\frac{K(s+0.6)}{(s+0.5858)(s+0.0163)}$$

이고, 임계감쇠응답 시스템일 때 K=0.78이라고 찾았다.

a. 매트랩류의 프로그램을 사용하여

I. Bode선도의 크기선도와 위상 선도를 그려라.

II. 단위 입력, r(t)=4u(t), 에 따른 응답, c(t),를 구하라. 상승시간, Tr, 정착시간, Ts, 그리고 최종값을 구하라.

b. 주어진 시스템에 적분 이득을 추가하여 시스템의 전달함수와 보상기가 아래와 같이 되도록 한다.

$$G(s)=\frac{K(s+Z_c)(s+0.6)}{s(s+0.5858)(s+0.0163)}$$

여기서 K_1=0.78, $Z_c=\frac{K_2}{K_1}=0.4$이다. 매트랩류의 프로그램을 사용하여,

I. 보드선도의 크기선도와 위상선도를 그려라.

II. 단위입력, r(t)=4u(t)에 대한 응답을 구하라. 상승시간, Tr, %OS, 최고값 시간, Tp, 그리고 정착시간, Ts를 구하라.

c. a와 b에서 구한 응답이 2차 미흡감쇠, 임계감쇠, 과도감쇠 시스템과 닮았는지 판단하고, 설명하라.

44. 파라볼릭 트로프(parabolic trough) 집적기 10장 12절에서 다루었듯이, Nyquist 안정화 판별법은 문제 8.55와 문제 9.44에서처럼 유리 근사화할 필요 없이 순수한 시간 지연으로 시스템에 적용될 수 있다. 다음의 단위 피드백 시스템과 전향 전달 함수를 가질 때, Nyquist 안정화 판별법을 파라볼릭 트로프에 적용함으로써 이를 증명할 것이다. (Camacho, 2012)

a. K=1일 때, 상응하는 Nyquist 선도를 그려라.

b. Nyquist 선도를 이용해 시스템이 안정된 폐루프인 K의 범위를 구하라.

c. 시스템이 임계 안정할 때의 K의 값과 진동 주파수를 구하라.

주파수 응답을 이용한 설계 11

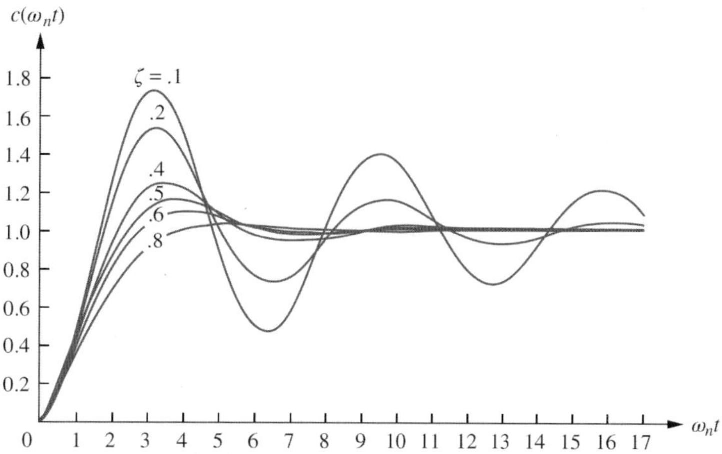

장의 목표

이 장을 배운뒤 학생들은 다음의 내용에 대하여 알게 될 것이다:

- 주파수 응답 기법을 사용하여 과도응답상태를 만족 시키기 위한 이득 설정(11.1–11.2절)
- 주파수 응답 기법을 사용하여 정상상태 오차를 개선하는 직렬 보상기 설계(11.3절)
- 주파수 응답 기법을 사용하여 과도응답을 개선시키기 위한 직렬 보상기 설계(11.4절)
- 주파수응답을 사용하여 정상상태 오차와 과도응답을 동시에 개선하는 직렬 보상기 설계 (11.5절)

사례연구 목적

다음의 사례연구를 통하여 이 장의 목적에 대한 이해의 정도를 확인할 수 있다.

- 이 책의 부록 A.2에 있는 안테나 위치 제어 시스템에 대해 주파수 응답 기법을 이용하여 원하는 과도 응답 특성을 갖도록 이득 보상을 한다.
- 안테나 위치 제어 시스템에 대해 과도 응답 특성 및 정상 상태 오차를 개선하기 위한 종속 보상기를 주파수 응답 기법을 적용하여 설계할 수 있다.

11.1 개요

8장에서는 시스템이 원하는 과도 응답 특성을 갖도록 하는 제어 시스템을 근궤적을 이용하여 설계하는 방법을 다루었는데, 원하는 과도 응답을 갖도록 하는 이득을 근궤적 위에서 찾아야 하기 때문에, 이 이득값에 대한 근이 근궤적 위에 있지 않으면 이 방법을 적용시킬 수가 없다.

이럴 경우에는 9장에서 설명한 바와 같이, 보상기가 공정과 종속 접속되도록 하여 근궤적을 변경시킴으로써 원하는 과도 응답과 정상 상태 오차를 갖도록 하였다. 이 장에서는 8장과 9장에서 설명한 제어 시스템 설계를 Bode 선도를 이용하여 설계하는 방법을 설명하고자 한다.

근궤적과 주파수 응답 설계의 개략적인 비교로 시작해보자.

이득 조정에 의한 안정성과 과도 응답 설계 근궤적 방법과는 달리, 주파수 응답 설계 방법은 설계 제품 시험을 제외한 다른 도구나 컴퓨터 없이 편리하게 구현할 수 있다. 점근선과 그림으로부터 이득을 읽어, Bode 선도를 쉽게 그릴 수 있다. 근궤적법은 이득을 얻을 수 있는 것으로부터 원하는 설계점을 찾기 위해 반복적인 과정을 거쳐야 한다. 예를 들어, %오버슈트 요구를 만족시키기 위해 이득을 설계함에 있어 근궤적법은 개루프 전달 함수가 그 점에서 180°의 각도로 방사하는 선을 찾아야한다. 안정성을 위한 이득 범위를 구하기 위해 근궤적법은 jw축을 찾아야 한다. 물론, MATLAB과 같은 컴퓨터 프로그램을 이용한다면 근궤적법의 계산적인 단점은 무시할 수 있다.

종속 보상을 통한 과도 응답 설계 주파수 응답 방법은 근궤적법과 같이 직관적이지는 않으며, 이 장에서의 종속 보상 방법으로 설계하기 위한 기술을 보여준다. 근궤적법에서 특정한 점에서 원하는 과도 응답 특성을 가지도록 정할 수 있다. 그 다음 그 점에서 작동하는 종속 보상을 설계할 수 있고, 과도 응답 요구를 만족시키도록 한다. 10장에서 위상 이득이 %오버슈트 [식 (10.73)]와 관계가 있고, 대역폭은 감쇠비와 정착 시간이나 최고값 시간[식 (10.55), (10.56)]과 관계가 있다고 배웠다. 이 수식들은 보다 복잡하다. 과도 응답을 개선하기 위하여 주파수 응답 방법을 사용하여 종속 보상을 설계할 때, 위상 여유 요구(%오버슈트)와 대역폭 요구(정착 또는 최고값 시간) 두 가지를 만족시키기 위해 개루프 전달 함수의 주파수 응답을 재구성하여야 한다.

재구성 작업전에 모든 요구들을 연결하는 쉬운 방법은 없다. 개루프 전달 함수에 대한 주파수 응답의 재구성은 모든 과도 응답 요구들이 만족될 때까지 반복적인 과정을 거쳐야 한다.

종속 보상에 의한 정상 상태 오차 설계 주파수 설계 기법을 사용할 때의 장점은 진상 보상(lead compensation)같은 유도 보상이 용이하다는 것이다. 시스템의 응답 특성을 빠르게 하고 동시에 정상 상태 오차 요구를 갖추기 위한 것은 진상 보상기 자체에 의해 만족될 수 있다. 근궤적법 사용을 떠올리면 수많은 가능한 해답들이 진상 보상기 설계에 존재한다. 이 해답들 사이의 다른 점들 중 하나는 정상 상태 오차이다. 해답을 구하기 위해, 수많은 시도를 해야 하고 요구되는 정상 상태 오차 성능을 만족하는 해답을 구하게 된다. 주파수 응답 을 사용하여 이장에서 원궤적과 주파수 응답 특성 기술들의 장단점을 회고하기 바란다. 주파수 응답 설계를 자세히 보라. 정상 상태 오차 요구조건을 바로 진상 보상기의 설계로 만든다.

주파수 응답 방법으로 설계시 우리는 10장에서 배운 안정도, 과도 응답 , 정상 상태 오차의 개념을 사용하게 된다. 첫 번째로 Nyquist 판별법은 시스템의 안정도를 결정할 수 있도록 해준다. 대부분의 경우, 개루프 시스템의 주파수 응답이 Bode 선도로 주어질 때 위상이 180°가 되는 주파수에서 크기가 0dB보다 작으면 폐루프 시스템은 안정하게 된다. 두 번째로, 과도 응답 특성을 나타내는 %오버슈트는 위상 여유를 증가시킴으로써 작아지며, 응답 속도를 빠르게 하기 위해서는 대역폭을 증가시켜야 한다. 정상 상태 오차를 줄이기 위해서는 고주파 영역의 크기가 감쇠할지라도 저주파 영역의 크기를 증가시켜야 한다.

이와 같은 것들은 Nyquist 판별법과 Nyquist 선도를 기본으로 하는 주파수 응답 기법을 이용하여 안정하고 원하는 과도 응답 및 정상 상태 오차를 갖도록 하는 제어 시스템을 설계할 때 인지해야 할 기본 내용이다. Bode 선도를 이용하면 쉽게 주파수 응답을 얻을 수 있지만, Bode 선도를 해석할 때 문제가 생기면 Nyquist 선도로 설계 과정을 검증할 수 있다. 특히, 극점과 영점을 갖는 보상기가 추가되어 시스템 구조가 바뀔 때, Nyquist 선도에 의한 해석은 매우 유용하다.

이 장에서는 지상, 진상, 그리고 지상-진상 보상기의 설계에 대해 다루고자 한다. 단계적으로 이루어지는 일반적인 설계 방법에 대해서만 설명하고자 하나 다른 방법으로 설계할 수도 있다. 이와 같은 방법으로 PI, PD와 PID 제어기를 설계하지만, 상세한 절차와 예제는 생략하기로 한다. 본 장에서 제시된 개념과 설계 기법을 이 장의 마지막에서 제시되는 PI, PD, PID 보상기를 포함한 문제들에 적용할 수 있어야 한다. 마지막으로, 이 장에서 개발된 보상기는 9.6절에서 실제 구현이 논의된다.

11.2 이득 조정에 의한 과도 응답의 개선

주파수 응답 기법에 의한 제어 시스템 설계 방법을 설명하기 전에 이득, 위상 여유와 과도 응답 사이의 관계를 알아보자. 앞 장의 10.10절에서는 함수 $G(s)=w_n^2/s(s+2\zeta w_n)$에 의해 감쇠 정수(또는 %오버슈트)와 위상 여유 사이의 관계식을 얻었는데, 이 식으로부터 위상 여유에 따라 %오버슈트가 조정될 수 있음을 알았다. 그림 11.1에서 위상여유 Φ_M이 CD가 되도록 하려면, 크기 선도를 만큼 위로 이동시켜야 한다. 따라서, 원하는 위상 여유를 갖도록 이득 보정하면 %오버슈트가 조정된다.

폐루프 시스템이 한 쌍의 지배극에 의해 지배된다고 가정할 때, 개루프 시스템의 주파수 응답을 이용하여 원하는 %오버슈트를 갖도록 하는 이득 보상 절차는 다음과 같다.

설계 절차

1. 이득을 적절히 정하고 Bode 선도를 그린다.
2. 식 (4.39)와 식 (10.73)을 이용하여, 원하는 %오버슈트를 갖기 위한 위상 여유를 정한다.
3. 그림 11.1과 같이 Bode 선도로부터 원하는 위상 여유를 갖는 주파수 $w\Phi_M$을 찾는다.
4. 이 주파수 $w\Phi_M$에서 크기가 0dB가 되도록 크기 선도를 이동시키는 이득을 구한다.

예제 11.1은 3차 시스템이 원하는 %오버슈트를 갖도록 하기 위해 이득을 조정하는 방법을 설명하는 예이다.

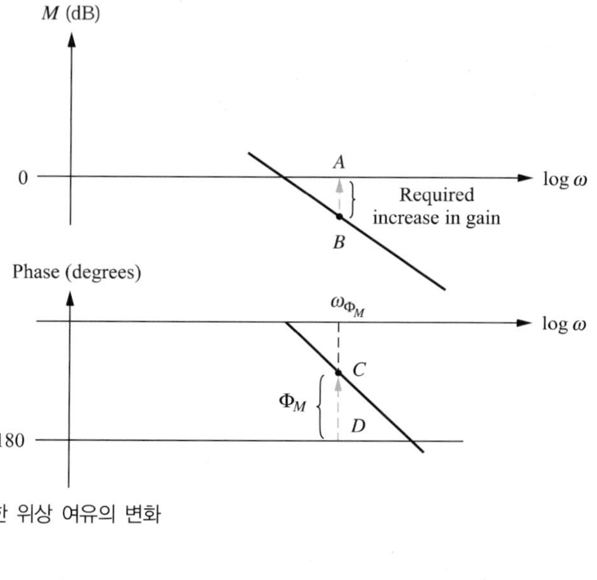

그림 11.1 이득 보상에 의한 위상 여유의 변화

예제 11.1 이득 조정에 의한 과도 응답의 설계

Design D

문제 그림 11.2와 같은 위치 제어 시스템에서 단위 계단 함수 입력에 대한 과도 응답이 9.5% 오버슈트를 갖도록 프리앰프의 이득 K를 주파수 응답 기법에 의하여 구하라.

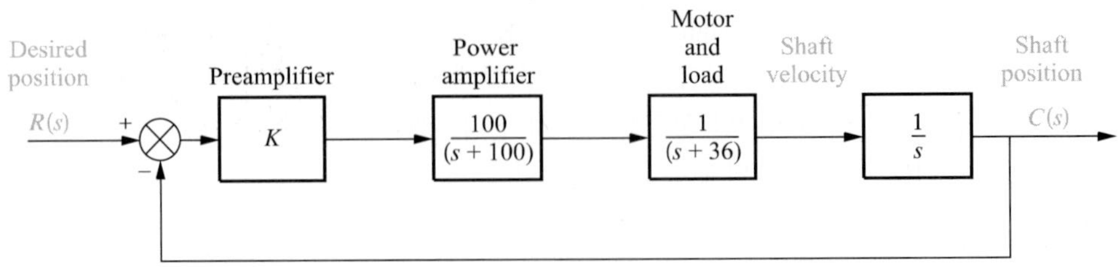

그림 11.2 예제 11.1의 시스템

풀이 설계 절차에 의해

1. 이득 K를 3.6으로 정하고, 그린 Bode 선도는 그림 11.3과 같이 $\omega=0.1$에서 0dB가 된다.
2. 식 (4.39)를 이용하면 한 쌍의 지배극을 갖는 폐루프 시스템이 9.5%의 오버슈트를 갖기 위해서는 $\zeta=0.6$이 되어야 하는데, 이 때의 위상 여유는 식 (10.73)으로부터 59.2°이다.
3. 위상 여유가 59.2°가 되기 위해서는 위상이 -180°-(-59.2°)=-120.8°가 되어야 하는데, 이 때의 주파수는 14.8rad/s이다.
4. Bode 선도로부터 주파수 14.8일 때의 크기는 -44.2dB이므로, 0dB가 되기 위해서는 크기 선도를 44.2dB만큼 위로 이동시켜야 한다. 따라서, 이득 K를 44.2dB만큼 증가시키거나 $K=3.6\times162.2=583.9$로 한다. 그 결과로 폐루프시스템은 9.5%의 오버슈트를 가지며, 전달 함수는 다음과 같다.

$$G(s)=\frac{58,390}{s(s+36)(s+100)} \tag{11.1}$$

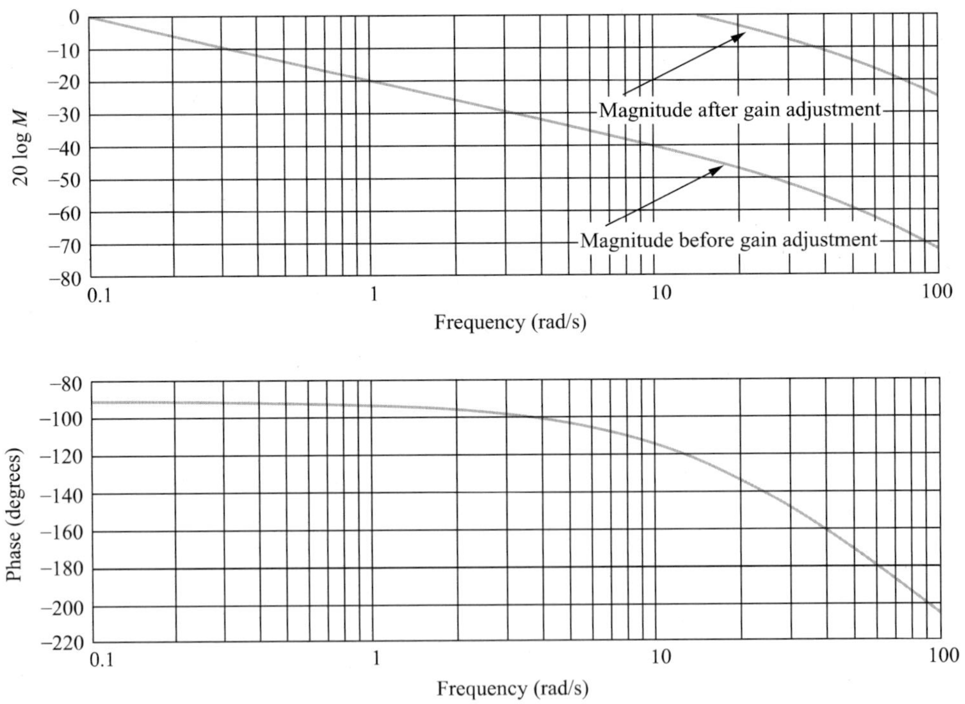

그림 11.3 예제 11.1의 Bode 선도

표 11.1 예제 11.1에서 설계한 시스템 특성

파라미터	설계 규격	실제 결과
K_v	—	16.22
위상 여유	59.2°	59.2°
위상 여유 주파수	—	14.8 rad/s
%오버슈트	9.5	10
최고값 시간	—	0.18 second

설계된 시스템에 대한 시뮬레이션 결과를 표 11.1에 나타내었다.

MATLAB을 이용하는 학생들은 부록 B에 있는 ch11apB1을 실행할 수 있다. 이 프로그램을 수행시키면, Bode 선도로부터 이득 보상에 의하여 원하는 %오버슈트를 갖도록 하기 위해 MATLAB을 어떻게 사용해야 하는가를 알 수 있다. 이 연습 문제는 MATLAB을 이용하여 예제 11.1을 푸는 것이다.

MATLAB
ML

숙련예제 11.1

문제 단위 피드백 시스템인 전향 전달 함수

$$G(s) = \frac{K}{s(s+50)(s+120)}$$

는 이득 K값을 찾기 위해, 20% 오버슈트의 폐루프 계단 응답을 내기 위해 주파수 응답 기법을 사용한다.

풀이 $K = 194,200$

완전한 해답은 www.wiley.com/go/Nise/ControlSystemsEngineering8e에 있다.

스스로 해보기 11.1

숙련예제 11.1을 풀기 위하여 MATLAB, Control System Toolbox와 다음 프로그램을 이용하라.

SISOTOOL 창에서 :

```
pos=20
z=(-log(pos/100))/(sqrt(
  pi^2+log(pos/100)^2))
Pm=atan(2*z/sqrt(-2*z^2+
  sqrt(1+4*z^4))))*(180/
  pi)
G=zpk([],[0,-50,-120],1)
sisotool
```

1. File 메뉴의 Import를 클릭하라.
2. System Data Window 내의 G를 선택하고, Browse를 클릭하라.
3. Model Import Window에서 라디오 버튼 작업창을 선택하고, Available Models 내의 G를 클릭하라. Import를 클릭하고, 창을 닫아보라.
4. System Data Window 내의 OK를 클릭하라.
5. Bode 선도 영역 내에서 우클릭한 후, Show 탭의 모든 설정을 확인해보라.
6. 이득선도에서 안정되기 위한 점을 확인하고, 이득선도의 주파수를 프로그램에서 계산된 MATLAB의 명령창에서 Pm이라고 나타나 있는 위상여유까지 올려보라.
7. Bode 선도에서 우클릭을 하여 Edit Compensator를 선택하고, 결과창의 Compensator에서 이득을 확인해 보라.

이 절에서는 8장에서 설명한 이득 보상에 의한 과도 응답 특성의 개선을 Bode 선도를 이용하여 얻는 방법을 다뤘으며, 다음 절에서는 9장에서 소개한 보상기를 Bode 선도를 이용하여 설계하는 방법에 대해 다루고자 한다.

11.3 지상 보상

9장에서는 근궤적도를 이용하여 지상 보상기와 PI 제어기를 설계하는 방법에 대해 설명하였는데, 이들 보상기는 과도 응답 특성에 영향을 주지 않으면서 정상 상태 오차를 줄이도록 한다. 이 절에서는 Bode 선도를 이용하여 이들 보상기를 설계하는 방법에 대해 설명하고자 한다.

지상 보상의 특성

그림 11.4의 Bode 선도에서 보는 바와 같이, 지상 보상기는 (1) 시스템의 안정도에 영향을 주지 않으면서 저주파 영역의 이득만을 증가시켜 정상 상태 오차를 줄이고, (2) 위상 여유를 증가시켜 원하는 과도 응답 특성을 갖도록 한다. 그림 11.4의 비보상 시스템에서 180°일 때의 이득이 0dB보다 크므로 불안정하다.

그러나, 지상 보상기는 저주파 영역의 이득을 고정시킨 채 고주파 영역의 이득을 낮추므로, 상대적으로 속도 상수 K_v가 증가되어 정상 상태 오차가 줄어든다[1]. 또한, 고주파 영역의 이득이 감소되므로 180°일 때의 이득이 0dB 이하로 되어 시스템이 안정하게 된다.

지상 보상된 시스템의 Bode 선도는 그림 11.4와 같이 원하는 위상 여유를 갖도록 조정되어 K가 개선되며, 원하는 과도 응답을 갖게 된다. 지상 보상기 설계 절차는 다음과 같다.

설계 절차

1. 정상 상태 오차의 설계 규격을 만족시키는 이득 K를 정하고, 이 K값에 대한 Bode 선도와 위상도를 그린다.
2. 원하는 과도 응답 특성을 갖도록 하는 위상 여유에 5~12°를 더한 위상 여유 주파수를 구한다. 위상 여유에 5~12°를 더하는 이유는 지상 보상기가 삽입되면 위상여유 주파수 근처에서 -5~12° 정도의 위상이 감소되기 때문이다.

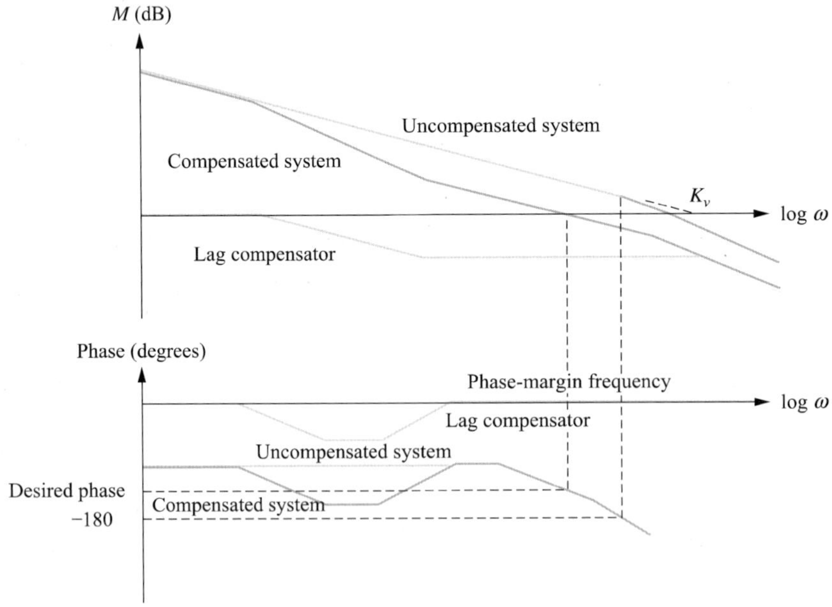

그림 11.4 지상 보상

1 지상 보상기라 부르는 이유는 그림 11.4와 같이 보상기의 위상 응답이 항상 음(위상 지연을 가져옴)이기 때문이다.

3. 앞에서 정한 위상 여유 주파수에서 크기가 0dB가 되도록 지상 보상기를 설계하는데 지상 보상기의 꺾임 주파수는 다음과 같이 정한다. 위상 여유 주파수의 1/10되는 주파수를 지상 보상기의 위쪽 꺾임 주파수로 정하고,[2] 이 주파수에서 -20dB/decade의 기울기를 갖는 직선을 그어 0dB 축과 만나는 점의 주파수를 아래쪽 꺾임 주파수로 정한다.
4. 지상 보상기에 의해 감소된 이득을 보상하도록 이득 K값을 다시 조정하여 절차 1에서 계산된 오차 상수가 유지되도록 한다.

이 과정으로부터 정상 상태 요구들을 만족하기 위해 초기 이득에 의존한다는 것을 볼 수 있으며, 0dB 교차점의 크기에 의해 정해지는 과도 응답 요구를 만족하기 위해 지상 보상기의 -20dB/decade에 의존한다는 것을 볼 수 있다. 지상 보상기의 전달 함수는 다음과 같다.

$$G_c(s) = \frac{s + \frac{1}{T}}{s + \frac{1}{\alpha T}} \tag{11.2}$$

여기서, $\alpha > 1$이다.

그림 11.5는 지상 보상기의 주파수 응답을 나타낸 그래프로 원하는 위상 여유를 갖는 위상 여유 주파수는 위상 응답의 고주파 영역에 있도록 한다. 이 영역은 위쪽 꺾임 주파수보다 높은 주파수 영역이 되며, 지상 보상기에 의한 감쇠가 이루어져 위상 여유 주파수에서 개루프 시스템의 이득이 1이 된다. 이 영역에서 지상 보상기의 위상 감소에 의한 위상 여유의 감소를 최소로 해야 되는데, 지상 보상기가 약 5°내지 12°위상을 감소시키므로, 이를 보상하기 위하여 위상 여유를 약 5~12°정도 증가시켜야 한다.(과정 2 참조)

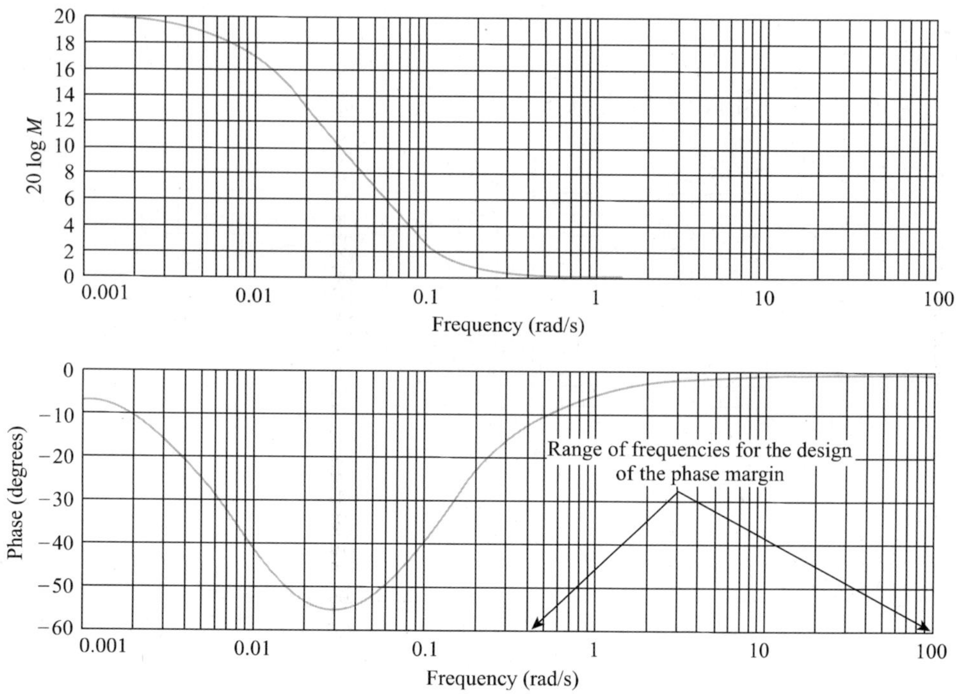

그림 11.5 지상 보상기 $G_c(s) = (s+0.1)/(s+0.01)$의 주파수 응답

2 이 꺾임 주파수에서는 보상기 때문에 의 위상 감소가 발생한다.

예제 11.2 지상 보상기 설계

Design D

문제 그림 11.2에 주어진 시스템에서 %오버슈트가 9.5%가 되도록 이득이 정해질 때 발생되는 정상 상태 오차를 1/10로 줄이기 위한 지상 보상기를 Bode 선도를 이용하여 설계하라.

풀이 지상 보상기의 설계 절차에 따라 설계하기로 한다.

1. 예제 11.1에서 9.5%의 오버슈트를 갖기 위한 이득은 $K=583.9$이었다. 이 때의 K_v는 16.22이므로, 정상 상태 오차가 1/10로 줄기 위해서는 K_v는 10배 증가된 162.2가 되어야 한다. K_v가 162.2가 되기 위해서는 이득이 $K=5839$가 되어야 하므로, 개루프 시스템의 전달 함수는 다음과 같다.

$$G(s) = \frac{583,900}{s(s+36)(s+100)} \tag{11.3}$$

이득 $K=5839$일 때의 Bode 선도는 그림 11.6과 같다.

2. 9.5%의 오버슈트($\zeta = 0.6$)를 갖기 위해서는 식 (10.73)으로부터 위상 여유가 59.2°가 되어야 한다. 보상기에 의한 위상 여유의 감소를 보상하기 위해 위상 여유를 10°증가시킨 69.2°로 정하면, 이 위상 여유를 갖는 위상은 -180°+69.2°=-110,8°가 되며, 이 때의 주파수는 9.8rad/s가 된다. 주파수 9.8rad/s에서 크기가 0dB가 되어야 하는데, 24dB이므로 지상 보상기에 의해 -24dB 만큼 감쇠되도록 하여야 한다.

3과 4. 지상 보상기의 위쪽 꺽임 주파수 이상의 주파수 영역에서 -24dB가 균일하게 감쇠되기 위해 위쪽 꺽임 주파수를 위상 여유 주파수 9.8rad/s의 1/10이 되는 0.98rad/s로 정한다. 주파수 0.98rad/s에서 -20dB/decade의 기울기를 갖는 직선을 그어 0dB선과 만나는 주파수를 아래쪽 꺽임 주파수로 정하는데 이 주파수는 0.62rad/s가 된다. 한편, 절차 1에서 정한 K_v가 지상 보상기에 의해 가감되지 않기 위해서는 지상 보상기의 dc 이득이 1이 되어야 한다. 이와 같이 설계된 지상 보상기의 전달 함수는 다음과 같다.

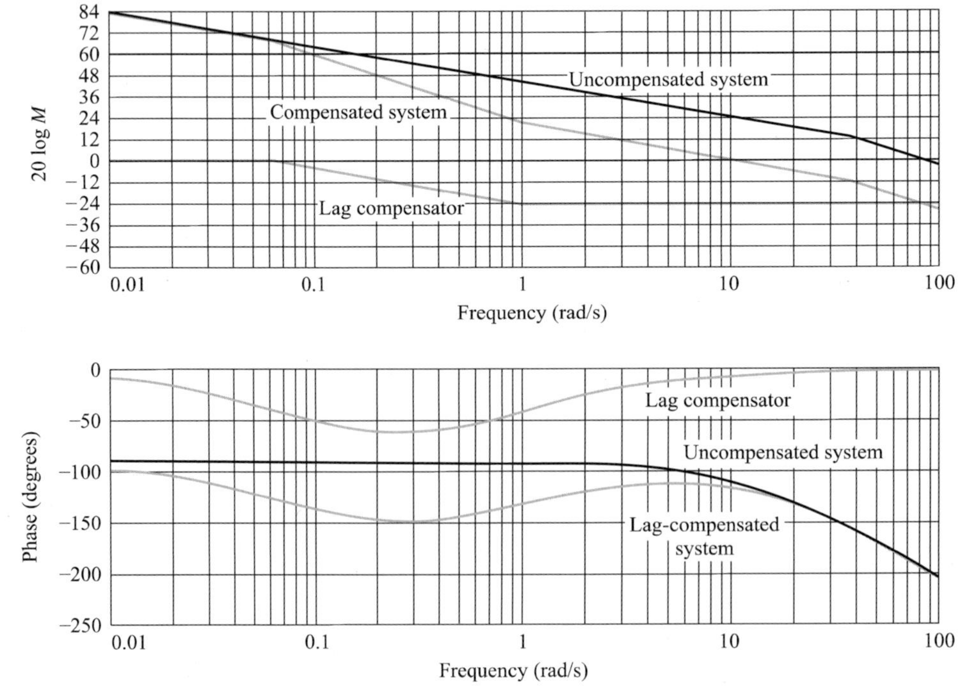

그림 11.6 예제 11.2에 대한 Bode 선도

$$G_{lag}(s) = \frac{0.0691(s+2.04)}{(s+0.141)}; G(s) = \frac{1,942,000}{s(s+50)(s+120)} \tag{11.4}$$

설계된 지상 보상기가 삽입된 개루프 시스템의 전달 함수는

$$G(s)G_c(s) = \frac{36,786(s+0.98)}{s(s+36)(s+100)(s+0.062)} \tag{11.5}$$

이고, 보상된 시스템에 대해 시뮬레이션한 실제 결과와 설계 규격을 표 11.2에 나타내었다.

표 11.2 예제 11.2의 지상 보상된 시스템의 특성

파라미터	설계 규격	실제 결과
K_v	162.2	161.5
위상 여유	59.2°	62°
위상 여유 주파수	—	11 rad/s
%오버슈트	9.5	10
최고값 시간	—	0.25 second

MATLAB

ML

MATLAB을 사용하는 학생들은 부록 B의 프로그램 ch11p2를 실행해 볼 수 있고, MATLAB을 이용하여 지상 보상기를 설계하는 방법을 알게 될 것이다. 정상 상태 오차 설계 규격에 따른 이득 및 원하는 %오버슈트 값을 대입시키면, MATLAB은 Bode 선도를 사용하여 지상 보상기를 설계하고, K_v를 계산하며 보상된 폐루프 시스템의 단위 계단 함수 입력에 대한 응답을 그린다. 이 연습 문제는 MATLAB을 이용하여 푸는 것이다.

숙련예제 11.2

문제 숙련예제 11의 시스템에 대한 지상 보상기를 설계하라. 이것은 20% 오버슈트를 유지하며 정상 상태 오차를 10배 개선시킨다.

풀이

$$G_{\text{lag}}(s) = \frac{0.0691(s+2.04)}{(s+0.141)}; \quad G(s) = \frac{1,942,000}{s(s+50)(s+120)}$$

완벽한 해답은 www.wiley.com/go/Nise/ControlSystemsEngineering8e에 있다.

스스로 해보기 11.2

숙련예제 11.2를 풀기 위하여 MATLAB, Control System Toolbox와 다음 프로그램을 이용하라.

```
pos=20
Ts=0.2
z=(-log(pos/100))/(sqrt(pi^2+log(pos/100)^2))
Pm=atan(2*z/(sqrt(-2*z^2+sqrt(1+4*z^4))))*(180/pi)
Wbw=(4/(Ts*z))*sqrt(1-2*z*2)+sqrt(4*z^4-4*z^2+2))
K=1942000
G=zpk([],[0,-50,-120],K)
controlSystemDesigner(G,1)
```

Control System Designer Window가 나타나면,

1. Bode 선도 영역 위에서 우클릭한 후, Grid를 선택하라.
2. MATLAB의 명령창에 나타나 있는 위상 여유를 확인하라.
3. Bode 위상 선도를 이용하여, step 2에서 확인한 위상여유를 가지는 주파수를 추정하라.

4. Bode Editor 탭에서 빨간색 영점을 클릭하라.
5. step 3에서 찾은 값의 1/10의 주파수를 가지는 제로 값을 이득 선도를 클릭하여 보상기에 추가하라.
6. Bode Editor 탭에서 빨간색 극점을 클릭하라.
7. 이득 선도를 클릭하여 보상기의 영점 왼쪽에 보상기의 극점을 추가하라.
8. 마우스로 극점을 클릭하여, step 2에서 찾은 위상여유를 가지는 곳까지 이동하여 보라.
9. Bode 선도에서 우클릭하여, Edit Compensator를 선택하라.
10. 결과 창에서 지상 보상기를 읽어 보라.

이 절에서는 과도 응답에는 영향을 주지 않으면서 정상 상태 오차를 개선시키기 위해 지상 보상기를 설계하는 방법에 대해 설명하였다. 다음 절에서는 주파수 응답에 의해 과도 응답을 개선시키는 방법에 대해 설명하고자 한다.

11.4 진상 보상기

앞 장에서 2차 시스템에 대한 위상 여유와 %오버슈트 사이의 관계뿐만 아니라, 폐루프 시스템의 대역폭과 정착 시간, 최고값 시간, 상승 시간 등과의 관계를 유도하였다. 정상 상태 오차를 개선시키는 지상 보상기를 설계할 때, 지상 보상기가 위상 선도에 미치는 영향을 최소화 함으로써 과도 응답 특성이 변동되지 않도록 하였다. 그러나, Bode 선도를 이용하여 진상 보상기를 설계할 경우, %오버슈트를 줄이기 위해서는 위상 여유를 증가시켜야 하며, 응답 속도를 개선시키기 위해서는 크기가 0dB가 되는 주파수를 증가시켜야 하므로 위상 선도가 변형된다.

진상 보상의 특성

진상 보상기 때문에 크기가 0dB가 되는 주파수가 증가하므로 보상 시스템의 대역폭도 증가된다. 또한, 위상 응답이 고주파 영역에서 증가하기 때문에 위상 여유 및 위상 여유 주파수가 증가하게 되어 %오버슈트와 최고값 시간이 줄어든다.

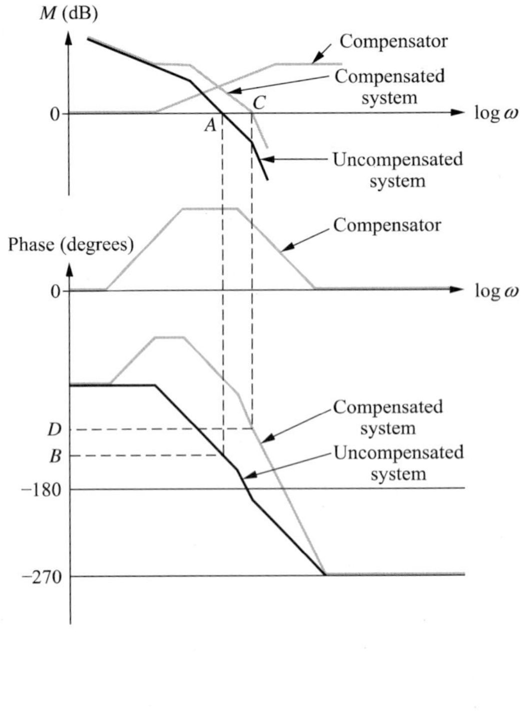

그림 11.7 진상 보상

그림 11.7에서 비보상 시스템의 위상 여유는 (B)이고, 위상 여유 주파수는 (A)이다. 진상 보상된 시스템의 크기 선도와 위상 선도는 위쪽으로 이동하게 되어 크기가 0dB인 주파수는 A rad/s에서 B rad/s로 증가하게 된다[3].

이 결과로 대역폭, 위상 여유 및 위상 여유 주파수가 증가하게 된다. 근궤적법보다 주파수 응답 기법을 이용하여 보상기를 설계하는 것이 유리한 점은 정상 상태 오차의 설계 규격에 맞도록 설계한 후 원하는 과도 응답 특성을 갖도록 설계할 수 있다는 점이다. 즉, 정상 상태 오차에 대한 설계 조건을 만족시키면서 과도 응답 설계 조건을 만족시키는 보상기를 설계하는 것은 근궤적도보다는 주파수 응답 기법을 이용하는 것이 편리하다. 정상 상태 오차는 저주파 영역에서 크기 선도의 기울기에 의해 결정되는데 이것은 원하는 과도 응답을 갖도록 설계할 때 영향을 받지 않는다.

진상 보상기의 주파수 응답

진상 보상기의 주파수 응답 특성을 살펴보고, 설계시 도움이 되는 몇 가지 관계식을 유도해보자. 그림 11.8은 진상 보상기의 전달 함수

$$G_c(s) = \frac{1}{\beta}\frac{s+\dfrac{1}{T}}{s+\dfrac{1}{\beta T}} \tag{11.6}$$

K의 주파수 응답을 여러 가지 $\beta < 1$에 대해 그린 것이다. 위상의 최고값과 이 때의 주파수가 β값에 따라 달라지게 된다. 보상기가 삽입됨으로써, 원하는 오차 상수값을 갖도록 결정된 dc 이득이 변동되지 않도록 하기 위하여 보상기의 dc 이득을 1로 한다. 설계되는 진상 보상기에 의해 시스템의 위상 여유와 위상 여유 주파수를 변화시키기 위해 위상 곡선에서 위상이 최대가 되는 주파수와 최대 위상 사이의 관계식의 유도가 필요하다.

식 (11.6)에서 진상 보상기의 위상 ϕ_c는

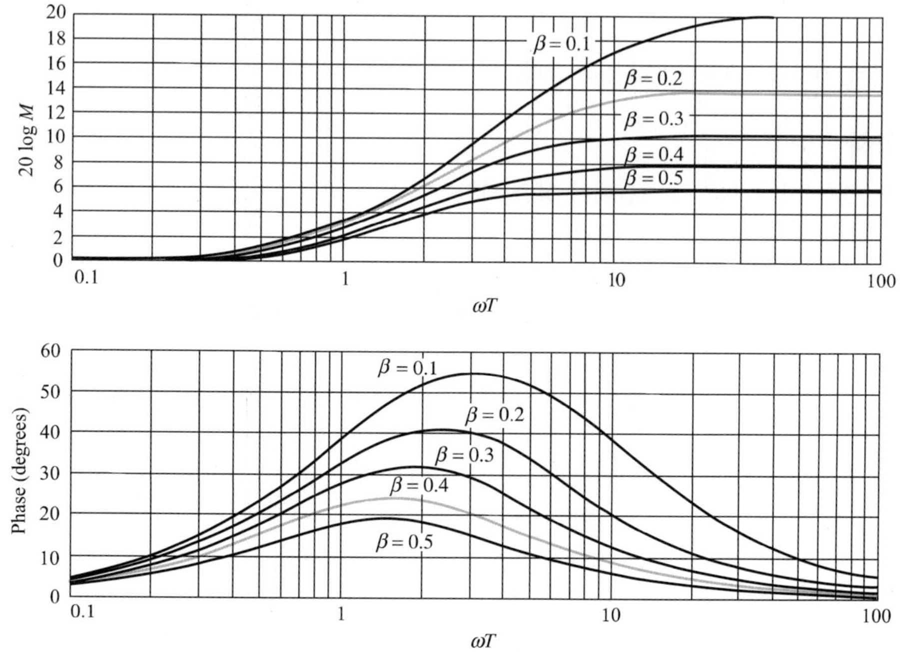

그림 11.8 진상 보상기의 주파수 응답 $G_c(s) = [1/\beta][(s+1/T)/(s+1/\beta T)]$

3 진상 보상기라 부르는 이유는 그림 11.7과 같이, 보상기의 위상 응답이 항상 양(위상 앞선이 발생)이기 때문이다.

$$\phi_c = \tan^{-1}\omega T - \tan^{-1}\omega\beta T \tag{11.7}$$

이 되며, 이것을 ω에 대하여 미분하면 다음과 같다.

$$\frac{d\phi_c}{d\omega} = \frac{T}{1+(\omega T)^2} - \frac{\beta T}{1+(\omega\beta T)^2} \tag{11.8}$$

식 (11.8)이 0이 되는 주파수에서 위상이 최대가 되는데, 이 주파수 $\omega_{\max}$는

$$\boxed{\omega_{\max} = \frac{1}{T\sqrt{\beta}}} \tag{11.9}$$

이 되고, 식 (11.8)을 식 (11.6)에 대입하고 $s = j\omega_{\max}$로 놓으면 다음과 같다.

$$G_c(j\omega_{\max}) = \frac{1}{\beta}\frac{j\omega_{\max} + \dfrac{1}{T}}{j\omega_{\max} + \dfrac{1}{\beta T}} = \frac{j\dfrac{1}{\sqrt{\beta}} + 1}{j\sqrt{\beta} + 1} \tag{11.10}$$

관계식 $\tan(\phi_1 - \phi_2) = (\tan\phi_1 - \tan\phi_2)/(1 + \tan\phi_1 \tan\phi_2)$를 이용하면 보상기의 최대 위상 $\phi_{\max}$는

$$\boxed{\phi_{\max} = \tan^{-1}\frac{1-\beta}{2\sqrt{\beta}} = \sin^{-1}\frac{1-\beta}{1+\beta}} \tag{11.11}$$

이 되고, $\omega_{\max}$에서 보상기의 크기는 다음과 같이 주어진다.

$$\boxed{|G_c(j\omega_{\max})| = \frac{1}{\sqrt{\beta}}} \tag{11.12}$$

이제 설계 절차를 정리하면 다음과 같다.

설계 절차

1. 원하는 정착 시간, 최고값 시간이나 상승 시간을 갖도록 하는 폐루프 시스템의 대역폭을 구한다 [식 (10.54)로부터 식 (10.56) 참조].
2. 저주파 영역에서는 진상 보상기에 의한 영향을 무시할 수 있기 때문에 정상 상태 오차 설계 규격을 만족시키도록 보상전 시스템 이득 K를 정한다.
3. 정해진 이득값에 대한 Bode 선도를 그리고 위상 여유를 구한다.
4. 원하는 감쇠 정수나 %오버슈트를 갖도록 하는 위상 여유를 구하고 보상기 때문에 감소되는 위상을 보정한다.[4]
5. 보상기의 위상으로부터 β값[식 (11.6)과 식 (11.11) 참조]을 결정한다.
6. 보상기의 위상이 최대가 되는 주파수에서 보상기의 이득을 구한다[식 (11.12) 참조].
7. 보상기의 위상이 최대가 되는 점에서 보상기의 크기와 비보상 시스템의 크기의 합이 0이 되는 주파수를 새로운 위상 여유 주파수로 한다.

---

4 보상기가 삽입되면 위상 여유 주파수가 증가하며, 그림 11.7의 점 B와 E를 비교하여 알 수 있는 바와 같이, 이 새로운 위상 여유 주파수에서 시스템의 위상은 처음 예상한 값보다 작게 된다. 따라서, 위상 보정이 필요하다.

8. 식 (11.9)를 이용하여 보상기의 꺽임 주파수를 결정하는 T를 구하고, 식 (11.6)을 이용하여 진상 보상기의 두 꺽임 주파수를 정한다.
9. 보상기의 dc 이득이 1이 되도록 보상기의 이득을 정한다.
10. 절차 1에서 정한 대역폭을 만족시키는지 확인한다.
11. 모든 설계 조건을 만족시키는지 확인하기 위하여 시뮬레이션을 수행한다.
12. 설계 조건을 만족시키지 못하면 다시 설계한다.

이 과정으로부터, 위상 여유의 양(개선되는 %오버슈트)과 이득 교차 주파수(증가하는 속도) 모두 증가하는 것을 볼 수 있다. 이제 과도 응답을 개선하기 위한 진상 보상기를 설계할 수 있는 과정을 열거할 수 있다. 실 예를 들어보자.

예제 11.3 진상 보상기 설계

Design
D

문제 예제 11.2의 시스템에 대해 오버슈트가 20%이고, 최고값 시간이 0.1초가 되며, $K_v = 40$이 되도록 하는 진상 보상기를 설계하라.

풀이 비보상 시스템의 개루프 전달 함수는 $G(s) = 100K/[s(s+36)(s+100)]$이므로, 다음과 같은 설계 절차에 따라 진상 보상기를 설계한다.

1. 최고값 시간 $T_P = 0.1$초의 응답 속도를 만족시키는 대역폭을 정한다. 식 (10.56)으로부터 $\zeta = 0.456$(20%의 오버슈트를 가짐)이고, $T_P = 0.1$초가 되기 위해서는 폐루프 시스템의 대역폭은 46.6rad/s가 되어야 한다.
2. $K_v = 40$이 되기 위해서는 K=1440이 되어야 하며, $G(s) = 144{,}000/[s(s+36)(s+100)]$이 된다.
3. $K = 1440$에 대해 보상 전 시스템의 주파수 응답을 그리면 그림 11.9와 같다.

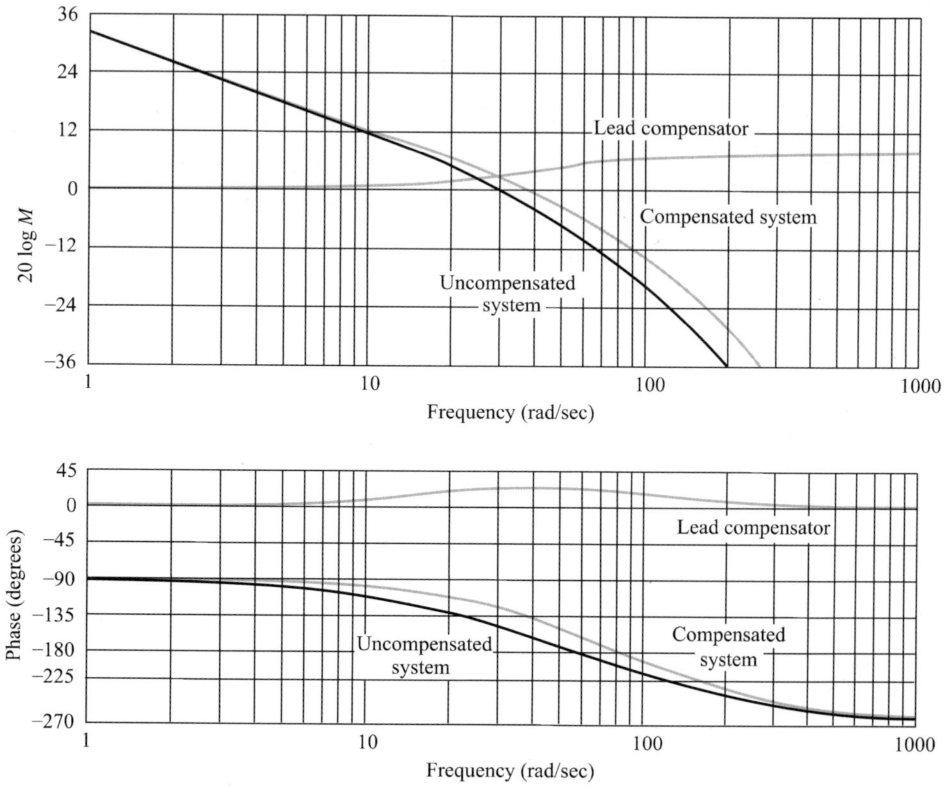

그림 11.9 예제 11.3에서의 진상 보상 Bode 선도

4. 20%의 오버슈트를 갖기 위해서는 위상 여유가 48.1°가 되어야 한다. $K=1440$일 때, 보상 전 시스템의 위상 여유는 34°이고, 이 때의 위상 여유 주파수는 29.6이다. 위상 여유가 48.1°로 증가하도록 진상 보상기를 삽입시키면, 위상 여유뿐만 아니라 위상 여유 주파수도 증가한다. 따라서, 새로운 위상 여유 주파수에서 위상 여유는 원하는 위상 여유보다 작게 되므로 위상 보정이 필요하다. 이 보정 각도를 10°로 하면 진상 보상기의 각도는 48.1°−34°+10°=24.1°가 된다. 보상 시스템은 46.6rad/s의 대역폭과 48.1°의 위상 여유를 가져야 하므로, 설계 후 이 조건을 만족시키지 못하면 보정 각도를 수정하여 다시 설계한다.
5. 식 (11.11)로부터 $\phi_{\max}=24.1°$일 때, $\beta=0.42$가 된다.
6. 식 (11.12)로부터 진상 보상기의 크기는 $\omega_{\max}$에서 3.76dB가 된다.
7. 위상 여유 주파수를 로$\omega_{\max}$ 할 때, $\omega_{\max}$에서 보상 시스템의 크기가 0dB가 되도록 하기 위해서는 이 주파수에서 비보상 시스템의 크기는 -3.76dB가 되어야 한다. Bode 선도로부터 비보상 시스템의 크기가 -3.76dB가 되는 주파수는 $\omega_{\max}$ =39rad/s이므로, 이 주파수가 새로운 위상 여유 주파수가 된다.
8. 진상 보상기의 꺾임 주파수는 식 (11.9)로부터 $1/T=25.3$과 $1/\beta T=60.2$가 된다.
9. 설계된 진상 보상기의 전달 함수는 다음과 같다.

$$G_c(s)=\frac{1}{\beta}\frac{s+\frac{1}{T}}{s+\frac{1}{\beta T}}=2.38\frac{s+25.3}{s+60.2} \tag{11.13}$$

여기서, 이득 2.38은 진상 보상기의 dc 이득이 1이 되도록 하기 위하여 선정된 값이며, dc 이득이 1이 되면 진상 보상기가 삽입되어도 $K_v=40$은 변동되지 않는다. 이와 같이, 설계된 시스템의 개루프 전달 함수는 다음과 같다.

$$G_c(s)G(s)=\frac{342,600(s+25.3)}{s(s+36)(s+100)(s+60.2)} \tag{11.14}$$

10. 그림 11.9로부터 진상 보상된 개루프 시스템의 크기는 85rad/s일 때, 약 -7dB가 되므로 폐루프 시스템의 대역폭을 85rad/s로 생각할 수 있는데, 이 값은 최고값 시간이 0.1초가 되기 위해 요구되는 대역폭 46.6rad/s보다 크므로 요구되는 최고값 시간 규격을 만족시킨다.
11. 그림 11.9는 설계 후의 보상 효과를 나타내고 있으며, 시뮬레이션과 실제 주파수 응답으로부터 얻어진 결과는 표 11.3에 나타내었다. 이득 보상 시스템에 진상 보상기에 의한 위상 여유, 위상 여유 주파수와 대역폭 증가만큼 더해졌다. 위상 여유는 설계 조건보다 작으며, %오버슈트는 2.6% 크지만 최고값 시간과 정상 상태 오차는 설계 요구 조건을 만족시킨다. 만일, 설계 결과가 설계 요구 조건을 만족시키지 못하면 다시 설계하여야 한다.

표 11.3 예제 11.3의 진상 보상된 시스템의 특징

파라미터	설계 규격	이득 조정 시스템	진상 보상된 시스템
K_v	40	40	40
위상 여유	48.1°	34°	45.5°
위상 여유 주파수	—	29.6 rad/s	39 rad/s
대역폭	46.6 rad/s	50 rad/s	68.8 rad/s
%오버슈트	20	37	22.6
최고값 시간	0.1 second	0.1 second	0.075 second

MATLAB을 사용하는 학생들은 부록 B의 프로그램 ch11apB3를 실행해 볼 수 있고, MATLAB을 이용하여 진상 보상기를 설계하는 방법을 배울 수 있다. 원하는 %오버슈트값, 최고값 시간과 를 대입시키면 MATLAB은 Bode 선도를 이용하여 진상 보상기를 설계하고 를 계산하며 보상된 폐루프 시스템의 단위 계단 함수 입력에 대한 응답을 그린다. 이 연습 문제는 예제 11.3을 MATLAB을 이용하여 푼 것이다.

MATLAB
ML

숙련예제 11.3

문제 숙련예제 11.1의 시스템이 아래 규격을 만족하도록 진상 보상기를 설계하라: $\%OS = 20\%$, $T_s = 0.2s$, $K_v = 50$.

풀이 $G_{\text{lead}}(s) = \dfrac{2.27(s+33.2)}{(s+75.4)}$; $\quad G(s) = \dfrac{300,000}{s(s+50)(s+120)}$

완벽한 해는 www.wiley.com/go/Nise/ControlSystemsEngineering8e 에 있다.

스스로 해보기 11.3

숙련예제 11.3을 풀기 위하여 MATLAB, Control System Toolbox와 다음 프로그램을 사용하라.

```
pos=20
Ts=0.2
z=(-log(pos/100))/(sqrt(pi^2+log(pos/100)^2))
Pm=atan(2*z/(sqrt(-2*z^2+sqrt(1+4*z^4))))*(180/pi)
Wbw=(4/(Ts*z))*sqrt(1-2*z*2)+sqrt(4*z^4-4*z^2+2))
K=50*50*120
G=zpk([],[0,-50,-120],K)
controlSystemDesigner(G,1)
```

Control System Designer Window가 나타나면,

1. Bode 선도 영역 위에서 우클릭한 후, Grid를 선택하라.
2. MATLAB의 명령창에 나타나 있는 위상 여유와 대역폭을 확인하라.
3. Bode Editor 탭에서 빨간색 극점을 클릭하라.
4. 이득 선도를 클릭함으로써 과정 2에서 찾은 대역폭의 오른쪽에 위치한 보상기의 극점을 추가하라.
5. Bode Editor 탭의 툴바에서 빨간색 영점을 클릭하라.
6. 이득 선도를 클릭함으로써 대역폭의 왼쪽에 위치한 보상기의 영점을 추가하라.
7. Bode 선도를 재구성하라; 마우스를 이용하여 Bode 선도의 극점과 영점을 찍어 보라. 그리고 과정 2에서 구한 위상여유와 같은 값을 가지도록 위상선도를 옮겨보라. 또 위상여유 주파수를 과정 2에서 구한 대역폭과 맞추어 보라.
8. Bode 선도 내에서 우클릭을 하여 Edit compensator를 선택하라.
9. 결과 창의 진상 보상기를 읽어보라.

앞 예제들은 3차 시스템을 위한 디자인이라는 것과 원하는 결과라도 결과들을 확인하기 위해 모의실험이 수행되어야 하는 것임을 명심하여야 한다. 다음 절에서 정상 상태 오차와 과도 응답을 개선하기 위한 지상-진상 보상을 살펴볼 것이다.

11.5 지상-진상 보상기 설계

9.4절에서는 근궤적도를 사용하여 그림 11.10과 같은 시스템의 과도 응답과 정상 상태 오차를 개선하기 위한 진상-지상 보상기를 설계하였다. 이 절에서는 주파수 응답 기법을 사용하여 진상-지상 보상기를 설계하고자 하는데, 그 중 한 가지 방법은 고주파 영역의 이득을 낮추고 시스템을 안정하게 하며, 정상 상태 오차를 개선시키는 지상 보상기를 설계한 후, 위상 여유 요구 조건을 만족시키는 진상 보상기를 설계하는 것이다.

9.6절에서는 지상 보상 회로와 진상 보상 회로가 분리되지 않은 수동 지상-진상 보상 회로를 공부하였다. 한 개의 수동 회로로 지상 및 진상 보상이 이루어지도록 하는 것이 경제적인데, 그 이유는 지상 보상 회로와 진상 보상 회로를 분리시키기 위한 버퍼회로가 필요하지 않기 때문이다. 이 절에서도 한 개의 수동 회로로 구성되는 지상-진상 보상기의 설계에 대해 다루고자 한다. 한 개의 수동 회로로 구성되는 지상-진상 보상 회로의 전달 함수는 다음과 같다.

$$G_c(s) = G_{Lead}(s)G_{Lag}(s) = \left(\frac{s+\dfrac{1}{T_1}}{s+\dfrac{\gamma}{T_1}}\right)\left(\frac{s+\dfrac{1}{T_2}}{s+\dfrac{1}{\gamma T_2}}\right) \tag{11.15}$$

여기서, 우변 첫째 괄호항은 진상 보상을 나타내며, 둘째 괄호항은 지상 보상을 나타낸다. 또한, $\gamma > 1$인 γ는 식 (11.2)의 지상 보상기에서 사용된 α와 식 (11.6)의 진상 보상기에서 사용된 β를 대신하는데, α와 β는 서로 역수가 된다. 그림 11.11은 수동 소자로 구성된 지상-진상 보상기의 주파수 응답을 나타내고 있다.

이제 지상-진상 보상기 설계 절차를 살펴보기로 하자.

설계 절차

1. 시스템이 2차로 근사화되는 것으로 가정하여, 정착 시간, 최고값 시간이나 상승 시간에 대한 설계 조건을 만족시키기 위한 폐루프 시스템의 대역폭을 구한다[식 (10.55)와 식 (10.56) 참조].
2. 정상 상태 오차 설계 조건을 만족시키도록, 이득 K를 정한다.
3. 절차 2에서 정한 이득 K에 대한 Bode 선도를 그린다.
4. 식 (10.73)을 사용하여 감쇠 정수나 %오버슈트 대한 설계 조건을 만족시키기 위한 위상 여유를 계산한다.

(a) (b)

그림 11.10 a. Iowa 구동 시뮬레이터 b. 가상 현실 그래픽 시뮬레이터 구동 시험

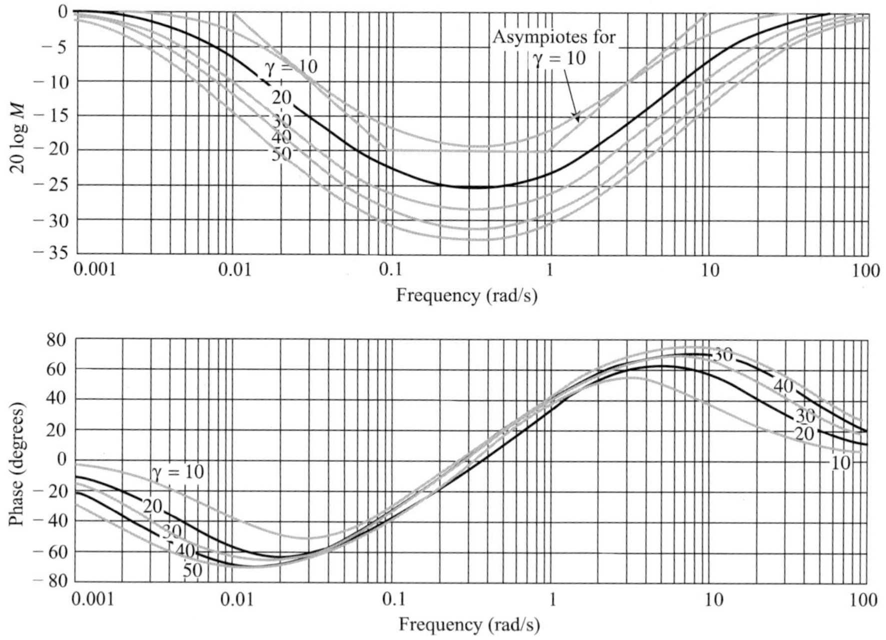

그림 11.11 전달 함수가 $G_c(s) = [(s+1)(s+0.1)/\left[(s+\gamma)\left(s+\frac{0.1}{\gamma}\right)\right]$ 인 지상-진상 보상기의 주파수 응답

5. ω_{BW} 근처의 새로운 위상 여유 주파수를 선정한다.
6. 새로운 위상 여유 주파수에서 위상 여유 조건을 만족시키기 위해 추가로 필요한 위상 여유를 정하는데, 지상 보상기에 의한 위상 여유 감소를 고려하여 정한다.
7. 지상 보상기의 위쪽 꺾임 주파수를 새로운 위상 여유 주파수의 1/10이 되도록 정한다. 지상 보상기 설계시 정해야 할 이득은 시스템이 안정되도록 하면서 정상 상태 오차 설계 조건을 만족시키도록 정한다. 위상 여유는 진상 보상기 설계시 결정하도록 한다. 진상 보상기의 설계 조건으로부터 γ를 결정하는데 진상 보상기의 위상을 고려하여 그림 11.18의 위상 응답에서 $\gamma = 1/\beta$을 정한다. 이 값으로부터 지상 보상기의 아래쪽 꺾임 주파수를 정한다.
8. 지상 보상기 설계시 결정된 γ와 새로운 위상 여유 주파수를 이용하여 진상 보상기를 설계한다. 식 (11.9)를 이용하여 T값을 구한 후 진상 보상기의 양쪽 꺾임 주파수를 정한다.
9. 절차 1의 응답 속도에 필요한 대역폭을 갖는지를 확인한다.
10. 계산이나 시뮬레이션을 통한 설계 결과를 확인한 후, 위상 여유나 과도 응답 요구조건을 만족시키지 못하면 다시 설계한다.

예제를 통하여 설계 절차를 습득하자.

예제 11.4 지상 진상 보상기 설계

문제 개루프 전달 함수가 $G(s) = K/[s(s+1)(s+4)]$인 단위 피드백 시스템이 주어질 때, 오버슈트가 13.25%이고, 최고값 시간이 2초이며, $K_v = 12$인 설계 조건을 만족시키는 수동 소자로 구성된 지상-진상 보상기를 Bode 선도를 이용하여 설계하라.

풀이 앞에서 설명한 지상-진상 보상기의 설계 절차에 따라 설계한다.

1. 최고값 시간이 2초가 되도록 하기 위한 대역폭은 2.29rad/s이다.
2. 정상 상태 오차 설계 조건인 $K_v = 12$를 만족시키기 위한 이득은 K=48이다.
3. 이득 $K = 48$에서 보상 전 시스템의 Bode 선도는 그림 11.12와 같으며 시스템은 불안정하다.

4. 13.25%의 오버슈트를 갖기 위한 위상 여유는 55°이다.
5. 새로운 위상 여유 주파수를 $\omega = 1.8$ rad/s 로 정한다.
6. 이 주파수에서 위상이 -176°이고, 지상 보상기 때문에 생기는 위상 감소를 -5°로 하면, 위상 여유가 -0°이므로 진상 보상기에 의해 보상될 위상은 56°이다.
7. 지상 보상기는 다음과 같이 설계된다. 지상 보상기가 삽입되어도 $K_v = 12$가 되기 위하여 이득 48을 유지해야 하는데 시스템이 안정하도록 이득을 더 감소시켜서는 안된다. 지상 보상기가 시스템을 안정되게 하면 위상 여유는 진상 보상기 설계시 결정되기 때문에 여유있게 설계 파라미터를 정할 수 있다. 따라서, 지상 보상기의 위상응답이 새로운 위상 여유 주파수에 미치는 영향이 최소가 되도록 지상 보상기를 정한다. 이와 같은 이유에서 지상 보상기의 위쪽 꺽임 주파수를 위상 여유 주파수의 1/10이 되는 0.18rad/s로 택한다. 진상 보상기의 위상이 w=1.8rad/s에서 56°가 되어야 하는데 그림 11.8에서 $\gamma = 10.6\,(\gamma = 1/\beta,\ \beta = 0.094)$이면 진상 보상기의 위상이 약 56°가 된다. 따라서, $\gamma = 10.6$으로 정하고 $\omega = 1.8$rad/s를 위상 여유 주파수로 정하면 지상 보상기의 전달 함수는 다음과 같다.

$$G_{lag}(s) = \frac{1}{\gamma}\frac{\left(s+\dfrac{1}{T_2}\right)}{\left(s+\dfrac{1}{\gamma T_2}\right)} = \frac{1}{10.6}\frac{(s+0.183)}{(s+0.0172)} \tag{11.16}$$

이득을 $1/\gamma$로 하는 것은 지상 보상기의 dc 이득이 0dB가 되도록 하기 위함이다. 지상 보상기를 포함하는 개루프 시스템의 전달 함수는 다음과 같다.

$$G_{lag-comp}(s) = \frac{4.53(s+0.183)}{s(s+1)(s+4)(s+0.0172)} \tag{11.17}$$

8. 진상 보상기는 다음과 같이 설계한다. 주파수 $w = 1.8$rad/s 에서 지상 보상된 시스템의 위상은 180°이다. 식 (11.9)에 $\omega_{\max} = 1.8$과 $\beta = 0.094$을 대입하면, 아래쪽 꺽임 주파수는 $1/T_1 =$ 0.56rda/s이 얻어지고, 위쪽 꺽임 주파수는 $1/\beta T_1$=5.9rad/s가 된다. 따라서, 진상 보상기 전달 함수는 다음과 같다.

$$G_{lead}(s) = \gamma\frac{\left(s+\dfrac{1}{T_1}\right)}{\left(s+\dfrac{\gamma}{T_1}\right)} = 10.6\frac{(s+0.56)}{(s+5.96)} \tag{11.18}$$

식 (11.17)과 식 (11.18)로부터 지상-진상 보상된 시스템의 개루프 전달 함수는 다음과 같다.

$$G_{lag-lead-comp}(s) = \frac{48(s+0.183)(s+0.56)}{s(s+1)(s+4)(s+0.0172)(s+5.96)} \tag{11.19}$$

9. 폐루프 시스템의 대역폭은 개루프 시스템의 크기가 -7dB가 되는 주파수와 같으므로, 그림 11.12로부터 크기가 -7dB가 되는 주파수는 약 3rad/s이다. 이 대역폭은 최고값 시간 요구 조건을 만족하기에 충분하다.
설계된 시스템의 성능을 평가하기 위하여 시뮬레이션을 실시하였으며, 그 결과를 표 11.4에 나타내었다. 만일, 설계 조건이 만족되지 못하면 다시 설계하여야 한다.

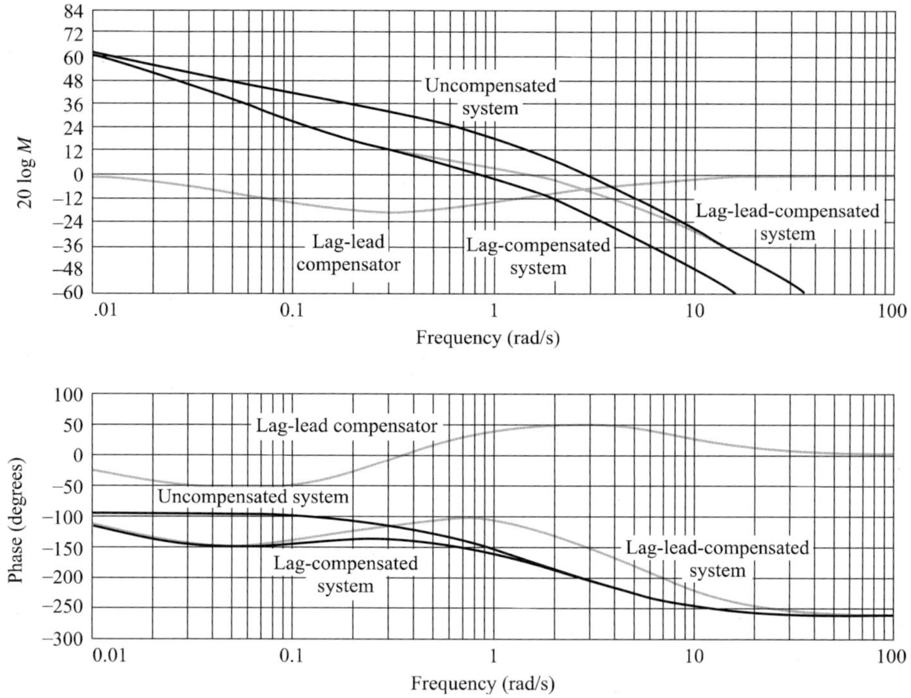

그림 11.12 예제 11.4의 지상–진상 보상 시스템의 Bode 선도

표 11.4 예제 11.4의 보상된 시스템의 특성

파라미터	설계 규격	보상된 시스템
K_v	12	12
위상 여유	55°	59.3°
위상 여유 주파수	—	1.63 rad/s
대역폭	2.29 rad/s	3 rad/s
%오버슈트	13.25	10.2
최고값 시간	2.0 seconds	1.61 seconds

MATLAB을 사용하는 학생들은 부록 B의 프로그램 ch11apB4를 실행해 볼 수 있고, 이 프로그램을 통하여 MATLAB을 사용하여 지상–진상 보상기를 설계하는 방법을 알 수 있다. 원하는 %오버슈트값, 최고값 시간과 K_v를 입력시키면 MATLAB은 Bode 선도를 사용하여 지상–진상 보상기를 설계하고, K_v를 계산하며, 보상된 폐루프 시스템의 단위 계단 함수 입력에 대한 응답을 그린다. 이 연습 문제는 예제 11.4를 MATLAB을 이용하여 푼 것이다. MATLAB ML

이 장의 마지막 예제는 Nichols 차트를 이용하여 지상-진상 보상기를 설계하는 것이다. Nichols 차트는 10장에서 이미 언급한 바 있으며, 이를 이용하면 개루프 시스템과 폐루프 시스템의 주파수 응답을 모두 표현할 수 있다. 이 차트의 가로축은 개루프 시스템의 위상을 나타내며 세로축은 개루프 시스템의 크기를 나타낸다. 루프 시스템의 주파수 응답은 각 주파수에서 Nichols 차트의 극좌표를 이용하여 그릴 수 있다. 그리고 그려진 궤적과 Nichols 차트가 만나는 점이 폐루프 시스템의 크기와 위상이 된다. 따라서, Nichols 차트를 이용하면 개루프 시스템과 폐루프 시스템의 주파수를 원하는 값으로 유도하는 설계가 가능하다.

Nichols 차트로부터, 원하는 시간 응답의 설계를 위해 필요한 다음의 주파수 응답 특성들을 동시에 알 수 있다: (1) 위상여유, (2) 이득여유, (3) 폐루프 시스템의 주파수의 대역폭, (4) 폐루프 시스템

의 주파수의 최대 진폭 예제에서는 먼저 (1) 최대 퍼센트 오버슈트, (2) 최대 최고값 시간, (3) 최소 고정 오차 상수를 결정하고 원하는 과도 응답을 위해 진상 보상기를 설계하고, 원하는 고정 오차 상수를 위해 지상 보상기를 설계한다. 설계는 손으로 계산하는 것이 가능하지만, Nichols 선도를 그리기 위해서 MATLAB과 Control System Designer을 사용한다.

다음의 과정을 따라서 예제를 해결해보자.

1. 식 (4.39)를 이용하여 원하는 퍼센트 오버슈트로부터 감쇠비를 계산하라.
2. 구해진 감쇠비와 식 (10.52)를 이용하여 폐루스 시스템 주파수의 최대 진폭 겗 를 계산하라.
3. 구해진 감쇠비와 식 (10.56)을 이용하여 원하는 최고값 시간에 도달할 수 있는 폐루프 시스템의 주파수의 최소 대역폭을 계산하라.
4. Nichols 차트에 개루프 시스템의 주파수 응답을 그려라.
5. 개루프 시스템의 궤적이 원하는 폐루프 시스템의 크기 곡선과 접선이 될 때까지 개루프 이득을 증가시켜라.
6. 진상 보상기의 영점은 접점에, 극점은 고주파가 되도록 배치하여라. Control System Designer에서 그래프상 우클릭을 한 후, 개루프 시스템의 주파수 응답 곡선 위의 원하는 위치에 클릭하면, 영점이나 극점을 추가할 수 있다.
7. 개루프 시스템의 주파수 곡선이 겗 곡선에 접선이 될 때까지 진상 보상기의 영점과 극점을 조정하여라. 이를 통해 원하는 퍼센트 오버슈트와 최고값 시간을 얻을 수 있는 폐루프 시스템의 주파수의 최대 진폭과 대역폭을 유도할 수 있다.
8. 개루프 시스템의 전달 함수를 유도하고, 고정 오차 상수 값을 계산하여라.
9. 만약 계산된 고정 오차 상수 값이 원하는 값보다 작을 경우에는 지상 보상기를 설계해야 한다. 고정 오차 상수 값을 얼마나 더 개선해야 할지를 결정하여라.
10. 지상 보상기의 극점과 영점은 진상 보상기보다 낮도록 배치하여라. 그리고 원하는 고정 오차상수 값이 되도록 조정하여라. 식 (9.5)에서 알 수 있듯이, Type 1 시스템의 고정 오차 상수의 개선 정도는 지상보상기의 영점을 극점으로 나눈 비와 같다. 만약 필요하다면 이득값을 재조정하여라.

예제 11.5 Nichols 차트, MATLAB, SISOTOOL을 이용한 지상-진상 보상기 설계

MATLAB **ML**

문제 주어진 시스템 $G(s)=\dfrac{K}{s(s+5)(s+10)}$ 이 다음의 조건을 만족할 수 있도록 지상-진상 보상기를 설계하여라: (1) 퍼센트 오버슈트: 20%, (2) 최대값 시간: 0.5초, (3) 고정 오차 상수: 6.

GUI Tool **GUIT**

풀이 위에서 제시된 순서를 따라 진행한다.

1. 20%의 퍼센트 오버슈트를 식 (4.39)에 대입해 풀면, $\xi=0.456$이 된다.
2. $\xi=0.456$를 식 (10.52)에 대입해 풀면, $M_p=1.23=1.81\text{dB}$가 된다.
3. $\xi=0.456$와 $T_p=0.5$를 식 (10.56)에 대입해 풀면, $\omega_{BW}=9.3r/s$가 된다.
4. Nichols 차트에 $K=1$이 되도록 개루프 시스템의 주파수 응답 곡선을 그린다.
5. 그림 11.13과 같이 개루프 시스템의 주파수 응답 곡선이 폐루프 시스템의 1.81dB 곡선에 접선이 될 때까지, 개루프 이득을 증가시킨다. 접점에 마우스를 위치시키면, 접점의 주파수가 거의 3 r/s인 것을 확인할 수 있다. 메뉴에서 **Designs/Edit Compensator**...을 선택하여 이득값이 150인 것을 확인한다. 이로서, 시스템은 $G(s)=\dfrac{150}{s(s+5)(s+10)}$ 이 되었다. 이득값이 조정된 폐루프 시스템의 스텝 응답은 그림 11.14와 같다. 최대값 시간이 1초에 가까우므로 이를 감소시켜야 한다.

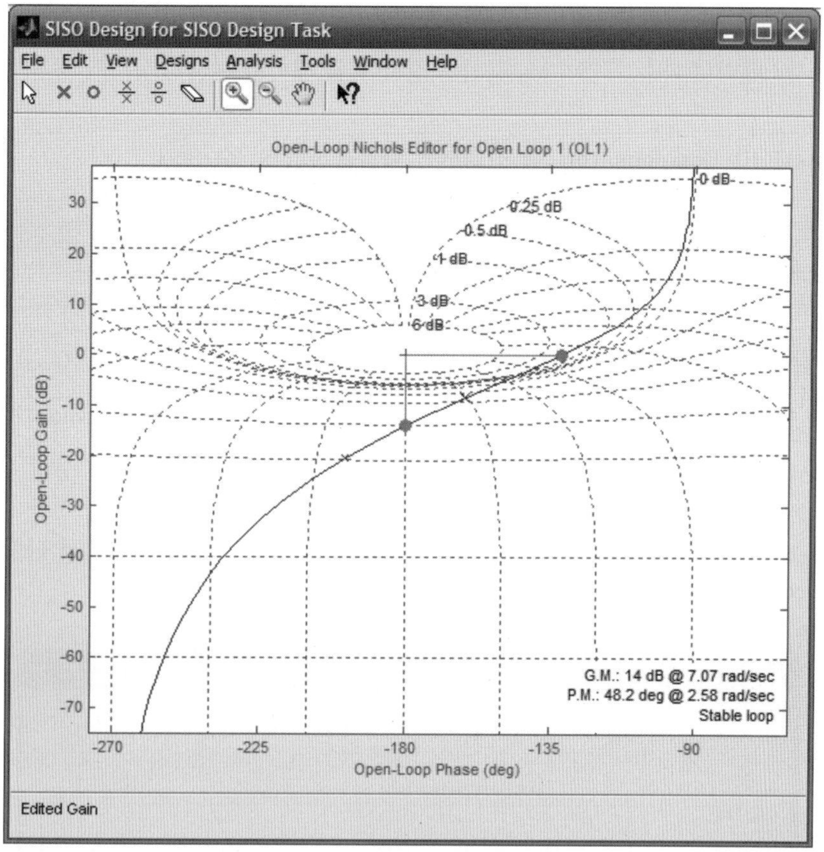

그림 11.13 이득값 조정 후의 Nichols 차트

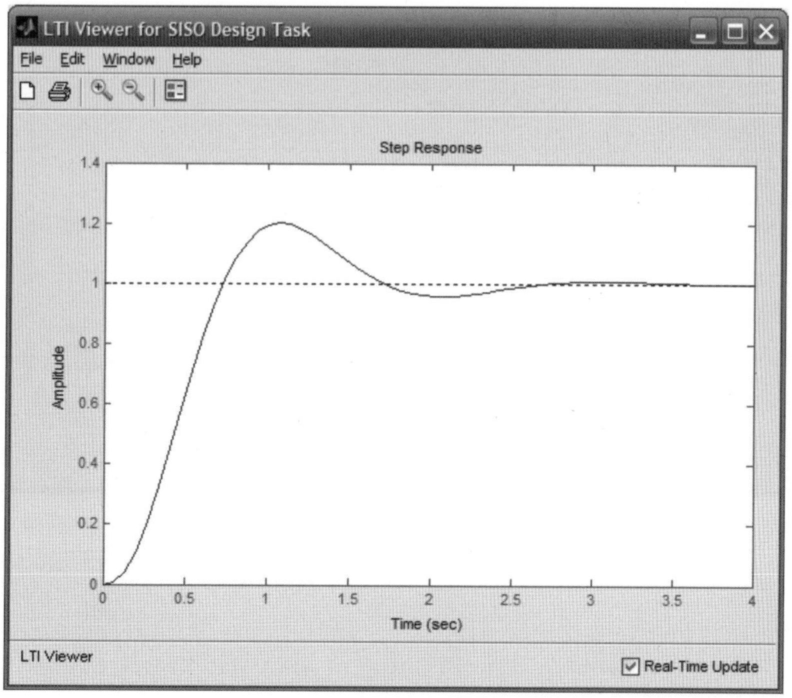

그림 11.14 이득값이 조정된 폐루프 시스템의 스텝 응답

6. 진상 보상기의 영점은 접점에, 극점은 고주파가 되도록 배치한다.
7. 개루프 시스템의 주파수 곡선이 M_p 곡선에 접선이 될 때까지 진상 보상기의 영점과 극점을 조정한다.
8. **Designs/Edit Compensator**...를 선택하면 다음을 확인할 수 있다.

   $G(s)G_{\leq ad}(s) = \dfrac{1286(s+1.4)}{s(s+5)(s+10)(s+12)}$, 그리고 $K_\nu = 3$.
9. 정적 오차 상수를 적어도 2 이상 개선하기 위해서 지상 보상기를 추가한다.
10. 지상 보상기의 극점은 −0.004, 영점은 −0.008이 되도록 하고 진상 보상기를 추가했을 때와 같이 같은 접선이 되도록 이득값을 조정한다. 이로써 $G(s)G_{lead}(s)G_{lag}(s) = \dfrac{1381(s+1.4)(s+0.008)}{s(s+5)(s+10)(s+12)(s+0.004)}$ 이 되는 것을 확인할 수 있다. 최종 Nichols 차트는 그림 11.15와 같으며, 보상된 시간 응답은 그림 11.16과 같다. 시간 응답이 정상 상태 값으로 천천히 올라가는 것을 확인할 수 있는데, 이는 지상 보상기에 의한 것이다. 만약 정상 상태 값으로 빠르게 올라가기를 바란다면, 대역폭을 더 높게 하거나 진상 보상기만으로 설계해야 한다. 이 장의 마지막에는 실제적인 문제를 다뤄본다.

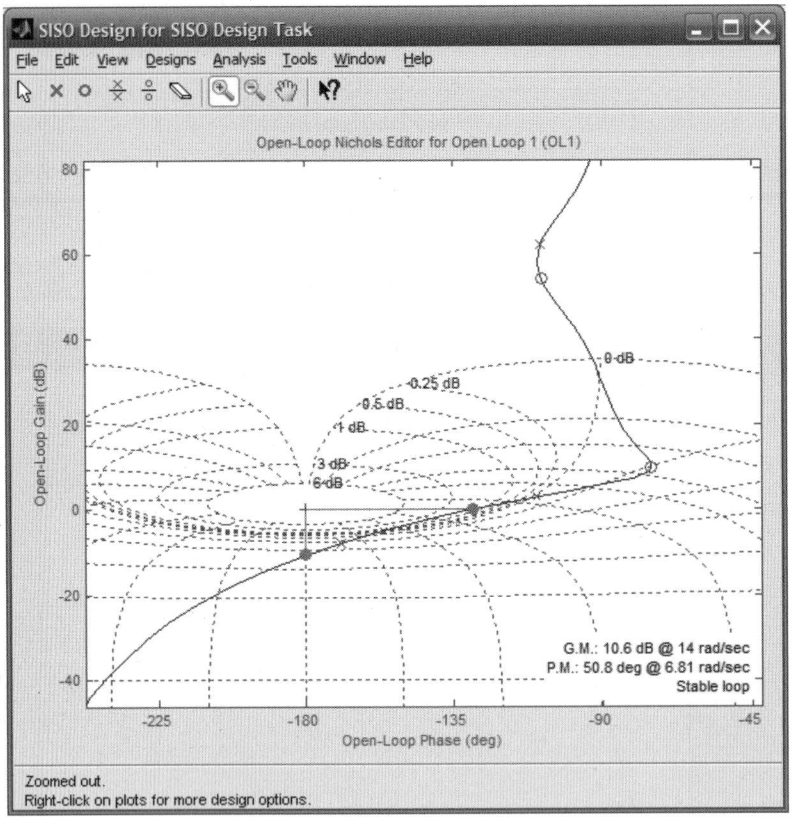

그림 11.15 지상-진상 보상이 된 후의 Nichols 차트

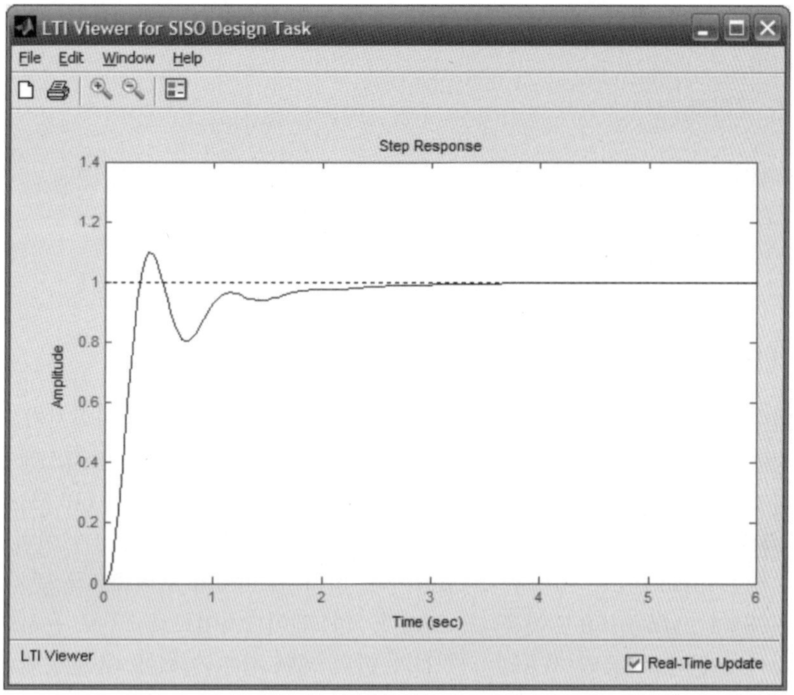

그림 11.16 지상-진상 보상이 된 폐루프 시스템의 스텝 응답

숙련예제 11.4

문제 단일 피드백 시스템인 전향 경로 전달 함수 $G(s)=K/s(s+8)(s+30)$의 진상-지상 보상기를 설계하는데, 다음의 규격을 만족해야 한다:

$$G(s)=\frac{K}{s(s+8)(s+30)}$$

$\%OS=10\%$, $T_s=0.6s$, $K_v=10$. 주파수 응답 기법을 이용하라.

풀이 $G_{\text{lag}}(s)=0.456\dfrac{(s+0.602)}{(s+0.275)};G_{\text{lead}}(s)=2.19\dfrac{(s+4.07)}{(s+8.93)};K=2400$

완전한 해답은 www.wiley.com/go/Nise/ControlSystemsEngineering8e에 있다.

사례연구

이 장에서 소개한 제어 방법을 안테나 위치 제어 시스템에 적용하기로 한다. 다음 예제를 통하여 (1) 주파수 응답 기법을 적용하여 폐루프 시스템이 원하는 %오버슈트를 갖도록 이득 보정을 하고, (2) 과도 응답 및 정상 상태 오차에 대한 설계 요구 조건을 만족시키는 종속 보상기를 설계하는 방법을 설명하기로 한다.

안테나 제어 : 이득 보정

문제 이 책의 표지 안쪽에 있는 안테나 위치 제어 시스템에 대해(configuration 1) 주파수 응답 기법을 적용하여 다음 문제를 구하라. Design D

a. 단위 계단 함수 입력에 대한 폐루프 시스템의 출력이 20%의 오버슈트를 갖도록 프리앰프의 이득을 정하라.
b. 정착 시간을 구하라.

풀이 이 시스템에 대한 블록도를 간략화시키면, 루프 이득 함수는 다음과 같다.

$$G(s)=\frac{6.63K}{s(s+1.71)(s+100)}=\frac{0.0388K}{s\left(\frac{s}{1.71}+1\right)\left(\frac{s}{100}+1\right)} \tag{11.20}$$

여기서, $K=1$일 때의 주파수 응답은 그림 10.61과 같다.

a. 20%의 오버슈트를 갖기 위한 이득 K를 구하기 위해, 시스템을 2차로 근사화시키고, 2차 시스템에서 성립되는 %오버슈트, 감쇠 정수와 위상 여유에 대한 방정식이 이 시스템에서도 성립된다고 하자. 20%의 오버슈트를 갖기 위한 감쇠 정수는 0.456이므로, 식 (10.73)로부터 위상 여유는 48.1°가 된다. 이 위상 여유에 대한 위상은 (-180°+48.1°)=-131.9°이며, 이 때의 주파수는 $\omega=1.49$rad/s이고, 이득은 -34.1dB이다. 따라서, 20%의 오버슈트를 갖기 위한 이득은 $K=-34.1$, $dB=50.7$ 이 된다. 그러나, 시스템이 3차이므로 2차로 근사화가 가능한지 확인하여야 한다. 컴퓨터 시뮬레이션 결과 단위 계단 함수 입력에 대한 응답은 20%의 오버슈트를 가짐을 알 수 있다.
b. 그림 10.61의 주파수 응답을 $K=50.7$에 대해 다시 그리면, -7dB가 되는 주파수는 $\omega=$ 2.5rad/s이다. 따라서, 폐루프 시스템의 대역폭은 2.5rad/s, 감쇠 정수는 $\zeta=0.456$, $\omega_{\mathrm{BW}}=2.5$이므로 식 (10.55)로부터 $T_s=4.63$초가 된다. 컴퓨터 시뮬레이션 결과 정착 시간은 약 5초가 된다.

도전문제 이 책의 부록 A2 (구조 3)에 있는 안테나 위치 제어 시스템에 대해 주파수 응답 기법을 적용하여 다음을 구하라.

a. 단위 계단 함수 입력에 대한 폐루프 시스템의 출력이 25%의 오버슈트를 갖도록 이득 K를 정하라.

MATLAB
ML

b. MATLAB을 이용하여 문제 (a)를 반복하라.

안테나 제어 : 종속 보상기 설계

Design
D

문제 이 책의 부록 A2 (구조 1)에 있는 안테나 위치 제어 시스템에 대해 주파수 응답 기법을 적용하여, 단위 계단 함수 입력에 대한 폐루프 시스템의 출력이 20%의 오버슈트를 갖고 앞의 문제에서 설계된 이득 보상 시스템보다 정상 상태 오차가 1/5로 줄어들고 정착 시간이 3.5초가 되도록 하는 종속 보상기를 설계하라.

풀이 지상-진상 보상기 설계 절차에 따라, 먼저 정상 상태 오차 설계 조건을 만족시키기 위한 이득 K를 결정한다.

1. 식 (10.55)에 $\zeta=0.456$과 $T_s=3.5$초를 대입하면 대역폭은 3.3rad/s가 된다.
2. 앞의 문제에서 $K=50.7$일 때, 이득 보상 시스템의 개루프 전달 함수는 다음과 같다.

$$G(s)H(s)=\frac{6.63K}{s(s+1.71)(s+100)}=\frac{336.14}{s(s+1.71)(s+100)} \tag{11.21}$$

이 식으로부터, $K_v=1.97$이다. 따라서, 정상 상태 오차를 1/5로 줄이기 위해서는 $K_v=9.85$가 되어야 하므로, 이득은 $K=254$가 된다.

3. 주파수 응답 기법을 적용하기 위해, $K=1$ 일 때의 주파수 응답인 그림 10.61을 이용하기로 한다.
4. 시스템이 2차로 근사화된다고 가정하면, 20%의 오버슈트를 갖기 위한 위상 여유는 48.1°이다.
5. 새로운 위상 여유 주파수를 $\omega = 3\ \mathrm{rad/s}$ 로 정한다.
6. 이 위상 여유 주파수에서 위상은 -152°이므로, 위상 여유는 28°가 된다. 지상 보상에 의한 위상 감소 때문에 5°를 보정하기로 하면, 진상 보상기의 위상은 (48.1°-28° +5°)=25.1°가 된다.
7. 먼저 지상 보상기를 설계한다. 지상 보상기의 위쪽 꺽임 주파수는 새로운 위상 여유 주파수의 1/10되는 0.3rad/s로 정한다. 또한, 그림 11.8로부터 $\beta = 0.4$ 또는 $\gamma = 1/\beta = 2.5$ 이면 진상 보상기의 위상은 25.1°가 되고, 지상 보상기의 아래쪽 꺽임 주파수는 $1/(\gamma T) = 0.3/2.5 = 0.12\ \mathrm{rad/s}$ 가 된다. 따라서 지상 보상기의 전달 함수는 다음과 같다.

$$G_{lag}(s) = 0.4\frac{(s+0.3)}{(s+0.12)} \tag{11.22}$$

8. 다음으로, 진상 보상기는 다음과 같이 설계한다. 식 (11.9)를 이용하면

$$T = \frac{1}{w_{\max}\sqrt{\beta}} = \frac{1}{3\sqrt{0.4}} = 0.527 \tag{11.23}$$

이므로, 진상 보상기의 아래쪽 꺽임 주파수는 $1/T = 1.9\ \mathrm{rad/s}$ 가 되고, 위쪽 꺽임 주파수는 $1/(\beta T) = 4.75\ \mathrm{rad/s}$ 가 된다. 따라서, 지상-진상 보상기가 종속 접속된 시스템의 순방향 전달 함수는 다음과 같다.

$$G_{lag-lead-comp}(s) = \frac{(6.63)(254)(s+0.3)(s+1.9)}{s(s+1.71)(s+100)(s+0.12)(s+4.75)} \tag{11.24}$$

9. 지상-진상 보상된 시스템의 개루프 시스템 주파수 응답으로부터 -7dB가 되는 주파수는 5.3rad/s(대역폭)이므로, 정착 시간에 대한 설계 조건을 만족시킨다.
이와 같이, 보상된 시스템에 대한 컴퓨터 시뮬레이션 결과 오버슈트는 20%이고, 정착 시간은 보상되지 않은 시스템이 약 5초의 정착 시간을 갖는데 비해 약 3.2초이며, K_v는 9.85이다. 한편, 보상되지 않은 시스템의 K_v는 1.97이다.

도전문제 이 책의 부록 A2 (구조 3)에 있는 안테나 위치 제어 시스템에 대해 주파수 응답 기법을 적용하여 다음을 구하라.

a. 오버슈트가 15%이며, $K_v = 20$ 이 되기 위한 지상-진상 보상기를 설계하라. 시스템의 응답 속도를 개선하기 위하여 보상 시스템의 위상 여유 주파수가 비보상 시스템의 위상 여유 주파수의 4.6배가 되도록 하라.
b. MATLAB을 이용하여 문제 (a)를 반복하라. MATLAB ML

요약

이 장에서는 주파수 응답 기법을 적용한 피드백 시스템 설계 방법에 대해 다뤘다. 이득 보정뿐만 아니라 종속 접속되는 지상, 진상 및 지상-진상 보상기의 설계 방법을 배웠다. 시간 응답 특성은 위상 여유, 위상 여유 주파수와 대역폭에 좌우된다.

이득 보정에 의한 보상 시스템 설계는 위상 여유 설계 규격을 만족시키도록 이득을 보정하는 것으로 위상 여유 주파수에서 보정된 이득이 0dB가 되도록 한다.

지상 보상기는 저역 통과 필터와 같은 특성을 가지며, 정상 상태 오차를 줄이기 위해 저주파 영역의 이득을 증가시키고 안정도를 개선시키기 위해 고주파 영역의 이득을 낮춘다. 지상 보상은 정상 상태 오차에 대한 설계 조건에 맞도록 이득을 정하고, 고주파 영역의 이득을 낮춰 시스템이 안정되고 원하는 과도 응답을 갖도록 위상 여유를 개선시킨다.

진상 보상기는 고역 통과 필터와 같은 특성을 가지며, 저주파 영역의 이득이 고정되도록 하여 정상 상태 오차 설계 조건을 만족시키도록 하고 고주파 영역의 이득은 증가시킨다. 고주파 영역의 이득이 증가되면, 이 영역의 위상이 증가하므로 위상 여유주파수가 증가한다. 따라서, 응답 속도가 개선되고 안정된 시스템이 된다.

지상-진상 보상기는 지상 보상기와 진상 보상기의 장점을 결합한 것으로, 먼저 안정도가 개선되면서 정상 상태 오차가 개선되도록 지상 보상기를 설계한다. 다음으로 과도 응답 속도가 개선되도록 진상 보상기를 설계한다. 한 개의 회로망을 사용하여 지상-진상 보상기를 설계하고자 하면, 지상 보상기의 극점과 영점비와 진상 보상기의 영점과 극점비가 같도록 하여야 한다.

복습문제

1. 주파수 응답 기법에 의한 보상기의 설계가 근궤적 방식에 의한 설계보다 나은 점은 무엇인가?
2. Bode 선도에서 이득조정은 과도 응답 특성과 어떤 관련이 있는가?
3. 지상 보상 회로에서 저주파 영역의 이득을 증가시키면, 시스템의 안정도가 유지되면서 정상 상태 오차가 개선되는 이유를 간단히 설명하라.
4. 지상 보상기가 과도 응답 속도에 영향을 주지 않는 이유를 Bode 선도를 이용하여 간단히 설명하라.
5. 지상 보상기를 설계할 때, 위상 여유가 원하는 값보다 증가하는 이유는 무엇인가?
6. 보상 전 시스템과 같은 과도 응답 특성을 갖도록 설계된 보상 시스템에 대해 다음을 비교하라. 저주파 영역의 이득, 위상 여유 주파수, 위상 여유 주파수에서의 이득과 위상.
7. 진상 보상 회로가 과도 응답 속도를 개선시키는 이유를 Bode 선도를 이용하여 간단히 설명하라.
8. 문제 7의 답으로부터 진상 보상기가 시스템의 안정도를 악화시키지 않는 이유를 설명하라.
9. 원하는 과도 응답 특성을 갖기 위해 필요한 위상 여유에 보정 각도를 더해야 하는 이유는 무엇인가?
10. 지상-진상 보상기를 설계할 때, 지상 보상기가 분리되어 있는 경우와 지상 보상 부분의 설계상의 차이는 무엇인가?

가상 탐구 실험실

실험 11.1

목표 MATLAB의 SISO Design Tool을 사용하여 PID 제어기를 설계하려고 한다. PID 제어기의 설계의 각 단계에서 크기와 위상 응답으로 PI와 PD의 영향을 관찰하자.

요구되는 소프트웨어의 최소 구성 MATLAB과 Control System Toolbox

예비실험

1. 12%의 오버슈트를 위해서 필요한 위상 여유는?
2. 12%의 오버슈트와 2초의 최고값 시간을 위해서 필요한 대역폭은?
3. $G(s)=\dfrac{K}{s(s+1)(s+4)}$인 단위 피드백 시스템에서 예비실험 1에서 구한 위상여유를 만족하기 위한 이득 K는 얼마인가? 또, 위상 여유 주파수는 얼마인가?
4. 예비실험 1에서 구한 위상 여유보다 5° 이상의 위상여유를 가지도록 PI 제어기를 설계하라.
5. 예비실험 3의 시스템을 위한 PID 제어기 설계를 완성하여라.

실험

1. MATLAB의 Control System Designer을 사용하여, 예비실험 3의 시스템을 구성하고 개루프의 Bode선도와 폐루프 계단함수 응답을 표시하여라
2. 예비실험 1에서 구한 위상여유를 얻을 때까지 Bode 선도의 크기선도를 수직방향으로 이동하라. 이득 K, 위상 여유, 위상 여유 주파수, %오버슈트와 최고값 시간을 기록하라. 크기 선도를 위 아래로 움직일 때 위상 선도, 위상 여유와 위상 여유 주파수의 영향에 대해서 주목하라.
3. 원점에 극점을 추가 하고 실험 2에서 구한 위상 여유 주파수보다 1 decade 아래에 영점을 추가하는 PI 제어기를 설계하여라. 예비실험 1에서 얻어진 위상 여유보다 5° 큰 위상 여유를 갖도록 이득을 재 조정하여라. 이득 K, 위상 여유, 위상 여유 주파수, %오버슈트와 최고값 시간을 기록하여라. 영점을 현재 위치 근처에서 앞과 뒤로 움직일 때 크기와 위상 선도에 미치는 영향에 대해서 말하여라. 크기 선도를 위와 아래로 움직일 때의 위상 선도, 위상 여유와 위상 여유 주파수에 미치는 영향에 대해 설명하여라.
4. 예비실험 2에서 계산된 대역폭 약간 아래에 위상 여유 주파수가 있도록 크기선도를 조정하여 PID 제어기의 PD 부분을 설계하여라. 시스템에 영점을 추가하고 예비실험 1에서 계산된 위상 여유를 얻을 때까지 시스템에 추가된 영점을 이동한다. 영점을 이동할 때 미치는 효과에 대해서 말하여라. 크기 선도를 이동할 때 미치는 영향에 대해서 말하여라.

결과토의

1. 예비실험 PID 제어기와 Control System Designer을 통하여 얻은 결과와 비교하여라. 특히, 이득 K, 위상 여유, 위상 여유 주파수, %오버슈트와 최고값 시간들을 비교하여라.
2. 비보상 시스템에 대하여, 이득을 변화시킬 때의 위상 선도, 위상 여유와 위상 여유 주파수에 미치는 영향을 설명하여라.
3. PI 보상 시스템에서 이득을 변화시킬 때의 위상 선도, 위상 여유와 위상 여유 주파수에 미치는 영향을 설명하여라. 영점을 변화시킬 때 미치는 영향에 대해서 반복하여라.
4. PID 보상 시스템에서 이득을 변화시킬 때의 위상 선도, 위상 여유와 위상 여유 주파수에 미치는 영향을 설명하여라. PD의 영점을 변화시킬 때 미치는 영향에 대해서 반복하여라.

참고문헌

Barkana, I. Classical and Simple Adaptive Control of Nonminimum Phase Autopilot Design. Journal of Guidance, Control, and Dynamics, vol. 28, 2005, pp. 631–638.

Camacho, E. F., Berenguel, M., Rubio, F. R., and Martinez, D. Control of Solar Energy Systems. Springer-Verlag, London, 2012.

Craig, I. K., Xia, X., and Venter, J. W. Introducing HIV/AIDS Education into the Electrical Engineering Curriculum at the University of Pretoria. IEEE Transactions on Education, vol. 47, no. 1, February 2004, pp. 65–73.

D'Azzo, J. J., and Houpis, C. H. Feedback Control System Analysis and Synthesis, 2d ed. McGraw-Hill, New York, 1966.

Dorf, R. C. Modern Control Systems, 5th ed. Addison-Wesley, Reading, MA, 1989.

Flower, T. L., and Son, M. Motor Drive Mechanics and Control Electronics for a High Performance Plotter. HP Journal, November 1981, pp. 12–15.

Hostetter, G. H., Savant, C. J., and Stefani, R. T. Design of Feedback Control Systems, 2d ed. Saunders College Publishing, New York, 1989.

Khadraoui, S., Nounou, H., Nounou, M., Datta, A., and Bhattacharyya, S. P. A Measurement-based approach for tuning of reduced-order controllers. American Control Conference (ACC), June 2013, pp. 3876–3881.

Kuo, B. C. Automatic Control Systems, 5th ed. Prentice Hall, Upper Saddle River, NJ, 1987.

Ogata, K. Modern Control Engineering, 2d ed. Prentice Hall, Upper Saddle River, NJ, 1990.

Phillips, C. L., and Harbor, R. D. Feedback Control Systems. Prentice Hall, Upper Saddle River, NJ, 1988.

Preitl, Z., Bauer, P., and Bokor, J. A Simple Control Solution for Traction Motor Used in Hybrid Vehicles. Fourth International Symposium on Applied Computational Inteligence and Informatics. IEEE, 2007, pp. 157–162.

Raven, F. H. Automatic Control Engineering, 4th ed. McGraw-Hill, New York, 1987.

Smith, C. A. Automated Continuous Process Control. Wiley, New York, 2002.

Sun, J., and Miao, Y. Modeling and simulation of the agricultural sprayer boom leveling system. IEEE Third International Conf. on Measuring Tech. and Mechatronics Automation, 2011, pp. 613–618.

Tasch, U., Koontz, J. W., Ignatoski, M. A., and Geselowitz, D. B. An Adaptive Aortic Pressure Observer for the Penn State Electric Ventricular Assist Device. IEEE Transactions on Biomedical Engineering, vol. 37, 1990, pp. 374–383.

Yan, T., and Lin, R. Experimental Modeling and Compensation of Pivot Nonlinearity in Hard Disk Drives. IEEE Transactions on Magnetics, vol. 39, 2003, pp. 1064–1069.

연습문제

1. 그림 P11.1의 단위 피드백 시스템에서 $G(s)$가 다음과 같을 때, 10dB의 이득 여유를 갖기 위한 이득 K값을 구하라. [11.2절]

   a. $G(s) = \dfrac{K}{(s+5)(s+15)(s+20)}$

   b. $G(s) = \dfrac{K}{s(s+5)(s+15)}$

   c. $G(s) = \dfrac{K(s+1)}{s(s+3)(s+5)(s+10)}$

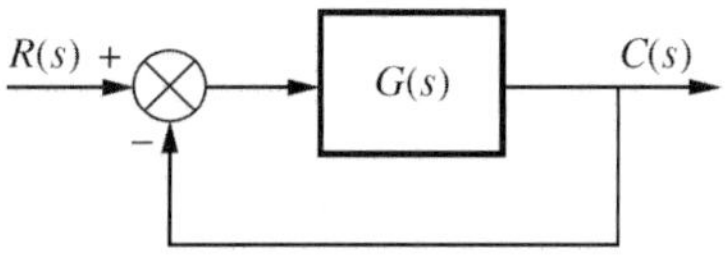

그림 P11.1

2. 문제 1에서 위상 여유가 40°가 되기 위한 이득 K를 구하라. [11.2절]

3. 그림 P11.1의 시스템에서 $G(s)$가 다음과 같을 때, 단위 계단 함수 응답이 10%의 오버슈트를 갖기 위한 이득 K를 주파수 응답 기법에 의해 구하라. [11.2절]

   a. $G(s) = \dfrac{K}{s(s+5)(s+10)}$

   b. $G(s) = \dfrac{K(s+2)}{s(s+4)(s+6)(s+10)}$

   c. $G(s) = \dfrac{K(s+1)(s+5)}{s(s+3)(s+6)(s+10)(s+15)}$

4. 그림 P11.1의 시스템에서 $G(s)$가

$$G(s) = \frac{K}{s(s+5)}$$

이면, 오버슈트가 10%이다. 비보상 시스템이 갖는 위상 여유와 위상 여유 주파수를 가지며, $K_v = 50$이 되도록 하는 보상기를 주파수 응답 기법을 적용하여 설계하라. [11.3절]

5. 그림 P11.1의 시스템에서 $G(s)$가

$$G(s) = \frac{K}{(s+2)(s+8)(s+15)}$$

이면, 10%의 오버슈트를 갖는다. 과도 응답 특성은 그대로 유지시키면서 정상 상태 오차를 1/5로 줄이는 보상기를 주파수 응답 기법을 적용하여 설계하라. [11.3절]

6. 그림 11.2의 시스템에 대해, 영점 정상 상태 오차의 램프 입력을 가지고 15% 오버슈트를 가지는 PI 제어기를 설계하라. [11.3절]

7. MATLAB 프로그램을 사용하여, 2차 근사가 아래와 같은 PI 제어기를 설계하라. MATLAB ML

   a. 사용자로 하여금 요구되는 %오버슈트는 키보드로부터 입력받도록 한다.

   b. %오버슈트를 만족할 뿐만 아니라, 폐루프 계단 응답의 영점 정상 상태에 대한 이득과 PI 제어기를 설계하라.

   c. 보상된 폐루프 계단 응답을 표시하고, 여러분의 프로그램을

$$G(s) = \frac{K}{(s+5)(s+10)}$$

   와 25% 오버슈트에서 시험하라.

8. 그림 P11.1의 시스템에서 $G(s)$가

$$G(s) = \frac{K}{s(s+2)(s+10)(s+25)}$$

일 때, $K_v = 4$이고 45°의 위상 여유를 갖도록 하는 시스템을 설계하라.

9. 그림 P11.1의 시스템에서 $G(s)$가 SS

$$G(s) = \frac{K}{s(s+5)(s+20)}$$

일 때, $K_v = 10$이면 오버슈트는 55%이고 최고값 시간은 0.5초가 된다. 다음을 구하라. [11.4절]

   a. 단위 계단 함수 응답에서 최고값 시간과 정상 상태 오차는 그대로 유지시키면서 오버슈트를 10%로 줄이는 진상 보상기를 2차 시스템으로 근사화한 후, 주파수 응답 기법을 사용하여 설계하라.

   b. 문제 (a)에서 정해진 이득 K와 설계된 진상 보상기가 종속 접속된 시스템에 대해 MATLAB이나 다른 프로그램을 사용하여 시뮬레이션을 행하고, 2차로 근사화하는 것이 타당한지를 밝혀라. MATLAB ML

10. 그림 P11.1의 시스템에서 $G(s)$가 SS

$$G(s)=\frac{K(s+4)}{(s+2)(s+5)(s+12)}$$

이면 20%의 오버슈트를 갖는다. 다음을 구하라. [11.4절]

a. 정착 시간을 구하라.
b. K_p를 구하라.
c. 위상 여유와 위상 여유 주파수를 구하라.
d. 오버슈트는 20%로 유지되면서, K_p는 3배로 커지고 정착 시간은 1/2로 줄이는 보상기를 주파수 응답 기법을 적용하여 설계하라.

11. 문제 9를 PD 보상기를 사용하여 다시 풀어라. [11.4절]

12. 시스템이 2차로 근사된다고 가정하고, 진상 보상기를 다음과 같이 설계하기 위한 MATLAB 프로그램을 작성하라. MATLAB ML

a. 원하는 %오버슈트, 최고값 시간과 정상 상태 오차에 대한 설계 규격을 만족시키기 위한 이득값이 키보드로부터 입력되도록 한다.
b. 보정 이득에 대한 Bode 선도를 화면에 그리도록 한다.
c. 설계되고자 하는 위상 여유와 대역폭을 계산한다.
d. 진상 보상기의 극점, 영점과 이득을 화면에 나타내도록 한다.
e. 보상된 시스템의 Bode 선도를 화면에 나타내도록 한다.
f. 진상 보상된 시스템의 단위 계단 함수 입력응답을 출력하여 시스템이 2차로 근사화될 수 있는지를 판별하도록 한다.

개루프 전달 함수가

$$G(s)=\frac{K(s+1)}{s(s+2)(s+6)}$$

인 단위 피드백 시스템에 대해 작성된 프로그램을 이용하여 %오버슈트=10%, 최고값 시간 = 0.1초이고 $K_v=30$의 설계 조건을 만족시키는 진상 보상기를 설계하라.

13. 개루프 전달 함수가 SS

$$G(s)=\frac{K(s+5)}{s(s+2)(s+10)}$$

인 단위 피드백 시스템에 대해, 오버슈트가 10%이고 정착 시간이 0.2초이며 $K_v=1000$이 되도록 하는 지상-진상 보상기를 주파수 응답 기법을 적용하여 설계하라. [11.4절]

14. 시스템이 2차로 근사화된다고 가정하고 지상-진상 보상기를 다음과 같이 설계하기 위한 MATLAB 프로그램을 작성하라. [11.5절] MATLAB ML

a. 원하는 %오버슈트, 정착 시간과 정상 상태 오차에 대한 설계 규격을 만족시키기 위한 이득값을 키보드로부터 입력되도록 한다.
b. 보정 이득에 대한 Bode 선도를 화면에 그리도록 한다.
c. 설계되고자 하는 위상 여유와 대역폭을 계산하도록 한다.
d. 지상-진상 보상기의 극점, 영점과 이득을 화면에 나타내도록 한다.
e. 보상된 시스템의 Bode 선도를 화면에 나타내도록 한다.
f. 지상-진상 보상된 시스템의 단위 계단 함수 입력 응답을 출력하여 시스템이 2차로 근사화될 수 있는지를 판별한다.

작성된 프로그램에 의해 문제 13을 반복하라.

15. 개루프 전달 함수가 SS

$$G(s)=\frac{K}{s(s+1.75)(s+6)}$$

인 단위 피드백 시스템이 주어질 때, 램프 함수 입력에 대한 정상 상태 오차가 0이 되고, 계단 함수 입력에 대해 20%의 오버슈트를 가지며, 최고값 시간이 1.8초 이하가 되도록 하는 PID 제어기를 주파수 응답 기법을 적용하여 설계하라. [11.5절]

16. 개루프 전달 함수가 MATLAB ML

$$G(s)=\frac{K}{s(s+3)(s+6)}$$

인 단위 피드백 시스템이 약 0.5초의 시간 지연을 가질 때, 20%의 오버슈트를 갖도록 하는 이득 K를 MATLAB을 이용하여 구하라. 2차 시스템으로 근사화시켜 설계하는데 2차로 근사화가 타당한지를 시뮬레이션을 통하여 확인한다. 시간 지연은 $G(s)$와 종속 접속되는 MATLAB 함수 pade(T, n)으로 근사화시킬 수 있는데, T는 시간 지연(초)이고, n은 Pade 근사식의 차수이다(n=5로 한다). 다음을 실행하기 위한 프로그램을 작성하라.

a. 키보드로부터 %오버슈트 값이 입력되도록 한다.
b. $K=1$로 정하고 Bode 선도를 그린다.
c. 요구되는 위상 여유를 계산하고 위상 여유 주파수와 위상 여유 주파수에서의 진폭을 구한다.

d. K값을 계산하고 화면에 나타낸다.

설계 문제

17. 전자 인공심폐기는 결함이 있는 심장에 피를 공급을 협력하도록 도와주는 장치로서 다음과 같은 전달 함수로 나타내어질 수 있다. SS

$$G(s) = \frac{P_{ao}(s)}{E_m(s)} = \frac{1361}{s^2 + 69s + 70.85}$$

입력, $E_m(s)$는 모터의 전기자 전압이고 출력은 $P_{ao}(s)$로 대동맥혈압이다. 이 전자 인공심폐기는 그림 P11.1에 나타낸 폐루프 구성에 의해 제어될 것이다.

a. 위상 지상 보상기를 설계하여 보상되지 않은 시스템에 비하여 계단 입력에 대한 정상상태 오차를 10배 개선할 수 있도록 만들어 보라.

b. MATLAB을 이용하여 계단 입력에 대한 보상되지 않은 시스템과 보상된 시스템에 대하여 모의 실험을 해보라. MATLAB ML

18. Tower Trainer 60 무인 항공기는 다음과 같은 전달 함수로 표현된다.

$$P(s) = \frac{h(s)}{\delta_e(s)} = \frac{-34.16s^3 - 144.4s^2 + 7047s + 557.2}{s^5 + 13.18s^4 + 95.93s^3 + 14.61s^2 + 31.94s}$$

여기서 $\delta_e(s)$는 엘리베이터의 각이고, $h(s)$는 해발 고도 변화이다.

a. 항공기는 그림 11.1과 같은 폐루프 구조로 제어된다. 여기서 $G(s) = KP(s)$. 위상 여유가 30°가 되도록 K를 정하라.

b. a에 구한 K값에 대해 이득여유를 구하라.

c. 단위 계단 입력에 대한 시스템의 %오버슈트, 정착시간 T_s를 구하라.

d. MATLAB을 사용해서 시스템의 계단 응답을 얻기 위한 시뮬레이션을 하라. MATLAB ML

e. 시뮬레이션 결과에 대하여 설명하고, 파트 c에서 추정하여 획득한 값의 부정확도에 대하여 토론하시오.

19. 하드 디스크 드라이브의 암에서 인가 힘에 대한 암 변위사이의 전달 함수는

$$G(s) = \frac{X(s)}{F(s)} = \frac{3.3333 \times 10^4}{s^2}$$

로 확인되고 있다. 암의 위치는 그림 P11.1에 나타낸 피드백루프를 사용해서 제어될 것이다.

a. 16%의 오버슈트의 과도 응답을 갖고, 단위 계단 입력에 대해 2msec의 정착 시간을 갖는 폐루프 시스템을 만족하기 위한 지상 보상기를 설계하라.

b. a에서 설계한 것을 MATLAB 시뮬레이션을 통해 확인하라. MATLAB ML

20. 9장의 문제 30에서 다룬 열교환 시스템에 대해(Smith, 2002)

a. 단위 계단 입력에 대한 60초의 정착시간, 10% 오버슈트의 과도응답을 가지며, 5%의 정상상태오차를 만족하기 위한 수동 지상-진상 보상기를 설계하여라.

b. MATLAB을 사용해서 시뮬레이션하여 위의 결과를 확인하라. MATLAB ML

21. 그림 P11.2는 농업에서 화학 약품을 살포할 때 사용하는 기둥들이다. (Sun, 2011) 각각의 기둥에 균등한 너비로 설치된 노즐들은 울퉁불퉁한 도로 위에서 차 SS

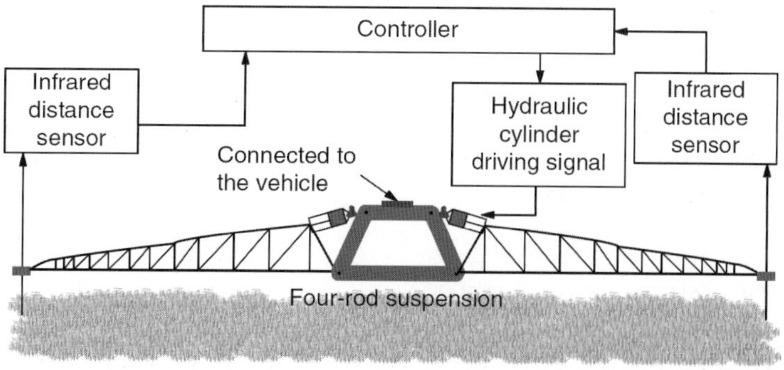

그림 P11.2

량의 움직임에도 노즐과 땅의 간격을 일정하게 유지하게 해준다. 기둥들은 차량에 연결되어 있고 (그림에는 명시되어 있지 않음), 땅과의 간격은 적외선 센서로 측정된다. 측정된 값은 두 개의 유압 실린더를 움직이는 제어기로 전달되어 기둥들의 위치를 조정한다. 특정한 운영 상황일 때, 시스템을 그림 P11.1의 단위 피드백 구성으로 표현할 수 있다는 것을 발견하였다.

$$G(s)=\frac{K}{s}\,\frac{2.78\times10^{-4}}{\left(\frac{s^2}{60^2}+\frac{s}{60}+1\right)}\,\frac{509.3}{\left(\frac{s^2}{213^2}+\frac{3s}{213}+1\right)}$$

a. $K_v=30$과 $\%OS=10\%$를 얻을 수 있는 지상 보상기를 설계하라.

b. 컴퓨터 프로그램을 사용하여 폐루프 시스템의 계단 응답을 구하고 실행되는 것을 확인하라.

22. 10장의 문제 41에서 시스템 확인이 필요없는 고정된 구조 제어기를 설계하기 위한 측정 중심의 기법에 대해 언급하였다. 해당 문제에서 플랜트 전달 함수를 다음과 같이 가정했다. (Khadraoui, 2013)

$$G(s)=\frac{0.1111(4s^2+5s+1)}{s^4+3.1s^3+0.85s^2+0.87s+0.1111}$$

이 기법에 대한 자세한 사항은 참조문헌을 참조하라. 하지만 이 문제에서는 이번 장과 전 장들에서 전개한 설계와 분석 기법을 사용하기로 한다.

MATLAB ML

MATLAB과 Bode 선도를 사용해서 계단 입력에 대해 0의 정상 상태 오차, 10 ~ 20%의 오버슈트, 20 ~ 50초의 정착 시간을 내는 PID 제어기를 설계하라. 오버슈트를 10%, 정착시간을 50초로 가정하고 설계를 시작하라. PID 제어 응답이 위의 요구사항들을 만족하는 것이 바람직한지 판단하라.

심화 학습문제

23. HIV/AIDS 제어 6장에서 RTI로 치료하는 HIV/ AIDS 환자에 대한 모델은 선형화되어 다음과 같이 표현된다.

$$P(s)=\frac{Y(s)}{U_1(s)}=\frac{-520s-10.3844}{s^3+2.6817s^2+0.11s+0.0126}$$

$$=\frac{-520(s+0.02)}{(s+2.2644)(s^2+0.04s+0.0048)}$$

그림 11.1의 폐루프 구조로 환자를 치료하고 관찰될 것이다. 공정은 음의 DC 이득을 가지기 때문에 $G(s)=G_c(s)P(s)$이고 $G_c(0)<0$으로 한다. 설계규격은 (1) 계단함수 입력에 대해 정상상태오차가 0, (2) 과감쇠 시간응답, (3) 정착시간은 $T_s\approx 100$ days로 한다(Craig, 2004).

a. 과감쇠 규격은 $\Phi_M\approx 90°$를 요구한다. 정착시간 설계규격을 만족하는 대역폭을 구하라.

b. 정상상태오차를 0으로 하는 설계규격은 개루프 전달함수가 시스템 1형으로 증가되어져야 한다는 것을 의미한다. 공정에 있는 영점 -0.02는 저주파수 영역에서 과도한 위상 앞섬을 발생시키고, 켤레 복소수 극점은 루프내에서 비보상된 채로 남게 되면 원치 않는 진동을 발생시킬 것이다. 따라서 이 시스템을 보상하기 위한 초기 접근방법으로

$$G_c(s)=\frac{-K(s^2+0.04s+0.0048)}{s(s+0.02)}$$

를 시도할 수 있다.

$K=1$일 때 Bode 선도를 그려라. 설계규격을 만족시키기 위한 K의 값을 구하고 폐루프 안정도를 확인하라.

c. MATLAB을 이용하여 계단입력에 대한 출력을 얻기 위한 시뮬레이션을 하라. 원하는 응답을 얻도록 K값을 조정하라.

MATLAB ML

24. Hybrid 자동차 문제 10.43의 **b**에서 우리는 20%의 오버슈트와 3.92초의 정착시간을 얻기 위하여 PI 속도 제어기를 사용하였다.

a. 단위 입력에 대하여 0의 정상상태오차를 가지고, 램프입력에 대하여, 정상상태오차 $\leq 2\%$, %OS $\leq$ 4.32%, 정착시간 ≤ 4초라 가정하자. 이러한 조건을 만족시키는 한가지 방법은 보상기가 달리기 전의 시스템의 원점에서 가장 가 운 극점을 이용하여 PI 제어기의 영점, Z_I,을 상쇄시키는 것이다. 정확한 상쇄가 가능하다고 가정하고, 시스템과 제어기 전달함수는

$$G(s)=\frac{K(s+0.6)}{s(s+0.5858)}$$

가 된다. 위에 나열된 요구조건을 만족시킬수 있도록 시스템을 디자인하라. 다음에 나열된 스텝을 따라가면:

I. 정상상태 오차 조건을 만족시키도록 이득, K,를 설정하라. 보드의 이득선도와 위상선도를 그려라.

II. 식 (10.73)을 이용하여, 주어진 감쇠비나 등가적으로 %OS를 만족시키는 위상여유를 계산하라. 만약 I.에서 그린 보드선도로부터 위상여유가 필요한 값보다 크다면, 시스템의 정착시간은 4초

이내가 되는지 그리고 %OS ≤4.32%를 만족하는지 시뮬레이션하라. 만약 시뮬레이션 결과가 %OS 또는 정상상태 오차값을 만족시키지 못하면 다시 설계해보라. 만약 모든 요구조건이 만족됐다면, 당신은 설계를 완료한 것이다.

b. 대부분의 경우에서, 완벽한 극점-영점의 상쇄는 불가능하다. 만약 PI제어기의 영점이 ±20% 흔들린다면 어떤 일이 일어날지 확인한다고 가정하자. 예를 들면, Z_I가

경우 1 : -0.01304
경우 2 : -0.01956

로 옮긴다고 하자.
시스템 플랜트와 제어기의 전달함수는 각각,

$$\text{경우 1}: \ G(s) = \frac{K(s+0.6)(s+0.01304)}{s(s+0.0163)(s+0.5858)}$$

$$\text{경우 2}: \ G(s) = \frac{K(s+0.6)(s+0.01956)}{s(s+0.0163)(s+0.5858)}$$

이다. 정상상태 오차 조건에 의하여 K 값을 설정하고 보드 이득 선도와 위상 선도를 그려라. 각각의 세가지 Z_I의 위치: 영점, 극점 상쇄, 문제에서 주어진 경우 1, 경우, 2에 대하여 단위 입력이 들어 왔을 때에 대하여 폐루프 단위입력이 들어 왔을때에 대하여 시뮬레이션 하라.

이러한 응답이 2차 시스템의 과감쇠, 임계감쇠, 미흡감쇠중 어떠한 응답과 비슷한가? 차분모드를 추가할 필요성이 있는가?

25. 파라볼릭 트러프(parabolic trough) 집적기 파라볼릭 트러프 집적기 시스템의 정상 상태 오차를 줄이기 위해서, PI 제어기가 개루프 전달 함수에 더해져가 되었다.(Camacho, 2012)

$$G(s) = \frac{137.2 \times 10^{-6}K(s+0.01)}{s(s^2+0.0224s+196 \times 10^{-6)}}e^{-39s}$$

a. K=1일 때, 새로운 Nyquist 선도를 그려라.
b. 폐루프 안정화를 위한 K의 범위를 구하라.
c. 감쇠비 ζ =0.5를 내는 K의 값을 위상 여유로 구하라.
d. a에서 구한 값을 이용해서 단위 계단 응답에 대해 컴퓨터

상태 방정식을 이용한 설계 12

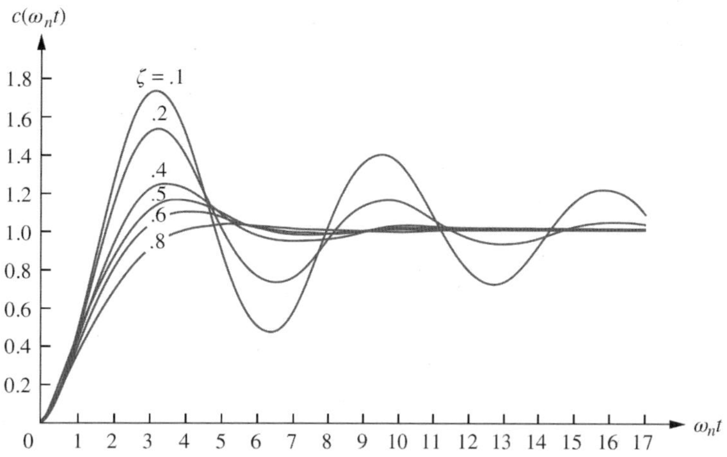

이 장에서는 상태 공간 기법만을 다룬다.

State Space
SS

장의 목표

이 장을 배운뒤 학생들은 다음의 내용에 대하여 알게 될 것이다:

- 원하는 과도 응답을 만족시키기 위하여 위상변수형으로 표현된 시스템을 상태 궤환 제어기의 극점 배치 방식으로 설계(12.1–12.2절)
- 시스템이 제어가능한지 판별(12.3절)
- 원하는 과도 응답을 만족시키기 위하여 위상변수형으로 표현되지 않은 시스템을 상태 궤환 제어기의 극점 배치 방식으로 설계(12.4절)
- 관측기 표준형으로 표현된 시스템의 극점배치 방식을 이용하여 상태 궤환 관측기 설계(12.5절)
- 시스템이 제어가능한지 판별(12.3절)
- 관측기 표준형으로 표현되지 시스템의 극점배치 방식을 이용하여 상태 궤환 관측기 설계(12.7절)
- 상태방정식으로 표현된 시스템의 정상상태 오차 특성 설계

사례연구 목적

다음의 사례연구를 통하여 이 장의 목적에 대한 이해의 정도를 확인할 수 있다.

- 앞표지 안쪽에 있는 안테나 위치 제어 시스템에 대해, 폐루프 시스템의 모든 극점을 구하고 원하는 과도 응답 특성을 갖도록 하는 상태 궤환 제어기를 설계할 수 있도록 한다.
- 앞표지 안쪽에 있는 안테나 위치 제어 시스템에 대해, 상태 변수들을 추정하기 위한 관측기를 설계할 수 있도록 한다.
- 앞표지 안쪽에 있는 안테나 위치 제어 시스템에 대해, 적절한 보상기가 되도록 제어기와 관측기 설계를 조합시킬 수 있도록 한다.

12.1 개요

3장에서는 상태 공간에서 시스템을 해석하기 위한 개념과 시스템 모델링에 대해 다루었다. 시스템을 전달 함수로 표현하여 해석하고, 설계할 때와 마찬가지로 상태 공간에서 피드백 제어 시스템을 해석하고 설계하는 것도 간단하게 이루어짐을 알았다. 그러나 상태 공간 방식은 전달 함수로 표현할 수 없는 시스템에도 적용될 수 있는데, 그림 12.1과 같이 비선형성을 갖는 시스템뿐만 아니라 다변수 입출력 시스템에도 적용될 수 있다. 그러나, 이 장에서는 선형 시스템만을 다루고자 한다.

9장과 11장에서는 주파수 영역에서 시스템을 설계하는 방법을 다뤘는데, 기본적인 설계 기법은 원하는 과도 응답 특성 및 정상 상태 오차를 갖도록 하기 위해서 극점과 영점을 추가할 때, 이 극점과 영점을 갖는 보상기가 공정과 종속되도록 하거나 피드백되도록 하는 것이다.

근궤적 방식이나 주파수 응답 기법을 사용하는 이들 주파수 영역에서의 설계 기법의 단점은 2차 시스템을 기준으로 설계되어야 하는데, 이 때 2차 이상의 나머지 극점들이 2차로 근사화된 시스템에 영향을 주지 않아야 한다. 고차 폐루프 시스템의 모든 극점들을 설계자가 임의로 정할 수 있으면 바람직하나, 주파수 응답 기법을 적용하는 경우 2차 이상의 극점들에 대해서는 불가능하다. 왜냐하면, 모든 극점들이 원하는 값을 갖도록 할 파라미터 수가 충분치 않기 때문이다. 즉, 미지수가 n개이면 n개의 파라미터가 필요한데, 주파수 응답 기법을 적용하는 경우에는 이득 보정이나 보상기의 극점과 영점 선정만으로 폐루프 시스템의 모든 극점들이 원하는 곳에 배치되도록 해야 하나, 고차 시스템에서는 이 조건만으로는 모든 극점을 원하는 곳에 배치시킬 수 없다.

상태 공간 기법에서는 여분의 파라미터를 선정하고 이들 파라미터 값을 정할 수 있기 때문에, 폐루프 시스템의 모든 극점들을 원하는 곳에 배치시킬 수 있다.[1] 한편 주파수 응답 기법에서는 진상 보상기의 영점을 조정하여 폐루프 시스템의 영점이 원하는 값을 갖도록 할 수 있으나, 상태 공간 기법을 이용하는 경우에는 이것이 불가능하다. 과도 응답 특성은 영점의 위치에 따라 달라지므로, 이것은 상태 공간 기법의 단점이 된다. 또한, 상태 공간 기법은 파라미터 변동에 민감하다는 단점이 있다.

마지막으로, 상태 공간 기법은 설계 과정에서 요구되는 행렬 연산을 소프트웨어 패키지를 이용하여 처리할 수 있다. 그러나 앞에서 언급한 바와 같이, 이와 같은 장점은 주파수 응답 기법을 적용하는 경우 가능한 그래프에 의한 통찰을 불가능하게 한다.

그림 12.1 병원에서 로봇이 환자를 위해 약을 집어서 상자에 담아주는 자동 제약 시스템

1 고차 극점의 위치를 알 수 있으면 가능하지만, 항상 그렇지는 않다. 그러나 한 가지 방법은 고차 극점들을 지배 극점으로부터 멀리 위치하도록 하거나 폐루프 시스템의 영점 가까이에 위치하도록 하여 근사적으로 2차 시스템이 되도록 하는 것이다. 다른 방법은 여기서는 다루지 않지만 최적 제어 기법을 적용하는 것이다.

이 장에서는 상태 공간 기법에 의한 초보적인 제어 시스템 설계 방법을 소개하고 선형 시스템에만 적용하기로 한다.

12.2 제어기 설계

여기서는 폐루프 시스템의 모든 극점들이 원하는 값을 갖기 위해, 필요한 파라미터들을 시스템에 어떻게 포함시킬 것인가에 대해 다루고자 한다. n차 피드백 제어 시스템의 특성 방정식은 다음과 같다.

$$s^n + a_{n-1}s^{n-1} + \cdots + a_1 s + a_0 = 0 \tag{12.1}$$

최고차 항의 계수가 1이고 극점을 결정하는 계수가 n개이므로, 모든 극점들이 원하는 값을 갖도록 하기 위해서는 식 (12.1)의 개의 계수 값을 바꿀 수 있는 n개의 보조파라미터를 필요로 한다.

극점 배치 개념

상태 공간에서 다음과 같이 상태 방정식으로 표시되는 시스템을 생각해보자.

$$\dot{x} = Ax + Bu \tag{12.2a}$$

$$y = Cx \tag{12.2b}$$

이 시스템을 그림 12.2(a)에 나타내었으며, 이 그림에서 굵은 선은 벡터량를 나타내며 가는 선은 스칼라양을 나타낸다.

통상적인 피드백 제어 시스템에서는 출력 y가 입력쪽으로 피드백된다. 그러나 각 상태 변수들이 k_i배 되어 입력으로 피드백된다면, 폐루프 시스템의 극점을 원하는 곳에 위치시킬 수 있다. 즉, n개의 상태 변수가 n개의 이득을 갖고 피드백되면 n개의 극점을 원하는 곳에 배치시킬 수 있으며, 이 이득을 벡터 $-\mathbf{K}$로 나타내면 피드백 시스템은 그림 12.2(b)와 같다.

그림 12.2(b)의 폐루프 시스템은 다음과 같은 상태 방정식으로 표시할 수 있다.

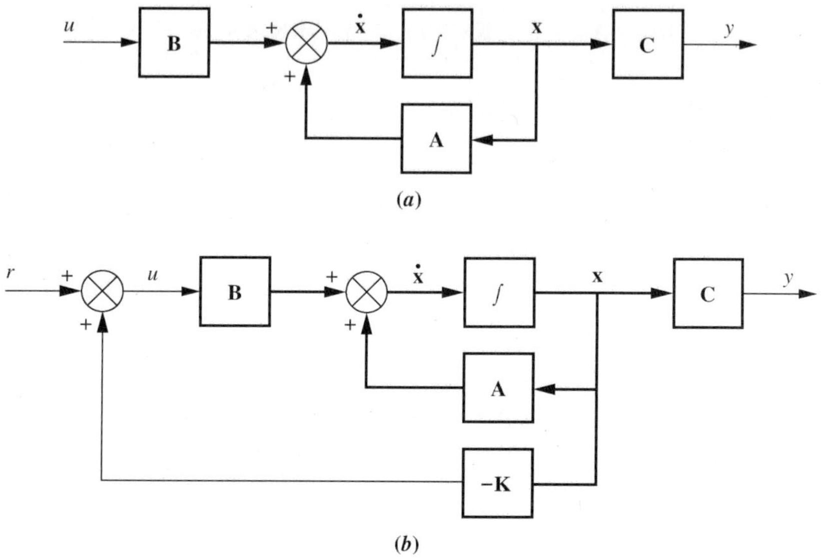

그림 12.2 a. 공정을 상태 공간에서 나타낸 블록선도 b. 상태 피드백을 갖는 공정

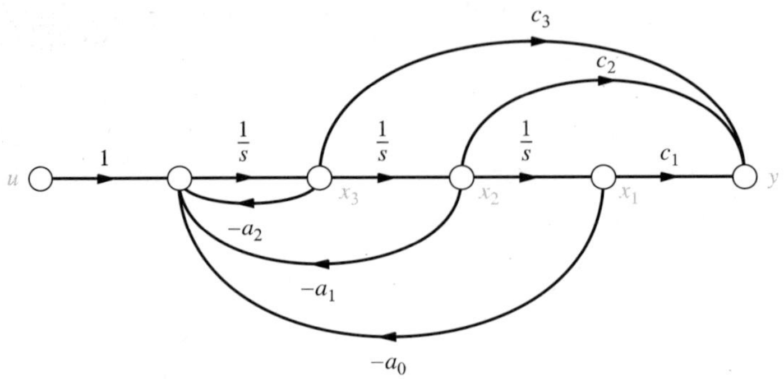

(*a*)

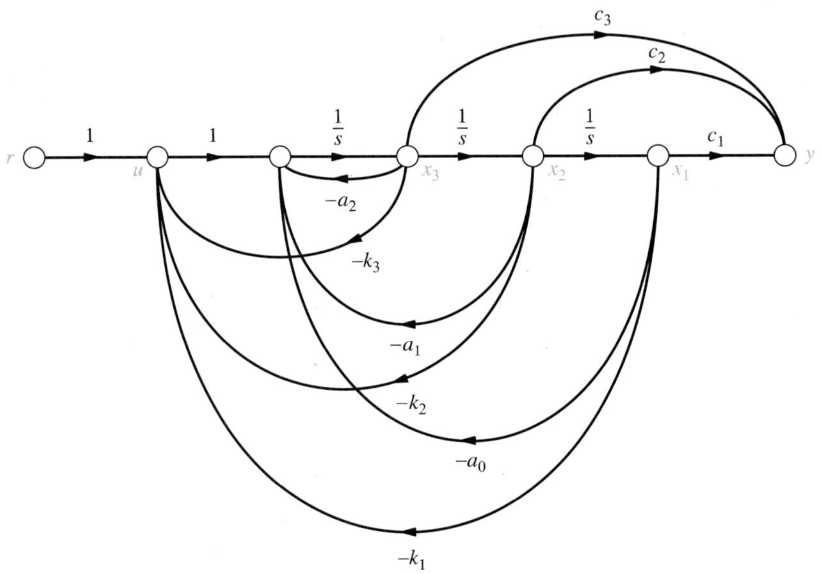

(*b*)

그림 12.3 a. 위상 변수형으로 표현된 공정 b. 상태 피드백을 갖는 공정

$$\dot{\mathbf{x}} = \mathbf{Ax} + \mathbf{B}u = \mathbf{Ax} + \mathbf{B}(-\mathbf{Kx} + r) = (\mathbf{A} - \mathbf{BK})\mathbf{x} + \mathbf{B}r \tag{12.3a}$$

$$y = \mathbf{Cx} \tag{12.3b}$$

그림 12.2(b)의 피드백 시스템에 대한 구현 방법을 이해하기 위하여 그림 12.3(a)의 신호 흐름 선도와 같이 공정을 위상-변수형(phase variable form)의 상태 방정식으로 나타낼 수 있다고 하자. 그 결과 그림 12.3(b)와 같이 각 상태 변수들은 k_i배가 되어 공정의 입력 u로 피드백된다. 이 장의 후반부에서 다른 형태로 표시되는 시스템에 대해서도 언급하겠지만 위상 변수형은 피드백 이득을 정하는 설계 개념을 설명하기 편리한 형태이므로 이 형태를 사용하고자 한다. 위상 변수형의 일종인 제어기 표준형에 대해서는 문제에서 다루기로 한다.

극점 배치(pole placement) 방식에 의한 상태 피드백 시스템(state feedback system)의 설계는 그림 12.3(b)와 같은 폐루프 시스템의 특성 방정식이 설계되고자 희망하는 시스템의 특성 방정식과 같도록 피드백 이득 k_i를 정하는 것이다.

그림 12.3(a)의 공정이 고차이고, 위상 변수형이나 제어기 표준형(controller canonical form)으로 표현되지 않으면 k_i를 정하는 방법이 매우 복잡하다. 이 경우에는 시스템을 위상 변수형이나 제어

표준형으로 변환시켜 k_i를 정한 후 다시 원래 형태로 역변환하는 방법으로 설계하는 것이 편리하다. 이와 같은 설계 방법에 대해서는 12.4절에서 소개하기로 하고 여기서는 위상 변수형 시스템의 설계 방법에 대해서만 다루기로 한다.

위상 변수형 공정에 대한 극점 배치 방식

위상 변수형 공정에 극점 배치 방식을 적용한 제어 시스템의 설계는 다음과 같은 단계로 실시한다.

1. 공정을 위상 변수형으로 나타낸다.
2. 각 상태 변수들이 k_i배 되어 공정의 입력에 피드백되도록 한다.
3. 2단계에서 얻어진 폐루프 시스템의 특성 방정식을 구한다.
4. 설계되고자 하는 폐루프 시스템의 극점을 정하고 이 극점을 갖는 특성 방정식을 정한다.
5. 4단계에서 얻은 특성 방정식과 3단계의 특성 방정식이 같아지도록 피드백 이득 k_i를 정한다.

이와 같은 단계로, 제어 시스템을 설계하기 위하여 식 (12.2)의 시스템이 다음과 같이 위상 변수형으로 표시된다고 하자.

$$A=\begin{bmatrix} 0 & 1 & 0 & \cdots & 0 \\ 0 & 0 & 1 & \cdots & 0 \\ \vdots & \vdots & \vdots & \vdots & \vdots \\ -a_0 & -a_1 & -a_2 & \cdots & -a_{n-1} \end{bmatrix};\quad B=\begin{bmatrix} 0 \\ 0 \\ \vdots \\ 1 \end{bmatrix}; \tag{12.4}$$

$$C=\begin{bmatrix} c_1 & c_2 & \cdots & c_n \end{bmatrix}$$

따라서, 시스템의 특성 방정식은 다음과 같다.

$$s^n+a_{n-1}s^{n-1}+\cdots+a_1 s+a_0=0 \tag{12.5}$$

각 상태 변수들이 피드백되는 제어 시스템의 입력은

$$u=-Kx \tag{12.6}$$

가 되며, 이득 행렬 $\mathbf{K}$는 다음과 같다.

$$K=\begin{bmatrix} k_1 & k_2 & \cdots & k_n \end{bmatrix} \tag{12.7}$$

여기서 k_i는 각 상태 변수들에 대한 피드백 이득이다.

행렬 $\mathbf{A}$, $\mathbf{B}$와 k가 식 (12.4)와 식 (12.7)로 표시될 때, 식 (12.3a)의 폐루프 시스템의 시스템 행렬 $\mathbf{A}-\mathbf{BK}$는 다음과 같다.

$$A-BK=\begin{bmatrix} 0 & 1 & 0 & \cdots & 0 \\ 0 & 0 & 1 & \cdots & 0 \\ \vdots & \vdots & \vdots & \vdots & \vdots \\ -(a_0+k_1) & -(a_1+k_2) & -(a_2+k_3) & \cdots & -(a_{n-1}+k_n) \end{bmatrix} \tag{12.8}$$

식 (12.8)은 위상 변수형이므로, 특성 방정식은

$$\begin{aligned} \det(sI-(A-BK)) &= s^n+(a_{n-1}+k_n)s^{n-1}+(a_{n-2}+k_{n-1})s^{n-2} \\ &\quad +\cdots+(a_1+k_2)s+(a_0+k_1)=0 \end{aligned} \tag{12.9}$$

이 되고, 이 식과 식 (12.5)를 비교하면 위상 변수형 시스템에 대한 상태 피드백 시스템의 특성 방정식은 개루프 시스템의 특성 방정식의 계수에 이득 k_i를 추가한 것과 같음을 알 수 있다. 설계하고자 하는 폐루프 시스템의 특성 방정식이

$$s^n + d_{n-1}s^{n-1} + d_{n-2}s^{n-2} + \cdots + d_2 s^2 + d_1 s + d_0 = 0 \tag{12.10}$$

으로 주어진다고 하면, 식 (12.9)와 식 (12.10)이 등식이 되기 위해서는 다음 관계식이 성립되어야 한다.

$$d_i = a_i + k_{i+1} \quad i = 0, 1, 2, \ldots, n-1 \tag{12.11}$$

이 식으로부터, 피드백 이득은 다음과 같이 정해진다.

$$k_{i+1} = d_i - a_i \tag{12.12}$$

이 과정으로부터 폐루프 시스템에 대한 전달 함수의 분모항이 정해졌으므로 분자항을 구해 보자. 위상 변수형 시스템에서 전달 함수의 분자 다항식은 출력을 나타내는 행렬 **C**의 계수로부터 정해진다. 그림 12.3(a)와 (b)가 모두 위상 변수형으로 표시되므로, 출력을 나타내는 행렬이 같고 전달 함수의 분자 다항식도 같아진다. 다음 예를 통하여 설명하기로 하자.

예제 12.1 위상변수형에 대한 제어기 설계

문제 공정이 다음과 같을 때, 오버슈트가 9.5%이고 정착 시간이 0.74s가 되도록 피드백 이득을 설계하라.

$$G(s) = \frac{20(s+5)}{s(s+1)(s+4)} \tag{12.13}$$

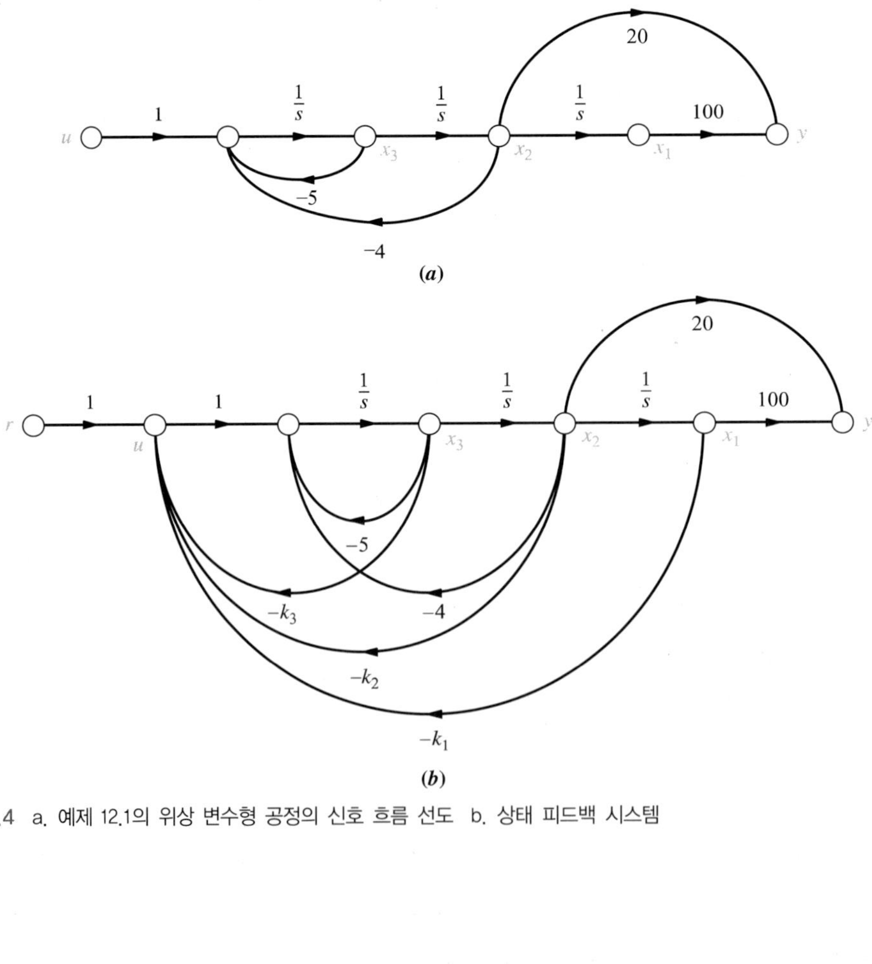

그림 12.4 a. 예제 12.1의 위상 변수형 공정의 신호 흐름 선도 b. 상태 피드백 시스템

풀이 먼저 폐루프 시스템의 원하는 특성 방정식을 정한다. 과도 응답 특성 조건을 만족시키기 위해서는 폐루프 시스템의 극점이 $-5.4 \pm j7.2$ 가 되어야 한다. 그러나 공정이 3차 시스템이므로 세 번째 극점을 정하여야 한다. 폐루프 시스템의 영점을 공정의 영점과 같이 -5로 하면 서로 상쇄되어 없어지나, 세 번째 극점이 시스템에 미치는 영향과 설계 과정을 설명하기 위하여 -5.1로 정하기로 하자.
공정의 신호 흐름 선도는 그림 12.4(a)와 같으며, 각 상태 변수들이 k_i 배되어 제어 입력으로 피드백되는 신호 흐름 선도는 그림 12.4(b)와 같다.
이 신호 흐름 선도로부터 다음과 같은 폐루프 시스템의 상태 방정식을 얻을 수 있다.

$$\dot{x} = \begin{bmatrix} 0 & 1 & 0 \\ 0 & 0 & 1 \\ -k_1 & -(4+k_2) & -(5+k_3) \end{bmatrix} x + \begin{bmatrix} 0 \\ 0 \\ 1 \end{bmatrix} r \tag{12.14a}$$

$$y = [100 \quad 20 \quad 0] x \tag{12.14b}$$

식 (12.14)와 식 (12.3)을 비교하면, 폐루프 시스템의 시스템 행렬은

$$A - BK = \begin{bmatrix} 0 & 1 & 0 \\ 0 & 0 & 1 \\ -k_1 & -(4+k_2) & -(5+k_3) \end{bmatrix} \tag{12.15}$$

이 되므로, 폐루프 시스템의 특성 방정식은 다음과 같다.

$$\det(sI - (A - BK)) = s^3 + (5+k_3)s^2 + (4+k_2)s + k_1 = 0 \tag{12.16}$$

한편, 원하는 극점 $-5.4 + j7.2$, $-5.4 - j7.2$와 -5.1을 갖는 특성 방정식은 다음과 같다.

$$s^3 + 15.9s^2 + 136.08s + 413.1 = 0 \tag{12.17}$$

식 (12.16)과 식 (12.17)이 같기 위해서는 피드백 이득 k_i는

$$k_1 = 413.1; \quad k_2 = 132.08; \quad k_3 = 10.9 \tag{12.18}$$

가 되어야 하고, 이 이득을 식 (12.14)에 대입하면 폐루프 시스템의 상태 방정식은 다음과 같다.

$$\dot{x} = \begin{bmatrix} 0 & 1 & 0 \\ 0 & 0 & 1 \\ -413.1 & -136.08 & -15.9 \end{bmatrix} x + \begin{bmatrix} 0 \\ 0 \\ 1 \end{bmatrix} r \tag{12.19a}$$

$$y = [100 \quad 20 \quad 0] x \tag{12.19b}$$

이 시스템의 전달 함수는 다음과 같다.

$$T(s) = \frac{20(s+5)}{s^3 + 15.9s^2 + 136.08s + 413.1} \tag{12.20}$$

그림 12.5는 폐루프 시스템에 대한 시뮬레이션 결과로 오버슈트가 11.5%이고 정착 시간이 0.8s이므로, 과도 응답 특성이 설계 조건에 미치지 못한다. 따라서, 세 번째 극점을 영점과 같은 -5로 정하여 극점과 영점이 상쇄되도록 하면 설계 조건과 같은 과도 응답 특성을 얻게 된다.
단위 계단 입력에 대한 정상 상태 응답은 1이 아니라 0.24이므로, 정상 상태 오차는 매우 크다. 이 오차를 줄이는 설계 방법에 대해서는 12.8절에서 다루기로 한다.

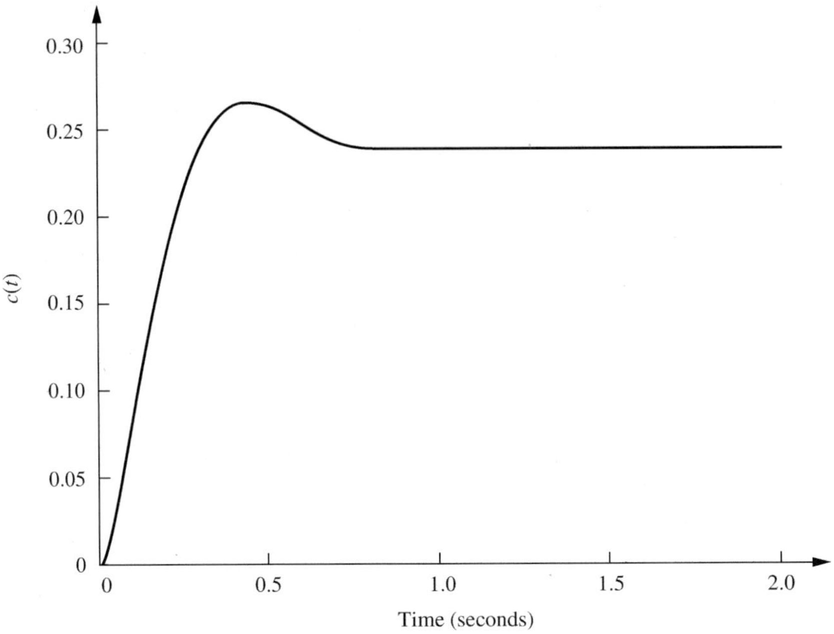

그림 12.5 예제 12.1의 폐루프 시스템에 대한 시뮬레이션 결과

MATLAB

ML

부록 B에 있는 프로그램 ch12apB1은 예제 12.1을 풀기 위한 MATLAB 프로그램으로, 위상 변수형 시스템에 극점 배치 방식을 적용하여 제어기를 설계하는 방법을 배우게 된다. 또한, 설계된 시스템의 단위 계단 응답을 화면에 그리도록 한다.

숙련예제 12.1

스스로 해보기 12.1

숙련예제 12.1의 시스템의 극점이 −3+j5, −3−j5와 −10에 위치하도록 위상변수형 피드백 이득을 정하기 위하여 MATLAB, Control System Toolbox와 다음 프로그램을 이용하라.

```
A=[0 1 0
   0 0 1
    0 -36 -15]
B=[0;0;1]
poles=[-3+5j,…
  -3-5j,-10]
K=acker(A,B,poles)
```

문제 공정이 다음과 같이 위상 변수형으로 표현되어 있을 때, 오버슈트가 5%이고 최고값 시간이 0.3s가 되도록 하기 위한 위상 변수 피드백 이득을 구하라.

$$G(s) = \frac{100(s+10)}{s(s+3)(s+12)}$$

$$\dot{\mathbf{x}} = \mathbf{A}\mathbf{x} + \mathbf{B}u = \begin{bmatrix} 0 & 1 & 0 \\ 0 & 0 & 1 \\ 0 & -36 & -15 \end{bmatrix}\mathbf{x} + \begin{bmatrix} 0 \\ 0 \\ 1 \end{bmatrix}u$$

$$y = \mathbf{C}\mathbf{x} = [1000 \quad 100 \quad 0]\mathbf{x}$$

풀이 $\mathrm{K} = [2094 \quad 373.1 \quad 14.97]$

완벽한 해는 www.wiley.com/go/Nise/ControlSystemsEngineering8e에서 확인해 보라.

이 절에서는 폐루프 시스템의 모든 극점이 원하는 값을 가질 수 있도록 위상 변수형 시스템의 피드백 이득 설계 방법에 대하여 공부하였다. 이 방법에 의한 제어기 설계가 모든 시스템에 적용되는 것은 아니다. 이 방법이 적용되기 위한 시스템 조건에 대해서는 다음 절에서 설명하기로 한다.

12.3 가제어성

그림 12.6(a)와 같은 병렬형 시스템을 생각해보자. 폐루프 시스템의 극점을 임의로 배치하기 위해서는 제어 입력 u가 각 상태 변수의 동특성을 제어할 수 있어야 한다. 상태 변수 중 어느 하나라도 제어 입력 u가 제어할 수 없으면, 시스템의 극점을 원하는 곳에 배치시킬 수 없다. 그림 12.6(b)와 같이, 제어 입력 u가 상태 변수 x_i을 제어하지 하지 못하며, 0이 아닌 초기값에 대해 $x_1{}'$의 응답 특성이 불안정하면, x_1을 안정시킬 수 있는 상태 피드백 제어 시스템의 설계가 불가능하다. 따라서, 상태 피드백 제어 시스템의 설계가 불가능한 시스템도 존재한다.

이와 같은 관점에서 다음과 같은 결론을 얻을 수 있다.

- 제어 입력에 의하여 시스템의 모든 상태 변수들이 초기값으로부터 원하는 최종값에 도달할 수 있으면, 이 시스템은 **제어 가능**(*controllable*)하다고 하고, 그렇지 않으면 **제어 불가능**(*uncontrollable*)하다고 한다.

극점 배치 방식은 시스템이 제어 가능할 때 적용될 수 있는데, 이 절에서는 극점 배치 방식을 적용한 제어 시스템의 설계가 가능한지를 판정하는 방법에 대해 설명하고자 한다.

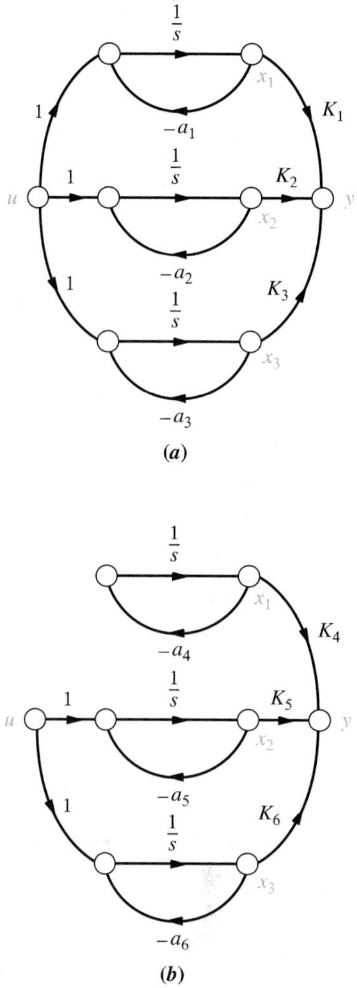

그림 12.6 a. 제어 가능 시스템 b. 제어 불가능 시스템의 비교

직관에 의한 가제어성의 판별

시스템이 상태 방정식으로 표시된 경우, 병렬형 시스템과 같이 시스템 행렬이 대각선 성분만 가질 때는 시스템이 제어 가능한지 아닌지를 직관적으로 판정할 수 있다. 예를 들어, 그림 12.6(a)의 시스템에 대한 상태 방정식은

$$\dot{x}=\begin{bmatrix}-a_1 & 0 & 0\\ 0 & -a_2 & 0\\ 0 & 0 & -a_3\end{bmatrix}x+\begin{bmatrix}1\\1\\1\end{bmatrix}u \tag{12.21}$$

또는

$$\dot{x}_1=-a_1x_1+u \tag{12.22a}$$
$$\dot{x}_2=-a_2x_2+u \tag{12.22b}$$
$$\dot{x}_3=-a_3x_3+u \tag{12.22c}$$

식 (12.22)의 각 방정식은 서로 독립이며 상호 결합되어 있지 않으므로, 제어 입력 u는 상태 변수 각각을 제어한다. 즉, 시스템이 제어 가능하다.

그림 12.6(b)의 시스템에 대한 상태 방정식은

$$\dot{x}=\begin{bmatrix}-a_4 & 0 & 0\\ 0 & -a_5 & 0\\ 0 & 0 & -a_6\end{bmatrix}x+\begin{bmatrix}0\\1\\1\end{bmatrix}u \tag{12.23}$$

또는

$$\dot{x}_1=-a_4x_1+u \tag{12.24a}$$
$$\dot{x}_2=-a_5x_2+u \tag{12.24b}$$
$$\dot{x}_3=-a_6x_3+u \tag{12.24c}$$

로 표시된다. 식 (12.23)이나 식 (12.24)로부터 상태 변수 x_i은 제어 입력 u에 의하여 제어되지 못한다. 따라서, 이 시스템은 제어 불가능하다.

정리하면, 시스템이 서로 다른 고유치를 가지며 시스템 행렬이 대각선 행렬일 때, 입력 행렬 B의 어떠한 행도 0이 아니면 이 시스템은 제어 가능하다.

가제어성 행렬

지금까지 설명한 가제어성(controllability) 판별 방법은 시스템이 서로 다른 고유치를 가지며 시스템 행렬이 대각 행렬이거나 병렬형 시스템인 경우에만 적용시킬 수 있다. 시스템이 병렬형으로 표현된다 하더라도 같은 고유치를 가지면 가제어성 판별은 복잡하게 되며 병렬형이 아니면 직관적으로 가제어성을 판별할 수 없다. 병렬형으로 표현되지 않은 시스템에서는 상태 방정식이 상호 결합되어 있기 때문에 입력이 각각의 상태 변수들과 관련되어 있다해도 시스템이 제어 가능하다고 판정할 수 없다.

가제어성을 판별하고 상태 피드백 제어 시스템의 설계에 이용되는 행렬을 만들 수 있는데 이 행렬의 이름, 성질, 형태와 시스템이 제어 가능하기 위한 조건에 대해 설명하기로 한다.[2]

n차 공정의 상태 방정식이

$$\dot{x} = Ax + Bu \tag{12.25}$$

으로 표시될 때, 다음과 같은 행렬 $\mathbf{C_M}$의 랭크(rank)가 n이면 이 시스템은 제어 가능하다.

$$\mathbf{C_M} = [\mathbf{B} \quad \mathbf{AB} \quad \mathbf{A^2B} \quad \cdots \quad \mathbf{A}^{n-1}\mathbf{B}] \tag{12.26}$$

여기서 행렬 $\mathbf{C_M}$을 가제어성 행렬(*controllability matrix*)[3]이라 한다. 같은 고유치를 갖는 병렬 구조 시스템을 예로 들어보자.

예제 12.2 가제어성 행렬에 의한 가제어성 판정

문제 그림 12.7과 같은 신호 흐름 선도로 표시되는 시스템의 가제어성을 판별하라.

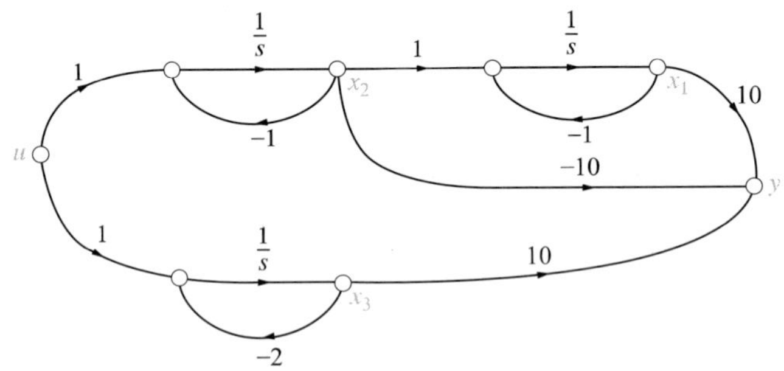

그림 12.7 예제 12.2의 시스템

풀이 신호 흐름 선도로부터 이 시스템은 다음과 같은 상태 방정식으로 표시된다.

$$\dot{x} = Ax + Bu = \begin{bmatrix} -1 & 1 & 0 \\ 0 & -1 & 0 \\ 0 & 0 & -2 \end{bmatrix} x + \begin{bmatrix} 0 \\ 1 \\ 1 \end{bmatrix} u \tag{12.27}$$

2 유도 과정은 참고문헌의 Ogata(1990 ; 699-702)를 참조하라.

3 랭크의 정의는 부록 B를 참조하라. 단일 입력 시스템의 경우, 랭크를 평가하는 대신에 이 역행렬을 갖거나 행과 열이 선형 독립인 것으로 평가한다.

식 (12.27)에서 행렬 B의 첫 번째 행에 0이 포함되므로, 이 시스템은 제어 가능하지 않은 것으로 생각할 수 있으나 이것은 시스템의 고유치가 서로 다를 때에만 가능하다. 이 경우에는 고유치 -1이 중복되므로, 제어 가능하지 않다고 판정할 수 없다. 가제어성 행렬을 구성하면 다음과 같다.

$$C_M = [B \quad AB \quad A^2B] = \begin{bmatrix} 0 & 1 & -2 \\ 1 & -1 & 1 \\ 1 & -2 & 4 \end{bmatrix} \tag{12.28}$$

행렬의 랭크는 서로 독립인 행이나 열의 수와 같은데, 행렬에 대한 행렬식(determinant)이 0이 아니면 랭크는 행렬의 차수와 같다. 이 경우, 행렬 $\mathbf{C_M}$의 행렬식이 -1이므로 랭크는 3이 되어 시스템의 차수와 같다. 따라서, 이 시스템은 제어 가능하며, 극점 배치 방식을 적용하여 상태 피드백 제어 시스템을 설계할 수 있다.

부록 B의 프로그램 ch12p2은 예제 12.2를 풀기 위한 MATLAB 프로그램으로, 이 프로그램으로부터 시스템의 가제어성 판별 방법을 이해할 수 있다. MATLAB **ML**

예제 12.2는 입력 행렬 B에 0이 포함되어도 시스템이 제어 가능함을 보였으며, 그림 12.7은 모든 상태 변수들이 제어 입력 u에 의해 제어됨을 보여주고 있다. 이 상태에서 x_1, x_2나 x_3 중 어느 하나에라도 제어 입력이 가해지지 않으면 적어도 한 개 이상의 상태 변수가 제어 가능하지 않게 된다. 이 점을 구체적으로 설명하기 위하여 x_2에 제어 입력이 가해지지 않도록 하면 행렬 B는 다음과 같다.

$$B = \begin{bmatrix} 0 \\ 0 \\ 1 \end{bmatrix} \tag{12.29}$$

따라서, 상태 변수 x_1과 x_2가 제어되지 않으므로 이 시스템은 제어 불가능하게 된다. 이 시스템의 가제어성 행렬은

$$C_M = [B \quad AB \quad A^2B] = \begin{bmatrix} 0 & 0 & 0 \\ 0 & 0 & 0 \\ 1 & -2 & 4 \end{bmatrix} \tag{12.30}$$

이 되어 행렬식은 0이고 랭크는 1이 된다. 랭크가 시스템 차수보다 작기 때문에 이 시스템은 제어 불가능하다.

숙련예제 12.2

문제 다음 시스템이 제어 가능한지 아닌지 판별하라.

$$\dot{\mathbf{x}} = \mathbf{Ax} + \mathbf{B}u = \begin{bmatrix} -1 & 1 & 2 \\ 0 & -1 & 5 \\ 0 & 3 & -4 \end{bmatrix}\mathbf{x} + \begin{bmatrix} 2 \\ 1 \\ 1 \end{bmatrix}u$$

풀이 제어 가능

완벽한 해는 www.wiley.com/go/Nise/ControlSystemsEngineering8e 에서 확인해보라.

스스로 해보기 12.2

숙련예제 12.2를 풀기 위하여 MATLAB, Control System Toolbox와 다음 프로그램을 이용하라.

```
A=[-1  1  2
    0 -1  5
    0  3 -4]
B=[92;1;1]
Cm=ctrb(A,B)
Rank=rank(Cm)
```

요약하면, 공정의 상태 방정식이 위상 변수형으로 표시되면 극점 배치 방식에 의한 상태 피드백 제어 시스템의 설계는 간단하게 된다. 가제어성은 제어 시스템 설계에 극점 배치 방식을 적용할 수 있는가를 판별하는데, 서로 다른 고유치를 갖고 시스템 행렬이 대각 행렬인 병렬형일 때 가장 쉽게 판별할 수 있다. 그러나 병렬형으로 표현되지 않은 시스템이라도 가제어성 행렬을 이용하면 상태 피드백 제어 시스템의 설계가 가능함을 알 수 있다.

다음 절에서는 위상 변수형으로 표현되지 않는 시스템에 대한 상태 피드백 제어 시스템의 설계 방법에 대해 소개하기로 한다.

시스템이 위상 변수형으로 표현되지 않은 경우, 가제어성 행렬을 이용하여 시스템의 상태 방정식을 위상 변수형으로 변환시키고 상태 피드백 제어 시스템을 설계한다.

12.4 위상 변수형이 아닌 시스템의 제어기 설계

12.2절에서는 극점 배치 방식에 의해 위상 변수형 시스템의 상태 피드백 제어 시스템 설계 방법을 소개하였다. 그러나 많은 경우 위상 변수형으로 표현되지 않은 실제 시스템에 대한 상태 피드백 제어 시스템의 설계가 요구되는데 그 설계 방법을 소개하기로 한다.

첫째 방법은 위상 변수형 시스템의 설계시와 마찬가지로 행렬 $\det(s\mathbf{I}-(\mathbf{A}-\mathbf{BK}))$의 행렬식 계수들이 원하는 특성 방정식의 계수와 일치되도록 하는 것이다. 그러나 일반적으로 이 방법은 피드백 이득을 결정하기가 매우 어려우며, 특히 위상변수형으로 표현되지 않는 고차 시스템의 경우에 더욱 어렵다. 다음 예를 살펴보자.

예제 12.3 계수 일치에 의한 제어기 설계

문제 공정 $\frac{Y(s)}{U(s)}=\frac{10}{[(s+1)(s+2)]}$ 가 종속형으로 표현되는 경우, 오버슈트가 15%이고 정착 시간이 0.5s인 과도 응답 특성을 갖도록 하는 상태 피드백 제어 시스템을 설계하라.

풀이 시스템을 종속형으로 나타내면, 신호 흐름 선도는 그림 12.8(a)와 같다. 상태 변수가 그림 12.8(b)와 같이 피드백되면 상태 방정식은 다음과 같다.

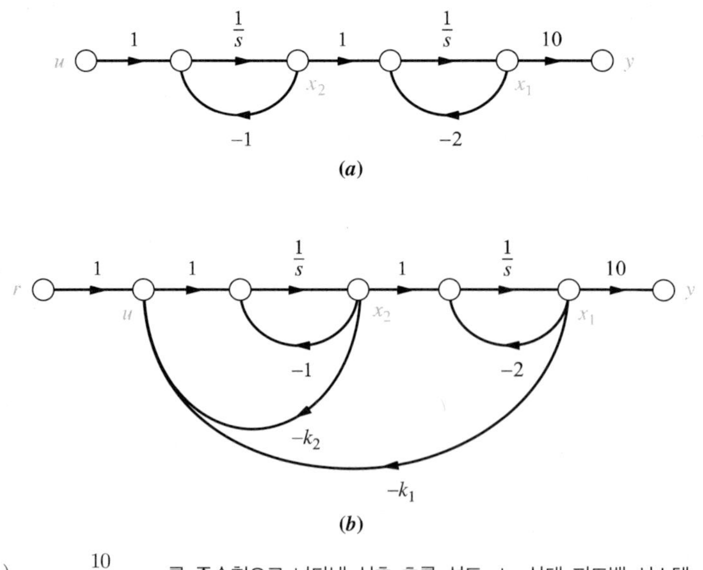

그림 12.8 a. $G(s)=\frac{10}{(s+1)(s+2)}$ 를 종속형으로 나타낸 신호 흐름 선도 b. 상태 피드백 시스템

$$\dot{x} = \begin{bmatrix} -2 & 1 \\ -k_1 & -(k_2+1) \end{bmatrix} x + \begin{bmatrix} 0 \\ 1 \end{bmatrix} r \quad (12.31a)$$
$$y = [10 \quad 0]x \quad (12.31b)$$

시스템의 특성 방정식은

$$s^2 + (k_2 + 3)s + (2k_2 + k_1 + 2) = 0 \quad (12.32)$$

이 되고, 문제에서 제시된 과도 응답 특성을 갖는 특성 방정식은 다음과 같다.

$$s^2 + 16s + 239.5 = 0 \quad (12.33)$$

식 (12.32)와 식 (12.33)의 두 특성 방정식이 같기 위해서는 $k_1 = 211.5$와 $k_2 = 13$이 되어야 한다.

두 번째 방법은 시스템을 위상 변수형으로 변환시킨 후, 피드백 이득을 결정하고, 다시 원래의 시스템 형태로 역변환시키는 설계 방법이다.[4] 이 방법에서는 먼저 시스템 형태를 위상 변수형으로 변환시키는 변환 행렬이 결정되어야 한다.

위상 변수형으로 표현되지 않은 시스템의 상태 방정식이

$$\dot{z} = Az + Bu \quad (12.34a)$$
$$y = Cz \quad (12.34b)$$

일 때, 가제어성 행렬은 다음과 같다.

$$C_{Mz} = [B \quad AB \quad A^2B \ldots\ldots A^{n-1}B] \quad (12.35)$$

시스템이 변환식

$$\mathbf{z} = \mathbf{Px} \quad (12.36)$$

에 의하여 위상 변수형으로 변환된다고 가정하고, 식 (12.36)을 식 (12.34)에 대입하면

$$\dot{x} = P^{-1}APx + P^{-1}Bu \quad (12.37a)$$
$$y = CPx \quad (12.37b)$$

이 되고, 가제어성 행렬은 다음과 같다.

$$\begin{aligned} C_{Mz} &= [P^{-1}B \quad (P^{-1}AP)(P^{-1}B) \quad (P^{-1}AP)^2(P^{-1}B) \ldots\ldots (P^{-1}AP)^{n-1}(P^{-1}B)] \\ &= [P^{-1}B \quad (P^{-1}AP)(P^{-1}B) \quad (P^{-1}AP)(P^{-1}AP)(P^{-1}B) \ldots\ldots (P^{-1}AP)] \\ &= P^{-1}[B \quad AB \quad A^2B \ldots\ldots A^{n-1}B] \end{aligned} \quad (12.38)$$

식 (12.35)를 식 (12.38)에 대입하여 행렬 $\mathbf{P}$를 구하면

$$\mathbf{P} = \mathbf{C_{Mz} C_{Mx}}^{-1} \quad (12.39)$$

이 되므로, 변환 행렬 $\mathbf{P}$는 두 시스템의 가제어성 행렬로부터 얻어진다.

4 참고문헌의 Franklin(1994)와 Ogata(1990)에 있는 Ackermann의 공식을 참조하라.

시스템이 위상 변수형으로 변환되었으므로 12.2절에서와 같은 방법으로 피드백 이득을 결정한다. 제어 입력 $u = -\mathbf{K_x x} + r$을 식 (12.37)에 대입하면, 다음과 같다.

$$\dot{x} = P^{-1}APx - P^{-1}BK_x x + P^{-1}Br \tag{12.40a}$$
$$= (P^{-1}AP - P^{-1}BK_x)x + P^{-1}Br$$
$$y = CPx \tag{12.40b}$$

한편, 이 방정식은 위상 변수형이므로 폐루프 시스템의 영점은 12.2절에서 설명한 바와 같이, 행렬 $\mathbf{CP}$에 의해 결정된다. 변환식 $\mathbf{x} = \mathbf{P}^{-1}\mathbf{z}$를 사용하면, 식 (12.40)의 위상 변수형 시스템은 다음과 같이 원래 형태로 변환된다.

$$\dot{z} = Az - BK_x P^{-1}z + Br = (A - BK_x P^{-1})z + Br \tag{12.41a}$$
$$y = Cz \tag{12.41b}$$

식 (12.41)과 식 (12.3)을 비교하면, 원래 시스템의 피드백 이득 행렬 $\mathbf{K_z}$는 다음과 같다.

$$\boxed{\mathbf{K_z} = \mathbf{K_x P}^{-1}} \tag{12.42}$$

식 (12.40)과 식 (12.41)은 같은 시스템이므로 전달 함수도 같다. 또한, 폐루프 시스템의 전달 함수의 영점은 보상되기 전 공정의 전달 함수의 영점과 같다. 다음 예제를 통하여 설계방법을 설명하기로 한다.

예제 12.4 변환에 의한 제어기 설계

문제 전달 함수가 다음과 같이 주어지는 공정을 그림 12.9와 같이 종속형으로 나타낼 때, 오버슈트가 20.8%이고 정착 시간이 4s가 되도록 하는 상태 피드백 제어기를 설계하라.

$$G(s) = \frac{(s+4)}{(s+1)(s+2)(s+5)} \tag{12.43}$$

풀이 먼저 상태 방정식을 세우고 가제어성 행렬을 구하는데, 그림 12.9에 대한 상태 방정식은

$$\dot{z} = A_z z + B_z u = \begin{bmatrix} -5 & 1 & 0 \\ 0 & -2 & 1 \\ 0 & 0 & -1 \end{bmatrix} z + \begin{bmatrix} 0 \\ 0 \\ 1 \end{bmatrix} u \tag{12.44}$$

$$y = C_z z = [-1 \;\; 1 \;\; 0]z$$

이고, 가제어성 행렬은 다음과 같다.

$$C_{Mz} = [B_z \;\; A_z B_z \;\; A_z^2 B_z] = \begin{bmatrix} 0 & 0 & 1 \\ 0 & 1 & -3 \\ 1 & -1 & 1 \end{bmatrix} \tag{12.45}$$

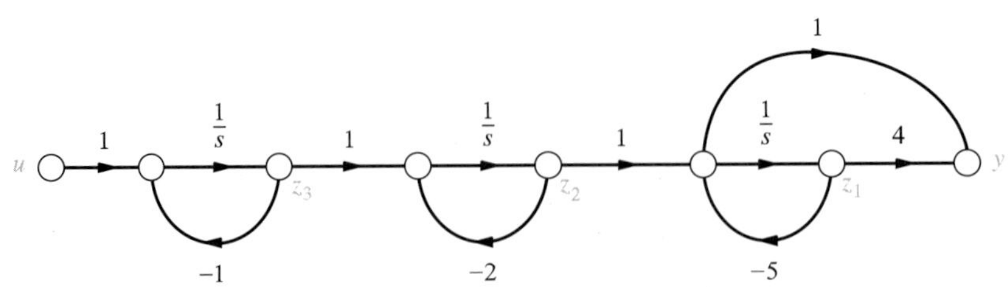

그림 12.9 예제 12.4의 공정에 대한 신호 흐름 선도

행렬 $\mathbf{C_{Mz}}$의 행렬식이 -1이므로, 이 시스템은 제어 가능하다.

시스템의 특성 방정식을 구하고, 이 특성 방정식을 이용하여 시스템을 위상 변수형으로 변환시킨다. 시스템의 특성 방정식 $\det(s\mathbf{I}-\mathbf{A_z})$ 은 다음과 같다.

$$\det(sI-A_z)=s^3+8s^2+17s+10=0 \tag{12.46}$$

식 (12.46)의 계수를 이용하면, 이와 같은 특성 방정식을 갖기 위한 위상 변수형의 상태 방정식을 세울 수 있다.

$$\dot{x}=Ax_x+Bx_u=\begin{bmatrix}0 & 1 & 0\\ 0 & 0 & 2\\ -10 & -17 & -8\end{bmatrix}x+\begin{bmatrix}0\\0\\1\end{bmatrix}u \tag{12.47a}$$

$$y=[4\ \ 1\ \ 0]x \tag{1247.b}$$

출력 방정식은 시스템의 전달 함수가 변하지 않으므로, 식 (12.43)의 분자항을 이용하여 얻는다. 위상 변수형으로 표시된 시스템의 가제어성 행렬 $\mathbf{C_{Mx}}$는

$$C_{Mx}=[B_x\ \ A_xB_x\ \ A_x^2B_x]=\begin{bmatrix}0 & 0 & 1\\ 0 & 1 & -8\\ 1 & -8 & 47\end{bmatrix} \tag{12.48}$$

이 되므로, 식 (12.39)를 이용하면 변환 행렬은 다음과 같다.

$$P=C_{Mz}C_{Mx}^{-1}=\begin{bmatrix}1 & 0 & 0\\ 5 & 1 & 0\\ 10 & 7 & 1\end{bmatrix} \tag{12.49}$$

위상 변수형으로 표현된 시스템에 대해 제어기를 설계한 후, 식 (12.49)의 변환 행렬을 사용하여 원래 시스템 형태로 변환시킨다. 시스템의 오버슈트가 20.8%이고 정착 시간이 4s가 될 수 있도록 시스템의 특성 방정식이 s^2+2s+5가 되어야 한다. 폐루프 시스템의 영점이 $s=-4$이므로 이 영점을 상쇄시키도록 세 번째 극점을 정한다. 따라서, 원하는 폐루프 시스템의 특성 방정식은 다음과 같다.

$$D(s)=(s+4)(s^2+2s+5)=s^3+6s^2+13s+20=0 \tag{12.50}$$

상태 변수가 피드백되는 위상 변수형 시스템의 상태 방정식은

$$\dot{x}=(A_x-B_xK_x)x=\begin{bmatrix}0 & 1 & 0\\ 0 & 0 & 1\\ -(10+k_{1_x}) & -(17+k_{2_x}) & -(8+k_{3_x})\end{bmatrix}x \tag{12.51a}$$

$$y=[4\ \ 1\ \ 0]x \tag{12.51b}$$

이 되므로, 특성 방정식은 다음과 같다.

$$\det(sI-(A_x-B_xK_x))=s^3+(8+k3_x)s^2+(17+k2_x)s+(10+k1_x)=0 \tag{12.52}$$

식 (12.50)의 원하는 시스템의 특성 방정식과 식 (12.52)의 특성 방정식을 비교하여 피드백 이득을 정하는데, 다음과 같다.

$$Kx=[K1_x\ \ K2_x\ \ K3_x]=[10\ \ -4\ \ -2] \tag{12.53}$$

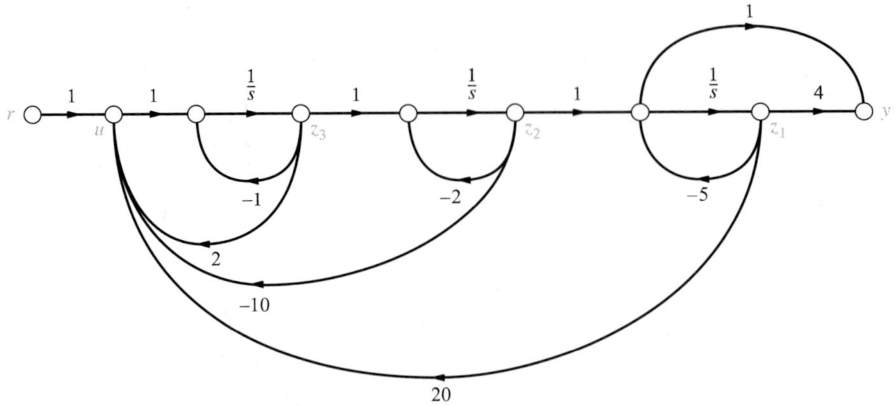

그림 12.10 예제 12.4에 대한 상태 피드백시스템

식 (12.42)와 식 (12.49)를 이용하면 원래, 시스템의 피드백 이득

$$K_z = K_x P^{-1} = [-20 \quad 10 \quad -2] \tag{12.54}$$

이 얻어지며, 피드백 시스템은 그림 12.10과 같다.

설계 결과를 검증해 보자. 그림 12.10의 시스템에 대한 상태 방정식은 다음과 같다.

$$\dot{z} = (A_z - B_z K_z)z + B_z r = \begin{bmatrix} -5 & 1 & 0 \\ 0 & -2 & 1 \\ 20 & -10 & 1 \end{bmatrix} + \begin{bmatrix} 0 \\ 0 \\ 1 \end{bmatrix} r \tag{12.55a}$$

$$y = C_z z = [-1 \quad 1 \quad 0]z \tag{12.55b}$$

식 (3.73)을 이용하면 폐루프 시스템의 전달 함수는

$$T(s) = \frac{(s+4)}{s^3 + 6s^2 + 13s + 20} = \frac{1}{s^2 + 2s + 5} \tag{12.56}$$

이 되므로, 설계 조건을 만족시킨다.

MATLAB **ML** 부록 B의 프로그램 ch12apB3은 MATLAB을 이용하여 예제 12.4를 풀기 위한 프로그램으로, 위상 변수형으로 표현되지 않은 시스템에 대한 제어기 설계 방법을 이해할 수 있게 한다. 이 경우에는 시스템을 위상 변수형으로 변환시킬 필요가 없다.

숙련예제 12.3

문제 공정이 다음과 같이 종속형으로 표현되어 있을 때, 오버슈트가 20%이고 정착 시간이 2초가 되도록 하기 위한 선형 상태 피드백 제어기를 설계하라.

$$G(s) = \frac{(s+6)}{(s+9)(s+8)(s+7)}$$

$$\dot{\mathbf{z}} = \mathbf{A}\mathbf{z} + \mathbf{B}u = \begin{bmatrix} -7 & 1 & 0 \\ 0 & -8 & 1 \\ 0 & 0 & -9 \end{bmatrix}\mathbf{z} + \begin{bmatrix} 0 \\ 0 \\ 1 \end{bmatrix} u$$

$$y = \mathbf{C}\mathbf{z} = [-1 \quad 1 \quad 0]\mathbf{z}$$

풀이 $\mathbf{K_z} = [-40.23 \quad 62.24 \quad -14]$

풀이 과정은 www.wiley.com/go/Nise/ControlSystemsEngineering8e 를 참조하라.

본 절에서는 위상 변수형으로 표현되지 않은 시스템에 대한 상태 피드백 제어 시스템의 설계 방법에 대해 소개하였다. 가제어성 행렬을 사용하여 공정을 위상 변수형으로 변환시킨 후, 제어기를 설계하고 다시 원래 시스템 형태로 변환시킴으로써 설계를 완성한다. 이와 같은 상태 피드백 제어기 설계는 모든 상태 변수가 피드백되는 경우에만 가능하다. 다음 절에서는 상태 변수의 일부 또는 전부가 피드백되지 못하는 시스템에 대한 상태 피드백 제어 시스템의 설계에 관하여 설명하고자 한다.

12.5 관측기 설계

상태 피드백 제어 시스템을 설계하기 위해서는 상태 변수들이 적절한 장치를 통하여 피드백될 수 있어야 한다. 우주선의 위치와 속도는 자이로에 의하여 직접 측정될 수 있다. 하지만 측정이 불가능할 뿐만 아니라 비용, 정확도 등의 이유 때문에 직접 측정하지 않는 상태 변수들도 있다. 예를 들어, 비행 중인 우주선에서 가속도는 관성 측정 장치를 이용하여 측정할 수 있는데, 시간이 지남에 따라 측정 오차가 커지므로 다른 가속도 측정 장치를 사용하는 것이 바람직하다(Rockwell International, 1984). 응용 분야에 따라서는 상태 변수 중 일부를 전혀 측정할 수 없거나 측정된 상태 변수를 사용하여 제어 시스템을 구성하기에는 비용이 너무 많이 들 때가 있다. 이와 같은 경우에는 직접 측정된 상태 변수 대신에 상태 변수들을 추정(estimation)하고, 이 추정된 상태 변수들을 이용하여 제어 시스템을 구성한다. 구성도는 그림 12.11(a)와 같다.

공정으로부터 직접 측정하지 못하는 상태 변수들을 추정하는 시스템을 관측기(*observer*) 또는 추정기(*estimator*)라 한다. 그림 12.11(a)와 같은 관측기는 공정과 같은 구조를 갖는데, 이와 같은 관측기의 단점을 살펴보자.

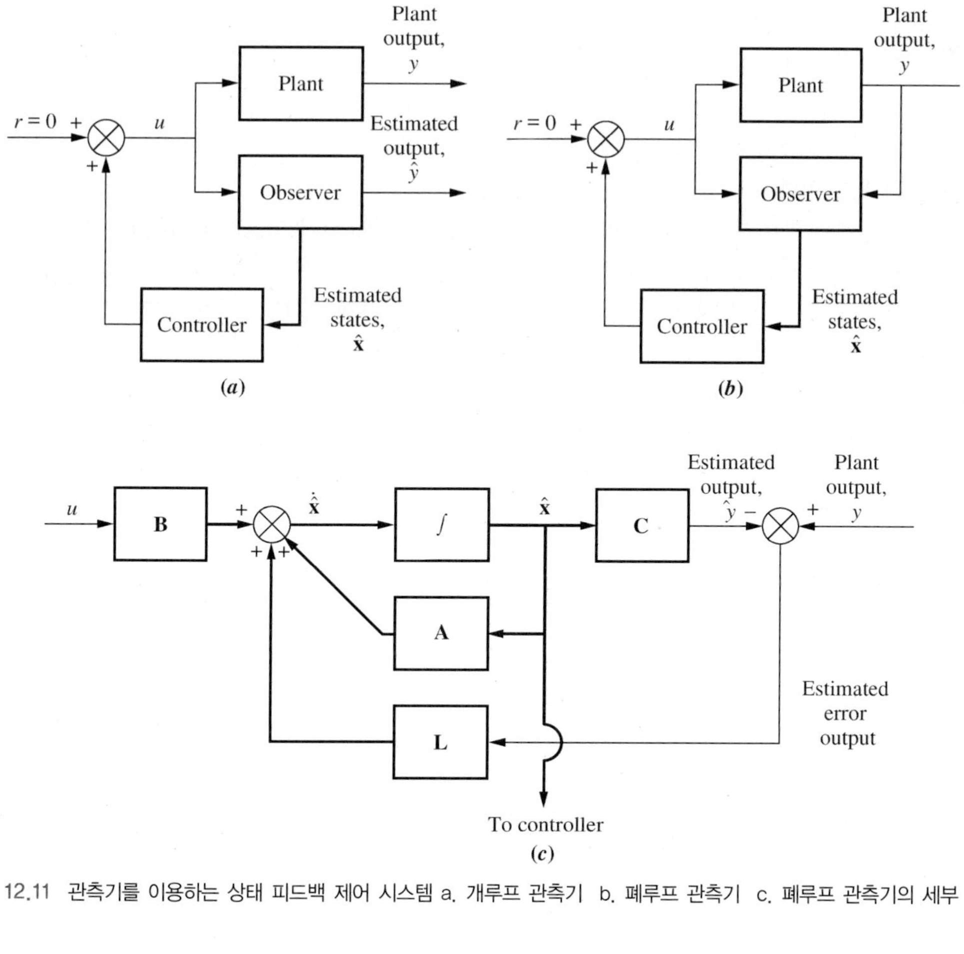

그림 12.11 관측기를 이용하는 상태 피드백 제어 시스템 a. 개루프 관측기 b. 폐루프 관측기 c. 폐루프 관측기의 세부 구조

공정의 상태 방정식이

$$\dot{x} = Ax + Bu \tag{12.57a}$$
$$y = Cx \tag{12.57b}$$

일 때, 관측기는 공정과 같은 구조를 가지므로 다음과 같다.

$$\dot{\hat{x}} = A\hat{x} + Bu \tag{12.58a}$$
$$\hat{y} = C\hat{x} \tag{12.58b}$$

식 (12.57)에서 식 (12.58)을 빼면

$$\dot{x} - \dot{\hat{x}} = A(x - \hat{x}) \tag{12.59a}$$
$$y - \hat{y} = C(x - \hat{x}) \tag{12.59b}$$

이 된다. 식 (12.59)는 실제 상태 변수와 추정 상태 변수 사이의 오차 방정식으로 제어 입력을 갖지 않는다. 공정이 안정되면 초기치의 차이 때문에 발생하는 추정 오차는 0으로 수렴하게 된다. 그러나 식 (12.59a)로 표현되는 시스템의 특성 방정식이 식(12.57a)의 공정의 특성 방정식과 같기 때문에 오차의 수렴 속도는 공정의 과도 응답 특성과 같게 된다. 추정되는 상태 변수들이 제어 입력에 사용되기 위해서는 제어되는 폐루프 시스템의 응답 속도보다 빠르도록 관측기의 추정 속도를 향상시켜야 한다.

추정 오차의 수렴 속도를 개선하기 위해서 그림 12.11(b)의 세부 구조가 그림 12.11(c)와 같은 시스템을 사용하기로 하자. 이 시스템에서는 공정의 출력과 관측기 출력 사이의 오차가 관측기의 상태 변수 벡터의 미분항에 피드백 되도록 함으로써 오차가 0이 되도록 한다. 이와 같은 피드백 시스템은 관측기의 과도 응답이 공정이나 제어되는 폐루프 시스템의 응답 속도보다 빠르게 할 수 있다.

제어기를 설계할 때, 위상 변수형이나 제어기 표준형으로 표현되는 경우가 편리한 것처럼 관측기를 설계할 때도 관측기 표준형(observer canonical form)이 편리하다. 그림 12.12(a)는 관측기 표준형으로 표현된 3차 관측기를 나타내고 있으며, 그림 12.12(b)는 관측기의 상태 변수들이 피드백되는 구조를 나타내고 있다.

관측기의 설계는 제어기 설계와 분리하여 설계할 수 있는데, 제어 이득 벡터 $\mathbf{K}$의 선정 때와 마찬가지 방법으로 관측기의 이득 벡터 $\mathbf{L}$을 선정할 수 있다. 상태 변수들이 신속하게 추정될 수 있도록 관측기의 과도 응답 특성이 제어 시스템의 응답 속도보다 빠르게 설계한다. 이제 관측기 설계 방법에 대해 설명하기로 한다.

먼저 실제 상태 벡터와 추정 상태 벡터 사이의 추정 오차 벡터 $(\mathbf{x} - \hat{\mathbf{x}})$에 대한 상태 방정식을 세운다. 이 오차 상태 방정식에 대한 특성 방정식을 구하고 관측기의 과도 응답이 원하는 특성을 갖도록 관측기 이득 행렬 $\mathbf{L}$을 정한다. 그림 12.11(c)의 관측기에 상태 방정식을 세우면, 다음과 같다.

$$\dot{\hat{x}} = A\dot{x} + Bu + L(y - \hat{y}) \tag{12.60a}$$
$$\hat{y} = C\hat{x} \tag{12.60b}$$

공정에 대한 상태 방정식이

$$\dot{\mathbf{x}} = \mathbf{A}\mathbf{x} + \mathbf{B}u \tag{12.61a}$$
$$\mathbf{y} = \mathbf{C}\mathbf{x} \tag{12.61b}$$

이므로, 식 (12.61)에서 식 (12.60)을 빼면 다음과 같은 오차 상태 방정식이 얻어진다.

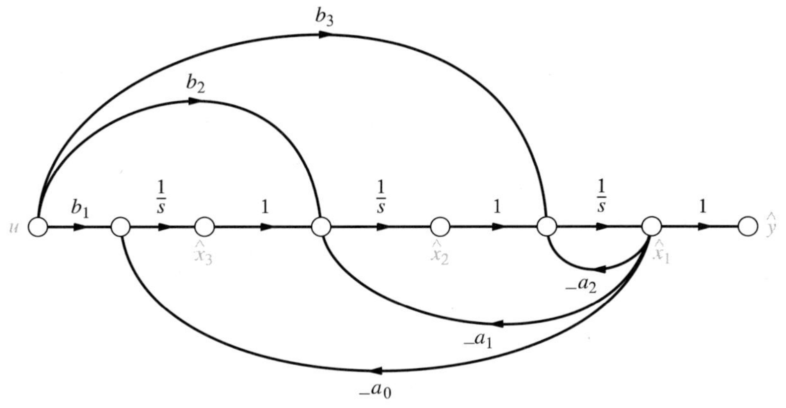

(a)

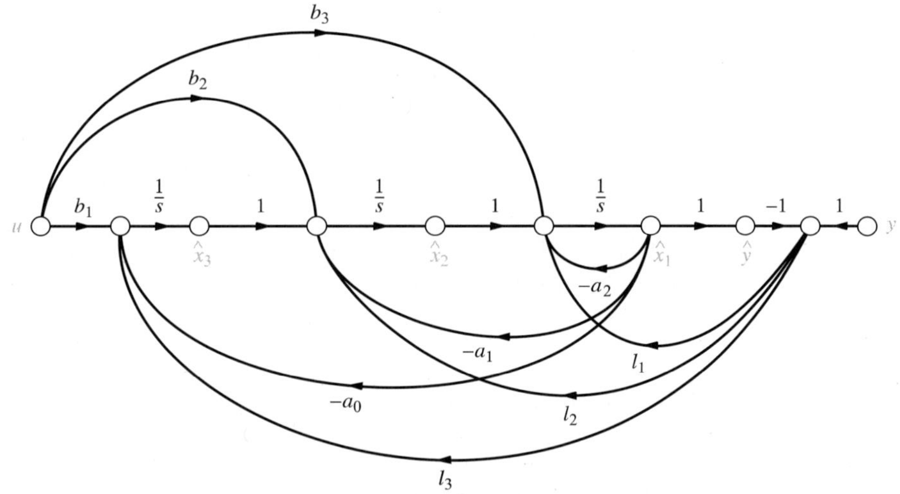

(b)

그림 12.12 3차 관측기 표준형 관측기 a. 관측기 상태 변수들이 피드백되지 않는 시스템 b. 관측기 상태 변수들이 피드백되는 시스템

$$(\dot{\mathbf{x}}-\dot{\hat{\mathbf{x}}}) = \mathbf{A}(\mathbf{x}-\hat{\mathbf{x}}) - \mathbf{L}(\mathrm{y}-\hat{\mathrm{y}}) \tag{12.62a}$$
$$(\mathrm{y}-\hat{\mathrm{y}}) = \mathbf{C}(\mathbf{x}-\hat{\mathbf{x}}) \tag{12.62b}$$

여기서 벡터 $\mathbf{x}-\hat{\mathbf{x}}$는 실제 상태 벡터와 추정되는 상태 벡터 사이의 오차이고, $y-\hat{y}$는 실제 출력과 추정되는 출력 사이의 오차이다.

식 (12.62b)의 출력 방정식을 식 (12.62a)의 상태 방정식에 대입하면

$$(\dot{\mathbf{x}}-\dot{\hat{\mathbf{x}}}) = (\mathbf{A}-\mathbf{LC})(\mathbf{x}-\hat{\mathbf{x}}) \tag{12.63a}$$
$$(\mathrm{y}-\hat{\mathrm{y}}) = \mathbf{C}(\mathbf{x}-\hat{\mathbf{x}}) \tag{12.63b}$$

이 된다. 추정 오차를 $\mathbf{e_x} = (\mathbf{x}-\hat{\mathbf{x}})$ 로 정의하면, 식 (12.63)은 다음과 같다.

$$\boxed{\dot{\mathbf{e}}_\mathbf{x} = (\mathbf{A}-\mathbf{LC})\mathbf{e_x}} \tag{12.64a}$$

$$\boxed{y-\hat{y} = \mathbf{Ce_x}} \tag{12.64b}$$

식 (12.64a)는 입력이 없는 방정식으로 모든 고유치의 실수부가 음이면, 추정 오차벡터 $\mathbf{e_x}$ 는 0으로 수렴된다. 이와 같은 조건에서 식 (12.64a)의 오차 방정식이 원하는 특성 방정식을 갖도록 이득 행렬 $\mathbf{L}$을 정한다.

식 (12.64)의 특성 방정식은 다음과 같다.

$$\det[\lambda\mathbf{I}-(\mathbf{A}-\mathbf{LC})]=0 \tag{12.65}$$

관측기가 안정되고 과도 응답이 폐루프 시스템의 과도 응답보다 더 빠르도록 관측기의 고유치를 선정하고, 식 (12.65)의 특성근이 이 고유치와 같도록 행렬 $\mathbf{L}$을 정한다.

이 설계 과정을 n차 관측기 표준형 공정을 이용하여 설명해 보자. 먼저 그림 12.12의 3차 시스템 행렬 $\mathbf{A}$, $\mathbf{L}$과 $\mathbf{C}$로부터 행렬 $\mathbf{A}-\mathbf{LC}$를 일반형으로 나타내면

$$\begin{aligned}\mathbf{A}-\mathbf{LC}&=\begin{bmatrix}-a_{n-1} & 1 & 0 & 0 & \cdots & 0\\ -a_{n-2} & 0 & 0 & 0 & \cdots & 0\\ \vdots & \vdots & \vdots & \vdots & \vdots & \vdots\\ -a_1 & 0 & 0 & 0 & \cdots & 1\\ -a_0 & 0 & 0 & 0 & \cdots & 0\end{bmatrix}-\begin{bmatrix}l_1\\ l_2\\ \vdots\\ l_{n-1}\\ l_n\end{bmatrix}[1\ 0\ 0\ 0\cdots 0]\\ &=\begin{bmatrix}-(a_{n-1}+l_1) & 1 & 0 & 0 & \cdots & 0\\ -(a_{n-2}+l_2) & 0 & 1 & 0 & \cdots & 0\\ \vdots & \vdots & \vdots & \vdots & \vdots & \vdots\\ -(a_n+l_{n-1}) & 0 & 0 & 0 & \cdots & 1\\ -(a_0+l_n) & 0 & 0 & 0 & \cdots & 0\end{bmatrix}\end{aligned} \tag{12.66}$$

이고, 특성 방정식은

$$\begin{aligned}s^n+(a_{n-1}+l_1)s^{n-1}+(a_{n-2}+l_2)s^{n-2}+\cdots+(a_1+l_{n-1})s\\ +(a_0+l_n)=0\end{aligned} \tag{12.67}$$

이고, 관측기 표준형 공정의 특성 방정식 $\det(s\mathbf{I}-\mathbf{A})=0$ 은 다음과 같다.

$$s^n+a_{n-1}s^{n-1}+a_{n-2}s^{n-2}+\cdots+a_1s+a_0=0 \tag{12.68}$$

따라서, 공정이 관측기 표준형으로 표현되면, 식 (12.67)과 같은 추정 오차 상태 방정식의 특성 방정식을 직관적으로 얻을 수 있다. 식 (12.67)을 원하는 관측기의 특성 방정식과 일치시키면 관측기 이득 행렬 $\mathbf{L}$을 정할 수 있다. 원하는 관측기의 특성 방정식을 다음과 같이 정하자.

$$s^n+d_{n-1}s^{n-1}+d_{n-2}s^{n-2}+\cdots+d_1s+d_0=0 \tag{12.69}$$

식 (12.69)와 식 (12.67)의 특성 방정식이 같기 위해서는 각 항의 계수가 일치해야 하므로, 행렬 $\mathbf{L}$의 원소 l_i는 다음과 같다.

$$l_i=d_{n-i}-a_{n-i}\qquad i=1,2,\ldots,n \tag{12.70}$$

다음 예제는 관측기 표준형 공정에 대한 관측기 설계 방법을 설명하는 것이다. 관측기 표준형으로 표현되지 않은 공정에 대한 관측기 설계 방법에 대해서는 다음 절에서 다루기로 한다.

예제 12.5 관측기 표준형에 대한 관측기 설계

문제 다음과 같이 주어지는 공정이 관측기 표준형으로 표현될 때, 이 공정에 대한 관측기를 설계하라.

$$G(s)=\frac{(s+4)}{(s+1)(s+2)(s+5)}=\frac{s+4}{s^3+8s^2+17s+10} \tag{12.71}$$

원하는 관측기의 응답 속도가 예제 12.4에서 설계된 폐루프 시스템의 응답속도보다 10배 빠르도록 한다.

풀이

1. 먼저 그림 12.13(a)와 같이, 관측기를 관측기 표준형으로 나타낸다.
2. 그림 12.13(b)와 같이, 공정의 출력 y와 관측기의 출력 $\hat{y}$ 사이의 오차가 관측기의 각 상태 변수에 피드백되도록 한다.
3. 그림 12.13(a)의 관측기 표준형 관측기에 대한 상태 방정식은 다음과 같다.

$$\dot{\hat{\mathbf{x}}}=\mathbf{A}\hat{\mathbf{x}}+\mathbf{B}u=\begin{bmatrix}-8 & 1 & 0\\ -17 & 0 & 1\\ -10 & 0 & 0\end{bmatrix}\hat{\mathbf{x}}+\begin{bmatrix}0\\1\\4\end{bmatrix}u \tag{12.72a}$$

$$\hat{y}=\mathbf{C}\hat{\mathbf{x}}[1\ 0\ 0]\hat{\mathbf{x}} \tag{12.72b}$$

식 (12.64)와 식 (12.66)으로부터 관측기 추정 오차에 대한 상태 방정식은

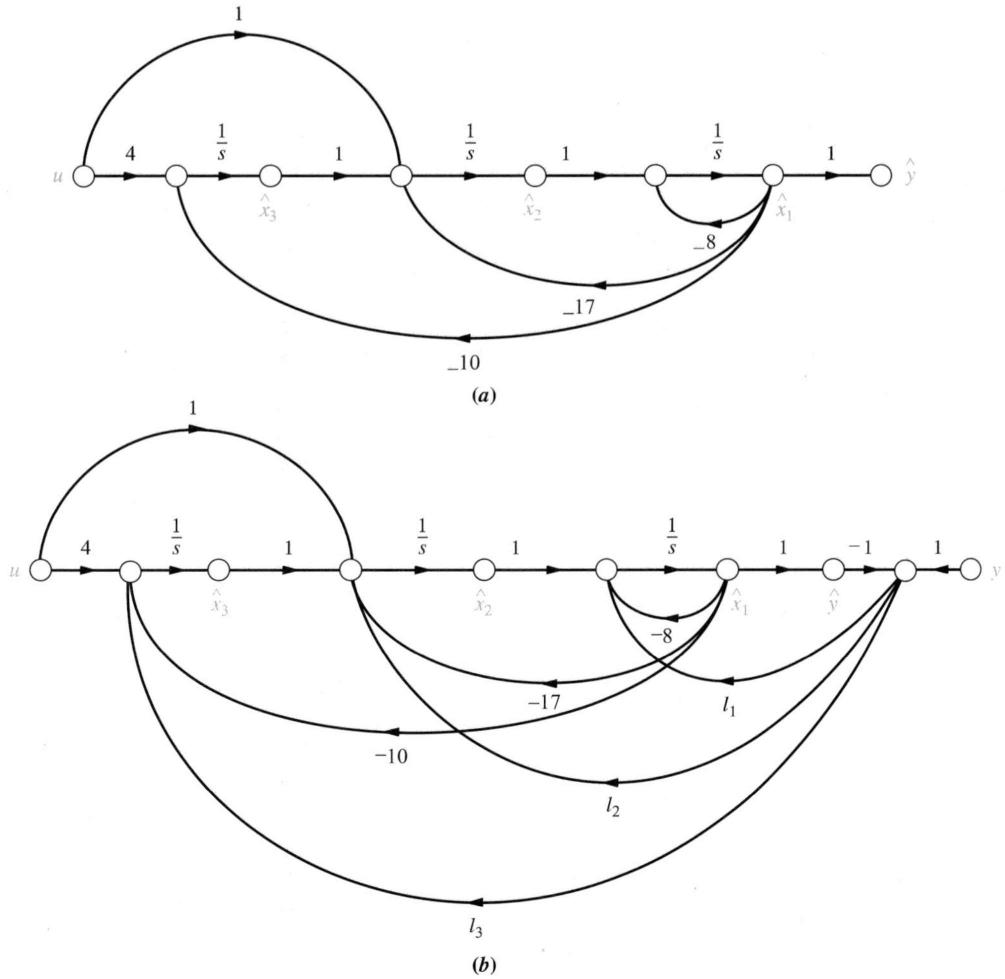

그림 12.13 a. 관측기 표준형 시스템의 신호 흐름 선도 b. 상태 변수가 피드백되는 관측기

$$\dot{\mathbf{e}}_{\mathbf{x}} = (\mathbf{A} - \mathbf{LC})\mathbf{e}_{\mathbf{x}} = \begin{bmatrix} -(8+l_1) & 1 & 0 \\ -(17+l_2) & 0 & 1 \\ -(10+l_3) & 0 & 0 \end{bmatrix} \mathbf{e}_{\mathbf{x}} \tag{12.73}$$

이고, 식 (12.65)를 이용하면 특성 방정식의 다항식은 다음과 같다.

$$s^3 + (8+l_1)s^2 + (17+l_2)s + (10+l_3) \tag{12.74}$$

4. 원하는 관측기의 특성 방정식을 정하고, 식 (12.74)의 다항식의 계수와 일치하도록 이득 l_i를 정한다. 식 (12.50)에서 폐루프 시스템의 지배 극점은 $-1 \pm j2$이므로, 관측기의 응답 속도가 이 폐루프 시스템의 응답 속도보다 10배 빠르게 하기 위해서는 관측기의 극점이 $-10 \pm j20$이 되어야 한다. 나머지 한 개의 극점은 시스템에 미치는 영향이 최소가 될 수 있도록 지배 극점 실수값의 10배가 되는 -100으로 하면, 설계하고자 하는 특성 방정식의 다항식은 다음과 같다.

$$(s+100)(s^2+20s+500) = s^3 + 120s^2 + 2500s + 50{,}000 \tag{12.75}$$

식 (12.74)와 식 (12.75)가 등식이 되기 위해서는 $l_1 = 112$, $l_2 = 2483$과 $l_3 = 49{,}990$이 되어야 한다. 공정의 모든 초기치를 0, 관측기의 상태 변수 $\hat{x}_1$의 초기치를 0.5, 관측기의 입력을 $r(t) = 100t$로 정하고 시뮬레이션한 결과는 그림 12.14와 같다.

관측기의 지배 극점이 $-10 \pm j20$이므로 정착 시간은 약 0.4s가 되어야 한다. 그림 12.14(b)는 관측기가 공정과 같은 구조를 가지며, 초기치만 다른 개루프 관측기에 대한 시뮬레이션 결과인데 수렴 속도가 느림을 알 수 있다.

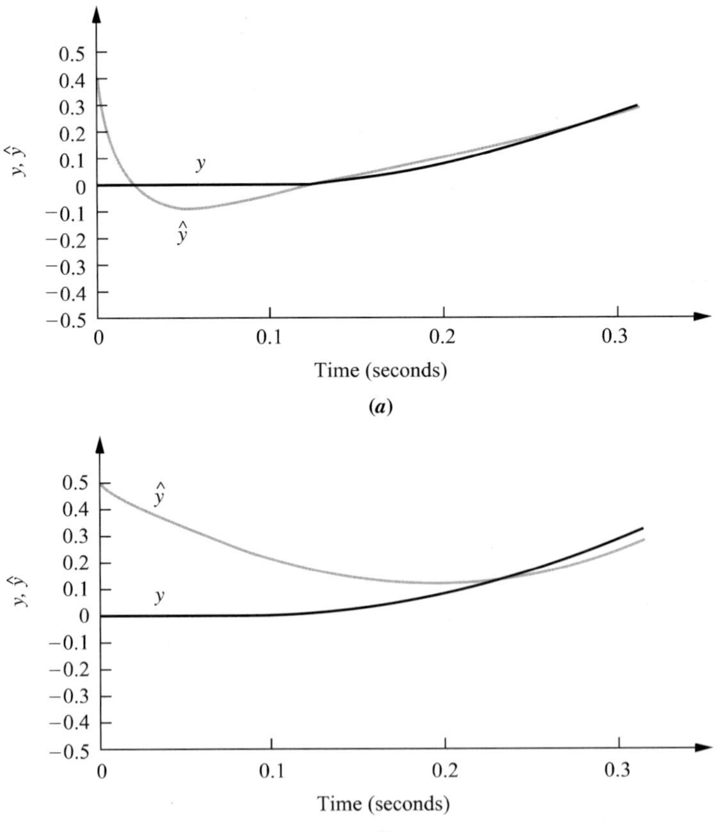

(b)

그림 12.14 예제 12.5에서 설계된 관측기에 대한 시뮬레이션 결과 a. 상태 피드백을 갖는 폐루프 관측기 b. 상태 피드백이 없는 개루프 관측기

부록 B의 프로그램 ch12apB4는 MATLAB을 사용하여 예제 12.5를 풀기 위한 프로그램이다. 이 프로그램으로부터 MATLAB을 이용하여 극점 배치 방식에 의한 관측기 설계 방법을 이해할 수 있다. MATLAB ML

숙련예제 12.4

문제 추정된 공정이 다음과 같이 관측기 표준형으로 표현되어 있을 때, 관측기를 설계하여라.

$$G(s) = \frac{(s+6)}{(s+7)(s+8)(s+9)}$$

$$\dot{\hat{\mathbf{x}}} = \mathbf{A}\hat{\mathbf{x}} + \mathbf{B}u = \begin{bmatrix} -24 & 1 & 0 \\ -191 & 0 & 1 \\ -504 & 0 & 0 \end{bmatrix}\hat{\mathbf{x}} + \begin{bmatrix} 0 \\ 1 \\ 6 \end{bmatrix}u$$

$$\hat{y} = \mathbf{C}\hat{\mathbf{x}} = [1 \quad 0 \quad 0]\hat{\mathbf{x}}$$

단, 관측기는 숙련예제 12.3에서 설계된 제어 루프보다 10배 빠르게 응답하도록 한다.

풀이 $L = [216 \quad 9730 \quad 383{,}696]^T$ 여기서 T는 전치 벡터를 나타낸다.

풀이 과정은 www.wiley.com/go/Nise/ControlSystemsEngineering8e 를 참조하라.

스스로 해보기 12.3

숙련예제 12.4를 풀기 위하여 MATLAB, Control System Toolbox와 다음 프로그램을 이용하라.

```
A=[-24  1  0
   -191 0  1
   -504 0  0]
C=[1 0 0]
pos=20
Ts=2
z=(-log(pos/100)/…
  (sqrt(pi^2+…
  log(pos/100)^2));
wn=4/(z*Ts);
r=roots([1,2*z*wn,…
  wn^2]);
poles=10*[r' 10*…
real(r(1))]
l=acker(A',C',poles)'
```

본 절에서는 공정의 상태 변수를 추정하기 위하여 공정의 출력을 사용하는 관측기 표준형 관측기를 설계하였다. 다음 절에서는 관측기를 설계할 수 없는 조건에 대해 알아보기로 하자.

12.6 가관측성

모든 상태 변수들이 제어 가능해야 제어기 설계가 가능하다고 하였는데, 이것은 상태 변수 중 어느 하나라도 제어 가능하지 못하면 상태 피드백 이득을 정할 수 없음을 의미한다.

시스템의 상태 방정식이 대각 행렬로 표현되면 제어 가능 여부의 판별이 용이하다. 시스템을 신호 흐름 선도로 나타내면 제어 불가능한 상태 변수들은 제어 입력에 연결되지 않는다.

관측기 설계에서도 이와 같은 개념을 적용시킬 수 있다. 시스템 출력이 상태 변수 추정에 이용되기 때문에, 시스템의 상태 변수들 중 일부가 출력에 연결되지 않으면 출력으로부터 이들 상태 변수들을 추정할 수 없다.

그림 12.15(a)와 같이 대각 행렬로 표현된 시스템에서는 출력으로부터 상태 변수들을 추정할 수 있는지의 여부를 쉽게 알 수 있다. 그림 12.15(a)에서 시스템의 각 상태 변수들은 출력에 연결되어 있으므로, 출력으로부터 각 상태 변수들을 추정할 수 있다. 그러나 그림 12.15(b)의 시스템에서는 출력으로부터 모든 상태 변수들을 추정할 수 없다. 그 이유는 상태 변수 x_i이 출력에 연결되어 있지 않기 때문이며 출력으로부터 x_i을 추정할 수 없다. 지금까지 설명으로부터 다음과 같이 정의한다.

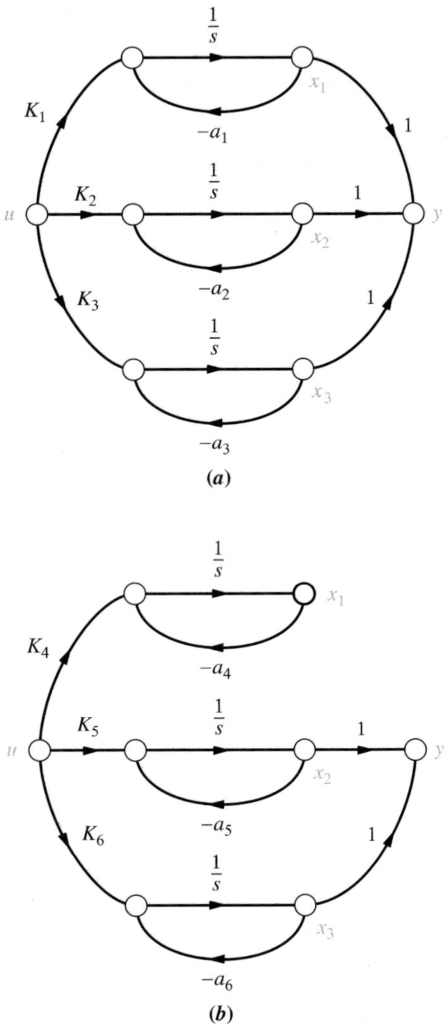

그림 12.15 a. 관측 가능한 시스템
b. 관측 불가능한 시스템

■ 시작 시간 $\mathbf{x}(t_0)$로부터, 일정 시간동안 측정한 입력 $u(t)$와 출력 $y(t)$로부터 상태 변수 벡터의 초기값이 정해지면 이 시스템은 관측 가능(observable)하다고 하고, 그렇지 않으면 관측 불가능(unobservable)하다고 한다.

시스템의 가관측성(observability)은 입력 $u(t)$와 출력 $y(t)$를 알면 상태 변수들이 추정 가능함을 의미한다. 극점 배치 방식에 의해 관측기 설계는 시스템이 관측 가능한 경우에만 적용될 수 있다. 여기에서는 극점 배치 방식을 적용하여 관측기를 설계하는 것이 가능한지를 판별하는 방법을 소개하고자 한다.

직관에 의한 가관측성의 판별

대각행렬로 표현된 시스템의 출력 방정식으로부터 가관측성을 판별할 수 있는데, 그림 12.15(a)와 같은 대각행렬 시스템의 출력 방정식은 다음과 같다.

$$y = \mathbf{C}\mathbf{x} = [1 \ \ 1 \ \ 1]\mathbf{x} \tag{12.76}$$

한편, 그림 12.15(b)와 같이 관측 불가능한 시스템의 출력 방정식은

$$y = \mathbf{C}\mathbf{x} = [0 \ \ 1 \ \ 1]\mathbf{x} \tag{12.77}$$

이 되며, 식 (12.77)에서 행렬 $\mathbf{C}$의 첫 번째 행이 0이 된다. 병렬 구조 또는 대각 행렬로 표현되며, 서로 다른 고유치를 갖는 시스템에서 출력을 나타내는 행렬의 어느 한 행이라도 0이면, 대각 행렬 시스템은 관측 불가능하다.

가관측성 행렬

시스템의 가제어성 판별의 경우와 마찬가지로 시스템이 대각 행렬로 표현되지 않으면, 시스템이 관측 가능한지를 직관적으로 알 수 없다. 출력으로부터 모든 상태 변수들이 추정 가능한지의 가관측성을 판별하는 행렬을 구성할 수 있는데, 이 행렬의 이름, 성질 및 형태를 포함하여 가관측성이 되기 위한 이 행렬의 조건을 알아보자.

n차 공정의 상태 방정식과 출력 방정식이

$$\dot{\mathbf{x}} = \mathbf{A}\mathbf{x} + \mathbf{B}u \tag{12.78a}$$

$$y = \mathbf{C}\mathbf{x} \tag{12.78b}$$

일 때, 다음과 같이 구성되는 행렬의 랭크가 시스템의 차수 n과 같으면, 이 시스템은 관측 가능하다.

$$\mathbf{O_M} = \begin{bmatrix} \mathbf{C} \\ \mathbf{CA} \\ \vdots \\ \mathbf{CA}^{n-1} \end{bmatrix} \tag{12.79}$$

여기서, 행렬 $\mathbf{O_M}$을 가관측성 행렬(*observability matrix*)이라고 한다.

다음 예제는 가관측성 행렬을 사용하여 시스템의 가관측성을 판별하는 것이다.

예제 12.6 가관측성 행렬을 이용한 가관측성 판정

문제 그림 12.16의 시스템이 관측 가능한지를 판별하라.

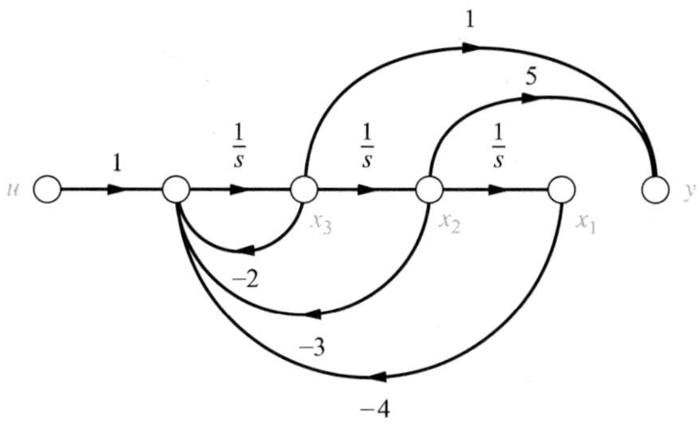

그림 12.16 예제 12.6의 시스템

풀이 시스템의 상태 방정식과 출력 방정식이

$$\dot{\mathbf{x}} = \mathbf{A}\mathbf{x} + \mathbf{B}u = \begin{bmatrix} 0 & 1 & 0 \\ 0 & 0 & 1 \\ -4 & -3 & -2 \end{bmatrix}\mathbf{x} + \begin{bmatrix} 0 \\ 0 \\ 1 \end{bmatrix}u \tag{12.80a}$$

$$y = \mathbf{C}\mathbf{x} = [0 \;\; 5 \;\; 1]\mathbf{x} \tag{12.80b}$$

이므로, 가관측성 행렬 O_M은 다음과 같다.

$$O_M = \begin{bmatrix} C \\ CA \\ CA^2 \end{bmatrix} = \begin{bmatrix} 0 & 5 & 1 \\ -4 & -3 & 3 \\ -12 & -13 & -9 \end{bmatrix} \tag{12.81}$$

행렬 O_M의 행렬식이 -344이므로 랭크는 3이 된다. 따라서, 이 시스템은 관측 가능하다. 상태 변수 x_1이 출력에 직접 연결되어 있지 않으므로, 직관적으로 시스템이 관측 불가능하다고 판단할 수 있으나, 이것은 서로 다른 고유치를 가지며 대칭 구조로된 시스템에만 적용될 수 있음을 기억하라.

부록 B의 프로그램 ch12apB5은 예제 12.6에 대한 MATLAB 프로그램으로 이 프로그램으로부터 시스템의 가관측성을 판별하는 방법을 이해할 수 있다. MATLAB ML

예제 12.7 가관측성 행렬에 의한 관측 불가능 판정

문제 그림 12.17의 시스템이 관측 가능한 지를 판별하라.

풀이 시스템에 대한 상태 방정식과 출력 방정식이

$$\dot{\mathbf{x}} = \mathbf{A}\mathbf{x} + \mathbf{B}u = \begin{bmatrix} 0 & 1 \\ -5 & -21/4 \end{bmatrix}\mathbf{x} + \begin{bmatrix} 0 \\ 1 \end{bmatrix}u \tag{12.82a}$$

$$y = \mathbf{C}\mathbf{x} = [5 \;\; 4]\mathbf{x} \tag{12.82b}$$

이므로, 가관측성 행렬 O_M은 다음과 같다.

그림 12.17 예제 12.7의 시스템

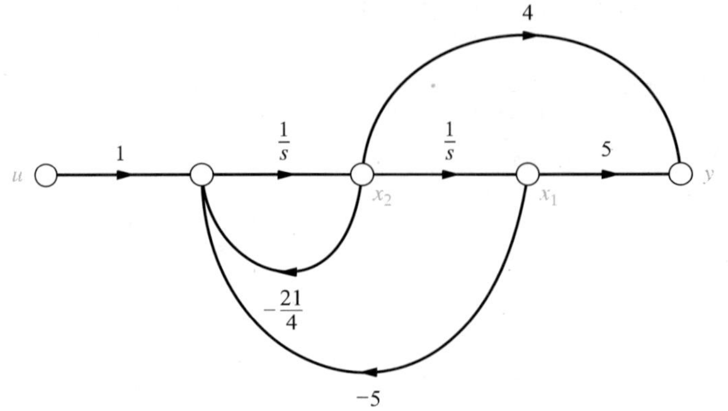

$$O_M = \begin{bmatrix} C \\ CA \end{bmatrix} = \begin{bmatrix} 5 & 4 \\ -20 & -16 \end{bmatrix} \tag{12.83}$$

행렬 O_M의 행렬식이 0이 되므로, 이 행렬의 랭크는 시스템의 차수와 같지 않다. 따라서, 이 시스템은 관측 불가능하다.

이 시스템의 경우, 외견상 모든 상태 변수들이 출력에 연결되어 있으므로 시스템이 관측 가능하다고 판단할 수 있으나, 시스템의 가관측성을 직관적으로 판별하는 것은 이미 언급한 바와 같이, 시스템이 서로 다른 고유치를 가지며 대칭 구조를 가질 때에만 가능하다는 것을 기억하라.

숙련예제 12.5

스스로 해보기 12.4

숙련예제 12.5를 풀기 위하여 MATLAB, Control System Toolbox와 다음 프로그램을 이용하라.

```
A=[-2 -1 -3
    0 -2  1
   -7 -8 -9]
C=[4 6 8]
Om=obsv(A,C)
Rank=rank(Om)
```

문제 다음 시스템이 관측 가능한지 아닌지 판별하라.

$$\dot{\mathbf{x}} = \mathbf{A}\mathbf{x} + \mathbf{B}u = \begin{bmatrix} -2 & -1 & -3 \\ 0 & -2 & 1 \\ -7 & -8 & -9 \end{bmatrix}\mathbf{x} + \begin{bmatrix} 2 \\ 1 \\ 2 \end{bmatrix}u$$

$$y = \mathbf{C}\mathbf{x} = [4 \quad 6 \quad 8]\mathbf{x}$$

풀이 관측 가능

풀이 과정은 www.wiley.com/go/Nise/ControlSystemsEngineering8e를 참조하라.

지금까지 가관측성과 가관측성 행렬에 대해 다뤘는데, 이제 관측기 표준형으로 표현되지 않은 공정에 대한 관측기 설계 방법에 대해 논하기로 하자.

12.7 다른 관측기 설계 방법

앞 절에서 우리는 위상 변수형으로 표현되지 않은 공정에 대한 제어기 설계 방법에 대해 논의하였다. 설계 방법은 행렬식 $\det[s\mathbf{I}-(\mathbf{A}-\mathbf{BK})]$ 의 계수와 원하는 특성 방정식의 계수가 일치되도록 하는 것인데, 이 방법은 시스템의 차수가 고차인 경우 계산이 매우 복잡하다. 또 다른 방법은 공정의 형태는 위상 변수형으로 변환하고 제어기를 설계한 후 원래 시스템 구조로 변환하는 것이었다. 이와 같은 변환에는 가제어성 행렬이 이용되었다. 본 절에서는 같은 개념으로 관측기 표준형으로 표현되지 않은 시스템에 대한 관측기 설계 방법에 대해 설명하기로 한다.

한 가지 설계 방법은, 행렬식 $\det[s\mathbf{I}-(\mathbf{A}-\mathbf{LC})]$ 의 계수와 원하는 특성 방정식의 계수가 일치되도록 관측기의 이득을 정하는 방법인데, 시스템 차수가 높은 경우 계산이 매우 복잡하다.

다른 방법은 공정을 관측기 표준형으로 변환시키고 관측기를 설계한 후 원래 시스템 구조로 변환하는 것이다. 이 방법에 대해 설명하기로 한다. 먼저 관측기 표준형으로 표현되지 않은 공정을 관측기 표준형으로 변환시키는 변환식을 유도하자. 관측기 표준형이 아닌 공정이

$$\dot{\mathbf{z}} = \mathbf{Az} + \mathbf{B}u \tag{12.84a}$$

$$y = \mathbf{Cz} \tag{12.84b}$$

으로 주어질 때, 가관측성 행렬은 다음과 같다.

$$\mathbf{O_{Mz}} = \begin{bmatrix} \mathbf{C} \\ \mathbf{CA} \\ \mathbf{CA}^2 \\ \vdots \\ \mathbf{CA}^{n-2} \\ \mathbf{CA}^{n-1} \end{bmatrix} \tag{12.85}$$

관측기 표준형이 아닌 공정의 상태 변수 $\mathbf{z}$를 관측기 표준형의 상태 변수 $\mathbf{x}$로 변환하는 식이 다음과 같다고 하자.

$$\mathbf{z} = \mathbf{Px} \tag{12.86}$$

식 (12.86)을 식 (12.84)에 대입하고 정리하면, 관측기 표준형의 상태 방정식은

$$\dot{\mathbf{x}} = \mathbf{P}^{-1}\mathbf{APx} + \mathbf{P}^{-1}\mathbf{B}u \tag{12.87a}$$

$$y = \mathbf{CPx} \tag{12.87b}$$

이 되고, 가관측성 행렬 $\mathbf{O_{Mx}}$는 다음과 같다.

$$\mathbf{O_{Mx}} = \begin{bmatrix} \mathbf{CP} \\ \mathbf{CP}(\mathbf{P}^{-1}\mathbf{AP}) \\ \mathbf{CP}(\mathbf{P}^{-1}\mathbf{AP})(\mathbf{P}^{-1}\mathbf{AP}) \\ \vdots \\ \mathbf{CP}(\mathbf{P}^{-1}\mathbf{AP})(\mathbf{P}^{-1}\mathbf{AP})\cdots(\mathbf{P}^{-1}\mathbf{AP}) \end{bmatrix} = \begin{bmatrix} \mathbf{C} \\ \mathbf{CA} \\ \mathbf{CA}^2 \\ \vdots \\ \mathbf{CA}^{n-1} \end{bmatrix}\mathbf{P} \tag{12.88}$$

식 (12.85)를 식 (12.88)에 대입하여 행렬 $\mathbf{P}$를 구하면

$$\mathbf{P} = \mathbf{O_{Mz}}^{-1}\mathbf{O_{Mx}} \tag{12.89}$$

이 되므로, 변환 행렬 $\mathbf{P}$는 두 개의 가관측성 행렬 $\mathbf{O_{Mz}}$와 $\mathbf{O_{Mx}}$로부터 얻어진다.

공정을 관측기 표준형으로 나타낸 후 12.5절과 같은 방법으로 피드백 이득 행렬 $\mathbf{L_x}$를 정한다. 식 (12.87)과 식 (12.64)를 이용하면, 다음과 같은 추정 오차 상태 방정식을 얻을 수 있다.

$$\dot{\mathbf{e}}_\mathbf{x} = (\mathbf{P}^{-1}\mathbf{AP} - \mathbf{L_x}\mathbf{CP})\mathbf{e_x} \tag{12.90a}$$

$$y - \hat{y} = \mathbf{CPe_x} \tag{12.90b}$$

여기서 $\mathbf{x} = \mathbf{P}^{-1}\mathbf{z}$이고, $\hat{\mathbf{x}} = \mathbf{P}^{-1}\hat{\mathbf{z}}$ 이므로, $\mathbf{e}_x = \mathbf{x} - \hat{\mathbf{x}} = \mathbf{P}^{-1}\mathbf{e}_z$ 가 된다. 식 (12.90)에 $\mathbf{e}_x = \mathbf{P}^{-1}\mathbf{e}_z$를 대입하면 원래 시스템의 추정 오차 상태 방정식이 얻어진다.

$$\dot{\mathbf{e}}_z = (\mathbf{A} - \mathbf{P}\mathbf{L}_x\mathbf{C})\mathbf{e}_z \tag{12.91a}$$

$$y - \hat{y} = \mathbf{C}\mathbf{e}_z \tag{12.91b}$$

식 (12.91a)와 식 (12.64a)를 비교하면, 관측기의 피드백 이득 행렬 사이의 관계식은 다음과 같다.

$$\mathbf{L}_z = \mathbf{P}\mathbf{L}_x \tag{12.92}$$

지금까지 관측기 표준형이 아닌 공정에 대한 관측기 설계 방법에 대해 설명하였는데, 다음 두 예제를 풀어 보자.

첫 번째 예제는 공정을 관측기 표준형으로 변환시켜 관측기를 설계한 후 다시 원래의 형태로 변환시키는 설계 방법에 대한 예이며, 두 번째 예제는 변환 과정 없이 관측기 특성 방정식의 계수를 원하는 특성 방정식의 계수와 일치되도록 하여 관측기 이득 행렬을 정하는 것이다. 시스템 차수가 높으면 이 방법을 적용하기가 곤란하다.

예제 12.8 변환에 의한 관측기 설계

문제 공정이 종속형으로 표현될 때, 이 시스템에 대한 관측기를 설계하라.

$$G(s) = \frac{1}{(s+1)(s+2)(s+5)} \tag{12.93}$$

관측기의 성능은 예제 12.5에서 사용된 특성 방정식 $s^3 + 120s^2 + 2500s + 50,000$에 의해 결정된다.

풀이 공정을 종속형으로 나타내면 다음과 같다.

$$\dot{\mathbf{z}} = \mathbf{A}\mathbf{z} + \mathbf{B}u = \begin{bmatrix} -5 & 1 & 0 \\ 0 & -2 & 1 \\ 0 & 0 & -1 \end{bmatrix}\mathbf{z} + \begin{bmatrix} 0 \\ 0 \\ 1 \end{bmatrix}\mathrm{u} \tag{12.94a}$$

$$y = \mathbf{C}\mathbf{z} = [1\,0\,0]\mathbf{z} \tag{12.94b}$$

이 시스템에 대한 가관측성 행렬 $\mathbf{O}_{Mz}$는

$$\mathbf{O}_{Mz} = \begin{bmatrix} \mathbf{C} \\ \mathbf{CA} \\ \mathbf{CA}^2 \end{bmatrix} = \begin{bmatrix} 1 & 0 & 0 \\ -5 & 1 & 0 \\ 25 & -7 & 1 \end{bmatrix} \tag{12.95}$$

이다. 이 행렬의 행렬식이 1이므로, 이 시스템은 관측 가능하다. 공정의 특성 방정식이

$$\det(s\mathbf{I} - \mathbf{A}) = s^3 + 8s^2 + 17s + 10 = 0 \tag{12.96}$$

이므로, 특성 방정식을 이용하여 공정을 관측기 표준형으로 나타낼 수 있다.

$$\dot{\mathbf{x}} = \mathbf{A}_x\mathbf{x} + \mathbf{B}_x\mathrm{u} \tag{12.97a}$$

$$y = \mathbf{C}_x\mathbf{x} \tag{12.97b}$$

여기서, 행렬 $\mathbf{A}_x$와 $\mathbf{C}_x$는 다음과 같다.

$$\mathbf{A_x}=\begin{bmatrix}-8 & 1 & 0\\ -17 & 0 & 1\\ -10 & 0 & 0\end{bmatrix};\quad \mathbf{C_x}=[1\ 0\ 0] \tag{12.98}$$

식 (12.97)의 관측기 표준형 공정의 가관측성 행렬은 다음과 같다.

$$\mathbf{O_{Mx}}=\begin{bmatrix}\mathbf{C_x}\\ \mathbf{C_xA_x}\\ \mathbf{C_xA_x^2}\end{bmatrix}=\begin{bmatrix}1 & 0 & 0\\ -8 & 1 & 0\\ 47 & -8 & 1\end{bmatrix} \tag{12.99}$$

이와 같이 변환된 시스템 관측기를 설계하자. 행렬 $(\mathbf{A_x}-\mathbf{L_x}\mathbf{C_x})$는

$$\mathbf{L_xC_x}=\begin{bmatrix}-8 & 1 & 0\\ -17 & 0 & 1\\ -10 & 0 & 0\end{bmatrix}-\begin{bmatrix}l_1\\ l_2\\ l_3\end{bmatrix}[1\ 0\ 0]=\begin{bmatrix}-(8+l_1) & 1 & 0\\ -(17+l_2) & 0 & 1\\ -(10+l_3) & 0 & 0\end{bmatrix} \tag{12.100}$$

이고, 특성 방정식의 다항식은 다음과 같다.

$$\det[s\mathbf{I}-(\mathbf{A_x}-\mathbf{L_xC_x})]=s^3+(8+l_1)s^2(17+l_2)s+(10+l_3) \tag{12.101}$$

이 특성 방정식과 원하는 관측기의 특성 방정식 $s^3+120s^2+2,500s+50,000$이 일치되도록 이득 행렬 $\mathbf{L_x}$를 정하면 다음과 같다.

$$\mathbf{L_x}=\begin{bmatrix}112\\ 2483\\ 49,990\end{bmatrix} \tag{12.102}$$

변환 행렬 $\mathbf{P}$는 식 (12.89)로부터

$$\mathbf{P}=\mathbf{O_{Mz}}^{-1}\mathbf{O_{Mx}}=\begin{bmatrix}1 & 0 & 0\\ -3 & 1 & 0\\ 1 & -11 & 1\end{bmatrix} \tag{12.103}$$

이므로, 이 변환 행렬을 이용하면 관측기 표준형이 아닌 원래 공정의 관측기 이득 행렬 $\mathbf{L_z}$는 다음과 같다.

$$\mathbf{L_z}=\mathbf{PL_x}=\begin{bmatrix}112\\ 2147\\ 47,619\end{bmatrix} \tag{12.104}$$

설계된 관측기 구조는 그림 12.18과 같다.

이 관측기에 대한 시뮬레이션 결과는 그림 12.19(a)와 같다. 한편, 그림 12.19(b)는 공정과 같은 구조를 갖고 관측기의 상태 변수가 피드백되지 않는 개루프 관측기에 대한 시뮬레이션 결과로 추정 속도가 느림을 알 수 있다.

부록 B의 ch12apB6은 예제 12.8에 대한 MATLAB 프로그램으로 관측기 표준형으로 표현되지 않은 공정에 대한 관측기 설계 방법을 이해하게 된다. 여기서는 관측기 표준형으로 변환시킬 필요가 없다. MATLAB ML

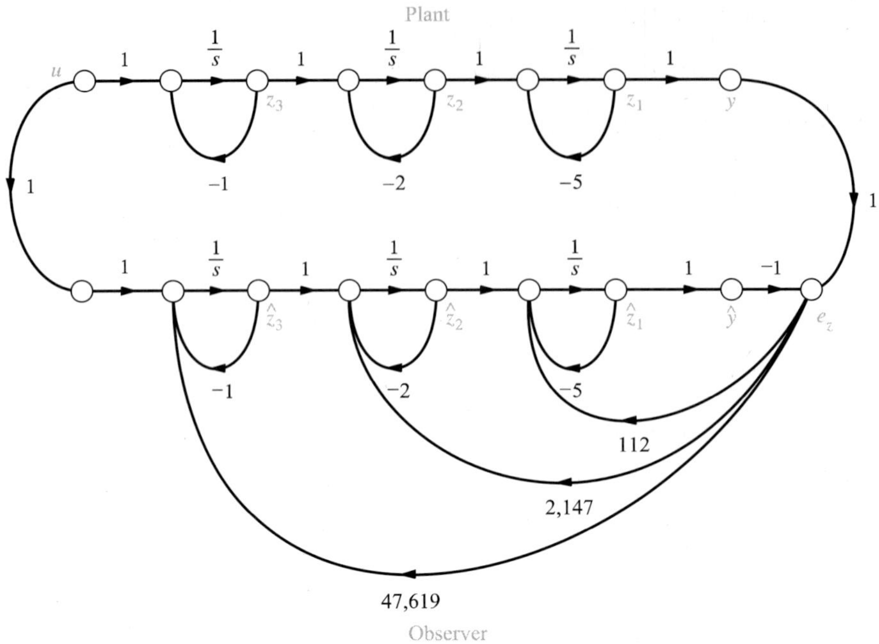

그림 12.18 예제 12.8의 관측기

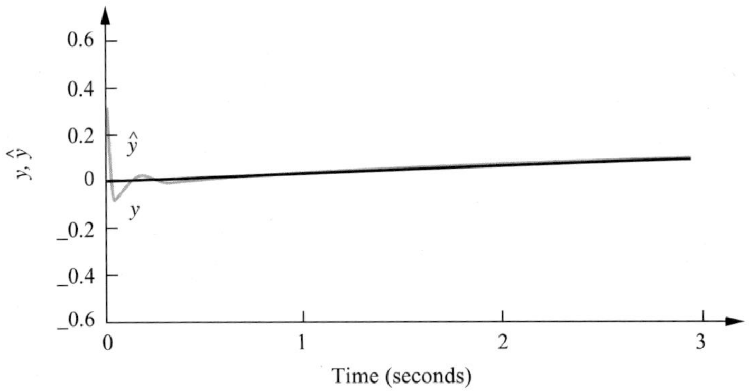

(*a*)

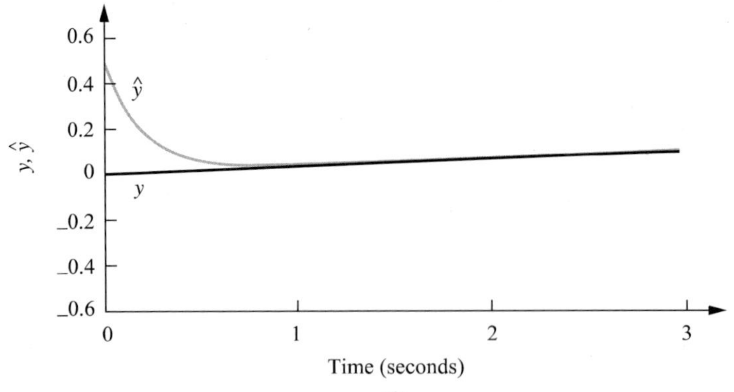

(*b*)

그림 12.19 관측기에 대한 시뮬레이션 결과 a. 폐루프 관측기 b. 개루프 관측기

예제 12.9 계수 일치에 의한 관측기 설계

문제 식 (12.105)는 인체의 혈당 농도에 대한 모델로 입력은 정맥 내의 당 주입률(단위 g/kg/hr)이고, 출력은 당 농도의 평균치와의 편차(단위 mg/100ml)이다(Milhorm,1966).

$$G(s) = \frac{407(s+0.916)}{(s+1.27)(s+2.69)} \tag{12.105}$$

감쇠비 $\zeta = 0.7$과 고유 주파수 $\omega_n = 100$을 갖는 위상 변수형의 관측기를 설계하라.

풀이 먼저 공정을 위상 변수형으로 나타내면 그림 12.20(a)와 같고, 시스템 행렬 **A**와 출력 행렬 **C**는 다음과 같다.

$$\mathbf{A} = \begin{bmatrix} 0 & 1 \\ -3.42 & -3.96 \end{bmatrix}; \ \mathbf{C} = [372.81 \ 407] \tag{12.106}$$

가관측성 행렬 $\mathbf{O_M} = [\mathbf{C} \quad \mathbf{CA}]^T$의 행렬식이 0이 아니므로, 시스템은 관측 가능하며 관측기를 설계할 수 있다. 다음으로 관측기에 대한 특성 방정식을 구한다. 행렬 $\mathbf{A} - \mathbf{LC}$는

$$\begin{aligned} \mathbf{A} - \mathbf{LC} &= \begin{bmatrix} 0 & 1 \\ -3.42 & -3.96 \end{bmatrix} - \begin{bmatrix} l_1 \\ l_2 \end{bmatrix} [372.81 \ 407] \\ &= \begin{bmatrix} -372.81 l_1 & (1 - 407 l_1) \\ -(3.42 + 372.81 l_2) & -(3.96 + 407 l_2) \end{bmatrix} \end{aligned} \tag{12.107}$$

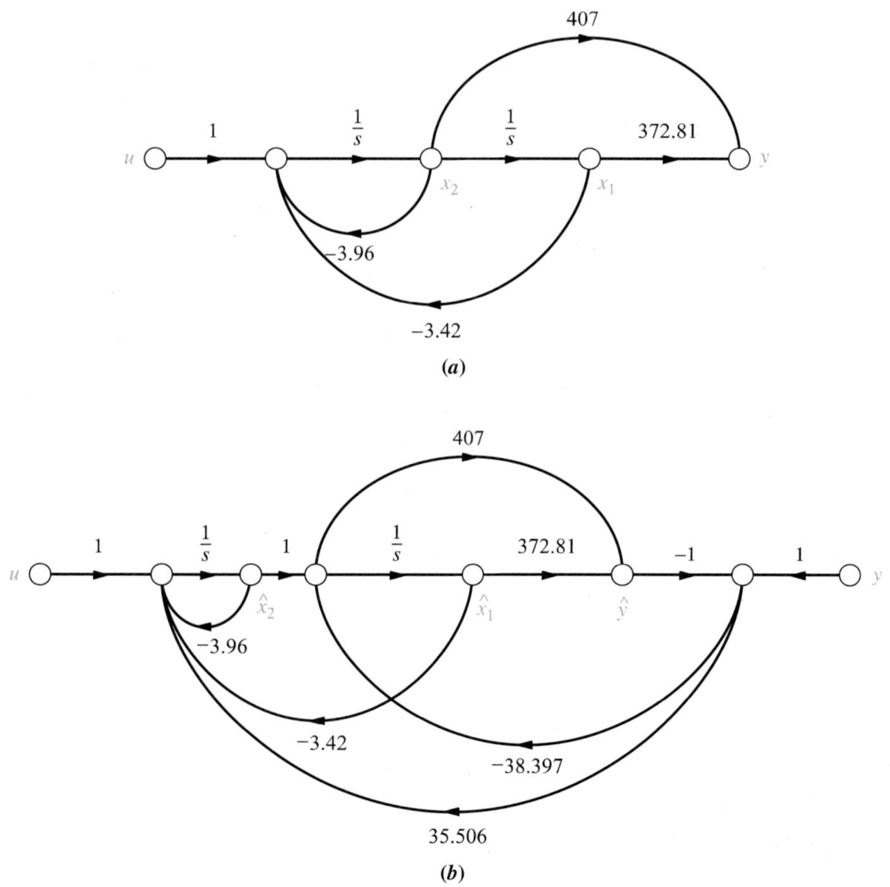

그림 12.20 예제 12.9의 a. 공정 b. 설계된 관측기

이므로, 특성 방정식은 다음과 같다.

$$\begin{aligned}\det[\lambda\mathbf{I}-(\mathbf{A}-\mathbf{LC})] &= \det\begin{bmatrix}(\lambda+372.81l_1) & -(1-407l_1)\\(3.42+372.81l_2) & (\lambda+3.96+407l_2)\end{bmatrix}\\ &= \lambda^2+(3.96+372.81l_1+407l_2)\lambda\\ &\quad+(3.42+84.39l_1+372.81l_2)\\ &=0\end{aligned} \tag{12.108}$$

문제에서 $\zeta=0.7$과 $\omega_n=100$으로 주어졌으므로, 설계되고자 하는 시스템의 특성방정식은 다음과 같다.

$$\lambda^2+140\lambda+10{,}000=0 \tag{12.109}$$

식 (12.108)과 식 (12.109)를 비교하면, 이득 l_1과 l_2는 각각 $l_1=-38.397$과 $l_2=35.506$이 된다. 식 (12.60)의 관측기 행렬 $\mathbf{A}$, $\mathbf{B}$, $\mathbf{C}$와 $\mathbf{L}$은 각각

$$\mathbf{A}=\begin{bmatrix}0 & 1\\-3.42 & -3.96\end{bmatrix};\ \mathbf{B}=\begin{bmatrix}0\\1\end{bmatrix};\ \mathbf{C}=[372.81\ 407];\\ \mathbf{L}=\begin{bmatrix}-38.397\\35.506\end{bmatrix} \tag{12.110}$$

이고 설계된 관측기 구조는 그림 12.20(b)와 같다.

숙련예제 12.6

문제 추정된 공정이 다음과 같이 종속형으로 표현되어 있을 때, 관측기를 설계하라.

$$G(s)=\frac{1}{(s+7)(s+8)(s+9)}$$

단, 관측기의 폐루프 단위 계단 응답은 오버슈트가 10%이고 정착 시간이 0.1초이다.

$$\dot{\hat{\mathbf{z}}}=\mathbf{A}\hat{\mathbf{z}}+\mathbf{B}u=\begin{bmatrix}-7 & 1 & 0\\0 & -8 & 1\\0 & 0 & -9\end{bmatrix}\hat{\mathbf{z}}+\begin{bmatrix}0\\0\\1\end{bmatrix}u$$

$$\hat{y}=\mathbf{C}\hat{\mathbf{x}}=[1\ \ 0\ \ 0]\hat{\mathbf{z}}$$

풀이

$$\mathbf{Lz}=\begin{bmatrix}456\\28{,}640\\1.54\times10^6\end{bmatrix}$$

풀이 과정은 www.wiley.com/go/Nise/ControlSystemsEngineering8e를 참조하라.

지금까지 원하는 과도 응답 특성을 갖는 시스템을 상태 공간에서 설계하는 방법에 대해 공부하였다. 다음 절에서는 정상 상태 오차 특성을 해석하고 설계 방법에 대해 설명하기로 한다.

12.8 적분 제어에 의한 정상 상태 오차 설계

7.8절에서 상태 공간으로 표현된 시스템의 정상 상태 오차 해석 방법에 대해 설명하였다. 본 절에서는 상태 공간으로 표현된 시스템의 정상 상태 오차 설계 방법에 대해 공부하기로 한다.

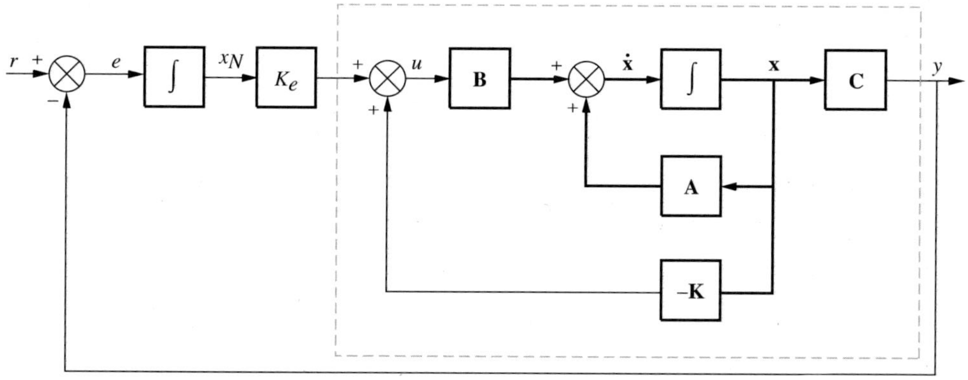

그림 12.21 정상 상태 오차 개선을 위한 적분 제어

그림 12.21에서 점선 내부는 12.2절에서 설계된 제어 시스템이며, 피드백되는 출력과 기준 입력의 오차 가 적분기를 통하여 공정에 가해진다. 적분기는 시스템형을 증가시켜 정상 상태 오차가 0이 되도록 한다. 그림 12.21의 시스템에 대한 상태 방정식을 세운 후 단위 계단 입력에 대한 정상 상태 오차가 0이 되고 원하는 과도 응답 특성을 갖도록 하는 제어기를 설계해 보자.

적분기의 출력을 상태 변수를 x_N이라 하면 이 상태 변수의 미분은 오차와 같으므로, 다음과 같은 상태 방정식이 얻어진다.

$$\dot{x}_N = r - \mathbf{C}\mathbf{x} \tag{12.111}$$

그림 12.21의 전체 시스템에 대한 상태 방정식과 출력 방정식은 각각

$$\dot{\mathbf{x}} = \mathbf{A}\mathbf{x} + \mathbf{B}u \tag{12.112a}$$

$$\dot{x}_N = -\mathbf{C}\mathbf{x} + r \tag{12.112b}$$

$$y = \mathbf{C}\mathbf{x} \tag{12.112c}$$

이 되므로, 다음과 같이 상태 변수의 개수가 증가된 상태 방정식과 출력 방정식으로 나타낼 수 있다.

$$\begin{bmatrix} \dot{\mathbf{x}} \\ \dot{x}_N \end{bmatrix} = \begin{bmatrix} (\mathbf{A}-\mathbf{BK}) & 0 \\ -\mathbf{C} & 0 \end{bmatrix} \begin{bmatrix} \mathbf{x} \\ x_N \end{bmatrix} + \begin{bmatrix} \mathbf{B} \\ 0 \end{bmatrix} u + \begin{bmatrix} 0 \\ 1 \end{bmatrix} r \tag{12.113a}$$

$$y = [\mathbf{C} \quad 0] \begin{bmatrix} \mathbf{x} \\ x_N \end{bmatrix} \tag{12.113b}$$

여기서, 제어 입력 u는

$$u = -\mathbf{K}\mathbf{x} + K_e x_N = -[\mathbf{K} \; -K_e] \begin{bmatrix} \mathbf{x} \\ x_N \end{bmatrix} \tag{12.114}$$

이므로, 식 (12.114)를 식 (12.113a)에 대입하면, 식 (12.113)은 다음과 같다.

$$\begin{bmatrix} \dot{\mathbf{x}} \\ \dot{x}_N \end{bmatrix} = \begin{bmatrix} (\mathbf{A}-\mathbf{BK}) & \mathbf{B}K_e \\ -\mathbf{C} & 0 \end{bmatrix} \begin{bmatrix} \mathbf{x} \\ x_N \end{bmatrix} + \begin{bmatrix} \mathbf{0} \\ 1 \end{bmatrix} r \tag{12.115a}$$

$$y = [\mathbf{C} \quad 0] \begin{bmatrix} \mathbf{x} \\ x_N \end{bmatrix} \tag{12.115b}$$

이 시스템은 시스템형이 증가되어 있으며, 식 (12.115a)의 상태 방정식에 대한 특성 방정식을 이용하여 원하는 과도 응답 특성을 갖도록 이득 행렬 **K**와 이득 K_e를 설계할 수 있다. 시스템형 증가에 따른 극점 배치가 필요하며 폐루프 시스템의 영점이 과도 응답에 미치는 영향을 고려하여 시스템이 설계되어야 한다. 폐루프 시스템의 영점이 개루프 시스템인 공정의 영점과 같다고 가정하여(이 가정은 확인이 필요하지만), 고차의 극점들을 폐루프 시스템의 영점들과 일치하도록 배치하는 것도 한 방법이 된다. 다음 예를 살펴보자.

예제 12.10 적분제어 설계

문제 다음과 같은 공정에 대해 물음에 답하라.

$$\dot{\mathbf{x}} = \begin{bmatrix} 0 & 1 \\ -3 & -5 \end{bmatrix}\mathbf{x} + \begin{bmatrix} 0 \\ 1 \end{bmatrix}u \tag{12.116a}$$

$$y = [1 \quad 0]\mathbf{x} \tag{12.116b}$$

a. 오버슈트가 10%이고 정착 시간이 0.5s가 되도록 하는 제어기를 적분기 없이 설계하고, 단위 계단 입력에 대한 정상 상태 오차를 구하라.
b. 문제 (a)에서 적분기를 포함하는 제어기를 설계하고, 단위 계단 입력에 대한 정상 상태 오차를 구하라.

풀이

a. 문제에 주어진 %오버슈트와 정착 시간을 갖기 위한 특성 방정식의 다항식은 다음과 같다.

$$s^2 + 16s + 183.1 \tag{12.117}$$

공정이 위상 변수형으로 표시되었으므로, 상태 피드백 제어 시스템의 특성 방정식의 다항식은

$$s^2 + (5 + k_2)s + (3 + k_1) \tag{12.118}$$

이 된다. 식 (12.117)과 식 (12.118)의 다항식의 계수가 일치하도록 하면, 이득 행렬은 다음과 같다.

$$\mathbf{K} = [k_1 \quad k_2] = [180.1 \quad 11] \tag{12.119}$$

식 (12.3)으로부터 위상 변수형 상태 피드백 제어 시스템은

$$\dot{\mathbf{x}} = (\mathbf{A} - \mathbf{BK})\mathbf{x} + \mathbf{B}r = \begin{bmatrix} 0 & 1 \\ -183.1 & -16 \end{bmatrix}\mathbf{x} + \begin{bmatrix} 0 \\ 1 \end{bmatrix}r \tag{12.120a}$$

$$y = \mathbf{Cx} = [1 \quad 0]\mathbf{x} \tag{12.120b}$$

이 된다. 식 (7.96)을 이용하면, 단위 계단 응답에 대한 정상 상태 오차는 다음과 같다.

$$\begin{aligned} e(\infty) &= 1 + \mathbf{C}(\mathbf{A} - \mathbf{BK})^{-1}\mathbf{B} \\ &= 1 + [1 \quad 0]\begin{bmatrix} 0 & 1 \\ -183.1 & -16 \end{bmatrix}^{-1}\begin{bmatrix} 0 \\ 1 \end{bmatrix} \\ &= 0.995 \end{aligned} \tag{12.121}$$

b. 식 (12.115)을 이용하면, 적분기를 갖는 시스템의 상태 방정식은 다음과 같다.

$$\begin{bmatrix}\dot{x}_1\\ \dot{x}_2\\ \dot{x}_3\end{bmatrix} = \begin{bmatrix}\left(\begin{bmatrix}0 & 1\\ -3 & -5\end{bmatrix} - \begin{bmatrix}0\\ 1\end{bmatrix}[k_1 \quad k_2]\right) & \begin{bmatrix}0\\ 1\end{bmatrix}K_e \\ -[1 \quad 0] & 0\end{bmatrix}\begin{bmatrix}x_1\\ x_2\\ x_N\end{bmatrix} + \begin{bmatrix}0\\ 0\\ 1\end{bmatrix}r$$

$$= \begin{bmatrix}0 & 1 & 0\\ -(3+k_1) & -(5+k_2) & K_e\\ -1 & 0 & 0\end{bmatrix}\begin{bmatrix}x_1\\ x_2\\ x_N\end{bmatrix} + \begin{bmatrix}0\\ 0\\ 1\end{bmatrix}r \qquad (12.122a)$$

$$y = [1 \quad 0 \quad 0]\begin{bmatrix}x_1\\ x_2\\ x_N\end{bmatrix} \qquad (12.122b)$$

식 (12.116)의 공정에 대해 식 (3.73)을 이용하면, 전달 함수는 $G(s) = 1/(s^2+5s+3)$이 된다. 적분기가 포함되어도 원하는 특성을 갖지 위한 특성 방정식의 다항식은 식 (12.117)이 되어야 한다. 공정이 영점을 갖지 않으므로 폐루프 시스템도 영점을 갖지 않는 것으로 가정한다. 적분기 때문에 생기는 세 번째 극점은 지배 극점의 실수값의 5배가 되는 $(s+100)$으로 함으로써, 이 극점에 의한 영향이 무시될 수 있도록 한다. 따라서, 원하는 3차 특성 방정식의 다항식은 다음과 같다.

$$(s+100)(s^2+16s+183.1) = s^3+116s^2+1783.1s+18{,}310 \qquad (12.123)$$

식 (12.122)의 시스템에 대한 특성 방정식의 다항식은

$$s^3+(5+k_2)s^2+(3+k_1)s+K_e \qquad (12.124)$$

이므로, 식 (12.123)과 식 (12.124)의 다항식의 계수가 일치되도록 하면, 이득은 다음과 같다.

$$k_1 = 1780.1 \qquad (12.125a)$$

$$k_2 = 111 \qquad (12.125b)$$

$$k_e = 18{,}310 \qquad (12.125c)$$

이 값들을 식 (12.122)에 대입하면, 적분기를 포함하는 폐루프 시스템의 상태 방정식은 다음과 같다.

$$\begin{bmatrix}\dot{x}_1\\ \dot{x}_2\\ \dot{x}_N\end{bmatrix} = \begin{bmatrix}0 & 1 & 0\\ -1783.1 & -116 & 18{,}310\\ -1 & 0 & 0\end{bmatrix}\begin{bmatrix}x_1\\ x_2\\ x_N\end{bmatrix} + \begin{bmatrix}0\\ 0\\ 1\end{bmatrix}r \qquad (12.126a)$$

$$y = [1 \quad 0 \quad 0]\begin{bmatrix}x_1\\ x_2\\ x_N\end{bmatrix} \qquad (12.126b)$$

식 (12.126)로 표시되는 시스템의 전달 함수는 다음과 같으므로, 가정한 바와 같이 영점을 갖지 않는다.

$$T(s) = \frac{18{,}310}{s^3+116s^2+1783.1s+18{,}310} \qquad (12.127)$$

따라서 원하는 과도 응답 특성을 가지며, 식 (12.126)에 식 (7.96)을 이용하면 단위 계단 입력에 대한 정상 상태 오차는

$$e(\infty) = 1 + [1 \quad 0 \quad 0]\begin{bmatrix}0 & 1 & 0\\ -1783.1 & -116 & 18{,}310\\ -1 & 0 & 0\end{bmatrix}^{-1}\begin{bmatrix}0\\ 0\\ 1\end{bmatrix} = 0 \qquad (12.128)$$

이 되어, 시스템형이 1인 시스템과 같이 동작함을 알 수 있다.

숙련예제 12.7

문제 다음 공정의 단위 계단 응답이 오버슈트 10%이고, 최고값 시간 2s, 정상 상태 오차가 0이 되도록 하는 적분 제어기를 설계하라.

$$\dot{\mathbf{x}} = \begin{bmatrix} 0 & 1 \\ -7 & -9 \end{bmatrix}\mathbf{x} + \begin{bmatrix} 0 \\ 1 \end{bmatrix}u$$

$$y = \begin{bmatrix} 4 & 1 \end{bmatrix}\mathbf{x}$$

풀이 $\mathbf{K} = [2.21 \quad -2.7], K_e = 3.79$

풀이 과정은 www.wiley.com/go/Nise/ControlSystemsEngineering8e 에서 참조한다.

지금까지 원하는 과도 응답과 정상 상태 오차를 갖도록 하기 위한 제어기와 관측기를 설계하였는데, 사례연구를 통하여 설계 과정을 정리해보자.

사례연구

Design D

안테나 제어 : 제어기와 관측기 설계

이 사례연구에서는 제어기와 관측기가 결합된 제어 시스템의 설계를 설명하기 위해 안테나 방위각 제어 시스템을 이용하기로 한다. 상태 변수들을 직접 측정할 수 없기 때문에 상태 변수들은 출력으로부터 추정되는 것으로 가정한다. 원래 시스템에 대한 블록선도는 앞표지 안쪽에 있다(configuration 1). 전단 증폭기의 이득을 200으로 정하면, 전달 함수는 그림 12.22와 같다.

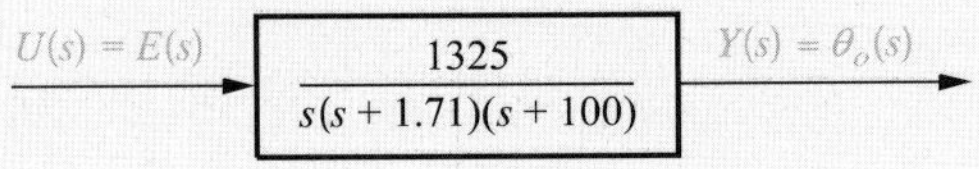

그림 12.22 책 앞표지 안쪽에 있는 안테나 방위각 제어 시스템을 간략화한 블록선도($k = 200$일 때)

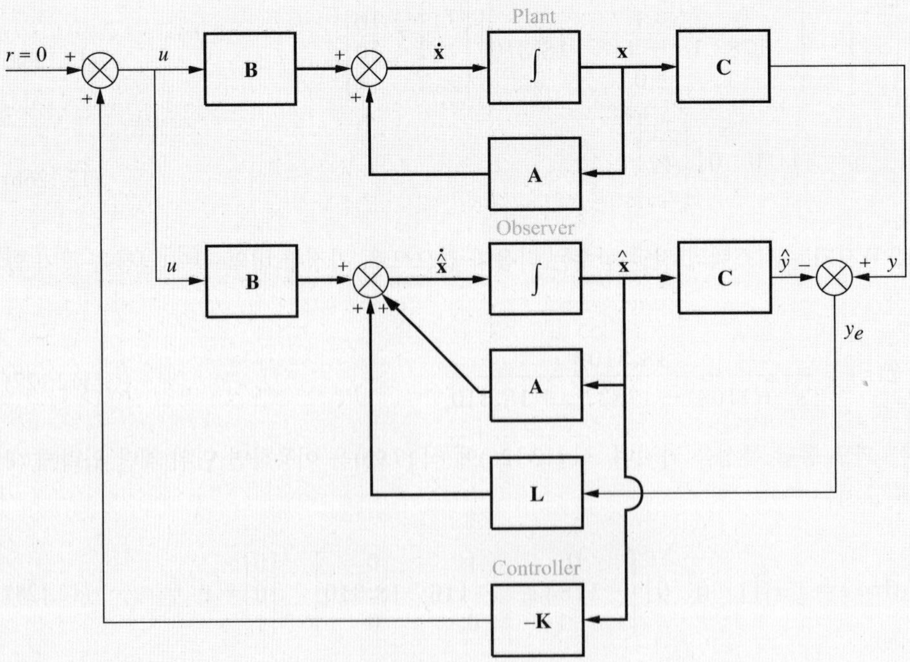

그림 12.23 공정과 관측기와 제어기가 결합된 시스템 구조

시스템의 과도 응답 특성을 정하고 관측기의 과도 응답은 시스템의 과도 응답보다 빠르게 정한다. 최종 설계되어지는 제어 시스템의 구조는 그림 12.23과 같이 공정, 관측기와 제어기로 구성되며 관측기와 제어기는 분리하여 설계한다.

문제 그림 12.22의 안테나 방위각 제어 시스템에 대하여 10%의 오버슈트와 1s의 정착 시간을 갖도록 하는 제어기를 설계하라. 세 번째 극점은 지배 극점의 실수값의 10배가 되도록 정한다.
공정의 상태 변수들은 측정할 수 없다고 가정하여 상태 변수들을 추정하기 위한 관측기를 설계하라. 관측기는 10%의 오버슈트를 가지며 제어 시스템보다 10배 큰 고유 주파수를 갖는 것으로 한다. 제어기의 경우와 마찬가지로 관측기의 세 번째 극점은 지배 극점의 실수값보다 10배 크게 정한다.

풀이 제어기 설계　원하는 과도 응답 특성을 갖기 위한 특성 방정식을 세운다. 10%의 오버슈트와 1초의 정착 시간을 갖기 위해서는 $\zeta = 0.591$과 $\omega_n = 6.77$이 되어야 하므로, 특성 방정식은 $s^2+8s+45.8=0$이 되며 $-4 \pm j5.46$인 근을 갖는다.
세 번째, 극점은 이 한 쌍의 극점의 실수값의 10배가 되어야 하므로 -40이 된다. 따라서, 원하는 폐루프 시스템의 특성 방정식은 다음과 같다.

$$(s^2+8s+45.8)(s+40) = s^3+48s^2+365.8s+1832=0 \tag{12.129}$$

다음으로 폐루프 시스템의 실제 특성 방정식을 구해 보자. 폐루프 시스템을 상태 공간에서 나타낸 후 특성 방정식을 구하기로 하는데, 그림 12.22로부터 공정의 전달 함수는 다음과 같다.

$$G(s) = \frac{1325}{s(s+1.71)(s+100)} = \frac{1325}{s(s^2+101.71s+171)} \tag{12.130}$$

이 전달 함수를 그림 12.24와 같이 신호 흐름 선도로 나타내고 상태 방정식을 세우면

$$\dot{\mathbf{x}} = \begin{bmatrix} 0 & 1 & 0 \\ 0 & 0 & 1 \\ 0 & -171 & -101.71 \end{bmatrix}\mathbf{x} + \begin{bmatrix} 0 \\ 0 \\ 1 \end{bmatrix}u = \mathbf{Ax}+\mathbf{B}u \tag{12.131a}$$

$$y = [1325 \quad 0 \quad 0]\mathbf{x} = \mathbf{Cx} \tag{12.131b}$$

이 된다. 따라서, 가제어성 행렬 $\mathbf{C_M}$은 다음과 같다.

$$\mathbf{C_M} = [\mathbf{B} \quad \mathbf{AB} \quad \mathbf{A}^2\mathbf{B}] \begin{bmatrix} 0 & 0 & 1 \\ 0 & 1 & -101.71 \\ 1 & -101.71 & 10,173.92 \end{bmatrix} \tag{12.132}$$

행렬 $\mathbf{C_M}$의 행렬식이 -1이므로, 이 시스템은 제어 가능하다.

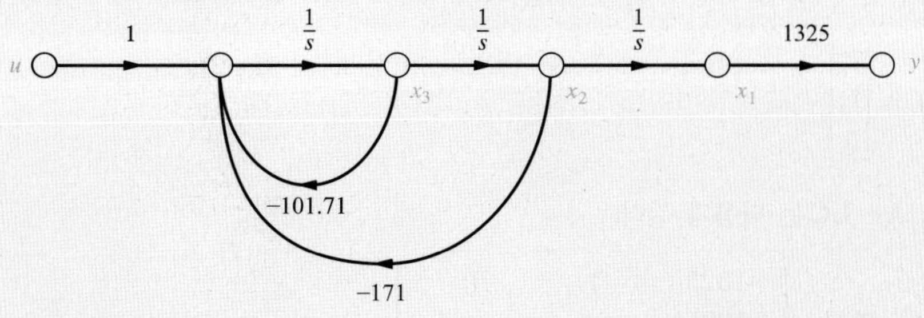

그림 12.24 전달 함수 $G(s) = 1325/[s(s^2+101.71s+171)]$에 대한 신호 흐름 선도

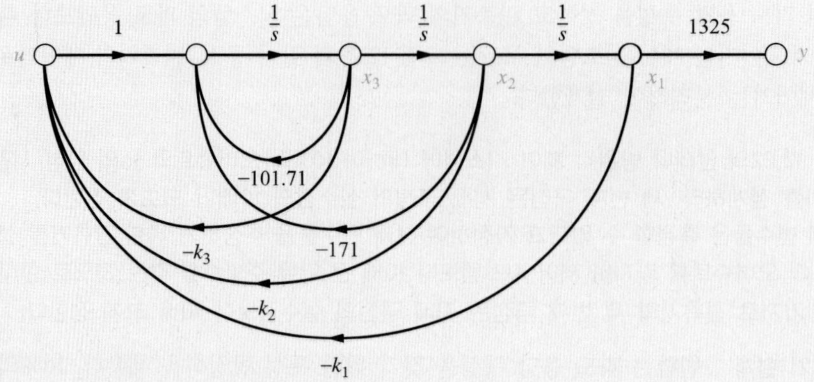

그림 12.25 그림 12.24에 대한 상태 피드백 제어 시스템

상태 변수들이 모두 피드백되는 피드백 제어 시스템의 구조는 그림 12.25와 같으며, 식 (12.7)과 식 (12.131a)로부터 시스템 행렬 $\mathbf{A}-\mathbf{BK}$는 다음과 같다.

$$\mathbf{A}-\mathbf{BK}=\begin{bmatrix} 0 & 1 & 0 \\ 0 & 0 & 1 \\ -k_1 & -(171+k_2) & -(101.71+k_3) \end{bmatrix} \tag{12.133}$$

따라서, 폐루프 시스템의 특성 방정식은

$$\det[s\mathbf{I}-(\mathbf{A}-\mathbf{BK})]=s^3+(101.71+k_3)s^2+(171+k_2)s+k_1=0 \tag{12.134}$$

이 된다. 식 (12.129)와 식 (12.134)의 계수를 일치시키면, k_i는 다음과 같다.

$$k_1=1832 \tag{12.135a}$$

$$k_2=194.8 \tag{12.135b}$$

$$k_3=-53.71 \tag{12.135c}$$

관측기 설계 식 (12.131)의 행렬 $\mathbf{A}$와 $\mathbf{C}$로부터 가관측성 행렬 $\mathbf{O_M}$은

$$\mathbf{O_M}=\begin{bmatrix} \mathbf{C} \\ \mathbf{CA} \\ \mathbf{CA}^2 \end{bmatrix}=\begin{bmatrix} 1325 & 0 & 0 \\ 0 & 1325 & 0 \\ 0 & 0 & 1325 \end{bmatrix} \tag{12.136}$$

이 되므로, 행렬식이 1325^3이 된다. 따라서, 랭크는 3이고 이 시스템은 관측 가능하다.

차수가 높지 않으므로, 시스템을 관측기 표준형으로 변환시키지 않고 직접 관측기를 설계한다. 식 (12.64a)로부터 먼저 $\mathbf{A}-\mathbf{LC}$를 구한다. 행렬 $\mathbf{A}$와 $\mathbf{C}$는 식(12.131)와 같고 이득 행렬 $\mathbf{L}$은

$$\mathbf{L}=\begin{bmatrix} l_1 \\ l_2 \\ l_3 \end{bmatrix} \tag{12.137}$$

이므로, 행렬 $\mathbf{A}-\mathbf{LC}$는 다음과 같다.

$$\mathbf{A}-\mathbf{LC}=\begin{bmatrix} -1325l_1 & 1 & 0 \\ -1325l_2 & 0 & 1 \\ -1325l_3 & -171 & -101.71 \end{bmatrix} \tag{12.138}$$

따라서, 특성 방정식은 다음과 같다.

$$\begin{aligned}\det[\lambda\mathbf{I}-(\mathbf{A}-\mathbf{LC})] &= \lambda^3+(1325l_1+101.71)\lambda^2\\ &\quad+(134,800l_1+1325l_2+171)\lambda\\ &\quad+(226,00l_1+134,800l_2+1325l_3)\\ &=0\end{aligned} \tag{12.139}$$

문제의 조건에 따라 관측기는 10%의 오버슈트를 가지며, 제어 시스템의 지배 극점의 고유 주파수의 10배가 되는 고유 주파수를 가져야 하기 때문에 $[s^2+(2\times0.591\times67.7)s+67.7^2]=(s^2+80s+4583)$이 된다. 이 지배 극점의 실수값이 -40이므로 세 번째 극점은 이 실수값의 10배가 되는 -400으로 정하면, 관측기의 특성 방정식은 다음과 같다.

$$(s^2+80s+4583s)(s+400)=s^3+480s^2+36,580s+1,833,000=0 \tag{12.140}$$

식 (12.139)와 식 (12.140)으로 계수가 일치하도록 관측기의 이득을 정하면, 다음과 같다.

$$l_1=0.286 \tag{12.141a}$$

$$l_2=-1.57 \tag{12.141b}$$

$$l_3=1494 \tag{12.141c}$$

위와 같은 설계 과정에 따라 설계된 제어기와 관측기가 혼합된 시스템의 구조는 그림 12.26과 같다.

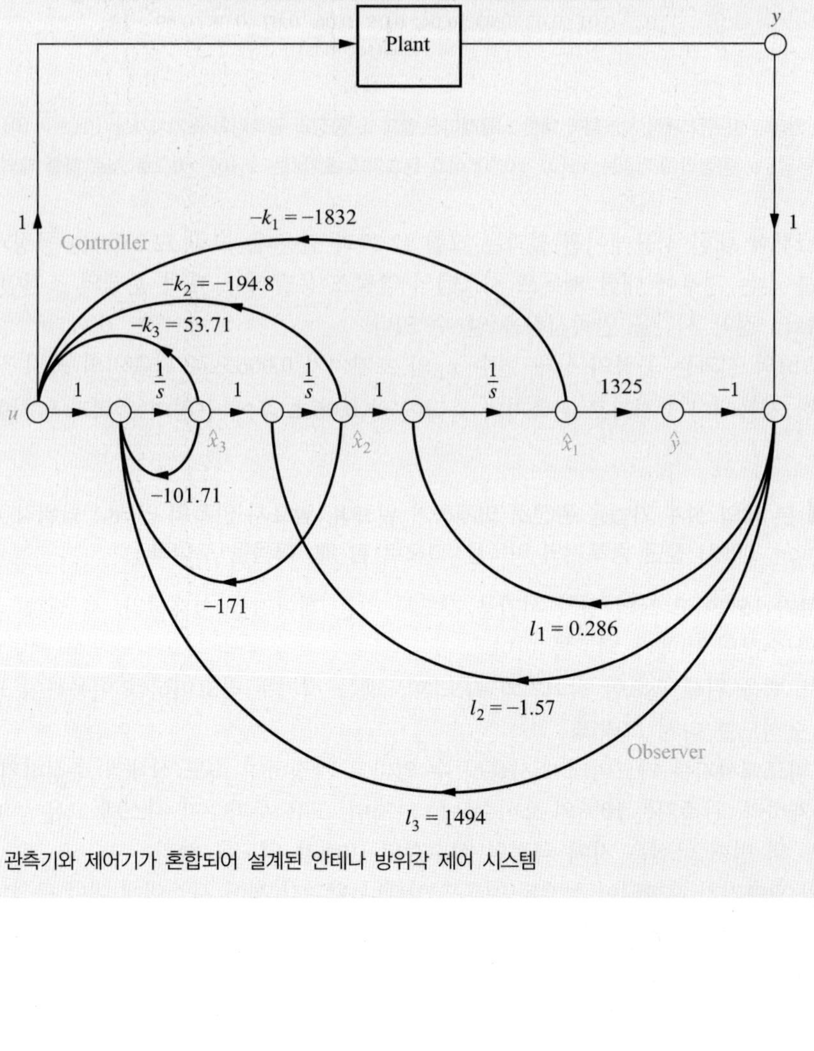

그림 12.26 관측기와 제어기가 혼합되어 설계된 안테나 방위각 제어 시스템

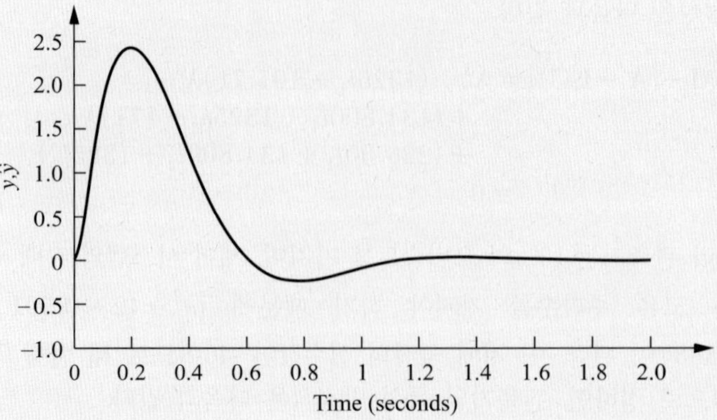

(a)

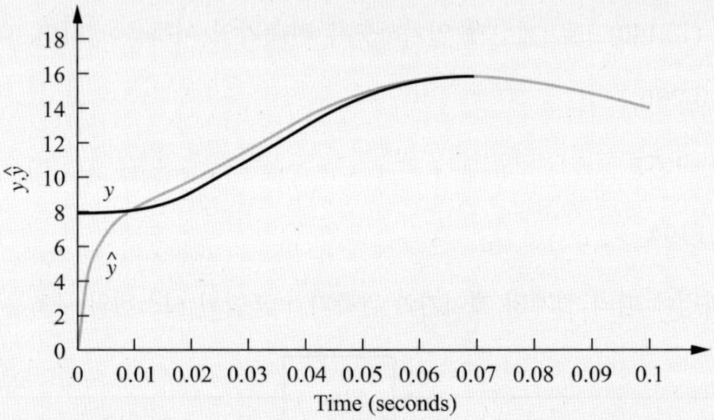

(b)

그림 12.27 안테나 방위각 제어 시스템에 대한 시뮬레이션 결과 a. 공정과 관측기의 초기치가 $x_1(0) = \hat{x}_1(0) = 0$으로 같을 때의 임펄스 응답 b. 공정의 초기치는 $x_1(0) = 0.006$이고 관측기의 초기치는 $\hat{x}_1(0) = 0$으로 서로 다를 때의 임펄스 응답

설계된 시스템에 대한 시뮬레이션 결과는 그림 12.27과 같은데, 그림 12.27(a)는 공정과 관측기가 같은 구조를 갖는 경우에 대한 폐루프 시스템의 임펄스 응답이다. 대략 문제의 조건인 10%의 오버슈트와 1s의 정착 시간을 만족시킴을 알 수 있다.
그림 12.27(b)의 결과는 공정의 상태 변수 x_1의 초기치가 0.006으로 관측기의 초기 상태와 다른 경우에 대한 시뮬레이션 결과로 관측기의 출력이 약 0.06초 후에 공정의 출력과 일치함을 보여주고 있다.

도전문제 본 장의 설계 기법을 완전히 이해하기 위하여, 앞표지 안쪽의 안테나 방위각 제어 시스템(configuration 3)에서 전단 증폭기의 이득을 20으로 할 때, 다음을 구하라.

a. 오버슈트가 15%이고 2s의 정착 시간을 갖도록 하는 제어기를 설계하라. 세 번째 극점은 지배 극점의 실수값의 10배가 되도록 한다.
b. 상태 피드백을 위해 필요한 감쇠기와 속도 피드백을 시키는 타코미터를 이용하여 표지 안쪽의 시스템 구성도를 다시 그려라.
c. 속도를 피드백시키는 타코미터가 사용될 수 없다고 가정하여 속도 상태를 추정하기 위한 관측기를 설계하라. 관측기는 10%의 오버슈트를 가지며, 고유 주파수가 시스템 고유 주파수의 10배가 되고, 세 번째 극점은 지배 극점의 실수값의 10배가 되도록 하라.
d. 제어기와 관측기가 혼합되어 설계된 폐루프 안테나 방위각 제어 시스템에 대한 구성도를 그려라.
MATLAB ML
e. MATLAB을 이용하여 문제 (a)와 (c)를 풀어라.

요약

이 장의 내용은 9장과 11장의 내용과 연계되어 있다. 9장에서는 원하는 과도 응답을 갖도록 하는 제어 시스템을 근궤적 기법을 이용하여 설계하는 방법에 대해 다뤘으며, 11장에서는 주파수 응답 기법을 이용하여 설계하는 방법에 대해 다뤘다.

이 장에서는 상태 공간 기법을 이용하여 설계하는 방법에 대해 설명하였는데, 제어기 설계는 극점이 원하는 곳에 위치하도록 상태 피드백 이득을 결정하는 것이다. 이 때 상태 변수를 직접 측정할 수 없으면 공정을 대신하는 관측기를 설계하고 관측기로부터 추정된 상태 변수를 사용한다.

상태 변수가 입력측으로 피드백될 때의 이득은 시스템의 특성 방정식의 계수와 원하는 특성 방정식의 계수가 일치하도록 정한다.

제어 입력 u가 상태 변수 중 어느 하나라도 제어하지 못하면 이 시스템은 **제어 불가능**하다고 하는데, 이런 시스템에 대해서는 제어 시스템을 설계할 수 없다. 가제어성 행렬을 구성하면 제어 시스템을 설계하기 전에 시스템이 제어 가능한지 아닌지를 판별할 수 있다.

관측기 설계는 실제 출력과 추정 출력 사이의 오차가 적절히 증폭되어 관측기 상태 변수의 미분항으로 피드백되도록 하는 것이다. 이득은 관측기 특성 방정식의 계수와 원하는 특성 방정식의 계수가 일치하도록 정한다. 관측기 응답 속도가 제어기 응답 속도보다 빠르도록 함으로써, 추정된 상태 변수를 제어 입력에 사용되더라도 오차가 적도록 한다. 시스템에 따라서는 상태 변수를 출력으로부터 얻을 수 없는 경우가 있는데, 이런 시스템은 **관측 불가능**하다고 한다. 가관측성 행렬을 구성하면 시스템이 관측 가능한지 아닌지를 판별할 수 있는데, 관측 가능한 시스템의 경우에만 관측기를 설계할 수 있다.

마지막으로, 상태 공간에서 표현된 시스템의 정상 상태 오차 특성을 해석하고 원하는 오차를 갖는 시스템의 설계 방법에 대해 설명하였다. 공정 앞쪽에 종속으로 적분기를 연결하면 오차가 개선되는데 이것도 제어기 설계의 한 부분이 된다.

상태 공간 기법으로 제어기를 설계하면 몇 가지 장점이 있다. 첫째, 근궤적 기법의 경우와 달리 지배 극점이 아닌 극점들의 위치를 과도 응답에 크게 영향을 주지 않도록 정할 수 있다. 근궤적 기법에서는 지배 극점이 아닌 극점들이 과도 응답에 영향을 미치지 않는다는 가정하에 제어기를 설계하는데 이것이 항상 성립되는 것은 아니다. 둘째, 관측기를 이용함으로써 모든 상태 변수들을 측정하여 피드백시킬 필요가 없다는 것이다. 시스템의 상태 변수들을 직접 측정할 수 없는 경우나 측정 장치를 사용하면 비용이 많이 드는 경우에 유리하다. 마지막으로, 디지털 컴퓨터를 사용한 설계에 편리하다는 점이다.

이 장에서 다룬 설계 기법의 단점은 과도 응답에 영향을 미칠 수 있는 개루프 또는 폐루프 시스템의 영점을 원하는 곳에 배치시킬 수 없다는 것이다. 근궤적 기법이나 주파수 응답 기법의 경우에는 지상 또는 진상 보상기의 영점을 변경시킬 수 있다. 상태 공간 기법의 또 다른 단점은 모든 극점들의 위치를 원하는 응답 특성에 일치시킬 수 있는 설계자의 능력에 의존한다는 것인데, 이 관계가 항상 명확하지는 않다. 또한, 일단 설계가 완성되면 파라미터 변동에 대한 감도가 만족되지 않을 수도 있다. 마지막으로, 앞에서 설명한 바와 같이 상태 공간 기법은 폐루프 시스템의 극점 위치가 변하면 파라미터 변동 효과를 즉시 알 수 있는 근궤적 기법보다 직관적이지 못하다.

다음 장에서는 주파수 응답 기법을 다시 적용하여 디지털 시스템을 해석하고 이득 보정에 의한 디지털 시스템 설계 방법에 대해 공부하기로 한다.

복습문제

1. 원하는 과도 응답 특성을 갖도록 폐루프 시스템의 극점을 배치시킬 때, 상태 공간 기법이 근궤적 기법보다 나은 점을 간략히 설명하라.
2. 제어기 설계 절차를 간략히 설명하라.
3. 같은 시스템에 대해서도 신호 흐름 선도를 다르게 그릴 수 있다. 제어기 이득을 설계하기 위해서는 어느 형태가 편리한가?
4. 시스템이 제어 가능해야 제어기를 설계할 수 있다. 가제어성의 물리적 의미를 설명하라.
5. 시스템의 신호 흐름 선도로부터 직접 시스템의 가제어성을 판단할 수 있기 위한 조건은 무엇인가?
6. 가제어성을 판별하기 위해서는 가제어성 행렬을 구성하고 행렬의 랭크를 확인한다. 가제어성 행렬이 정방 행렬이면 무엇으로 가제어성을 판별하는가?
7. 관측기란 무엇인가?
8. 상태 공간 기법으로 제어 시스템을 설계하는 경우 언제 관측기를 사용하는가?
9. 관측기의 구조에 대해 간략히 설명하라.
10. 공정이 어떤 형태로 표시될 때 관측기 설계가 용이한가?
11. 문제 9의 구조에 대해 관측기를 설계하는 방법을 간략히 설명하라.
12. 관측기의 과도 응답과 제어기의 과도 응답의 차이점을 비교하고 차이점이 존재하는 이유를 설명하라.
13. 보상되는 제어 시스템의 특성 방정식은 어떤 방정식으로부터 결정되는가?
14. 관측기의 특성 방정식은 어떤 방정식으로부터 결정되는가?
15. 관측기를 효과적으로 설계하기 위해서는 시스템이 관측 가능해야 한다. 가관측성의 물리적 의미를 설명하라.
16. 시스템의 신호 흐름 선도로부터 직접 시스템의 가관측성을 판단할 수 있기 위한 조건은 무엇인가?
17. 가관측성을 판별하기 위해서는 가관측성 행렬을 구성하고 행렬의 랭크를 확인한다. 가관측성 행렬이 정방 행렬이면 무엇으로 가관측성을 판별하는가?

가상 탐구 실험실

실험 12.1

목표 상태 공간 제어기와 관측기를 통하여 설계된 과도응답을 갖는 시스템에 대해 모의 실험하기 위함이다.

요구되는 소프트웨어의 최소 구성 MATLAB, Simulink와 Control System Toolbox

예비실험

1. 이 실험은 12장의 사례연구 도전문제에 명시된 제어기와 관측기의 설계를 기본으로 한다. 제어기와 관측기의 설계를 마쳤다면, 2번으로 가라.
2. 12장의 사례연구를 위하여 설계한 시스템의 제어기 이득 벡터는 무엇인가?
3. 12장의 사례연구를 위하여 설계한 시스템의 관측기 이득 벡터는 무엇인가?
4. 시스템을 모의 실험하기 위해서 Simulink 선도를 그려라. 12장의 사례연구 도전문제에 제시된 물리변수를 사용하여 시스템, 제어기와 관측기를 나타내어라.

실험

1. Simulink와 예비실험 4의 선도를 사용하여, 응답을 시뮬레이션할 수 있는 Simulink 선도를 만들어라.
2. 계단 함수 입력에 대한 시스템과 관측기의 응답을 그려라.
3. 두 응답으로부터 %오버슈트와 정착시간을 계산하여라.

결과토의

1. %오버슈트와 정착 시간에 대해 설계 사양과 시뮬레이션 결과를 나타내는 표를 만들어라.
2. 설계사양과 시스템 응답과 관측기 응답에 대한 시뮬레이션 결과를 비교하라.
   불일치하면 설명하여라.
3. 설계를 구현할 때 생기는 문제점에 대해 설명하여라.

참고문헌

Camacho, E. F., Berenguel, M., Rubio, F. R., and Martinez, D. Control of Solar Energy Systems. Springer-Verlag, London, 2012.

Cardona, J. E., and Cárdenas, M. O. Design and implementation of a state observer for a textile machine, IEEE ANDESCON, 2010, pp. 1–6.

Craig, I. K, Xia, X., and Venter, J. W. Introducing HIV/AIDS Education into the Electrical Engineering Curriculum at the University of Pretoria. IEEE Transactions on Education, vol. 47, no. 1, February 2004, pp. 65–73.

D'Azzo, J. J., and Houpis, C. H. Linear Control System Analysis and Design: Conventional and Modern, 3d ed. McGraw-Hill, New York, 1988.

Franklin, G. F, Powell, J. D, and Emami-Naeini, A. Feedback Control of Dynamic Systems, 3d ed. Addison-Wesley, Reading, MA, 1994.

Hostetter, G. H, Savant, C. J. Jr., and Stefani, R. T. Design of Feedback Control Systems, 2d ed. Saunders College Publishing, New York, 1989.

Kailath, T. Linear Systems. Prentice Hall, Upper Saddle River, NJ, 1980.

Liu, J.-H., Xu, D.-P., and Yang, X.-Y. Multi-Objective Power Control of a Variable Speed Wind Turbine Based on Theory. Proceedings of the Seventh International Conference on Machine Learning and Cybernetics, July 2008, pp. 2036–2041.

Luenberger, D. G. Observing the State of a Linear System. IEEE Transactions on Military Electronics, vol. MIL-8, April 1964, pp. 74–80.

Milhorn, H. T. Jr., The Application of Control Theory to Physiological Systems. W. B. Saunders, Philadelphia, 1966.

Ogata, K. Modern Control Engineering, 2d ed. Prentice Hall, Upper Saddle River, NJ, 1990.

Ogata, K. State Space Analysis of Control Systems. Prentice Hall, Upper Saddle River, NJ, 1967.

Prasad, L., Tyagi, B., and Gupta, H. Modeling & Simulation for Optimal Control of Nonlinear Inverted Pendulum Dynamical System using PID Controller & LQR. IEEE Computer Society Sixth Asia Modeling Symposium, 2012, pp.138–143.

Preitl, Z., Bauer, P., and Bokor, J. A Simple Control Solution for Traction Motor Used in Hybrid Vehicles. Fourth International Symposium on Applied Computational Intelligence and Informatics. IEEE, 2007, pp. 157–162.

Rockwell International. Space Shuttle Transportation System. 1984 (press information).

Saini, S. C., Sharma, Y., Bhandari, M., and Satija, U. Comparison of Pole Placement and LQR Applied to Single Link Flexible Manipulator. International Conference on Communication Systems and Network Technologies, IEEE Computer Society, 2012, pp. 843–847.

연습문제

1. 개루프 시스템의 전달 함수가 다음과 같이 주어질 때 물음에 답하라. 여기서 $G(s) = \dfrac{Y(s)}{U(s)}$ 이고, $Y(s)$는 출력 신호의 라플라스 변환식이고, $U(s)$는 입력 신호의 라플라스 변환식이다. [12.2절]

   i. $G(s) = \dfrac{(s+3)}{(s+4)^2}$

   ii. $G(s) = \dfrac{s}{(s+5)(s+7)}$ SS

   iii. $G(s) = \dfrac{20s(s+7)}{(s+3)(s+7)(s+9)}$

   iv. $G(s) = \dfrac{30(s+2)(s+3)}{(s+4)(s+5)(s+6)}$

   v. $G(s) = \dfrac{s^2+8s+15}{(s^2+4s+10)(s^2+3s+12)}$

   a. 위상 변수형에 대한 신호 흐름 선도를 그려라.
   b. 신호 흐름 선도에 상태 피드백을 추가하라.
   c. 각 폐루프 신호 흐름 선도에 대한 상태 방정식을 세워라.
   d. 직관에 의해 폐루프 시스템의 신호 흐름 선도에 대한 전달 함수 $T(s)$를 구하라.
   e. 상태 방정식과 식 (3.73)으로부터 폐루프 시스템의 전달 함수를 구하여 문제 (d)와 비교하라.

2. 다음 개루프 시스템 전달 함수는 종속 접속형의 신호 흐름 선도로 나타낼 수 있다. [12.4절]

   i. $G(s) = \dfrac{40(s+1)(s+5)}{s(s+2)(s+10)}$

   ii. $G(s) = \dfrac{70(s^2+2s+9)}{(s+3)(s^2+s+10)}$

   a. 신호 흐름 선도를 그리고, 상태 피드백을 추가하라.
   b. 상태 피드백이 있는 폐루프 시스템의 전달 함수를 구하라.

3. 다음 개루프 시스템 전달 함수는 병렬 접속형의 신호 흐름 선도로 나타낼 수 있다. [12.4절]

   i. $G(s) = \dfrac{70(s^2+5s+80)}{s(s+20)(s+30)}$

   ii. $G(s) = \dfrac{40(s+4)(s+10)}{(s+1)(s+2)(s+3)}$

   a. 신호 흐름 선도를 그리고, 상태 피드백을 추가하라.
   b. 상태 변수가 피드백되는 폐루프 시스템의 전달 함수를 구하라.

4. 공정이 SS

$$G(s) = \frac{100(s+2)(s+25)}{(s+1)(s+3)(s+5)}$$

   으로 주어질 때, 시스템의 오버슈트가 10%이고, 정착 시간이 0.5s가 되도록 상태 피드백 제어기를 설계하라. 세 번째 극점은 지배 극점의 실수값의 10배가 되도록 하라. [12.2절]

5. 공정이

$$G(s) = \frac{30(s+1)}{s(s+3)(s+5)}$$

   로 주어질 때, 시스템의 오버슈트가 15%이고, 정착 시간이 1s가 되도록 상태 피드백 제어기를 설계하라. 단, 세 번째 극점은 지배 극점의 실수값의 10배가 되도록 하라. [12.2절]

6. 공정이 병렬형으로 표시되는 것으로 가정하여 문제 5을 반복하라. 단, 위상 변수형으로 변환시키지 않고 설계한다. [12.4절]

7. a. 그림 P12.1의 공정에서 시스템이 제어 불가능하기 위한 b_1과 b_2 사이의 관계는 어떻게 표시되는가?
   b. $b_1 = 1$일 때, 시스템이 제어 불가능하기 위한 b_2의 값은 무엇인가? [12.3절]

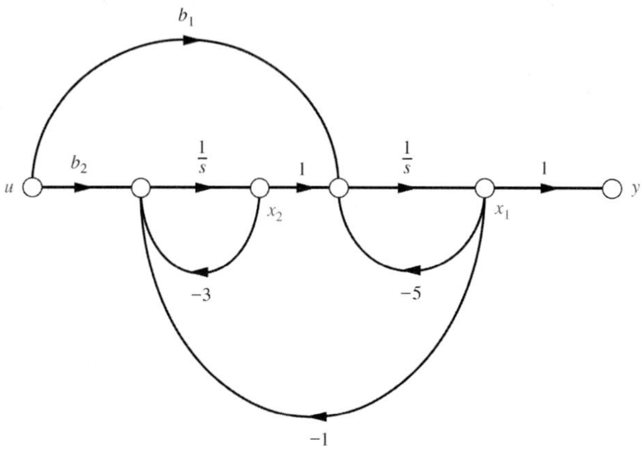

그림 P12.1

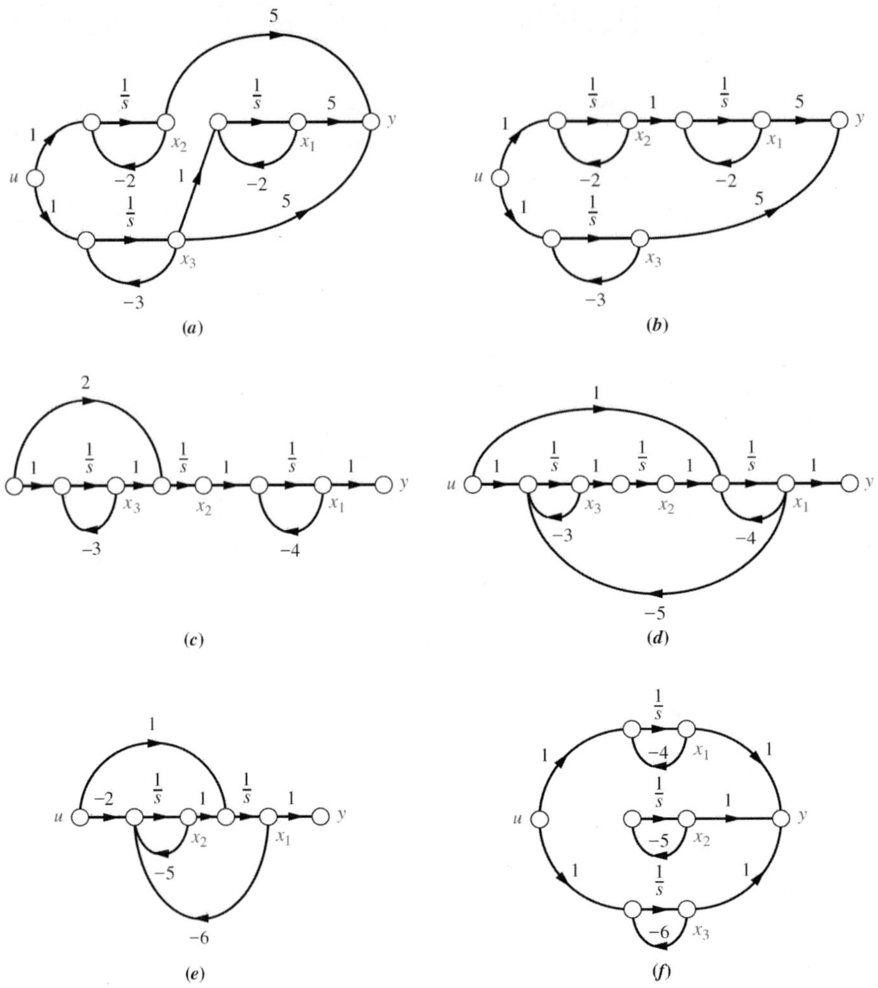

그림 P12.2

8. 그림 P12.2의 시스템에 대해 가제어성을 판별하는데, 각 시스템에서 직관적으로 가제어성을 판별할 수 있는지를 말하고 가제어성 행렬을 사용한 결과와 비교하라. [12.3절] **SS**

9. 그림 P12.2(d)와 (f)의 시스템의 가제어성을 MATLAB을 이용하여 판별하라. MATLAB **ML**

10. 다음 공정이 그림 P12.3과 같이 종속형으로 표시될 때, 10%의 오버슈트를 가지고 정착 시간이 1초가 되도록 제어기를 설계하라. 단, 먼저 공정을 위상 변수형으로 변환시킨 후 설계하라. [12.4절]

$$G(s) = \frac{(s+6)}{(s+3)(s+8)(s+10)}$$

11. 문제 10를 MATLAB을 이용하여 제어기 이득을 구하라. MATLAB **ML**

12. 다음 개루프 공정이 병렬형으로 표시될 때, 폐루프 응답의 오버슈트가 20%이고, 최고값 시간이 0.2s가 되도록 제어기를 설계하라. 단, 먼저 공정을 제어기 표준형으로 변환시킨 후 설계하라. [12.4절]

$$G(s) = \frac{100}{s(s+4)(s+10)}$$

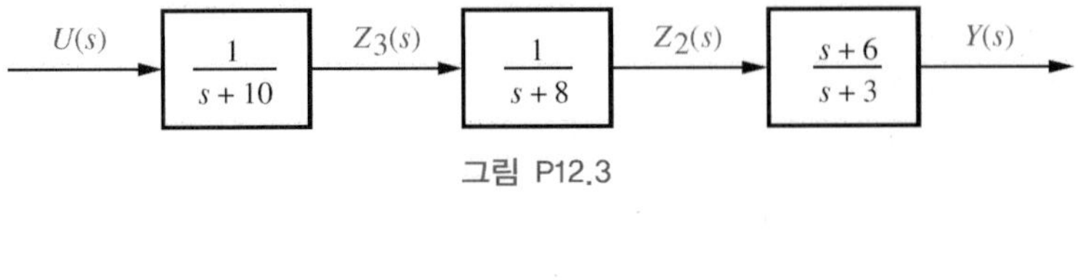

그림 P12.3

13. 다음 공정의 상태 변수가 측정 불가능한 것으로 가정하고, $\zeta = 0.5$와 $\omega_n = 40$의 과도 응답 특성을 갖도록 관측기 표준형 관측기를 설계하라. 세 번째 극점의 실수값은 지배 극점의 실수값의 10배가 되도록 한다. SS

$$G(s) = \frac{1}{s(s+3)(s+6)}$$

14. 다음 공정이 관측기 표준형으로 표시될 때, 오버슈트가 10%이고, 최고값 시간이 2초가 되는 관측기를 설계하라. 단, 관측기는 공정보다 응답 속도가 10배 빠르고 관측기의 세 번째 극점은 지배 극점의 실수값의 20배가 되도록 한다. 시스템은 관측기 표준형으로 표현되어 있다고 가정한다. SS

$$G(s) = \frac{10}{(s+3)(s+7)(s+15)}$$

15. 다음 공정의 상태 변수가 측정 불가능한 것으로 가정하고, $\zeta = 0.6$과 $\omega_n = 120$의 과도 응답 특성을 갖도록 위상 변수형 관측기를 설계하라. 단, 공정을 관측기 표준형으로 변환시키지 않고 설계한다.

$$G(s) = \frac{(s+2)}{(s+5)(s+9)}$$

16. 그림 P12.2의 시스템이 관측 가능한지를 말하라. [12.6절]

17. 매트랩을 사용하여 그림 P12.2(a)와 (f)의 시스템이 관측가능한지 결정하라. MATLAB ML

18. 종속형으로 표시되는 다음 공정에 대해 관측기를 설계하라.

$$G(s) = \frac{1}{(s+5)(s+13)(s+20)}$$

설계를 위하여 공정을 관측기 표준형으로 변환시켜라. 설계 결과를 다시 종속형으로 변환시켜라. 관측기에 대한 특성 방정식의 다항식은 $s^3 + 600s^2 + 40{,}000s + 1{,}500{,}000$이다.

19. 문제 19에서 MATLAB을 사용하여 관측기 이득을 구하라. MATLAB ML

20. 다음 공정이 위상 변수형으로 표시될 때, 오버슈트가 10%이고, 정착 시간이 0.5s가 되는 관측기를 설계하라. 단, 관측기는 공정보다 응답 속도가 10배 빠르고 관측기의 지배 극점이 아닌 극점은 지배 극점의 실수값의 10배가 되도록 한다. 또한, 공정을 관측기 표준형으로 변환시킨 후 설계하라. [12.7절]

$$G(s) = \frac{45}{(s+3)(s+5)(s+10)}$$

21. 가관측성과 가제어성 특성은 주어진 시스템에 대한 상태공간 표현 형태에 의해 좌우된다. 일반적으로 가관측성과 가제어성은 전달 함수에서 극점과 영점의 상쇄에 의해 영향을 받는다. 다음에 주어지는 두 시스템을 고려하자. SS

$$\dot{x}_i = \mathbf{A}_i\mathbf{x}_i + \mathbf{B}_i r$$
$$y = \mathbf{C}_i\mathbf{x}_i;$$
$$\mathbf{A}_1 = \begin{bmatrix} 0 & 1 \\ -2 & -3 \end{bmatrix};\quad \mathbf{B}_1 = \begin{bmatrix} 0 \\ 1 \end{bmatrix};\quad \mathbf{C}_1 = [2 \quad 0]$$
$$\mathbf{A}_2 = \begin{bmatrix} 0 & 1 & 0 \\ 0 & 0 & 1 \\ -6 & -11 & -6 \end{bmatrix};\quad \mathbf{B}_2 = \begin{bmatrix} 0 \\ 0 \\ 1 \end{bmatrix};\quad \mathbf{C}_2 = [6 \quad 2 \quad 0]$$

a. 위 두 시스템은 전달 함수에서 극점과 영점 상쇄 후에 같은 전달 함수 $G_i(s) = \dfrac{Y(s)}{R(s)}$를 가짐을 보여라.
b. 두 시스템의 가관측성을 판정하라.

22. 다음 공정에 대해 SS

$$\dot{\mathbf{x}} = \begin{bmatrix} -1 & 1 \\ 0 & 2 \end{bmatrix}\mathbf{x} + \begin{bmatrix} 0 \\ 1 \end{bmatrix}\mathrm{u};\quad y = [1 \quad 1]\mathbf{x}$$

오버슈트가 15%이고, 정착시간이 0.6초이며, 단위 계단함수 입력에 대한 정상상태오차가 0이 되도록 하는 적분제어기를 설계하라. [12.8절]

설계 문제

23. 그림 P12.4은 특정 pH를 유지하도록 나트륨 아세트(CH_3COONa) 수용액을 염산(HCL)으로 중화시키기 위해 연속으로 섞는 반응 탱크이다. 탱크 내의 산의 양은 연동 펌프의 회전 속도에 의해 제어된다. HCL 유입속도로부터 PH까지의 선형화된 전달 함수는 다음과 같다(Tadeo, 2000)

$$G(s) = \frac{-0.9580 \times 10^{-4}s - 0.01197 \times 10^{-4}}{s^3 + 0.5250s^2 + 0.01265s + 0.000078}$$

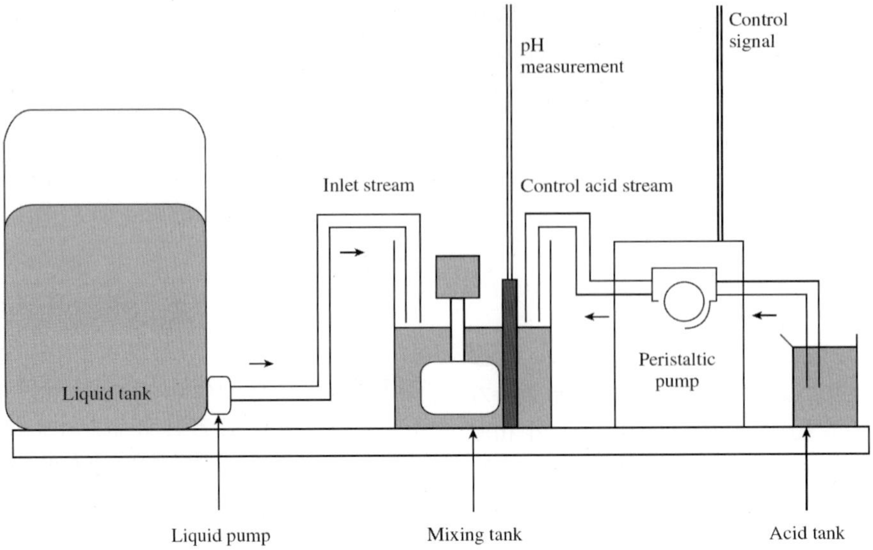

그림 P12.4

a. 이 시스템을 위상변수형 상태방정식으로 나타내어라.

b. PH가 계단함수로 변할 때 $T_s \approx 5$분의 정착시간을 갖는 과감쇠 응답이 되도록 상태궤환 이득 행렬 K를 설계하라.

c. MATLAB을 사용하여 폐루프 시스템의 계단함수 응답을 시뮬레이션하라. **MATLAB ML**

24. a. 문제 24의 연속으로 섞는 탱크 반응기를 사용하는 중화시스템에 대한 관측기를 설계하라. 관측기는 원래 시스템보다 10배 작은 시정수를 가져야 한다. 원래 상태 변수는 위상 변수형으로 표현된다고 가정한다.

b. Simulink를 이용하여 단위 계단함수 입력에 대한 시스템과 관측기를 시뮬레이션하라. 원래 시스템의 초기조건은 $\mathbf{x}(0) = \begin{bmatrix} -1 \\ -10 \\ 3 \end{bmatrix}$ 로 하고 관측기의 초기조건은 $\hat{\mathbf{x}}(0) = \begin{bmatrix} 0 \\ 0 \\ 0 \end{bmatrix}$ 으로 한다. **Simulink SL**

25. 가변속하는 풍력 터빈 날개의 피치각도를 변화시키기 위한 궤환 제어기법의 사용은 다양한 풍력상태에 따라 전력 생성 최적화를 가능케 한다. 특정 동작점에서, 터빈 모델을 선형화 하는 것은 가능하다. 예를들면, 세 개의 15m 날개가 12m/s의 풍속에서 동작할 때 220V를 생성하는 모델링은:

$$\dot{\mathbf{x}} = \begin{bmatrix} -5 & 0 & 0 & 0 & 0 \\ 0 & 0 & 1 & 0 & 0 \\ -10.5229 & -1066.67 & -3.38028 & 23.5107 & 0 \\ 0 & 993.804 & 3.125 & -23.5107 & 0 \\ 0 & 0 & 0 & 10 & -10 \end{bmatrix} \mathbf{x} + \begin{bmatrix} 5 \\ 0 \\ 0 \\ 0 \\ 0 \end{bmatrix} u$$

$$y = \begin{bmatrix} 0 & 0 & 0 & 1.223x10^5 & 0 \end{bmatrix} x$$

이고 상태변수 x는

$$x = \begin{bmatrix} \beta & \xi & \dot{\xi} & \omega_g & \omega_{gm} \end{bmatrix}$$

일 때,
β는 풍력 터빈 날개의 피치 각도, ξ는 보조샤프트와의 상대각도, ω_{gm}은 발전기 측정 속도이다. 시스템의 입력, u는 피치 각도 기준값이고, 출력, y는 능동 파워 생성량이다.

a. 시스템의 응답이 단위 입력에 대하여 10%의 오버슈트와 2초의 정착시간을 가지도록 상태 궤환 이득을 구하라.

b. 상태 궤환을 가지는 시스템의 동작을 매트랩을 사용하여 확인하라. **MATLAB ML**

26. 그림 P12.5와 같은 유연한 링크의 연구는 유연한 경량 로봇 제어에 응용이 가능하기 때문에 중요하다. (Saini, 2012) 유연한 링크의 각도는 서보모터로 굴절된다. 밑각 $\theta(t)$와 원형 링크로부터 끝부분의 굴절각 $\alpha(t)$는 측정 가능한 것으로 가정한다. 구체적인 구성을 위해 시스템의 상태 공간 모델이 만들어졌다. $\omega(t) = \dot{\theta}(t)$이고 입력 $u(t)$가 서보모터에 가해진 전압일 때, 상태 벡터는 $x = [\theta \;\; \alpha \;\; \omega \;\; \dot{\alpha}]^T$이다. 그러므로 시스템은 $\dot{\mathbf{X}} = \mathbf{A}\mathbf{x} + \mathbf{B}u$, $\mathrm{y} = \mathbf{C}\mathbf{x}$로 대변될 수 있고

$$\mathbf{A} = \begin{bmatrix} 0 & 0 & 1 & 0 \\ 0 & 0 & 0 & 1 \\ 0 & 673.07 & -35.1667 & 0 \\ 0 & -1023.07 & 35.1667 & 0 \end{bmatrix}$$

$$\mathbf{B} = \begin{bmatrix} 0 \\ 0 \\ 61.7325 \\ -61.7325 \end{bmatrix}$$

$$\mathbf{C} = [1 \quad 1 \quad 0 \quad 0]$$

이다.

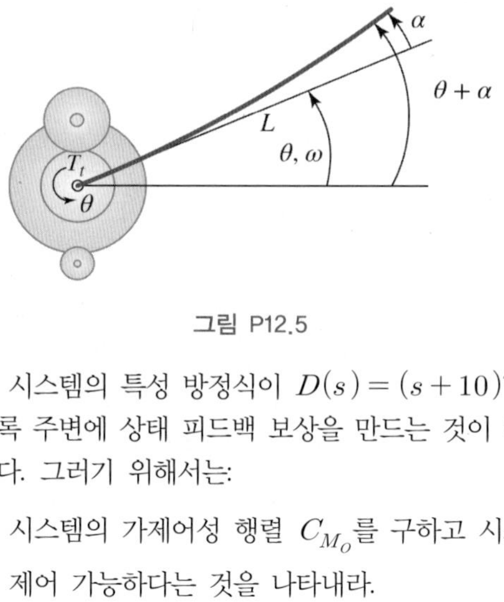

그림 P12.5

이 시스템의 특성 방정식이 $D(s) = (s+10)^4$이 되도록 주변에 상태 피드백 보상을 만드는 것이 바람직하다. 그러기 위해서는:

a. 시스템의 가제어성 행렬 C_{M_O}를 구하고 시스템이 제어 가능하다는 것을 나타내라.

b. 원래 시스템의 특성 방정식을 구한 뒤 위상 변수로 표현하라.

c. 위상 변수형 시스템의 가제어성 행렬 C_{M_p}를 구하고 변환 행렬 $P = C_{M_O} C_{Mr}^{-1}$을 구하라.

d. 위상 변수형 표현방법을 사용해 페루프 극점들을 원하는 곳에 위치시킬 수 있는 피드백 이득 행렬 $K_P = [k_{1p} \;\; k_{2p} \;\; k_{3p} \;\; k_{4p}]$을 구하라.

e. 상응하는 피드백 이득 행렬 $K_O = K_P P^{-1}$을 구하라.

27. 섬유 기계의 상태 변수를 예상하기 위해서 관측기를 사용한다. 2개의 입력과 1개의 출력을 가진 시스템의 모델은 $\dot{\mathbf{X}} = \mathbf{A}\mathbf{x} + \mathbf{B}\mathbf{u}$; $\mathrm{y} = \mathbf{C}\mathbf{x}$이며, (Cardona,2010)

$$\mathbf{A} = \begin{bmatrix} 0 & 1 & 0 \\ -52.6532 & -4.9353 & -2768.1557 \\ -0.001213 & 0 & -0.06106 \end{bmatrix}$$

$$\mathbf{B} = \begin{bmatrix} 0 & 0 \\ 0 & 0 \\ 0.001613 & -0.001812 \end{bmatrix}$$

$$\mathbf{C} = [1 \quad 0 \quad 0]$$

이다.

a. 시스템의 가관측성 행렬 $\mathbf{O_{Mz}}$를 구하고 시스템이 관측 가능하다는 것을 나타내라.

b. 원래 시스템의 특성 방정식을 구한 뒤 관측 가능한 표준으로 표현하라.

c. 관측 가능한 표준 시스템의 가관측성 행렬 $\mathbf{O_{Mx}}$를 구하고 변환 행렬 $\mathbf{P} = \mathbf{O_{Mz}^{-1}} \mathbf{O_{Mx}}$을 구하라.

d. 관측기 특성 다항식이 $\mathbf{L_x} = [l_{1x} \;\; l_{2x} \;\; l_{3x} \;\; l_{4x}]^T$이 되도록 관측 가능한 표준 표현법으로 관측기 이득 행렬 $D(s) = s^3 + 30s^2 + 316s + 1160$을 구하라.

e. 상응하는 관측기 이득 행렬 $\mathbf{L_z} = \mathbf{P}\mathbf{L_x}$을 구하라.

28. 3장의 문제 25에서 전기로 구동되는 카트 위에 달린 역진자를 제시하였다. 진자의 포인트 질량 m이 t=0일 때 수직인 것에 상응해 정류점 $(x_0 = 0)$ 주변의 상태 공간 모델은 선형화되었다. (Prasad, 2012) 이 모델은 y축을 기준으로 하는 진자각 $\theta(t)$와 카트의 수평위치 $x(t)$라는 2가지 출력 변수를 가지도록 6장의 문제 37에서 변경되었다. 카트의 위치 $x(t)$와 제어각 $\theta(t)$를 제어하는 두 개의 피드백 시스템에 대한 Simulink 모델을 만들기 위해서는 9장의 문제 26과 같이 안정화가 필요하다.

각도 제어 루프의 단위 임펄스 응답을 향상시키기 위해 상태 피드백 증폭기와 적절한 이득을 이용하여 (속도 피드백 증폭기와 PD 제어기와 더불어) 두 번째 모델을 수정하라. 응답 결과를 9장 26번 문제에서 얻은 값과 비교하라.

29. 그림 P8.13과 같이 탄성 결합 로드가 있는 주행 시스템 내의 플랜트를 (Thomsen, 2011)

$$G_p(s) = \frac{Y(s)}{M(s)} = \frac{250\,(s^2 + 1.2s + 12500)}{s^3 + 8.1s^2 + 62003s + 31250}$$

이라 할 때, $Y(s) = \Omega_L(s)$은 로드 속도이다. $G_P(s)$를 관측기 표준형으로 나타내라. $G_C(s) = K_P$일 때, 출력 $y(t)$보다 10배 빠르게 응답하는 관측기를 설계하라. [12.5절]

심화 학습문제

30. HIV/AIDS 제어 RTI가 치료제로 사용될 때 HIV 감염에 대한 선형 모델이 4장에서 소개되었는데 여기서 다시 인용하기로 한다(Craig, 2004).

$$\begin{bmatrix} \dot{T} \\ \dot{T}^* \\ \dot{v} \end{bmatrix} = \begin{bmatrix} -0.04167 & 0 & -0.0058 \\ 0.0217 & -0.24 & 0.0058 \\ 0 & 100 & -2.4 \end{bmatrix} \begin{bmatrix} T \\ T^* \\ v \end{bmatrix} + \begin{bmatrix} 5.2 \\ -5.2 \\ 0 \end{bmatrix} u_1$$

$$y = [0 \quad 0 \quad 1] \begin{bmatrix} T \\ T^* \\ v \end{bmatrix}$$

T는 건강한 T-세포의 수, T^*는 감염된 셀의 수이며, v는 바이러스가 없는 세포의 수이다.

a. 다음을 얻기 위해 상태 피드백 시스템을 설계하라.
   (1) 계단 입력에 대해 정상상태 오차가 0
   (2) 10% 오버슈트
   (3) 약 100일의 정착시간
   (힌트: 시스템의 전달 함수는 약 -0.02의 개루프 영점을 가진다. 이 영점을 제거하기 위하여 원하는 폐루프 극점 다항식에 포함되는 극점 중의 하나를 사용한다.)

b. Simulink를 사용하여 설계결과에 대한 계단함수 응답을 시뮬레이션하라. Simulink SL

31. 하이브리드 자동차 연습문제 3.27에서, 우리는 전기 모터가 하이브리드 전기 자동차(HEV)의 단독 동력원으로써 사용될 때, 모든 하이브리드 전기자동차의 선행 경로는 유사하다. 일반적으로, 하이브리드 전기자동차의 주행 제어 시스템의 선행경로는 그림 P3.16의 블락 다이어그램으로 나타낼 수 있다. 문제 6.51의 수치적인 값들을 이 다이어그램에 대입한 것은 그림 P.12.6에서 확인할 수 있다. 대입된 파라미터들로는 단위 정상상태 이득을 가지는 일차 시스템으로 표현되는 모터의 전기자 값과 50ms에서의 시정수, 그리고 50으로 설정된 전력증폭 이득 값이다. 상태변수로 정의된 모터의 각속도, $\omega(t)$, 전기자 전류, $I_a(t)$, 대신에 이제부터는 단 하나의 입력 변수인 전기 제어 유닛으로 부터의 전압령, $u_c(t)$와 단 하나의 출력 변수, 차의 속도, $v = r\omega/i_{tot} = 0.06154\omega$로 설정한다. 부하 토크, $T_c(t)$의 변동은 내부적으로 $\omega(t)$에 비례한다고 표현할 수 있다. 다이어그램을 보고, 다음과 같이 나타낼 수 있는 방정식:

$$\begin{bmatrix} \dot{I}_a \\ \dot{\omega} \end{bmatrix} = \begin{bmatrix} -20 & -40 \\ 0.2491 & -0.0191 \end{bmatrix} \begin{bmatrix} I_a \\ \omega \end{bmatrix} + \begin{bmatrix} 0 \\ 1000 \end{bmatrix} u_c(t)$$

$$y(t) = v(t) = [0\ 0.05154] \begin{bmatrix} I_a \\ \omega \end{bmatrix}$$

a. 단위 입력에 대하여 $\%OS \leq 4.32\%$, 정착시간, $T_s \leq 4.4\text{sec}$, 그리고 0의 정상상태 오차를 가지는 적분 제어기를 설계하라. (힌트 : 적분 제어기가 과도 응답에 미치는 영향을 고려하여 보고, 요구되는 지배극점들에 대한 고유주파수, ω_n,을 계산하여 나온값에 $T_s = 4$를 사용하라.)

b. 매트랩을 사용하여 설계 모델이 요구조건을 만족시키는지 검증하라. MATLAB ML

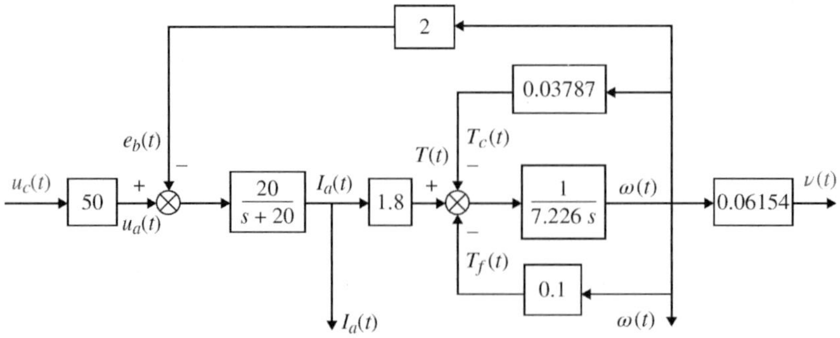

그림 P12.6

32. **파라볼릭 트러프(parabolic trough) 집적기** 상태 공간 기법을 이용해 파라볼릭 트러프 집적기를 설계할 수 있다. 순수한 시간 지연은 여기서 무시될 것이다. 개루프 전달 함수를 다음이라 할 때: (Camacho, 2012)

$$G(s) = \frac{137.2 \times 10^{-6} K}{s^2 + 0.0224s + 196 \times 10^{-6}}$$

시스템 과도 응답이 감쇠비 ζ =0.5와 정착 시간 $T_s =$ 200sec가 되도록 정상 상태 오차가 0인 적분 제어하는 상태 피드백 제어기를 설계하라. 설계한 시스템의 계단 응답에 대해 컴퓨터 프로그램으로 모의 실험하라.

디지털 제어 시스템 13

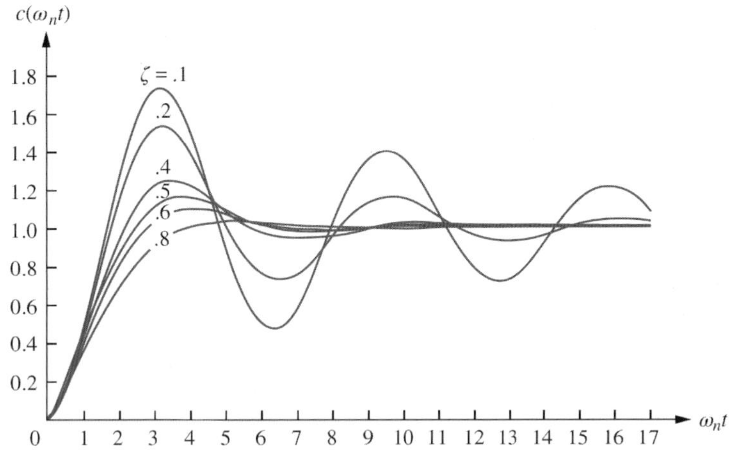

장의 목표

이 장을 마치면 학생은 다음을 할 수 있을 것이다.

- 디지털 폐루프 시스템 모델링 방법(13.1-13.2절)
- 시간과 라플라스 함수의 z 와 역 z 변환 찾기(13.3절)
- 이산 데이터 전달함수 찾기(13.4절)
- 상호 연결된 이산 데이터 전달 함수를 단일 이산 데이터 전달함수로 감소(13.5절)
- 이산 데이터 시스템의 안정도를 판별하고 안정도를 위한 샘플링 속도를 판별(13.6절)
- 정상상태 오차의 설계 규격을 만족시키는 디지털 시스템의 설계 방법(13.7절)
- 이득 보정에 의하여 과도 응답 특성을 개선시키기 위한 디지털 시스템의 설계 방법(13.8-13.9절)
- 종속 보상(cascade compensation)을 위한 디지털 시스템의 설계 방법(13.10-13.11절)

사례연구 목적

다음의 사례연구를 통하여 이 장의 목적에 대한 이해의 정도를 확인할 수 있다.

- 이 책의 부록 A2와 그림 13.1(a)에 있는 아날로그 안테나 방위각 제어 시스템을 그림 13.1(b)와 같이 디지털 시스템으로 변환시키고, 과도 응답 특성을 만족시키도록 이득 보정에 의한 제어 시스템을 설계할 수 있도록 한다.
- 그림 13.1(b)에 보인 디지털 안테나 방위각 제어 시스템으로 과도 응답을 향상시키는 디지털 종속 보상기를 설계할 수 있을 것이다.

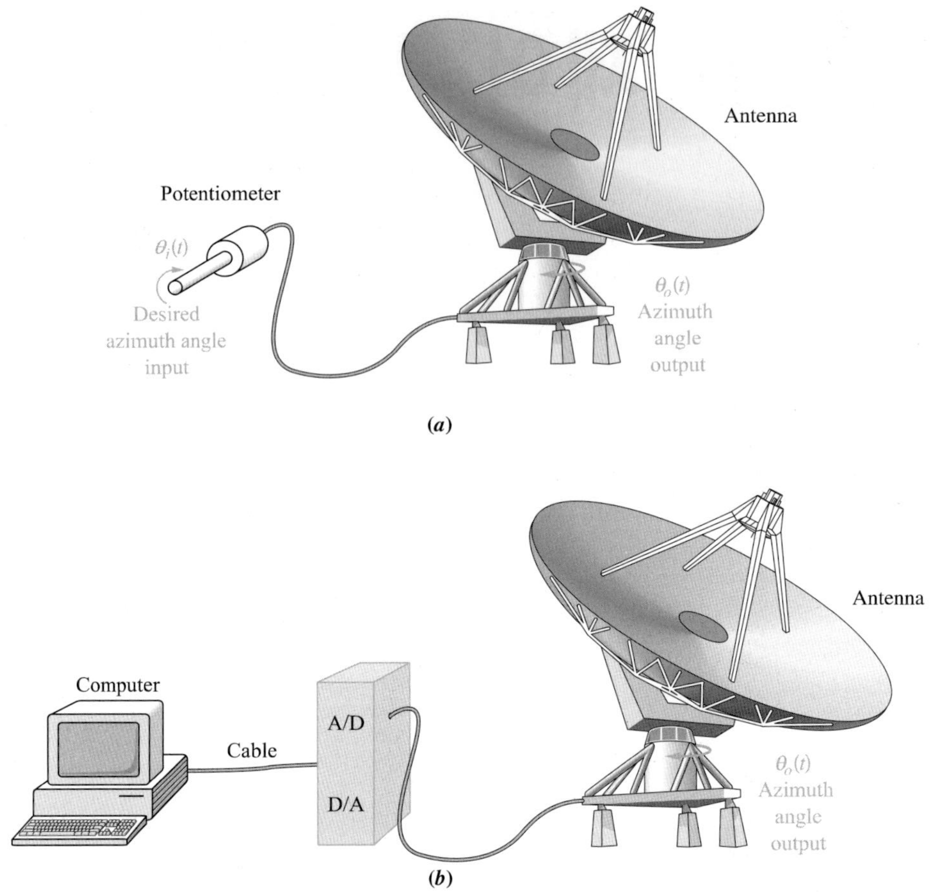

그림 13.1 a. 아날로그 제어에 의한 안테나 방위각 제어 시스템을 b. 디지털 제어 시스템으로 전환

13.1 개요

이 장에서는 디지털 제어 시스템에 대해 소개하고 주파수 영역에서의 시스템 해석과 설계만을 다루기로 하며, 컴퓨터 제어 시스템의 안정도, 정상 상태 오차와 과도 응답의 해석과 설계에 대해 설명하기로 한다. 상태 공간에서의 시스템 해석과 설계는 샘플데이터 제어 시스템과 같은 다른 과정에서 공부하기 바란다. 이번 장에서는 컴퓨터 제어 시스템에서의 안정도와 상태 공간 오차, 그리고 과도응답에 관한 해석과 설계에 대해서 소개한다.

1960년대 중반에는 소형 컴퓨터가 개발되었고, 1970년대 중반에는 마이크로 컴퓨터가 개발되어 고가의 대형 컴퓨터를 이용하여 공정을 제어할 필요가 없어졌다. 예를 들어 과거에는 대형 컴퓨터가 요구되었던 절삭 작업이 지금은 개인용 컴퓨터에 의해 가능하게 되었다.

디지털 컴퓨터는 감시와 제어의 두 가지 기능을 한다. (1)감시 - 피드백 루프에 포함되지 않은 부분; 그리고 (2) 제어 - 피드백 루프 내에서 이루어지는 부분. 감시 기능의 예는 작업 순서의 결정, 각종 파라미터와 허용 한계를 넘는 변수 모니터링, 비상 정지 등이다. 제어 기능 중 우리에게 가장 흥미로운 부분은 지금까지 소개된 피드백 루프 내에서 이루어지는 보상 수단을 컴퓨터가 대신한다는 것 이다. 제어 기능의 예에는 진상 보상과 지상 보상이 있다.

아날로그 상태에서 보상기를 나타내는 전달함수는 실제적인 보상기를 모방하기 위한 연산을 수행하는 디지털 컴퓨터로 대체된다. 디지털 제어 시스템에서는 아날로그 소자로 구성된 보상기의 전달함수가 디지털 컴퓨터로 대치되는데 어떤 장점이 있는가?

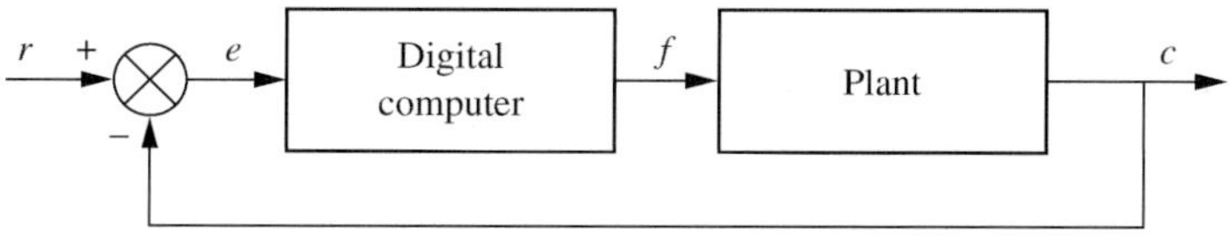

(a)

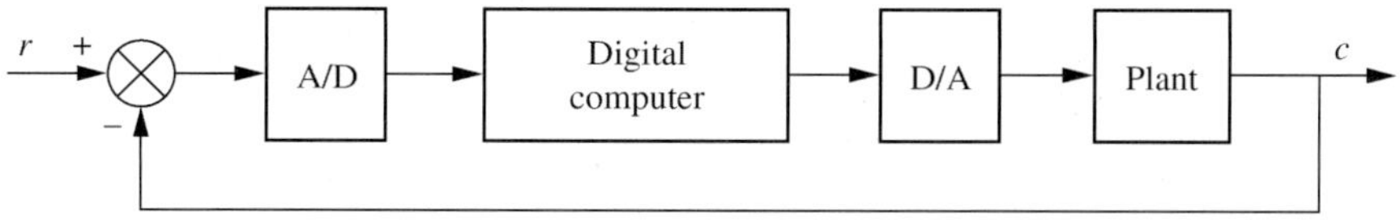

(b)

그림 13.2 a. 제어 시스템 내에서 디지털 컴퓨터의 위치 b. A/D와 D/A 변환기를 포함하는 제어 시스템

디지털 컴퓨터의 장점

디지털 컴퓨터를 제어 시스템에 사용하면 아날로그 제어 시스템에 비해 다음과 같은 이득이 있다. (1) 비용이 절감되고, (2) 설계 변경이 용이하며 (3) 잡음에 강한 장점이 있다. 현대 제어 시스템은 압력, 위치, 속도와 장력 등을 동시에 제어할 수 있어야 한다. 제철소에서 사용되는 아날로그 제어기들이 비용 절감을 위해 한 개의 디지털 컴퓨터로 대치될 수 있다. 아날로그 제어기들은 많은 조정 장치와 관련 하드웨어들이 필요하나 디지털 시스템은 보다 편리하게 장착된다. 처리 장치, 측정기와 제어 버튼들은 컴퓨터 터미널로 대치되며, 조정 방법이나 성능에 대한 정보는 메뉴와 화면에서 얻어진다. 디지털 컴퓨터를 제어 루프에 사용하면 설계 변경이 요구될 때 하드웨어를 변경하지 않고 소프트웨어를 수정함으로써 간단히 설계 변경할 수 있다. 마지막으로, 디지털 시스템은 구현 수단에 의한 장점 덕분에 아날로그 시스템보다 잡음에 강한 특징을 가지고 있다.

제어 루프에서 디지털 컴퓨터의 위치는 어디인가? 디지털 컴퓨터가 여러 개의 루프를 제어하므로 위치는 기능에 의해 결정된다. 대부분 그림 13.2(a)와 같이 종속 보상기를 대신한다.

그림 13.2(a)의 신호 r, e, f와 c는 아날로그 또는 디지털 신호가 된다. 지금까지, 우리는 아날로그 신호만을 사용해왔다. 디지털 컴퓨터가 사용되는 제어 루프에는 2진수 시퀀스(sequence) 디지털 신호가 필요하게 된다.

아날로그 신호와 디지털 신호를 포함하는 루프에서는 아날로그 신호 또는 디지털 신호로 적절히 변환되도록 하는 장치가 필요하다. 아날로그 신호를 디지털 신호로 변환시키는 장치를 A/D 변환기(analog-to-digital converter)라 한다. 반대로 디지털 신호를 아날로그 신호로 변환시키는 장치를 D/A 변환기(digital-to-analog converter)라 한다. 예를 들어 그림 13.2(b)에서 공정의 출력, c와 입력, r이 아날로그 신호이면 디지털 컴퓨터에 입력되도록 하기 위해서 A/D 변환이 되어야 한다. 또한 공정에 입력되는 신호 f가 아날로그 신호이면 D/A 컨버터가 디지털 컴퓨터의 출력 쪽에 주어져야한다.

D/A 변환

D/A 변환은 간단하고 즉시 이루어지는데, 가중치 만큼 증폭된 전압들이 합해져 아날로그 출력이 된다. 예를 들어 그림 13.3에서는 가중치 만큼 증폭된 3개의 전압이 합해지는데 3비트 2진수는 스위치로 표시된다. 2진수가 110_2이면 가운데와 아래쪽 스위치가 ON되어 아날로그 출력은 6[V]가 된다. 실제 회로에서 스위치는 전자 회로로 구성되며 입력되는 코드에 의해 동작된다.

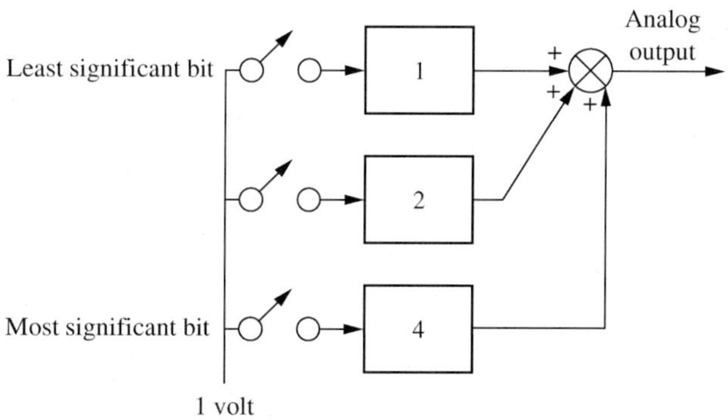

그림 13.3 D/A 변환기

A/D 변환

한편, A/D 변환은 두 단계를 거쳐 이루어지므로 복잡하게 되며 아날로그 입력 전압과 디지털 출력 신호 사이에는 시간 지연이 발생된다. 아날로그 신호는 샘플(sample) 신호로 변환된 후 2시퀀스인 디지털 신호로 변환된다.

샘플링 주파수가 아날로그 신호 대역폭의 2배 이상되어야 하는데 그렇지 않으면 신호 왜곡이 발생한다. 이러한 최소 샘플링 주파수를 Nyquist **샘플링 비**(*Nyquist sampling rate*)[1]라 한다.

그림 13.4(a)의 아날로그 신호로부터 시작한다. 그림 13.4(b)와 같이 주기적으로 샘플링되고 0차 **샘플–홀드**(*zero-order sample-and-hold*) 회로에 의해 한 주기 동안 유지되어 계단 파형을 만든다. 1차 샘플-홀드 회로와 같이 차수가 높은 샘플-홀드 회로는 샘플 사이 파형을 아날로그 파형에 가깝게 만드나 회로가 복잡하다. 예를 들어 1차 샘플-홀드 회로는 샘플 사이를 직선으로 연결하므로 아날로그 파형에 가깝게 근사화한다. 그러나 A/D 변환기가 아날로그 전압을 디지털 카운터를 거쳐 디지털 코드로 변환시키는데 시간이 소요되므로 변환 과정 동안 아날로그 전압의 샘플치가 일정하게 지속되어야 한다.

샘플-홀드 회로를 거친 후 A/D 변환기는 그림 13.4(c)와 같이 샘플치를 디지털 코드로 변환시키는데 그 과정은 다음과 같다. 아날로그 신호 전압은 정해진 단계로 이산 레벨로 (discrete lelvel) 변환되고 변환된 각 레벨은 각각의 디지털 넘버로 할당된다. 예를 들어 그림 13.4(b)에서 아날로그 신호는 8단계로 양자화되어 각각은 3비트 디지털 코드로 나타내진다. 이 때 양자화 레벨은 $M/8$[V]이며 M은 아날로그 전압의 최대값이다. 일반적으로 양자화 레벨은 $M/2^n$[V]인데 n은 비트수이다.

그림 13.4(b)에서 보는 바와 같이 샘플이 $M/8$ 과 $2M/8$ 같이 양자화 레벨값과 일치하지 않으면 양자화 오차(quantization error)가 발생한다. 샘플을 상하 레벨로 반올림시키는 양자화 과정에서 양자화 오차의 최대값은 아날로그 전압의 0 에서부터 $15M/16$ 범위까지의 양자화 레벨 간격의 1/2이 된다. 일반적으로, 최대 양자화 오차는 $(1/2)(M/2^n) = M/2^{n+1}$이 된다.

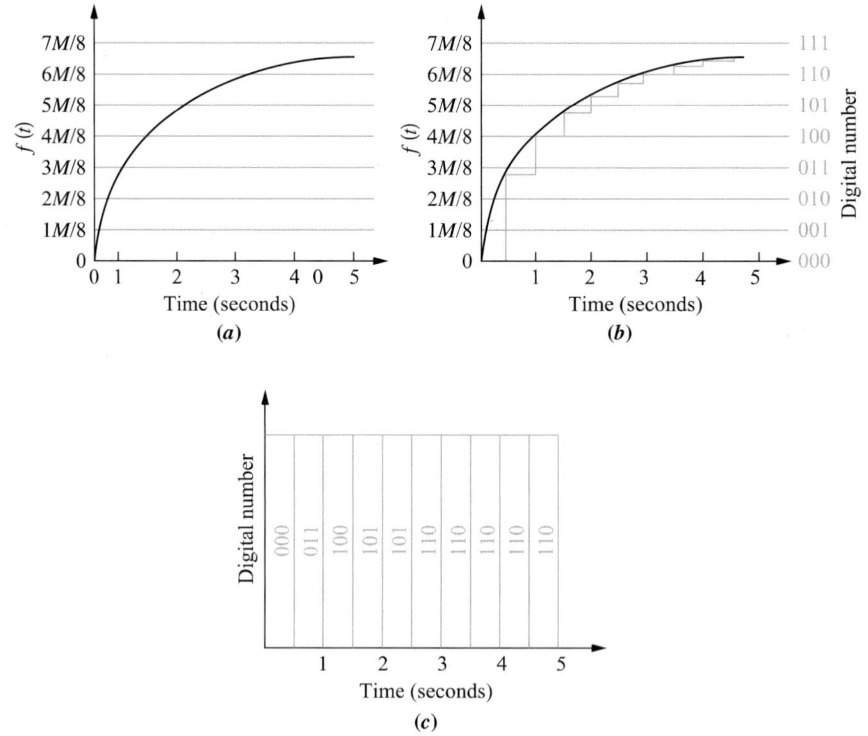

그림 13.4 A/D 변환 단계 a. 아날로그 신호 b. 샘플–홀드 회로를 거친 아날로그 신호 c. 샘플을 디지털 코드로 변환

1 자세한 사항은 Ogata(1987 : 170~177)을 참조하라.

지금까지 디지털 시스템의 기본 개념을 소개하였으며 디지털 시스템이 왜 사용되는지, 제어 시스템은 어디에 위치해야 하며, 아날로그 신호와 디지털 신호는 서로 어떻게 변환되는 지를 알아보았다. 컴퓨터가 보상기를 대신하기 때문에 아날로그 신호가 양자화된 디지털 신호에 의해 컴퓨터가 작동될 수 있도록 구현하여야 한다. 양자화 오차를 무시할 때, 일정 간격으로 샘플된 신호가 컴퓨터에 입력되는 것을 제외하면 컴퓨터는 단지 보상기의 역할을 수행한다. 시스템의 안정도와 과도 응답은 샘플링 주파수에 좌우되기 때문에 신호의 샘플링은 폐루프 피드백 시스템의 성능에 크게 영향을 미친다. 즉, 샘플링 주파수가 낮아서 샘플사이의 간격이 너무 넓으면 시스템이 두 샘플 사이의 신호 변화를 감지하지 못하므로 시스템이 불안정해질 수 있다. 제어 시스템에 디지털 컴퓨터가 포함되는 피드백 제어 시스템을 해석하고 설계하려면 디지털 컴퓨터와 D/A 및 A/D 변환기를 모델링하여야 한다. 변환기를 포함하는 디지털 컴퓨터의 모델링에 대해 다음 절에서 다루고자 한다.

13.2 디지털 컴퓨터 모델링

만약 루프안의 신호의 형태가 그것들에 무슨 일이 일어나든지 중요하지 않다고 생각해보자. 예를 들어, 샘플링 간격이 0에 가깝고 A/D 변환이 순간적으로 이루어진다면 아날로그 신호와 디지털 신호 사이에는 차이가 없다. 따라서 디지털 컴퓨터를 포함하여도 지금까지 다룬 해석과 설계 기법은 타당하게 된다.

신호가 정해진 시간 간격으로 샘플되어 유지되기 때문에 시스템의 성능은 샘플 빈도수에 따라 변한다. 따라서 컴퓨터의 성능도 샘플링과 샘플 신호의 지속에 좌우되므로 디지털 제어 시스템을 모델링하기 위해서는 샘플-홀드 과정을 수학적으로 표현해야 한다.

샘플 회로 모델링

현재 우리의 목표는 디지털 컴퓨터를 샘플-홀드 회로로 나타내는 것처럼 수학적 모델로 나타내는 것 이다. 즉, 시스템을 전달 함수로 표현하는 것처럼 디지털 컴퓨터를 전달 함수로 나타내 보기로 하자. 그러나 신호가 샘플되면 라플라스 변환을 적용시킬 수 없으므로 다른 변환식을 적용해야 하는데 이것을 z-**변환**이라 한다. z-변환은 컴퓨터의 수학적인 표현을 유도하는 과정에서 자연스럽게 나타난다.

그림 13.5와 같은 샘플 모델에 대해 생각해 보자. 그림 13.5(a)의 모델에서는 균일 샘플 간격으로 스위치가 ON, OFF 되는데 이것은 그림 13.5(b)와 같이 아날로그 신호 $f(t)$에 샘플 함수 $s(t)$가 곱해져 샘플 신호가 얻어지는 것으로 생각할 수 있다. 샘플 함수 $s(t)$가 같은 크기와 폭을 갖는 펄스가 주기적으로 반복되는 시퀀스이면 샘플 신호 $f^*_{T_W}$는 샘플 함수 펄스 폭만큼 $f(t)$가 지속되는 주기적인 시퀀스가 된다. 이러한 관점은 그림 13.5(a)의 스위치 모델과 같다.

그림 13.5(b)의 모델을 이용하여 샘플 신호 $f^*_{T_W}$에 대한 방정식을 세우면

$$f^*_{T_W}(t) = f(t)s(t) = f(t)\sum_{k=-\infty}^{\infty} u(t-kT) - u(t-kT-T_W) \tag{13.1}$$

여기서 k는 정수, T는 펄스 열(pulse train)의 주기이고, T_W는 펄스 폭이다.

식 (13.1)이 두 개의 시간 함수 곱이므로 전달 함수를 구하기 위하여 라플라스 변환을 하는 것은 간단하지 않다. 펄스 폭 T_W가 주기 T보다 매우 작아서 샘플 간격에서 $f(t)$가 일정하다고 가정하면 $f(t) = f(kT)$가 되어 다음 식이 성립된다.

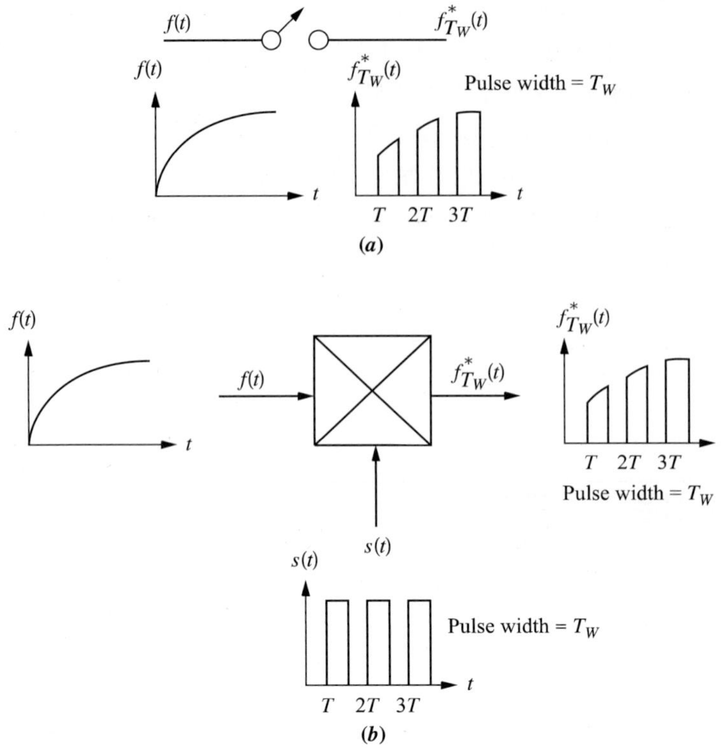

그림 13.5 두 가지 샘플링 모델 a. 스우치 개폐 b. 시간함수와 샘플링 함수의 곱

$$f^*_{T_W}(t) = \sum_{k=-\infty}^{\infty} f(kT)[u(t-kT) - u(t-kT-T_W)] \tag{13.2}$$

식 (13.2)는 Laplace 변환에 의해 더 간소화 될 수 있다. 식 (13.2)에 라플라스 편환을 취하면

$$F^*_{T_W}(s) = \sum_{k=-\infty}^{\infty} f(kT)\left[\frac{e^{-kTs}}{s} - \frac{e^{-kTs-T_Ws}}{s}\right] = \sum_{k=-\infty}^{\infty} f(kT)\left[\frac{1-e^{-T_Ws}}{s}\right]e^{-kTs} \tag{13.3}$$

이 되고, e^{-TWs}를 급수 전개시키면 다음 식을 얻을 수 있다.

$$F^*_{T_W}(s) = \sum_{k=-\infty}^{\infty} f(kT)\left[\frac{1-\left\{1-T_Ws+\dfrac{(T_Ws)^2}{2!}-\cdots\right\}}{s}\right]e^{-kTs} \tag{13.4}$$

펄스 폭 T_W가 매우 작다면 식 (13.4)는

$$F^*_{T_W}(s) = \sum_{k=-\infty}^{\infty} f(kT)\left[\frac{T_Ws}{s}\right]e^{-kTs} = \sum_{k=-\infty}^{\infty} f(kT)T_We^{-kTs} \tag{13.5}$$

이 되고, 이 식을 시간 함수식으로 역변환 시키면 다음과 같다.

$$f^*_{T_W}(t) = T_W\sum_{k=-\infty}^{\infty} f(kT)\delta(t-kT) \tag{13.6}$$

여기서 $\delta(t-kT)$는 Dirac 델타 함수이다.

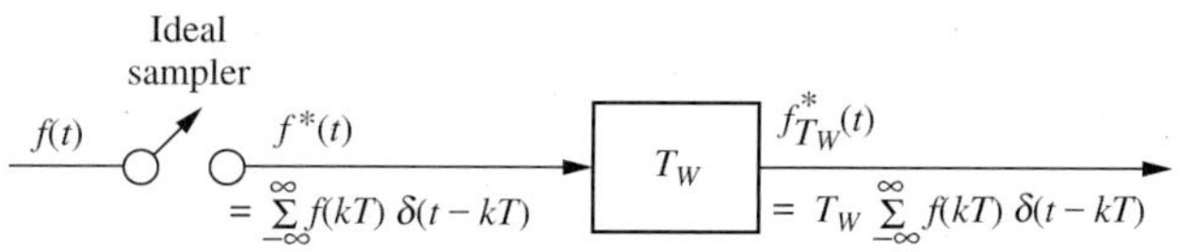

그림 13.6 균일한 펄스열을 갖는 샘플링 모델

따라서 구형 펄스 열로 샘플링한 결과는 델타 함수열이 되며, 델타 함수의 면적은 펄스 폭과 샘플 신호의 크기를 곱한 $T_W f(kT)$이 된다.

식 (13.6)은 그림 13.6과 같이 나타낼 수 있는데 샘플 회로는 두 부분으로 나눌 수 있다: (1) 식 (13.6) 에 의한 샘플 파형 특성과 무관한 이상적인 샘플 회로 부분

$$f^*(t) = \sum_{k=-\infty}^{\infty} f(kT)\delta(t - kT) \tag{13.7}$$

(2) 파형 특성과 관련되는 부분 T_W.

0차 홀드 모델링

디지털 컴퓨터 모델링의 마지막 단계로 샘플 회로와 종속되는 0차 홀드(z.o.h.;zero-order hold)의 모델링이 필요하다. $f(t)$의 마지막 샘플 값을 유지하는 0차 홀드의 기능을 그림 13.7에 나타내었는데, 이상적인 샘플 회로($T_W = 1$)가 사용된다면 $f^*(t)$는 델타 함수 열이 된다. 0차 홀드는 샘플 주기 동안 샘플값을 유지시켜 계단 파형을 만드는데, 이것은 $f(t)$에 대한 근사함수이다. 홀드를 통한 출력은 샘플링 순간의 $f(t)$ 혹은 $f(kT)$의 진폭의 시퀀스와 같다. 우리는 이미 임펄스나 델타 함수의 라플라스 환식이 1이므로, 선형 시스템의 전달 함수는 임펄스 응답의 라플라스 변환식과 같다는 사실을 알고 있다. 샘플 회로에서 만들어진 임펄스가 홀드를 거치면서 계단 파형이 되므로, 이 계단 파형은 0차 홀드의 임펄스 응답이 되며 라플라스 변환식은 0차 홀드의 전달 함수가 된다. 임펄스가 $t = 0$인 순간에 홀드에 입력되어 $t = T$ 까지 유지되어 계단 파형을 만들면 홀드의 전달 함수 $G_h(s)$는 다음과 같다.

$$G_h(s) = \frac{1 - e^{-Ts}}{s} \tag{13.8}$$

실제 시스템에서 입력 신호의 샘플, $f(kT)$는 샘플링 간격 동안 유지되는데, 식(13.8)로부터 홀드 회로는 입력을 적분하고 그 값을 한 샘플링 간격 동안 지속하도록 하는 것으로 볼 수 있다. 이상적인 샘플 회로에서 만들어지는 델타 함수의 면적이 $f(kT)$이므로, 이것을 적분하면 실제 시스템에서 얻는 결과와 같게 된다. 따라서 $f^*_{T_W}(t)$ 대신 이상적인 샘플 신호 $f^*(t)$가 홀드에 입력되는 것으로 생각할 수 있다.

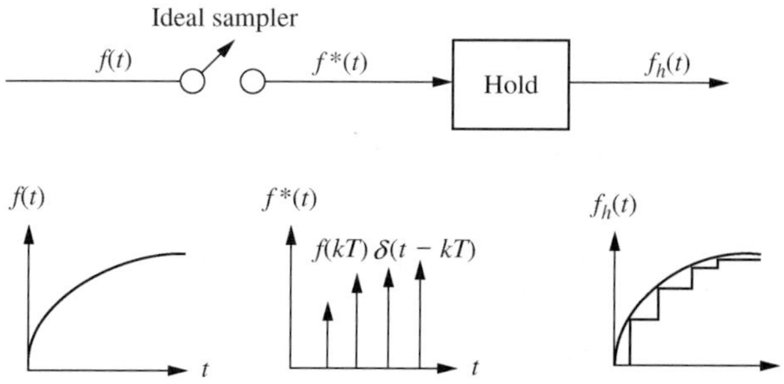

그림 13.7 이상적인 샘플링과 0차 홀드

이 절에서는 디지털 컴퓨터를 두가지 요소가 종속 접속된 것으로 모델링 하였다. (1)이상적인 샘플 회로 (2) 0차 홀드. 이 모델은 **0차 샘플-홀드**가 된다. 이상적인 샘플 회로는 식 (13.7)과 같고 0차 홀드는 식 (13.8)과 같다. 다음 절에서는 디지털 시스템에서 쓰이는 z-변환에 대해 다루기로 한다.

13.3 z-변환

샘플링이 시스템에 미치는 효과는 명확하다. 아날로그 시스템의 안정도와 과도 응답 특성은 이득과 시스템 구성 소자에 의해 좌우되나 샘플 데이터 시스템의 안정도와 과도 응답 특성은 샘플링 주파수에 의해 좌우된다. 우리의 목표는 라플라스 변환과 같이 샘플 데이터 시스템을 전달 함수로 나타내고, 이것을 이용하여 시스템을 해석하고 설계할 수 있도록 샘플링 정보를 포함하는 변환을 배우는 것 이다. 실제 시스템의 샘플 데이터 전달 함수를 얻기 위하여 앞 절에서 소개한 개념을 적용하기로 한다.

식 (13.7)은 이상적인 샘플 파형으로, 이것을 라플라스 변환하면

$$F^*(s) = \sum_{k=0}^{\infty} f(kT)e^{-kTs} \tag{13.9}$$

여기서 $z = e^{Ts}$라 놓으면 식 (13.9)는 다음과 같다.

$$\boxed{F(z) = \sum_{k=0}^{\infty} f(kT)z^{-k}} \tag{13.10}$$

식 (13.10)을 z-변환이라 정의하는데, $F(z)$가 $f(kT)$로 변환 되거나 $f(kT)$를 변환시켜 $F(z)$가 얻어짐을 보여주고 있다. 이것은 다음과 같이 표기하기도 한다.

$$f(kT) \Longleftrightarrow F(z) \tag{13.11}$$

라플라스 변환에서와 같이 샘플 신호 $f(kT)$가 $F(z)$에 관련되는 표를 얻을 수 있는데 이때 샘플 신호의 크기는 샘플링 순간의 값이다. 한 가지 예를 들어 보자.

예제 13.1 z-변환

문제 샘플된 단위 램프 함수의 z-변환을 구하라.

풀이 단위 램프 함수이므로 $f(kT) = kT$. 이상적인 샘플 스텝 식은 (13.7)로부터

$$f^*(t) = \sum_{k=0}^{\infty} kT\delta(t-kT) \tag{13.12}$$

이므로, 라플라스 변환시키면 다음과 같다.

$$F^*(s) = \sum_{k=0}^{\infty} kTe^{-kTs} \tag{13.13}$$

식 (13.13)에서, $e^{-kTs} = z^{-k}$로 치환하여 z-변환하면

$$F(z) = \sum_{k=0}^{\infty} kTz^{-k} = T\sum_{k=0}^{\infty} kz^{-k} = T(z^{-1} + 2z^{-2} + 3z^{-3} + \cdots) \tag{13.14}$$

이 되고, 식 (13.14)는 $zF(z)$에 $F(z)$를 뺌으로써 폐루프 형태가 된다. 식 (13.14)에 z를 곱하면 다음과 같다.

$$zF(z) = T(1 + 2z^{-1} + 3z^{-2} + \cdots) \tag{13.15}$$

식 (13.15)에서 식 (13.14)를 빼면

$$zF(z) - F(z) = (z-1)F(z) = T(1 + z^{-1} + z^{-2} + \cdots) \tag{13.16}$$

이 되는데, 여기서

$$\frac{1}{1-z^{-1}} = 1 + z^{-1} + z^{-2} + z^{-3} + \cdots \tag{13.17}$$

이므로, 식 (13.17)을 식 (13.16)에 대입하고 $F(z)$를 구하면 다음과 같다.

$$F(z) = T\frac{z}{(z-1)^2} \tag{13.18}$$

이것은 $f(kT) = kT$에 대한 z-변환식이다.

MATLAB과 Symbolic Math 툴박스를 사용하여 문제를 해결하고자 한다면 www.wiley.com/go/Nise/ControlSystemsEngineering8e. 에 위치한 부록 F의 ch13apF1를 실행해 볼 수 있다. MATLAB과 Symbolic Math 툴박스를 이용하면 시간 함수의 z-변환이 어떻게 수행되는지 알 수 있다.

Symbolic Math
SM

이 예제는 샘플 시간의 파형을 나타내는 임의의 s에 대한 함수 $F^*(s)$가 z에 대한 함수 $F(z)$로 변환될 수 있음을 나타낸다. 최종 형태인 $F(z) = Tz/(z-1)^2$는 $F^*(s)$와는 달리 폐루프 형태가 된다. 만약 다양한 다른 형태의 파형이 주어졌을때에도, 우리가 원하는 변환을 쉽게 찾을 수 있다. 마찬가지로, 다른 파형들에 대한 z-변환을 2장의 라플라스 변환표와 같이 얻을 수 있으며, 그 일부를 표 13.1에 나타내었다. 표 13.2는 z-변환에서 성립되는 정리의 일부를 나타내었다. 표에 없는 함수일 경우, 역 라플라스 변환과 비슷하게 부분 분수전개를 이용한 역 z-변환을 이용한다. z-변환으로부터 시간 함수식을 얻는 방법을 알아보자.

역 z-변환

역 z-변환(z-변환 으로부터 얻어진 샘플 시간 함수)을 찾는 두 가지 방법은 다음과 같다 : (1) 부분 분수 전개에 의한 역변환, (2) 멱급수 전개에 의한 역변환. z-변환은 샘플링 파형을 변환시키므로 역변환하여 얻는 시간 함수는 샘플링 순간에서의 시간 함수임을 상기하라. 우리가 폐루프 형태의 시간 함수를 결과로 얻기 때문에, 그것들은 오직 샘플링 순간에만 효력이 있음을 상기하라.

부분 분수 전개에 의한 역 z-변환 부분 분수의 합으로 이루어진 라플라스 변환은 $A/(s+a)$형태의 지수 형태로 나타남을 상기하라. 표 13.1로부터 샘플된 지수 함수의 z-변환은 다음과 같다.

$$e^{-akT} \Longleftrightarrow \frac{z}{z - e^{aT}} \tag{13.19}$$

라플라스 변환의 경우와 마찬가지로 z-변환식을 다음과 같이 부분 분수로 전개한다.

$$F(z) = \frac{Az}{z-z_1} + \frac{Bz}{z-z_2} + \cdots \tag{13.20}$$

표 13.1 z-변환과 s-변환표

	$f(t)$	$F(s)$	$F(z)$	$f(kT)$
1.	$u(\mathrm{t})$	$\frac{1}{s}$	$\frac{z}{z-1}$	$u(KT)$
2.	t	$\frac{1}{s^2}$	$\frac{Tz}{(z-1)^2}$	kT
3.	t^n	$\frac{n!}{s^{n+1}}$	$\lim_{a\to 0}(-1)^n \frac{d^n}{da^n}\left[\frac{z}{z-e^{-aT}}\right]$	$(kT)^n$
4.	e^{-at}	$\frac{1}{s+a}$	$\frac{z}{z-e^{-aT}}$	e^{-akT}
5.	$t^n e^{-at}$	$\frac{n!}{(s+a)^{n+1}}$	$(-1)^n \frac{d^n}{da^n}\left[\frac{z}{z-e^{-aT}}\right]$	$(kT)^n e^{-akT}$
6.	$\sin\omega t$	$\frac{\omega}{s^2+\omega^2}$	$\frac{z\sin\omega T}{z^2-2z\cos\omega T+1}$	$\sin\omega kT$
7.	$\cos\omega t$	$\frac{s}{s^2+\omega^2}$	$\frac{z(z-\cos\omega T)}{z^2-2z\cos\omega T+1}$	$\cos\omega kT$
8.	$e^{-at}\sin\omega t$	$\frac{\omega}{(s+a)^2+\omega^2}$	$\frac{ze^{-aT}\sin\omega T}{z^2-2ze^{-aT}\cos\omega T+e^{-2aT}}$	$e^{-akT}\sin\omega kT$
9.	$e^{-at}\cos\omega t$	$\frac{s+a}{(s+a)^2+\omega^2}$	$\frac{z^2-ze^{-aT}\cos\omega T}{z^2-2ze^{-aT}\cos\omega T+e^{-2aT}}$	$e^{-akT}\cos\omega kT$

표 13.2 z-변환 정리

	Theorem	Name
1.	$z\{af(t)\} = aF(z)$	Linearity theorem
2.	$z\{f_1(t)+f_2(t)\} = F_1(z)+F_2(z)$	Linearity theorem
3.	$z\{e^{-aT}f(t)\} = F(e^{aT}z)$	Complex differentiation
4.	$z\{f(t-nT)\} = z^{-n}F(z)$	Real translation
5.	$z\{tf(t)\} = -Tz\frac{dF(z)}{dz}$	Complex differentiation
6.	$f(0) = \lim_{z\to\infty} F(z)$	Initial value theorem
7.	$f(\infty) = \lim_{z\to 1}(1-z^{-1})F(z)$	Final value theorem

Note: kT may be substituted for t in the table.

함수 $F(z)$를 부분 분수로 전개하면 각 분수항의 분자에 z가 없으므로, 식 (13.20)과 같은 형태를 얻기 위해서는 $F(z)/z$를 부분 분수로 전개한 후, 양변에 z를 곱하여 식 (13.20)과 같은 $F(z)$의 부분 분수 전개를 얻는다. 다음 예제를 살펴보자.

예제 13.2 부분 분수 전개에 의한 역 z-변환

문제 다음 함수에 대한 샘플링 시간 함수를 구하라.

$$F(z) = \frac{0.5z}{(z-0.5)(z-0.7)} \tag{13.21}$$

풀이 식 (13.21)의 양변을 z로 나누고 부분 분수로 전개하면

$$\frac{F(z)}{z} = \frac{0.5}{(z-0.5)(z-0.7)} = \frac{A}{z-0.5} + \frac{B}{z-0.7} = \frac{-2.5}{z-0.5} + \frac{2.5}{z-0.7} \tag{13.22}$$

이 되므로, 양변에 z를 곱하면 다음과 같은 $F(z)$에 대한 부분 분수 전개식을 얻는다.

$$F(z) = \frac{0.5z}{(z-0.5)(z-0.7)} = \frac{-2.5z}{z-0.5} + \frac{2.5z}{z-0.7} \tag{13.23}$$

표 13.1을 이용하면, 각 분수항에 대한 역 z-변환을 얻을 수 있으므로, 샘플링 순간의 시간 함수는 다음과 같다.

$$f(kT) = -2.5(0.5)^k + 2.5(0.7)^k \tag{13.24}$$

식 (13.7)과 식 (13.24)로부터 이상적인 샘플링 시간 함수는

$$f^*(t) = \sum_{k=-\infty}^{\infty} f(kT)\delta(t-kT) = \sum_{k=-\infty}^{\infty} \left[-2.5(0.5)^k + 2.5(0.7)^k\right]\delta(t-kT) \tag{13.25}$$

이다.

식 (13.25)에서 $k = 0,\ 1,\ 2$와 3을 대입하면, 다음과 같이 처음 4개의 샘플 함수값을 얻을 수 있다.

$$f^*(t) = 0\delta(t) + 0.5\delta(t-T) + 0.6\delta(t-2T) + 0.545\delta(t-3T) \tag{13.26}$$

MATLAB과 Symbolic Math 툴박스를 사용하여 문제를 해결하고자 한다면 www.wiley.com/go/Nise/ControlSystemsEngineering8e. 에 위치한 부록F의 ch13apF2를 실행해 볼 수 있다. MATLAB과 Symbolic Math 툴박스를 이용하면, 샘플링 시간 함수의 역 z-변환이 어떻게 수행되는지 알 수 있다. Symbolic Math **SM**

멱급수 전개에 의한 역 z-변환 샘플링 시간 함수를 $F(z)$로부터 직접 구할 수도 있다. 이 방법으로는 $f(kT)$에 대한 일반형은 구할 수 없지만, 파형을 그래프로 나타내는데는 유용하다. $F(z)$의 분자항을 분모항으로 나누어 멱급수로 나타내면 이 급수로부터 $F^*(s)$와 $F^*(t)$를 구할 수 있다.

예제 13.3 멱급수 전개에 의한 역 z-변환

문제 식 (13.21)의 $F(z)$를 역변환시켜 샘플링 시간 함수를 구하라.

풀이 함수 $F(z)$의 분자항과 분모항을 다음과 같이 다항식으로 나타낸다.

$$F(z) = \frac{0.5z}{(z-0.5)(z-0.7)} = \frac{0.5z}{z^2 - 1.2z + 0.35} \tag{13.27}$$

분자항을 분모항으로 나누면

$$\begin{array}{r l} & 0.5z^{-1} + 0.6z^{-2} + 0.545z^{-3} \\ z^2 - 1.2z + 0.35 \,\big) & 0.5z \\ & \underline{0.5z - 0.6 + 0.175z^{-1}} \\ & 0.6 - 0.175z^{-1} \\ & \underline{0.6 - 0.720z^{-1} + 0.21} \\ & 0.545z^{-1} - 0.21 \end{array} \tag{13.28}$$

가 되고, 변수 z의 정의식을 이용하면

$$F^*(s) = 0.5e^{-Ts} + 0.6e^{-2Ts} + 0.545e^{-3Ts} + \cdots \tag{13.29}$$

가 되어, 이 식으로부터 $f^*(t)$를 얻을 수 있다.

$$f^*(t) = 0.5\delta(t-T) + 0.6\delta(t-2T) + 0.545\delta(t-3T) + \cdots \tag{13.30}$$

숙련예제 13.1

문제 시간 함수 $f(t) = \sin \omega t u(t)$의 z-변환을 구하라.

풀이 $F(z) = \dfrac{z^{-1}\sin(\omega T)}{1 - 2z^{-1}\cos(\omega T) + z^{-2}}$

풀이 과정은 www.wiley.com/go/Nise/ControlSystemsEngineering8e를 참조하라.

숙련예제 13.2

문제 $F(z) = \dfrac{z(z+1)(z+2)}{(z-0.5)(z-0.7)(z-0.9)}$을 역 z-변환하라.

풀이 $f(kT) = 46.875(0.5)^k - 114.75(0.7)^k + 68.875(0.9)^k$

풀이 과정은 www.wiley.com/go/Nise/ControlSystemsEngineering8e를 참조하라.

13.4 전달 함수

z-변환을 이용하여 실제 시스템에 대한 샘플 데이터 시스템의 전달 함수를 구해 보자. 그림 13.8(a)의 연속 시간 시스템에서 입력이 그림 13.8(b)와 같이 샘플되어도 출력은 연속 신호가 된다. 그림 13.8(c)와 같이 출력이 가상 샘플 회로에 의해 입력과 동기되어 샘플된다고 가정하면 샘플 데이터 시스템을 얻을 수 있으므로 전달 함수도 구할 수 있다.

전달 함수 유도

식 (13.7)을 이용하면, 그림 13.8(c)의 시스템에 대한 샘플 입력 $r^*(t)$를 구할 수 있다.

$$r^*(t) = \sum_{n=0}^{\infty} r(nT)\delta(t-nT) \tag{13.31}$$

이것은 임펄스의 합으로 표시되어 있다. 시스템 $G(s)$의 임펄스 응답이 $g(t)$이므로, 시스템의 출력은 임펄스 응답의 합으로 표시할 수 있다. 따라서, 식 (13.31)의 입력에 대한 시스템 출력은

$$c(t) = \sum_{n=0}^{\infty} r(nT)g(t-nT) \tag{13.32}$$

이 되고, 식 (13.10)을 이용하면

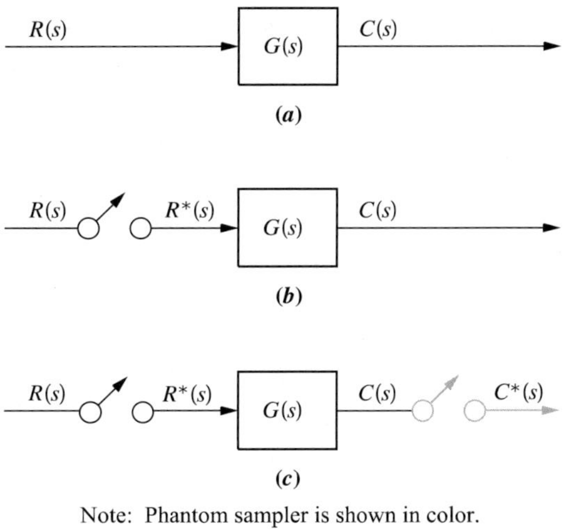

그림 13.8 샘플 데이터 시스템 a. 연속 시간 시스템 b. 샘플 입력 c. 샘플 입력과 출력

$$C(z) = \sum_{k=0}^{\infty} c(kT)z^{-k} \tag{13.33}$$

식 (13.32)에서 $t = kT$를 대입하면, 다음과 같다.

$$c(kT) = \sum_{n=0}^{\infty} r(nT)g(kT - nT) \tag{13.34}$$

식 (13.34)에 식 (13.33)을 대입하면

$$C(z) = \sum_{k=0}^{\infty}\sum_{n=0}^{\infty} r(nT)g[(k-n)T]z^{-k} \tag{13.35}$$

이 되고, $m = k - n$으로 치환하면 다음 식이 얻어진다.

$$\begin{aligned} C(z) &= \sum_{m+n=0}^{\infty}\sum_{n=0}^{\infty} r(nT)g(mT)z^{-(m+n)} \\ &= \left\{\sum_{m=0}^{\infty} g(mT)z^{-m}\right\}\left\{\sum_{n=0}^{\infty} r(nT)z^{-n}\right\} \end{aligned} \tag{13.36}$$

여기서 $m + n = 0$은 $m = -n$이 된다. 그러나 $m < 0$에서 $g(mT) = 0$이므로, $n > 0$인 경우 $m + n = 0$은 $m = 0$으로 나타낼 수 있다.

z-변환의 정의에 의하면 식 (13.36)은 다음과 같다.

$$C(z) = \sum_{m=0}^{\infty} g(mT)z^{-m}\sum_{n=0}^{\infty} r(nT)z^{-n} = G(z)R(z) \tag{13.37}$$

식 (13.37)은 샘플 출력의 z-변환식은 샘플 입력의 z-변환식과 시스템 전달 함수의 곱과 같음을 보여 주고 있다.

연속 시간 시스템의 전달 함수 $G(s)$가 주어질 때, 샘플 데이터 시스템의 전달 함수 $G(z)$는 $G(s)$로부터 $g(t)$를 구하고 표 13.1을 이용하여 구한다. 다음 예제를 살펴보자.

예제 13.4 $G_1(s)$ 가 z.o.h.에 종속 접속되는 샘플 데이터 시스템의 $G(z)$

문제 전달 함수 $G_1(s) = (s+2)/(s+1)$가 z.o.h.에 종속 접속되어

$$G(s) = \frac{1-e^{-Ts}}{s}\frac{(s+2)}{(s+1)} \tag{13.38}$$

일 때, 샘플 데이터 시스템의 전달 함수 $G(z)$를 구하라. 단, 샘플링 간격은 $T = 0.5\,\mathrm{s}$ 이다.

풀이 식 (13.38)은 전달 함수 $G_1(s) = (s+2)/(s+1)$인 시스템에 z.o.h., $(1-e^{-Ts})/s$가 종속 접속되어 얻어진 식이다. 전달 함수 $G_1(s)$에 z.o.h.가 종속 접속된 시스템의 전달 함수 $G_1(s)$에서 z.o.h.의 분모항 s를 $G_1(s)$에 붙이면

$$G(s) = (1-e^{-Ts})\frac{G_1(s)}{s} \tag{13.39}$$

이 되므로, z-변환식은 다음과 같다.

$$G(z) = (1-z^{-1})z\left\{\frac{G_1(s)}{s}\right\} = \frac{z-1}{z}z\left\{\frac{G_1(s)}{s}\right\} \tag{13.40}$$

함수 $G_1(s)/s$를 부분 분수로 전개하여

$$G_2(s) = \frac{G_1(s)}{s} = \frac{s+2}{s(s+1)} = \frac{A}{s} + \frac{B}{s+1} = \frac{2}{s} - \frac{1}{s+1} \tag{13.41}$$

을 얻은 후, 역 리플라스 변환하면 다음의 시간 함수를 얻는다.

$$g_2(t) = 2 - e^{-t} \tag{13.42}$$

이 식으로부터 샘플 함수는

$$g_2(kT) = 2 - e^{-kT} \tag{13.43}$$

이 되므로, 표 13.1을 이용하여 다음과 같은 z-변환식을 얻는다.

$$G_2(z) = \frac{2z}{z-1} - \frac{z}{z-e^{-T}} \tag{13.44}$$

식 (13.44)에 $T = 0.5$를 대입하면

$$G_2(z) = z\left\{\frac{G_1(s)}{s}\right\} = \frac{2z}{z-1} - \frac{z}{z-0.607} = \frac{z^2-0.213z}{(z-1)(z-0.607)} \tag{13.45}$$

이 되므로, 식 (13.40)의 전달 함수 $G(z)$는 다음과 같다.

$$G(z) = \frac{z-1}{z}G_2(z) = \frac{z-0.213}{z-0.607} \tag{13.46}$$

스스로 해보기 13.1

MATLAB의 Control System Toolbox를 사용하여 예제 13.4의 $G(s)$와 식 13.46의 $G(z)$를 구하여라.

```
num=0.213;
den=0.607;
K=1;
T=0.5;
Gz=zpk(num,den,K,T)
Gs=d2c(Gz,'zoh')
```

MATLAB **ML**

부록 B의 프로그램 ch13apB1에 있는 프로그램은 z.o.h.가 있는 시스템의 전달 함수 $G_1(s)$를 $G(z)$로 변환시키는 프로그램이다. 이 연습문제는 예제 13.4를 MATLAB을 이용해 풀 수 있게 한다.

Symbolic Math **SM**

MATLAB 연습문제를 수행하고 더 발전된 MATLAB의 Symbolic Math Toolbox를 사용하고 싶은 학생은 www.wiley.com/go/Nise/ControlSystemsEngineering8e의 부록 F에 있는 ch13apF3을 수행해보라. MATLAB의 Symbolic Math Toolbox는 z.o.h.와 연결돼있는 전달함수의 z-변환을 찾는 방법이 될 수 있다. 예제 13.4가 MATLAB과 Symbolic Math Toolbox를 통해 예제에 있는 손으로 푼 계산과 거의 같게 풀려질 것이다.

MATLAB **ML**

부록 B의 프로그램 ch13apB2 있는 MATLAB 프로그램은 z.o.h.가 없는 시스템의 전달 함수 $G(z)$를 $G(s)$로 변환시키는 프로그램이다. 이는 $G(s)$의 z-변환과 같은 방법이다.

MATLAB **ML**

부록 B의 프로그램 ch13apB3은 디지털 전달 함수를 바로 얻어낼 수 있는 프로그램이다.

MATLAB **ML**

부록 B의 프로그램 ch13apB4는 MATLAB 프로그램은 z.o.h.가 없는 시스템의 전달 함수 $G(z)$를 $G(s)$로 변환시키는 프로그램이다. 이는 $G(s)$의 라플라스-변환과 같은 방법이다.

숙련예제 13.3

문제 전달 함수가 $G(s) = 8/(s+4)$이고, z.o.h가 종속 접속되어 있을 때, z-변환 $G(z)$를 구하라.

풀이 $G(z) = 1.264/(z - 0.3679)$

풀이 과정은 www.wiley.com/go/Nise/ControlSystemsEngineering8e 웹페이지를 참조하라.

스스로 해보기 13.2

MATLAB의 Control System Toolbox를 사용하여 해당 문제를 구할 수 있다.

```
Gs=zpk([],-4,8)
Gz=c2d(Gs,0.25,'zoh')
```

이 절에서는 샘플 데이터 시스템의 전달 함수 $G(z)$를 알면, 샘플 입력 신호가 주어질 때 샘플 출력 응답 $C(z)$를 $C(z) = R(z)G(z)$의 관계식으로부터 구할 수 있으며, 역변환하여 시간 함수를 구할 수도 있음을 보였다. 다음 절에서는 디지털 시스템의 블록선도를 간략화하는 과정을 다루기로 한다.

13.5 블록선도의 간략화

지금까지 z-변환, 샘플 데이터 시스템의 전달 함수를 정의하고 샘플 출력 응답을 구하는 방법에 대해 설명하였는데, 이 내용은 라플라스 변환과 이를 이용하였던 2장과 4장의 내용과 유사하다. 이 절에서는 5장에서 다뤘던 블록선도를 간략화하여 전달 함수를 구하는 방법을 샘플 데이터 시스템에 적용하기로 한다.

샘플 데이터 시스템의 블록선도를 간략화시키는 경우 연속 시간 시스템의 전달 함수로부터 $G(z)$를 구할 때 실수하지 않도록 주의하여야 한다. 예를 들어 $z\{G_1(s)G_2(s)\} \neq G_1(z)G_2(z)$이므로, 종속 접속된 연속 시간 시스템들의 전달 함수는 곱한 후 z-변환하여야 한다. 편의상 두 전달 함수의 곱인 $G_1(s)G_2(s)$는 $G_1G_2(s)$로 표기하기로 한다. 따라서 $z\{G_1(s)G_2(s)\} = z\{G_1G_2(s)\} = G_1G_2(z) \neq G_1(z)G_2(z)$가 된다.

그림 13.9에서 그림 오른쪽에 있는 블록선도는 그림 왼쪽의 샘플 데이터 시스템에 대한 z-변환 전달 함수를 나타낸 것이다. 그림 13.9(a)에 대한 출력 $C(z)$는 이미 아는 바와 같이 $R(z)G(z)$이다.

그림 13.9(b)에서는 $G_1(s)$와 $G_2(s)$ 사이에 샘플 회로가 없으므로 두 함수가 곱해진 $G_1(s)G_2(s)$에 대한 z-변환식, 즉 $z\{G_1G_2(s)\} = G_1G_2(z)$을 구해야 한다. 따라서 이 시스템의 출력은 $C(z) = R(z)G_1G_2(z)$이 된다.

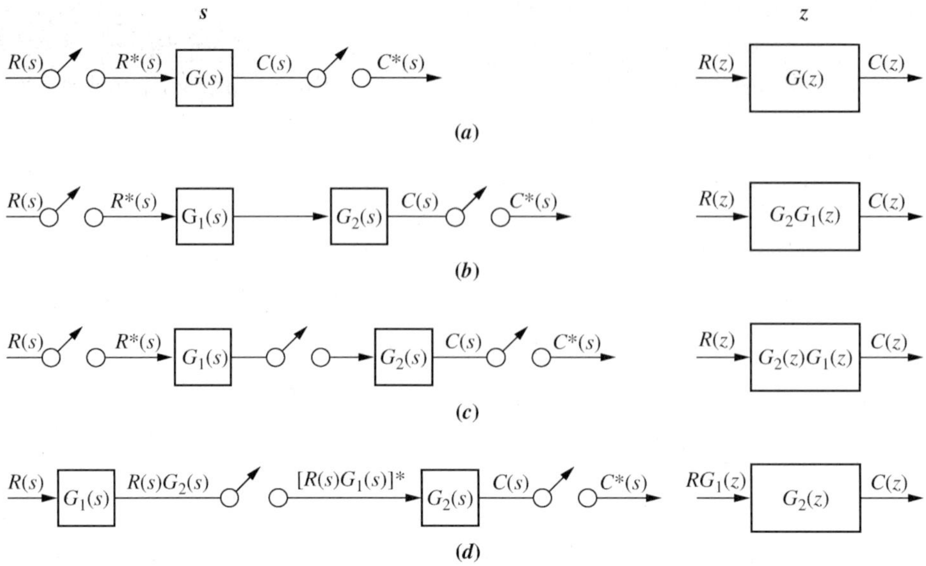

그림 13.9 샘플 데이터 시스템과 z-변환 블록선도

그림 13.9(c)의 시스템은 그림 13.9(a)의 시스템이 종속 접속된 것으로 z-변환 전달 함수는 각 시스템의 z-변환 전달 함수를 곱한 결과, $G_2(z)G_1(z)$가 된다. 따라서 출력은 $C(z) = R(z)G_2(z)G_1(z)$이 된다.

마지막으로 그림 13.9(d)에서는 샘플 회로에 입력되는 신호가 $R(s)G_1(s)$가 되므로 그림 13.9(a)의 시스템에서 입력 $R(s)$가 $R(s)G_1(s)$로 치환되고, 전달 함수 $G(s)$가 $G_2(s)$로 치환된 것으로 볼 수 있다. 따라서 입력 신호의 z-변환은 $z\{R(s)G_1(s)\} = z\{RG_1(s)\} = RG_1(z)$이 되고, 전달 함수 $G_2(s)$에 대한 z-변환은 $G_2(z)$가 되므로 출력은 $C(z) = RG_1(z)G_2(z)$가 된다.

그림 13.9의 기본 회로를 이용하여 피드백 제어 시스템의 z-변환 전달 함수를 구할 수 있다. 그림 13.9(a)와 같이 샘플 입력과 샘플 출력을 갖는 시스템 $G(s)$는 샘플 데이터 시스템의 전달 함수 $G(z)$로 표현할 수 있기 때문에, 부 시스템 뿐만 아니라 전체 피드백 시스템을 샘플 입력과 샘플 출력을 갖는 시스템으로 블록선도를 조정한 후, z-변환 전달 함수를 구한다. 다음 예제를 살펴보자.

예제 13.5 피드백 시스템의 z-변환 전달 함수

문제 그림 13.10(a)에 주어진 시스템의 z-변환 전달 함수를 구하라.

풀이 이 문제의 목표는 그림 13.10(a)에 주어진 시스템을 그림 13.10(f)와 같이 간략화시키는 것이다. 우선 다른 시스템에 영향을 미치지 않으면 샘플 입력을 갖는 부 시스템의 출력에 가상 샘플 회로를 삽입한다. 그림 13.10(b)에서 가상 샘플 회로 $S4$가 삽입되었다. 이것은 출력 신호를 샘플링하기 때문에 다른 시스템에는 영향을 주지 않는다.

또 다른 가상 샘플 회로 $S2$와 $S3$가 접점 앞쪽에 추가되었는데, 모든 샘플 회로가 동기되어 있다면 두 신호를 합해서 샘플하거나 샘플링한 후 합하거나 결과는 같기 때문에 가상 샘플 회로가 추가되어도 신호 동작에는 변화가 없다.

그림 13.10(c)와 같이 분지점 오른쪽으로 샘플 회로 $S1$과 $G(s)$를 옮기고, $G(s)H(s)$의 입력쪽에 샘플 회로 $S1$을 추가하여 그림 13.10(b)의 시스템과 등가가 되도록 한다. 이 시스템은 샘플 입력과 샘플 출력을 갖는 폐루프 시스템이며, 샘플 회로 $S1$과 $S3$ 사이의 $G(s)H(s)$는 $GH(z)$로 변환되고, $S1$과 $S4$ 사이의 $G(s)$는 $G(z)$로 변환된다. 샘플 입력 $R^*(s)$는 $R(z)$로, 샘플 출력 $C^*(s)$는 $C(z)$로 변환시키면 시스템은 그림 13.10(d)와 같이 z-변환 영역에서 표시된다.

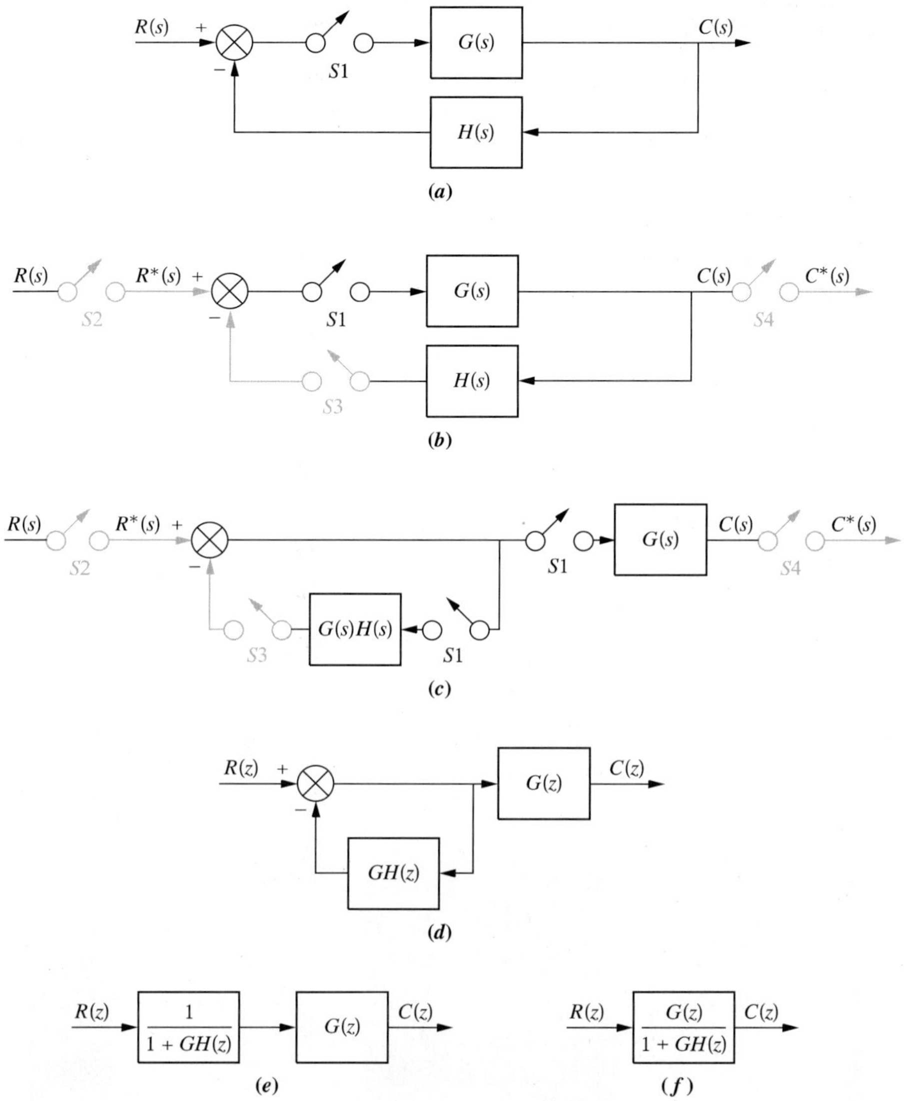

Note: Phantom samplers are shown in color.

그림 13.10 샘플 데이터 시스템의 블록선도 간략화

시스템을 라플라스 변환하여 전달 함수로 나타내었던 5장의 결과는 변수 s 대신 z로 치환하면 샘플 데이터 시스템에도 적용시킬 수 있다. 피드백 시스템의 전달 함수 구하는 공식을 적용시키면 그림 13.10(e)와 같은 블록선도가 얻어지고 이것을 간략화하면 그림 13.10(f)와 같은 최종 결과를 얻을 수 있다.

숙련예제 13.4

문제 그림 13.11에 주어진 시스템의 z–변환 전달 함수 $T(z) = C(z)/R(z)$를 구하라.

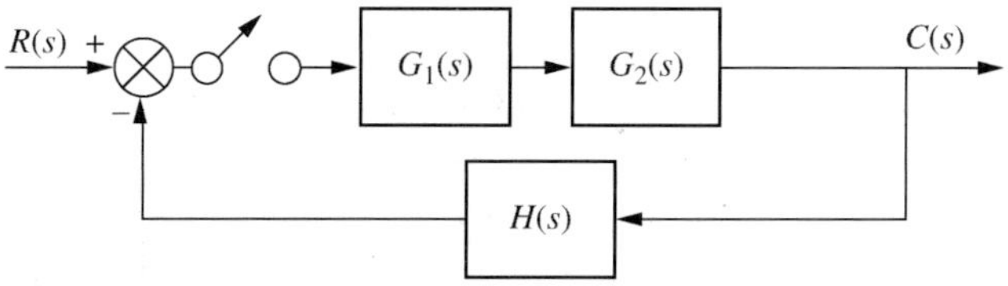

그림 13.11
숙련예제 13.4의 디지털 시스템

풀이 $T(z) = \dfrac{G_1G_2(z)}{1 + HG_1G_2(z)}$

풀이 과정은 www.wiley.com/go/Nise/ControlSystemsEngineering8e 웹페이지를 참조하라.

이 절은 5장에서 다뤘던 내용을 샘플 데이터 시스템에 적용시켰으며, 다음 절에서는 샘플 데이터 시스템의 안정도에 대해서 다루고자 하는데 6장의 내용과 유사하다.

13.6 안정도

아날로그 피드백 제어 시스템과는 달리 그림 13.12와 같은 디지털 피드백 제어 시스템에서는 샘플링 비에 따라 과도 응답 특성이 달라진다. 샘플링 주파수가 변하면 시스템은 과감쇠에서 미흡 감쇠로 응답 특성이 바뀔 뿐만 아니라 안정한 시스템에서 불안정한 시스템으로 변할 수 있다. 이와 같은 특성에 대해서는 뒤에서 자세하게 언급할 것이다.

그림 13.12 두꺼운 금속판을 자르는 컴퓨터 제어 토치

디지털 시스템의 안정도는 (1) z-평면과 (2) s-평면에서 조사해 볼 수 있는데, Routh-Hurwitz 안정도 판별법은 s-평면상에서의 해석과 설계에만 사용되어짐을 알게 될 것이다.

z-평면에서의 디지털 시스템의 안정도

s-평면에서 시스템이 안정되기 위한 영역은 s-평면의 좌반면이다. 전달 함수 $G(s)$가 샘플 데이터 시스템의 전달 함수 $G(z)$로 변환되면, z-평면에서 시스템이 안정되기 위한 영역은 $z = e^{Ts}$로 결정된다.

$s = \alpha + j\omega$로 놓으면

$$\begin{aligned} z = e^{Ts} &= e^{T(\alpha + j\omega)} = e^{\alpha T}e^{j\omega T} \\ &= e^{\alpha T}(\cos\omega T + j\sin\omega T) \\ &= e^{\alpha T}\angle\omega T \end{aligned} \tag{13.47}$$

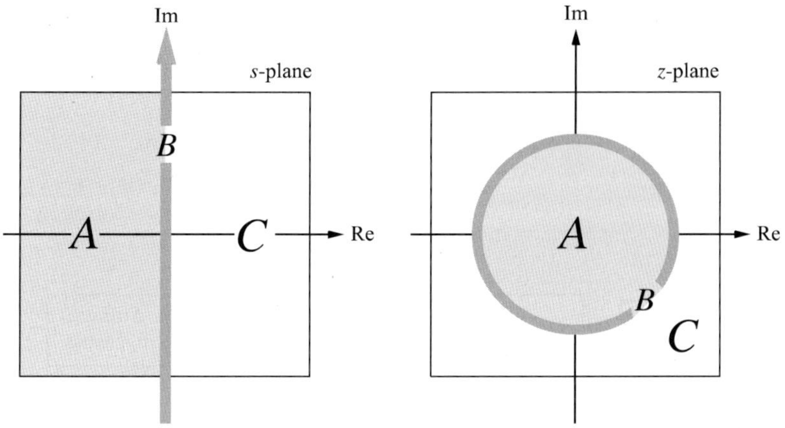

그림 13.13 s-평면 영역과 z-평면 영역의 대응 관계

여기서 $(\cos\omega T + j\sin\omega T) = 1\angle\omega T$이다.

그림 13.13과 같이, s-평면의 각 영역은 z-평면의 해당 영역으로 대응된다. s-평면에서 $\alpha > 0$인 영역은 s-평면의 우반면인 C영역이고, 식 (13.47)로부터 $e^{\alpha T} > 1$이 된다. 따라서 s-평면의 우반면은 z-평면에서 단위원 밖의 영역으로 대응된다.

s-평면에서 $j\omega$축인 B 영역에서는 $\alpha = 0$이 되고, 이 영역은 z-평면의 단위원 원 주위의 영역으로 대응된다. s-평면에서 $\alpha < 0$인 영역은 s-평면의 좌반면인 A영역이고, 이 영역은 z-평면에서 단위원 안쪽 영역으로 대응된다.

따라서 디지털 제어 시스템은 폐루프 시스템의 전달 함수 $T(z)$의 모든 극점이 (1) z-평면에서 단위원 안쪽에 있으면 안정하고, (2) 극점 중의 어느 하나라도 단위원 밖에 있으면 불안정하며, (3) 극점 중의 일부가 단위원 원주위에 있고 나머지는 모두 단위원 내에 있으면 임계 안정하다.

예제 13.6 모델링과 안정도

문제 그림 13.14(a)의 미사일은 몸체에 부착된 제어판을 가변시켜 발생되는 토오크에 의해 공기 역학적으로 제어될 수 있다. 추적 데이터와 미사일이 원하는 궤도를 따라 비행하는지를 결정하는 유도 방정식 프로그램을 이용하여 컴퓨터가 제어판을 가변시키기 위한 명령을 내보낸다. 따라서 미사일의 비행 제어 명령은 유도방정식으로부터 얻어진다. 그림 13.14(b)는 미사일 제어 모델이며 제어기 역할을 하는 컴퓨터는 추적 데이터를 이용하여 미사일 제어 입력을 결정한다. 미사일의 가속도는 가속도 센서에 의해 측정되어 컴퓨터로 피드백된다. 이 시스템에 대한 디지털 폐루프 전달 함수를 구하고, 샘플링 간격이 $T = 0.1s$일 때, $K = 20$과 $K = 100$에서 이 시스템의 안정도를 판별하라.

풀이 제어 시스템 입력은 컴퓨터로부터 출력되는 가속도 명령이다. 컴퓨터는 샘플-홀드 회로로 모델링되며, s-평면에서의 제어 시스템 등가 모델은 그림 13.13(c)와 같다. z-변환된 순방향 경로 전달 함수 $G(z)$를 구해 보자. 그림 13.14(c)에서

$$G(s) = \frac{1 - e^{-Ts}}{s}\frac{Ka}{s(s+a)} \tag{13.48}$$

여기서 $a = 27$이다. 이 함수에 대한 z-변환 $G(z)$는 $(1 - z^{-1})z\{Ka/[s^2(s+a)]\}$로 되며, 함수 $Ka/s^2(s+a)$에 대한 z-변환을 구하면 된다.

부분 분수로 전개하고 표 13.1을 이용하여 z-변환하면

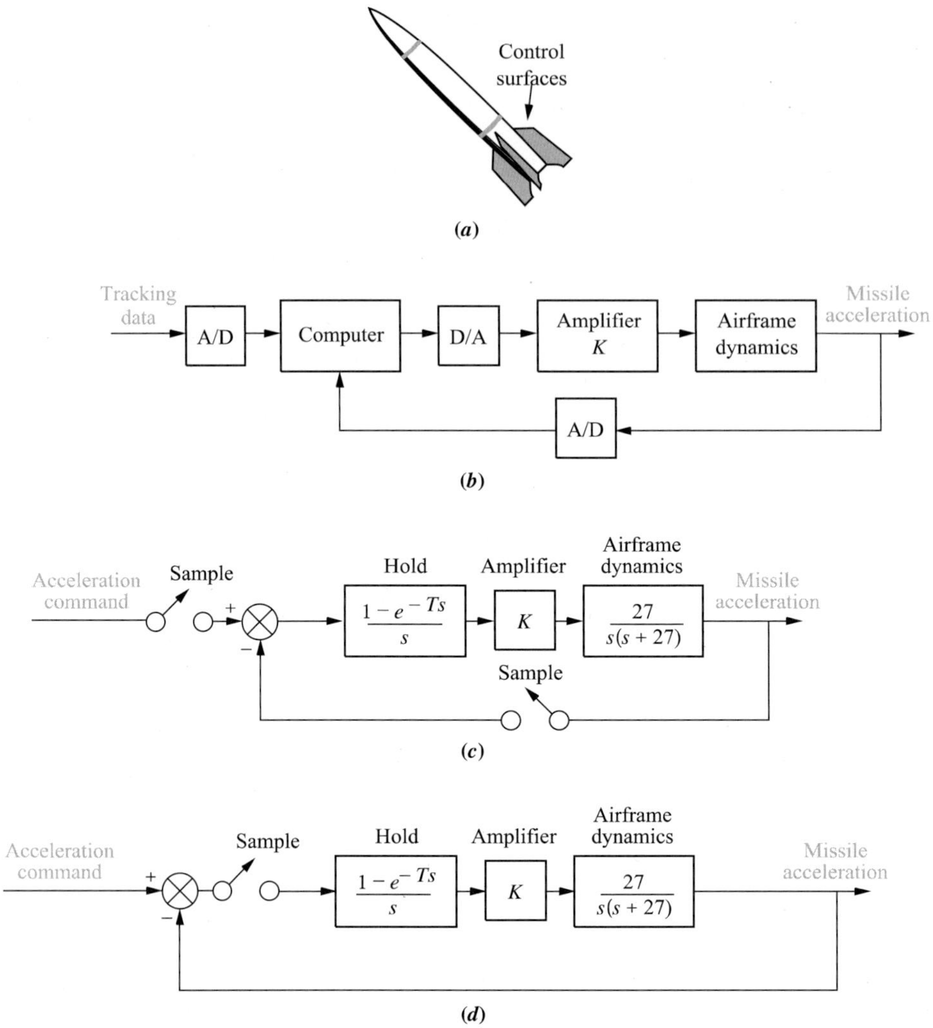

그림 13.14 미사일 제어 시스템의 안정도 판별 a. 미사일 b. 개념도 c. 블록선도 d. 등가 샘플 장치로 표현된 블록선도

$$
\begin{aligned}
z\left\{\frac{Ka}{s^2(s+a)}\right\} &= Kz\left\{\frac{a}{s^2(s+a)}\right\} = Kz\left\{\frac{1}{s^2}-\frac{1/a}{s}+\frac{1/a}{s+a}\right\} \\
&= K\left\{\frac{Tz}{(z-1)^2}-\frac{z/a}{z-1}+\frac{z/a}{z-e^{-aT}}\right\} \\
&= K\left\{\frac{Tz}{(z-1)^2}-\frac{(1-e^{-aT})z}{a(z-1)(z-e^{-aT})}\right\}
\end{aligned}
\tag{13.49}
$$

이 되므로, $G(z)$는 다음과 같다.

$$
G(z) = K\left\{\frac{T(z-e^{-aT})-(z-1)\left(\dfrac{1-e^{-aT}}{a}\right)}{(z-1)(z-e^{-aT})}\right\} \tag{13.50}
$$

샘플링 간격이 $T=0.1$이고, $a=27$이므로 식 (13.50)은

$$
G(z) = \frac{K(0.0655z+0.02783)}{(z-1)(z-0.0672)} \tag{13.51}
$$

로 된다.

이제 단위 피드백 시스템에 대한 폐루프 전달 함수 $T(z)$를 구하면 다음과 같다.

$$T(z) = \frac{G(z)}{1+G(z)} = \frac{K(0.0655z + 0.02783)}{z^2 + (0.0655K - 1.0672)z + (0.02783K + 0.0672)} \tag{13.52}$$

시스템 안정도는 식 (13.52)의 분모항의 근을 구함으로써 알 수 있다. $K = 20$일 때, 분모항의 근은 $0.12 \pm j0.78$이 되어 모두 단위원 내에 있으므로 시스템은 안정하다. 그러나 $K = 100$일 때는 근이 -0.58과 -4.9가 되므로, 한 개의 근이 단위원 밖에 있게 된다. 따라서 시스템은 불안정하다.

부록 B의 프로그램 ch13apB5는 예제 13.6에 대한 MATLAB 프로그램으로 이 프로그램을 통하여 디지털 시스템이 안정하기 위한 K값의 범위를 결정하는 방법을 이해하게 된다. MATLAB ML

연속 시간 시스템의 경우, 폐루프 시스템의 전달 함수의 극점이 s-평면의 좌반면에 있는지의 여부로 안정도를 판별한다. 그러나 고차 시스템의 경우 전달 함수의 분모항이 고차 다항식이 되어 쉽게 인수 분해되지 않기 때문에 안정도 판별이 용이하지 않으며, 이것은 샘플 데이터 시스템에서도 마찬가지이다.

연속 시간 시스템에서 사용되는 Routh-Hurwitz 안정도 판별법과 유사한 샘플 데이터 시스템에 적용되는 안정도 판별법으로 Raible 판별법과 Jury 판별법이 있는데 여기서는 생략하기로 한다. 좀 더 깊이 공부하고자 하면 전문 서적을 참고하기 바란다.[2]

다음 예제에서는 샘플링 주파수가 폐루프 피드백 제어 시스템의 안정도에 미치는 영향에 대해 알아보기로 한다. 샘플링 간격 T를 제외한 모든 파라미터는 상수로 가정한다. 순방향 경로 이득 K를 변화시켜 시스템이 안정한 범위를 정하는 것과 같이 T를 변화시켜 안정하기 위한 T의 범위를 정하기로 한다.

예제 13.7

문제 그림 13.15의 시스템이 안정하기 위한 샘플링 간격 T의 범위를 구하라.

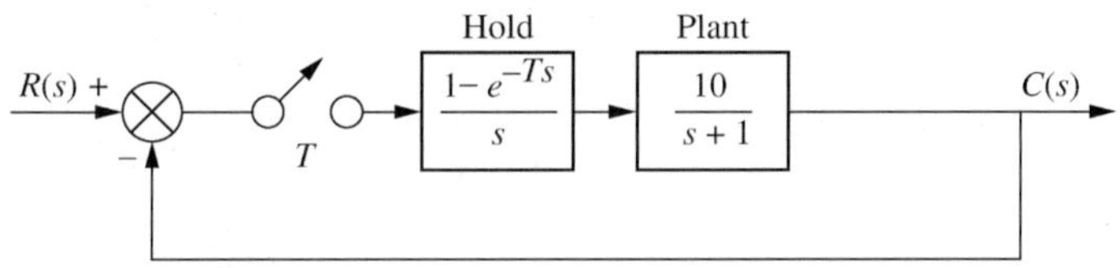

그림 13.15 예제 13.7의 디지털 시스템

풀이 피드백 함수 $H(s) = 1$이므로, 폐루프 시스템의 z-변환 전달 함수 $T(z)$는 그림 13.10으로부터 다음과 같다.

$$T(z) = \frac{G(z)}{1+G(z)} \tag{13.53}$$

함수 $G(z)$를 구하기 위해 $G(s)$를 부분 분수로 전개하면

$$G(s) = 10\frac{1-e^{-Ts}}{s(s+1)} = 10(1-e^{-Ts})\left(\frac{1}{s} - \frac{1}{s+1}\right) \tag{13.54}$$

2 Raible 판별법과 Jury 판별법은 Kuo(1980 : 278–86)를 참조하기 바란다.

이므로, z-변환시키면 다음과 같다.

$$G(z) = \frac{10(z-1)}{z}\left[\frac{z}{z-1} - \frac{z}{z-e^{-T}}\right] = 10\frac{(1-e^{-T})}{(z-e^{-T})} \tag{13.55}$$

식 (13.55)를 식 (13.53)에 대입하면

$$T(z) = \frac{10(1-e^{-T})}{z-(11e^{-T}-10)} \tag{13.56}$$

로 된다.

식 (13.56)의 극점 $11e^{-T}-10$은 $0 < T < 0.2$의 범위에서 +1에서 -1로 단조 감소하고, $0.2 < T < \infty$의 범위에서는 -1에서 -10으로 단조 감소한다. 따라서, $0 < T < 0.2$의 범위에서는 $T(z)$의 극점이 단위원 내에 있게 되므로, 이 시스템은 안정된다. 즉, 샘플링 주파수 $f = 1/T = 1/0.2 = 5\,\text{Hz}$ 이상으로 취해주면 시스템은 안정된다.

살펴본 바와 같이 z-평면에서 샘플 데이터 시스템의 극점이 단위원 내에 있을 때는 안정하다. 그러나 불행하게도 안정도 판별법은 단위원 외부의 극점을 찾을 수 있으나, Routh-Hurwitz 판별법과 같이 s-평면의 우반면에 존재하는 근을 찾아 안정도를 판별할 수는 없다. 다음에 설명하는 또 다른 방법은 s-평면에서 Routh-Hurwitz 판별법을 사용하여 샘플 데이터 시스템의 안정도를 판별할 수 있게 한다.

쌍선형 변환(Bilinear Transformation)

쌍선형 변환으로 s-평면에서의 시스템 해석과 설계를 디지털 시스템에 적용할 수 있다. 8장과 9장에서와 같이 s-평면에서 시스템을 해석하고 설계하며, 이를 쌍선형 변환하여 동일한 특성을 가진 디지털 시스템으로 변환시킬 수 있다.

$z = e^{Ts}$로 두면, z와 s간의 관계로서 역으로 표시하면, $s = (1/T)\ln z$이다. 따라서 $z = e^{Ts}$로 두면, 함수 $G(z)$를 s-평면에서 $G(e^{Ts})$로 변환할 수 있다. 또한, $s = (1/T)\ln z$ 로 두면, $G(s)$를 z-평면에서 $G((1/T)\ln z)$로 변환할 수 있다. 하지만 z-변환이 좀더 복잡해 진다.

s와 z 사이의 복잡한 z-변환 과정 없이 직접 대치할 수 있는 일차 관계로 표현한 쌍선형 변환의 형태는 다음과 같다.

$$z = \frac{as+b}{cs+d} \tag{13.57}$$

그 역은

$$s = \frac{-dz+b}{cz-a} \tag{13.58}$$

이다. a, b, c, d는 특정한 적용 분야에 따라 그리고 연속 함수와 샘플 함수의 특성을 따라 정확도를 달리하여 유도된다.

예를 들면, 다음 절에서 특정 계수는 단위원 내부의 임의의 한 점을 $j\omega$ 축 위로 대응시킴을 볼 수 있다. 단위원 외부의 점들은 s-평면에서 우반면은 대응되며, 단위원 내의 점들은 s-평면에서 좌반면에 대응된다. 따라서 디지털 시스템의 안정도를 단순하게 z-평면과 s-평면의 변환을 통해서 s-평면에서 판별할 수 있다.

변환의 부정확성으로 인해 $G(s)$의 과도 응답이 $G(z)$의 과도 응답과 동일하다고는 할 수 없으며, 함수의 특성을 유지시키기 위해서 다른 변환을 사용해야 한다.

s-평면에서 디지털 시스템의 안정도

이 절에서는 s-평면에서 $j\omega$ 축상의 점들을 z-평면에서 단위원 내로 대응시키고, s-평면의 우반면의 점들이 z-평면의 단위원 외부로 대응시키는 쌍선형 변환을 살펴본다.

결국, s-평면에서 좌반면의 점들은 z-평면의 단위원 내로 대응되며, 펄스 전달 함수의 분모 다항식 $D(z)$가 연속 전달 함수의 분모 다항식 $D(s)$로 변환되어, Routh-Hurwitz 판별법을 사용하여 안정도를 판별할 수 있다.

쌍선형 변환을 표시하면 다음과 같으며,

$$\boxed{s = \frac{z+1}{z-1}} \tag{13.59}$$

그 역은

$$\boxed{z = \frac{s+1}{s-1}} \tag{13.60}$$

로 된다.

요구되는 변환(Kuo, 1992)를 수행하기 위해, $s = \alpha + j\omega$로 두고 식 (13.60)에 대입하면

$$z = \frac{(\alpha+1)+j\omega}{(\alpha-1)+j\omega} \tag{13.61}$$

이 된다. 다시 정리하면,

$$|z| = \frac{\sqrt{(\alpha+1)^2+\omega^2}}{\sqrt{(\alpha-1)^2+\omega^2}} \tag{13.62}$$

따라서,

$$|z| < 1 \quad \text{when } \alpha < 0 \tag{13.63a}$$

$$|z| > 1 \quad \text{when } \alpha > 0 \tag{13.63b}$$

$$|z| = 1 \quad \text{when } \alpha = 0 \tag{13.63c}$$

로 된다.

다음의 예제는 쌍선형 변환과 Routh-Hurwitz 판별법을 사용하여 샘플 데이터 시스템의 안정도를 판별하는 법을 설명한다.

예제 13.8 Routh-Hurwitz 판별법을 사용한 안정도 판별

문제 전달 함수 $T(z) = N(z)/D(z)$의 분모 다항식 $D(z) = z^3 - z^2 - 0.2z + 0.1$일 때, Routh-Hurwitz 판별법을 사용하여 $T(z)$의 극점이 z-평면에서 단위원 내・외부 혹은 단위원 원주상에 몇 개가 존재하는지 알아보라. 시스템은 안정한가?

풀이 식 (13.60)을 $D(z) = 0$에 대입하면[3]

$$s^3 - 19s^2 - 45s - 17 = 0 \tag{13.64}$$

로 된다.

3 Symbolic MATLAB 툴박스를 사용하면, 쉽게 변환을 수행할 수 있다.

표 (13.3)은 s-평면 우반면에 한 개의 근이 존재하며 좌반면에 두 개의 근이 존재함을 알 수 있다. 따라서 $T(z)$는 한 개의 극점이 단위원 외부에 존재하며, 단위원 내에 두 개의 극점이 존재함을 알 수 있다. 한 개의 극점이 단위원 외부에 존재하므로 이 시스템은 불안정하다.

표 13.3 예제 13.8의 Routh 표

s^3	1	−45
s^2	19	−17
s^1	−45.89	0
s^0	−17	0

숙련예제 13.5

문제 시스템이 그림 13.16과 같을 때, 시스템이 안정하기 위한 샘플링 간격 T의 범위를 구하라.

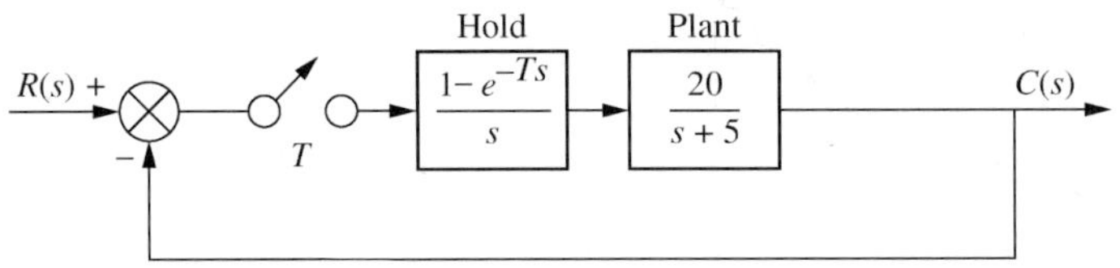

그림 13.16 숙련예제 13.5의 디지털 시스템

풀이 $0 < T < 0.1022$

풀이 과정은 www.wiley.com/go/Nise/ControlSystemsEngineering8e 웹페이지를 참조하라.

숙련예제 13.6

문제 전달 함수 $T(z) = N(z)/D(z)$의 분모 다항식 $D(z) = z^3 - z^2 - 0.5z + 0.3$일 때, Routh-Hurwitz 판별법을 사용하여 $T(z)$의 극점이 평면이 z−평면에서 단위원 내 · 외부 혹은 단위원 원주상에 몇 개가 존재하는지 알아보라. 시스템은 안정한가?

풀이 한 개의 극점이 단위원 외부에 존재하며 단위원 내에 두 개의 극점이 존재하므로 시스템은 불안정하다.

풀이 과정은 www.wiley.com/go/Nise/ControlSystemsEngineering8e 웹페이지를 참조하라.

이 절에서는 디지털 시스템의 안정도를 z-평면과 s-평면에서 살펴보았는데 쌍선형 변환을 사용하여 안정도를 판별함에 있어서 Routh-Hurwitz 판별법을 사용하였다. 샘플링 주파수가 시스템 안정도에 영향을 미침을 확인하였으며 일반적으로 샘플링 비가 너무 낮으면 폐루프 디지털 시스템은 불안정하게 된다. 다음 절에서는 정상상태오차에 대해 설명하기로 한다.

13.7 정상 상태 오차

이 절에서는 샘플링이 디지털 시스템에 미치는 영향에 대해 알아보기로 한다. 샘플 회로가 루프 내의 어디에 위치하느냐에 따라 정상 상태 오차가 달라지기 때문에 일반적인 결론을 얻기는 어렵다. 아날로그 시스템에서는 개루프 전달 함수가 항상 $G(s)$이기 때문에 정상 상태 오차가 정의된 오차 상수에 의해 결정되었으나, 디지털 시스템에서는 샘플 회로가 어디에 위치하느냐에 따라 개루프 전달 함수가 달라지므로 정상 상태 오차도 달라지게 된다. 따라서 여기서는 제어기 앞쪽의 오차 신호를 샘플링 하도록 샘플 회로를 삽입하는 것으로 가정 하고 디지털 시스템의 정상 상태 오차를 구하기로 한다.

그림 13.17(a)와 같이 디지털 컴퓨터를 샘플 회로 및 0차 홀드로 나타낸 디지털 시스템을 생각해 보자. 여기서 공정의 전달 함수는 $G_1(s)$이고, z.o.h.의 전달 함수는 $(1-e^{-Ts})/s$이다. z.o.h.와 $G_1(s)$의 곱을 $G(s)$라 하고 샘플 데이터 시스템의 블록선도를 간략화하면, 샘플된 오차 $E^*(s)=E(z)$를 구할 수 있다. 그림 13.17(b)와 같이 입력과 피드백 회로에 서로 동기되는 샘플 회로를 삽입하고, 그림 13.17(c)와 같이 변형시킨다. 그림 13.9(a)를 이용하면 각 블록을 z-변환시킬 수 있으며, 그림 13.17(d)와 같다.

이 결과로부터 $E(z)=R(z)-E(z)G(z)$ 또는

$$E(z)=\frac{R(z)}{1+G(z)} \tag{13.65}$$

로 된다.

한편, 이산신호에 대한 최종치 정리는 다음과 같다.

$$e^*(\infty)=\lim_{z\to 1}(1-z^{-1})E(z) \tag{13.66}$$

여기서 $e^*(\infty)$는 $e(t)$의 샘플 신호 $e(kT)$[4]의 최종치이다.

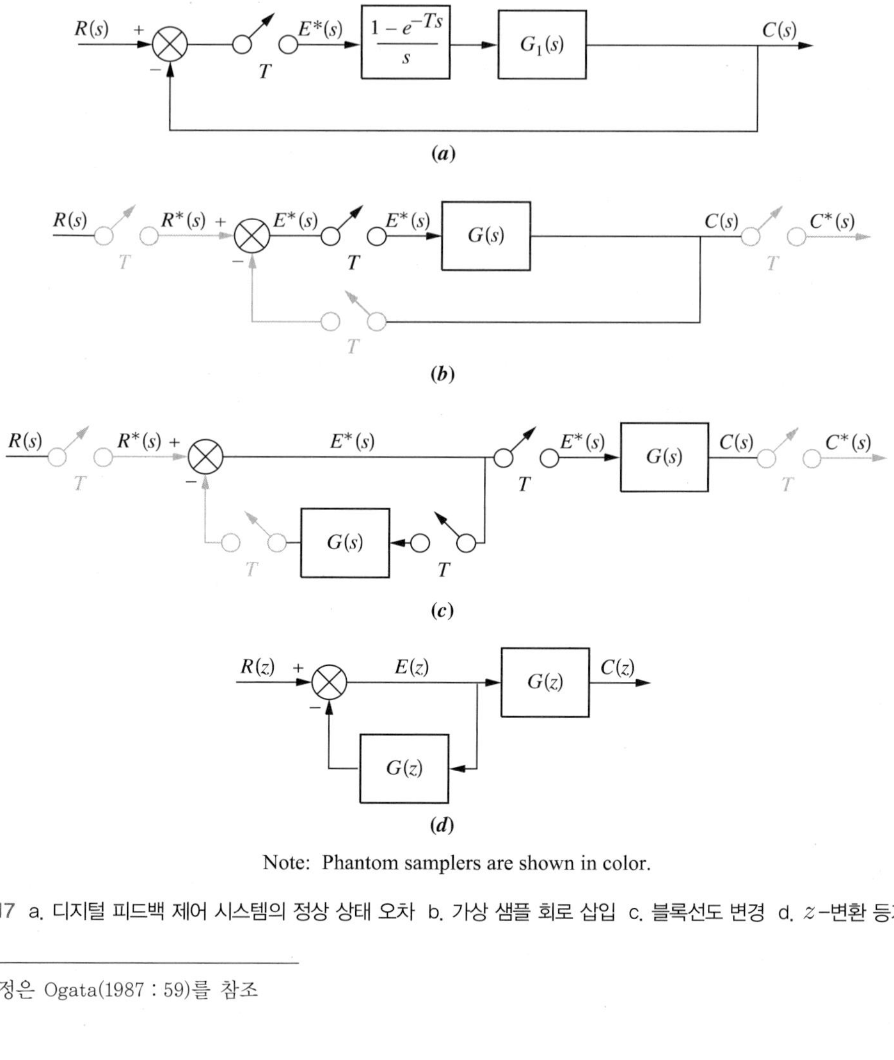

그림 13.17 a. 디지털 피드백 제어 시스템의 정상 상태 오차 b. 가상 샘플 회로 삽입 c. 블록선도 변경 d. z-변환 등가 시스템

4 유도과정은 Ogata(1987 : 59)를 참조

식 (13.57)에 최종치 정리를 적용하면 다음과 같이 단위 부-피드백 시스템에 대한 샘플된 정상 상태 오차를 구할 수 있다.

$$e^*(\infty) = \lim_{z \to 1}(1 - z^{-1})E(z) = \lim_{z \to 1}(1 - z^{-1})\frac{R(z)}{1 + G(z)} \tag{13.67}$$

여기서 입력이 각각 계단, 램프와 포물선일 때의 정상 상태 오차를 구할 수 있다.

단위 계단 입력

표 13.1로부터 단위 계단 입력은

$$R(z) = \frac{z}{z - 1} \tag{13.68}$$

이므로, 식 (13.68)을 식 (13.67)에 대입하면 정상 상태 오차는 다음과 같다.

$$e^*(\infty) = \frac{1}{1 + \lim_{z \to 1} G(z)} \tag{13.69}$$

오차 상수 K_p를

$$\boxed{K_p = \lim_{z \to 1} G(z)} \tag{13.70}$$

로 정의하면, 식 (13.69)는 다음과 같이 나타낼 수 있다.

$$\boxed{e^*(\infty) = \frac{1}{1 + K_p}} \tag{13.71}$$

단위 램프 입력

단위 램프 입력은 $R(z) = Tz/(z-1)^2$로 표시되며, 정상 상태 오차는 다음과 같다.

$$\boxed{e^*(\infty) = \frac{1}{K_v}} \tag{13.72}$$

여기서

$$\boxed{K_v = \frac{1}{T}\lim_{z \to 1}(z - 1)G(z)} \tag{13.73}$$

로 된다.

단위 포물선 입력

단위 포물선 입력은 $R(z) = T^2 z(z+1)/[2(z-1)^3]$로 표시되며, 마찬가지 방법에 의해

$$\boxed{e^*(\infty) = \frac{1}{K_a}} \tag{13.74}$$

로 되며

$$K_a = \frac{1}{T^2}\lim_{z\to 1}(z-1)^2 G(z) \tag{13.75}$$

이다.

정상 상태 오차에 대한 요약

앞에서 얻은 $e^*(\infty)$, K_p, K_v와 K_a에 관한 식은 아날로그 시스템에서 얻은 식과 유사하다. 아날로그 시스템의 경우 극점이 s-평면의 원점에 다중으로 존재하면 정상 상태 오차가 0이 되었는데, 디지털 시스템에서도 극점이 $z=1$에 다중으로 존재하면 정상 상태 오차가 0이 된다. 이것은 $s=0$이 $z=e^{Ts}$의 관계에서 $z=1$로 대응되기 때문이다.

예를 들어 단위 계단 입력에 대해 식 (13.73)의 $G(z)$이 $z=1$인 이중의 극점을 가지면, 정상 상태 오차는 0이 된다. 단위 램프 함수 입력인 경우에는 식(13.75)의 $G(z)$이 $z=1$인 이중의 극점을 가지면, 정상 상태 오차는 0이 된다. 포물선 입력에 대해 식 (13.67)에서 같은 결과를 얻을 수 있는데 이 경우에는 $G(z)$이 $z=1$인 삼중의 극점을 가져야 오차가 0이 된다. 다음 예를 살펴보자.

예제 13.9 정상 상태 오차 계산

문제 그림 13.17(a)의 피드백 제어 시스템에서

$$G_1(s) = \frac{10}{s(s+1)} \tag{13.76}$$

일 때, 계단, 램프와 포물선 입력에 대해 정상 상태 오차를 구하라.

풀이 공정과 z.o.h.의 전달 함수의 곱인 $G(s)$는

$$G(s) = \frac{10(1-e^{-Ts})}{s^2(s+1)} = 10(1-e^{-Ts})\left[\frac{1}{s^2}-\frac{1}{s}+\frac{1}{s+1}\right] \tag{13.77}$$

이므로 이것을 z-변환시키면

$$\begin{aligned} G(z) &= 10(1-z^{-1})\left[\frac{Tz}{(z-1)^2}-\frac{z}{z-1}+\frac{z}{z-e^{-T}}\right] \\ &= 10\left[\frac{T}{z-1}-1+\frac{z-1}{z-e^{-T}}\right] \end{aligned} \tag{13.78}$$

로 된다.

단위 계단 입력에 대해

$$K_p = \lim_{z\to 1} G(z) = \infty; \qquad e^*(\infty) = \frac{1}{1+K_p} = 0 \tag{13.79}$$

이고, 단위 램프 입력에 대해

$$K_v = \frac{1}{T}\lim_{z\to 1}(z-1)G(z) = 10; \qquad e^*(\infty) = \frac{1}{K_v} = 0.1 \tag{13.80}$$

이며, 단위 포물선 입력에 대해

$$K_a = \frac{1}{T^2}\lim_{z\to 1}(z-1)^2 G(z) = 0; \qquad e^*(\infty) = \frac{1}{K_a} = \infty \tag{13.81}$$

로 된다.

이 결과들은 아날로그 시스템에서 얻은 결과들과 같음을 확인할 수 있다. 그러나 안정도가 샘플링 간격에 좌우되기 때문에, 정상 상태 오차를 구하기 전에 주어진 샘플링 간격에 대해 안정도를 확인하여야 한다.

MATLAB ML

부록 B에 있는 프로그램 ch13apB6는 예제 13.9에 대한 MATLAB 프로그램으로 이 프로그램을 통하여 안정도를 확인할 뿐만 아니라, 디지털 시스템의 K_p, K_v와 K_a를 구하는 방법을 이해하게 된다.

숙련예제 13.7

문제 그림 13.17(a)의 피드백 제어 시스템에서

$$G_1(s) = \frac{20(s+3)}{(s+4)(s+5)}$$

일 때, 계단, 램프와 포물선 입력에 대해 정상 상태 오차를 구하라.
여기서 $T = 0.1\,\text{s}$, $T = 0.5\,\text{s}$ 의 각각의 경우에 대해서 반복하라.

풀이 $T = 0.1\,\text{s}$, $K_p = 3$, $K_v = 0$ 그리고 $K_a = 0$, $T = 0.5\,\text{s}$ 일 때, 시스템은 불안정하다.

풀이 과정은 www.wiley.com/go/Nise/ControlSystemsEngineering8e 웹페이지를 참조하라.

이 절에서 우리는 계단, 램프와 포물선 입력을 갖는 디지털 시스템의 정상 상태 오차 구하는 방법에 대해 공부하였다. 정상 상태 오차 방정식은 아날로그 시스템의 경우와 일치하며 오차 상수의 정의도 유사하다. 정상 상태 오차를 개선하기 위해서는 아날로그 시스템인 경우 $s=0$인 극점을 가져야 하나, 디지털 시스템인 경우에는 $z=1$인 극점을 가져야 한다. 다음 절에서는 디지털 시스템에 대한 과도 응답의 해석과 근궤적에 대해 다루기로 한다.

13.8 z-평면에서 과도 응답

아날로그 시스템에서는 원하는 과도 응답 특성을 갖도록 하기 위해서 폐루프 시스템의 극점을 원하는 곳에 배치시켰다. 8장에서 이미 폐루프 시스템의 극점이 기존의 근궤적 위에 있으면, 이득 조정만으로 설계 목적이 완성됨을 보였다. 만일 폐루프 시스템의 극점이 기존 근궤적 위에 있지 않으면, 근궤적이 원하는 극점을 지나도록 하기 위해서 종속 보상기를 삽입하고 이득 조정으로 설계를 마무리한다.

다음 두 절에서는 아날로그 시스템에 적용하였던 방법을 디지털 시스템에 적용시키며 이득 조정 방법만을 다루기로 한다. 좀 더 복잡한 설계 방법에 대해서는 다른 과정에서 상세히 배우기 바란다.

4장에서는 과도 응답과 s-평면에서 극점의 위치 사이의 관계를 설명하였는데 같은 정착 시간을 갖는 점들을 연결하면 s-평면에서 허수축에 평행한 수직선이 되고, 실수축에 평행한 수평선에서는 최고값 시간이 같게 된다. 원점을 지나는 사선은 %오버슈트가 같은 점을 연결한 직선이다. z-평면에서도 같은 결론을 얻기 위해서 이 직선들을 $z = e^{sT}$의 변환을 통하여 z-평면에 대응시키기로 한다.

s-평면에서 정착 시간이 같은 수직선 위의 s값은 $s = \sigma 1 + j\omega$ 이며, 실수값 $\sigma_1 = -4/Ts$는 음의 상수이다. 이 s값 $s = \sigma_1 + j\omega$를 $z = e^{sT}$에 대입하면,

$$z = e^{\sigma_1 T} e^{j\omega T} = r_1 e^{j\omega T} \tag{13.82}$$

가 되는데 이것은 반지름이 r_1인 원을 나타낸다. 실수값 σ_1이 양수이면 원은 단위원보다 크고, σ_1이 음수이면 단위원보다 작게 된다. 정착 시간/샘플링 간격 값을 변화시키면서 그린 원들은 그림 13.18과 같으며, $e^{\sigma_1 T} = e^{-4/(T_s/T)}$이 된다. 또한 $T_s/T = -4/\ln(r)$이 되며, r은 원의 반지름이다.

s-평면에서 동일 최고값 시간을 갖는 수평선 위의 s값은 $s = \sigma + j\omega_1$이며, 허수값 $\omega_1 = \pi/T_p$은 상수이다. 이 s값 $s = \sigma + j\omega_1$을 $z = e^{sT}$에 대입하면,

$$z = e^{\sigma T} e^{j\omega_1 T} = e^{\sigma T} e^{j\theta_1} \tag{13.83}$$

가 되는데, 이것은 각도가 θ_1인 사선을 나타낸다. 사선에서 σ가 음수이면 단위원 안쪽 부분이 되고, σ가 양수이면 단위원 바깥쪽 부분이 된다. 최고값 시간/샘플링 간격 값을 변화시키면서 그린 사선들은 그림 13.18과 같으며, 각 사선의 각도는 $\omega_1 T = \theta_1 = \pi/(T_p/T)$이고, $T_p/T = \pi/\theta_1$이다.

끝으로 s-평면에서 같은 %오버슈트를 갖는 사선을 z-평면에 대응시켜 보자. 그림 13.19로부터 이들 사선은

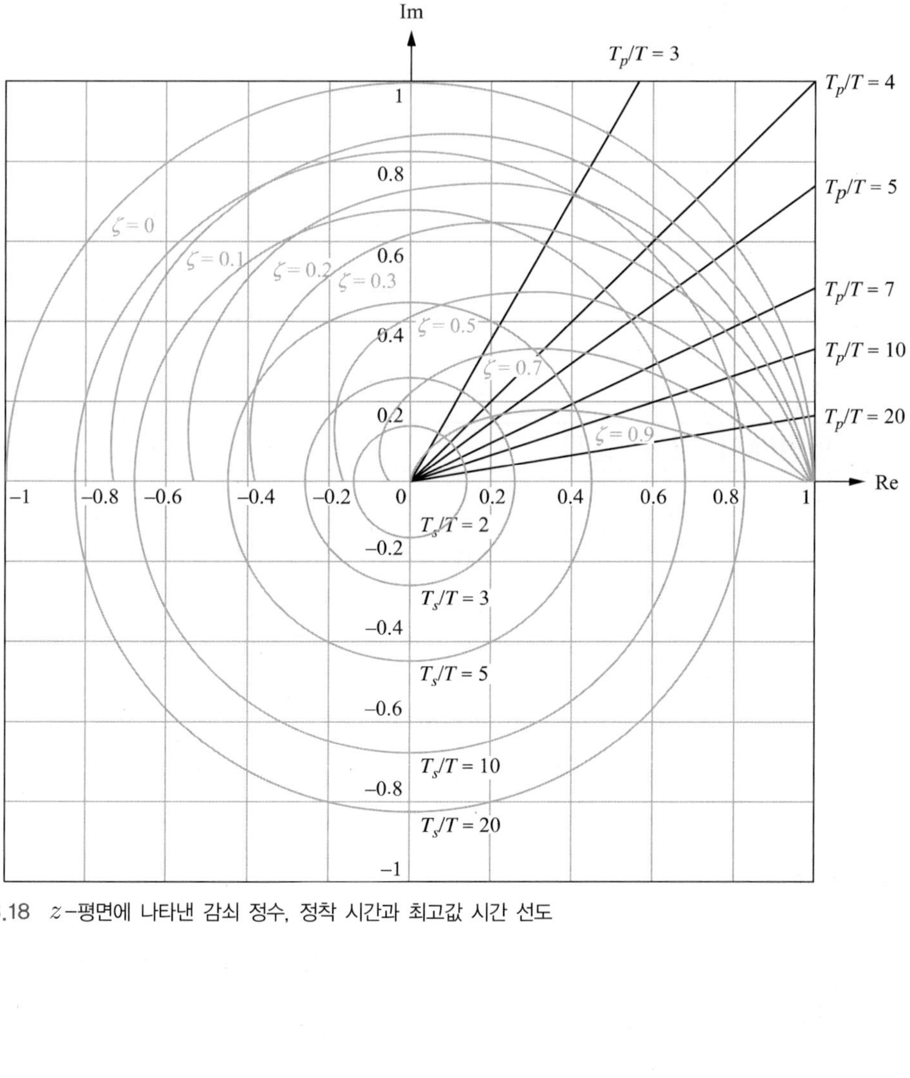

그림 13.18 z-평면에 나타낸 감쇠 정수, 정착 시간과 최고값 시간 선도

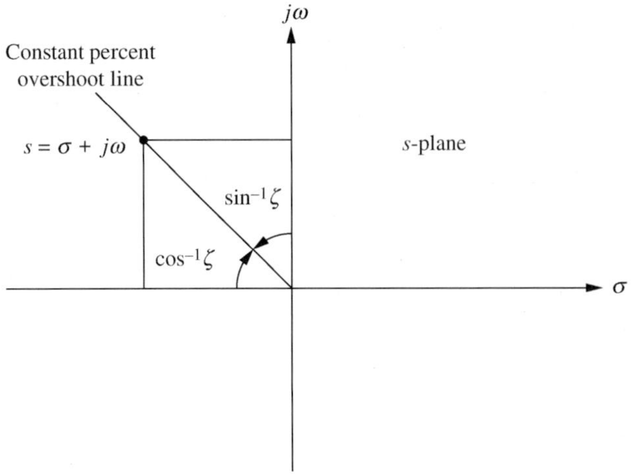

그림 13.19 s-평면에 나타낸 %오버슈트 사선

$$\frac{\sigma}{\omega} = -\tan(\sin^{-1}\zeta) = -\frac{\zeta}{\sqrt{1-\zeta^2}} \tag{13.84}$$

이므로, 다음 식을 얻을 수 있다.

$$s = \sigma + j\omega = -\omega\frac{\zeta}{\sqrt{1-\zeta^2}} + j\omega \tag{13.85}$$

식 (13.85)을 z-평면으로 대응시키면 다음과 같다.

$$z = e^{sT} = e^{-\omega T(\zeta/\sqrt{1-\zeta^2})}e^{j\omega T} = e^{-\omega T(\zeta/\sqrt{1-\zeta^2})}\angle\omega T \tag{13.86}$$

감쇠 상수가 정해질 때, ωT를 변화시키면서 식 (13.86)을 z-평면에 나타내면 그림 13.18의 곡선이 된다. 이 절에서는 디지털 시스템의 과도 응답 특성을 해석하였으며, 다음 절에서 근궤적을 이용하여 이 결과를 디지털 시스템에 적용시키기로 한다.

13.9 z-평면에서 이득 설계

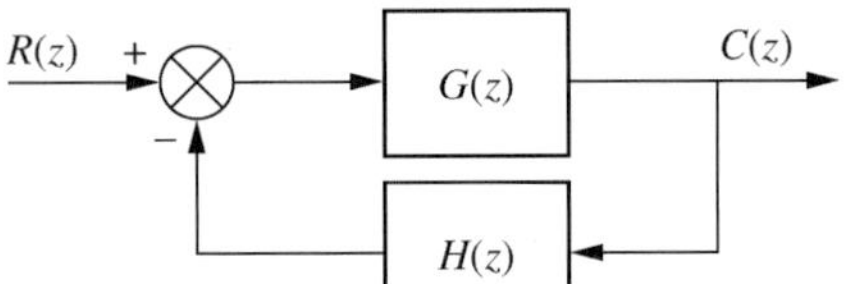

그림 13.20 디지털 피드백 시스템

이 절에서는 근궤적도를 그리고, 시스템이 안정하기 위한 이득 범위의 결정 및 원하는 과도 응답을 갖기 위한 이득 선정 방법에 대해 설명하기로 한다. 그림 13.20의 디지털 시스템에 대한 개루프 및 폐루프 전달 함수는 s 대신 z를 사용하는 것을 제외하면 아날로그 시스템의 경우와 같으므로, 아날로그 시스템에서 근궤적도 그리는 방법을 적용시킬 수 있다.

그러나 이미 언급한 바와 같이 시스템이 안정하기 위한 영역이 s-평면에서는 평면의 좌반면이지만, z-평면에서는 단위원 안쪽이므로 안정도를 판별하기 위해서는 근궤적이 단위원과 교차하는 점을 찾아야 한다.

디지털 시스템이 원하는 과도 응답을 갖도록 설계하기 위해서는 z-평면에 나타낸 그림 13.18의 각 선도와 근궤적이 교차하는 점을 찾아야 한다. 다음 예제를 살펴보자.

예제 13.10 근궤적도에 의한 안정도 판별

문제 그림 13.21의 시스템에 대한 근궤적도를 그리고 시스템이 안정하기 위한 K값의 범위를 구하라.

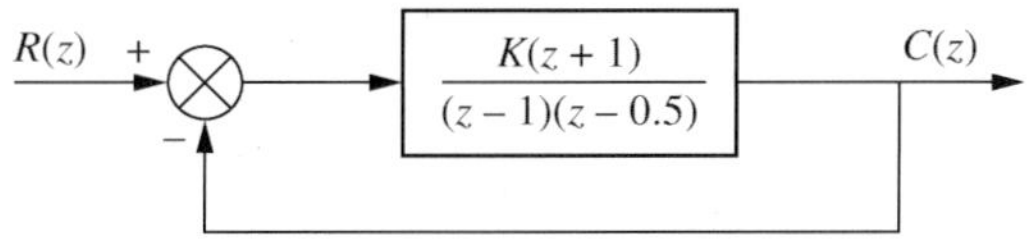

그림 13.21 예제 13.10에 대한 디지털 피드백 제어 시스템

풀이 변수 z가 s인 것처럼 생각하고 근궤적도를 그리면 그림 13.22와 같다. www.wiley.com/go/Nise/ControlSystemsEngineering8e의 부록 H.2에 있는 근궤적 프로그램을 이용하여 단위원과 근궤적이 만나는 점을 찾는다. 이 점의 K값이 시스템이 안정하기 위한 범위가 된다. 프로그램을 이용하면 근궤적과 단위원이 만나는 점은 $1\angle 60°$이고 이 때의 이득은 $K = 0.5$가 된다. 따라서 시스템이 안정하기 위한 범위는 $0 < K < 0.5$이다.

부록 B에 있는 프로그램 ch13apB7은 예제 13.10에 대한 MATLAB 프로그램으로 MATLAB을 이용하여 z-평면에 근궤적도를 그리고, 근궤적도 위에 단위원을 중첩시키는 방법과 시스템이 안정되기 위한 이득의 범위를 구하기 위해 단위원과 근궤적의 교차점을 찾는 방법을 이해하게 된다. MATLAB ML

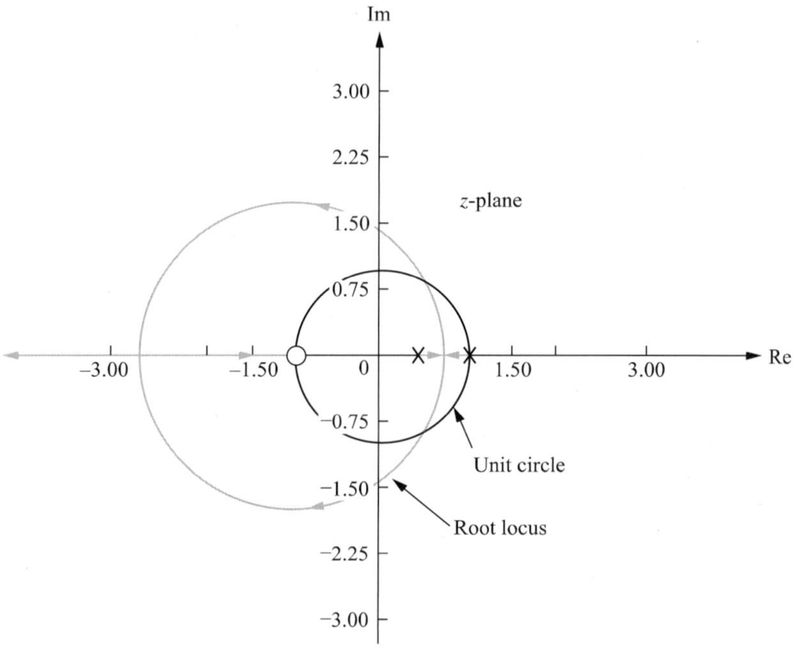

그림 13.22 그림 13.21의 시스템에 대한 근궤적도

다음 예제에서는 그림 13.21의 시스템이 원하는 과도 응답 특성을 갖도록 이득 K를 정하는 방법을 소개하고자 한다. 아날로그 시스템의 설계 경우와 마찬가지로 정해진 감쇠 상수, 정착 시간이나 최고값 시간 선도와 근궤적이 만나는 점의 이득을 구하면 된다. 디지털 시스템에서의 선도는 그림 13.18과 같으며 근궤적을 이 선도와 중첩시켜 교점의 이득을 구한다. 간편하고 정확하게 계산하기 위해 근궤적과 해당 선도와 만나는 점까지 직선을 그어 이 직선의 각도를 구한 후, www.wiley.com/go/Nise/ControlSystemsEngineering8e 웹페이지의 부록 H.2의 프로그램을 이용하여 이 직선과 근궤적과의 교차점을 찾는다.

예제 13.11 이득 보정에 의한 과도 응답 설계

문제 그림 13.21의 시스템에서 감쇠 상수가 0.7이 되도록 이득 K를 구하라.

풀이 시스템의 근궤적도에 감쇠 상수 선도가 중첩된 결과는 그림 13.23과 같다. 원점으로부터 근궤적과 감쇠 상수가 0.7인 선도와 만나는 점까지 직선(16.62°선)을 긋는다. www.wiley.com/go/Nise/ControlSystemsEngineering8e 웹페이지의 부록 H.2의 프로그램을 이용하여 근궤적과 이 직선(16.62°선)이 만나서 각도가 180°가 되는 점의 이득을 구한다. 교점은 $0.719 + j0.215$이고, 이 때의 이득은 $K = 0.0627$이 된다.

이 이득을 그림 13.21의 시스템에 대입하여 단위 계단 응답을 구함으로써 설계 결과를 검증할 수 있다. 계단 입력 $R(z) = z/(z-1)$과 $K = 0.0627$을 대입하면 출력 응답은 다음과 같다.

$$C(z) = \frac{R(z)G(z)}{1+G(z)} = \frac{0.0627z^2 + 0.0627z}{z^3 - 2.4373z^2 + 2z - 0.5627} \tag{13.87}$$

식 (13.87)를 역변환시켜 시간 응답을 구하면 그림 13.24와 같으며, 약 5%의 오버슈트를 가지므로 0.7의 감쇠상수를 갖도록 설계하는 것이 타당하게 된다. 그러나 이 그래프는 샘플링 순간에서만 유효함을 기억하기 바란다.

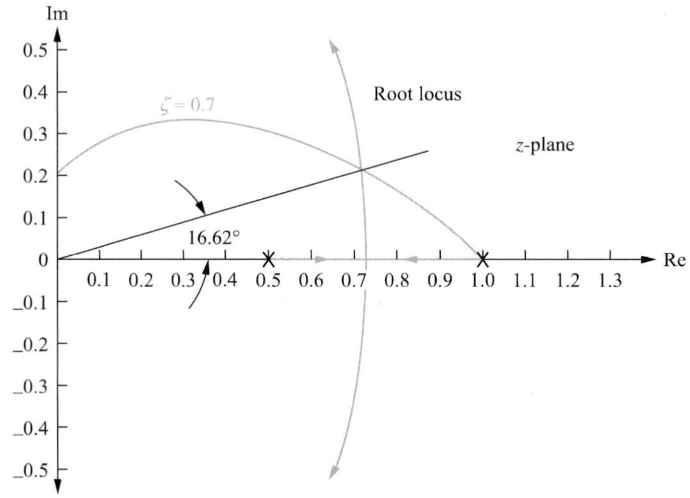

그림 13.23 그림 13.21의 시스템에 대한 근궤적도와 감쇠 상수가 0.7인 선도

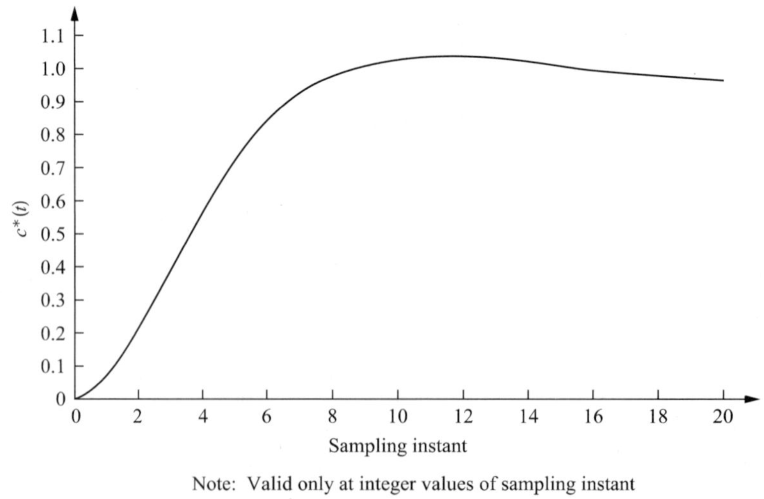

그림 13.24 그림 13.21 시스템에서 $K = 0.0627$일 때의 단위 계단 응답

MATLAB ML

부록 B에 있는 프로그램 ch13apB8은 예제 13.11에 대한 MATLAB 프로그램이다. MATLAB을 이용하여 z-평면에 근궤적도를 그리고, 근궤적도 위에 감쇠 상수 선도를 중첩시켜 이득을 결정하는 방법과 이 이득을 대입한 후 폐루프 디지털 시스템의 계단 응답을 구하는 방법을 이해하게 된다.

숙련예제 13.8

문제 그림 13.20의 시스템에서 $H(z)=1$이고, $G(z)=\dfrac{K(z+0.5)}{(z-0.25)(z-0.75)}$일 때, 감쇠 상수가 0.5가 되도록 이득 K를 구하라.

풀이 $K=0.31$

풀이 과정은 www.wiley.com/go/Nise/ControlSystemsEngineering8e 웹페이지를 참조하라.

스스로 해보기 13.3

MATLAB의 Control System Toolbox를 사용하여 해당 문제를 풀 수 있다.

```
Gz=zpk(-0.5,[0.25,
  0.75],…,1,[])
rlocus(Gz)
zgrid(0.5,[])
[K,p]=rlocfind(Gz)
```

정리 : 근궤적에서 감쇠 상수가 0.5인 지점과 계산된 이득과의 교차점을 클릭하면 된다.

Simulink SL

부록 C에 있는 예제 C.4는 MATLAB Simulink의 프로그램으로 디지털 시스템의 시간 응답을 시뮬레이션 할 수 있다.

GUI Tool GUIT

부록 E에 있는 예제 E.5는 MATLAB Linear System Analyzer의 프로그램으로 디지털 시스템의 폐루프 계단 응답을 시뮬레이션 할 수 있다.

이 절에서는 근궤적과 이득 보정에 의하여 디지털 시스템이 원하는 과도 응답을 갖도록 설계하는 방법을 소개하였다. 그러나 이 방법은 아날로그 시스템의 경우와 마찬가지로 근궤적이 설계점을 지나지 않으면 적용시킬 수 없다. 이 경우 디지털 시스템에 적용할 보상기를 도입하여야 한다.

13.10 s-평면에서의 종속 보상

앞 절에서는 이득 조절을 통한 설계를 포함해서 직접 z-영역에서의 디지털 시스템 해석 및 설계에 대해 살펴보았다. 이제 9장 및 11장에서와 같이 디지털 보상기를 설계해 보기로 한다. z-영역에서 직접 보상기를 설계하기보다는 앞장에서와 같이 s-영역에서의 해석 및 설계를 하고, 이를 변환하여 디지털화한다. 13.6절에서 s-평면에서 안정도를 해석하여 쌍선형 변환을 이용해서 디지털로 변환하였는데, 이를 종속 보상기 설계에 적용하기로 한다. 직접 z-영역에서의 디지털 보상기 설계는 디지털 제어 시스템 설계 과정으로 남겨두기로 한다.

종속 보상기(Cascade Compensation)

s-평면에서 연속 보상기(continuous compensator)를 설계하고 쌍선형 변환하여 디지털 보상기로 변환시키는데 변환된 디지털 보상기는 샘플 순간 연속 보상기의 응답을 유지하여야 한다. 13.6절의 쌍선형 변환은 위의 조건을 만족할 수 없다. 쌍선형 변환하여 구한 디지털 전달 함수의 샘플 순간

출력이 아날로그 전달 함수의 출력과 동일한 변환을 Tustin-**변환**이라 한다. 이 변환은 연속 보상기 $G_c(s)$를 디지털 보상기 $G_c(z)$로 변환한다. Tustin-변환을 표시하면,[5]

$$s=\frac{2(z-1)}{T(z+1)} \tag{13.88}$$

로 된다. 그 역은,

$$z=\frac{-\left(s+\frac{2}{T}\right)}{\left(s-\frac{2}{T}\right)}=\frac{1+\frac{T}{2}s}{1-\frac{T}{2}s} \tag{13.89}$$

로 된다.

샘플링 간격이 T일 때, T가 작아짐에 따라, 디지털 보상기의 출력은 아날로그 보상기에 근접하게 된다. 만약 샘플 빈도가 만족할 만큼 높지 않을 때는 고주파 영역에서 아날로그와 디지털 필터 간의 주파수 응답의 차가 존재한다. 응답의 차를 교정할 방법들이 있지만 이 책의 범위 밖의 논의이며, 만약 관심이 있다면 이 장의 끝에 언급한 디지털 제어에 관한 문헌 중 *prewarping*에 대한 문헌을 참고하기 바란다.

Astrom과 Wittenmark는 샘플링 간격 T의 적절한 선정에 관해 연구해 왔다. 그들의 결론은 샘플링 간격 T는 $0.15/\omega_{\Phi_M}$에서 $0.5/\omega_{\Phi_M}$의 범위 내에 있어야 하며, 여기서 ω_{Φ_M}은 종속 아날로그 보상기와 플랜트의 주파수 응답 곡선에서 응답이 0dB일 때의 주파수(rad/s)이다.

다음 예제에서 요구 사항을 만족하는 보상기 $G_c(s)$를 설계하고, Tustin-변환하여 대응하는 디지털 제어기를 설계한다. 다음 절에서는 어떻게 디지털 제어기를 구현하는지 살펴본다.

예제 13.12 디지털 종속 보상기 설계

문제 그림 13.25(a)의 디지털 시스템에서

$$G_p(s)=\frac{1}{s(s+6)(s+10)} \tag{13.90}$$

일 때, 그림 13.25(c)의 디지털 진상 보상기 $G_c(z)$를 설계하라. 이 때, %오버슈트는 20%이며, 정착 시간은 1.1s가 되도록 한다. s-영역에서 보상기를 설계하고, 이를 z-영역으로 변환하라.

풀이 그림 13.25(b)를 이용하여, 9장 혹은 11장에서 살펴본 보상기 설계 방법에 따라 진상 보상기를 설계한다. 예제 9.6에서 설계된 진상 보상기는

$$G_c(s)=\frac{1977(s+6)}{(s+29.1)} \tag{13.91}$$

이며, 식 (13.90)과 (13.91)을 이용하여 $G_p(s)G_c(s)$의 0dB 주파수 ω_{Φ_M}을 찾으면 5.8 rad/s 이다. 샘플링 간격 T의 범위를 선정하면, $0.15/\omega_{\Phi_M}=0.026$에서 $0.5/\omega_{\Phi_M}=0.086s$ 이며, 본 문제에서는 $T=0.01s$ 를 사용한다.

5 유도 과정은 Ogata(1987 : 315-318)을 참조

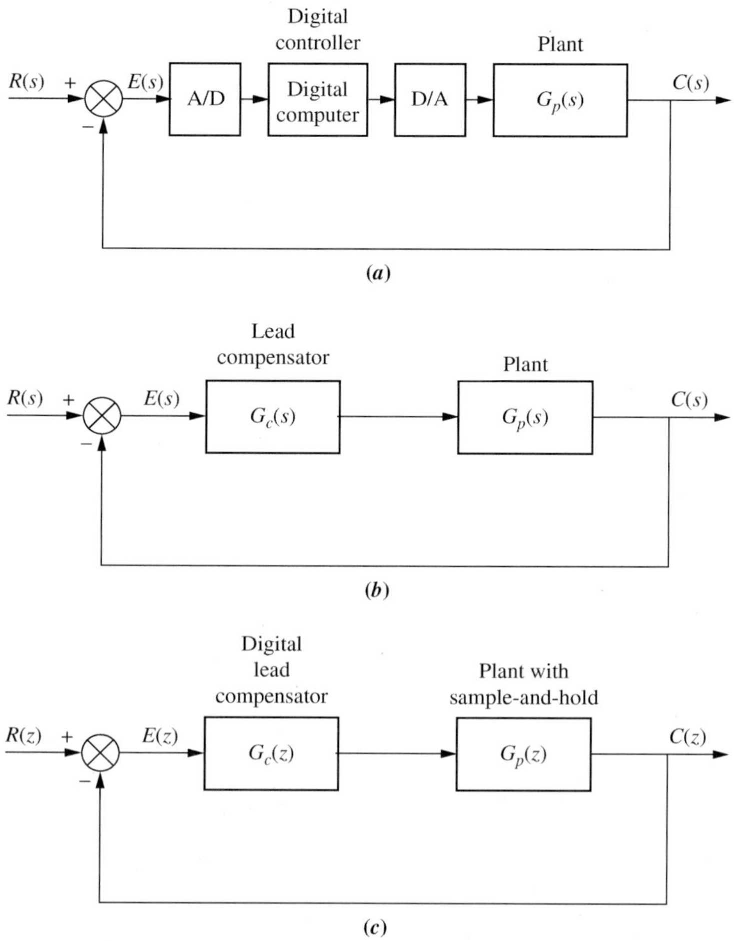

그림 13.25 a. 디지털 컴퓨터가 보상을 수행하는 디지털 제어 시스템 b. 설계에 사용되는 연속 시스템 c. 변환된 디지털 시스템

식 (13.88)을 식 (13.91)에 대입하고 $T = 0.01s$ 로 두면

$$G_c(z) = \frac{1778z - 1674}{z - 0.746} \tag{13.92}$$

이며, 샘플링 간격 $T = 0.01s$ 로 두고, 플랜트와 z.o.h를 13.4절에서와 같이 z-변환하면

$$G_p(z) = \frac{(1.602 \times 10^{-7}z^2) + (6.156 \times 10^{-7}z) + (1.478 \times 10^{-7})}{z^3 - 2.847z^2 + 2.699z - 0.8521} \tag{13.93}$$

이다.

그림 13.26의 시간 응답 곡선은 보상된 폐루프 시스템이 요구되는 과도 응답을 만족함을 보인다. 또한 Astrom과 Wittenmark의 샘플링 간격 T의 범위의 양 끝단에서의 시간 응답을 나타낸다.

부록 B의 ch13apB9는 예제 13.12에 대한 MATLAB 프로그램이다. MATLAB을 이용하여 Tustin-변환을 이용한 디지털 진상 보상기 설계 방법에 대해 이해할 수 있다.

MATLAB ML

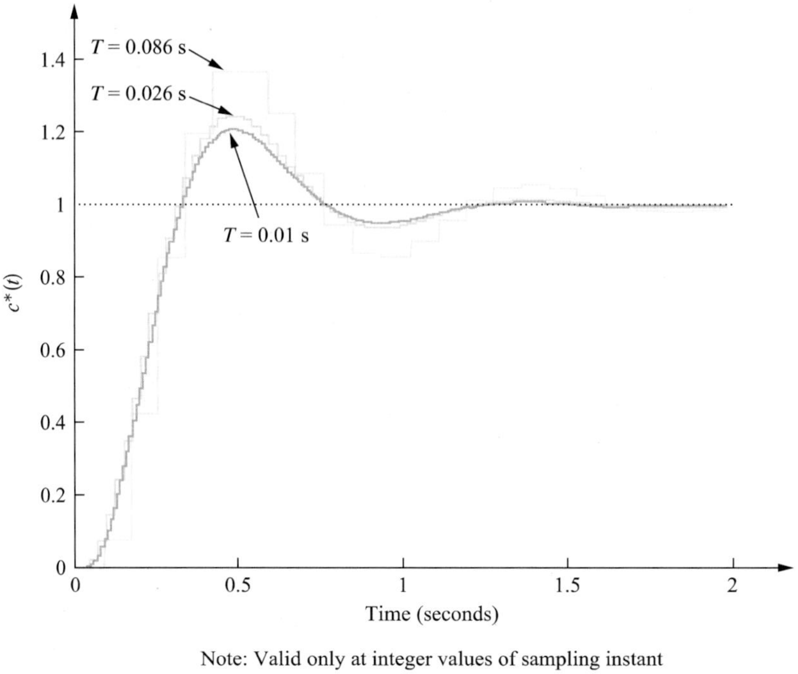

그림 13.26 예제 13.12의 서로 다른 세 가지 샘플링 주파수에서 보상된 시스템의 폐루프 응답

숙련예제 13.9

문제 예제 11.3에서 진상 보상기는 단위 피드백 시스템으로 설계되었으며, 플랜트는

$$G(s) = \frac{100K}{s(s+36)(s+100)}$$

이다. %오버슈트는 20%, 최고값 시간은 0.1s이어야 한다. 그리고 $K_v = 40$이다. 요구 사항을 만족하기 위해서 $K = 1440$이며 진상 보상기는

$$G_c(s) = 2.38\,\frac{s+25.3}{s+60.2}$$

이다. 시스템이 컴퓨터로 제어된다면, 디지털 제어기 $G_c(z)$를 구하라.

풀이 $G_c(z) = 2.34\,\dfrac{z-0.975}{z-0.9416},\ T = 0.001$

풀이 과정은 www.wiley.com/go/Nise/ControlSystemsEngineering8e 웹페이지를 참조하라.

지금까지 디지털 종속 보상기 $G_c(z)$를 설계하는 방법에 대해 알아보았다. 다음 절에서는 설계된 보상기를 어떻게 디지털 컴퓨터에 구현하는지 알아보자.

13.11 디지털 보상기 구현

그림 13.27에서 디지털 제어기 $G_c(z)$는 순차적인 계산 과정을 통해 직접 디지털 컴퓨터에서 구현될 수 있다. 지금부터 보상기로서 수행해야 할 컴퓨터의 수리적 알고리즘을 유도해 보기로 한다. 그림 13.27에서 컴퓨터의 샘플된 출력은 $x^*(t)$, 샘플된 출력의 z-변환은 $X(z)$이다. 이러한 표현은 디지털 컴퓨터를 보상기로서 수행시키기 위한 프로그램을 작성하는데 사용된다.

2차 보상기 $G_c(z)$를 나타내면,

$$G_c(z) = \frac{X(z)}{E(z)} = \frac{a_3z^3 + a_2z^2 + a_1z + a_0}{b_2z^2 + b_1z + b_0} \tag{13.94}$$

이며, 분모와 분자를 교차되게 곱하면,

$$(b_2z^2 + b_1z + b_0)X(z) = (a_3z^3 + a_2z^2 + a_1z + a_0)E(z) \tag{13.95}$$

이다. 이 식에서 $X(z)$와 z의 최고차수의 성분만을 남겨두고 이항 정리하면,

$$b_2z^2X(z) = (a_3z^3 + a_2z^2 + a_1z + a_0)E(z) - (b_1z + b_0)X(z) \tag{13.96}$$

가 된다. 식 (13.96)에서 좌변의 $X(z)$의 계수로 양변을 나누면,

$$X(z) = \left(\frac{a_3}{b_2}z + \frac{a_2}{b_2} + \frac{a_1}{b_2}z^{-1} + \frac{a_0}{b_2}z^{-2}\right)E(z) - \left(\frac{b_1}{b^2}z^{-1} + \frac{b_0}{b_2}z^{-2}\right)X(z) \tag{13.97}$$

가 된다. 이를 z-변환하면,

$$\begin{aligned} x^*(t) = &\frac{a_3}{b_2}e^*(t+T) + \frac{a_2}{b_2}e^*(t) + \frac{a_1}{b_2}e^*(t-T) + \frac{a_0}{b_2}e^*(t-2T) \\ &- \frac{b_1}{b_2}x^*(t-T) - \frac{b_0}{b_2}x^*(t-2T) \end{aligned} \tag{13.98}$$

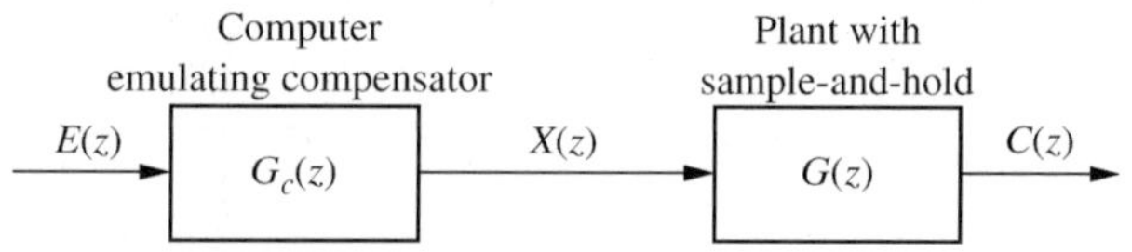

그림 13.27 컴퓨터로 구현한 디지털 보상기의 블록선도

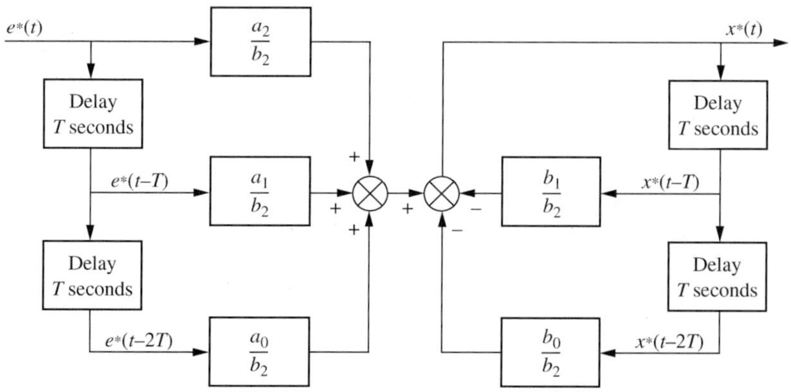

그림 13.28 2차 디지털 보상기의 흐름 선도

로 된다.

위 식으로부터 보상기의 현재의 샘플된 출력 $x^*(t)$은 과거의 샘플된 출력 $x^*(t-T)$, $x^*(t-2T)$와 함께 $e(t)$의 샘플값 중 미래의 $e^*(t+T)$와 현재의 $e^*(t)$, 그리고 과거의 샘플값인 $e^*(t-T)$와 $e^*(t-2T)$와 함께 $e(t)$의 함수임을 알 수 있다.

물리적으로 이 보상기를 구현할 때, 샘플된 출력은 미래의 입력값과 무관하다. 따라서 물리적으로 구현 가능하기 위해서는 a_3는 0이 되어야 하며, $e(t)$의 미래값은 0이 된다. 결론적으로 보상기가 구현 가능하기 위해서는 전달 함수의 분자의 차수가 분모의 차수보다 작거나 같아야 한다. a_3가 0일 때, 식 (13.98)은 아래와 같다.

$$x^*(t) = \frac{a_2}{b_2}e^*(t) + \frac{a_1}{b_2}e^*(t-T) + \frac{a_0}{b_2}e^*(t-2T) - \frac{b_1}{b_2}x^*(t-T) - \frac{b_0}{b_2}x^*(t-2T) \tag{13.99}$$

따라서, 샘플된 출력은 과거의 샘플된 출력뿐만 아니라 현재와 과거의 샘플된 입력값의 함수이다. 그림 13.28은 디지털 컴퓨터[6]에 사용될 보상기 프로그램의 흐름 선도이다. 그림에서 보상기는 일련의 입력값과 출력값의 저장을 통해서 구현된다. 출력은 저장된 값들에 가중치를 부여하고 선형 결합하여 구해진다. 다음 예제를 살펴보자.

예제 13.13 디지털 종속 보상기 구현

문제 식 (13.100)의 디지털 보상기의 흐름 선도를 그려라.

$$G_c(z) = \frac{X(z)}{E(z)} = \frac{z+0.5}{z^2-0.5z+0.7} \tag{13.100}$$

풀이 분모 분자를 교차하여 곱하고 정리하면,

$$(z^2-0.5z+0.7)X(z) = (z+0.5)E(z) \tag{13.101}$$

가 된다. $X(z)$에 곱해진 z의 최고차항을 남겨 두고 이항 정리하면,

$$z^2X(z) = (z+0.5)E(z) - (-0.5z+0.7)X(z) \tag{13.102}$$

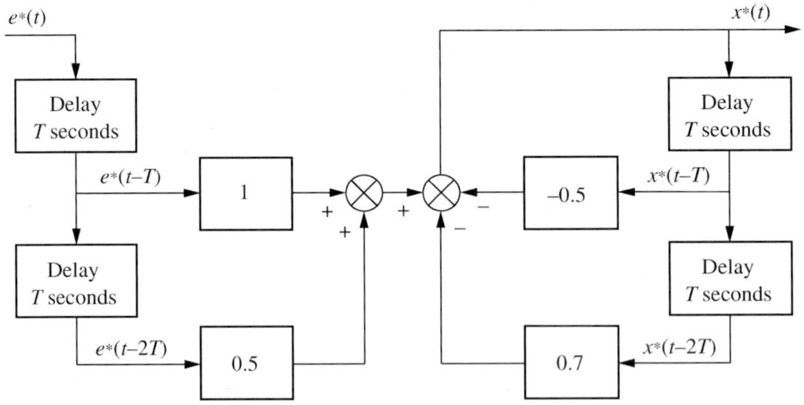

그림 13.29 보상기 $G_c(z) = \dfrac{z+0.5}{z^2-0.5z+0.7}$를 구현하기 위한 흐름 선도

6 그림 13.28은 디지털 보상기의 향상된 형태의 흐름 선도이며, 지연의 수를 반으로 줄인 또 다른 흐름 선도는 Chassaing, R., Digital Signal Processing, Wiley, New York, 1999, pp. 135~143을 참조

가 된다. 양변을 좌변의 $X(z)$의 계수로 나누고 정리하면,

$$X(z) = (z^{-1} + 0.5z^{-2})E(z) - (-0.5z^{-1} + 0.7z^{-2})X(z) \quad (13.103)$$

가 된다. 식 (13.103)으로 그림 13.29의 흐름 선도를 완성할 수 있다.

숙련예제 13.10

문제 전달 함수가 아래와 같은 디지털 보상기의 흐름 선도를 그려라.

$$G_c(z) = \frac{1899z^2 - 3761z + 1861}{z^2 - 1.908z + 0.9075}$$

샘플링 간격은 0.1s이다.

풀이 풀이 과정은 www.wiley.com/go/Nise/ControlSystemsEngineering8e 웹페이지를 참조하라.

이 장에서는 디지털 보상기를 어떻게 구현하는가를 살펴보았다. 구한 흐름 선도는 디지털 컴퓨터가 루프 내에서 수행하는 프로그램을 작성하는데 사용된다. 설계에 반영되는 시간 지연은 입력과 출력값을 샘플하는데 걸리는 시간으로 해석되며 저장되는 값은 가중치가 부여되어 더해진다. 이를 통해 컴퓨터 프로그램을 작성하여 보상기를 구현한다.

다음 절에서는 이 장에서 살펴 보았던 디지털 제어에 관한 원리를 안테나 방위각 제어 시스템 설계에 적용해 보기로 한다.

사례연구

안테나 제어 : 이득 조정에 의한 과도 응답 설계

Design D

안테나 방위각 제어 시스템을 이용하여 이 장의 목표를 이해시키고자 한다. 컴퓨터가 삽입되어야 할 곳을 정하고 디지털시스템으로 모델링하며 원하는 과도 응답을 갖도록 이득 조정을 한다.

루프 내에서 컴퓨터는 두 가지 기능을 한다. 한 가지는 컴퓨터가 입력 장치로 사용되어 디지털 명령 신호가 키보드로부터 입력되고 출력으로 디지털 신호를 내보낸다. 키보드가 입력측의 위치 측정 신호를 대신하고 출력측의 위치 측정 센서는 A/D 변환기가 대신한다.

그림 13.30(a)는 아날로그 시스템이며, 그림 13.30(b)는 루프 내에 컴퓨터가 삽입된 시스템이다. 여기서 컴퓨터는 (1) 키보드나 다른 추적 명령 신호 장치로부터 나오는 디지털 신호와 (2) A/D 변환기를 거친 디지털 출력 신호를 받는다. 컴퓨터에서 출력되는 신호는 D/A 변환기와 샘플-홀드 회로를 거쳐 공정에 입력된다.

그림 13.30(b)는 시스템을 단순화시킨 것으로, 전력 증폭기의 극점이 전동기의 극점으로부터 멀리 떨어져 있어서 무시할 수 있기 때문에, 전력 증폭기는 dc 이득이 1인 증폭기로 단순화시켰다. 프리앰프와 위치 측정 센서의 이득은 컴퓨터에 포함시켰으며 D/A 변환기도 생략하였다.

문제 그림 13.30(b)의 안테나 방위각 제어 시스템에서 폐루프 시스템의 감쇠 상수가 0.5가 되도록 이득을 정하라. 단, 샘플링 간격은 $T = 0.1s$로 한다.

풀이

시스템 모델링 먼저 시스템을 z-변환시켜 z-영역에서 나타내보자. 샘플-홀드 회로, 전력 증폭기, 전동기와 부하 및 기어를 포함하는 순방향 경로 전달 함수 $G(s)$는 다음과 같다.

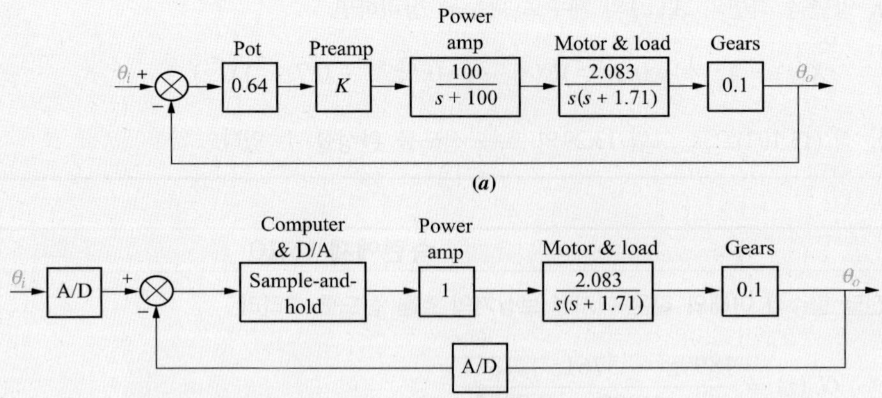

그림 13.30 안테나 제어 시스템 a. 아날로그 시스템 b. 디지털 시스템

$$G(s)=\frac{1-e^{-Ts}}{s}\frac{0.2083}{s(s+a)}=\frac{0.2083}{a}(1-e^{Ts})\frac{a}{s^2(s+a)} \tag{13.104}$$

여기서 $a=1.71$이고, $T=0.1$이다.

함수 $(1-e^{-Ts})$의 z-변환이 $(1-z^{-1})$이고, 예제 13.6으로부터 함수 $a/[s^2(s+a)]$의 z-변환이

$$z\left\{\frac{a}{s^2(s+a)}\right\}=\left[\frac{Tz}{(z-1)^2}-\frac{(1-e^{-aT})z}{a(z-1)(z-e^{-aT})}\right] \tag{13.105}$$

이므로, 공정의 z-변환식 $G(z)$는 다음과 같다.

$$\begin{aligned}G(z)&=\frac{0.2083}{a}(1-z^{-1})z\left\{\frac{a}{s^2(s+a)}\right\}\\&=\frac{0.2083}{a^2}\left[\frac{[aT-(1-e^{-aT})]z+[(1-e^{-aT})-aTe^{-aT}]}{(z-1)(z-e^{-aT})}\right]\end{aligned} \tag{13.106}$$

여기에 a와 T값을 대입하면

$$G(z)=\frac{9.846\times10^{-4}(z+0.945)}{(z-1)(z-0.843)} \tag{13.107}$$

이 되며, 컴퓨터가 포함된 디지털 피드백 제어 시스템은 그림 13.31과 같다.

과도 응답 설계 : z-변환된 시스템을 대상으로 원하는 과도 응답을 갖는 시스템을 설계해 보자. 그림 13.32와 같이 z-평면에서 그린 근궤적에 감쇠 상수 선도를 중첩시키고 원점에서 교차점까지

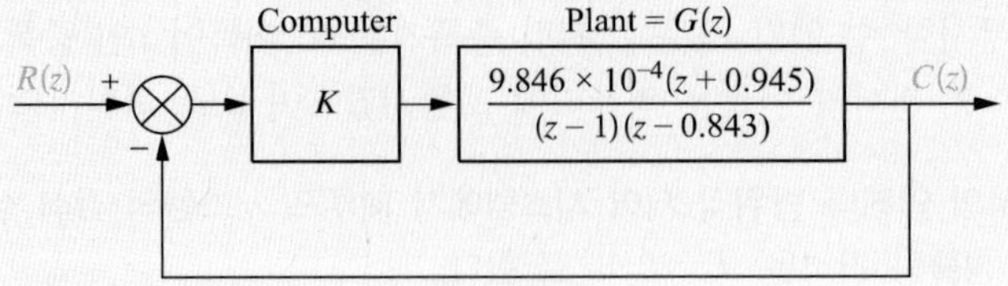

그림 13.31 디지털 시스템으로 변환된 안테나 방위각 제어 시스템

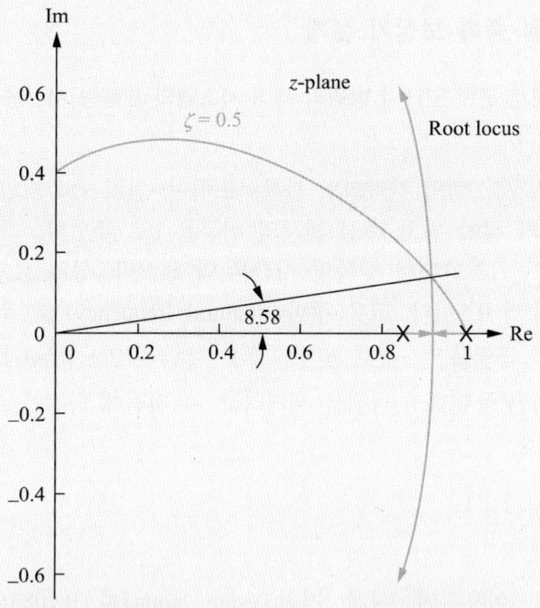

그림 13.32 감쇠 상수 선도와 중첩된 근궤적도

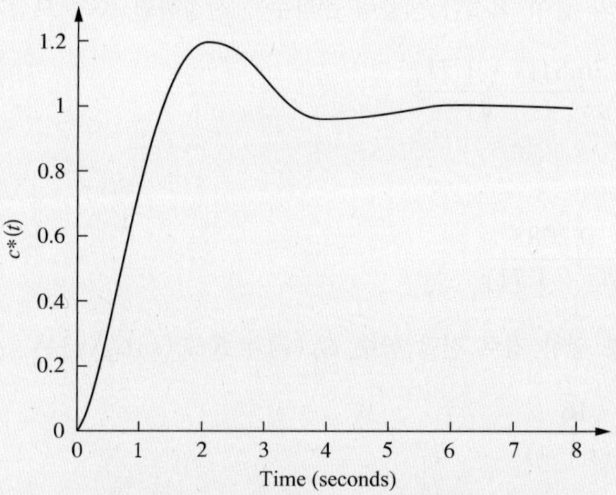

그림 13.33 안테나 방위각 제어 시스템의 샘플 계단 응답

직선(8.58°)을 긋는다. 이 직선에서 180°가 되는 점을 찾으면 교점은 $0.915+j0.138$이 되며, $9.846\times10^{-4}K=0.0135$가 된다. 따라서 $K=13.71$이다.
설계 결과를 검증하기 위해, 폐루프 시스템의 단위 계단 응답을 구하면 그림 13.33과 같다. 이 결과로부터 %오버슈트가 20%이므로, 감쇠 상수는 0.456이 되어 설계 조건에 근접한다.

도전문제 이 장의 내용을 완전하게 이해하기 위해 도전 문제를 풀어보라. 부록 A2에 있는 안테나 방위각 제어 시스템(configuration 2)에 대해 다음 물음에 답하라.

a. 시스템을 샘플링 간격이 $T=0.1\,\mathrm{s}$인 디지털 시스템으로 변환시켜라. 이 때 위치 측정 센서는 이득이 1인 변환기로 대치하며 전력 증폭기의 동역학(Dynamics)은 고려하지 않는다.
b. % 오버슈트가 16.3%가 되도록 이득 K를 정하라.
c. 정해진 K값에 대해 단위 램프 입력에 대한 정상 상태 오차를 구하라.
d. MATLAB을 이용하여 문제 (b)를 반복하라. MATLAB ML

안테나 제어 : 디지털 종속 보상기 설계

Design D

문제 이 장의 사례연구에서 구한 안테나 방위각 제어 시스템의 세틀링 시간을 2.5s로 감소시키는 디지털 진상 보상기를 설계하라.

풀이 그림 13.34는 연속 시스템의 간략화도 블록선도이며, 전력 증폭기의 동역학은 고려하지 않았으며, 앞서 설명한 바와 같이 위치 측정 센서의 이득은 1로 두었다.

s-평면에서 설계하면 그림 13.33에서 세틀링 시간은 약 5s이다. 설계 요구 조건은 정착 시간이 2s이고 감쇠 상수가 0.5이다. 고유 주파수(natural frequency) $\omega_n = 4/(\zeta T_s) = 4\,\mathrm{rad/s}$ 이다. 보상된 주 극점들은 $-\zeta\omega_n \pm j\omega_n\sqrt{1-\zeta^2} = -2 \pm j3.464$에 위치하게 된다.

s-평면에서 -1.71에 위치한 플랜트의 극점을 제거하고, -4 지점에 극점을 추가하는 진상 보상기를 설계하면 아래와 같다.

$$G_c(s) = \frac{s+1.71}{s+4} \tag{13.108}$$

K에 따른 근궤적도를 이용하면 설계 지점(design point)이 0.2083일 때, $K=16$ 혹은 $K=76.81$이다.

13.10절에서 설명한 바와 같이 적절한 샘플링 주파수를 선정하면 종속 보상기는,

$$KG_c(s) = \frac{76.81(s+1.71)}{(s+4)} \tag{13.109}$$

이며, 플랜트는

$$G_p(s) = \frac{0.2083}{s(s+1.71)} \tag{13.110}$$

로 된다. 동일한 순방향 전향 경로 전달 함수 $G_e(s) = KG_c(s)G_p(s)$는

$$G_e(s) = \frac{16}{s(s+4)} \tag{13.111}$$

이다. 식 (13.111)의 주파수 응답 크기 곡선은 3.1rad/s에서 0dB이다. 따라서 13.10절로부터 샘플링 간격 T의 범위는 $0.15/\omega_{\Phi_M} = 0.05$에서 $0.5/\omega_{\Phi_M} = 0.16\,\mathrm{s}$이다. 이보다 더 작은 값을 취하여 $T = 0.025$로 두고, 식 (13.89;)을 식 (13.111)에 대입하면 디지털 보상기는,

$$KG_c(z) = \frac{74.72z - 71.59}{z - 0.9048} \tag{13.112}$$

이다. 디지털 시스템으로 시뮬레이션 하기 위해서는 z.o.h가 종속 연결된 그림 13.34의 플랜트를 z-변환하여야 한다. 13.4절에서와 같이 샘플링 간격이 $T = 0.025\,\mathrm{s}$인 플랜트를 z-변환하면

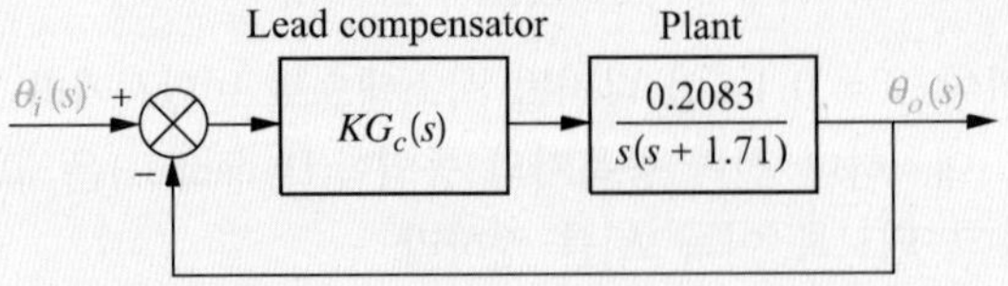

그림 13.34 안테나 방위각 제어 시스템의 간략화된 블록선도

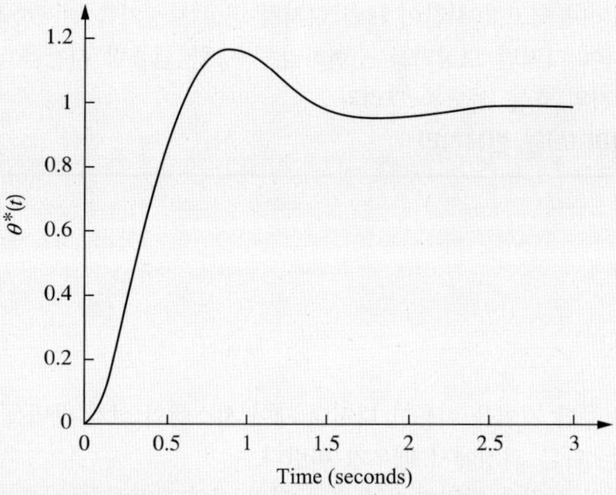

Note: Valid only at integer values of sampling instant

그림 13.35 보상된 안테나 방위각 제어 시스템의 디지털 폐루프 단위 계단 응답 곡선

$$G_p(z) = \frac{6.418 \times 10^{-5}z + 6.327 \times 10^{-5}}{z^2 - 1.958z + 0.9582} \tag{13.113}$$

이다. 그림 13.35는 폐루프 디지털 시스템의 단위 계단 응답 곡선으로 %오버슈트가 20%이며 정착은 2.1s이다.

디지털 보상기의 흐름 선도를 작성함으로써 설계를 마치게 되는데 식 (13.112)를 이용하여 $KG_c(z) = X(z)/E(z)$를 정의하여 분모 분자를 교차하여 곱하면

$$(z - 0.9048)X(z) = (74.72z - 71.59)E(z) \tag{13.114}$$

이며, $X(z)$에 곱해진 z의 최고차수 성분만 남겨두고 이항 정리하면

$$zX(z) = (74.72z - 71.59)E(z) + 0.9048X(z) \tag{13.115}$$

이 되며, $X(z)$에 대해 풀면

$$X(z) = (74.72 - 71.59z^{-1})E(z) + 0.9048z^{-1}X(z) \tag{13.116}$$

이 된다. 식 (13.116)을 이용하여 흐름 선도를 그리면 그림 13.36과 같다.

도전문제 이 장의 내용을 완전하게 이해시키기 위해 도전 문제를 풀어 보라. 부록 A2의 안테나 방위각 제어 시스템(configuration 2)에 대해 다음 물음에 답하라. 위치 측정 센서는 이득이 1인 변환기로 대치하며 전력 증폭기의 동역학(Dynamics)은 고려하지 않는다.

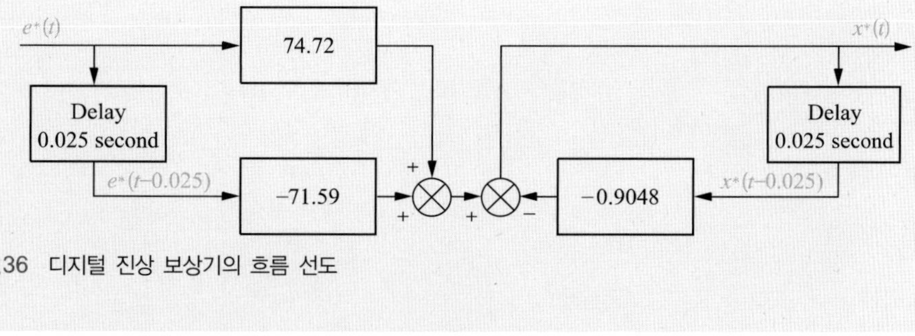

그림 13.36 디지털 진상 보상기의 흐름 선도

a. %오버슈트가 10%이며 최고값 시간이 1s인 디지털 진상 보상기를 설계하라. s-평면에서 설계하고 Tustin-변환하여 디지털 보상기를 구현하라. 적당한 샘플링 시간을 결정하라.

MATLAB **ML**

b. 디지털 진상 보상기의 흐름 선도를 그려라.

c. MATLAB을 사용하여 (a)를 반복하라.

요약

이 장에서는 주파수 응답 기법을 이용한 디지털 제어 시스템의 설계 방법을 소개하였다. 상태 공간 기법에 의한 설계는 다른 과정에서 배우기 바란다.

디지털 제어 시스템의 장점은 저렴한 비용으로 여러 개의 루프를 동시에 제어할 수 있으며, 하드웨어를 고정시킨 채 소프트웨어만을 변경하여 시스템 특성을 바꿀 수 있다는 점이다.

디지털 컴퓨터는 순방향 경로에서 공정 앞 쪽에 위치하게 되며 공정의 입출력 신호는 아날로그 신호이고, 컴퓨터의 입출력 신호는 디지털 신호이므로 신호 변환을 위해서 A/D 및 D/A 변환기가 필요하게 된다. 한편 시스템 모델링을 위해서 디지털 컴퓨터는 샘플-홀드 회로로 모델링된다.

아날로그 시스템의 해석 방법을 적용하여 디지털 시스템의 과도 응답, 정상 상태 오차와 안정도 해석을 할 수 있는데 이를 위해 시스템을 z-변환한다.

z-변환은 샘플 신호에 대해 실시하며, 신호와 시스템이 z-변환되면 대수 연산이 가능하고 아날로그 시스템과 마찬가지로 복잡한 시스템을 한 개의 블록으로 간략화하여 해석할 수 있다. 라플라스 변환된 경우 시간 응답을 얻기 위해서는 부분 분수로 전개해야 하나 z-변환된 함수는 분자항을 분모항으로 나눈 결과로부터 직접 시간 응답을 얻을 수 있다.

디지털 시스템의 안정도 해석은 아날로그 시스템과 같은 방법으로 이루어지나 임계 안정을 판별하기 위해 허수축 대신 단위원이 사용된다. 근궤적을 그리는 방법과 과도 응답의 해석 및 설계 방법도 z-평면에서 그대로 적용된다.

s-평면의 모든 점들은 z-평면으로 대응되므로 아날로그 시스템의 과도 응답 특성도 유지될 수 있으나 샘플 데이터 시스템의 경우 이득과 부하뿐만 아니라 샘플링 간격이 과도 응답 특성을 좌우한다.

종속 보상기는 또한 디지털 시스템을 위해 설계될 수 있는데 한 가지 방법은 먼저 9장, 11장에서 설명한 바와 같이 각각 s-평면에서 혹은 주파수 응답 기법을 사용하여 설계하고 이를 Tustin-변환하여 디지털 보상기로 변환하는 것이다. z-평면에서 직접 종속 보상기를 설계할 수도 있으나 이 책의 범위를 벗어나기 때문에 생략한다.

지금까지 주파수 응답 기법 및 상태 공간 기법을 사용한 선형 제어 시스템의 해석과 설계 방법 등 제어 시스템에 대한 전반적인 내용에 대해 설명하였으나 이것은 제어 시스템에 대한 초보 단계라 할 수 있으며 새로운 해석과 설계 기법에 대해서는 디지털 제어, 비선형 제어와 최적 제어 등의 고급 과정을 통하여 배우게 될 것이다.

복습문제

1. 디지털 피드백 제어 시스템에서 디지털 컴퓨터의 기능 두 가지를 말하라.
2. 제어 루프에 디지털 컴퓨터를 사용하여 얻는 장점 세 가지를 말하라.
3. A/D 변환시 오차가 발생되는 두가지 원인은 무엇인가?
4. 블록선도에서 디지털 컴퓨터는 어떻게 모델링되는가?
5. z-변환을 설명하라.
6. z-역변환하여 얻는 시간 함수는 어떤 형태인가?
7. z-역변환하는 두 가지 방법은 무엇인가?
8. z-역변환 방법 중 시간 함수 일반형으로 표시할 수 있는 방법은 무엇인가?
9. z-역변환 방법 중 샘플링 순간 값을 직접 얻을 수 있는 방법은 무엇인가?
10. 함수 $G(z)$에 대한 z-변환식을 구할 때, 입력과 출력은 어떤 형태인가?
11. 시스템 $G(z)$에 입력 $R(z)$를 가하여 출력 $C(z)$를 얻었다면 $c(t)$는 어떤 형태인가?
12. 시스템 $c(t)$의 출력 $G(z)$는 z-역변환으로부터 얻어지는데, 이것은 감쇠 상수가 0.5인 2차 시스템의 응답일 때 시스템이 안정하다고 할 수 있는가?
13. 종속 접속되는 샘플 데이터 시스템이 각각의 전달 함수 $G(z)$의 곱으로 표현되기 위해서는 시스템 사이에 무엇이 있어야 하는가?
14. z-평면에서 시스템이 안정하기 위한 영역은 어디인가?
15. 아날로그 시스템의 Routh-Hurwith 판별법을 대신할 디지털 시스템의 안정도 판별법은 무엇인가?
16. 아날로그 시스템의 정상 상태 오차가 0이 되기 위해서는 s-평면의 원점에 극점이 있어야 한다. 샘플 데이터 시스템의 정상 상태 오차가 0이 되기 위해서는 극점이 z-평면의 어디에 있어야 하는가?
17. z-평면에서 근궤적을 그리는 방법과 s-평면에서 근궤적을 그리는 방법 사이에는 차이가 있는가?
18. z-평면의 한 점에 대한 %오버슈트, 정착 시간과 최고값 시간은 어떻게 정해지는가?
19. 원하는 %오버슈트와 정착 시간이 주어질 때, z-평면의 설계점은 어떻게 결정하는가?
20. s-평면에서 디지털 보상기를 설계하는 방법에 대해 설명하라.
21. s-평면에서 설계한 종속 보상기와 디지털 종속 보상 기간의 유사점은 무엇인가?

가상 탐구 실험실

실험 13.1

목적 과도 응답 요구사항을 만족시키는 디지털 제어 시스템을 설계한다. 디자인결과를 시험하기 위하여 디지털 제어 시스템을 모의 실험한다. 샘플링 주기에 따른 디지털 시스템의 시간 응답을 확인한다.

요구되는 소프트웨어의 최소 구성 MATLAB, Simulink, Control system toolbox

예비실험

1. 부록 A2에 나온 안테나 방위각 제어 시스템에 대하여, 구성 2의 조건을 사용하여, 플랜트의 이산시간 전달 함수를 찾아라. 증폭기의 동특성은 무시하고, 전증폭기, 모터, 기어와 로드는 포함하여라. z.o.h를 사용하고 샘플링 주기는 $T = 0.01\,\text{s}$ 라고 가정한다.
2. 예비실험 1의 디지털 플랜트를 이용하여, 폐루프 디지털 시스템의 응답이 10%의 오버슈트와 샘플링 주기 $T = 0.01$을 가지도록 전증폭기 이득을 구하라. 이 때 최고값 시간은 얼마인가?
3. 부록 A2에 나온 안테나 방위각 제어 시스템에 대하여, 구성 2의 조건을 사용하여, 연속시간 시스템이 계단응답에 대하여 10%의 오버슈트를 가지도록 전증폭기 이득을 구하여라. 전증폭기, 모터, 기어와 로드에 대하여 개루프 시스템을 고려하라. 증폭기의 동특성은 무시한다.

실험

1. Control System Designer을 이용하여 예비실험 2에서 구한 전증폭기의 이득을 예비실험 1에서 구한 디지털 개루프 전달 함수에 대한 근궤적으로부터 확인하라. 설계 제약조건 기능을 이용하여 10% 오버슈트 곡선을 발생시키고, 폐루프 극점을 경계에 위치시켜라. 근궤적과 설계 경계에 관한 그래프를 구하라. 또한 Linear System Analyzer를 이용하여 폐루프 계단 응답을 구하고, %오버슈트 값과 최고값 시간을 기록하라. 같은 도구를 사용하여 시스템을 안정되게 하는 이득의 범위를 구하라.
2. Simulink를 사용하여 예비실험 1에서 구한 폐루프 디지털 시스템을 구성하라. 디지털 전달 함수와 0차 샘플 홀드를 사용한 연속시간 전달 함수를 구하라. 계단 입력을 인가하여 각각의 계단 응답을 구하라. %오버슈트와 최고값 시간을 측정하라.
3. Simulink를 사용하여 예비실험 2와 3의 디지털 시스템과 연속시간 시스템의 %오버슈트가 10%가 되도록 시스템을 구성하라. z-변환을 이용하지 말고, 샘플과 홀드를 이용하여 디지털 시스템을 만들어라. 두 시스템의 계단응답 그래프를 그리고, %오버슈트와 최고값 시간을 기록하라.
4. 실험 2에서 만든 디지털 시스템중 한가지에서 샘플링 주기를 변경하고 응답을 기록하여라. 샘플링 주기는 0.01보다 큰 작은 값으로 한다. 샘플링 주기, %오버슈트, 최고값 시간을 기록하라. 또한 시스템을 불안정하게 만드는 샘플링 주기를 찾아라.

결과토의

1. 다음의 각각의 폐루프 시스템에 대하여 %오버슈트, 최고값 시간, 이득에 대한 표를 만들어라.

   MATLAB을 사용한 디지털 시스템
   Simulink와 디지털 전달 함수를 사용한 디지털 시스템
   Simulink와 연속시간 전달 함수, 0차 샘플, 홀드를 사용한 디지털 시스템
   Simulink를 사용한 연속시간 시스템

2. 실험 4의 데이터를 이용하여 샘플링 주기, %오버슈트, 최고값 시간에 대한 표를 만들어라. 또한 시스템을 불안정하게 만드는 샘플링 주기를 구하라.
3. 0.01초의 샘플링 주기를 가지는 모든 디지털 시스템과 연속시간 시스템을 비교하여라. 차이점을 설명하라.
4. 다른 샘플링 주기를 가지는 연속시간 시스템에 대하여 디지털 시스템의 응답을 비교하여라. 차이점을 설명하라.
5. 샘플링의 효과에 대한 결론을 도출하라.

실험 13.2

목적 디지털 제어 시스템의 해석을 위한 LabVIEW Control Design and Simulation Module의 다양한 기능의 이용.

요구되는 소프트웨어의 최소 구성 Control Design and Simulation Module과 MathScript RT Module 이 있는 LabVIEW; Control System Tooxbox가 있는 MATLAB.

예비실험 그림 P.8.20과 개루프 NASA 8-축 ARM Ⅱ(Advanced Research Manipulator Ⅱ) 전자기 어깨 관절/연결, dc 서보모터 전기자제어를 위한 Cyber Exploration Laboratory의 실험 8.2의 예비실험에 있는 매개변수들을 이용한다.

1. 어깨 관절/연결의 개루프 전달함수 $G(s)=\dfrac{\Theta_L(s)}{V_{ref}(s)}$를 구하고 Cyber Exploration Laboratory의 실험 8.2에서 얻은 너의 계산을 이용하라.
2. MATLAB을 이용해 폐구간 제로 스테디 스테이트 에러를 가지고 감쇠비 가 0.7인 디지털 보상기를 설계하라. 만약 Cyber Exploration Laboratory Experiment 8.2에서 수행 하였다면 너의 M-file을 수정하고 MATLAB을 이용해 테스트 하라.

실험 LabVIEW Control Design and Simulation Module에 있는 Simulation Loop를 이용해 예비실험에서 설계한 것을 시뮬레이션한다. 다음과 같은 두가지 루프의 스텝 응답을 그려라: (1) z.o.h에 앞선 연속 시스템 전달함수로 구성된 단일 궤한 루프 (2) 개루프 플랜트의 보상기와 동일한 이산 전달함수의 단일 궤한 루프.

결과토의 MATLAB 예비실험에서 얻은 결과와 비교를 해 보아라. 시간-성능 사양에 언급하라.

참고문헌

Astrom, K. J., and Wittenmark, B. *Computer Controlled Systems*. Prentice Hall, Englewood Cliffs, NJ, 1984.

Bittanti, S., Dell'Orto, F., Di Carlo, A., and Savaresi, S. M. Notch Filtering and Multirate Control for Radial Tracking in High Speed DVD-Players. *IEEE Transactions on Consumer Electronics*, vol. 48, 2002, pp. 56-62.

Boyd, M., and Yingst, J. C. PC-Based Operator Control Station Simplifies Process, Saves Time. *Chilton's I & CS*, September 1988, pp. 99-101.

Chassaing, R. *Digital Signal Processing*. Wiley, New York, 1999.

Craig, I. K., Xia, X., and Venter, J. W. Introducing HIV/AIDS Education into the Electrical Engineering Curriculum at the University of Pretoria. *IEEE Transactions on Education*, vol. 47, no. 1, February 2004, pp. 65-73.

Craig, J. J. *Introduction to Robotics. Mechanics and Control*, 3d ed. Prentie Hall, Upper Saddle River, NJ, 2005.

Hardy, H. L. Multi-Loop Servo Controls Programmed Robot. *Instruments and Control Systems*, June 1967, pp. 105-111.

Hostetter, G. H. *Digital Control System Design*. Holt, Rinehart & Winston, New York, 1988.

Johnson, H. et al. *Unmanned Free-Swimming Submersible (UFSS) System Description*. NRL Memorandum Report 4393. Naval Research Laboratory, Washington, DC, 1980.

Katz, P. *Digital Control Using Microprocessors*. Prentice Hall, Englewood Cliffs, NJ, 1981.

Khodabakhshian, A., and Golbon, N. Design of a New Load Frequency PID Controller Using QFT. *Proceedings of the 13th Mediterranean Conference on Control and Automation*, 2005, pp. 970-975.

Kuo, B. C. *Automatic Control Systems*, 7th ed. Prentice Hall, Englewood Cliffs, NJ, 1995.

Kuo, B. C. *Digital Control Systems*. Holt, Rinehart & Winston, New York, 1980.

Nyzen, R. J. *Analysis and Control of an Eight-Degree-of-Freedom Manipulator,* Ohio University Masters Thesis, Mechanical Engineering, Dr. Robert L. Williams Ⅱ, Advisor, August 1999.

O'Connor, D. N., Eppinger, S. D., Seering,W. P., andWormly, D. N. Active Control of a High-Speed Pantograph. *Journal of Dynamic Systems, Measurements, and Control*, vol. 119, March 1997, pp. 1-4.

Ogata, K. *Discrete-Time Control Systems*. Prentice Hall, Englewood Cliffs, NJ, 1987.

Phillips, C. L., and Nagle, H. T., Jr. *Digital Control System Analysis and Design*. Prentice Hall, Englewood Cliffs, NJ, 1984.

Preitl, Z., Bauer, P., and Bokor, J. ASimple Control Solution for Traction Motor Used in Hybrid Vehicles. *4th International Symposium on Applied Computational Intelligence and Informatics*. IEEE, 2007.

Romagnoli, J. A., and Palazoglu, A. *Introduction to Process Control*. CRC Press, Boca Raton, FL, 2006.

Smith, C. L. *Digital Computer Process Control*. Intext Educational Publishers, NY, 1972.

Sparks, A. W., and Manalis, S. R. Atomic Force Microscopy with Inherent Disturbance Suppression
for Nanostructure Imaging. *Nanotechnology*, vol. 17, 2006, pp. 1574-1579.

Tasch, U., Koontz, J. W., Ignatoski, M. A., and Geselowitz, D. B. An Adaptive Aortic Pressure Observer for the Penn State Electric Ventricular Assist Device. *IEEE Transactions on Biomedical Engineering*, vol. 37, 1990, pp. 374-383.

Tou, J. *Digital and Sampled-Data Control Systems*. McGraw-Hill, New York, 1959.

Williams, R. L. Ⅱ. Local Performance Optimization for a Class of Redundant Eight-Degree of -Freedom Manipulators. *NASA Technical Paper 3417,* NASA Langley Research Center, Hampton VA, March 1994.

연습문제

1. 아래 주어지는 시간 함수를 z-변환하라. 단, z-변환 표를 이용하지 말고, $f(t)\to f^*(t)\to F^*(s)\to F(z)$의 변환 과정을 통하여 $F(z)$를 구하고, $1/(1-z^{-1}) = 1+z^{-1}+z^{-2}+z^{-3}+\cdots$를 이용하여 $F(z)$를 유리 함수로 나타내어라. 또한 샘플링은 이상적으로 이루어지는 것으로 가정한다. [13.3절]

   a. $e^{-at}u(t)$
   b. $u(t)$
   c. $t^2e^{-at}u(t)$
   d. $\cos \omega t\, u(t)$

2. MATLAB의 Symbolic Math 툴박스를 이용하여 문제 1을 반복하라. Symbolic Math **SM**

3. 다음에 주어지는 각각의 전달함수 $F(z)$를 부분 분수로 전개하여 $f(kT)$를 구하라. [13.3절]

   a. $F(z) = \dfrac{z(z+2)(z+4)}{(z-0.3)(z-0.5)(z-0.7)}$

   b. $F(z) = \dfrac{(z+0.3)(z+0.5)}{(z-0.2)(z-0.6)(z-0.8)}$

   c. $F(z) = \dfrac{(z+1)(z+0.2)(z+0.5)}{z(z-0.1)(z-0.6)(z-0.9)}$

4. MATLAB의 Symbolic Math 툴박스를 이용하여 문제 3을 모두 해결하라. Symbolic Math **SM**

5. 샘플링 간격이 $T=0.5\,\text{s}$ 일 때, 다음에 주어지는 함수 $G(s)$를 부분 분수로 전개하고, 표 13.1을 이용하여 z-변환하라. [13.3절]

   a. $G(s) = \dfrac{(s+4)}{(s+2)(s+5)}$

   b. $G(s) = \dfrac{(s+1)(s+2)}{s(s+3)(s+4)}$ **SS**

   c. $G(s) = \dfrac{20}{(s+3)(s^2+6s+25)}$

   d. $G(s) = \dfrac{15}{s(s+1)(s^2+10s+81)}$

6. MATLAB의 Symbolic Math 툴박스를 이용하여 문제 5를 반복하라. Symbolic Math **SM**

7. 샘플링 간격이 $T=0.3\,\text{s}$ 일 때, 그림 P13.1의 블록선도로 주어지는 시스템에 대한 $G(z)=C(z)/R(z)$를 구하라. [13.4절] **SS**

8. 그림 P13.2의 각 시스템에 대한 $T(z)=C(z)/R(z)$를 구하라. [13.5절] **SS**

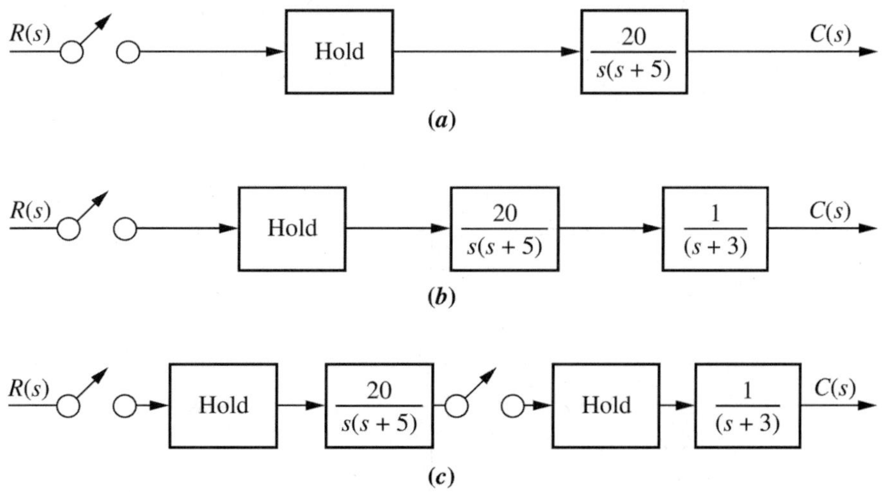

그림 P13.1

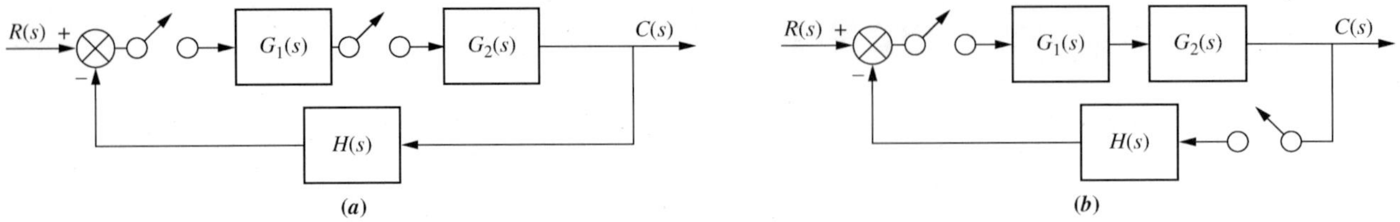

그림 P13.2

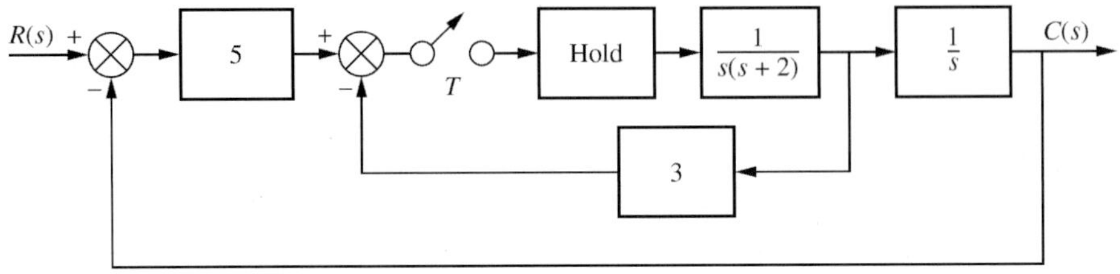

그림 P13.3

9. 그림 P13.3의 시스템에 대한 폐루프 전달 함수 $T(z) = C(z)/R(z)$를 구하라. [13.5절]

10. 그림 P13.4와 같은 구조를 갖는 시스템이 안정되기 위한 샘플링 간격 T의 범위를 구하는 MATLAB 프로그램을 다음 조건에 따라 작성하라. MATLAB ML

a. 샘플-홀드 회로와 종속 접속된 $G_1(s)$를 $G(z)$으로 변환시킨다.

b. 시스템이 안정되기 위한 T의 범위를 구하고, 이 범위 내에 있는 T값에 대해 폐루프 시스템의 극점을 계산하고 화면에 나타내도록 한다.
다음 함수 $G_1(s)$에 대해 작성된 프로그램을 검증하라.

$$G_1(s) = \frac{20(s+6)}{(s+1)(s+3)(s+4)(s+8)}$$

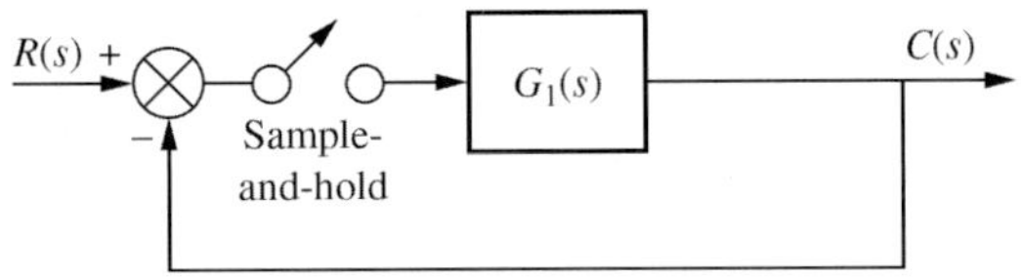

그림 P13.4

11. 그림 P13.5의 시스템에서 이 시스템이 폐루프 안정이 되기 위한 샘플링 간격 T의 범위를 구하라. [13.6절]

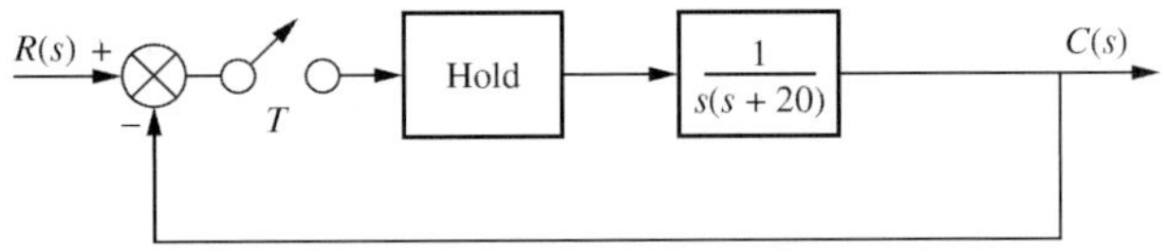

그림 P13.5

12. 그림 P13.6의 시스템이 안정하기 위한 K의 범위를 구하라. [13.6절]

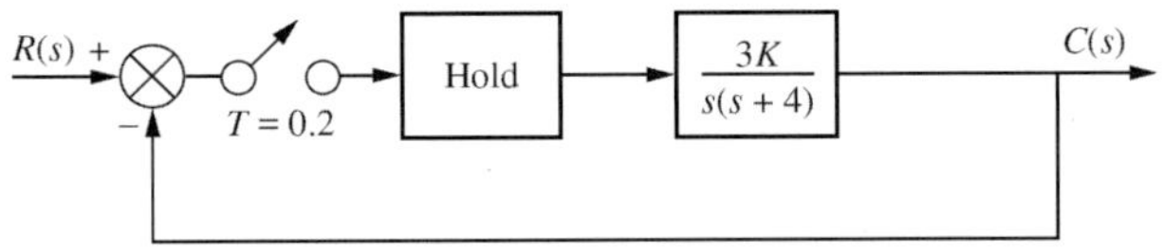

그림 P13.6

13. 그림 P13.7의 디지털 시스템에 대한 입력이 다음과 같을 때 오차 상수와 정상 상태 오차를 구하라. [13.7절] SS

a. $u(t)$

b. $tu(t)$

c. $\frac{1}{2}t^2u(t)$

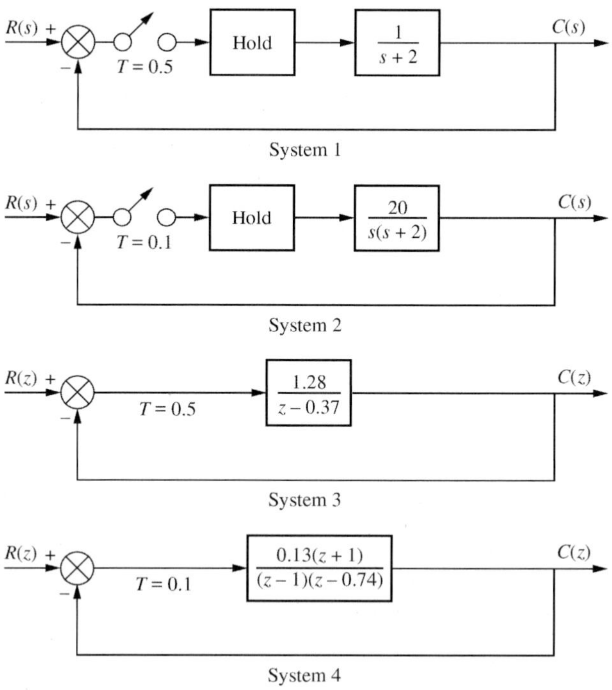

그림 P13.7

14. 그림 P13.4와 같은 시스템에 대해 K_p, K_v와 K_a를 구하기 위한 MATLAB 프로그램을 작성하라. 또 작성된 프로그램을 다음과 같은 전달 함수, $G(z)$를 갖는 시스템에 적용시켜 보아라. 여기서 $G(z)$는 샘플링 간격이 $T = 0.1\,\mathrm{s}$ 이고, $G_1(s)$가 z.o.h.에 종속 접속된 시스템의 z-변환식이다.

MATLAB **ML**

$$G(z) = \frac{0.04406z^3 - 0.03624z^2 - 0.03284z + 0.02857}{z^4 - 3.394z^3 + 4.29z^2 - 2.393z + 0.4966}$$

15. 그림 P13.4의 시스템에서 $G_1(s) = K/[(s+1)(s+5)]$일 때, %오버슈트가 15%가 되도록 K를 정하라. 또한 시스템이 안정하기 위한 K의 범위를 구하라. 단, $T = 0.1\,\mathrm{s}$ 이다. [13.9절]

16. Simulink를 사용하여 문제 15의 계단 응답을 시뮬레이션 하라. K는 문제 15에서와 같이 %오버슈트가 15%가 되도록 하라.

Simulink **SL**

17. 그림 P13.4의 디지털 시스템에서 %오버슈트 설계 조건을 만족시키는 디지털 제어 시스템의 이득을 구하기 위한 MATLAB 프로그램을 다음 조건에 따라 작성하라.

MATLAB **ML**

a. 원하는 %오버슈트 값이 입력되도록 한다.

b. 샘플-홀드 회로와 종속 접속되는 $G_1(s)$를 $G(z)$로 변환시킨다.

c. z-평면에 근궤적을 그리고 %오버슈트 선도와 중첩되도록 한다.

d. 근궤적과 %오버슈트 선도의 교점을 마우스로 택할 수 있도록 하고, 선택된 점의 이득과 폐루프 시스템의 계단 함수 응답을 화면에 나타내도록 한다.

작성된 프로그램을 이용하여 문제 15를 반복하고 결과를 비교하라.

18. 그림 P13.4의 시스템에서 $G_1(s) = K/[s(s+1)]$이고, 샘플링 간격이 $T = 0.1\,\mathrm{s}$ 일 때, 최고값 시간이 1.5s가 되도록 이득 K를 정하라. 또한 시스템이 안정되기 위한 K의 범위를 구하라. [13.9절]

19. 그림 P13.4의 시스템에서 $G_1(s) = (K(s+3))/(s(s+1)(s+4))$일 때, 샘플링 간격 $T = 0.5\,\mathrm{s}$, 정착시간 10s 를 만족하고, 폐루프 시스템이 안정하기 위한 K의 범위를 구하라. [13.9절]

20. 예제 9.5에서 설계된 연속 시스템의 단위 피드백 PID 제어기에서 플랜트는

$$G(s) = \frac{(s+8)}{(s+3)(s+6)(s+10)}$$

설계된 PID 제어기는

$$G_c(s) = 4.6\,\frac{(s+55.92)(s+0.5)}{s}$$

이다. 샘플링 시간 $T = 0.005\,\mathrm{s}$ 일 때, 디지털 전달 함수 $G_c(z)$를 구하라. [13.10절]

21. 연속 단위 피드백 시스템의 순방향 경로 전달 함수가

$$G(s) = \frac{1}{s(s+4)(s+10)}$$

이고, 컴퓨터로 제어되는 폐루프 시스템의 사양은 아래와 같다.

- %오버슈트 : 10%
- 정착 시간 : 2s
- 샘플링 시간 : 0.05s

주어진 사양을 만족하는 디지털 진상 보상기를 설계하라. [13.10절]

22. MATLAB을 이용해 문제 21를 해결하라. MATLAB ML

설계 문제

23. a. 부록 A3에 있는 UFSS에 대한 열제어 시스템 (Johnson, 1980)을 디지털 제어 시스템으로 변환시켜라. SS
    b. 샘플링 시간이 $T=0.1\,\text{s}$ 일 때, 폐루프 전달 함수 $T(z)$를 구하라.
    c. 디지털 시스템이 안정되기 위한 이득의 범위를 구하라.

24. 9장의 37번 문제에서 증기 터빈 조절 시스템은 순방향 경로 전달 함수 기반 단위 피드백 시스템으로 구성된다. (Khodabakhshian, 2005)

$$G(s)=\frac{K}{(s+0.08)(s+2)(s+5)}$$

    a. 샘플링 시간이 0.5초 일 때, 이 시스템과 동일한 이산 시스템을 구하라.
    b. MATLAB를 이용하여 근궤적을 그려라. MATLAB ML
    c. 감쇠 상수가 0.7일 때, 시스템을 안정화 시키는 이득 K를 구하라.
    d. a번 문제의 근궤적에서 계단 응답 정착 시간, T_s 및 극 시간 값, T_p을 구하라.
    e. 단위 계단 응답의 폐루프 시스템의 최종값을 계산하라.
    f. Simulink를 사용하여 시스템의 계단 응답을 구하여라. c와 d번 문제에서 구해낸 값들을 검증하라. Simulink SL

25. $G(s)=\dfrac{8}{s+4}$가 주어졌을 때, LABVIEW Control Design and Simulation Module을 이용해 (1) 샘플링 주기 0.25 초로 $G(s)$를 디지털 전달 함수로 변환하고 (2) 이산과 연속시간 전달함수의 스텝 응답을 그려라. LabVIEW LV

26. $G(z)=\dfrac{K(z+0.5)}{(z-0.25)(z-0.75)}$가 주어졌을 때 LABVIEW Control Design and Simulation Module과 MathScript RT Module을 이용해 (1) 그림 13.20의 폐루프 시스템에서 감쇠비가 0.5이고 $H(z)=1$을 만족하는 K를 구하고 (2) 스텝 응답을 그려라. 숙련예제 13.8과 너의 결과를 비교해 보라. LabVIEW LV MATLAB ML

27. 인공 심장 박동기는 자연적인 피드백 시스템이 정상적으로 작동되지 못하는 환자들이 심박수를 일정하게 유지할 수 있도록 도와준다. 인공 심장 박동기의 간략화된 모델을 다음과 같은 순방향 경로를 갖는 단일 피드백 시스템으로 가정하자 (Neogi, 2010).

$$G(s)=\frac{1352k}{s(s+8)(s+20)}$$

    a. 샘플링 주기를 0.01초로 가정하고, 인공 심장 박동기 모델을 이산 시스템으로 변환하라.
    b. 컴퓨터 프로그램을 이용하여 근궤적도를 그려라.
    c. b에서 구한 근궤적도를 이용하여 폐루프 시스템이 안정한 k의 범위를 구하라.
    d. b에서 구한 근궤적도를 이용하여 계단 입력에 대하여 5%의 오버슈트를 갖도록 하는 k의 값을 구하라.
    e. 이산화된 시스템의 계단 입력에 대한 응답을 시뮬레이션하여 디자인을 검증하라.

28. $Y-Y$ 변압기를 갖는 계통 연계형 전압원 컨버터의 α-부분 시스템의 선형 모델이 8장의 52번 문제와 10장의 40번 문제에 제공되었다. 이 시스템은 다음과 같이 보상기와 플랜트가 연결되어 있는 모델로 표현된다.[13.10절]

$$G_P(s)=\frac{V_\alpha(s)}{M_\alpha(s)}=\frac{(s+2200)}{(s+220)(s^2+120s+16\times10^6)}$$

다음의 설계 조건을 만족시키는 디지털 진상 보상기를 설계하라.

- %오버슈트 : $\%OS=10\%$
- 정착 시간 : $T_S=0.1s$
- 샘플링 주기 : $T=0.001s$

심화 학습문제

29. HIV/AIDS의 제어 11장에서 단위 피드백 시스템의 연속시간 직렬 보상기가 HIV에 감염된 환자의 RTI를 위한 치료를 위해 설계 되었다(Craig, 2004). 디자인된 보상기의 전달 함수는 아래와 같다.

$$G_c(s)=\frac{-2\times10^{-4}(s^2+0.04s+0.0048)}{s(s+0.02)}$$

선형화된 플랜트는 아래와 같다.

$$P(s)=\frac{Y(s)}{U_1(s)}=\frac{-520s-10.3844}{s^3+2.6817s^2+0.11s+0.0126}$$

보상된 시스템은 약 100초의 정착 시간으로 과감쇠 된다. 이 시스템은 다음과 같은 현실적 이유로 인해 이산

화가 필요하다: (1) HIV 환자들을 연속적으로 모니터 되는 것이 아니며, (2) 투약되는 약 역시 연속적으로 조절 될 수 없기 때문이다.

a. 이 시스템에 대한 적절한 샘플링 시간이 8일임을 보여라(약의 업데이트 주기가 보통 7일이다).

b. Tustin 방법과 8일의 샘플링 시간을 이용하여 $G_c(s)$와 동일한 이산 모델을 구하라.

c. Simulink를 사용하여 단위 계단 입력을 통한 연속시간과 이산시간의 보상된 시스템을 시뮬레이션 하여라. 같은 그래프 상에 두 응답을 그려라.

Simulink **SL**

30. **하이브리드 자동차** 7장의 50번 문제 (그림 P7.25)에서 HEV의 속도 제어를 위한 블록선도가 단일 궤한 시스템으로 주어졌다(Preitl, 2007). 선도의 출력은 속도 변환기의 출력 전압으로 $C(s) = K_{ss}V(s)$로 주어진다. 보상기가 설계된 11장의 24번 문제의 b에서 PI 속도 제어기의 제로, Z_I,를 원점에 가장 가까운 보상되지 않은 시스템의 실제 폴(-0.0163에 위치)에 위치시켜 폴-제로 무효화시키는 것의 가능성에 대해 논의 하였다. 완벽한 폴-제로 무효화는 유지될 수 없고, PI 제어기의 제로가 20% 범위 내인 −0.01304에서 움직인다. 이럴 때, PI 속도 제어기가 있어서 이득 값 K를 가지고 있는 플랜트의 전달함수는 다음과 같다:

MATLAB **ML**

$$G(s) = \frac{K(s+0.6)(s+0.01304)}{s(s+0.0163)(s+0.5858)}$$

그림 P13.4의 $G_1(s)$가 전달함수 $G(s)$와 같다고 가정하자.

a. 다음을 만족하는 MATLAB M-file을 작성하자 [힌트 : 이 장의 문제 10과 17에서 작성한 M-file을 참조하라]

(1) $G_1(s)$를 샘플 - 홀드 하여 $G(z)$로 변환하라.

(2) $0 < T < 5$초의 범위에서 시스템이 안정한 최대 샘플링 주기 $T_{\max}$를 찾아라. 전체 샘플링 시간 범위의 폐구간 시스템에서 z-플레인 해를 계산하라. 그 뒤에, $T = 0.75\,T_{\max}$.

(3) 사용자가 입력한 이상적인 %OS를 만족할 수 있는 디지털 제어 시스템을 설계하고 PI 속도 제어기의 이득 값 K를 구하라.

(4) 디지털 시스템의 스텝 응답을 그려라 (유닛당, p.u. vs 시간 (초))

b. a에서 작성한 M-file을 실행한다. %OS=0으로 설정하고 PI제어기의 이득 값 $K = 61$이라 한다,

c. 근궤적에서 페루프 전달함수, T_z,의 모든 폴이 단위원안에 있는 점을 선택하라.

d. 샘플링 시간 T와 폐구간 전달함수 T_z의 모든 폴 r에 해당하는 샘플-데이타 전달함수 G_z와 T_z를 쓰라.

e. 다음 특징에 주의하면서 디지털 시스템의 단위 응답을 그려라 (유닛 당, p.u., vs 시간 (초)) : 최종 값, 상승 시간, 정정 시간.

31. **PTC형 태양열 집열 장치** 11장의 25번 문제에서 단위 계단 입력에 대하여 정상 상태 오차가 0이 되도록 적분 제어를 포함하는 지상 보상기를 설계하였다. 해당 문제에서 개루프 전달함수를 $L(s) = G_c(s)G(s)$와 같이 표현하였고, 여기서 플랜트는 다음과 같고, (Camacho, 2012)

$$G(s) = \frac{137.2\times10^{-6}}{s^2 + 0.0224s + 196\times10^{-6}}e^{-39s}$$

지상 제어기는 다음과 같았다.

$$G_c(s) = 1.12\frac{(s+0.01)}{s}.$$

이 문제를 통해 연속시간에서 설계된 보상기를 디지털 보상기로 대체할 수 있도록 한다.

a. 시스템에 대한 적절한 샘플링 주기를 구하라.

b. z-도메인에서 동일한 보상기의 전달함수를 구하라.

c. 연속시간 플랜트와 디지털 보상기가 결합된 시스템을 시뮬레이션하기 위해 시뮬링크를 사용하라. 동일한 그래프 내에서 연속시간 보상기가 결합된 원래의 시스템의 응답과 비교하라.

Simulink **SL**

APPENDIX A1: List of Symbols

$\%OS$	Percent overshoot
A	Ampere–unit of electrical current
$\mathbf{A}$	System matrix for state-space representation
a_m	Motor time constant
B	Mechanical rotational coefficient of viscous friction in N–m–s/red
$\mathbf{B}$	Input matrix for state–space representation
C	Electrical capacitance in farads
$\mathbf{C}$	Output matrix for state–space representation
$C(s)$	Laplace transform of the output of a system
$c(t)$	Output of a system
$\mathbf{C_M}$	Controllability matrix
D	Mechanical rotational coefficient of viscous friction in N–m–s/rad
$\mathbf{D}$	Feedforward matrix for state–space representation
D_a	Motor armature codfficient of viscous damping in N–m–s/rad
D_m	Total coefficient of viscous friction at the armature of a motor, including armature coefficient of viscous friction and reflected load coefficient of viscous frection in N–m–s/rad
E	Energy
$E(s)$	Laplace transform of the error
$e(t)$	Error; electrical voltage
$E_a(s)$	Laplace transform of the motor armature input voltage; Laplace transform of the actuating signal
$e_a(t)$	Motor armature input voltage; actuating signal
F	Farad—unit of electrical capacitance
$F(s)$	Laplace transform of $f(t)$
$f(t)$	Mechanical force in newtons; general time function
f_v	Mechanical translational coefficient of viscous friction
g	Acceleration due to gravity

G	Electrical conductance in mhos
$G(s)$	Forward-path transfer function
$G_c(s)$	Compensator transfer function
$G_{c(z)}$	Sampled transfer function for a compensator
G_M	Gain margin
$G_p(z)$	Sampled transfer function for a plant
H	Henry—unit of electrical inductance
$H(s)$	Feedback-path transfer function
I	Identity matrix
$i(t)$	Electrical current in amperes
J	Moment of inertia in kg-m^2
J_a	Motor armature moment of inertia in kg-m^2
J_m	Total moment of inertia at the armature of a motor, including armature moment of inertia and reflected load moment of inertia in kg-m^2
K	Controller gain matrix
K	Mechanical translational spring constant in N/m or rotational spring constant in N-m/rad; amplefier gain; residue
k	Controller feedback gain; running index
K_a	Acceleration constant
K_b	Back emf constant in V/rad/s
K_f	Feedback gain
kg	Kilogram = newton seconds^2/meter—unit of mass
$\mathrm{kg}-\mathrm{m}^2$	Kilogran meters^2= newton-meters seconds2/radian—unit of moment of inertia
K_m	Motor gain
K_p	Positon contant
K_t	Motor torque constant relating developed torque to armature current in N-m/A
K_v	Velocity constant
L	Electrical inductance in henries
L	Observer gain matrix
l	Observer feedback gain
M	Mass in kilograms; slope of the root locus asymptotes
m	Meter—unit of mechanical translational displacement
$M(\omega)$	Magnitude of a sinusoedal response
m/s	Meter/second—unit of mechanical translational velocity
M_p	Peak magnitude of the sinusoedal magnitude response
N	Newton—unit fo mechanical translational force
$\mathrm{N}-\mathrm{s}/\mathrm{m}$	Newton-seconds/meter—unit of mechanical translational coefficient of viscous friction

n	System type
N/m	Newton/meter—unit of mechanical translational spring constant
N-m	Newton-meter—unit of mechanical torque
N-m-s/rad	Newton-meter-seconds/radian—unit of mechanical rotational coefficient of viscous friction
N-m-A	Newton-meter/ampere—unit of motor torque constant
N-m/rad	Newton-meter/radian—unit of mechanical rotational spring constant
$\mathrm{O_M}$	Observability matrix
$\mathbf{P}$	Similarity transformation matrix
p_c	Compensator pole
Q	Coulomb—unit of electrical charge
$q(t)$	Electrical charge in coulombs
R	Electrical resistance in ohms
$R(s)$	Laplace transform of the input to a system
r	Nonlinear electrical resistance
$r(t)$	Input to a system
R_a	Motor armature resistance in ohms
rad	Radian—unit of angular displacement
rad/s	Radian/second—unit of angular velocity
s	Second—unit of time
s	Complex variable for the Laplace transform
$S_{F:P}$	Sensitivity of F to a fractional change in P
T	Time constant; sampling interval for digital signals
$T(s)$	Closed-loop transfer function; Laplace transform of mechanical torque
$T(t)$	Mechanical torque in N-m
$T_m(t)$	Torque at the armature developed by a motor in N-m
$T_m(s)$	Laplace transform of the torque at the armature developed by a motor
T_p	Peak time in seconds
T_r	Rise time in seconds
T_s	Settling time in seconds
T_W	Pulse width in seconds
$\mathbf{u}$	Input or control vector for state-space representation
u	Input control signal for state-space representation
$u(t)$	Unit step input
V-s/rad	Volt-seconds/radian—unit of motor back emf constant
$v(t)$	Mechanical translation velocity in m/s; electrical voltage
$v_b(t)$	Motor back emf in volts
$v_e(t)$	Error voltage
$v_p(t)$	Power amplifier input in volts
$\mathbf{x}$	State vector for state-space representation

$x(t)$	Mechanical translation displacement in meters; a state variable
$\dot{x}$	Time derivative of a state variable
$\dot{\mathbf{x}}$	Time derivative of the state vector
$\mathbf{y}$	Output vector for state-space representation
$y(t)$	Output scalar for state-space representation
z	Complex variable for the z-transform
z_c	Compensator zero
α	Pole-scaling factor for a lag compensator, where $\alpha > 1$; angle of attack
β	Pole-scaling factor for a lead compensator, where $\beta < 1$
γ	Pole-scaling factor for a lag-lead compensator, where $\gamma > 1$
δ	Thrust angle
ζ	Damping ratio
θ	Angle of a vector with the positive extension of the real axis
$\theta(t)$	Angular displacement
θ_a	Angle of a root locus asymptote with the positive extension of the real axis
θ_c	Angular contribution of a compensator on the s-plane
$\theta_m(t)$	Angular displacement of the armature of a motor
λ	Eigenvalue of a square matrix
σ	Real part of the Laplace transform variable, s
σ_a	Real-axis intercept of the root locus asymptotes
Φ_M	Phase margin
$\Phi(t)$	State transition matrix
ϕ	Sinusoidal phase angle; body angle
ϕ_c	Sinusoidal phase angle of a compensator
$\phi_{\max}$	Maximum sinusoidal phase angle
Ω	Ohm—unit of electrical resistance
℧	Mho—unit of electrical conductance
ω	Imaginary part of the Laplace transform variable, s
$\omega(t)$	Angular velocity in rad/s
ω_{BW}	Bandwidth n rad/s
ωd	Damped frequency of oscillation in rad/s
ω_{Φ_M}	Phase-margin frequency in radians
ω_{G_M}	Gain-margin frequency in radians
ω_n	Natural frequency in rad/s
ω_p	Peak-magnitude frequency of the magnitude frequency response in rad/s

APPENDIX A2: Antenna Azimuth Position Control System

Layout

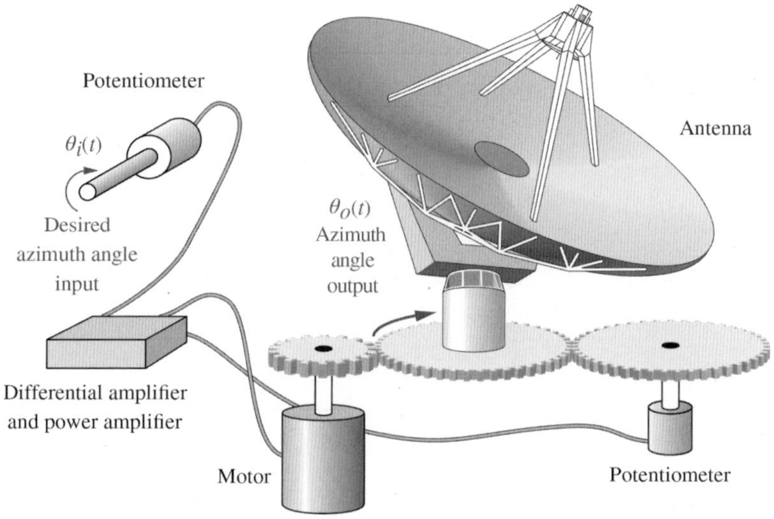

Schematic

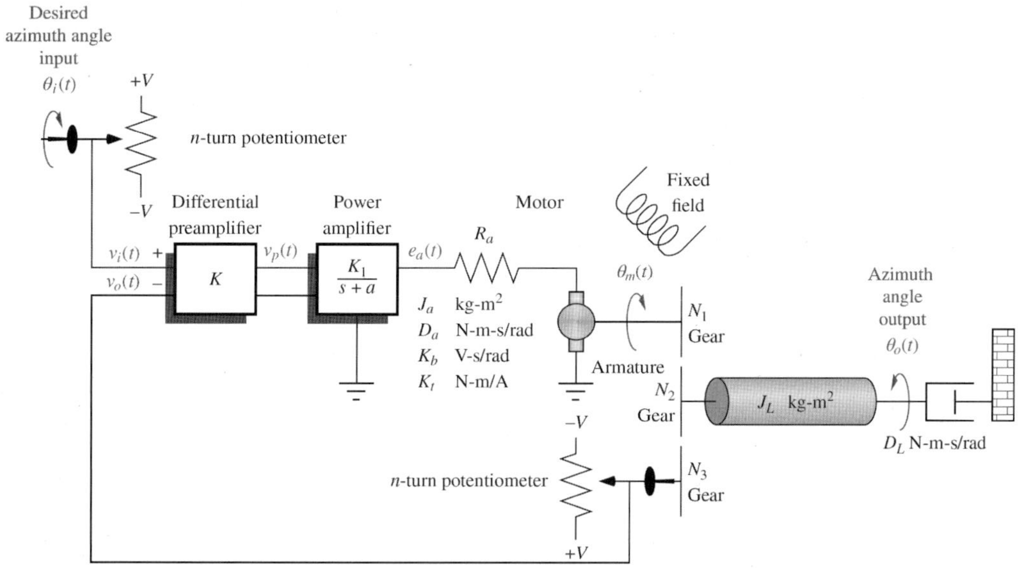

Block Diagram

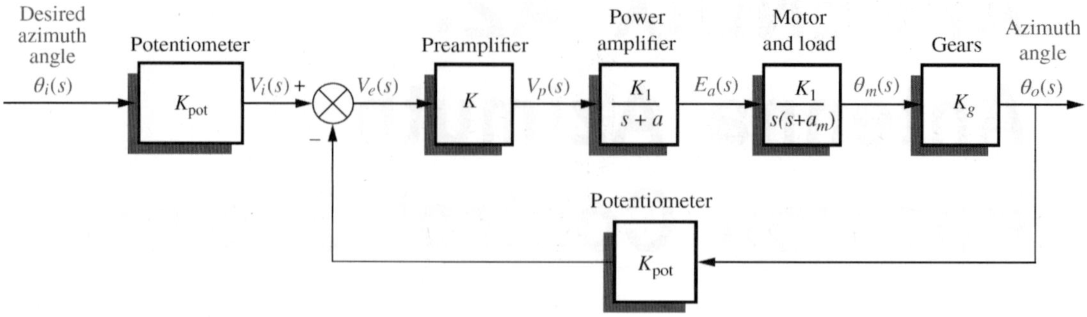

Schematic Parameters

Parameter	Configuration 1	Configuration 2	Configuration 3
V	10	10	10
n	10	1	1
K	—	—	—
K_1	100	150	100
a	100	150	100
R_a	8	5	5
J_a	0.02	0.05	0.05
D_a	0.01	0.01	0.01
K_b	0.5	1	1
K_t	0.5	1	1
N_1	25	50	50
N_2	250	250	250
N_3	250	250	250
J_L	1	5	5
D_L	1	3	3

Block Diagram Parameters

Parameter	Configuration 1	Configuration 2	Configuration 3
K_{pot}	0.318		
K	—		
K_1	100		
a	100		
K_m	2.083		
a_m	1.71		
K_g	0.1		

Note: Reader may fill in Configuration 2 and Configuration 3 columns after completing the antenna control case study challenge problems in Chapters 2 and 10, respectively.

APPENDIX A3: Unmanned Free-Swimming Submersible Vehicle

Pitch Control System

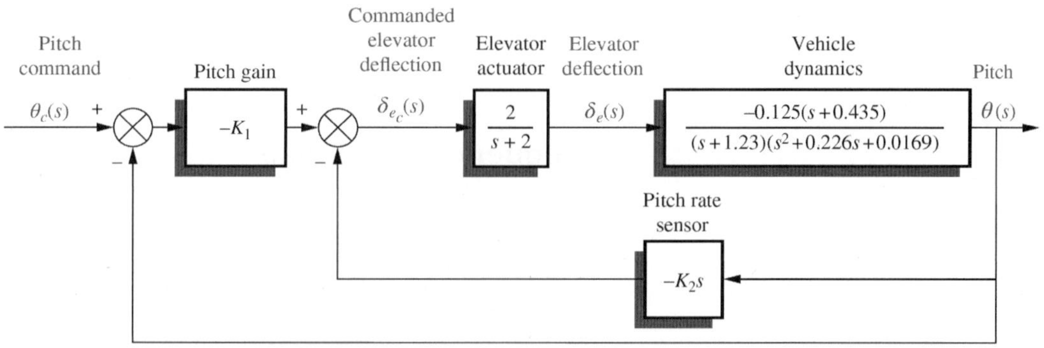

Heading Control System

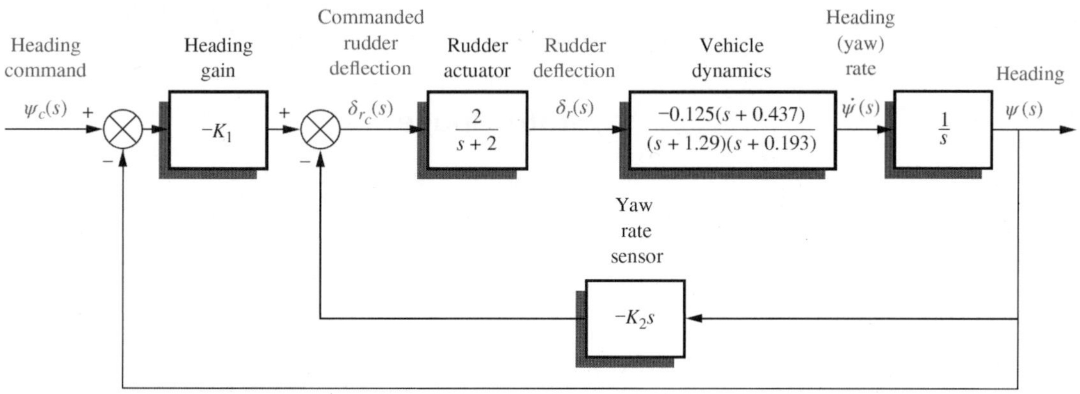

APPENDIX A4: Key Equations

Modeling

$$\frac{V_o(s)}{V_i(s)} = -\frac{Z_2(s)}{Z_1(s)} \quad (2.97); \qquad \frac{V_o(s)}{V_i(s)} = \frac{Z_1(s)+Z_2(s)}{Z_1(s)} \quad (2.104)$$

$$\frac{\theta_2}{\theta_1} = \frac{r_1}{r_2} = \frac{N_1}{N_2} \quad (2.133); \qquad \frac{T_2}{T_1} = \frac{\theta_1}{\theta_2} = \frac{N_2}{N_1} \quad (2.135)$$

$$\left(\frac{\text{Number of teeth of gear on } \textit{destination} \text{ shaft}}{\text{Number of teeth of gear on } \textit{source} \text{ shaft}}\right)^2 \quad \text{(see after 2.138)}$$

$$\frac{\theta_m(s)}{E_a(s)} = \frac{K_t/(R_aJ_m)}{s\left[s+\frac{1}{J_m}\left(D_m+\frac{K_tK_b}{R_a}\right)\right]} \quad (2.153)$$

$$\frac{K_t}{R_a} = \frac{T_{\text{stall}}}{e_a} \quad (2.162); \quad K_b = \frac{e_a}{\omega_{\text{no-load}}} \quad (2.163)$$

$$T(s) = \frac{Y(s)}{U(s)} = \mathbf{C}(s\mathbf{I}-\mathbf{A})^{-1}\mathbf{B}+\mathbf{D} \quad (3.73)$$

Time Response

$$T_r = \frac{2.2}{a} \quad (4.9); \quad T_s = \frac{4}{a} \quad (4.10)$$

$$G(s) = \frac{\omega_n^2}{s^2+2\zeta\omega_n s+\omega_n^2} \quad (4.22)$$

$$\%OS = e^{-(\zeta\pi/\sqrt{1-\zeta^2})} \times 100 \quad (4.38)$$

$$\zeta = \frac{-\ln(\%OS/100)}{\sqrt{\pi^2+\ln^2(\%OS/100)}} \quad (4.39)$$

$$T_p = \frac{\pi}{\omega_n\sqrt{1-\zeta^2}} \quad (4.34); \quad T_s = \frac{4}{\zeta\omega_n} \quad (4.42)$$

Steady-State Error

$$e(\infty) = e_{\text{step}}(\infty) = \frac{1}{1+\lim_{s\to 0} G(s)} \quad (7.30); \quad K_p = \lim_{s\to 0} G(s) \quad (7.33)$$

$$e(\infty) = e_{\text{ramp}}(\infty) = \frac{1}{\lim_{s\to 0} sG(s)} \quad (7.31); \quad K_v = \lim_{s\to 0} sG(s) \quad (7.34)$$

$$e(\infty) = e_{\text{parabola}}(\infty) = \frac{1}{\lim_{s\to 0} s^2G(s)} \quad (7.32); \quad K_a = \lim_{s\to 0} s^2G(s) \quad (7.35)$$

Root Locus

$$\angle KG(s)H(s) = -1 = 1\angle(2k+1)180^\circ \quad (8.13)$$

$$\sigma_a = \frac{\sum \text{finite poles} - \sum \text{finite zeros}}{\#\text{ finite poles} - \#\text{ finite zeros}} \quad (8.27)$$

$$\theta_a = \frac{(2k+1)\pi}{\#\text{ finite poles} - \#\text{ finite zeros}} \quad (8.28)$$

$$\theta = \sum \text{finite zero angles} - \sum \text{finite pole angles}$$

$$K = \frac{1}{|G(s)H(s)|} = \frac{1}{M} = \frac{\prod \text{finite pole lengths}}{\prod \text{finite zero lengths}} \quad (8.51)$$

Frequency Response

$$M_p = \frac{1}{2\zeta\sqrt{1-\zeta^2}} \quad (10.52); \quad \omega_p = \omega_n\sqrt{1-2\zeta^2} \quad (10.53)$$

$$\omega_{\text{BW}} = \omega_n\sqrt{(1-2\zeta^2)+\sqrt{4\zeta^4-4\zeta^2+2}} \quad (10.54)$$

$$\Phi_M = \tan^{-1}\frac{2\zeta}{\sqrt{-2\zeta^2+\sqrt{1+4\zeta^4}}} \quad (10.73)$$

$$\phi_{\max} = \tan^{-1}\frac{1-\beta}{2\sqrt{\beta}} = \sin^{-1}\frac{1-\beta}{1+\beta} \quad (11.11)$$

$$\omega_{\max} = \frac{1}{T\sqrt{\beta}} \quad (11.9); \quad |G_c(j\omega_{\max})| = \frac{1}{\sqrt{\beta}} \quad (11.12)$$

State Space

$$\mathbf{C_M} = [\mathbf{B} \quad \mathbf{AB} \quad \mathbf{A}^2\mathbf{B} \quad \cdots \quad \mathbf{A}^{n-1}\mathbf{B}] \quad (12.26)$$

$$\dot{\mathbf{x}} = (\mathbf{A}-\mathbf{BK})\mathbf{x}+\mathbf{B}r; \quad y = \mathbf{Cx} \quad (12.3); \quad \mathbf{O_M} = \begin{bmatrix} \mathbf{C} \\ \mathbf{CA} \\ \vdots \\ \mathbf{CA}^{n-1} \end{bmatrix} \quad (12.79)$$

$$\dot{\mathbf{e}}_\mathbf{x} = (\mathbf{A}-\mathbf{LC})\mathbf{e}_\mathbf{x}; \quad y-\hat{y} = \mathbf{C}\mathbf{e}_\mathbf{x} \quad (12.64)$$

Digital Control

$$e^*(\infty) = \lim_{z\to 1}(1-z^{-1})E(z) \quad (13.66)$$

$$K_p = \lim_{z\to 1} G(z) \quad (13.70); \quad K_v = \frac{1}{T}\lim_{z\to 1}(z-1)G(z) \quad (13.73)$$

$$K_a = \frac{1}{T^2}\lim_{z\to 1}(z-1)^2G(z) \quad (13.75)$$

APPENDIX B: MATLAB 입문

B.1 서론

MATLAB은 과학이나 공학 문제를 풀기에 적합하도록 구성된 고급 언어 소프트웨어이다. 이 MATLAB을 Control System Toolbox 소프트웨어와 함께 사용하면, 이 책에서 다루는 제어 시스템 문제의 해석과 설계가 용이하다. MATLAB과 Control System Toolbox는 MathWorks 사에서 개발한 상업용 소프트웨어이며, 이 회사의 주소는 MathWorks, Inc., 3 Apple Hill Drive, Natick, MA 01760-2098. Tel: (508) 647-7000, Email : info@mathworks.com URL: www.mathworks.com이다.

MATLAB
ML

여기서 소개하는 MATLAB 예제는 제어시스템의 해석과 설계에 MATLAB을 적용하는 것으로 많은 문제들은 이 책에서 이미 MATLAB을 이용하지 않고 해결된 문제(MATLAB 아이콘으로 표시됨)들이다. 이 절의 끝에 있는 명령어 요약에서는 MATLAB에서 자주 사용되는 명령과 사용법을 소개한다.

본 입문서에 수록되어 있는 코드는 홈페이지 www.wiely.com/college/nise에 있는 Control Systems Engineering Toolbox 폴더나, http://www.mathworks.com/matlabcentral/fileexchange 에서 제공받을 수 있다.

이 튜토리얼의 코드는 Control Systems Engineering Toolbox 폴더에서도 사용할 수 있다. Control Systems Engineering Toolbox Version 8에서 이 부록의 코드를 실행하려면 MATLAB Version 9.3(R2017b)과 Control System Toolbox Version 10.3이 기계에 설치되어 있어야 한다. 또한, File/Set Path/Path Browser를 실행하여 Control Engineering Toolbox의 매 폴더의 경로를 MATLAB의 검색 경로에 추가시켜야 한다. M-파일을 설치한 후에 시뮬레이션의 결과를 보기 위해서는, 예를 들어 ch2apB1과 같은 M-파일명을 MATLAB Command Window의 프롬프트 〉〉에 입력하여 예제 프로그램을 실행시킬 수 있다. MATLAB Command Window 상에서 M-파일의 일부 혹은 전체를 보려면, 프롬프트 〉〉 환경에서 "type 〈파일 이름〉", 혹은 "help 〈파일 이름〉"을 입력한다.

Control System Engineering Toolbox의 M-파일을 제공받지 못한 경우에는 본 부록의 각 문제에 해당하는 코드를 입력하여 각각의 M-파일을 만들고(주석이나 코드 마지막에 있는 pause 명령은 입력할 필요가 없다), ch2apB1.m과 같이 확장자를 *.m으로 하여 파일 이름을 명명한다. 또한, pause 명령을 사용하여 하나의 M-파일에 여러 개의 코드를 입력할 수 있다. 작성된 파일을 MATLAB Command Window에서 호출할 수 있으며 임의의 키를 누름으로써 다음 문제를 수행할 수 있다.

본질적으로 본 부록은 MATLAB의 완벽한 이해를 위한 배경지식과 자세한 내용을 다룰 수 없다. 보다 자세한 사항을 위해서는 독자의 컴퓨터 기종에 적합한 MATLAB 참고 매뉴얼을 이용하기 바란다. 또한, 본 부록 뒤에 제공되는 참고문헌을 참조하기 바란다. 본 부록은 본 교재에서 다룬 해석과 설계 문제를 해결하기 위하여 MATLAB을 적용할 수 있는 충분한 지식을 제공하도록 작성되었다.

개발된 코드들은 MATLAB이 지원하는 워크스테이션에서도 실행될 수 있다. 독자의 컴퓨터 기종에 대한 최소 하드웨어 사양은 MATLAB 설치 안내를 참고하라.

B.2 MATLAB 예제

2장: 주파수 도메인에서의 모델링

ch2apB1 컴퓨터의 출력상에서 본 입문서의 문제를 구별하기 위하여 문자열을 사용한다. 문자열은 'ab' 와 같이, 인용부호 ' ' 를 사용하여 나타내며, %기호 다음의 주석 문장은 MATLAB이 실행하지 않는다. 숫자는 다른 표시없이 표기되고 관련된 연산기호가 사용되며 변수에 할당되는 값은 변수와 등호 오른쪽에 있는 숫자가 된다. 복소수의 크기와 위상을 알기 위해서는 명령어 abs(Q)와 angle(Q)를 사용하면 된다.

```
'(ch2apB1)'                      % Display label.
'How are you?'                   % Display string.
-3.96                            % Display scalar number -3.96.
-4+7i                            % Display complex number -4+7i.
-5-6j                            % Display complex number -5-6j.
(-4+7i)+(-5-6i)                  % Add two complex numbers and
                                 % display sum.
(-4+7j)*(-5-6j)                  % Multiply two complex numbers and
                                 % display product.
M=5                              % Assign 5 to M and display.
N=6                              % Assign 6 to N and display.
P=M+N                            % Assign M+N to P and display.
Q=3+4j                           % Define complex number, Q.
MagQ=abs(Q)                      % Find magnitude of Q.
ThetaQ=(180/pi)*angle(Q)         % Find the angle of Q in degrees.
pause
```

ch2apB2 다항식은 각 계수로 구성되는 행벡터로 나타낼 수 있다. 즉, $P_1 = s^3 + 7s^2 - 3s + 23$ 은 다음과 같이 각 원소 사이를 한 칸 띄우거나 컴마(,)로 분리된 벡터로 표시된다. 문자열은 본 입문서의 매 절을 구분하기 위하여 사용된다.

```
'(ch2apB2)'                      % Display label.
P1=[1 7 -3 23]                   % Store polynomial s^3+7s^2-3s+
                                 % 23 as P1 and display.
pause
```

ch2apB3 앞의 예제를 수행하면 MATLAB의 프롬프트 상에 실행 결과가 표시된다. 매 명령어 끝에 세미콜론을 첨가하면 MATLAB의 프롬프트 상에 실행 결과가 표시되지 않는다. 세미콜론을 첨가하지 않은 변수할당은 그 할당 결과가 표시된다. 다음의 코드를 수행한 후 MATLAB Command Window 상에서 P2를 입력하여라.

```
'(ch2apB3)'                       % Display label.
P2=[3 5 7 8];                     % Assign 3s^3+5s^2+7s+8 to P2
                                  % without displaying.
3*5                               % Evaluate 3*5 and display result.
pause
```

ch2apB4 인수분해된 다항식은 다항식의 근으로 구성되는 행벡터로 나타낼 수 있다. $P_3 = (s+2)(s+5)(s+6)$은 poly(V)로 표시되는데, 여기서 V는 다항식의 근으로 구성되는 벡터이며, poly(V)의 결과값은 다항식의 계수를 표현한다.

```
'(ch2apB4)'                       % Display label.
P3=poly([-2 -5 -6])               % Store polynomial
                                  % (s+2) (s+5)(s+6) as P3 and
                                  % display the coefficients.
pause
```

ch2apB5 명령어 roots(V)를 사용하여 다항식의 근을 구할 수 있는데 근은 열벡터로 표시된다. 다음은 $5s^4+7s^3+9s^2-3s+2=0$의 근을 구하는 프로그램이다.

```
'(ch2apB5)'                       % Display label.
P4=[5 7 9 -3 2]                   % Form 5s^4+7s^3+9s^2-3s+2 and
                                  % display.
rootsP4=roots(P4)                 % Find roots of 5s^4+7s^3+9s^2
                                  % -3s+2,
                                  % assign to rootsP4, and display.
pause
```

ch2apB6 명령어 conv(a,b) (콘볼루션을 의미함) 를 사용하여 다항식을 곱할 수 있다. 다음은 $P_5 = (s^3+7s^2+10s+9)(s^4-3s^3+6s^2+2s+1)$를 수행하는 프로그램이다.

```
'(ch2apB6)'                       % Display label.
P5=conv([1 7 10 9],[ 1 -3 6 2 1]) % Form (s^3+7s^2+10s+9)(s^4-
                                  % 3s^3+6s^2+2s+1), assign to P5,
                                  % and display.
pause
```

ch2apB7 분수다항식 $F(s) = b(s)/a(s)$는 명령어 [K,p,k]=residue(b,a)를 사용하여 부분분수로 전개시킬 수 있다. 여기서 K는 나머지, p는 분모 다항식의 근, k는 분자 다항식과 분모 다항식의 차수가 같을 때 발생하는 상수이다. $F(s) = (7s^2+9s+12)/[s(s+7)(s^2+10s+100)]$를 MATLAB을 사용하여 부분 분수로 전개하면, $F(s) = [(0.2554-0.3382i)/(s+5.0000-8.6603i)] + [(0.2554+0.3382i)/(s+5.0000+8.6603i)] - [0.5280/(s+7)] + [0.0171/s]$으로 나타난다.

```
'(ch2apB7)'                              % Display label.
numf=[7 9 12]                            % Define numerator of F(s).
denf=conv(poly([0 -7]),[1 10 100];% Define denominator of F(s).
[K,p,k]=residue(numf,denf)               % Find residues and assign to K;
                                         % find roots of denominator and
                                         % assign to p; find
                                         % constant and assign to k.
pause
```

ch2apB8(예제 2.3) 본 교재에 수록된 예제 2.3을 MATLAB을 이용하여 풀어보자.

```
'(ch2apB8) Example 2.3'                  % Display label.
numy=32;                                 % Define numerator.
deny=poly([0 -4 -8]);                    % Define denominator.
[r,p,k]=residue(numy,deny)               % Calculate residues, poles, and
                                         % direct quotient.
pause
```

ch2apB9 전달함수 생성

벡터 방법, 다항식 형태 전달함수는 $F(s)=N(s)/D(s)$와 같이 분자와 분모항이 다항식으로 표현된 형태로 표현될 수 있다. 분자항 $N(s)$는 $N(s)$의 계수를 포함한 행벡터 numf로 표현되며, 분모항 $D(s)$도 마찬가지로 행벡터 denf로 표현된다. $F(s)$는 다음의 명령어 `F=tf(numf,denf)`로 계산된다. `F`는 선형 시불변 (LTI) 개체라 불리운다. 이러한 개체, 또는 전달함수는 덧셈이나 곱셈등과 같은 연산자의 인자로 사용될 수 있다. 전달함수 $F(s)=150(s^2+2s+7)/[s(s^2+5s+4)]$로 예를 들어보자. 명령어 `tf`를 사용하면 계산결과로 전달함수가 출력됨을 유의하라.

벡터 방법, 인수분해 형태 분자와 분모가 인수분해된 형태로 주어진다 하더라도 분자 분모의 근을 포함하는 열백터를 사용하여 LTI 전달함수를 계산할 수 있다. 따라서, $G(s)=K^*N(s)D(s)$는 명령어 `G=zpk(numg, deng, K)`를 사용하여 LTI 개체로 표현될 수 있다. 여기서, zpk는 영점(분자의 근), 극점(분모의 근), 이득 K를 의미한다. $G(s)=20(s+2)(s+4)/[(s+7)(s+8)(s+9)]$로 예를 들어보자. 명령어 zpk를 실행한 후, MATLAB은 전달함수를 출력함을 유의하라.

s 방법에서의 유리화된 표현식, 다항식 표현(Control System Toolbox 8.4 필요) 이 방법을 사용하면 일반적으로 필기하듯이 전달함수를 입력하면 된다. `F=tf(numg, deng)`와 등가인 다항식 형태의 LTI 전달함수를 작성하기 위해서는 사전에 `s=tf('s')`를 입력하여야 한다.

s 방법에서의 유리화된 표현식, 인수분해 표현(Control System Toolbox 8.4 필요) 이 방법을 사용하면 일반적으로 필기하듯이 전달함수를 입력하면 된다. `G=zpk(numg, demg, K)`와 등가인 다항식 형태의 LTI 전달함수를 작성하기 위해서는 사전에 `s=zpk('s')`를 입력하여야 한다.

유리화 표현기법을 사용하기 위해서는 `s=tf('s')`나 `s=zpk('s')`와 상관없이 전달함수를 작성할 수 있다. 차이점은 생성된 전달함수에 있다. 's'방법의 유리화 표현식을 보이기 위하여 다음의 예제를 살펴보자.

```
'(ch2apB9)'                          % Display label.
'Vector Method, Polynomial Form'     % Display label.
numf=150*[1 2 7]                     % Store 150 (s^2+2s+7) in numf and
                                     % display.
deng=[1 5 4 0]                       % Store s(s+1)(s+4) in denf and
                                     % display.
'F(s)'                               % Display label.
F=tf(numf,denf)                      % Form F(s) and display.
clear                                % Clear previous variables from
                                     % workspace.
'Vector Method, Factored Form'       % Display label.
numg=[-2 -4]                         % Store (s+2)(s+4) in numg and
                                     % display.
deng=[-7 -8 -9]                      % Store (s+7)(s+8)(s+9) in deng
                                     % and display.
K=20                                 % Define K.
'G(s)'                               % Display label.
G=zpk(numg,deng,K)                   % Form G(s) and display.
clear                                % Clear previous variables from
                                     % workspace.
'Rational Expression Method, Polynomial Form'
                                     % Display label.
s=tf('s')                            % Define 's' as an LTI object in
                                     % polynomial form.
F=150*(s^2+2*s+7)/[s*(s^2+...        % Form F(s) as an LTI transfer
5*s+4)]                              % function in polynomial form.
G=20*(s+2)*(s+4)/[(s+7)*...          % Form G(s) as an LTI transfer
(s+8)*(s+9)]                         % function in polynomial form.
clear                                % Clear previous variables from
                                     % workspace.
'Rational Expression Method, Factored Form'
                                     % Display label.
s=zpk('s')                           % Define 's' as an LTI object in
                                     % factored form.
F=150*(s^2+2*s+7)/[s*(s^2+5*s+4)]
                                     % Form F(s) as an LTI transfer
                                     % function in factored form.
G=20*(s+2)*(s+4)/[(s+7)*(s+8)*(s+9)]
                                     % Form G(s) as an LTI transfer
                                     % function in factored form.
pause
```

ch2apB10 전달함수의 분자와 분모의 벡터는 다항식의 계수를 포함하는 벡터와 근을 포함하는 벡터로 변환될 수 있다. MATLAB 함수 `tf2zp(numtf, dentf)`는 분자나 분모의 벡터를 계수에서 근으로 변환시킨다. 실행결과는 열벡터의 형태로 변환된다. $F(s) = (10s^2 + 40s + 60)/(s^3 + 4s^2 + 5s + 7)$ 로 예를 들어보자. MATLAB함수 `zp2tf(numzp,denzp,K)`는 분자나 분모의 벡터를 근에서 계수로 변환한다. 함수의 인자 numzp와 denzp는 열 벡터의 형태로 입력되어야 한다. 아래의 예제에서 따옴표는 전치를 의미한다. $G(s)=10(s+2)(s+4)/[s(s+3)(s+5)]$로 예를 들어보자.

```
'(ch2apB10)'                        % Display label.
'Coefficients for F(s)'             % Display label.
numftf=[10 40 60]                   % Form numerator of F(s) =
                                    % (10s^2+40s+60)/(s^3+4s^2+5s+7).
denftf=[1 4 5 7]                    % Form denominator of F(s) =
                                    % (10s^2+40s+60)/(s^3+4s^2+5s+7).
'Roots for F(s)'                    % Display label.
[numfzp,denfzp]=tf2zp (numftf,denftf)
                                    % Convert F(s) to factored form.
'Roots for G(s)'                    % Display label.
numgzp=[-2 -4]                      % Form numerator of
K=10                                % G(s) = 10(s+2)(s+4)/[s(s+3)
                                    % (s+5)].
dengzp=[0 -3 -5]                    % Form denominator of
                                    % G(s)=10(s+2)(s+4)/[s(s+3)(sþ5)].
'Coefficients for G(s)'             % Display label.
[numgtf,dengtf]=zp2tf(numgzp',dengzp',K)
                                    % Convert G(s) to polynomial form.
pause
```

ch2apB11 LTI 모델은 MATLAB 명령어 tf와 zpk를 사용하여 다항식의 형태와 인수분해 형태로 자유롭게 변환할 수 있다. 예를 들어, 전달함수 $Fzpk(s)$의 분자와 분모가 인수분해된 형태로 주어진다면 tf(Fzpk)는 $Fzpk(s)$를 다항식의 계수형태로 변환한다. 이와 유사하게 전달함수 $Ftf(s)$의 분자와 분모가 계수형태로 표현되어 있다면, zpk(Ftf)는 $Ftf(s)$를 분자와 분모가 인수분해된 형태로 변환한다. 다음의 예제는 지금까지의 논의를 잘 설명한다.

```
'(ch2apB11)'                        % Display label.
'Fzpk1(s)'                          % Display label.
Fzpk1=zpk([-2 -4], [0 -3 -5],10)    % Form Fzpk1(s)=
                                    % 10(s+2)(s+4)/[s(s+3)(s+5)].
'Ftf1'                              % Display label.
Ftf1=tf(Fzpk1)                      % Convert Fzpk1(s) to
                                    % coefficients form.
'Ftf2'                              % Display label.
Ftf2=tf([10 40 60], [1 4 5 7])      % Form Ftf2(s)=
                                    % (10s^2+40s+60)/(s^3+4s^2+5s+7).
'Fzpk2'                             % Display label.
Fzpk2=zpk(Ftf2)                     % Convert Ftf2(s) to
                                    % factored form.
pause
```

3장 시간 도메인에서의 모델링

ch3apB1 정방 시스템 행렬 $A=\begin{bmatrix} 0 & 1 & 0 \\ 0 & 0 & 1 \\ -9 & -8 & -7 \end{bmatrix}$ 에서 각 행의 원소는 한 칸 띄거나 쉼표(,)로 분리되어야 하며, 각 행은 세미콜론(;)이나 행바꿈(enter)에 의해 분리되어야 하고, 행렬은 대괄호 [ ]안에 나타내어야 한다.

```
'(ch3apB1)'                    % Display label.
A=[0 1 0;0 0 1;-9 -8 -7]       % Represent A.
'or'
A=[0 1 0                       % Represent A.
0 0 1
-9 -8 -7]
pause
```

ch3apB2 출력 행렬 C와 같은 행벡터는 대괄호 [ ]안에 표시되어야 하며 각 원소는 한 칸 띄거나 컴마로 분리되어야 한다. 입력 행렬 B와 같은 열벡터에서 각 원소는 세미콜론이나 행바꿈으로 분리되어야 한다. 열벡터는 행벡터의 전치행렬(')로도 표현될 수 있다.

```
'(ch3apB2)'                    % Display label.
C=[2 3 4]                      % Represent row vector C.
B=[7;8;9]                      % Represent column vector B.
'or'
B=[7 8 9]                      % Represent column vector B.
'or'
B=[7 8 9]'                     % Represent column vector B.
pause
```

ch3apB3 시스템을 상태공간으로 나타내기 위해서는 행렬 A, B, C, D가 요구되며, MATLAB에서 시불변 상태공간 개체를 구성하기 위하여 명령어 ss(A, B, C, D)를 사용한다. 따라서, ch3p1과 ch3p2의 행렬을 갖는 시스템을 상태공간에서 표시하는 것은 다음과 같다.

```
'(ch3apB3)'                    % Display label.
A=[0 1 0;0 0 1;-9 -8 -7]       % Represent A.
B=[7;8;9];                     % Represent column vector B.
C=[2 3 4];                     % Represent row vector C.
D=0;                           % Represent D.
F=ss(A,B,C,D)                  % Create an LTI object and display.
```

ch3apB4(예제 3.4) 분자와 분모, 혹은 LTI 개체로 표현된 전달함수는 상태공간으로 변환될 수 있다. 분자와 분모로 표현된 전달함수는 [A, B, C, D]=tf2ss(num, den)를 사용하여 변환될 수 있다. 이 때, 행렬 A는 5장에서 설명된 제어기 표준형이 되는데 상-변수형으로 나타내기 위해서는 A_p = inv(p)*A*P, B_p = inv(P)*B, C_p = C*P, D_p=D로 변환되어야 한다. 여기서, 행렬 P는 역 대각선 행렬이다. inv(a)는 정방행렬의 역행렬을 구하는 명령어이고,*는 곱셈을 나타낸다. LTI 개체로 표현된 시스템은 ss(F)를 이용하여 LTI 전달함수 개체 F를 상태공간 개체로 변환할 수 있다. 본문의 예제 3.4를 풀기 위한 프로그램은 다음과 같은데 행렬 C에 24가 나타나는 것이 본문의 경우와 다르나, 전달함수는 두 경우 모두 같다. LTI 전달함수 개체를 상태공간 개체로 변환하면 위상변수형 시스템이 아니라 조화된(balanced) 시스템을 반환한다. 이는 고유값 계산의 정확성을 향상시키기 위한 것이며 4장에서 다룰 것이다. 명령어 ss(F)는 친숙한 상태공간 방정식을 제공하지 않기 때문에 현재 시점에서는 이 명령어의 사용에 한계가 있다.

```
'(ch3apB4) Example 3.4'            % Display label.
'Numerator-denominator representation conversion'
                                   % Display label.
'Controller canonical form'        % Display label.
num=24;                            % Define numerator of
                                   % G(s)=C(s)/R(s).
den=[1 9 26 24];                   % Define denominator of G(s).
[A,B,C,D]=tf2ss(num,den)           % Convert G(s) to controller
                                   % canonical form, store matrices
                                   % A, B, C, D, and display.
'Phase-variable form'              % Display label.
P=[0 0 1;0 1 0;1 0 0];             % Form transformation matrix.
Ap=inv(P)*A*P                      % Form A matrix, phase-variable
                                   % form.
Bp=inv(P)*B                        % Form B vector, phase-variable
                                   % form.
Cp=C*P                             % Form C vector, phase-variable
                                   % form.
Dp=D                               % Form D phase-variable form.
'LTI object representation'        % Display label.
T=tf(num,den)                      % Represent T(s)=24/(s^3+9s^2+
                                   % 26s+24) as an LTI transfer-
                                   % function object.
Tss=ss(T)                          % Convert T(s) to state space.
pause
```

ch3apB5 MATLAB의 명령 [num, den]=ss2tf(A, B, C, D, iu)를 사용하여 상태 방정식으로 나타낸 시스템의 전달함수를 얻을 수 있다. 여기서, iu는 다변수 입력시스템에서의 입력의 수를 나타내며, 단일 입출력 시스템의 경우 iu=1이다. 선형 시불변 상태공간 시스템 Tss의 경우, 다항식형태의 전달함수는 Ttf=tf(Tss)를 사용하여 변환할 수 있으며, 인수분해된 형태의 전달함수의 경우는 Tzpk=zpk(Tss)를 사용하여 변환 가능하다. ch3p3의 행렬로 표시되는 시스템의 전달함수는 다음과 같이 얻는다.

```
'(ch3apB5)'                        % Display label.
     'Non LTI'                     % Display label.
A=[0 1 0;0 0 1;-9 -8 -7];          % Represent A.
B=[7;8;9];                         % Represent B.
C=[2 3 4]                          % Represent C.
D=0;                               % Represent D.
'Ttf(s)'                           % Display label.
[num,den]=ss2tf(A,B,C,D,1)         % Convert state-space
                                   % representation to a
                                   % transfer function represented as
```

```
                                     % a numerator and denominator in
                                     % polynomial form, G(s)=num=den,
                                     % and display num and den.
    'LTI'                            % Display label.
Tss=ss(A,B,C,D)                      % Form LTI state-space model.
'Polynomial form, Ttf(s)'            % Display label.
Ttf=tf(Tss)                          % Transform from state space to
                                     % transfer function in polynomial
                                     % form.
'Factored form, Tzpk(s)'             % Display label.
Tzpk=zpk(Tss)                        % Transform from state space to
                                     % transfer function in factored
                                     % form.
pause
```

4장 응답시간

ch4apB1(예제 4.6) 2차 시스템의 특징을 나타내는 감쇄정수 ζ; 고유주파수 ω_n; %오버슈트 %OS; 정착시간 T_s와 최고값 시간 T_p를 MATLAB을 이용하여 계산할 수 있다. 본문의 예제 4.6을 풀어보자.

```
'(ch4apB1) Example 4.6'              % Display label.
p1=[1 3+7*i];                        % Define polynomial containing
                                     % first pole.
p2=[1 3-7*i];                        % Define polynomial containing
                                     % second pole.
deng=conv(p1,p2);                    % Multiply the two polynomials to
                                     % find the 2nd order polynomial,
                                     % as^2+bs+c.
omegan=sqrt(deng(3)/deng(1))         % Calculate the natural frequency,
                                     % sqrt(c/a).
zeta=(deng(2)/deng(1))/(2*omegan)
                                     % Calculate damping ratio,
                                     % ((b/a)/2*wn).
Ts=4/(zeta*omegan)                   % Calculate settling time,
                                     % (4/z*wn).
Tp=pi/(omegan*sqrt(1-zeta^2))        % Calculate peak time,
                                     % pi/wn*sqrt(1-z^2).
pos=100*exp(-zeta*pi/sqrt(1-zeta^2))
                                     % Calculate percent overshoot
                                     % (100*e^(-z*pi/sqrt(1-z^2)).
pause
```

ch4apB2(예제 4.8) MATLAB을 이용하면 계단함수 응답을 얻을 수 있는데, 시스템이 2개 이상의 극점을 포함하거나 영점이 존재하는 경우에도 적용할 수 있다. 시스템의 전달함수가 $T(s) = num/den$으로 주어질 때, `step(T)` 명령어를 사용하여 계단함수 입력에 대한 응답을 구할 수 있다. 여기서, `T`는 선형 시불변 전달함수 개체를 나타낸다. 여러개의 전달함수의 계단함수 입력에 대한 응답은 `step(T1, T2, …)`명령어를 사용한다. `Step(T)`를 사용하여 얻은 그래프에 관한 자세한 정보는 마우스의 왼쪽 버튼을 누름으로써 곡선의 라벨, 곡선의 좌표등을 확인할 수 있다. 마우스의 오른쪽 버튼을 사용하면 곡선을 강조하거나 구별할 수 있다. 곡선이 없는 빈 공간에서 마우스의 오른쪽 버튼을 누르면 (1) 도시된 시스템의 응답특성 (2) 도시되어야 할 응답의 특성 (3) 화면의 확대 및 축소 (4) 격자점의 표시 및 제거를 위한 메뉴를 선택할 수 있다. 응답특성의 메뉴를 선택하면 그래프에 적절한 값들이 도시된다. 도시된 점들을 누르면 측정값들이 표시된다.

명령어 입력시 `[y, t]=step(T)`와 같이 입력하면, 도시되어지는 점들을 나타내는 벡터를 생성한다. 여기서, `y`는 출력벡터, `t`는 시간벡터를 나타낸다. 이 경우, 시간대 출력의 응답특성을 나타내는 그래프는 `plot(t, y)`를 입력해야한다. 그래프의 제목과 x축, y축의 이름은 각각 `title('ab')`, `xlabel('ab')`, `ylabel('ab')`을 사용함으로써 입력할 수 있다. 명령어 `text(X, Y, 'text')`를 사용함으로써 좌표 `(X, Y)`에 `'text'`를 입력할 수 있다. 본문의 예제 4.8을 살펴보자.

```
'(ch4apB2) Example 4.8'          % Display label.
'Test Run'                       % Display label.
clf                              % Clear graph.
numt1=[24.542];                  % Define numerator of T1.
dent1=[1 4 24.542];              % Define denominator of T1.
'T1(s)'                          % Display label.
T1=tf(numt1,dent1)               % Create and display T1(s).
step(T1)                         % Run a demonstration step response
                                 % plot.
title('Test Run of T1(s)')       % Add title to graph.
pause
'Complete Run'                   % Display label.
[y1,t1]=step(T1);                % Run step response of T1 and
                                 % collect points.
numt2=[245.42];                  % Define numerator of T2.
p1=[1 10];                       % Define (sþ10) in denominator
                                 % of T2.
p2=[1 4 24.542];                 % Define (s^2+4s+24.542) in
                                 % denominator of T2.
dent2=conv(p1,p2);               % Multiply (s+10)(s^2+4s+24.542)
                                 % for denominator of T2.
'T2(s)'                          % Display label.
T2=tf(numt2, dent2)              % Create and display T2.
[y2,t2]=step(T2);                % Run step response of T2 and
                                 % collect points.
numt3=[73.626];                  % Define numerator of T3.
p3=[1 3];                        % Define (s+3) in denominator
                                 % of T3.
dent3=conv(p3,p2);               % Multiply (s+3)(s^2+4s+24.542)
                                 % for denominator of T3.
'T3(s)'                          % Display label.
T3=tf(numt3,dent3)               % Create and display T3.
[y3,t3]=step(T3);                % Run step response of T3 and
                                 % collect points.
```

```
clf                                    % Clear graph.
plot(t1,y1,t2,y2,t3,y3)                % Plot acquired points with all
                                       % three plots on one graph.
title('Step Responses of T1(s), T2(s),and T3(s)')
                                       % Add title to graph.
xlabel('Time(seconds)')                % Add time axis label.
ylabel('Normalized Response')          % Add response axis label.
text(0.7,0.7,'c3(t)')                  % Label step response of T1.
text(0.7,1.1,'c2(t)')                  % Label step response of T2.
text(0.5,1.3,'c1(t)')                  % Label step response of T3.
pause
step(T1,T2,T3)                         % Use alternate method of plotting
                                       % step responses.
title('Step Responses of T1(s),T2(s),and T3(s)')
                                       % Add title to graph.
pause
```

ch4apB3 상태공간의 모델의 경우 계단입력 응답특성은 `step(T, t)` 명령어를 사용하여 얻을 수 있다. 여기서, T는 임의의 선형시불변 개체를 나타내며, `t=a:b:c`는 시간축의 범위이다. a는 초기시간을 나타내며, b는 시간간격, c는 최종시간을 나타낸다. 예를 들면 `t=0:1:10`은 0초부터 10초까지 시간간격 1초단위로 나타낸 시간축을 의미한다. step 명령어에서 t는 선택사항이다.

```
'(ch4apB3)'                            % Display label.
clf                                    % Clear graph.
A=[0 1 0;0 0 1;-24 -26 -9];            % Generate A matrix.
B=[0;0;1];                             % Generate B vector.
C=[2 7 1];                             % Generate C vector.
D=0;                                   % Generate D.
T=ss(A,B,C,D)                          % Generate LTI object, T, in state
                                       % space and display.
t=0:0.1:10;                            % Define range of time for plot.
step(T,t)                              % Plot step response for given
grid on                                % range of time.
pause                                  % Turn grid on for plot.
```

ch4apB4(안테나 사례연구) 안테나 제어 사례연구에서 필요로 하는 계단함수 응답을 MATLAB을 이용하여 구할 수 있다.

```
'(ch4apB4) Antenna Control Case Study'
                                       % Display label.
clf                                    % Clear graph.
numg=20.83;                            % Define numerator of G(s).
deng=[1 101.71 171];                   % Define denominator of G(s).
'G(s)'                                 % Display label.
G=tf(numg,deng)                        % Form and display transfer
                                       % Function G(s).
step(G);                               % Generate step response.
```

```
title('Angular Velocity Response')
                                             % Add title.
pause
```

ch4apB5(UFSS 사례연구) 마지막으로 본문의 UFSS 사례연구 문제(Johnson,1980)를 MATLAB을 이용하여 풀어보자. table1(tab, x) 명령을 사용하여 계단함수 응답으로부터 시간 대 크기 표를 만들고 크기가 0.1과 0.9가 되는 시간을 찾음으로써 상승시간을 구할 수 있다. 시간 간격과 범위를 정하는 t=a:b:c와 [y, t]=step(G, t) 명령으로 시간응답 데이타를 만드는데, G는 선형시불변 전달함수의 개체이며, t는 시간축의 범위, a는 응답 시작 시간, b는 시간 간격이고, c는 최종시간, y는 출력이다.

```
'(ch4apB5) UFSS Case Study'          % Display label.
clf                                  % Clear graph.
'(a)'                                % Display label.
numg=0.0169;                         % Define numerator of 2nd order
                                     % approximation of G(s).
deng=[1 0.226 0.0169];               % Define 2nd order term of
                                     % denominator of G(s).
'G(s)'                               % Display label.
G=tf(numg,deng)                      % Create and display G(s).
omegan=sqrt(deng(3))                 % Find natural frequency.
zeta=deng(2)/(2*omegan)              % Find damping ratio.
Ts=4/(zeta*omegan)                   % Find settling time.
Tp=pi/(omegan*sqrt(1-zeta^2))        % Find peak time.
pos=exp(-zeta*sqrt(1-zeta^2))*100
                                     % Find percent overshoot.
t=0:0.1:35;                          % Limit time to find rise time. t=0
                                     % to 35 in steps of 0.1.
[y,t]=step(G,t);                     % Generate and save points of step
                                     % response over defined range of t.
Tlow=interp1(y,t,0.1);               % Search table for time when
                                     % y=0.1*finalvalue.
Thi=interp1(y,t,0.9);                % Search table for
                                     % time=0.9*finalvalue.
Tr=ThiTlow                           % Calculate rise time.
'(b)'                                % Display label.
numc=0.125*[1 0.435];                % Define numerator of C(s).
denc=conv(poly([0 -1.23]), [1 0.226 0.0169]);
                                     % Define denominator of C(s).
[K,p,k]=residue(numc, denc)          % Find partial-fraction expansion.
'(d)'                                % Display label.
numg=0.125*[1 0.435];                % Define numerator of G(s).
deng=conv([1 1.23], [1 0.226 0.0169]);
                                     % Define denominator of G(s).
'G(s)'                               % Display label.
G=tf(numg,deng)                      % Create and display G(s).
[y,t]=step(G);                       % Generate complete step response
                                     % and collect points.
```

```
plot(t,y)                              % Plot points.
title('Pitch Angle Response')          % Add title.
xlabel ('Time (seconds)')              %label time axis.
ylabel ('Pitch Angle(radians)')        % Label y axis.
pause
```

5장 다수 서브시스템의 축소

ch5apB1(UFSS 피치 제어 시스템) MATLAB을 사용하면 시스템의 블록선도를 간략화할 수 있다. (1) 직렬, 병렬 및 궤환 명령에 의한 방법, (2) 대수적인 연산자를 사용하는 방법, (3) 첨가 및 연결 명령에 의한 방법의 세가지 방법을 사용할 수 있으며 각각 살펴보기로 하자.

1. 직렬, 병렬 및 궤환 명령에 의한 방법

선형시불변 개체가 명령어의 인자로 주어졌을때, series(G1, G2)는 $G_1(s)$와 $G_2(s)$의 직렬연결을 출력하며, parallel(G1, G2)는 병렬연결을 나타낸다. feedback(G, H, sign)은 전방향에 $G(s)$를 궤환연결에 $H(s)$를 연결한 구성이다. 여기서, sign이 -1인 경우 음의 궤환을 나타내며, +1은 양의 궤환을 나타낸다. 음의 궤환 시스템에서 인자 sign은 선택사항이다.

2. 대수적인 연산자를 사용하는 방법

또다른 방법은 선형시불변 전달함수에 대수적인 연산을 연속적으로 적용하는 것이다. 즉, G2*G1은 $G_1(s)$와 $G_2(s)$의 직렬연결을 나타내며, G1+G2는 $G_1(s)$와 $G_2(s)$의 병렬연결을, G/(1+G*H)는 전방향에 $G(s)$, 궤환연결에 $H(s)$를 연결한 음의 궤환연결을 나타낸다. 나눗셈 연산자를 사용하면, minreal(sys) 함수에 의하여 분자와 분모의 공통항이 소거된다.

3. 첨가 및 연결명령에 의한 방법

마지막 방법으로서, 시스템의 위상을 정의함으로써, 복잡한 시스템의 간략화를 매우 효율적으로 수행할 수 있다. 우선 부시스템을 정의한다. 다음 부시스템을 다중입출력 시스템으로 구성한다. 이러한 시스템의 각 부시스템은 단일입출력 시스템으로 간주될 수 있다. 다음 외부 입력과 출력을 정의한다. 마지막으로 각 부시스템을 연결한다. 각 단계를 자세히 살펴보자.

각 부시스템은 각각 선형시불변 전달함수를 생성함으로써 정의한다. 부시스템들은G=append(G1, G2, G3, G4,....., Gn)을 입력함으로써 첨가된다. 여기서, Gi는 부시스템의 선형시불변 전달함수이며 G는 첨가된 시스템이다. 각 부시스템은 append 함수의 인자로 입력된 위치에 의하여 숫자가 부여되며 이에 의하여 구별된다. 예를 들어, G3는 3의 숫자가 부여되며, 따라서 세 번째 부시스템이다. (G3로 입력하여서 3의 숫자가 부여되는 것이 아님에 유의하라.)

이제 첨가된 시스템을 생성하였다. 전체 시스템을 구성하기 위한 입력과 출력을 연결하기 위한 인자를 결정하여야 한다. 첫 번째 단계로 외부입력과 외부출력을 포함하고 있는 부시스템을 찾아야 한다. 예를 들면, 부시스템 1, 5, 6의 입력이 외부입력이 되어야 하고, 부시스템 3, 4의 출력이 외부출력이 되어야 한다면, input=[1, 5, 6], output=[3, 4]로 정한다.

단일입출력 시스템을 구성하는 경우 이 변수들은 스칼라 양이다. 즉, 부시스템 5의 입력이 외부입력이 되고, 부시스템 8이 외부출력이 된다면, input=5, output=8로 할당한다.

이제 각 부시스템을 연결하는 방법을 설명한다. 이는 각 부시스템의 입력으로 연결되는 시스템의 출력을 나타내는 행벡터로 구성되는 행렬 Q를 작성하는 것이다. 첫 번째 열은 각 부시스템의 숫자로 이루어진다. 이후의 열은 입력으로 간주되는 부시스템들의 숫자들을 포함하는 벡터로 구성된다. 예를 들면, [3 6 -7]은 부시스템 3의 입력은 부시스템 6과 부시스템 7의 음의 출력의 합으로 구성됨을 의미한다.

마지막으로, 연결된 전체 시스템은 connect(G Q inputs, outputs) 명령어를 사용하여 작성된다.

이제 이득 $K_1 = K_2 = 1$(Johnson, 1980)을 갖는 UFSS의 피치 제어루프의 폐루프 전달함수를 사용하고, 앞서 설명한 세가지 방법을 사용하여 전체 전달함수를 구하여 보자. 마지막에 설명한 첨가 및 연결방법을 사용하기 위해서는 모든 부시스템이 전달함수의 분모의 차수가 분자의 차수보다 크거나 같아야 한다. 그러나, 피치의 각가속도를 측정하는 센서는 이 조건을 만족시키지 못한다. 이러한 문제점을 해결하기 위하여 피치의 각가속도의 측정센서를 합 접합점 왼쪽으로 이동시킨 블록선도와 피치 이득, 구동기를 결합한 시스템으로 변경한다. 이러한 변경사항은 프로그램에 반영되어 있다. 독자들은 직접 계산한 결과와 컴퓨터를 사용한 계산결과를 비교검토하여야 한다.

```
'(ch5apB1) UFSS Pitch Control System'
'Solution via Series, Parallel,      % Display labels.
numg1=[-1];                          % Define numerator of G1(s).
deng1=[1];                           % Define denominator of G1(s).
numg2=[0 2];                         % Define numerator of G2(s).
deng2=[1 2];                         % Define denominator of G2(s).
numg3=-0.125*[1 0.435];              % Define numerator of G3(s).
deng3=conv([1 1.23],[1 0.226 0.0169]);
                                     % Define denominator of G3(s).
numh1=[-1 0];                        % Define numerator of H1(s).
denh1=[0 1];                         % Define denominator of H1(s).
G1=tf(numg1,deng1);                  % Create LTI transfer function,
                                     % G1(s).
G2=tf(numg2,deng2);                  % Create LTI transfer function,
                                     % G2(s).
G3=tf(numg3,deng3);                  % Create LTI transfer function,
                                     % G3(s).
H1=tf(numh1,denh1);                  % Create LTI transfer function,
                                     % H1(s).
G4=series(G2,G3);                    % Calculate product of elevator
                                     % and vehicle dynamics.
G5=feedback(G4,H1);                  % Calculate close-loop transfer
                                     % function of inner loop.
Ge=series(G1,G5);                    % Multiply inner-loop transfer
                                     % function and pitch gain.
'T(s) via Series, Parallel, & Feedback Commands'
                                     % Display label.
T=feedback(Ge,1)                     % Find closed-loop transfer
```

```
                                        % function.
'Solution via Algebraic Operations'
                                        % Display label.
clear                                   % Clear session.
numg1=[-1];                             % Define numerator of G1(s).
deng1=[1];                              % Define denominator of G1(s).
numg2=[0 2];                            % Define numerator of G2(s).
deng2=[1 2];                            % Define denominator of G2(s).
numg3=-0.125*[1 0.435];                 % Define numerator of G3(s).
deng3=conv([1 1.23],[1 0.226 0.0169]);
                                        % Define denominator of G3(s).
numh1=[-1 0];                           % Define numerator of H1(s).
denh1=[0 1];                            % Define denominator of H1(s).
G1=tf(numg1,deng1);                     %CreateLTItransferfunction,G1(s).
G2=tf(numg2,deng2);                     %CreateLTItransferfunction,G2(s).
G3=tf(numg3,deng3);                     %CreateLTItransferfunction,G3(s).
H1=tf(numh1,denh1);                     %CreateLTItransferfunction,H1(s).
G4=G3*G2;                               % Calculate product of elevator and
                                        % vehicle
                                        % dynamics.
G5=G4/(1+G4*H1);                        % Calculate closed-loop transfer
                                        % function of inner loop.
G5=minreal(G5);                         % Cancel common terms.
Ge=G5*G1;                               % Multiply inner-loop transfer
                                        % functions.
'T(s) via Algebraic Operations'         % Display label.
T=Ge/(1+Ge);                            % Find closed-loop transfer
function.
T=minreal(T)                            % Cancel common terms.
'Solution via Append & Connect Commands'
                                        % Display label.
'G1(s) = (-K1)*(1/(-K2s)) = 1/s'        % Display label.
numg1=[1];                              % Define numerator of G1(s).
deng1=[1 0];                            % Define denominator of G1(s).
G1=tf(numg1,deng1)                      % Create LTI transfer function,
                                        % G1(s) = pitch gain*
                                        % 1 (1/Pitch rate sensor).
'G2(s)=(-K2s)*(2/(s + 2)'               % Display label.
numg2=[-2 0];                           % Define numerator of G2(s).
deng2=[1 2];                            % Define denominator of G2(s).
G2=tf(numg2,deng2)                      % Create LTI transfer function,
                                        % G2(s) = pitch rate sensor*vehicle
                                        % dynamics.
'G3(s) = -0.125(s +0.435)/((s+1.23)(s^2+0.226s+1.0169))'
                                        % Display label.
numg3=-0.125*[1 0.435];                 % Define numerator of G3(s).
deng3=conv([1 1.23],[1 0.226 0.0169]);
                                        % Define denominator of G3(s).
G3=tf(numg3,deng3)                      % Create LTI transfer function.
```

```
                                  % G3(s) = vehicle dynamics.
System=append(G1,G2,G3);          % Gather all subsystems.
input=1;                          % Input is at first subsystem,
                                  % G1(s).
output=3;                         % Output is output of third
                                  % subsystem, G3(s).
Q=[1 -3 0                         % Subsystem 1, G1(s), gets its
                                  % input from the negative of the
                                  % output of subsystem 3, G3(s).
2 1 -3                            % Subsystem 2, G2(s), gets its
                                  % input from subsystem 1, G1(s),
                                  % and the negative of the output
                                  % of subsystem 3, G3(s).
3 2 0];                           % Subsystem 3, G3(s), gets its
                                  % input from subsystem 2, G2(s).
T=connect(System,Q,input,output);
                                  % Connect the subsystems.
'T(s) via Append & Connect Commands'
                                  % Display label.
T=tf(T);                          % Create LTI closed-loop transfer
                                  % function.
T=minreal(T)                      % Cancel common terms.
pause
```

ch5apB2(예제 5.3) 2차 폐루프 시스템의 특성을 나타내는 감쇄정수 ζ; 고유주파수 ω_n; %오버슈트 %OS(pos); 정착 시간 T_s; 최고 값 시간 T_p 등을 MATLAB을 이용하여 계산할 수 있다. `[numt ,dent]=tfdata(T, 'v')` 명령은 단일 입출력 시스템의 특성을 계산할 수 있는 전달함수의 분자와 분모를 행벡터의 형태로 추출한다. 인자 `'v'`를 생략하면 셀배열 형태의 계산값을 반환하며, 행벡터 형태의 계산 결과를 얻기 위하여 한 단계의 계산과정을 추가하여야 한다. 이제 폐루프 시스템의 계단 응답특성의 그래프를 생성하고 마무리짓기 위해 본문의 예제 5.3을 풀어보자.

```
'(ch5apB2) Example 5.3'           % Display label.
numg=[25];                        % Define numerator of G(s).
deng=poly([0 -5]);                % Define denominator of G(s).
'G(s)'                            % Display label.
G=tf(numg,deng)                   % Create and display G(s).
'T(s)'                            % Display label.
T=feedback(G,1)                   % Find T(s).
[numt,dent]=tfdata(T,'v');        % Extract numerator & denominator
                                  % of T(s).
wn=sqrt(dent(3))                  % Find natural frequency.
z=dent(2)/(2*wn)                  % Find damping ratio.
Ts=4/(z*wn)                       % Find settling time.
Tp=pi/(wn*sqrt(1-z^2))            % Find peak time.
pos=exp(-z*pi/sqrt(1-z^2))*100    % Find percent
step(T)                           % Generate step response.
pause
```

ch5apB3 MATLAB은 전달함수를 상태공간상에서의 특정한 형태의 방정식으로 변환할 수 있다. [Acc Bcc Ccc Dcc]=tf2ss(num, den) 명령은 전달함수 $T(s)$=num/den를 제어기 표준형으로 표시되는 행렬 및 벡터 Acc, Bcc, Ccc, Dcc로 변환한다. 선형시불변 상태공간 개체를 생성하기 위해서 Scc=ss(Acc, Bcc, Ccc, Dcc)명령어를 사용한다. 생성된 개체는 Sp=canon(Scc, 'type')을 사용하여 병렬형으로 나타낼 수 있다. 여기서, type=modal은 병렬형시스템 행렬을 반환한다. 여기서는 사용되지 않았지만 type=companion은 제어기 표준형 시스템 행렬을 반환한다. 다른 형태로 표현하기 위해서는 변환행렬을 이용할 수 있다. 예를 들어, $C(s)/R(s) = 24/[(s+2)(s+3)(s+4)]$를 본문의 5.7절–병렬형과 같이 상태공간에서 병렬형으로 나타낼 수 있다. 여기서, 벡터 B와 C의 곱은 식 (5.49)와 식 (5.50)의 곱과 같게 되므로 두 결과가 일치하나 상태변수 순서가 다르며, 이득은 벡터 **B**와 **C**로 분리된다. [A, B, C, D]=ssdata(S)를 사용하면 선형시불변 개체에서 시스템 행렬을 추출할 수 있다. 여기서, S는 상태공간 선형시불변 개체이며, A, B, C, D는 이에 해당되는 행렬 또는 벡터이다.

```
'(ch5apB3)'                        % Display label.
numt=24;                           % Define numerator of T(s).
dent=poly([-2 -3 -4]);             % Define denominator of T(s).
'T(s)'                             % Display label.
T=tf(numt,dent)                    % Create and display T(s).
[Acc Bcc Ccc Dcc]=tf2ss(numt,dent);
                                   % Convert T(s) to controller
                                   % canonical form.
Scc=ss(Acc,Bcc,Ccc,Dcc);           % Create LTI controller canonical
                                   % state-space object.
Sp=canon(Scc,'modal');             % Convert controller canonical
form
                                   % to parallel form.
'Controller Canonical Form'        % Display label.
[Acc,Bcc,Ccc,Dcc]=ssdata(Scc)      % Extract and display controller
                                   % canonical form matrices.
'Parallel Form'                    % Display label.
[Ap,Bp,Cp,Dp]=ssdata(Sp)           % Extract and display parallel form
                                   % matrices.
pause
```

ch5apB4(예제 5.10) MATLAB을 이용하여 시스템을 달리 표현하기 위한 유사변환을 할 수 있다. 본문의 예제 5.10을 풀어보자.

```
'(ch5apB4) Example 5.9'            % Display label.
Pinv=[2 0 0;3 2 0;1 4 5];          % Define P inverse.
P=inv(Pinv)                        % Calculate P.
'Original'                         % Display label.
Ax=[0 1 0;0 0 1;-2 -5 -7]          % Define original A.
Bx=[0 0 1]                         % Define original B.
Cx=[1 0 0]                         % Define original C.
'Transformed'                      % Display label.
Az=Pinv*Ax*P                       % Calculate new A.
Bz=Pinv*Bx                         % Calculate new B.
```

```
Cz=Cx*P                               % Calculate new C.
pause
```

ch5apB5 MATLAB의 명령 [P, d]=eig(A)를 사용하여 시스템 행렬의 고유벡터를 구할 수 있다. 여기서, P의 열은 고유벡터이고, d의 대각선 원소는 행렬 A의 고유값이다. 또한 canon(S, 'modal')을 사용하여 상태공간에서 표현된 시스템 S를 대각선형으로 나타낼 수 있다.

```
'(ch5apB5)'                           % Display label.
A=[3 1 5;4 -2 7;2 3 1];               % Define original A.
B=[1;2;3];                            % Define original B.
C=[2 4 6];                            % Define original C.
[P,d]=eig(A)                          % Generate transformation matrix,
                                      % P, and eigenvalues, d.
'Via Transformation'                  % Display label.
Adt=inv(P)*A*P                        % Calculate diagonal system A.
Bdt=inv(P)*B                          % Calculate diagonal system B.
Cdt=C*P                               % Calculate diagonal system C.
'Via Canon Command'                   % Display label.
S=ss(A,B,C,0)                         % Create state-space LTI object
                                      % for original system.
Sp=canon(S,'modal')                   % Calculate diagonal system via
                                      % canon command.
pause
```

6장 안정도

ch6apB1(예제 6.7) MATLAB을 이용하여 전달함수의 극점을 구하고 이것으로부터 안정도를 판별할 수 있다. pole(T) 명령을 사용하여 $T(s)$의 근을 구할 수 있는데 본문의 예제 6.7을 풀어보자.

```
'(ch6apB1) Example 6.7'               % Display label.
numg=1;                               % Define numerator of G(s).
deng=conv([1 0],[2 3 2 3 2]);         % Define denominator of G(s).
G=tf(numg,deng);                      % Create G(s) object.
'T(s)'                                % Display label.
T=feedback(G,1)                       % Calculate closed-loop T(s)
                                      % object.
                                      % Negative feedback is default
                                      % when there is no sign parameter.
poles=pole(T)                         % Find poles of T(s).
pause
```

ch6apB2(예제 6.9) MATLAB에서 이득을 변화시키면서 루프를 구성하면, 어느 이득값에서 복소평면 오른쪽에 극점이 위치하게 되는지와 안정성을 보장하는 이득의 범위를 구할 수 있다.

```
'(ch6apB2) Example 6.9'               % Display label.
```

```
K=[1:1:2000];                     % Define range of K from 1 to 2000
                                  % in steps of 1.
for n=1:length(K);                % Set up length of DO LOOP to equal
                                  % number of K values to be tested.
    dent=[1 18 77 K(n)];          % Define the denominator of T(s)
                                  % for the nth value of K.
    poles=roots(dent);            % Find the poles for the nth value
                                  % of K.
    r=real(poles);                % Form a vector containing the real
                                  % parts of the poles for K(n).
            if max(r) > = 0,      % Test poles found for the nth
                                  % value of K for a real value 0.
                      poles       % Display first pole values where
                                  % there is a real part 0.
                     K=K(n)       % Display corresponding value of K.
                      break       % Stop loop if rhp poles are found.
                        end       % End if.
end                               % End for.
pause
```

ch6apB3(예제 6.11) MATLAB의 eig(A) 명령을 사용하여 시스템 행렬 A의 고유값를 구함으로써 상태공간에서 표시되는 시스템의 안정도를 판별할 수 있다. 본문의 예제 6.11을 풀어보자.

```
'(ch6apB3) Example 6.11'          % Display label.
A=[0 3 1;2 8 1;-10 -5 -2]         % Define system matrix, A.
eigenvalues=eig(A)                % Find eigenvalues.
pause
```

7장 정상상태 오차

ch7apB1(예제 7.4 sys.b) 오차상수는 $s \to 0$일 때, $\lim s^n G(s)$으로부터 구할 수 있으며 이 값에 의하여 정상상태 오차를 구할 수 있다. 다항식에 적용하는 polyval(p,v) 명령을 사용하여 오차상수를 구한다. 정적 오차상수를 계산하기 위하여 dcgain(G) 명령을 사용한다. 이 명령은 $s=0$인 경우의 $G(s)$를 계산한다. 본문의 예제 7.4 sys.b를 풀어보자.

```
'(ch7apB1) Example 7.4, sys. b'   % Display label.
numg=500*poly([-2 -5 -6]);        % Define numerator of G(s).
deng=poly([0 -8 -10 -12]);        % Define denominator of G(s).
G=tf(numg,deng);                  % Form G(s)
'Check Stability'                 % Display label.
T=feedback(G,1);                  % Form T(s).
poles=pole(T)                     % Display closed-loop poles.
'Step Input'                      % Display label.
Kp=dcgain(G)                      % Evaluate Kp=numg/deng for s=0.
ess=1/(1+Kp)                      % Evaluate ess for step input.
'Ramp Input'                      % Display label.
numsg=conv([1 0],numg);           % Define numerator of sG(s).
```

```
densg=poly([0 -8 -10 -12]);       % Define denominator of sG(s).
sG=tf(numsg,densg);               % Create sG(s).
sG=minreal(sG);                   % Cancel common 's' in
                                  % numerator(numsg) and
                                  % denominator(densg).
Kv=dcgain(sG)                     % Evaluate Kv=sG(s) for s=0.
ess=1/Kv                          % Evaluate steady-state error for
                                  % ramp input.
'Parabolic Input'                 % Display label.
nums2g=conv([1 0 0],numg);        % Define numerator of s^2G(s).
dens2g=poly([0 -8 -10 -12]);      % Define denominator of s^2G(s).
s2G=tf(nums2g,dens2g);            % Create s^2G(s).
s2G=minreal(s2G);                 % Cancel common 's' in
                                  % numerator(nums2g) and
                                  % denominator(dens2g).
Ka=dcgain(s2G)                    % Evaluate Ka=s^2G(s) for s=0.
ess=1/Ka                          % Evaluate steady-state error for
                                  % parabolic input.
pause
```

ch7apB2(예제 7.6) MATLAB을 이용하여 정상상태 오차 규격을 만족시키기 위한 이득 K를 정할 수 있다. 본문의 예제 7.6을 풀어보자.

```
'(ch7apB2) Example 7.6'           % Display label.
numgdK=[1 5];                     % Define numerator of G(s)/K.
dengdK=poly([0 -6 -7 -8]);        % Define denominator of G(s)/K.
GdK=tf(numgdK,dengdK);            % Create G(s)/K.
numgkv=conv([1 0],numgdK);        % Define numerator of sG(s)/K.
dengkv=dengdK;                    % Define denominator of sG(s)/K.
GKv=tf(numgkv,dengkv);            % Create sG(s)/K.
GKv=minreal(GKv);                 % Cancel common 's' in numerator
                                  % and denominator of sG(s)/K.
KvdK=dcgain(GKv)                  % Evaluate (Kv/K)=(numgkv/dengkv)
                                  % for s=0.
ess=0.1                           % Enumerate steady-state error.
K=1/(ess*KvdK)                    % Solve for K.
'Check Stability'                 % Display label.
T=feedback(K*GdK,1);              % Form T(s).
poles=pole(T)                     % Display closed-loop poles.
pause
```

8장 근궤적 기법

ch8apB1(예제 8.7) MATLAB의 `rlocus(GH)` 명령을 사용하여 근궤적을 그릴 수 있다. 여기서 $G(s)H(s) = numgh/dengh$이며, GH는 선형시불변 전달함수의 개체이다. 근궤적 위의 점은 `[K,p]=rlocfind(GH)`를 사용하여 정할 수 있으며, 그 점에서의 이득(K)와 이 때의 모든 극점(p)을 구해준다. 축을 확대 또는 축소하기 위한 명령 `axis([xmin, xmax, ymin, ymax])`를 사용하면 근궤적을 확대 또는 축소할 수 있다. 근궤적 위에 `sgrid(z, wn)` 명령을 사용하여 감쇄정수(z)와 고유주파수(wn)을 나타내는 격자형 선을 중첩시킬 수 있다. 여러 개의 ζ와 ω_n에 대한 선을 그리기 위해서는 범위를 규정하는 `z=zmin:zstep:zmax`와 `wn=wnmin:wnstep:wnmax`를 사용한다.

```
'(ch8apB1) Example 8.7'            % Display label.
clf                                % Clear graph on screen.
numgh=[1 -4 20];                   % Define numerator of G(s)H(s).
dengh=poly([-2 -4]);               % Define denominator of G(s)H(s).
'G(s)H(s)'                         % Display label.
GH=tf(numgh,dengh)                 % Create G(s)H(s) and display.
rlocus(GH)                         % Draw root locus.
z=0.2:0.05:0.5;                    % Define damping ratio values: 0.2
                                   % to 0.5 in steps of 0.05.
wn=0:1:10;                         % Define natural frequency values:
                                   % 0 to 10 in steps of 1.
sgrid(z,wn)                        % Generate damping ratio and
                                   % natural frequency grid lines for
                                   % root locus.
title('Root Locus')                % Define title for root locus.
pause
rlocus(GH)                         % Draw close-up root locus.
axis([-3 1 -4 4])                  % Define range on axes for root
                                   % locus close-up view.
title('Close-up')                  % Define title for close-up root
                                   % locus.
z=0.45;                            % Define damping ratio line for
                                   % overlay on close-up root locus.
wn=0;                              % Suppress natural frequency
                                   % overlay curves.
sgrid(z,wn)                        % Overlay damping ratio curve on
                                   % close-up root locus.
for k=1:3                          % Loop allows 3 points to be
                                   % selected as per Example 8.7,
                                   %(z=0.45,jwcrossing,breakaway).
[K,p]=rlocfind(GH)                 % Generate gain, K, and closed-loop
                                   % poles, p, for point selected
                                   % interactively on the root locus.
end                                % End loop.
pause
```

ch8apB2(예제 8.8) MATLAB을 이용하여 근궤적도에 의한 이득 설계와 이 이득에 대한 계단함수 응답을 구할 수 있다. rlucus(G, K) 명령을 사용하면 근궤적을 도시하는데 필요한 이득 K의 범위를 알 수 있다. 또한, K의 변화에 따르는 값을 도시함으로써 보다 부드러운 근궤적을 구할 수 있다. K를 지정하지 않고 근궤적을 그리면 부드러운 근궤적을 얻을 수 없다. 명령 `x=input('prompt')`는 키보드에서 입력되는 값을 x 값으로 저장하므로 원하는 %오버슈트값을 키보드로 입력시킨다. 근궤적이나 계단함수 응답에 라벨을 붙이기 위한 명령 title내에 숫자변수를 그대로 문자열로 나타내는 `num2str(value)`을 사용하여 변수값을 지정할 수 있다. 본문의 예제 8.8을 풀어보자.

```
'(ch8apB2) Example 8.8'            % Display label.
clear                              % Clear variables from workspace.
clf                                % Clear graph on screen.
numg=[1 1.5];                      % Define numerator of G(s).
deng=poly([0 -1 -10]);             % Define denominator of G(s).
'G(s)'                             % Display label.
G=tf(numg,deng)                    % Create and display G(s).
rlocus(G)                          % Draw root locus (H(s)=1).
title('Original Root Locus')       % Add title.
pause
K=0:.5:50;                         % Specify range of gain to smooth
                                   % root locus.
rlocus(G,K)                        % Draw smoothed root locus
                                   % (H(s)=1).
title('Smoothed Root Locus')       % Add title.
pos=input('Type OS ');             % Input desired percent overshoot
                                   % from the keyboard.
z= - log(pos/100)/sqrt(pi^2+[log(pos/100)]^2)
                                   % Calculate damping ratio.
sgrid(z,0)                         % Overlay desired damping ratio
                                   % line on root locus.
title(['Root Locus with ', num2str(pos),' % overshoot line'])
                                   % Define title for root locus
                                   % showing percent overshoot used.
[K, p]=rlocfind(G)                 % Generate gain, K, and closed-
                                   % loop poles, p, for point selected
                                   % interactively on the root locus.
pause
'T(s)'                             % Display label
T=feedback(K*G,1)                  % Find closed-loop transfer
                                   % function
                                   % with selected K and display.
step(T)                            % Generate closed-loop step
                                   % response for point select on
                                   % root locus.
title(['Step Response for K=',num2str(K)])
                                   % Give step response a title which
                                   % includes the value of K.
pause
```

9장 근궤적을 이용한 설계

ch9apB1(예제 9.3) MATLAB을 이용하여 PD제어기를 설계할 수 있다. 키보드로부터 원하는 %오버슈트값이 입력되면, 보상되기 전 시스템에 대한 근궤적이 %오버슈트 선과 함께 그려지며 두 곡선의 교차점에서의 이득을 산출한다. MATLAB은 보상되기 전 시스템의 성능과 계단함수 응답을 추정한다. 키보드로부터 정착 시간이 입력되면 MATLAB은 PD제어기를 설계하고 보상된 시스템의 근궤적을 그린다. 마지막으로 설계된 PD 제어기에 의하여 보상된 시스템의 성능이 평가되고 계단함수 응답을 출력한다.

```
'(ch9apB1) Example 9.3'          % Display label.
clf                              % Clear graph on screen.
'Uncompensated System'           % Display label.
numg=1;                          % Generate numerator of G(s).
deng=poly([0 -4 -6]);            % Generate denominator of G(s).
'G(s)'                           % Display label.
G=tf(numg,deng)                  % Create and display G(s).
pos=input('Type desired percent overshoot ');
                                 % Input desired percent overshoot.
z-log(pos/100)/sqrt(pi^2+[log(pos/100)]^2);
                                 % Calculate damping ratio.
rlocus(G)                        % Plot uncompensated root locus.
sgrid(z,0)                       % Overlay desired percent
                                 % overshoot line.
title(['Uncompensated Root Locus with ' , num2str(pos),. . .
Overshoot Line'])                % Title uncompensated root locus.
[K,p]=rlocfind(G);               % Generate gain, K, and closed-loop
                                 % poles, p, for point selected
                                 % interactively on the root locus.
'Closed-loop poles = '           % Display label.
p                                % Display closed-loop poles.
f=input('Give pole number that is operating point ');
                                 % Choose uncompensated system
                                 % dominant pole.
'Summary of estimated specifications for selected point on'
'uncompensated root locus'       % Display label.
operatingpoint=p(f)              % Display uncompensated dominant
                                 % pole.
gain=K                           % Display uncompensated gain.
estimated_settling_time=4/abs(real(p(f)))
                                 % Display uncompensated settling
                                 % time.
estimated_peak_time=pi/abs(imag(p(f)))
                                 % Display uncompensated peak time.
estimated_percent_overshoot=pos
                                 % Display uncompensated percent
                                 % overshoot.
estimated_damping_ratio=z        % Display uncompensated damping
                                 % ratio.
estimated_natural_frequency=sqrt(real(p(f))^2+imag(p(f))^2)
                                 % Display uncompensated natural
                                 % frequency.
numkv=conv([1 0],numg);          % Set up numerator to evaluate Kv.
denkv=deng;                      % Set up denominator to evaluate
Kv.
sG=tf(numkv,denkv);              % Create sG(s).
sG=minreal(sG);                  % Cancel common poles and zeros.
Kv=dcgain(K*sG)                  % Display uncompensated Kv.
ess=1/Kv                         % Display uncompensated
```

```
                                    % steady-state
                                    % error for unit ramp input.
'T(s)'                              % Display label.
T=feedback(K*G,1)                   % Find uncompensated T(s).
step(T)                             % Plot step response of
                                    % uncompensated system.
title(['Uncompensated System Step Response with',num2str(pos),...
'Overshoot'])                       %Add title to uncompensated step
                                    % response.
'Press any key to go to PD compensation'
                                    % Display label.
pause
'Compensated system'                % Display label.
Ts=input('Type Desired Settling Time');
                                    % Input desired settling time from
                                    % the keyboard.
wn=4/(Ts*z);                        % Calculate natural frequency.
desired_pole=(-z*wn)+(wn*sqrt(1-z^2)*i);
                                    % Calculate desired dominant pole
                                    % location.
angle_at_desired_pole=(180/pi)*...
angle(polyval(numg, desired_pole)/polyval(deng,desired_pole));
                                    % Calculate angular contribution
                                    % to desired pole without PD
                                    % compensator.
PD_angle=180-angle_at_desired_pole;
                                    % Calculate required angular
                                    % contribution from PD
                                    % compensator.
zc=((imag(desired_pole)/tan(PD_angle*pi/180))...
_real (desired_pole));              % Calculate PD zero location.
'PD' Compensator'                   % Display label.
numc=[1 zc];                        % Calculate numerator of Gc(s).
denc=[0 1];                         % Calculate numerator of Gc(s).
'Gc(s)'                             % Display label.
Gc=tf(numc, denc)                   % Create and display Gc(s).
'G(s)Gc(s)'                         % Display label.
Ge=G*Gc                             % Cascade G(s) and Gc(s).
rlocus(Ge,0:0.5:100)                % Plot root locus of PD compensated
                                    % system.
syrid(z,0)                          % Overlay desired percent
                                    % overshoot line.
title(['PD Compensated Root Locus with', num2str(pos),...
'Overshoot Line'])                  % Add title to PD compensated root
                                    % locus.
[K,p]=rlocfind(Ge);                 % Generate gain, K, and closed-loop
                                    % poles, p, for point selected
                                    % interactively on the root locus.
'Closed-loop poles = '              % Display label.
```

```
p                                    % Display PD compensated system's
                                     % closed-loop poles.
f=input('Give pole number that is operating point');
                                     % Choose PD compensated system
                                     % dominant pole.
'Summary of estimated specifications for selected point on PD'
'compensated root locus'             % Display label.
operatingpoint=p(f)                  % Display PD compensated dominant
                                     % pole.
gain=K                               % Display PD compensated gain.
estimated_settling_time=4/abs(real(p(f)))
                                     % Display PD compensated settling
                                     % time.
estimated_peak_time=pi/abs(imag(p(f)))
                                     % Display PD compensated peak time.
estimated_percent_overshoot=pos      % Display PD compensated percent
                                     % overshoot.
estimated_damping_ratio=z            % Display PD compensated damping
                                     % ratio.
estimated_natural_frequency=sqrt(real(p(f))^2+imag(p(f))^2)
                                     % Display PD compensated natural
                                     % frequency.
s=tf([1 0],1);                       % Created transfer function, 's'.
sGe=s*Ge;                            % Create sGe(s).
sGe=minreal(sGe)                     % Cancel common poles and zeros.
Kv=dcgain(K*sGe)                     % Display compensated Kv.
ess=1/Kv                             % Display compensated
                                     % steady-state error for
                                     % unit ramp input.
'T(s)'                               % Display label.
T=feedback(K*Ge,1)                   % Create and display PD compensated
                                     % T(s).
'Press any key to continue and obtain the PD compensated step
response'                            % Display label.
pause
step(T)                              % Plot step response for PD
                                     % compensated system.
title(['PD Compensated System Step Response with'...
num2str(pos), '% Overshoot'])        % Add title to step response
                                     % of PD compensated system.
pause
```

ch9apB2(예제 9.4) MATLAB을 이용하여 진상보상기를 설계할 수 있다. 키보드로부터 원하는 %오버슈트값이 입력되면 보상되기 전 시스템에 대한 근궤적이 %오버슈트 선과 함께 그려지며, 사용자는 이 %오버슈트 선과 근궤적이 만나는 점을 선택하며 이 점에서의 이득에 대해 보상되기 전 시스템의 성능이 평가되고 계단함수 응답이 그려진다. 사용자는 키보드를 사용하여 정착 시간과 진상보상기 영점을 입력한다. 본 예제는 앞서의 예제와 다른 방법을 사용한다. 앞의 예제와 달리 MATLAB은 진상보상기의 극점을 직접 계산하지 않는 대신에 예상되는 모든 진상보상기의 극점에 대한 근궤적을 그린다. 각 근궤적마다 원하는 감쇄정수와 고유주파수 선을 포함하게 되는데 예상이 일치하면 근궤적, 감쇄정수 선과 고유주파수 선이 교차하게 된다. 마지막으로 진상 보상된 시스템의 성능이 평가되고 계단함수 응답을 출력한다.

```
'(ch9apB2) Example 9.4'              % Display label.
Clf                                  % Clear graph on screen.
'Uncompensated System'               % Display label.
numg=1;                              % Generate numerator of G(s).
deng=poly([0 -4 -6]);                % Generate denominator of G(s).
'G(s)'                               % Display label.
G=tf(numg,deng)                      % Create and display G(s).
pos=input('Type desired percent overshoot');
                                     % Input desired percent overshoot.
z=-log(pos/100)/sqrt(pi^2+[log(pos/100)]^2);
                                     % Calculate damping ratio.
rlocus(G)                            % Plot uncompensated root locus.
sgrid(z,0)                           % Overlay desired percent
                                     % overshoot line.
title (['Uncompensated Root Locus with', num2str (pos ),...
'% Overshoot Line'])                 % Title uncompensated root locus.
[K,p]=rlocfind(G);                   % Generate gain, K, and closed-loop
                                     % poles, p, for point selected
                                     % interactively on the root locus.
'Closed-loop poles ='                % Display label.
p                                    % Display closed-loop poles.
f=input('Give pole number that is operating point');
                                     % Choose uncompensated system
                                     % dominant pole.
'Summary of estimated specifications for selected point on'
'uncompensated root locus'           % Display label.
operatingpoint=p(f)                  % Display uncompensated dominant
                                     % pole.
gain=K                               % Display uncompensated gain.
estimated_settling_time=4/abs(real(p(f)))
                                     % Display uncompensated settling
                                     % time.
estimated_peak_time=pi/abs(imag(p(f)))
                                     % Display uncompensated peak time.
estimated_percent_overshoot=pos      % estimated_percent_overshoot=pos
                                     % Display uncompensated percent
                                     % overshoot.
estimated_damping_ratio=z            % Display uncompensated damping
                                     % ratio.
estimated_natural_frequency=sqrt(real(p(f))^2+imag(p(f))^2)
                                     % Display uncompensated natural
                                     % frequency.
numkv=conv([1 0],numg);              % Set up numerator to evaluate Kv.
denkv=deng;                          % Set up denominator to evaluate Kv.
```

```
sG=tf(numkv,denkv);                     % Create sG(s).
sG=minreal(sG);                         % Cancel common poles and zeros.
Kv=dcgain(K*sG)                         % Display uncompensated Kv.
ess=1/Kv                                % Display uncompensated
                                        % steady-state error for
                                        % unit ramp input.
'T(s)'                                  % Display label.
T=feedback(K*G,1)                       % Create and display T(s).
step(T)                                 % Plot step response of
                                        % uncompensated system.
title([['Uncompensated System Step Response with',...
num2str(pos),'Overshoot'])              % Add title to uncompensated step
                                        % response.
'Press any key to go to lead compensation'
                                        % Display label.
pause
Ts=input('Type Desired Settling Time');
                                        % Input desired settling time.
b=input('Type Lead Compensator Zero, (s+b). b=');
                                        % Input lead compensator zero.
done=1;                                 % Set loop flag.
while done==1                           % Start loop for trying lead
                                        % compensator pole.
a=input('Enter a Test Lead Compensator Pole, (s+a). a=');
                                        % Enter test lead compensator pole.
numge=conv(numg,[1 b]);                 % Generate numerator of Gc(s)G(s).
denge=conv([1 a],deng);                 % Generate denominator
                                        % of Gc(s)G(s).
Ge-tf(numge,denge);                     % Create Ge(s)=Gc(s)G(s).
wn=4/(Ts*z);                            % Evaluate desired natural
                                        % frequency.
clf                                     % Clear graph on screen.
rlocus(Ge)                              % Plot compensated root locus with
                                        % test lead compensator pole.
axis([-10,10,-10,10])                   % Change lead-compensated
                                        % root locus axes.
sgrid(z,wn)                             % Overlay grid on lead-compensated
                                        % root locus.
title(['Lead-Compensated Root Locus with', num2str(pos),...
% Overshoot Line, Lead Pole at',...
num2str(-a),' and Required Wn'])        % Add title to lead-compensated
                                        % root locus.
done=input('Are you done? (y=0,n=1) ');
                                        % Set loop flag.
end                                     % End loop for trying compensator
                                        % pole.
[K,p]=rlocfind(Ge);                     % Generate gain, K, and closed-loop
                                        % poles, p, for point selected
                                        % interactively on the root locus.
```

```
'Gc(s)'                            % Display label.
Gc=tf([1 b],[1 a])                 % Display lead compensator.
'Gc(s)G(s)'                        % Display label.
Ge                                 % Display Gc(s)G(s).
'Closed-loop poles = '             % Display label.
p                                  % Display lead-compensated
                                   % system's
                                   % closed-loop poles.
f=input('Give pole number that is operating point ');
                                   % Choose lead-compensated system
                                   % dominant pole.
'Summary of estimated specifications for selected point on lead'
'compensated root locus'           % Display label.
operatingpoint=p(f)                % Display lead-compensated
                                   % dominant pole.
gain=K                             % Display lead-compensated gain.
estimated_settling_time=4/abs(real(p(f)))
                                   % Display lead-compensated
                                   % settling time.
estimated_peak_time=pi/abs(imag(p(f)))
                                   % Display lead-compensated
                                   % peak time.
estimated_percent_overshoot=pos    % Display lead-compensated
                                   % percent overshoot.
estimated_damping_ratio=z          % Display lead-compensated
                                   % damping ratio.
estimated_natural_frequency=sqrt(real(p(f))^2+imag(p(f))^2)
                                   % Display lead-compensated
                                   % natural frequency.
s=tf([1 0],1);                     % Create transfer Function, 's'.
sGe=s*Ge;                          % Create sGe(s) to evaluate Kv.
sGe=minreal(sGe);                  % Cancel common poles and zeros.
Kv=dcgain(K*sGe)                   % Display lead-compensated Kv.
ess=1/Kv                           % Displaylead-compensatedsteady-
                                   % state error for unit ramp input.
'T(s)'                             % Display label.
t=feedback(K*Ge,1)                 % Create and display lead-
                                   % compensated T(s).
'Press any key to continue and obtain the lead-compensated step'
'response'                         % Display label.
pause
step(T)                            % Plot step response for lead
                                   % compensated system.
title(['Lead-Compensated System Step Response with',...
num2str(pos),'% Overshoot'])       % Add title to step response
                                   % of lead-compensated system.
pause
```

10장 주파수 반응 기법

ch10apB1(예제 10.3) G(s)=numg/deng로 주어질 때, MATLAB의 bode(G) 명령을 사용하여 Bode 선도를 그릴 수 있다. 여기서, G는 선형시불변 전달함수 개체이다. bode(G) 명령을 사용하여 얻은 Bode 선도를 마우스의 왼쪽 단추로 누르면, 마우스가 위치한 점의 좌표 및 해당 Bode 선도에 관련된 정보를 볼 수 있다. Bode 선도 위에서 마우스의 오른쪽 단추를 누르면 해당 Bode 선도를 선택할 수 있다. Bode 선도가 없는 공간에서 마우스의 오른쪽 단추를 누르면 메뉴를 호출한다. (1) 도시할 시스템 응답 (2) 도시할 시스템 응답 특성 (3) 화면확대 (4) 격자선의 표시 및 삭제 등의 메뉴를 선택할 수 있다. 응답특성 메뉴가 선택되면 그래프에 적절한 점이 표시되며, 이 점을 누르면 선택된 특성의 측정값이 표시된다. Bode 선도위의 임의의 점에서의 진폭, 위상과 주파수는 [mag, phase, w]=bode(G) 명령을 사용하여 구할 수 있는데, mag는 진폭, phase는 위상이고, w는 주파수를 나타낸다. 진폭과 위상은 3차원의 배열로서 저장되며, 이를 열벡터로 변환하려면 mag(:, :)', phase(:, :)' 명령을 사용하면 된다. 여기서, 따옴표는 행렬의 전치 연산자를 나타낸다. 본문의 예제 10.3을 풀어보자.

```
'(ch10apB1) Example 10.3'            % Display label.
clf                                  % Clear graph on screen.
numg=[1 3];                          % Define numerator of G(s).
deng=conv([1 2],[1 2 25]);           % Define denominator of G(s).
'G(s)'                               % Display label.
G=tf(numg,deng)                      % Create and display G(s).
bode(G)                              % Make a Bode plot.
grid on                              % Turn on grid for Bode plot.
title('Open-Loop Frequency Response')
                                     % Add a title to the Bode plot.
[mag,phase,w]=bode(G);               % Store points on the Bode plot.
points=[20*log10(mag(:,:))',phase(:,:)',w]
                                     % List points on Bode plot with
                                     % magnitude in dB.
pause
```

ch10apB2(예제 10.5) 선형시불변 전달함수 개체가 G(s)=numg/deng로 주어질 때, MATLAB의 nyquist(G) 명령을 사용하여 Nyquist 선도를 그릴 수 있다. Nyquist 선도를 마우스의 왼쪽 단추로 누르면 선도의 표식, 마우스 위치의 좌표등을 알 수 있다. 또한, 마우스의 오른쪽 단추로 누르면 해당 선도를 선택할 수 있다. Nyquist 선도가 없는 공간에서 마우스의 오른쪽 단추를 누르면 (1) 도시되어진 선도의 시스템 응답, (2) 화면의 확대, (3) 격자선의 표시 및 삭제 등의 메뉴가 표시된다.

Nyquist 선도위의 임의의 점의 값은 [re, im, w]=nyquist(num, den) 명령을 사용하여 구할 수 있는데, re는 실수값, im은 허수값이고 w는 주파수 값을 나타낸다. re와 im은 3차원 배열이다. [re, im]=nyquist(G, w) 명령을 사용하면 나타내고자 하는 주파수 범위를 정할 수 있다. re(:, :)', im(:, :)'를 사용하면, 배열을 열벡터로 변환할 수 있다. 본문의 예제 10.5를 풀어보자.

```
'(ch10apB2) Example 10.5'            % Display label.
```

```
clf                                    % Clear graph on screen.
numg=[1 2];                            % Define numerator of G(s).
deng=[1 0 0];                          % Define denominator of G(s).
'G(s)'                                 % Display label.
G=tf(numg,deng)                        % Create and display G(s).
nyquist(G)                             % Make a Nyquist diagram.
grid on                                % Turn on grid for Nyquist diagram.
title('Open-Loop Frequency Response')
                                       % Add a title to the Nyquist
                                       % diagram.
w=0:0.5:10;                            % Let 0<w<10 in steps of 0.5.
[re,im]=nyquist(G,w);                  % Get Nyquist diagram points for a
                                       % range of w.
points=[re(:,:)',im(:,:)',w']          % List specified range of points
                                       % in Nyquist diagram.
pause
```

ch10apB3(예제 10.8) 이득여유(Gm), 위상여유(Pm), 위상이 180도가 되는 이득여유주파수(Wcg), 이득이 0dB(Wcp)가 되는 위상여유주파수를 MATLAB의 [G_m, P_m, W_{cp}, W_{cg}] = margin(G) 명령을 사용하여 구할 수 있다. 여기서, $G(s)$=numg/deng이고, G는 선형시불변 전달함수 개체이다. 본문의 예제 10.8을 풀어보자.

```
'(ch10apB3) Example 10.8'              % Display label.
clf                                    % Clear graph on screen.
numg=6;                                % Define numerator of G(s).
deng=conv([1 2],[1 2 2]);              % Define denominator of G(s).
'G(s)'                                 % Display label.
G=tf(numg,deng)                        % Create and display G(s).
nyquist(G)                             % Make a Nyquist diagram.
grid on                                % Turn on grid for the Nyquist
                                       % diagram.
title('Open-Loop Frequency Response')
                                       % Add a title to the Nyquist
                                       % diagram.
[Gm,Pm,Wcg,Wcp]=margin(G);             % Find margins and margin
                                       % frequencies.
'Gm(dB); Pm(deg.); 180 deg. freq.(r/s); 0 dB freq. (r/s)'
'0 dB freq. (r/s)'                     % Display label.
margins=[20*log10(Gm),Pm,Wcg,Wcp]
                                       % Display margin data.
pause
```

ch10apB4(예제 10.9) 주파수 응답기법을 사용하여 시스템이 안정하기 위한 K값의 범위를 MATLAB을 이용하여 구할 수 있다. 본문의 예제 10.9를 풀어보자.

```
'(ch10apB4) Example 10.9'              % Display label.
numg=1;                                % Define numerator of G(s).
deng=poly([-2 -4 -5]);                 % Define denominator of G(s).
```

```
'G(s)'                              % Display label.
G=tf(numg,deng)                     % Create and display G(s).
[Gm,Pm,Wcg,Wcp]=margin(G);          % Find margins and margin
                                    % frequencies.
K=Gm                                % Display K for stability.
pause
```

ch10apB5(예제 10.11) 폐루프시스템의 주파수 응답을 MATLAB을 이용하여 구할 수 있다. 본문의 예제 10.11을 풀어보자.

```
'(ch10apB5) Example 10.11'          % Display label.
clf                                 % Clear graph on screen.
numg=50;                            % Define numerator of G(s).
deng=poly([0 -3 -6]);               % Define denominator of G(s).
'G(s)'                              % Display label.
G=tf(numg,deng)                     % Create and display G(s).
'T(s)'                              % Display label.
T=feedback(G,1)                     % Find and display closed-loop
                                    % transfer function.
bode(T)                             % Make a Bode plot.
grid on                             % Turn on the grid for the plots.
title('Closed-Loop Frequency Response')
                                    % Add a title to the Bode plot.
pause
nyquist(T)                          % Make a Nyquist diagram.
title('Closed-Loop Frequency Response')
                                    % Add a title to the Nyquist
                                    % diagram.
pause
```

ch10apB6 `G(s)=numg/deng`이고 G가 선형시불변 전달함수 개체로 주어질 때, MATLAB의 `nichols(G)` 명령을 사용하여 Nichols 차트를 그릴 수 있다. `nichols(num, den)`에 앞서 `ngrid('new')`를 사용하면 Nichols 차트위에 격자선을 그을 수 있다. `nichols(G)`를 사용하여 구한 Nichols선도를 마우스의 왼쪽 단추로 누르면 선도의 표식, 마우스 위치를 나타내는 좌표등, 해당선도에 관한 정보를 알 수 있다. 선도를 마우스의 오른쪽 단추로 누르면 해당선도를 선택할 수 있다. Nichols 선도가 없는 공간을 마우스의 오른쪽 단추로 누르면 (1) 표시되어야 할 시스템응답, (2) 화면의 확대, (3) 격자선의 표시 및 삭제등의 메뉴를 선택할 수 있다. $G(s)=1/[s(s+1)(s+2)]$에 대한 Nichols 차트를 그려보자.

```
'(ch10apB6)'                        % Display label.
clf                                 % Clear graph on screen.
numg=1;                             % Define numerator of G(s).
deng=poly([0 -1 -2]);               % Define denominator of G(s).
'G(s)'                              % Display label.
G=tf(numg,deng)                     % Create and display G(s).
nichols(G)                          % Make a Nichols plot.
ngrid                               % Add Nichols grid.
pause
```

ch10apB7(예제 10.15) 주파수 응답기법을 사용하고 MATLAB을 이용함으로써 시스템 루프내에 시간지연을 포함시킬 수 있다. 시간지연은 [numd, dend]=pade(T. n)으로 표현되는데, T는 시간지연(초)을 나타내며, n은 차수이다. n이 클수록, 시간지연에 대한 근사식 $G_d(s)$=numd/dend이 정확한 시간지연현상을 표현할 수 있다. 다중 그래프를 그리기 위해서 우선 [mag, phase]=bode(G, w)를 사용하여 Bode 선도의 데이터를 획득한다. 여기서, w는 주파수의 범위이다. 다음 일반적인 그래프작성 명령을 사용한다. 좌표축과 Bode선도에 표식을 작성하기 위한 명령어들이 사용되었다 (자세한 것은 MATLAB 매뉴얼을 참고하기 바란다). 본문의 예제 10.15를 풀어보자.

```
'(ch10apB7) Example 10.15'          % Display label.
clf                                 % Clear graph on screen.
hold off                            % Turn graph hold off.
numg=1;                             % Define numerator of G(s).
deng=poly([0 -1 -10]);              % Define denominator of G(s).
'G(s)'                              % Display label.
G=tf(numg,deng)                     % Create and display G(s).
w=0.01:0.1:10;                      % Let 0.01<w<10 in steps of 0.1.
[magg,phaseg]=bode(G,w);            % Collect Bode data for G(s).
[numd,dend]=pade(1,6);              % Represent the delay.
Gd=tf(numd,dend);                   % Create and display the delay,
                                    % Gd(s).
[magd,phased]=bode(Gd,w);           % Collect Bode data for Gd(s).
Ge=Gd*G;                            % Form Gd(s)G(s).
[mage,phasee]=bode(Ge,w);           % Collect Bode data for Gd(s)G(s).
subplot(2,1,1)                      % Subdivide plot area for plot 1.
semilogx(w,20*log10(mage(:,:)))     % Plot magnitude response.
grid on                             % Turn on grid for magnitude plot.
axis([0.01,10,-80,20]);             % Limit Bode plot axes.
title('Magnitude Response with Delay')
                                    % Add title to magnitude response.
xlabel('Frequency (rad/s)')         % Label x-axis of magnitude
                                    % response.
ylabel('20log M')                   % Label y-axis of magnitude
                                    % response.
subplot(2,1,2)                      % Subdivide plot area for plot 2.
semilogx(w,phaseg(:,:),w,phased(:,:),w,phasee(:,:))
                                    % Plot phase response for G(s),
                                    % Gd(s), and G(s)Gd(s) on one
                                    % graph.
grid on                             % Turn on grid for phase plot.
axis([0.01,10,-900,0]);             % Limit Bode plot axes.
title('Phase Response with Delay')
                                    % Add title to phase response.
xlabel('Frequency (rad/s)')         % Label x-axis of phase response.
ylabel('Phase (degrees)')           % Label y-axis of phase response.
text(1.5,-50,'Time Delay')          % Label time delay curve.
text(4,-150,'System')               % Label system curve.
```

```
text(2.7,-300,'Total')              % Label total curve.
pause
```

ch10apB8(예제 10.18) MATLAB과 주파수 응답기법을 사용하여 주파수 응답 데이터로부터 전달함수를 얻을 수 있다. 근사화되는 전달함수 성분을 찾아내어 주파수 응답을 제거시키는 과정을 반복하면 전체 시스템의 전달함수를 근사화시킬 수 있다. 본문의 예제 10.18을 MATLAB을 이용하여 푸는 과정을 살펴보자. 주어진 MATLAB 프로그램은 일부분이며 전체 프로그램을 완성할 수 있도록 연습하기 바란다. 이 문제에서 실제 시스템의 주파수응답은 주어진 전달함수에서 작성된다. 실제 전달함수에 대한 주파수 응답 곡선이 주어질 때, 이 응답곡선의 데이터는 `[M0, P0, w]=bode(G0, w)`를 사용하여 만들어진다. 즉, 실제 응용 문제의 경우 데이타는 행벡터 `M0`, `P0`, `w`로 구성된다.

```
'(ch10apB8) Example 10.18'          % Display label.
clf                                 % Clear graph on screen.
hold off                            % Turn graph hold off.
% Generate the experimental Bode plots for G0(s)=numg0/deng0, that
% is,M0,P0.
numg0=70*[1 20];                    % Define numerator of G0(s).
deng0=conv([1 7],[1 2 25]);         % Partially define denominator of
                                    % G0(s).
deng0=conv(deng0,[1 70]);           % Complete the denominator of
                                    % G0(s).
G0=tf(numg0,deng0);                 % Create G0(s).
w=1:0.5:1000;                       % Let 1<w<1000 in steps of 0.5.
[M0,P0]=bode(G0,w);                 % Generate the tabular data.
[20*log10(M0(:,:))',P0(:,:)',w'];
                                    % Convert magnitude data to dB.
bode(G0,w)                          % Generate a Bode plot.
grid on                             % Turn on grid for Bode plot.
title('Experimental')               % Add title.
pause
clf                                 % Clear graph.
                                    % Estimate a component part of the
transfer function as
                                    %G1(s)=25/(s^2+2*0.22*5s+5^2)and
(subtractit from the experimental) %1
                                    % frequency response
numg1=5^2;                          % Define numerator of G1(s).
deng1=[1 2*0.22*5 5^2];             % Define denominator of G1(s).
'First estimate'                    % Display label.
G1=tf(numg1,deng1)                  % Create and display G1(s).
[M1,P1]=bode(G1,w);                 % Generate Bode data for G1(s).
M2=20*log10(M0(:,:))-20*log10(M1(:,:));
                                    % Subtract Bode magnitude data of
                                    % G1 from original magnitude data.
P2=P0(:,:)-P1(:,:);                 % Subtract Bode phase data of G1
                                    % from original phase data.
subplot(2,1,1)                      % Divide plot area in two for
```

```
                                      % magnitude plot.
semilogx(w(:,:),M2)                   % Plot magnitude response after
                                      % subtracting.
grid on                               % Turn on grid for magnitude plot.
xlabel('Frequency (rad/sec)')         % Add x-axis label.
ylabel('Gain dB')                     % Add y-axis label.
subplot(2,1,2)                        % Divide plot area in two for phase
                                      % plot.
semilogx(w,P2)                        % Plot the phase response after
                                      % subtracting.
grid on                               % Turn on grid for phase plot.
title('Experimental Minus 25/(s^2+2*0.22*5s+5^2)')
                                      % Add title.
xlabel('Frequency (rad/sec)')         % Add x-axis label.
ylabel('Phase deg')                   % Add y-axis label.
'This completes a portion of Example 10.18.'
'The student should continue the program for practice.'
pause
```

11장 주파수 반응을 이용한 설계

ch11apB1(예제 11.1) MATLAB을 이용하여 Bode 선도로부터 이득조정에 의하여 제어시스템을 설계할 수 있다. 키보드로부터 원하는 %오버슈트가 입력되면, 요구되는 위상여유가 계산되고 Bode 선도에서 이 위상여유를 갖는 주파수를 찾는다. 이 위상여유 주파수에서 진폭은 요구되는 이득의 역수가 되며, MATLAB은 이 이득에 대한 계단함수 응답을 도시한다. 본문의 예제 11.1을 풀어보자.

```
'(ch11apB1) Example 11.1'             % Display label.
clf                                   % Clear graph on screen.
numg=[100];                           % Define numerator of G(s).
deng=poly([0 -36 -100]);              % Define denominator of G(s).
G=tf(numg,deng)                       % Create and display G(s).
pos=input('Type %OS ');               % Input desired percent overshoot.
z=(-log(pos/100))/(sqrt(pi^2+log(pos/100)^2));
                                      %Calculaterequireddampingratio.
Pm=atan(2*z/(sqrt(-2*z^2+sqrt(1+4*z^4))))*(180/pi);
                                      % Calculate required phase margin.
w=0.01:0.01:1000;                     % Set range of frequency from 0.01
                                      % to 1000 in steps of 0.01.
[M,P]=bode(G,w);                      % Get Bode data.
Ph=-180+Pm;                           % Calculate required phase angle.
for k=1:1:length(P);                  % Search Bode data for required
                                      % phase angle.
if P(k)-Ph<=0;                        % If required phase angle is found,
                                      % find the value of
M=M(k);                               % magnitude at the same frequency.
'Required K'                          % Display label.
K=1/M                                 % Calculate the required gain.
```

```
break                               % Stop the loop.
end                                 % End if.
end                                 % End for.
T=feedback(K*G,1);                  % Find T(s) using the calculated K.
step(T)                             % Generate a step response.
title(['Closed-Loop Step Response for K= ',num2str(K)])
                                    % Add title to step response.
pause
```

ch11apB2(예제 11.2) MATLAB을 이용하여 지상보상기를 설계할 수 있다. 다음은 예제 11.2에서 다룬 설계기법에 대한 프로그램으로 원하는 정상상태 오차를 갖도록 하는 이득과 원하는 %오버슈트값을 입력시키면 지상보상기를 설계하고 K_v를 계산하며 계단함수 응답을 그린다.

```
'(ch11apB2) Example 11.2'           % Display label.
clf                                 % Clear graph on screen.
K=input('Type value of K to meet steady-state error requirement');
                                    % Input K.
pos=input('Type %OS ');             % Input desired percent overshoot.
numg=[100*K];                       % Define numerator of G(s).
deng=poly([0 -36 -100]);            % Define denominator of G(s).
'G(s)'                              % Display label.
G=tf(numg,deng)                     % Create and display G(s).
z=(-log(pos/100))/(sqrt(pi^2+log(pos/100)^2));
                                    % Calculate required damping
                                    % ratio.
Pm=atan(2*z/(sqrt(-2*z^2+sqrt(1+4*z^4))))*(180/pi)+10;
                                    % Calculate required phase margin.
w=0.01:0.01:100;                    % Set range of frequency from 0.01
                                    % to 1000 in steps of 0.01.
[M,P]=bode(G,w);                    % Get Bode data.
Ph=-180+Pm;                         % Calculate required phase angle.
for k=1:1:length(P);                % Search Bode data for required
                                    % phase angle.
if P(k)-Ph<=0;                      % If required phase angle is found,
                                    % find the value of
M=M(k);                             % magnitude at the same frequency.
wf=w(k);                            % At this frequency the magnitude
                                    % plot must go through 0 dB.
break                               % Stop the loop.
end                                 % End if.
end                                 % End for.
wh=wf/10;                           % Calculate the high-frequency
                                    % break of the lag compensator.
wl=(wh/M);                          % Calculate the low-frequency
                                    % break of the lag compensator;
                                    % found from lag compensator,
                                    %Gc(s)=Kc(s+wh)/(s+wl),high&low
```

```
                                          % frequency gain requirements.
                                          % At low w, gain=1. Thus,
                                          % Kc*wh/wl=1. At high w, gain=1/M.
                                          % Thus Kc=1/M. Hence
                                          % Kc=wl/wh=1/M, or wl=wh/M.
numc=[1 wh];                              % Generate numerator of lag
                                          % compensator, Gc(s).
denc=[1 wl];                              % Generate denominator of lag
                                          % compensator, Gc(s).
Kc=wl/wh;                                 % Generate K for Gc(s).
'Lag compensator'                         % Display label.
Kc                                        % Display lag compensator K.
'Gc(s)'                                   % Display label.
Gc=tf(Kc*numc,denc)                       % Create and display Gc(s).
'Gc(s)G(s)'                               % Display label.
GcG=Gc*G                                  % Create and display Gc(s)G(s).
s=tf([1 0],1);                            % Create transfer function, 's'.
sGcG=s*GcG;                               % Create sGc(s)G(s).
sGcG=minreal(sGcG);                       % Cancel common terms.
Kv=dcgain(sGcG)                           % Evaluate Kv.
T=feedback(GcG,1);                        % Create T(s).
step(T)                                   % Generate a closed-loop, lag-
                                          % compensated step response.
title('Closed-Loop Step Response for Lag-Compensated System')
                                          % Add title to step response.
pause
```

ch11apB3(예제 11.3) MATLAB을 이용하여 진상보상기를 설계할 수 있다. 다음은 예제 11.3에서 다룬 설계기법에 대한 프로그램으로 원하는 %오버슈트값, 최고값 시간과 K_v를 입력시키면, MATLAB은 진상보상기를 설계하고 K_v를 계산하며 계단함수 응답을 그린다.

```
'(ch11apB3) Example 11.3'                 % Display label.
pos=input('Type %OS ');                   % Input desired percent overshoot.
Tp=input('Type peak time ');              % Input desired peak time.
Kv=input('Type value of Kv ');            % Input Kv.
numg=[100];                               % Define numerator of G(s).
deng=poly([0 -36 -100]);                  % Define denominator of G(s).
G=tf(numg,deng);                          % Create G(s).
s=tf([1 0],1);                            % Create transfer function, 's'.
sG=s*G;                                   % Create sG(s).
sG=minreal(sG);                           % Cancel common factors.
K=dcgain(Kv/sG);                          % Solve for K.
'G(s)'                                    % Display label.
G=zpk(K*G)                                % Put K into G(s), convert to
                                          % factored form, and display.
z=(-log(pos/100))/(sqrt(pi^2+log(pos/100)^2));
                                          % Calculate required damping
                                          % ratio.
```

```
Pm=atan(2*z/(sqrt(-2*z^2+sqrt(1+4*z^4))))*(180/pi);
                                     % Calculate required phase margin.
wn=pi/(Tp*sqrt(1-z^2));              % Calculate required natural
                                     % frequency.
wBW=wn*sqrt((1-2*z^2)+sqrt(4*z^4-4*z^2+2));
                                     % Determine required bandwidth.
w=0.01:0.5:1000;                     % Set range of frequency from 0.01
                                     % to 1000 in steps of 0.5
[M,P]=bode(G,w);                     % Get Bode data.
[Gm,Pm,Wcg,Wcp]=margin(G);           % Find current phase margin.
Pmreq=atan(2*z/(sqrt(-2*z^2+sqrt(1+4*z^4))))*(180/pi);
                                     % Calculate required phase margin.
Pmreqc=Pmreq+10;                     % Add a correction factor of 10
                                     % degrees.
Pc=Pmreqc-Pm;                        % Calculate phase contribution
                                     % required from lead compensator.
                                     % Design lead compensator
beta=(1-sin(Pc*pi/180))/(1+sin(Pc*pi/180));
                                     % Find compensator beta.
magpc=1/sqrt(beta);                  % Find compensator peak magnitude.
for k=1:1:length(M);                 % Find frequency at which
                                     % uncompensated system has a
                                     % magnitude of 1/magpc.
                                     % This frequency will be the new
                                     % phase margin frequency.
if M(k)-(1/magpc)<=0;                % Look for peak magnitude.
wmax=w(k);                           % This is the frequency at the
                                     % peak magnitude.
break                                % Stop the loop.
end                                  % End if.
end                                  % End for.
                                     % Calculate lead compensator zero,
                                     % pole, and gain.
zc=wmax*sqrt(beta);                  % Calculate the lead compensator's
                                     % low break frequency.
pc=zc/beta;                          % Calculate the lead compensator's
                                     % high break frequency.
Kc=1/beta;                           % Calculate the lead compensator's
                                     % gain.
'Gc(s)'                              % Display label.
Gc=tf(Kc*[1 zc],[1 pc]);             % Create Gc(s).
Gc=zpk(Gc)                           % Convert Gc(s) to factored form
                                     % and display.
'Ge(s)=G(s)Gc(s)'                    % Display label.
Ge=G*Gc                              % Form Ge(s)=Gc(s)G(s).
sGe=s*Ge;                            % Create sGe(s).
sGe=minreal(sGe);                    % Cancel common factors.
Kv=dcgain(sGe)                       % Calculate Kv.
T=feedback(Ge,1);                    % Find T(s).
```

```
step(T)                                 % Generate closed-loop, lead-
                                        % compensated step response.
title('Lead-Compensated Step Response')
                                        % Add title to lead-compensated
                                        % step response.
pause
```

ch11apB4(예제 11.4) MATLAB을 이용하여 지상-진상보상기를 설계할 수 있다. 다음은 예제 11.4에서 다룬 설계기법에 대한 프로그램으로 원하는 %오버슈트값, 최고값 시간과 K_v를 입력시키면 MATLAB은 Bode 선도를 사용하여 지상-진상보상기를 설계하고 K_v를 계산하며 계단함수 응답을 그린다.

```
'(ch11apB4) Example 11.4'               % Display label.
pos=input('Type OS ');                  % Input desired percent overshoot.
Tp=input('Type peak time');             % Input desired peak time.
Kv=input('Type value of Kv');           % Input desired Kv.
numg=[1];                               % Define numerator of G(s).
deng=poly([0 -1 -4]);                   % Define denominator of G(s).
G=tf(numg,deng);                        % Create G(s) without K.
s=tf([1 0],1);                          % Create transfer function, 's'.
sG=s*G;                                 % Create sG(s).
sG=minreal(sG);                         % Cancel common factors.
K=dcgain(Kv/sG);                        % Solve for K.
'G(s)'                                  % Display label.
G=tf(K*numg,deng);                      % Put K into G(s).
G=zpk(G)                                % Convert G(s) to factored form and
                                        % display.
z=(-log(pos/100))/(sqrt(pi^2+log(pos/100)^2));
                                        %Calculaterequireddampingratio.
Pmreq=atan(2*z/(sqrt(-2*z^2+sqrt(1+4*z^4))))*(180/pi);
                                        % Calculate required phase margin.
wn=pi/(Tp*sqrt(1-z^2));                 % Calculate required natural
                                        % frequency.
wBW=wn*sqrt((1-2*z^2)+sqrt(4*z^4-4*z^2+2));
                                        % Determine required bandwidth.
wpm=0.8*wBW;                            % Choose new phase-margin
                                        % frequency.
[M,P]=bode(G,wpm);                      % Get Bode data.
Pmreqc=Pmreq-(180+P)+5;                 % Find phase contribution required
                                        % from lead compensator
                                        % with additional 5 degrees.
beta=(1-sin(Pmreqc*pi/180))/(1+sin(Pmreqc*pi/180));
                                        % Find beta.
                                        % Design lag compensator zero,
                                        % pole, and gain.
zclag=wpm/10;                           % Calculatezerooflagcompensator.
pclag=zclag*beta;                       % Calculatepoleoflagcompensator.
Kclag=beta;                             % Calculategainoflagcompensator.
'Lag compensator, Glag(s)'              % Display label.
```

```
Glag=tf(Kclag*[1zclag],[1pclag]); % Createlagcompensator.
Glag=zpk(Glag)                    % Convert Glag(s) to factored form
                                  % and display.
                                  % Design lead compensator zero,
                                  % pole,
                                  % and gain.
zclead=wpm*sqrt(beta);            % Calculate zero of lead
                                  % compensator.
pclead=zclead/beta;               % Calculate pole of lead
                                  % compensator.
Kclead=1/beta;                    % Calculate gain of lead
                                  % compensator.
'Lead compensator'                % Display label.
Glead=tf(Kclead*[1 zclead],[1 pclead]);
                                  % Create lead compensator.
Glead=zpk(Glead)                  % Convert Glead(s) to factored form
                                  % and display.
'Lag-Lead Compensated Ge(s)'      % Display label.
Ge=G*Glag*Glead                   % Create compensated system,
                                  % Ge(s)=G(s)Glag(s)Glead(s).
sGe=s*Ge;                         % Create sGe(s).
sGe=minreal(sGe);                 % Cancel common factors.
Kv=dcgain(sGe)                    % Calculate Kv
T=feedback(Ge,1);                 % Find T(s).
step(T)                           % Generate closed-loop, lag-lead-
                                  % compensated step response.
title('Lag-Lead-Compensated Step Response')
                                  % Add title to lag-lead-
                                  % compensated
                                  % step response.
pause
```

12장 상태 방정식을 이용한 설계

ch12apB1(예제 12.1) MATLAB을 이용하여 극배치 방식에 의한 제어기를 설계할 수 있다. 원하는 % 오버슈트값과 정착 시간을 입력하고, [num, den]=ord2(wn, z) 명령을사용하면 주어진 고유 주파수(wn), 감쇄 정수(z)에 의하여 2차 시스템이 계산된다. 다음, 지배극점을 결정하기 위하여 분모(den)를 사용한다. 제어기의 이득은 시스템 행렬(A), 입력 행렬(B), 원하는 극점(poles)과 K=acker(A, B, poles) 명령을 사용하여 계산된다. 본문의 예제 12.1을 풀어보자.

```
'(ch12apB1) Example 12.1'         % Display label.
clf                               % Clear graph on screen.
numg=20*[1 5];                    % Define numerator of G(s).
deng=poly([0 -1 -4]);             % Define denominator of G(s).
'Uncompensated G(s)'              % Display label.
G=tf(numg,deng)                   % Create and display G(s).
pos=input('Type desired %OS');    % Input desired percent overshoot.
```

```
Ts=input('Type desired settling time');
                                  % Input desired settling time.
z=(-log(pos/100))/(sqrt(pi^2+log(pos/100)^2));
                                  % Calculate required damping ratio.
wn=4/(z*Ts);                      % Calculate required natural
                                  % frequency.
[num,den]=ord2(wn,z);             % Produce a second-order system
                                  % that meets the transient response
                                  % requirements.
r=roots(den);                     % Use denominator to specify
                                  % dominant poles.
poles=[r(1) r(2) -5.1];           % Specify pole placement for all
                                  % poles.
characteristiceqdesired=poly(poles)
                                  % Form desired characteristic
                                  % polynomial for display.
[Ac Bc Cc Dc]=tf2ss(numg,deng);   % Find controller canonical form
                                  % of state-space representation
                                  % of G(s).
P=[0 0 1;0 1 0;1 0 0];            % Transformation matrix for
                                  % controller canonical to phase-
                                  % variable form.
Ap=inv(P)*Ac*P;                   % Transform Ac to phase-variable
                                  % form.
Bp=inv(P)*Bc;                     % Transform Bc to phase-variable
                                  % form.
Cp=Cc*P;                          % Transform Cc to phase-variable
                                  % form.
Dp=Dc;                            % Transform Dc to phase-variable
                                  % form.
Kp=acker(Ap,Bp,poles)             % Calculate controller gains in
                                  % phase-variable form.
Apnew=Ap-Bp*Kp;                   % Form compensated A matrix.
Bpnew=Bp;                         % Form compensated B matrix.
Cpnew=Cp;                         % Form compensated C matrix.
Dpnew=Dp;                         % Form compensated D matrix.
[numt,dent]=ss2tf(Apnew,Bpnew,Cpnew,Dpnew);
                                  % Form T(s) numerator and
                                  % denominator.
'T(s)'                            % Display label.
T=tf(numt,dent)                   % Create and display T(s).
poles=roots(dent)                 % Display poles of T(s).
Tss=ss(Apnew,Bpnew,Cpnew,Dpnew)   % Create and display Tss, an LTI
                                  % state-space object.
step(Tss)                         % Produce compensated step
                                  % response.
title('Compensated Step Response')
                                  % Add title to compensated step
```

```
                                    % response.
pause
```

ch12apB2(예제 12.2) 시스템 행렬(A)과 입력 행렬(B)가 주어질 때, MATLAB의 Cm=ctrb (A, B) 명령을 사용하여 가제어성 행렬을 구한 후, rank(Cm)으로 랭크를 확인함으로써 제어 가능한지를 조사할 수 있다. 본문의 예제 12.2를 풀어보자.

```
'(ch12apB2) Example 12.2'           % Display label.
A=[-1 1 0;0 -1 0;0 0 -2]            % Define compensated A matrix.
B=[0;1;1]                           % Define compensated B matrix.
Cm=ctrb(A,B)                        % Calculate controllability
                                    % matrix.
Rank=rank(Cm)                       % Find rank of controllability
                                    % matrix.
pause
```

ch12apB3(예제 12.4) MATLAB을 이용하여 제어기를 설계하는 경우 MATLAB은 임의의 형태의 상태방정식에 대해서도 제어기 설계가 가능하기 때문에, 시스템의 상태방정식을 상-변수 형으로 변환시킬 필요가 없다. 본문의 예제 12.4를 풀어보자.

```
'(ch12apB3) Example 12.4'           % Display label.
clf                                 % Clear graph on screen.
A=[-5 1 0;0 -2 1;0 0 -1];           % Define system matrix A.
B=[0;0;1];                          % Define input matrix B.
C=[-1 1 0];                         % Define output matrix C.
D=0;                                % Define matrix D.
pos=input('Type desired %OS');      % Input desired percent overshoot.
Ts=input('Type desired settling time')
                                    % Input desired settling time.
z=(-log(pos/100))/(sqrt(pi^2+log(pos/100)^2));
                                    % Calculate required damp in gratio.
wn=4/(z*Ts);                        % Calculate required natural
                                    % frequency.
[num,den]=ord2(wn,z);               % Produce a second-order system
                                    % that meets the transient
                                    % requirements.
r=roots(den);                       % Use denominator to specify
                                    % dominant poles.
poles=[r(1) r(2) -4];               % Specify pole placement for all
                                    % poles.
K=acker(A,B,poles)                  % Calculate controller gains.
Anew=A-B*K;                         % Form compensated A matrix.
Bnew=B;                             % Form compensated B matrix.
Cnew=C;                             % Form compensated C matrix.
Dnew=D;                             % Form compensated D matrix.
Tss=ss(Anew,Bnew,Cnew,Dnew);        % Form LTI state-space object.
'T(s)'                              % Display label.
T=tf(Tss);                          % Create T(s).
```

```
T=minreal(T)                          % Cancel common terms and display
                                      % T(s).
poles=pole(T)                         % Display poles of T(s).
step(Tss)                             % Produce compensated step
                                      % response.
title('Compensated Step Response')
                                      % Add title to compensated step
                                      % response.
pause
```

ch12apB4(예제 12.5) MATLAB의 `l=acker(A', C', poles)'` 명령을 사용하여 관측기의 이득을 계산할 수 있다. 단, 원하는 관측기의 극점(poles)과 시스템 행렬(A)과 출력 행렬(C)의 전치행렬을 입력하여야 함을 유의하라. 본문의 예제 12.5를 풀어보자.

```
'(ch12apB4) Example 12.5'             % Display label.
numg=[1 4];                           % Define numerator of G(s).
deng=poly([-1 -2 -5]);                % Define denominator of G(s).
'G(s)'                                % Display label.
G=tf(numg,deng)                       % Create and display G(s).
[Ac,Bc,Cc,Dc]=tf2ss(numg,deng);       % Transform G(s) to controller
                                      % canonical form in state space.
Ao=Ac';                               % Transform Ac to observer
                                      % canonical form.
Bo=Cc';                               % Transform Bc to observer
                                      % canonical form.
Co=Bc';                               % Transform Cc to observer
                                      % canonical form.
Do=Dc;                                % Transform Dc to observer
                                      % canonical form.
r=roots([1 2 5])                      % Find the controller-compensated
                                      % system poles.
poles=10*[r' 10*real(r(1))]           % Make observer poles 10x bigger.
lp=acker(Ao',Co',poles)'              % Find the observer gains in
                                      % observer canonical form.
pause
```

ch12apB5(예제 12.6) 시스템 행렬(A)과 출력 행렬(C)이 주어졌을 때, MATLAB의 `Om=obsv(A, C)` 명령을 사용하여 가관측성 행렬을 구한 후, `rank(Om)`으로 행렬 Om의 랭크를 확인함으로써 가관측성을 조사할 수 있다. 본문의 예제 12.6을 풀어보자.

```
'(ch12p5) Example 12.6'               % Display label.
A=[0 1 0;0 0 1;-4 -3 -2]              % Define compensated A matrix.
C=[0 5 1]                             % Define compensated C matrix.
Om=obsv(A,C)                          % Form observability matrix.
Rank=rank(Om)                         % Find rank of observability
                                      % matrix.
pause
```

ch12apB6(예제 12.8) MATLAB을 이용하면 시스템 형태를 관측기 표준형으로 변환시키지 않고 `l=acker(A',C',poles)'` 명령을 사용하여 관측기를 설계할 수 있다. 본문의 예제 12.8을 풀어보자.

```
'(ch12apB6) Example 12.8'          % Display label.
A=[-5 1 0;0 -2 1;0 0 -1];          % Define system matrix A.
B=[0;0;1];                         % Define input matrix B.
C=[1 0 0];                         % Define output matrix C.
D=0;                               % Define matrix D.
poles=roots([1 120 2500 50000])    % Specify pole placement for all
                                   % poles.
l=acker(A',C',poles)'              % Calculate observer gains.
pause
```

13장 디지털 제어시스템

ch13apB1(예제 13.4) MATLAB의 `G=c2d(G1, T, 'zoh')` 명령을 사용하면, 0-차 홀드(z.o.h)가 종속접속된 시스템의 전달함수 $G_1(s)$를 $G(z)$로 변환시킬 수 있다. 여기서, G1은 선형시불변 연속시스템 개체이고, G는 선형시불변 샘플치시스템 개체이다. T는 샘플링 주기이며, 'zoh'는 $G_1(s)$와 z.o.h.가 종속접속되어 있는 경우에 사용되는 변환기법이다. 단순히 $G_1(s)$를 명령어에 입력시키면 (z.o.h.는 자동적으로 종속접속되어 있다고 가정된다), $G(z)$가 반환된다. 이러한 개념을 본문의 예제 13.4에 적용하여 보자. T는 키보드를 사용하여 입력하여야 한다.

```
'(ch13apB1) Example 13.4'          % Display label.
T=input('Type T');                 % Input sampling interval.
numg1s=[1 2];                      % Define numerator of G1(s).
deng1s=[1 1];                      % Define denominator of G1(s).
'G1(s)'                            % Display label.
G1=tf(numg1s,deng1s)               % Create G1(s) and display.
'G(z)'                             % Display label.
G=c2d(G1,T,'zoh')                  % Convert G1(s) in cascade with
                                   % z.o.h. to G(z) and display.
pause
```

ch13apB2 MATLAB을 이용하면 z.o.h.가 종속접속되지 않은 시스템 $G(s)$를 $G(z)$로 변환할 수 있다. MATLAB의 명령 `H=c2d(F,T,'zoh')`을 사용하면 z.o.h가 종속접속된 $F(s)$를 $H(z)$로 변환할 수 있다. 여기서 $H(z)=((z-1)/z)*z\{F(s)/s\}$이다. $F(s)=sG(s)$라 놓으면, $H(z)$는 $H(z)=((z-1)/z)*z\{G(s)\}$가 되므로, $zG(s)=(z/(z-1))*H(z)$가 된다. 요약하면 $F(s)=sG(s)$를 입력시키고, 명령 `H=c2d(F, T, 'zoh')`의 결과에 (z/[z-1])를 곱하면 $G(s)$를 z-변환시키는 것과 같다. 함수 $G_1(s)$를 $G(z)$으로 변환하는 프로그램은 아래와 같다. 독자는 $H(z)$를 계산하기 위하여 필요한 샘플링 주기 T를 입력하여야 한다. $z/(z-1)$를 계산하기 위해서는 결정되지 않은 샘플링 구간 `T=[]`를 사용한다.

```
'(ch13spB2)'                       % Display label.
T=input('Type T ');                % Input sampling interval.
```

```
numgs=[1 3];                        % Define numerator of G(s).
dengs=[1 6 13];                     % Define denominator of G(s).
'G(s)'                              % Display label.
Gs=tf(numgs,dengs)                  % Create and display G(s).
Fs=Gs*tf([1 0],1)                   % Create F(s)=sG(s).
Fs=minreal(Fs);                     % Cancel common poles and zeros.
Hz=c2d(Fs,T,'zoh');                 % Convert F(s) to H(z) assuming
                                    % z.o.h.
Gz=Hz*tf([1 0],[1 -1],[]);          % Form G(z)=H(z)*z/(z-1).
'G(z)'                              % Display label.
Gz=minreal(Gz)                      % Cancel common poles and zeros.
pause
```

ch13spB3 디지털 전달함수 직접 계산 방법

벡터 방법, 다항식 형태

디지털 전달함수는 $F(z)=N(z)/D(z)$ 형태와 같이 다항식 형태의 분자항과 분모항의 형태로 표현할 수 있다. 분자항 $N(z)$는 $N(z)$의 계수를 포함하는 벡터 numf로 표현되고, 이와 유사하게 분모항 $D(z)$도 $D(z)$의 계수로 구성되는 벡터 denf로 표현한다. $F(z)$는 명령어 F=tf(numf,denf,T)를 사용하여 계산한다. 여기서 T는 샘플링 주기이다. F는 선형시불변 개체라 불리운다. 생성된 개체, 즉 전달함수는 덧샘이나 곱셈등의 다른 연산자들의 인자로 사용될 수 있다. 함수 $F(z)=150(z^2+2z+7)/(z^2-0.3z+0.02)$를 계산의 예로 들어보자. 여기서 결정되지 않은 샘플링 구간 T=[]을 사용한다. tf명령어를 사용하면 MATLAB은 전달함수를 출력한다.

벡터 방법, 인수분해 형태

분자항과 분모항이 인수분해 형태이어도 디지털 선형시불변 전달함수를 생성할 수 있다. 즉, 분자와 분모의 근으로 구성되는 벡터를 인자로 하여 계산하여 전달함수를 생성한다. 따라서, $G(s)=K^*N(z)/D(z)$ 형태의 전달함수는 G=zpk(numg,deng,K,T) 명령을 사용하여 선형시불변 개체를 생성할 수 있다. 여기서, numg는 $N(z)$의 근을 포함하는 벡터이고, deng는 $D(z)$의 근을 포함하는 벡터이다. K는 이득이며 T는 샘플링 주기이다. zpk는 영점(zeros, 분자의 근), 극점(poles, 분모의 근), 이득 (gain, K)를 의미한다. 결정되지 않은 샘플링 주기를 사용하여, $G(z)=20(z+2)(z+4)/[(z-0.5)(z-0.7)(z-0.8)]$의 예제를 살펴본다. zpk명령어를 사용하면 MATLAB은 전달함수를 화면에 출력한다.

z 방법의 유리화된 표현식, 다항식 형태(Control System Toolbox 9.7 필요)

이 방법을 사용하면 일반적으로 필기하듯이 전달함수를 입력하면 된다. G=tf(numg, deng,T)와 등가인 다항식 형태의 디지털 선형시불변 전달함수를 작성하기 위해서는 사전에 z=tf('z')를 입력하여야 한다.

z 방법의 유리화된 표현식, 인수분해 표현(Control System Toolbox 9.7 필요)

이 방법을 사용하면 일반적으로 필기하듯이 전달함수를 입력하면 된다. G=zpk(numg, demg,K,T)와 등가인 다항식 형태의 디지털 선형시불변 전달함수를 작성하기 위해서는 사전에 z=zpk('z')를 입력하여야 한다.

유리화 표현기법을 사용하기 위해서 z=tf('z')나 z=zpk('z')와 상관없이 전달함수를 작성할 수 있다. 차이점은 생성된 전달함수에 있다. 's'방법의 유리화 표현식을 보이기 위하여 앞서 사용한 예제를 다시 살펴본다.

```
'(ch13apB3)'                        % Display label.
'Vector Method, Polynomial Form'    % Display label.
numf=150*[1 2 7]                    % Store 150(z^2+2z+7) in numf and
                                    % display.
denf=[1 -0.3 0.02]                  % Store(z^2-0.3z+0.02) in denf and
                                    % display.
'F(z)'                              % Display label.
F=tf(numf,denf,[])                  % Form F(z) and display.
clear                               % Clear previous variables from
                                    % workspace.
'Vector Method, Factored Form'      % Display label.
numg=[-2 -4]                        % Store (s+2)(s+4) in numg and
                                    % display.
deng=[0.5 0.7 0.8]                  % Store (s-0.5)(s-0.7)(s-0.8) in
                                    % deng and display.
K=20                                % Define K.
'G(z)'                              % Display label.
G=zpk(numg,deng,K,[])               % Form G(z) and display.
clear                               % Clear previous variables from
                                    % workspace.
'Rational Expression Method, Polynomial Form'
                                    % Display label.
z=tf('z')                           % Define z as an LTI object in
                                    % polynomial form.
F=150*(z^2+2*z+7)/(z^2-0.3*z+0.02)
                                    % Form F(z) as an LTI transfer
                                    % function in polynomial form.
G=20*(z+2)*(z+4)/[(z-0.5)*(z-0.7)*(z-0.8)]
                                    % Form G(z) as an LTI transfer
                                    % function in polynomial form.
clear                               % Clear previous variables from
                                    % workspace.
'Rational Expression Method, Factored Form'
                                    % Display label.
z=zpk('z')                          % Define z as an LTI object in
                                    % factored form.
F=150*(z^2+2*z+7)/(z^2-0.3*z+0.02)
                                    % Form F(z) as an LTI transfer
                                    % function in factored form.
G=20*(z+2)*(z+4)/[(z-0.5)*(z-0.7)*(z-0.8)]
                                    % Form G(z) as an LTI transfer
                                    % function in factored form.
pause
```

ch13apB4 MATLAB을 이용하여 $G(z)$를 z.o.h.가 종속접속되지 않은 시스템 $G(s)$로 역변환시킬 수 있다. 우선 ch13p3에서의 방법을 사용하여 샘플치 선형시불변 전달함수를 생성한다. MATLAB의 명령어 `F=d2c(H, T, 'zoh')`을 사용하여 H(z)를 z.o.h.와 종속 접속된 $F(s)$로 변환한다. 여기서, $H(z)=((z-1)/z)G(z)$. $F(s)=sG(s)$를 대입하면 MATLAB은 $H(z)$를 $sG(s)$에 대하여 풀게 되며, $G(s)$는 단순히 $sG(s)/s$로 구할 수 있다. 정리하면 $H(z)=((z-1)/z)*G(z)$이므로 명령어 `F=d2c(H,T,'zoh')`을 이용하면 $F(s)=sG(s)$가 얻어지므로, $F(s)$를 s로 나누면 $G(s)$를 구할 수 있다. $G(z)=z/(z-0.3)$을 $G(s)$로 변환하여 보자. 샘플링 구간 T는 키보드를 사용하여 입력한다.

```
'(ch13apB4)'                      % Display label.
T=input('Type T ');               % Input sampling interval.
numgz=[1 0];                      % Define numerator of G(z).
dengz=[1 -.3];                    % Define denominator of G(z).
'G(z)'                            % Display label.
Gz=tf(numgz,dengz,T)              % Create and display G(z).
Hz=Gz*tf([1 -1],[1 0],T);         % Create H(z)=((z-1)/z)*G(z).
Hz=minreal(Hz);                   % Cancel common poles and zeros.
Fs=d2c(Hz,'zoh');                 % Convert from H(z) to F(s)=sG(s).
Gs=Fs*tf(1,[1 0]);                % Create G(s)=F(s)(1/s).
'G(s)'                            % Display label.
Gs=minreal(Gs)                    % Cancel common poles and zeros.
pause
```

ch13apB5(예제 13.6) 다음은 예제 13.6을 풀기 위한 MATLAB 프로그램으로 시스템이 안정성을 보장하는 이득을 구할 수 있다.

```
'(ch13apB5) Example 13.6'         % Display label.
numgas=27;                        % Define numerator of Ga(s).
dengas=[1 27 0];                  % Define denominator of Ga(s).
'Ga(s)'                           % Display label.
Ga=tf(numgas,dengas)              % Create and display Ga(s).
'G(z)'                            % Display label.
Gz=c2d(Ga,0.1,'zoh')              % Find G(z) assuming Ga(s) in
                                  % cascade with z.o.h. and display.
for K=1:0.1:50;                   % Set range of K to look for
                                  % stability.
Tz=feedback(K*Gz,1);              % Find T(z).
r=pole(Tz);                       % Get poles for this value of K.
rm=max(abs(r));                   % Find pole with maximum absolute
                                  % value for this value of K.
if rm>=1,                         % See if pole is outside unit
                                  % circle.
break;                            % Stop if pole is found outside
                                  % unit circle.
end;                              % End if.
end;                              % End for.
K                                 % Display K value.
r                                 % Display closed-loop poles for
```

```
                                    % this value of K.
rm                                  % Display absolute value of pole.
pause
```

ch13apB6(예제 13.9) MATLAB 명령 dcgain(Gz)을 사용하여 정상상태 오차를 계산할 수 있다. 명령어는 $z = 1$인 경우의 Gz를 계산하여 디지털 선형시불변 전달함수 개체 Gz의 dc이득을 계산한다. dc이득을 사용하여 오차상수 K_p, K_v와 K_a를 구할 수 있다. 다음은 이 명령을 사용하여 예제 13.9를 풀기 위한 MATLAB 프로그램이다. 시스템의 안정성을 검증하기 위하여 샘플링 주기 T를 키보드를 이용하여 입력한다.

```
'(ch13apB6) Example 13.9'           % Display label.
T=input('Type T ');                 % Input sampling interval.
numg1s=[10];                        % Define numerator of G1(s).
deng1s=poly([0 -1]);                % Define denominator of G1(s).
'G1(s)'                             % Display label.
G1s=tf(numg1s,deng1s)               % Create and display G1(s).
'G(z)'                              % Display label.
Gz=c2d(G1s,T,'zoh')                 % Convert G1(s) and z.o.h. to G(z)
                                    % and display.
'T(z)'                              % Display label.
Tz=feedback(Gz,1)                   % Create and display T(z).
'Closed-Loop z-Plane Poles'         % Display label.
r=pole(Tz)                          % Check stability.
M=abs(r)                            % Display magnitude of roots.
pause
Kp=dcgain(Gz)                       % Calculate Kp.
GzKv=Gz*(1/T)*tf([1 -1],[1 0],T);
                                    % Multiply G(z) by (1/T)*(z-1).
                                    % Also, divide G(z) by z, which
                                    % makes transfer function proper
                                    % and yields same Kv.
GzKv=minreal(GzKv,0.00001);         % Cancel common poles and zeros.
Kv=dcgain(GzKv)                     % Calculate Kv.
GzKa=Gz*(1/T^2)*tf([1 -2 1],[1 0 0],T);
                                    % Multiply G(z) by (1/T^2)(z-1)^2.
                                    % Also, divide G(z)by z^2, which
                                    % makes the transfer function
                                    % proper and yields the same Ka.
GzKa=minreal(GzKa,0.00001)          % Cancel common poles and zeros.
Ka=dcgain(GzKa)                     % Calculate Ka.
pause
```

ch13apB7(예제 13.10) 근궤적을 이용하여 시스템의 안정성을 보장하는 이득을 구할 수 있다. 우선 명령어 tf(numgz, dengz, [])를 사용하여 디지털 선형시불변 전달함수 개체 $G(z) = N(z)/D(z)$를 생성한다. 여기서, numg는 $N(z)$, dengz는 $D(z)$, []는 결정되지 않은 샘플링주기를 나타낸다. 명령 zgrid(z,wn)을 실행시키면 z-평면의 근궤적 위에 z=wn=0으로 하여 그려지는 단위원이 중첩된다. 근궤적과 단위원의 찾은 후 교점에서의 이득과 극점을 구한다. MATLAB은 이득값과 폐루프시스템의 극점을 반환한다. 다음은 예제13.9를 풀기 위한 MATLAB 프로그램이다.

```
'(ch13apB7) Example 13.10'          % Display label.
clf                                  % Clear graph.
numgz=[1 1];                         % Define numerator of G(z).
dengz=poly([1 0.5]);                 % Define denominator of G(z).
'G(z)'                               % Display label.
Gz=tf(numgz,dengz,[])                % Create and display G(z).
rlocus(Gz)                           % Plot root locus.
zgrid([],[])                         % Add unit circle to root locus.
title(['z-Plane Root Locus'])        % Add title to root locus.
[K,p]=rlocfind(Gz)                   % Allows input of K by selecting
                                     % point on graphic.
pause
```

ch13apB8(예제 13.11) 근궤적을 이용하여 과도응답 설계조건을 만족시키기 위한 이득을 구할 수 있다. 여기서는 원하는 감쇄정수를 키보드를 통하여 입력받도록 프로그램을 작성한다. 원하는 감쇄정수 값을 키보드로부터 입력시키고, z-평면의 근궤적 위에 명령 `zgrid(z, wn)`에 의해 그려지는 감쇄정수 선도를 중첩시킨다. 원하는 동작점과 이득을 결정한다. 명령 `step(Tz)`을 이용하여 폐루프 시스템의 단위 계단함수 응답과 이득값을 구한다. 여기서, `Tz`는 디지털 선형시불변 전달함수 개체이다. 다음은 예제 13.10을 풀기 위한 MATLAB 프로그램이다.

```
'(ch13apB8) Example 13.11'          % Display label.
clf                                  % Clear graph.
numgz=[1 1];                         % Define numerator of G(z).
dengz=poly([1 0.5]);                 % Define denominator of G(z).
'G(z)'                               % Display label.
Gz=tf(numgz,dengz,[])                % Create and display G(z).
rlocus(Gz)                           % Plot root locus.
axis([0,1,-1,1])                     % Create close-up view.
zgrid                                % Add damping ratio curves to root
                                     % locus.
title(['z-Plane Root Locus'])        % Add title to root locus.
[K,p]=rlocfind(Gz)                   % Allows input of K by selecting
                                     % point on graphic.
'T(z)'                               % Display label.
Tz=feedback(K*Gz,1)                  % Find T(z).
step(Tz)                             % Find step response of gain-
                                     % compensated system.
title(['Gain Compensated Step Response'])
                                     % Add title to step response of
                                     % gain-compensated system.
pause
```

ch13apB9(예제 13.12) MATLAB을 사용하여 디지털 진상보상기를 설계할 수 있다. s-평면에서의 보상기는 예제 9.6에서 설계되었다. 여기서는 예제 9.6의 s-평면에서 설계된 진상 보상기를

z-평면으로 변환한후, 계단응답을 구하기 위하여 디지털 시뮬레이션을 수행한다. s-평면에서 설계된 진상 보상기 $Gc(s)$=numgs/dengs는 Tustin 변환기법을 사용하여 z-평면상의 진상보상기 $Gc(z)$=numgz/dengz로 변환된다. 이러한 작업은 명령어 Gcz=c2d(numgcs,dengcs,T,'tustin')를 사용하여 수행된다. 여기서 T는 샘플링 구간이며, 예제에서는 1/300을 사용하였다. 다음의 MATLAB 프로그램을 살펴보자.

```
'(ch13apB9) Example 13.12'          % Display label.
clf                                 % Clear graph.
T=0.01                              % Define sampling interval.
numgcs=1977*[1 6];                  % Define numerator of Gc(s).
dengcs=[1 29.1];                    % Define denominator of Gc(s).
'Gc(s) in polynomial form'          % Print label.
Gcs=tf(numgcs,dengcs)               % Create Gc(s) in polynomial form
                                    % and display.
'Gc(s) in polynomial form'          % Display label.
Gcszpk=zpk(Gcs)                     % Create Gc(s) in factored form
                                    % and display.
'Gc(z) in polynomial form via Tustin Transformation'
                                    % Display label.
Gcz=c2d(Gcs,T,'tustin')             % Form Gc(z) via Tustin
                                    % transformation.
'Gc(z) in factored form via Tustin Transformation'
                                    % Display label.
Gczzpk=zpk(Gcz)                     % Show Gc(z) in factored form.
numgps=1                            % Define numerator of Gp(s).
dengps=poly([0 -6 -10]);            % Define denominator of Gp(s).
'Gp(s) in polynomial form'          % Display label.
Gps=tf(numgps,dengps)               % Create Gp(s) in polynomial form
                                    % and display.
'Gp(s) in factored form'            % Display label.
Gpszpk=zpk(Gps)                     % Create Gp(s) in factored form
                                    % and display.
'Gp(z) in polynomial form'          % Display label.
Gpz=c2d(Gps,T,'zoh')                % FormGp(z)viazohtransformation.
'Gp(z) in factored form'            % Display label.
Gpzzpk=zpk(Gpz)                     % Form Gp(z) in factored form.
Gez=Gcz*Gpz                         % Form Ge(z) = Gc(z)Gp(z).
'Ge(z) = Gc(z)Gp(z) in factored form'
                                    % Display label.
Gezzpk=zpk(Gez)                     % Form Ge(z) in factored form
                                    % and display.
'z-1'                               % Display label.
zm1=tf([1 -1],1,T)                  % Form z-1.
zm1Gez=minreal(zm1*Gez,0.00001);    % Cancel common factors.
'(z-1)Ge(z) for finding steady-state error'
                                    % Display label.
zm1Gezzpk=zpk(zm1Gez)               % Form & display (z-1)Ge(z) in
                                    % factored form.
```

```
Kv=(1/T)*dcgain(zm1Gez)           % Find Kv.
'T(z) = Ge(z)/(1+Ge(z))'          % Display label.
Tz=feedback(Gez,1)                % Find closed-loop
                                  % transfer function, T(z)
step(Tz,0:T:2)                    % Find step reponse.
title('Closed-Loop Digital Lead Compensated Step Response')
                                  % Add title to step response.
```

B.3 명령어 요약

abs(x) — x의 절대값 계산 명령

acker(A, B, poles) — 극점배치를 위한 이득을 찾는 명령

angle(x) — x의 위상을 라디안 단위로 표시하는 명령

atan(x) — Arctan(x)

axis([xmin,xmax,ymin,ymax]) — 화면에 나타내는 그래프의 좌표축 범위를 결정하는 명령

bode(G, w) — 주파수범위 ω에 한하여 $G(s)$에 대한 Bode선도를 그리는 명령, ω는 선택사항

break — 프로그램 루프에서 나오는 명령

c2d(G,T,'tustin') — 변환기법을 이용하여 연속시간 전달함수 $G(s)$를 이산시간 전달함수 $G(z)$로 변환하는 명령. 여기서 T는 샘플링 주기이다.

c2d(G,T,'zoh') — zero-order-hold를 이용하여 연속시간 전달함수 $G(s)$를 이산시간 전달함수 $G(z)$로 변환하는 명령. T는 샘플링 주기이다.

canon(S,'modal') — 상태공간에서 표현된 선형시불변 개체 S를 시스템을 병렬형으로 변환시키는 명령

clear — 변수를 삭제하는 명령

clf — 화면을 초기화시키는 명령

conv([a b c d],[e f g h]) — 다항식 (as^3+bs^2+cs+d)와 (es^3+fs^2+gs+f)를 곱하는 명령

ctrb(A,B) — 가제어성 행렬을 구하는 명령

d2c(G,'zoh') — 이산시간 전달함수 $G(z)$를 zero-order-hold가 종속 접속된 연속시간 전달함수 $G(s)$로 변환시키는 명령

dcgain(G) — $G(s)$나 $G(z)$의 dc 이득(즉 $s=0$, $z=1$)을 구하는 명령

eig(A) — 행렬 $\mathbf{A}$의 고유치를 구하는 명령

end — 프로그램 루프를 끝내는 명령

exp(a) — e^a

feedback(G,H,sign) — $T(s)=G(s)/[1\pm G(s)H(s)]$를 구하는 명령. Sign은 선택사항이며, -1인 경우 음의 궤환이다.

`grid on`	그래프에 격자선을 그리는 명령
`hold off`	그래프를 지우고 새로운 그래프를 그리도록 하는 명령
`imag(P)`	행렬 **P**에서 각 원소의 허수부만으로 구성되는 행렬을 만드는 명령
`input('str')`	키보드로부터 str 변수값이 입력되도록 하는 명령
`interp1(x,y,x1)`	x의 값이 x_1일 때, y_1의 값을 가지는 y를 찾는다.
`inv(P)`	행렬 **P**의 역행렬을 구하는 명령
`length(P)`	행렬 **P**의 차원을 구하는 명령
`log(x)`	x의 자연 로그를 구하는 명령
`log10(x)`	밑수가 10인 로그를 구하는 명령
`margin(G)`	전달함수 $G(s)$의 이득여유와 위상여유 및 이득여유주파수와 위상여유주파수를 구하는 명령. [이득여유, 위상여유, 이득여유주파수, 위상여유주파수]를 반환한다.
`max(P)`	행렬 P의 최대 원소를 구하는 명령
`minreal(G,tol)`	오차한계 tol내에서 $G(s)$=num/den에서 공통인수를 소거하는 명령. tol이 생략되면 기본값이 사용된다.
`ngrid('new')`	Nichols 선도위에 격자선을 중첩시키는 명령
`nichols(G,w)`	전달함수 $G(s)$의 Nichols선도를 주파수 범위 ω에 대하여 그리는 명령. ω는 선택사항.
`nyquist(G,w)`	전달함수 $G(s)$의 Nyquist선도를 주파수 범위 ω에 대하여 그리는 명령. ω는 선택사항.
`obsv(A,C)`	가관측성 행렬을 구하는 명령
`ord2(wn,z)`	2차 시스템 $G(s)=1/[s^2+2\zeta\omega_n s+\omega_n]$를 생성하는 명령
`pade(T,n)`	지연시간 T를 n차 Pade 근사식으로 바꾸는 명령
`pause`	키보드에서 임의의 키를 누를 때까지 프로그램을 일시 중단시키는 명령
`plot(t1,y1,t2,y2,t3,y3)`	같은 그래프에 t1에 대한 y1, t2에 대한 y2, t3에 대한 y3를 그리는 명령
`pole(G)`	선형시불변 전달함수 개체 $G(s)$의 극점을 구하는 명령
`poly([-a -b -c])`	다항식 $(s+a)(s+b)(s+c)$의 형태를 만드는 명령
`polyval(p,a)`	a일 때 다항식 $P(s)$를 계산하는 명령
`rank(A)`	행렬 **A**의 랭크를 구하는 명령
`real(P)`	행렬 **P**에서 각 원소의 실수부만으로 구성되는 행렬을 만드는 명령
`residue(numf,denf)`	전달함수($F(s)=\mathrm{numf}/\mathrm{demf}$)의 유수를 구하는 명령

명령	설명
`rlocfind(numgh,dengh)`	루프이득 $G(s)H(s)$의 근궤적위의 한점을 선택하고, 그 점의 K값과 모든 폐루프 극점을 출력시키는 명령
`rlocus(GH,K)`	루프이득 $G(s)H(s)$에 대한 근궤적을 이득범위 K에 대하여 그리는 명령, K는 선택사항
`roots(P)`	다항식 P의 근을 구하는 명령
`semilogx(w,P1)`	P_1에 대한 $\log_{10}(\omega)$의 세미로그를 그리는 명령
`series(G1,G2)`	$G_1(s)G_2(s)$를 구하는 명령
`sgrid(z,wn)`	근궤적 위에 z(ζ)와 wn(ω_n)에 대한 격자선을 중첩시키는 명령
`sin(x)`	$\sin(x)$
`sqrt(a)`	$\sqrt{a}$
`ss2tf(A,B,C,D,1)`	상태공간에서 표현된 시스템의 전달함수를 구하는 명령. [num, den]을 반환한다.
`ss(A,B,C,D)`	선형시불변 상태공간 개체 S를 생성하는 명령
`ss(G)`	선형시불변 전달함수 개체 $G(s)$를 선형시불변 상태공간 개체로 변환하는 명령
`ssdata(S)`	선형시불변 상태공간 개체 S로부터 시스템 행렬 $\mathbf{A},\mathbf{B},\mathbf{C},\mathbf{D}$를 추출하는 명령
`step(G1,G2,..Gn,t)`	$G_1(s)$, ..., $G_n(s)$의 계단함수 응답을 시간범위 t에 대하여 한 그래프에 도시하는 명령에 대한 단위 계단함수 응답을 그리는 명령. t는 선택사항이다.
`subplot(x,y,z)`	화면을 가로로 x, 세로로 y로 분할하고, 현재 화면을 z로 나타내는 명령
`tan(x)`	라디안 x에 대한 기울기값을 찾는 명령
`text(a,b,'str')`	그래프 좌표값이 $x=a$, $y=b$인 좌표점에 'str'을 쓰는 명령
`tf2ss(numg,deng)`	전달함수를 상태공간의 제어기 표준형으로 나타내는 명령. [A,B,C,D]를 반환한다.
`tf2zp(numg,deng)`	다항식 형태의 $G(s)$=numg/deng를 인수분해 형태로 변환하는 명령. [zeros, poles, gains]의 값을 반환한다.
`tf(numg,deng,T)`	다항식 형태의 선형시불변 전달함수 개체 $G(s)$=numg/deng를 생성한다. T는 샘플링 주기이며 샘플치 전달함수를 구할 경우에만 사용된다.
`tf(G)`	선형시불변 전달함수 $G(s)$를 다항식 형태로 변환한다.
`tfdata(G),'v')`	선형시불변 전달함수 $G(s)$에서 분자와 분모의 계수를 추출하여 [num, den]형태의 벡터로 반환한다.
`title('str')`	그래프 제목 str을 붙이기 위한 명령

vpa(a,D)	a를 유효숫자 D자리로 계산하는 명령
xlabel('Str')	그래프의 x축에 라벨 str을 붙이기 위한 명령
ylabel('Str')	그래프의 y축에 라벨 str을 붙이기 위한 명령
zgrid([],[])	평면의 근궤적위에 격자선을 중첩시키는 명령
zp2tf([-a -b]',[-c -d]',K)	K(s+a)(s+b)/(s+c)(s+d)를 다항식의 형태로 나타내는 명령. [num,den]를 반환한다.
zpk(numg,deng,K,T)	인수분해된 형태의 선형시불변 전달함수 $G(s)$=numg/deng를 생성한다. T는 샘플링 주기를 나타내며 샘플치 전달함수일 경우만 사용된다.
zpk(G)	선형시불변 전달함수 $G(s)$를 인수분해된 형태로 변환한다.

참고문헌

Johson, H., et at. *Unmamed Free-Swimming Submersible (UFSS) System Description.* NRL Memorandum Report 4393. Naval Research Laboratory, Washington, DC, 1980.

MathWorks. *Control System Toolbox™ Getting Started Guide R2018a.* MathWorks, Natick, MA, 2000-2018.

MathWorks. *Control System Toolbox™ User's Guide R2014a.* MathWorks, Natick, MA, 2001-2018.

MathWorks. *MATLAB® Primer R2018a.* MathWorks, Natick, MA, 1984-2018.

MathWorks. *MATLAB® Graphics R2018b.* MathWorks, Natick, MA, 1984-2018.

MathWorks. *MATLAB® Mathematics R208b.* MathWorks, Natick, MA, 1984-2018.

MathWorks. *MATLAB® Programming Fundamentals R2018b.* MathWorks, Natick, MA, 1984-2018.

MathWorks. *Simulink® Getting Started Guide R2014a.* MathWorks, Natick, MA, 1990-2018.

MathWorks. *Simulink® User's Guide R2018b.* MathWorks, Natick, MA, 1990-2018.

MathWorks. *MATLAB® & Simulink® Installation Guide R2018b.* MathWorks, Natick, MA, 1996-2018.

APPENDIX C: MATLAB's Simulink Tutorial

C.1 사용하기에 앞서

MATLAB을 공부하는 독자들은 MATLAB의 Simulink의 편리함과 기능을 탐색할 필요를 느낄 때가 있다. 이 장에서 언급되는 내용을 공부하기 전에, B장 1절을 포함하는 MATLAB Tutorial의 부록 B를 숙지하여야 한다.

Simulink를 사용하기 위해서는 MATLAB의 Simulink 버전 8.3과 MATLAB 버전 9.0(R2017b)이 필요하다. 또한 C장 4절에서 논의된 PID 제어기의 설계를 원한다면 Simulink Control Design Version 5(R2017b)가 필요하다.

이 부록에 설명된 모델은 Control Systems Engineering Toolbox 폴더에서 사용할 수 있다. 최소 시스템 하드웨어 사양은 MATLAB 설치 안내서를 참조하면 된다.

Simulink는 시스템을 시뮬레이션 하는데 사용된다. Simulink는 하위 시스템을 표현하는 블록들 간의 상호 작용을 할 수 있도록 그래픽 유저 인터페이스(GUI)를 사용한다. 블록을 윈도우 창에 위치시킬 수 있으며, 크기를 조정할 수 있고, 이름을 붙일 수 있으며, 파라미터를 설정할 수 있고, 시뮬레이션이 구동될 수 있도록 하는 완벽한 시스템의 형태로 블록을 연결 시킬 수 있다.

Simulink는 source(함수 발생기와 같은)와 sink(스코프)와 같이 복사 되어질수 있는 하위 시스템으로부터 나오는 블록 함수들을 가지고 있다. 하위 시스템의 블록은 선형, 비선형, 이산시스템을 표현 하는데 이용할 수 있다. Control Toolbox가 설치되어 있다면, 선형 시불변(Linear Time Invariant) 시스템에서도 사용 가능하다.

도움말은 MATLAB R2017b 창 상단에 있다. 동그라미가 표시된 물음표를 클릭하고 Simulink를 선택하라. 또한 Help는 블록함수내의 각 하위시스템에 이용할 수 있고, Simulink Library 브라우저에서 블록의 아이콘을 마우스 오른쪽 클릭을 하거나, 실제 블록을 더블 클릭하고 Help 버튼을 클릭 함으로써 사용 할 수 있다. 마지막으로, 스크린 팁은 몇 가지 도구 바 버튼으로 이용할 수 있다. 설명을 보기 위해서는 여러분의 마우스 포인터를 몇 초 동안 버튼 위에 올려놓으면 된다.

C.2 Simulink 사용하기

다음은 Simulink를 사용하기 위한 단계를 요약한 것이다. C장 3절에서 네 가지 예제를 언급하여, 이러한 단계를 증명하고 자세히 설명할 것이다.

1. **Simulink 시작하기** Simulink를 시작하는 Simulink 시작 페이지는 MATLAB 명령 창에 Simulink를 입력하거나 그림 C.1에 동그라미를 표시한 툴스트립의 Simulink 버튼을 클릭하면 액세스된다. 이에 대해 MATLAB는 그림 C.2(a)에 표시된 Simulink Start 페이지를 표시한다. 이제 Simulink Blank Model Start 페이지에서 모델 버튼(그림 C.2(a)에 동그라미가 표시됨)을 클릭하여 제목이 지정되지 않은 창인 그림 C.2(b)를 생성한다. 당신은 이 창에서 당신의 시스템을 구축하게 될 것이다. 기존 모델은 Simulink Start Page 툴바에서 Open file 버튼을 클릭하여 열 수 있다. 이 버튼은 Simulink 시작 페이지의 왼쪽 열에 있다. 기존 모델은 MATLAB 창의 툴스트립 아래에 있는 검색바에서도 열 수 있다.

2. **하위 시스템 선정하기** Simulink와 같이 Simulink Library 브라우저에서 주요 Library 아이콘을 더블 클릭하면 밑줄 쳐진 블록 함수가 나타난다. 블록 리스트를 나타내기 위해서 블록 Library 버튼을 더블 클릭하면 다이아몬드 모양의 아이콘이 나타난다. 또한 그림 C.2(a)에서 보여지는 +를 클릭하면 블록 함수나 블록 리스트가 나타날 것이다. 예를 들어, Simullink 주 Library 아래 블록의 Continuous 시스템 함수는 그림 C.2(a)와 같이 나타난다. 각각의 함수에서 실제 블록은 함수 아이콘을 오른쪽 버튼 클릭하고, 팝업 메뉴 아이템을 선택함으로써 나타내 질 수 있다. 그림 C.은 블록 함수에 대한 몇 가지 예제를 나타낸다. 실제 블록을 나타내는 또 다른 방법은 주 함수 아이콘을 오른쪽 클릭한 다음 팝업 메뉴 아이템을 선택하는 것이다. 예를 들어, Simulink Library 아이콘을 오른쪽 클

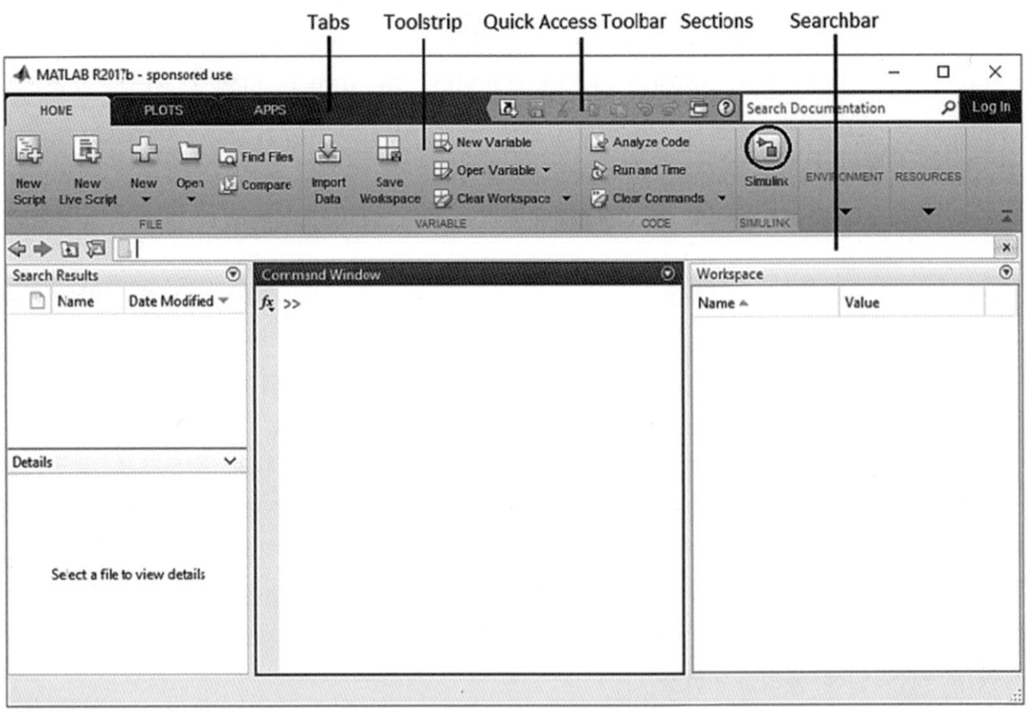

그림 C.1 Simulink에 액세스하는 방법을 보여주는 MATLAB 창. Simulink Start Page 버튼이 동그라미로 표시되어 있다.

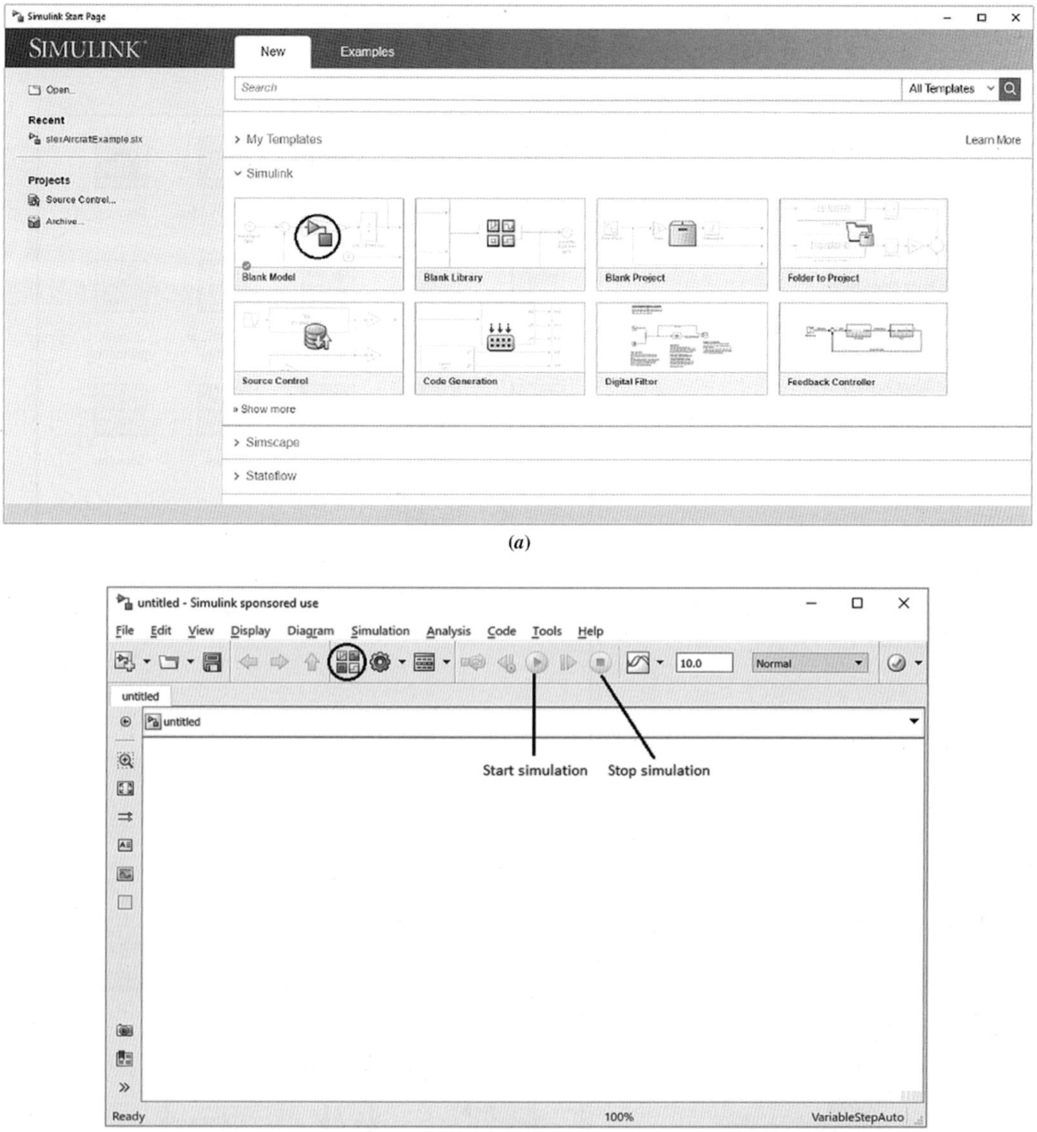

(*a*)

(*b*)

그림 C.2 a. Blank Model(빈 모델) 버튼이 동그라미 모양으로 표시된 Simulink Start Page(시뮬링크 시작 페이지) 창.

릭하는 것은 브라우저에서 첫 번째 입력이다. 윈도우는 그림 C.4에 보여지며 블록의 Library를 포함한다. 그림 C.4에서 어떤 함수의 버튼을 더블 클릭하면, 그림 C.3에서 보이는 창과 같은 형태가 나타난다.

3. **하위 시스템의 조합과 라벨 달기** 그림 C.2(a)나 그림 C.3와 같이 브라우저나 함수 창으로부터 필요한 하위 시스템(블록)을 끌기(drag)를 사용하여 모델 창에 놓아 보아라. 블록을 위치시키고, 크기를 조정하고, 이름을 변경할 수 있다. 블록을 위치시키기 위해 마우스로 끌고, 크기를 조정하기 위해서 하위 시스템을 클릭하고, 핸들을 드래그하고, 이름을 변경하기 위해서는 기존의 이름을 클릭하고, 글자를 선택해서 새로운 이름을 타이핑하면 된다.

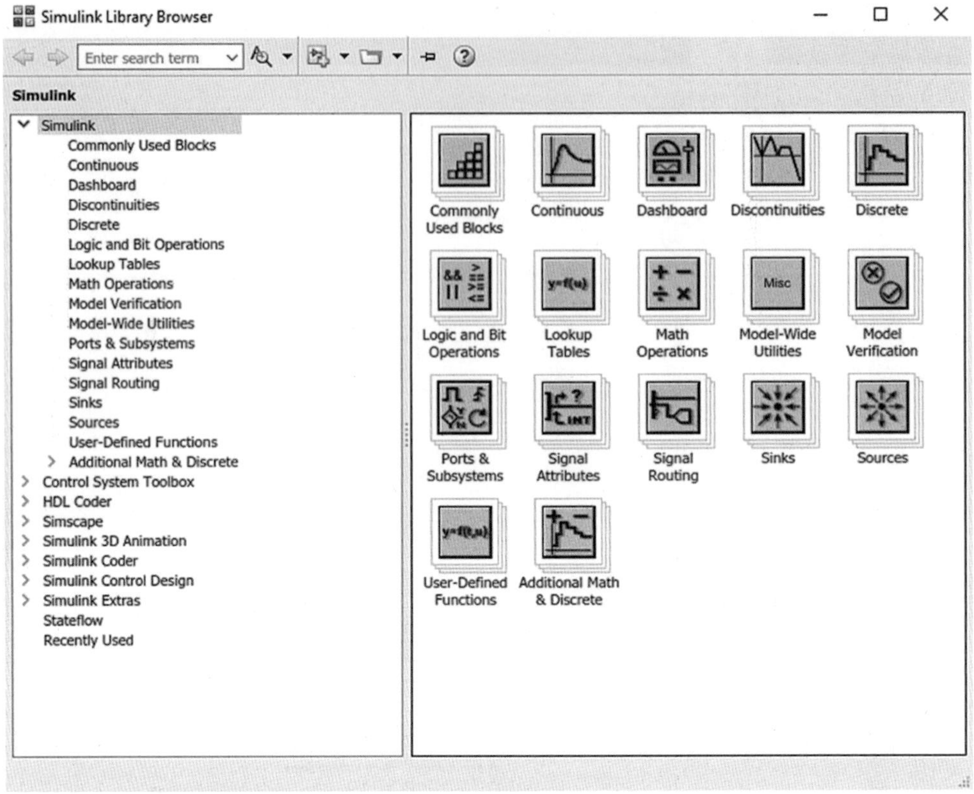

(*a*)

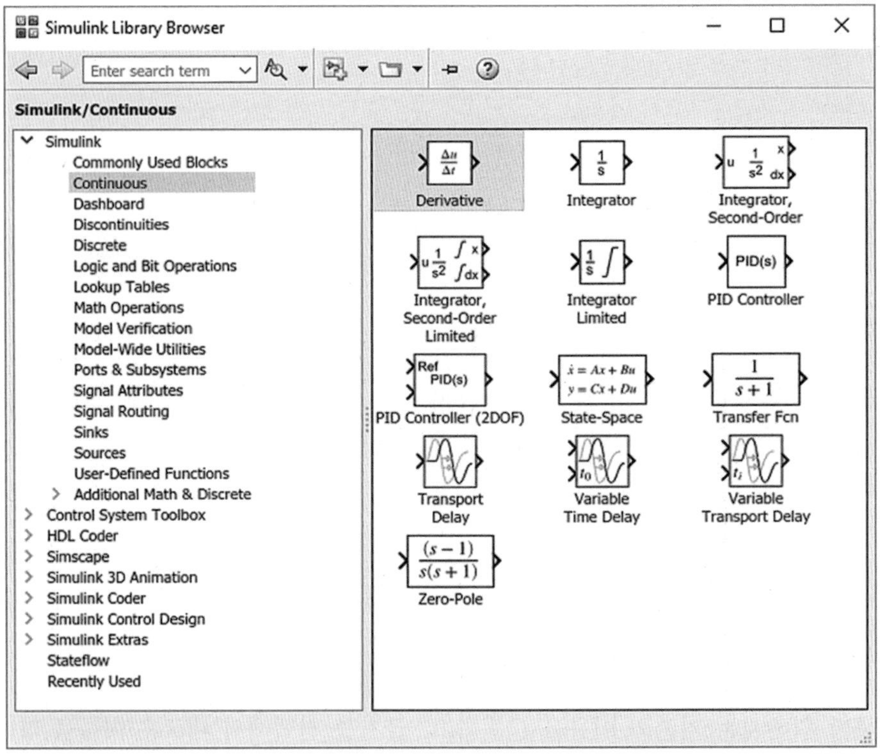

(*b*)

그림 C.3 Simulink 블록 라이브러리: a. Simulink Library Browser; b. 연속 시스템.

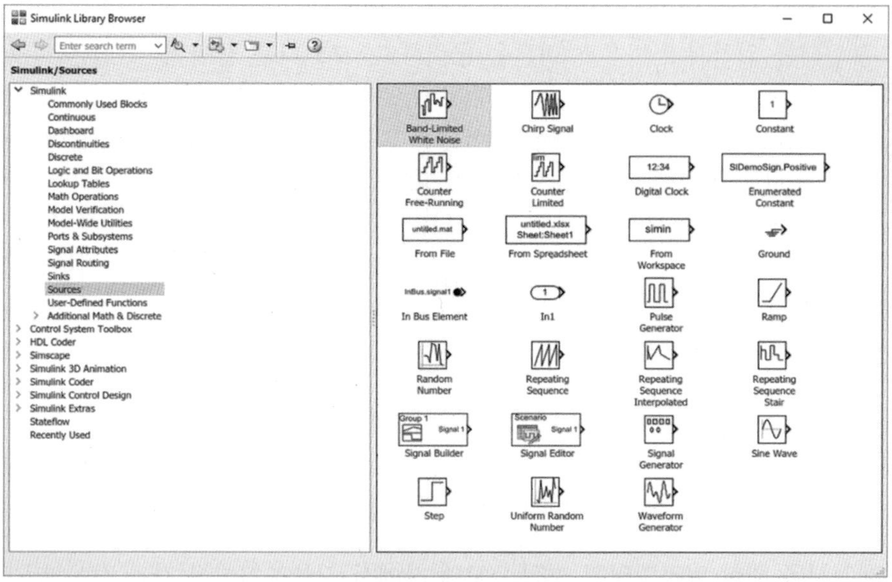

(*c*)

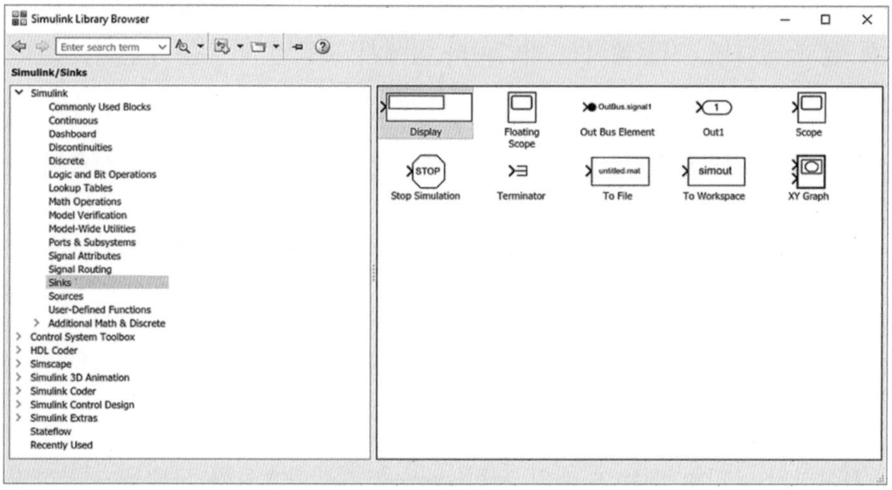

(*d*)

그림 C.3 (그림 계속) c. Sources, d. sinks

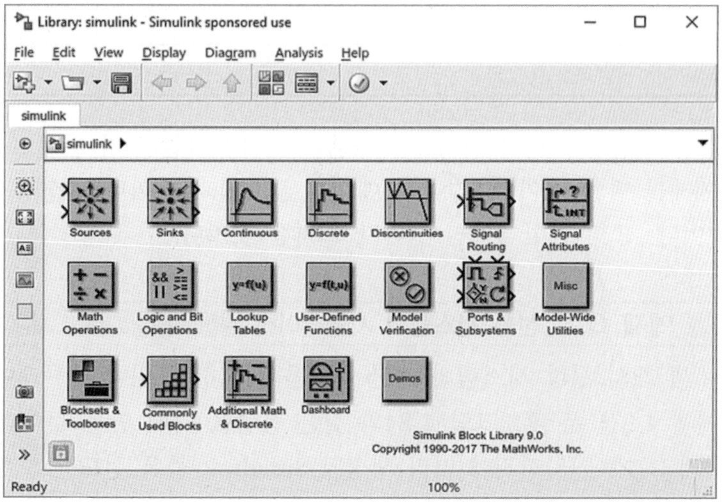

그림 C.4 Simulink 블록 Library 창

4. **하위 시스템의 상호 연결과 신호의 라벨 달기** 하위 시스템의 한쪽 끝에 있는 작은 화살표에 포인터를 위치시켜 마우스 버튼을 클릭하고, 포인터를 끌어 옆에 있는 서브 시스템의 작은 화살표에 놓는다. 그러면, 두 개의 시스템 사이가 연결되는 선이 나타나게 된다. 선 위에 포인터를 위치시키고, 마우스 버튼을 누른 후, 화살표 포인터를 끌어 선을 이동시킬 수도 있다. 각 선에 대한 가지선은 생성하기 원하는 선의 한 점에 포인터를 위치시키고, 마우스의 오른쪽 버튼을 누른 상태에서 연결되기 원하는 블록의 한쪽 끝에 끌어 놓으면 된다. 새로운 선의 노드가 형성될 것이다. 신호(signal)는 선을 더블 클릭하고, 결과 상자(resulting box)에 타이핑함으로써 이름을 붙일 수 있다. 결과적으로, 라벨은 더블 클릭하고 결과 상자에 타이핑함으로써 어느 곳에서나 위치시킬 수 있다.

5. **하위 시스템을 위한 파라미터의 선정** 모델 창에서 하위 시스템을 더블 클릭하고, 원하는 파라미터 값을 써 넣는다. 블록 파라미터 창에는 몇 가지 설명이 제공된다. 좀 더 상세하게 알기 위해서는 **블록 파라미터** 창에서 **도움말** 버튼을 누른다.

6. **시뮬레이션을 위한 파라미터의 선정** 모델 창에서 시뮬레이션 시간과 같은 부가적인 파라미터를 설정하기 위해서는 Simulation 메뉴 아래에 있는 Parameter를 선택한다. 좀더 상세히 알고 싶다면, 시뮬레이션 파라미터 창에서 **도움말** 버튼을 누른다.

7. **시뮬레이션 시작하기** 먼저, 모델 창을 활성창으로 만든다. **스코프** 창을 나타내기 위해서 **스코프 블록**(일반적으로 스코프는 시뮬레이션 결과를 보기 위해서 사용된다)을 더블 클릭하라. 모델 창에서 Simulation 메뉴 아래의 Run을 선택하거나 그림 C.2(b)에서 보여진 것처럼 여러분의 모델 창의 도구바에서 Run 아이콘을 클릭한다. **정지**(*stop*) 아이콘을 누르면 시뮬레이션이 끝나기 전에 멈춘다.

8. **결과(plot) 창의 설정 변화 및 출력** 스코프 창에서 확대와 축소, 축의 범위를 변화시키고, 축의 설정을 저장하고 그림을 프린트할 수 있다.

9. **모델 저장하기** **파일 메뉴** 아래의 **저장**(*save*)을 선택함으로써 모델을 저장하면서 .mdl 확장자를 가진 파일을 생성한다.

C.3 예제

이번 장은 선형, 비선형 그리고 디지털 시스템을 시뮬레이션 하기 위해 Simulink를 사용하는 네 가지 예제를 다룰 것이다. 각각의 예제는 블록의 파라미터 설정과 Simulink 블록 선도를 보일 것이다. 또한 시뮬레이션 결과가 보여질 것이다.

예제 C.1 선형 시스템의 시뮬레이션

첫 번째 예제는 세 개의 선형 시스템의 계단 응답을 비교하기 위한 시뮬레이션을 만든다. 특히, 본문의 예제 4.8을 푼 후, 그림 4.24와 같은 응답을 다시 만들 것이다. 그림 C.5는 C장 2절에서 단계 (1)에서 (5)까지에 따라 생성된 Simulink 블록 선도를 보여주며, 다음과 같다:

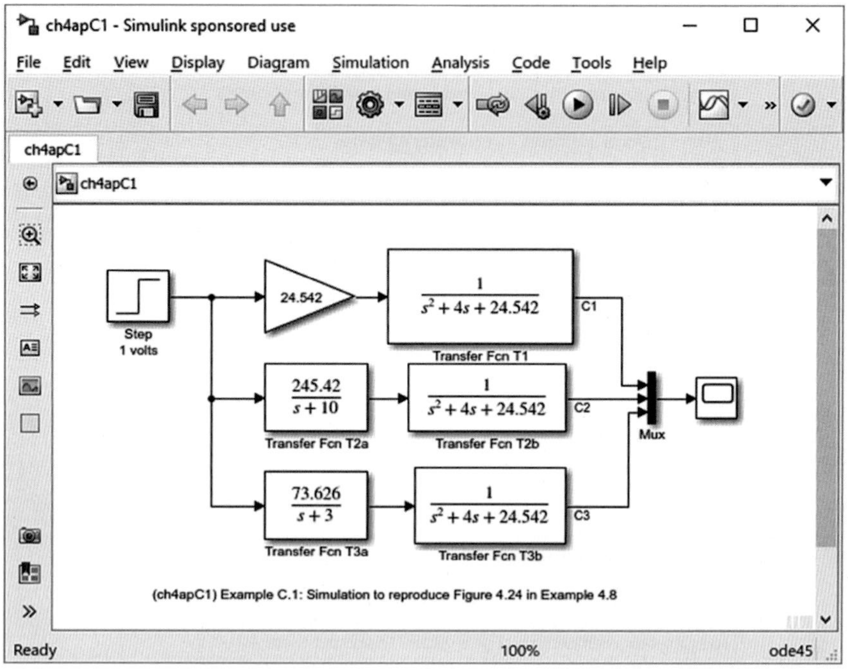

그림 C.5 예제 C.1의 Simulink 블록 다이어그램

1. **Simulink의 접속과 하위 시스템의 선정, 조합, 라벨 달기** Source는 1 볼트 계단 입력이며, 이것은 함수로부터 계단 블록을, 즉 Simulink Library 창을 모델 창으로 드래그하면 된다. 첫 번째 시스템 T1은 두 개의 블록, 즉 **이득**과 **전달 함수**로 구성된다. 이득은 함수로부터 이득 블록을, 즉 Simulink Library 창을 모델 창으로 끌어 얻어진다. 전달 함수 T1은 함수로부터 **전달 함수 블록**을, 즉 Simulink Library 창을 모델 창으로 끌음으로써 얻어진다. 시스템 T2와 T3는 유사한 방법으로 만들어진다. 세 개의 출력 신호 C1, C2, C3는 스코프의 하나의 입력으로 보여지기 위해 곱해진다. **곱셈기**(*Mux*)는 Library로부터 곱셈기 블록을, 즉 Simulink Library창을 모델 창으로 끌음으로써 얻어

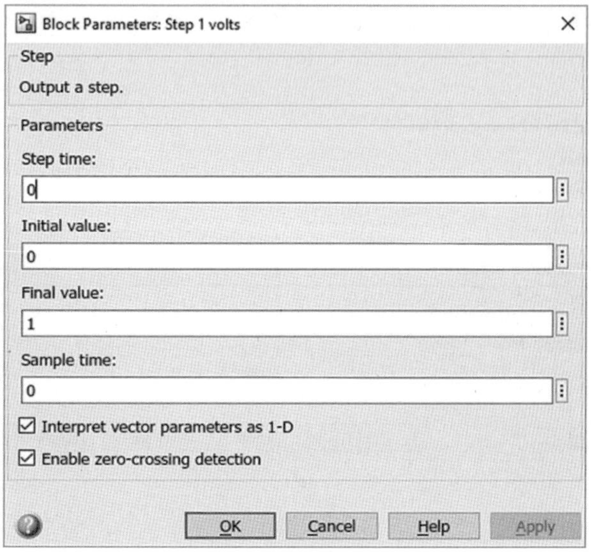

(*a*)

그림 C.6 블록 매개 변수 a. 1 volt 계단 입력 Source

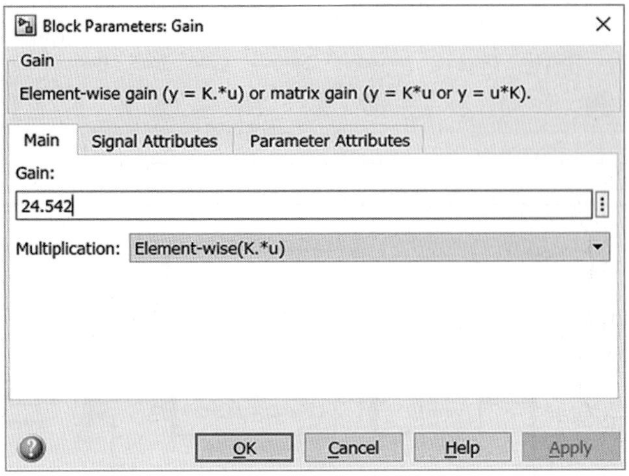

(*b*)

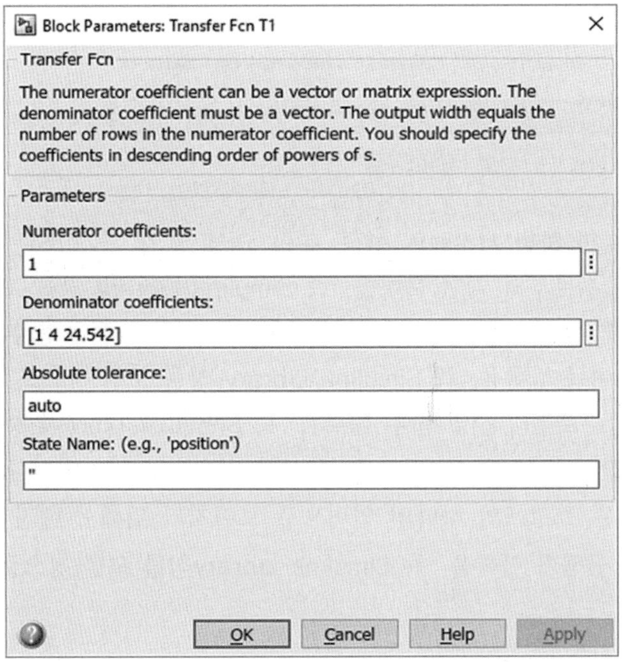

(*c*)

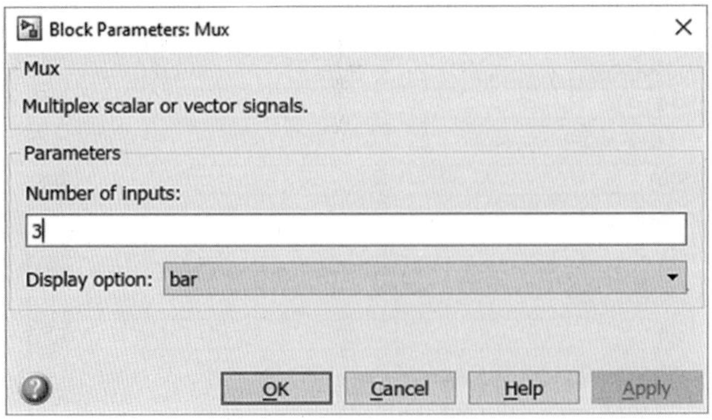

(*d*)

그림 C.6 (그림 계속) b. 이득 c. 전달 함수 1 d. 곱셈기

진다. sink는 스코프이며 함수로부터 **스코프 블록**을, 즉 Simulink Library 창을 모델 창으로 끌어내어 얻어진다. 모든 블록은 Library: Simulink Library **브라우저로부터** 모델 창으로 끌어질 수 있다. 블록의 라벨은 그림 C.5에서 보여진 것처럼 C장 2절에서 단계 (3)에 따라 변화되어질 수 있다.

2. **하위 시스템의 상호 연결과 신호의 라벨 달기** 단계 (4)에 따라 하위 시스템을 연결하고 신호(Signal)의 라벨을 붙인다. 배선(시스템을 연결)이 완성되기 전에 곱셈기의 파라미터는 반드시 설정되어야 한다. 다음 글을 참조하면 된다.

3. **하위 시스템의 파라미터 선정하기** 이제 단계 (5)를 이용하여 각 블록의 파라미터를 설정해 본다. 각 **블록의 파라미터** 창은 모델 창에 있는 블록을 더블 클릭함으로써 사용할 수 있다. 그림 C.6은 1볼트 계단 입력, 이득, 전달 함수 1, 그리고 곱셈기(mux)에 대한 **블록 파라미터** 창을 보여준다. 필요한 값의 파라미터를 다음과 같이 설정한다. 그림 C.7(a)에 표시된 스코프 드롭다운 메뉴에서 Configuration Properties Scope 탭을 클릭하면 그림 C.7(b)에 표시된 대로 Configuration Properties Scope 창이 액세스

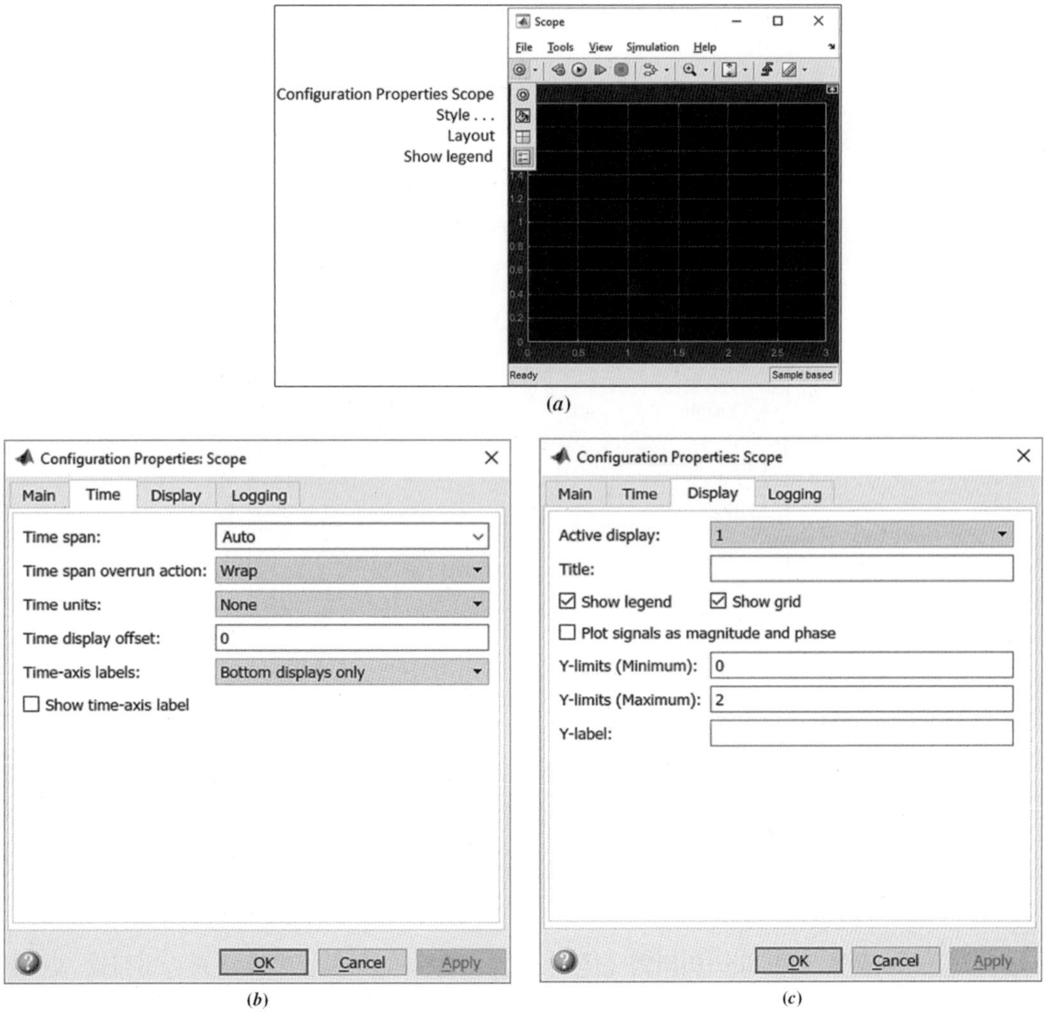

그림 C.7 Windows for Configuration Properties Scope and Style ... : a. Scope; b. 스코프 파라미터, 시간 탭, c. 스코프 파라미터, 디스플레이 탭

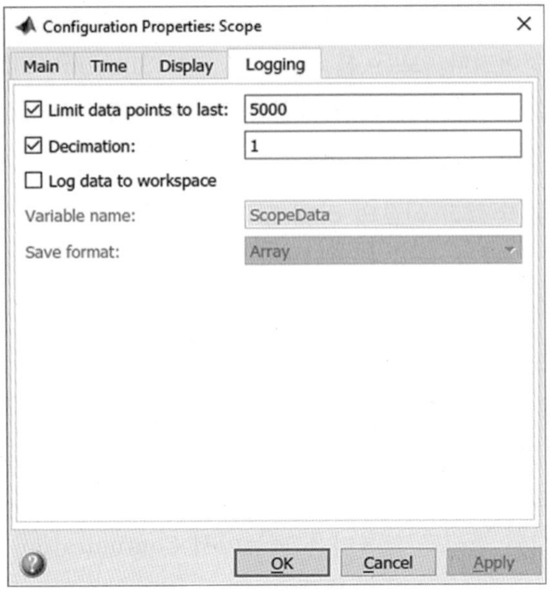

(*d*)

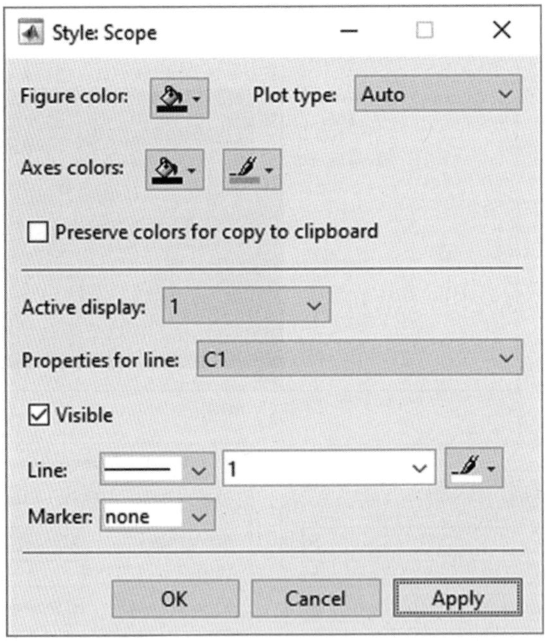

(*e*)

그림 C.7 (그림 계속) d. 스코프 파라미터, 로깅 탭, e. Style Scope

된다. Configuration Properties Scope 창에는 그림 C.7(b), C.7(c), C.7(d)에 표시된 것처럼 주, 시간, 디스플레이 및 로깅의 네 개의 탭이 포함되어 있다. 마지막으로 Scope 드롭다운 메뉴에서 Style . . . 탭을 클릭하면 Style Scope 창인 그림 C.7(e)가 나타난다.

4. **시뮬레이션을 위한 파라미터의 선정** 단계 (6)에 따라 시뮬레이션 파라미터를 설정한다. 그림 C.8은 Solver 탭을 선택한 후에 결과적인 **시뮬레이션 파라미터** 창을 보여준다. 다른 파라미터들에서 시뮬레이션 시작과 멈춤 시간을 설정할 수 있다.

5. **시뮬레이션 시작하기** 이제 7단계를 따라 시뮬레이션을 실행하라. 그림 C.9는 Scope 창에 결과를 나타낸다. 각 플롯에 대해 스타일 범위 창에서 색상을 변경할 수 있다.
6. **그림과의 상호 작용** 그림 C.9에 표시된 스코프 창의 도구 모음에는 플롯과 상호 작용하는 데 사용할 수 있는 여러 버튼과 드롭다운 메뉴가 있다. 각각의 기능과 작동 방식을 살펴보라.

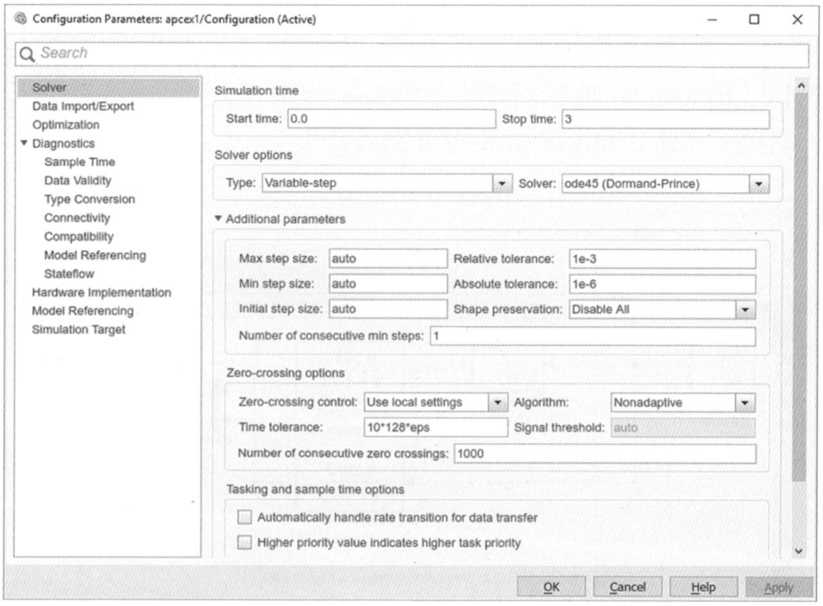

그림 C.8 시뮬레이션 매개 변수 창

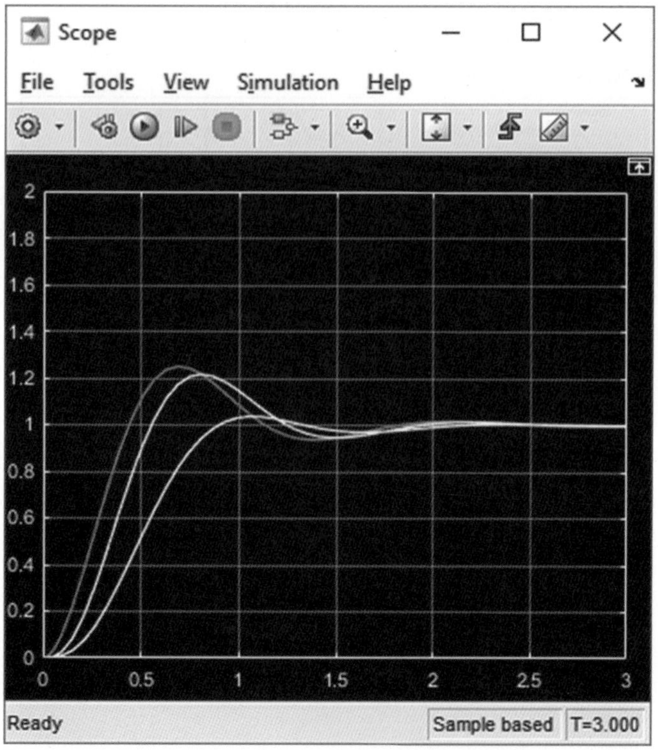

그림 C.9 예제 C.1의 시뮬레이션이 끝난 후의 스코프 창

예제 C.2 모터의 부하 각속도에서 증폭기 포화 효과

본문의 그림 4.29에서 생성된 이번 예제는 개루프 시스템에서 포화 비선형성의 효과를 시뮬레이션 하기 위한 Simulink의 사용을 보여준다. 그림 C.10은 C장 2절에서의 단계 (1)에서 (5)에 따라 형성된 Simulink 블록 선도를 보여준다.

포화 비선형성은 우리가 이전에 사용해 보지 않은 부가적인 블록이다. 포화는 함수에서 saturation 블록을, 즉 그림 C.11(a)에서 보여지는 것과 같이 모델 창으로 끌어내어 얻어지며, 그림 C.11(b)에서와 같이 파라미터를 설정한다. 모델 창을 활성화시킴으로써 시뮬레이션을 실행하고, Simulation 메뉴 아래의 실행(Run) 버튼을 선택하거나 툴바에서 시작Run 버튼을 클릭한다. 그림 C.12는 스코프 창의 결과이다.

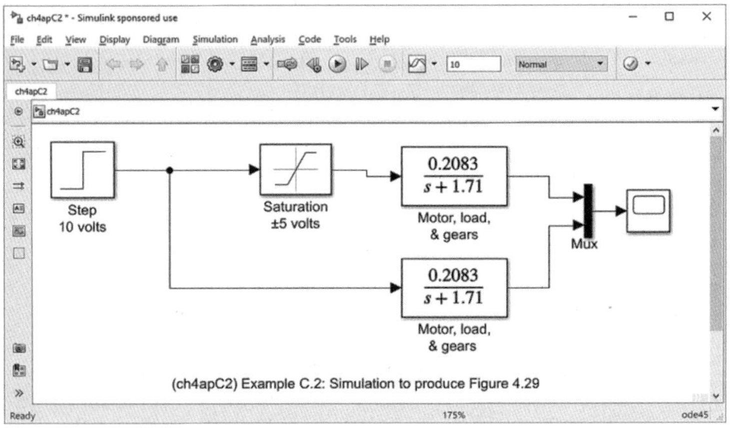

그림 C.10 예제 C.2의 Simulink 블록 다이어그램

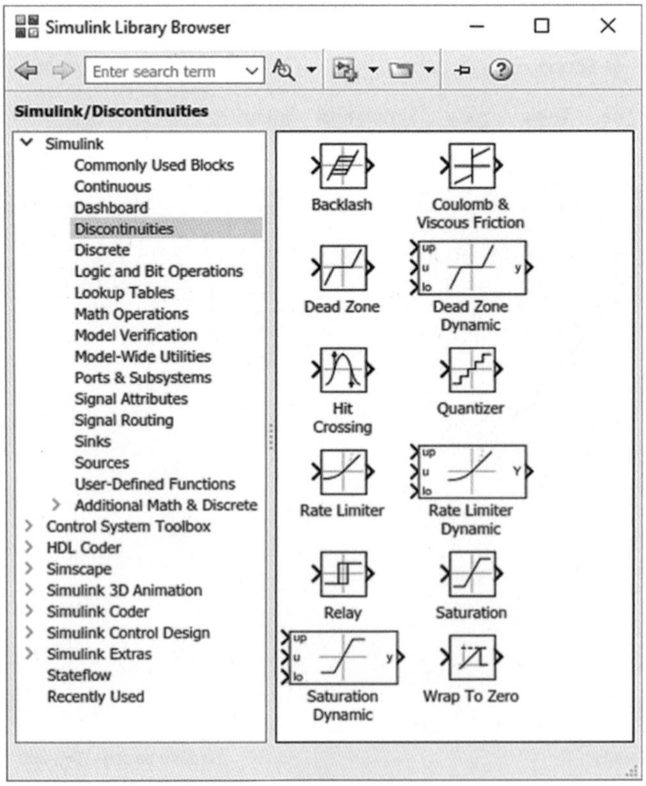

(*a*)

그림 C.11 a. Simulink의 비선형성 Library

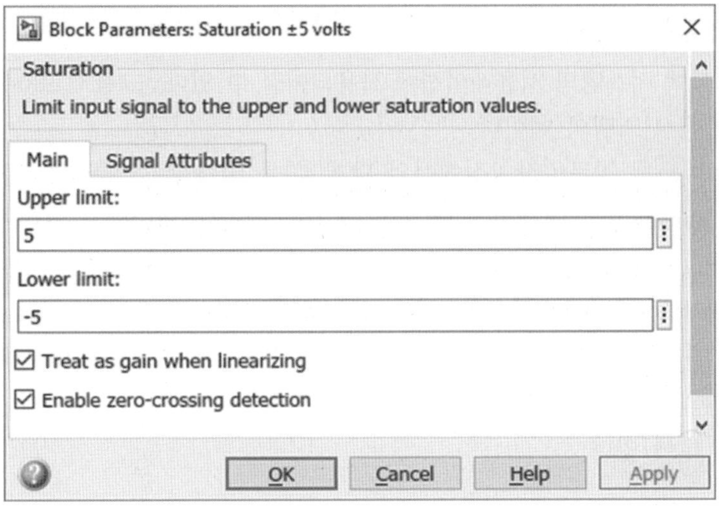

(*b*)

그림 C.11 (그림 계속) b. 포화 현상의 매개 변수 설정

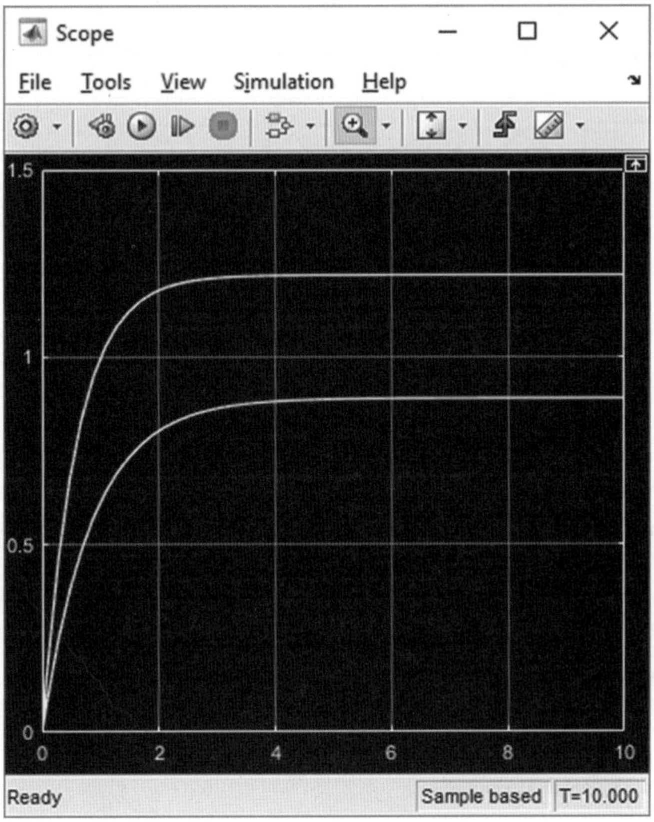

그림 C.12 예제 C.2의 시뮬레이션이 끝난 후의 스코프 창. 아래의 곡선은 포화 현상을 고려한 출력이다.

예제 C.3 피드백 시스템의 시뮬레이션

Simulink는 피드백 시스템의 시뮬레이션에 사용되어질 수 있다. 그림 C.13(a)는 saturation을 가지는 피드백 시스템의 예이다.

이번 예제에서 피드백 경로(C장 2절에서의 단계(4))를 첨가할 것이고 접합점을 결합할 것이다. 이것은 Library에서 **덧셈기**(*Sum*) 블록을, 즉 그림 C.13(b)에서 보여지는 것과 같이 Simulink3/Math 창을 모델 창으로 끌어 냄으로써 얻어진다. **블록 파라미터**, 즉 그림 C.13(b)의 **덧셈기** 창은 가산기를 위한 파라미터 설정을 보여준다. 더하기와 빼기 입력뿐만 아니라 모양도 설정할 수 있다. 기호 리스트 중에서 "|"는 공간을 의미한다. 우리는 처음에 부호들 우리의 기준 부호에 따라 12시보다는 9시에 시작하도록 놓았다. 시뮬레이션의 결과는 그림 C.14에 있다.

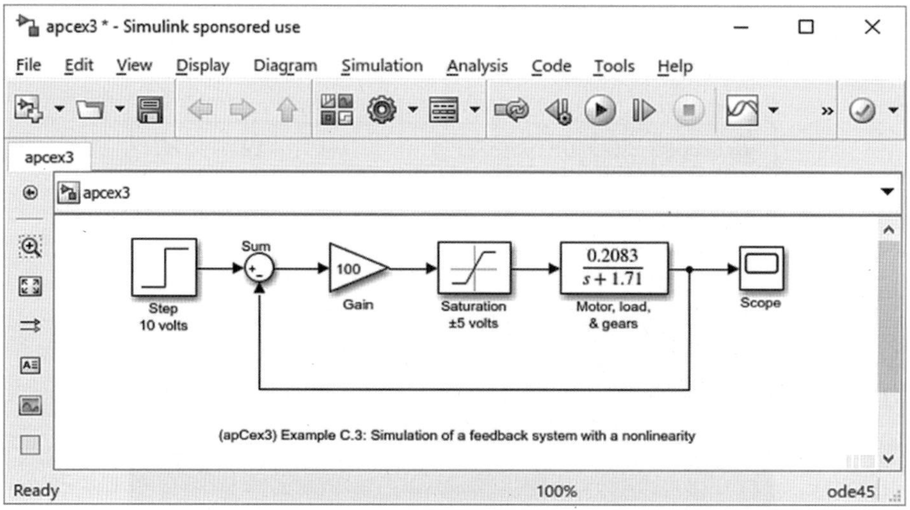

(*a*)

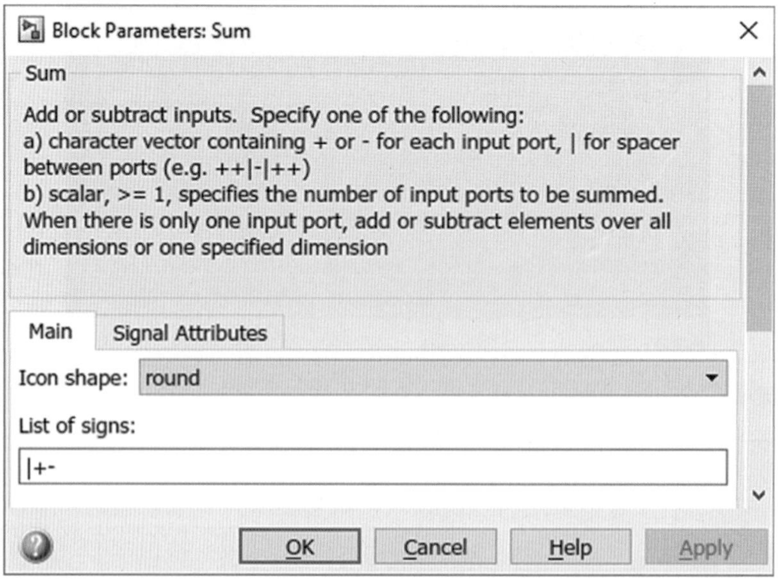

(*b*)

그림 C.13 a. 포화 현상을 포함한 피드백 시스템의 시뮬레이션 블록 다이어그램
b. 합산기의 블록 매개 변수 설정 창

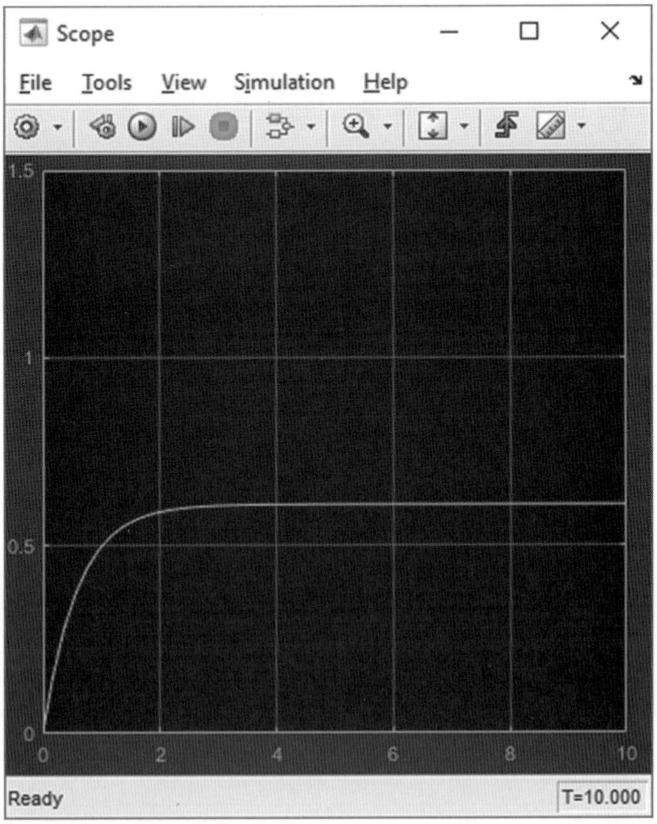

그림 C.14 예제 C.3의 시뮬레이션 출력

예제 C.4 디지털 시스템의 시뮬레이션

이번 예제에서 우리는 그림 C.15에 보여지는 시뮬레이션을 위해 Simulink를 사용하여 디지털 시스템을 생성하는 두 가지 방법을 예를 들 것이다. 첫 번째 방법은 함수, 즉 그림 C.16에서 보여진 Simulink Discrete 창으로부터 얻어진 0차 홀드(*Zero-Oder Hold*) 블록의 직렬 연결된 선형 전달 함수를 사용하는 것이다. 두 번째 방법은 함수, 즉 Discrete 창으로부터 얻어진 이산 전달 함수를 사용하는 것이다. 블록 선도의 나머지는 이전에 설명했던 방법에 의해서 얻어진다.

0차 홀드와 이산 전달 함수를 위한 블록 파라미터는 각각 그림 C.17(a)와 (b)에서 보여진 것처럼 설정된다. 모델 창에서 Simulation 메뉴 아래의 Parameters를 선택하고 시뮬레이션 정지(Simulation stop) 시간을 4초로, to fixed step 과 ode4 (Runge-Kutta)로 설정한다. 시뮬레이션 결과는 그림 C.18과 같이 보여진다.

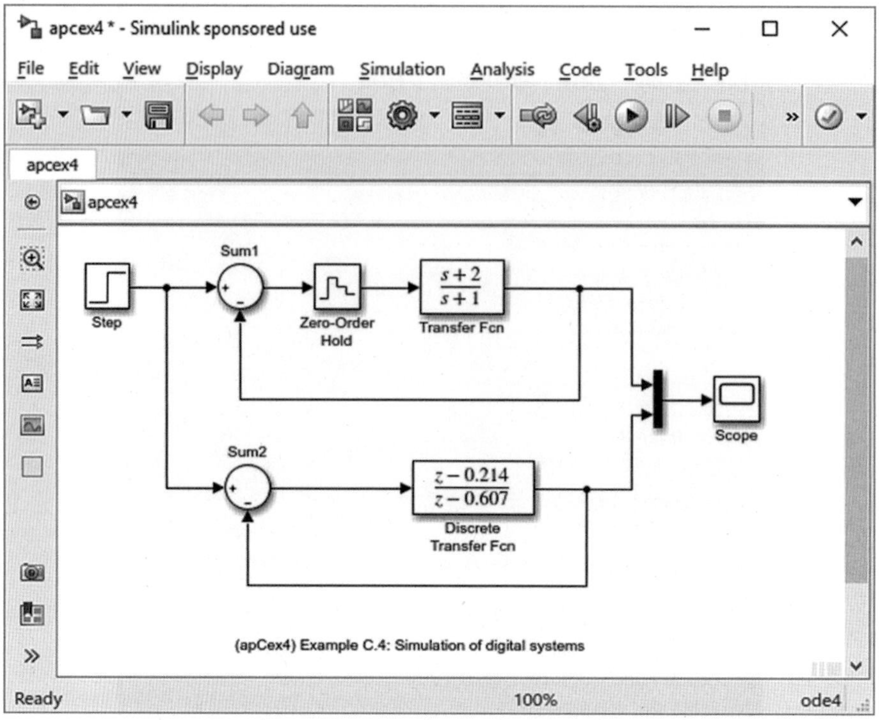

그림 C.15 디지털 시스템의 시뮬레이션을 위한 두 가지 방법의 simulink 블록 다이어그램

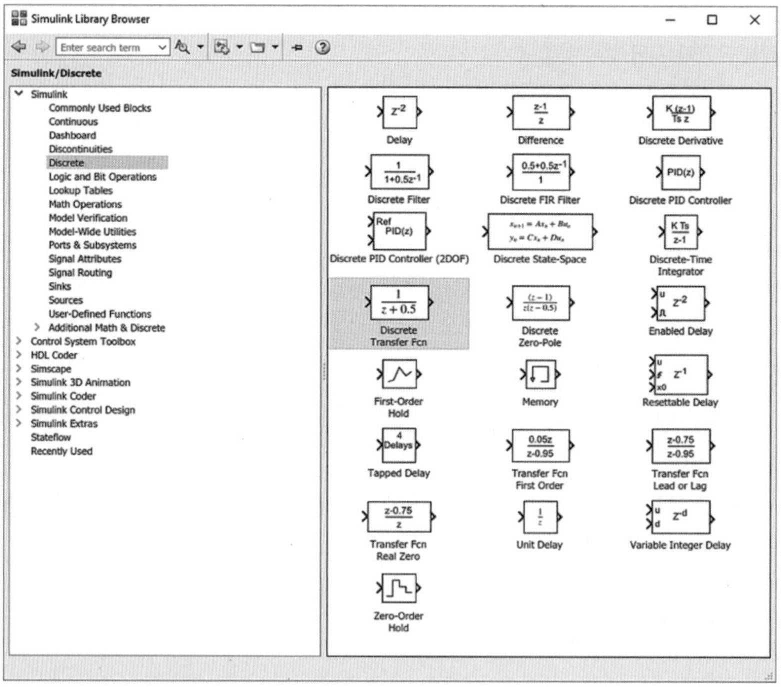

그림 C.16 이산 시간 Simulink Library

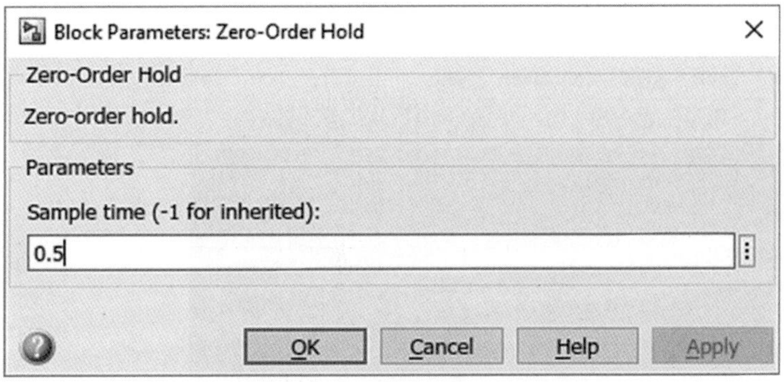

(*a*)

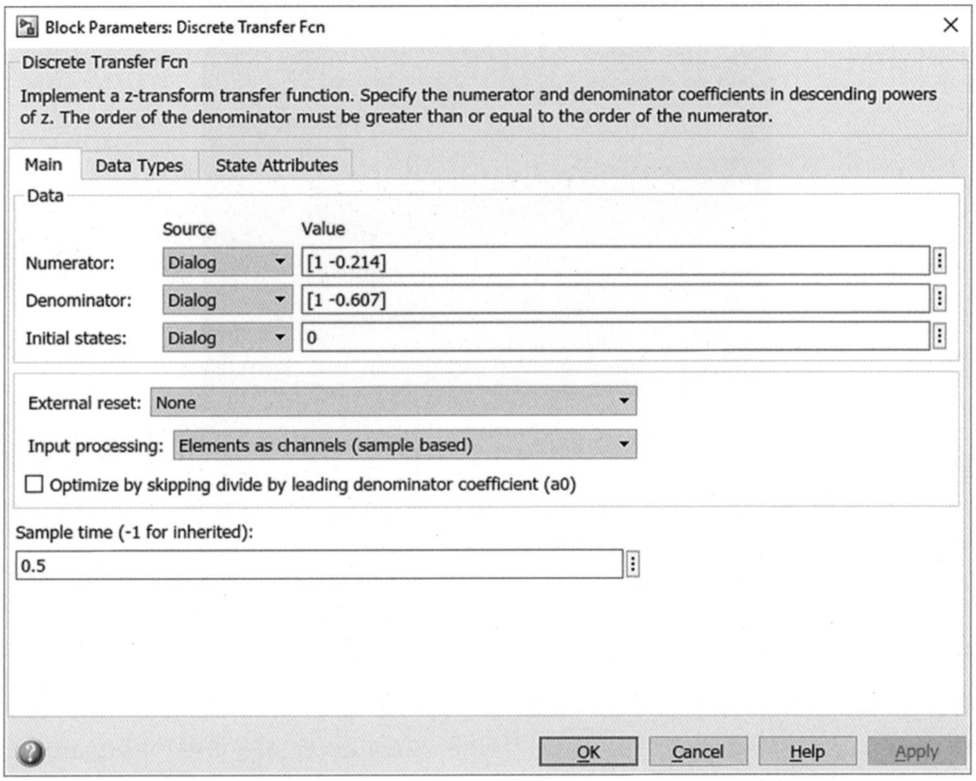

(*b*)

그림 C.17 a. 0차 홀드 블록의 매개 변수 창 b. 이산 시간 전달 함수의 블록의 매개 변수 창

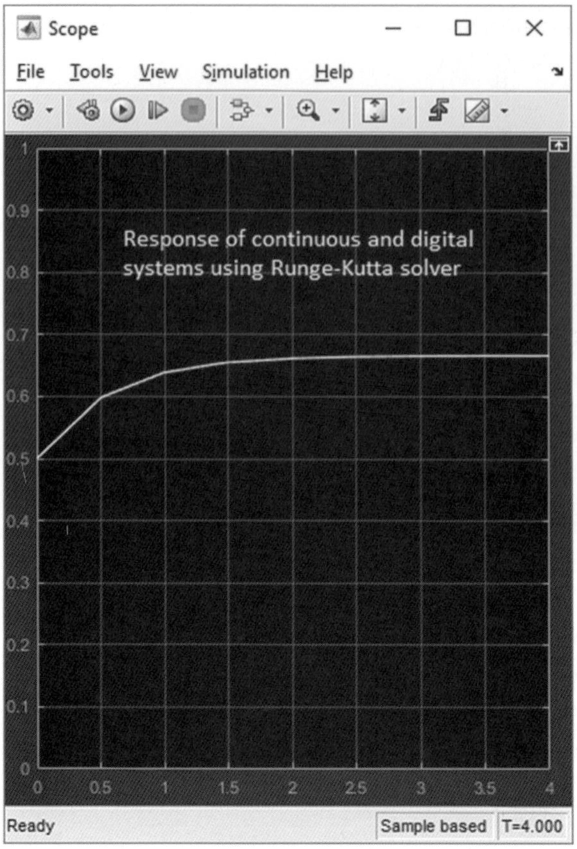

그림 C.18 디지털 시스템의 출력

C.4 제어 시스템 설계를 위한 Simulink 사용하기

이번 장에서는 이 책에서 앞서 논의했던 일정 스펙을 만족시키는 제어 시스템을 설계하기 위해 Simulink를 사용하는 방법을 다룰 것이다. Simulink를 사용하여 이득(gain) 조정과 보상기 설계를 할 수 있다. 이번 장에서는 특히 PID 보상기 설계를 중점으로 다룰 것이다. 응답 시간과 과도 특성과 같은 설계 요소를 조정을 통해 PID 보상기가 설계 될 수 있음을 보일 것이다. 설계 요소의 조정을 통해 스펙이나 PID 게인 값에 따른 시간 응답의 결과 값을 바로 얻을 수 있을 수 있다.

제어 시스템을 설계하기 위해서 모든 필요한 툴을 포함하는 Simulink Control Design^{TM} module Version 5.0 (R2017b)가 필요하다. Simulink는 노이즈를 줄이게 하는 저역 필터와 미분 제어를 통해 PID 제어기를 설계한다. 그 설계는 음의 미분 이득값을 필요로 한다. 먼저, PID 제어기 자동 설계를 다룰 것이다. 다음으로, graphical 방법을 사용한 PID 설계를 다룰 것이다.

PID 제어기 자동 설계

PID 이득의 자동 설계는 적합한 강인성과 응답 시간을 생성한다. 초기 설계 후에는 응답 시간, 대역폭, 그리고 위상 마진(phase margin)을 포함하는 설계가 가능하다. 순서는 다음과 같다.

1. **Simulink diagram 생성하기** 먼저, PID 제어기를 포함하고 있는 선형 또는 비선형 피드백 제어 시스템으로 시작한다.
2. **PID 제어기의 초기 값 설정하기** PID 제어기를 더블 클릭하면, Function Block Parameters: PID Controller 창이 열릴 것이다. Main 탭에서 제어기 매개변수의 값을 입력하고 Apply를 클릭한다.
3. **PID 제어기 조정하기** Function Block Parameters: PID Controller 창에 있는 Tune . . .를 클릭해라. 시스템은 선형화되고, 블록 반응(Block response)과 조정된 반응(Tuned response)을 보여주면서 PID Tuner 창은 실행될 것이다. PID Tuner 창의 Toolstrip에 있는 Show parameters 버튼을 클릭하면, 설계된 PID 이득을 포함하는 성능 데이터를 확인할 수 있다. 만약 응답이 요구조건을 충족시키면, 제어기의 PID 매개변수 값을 입력하기 위해 PID Tuner 창의 Toolstrip에 있는 Update Block 버튼을 클릭한다.
4. **상호적인 조정을 통한 설계 수정하기** 만약 필요하다면, PID Tuner 창의 Toolstrip의 중앙에 있는 응답 시간과 과도 특성의 슬라이더를 움직여 성능을 변경하라. 만약 시스템이 비선형이면, 디자인된 시스템의 응답에 비선형성이 영향을 주는지 시뮬레이션을 돌려 확인해야한다.

예제 C.5 PID 제어기의 자동 설계

이번 예제에서는 이전에 열거한 그림 C.19의 시스템에 대한 PID 제어기의 자동 설계의 순서에 따라 설계를 한다. 요구조건은 (1) 정착 시간(settling time)을 1초 미만으로 설계하여라; (2) 오버슈트(overshoot)를 5% 미만으로 설계하여라.

Simulink 다이어그램 생성하기 그림 C.19의 Simulink 블록 다이어그램을 생성하라. PID 제어기 블록은 그림 C.3(a)처럼 Simulink Library 브라우저에서 찾을 수 있다.

PID 제어기의 초기 값 설정하기 PID 제어기를 더블 클릭하면 그림 C.20와 같다. 초기값을 설정하고 적용하기를 클릭한다.

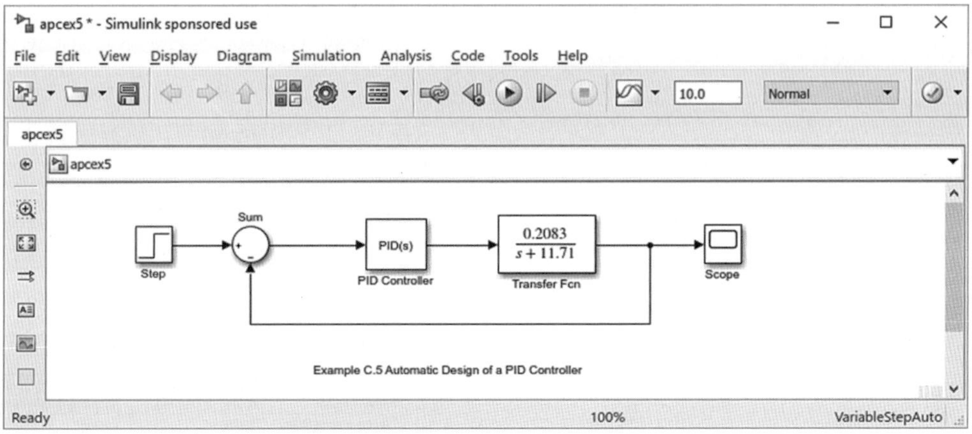

그림 C.19 PID 제어기의 자동 설계에 대한 Simulink 블록 다이어그램

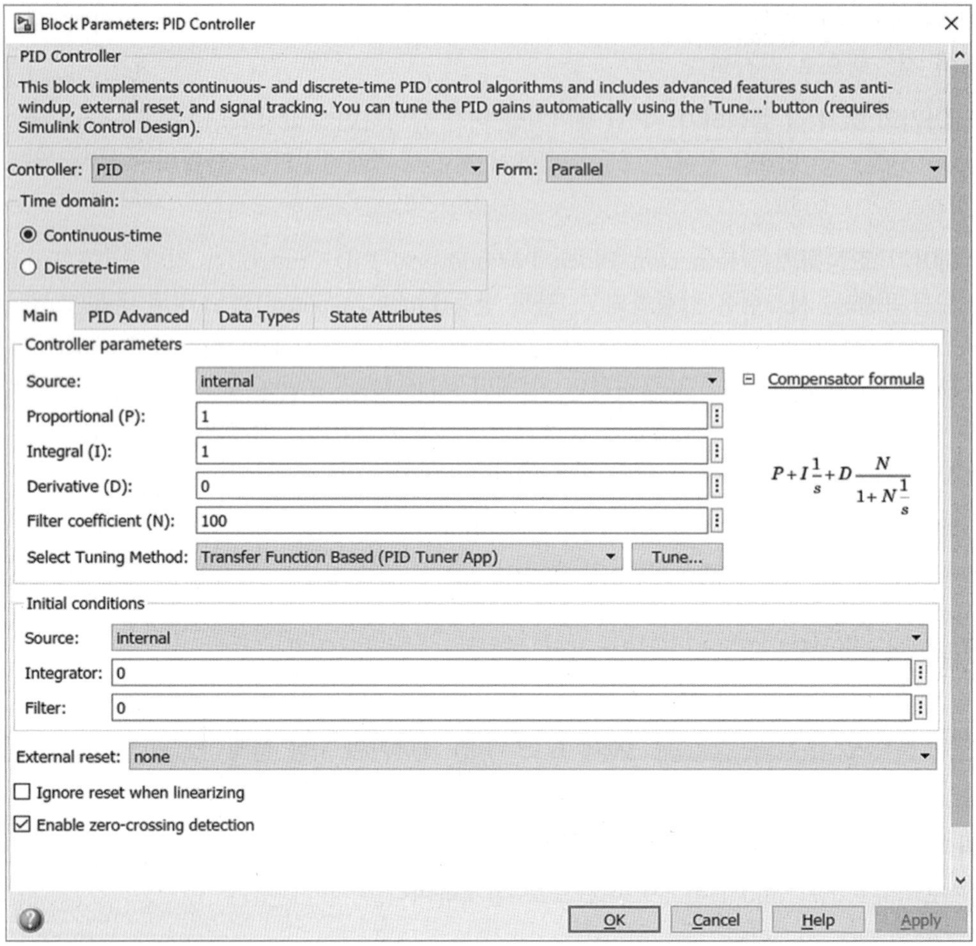

그림 C.20 PID 제어기에 대한 Block Parameters 창

PID 제어기 조정하기 그림 C.20의 Tune . . .을 클릭하면 그림 C.21(a)에서 보여진 것처럼 PID Tuner 창이 실행된다. PID Tuner 창의 Toolstrip에 있는 원으로 표시된 Show Parameters 버튼을 클릭하면, 매개변수와 성능을 볼 수 있다.

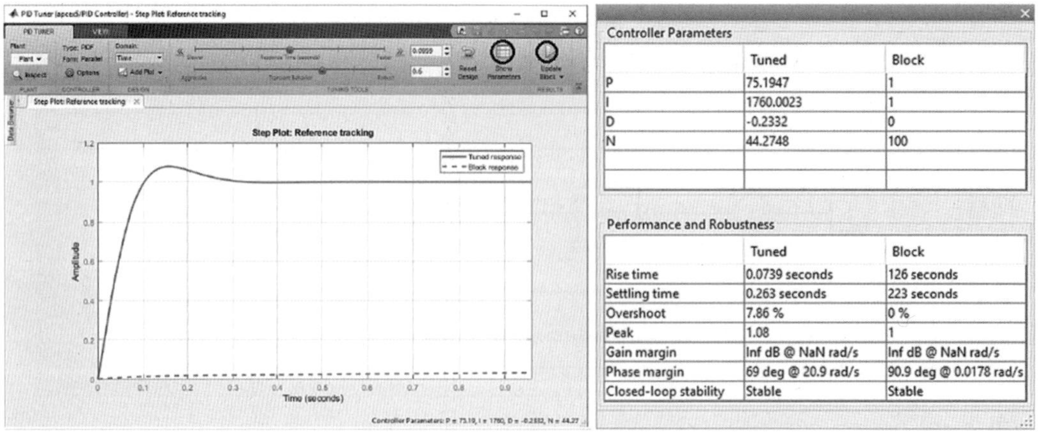

(*a*)

그림 C.21 PID Tuner 창: a. 추가 수정 전

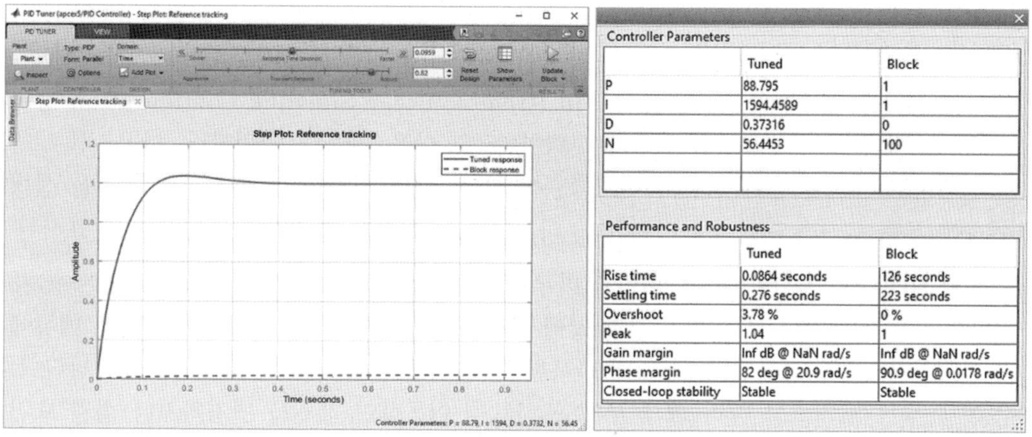

(*b*)

그림 C.21 (그림 계속) b. 추가 수정 후

백분율 오버슈트 요건이 충족되지 않기 때문에 C-19페이지의 4단계 지침을 따른다. 우리는 응답 시간 및 과도현상 슬라이더를 사용하여 제어기를 계속 조정한다. 마지막으로 동그라미가 쳐진 업데이트 블록 버튼을 클릭하여 PID 파라미터를 컨트롤러에 기록하십시오. 최종 설계는 그림 C.21(b)에 나타나 있다.

PID 제어기와 Graphical 설계의 자동 조정

이번 하위 섹션에서는 Bode 선도, 근궤적 등과 같은 graphical 방법들을 사용하여 자동 조정을 통해 PID 제어기를 설계한다. 다음의 예제를 포함하여 아래의 순서를 따라 진행한다.

1. **Simulink diagram 생성하기** 먼저, PID 제어기를 포함하고 있는 선형 또는 비선형 피드백 제어 시스템으로 시작한다.
2. **먼저 자동 조정을 수행하여 보상기 설계** Simulink 블록 다이어그램의 메뉴 모음에서 분석/제어 설계/제어 시스템 튜너 . .를 선택하고 제어 시스템 튜너 창을 시작한다. 튜닝 탭 선택
3. **조정을 위한 블록 선택하기** 제어 시스템 튜너에서 블록 선택을 누른다. 그러면, 조정된 블록 선택 창이 나타난다. 블록 추가를 클릭하고 PID 컨트롤러를 선택한다. 그 다음, 확인을 누른다. 결과는 Control System Tuner 창의 Data Browser에 나타난다.
4. **폐루프 응답 선택하기** 새 목표를 누르고 과도 응답 일치를 선택한다. 과도 목표 창 결과. 응답 입력, 응답 출력, 입력 신호 선택, 원하는 과도 응답 및 옵션을 지정한다. 그 다음, 적용을 누르고 확인을 누른다. 선택한 내용은 데이터 브라우저와 실제 및 원하는 응답 그림에 표시되며, 그래프에 대한 자세한 내용을 보려면 그래프를 마우스 오른쪽 버튼으로 클릭한다. 튜닝이 실제 응답에 미치는 효과를 보려면 튜닝을 클릭한다. 제어 시스템 튜너에서 제어 시스템 탭을 선택하고 업데이트 블록을 클릭하여 자동 조정 설계를 실제 시스템으로 전송한다. 블록 매개변수: PID 컨트롤러에서 적용을 클릭하여 전송 완료

5. 자동 튜닝으로 응답 요구 사항이 충족되지 않은 경우 그래픽 설계 설정을 계속한다. Simulink 블록 다이어그램의 메뉴 모음에서 Analysis/Control Design/Control System Designer를 선택한다. 그 결과의 Edit Architecture – Simulink Configuration 창에서 Blocks를 클릭하고 튜닝할 블록을 선택한다. 그 다음, 확인을 클릭한다. 다음, 신호 탭을 선택하고 튜닝할 블록의 출력 신호를 선택한다. 제어 시스템 탭에서 조정 방법을 선택한 다음 루트 로커스 편집기를 선택한다. 마지막으로, 플롯을 클릭하면 루트 위치가 표시된다.
6. 루트 위치 설계 수행 루트 위치를 마우스 오른쪽 버튼으로 누르고 설계 요구 사항/새로 만들기를 선택한다. 그 다음, 결과 창에서 설계 요구사항 유형 아래의 드롭다운 메뉴에서 선택한다. 추가 요구 사항에 대해 반복한다. 그러면, 설계 경계가 루트 위치에 나타난다. 이제 루트 로커스를 따라 폐쇄 루프 포인트를 이동하여 게인을 변경하거나 설계 요건을 충족하는 폐쇄 루프 폴에 영향을 미치도록 컨트롤러 폴과 0을 이동할 수 있다.
7. 디자인 테스트 제어 시스템 탭에서 새 그림을 선택하고 새 단계를 선택한다. 플롯에 대한 반응 선택 드롭다운 메뉴에서 새 입력–출력 전송 응답을 선택한다. 그리고, 새 단계 플로팅 결과 창에서 폐쇄 루프 입력 및 출력 신호를 지정한다. 그 다음, 플롯을 클릭한다. 그래프를 마우스 오른쪽 버튼으로 누르고 특성을 선택한다. 선택한 특성은 설계 요건이 달성되었다는 결정이 내려질 수 있는 그래프에 나타난다. 추가 설계가 필요하지 않은 경우 제어 시스템 탭 아래의 블록 업데이트를 클릭하여 설계를 Simulink 모델에 로드한다. 전송을 완료하려면 블록 매개변수: PID 컨트롤러에서 적용을 클릭한다.
8. Simulink 모델에 대한 시뮬레이션 실행

예제 C.6 PID 제어기와 Graphical 설계의 자동 조정

이번 예제에서는 그림 C.19의 시스템에 대한 PID 제어기를 자동으로 설계하기 위해 이전의 열거한 순서를 따르고, 근궤적을 사용하여 더 나은 성능을 보일 것이다. 요구조건은: (1) 정착 시간(settling time)을 1초 미만으로 설계하여라; (2) 오버슈트(overshoot)를 4% 미만으로 설계하여라.

Simulink 다이어그램 생성하기 그림 C.19의 Simulink 블록 다이어그램은 그림 C.3(b)와 같이 Simulink Library Browser에 PID 컨트롤러 블록이 있는 곳에 생성된다. 우리는 먼저 자동 튜닝을 한다.

보상기 설계하기 그림 C.19에서는 Analysis/Control Design/Control System Tunner를 선택하고, 그림 C.22에 표시된 Control System Tunner 창을 시작한다.

조정하기 위해 블록 선택하기 그림 C.22에서 새 목표를 클릭하고 과도 응답 일치를 선택한다. 그림 C.23에 표시된 결과 과도 목표 창에서 응답 입력 및 출력, 입력 신호 선택 및 원하는 과도 응답을 지정한다. 그림 C.23에서 원하는 과도 응답은 원하는 안착 시간과 백분율 오버슈트를 갖는 2차 시스템으로 표시된다. 마지막으로 다른 옵션을 입력한다. 적용을 누르고 확인을 누른다. 그러면, 그림 C.24에 표시된 제어 시스템 튜너 창에 실제 및 원하는 플롯이 표시된다. 그래프를 마우스 오른쪽 버튼으로 누르고 특성을 선택하여 성능을 평가하는 데 도움이 된다. 원하는 성능에 만족하지 않고 그래픽 설계를 통해 추가 개선 준비가 된 경우 튜닝 탭

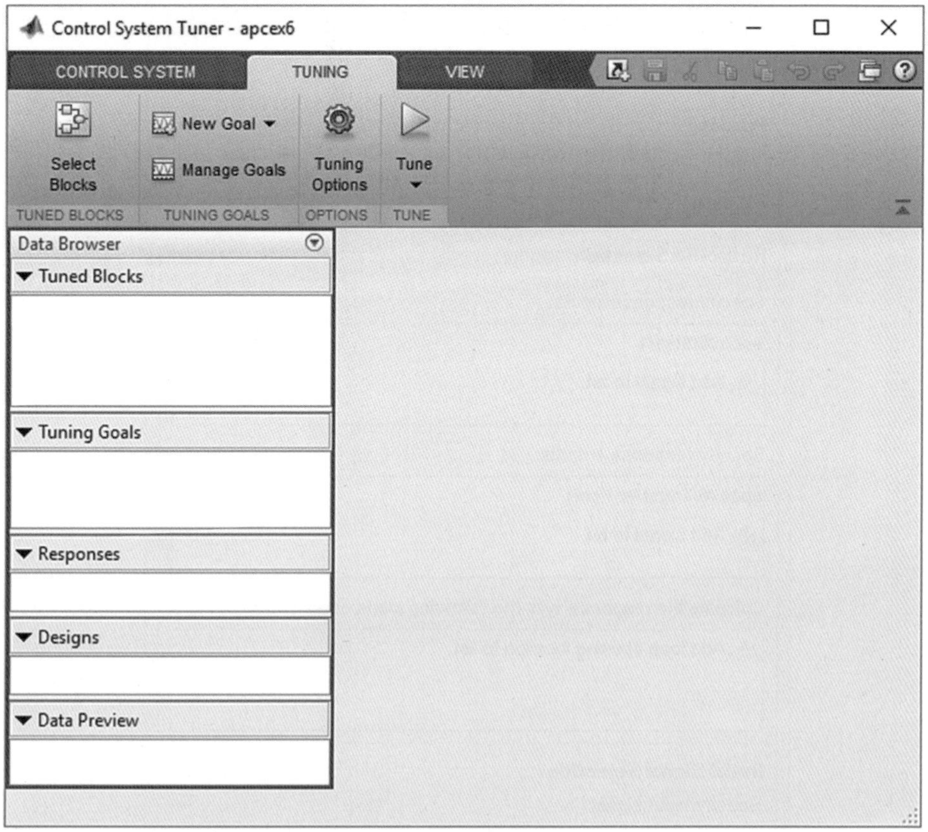

그림 C.22 튜닝할 블록을 선택하기 전에 시스템 튜너 창 제어

아래의 튜닝을 클릭한 다음 제어 시스템 탭 아래의 업데이트 블록 버튼을 클릭하여 자동으로 설계된 값을 Simulink 다이어그램에 포팅한다. 필요한 경우 블록 매개변수: PID 컨트롤러 창에서 적용을 누른다.

루트 로커스를 사용하여 그래픽 설계 계속하기 Simulink 블록 다이어그램의 메뉴 모음에서 분석/제어 설계/제어 시스템 설계자를 선택한다. 그 결과, Edit Architecture – Simulink Configuration 창에서 Blocks(블록 추가). 탭에서 그림 C와 같이 튜닝할 블록으로 PID 컨트롤러를 선택한다 25(a). 다음, 신호 탭을 선택하고 PID 컨트롤러의 출력을 선택한다. 그림 C.25(b)에서 확인을 클릭한다. 이제 Control System Designer 창의 Control System 탭에서 Tuning Methods를 선택한다. 드롭다운 메뉴에서 Root Locus Editor(루트 로커스 편집기)를 선택하고 편집할 응답을 선택한 다음 그림 C.26과 같이 Plot(그림 C.26)을 클릭한다. 결과 루트 로커스 그림을 마우스 오른쪽 버튼으로 누르고 설계 요구 사항/새것을 선택한다. 안착 시간과 백분율 오버슈트를 선택한다. 그림 C.27(a)는 정착 시간과 백분율 오버슈트 경계가 있는 루트 위치를 보여준다. PID 폴을 8로 이동하고 폐쇄 루프 폴을 표시된 경계 내에 유지함으로써 안착 시간을 개선할 수 있다. 향상된 루트 위치는 그림 C.27(b)에 나타나 있다.

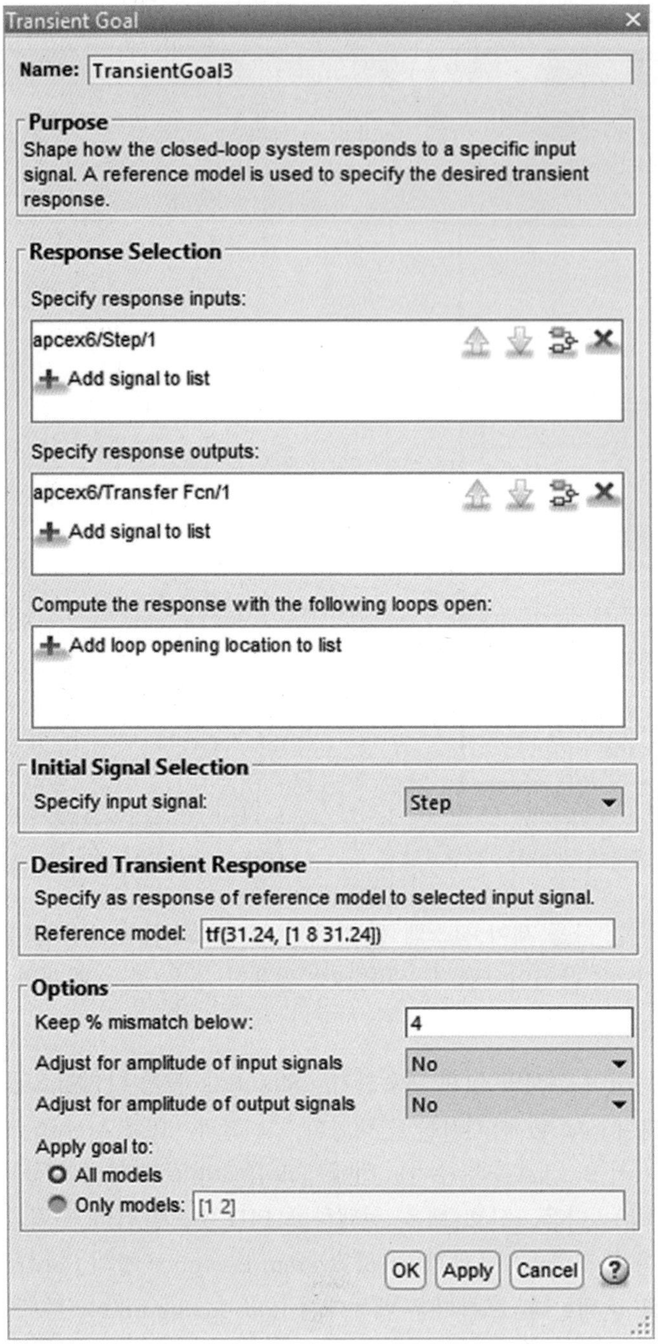
Transient Goal
Name: TransientGoal3
Purpose
Shape how the closed-loop system responds to a specific input signal. A reference model is used to specify the desired transient response.
Response Selection
Specify response inputs:
apcex6/Step/1
Add signal to list
Specify response outputs:
apcex6/Transfer Fcn/1
Add signal to list
Compute the response with the following loops open:
Add loop opening location to list
Initial Signal Selection
Specify input signal:
Step
Desired Transient Response
Specify as response of reference model to selected input signal.
Reference model:
tf(31.24, [1 8 31.24])
Options
Keep % mismatch below:
4
Adjust for amplitude of input signals
No
Adjust for amplitude of output signals
No
Apply goal to:
All models
Only models:
[1 2]
OK
Apply
Cancel

그림 C.23 과도 목표 창

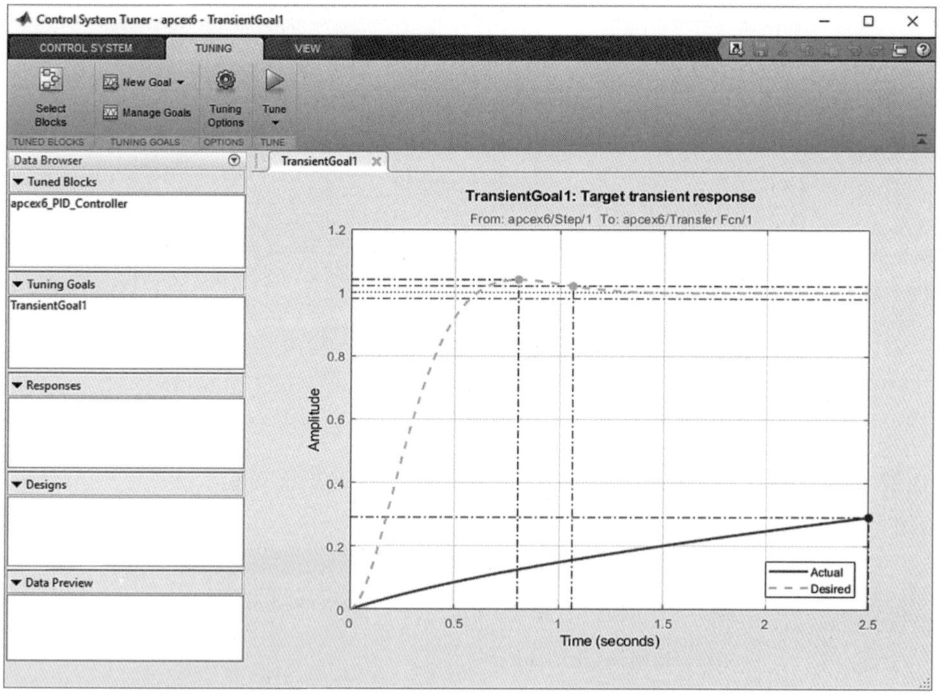

그림 C.24 제어 시스템 탭이 선택된 대상 과도 응답 그림이 있는 제어 시스템 튜너 창

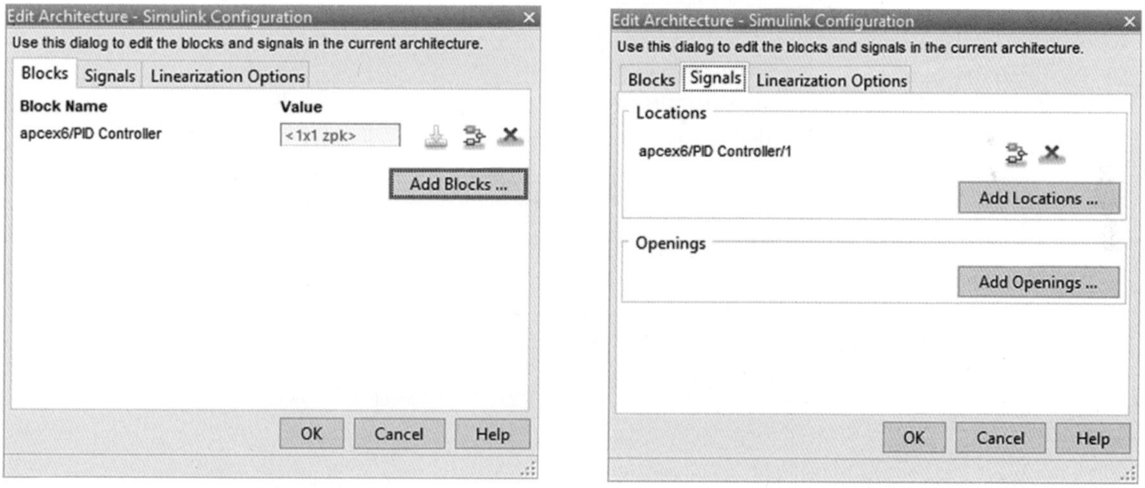

(*a*) (*b*)

그림 C.25 아키텍처 편집 — Simulink 구성: a. 블록 탭, b. 신호 탭

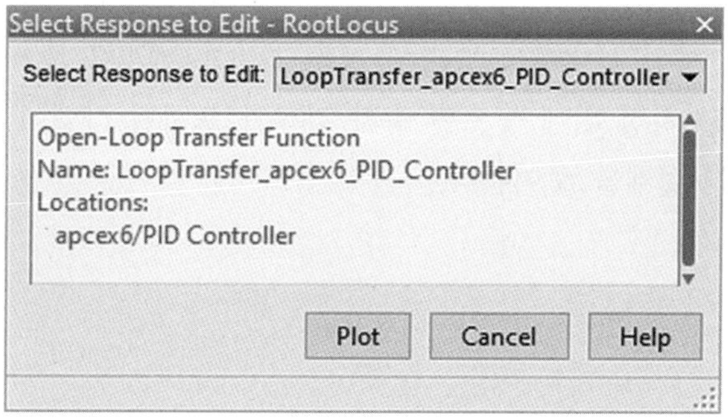

그림 C.26 편집할 응답 선택 – 루트 로커스 창

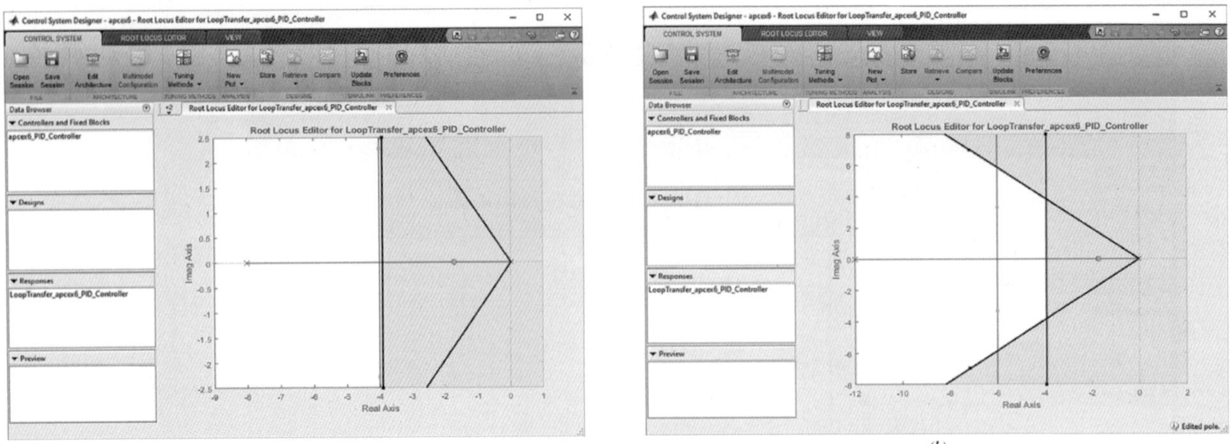

(*a*) (*b*)

그림 C.27 설계 경계가 있는 루트 위치 그림: a. 오리지널 ; b. 보상기 폴 이동 후

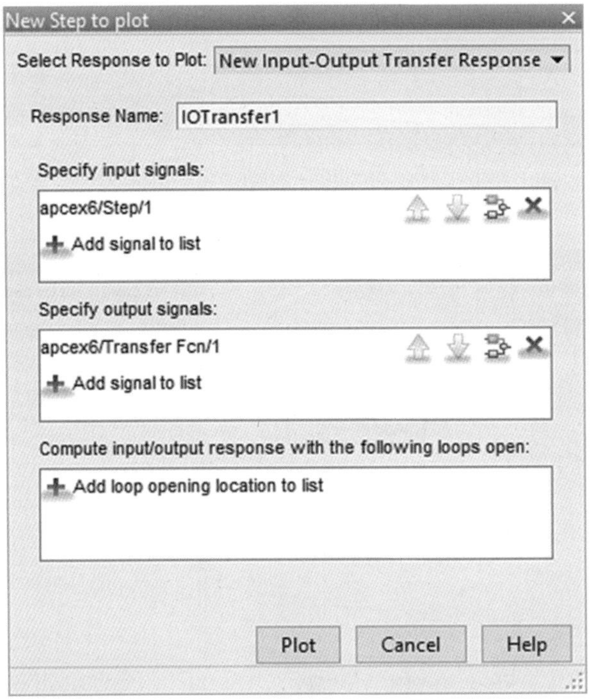

그림 C.28 새 단계부터 플롯 창

설계 테스트 제어 시스템 탭에서 새 그림을 선택하고 새 단계를 선택한다. 창 결과를 플롯하기 위한 New Step은 그림 C.28에 나와 있다. 플롯을 누른다. 그래프를 마우스 오른쪽 버튼으로 클릭하고 특성을 선택하여 그림에 정착 시간과 백분율 오버슈트를 삽입한다. 그리고, 마우스를 지정된 지점 위에 놓으면 숫자 결과가 표시된 라벨이 표시된다. 그림 C.29는 최종적인 성공적인 설계를 보여준다.

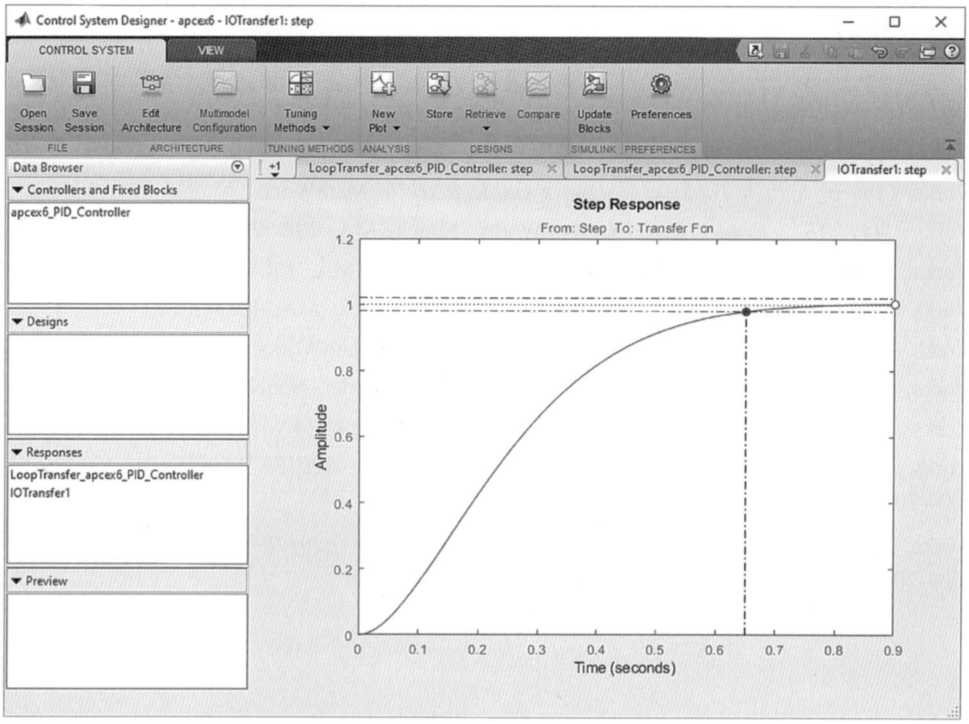

그림 C.29 정착 시간을 보여주는 최종 설계 응답

요약

이번 부록에서는 Simulink와 그 장점 그리고 사용법을 설명하였다. 예제는 4장, 5장, 그리고 13장에서 가져왔고 선형, 비선형 그리고 디지털 시스템을 시뮬레이션하기 위한 Simulink의 사용 방법을 보여 주었다.

추가적으로, PID 제어기를 자동으로 조정하여 성능 요구조건을 만족시키기 위한 Simulink Conrol Design을 사용하는 방법을 보여주었다.

이 부록의 목적은 Simulink를 사용하는 방법과 그 목적에 친숙하게하기 위함이다. 많은 블록과 파라미터와 참조들을 이 짧은 장에서 모두 다루지는 않았다. 여러분은 앞에서 설명했던 on-screen 도움말을 사용함으로써, Simulink의 사용을 늘리고 Simulink의 탐색에 용기를 가질 수 있을 것이다. 또한, 이번 부록의 참고 문헌에서 Simulink에 대해서 좀 더 많은 것을 배울 기회를 제공할 것이다.

참고문헌

MathWorks. *Control System Toolbox^{TM} Getting Started Guide R2017b*. MathWorks, Natick, MA, 2000-2017.

MathWorks. *Control System Toolbox^{TM} User's Guide R2017b*. MathWorks, Natick, MA, 2001-2014.

MathWorks. *MATLAB® Primer R2017b*. MathWorks, Natick, MA, 1984-2017.

MathWorks. *MATLAB® Graphics R2017b*. MathWorks, Natick, MA, 1984-2017.

MathWorks. *MATLAB® Mathematics R2017b*. MathWorks, Natick, MA, 1984-2017.

MathWorks. *MATLAB® Programming Fundamentals R2017b*. MathWorks, Natick, MA, 1984-2017.

MathWorks. *Simulink® Getting Started Guide R2017b*. MathWorks, Natick, MA, 1990-2017.

MathWorks. *Simulink® User's Guide R2017b*. MathWorks, Natick, MA, 1990-2017.

MathWorks. *Simulink® Control Design^{TM} Getting Started Guide R2017b*. MathWorks, Natick, MA, 2004-2017.

MathWorks. *Simulink® Control Design^{TM} User's Guide Guide= R2017b*. MathWorks, Natick, MA, 2004-2017.

APPENDIX D: LabVIEW$^{TM^1}$ Tutorial

D.1 사용하기에 앞서

여기서 소개할 LabVIEW는 MATLAB의 대안으로 사용될 수 있는 프로그램이다. 필수적이진 않지만 LabVIEW를 배우기 전에 MATLAB에 먼저 익숙해지는 것을 추천한다. 그러는 것이 언어적인 프로그램 (MATLAB)과 그래픽 프로그램 (LabVIEW) 의 관계를 더 이해하기 쉽게 하고 LabVIEW의 기능을 확장하는데 도움을 주기 때문이다. 이 장에서는 LabVIEW를 이용해 (1)제어 시스템을 분석하는 방법과 (2) 제어 시스템을 모의실험하는 방법을 배운다. 이 부록은 LabVIEW2017를 이용해 만들어졌다.

LabVIEW는 가상의 기구 (VI' s) 를 만들어내는 그래픽 프로그램이다. VI란 오실로스코프나 파형 제네레이터같은 하드웨어 장치를 컴퓨터 스크린에 재구성하는 것을 말한다. VI는 프로그램 상으로 입력과 출력이 될 수 있는 다양한 조종 장치와 계기 장치로 되어 있다. 각각의 장치들은 그것들의 작동을 결정하는 코드 블락으로 구성돼 있다. 따라서 LabVIEW모델은 두 개의 윈도우창으로 구성되어 있는데 : (1) 조종 장치와 계기 장치를 보여주는 하드웨어의 모형인 Front Panel창, (2) Front Panel창에 있는 조종 장치와 계기 장치의 코드 블락을 포함하는 Block Diagram창이 그것이다.

Front Panel 과 관련이 있는 윈도우 창은 수많은 조종 장치와 계기 장치의 아이콘을 가지고있는 Control 팔레트 창이다. 아이콘들은 Front Panel 창으로 드래그 되어 조종 장치와 계기 장치를 생성할 수 있게 해주며 동시에, 관련된 코드 블락 역시 Block Diagram에 나타난다.

또는 Block diagram을 먼저 구성할수도 있다. 그럴 경우 front panel이 block diagram으로부터 생성된다. Block Diagram과 관련된 윈도우 창은 넓은 범위의 기능들을 포함한 수많은 아이콘을 가진 Functions 팔레트이다. 아이콘들은 Block Diagram 윈도우 창으로 드래그 되어 코드 블락을 생성한다.

예를 들어, 그림 D.1(a)는 신호 생성기의 front panel이다. 생성기는 신호 종류를 결정하는 조종 장치와 출력 파형을 보여주는 파형 그래프로 구성되어 있다. 그림 D.1(b)는 코드 블락에 포함된 코드를 보여준다. 여기서는 신호 종류 선택기는 조종 장치이고 파형 그래프는 계기 장치이다. 후에 어떻게 다른 VI들을 연결하는지 보여줄 예정이다. Front panel과 block diagram의 팔레트 윈도우 창은 각각 그림 D.1(c)과 그림 D.1(d)에서 보여 진다. 이 부록의 VI는 Control Systems Engineering Toolbox에서 찾을 수 있다.

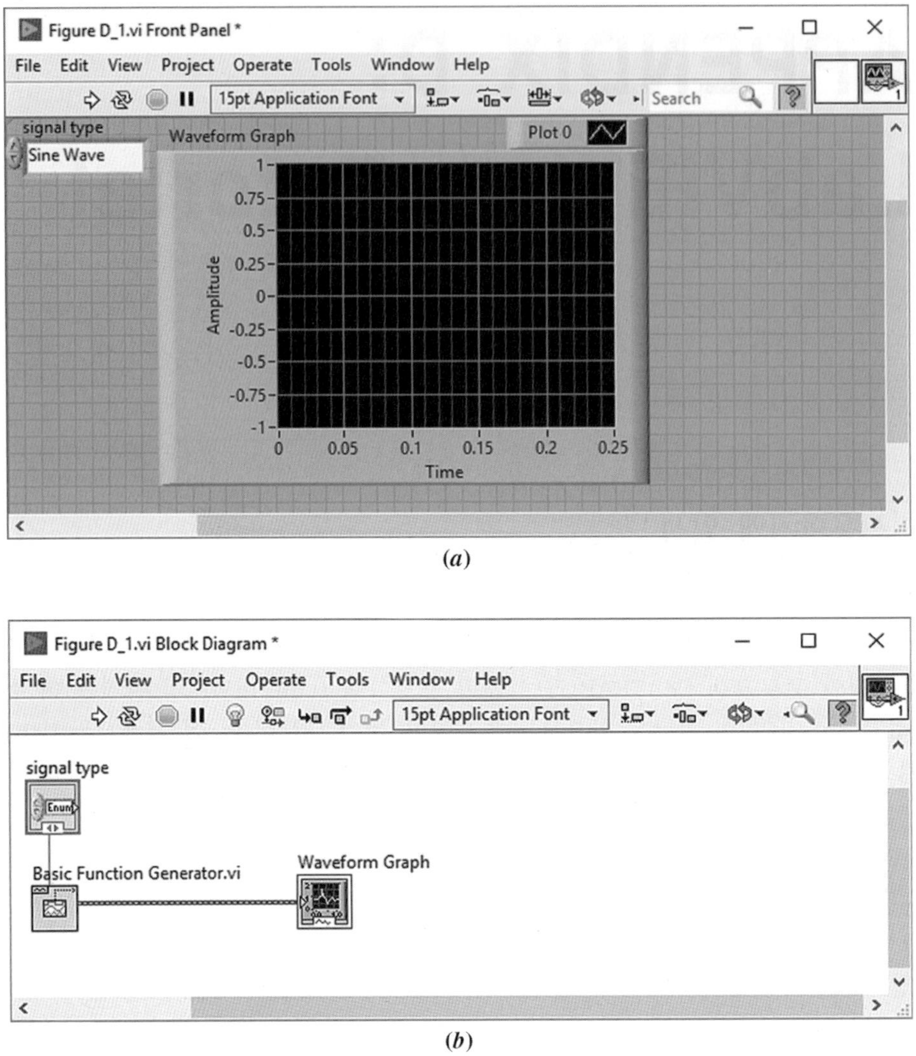

그림 D.1 LabVIEW 기능 생성기 Ⅳ: a. Front Panel 윈도우 창; b. Block Diagram 윈도우 창

D.2 제어 시스템의 해석, 설계, 모의실험

LabVIEW는 제어 시스템의 해석, 설계, 모의실험, 개발, 배치에 대해 MATLAB의 대안 혹은 결합으로 사용된다. 또한 LabVIEW Control Design 과 Simulation Module이 필요하다. 추후에 설명하겠지만 부가적으로 MathScript RT Module을 설치해서 같이 이용할 수도 있다.

해석과 설계는 MATLAB의 코드를 작성하는것과 비슷하고 모의실험은 Simulink와 비슷하다고 생각할 수 있다. LabVIEW에서 해석과 설계는 모의실험과는 대조적으로 그림 D.1(d)와 같이 Function 윈도우 창의 Control Design and Simulation 과 다른 서브팔레트에서 다루어진다. 해석과 설계, 모의실험은 보통 후에 상호 연결될 코드 블락을 나타내는 아이콘들이 있는 Block Diagram윈도우 창에서 시작된다. 코드로 사용될 매개변수들은 Front Panel 윈도우 창의 Ⅳ조종 장치를 통해 편리하게 선택되고, 바뀌고, 수행될 수 있다. 반응 시간 같은 결과들이 Front Panel 윈도우 창의 Ⅳ계측 장치를 통해 보여 진다.

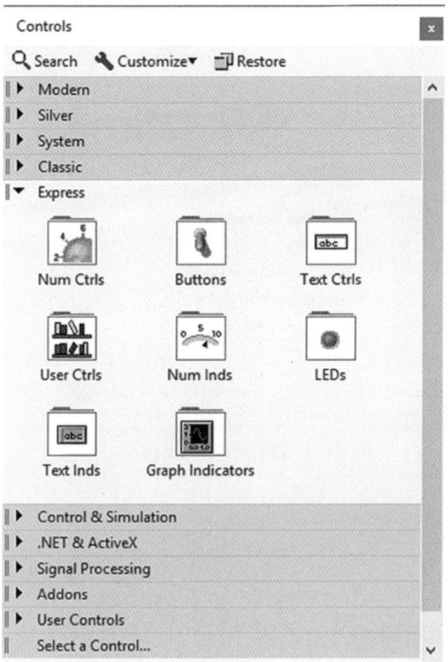

(c)

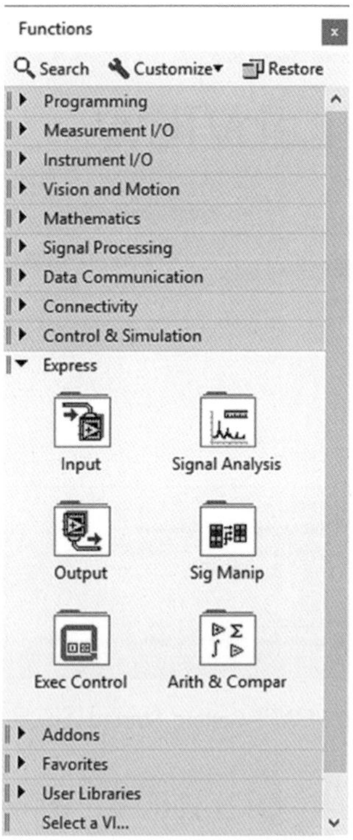

(d)

그림 D.1 (그림 계속) c. Controls 팔레트; d. Functions 팔레트

D.3 LabVIEW의 사용

다음 단계들을 통해 LabVIEW를 통한 제어 시스템의 해석, 설계, 모의실험을 수행할 수 있다. 단계들은 다음에 나오는 예제들을 통해 설명된다.

1. **LabVIEW의 시작** LabVIEW는 그림 D.2에 나타난 Getting Started 창의 New 혹은 Open을 선택해서 시작할 수 있다. 그 외에도 다양한 기능을 선택할 수 있는데 File 메뉴에 있는 New 혹은 New Ⅳ에서 Blank Ⅳ를 선택하면 그림 D.1과 같이 Front Panel 과 Block Diagram 윈도우 창을 불러올 수 있다.
   Block Diagram 윈도우 창을 우클릭해서 Functions 팔레트를 불러오고 왼쪽 상단에 위치한 압정 버튼을 누르면 창이 고정된다. Controls 팔레트를 불러오기 위해서는 Front Panel 윈도우 창에서 위 단계를 반복하면 된다.
2. **블락의 선택** Block Diagra 윈도우 창을 활성화 시키거나 메뉴 바의 Window를 통해 연다. Functions 팔레트를 불러오기 위해 Block Diagram 윈도우창을 우클릭 하거나 View 메뉴를 이용한다. 아래쪽에 있는 팔레트를 더블클릭하여 확장한다. 각각의 아이콘에 설명이 나타나게 하기 위해 팔레트창의 상단에 있는 View를 클릭해서 View This Palette As/Category (Icons and Text)를 선택한다. 제어 시스템의 해석, 설계, 모의실험을 위해 Functions 팔레트에 있는 Control & Simulation을 확장한다.
   모의실험을 하려한다면 Simulation 서브 팔레트를 클릭하고, 제어 시스템의 해석과 설계를 하려 한다면 Control Design 서브 팔레트를 클릭한다. 서브 팔레트의 좌상단에 있는

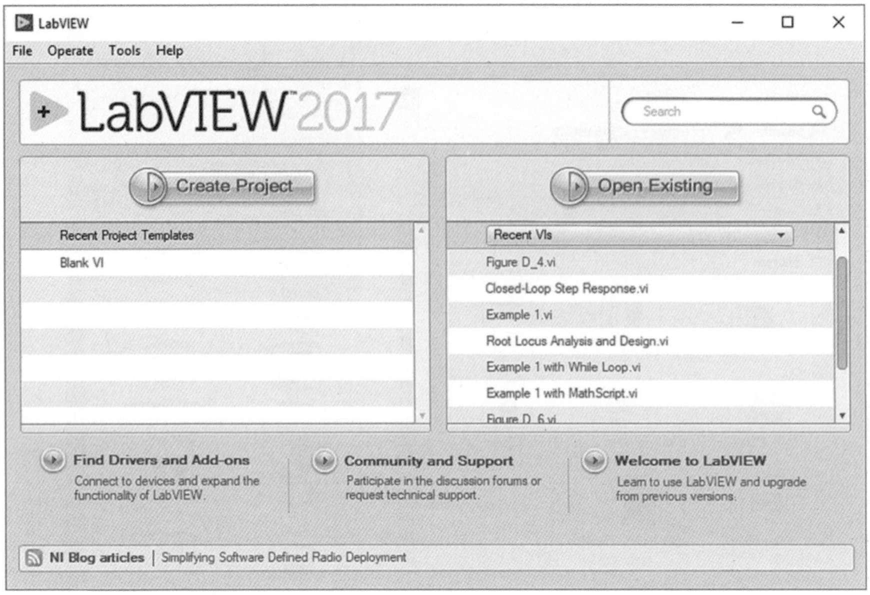

그림 D.2 LabVIEW의 **Getting Started** 윈도우 창

작은 탭은 추가적인 팔레트나 블락을 뜻한다. 아이콘의 이름이 잘 보이지 않는다면, 아이콘 위에 마우스를 올려놓아서 문제를 해결 할 수 있다. 아이콘에 관한 더 상세한 설명을 원한다면 아이콘을 우클릭해서 Help를 선택한다.

3. **Block diagram 윈도우로 블락의 이동** 아이콘을 좌클릭한 후 끌어서 아이콘을 Block Diagram 으로 이동시킬 수 있다. (몇몇의 아이콘은 이 작업을 수행하는데 약간의 시간이 걸린다.) 포인터가 손모양으로 바뀔 때, 아이콘을 두고 싶은 Block Diagram 위치를 클릭하면 된다.

4. **Block에 대한 정보 얻기** 블락들이 어떻게 상호 연결되어 있고 블락의 매개변수 혹은 다른 특질들이 어떻게 입력되는지 알고 싶을 수 있다. Block Diagram 툴바의 오른쪽에 있는 노란색 물음표 마크를 클릭해서 Context Help window창을 연 후 특정 아이콘에 마우스를 대면 도움말이 나타날 것이다. 추가적인 도움말은 Block Diagram 메뉴 바에 있는 Help 메뉴를 이용해서 볼 수 있다. 마지막으로, Properties 같은 추가적인 선택을 위해 아이콘을 우클릭한다. 특히, 이 메뉴는 블락 front panel의 제어 장치와 계측 장치를 만들 때 많이 사용된다. 이 front panel을 통해 블락의 매개변수를 선택하고 반응을 볼 수 있다.

5. **상호연결과 블락 라벨링** 블락들이 Block Diagram에 위치하면 그것들을 클릭 혹은 드래그해서 선택 패턴을 결정한 후 이동시킬 수 있다. 선택 패턴이 결정되면 좌클릭 후 드래그 해서 새로운 위치로 이동시키면 된다. 블락을 지울때는 블락을 선택한후 Backspace 버튼을 누르면 된다.
블락의 이동에 관한 도움말이 도움이 될 것이다. 마우스 포인터가 와이어 모양으로 바뀔 때까지 터미널에 두다가 모양이 바뀌면 클릭한 후 연결하고 싶은 다음 아이콘의 터미널로 마우스를 이동한다. 목적 터미널을 클릭해서 와이어링을 끝낸다. Context Help 윈도우 창 안에 있는 터미널이 마우스를 둘 때마다 깜빡이는 것을 볼 수 있는데 적절한 터미널을 구성했다는 것을 뜻한다. 만약 와이어링을 하는데 있어 오류가 있다면 와이어를 클릭하고 Backspace 버튼을 누르거나 와이어를 우클릭해서 Delete Wire Branch를 선택한다.

블락 라벨은 보여질수도 숨겨질수도 있는데 블락을 우클릭한후 Visible Items/Label을 체크함으로써 숨겨짐 여부를 정할 수 있다. 라벨을 더블클릭함으로써 텍스트를 선택하거나 바꿀 수도 있다. 라벨을 한번 클릭해서 라벨근처에 패턴을 선택한 후 마우스 왼쪽 버튼을 누르고 이동시키면 다른 위치로 라벨을 옮길 수 있다.

6. **블락에 접속기 생성하기** 제어, 기능의 선택, 매개변수의 명시, 혹은 반응을 보기 위해 블락에 접속기를 만들고 싶을 수 있다. 이러한 접속기는 Front Panel 윈도우 창과 연관이 있는데 접속기를 만들고 싶은 블락을 우클릭 한 후 팝업 메뉴가 나타나면 Create/Control을 선택하거나 Create/Indicator를 선택해서 블락사이의 상호작용을 볼 수도 있고 반응을 보거나 세팅할 수 있다.

7. **조종 장치의 설정** Front Panel 윈도우 창으로 바꿔서 매개변수나 기능등의 조종 장치를 설정해보자. 예를들어 값을 바꾸고 미래의 특정 시점에 다시 원래 값으로 바꾸고 싶다면 Block Diagram 메뉴에서 Edit를 클릭하고 Make Current Values Default를 선택한다. 미래에 설정한 디폴트 값으로 돌아가고 싶다면 Block Diagram 메뉴의 Edit에서 Reinitialize Values to Default를 선택한다.

8. **프로그램 실행** 프로그램을 실행시키기 위해 왼쪽의 툴바에서 Block Diagram 이나 Front Panel을 클릭한다. 왼쪽 툴바의 곡선 버튼을 클릭하면 프로그램이 연속적으로 실행되며 실행 중에도 함수나 매개변수 값을 변경할 수 있다.
   버튼의 기능을 확인하기 위해서는 마우스를 버튼위에 두어서 설명 메뉴가 나오게 한다. 왼쪽에서 세 번째에 있는 빨간색 점 버튼을 누르면 모의실험이 중지된다. 제어 시스템의 분석이나 설계를 위해 연속적인 프로그램 실행을 하는 또 다른 방법은 블락 다이어그램에 있는 While Loop를 이용하는 것 이다. 이 명령어는 Functions 팔레트의 Express/Execution Control/While Loop에 있으며 Front Panel의 Stop 버튼을 이용해 멈출 수 있다. Stop 버튼의 위치에는 어떠한 참/거짓 Boolean도 While Loop안에 있는 조건 블락에 연결될 수 있다.
   모의실험을 할 때는 Functions 팔레트의 Control & Simulation/Simulation/Control & Simulation Loop 경로를 이용할 수 있다. 모의실험하려는 블락 다이어그램으로 Control & Simulation Loop를 드래그 한다. 그 후에는 모의실험을 위한 매개변수들을 결정하기 위해 Control & Simulation Loop를 우클릭해서 Configure Simulation Parameters . . . 를 선택한다. Front Panel과 조종 장치는 우클릭 후 Properties를 선택해서 설정을 할 수 있다.

D.4 해석과 설계 예제

이번 장에서는 제어 시스템의 해석과 설계에 관한 LabVIEW예제들을 다룬다. 다음 장에서는 모의실험을 위한 LabVIEW예제를 다룰 것 이다.

해석과 설계에 관한 예제는 Control & Simulation 팔레트의 Control Design 서브 팔레트에 있는 아이콘들을 이용한다. 모의실험을 위한 다음 장의 예제에서는 Control Design and Simulation 팔레트의 Simulation 서브 팔레트를 이용한다.

예제 D.1 개루프 계단 응답

해석과 설계는 보통 Control Design 서브 팔레트에 있는 아이콘을 Block Diagram 윈도우 창으로 드래그 함으로써 시작된다. 아이콘들은 코드 블락을 뜻하며 연속적인 코드 블락은 연속적인 코드라고 생각할 수 있다. 따라서 MATLAB과 비교한 LabVIEW의 장점은 프로그래머가 코딩 언어를 외울 필요가 없다는 것 이다. 예를 들어 TryIt D.1에 있는 MATLAB 코드는 계단 응답 $G(s)=100/(s^2+2s+100)$를 뜻한다.

D.3 장의 각각의 단계를 통해 이 응답이 LabVIEW를 통해 어떠한 코딩 언어 없이도 만들 수 있다는 것을 설명한다.

1. **LabVIEW의 시작** LabVIEW를 시작해서 그림 D.2에 있는 New VI를 선택한다.
2. **블락의 선택** Functions 팔레트에서 그림 D.3(a)와 D.3(b)에 있는 블락을 선택한다.
3. **Block Diagram으로 블락의 이동** 아이콘을 그림 D.4에 있는 Block Diagram으로 드래그 한다.
4. **블락에 대한 정보 얻기** 각각의 블락을 우클릭해서 Visible Items의 두 가지 항목이 체크돼있는지 확인하라. 아래쪽에 있는CD Construct Transfer Function Model.iv. A Polymorphic IV Selector를 보자. 선택기를 클릭하고 메뉴를 불러온 후 Single-Input-Single-Output(SISO)를 선택한다. 이 블락은 TryIt D.1의 네단계의 MATLAB 전달함수를 효과적으로 생성한다.

   CD Draw Transfer Function Equation.iv를 위해 위 방법을 반복하고 Polymorphic IV Selector에서 Transfer Function(TF)를 선택한다. 이 블락은 전달함수를 상징적으로 그림으로 보여준다.

   polymorphic iv selector에서의 선택과 CD Construct Transfer Function Model.iv에서 만들어진 전달함수의 포맷은 반드시 매치돼야 한다.

   CD Step Response.iv를 위해 위 방법을 반복하고 Polymorphic IV Selector의 TF를 선택한다. 이 블락을 이용해 계단 응답에 대한 데이터를 모으고 그래프를 그릴 수 있다. 이 블락은 TryIt D.1 의 마지막 두 개의 MATLAB 코드로 효율적으로 만들 수 있다.
5. **블락의 상호연결과 라벨링** 이제 그림 D.4의 Block Diagram 윈도우 창일 보일 것 이다. 코드 블락들을 연결해 보자. 도움말 메뉴를 불러오기 위해 툴바의 오른쪽에 있는 물음표 마크를 클릭한다. 그림 D.5처럼 마우스가 아이콘 위를 지나가면 터미널을 보여주는 도움말 메뉴가 나타날 것이다. 터미널이 와이어 모양으로 바뀔 때까지 마우스를 가만히 두어서 터미널을 연결한다.
6. **블락의 접속기 생성** 매개변수들을 명시하고 반응을 보기위해 접속기를 만들고 싶을 수 있다. 이 단계에서는 Front Panel 윈도우에 접근하는 접속기를 만든다. 여기서 만들 접속기는 다음과 같다.

   - CD Construct Transfer Function Model.iv 입력 매개변수 조종 장치. 그림 D.5에서 나타나는 분자 터미널들을 우클릭해서 Create/Control을 선택하고 분모 터미널에서도 반복한다.

(*a*) (*b*)

그림 D.3 a. CD Construct . . . 과 CD Draw . . . ; b. CD Step Response . . . 의 선택

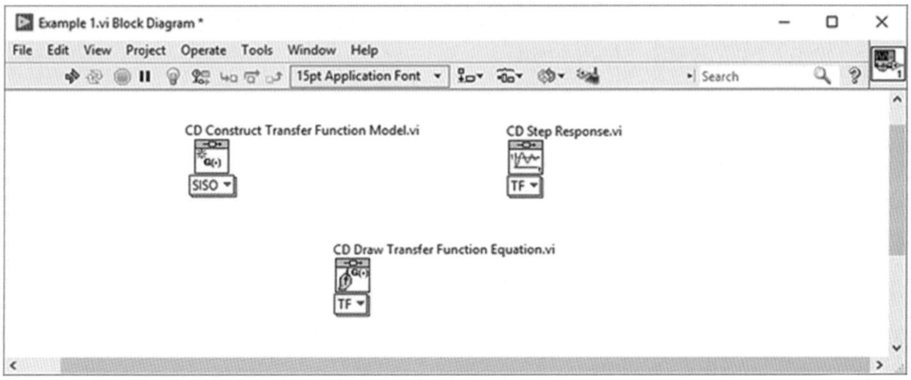

그림 D.4 Block Diagram 윈도우 창

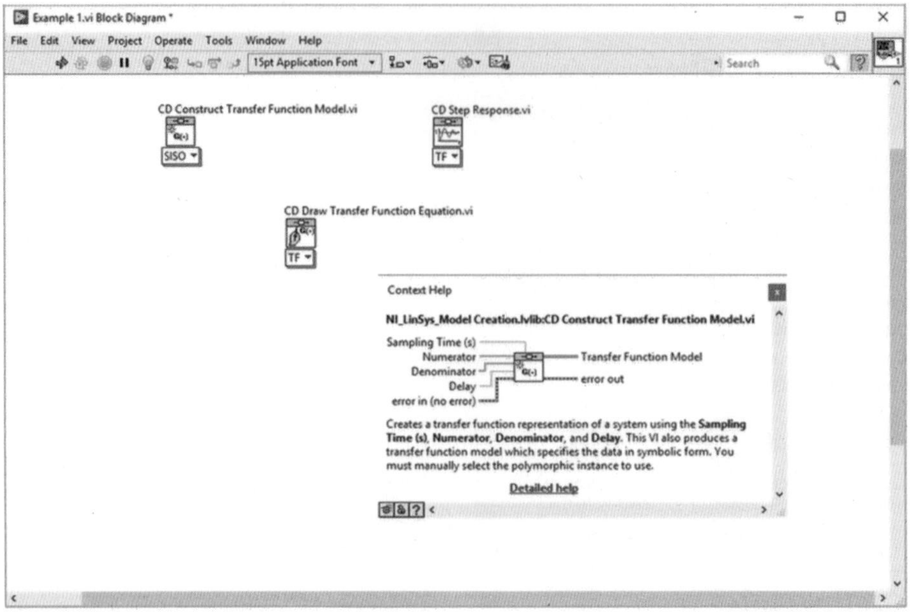

그림 D.5 CD Construct Transfer Function Model.iv 의 Context Help

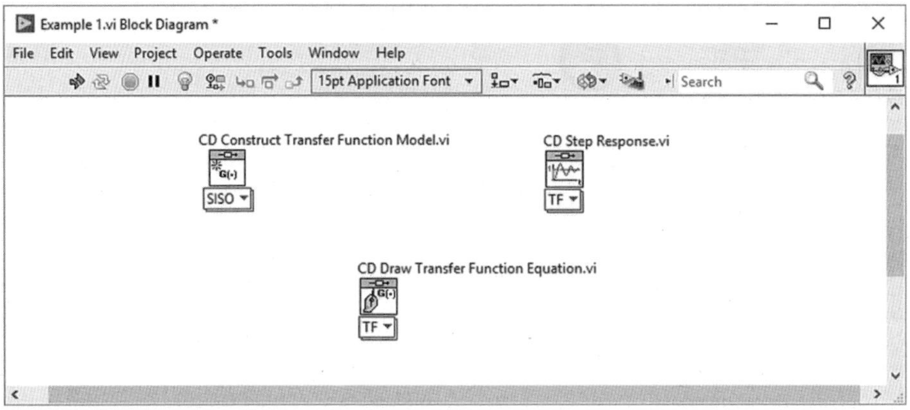

그림 D.6 연결된 블락들

- CD Step Response.iv 반응 계기 장치. Step Response Graph 터미널을 우클릭 하고 Create/Indicator를 선택한다.
- CD Draw Transfer Function Equation.iv 상징적인 전달 함수 계기 장치. Equation 터미널을 우클릭한 후 Create/Indicator를 선택한다. 그림 D.7(a)와 비슷하게 Block Diagram이 나타날 것 이다.

추가적으로 MathScript RT Module 이 설치되어 있다면 MathScript를 이용해 전달함수를 생성할 수 있다. 이 방법은 보통 전달함수를 만드는 MATLAB의 M-file코드와 호환이 된다. 접속기는 매개변수를 입력하기 위해 M-file에서 만들어진다. 이 방법을 사용하려면 MATLAB에 익숙해야 한다. MathScript블락은 Programming/Structures/MathScript 팔레트에서 찾을 수 있으며 MathScript 블락안에 M-file 코드를 만들 수 있다. 입력, 출력, 그리고 제어 장치들이 만들어진다. MathScript Node의 왼쪽을 우

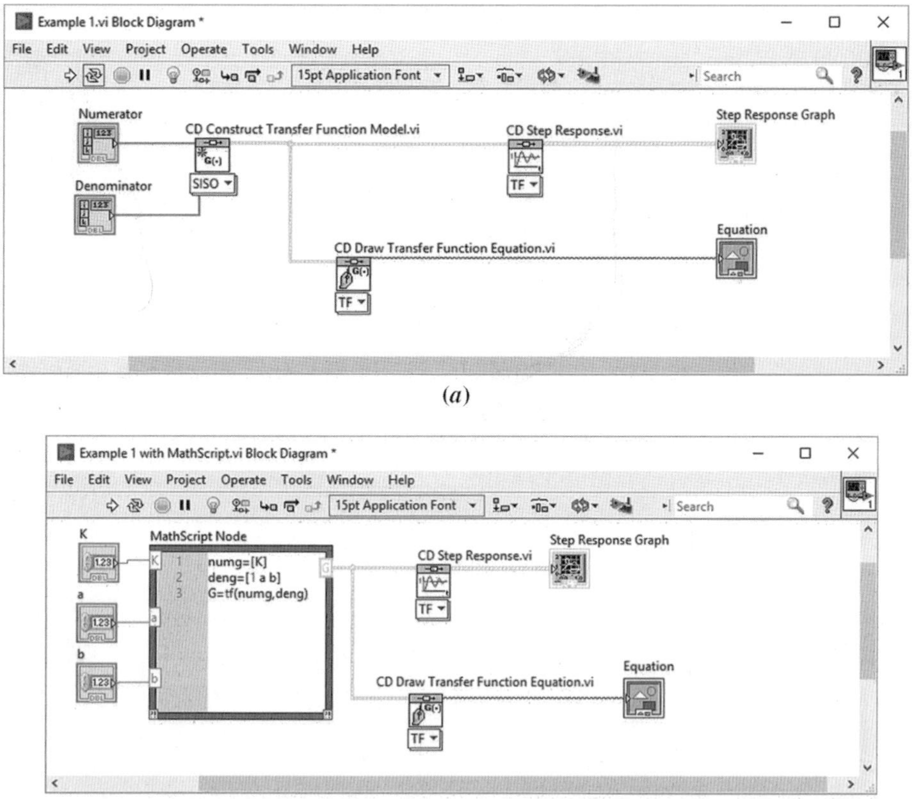

(a)

(b)

그림 D.7 Block Diagram 윈도우 창: a. Control Design블락과 접속기; b. MathScript 블락

클릭하고 Add Input을 선택한다. 입력을 K로 명명한다. 터미널 K를 우클릭하고 Create/Control을 선택한다. 제어기는 Block Diagram과 Front Panel에 생성된다. 매개변수 a와 b에 대한 제어기와 입력들을 생성하기 위해 같은 과정을 반복한다. 이제 MathoScript Node를 출력으로 만든다. MathoScript Node의 오른쪽을 우클릭하고 Add Output/G를 선택한다. 입력과 출력들을 연결하면, 블록 다이어그램이 그림 D.7(b)와 같이 나타날 것이다.

Block Diagram 윈도우 메뉴 바에서 Window/Show Front Panel을 선택한다. 그림 D.8과 비슷한 접속기에 의해 만들어진 Front Panel을 볼 수 있을 것 이다. Front Panel 혹은 Block Diagram 윈도우 창의 라벨을 더블클릭해서 주제에 맞게 라벨을 고칠 수 있다.

7. **조종 장치의 설정** Front Panel 윈도우 창을 이용해 오름차름 순으로 분자와 분모의 다항식 계수를 입력한다. 분자와 분모 왼쪽에 있는 선택기는 s의 차수를 보여준다. 카운터의 증가는 고차 계수를 원래대로 볼 수 없게 한다. 모든 다항식 계수가 보이려면 마우스를 다항식 지표의 오른쪽 가장자리에 두어서 포인터가 두 개의 화살표가 되고 파란색 점이 다항식 지표의 왼쪽과 오른쪽에 나타나게 한다. 그 후, 오른쪽 파란색 점이 더 많은 셀을 포함하도록 드래그 한다.

   지표 장치나 조종 장치를 우클릭해서 팝업 메뉴를 만드는 것 뿐 아니라 메뉴 바의 선택에도 익숙해져야 한다. 예를 들어 Edit 메뉴에서 Make Current Values Default 혹은 Reinitialize Value to Default를 선택할 수 있다. 지표 장치나 조종 장치를 우클릭해서 Properties 메뉴를 불러와 지표 장치와 조종 장치를 원하는 대로 조절할 수 있다.

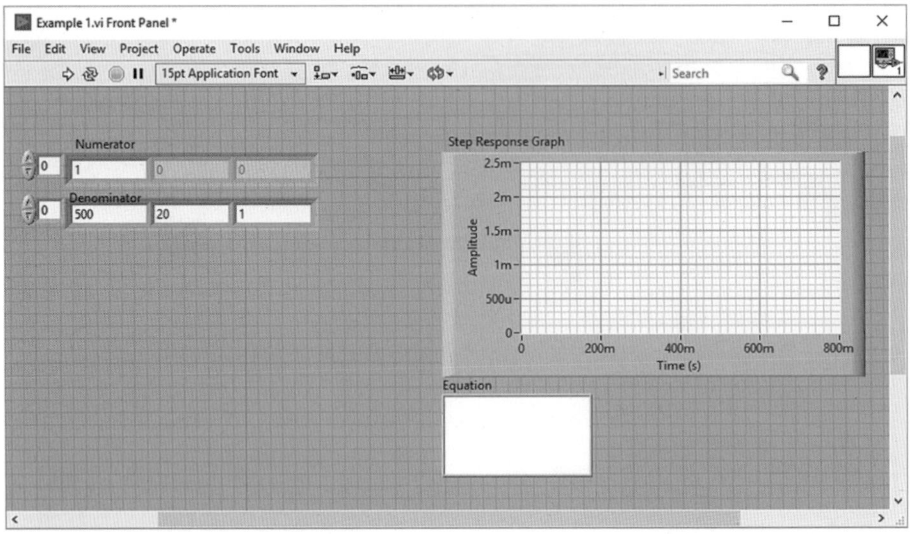

(*a*)

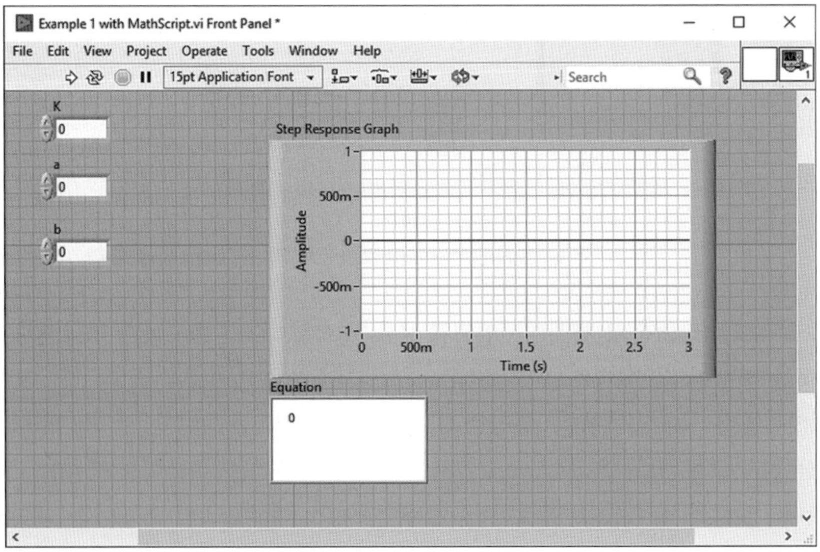

(*b*)

그림 D.8 a. 그림 D.7(a);(그림 계속) Block Diagram의 Front Panel, b. 그림 D.7(b) Block Diagram의 Front Panel

8. **프로그램 실행** 그림 D.9는 실행 후의 예제 D.1을 보여준다. 입력된 값과 방정식 그리고 계단 응답을 볼 수 있다. 실행은 툴바의 왼쪽 줄을 클릭함으로써 초기화 시킬 수 있다. 툴바의 곡선 화살표를 클릭해서 프로그램을 연속적으로 실행할 수 있다. 이제 값을 바꿔 보자. Enter를 누르고 즉시 나타나는 결과를 보자. 툴바의 빨간색 육각형을 눌러서 프로그램 실행을 중지한다. 연속적인 프로그램 실행을 위한 또 다른 방법은 그림 D.10(a)처럼 While Loop를 블락 다이어그램 주위에 두는 것이다. 루프는 그림 D.10(b)와 같이 Functions/Express/Execution Control에서 접근 가능하다.

   While Loop를 선택한 후에 연속 루프를 만들기 위해 블락 다이어그램 쪽으로 커서를 드래그 한다. Front Panel이 그랬던 것처럼 stop 버튼이 블락 다이어그램에 나타날 것 이다. 우하단의 Conditional Terminal 아이콘은 While Loop를 제어하기 위해 쓰인다. 더 많은 정보를 위해서는 온라인 문서를 읽어보라.

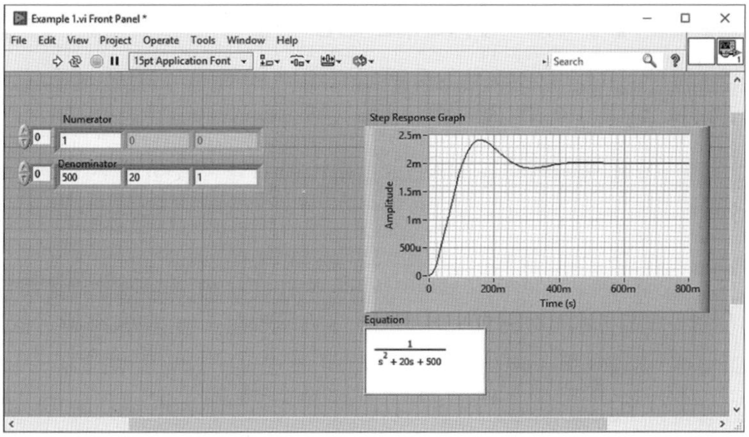

(*a*)

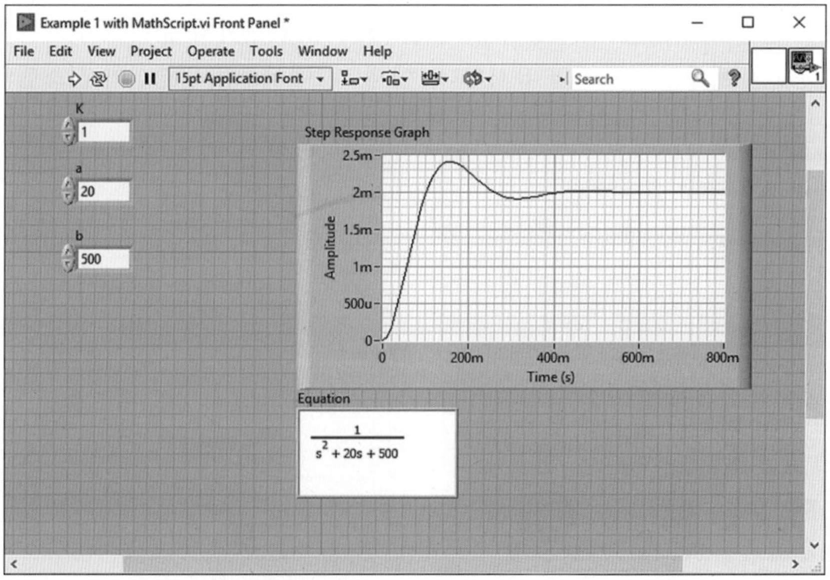

(*b*)

그림 D.9 a. 그림 7(a) 블락 다이어그램의 실행 후 Front Panel
b. 그림 7(b) 블락 다이어그램의 실행 후 Front Panel

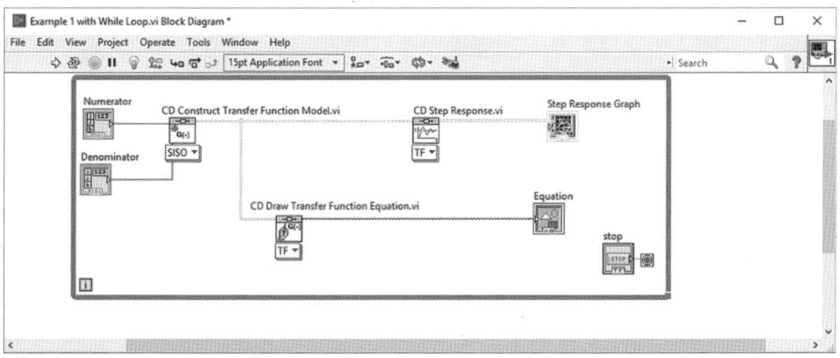

(*a*)

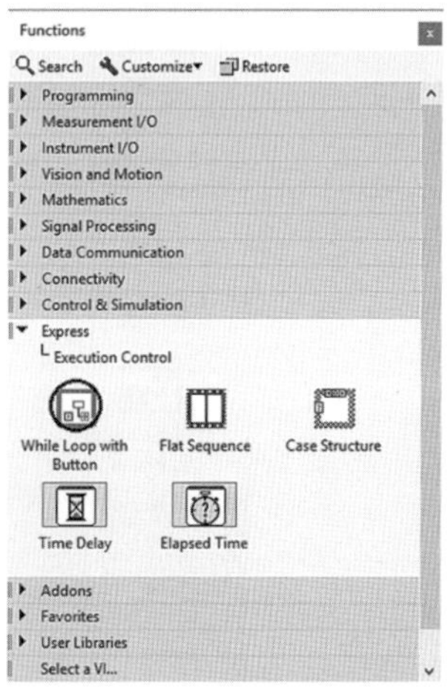

(*b*)

그림 D.10 a. While Loop와 블락 다이어그램; b. Functions 팔레트가 보여주는 While Loop 위치

예제 D.2 폐루프 계단 응답

이번 예제에서는 계단 응답 피드백 시스템을 나타내는 방법에 대해서 배운다. 다양성을 위해 개루프 시스템을 MATLAB의 zpk 함수와 비슷하게 이득 값이 곱해진 폴에 대한 제로의 비라고 생각해보자. 이전 예제에서는 MATLAB의 tf 함수와 비슷하게 시스템을 다항식의 비라고 생각했다.

1. **블락의 선택** 제로-폴-이득 값 전달함수는 그림 D.11(a)처럼 Functions 팔레트에서 얻을 수 있다. 그림 D.11(b)처럼 Function 팔레트에서 Feedback 블락을 찾아서 전달함수를 피드백 시스템의 정방향 쪽으로 둔다.
   Model 2 입력이 Feedback에 연결 되어 있지 않으면 단일 피드백 연결을 가정한다. 병렬, 직렬연결 같은 연결을 위한 다른 옵션들은 그림 D.11(b)의 팔레트에서 볼 수 있다.
2. **블락의 연결과 라벨링** 계단 응답 블락이 Feedback 블락의 출력에 위치한다는 점만 제외하고는 예제 D.1과 거의 유사하다. 예제 D.1에서처럼 방정식이 시스템의 출력에

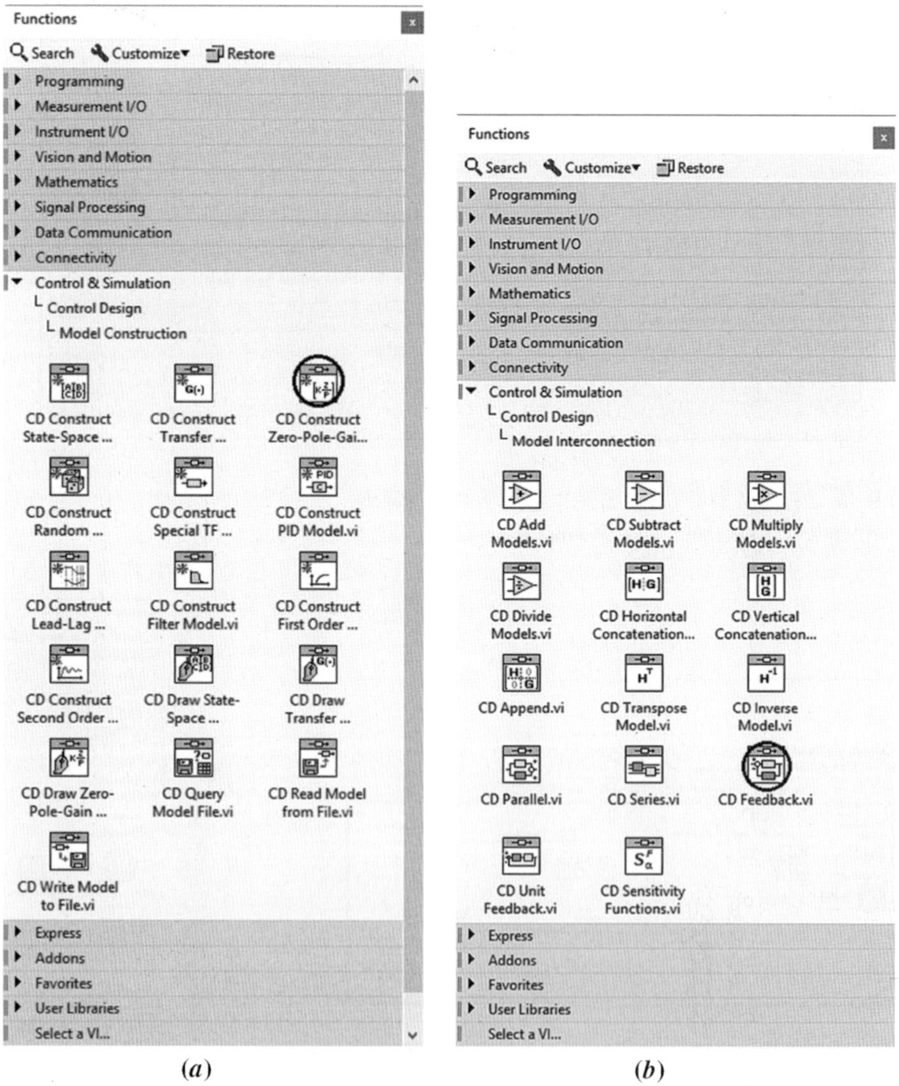

그림 D.11 a.Functions 팔레트에서 얻은 제로-폴-이득 값 전달함수; b.Functions 팔레트에서 얻은 Feedback 연결

연결된다. 모든 데이터 타입은 호환이 돼야 하고 블락 아래쪽의 풀-다운 메뉴에서 볼 수 있다. 만약 풀-다운 메뉴에서 Automatic을 선택하면 블락을 연결할 때 LabVIEW가 자동으로 적절한 형식을 선택한다.

이 예제를 위한 Block Diagram과 Front Panel이 그림 D.12(a)와 (b)에 주어졌다. 개루프 다항식의 분자와 분모의 계수를 입력한 Front Panel에 개루프 폴, 제로, 이득 값을 입력함을 주목하라.

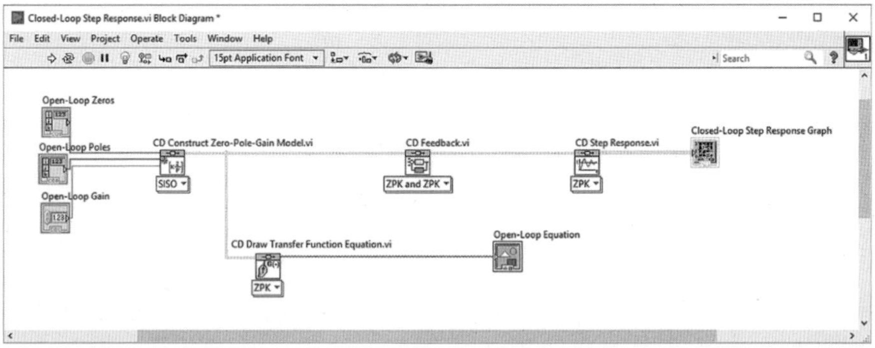

(a)

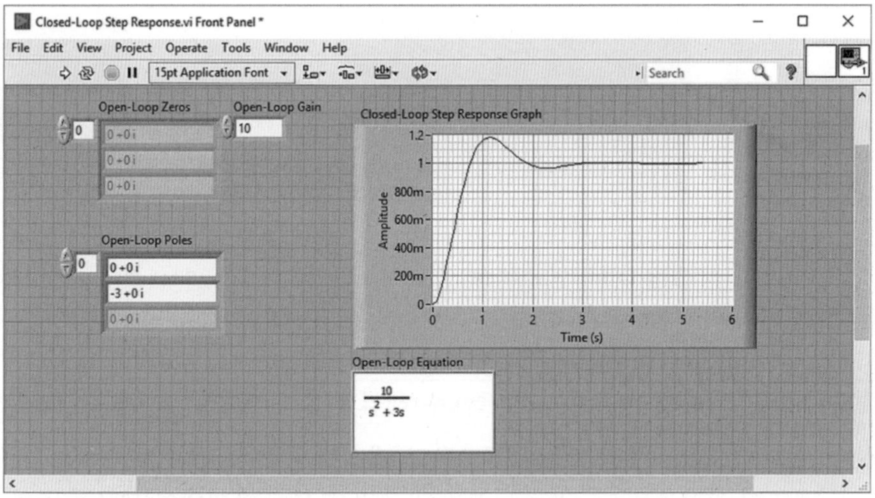

(b)

그림 D.12 a. 예제 D.2의 Block Diagram; b. 예제 D.2의 Front Panel

예제 D.3 근궤적 해석과 설계

그림 D.13처럼 Functions 팔레트의 Root Locus를 이용해 근궤적을 그릴 수 있다. Root locus블락은 개루프 시스템의 출력으로 연결되며 Root Locus Graph 계기 장치가 Root Locus블락의 출력에 형성된다. 그림 D.14(a)와 (b)처럼 Block Diagram과 Front Panel이 나타난다.

그림 D.13은 블락에 추가될 수 있는 다른 특징들을 보여준다. 예를 들어 감쇠비와 고유주파수 외에도 폐루프 폴과 제로 또한 블락에 나타날 수 있다.

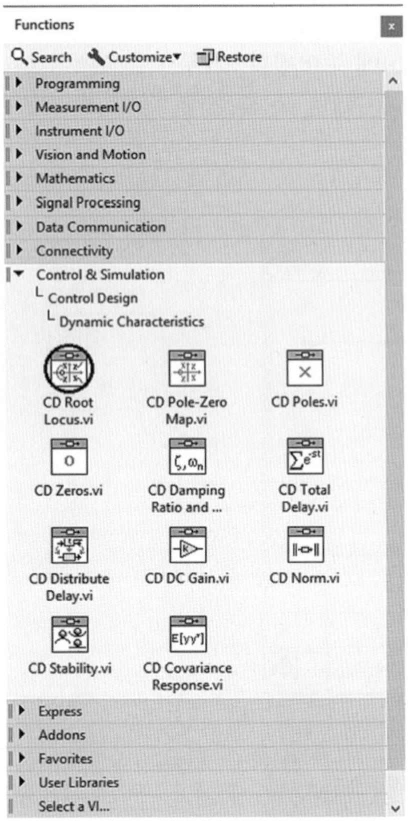

그림 D.13 Root Locus 블락의 위치를 보여주는 Functions 팔레트

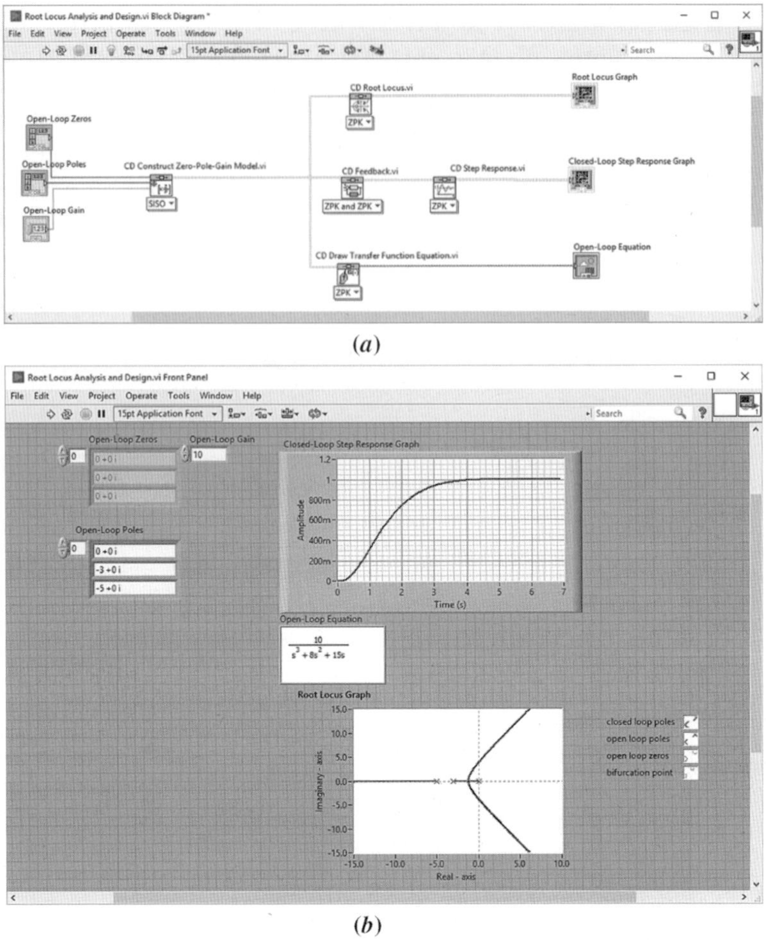

그림 D.14 윈도우창에서 보여주는 근궤적 해석 : a. Block Diagram; b. Front Panel

예제 D.4 개-페루프 사인 주파수 해석과 설계

Root Locus 블락을 Bode 블락으로 바꿈으로써 개- 페루프 사인 주파수 곡선을 얻을 수 있다. Bode 블락의 복사본을 Feedback 블락의 출력 부분에 추가하여 폐루프 주파수 반응을 얻을 수 있다. 그림 D.15는 Bode 블락을 보여준다.

그림 D.16은 개-페루프 해석을 위한 Block Diagram과 Front Panel을 보여주는데 그림을 띄우기 위해 Bode 블락의 출력에 계측 장치가 만들어져야 한다.

그림 D.15는 주파수 반응 해석을 위한 대안을 보여준다. 예를 들어 Bode 플랏 뿐 아니라 Gain and Phase Margin 블락을 이용해 이득 값과 상의 마진을 얻을 수 있다. 그림 D. 17은 그것에 대한 결과를 보여준다.

마지막으로 그림 D.15에서 Bode 블락을 대체할 수 있는 Nyquist과 Nichols 차트를 얻기 위한 블락을 표시했다.

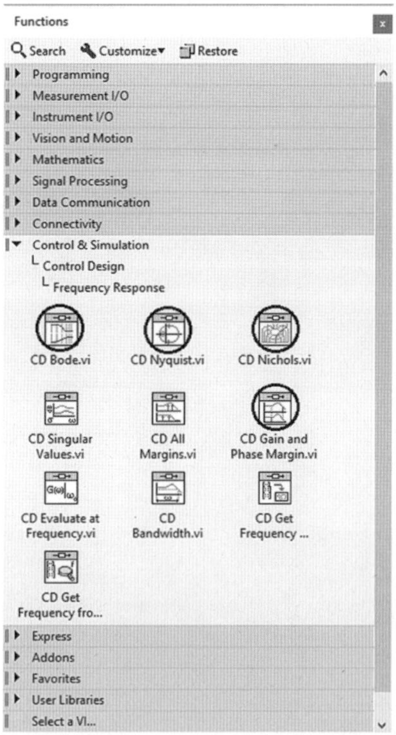

그림 D.15 Functions 윈도우 창에서 보여주는 Bode, Nyquist, Nichols, Gain and Phase Margin 블락 같은 주파수 반응 블락

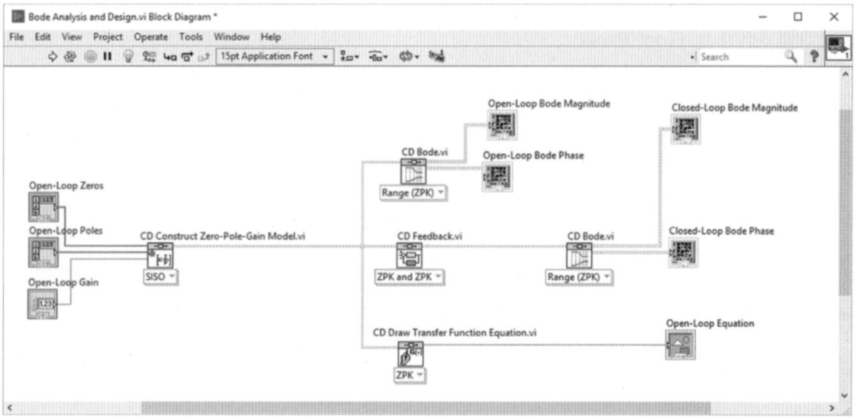

(*a*)

그림 D.16 LabVIEW를 통한 bode 해석 : a. Block Diagram

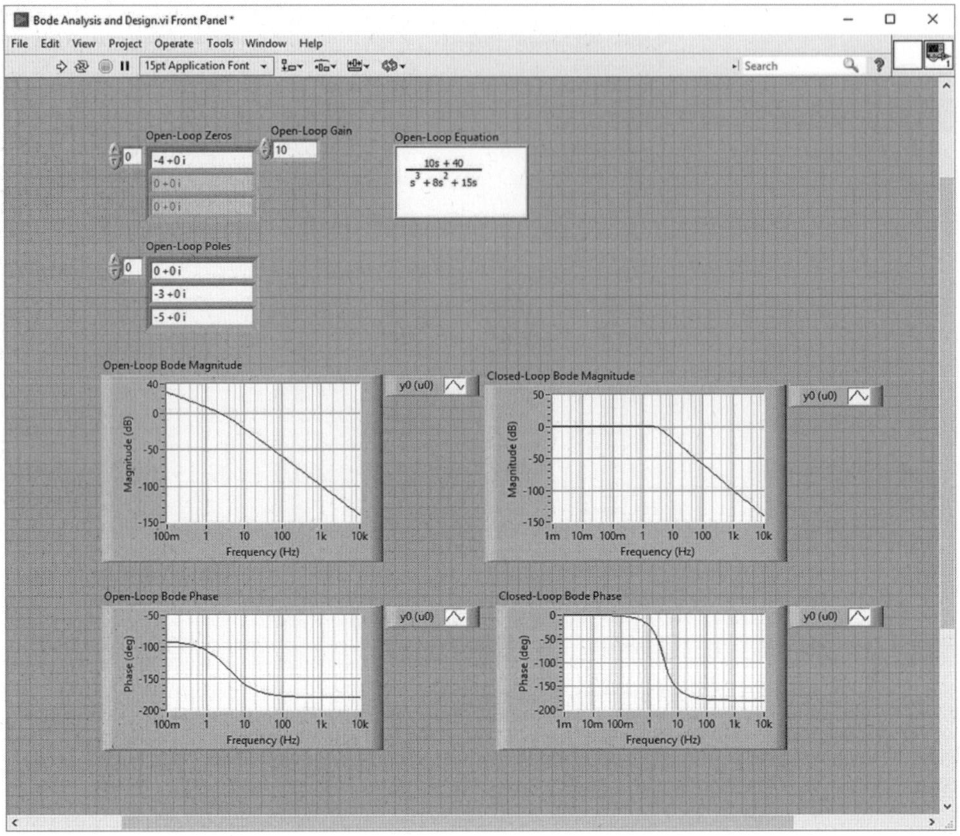

(*b*)

그림 D.16 (그림 계속) b. Front Panel

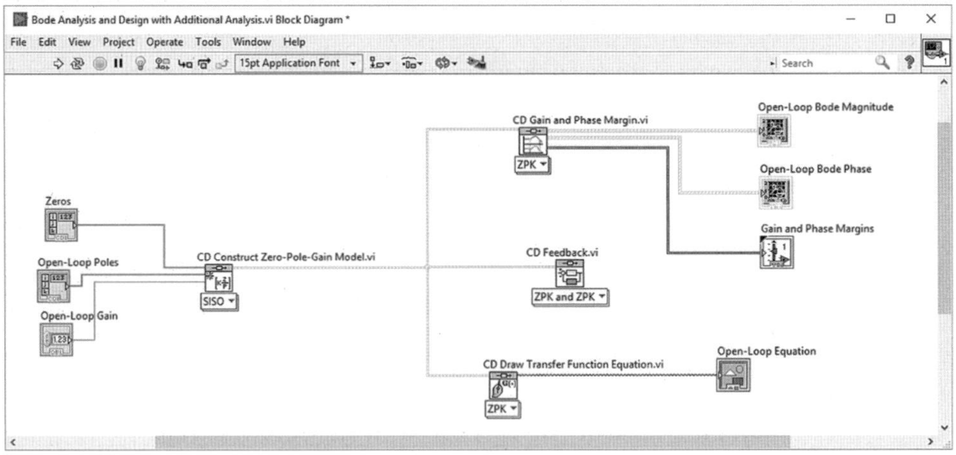

(*a*)

그림 D.17 이득 값, 상 마진을 이용한 해석 : a. Block Diagram

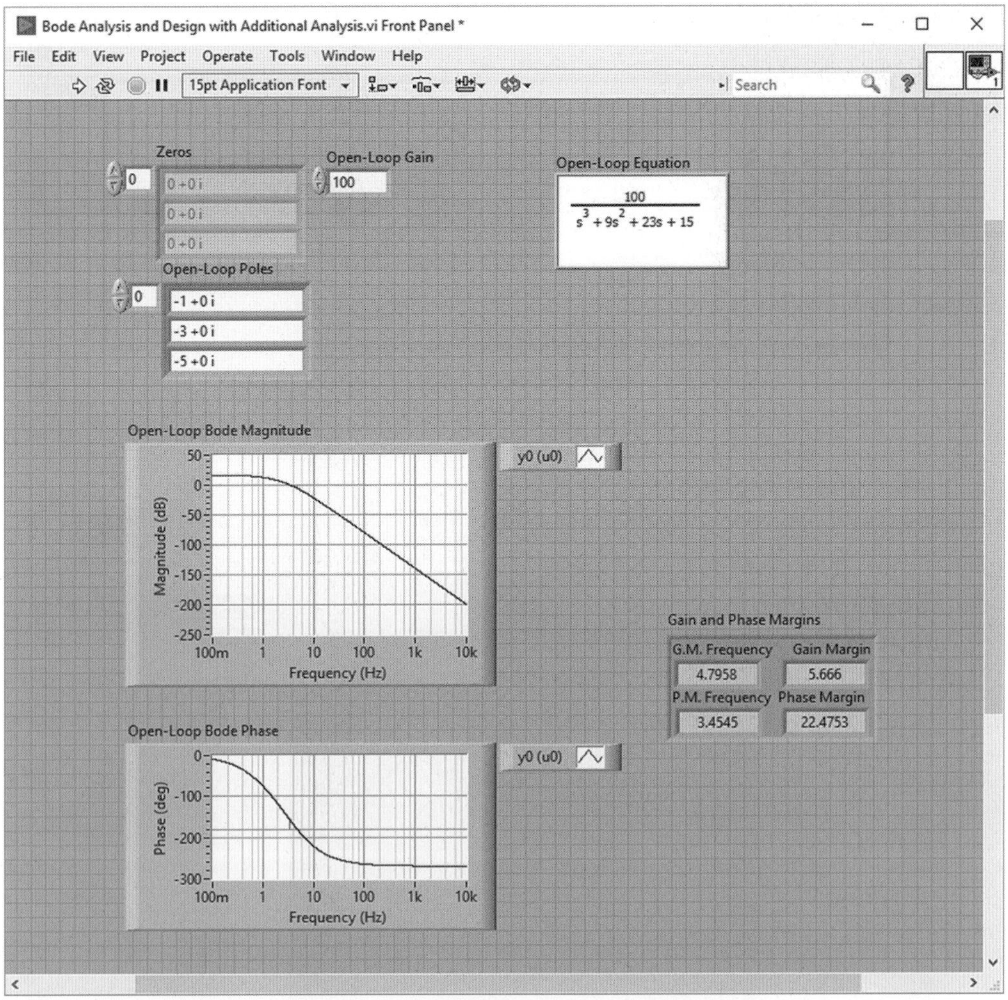

(*b*)

그림 D.17 (그림 계속) b. Front Panel

D.5 모의실험 예제

설계와 해석을 위한 LabVIEW 블락이 MATLAB M-file의 코드와 유사한 반면에 모의실험을 위한 LabVIEW 블락은 Simulink 다이어그램과 유사하다.

이번 장에서는 LabVIEW를 이용한 모의실험 예제를 보인다. 제어 시스템 모의실험을 위해 블락 다이어그램의 아이콘들이 Control & Simulation 팔레트의 Simulation 서브 팔레트에서 얻어진다. 예제들은 Simulink를 이용한 부록 C의 예제들과 유사하다.

예제 D.5 선형 시스템의 모의실험

Block Diagram과 Front Panel의 생성 그림 D.18은 선형 시스템의 모의실험을 위한 Block Diagram과 Front Panel을 보여 준다. 이 모의실험은 Simulink를 이용한 부록C의 예제 C.1을 이용한다. 블락들은 Control & Simulation 팔레트의 Simulation 서브 팔레트에서 선택할 수 있으며 Functions/Control & Simulation/Simulation/Control & Simulation Loop

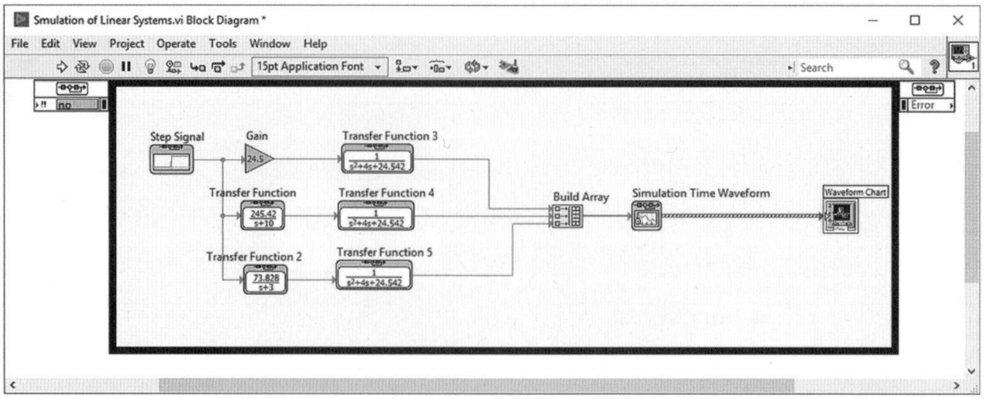

(*a*)

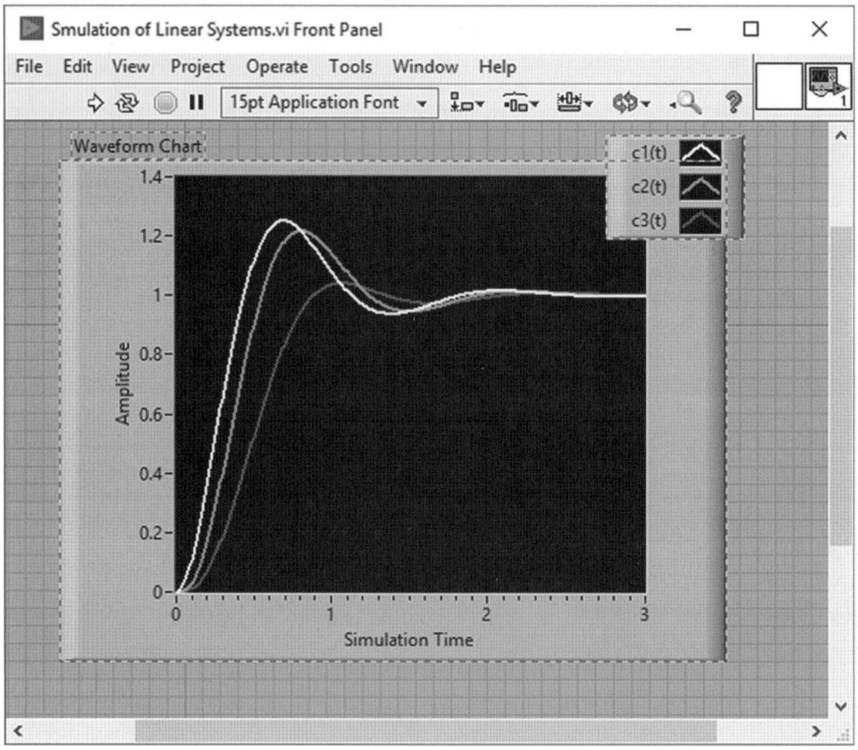

(*b*)

그림 D.18 선형 시스템의 모의실험: a. Block Diagram; b. Front Panel

에 위치한 Simulation Loop에 두어야 한다. Block Diagram 과 Front Panel을 만들기 위한 상세한 단계들을 상세하게 열거한다:

1. 전달함수는 Functions/Control & Simulation/Simulation/Continuous Linear Systems/Transfer Function에서 얻을 수 있다. 각각의 전달함수를 우클릭해서 Configuration을 선택하면 그림 C.5와 유사하게 그림 D.18(a)처럼 매개변수 값을 입력할 수 있다.

2. 이득 값 블락은 Functions/Control & Simulation/Simulation/Signal Generation/Step Signal 에서 얻을 수 있다. 이득 값 블락을 우클릭해서 Configuration을 선택하면 매개변수 값을 입력 할 수 있다.

3. 스텝 입력 블락은 Functions/Control & Simulation/Simulation/Signal Generation/Step Signal에서 얻을 수 있다. Step Signal 버튼을 우클릭 후 Configuration을 선택하면 매개변수 값을 입력할 수 있다.

4. 세 개의 계단 응답을 동시에 보이려면 Functions/Programming/Array/Build Array에서 Build Array를 사용하면 된다. 입력의 수가 세 개가 되도록 아이콘의 바닥 부분을 드래그한다. (이 예제의 경우에)

5. 화면을 띄우기 위해 Functions/Control & imulation/Simulation/Graph Utilities/Simtime Waveform에 위치한 Simulation Time Waveform 블락을 이용한다. Simtime Waveform 블락의 출력을 우클릭해서 Create/Indicator를 선택하면 Waveform Chart 아이콘과 Front Panel 디스플레이가 만들어진다.

   모의실험 루프의 환경설정 마지막으로 Simulation Loop를 우클릭해서 Configure Simulation Parameters . . .를 선택해서 그림 D.19처럼 모의실험 매개변수들을 설정한다.

   그래프 매개변수의 환경설정 Front Panel에서 graph를 우클릭해서 Properties를 선택해 그래프 매개변수를 설정한다. legend를 선택하고 3개의 모든 그림이 나타나도록 수직으로 확장한다. legend의 제목은 그림의 의미 있는 라벨을 잘 반영하도록 변경할 수 있다.

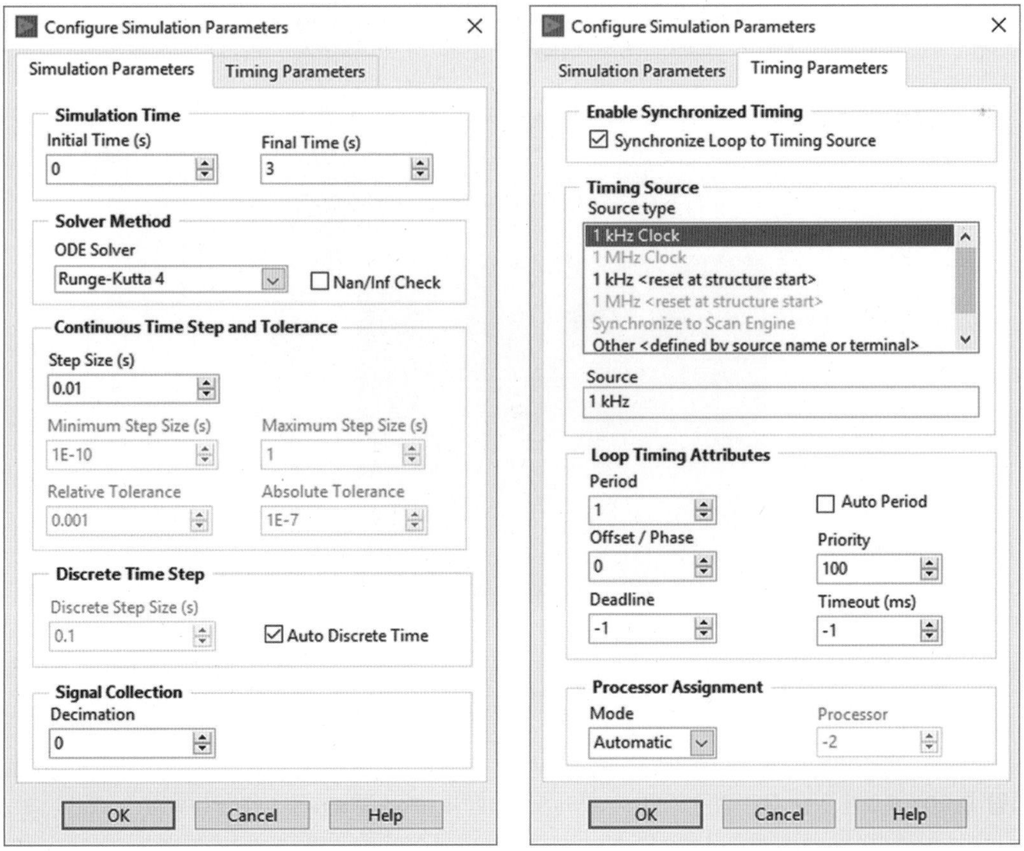

(*a*) (*b*)

그림 D.19 Simulation Loop 매개변수의 설정: a. Simulation parameters; b. Timing parameters

모의실험의 실행 Front Panel 윈도우 창의 툴바의 가장 왼쪽을 클릭함으로써 모의실험을 실행할 수 있다. Display를 우클릭해서 Data Operations/Clear Chart를 선택함으로써 그래프를 지울 수 있다.

예제 D.6 모터 로드의 각속도에 미치는 앰프 포화의 영향

Block Diagram과 Front Panel의 생성 포화가 없는 dc 모터 모의실험을 위한 Block Diagram과 Front Panel은 그림 D.20에서 보여 진다. Saturation 블락은 Control & Simulation/Simulation/Nonlinear Systems/Saturation에서 얻을 수 있다.

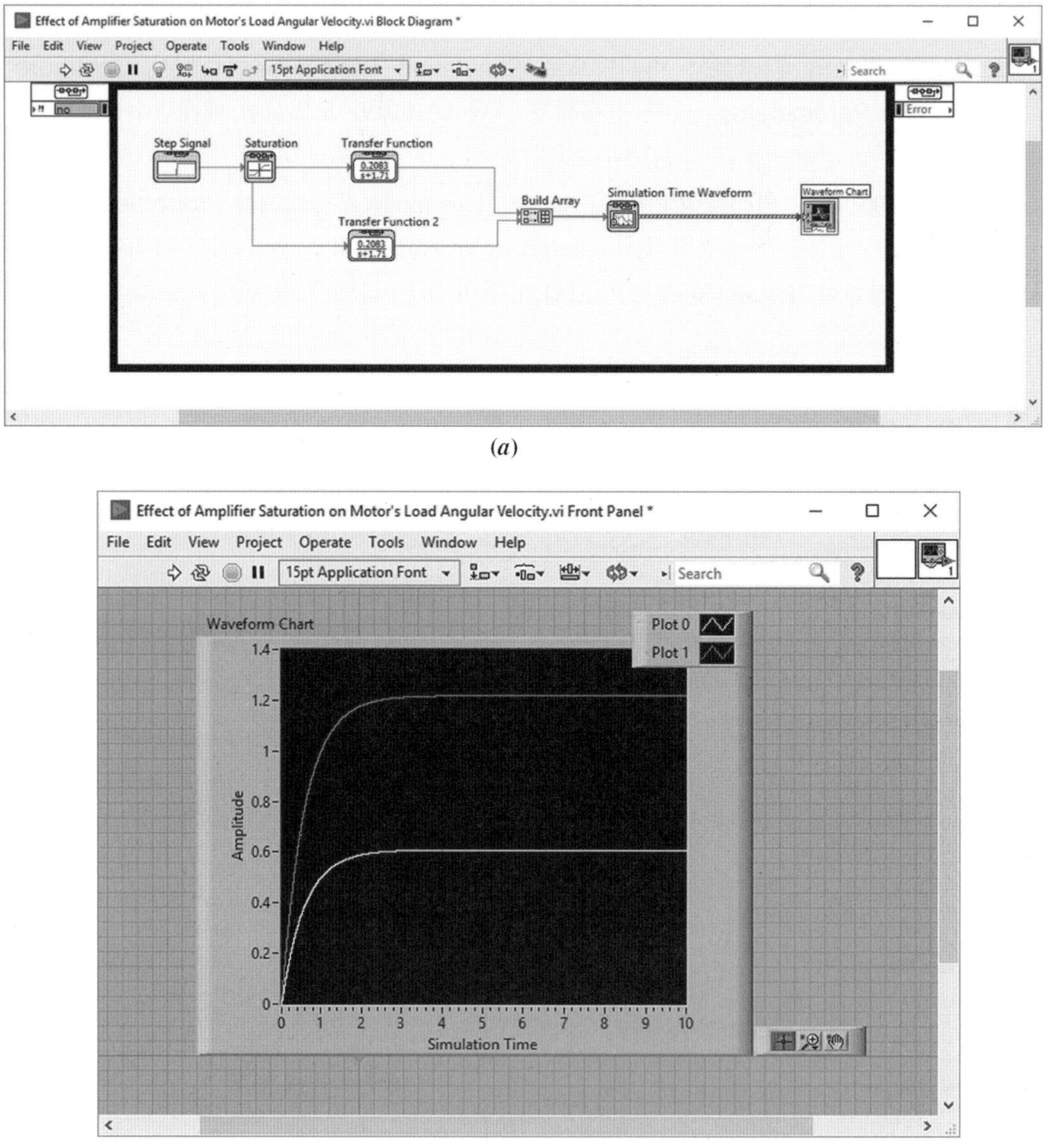

그림 D.20 포화가 있을 때와 없을 때의 dc 모터 모의실험: a. Block Diagram; b. Front Panel

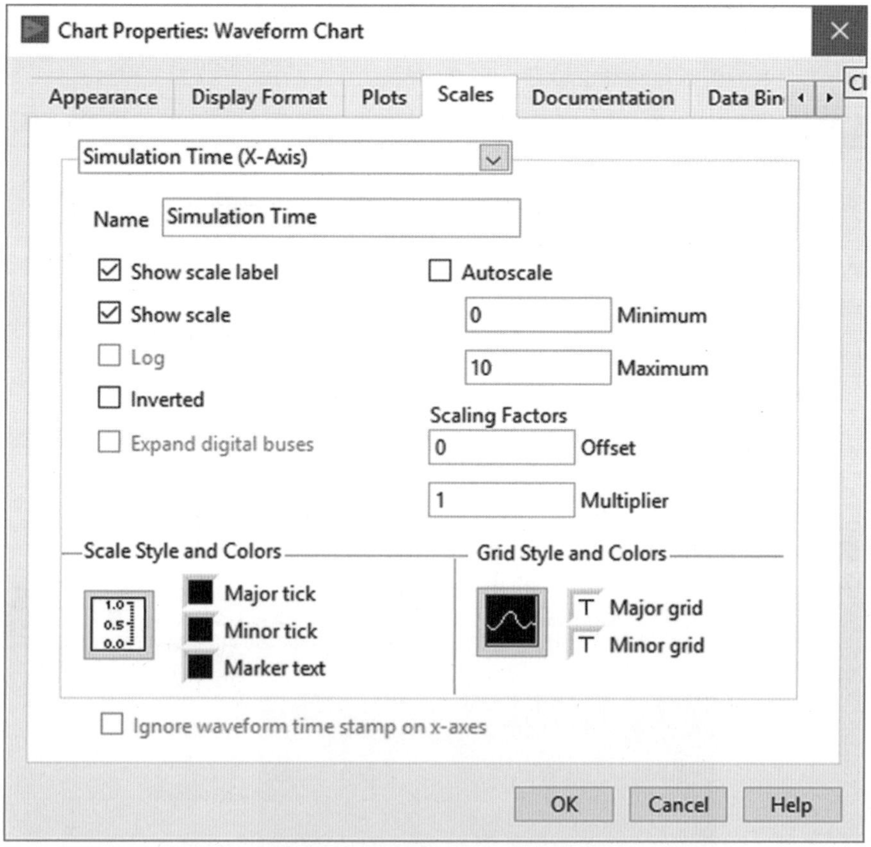

그림 D.21 Chart Properties: Waveform Chart 윈도우 창

모의실험 루프의 환경설정 모의실험 루프의 환경설정은 그림 D.19 (a)의 Final Time (s)를 10으로 바꾸는 것만 제외하고는 그림 D.19에 나타난다.

그래프 매개변수의 환경설정 그래프 매개변수를 수정하기 위해 Front Panel을 우클릭해서 Properties를 선택한다. 그림 D.21처럼 Scales 탭을 선택해서 Maximum 박스에 10을 입력한다. Legend를 선택해서 두 개의 그림이 모두 나타나도록 수직으로 확장한다. 그림의 의미있는 라벨이 드러나도록 legend의 제목을 바꿀 수 있다.

모의실험의 실행 Front Panel 윈도우창의 툴바의 가장 왼쪽을 클릭해서 모의실험을 실행할 수 있다. Display를 우클릭해서 Data Operations/Clear Chart를 선택해 그래프를 지울 수 있다.

예제 D.7 피드백 시스템의 모의실험

Block Diagram과 Front Panel의 생성 그림 D.22에서 피드백 시스템의 모의실험을 위한 Block Diagram과 Front Panel을 보여준다. Summation블락은 Control & Simulation/Simulation/Signal Arithmetic/Summation에서 얻을 수 있다.

Summation과 다른 블락들의 환경설정 Summation블락을 우클릭해서 Configuration. . . 을 선택한다. 다른 블락에서도 똑같이 반복한다.

시뮬레이션 루프의 환경설정 그림 D.19(a)에서 Final Time(s)를 10으로 바꾸는 것만 제외하고 그림 D.19와 동일하게 설정한다.

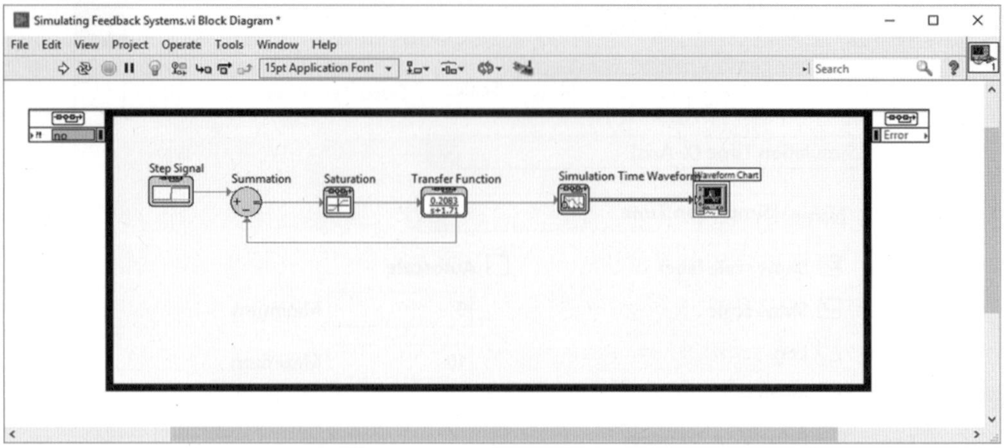

(*a*)

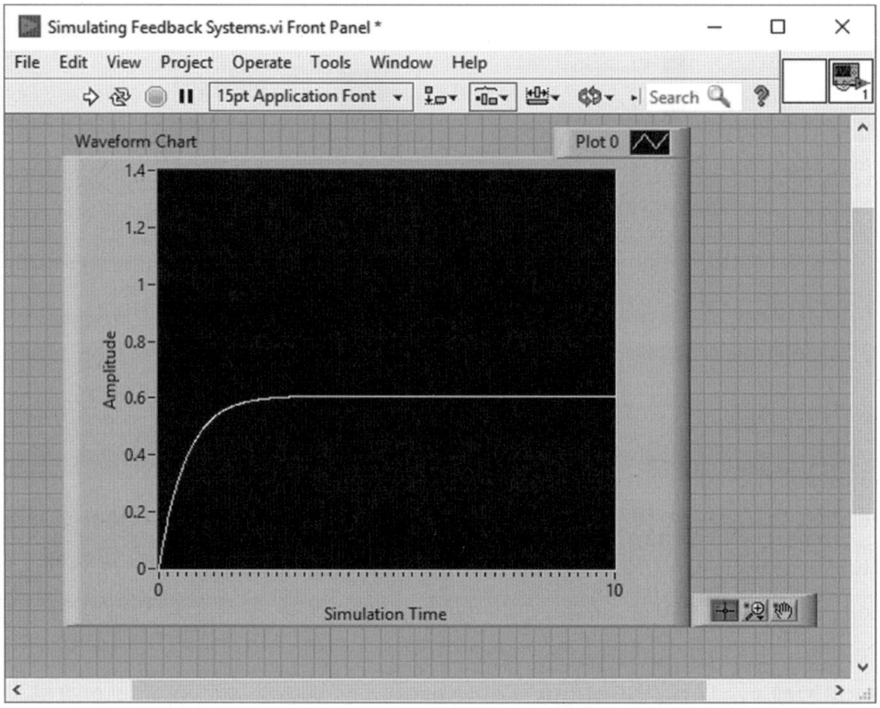

(*b*)

그림 D.22 피드백 시스템의 모의실험: a. Block Diagram; b. Front Panel

그래프 매개변수의 환경설정 그래프 매개변수를 설정하기 위해 Front Panel에서 graph를 우클릭하고 Properties를 선택한다. 그림 D.21처럼 Scales 탭을 선택하고 Maximum에 10을 입력한다.

모의실험의 실행 Front Panel윈도우 창의 툴바의 가장 왼쪽을 클릭해서 모의실험을 실행한다. Display를 우클릭해서 Data Operations/Clear Chart 선택해 그래프를 지울 수 있다.

예제 D.8 Simulation 팔레트를 이용한 디지털 시스템 모의실험

부록 C의 예제 C.4처럼 디지털 시스템은 LabVIEW를 이용해 모의실험 될 수 있다. 하지만 모의실험을 함에 있어 전달함수에 제한이 있다. LabVIEW는 전달함수에 들어가는 모든 입력이 모의실험의 처음에 주어져야 하며, 그렇지 않을 경우 에러가 발생한다. 이러한 이유 때문에 분모가 분자보다 차수가 높은 전달함수의 사용에 제한이 발생한다. 이러한 상황에서는 MATLAB을 사용하거나 Control & Simulation 기능의 Simulation 팔레트 보다는 Control Design 팔레트를 사용하는 것을 추천한다.

첫 번째 디지털 예제는 적절한 전달함수를 가진 디지털 피드백 시스템을 Simulation 팔레트를 이용해 모의실험 한다. 다음 예제는 부록 C의 예제 C.4를 모의실험 하는데 적절한 전달함수를 가지고 있지 않기 때문에 LabVIEW의 Control Design 팔레트를 이용한다.

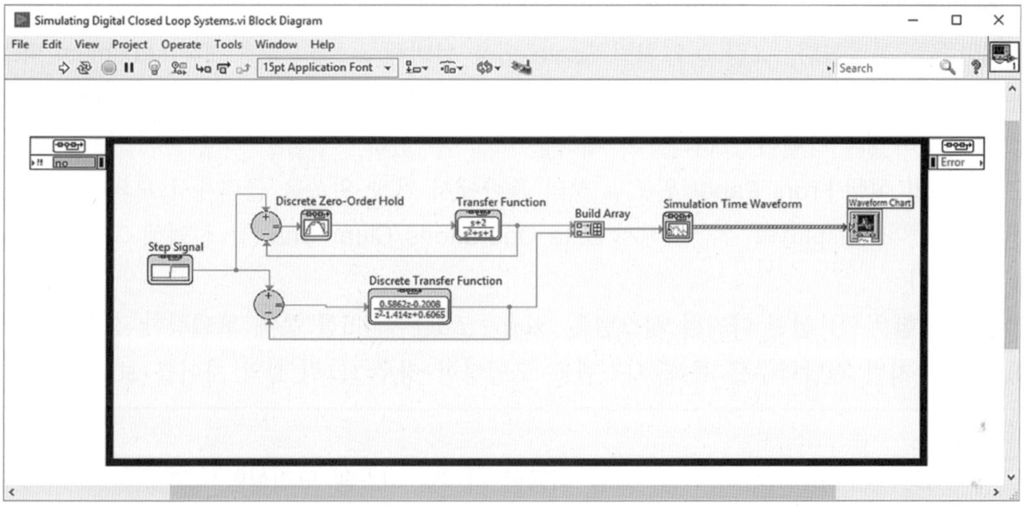

(*a*)

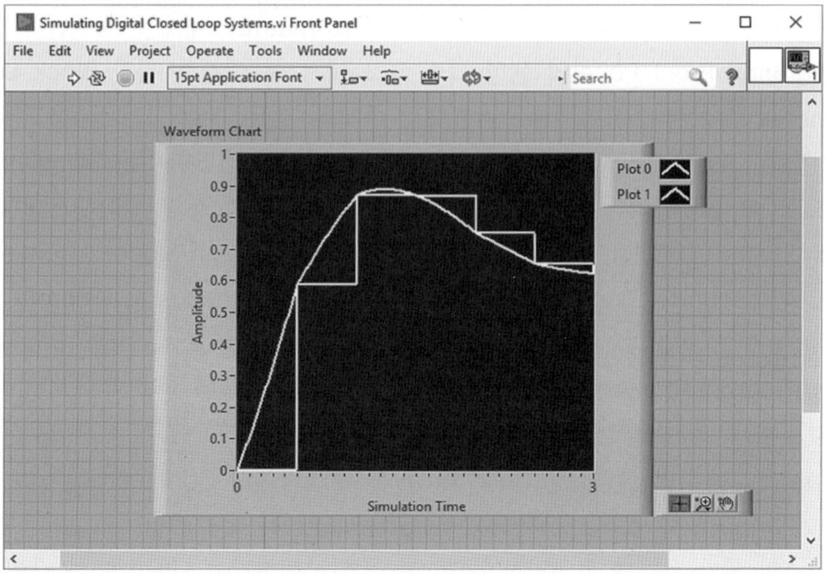

(*b*)

그림 D.23 피드백 시스템의 모의실험: a. Block Diagram; b. Front Panel

Block Diagram과 Front Panel의 생성 그림 D.23에서 디지털 시스템의 모의실험을 위한 Block Diagram과 Front Panel을 보여준다. Discrete-Zero-Order Hold 블락은 Control Design & Simulation/Simulation/Discrete Linear Systems/Discrete Zero-Order Hold에서 얻을 수 있고 Discrete Transfer Function은 Control & Simulation/Simulation/Discrete Linear Systems/Discrete Transfer Function에서 얻을 수 있다.

Discrete Zero-Order Hold와 다른 블락들의 환경설정 Discrete Zero-Order Hold 블락을 우클릭해서 Configuration . . .을 선택해 샘플링 주기를 0.5초로 설정한다. 전달함수는 Block Diagram에서 주어진 것과 동일하게 설정하고 Step Signal을 단위 계단 함수로 설정한다.

시뮬레이션 루프의 환경설정 그림 D.19처럼 시뮬레이션 루프를 설정한다.

그래프 매개변수의 설정 Front Panel의 graph를 우클릭해서 Properties를 선택해 그래프 매개변수를 설정한다. 그림 D.21처럼 Scale 탭을 선택해 $x-y$-축에 대해 Maximum 박스에 3을 입력한다. Legend를 선택해 두 개의 그림이 모두 나타나도록 수직으로 확장한다. 그림의 의미있는 라벨이 드러나도록 제목을 바꿀 수 있다.

모의실험의 실행 Front Panel 윈도우 창의 툴바에서 가장 왼쪽을 클릭해서 모의실험을 실행할 수 있다. Display를 우클릭해서 Data Operations/Clear Chart를 선택해 그래프를 지울 수 있다.

이 모의실험은 (1) 선형 디지털 시스템을 zero-order-hold를 통해 모델링한 경우와(그림 0), (2) 디지털 전달함수를 통해 시스템을 모델링한 경우 (그림 1)의 차이를 보여준다.

예제 D.9 Control Design 팔레트를 이용한 디지털 시스템 모의실험

분모의 분자가 같은 차수를 가질 때 LabVIEW에서 발생하는 에러를 피하기 위해 Control Design 팔레트를 이용한다. 이 예제는 예제 C.4의 Simulink 예제를 재현한다.

Block Diagram과 Front Panel의 생성 그림 D.24에서 이 예제를 위한 Block Diagram과 Front Panel을 보여준다. 블락 사이의 연결은 아래와 같다.

대부분의 블락은 예제 D.1 과 D.2에서 논의 됐다. 디지털 전달함수는 Sampling Time(s) 입력을 0으로 설정하지 않는 것만 제외하고는 연속 시스템과 동일하게 생성된다.

Functions/Control Design & Simulation/Control Design/Model Conversion/CD Convert Continuous to Discrete.vi에서 CD Convert Continuous to Discrete.vi를 얻을 수 있다.

Functions/Programming/Array/Build Array에서 Build Array를 얻을 수 있다. 두 개의 입력을 모두 보일 수 있도록 Build Array 블락을 확장한다.

Build Array 매개변수의 환경설정 Build Array를 우클릭해서 Concatenate Inputs를 선택한다. Build Array를 다시 우클릭하고 Create/Indicator를 선택한다.

Front Panel의 계기 장치를 우클릭하고 Replace를 선택한다. 그림 D.25와 같이 최종적으로 나타난 팔레트에서 XY Graph를 선택한다.

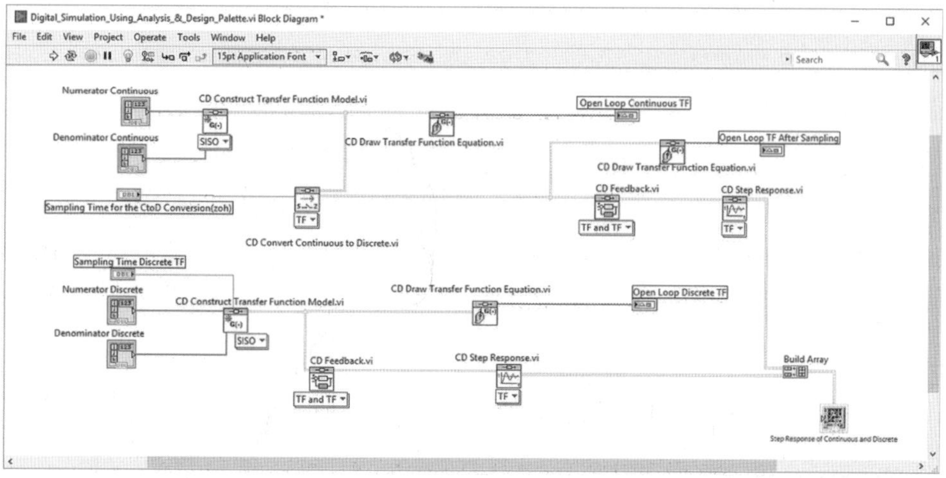

(*a*)

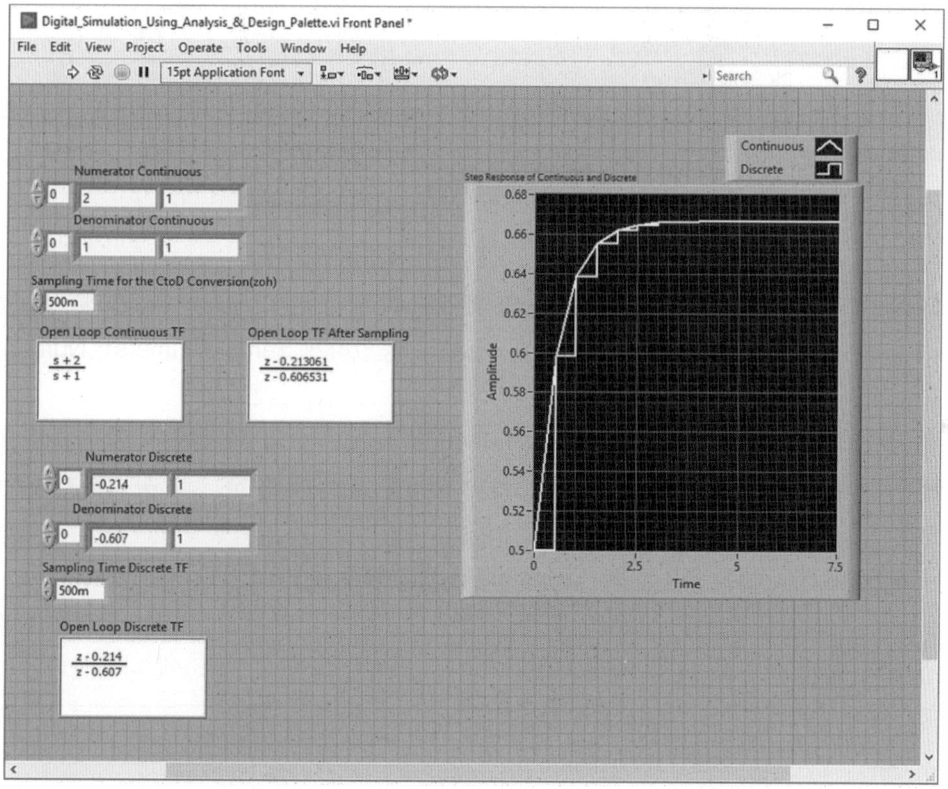

(*b*)

그림 D.24 Control Design 팔레트를 이용한 디지털 시스템의 모의실험: a. Block Diagram; b. Front Panel

Front Panel에서 두 개의 그래프를 모두 보이기 위해 legend를 확장한다. Legend 요소의 제목은 아래와 같다. Graph를 우클릭해서 Properties를 선택해 $x-, y-$축의 시작점과 종점을 바랐던대로 수정한다. Properties 윈도우 창에서 Sclae을 선택해 바랐던 정보를 입력한다.

Front Panel의 graph를 우클릭해서 Data Operation을 선택하고 현재 값과 디폴트 값을 입력한다. 또한 한번 더 우클릭해서 디폴트 값을 재초기화 한다. 아마도 현재 그림이 없어질 것이다.

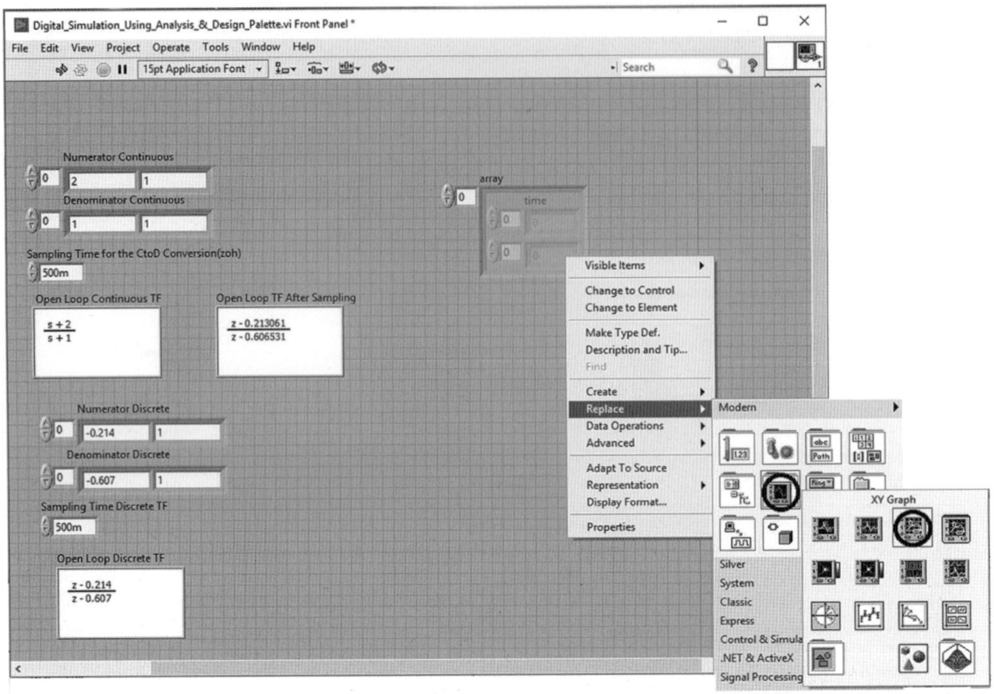

그림 D.25 XY Graph의 선택

CD Convert Continuous to Discrete.vi의 **매개변수 환경설정** Front Panel에 나와 있는 것처럼 우클릭해서 조종 장치를 생성해 예제 D.1과 동일하게 Sample Time(s), Numerator, Denominator를 입력한다.

불연속 모델의 CD Construct Transfer Function Model.vi의 **매개변수 환경설정** Front Panel에 나와 있는 것처럼 우클릭해서 조종 장치를 생성해 예제 1과 동일하게 Sample Time(s), Numerator, Denominator를 입력한다.

모든 CD Draw Transfer Function Equation.vi **매개변수 환경설정** Front Panel에 나와 있는 것처럼 우클릭해서 조종 장치를 생성해 예제 D.1과 동일하게 Equation을 입력한다.

모의실험의 실행 설명을 위해 예제 D.1을 보자. 결과는 그림 D.24(b)에 나타난다.

D.6 외부 하드웨어 인터페이스

이번 장에서는 학생용 NI myDAQ의 외부 하드웨어를 제어하기 위한 LabVIEW 가상 교육의 쓰임새에 대해서 알아본다. 특히, NI myDAQ을 사용하여 www.wiley.com/go / Nise / ControlSystemsEngineering8e에 있는 Hardware Exploration Laboratory 파일에 사용된 실제 피드백 시스템을 분석하고 설계하는 데 집중한다.

1. **필요 하드웨어** NI myDAQ는 편하고 저가이기 때문에, 학생들에게 이상적인 데이터 습득 모델이다. 이 책에서 실험을 수행하기 위해, 모터 제어칩과 기어모터가 필요하다. 다른 대체품이 있어도, (1) ROHM 모터 제어 칩, BA6956; 과 (2) 9.7:1 금속 기어모터 25Dx48L mm HP with CPR encoder, www.pololu.com 에서 얻을 수 있는 것을 사용한다.

2. **필요 소프트웨어** 이번 책의 실험을 수행하기 위해 필요한 소프트웨어는 다음과 같다 : (1) LabVIEW 혹은 학생용 LabVIEW (2) NI ELVISmx NI Front Panel (SFP) Instruments (NI myDAQ의 번들). NI ELVISmx는 입력 신호를 생성하고 외부 제어 시스템에서 출력 신호를 얻게 해주는 가상의 도구이다.

3. **기본 설정** 그림 D.26은 NI myDAQ와 제어 시스템 설계와 분석을 위한 기본 설정을 보여준다. 세부적인 와이어 도표는 특정 실험과 수반한다.

4. **NI myDAQ 실행** NI myDAQ 키트는 다음의 케이블과 연결선과 함께한다. (1) USB 케이블; (2) 20-position screw terminal 연결선; (3) 오디오 선; (4) DMM banana 선. 다음 단계에서는 제어와 데이터 습득에 필요한 가상 도구를 제공해주는 NI myDAQ와 NI ELVISmx를 실행한다.

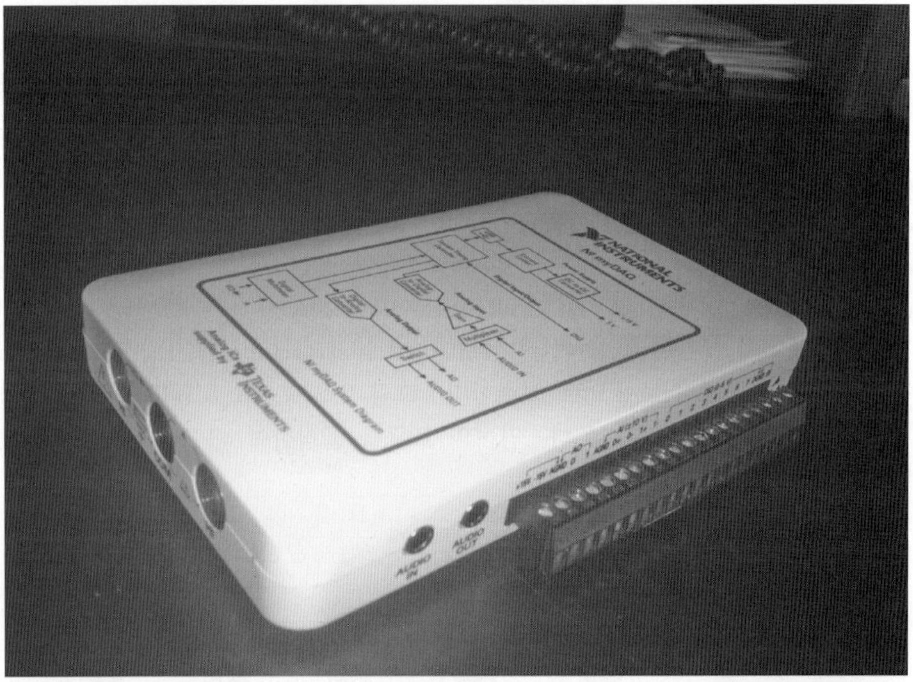

(*a*)

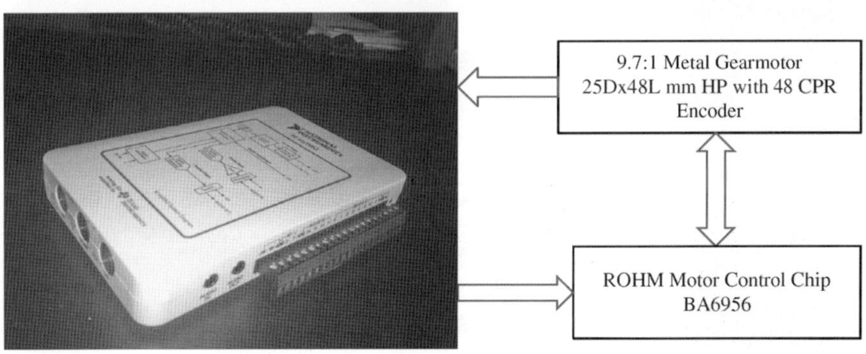

(*b*)

그림 D.26

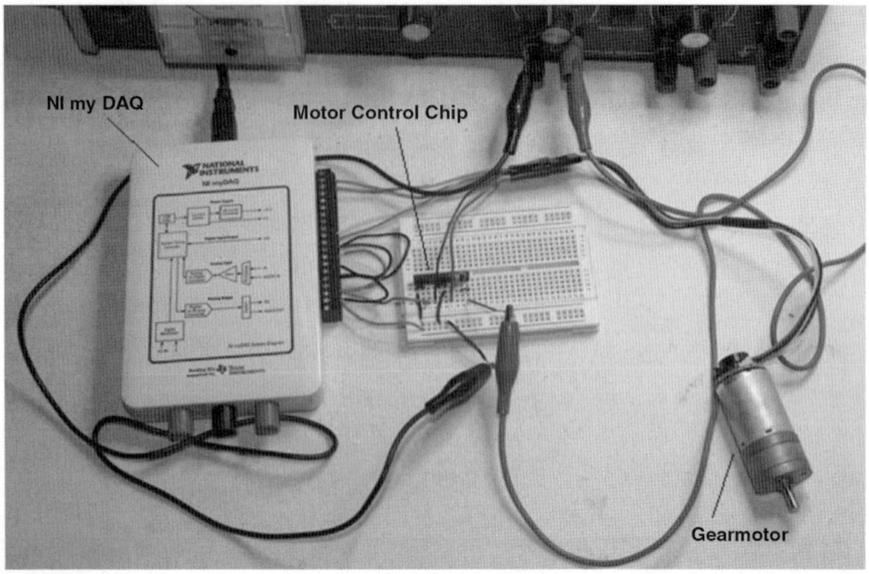

(*c*)

그림 D.26 (그림 계속)

Step 1: LabVIEW가 컴퓨터에 깔려있는 것을 확인한다.

Step 2: NI myDAQ 소프트웨어를 설치한다.

Step 3: NI myDAQ를 USB 선을 이용하여 컴퓨터에 연결한다.

Step 4: NI myDAQ 인식 후, NI ELVISmx는 자동으로 실행된다. 만약 NI ELVISmx가 실행되지 않으면 시작 메뉴의 National Instruments/NI ELVISmx Instrument Launcher에서 수동으로 실행한다. 그림 D.27은 NI ELVISmx에서 사용가능한 가상 도구 창을 보여준다. 임의의 도구를 클릭하여 VI에 나타나게 한다.

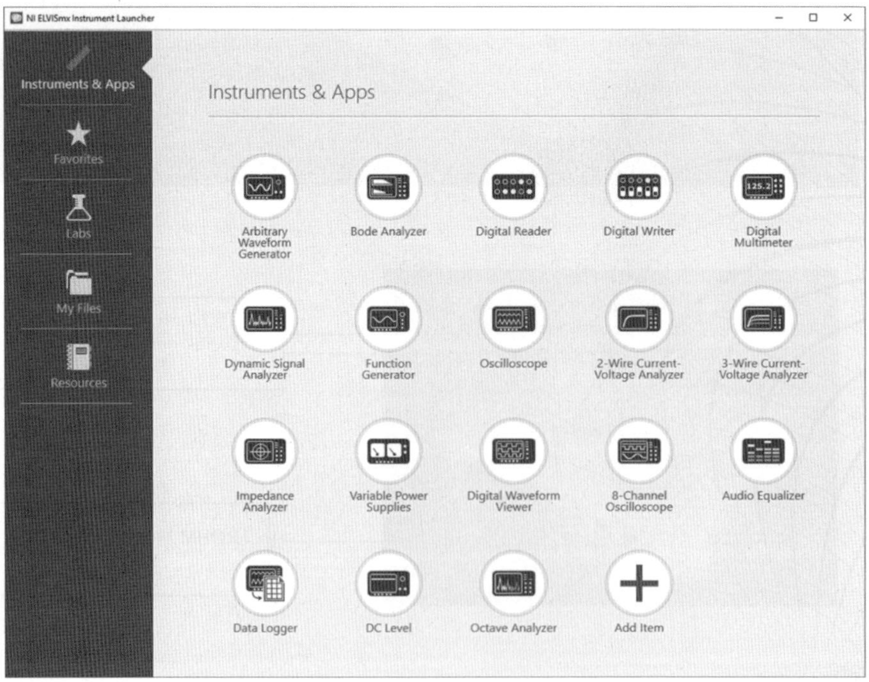

그림 D.27

NI myDAQ를 이용한 간단한 실험

1. NI myDAQ Digital Multimeter (DMM)을 사용한 배터리 전압 측정 컴퓨터에 연결된 myDAQ를 이용하여, 그림 D.27에 보이는 것처럼 DMM을 실행한다. DMM 측정기를 그림 D.28(a)에 보이는 것처럼 myDAQ와 배터리에 사이에 연결한다. 초록색 Run 화살표를 누른다.

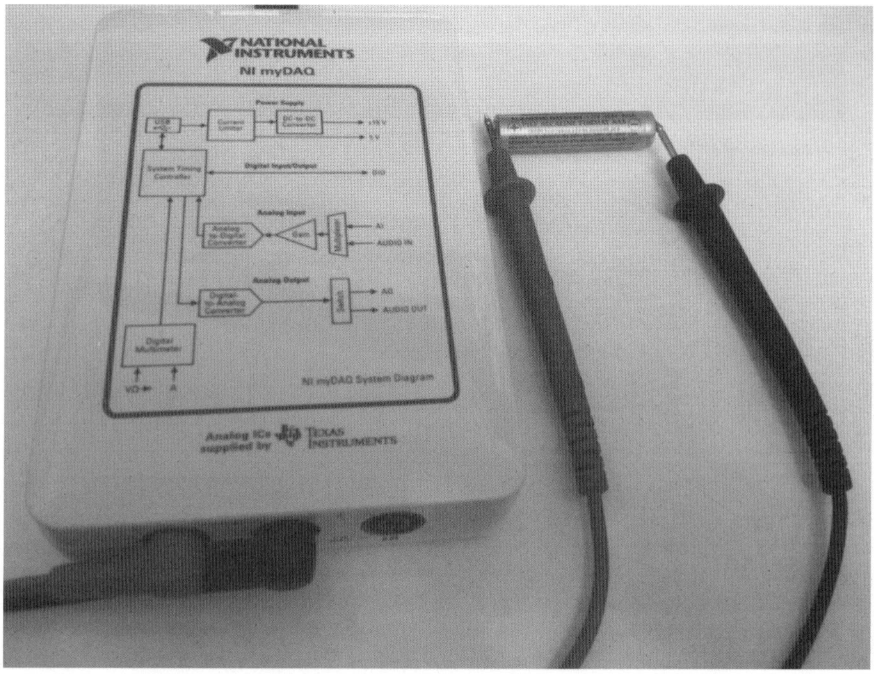

(*a*)

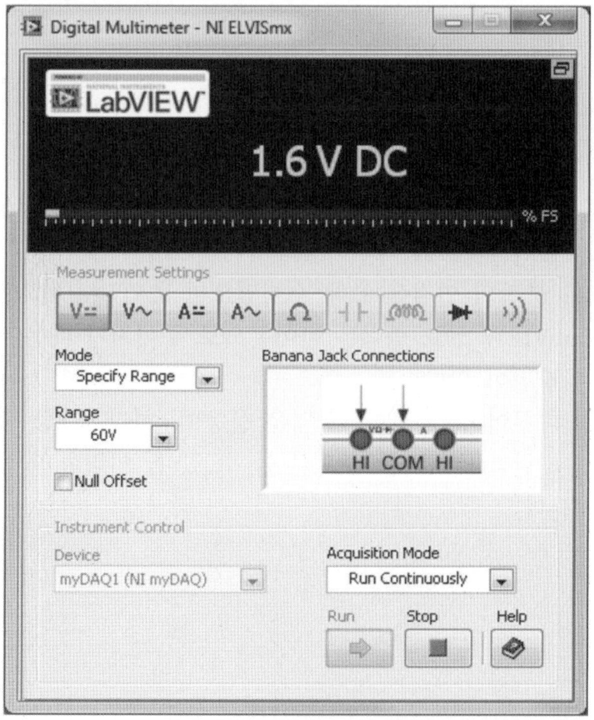

(*b*)

그림 D.28

2. NI myDAQ 오디오 이퀄라이저 컴퓨터에 연결된 myDAQ를 이용하여, 그림 D.27처럼 Instruments&Apps 메뉴의 Audio Equalizer를 실행한다. 오디오 선을 음악원과 myDAQ의 AUDIO IN 사이에 연결한다. 비슷하게 스피커나 이어폰을 AUDIO OUT에 연결한다. 초록색 Start 화살표를 누른다. 이제 시간이나 주파수 대역에서 음파형 뿐만 아니라 볼륨, 베이스, 중간음또한 조절할 수 있다. Audio Equalizer는 그림 D.29와 같다.

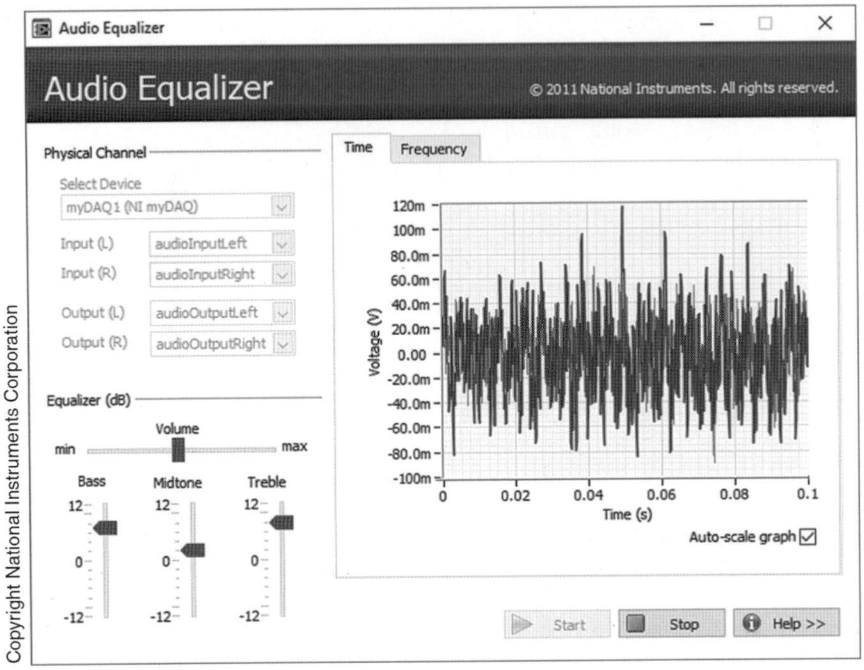

그림 D.29

요약

이 부록에서는 해석,설계, 모의실험에서 MATLAB의 대안으로써 LabVIEW를 소개했다. 논의는 해석과 설계, 모의실험으로 나누어졌다.

해석과 설계는 코드 블락의 연결을 통해 수행됐으며 MATLAB의 M-files 코드를 작성하는 것과 유사하다. LabVIEW 코드 블락은 아이콘으로 주어지기 때문에 특별한 코드 명령어를 알 필요가 없다는 장점이 있다.

모의실험은 여기서 다루어진 것 보다 더 넓은 응용이 하다. 가상 장치를 만들어 외부 하드웨어를 작동시키거나 원격 데이터를 송수신 할 수 있다. 이러한 발전된 주제는 흥미가 있는 독자를 위해 남겨둔다.

참고문헌

National Instruments. *Getting Started with LabVIEW.* National Instruments, Austin, TX. 2003-2007.

National Instruments. *LabVIEW Fundamentals.* National Instruments, Austin, TX. 2003-2007.

National Instruments. *LabVIEW™ Control Design User Manual.* National Instruments, Austin, TX. 2004-2008.

National Instruments. *Introduction to LabVIEW in 3 Hours for Control Design and Simulation.* National Instruments Course Notes, Austin, TX.

찾아보기

INDEX

N

O

P

R

S

T

W

ㄱ

ㄴ

ㄷ

ㅇ

ㅈ

Key Equations

Modeling

$$\frac{V_o(s)}{V_i(s)} = -\frac{Z_2(s)}{Z_1(s)} \quad (2.97); \qquad \frac{V_o(s)}{V_i(s)} = \frac{Z_1(s)+Z_2(s)}{Z_1(s)} \quad (2.104)$$

$$\frac{\theta_2}{\theta_1} = \frac{r_1}{r_2} = \frac{N_1}{N_2} \quad (2.133); \qquad \frac{T_2}{T_1} = \frac{\theta_1}{\theta_2} = \frac{N_2}{N_1} \quad (2.135)$$

$$\left(\frac{\text{Number of teeth of gear on } \textit{destination} \text{ shaft}}{\text{Number of teeth of gear on } \textit{source} \text{ shaft}}\right)^2 \quad \text{(see after 2.138)}$$

$$\frac{\theta_m(s)}{E_a(s)} = \frac{K_t/(R_aJ_m)}{s\left[s+\frac{1}{J_m}\left(D_m+\frac{K_tK_b}{R_a}\right)\right]} \quad (2.153)$$

$$\frac{K_t}{R_a} = \frac{T_{\text{stall}}}{e_a} \quad (2.162); \qquad K_b = \frac{e_a}{\omega_{\text{no-load}}} \quad (2.163)$$

$$T(s) = \frac{Y(s)}{U(s)} = \mathbf{C}(s\mathbf{I}-\mathbf{A})^{-1}\mathbf{B}+\mathbf{D} \quad (3.73)$$

Time Response

$$T_r = \frac{2.2}{a} \quad (4.9); \qquad T_s = \frac{4}{a} \quad (4.10)$$

$$G(s) = \frac{\omega_n^2}{s^2+2\zeta\omega_n s+\omega_n^2} \quad (4.22)$$

$$\%OS = e^{-(\zeta\pi/\sqrt{1-\zeta^2})} \times 100 \quad (4.38)$$

$$\zeta = \frac{-\ln(\%OS/100)}{\sqrt{\pi^2+\ln^2(\%OS/100)}} \quad (4.39)$$

$$T_p = \frac{\pi}{\omega_n\sqrt{1-\zeta^2}} \quad (4.34); \qquad T_s = \frac{4}{\zeta\omega_n} \quad (4.42)$$

Steady-State Error

$$e(\infty) = e_{\text{step}}(\infty) = \frac{1}{1+\lim_{s\to 0} G(s)} \quad (7.30); \qquad K_p = \lim_{s\to 0} G(s) \quad (7.33)$$

$$e(\infty) = e_{\text{ramp}}(\infty) = \frac{1}{\lim_{s\to 0} sG(s)} \quad (7.31); \qquad K_v = \lim_{s\to 0} sG(s) \quad (7.34)$$

$$e(\infty) = e_{\text{parabola}}(\infty) = \frac{1}{\lim_{s\to 0} s^2G(s)} \quad (7.32); \qquad K_a = \lim_{s\to 0} s^2G(s) \quad (7.35)$$

Root Locus

$$\angle KG(s)H(s) = -1 = 1\angle(2k+1)180^\circ \quad (8.13)$$

$$\sigma_a = \frac{\sum \text{finite poles} - \sum \text{finite zeros}}{\#\text{ finite poles} - \#\text{ finite zeros}} \quad (8.27)$$

$$\theta_a = \frac{(2k+1)\pi}{\#\text{ finite poles} - \#\text{ finite zeros}} \quad (8.28)$$

$$\theta = \sum \text{finite zero angles} - \sum \text{finite pole angles}$$

$$K = \frac{1}{|G(s)H(s)|} = \frac{1}{M} = \frac{\prod \text{finite pole lengths}}{\prod \text{finite zero lengths}} \quad (8.51)$$

Frequency Response

$$M_p = \frac{1}{2\zeta\sqrt{1-\zeta^2}} \quad (10.52); \qquad \omega_p = \omega_n\sqrt{1-2\zeta^2} \quad (10.53)$$

$$\omega_{BW} = \omega_n\sqrt{(1-2\zeta^2)+\sqrt{4\zeta^4-4\zeta^2+2}} \quad (10.54)$$

$$\Phi_M = \tan^{-1}\frac{2\zeta}{\sqrt{-2\zeta^2+\sqrt{1+4\zeta^4}}} \quad (10.73)$$

$$\phi_{\max} = \tan^{-1}\frac{1-\beta}{2\sqrt{\beta}} = \sin^{-1}\frac{1-\beta}{1+\beta} \quad (11.11)$$

$$\omega_{\max} = \frac{1}{T\sqrt{\beta}} \quad (11.9); \qquad |G_c(j\omega_{\max})| = \frac{1}{\sqrt{\beta}} \quad (11.12)$$

State Space

$$\mathbf{C_M} = [\mathbf{B}\quad \mathbf{AB}\quad \mathbf{A}^2\mathbf{B}\quad \cdots\quad \mathbf{A}^{n-1}\mathbf{B}] \quad (12.26)$$

$$\dot{\mathbf{x}} = (\mathbf{A}-\mathbf{BK})\mathbf{x}+\mathbf{B}r;\ y = \mathbf{Cx} \quad (12.3); \qquad \mathbf{O_M} = \begin{bmatrix} \mathbf{C} \\ \mathbf{CA} \\ \vdots \\ \mathbf{CA}^{n-1} \end{bmatrix} \quad (12.79)$$

$$\dot{\mathbf{e}}_\mathbf{x} = (\mathbf{A}-\mathbf{LC})\mathbf{e}_\mathbf{x};\quad y-\hat{y} = \mathbf{Ce}_\mathbf{x} \quad (12.64)$$

Digital Control

$$e^*(\infty) = \lim_{z\to 1}(1-z^{-1})E(z) \quad (13.66)$$

$$K_p = \lim_{z\to 1} G(z) \quad (13.70); \qquad K_v = \frac{1}{T}\lim_{z\to 1}(z-1)G(z) \quad (13.73)$$

$$K_a = \frac{1}{T^2}\lim_{z\to 1}(z-1)^2G(z) \quad (13.75)$$

Unmanned Free-Swimming Submersible Vehicle

Pitch Control System

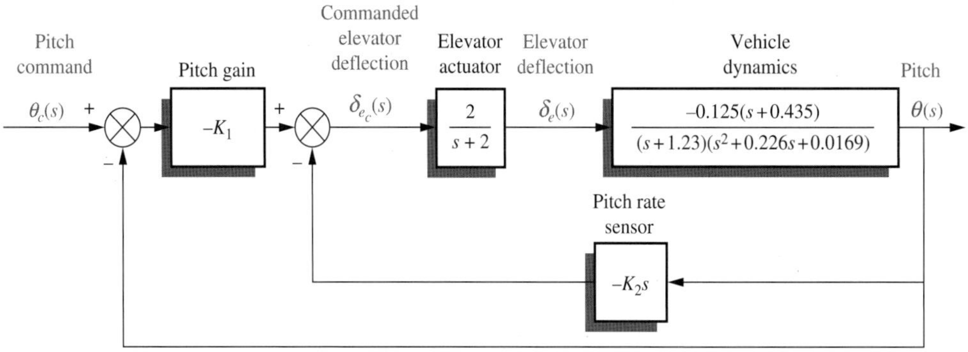

Heading Control System

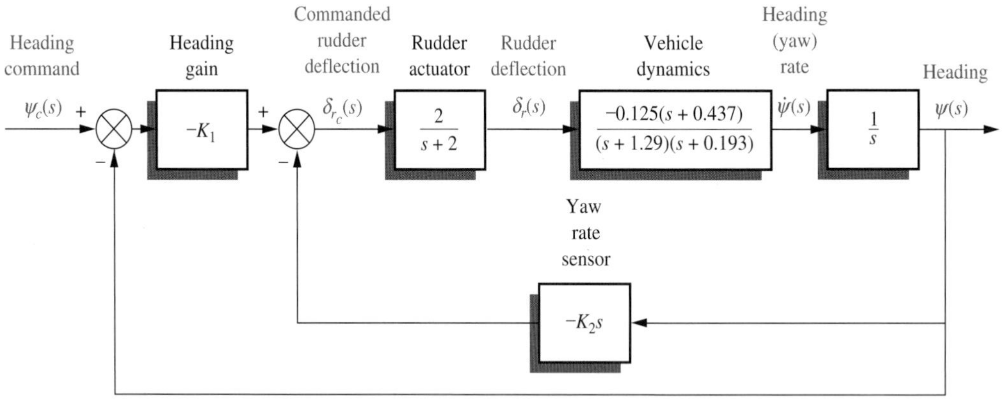

MEMO

MEMO